Fauna of the Beetles from Ningxia, China

# 宁夏甲虫志

任国栋　白兴龙　白　玲　编著

电子工业出版社

**Publishing House of Electronics Industry**

北京 · BEIJING

## 内 容 简 介

本书主要依据标本和翔实文献记录，按照当今甲虫最新分类，系统编排宁夏种类 2 亚目 15 总科 50 科 125 亚科 220 族 77 亚族 504 属 1136 种（亚种），包括 4 新种和 86 个宁夏新纪录分类单元。全书内容分为总论和各论两个部分：总论部分包括宁夏自然概况、分类概况、形态术语、分类系统、种类多样性与地理分布、资源类型与保护利用等方面；各论部分列出了绝大多数种的主要引证文献、曾用名、主要形态特征、检视标本信息、地理分布及取食对象，编制了部分种类的分类检索表。文后附参考文献、英文摘要、中名和学名索引及成虫整体照片；对于国内没有中文名称的种类，主要根据词义做了拟定；修订了一些种类的中文名称。

本书可为农林牧业及检验检疫、植物保护、生物多样性与资源保护利用等相关部门和大中专院校相关专业师生及科研人员和昆虫爱好者提供参考。

未经许可，不得以任何方式复制或抄袭本书之部分或全部内容。
版权所有，侵权必究。

**图书在版编目（CIP）数据**

宁夏甲虫志/任国栋，白兴龙，白玲编著. —北京：电子工业出版社，2019.8

ISBN 978-7-121-37044-1

Ⅰ. ①宁… Ⅱ. ①任… ②白… ③白… Ⅲ. ①鞘翅目－昆虫志－宁夏 Ⅳ. ①Q969.48

中国版本图书馆 CIP 数据核字（2019）第 135085 号

策划编辑：缪晓红
责任编辑：刘小琳
印　　刷：天津嘉恒印务有限公司
装　　订：天津嘉恒印务有限公司
出版发行：电子工业出版社
　　　　　北京市海淀区万寿路 173 信箱　　邮编：100036
开　　本：787×1 092　1/16　印张：41.5　字数：1055 千字　彩插：42
版　　次：2019 年 8 月第 1 版
印　　次：2019 年 8 月第 1 次印刷
定　　价：680.00 元

# English Abstract

This book present a complete classification of beetles (Insecta: Coleoptera) from Ningxia Hui Autonomous Region, China based on a large number of named specimens deposited in Hebei University Museum (HBUM), Institute of Plant Protection, Ningxia Academy of Agriculture and Forestry Sciences (IPPNX), Institute of Zoological, Chinese Academy of Sciences (IZCAS), Shanghai Normal University (SHNU), etc.

The content was consisted of two sections. General situations of nature, classified study of beetles, morphological terms, classification system, species diversity and geographical distribution, resource types, protection and utilization were shown in the General part. Key of suborders/families, references cited, former Chinese name, descriptions, specimens examination, distribution and feeding habits were shown in the Classification part. There are 1136 species (subspecies) of 504 genera, 50 families, 2 suborders of Coleoptera (beetles) were recorded from Ningxia; four species, *Bioramix* (*Cardiobioramix*) *globipunctata* Bai & Ren, 2016, *B.* (*C.*) *liupanshana* Bai & Ren, 2016, *Platyscelis* (*Platyscelis*) *acutipenis* Bai & Ren, 2019 and *P.* (*P.*) *helanensis* Bai & Ren, 2019 has been described as new to science; 86 taxa are new record to Ningxia herein. The references, indexes of Chinese and Latin names, 948 figures of adults habitus are also provided.

**Key words:** Coleoptera; beetles; Taxonomy; Fauna; China (Ningxia)

# 序

任国栋教授是我在宁夏从事昆虫学教育和研究培养出来的优秀学子。他生在宁夏，学在宁夏，在宁夏从事昆虫分类研究长达 16 年之久，即使他在河北大学工作的20 多年间，依然情系家乡，渴望有机会为故乡昆虫学事业发展贡献力量。为此，他带领学生多次在宁夏采集昆虫，足迹踏遍宁夏各类生态景观，为全面总结宁夏甲虫种类广集素材，储备了丰富的研究标本。继《中国动物志》昆虫纲第六十三卷，《中国土壤拟步甲志》第一卷、第二卷，《中国荒漠半荒漠的拟步甲科昆虫》《六盘山无脊椎动物》等专著问世以来，他又与他的两名宁夏籍学生——白兴龙博士和白玲硕士合作，历时 5 年撰写《宁夏甲虫志》一书并如愿以偿。

该书依据国内多家单位保存的宁夏产甲虫标本，按照规范术语对各级分类单元的分类性状做出简要描记，用当今世界公认的鞘翅目分类系统逐级编目并修订物种，增写了不少专业新知识，并以最大努力将宁夏甲虫种类总结为 2 亚目 15 总科 50 科 125亚科 220 族 77 亚族 504 属 1136 种（含亚种），包括 4 新种和 86 个宁夏新纪录分类单元，是迄今为止宁夏历史上最为完整和系统的甲虫分类专著。

该书的总论部分简要介绍了宁夏的自然简况、甲虫分类简况、形态术语、分类系统、种类多样性与地理分布、甲虫资源类型与保护利用。各论部分一一列出绝大多数种的主要引证文献、曾用名、主要识别特征、检视标本信息、地理分布及捕食或取食对象。书后附大量参考文献、英文摘要、中名和学名索引及成虫整体照片。该书还对国内尚无中文名称的甲虫种类赋名，修订了一些种类的不实之名。

作者提出了一些颇具新意的观点，在学术界具有一定借鉴意义：①在属级阶元组成上，宁夏甲虫以古北界和中日界成分为主；②相对全国动物分布而言，宁夏甲虫以两区和多区分布型为主，蒙新区成分相对凸显；③宁夏甲虫的区域分布比重呈现：荒漠、半荒漠区（53.63%）＞六盘山区（48.39%）＞黄土高原区（24.40%）；④将宁夏甲虫资源总结为 9 种类型，提出了保护和利用其资源的一些意见和建议。

甲虫是地球上进化最为成功、种类数量最为庞大的生物类群，与人类的经济利益紧密相关。毫无疑问，《宁夏甲虫志》的问世开创了我国西北甲虫分类研究的新篇章，必将对推动中国乃至世界甲虫的分类区系研究起到积极作用。

我欣慰地为该书作序，并对该书的问世致以衷心的祝贺！

宁夏大学昆虫学 教 授
宁夏昆虫学会原理事长　　王希蒙

2018 年 10 月 22 日于银川市

# 前　言

本书第一作者曾在宁夏农学院（现宁夏大学农学院）从事昆虫学研究 16 载，足迹遍布宁夏各生境类型，采集甲虫标本 6 万多件。后来在河北大学工作的 23 年里，仍带领团队多次深入六盘山、贺兰山、盐池、青铜峡、同心、中宁、吴忠、中卫、固原等地收集甲虫种类，将宁夏昆虫事业发展的这份情结深埋心底，指导研究生不断收集和整理宁夏的甲虫种类。另外两位合作者——白兴龙和白玲均为土生土长的宁夏人，大学均毕业于宁夏大学生物科学专业，硕士毕业于河北大学动物学专业昆虫系统学与多样性方向，其中白兴龙目前是河北大学动物学专业的在读博士研究生，是他们深厚的家乡情怀和对昆虫学的一片赤诚之心，坚定了我总结宁夏甲虫的决心。

宁夏位于古丝绸之路东段北道，丝路文化与黄河文明在此交织。驰名中外的古"丝绸之路"经过这里，分为两支跨越宁夏，一支是由西安经过甘肃平凉进入宁夏固原并翻越六盘山进入兰州，另一支是由西安经延安进入宁夏北部，再经银川、武威、酒泉等地进入新疆。黄河自甘肃由南向北流经宁夏，得黄河灌溉之利形成的宁夏平原是全国著名的米粮仓，有了"塞上江南"和"天下黄河富宁夏"之美誉。这里还是古老璀璨的西夏文化的发源地。

宁夏回族自治区的地理面积虽然不大，但地理位置却十分特殊。她既像一只展翅飞翔的巨型凤凰降落在广袤的西北原野，又犹如一颗两头尖中间宽的巨型多彩宝石镶嵌在黄土高原与半荒漠自然景观之间，将两者紧密连通，绽放着异彩。宁夏域内由南至北分别坐落着六盘山、罗山和贺兰山 3 座名山。西部高低落差较大，东部起伏较缓，山脉、高原、平原、丘陵、河谷等多元地貌类型错落，使之拥有了丰富的自然地理景观。高耸云端的六盘山自西向东横卧黄土高原，使由陕西秦岭北上陇东的湿润空气滞留此地，形成了荒漠半荒漠地区少见的、降雨量高达 600～800 mm 的半湿润清凉气候，孕育了宁夏地区无与伦比的生物多样性富集区，以及独特的昆虫区系；宁夏北部的贺兰山和位于宁夏西部与甘肃交界的祁连山南北走向，绵延数百千米，高大雄伟，分别挡住了阿拉善高原、乌兰布和沙漠和毛乌素沙地的围攻，成为荒漠地区与半荒漠地区的分界线，是宁夏生物物种最为贫乏和特殊的地区；宁夏中部的罗山位居黄土高原和阿拉善高原的中间，南北两大自然景观的生物物种混合交融，显示其生物种类组成和分布上的中庸特点。

按照世界动物地理区划的 11 区观点（Holt et al.，2013），宁夏位于古北界与中国–日本界的西北端；按照中国动物地理的 7 区意见（张荣祖，2011），宁夏位于蒙新区中南部和华北区的西北端，处于内蒙古高原与黄土高原的过渡地带；再按照中国昆虫地理区划的 9 区 20 亚区意见（申效诚等，2015），宁夏分别位于东北昆虫区的内蒙古昆虫亚区和华北昆虫区的黄土高原昆虫亚区。

宁夏昆虫的区系分类研究始于新中国成立初期，知名昆虫学家吴福桢先生及高兆宁、王希蒙、任国栋等先生先后对宁夏昆虫的区系、分类、生态地理、生物学及农林牧业昆虫进行过较多研究。任国栋、王新谱、杨贵军等近年来分别对宁夏六盘山、贺兰山、白芨滩、罗山、哈巴湖、沙坡头、南华山、云雾山和沙湖自然保护区进行了综合考察，出版了相应的昆虫学著作或考察报告。鉴于此，我们将上述成果进行归纳和整理，并检视了河北大学昆虫标本馆、宁夏农林科学院植物保护研究所昆虫标本馆、中国科学院动物研究所、上海师范大学等多家单位及个人收藏的宁夏鞘翅目昆虫定名标本，在全面搜集研究资料的基础上总结出了 2 亚目 15 总科 50 科 125 亚科 220 族 77 亚族 504 属 1136 种（含亚种），包括新种 4 个（已发表），宁夏新纪录 1 总科 1 科 3 亚科 5 族 1 亚族 17 属 58 种（含亚种）。作者还主要根据词义对一些只有拉丁学名而没有中文名称的种类拟定了中名；对一些中文名称冗长绕口、别扭或没有实意的种类，作者没有采用原作者的名称，赋予了新的中文名称。

还需要特别指出，作者试图找到每个种的原始描记，但由于资料发表的年代较早和编写时间的关系，没能如愿，成为本书的遗憾。本书在编纂过程中分别得到如下机构和学者的鼎力帮助和支持：

（一）本书的前期工作得到 2 项国家自然科学基金项目的支持，分别是："宁夏及其毗邻地区拟步甲科分类研究"（No. 3900012）、"中国荒漠半荒漠地区拟步甲科分类研究"（No. 39460016）。

（二）本书编纂得到依托单位河北大学动物学国家重点（培育）学科和河北省动物系统学重点实验室的支持，河北大学为之投入了一定人力、物力和财力。

（三）下列单位和个人支持和帮助本书的编纂，分别是：

（1）宁夏农林科学院植物保护研究所慷慨允借馆藏甲虫 32 科 350 种 23497 头标本；在作者两次查看和借阅宁夏甲虫定名标本的过程中，时任所长沈瑞清研究员、副所长张蓉研究员，以及刘浩、王芳和魏淑花 3 位老师给予了大力帮助。

（2）中国科学院动物研究所梁红斌研究员和昆虫爱好者刘烨先生在作者检视宁夏步甲定名标本时，赠送 5 种 8 头标本并帮助鉴定了部分标本；林美英副研究员赠送了 1 种 4 头宁夏天牛标本并赠书。

（3）上海师范大学李利珍教授、汤亮副教授和殷子为先生在作者检视宁夏隐翅甲定名标本时给予了许多帮助并提供部分照片、文献与六盘山隐翅甲名录，帮助鉴定了部分标本。

（4）北京林业大学高祺博士提供采自宁夏灵武白芨滩的拟步甲标本 21 种 1424 头；史宏亮先生鉴定了部分步甲标本并帮助查找了一些文献。

（5）华南农业大学王兴民博士提供了宁夏瓢虫名录和他发表的宁夏瓢虫新种文章。

（6）上海昆虫爱好者毕文煊先生慷慨提供了个人收藏的 7 种宁夏天牛标本供作者拍摄形态照。

（7）长江大学谢广林副教授提供了1种天牛照片及文献。

（8）河北大学杨秀娟高级实验师帮助鉴定了部分土甲标本，杨玉霞副教授帮助鉴定了部分花萤科标本，常凌小博士帮助拍摄一些标本形态照并提供一些分类文献。

（9）中国科学院动物研究所朱喜超博士、王林菲博士帮助查找了部分文献；河北大学硕士生江珊同学帮助整理了部分参考文献，吕向阳硕士帮助查找了部分文献。

（10）宁夏永宁第三中学教师王娜无偿陪伴本书作者之一——白玲硕士在六盘山地区补充采集了部分甲虫标本。

作者向上述单位和个人对本书的理解和支持表示诚挚的感谢！

本书是宁夏有史以来对甲虫种类及其研究资料最为完整和系统的总结，期望能为宁夏和我国甲虫的区系分类研究贡献微薄之力。由于我们的专业水平有限和时间局限，个别存疑种也收录在了文中，希望能在未来的研究中予以修正。

本书编纂中检视标本的保存地名称如下：

【BJFU】　　Beijing Forestry University, Beijing [北京林业大学，北京]

【CBWX】　　Collection of Bi Wenxuan, Shanghai [毕文烜个人收藏，上海]

【HBUM】　　Hebei University Museum, Baoding [河北大学博物馆，保定]

【IPPNX】　　Institute of Plant Protection, Ningxia Academy of Agriculture and Forestry Sciences, Yinchuan [宁夏农林科学院植物保护研究所，银川]

【IZCAS】　　Institute of Zoological, Chinese Academy of Sciences, Beijing [中国科学院动物研究所，北京]

【NXU】　　Ningxia University, Yinchuan [宁夏大学，银川]

【SHEM】　　Shanghai Entomological Museum, C. A. S, Shanghai [中国科学院上海昆虫博物馆，上海]

【SHNU】　　Shanghai Normal University, Shanghai [上海师范大学，上海]

河北大学特聘教授

中国昆虫学会甲虫专业委员会主任　　任国栋

2018 年 6 月于河北保定

# 目 录

## 总 论

# 各 论

鞘翅目 COLEOPTERA LINNAEUS, 1758

肉食亚目 ADEPHAGA SCHELLENBERG, 1806

水生类 HYDRADEPHAGA

XV．象甲总科 Curculionoidea Latreille，1802

# 总　论

## 一、宁夏自然概况

本书重点从自然条件和生物资源现状两方面简要介绍宁夏的自然概况。

## （一）自然条件

### 1. 地理位置

宁夏回族自治区位于中国西北腹地，地理坐标为 E 104°17'～109°39'，N 35°14'～39°14'，与内蒙古、甘肃、陕西毗邻，南北长、东西短，地势南高北低。北起石嘴山的黄河河心，南至泾源县六盘山的中嘴梁，南北长约 450 km；西起中卫营盘水车站西南 10 km 的田涝坝，东到盐池县柳树梁东北 2 km 处，东西宽约 250 km。由南至北大致可分为南部黄土丘陵、中部干旱带和北部引黄灌区，面积依次占全区总面积的 53.80%、19.40% 和 26.80%。

### 2. 气候特点

宁夏的气候四季分明，春多风沙、夏少酷暑、秋凉较早、冬寒延长，雨雪稀少、日照充足、蒸发强烈，年降水量在 170～700 mm，为典型的大陆性气候。夏季受东南季风影响，时间短、降水少，7 月最热，平均气温 12℃～24℃；冬季受西北季风影响，时间长、降雪少，1 月最冷，平均气温零下 14.4℃ 至零下 7℃。南部六盘山区阴湿多雨、气温低、无霜期短，北部日照充足、蒸发强、昼夜温差大，全年日照达 3000 小时，无霜期 150 天左右，是中国日照和太阳辐射最充足的地区之一。

### 3. 土壤特点

宁夏的土壤面积占自治区总面积的 95.60%，主要分为 12 个类型：

（1）黄绵土　主要分布在盐池麻黄山、同心窑山、海原高崖与徐套一带，为水土流失严重的土壤类型。

（2）普通黑垆土　主要分布在南部地区，是宁夏重要的旱作农业区，为侵蚀较轻、风化程度很低的土壤类型。

（3）侵蚀黑垆土　分布于南部温带干草原的丘陵坡地及梁峁顶部，为侵蚀比较明显的土壤类型。

（4）普通灰钙土　分布于盐池中北部、同心及海原北部和黄河平原两侧高地，生长荒漠、耐盐和耐旱植物。

（5）淡灰钙土　主要分布于灵武西部、同心北部、中卫香山以北等，为土质较粗的土壤类型。

（6）固定风沙土 分布于盐池、灵武和同心，为具有一定肥力的土壤类型。

（7）流动风沙土 主要分布于平罗东部、中卫北部的腾格里沙漠边缘、灵武白芨滩和瓷窑堡、盐池高沙窝、苏步井和哈巴湖周围及红寺堡一带。

（8）普通新积土 分布于盐池、同心、海原等县的丘间低地与贺兰山东麓的高阶地等。

（9）盐化灌淤土 分布于银川郊区、贺兰县和平罗县，为地表具白色盐霜的土壤类型。

（10）石灰性灰褐土 分布于六盘山、贺兰山和罗山等山地的阴坡、半阴坡，为侵蚀现象不明显、剖面发育较好、土层较厚的土壤类型。

（11）山地灰褐土 分布于贺兰山和六盘山海拔 2100～3200 m 的坡地上。

（12）龟裂碱土 主要分布于平罗县西大滩，贺兰县西部、贺兰山东部洪积扇边缘也有少量分布（张秀珍等，2011）。宁夏多样化的土壤类型为动植物生存提供了基本的栖息条件。

## （二）生物资源现状

### 1. 植被

宁夏的自然植被由森林、灌丛、草原、荒漠、湿地等基本类型组成，其中草原植被面积 244 万公顷，占总植被面积的 79.50%，是宁夏自然植被的主体，森林覆盖率为 8.30%。

### 2. 自然保护区生物资源

宁夏现有贺兰山、白芨滩、罗山、哈巴湖、沙坡头、南华山、云雾山、火石寨、六盘山 9 个国家级自然保护区。各自然保护区特点如下：

（1）贺兰山国家级自然保护区 主要保护对象为山地森林生态系统，年均降雨量达 428.1 mm，森林覆盖率 22.80%～45.70%；已知野生植物 690 种，昆虫 25 目 203 科 647 属 970 余种（王新谱等，2010；白晓拴等，2013）。

（2）灵武白芨滩国家级自然保护区 主要保护对象为自然灌木林生态系统，总面积 148 万亩（1 亩=667 m²），年均降雨量 255.2 mm，承担着保护我国面积最大的天然柠条林、西北地区面积最大的猫头刺植物群落，以及珍稀濒危植物沙冬青等 306 种旱生沙生植物和 115 种陆生脊椎动物及 217 种昆虫的重任（宋朝枢等，1999；宁夏灵武白芨滩国家级自然保护区科考组，2010）。

（3）罗山国家级自然保护区 主要保护对象为森林生态系统，是宁夏中部重要的水源涵养林区，年均降雨量不超过 261.8 mm，核心区森林覆盖率达 40.00%；已知野生植物 366 种，脊椎动物 4 纲 25 目 67 科 141 属 218 种，昆虫 20 目 167 科 591 属 872 种（含亚种）（杨贵军等，2011，2013）。

（4）哈巴湖国家级自然保护区　主要保护对象为荒漠草原、湿地生态系统及珍稀野生动植物，年均降雨量 285 mm；已知维管植物 77 科 279 属 559 种，脊椎动物 24 目 52 科 156 种和 44 亚种，昆虫纲 167 科 590 属 878 种（尤万学等，2016）。

（5）沙坡头国家级自然保护区　主要保护对象为腾格里沙漠景观，地处腾格里沙漠东南缘，是草原与荒漠、亚洲中部与华北黄土高原植物区系交汇地带，年均降雨量 186.2 mm；已知种子植物 440 种（含亚种），脊椎动物 176 种，昆虫 703 种（刘迺发等，2011）。

（6）南华山国家级自然保护区　主要保护对象为山地森林生态系统和山地草原与草甸生态系统。已知维管植物 59 科 206 属 426 种，脊椎动物 23 目 49 科 131 种和 93 亚种，昆虫 18 目 104 科 333 种（南华山自然保护区科考组，2005；郑国琦等，2016）。

（7）云雾山国家级自然保护区　主要保护对象为草原生态系统，年降雨量 350～400 mm；已知种子植物 182 种，脊椎动物 77 种，昆虫 116 种（马有祥等，2013）。

（8）火石寨国家级自然保护区　主要保护对象为黄土高原独特的丹霞地貌及自然人文景观，是黄土高原丹霞地貌环境下形成的典型山地森林草甸生态系统的基因库；已知野生维管植物 74 科 235 属 442 种，脊椎动物 5 纲 20 目 55 科 117 属 181 种，昆虫 6 目 112 科 391 种。

（9）六盘山国家级自然保护区　主要保护对象为水源涵养林和野生动物，境内年降水量明显高于周围地区，高达 667 mm 以上，森林覆盖率达 46.00%～80.00%；已知野生植物 123 科 382 属 1000 余种，昆虫 26 目 256 科 1593 属 3111 种（含亚种）（高兆宁等，1985；王香亭等，1989；宁夏林业厅自然保护区办公室，1989；任国栋等，2010）。

# 二、甲虫分类概况

## （一）世界研究简况

甲虫（beetles）是鞘翅目 Coleoptera 昆虫的通称，是地球上进化最为成功、物种数量最为庞大的动物类群。迄今为止，全世界已被描述的甲虫超过 40 万种，占整个生物界已被命名物种的 22.00%（见图 I-1，http://www.moodle.unitec.ac.nz）、动物界已知物种总数的 30.00% 和六足动物亚门的 40.00%[见图 I-2（Zhang，2011；Mckenna et al.，2015）]，隶属于 4 亚目 16 总科 183 科（Mckenna et al.，2015），也有记录为 4 亚目 16 总科 165 科（Lawrence & Newton，1995），若包括古甲虫在内则有 4 亚目 24 总科 211 科之多（Bouchard et al.，2011）。鞘翅目的分类系统诸多，Mckenna et al.（2015）基于大量分子生物学数据，基本厘清了鞘翅目分类中存在的一些混乱。在鞘翅目已知类群中，有 31 科占据了水域环境，约占其科级阶元总数的 18.00%，有 134 科则占据了陆地环境，约占其总科数的 81.00%。

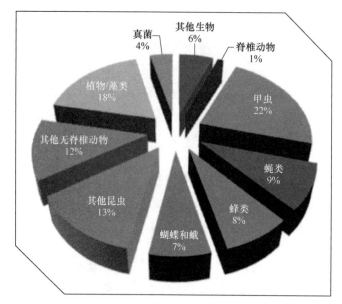

图 I-1　甲虫在全球命名生物物种中的比重

图 I-2　甲虫在六足动物亚门中的比重（引自 D. Grimaldi et al., 2005）

甲虫生活在除南极以外的所有陆地生态环境，以动植物和菌类等为食，生活环境包括地表、地下、淡水水域、动物粪便和腐殖质等，与农、林、牧、渔业有着非常密切的联系。许多甲虫具有药用、食用与饲用、观赏和仿生等价值，是人类亟待开发的动物资源。鞘翅目因其巨大的物种数和丰富的多样性，各类文献资料散布在全世界各个杂志书刊中，难以完全和完整收集，所以关于整个鞘翅目的分类研究才做了一点点工作，而且常常仅限定于一定的生物地理区域和科级分类水平。

中国的鞘翅目分类研究始终跟随世界步伐，分类体系也随国际变化而变化。在 20世纪中后期，普遍使用蔡邦华（1973）的 3 亚目 21 总科 173 科分类体系，该体系主要来自国外学者的工作；叶甲总科的分类则使用了陈世骧先生（1940，1964，1973）的分类系统；梁爱萍（1999）介绍了六足总纲各目的系统发育和进化关系，并对鞘翅目的高级分类和系统发生作了简要介绍；葛斯琴等（2003）对鞘翅目 4 个亚目的系统关系和有关鞘翅目的起源和演化等研究进行了初步总结和探讨。总之，我国学者对鞘翅目高级阶元系统发育做的工作相对较少。有关鞘翅目分类系统的演变概况将在第二篇中介绍。

## （二）宁夏甲虫分类简况

宁夏的昆虫研究始于新中国成立初期，早期研究只有外国学者的零星记录。法国的传教士桑志华博士（P. Licent）曾对宁夏昆虫做过徒步考察，考察结果主要由 E. Reitter 和 M. Pic 陆续发表，但所记录的甲虫物种数量十分有限。近 40 年来，我国十多位学者开展了宁夏甲虫区系、分类、生态及农、林业益、害虫相关的研究，发表论著 90余篇（部）（见表 1），有力地推动了宁夏甲虫的研究事业向前发展。

表 1　宁夏甲虫的主要研究工作

| 作　者 | 年　代 | 著　作 | 主要贡献 |
|---|---|---|---|
| 吴福桢等 | 1978 | 《宁夏农业昆虫图志（修订版）》 | 记录宁夏农业昆虫 187 种，其中甲虫 69 种 |
| 罗汉才等 | 1982 | 宁夏黄灌区黑光灯下昆虫名录 | 记录宁夏昆虫 183 种，其中甲虫 41 种 |
| 吴福桢等 | 1982 | 《宁夏农业昆虫图志（第二集）》 | 记录宁夏农业昆虫 197 种，其中甲虫 57 种 |
| 任国栋 | 1986 | 宁夏金龟甲名录及常见种识别检索 | 记录宁夏金龟 42 种 |
| 苏正海等 | 1987 | 罗山自然保护区林木病虫考察报告 | 记录宁夏罗山昆虫 129 种，其中甲虫 38 种 |
| 朱德生 | 1987 | 宁夏储粮害虫调查报告 | 记录宁夏昆虫 50 种，其中甲虫 38 种 |
| 贺答汉等 | 1988 | 荒漠草原昆虫的群落结构及其演替规律初探 | 将宁夏盐池县草原昆虫区系划分为 6 个群落类型 |
| 任国栋等 | 1988 | 宁夏盐池昆虫地理划分及分析 | 对宁夏盐池县昆虫的地理进行了划分 |
| 任国栋等 | 1988 | 腾格里沙漠东南缘昆虫区系分析 | 对宁夏中卫昆虫的区系进行了初步分析 |
| 任国栋等 | 1988 | 三类人工林昆虫群落特征及稳定性初析 | 对宁夏青铜峡三类人工林的昆虫进行了比较分析 |
| 田畴等 | 1988 | 荒漠草原牧草害虫及研究进展 | 分析了宁夏当前害虫防治进展，涉及甲虫 28 种 |

（续表）

| 作　者 | 年　代 | 著　作 | 主要贡献 |
|---|---|---|---|
| 李晓宏 | 1989 | 宁夏地下害虫区系初步研究 | 记录宁夏害虫 40 种，其中甲虫 38 种 |
| 孙宏义 | 1989 | 沙坡头昆虫区系初步研究 | 记录宁夏昆虫 189 种，其中甲虫 44 种 |
| 刘荣光等 | 1991 | 宁夏天牛种类及害情调查 | 记录宁夏天牛 40 种 |
| 容汉诊等 | 1992 | 宁夏花卉植物害虫及其天敌名录 | 记录宁夏昆虫 80 种，其中甲虫 18 种 |
| 王希蒙 任国栋等 | 1992 | 《宁夏昆虫名录》 | 记录宁夏昆虫 2314 种，其中甲虫 425 种 |
| 杨彩霞等 | 1992 | 宁夏象甲初步调查及常见种的危害 | 记录宁夏象甲 35 种（亚种） |
| 高兆宁等 | 1993 | 《宁夏农业昆虫实录》 | 记录宁夏农业昆虫 1810 种，其中甲虫 359 种 |
| 杨彩霞等 | 1996 | 宁夏荒漠拟步甲主要种类及为害情况记述 | 记录宁夏拟步甲 13 种 |
| 任国栋等 | 1997 | 宁夏拟步甲的区系组成和分布特征 | 记录宁夏拟步甲 83 种（亚种） |
| 高兆宁等 | 1999 | 《宁夏农业昆虫图志（第三集）》 | 记录宁夏农业昆虫 190 种，其中甲虫 54 种 |
| 李剑 任国栋等 | 1999 | 宁夏草原昆虫区系分析及生态地理分布特点 | 提出宁夏昆虫生态地理区划的意见 |
| 任国栋等 | 1999 | 《中国荒漠半荒漠的拟步甲科昆虫》 | 记录宁夏拟步甲 60 种 |
| 王新谱等 | 2000 | 宁夏琵甲属昆虫的区系组成 | 记录宁夏琵甲 16 种 |
| 杨彩霞等 | 2000 | 宁夏固沙植物柠条昆虫资源的调查 | 记录宁夏昆虫 53 种，其中甲虫 11 种 |
| 陈君等 | 2003 | 宁夏枸杞害虫及天敌种类的发生规律调查 | 记录宁夏昆虫 34 种，其中甲虫 11 种 |
| 张大治等 | 2003 | 宁夏药用昆虫资源概述 | 记录宁夏昆虫 58 种，其中甲虫 20 种 |
| 南华山自然保护区科考组 | 2005 | 《宁夏南华山自然保护区综合科学考察报告》 | 记录宁夏昆虫 333 种，其中甲虫 118 种 |
| 杨贵军等 | 2005 | 宁夏象甲科昆虫的区系组成 | 记录宁夏象甲 47 种 |
| 任国栋等 | 2006 | 《中国土壤拟步甲志（第一卷 土甲类）》 | 记录宁夏拟步甲 30 种 |
| 尚占环等 | 2006 | 宁夏香山荒漠草原区的昆虫多样性 | 记录宁夏昆虫 79 种，其中甲虫 33 种 |
| 王锦林等 | 2007 | 宁夏哈巴湖自然保护区昆虫资源的调查 | 记录宁夏昆虫 124 种，其中甲虫 37 种 |
| 李占文等 | 2008 | 宁夏灵武发现为害柠条锦鸡儿的新蛀干害虫 | 新记录宁夏天牛 2 种 |
| 许扬等 | 2008 | 宁夏银川湿地昆虫群落组成及多样性初步研究 | 对银川湿地昆虫组成及多样性进行了研究 |
| 张大治等 | 2008 | 宁夏白芨滩国家级自然保护区地表甲虫群落多样性 | 对宁夏地表甲虫的多样性进行了研究 |
| 代金霞 | 2009 | 宁夏金龟子昆虫的区系组成和分布特征 | 记录宁夏金龟 55 种 |
| 巴义彬 任国栋 | 2009 | Taxonomy of *Trigonocnera* Reitter, with the description of a new species | 发表宁夏拟步甲 1 新种 |
| 殷子为等 | 2009 | *Buobellenden jingyuanensis* gen. et sp. nov. of the subfamily Pselaphinae | 发表宁夏隐翅甲 1 新属 1 新种 |

（续表）

| 作 者 | 年 代 | 著 作 | 主要贡献 |
|---|---|---|---|
| 张承礼<br>任国栋等 | 2009 | Chinese species of the genus *Centorus* Mulsant, 1854 (s. str.) with description of two new species | 发表宁夏拟步甲 1 新种 |
| 陈曦等 | 2010 | 宁夏中部荒漠草原风沙区拟步甲物种多样性及其对生境的指示作用 | 记录宁夏拟步甲 22 种 |
| 贾凤龙等 | 2010 | 中国真龙虱属 *Cybister* Curtis 分类研究 | 记录宁夏龙虱 2 种 |
| 宁夏灵武白芨滩国家级自然保护区科考组 | 2010 | 《宁夏灵武白芨滩国家级自然保护区科学考察报告》 | 记录宁夏灵武白芨滩国家级自然保护区昆虫 217 种，其中甲虫 72 种 |
| 任国栋 | 2010 | 《六盘山无脊椎动物》 | 记录宁夏六盘山自然保护区昆虫 3554 种，其中甲虫 521 种 |
| 任国栋<br>巴义彬 | 2010 | 《中国土壤拟步甲志（第二卷 鳖甲类）》 | 记录宁夏拟步甲 26 种 |
| 王新谱等 | 2010 | 《宁夏贺兰山昆虫》 | 记录宁夏昆虫 952 种，其中甲虫 273 种 |
| 王绪芳等 | 2010 | 六盘山全变态类昆虫的区系组成与多样性 | 对六盘山全变态昆虫的区系与多样性进行了分析 |
| Ledoux 等 | 2010 | Les *Archastes*. Monographie. | 发表宁夏步甲 1 新亚种 |
| 李亮等 | 2010 | Fourteen new species of the genus *Gabrius* Stephens, 1829 from China | 发表宁夏隐翅甲 3 新种 |
| 李亮等 | 2010 | Taxonomy of the genus *Bisnius* Stephens from China | 发表宁夏隐翅甲 1 新种 |
| 陈宏灏等 | 2011 | 宁夏中部干旱带不同生境昆虫群落特征分析 | 对宁夏不同生境昆虫群落特征进行了分析 |
| 贺奇等 | 2011 | 宁夏盐池荒漠草原步甲物种多样性 | 记录宁夏步甲 15 种 |
| 刘廼发等 | 2011 | 《宁夏沙坡头国家级自然保护区二期综合科学考察》 | 记录宁夏昆虫 703 种，其中甲虫 172 种 |
| 杨贵军等 | 2011 | 宁夏贺兰山拟步甲科的区系组成与生态分布 | 记录宁夏拟步甲 50 种 |
| 杨贵军等 | 2011 | 《宁夏罗山昆虫》 | 记录宁夏昆虫 872 种，其中甲虫 247 种 |
| 张治科等 | 2011 | 宁夏红枣昆虫多样性及优势种群发生动态研究 | 对宁夏红枣昆虫进行了调查，包含一些甲虫种类 |
| 贺海明等 | 2012 | 宁夏盐池荒漠草原不同生境对琵甲物种多样性的影响 | 记录宁夏拟步甲 8 种 |
| 李涛等 | 2012 | 宁夏罗山拟步甲物种多样性及分布特点 | 记录宁夏拟步甲 40 种 |
| 宁夏沙湖自然保护区科考组 | 2012 | 《宁夏沙湖自然保护区综合科学考察报告》 | 记录宁夏昆虫 450 种，其中甲虫 127 种 |

（续表）

| 作 者 | 年 代 | 著 作 | 主要贡献 |
|---|---|---|---|
| 杨贵军等 | 2012 | 盐池荒漠草地拟步甲昆虫群落时间结构和动态 | 记录宁夏拟步甲 20 种 |
| 张大治等 | 2012 | 荒漠景观拟步甲科昆虫多样性及其对生境的指示作用 | 记录宁夏拟步甲 22 种 |
| 赵亚楠等 | 2012 | 宁夏芫菁种类记述 | 记录宁夏芫菁 20 种 |
| 陈晓胜等 | 2012 | Revision of the subgenus *Scymnus* (*Parapullus*) Yang from China | 发表宁夏瓢甲 2 新种 |
| 林美英等 | 2012 | Contribution to the knowledge of the genus *Linda* Thomson, 1864 (Part I), with the description of *Linda* (*Linda*) *subatricornis* n. sp. from China | 发表宁夏天牛 1 新种 |
| Yang Yicheng et al. | 2012 | A new species of *Tyrinasius* Kurbatov from Ningxia, Northwest China | 发表宁夏隐翅甲 1 新种 |
| 周毓灵子等 | 2012 | Taxonomy of the genus *Medhiama* Bordoni, 2002 with descriptions of three new species | 发表宁夏隐翅甲 1 新种 |
| Zong Shixiang et al. | 2012 | A new species of *Chlorophorus* Chevrolat from China with description of biology | 发表宁夏天牛 1 新种 |
| 贺奇等 | 2013 | 盐池四墩子荒漠草原拟步甲昆虫群落多样性研究 | 记录宁夏拟步甲 20 种 |
| 马有祥等 | 2013 | 《宁夏云雾山草原自然保护区综合科学考察报告》 | 记录宁夏昆虫 116 种，其中甲虫 42 种 |
| 任国栋等 | 2013 | 宁夏拟步甲的多样性组成与区系 | 记录宁夏拟步甲 140 种 |
| 王巍巍等 | 2013 | 荒漠景观地表甲虫群落边缘效应研究 | 记录宁夏甲虫 68 种 |
| 张大治等 | 2013 | 小尺度下柠条林破碎化生境对地表甲虫多样性的影响 | 记录宁夏甲虫 29 种 |
| 汤亮等 | 2013 | Discovery of Steninae from Ningxia, Northwest China | 记录宁夏隐翅甲 17 种 |
| 周毓灵子等 | 2013 | Taxonomy of the genus *Megalinus* Mulsant & Rey and seven new species from China | 发表宁夏隐翅甲 3 新种 |
| 杭佳等 | 2014 | 宁夏黄土丘陵区不同生态恢复生境地表甲虫多样性 | 记录宁夏甲虫 52 种 |
| 李岳诚等 | 2014 | 荒漠景观固沙柠条林地地表甲虫多样性及其与环境因子的关系 | 记录宁夏甲虫 50 种 |
| 李占文等 | 2014 | 宁夏灵武天然杠柳新害虫-黄角筒天牛的为害特性及生态习性研究 | 记录宁夏天牛 1 种 |

（续表）

| 作　者 | 年　代 | 著　作 | 主要贡献 |
|---|---|---|---|
| 张蓉等 | 2014 | 《宁夏草原昆虫原色图鉴》 | 记录宁夏昆虫 321 种，其中甲虫 107 种 |
| 彭中等 | 2014 | Seventeen new species and additional records of *Lathrobium* from mainland China | 发表宁夏隐翅甲 1 新种 |
| 王兴民等 | 2014 | A new species and first record of the genus *Cynegetis* Chevrolat from China | 发表宁夏瓢虫 1 新纪录属 1 新种 |
| Zong Shixiang et al. | 2014 | Impact of *Chlorophorus caragana* damage on nutrient contents of *Caragana korshinskii* | 研究了宁夏重要害虫 *Chlorophorus caragana* 对寄主植物 *Caragana korshinskii* 造成的危害 |
| 白玲等 | 2015 | 宁夏甲虫的多样性及地理分布 | 记录宁夏甲虫 902 种 |
| 白玲等 | 2015 | 六盘山、贺兰山和罗山甲虫区系及组成比较 | 对宁夏三大自然林区的甲虫作了对比分析 |
| 王章训等 | 2015 | 宁夏云雾山草原甲虫群落组成与多样性 | 记录宁夏甲虫 95 种 |
| 杨贵军等 | 2015 | 苜蓿—荒漠草地交错带步甲昆虫多样性 | 记录宁夏步甲 22 种 |
| Cai Yanpeng et al. | 2015 | Taxonomy on *Quedius euryalus* group from China with description of eight new species | 发表宁夏隐翅甲 1 新种 |
| Cai Yanpeng et al. | 2015 | Taxonomy of the subgenus *Quedius* (*Raphirus*) Stephens with descriptions of four new species from China | 发表宁夏隐翅甲 1 新种 |
| 陈晓胜等 | 2015 | The subgenus *Pullus* of *Scymnus* from China. Part II: the *impexus* group | 发表宁夏瓢虫 1 新种 |
| 王杰等 | 2016 | 贺兰山天牛科昆虫区系组成及垂直分布 | 记录宁夏天牛 41 种 |
| 杨贵军等 | 2016 | 宁夏贺兰山拟步甲科昆虫分布与地形的关系 | 记录宁夏拟步甲 42 种 |
| 杨贵军等 | 2016 | 人工柠条—荒漠草地交错带拟步甲昆虫群落多样性 | 记录宁夏拟步甲 13 种 |
| 尤万学等 | 2016 | 《宁夏哈巴湖国家级自然保护区生物多样性监测手册（昆虫图册）》 | 记录宁夏昆虫 878 种，其中甲虫 65 种 |
| 白玲、任国栋 | 2016 | Two new species of the subgenus *Cardiobioramix* Kaszab from China | 发表宁夏拟步甲 2 新种 |
| 姜日新、殷子为 | 2016 | Two new species of *Batrisodes* Reitter from China | 发表宁夏隐翅甲 1 新种 |
| 王林菲等 | 2017 | Revision of the *Anotylus sculpturatus* group with descriptions of seven new species from China | 发表宁夏隐翅甲 1 新种 |

# 三、形态术语

## （一）成虫（adult）

体小型（约 0.3 mm，缨甲科 Ptiliidae）至大型［160 mm，巨天牛 *Titanus giganteus* (Linnaeus, 1771)］。体壁高度硬化，几乎无裸露在外的膜。口器咀嚼式，上颚发达；触角 11 节，形状多样；前胸背板发达，中胸仅露出三角形小盾片；前翅强烈骨化、坚硬，称为鞘翅，形状类似于古代武士所披的甲胄，所以鞘翅目昆虫又被称为甲虫；后翅膜质，休息时折叠于翅下，翅脉减少，部分类群无后翅；腹部可见腹板 5～8 节；跗节一般 3～5 节（见图 I-3）。

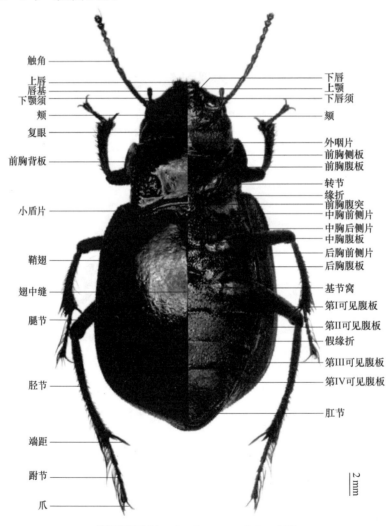

谢氏宽漠王 *Mantichorula semenowi* Reitter, 1889

图 I-3　甲虫成虫的外部形态特征

## 1. 头部（head）

头部前口式，通过一个薄膜嵌入前胸，腹面被硬化的外咽片包裹。额唇基缝愈合，部分退化或消失。复眼形状及大小多变或完全退化。有些类群的后头部微窄，有些则在眼后突然变窄和收缩，形成一个长颈或颈部逐渐变窄和强烈延长（如象甲科 Curculionidae）。

头部上表面称为头顶，有些甲虫的头部由明显的缝合线分开的几个骨片组成；而有些（如牙甲科 Hydrophilidae）有 2 次折叠的缝合线，而非真正的缝合线，它与其他昆虫的缝合线并非同源。头顶下面是额，与唇基相连，唇基又连着上唇。唇基通常被 1 条额唇基沟分开。

在有些类群中，头部下表面有 2 条凹槽或缝合线将颊断开，称外咽缝，2 条缝合线之间的区域称为外咽片，该骨片插在上唇和头状骨的小孔之间。有时这 2 条线汇合成 1 条线，此时不存在外咽片。外咽片这一特征的有无可用来区分某一特定类群，如象甲等。头部着生触角、复眼和口器。

（1）眼（eyes）

绝大多数种类的成虫无单眼（隐翅甲科 Staphylinidae、皮蠹科 Dermestidae、葬甲科 Silphidae 的部分类群除外）。一些种类则有单眼，如复变甲科（=微长扁甲科）Micromalthidae 3 个单眼，平唇水龟科 Hydraenidae 的部分种类 1 对单眼。复眼的大小和形状变化较小，通常圆形、椭圆形、肾形和肠形。外寄生、穴居和地下生活的甲虫类群的复眼退化。在有些类群中，复眼会分为 4 部分，如豉甲科 Gyrinidae。

（2）口器（mouth parts）

甲虫的口器发达或退化，发达者类似于直翅目的蚱蜢，为咀嚼式，由上唇、上颚、舌、下唇、下颚 5 部分构成。少数种类（球蕈甲科 Leiodidae、扁股花甲科 Eucinetidae、朽木甲亚科 Alleculinae、拟球甲科 Orthoperidae 中的几个属）具吸管。甲虫口器的 5 部分形态特征如下：

上唇（labrum）：是 1 个裸露的小块，可前后或左右活动，它坚固地和唇基相连或可伸缩在唇基之下，几乎在所有科中都明显可见。

上颚（mandible）：形状和大小变化较大，但通常弯曲，内部锯齿状，如雄性锹甲，长且分叉，好似鹿的犄角。上颚移动的方式是从一边到另一边，用来捕捉和粉碎食物，有时也会作为防御器官。

下颚（maxillary）：是一个复合结构，由轴节、基茎节、中茎节、板状延长负颚须节、外颚叶、内颚叶和 4 节触须组成，在某些类群里作为重要的分类特征。可归纳为 4 个组成部分：第 1 部分为轴节 [cardo; cardines（复数）]，是基部连接头壳侧下方的三角形骨片；第 2 部分为茎节 [stipes; stipites（复数）]，是轴节端部的长方形骨片；第 3 部分为亚外颚叶（subgalea），是连接在茎节内部的构造；第 4 部分为下颚须（maxillary palpus），是着生在茎节外侧负颚须节上的分节结构，一般分为 5 节。鞘翅目下颚的进化类似于其他昆虫，完全依赖于自然界的食物，它的进化不仅仅是为了获取食物，而是作为咽喉的附件，帮助上颚更好地吞咽食物。

下唇（labium）：位于下颚后面，是后头孔下方的一个片状结构，由后颏、前颏、侧唇舌、中唇舌和下唇须5部分构成。后颏是下唇基部不能活动的部分；前颏是连接在后颏前端的部分，可前后左右活动；侧唇舌是前颏端部两侧的1对较大的叶状构造；中唇舌是前颏端部中央的1对很小的叶状结构；下唇须一般分为3节。

舌（tongue）：是位于口前腔中央的袋状结构，其盘上有浓密的毛与感觉器官。

（3）触角（antenna）

甲虫的触角通常11节，着生于头部两侧，一般位于上颚基部和眼之间，但着生的具体位置多变。触角一般由3部分构成，分别为柄节（scape）、梗节［pedicel; pedicelli（复数）］和鞭节（flagellum）。触角的形状和大小极其多样化，在昆虫纲里通常1种触角甚至能代表1个目。甲虫触角在一些世系中节数增加现象较为普遍，如蚁形甲科 Anthicidae 的 *Afremus* 属和 *Leptoremus* 属、叩甲科 Elateridae 的 *Pityobius* 属和 *Diplophoenicus* 属、雌光萤科 Rhagophthalmidae 的 *Cydistus* 属和暗天牛亚科 Vesperinae 的 *Vesperoctenus* 属，它们的触角均为12节；在泥甲科 Dryopidae、萤科 Lampyridae、羽角甲科 Rhipiceridae、天牛亚科 Cerambycinae 和锯天牛亚科 Prioninae 的代表种类中，触角则多于12节。

触角的形状通常作为科级分类的重要特征。常见的甲虫触角分为以下几个基本类型。

线状：最简单的类型，每一节都是圆柱状，形状几乎完全一样。如步甲、天牛的触角。

念珠状：形似一串珠子，基节较长，梗节小，鞭节由多个近圆球形、大小相近的小节组成。如部分拟步甲的触角。

锯齿状：状如锯子，每一节都像被压扁平的三角形。如部分叩甲、芫菁的雄性触角。

栉齿状：状如梳子，鞭节各亚节向一侧显著突出。如部分豆象、叩甲的雄性触角。

双栉状：又称为羽状，每一节两侧都有状如梳子的齿。如部分大花蚤的触角。

棒状：又叫球杆状，近端部数节膨大呈棒状。如大蕈甲、伪瓢虫的触角。

锤状：触角较短，鞭节端部突然膨大，形似锤状。如郭公甲的触角。

鳃状：鞭节端部几节扩展成片，形似鱼鳃。如金龟的触角。

肘状：又称膝状或曲肱状，其柄节较长，梗节小，在梗节处呈肘状弯曲。如象甲的触角。

**2. 胸部（thorax）**

胸部是虫体的中间部分，分为前胸、中胸、后胸3部分，中胸、后胸特称为具翅胸节。每部分各具1对足，分别称为前足、中足和后足。

（1）前胸（prothorax）

前胸非常明显，着生 1 对前足，通常可自由活动。前胸的背面称为前胸背板，形状变化非常之多，常可作为科级鉴别特征。前足着生的方式和位置通常也可作为有效的科级和属级鉴别特征。有时前胸腹板会有容纳触角、足和口器的凹槽。前胸的侧面称为前胸侧板，通常只有 1 侧沟将侧板分为前侧片和后侧片。前胸腹板多不发达，但叩甲科 Elateridae 昆虫的前胸腹板后方中间有 1 后伸的楔形突。

（2）中胸（mesothorax）

中胸、后胸紧密连接构成一个功能整体。中胸显著变短，背板较小，着生 1 对中足和 1 对坚硬的前翅，前翅特称为鞘翅。前胸背板后方与鞘翅之间有 1 隆起的三角盾状结构称为小盾片，可作为有效的属级或属群鉴别特征，它的形态和大小多变且很少不存在。

（3）后胸（metathorax）

后胸大，着生 1 对后足和 1 对膜质的后翅。后胸背板具有明显分开的悬骨、前悬骨、盾片、小盾片和后背板。体节侧壁由上前侧片和后侧片组成。侧沟和侧板内脊发育良好。后侧片细分为 3 个区域，有裸露的腹板、被覆盖的背板和位于它们之间的垫状半膜区域。前上侧片发育良好，有杯状肌盘。后上侧片嵌入连接侧板和背板的膜内。腋片完整，端部宽，颈部窄，体部大。

（4）翅（wing）

鞘翅目的前翅进化为坚硬的鞘翅，静止时合拢于胸腹部背面，主要起保护虫体和后翅的作用。有时也会是柔软的，但通常都不透明。前翅由于角质化，翅脉已不可见，左翅、右翅通常在体背中央相遇呈 1 直线，称为鞘翅缝或翅中缝。此缝可伸达鞘翅尖端，有时翅尖会稍稍分离，这时称鞘翅末端分歧或分叉。鞘翅的前角称为肩角。如鞘翅在侧面突然向下弯曲，弯下的部分就是缘折。鞘翅的形状、长短、翅面上的沟、纹、刻点等都是有效的属、种鉴别特征。

后翅膜质、宽大、翅脉少，平时纵横折叠于前翅之下，几乎不作为属、种的鉴别特征。后翅在一些类群中退化，静止时纵向隐藏于鞘翅之下且有横向折叠。翅脉包括 1 对高度稳固的翅的支架（中部和向外的棒带），由内脊、加强的横脉和支架基部相互连接而成，翅的柔韧区域与翅的折叠有关。

（5）足（foot）

鞘翅目的足由 5 部分组成：基节、转节、腿节、胫节、跗节。跗节一般分 5 部分，但在很多家族中跗分节的数量会发生减少。末端的跗分节有 2 相等或不相等的爪，有锯齿状的、裂开的或其他形状的。通常具有爪间突、中垫、爪垫和跗垫。由于生活习性的不同，足在功能和形态上也有很多变化，可分为以下几类：

游泳足：中足、后足扁平，具较密缘毛，适于游泳，称游泳足。如龙虱科 Dytiscidae 和豉甲科 Gyrinidae 的足。

开掘足：一些生活在土壤中的类群，前足宽扁，适于开掘，称开掘足。如部分金龟的前足。

跳跃足：腿节发达，胫节细长，称跳跃足。如跳甲的后足。

步行足：最常见的一种类型，可辅助清洁、捕食、攀缘等，有时可用来梳洗或者适于挖洞或游泳。如步甲科 Carabidae 的足。

抱握足：跗节特别膨大，具吸盘结构，在交配时抱握雌性。如龙虱科 Dytiscidae 的前足。跗节的节数、各节的相对大小和形状是鞘翅目重要的分类特征。多数甲虫的跗节数为 3～5 节，跗式有 5–5–5、5–5–4、5–4–4、3–3–3 等形式。拟步甲总科 Tenebrionoidea 的跗式为 5–5–4，统称异跗节类（Heteromera）。有些甲虫的倒数第 2 跗节特别小，而倒数第 3 节相对较大，且呈"U"形，这时看到的跗节数就比实际少了 1 节，若为 5 节就称为隐 5 节或拟 4 节，如叶甲总科 Chrysomeloidea 的足；若为 4 节就称为隐 4 节或拟 3 节，如瓢虫的足。还有少数类群的基跗节很小（如郭公甲科 Cleridae 和长蠹科 Bostrichidae）。

**3. 腹部（abdomen）**

许多甲虫种类的成虫在侧膜有 1～8 个嵌入的气门并被鞘翅覆盖。第 I 腹板的形状是分亚目的重要特征，在肉食亚目中，后足基节向后延伸，将第 I 腹板分为两部分；在多食亚目中，后足基节不把第 I 腹板完全划开。腹部可见腹板的数目在不同类群中也有变化，常作为重要的分类特征。

外生殖器是重要的分种特征。雄性外生殖器也称交配器官（阳茎），由阳茎基、阳茎和内阳茎 3 部分组成。阳茎基由成对的阳基（基片）组成，连接阳基侧突（侧叶突）；阳茎（中间的叶突）和内阳茎（里面的囊），最初是膜质的但可能通过不同类型的骨化连接起来（Lawrence & Britton, 1991）。中间叶突的基端通常被阳茎基包围。雌性生殖器（产卵瓣）的外部通常由载肛突（第 10 背片）、阳基侧突（第 9 背片）、近基的生殖突基节（负瓣片）、末端的生殖突基节（基腹片）和生殖刺突组成。第 8 部分的生殖器的附器大部分退化或缺失。

## （二）卵（egg）

通常圆球形、椭圆形、长椭圆形不等，产卵方式多种多样。

## （三）幼虫（larva）

甲虫幼虫经过正常发育后，头壳硬化。在多数种群中幼虫的身体基本呈细长圆形，有 5～6 对足和一个长的腹部。有些种类的幼虫身体非常扁平呈卵形（海蛆型），或像蝎子一样（蝎型），或像蛴螬一样呈 C 形（蛴螬型）或部分种类有足或无足。头下口式或前口式，前者如藻食亚目幼虫的下咽片半膜质（Beutel et al., 1999），多食亚目的许多种类，如平唇水龟科、腐尸甲科、隐翅甲科（舟甲亚科）、扁股花甲科、花甲科和瓢甲科（Newton, 1991; Beutel & Molenda, 1997）、肉食性种类（牙甲科、阎甲科、花萤科和郭公甲科）和一些非肉食性种类，如原鞘亚目、颚甲科 Prostomidae 和赤翅甲科幼虫的头为前口式；许多植食性甲虫的幼虫为下口式，如蛴螬、多食亚目等。

触角：通常 4 节（原鞘亚目和肉食亚目）或 3 节（多数多食亚目），或少于 3 节或 4 节者，如龙虱亚科、圆花蚤科和金龟科仅由 1～2 节构成。

眼：单眼 6 枚或无。

一些原始甲虫类群有"V"形头冠缝或具琴状的头盖缝臂（额前缝），具额唇基缝或无。

上颚：尖锐，具臼齿和臼叶或无，有时带有可活动的内颚叶和毛撮。

下颚：由轴节、茎节、3 节的负颚须、外颚叶和内颚叶或单个的合颚叶构成。

下唇：由下颏、颏、前颏和两部分触须组成，具唇舌或无。

舌：与下唇的背面相融合，唾窦一般缺失。

足：幼虫的步行足分为 6 部分（原鞘亚目和肉食亚目）或 5 部分（藻食亚目和多食亚目）：基节、转节、腿节、胫节、跗节（或胫跗节）和前跗节。胸足完全或退化完全（如象甲总科），第 1 或第 4 腹节上很少有腹足。

腹部：通常 10 节。末节有时退化（如龙虱亚科）。在许多种类中，第 9 背片和尾突相连（一些肉食亚目和隐翅类 Staphyliniformia）或稳定不变（如粗水甲科、叩甲总科、郭公甲总科、扁甲总科和拟步甲总科）。原始的第 10 腹节像尾足一样向腹部弯曲，有时在尾端的叶突上有 1 大钩（如豉甲科、水缨甲科、缨甲科、平唇水龟科）或带有很多小刺或钩（如部分隐翅甲总科），几乎都严重退化或在许多种类的幼虫中存在（如原鞘亚目、淘甲科、龙虱亚科、金龟科）。

气门的形态、数量、位置和功能多变，气门室位于中胸和第 1～8 腹节上。后胸的气门通常缺失，但在擎爪泥甲科和葬甲科幼虫中则存在。半气门式者第 8 气门缺失，如水甲科和沼梭甲科的末龄幼虫；后气门式者在第 8 腹节上的 1 对气门中只有 1 个有功能，如小粒龙虱科、两栖甲科的早期和中期龄虫和龙虱科、沼甲科、扁泥甲科；两端气门者（气门在后胸和第 8 腹节上）或无气门者（如豉甲科、沼梭甲科的幼龄虫、水甲科、水缨甲科）呼吸系统几乎都单独发生在水生幼虫（在寄生性芫菁科中为半气门式呼吸系统）中。气门有环形单孔、环形双孔、环形多孔、双孔或筛形（Lawrence，1991）。特殊的呼吸器官发生在不同的水生家族中，如气管鳃（豉甲科、水缨甲科）、微气管鳃（沼梭甲科）、血鳃（水甲科）、气门鳃（藻食亚目）、臀鳃（溪泥甲科、水獭泥甲科）或气门式的口前腔（部分水缨甲科）（Lawrence，1991）。幼虫寡足型，胸足发达，但无腹足。幼虫的形态变化较大，常分为以下 5 种：

步甲型：口器前口式，胸足很发达，行动较迅速。如步甲、瓢甲、牙甲等捕食性昆虫的幼虫。

蛴螬型：常弯曲呈"C"形，胸足较短，行动迟缓。如金龟的幼虫。

叩甲型：体细长、略扁平，胸足较短。如叩甲、拟步甲的幼虫。

扁平型：体扁平，胸足有或退化。如花甲的幼虫。

象甲型：体柔软、肥胖，腹足退化。如一些象甲的幼虫。

## （四）蛹（pupae）

甲虫大多数为离蛹（或称裸蛹），少数为被蛹（如缨甲科、隐翅甲总科、拳甲科等）。上颚不动者称无颚蛹；附器可自由活动者称离蛹；触角、翅、足等均不贴附在身体上，裸露于体外，可活动；腹节也能活动，腹部通常由第1～9背片和第1～8腹片组成。气门的数量与幼虫相比通常退化，第8对气门常常关闭。头和躯体均有刚毛和突起，使蛹体距蛹的室壁较远。腹部末端有或无尾突。一些种群的蛹具阱铗。蛹包裹在末龄幼虫的体壁（如藻食亚目）、土室或植物性食物里。具茧者统常由丝（隐翅甲科、拟步甲科）、粪便（金龟科）、木材或其他材质组成（Lawrence & Britton, 1991）。

# 四、分类系统

## （一）分类系统演变

鞘翅目的分类系统随时代科学的发展和认知水平的提升并在实践中得到检验而逐步完善，从诸学者在各个历史时期建立的分类体系中可见其变化之大（见表2）。

表2　甲虫分类重要工作一览表

| 作 者 | 年 代 | 主要贡献 |
|---|---|---|
| Ganglbauer | 1903 | 将鞘翅目分为肉食亚目 Adephaga 和多食亚目 Polyphaga |
| Kolbe | 1908 | 增加了原鞘亚目 Archostemata |
| Jeannel & Paulian | 1944 | 将多食亚目 Polyphaga 分为2个"亚目"：异腹次目 Heterogastra 和原腹亚目 Haplogastra |
| Crowson | 1955 | 增加了菌食亚目 Myxophaga |
| Steffan | 1964 | 增加了菌食亚目 Myxophaga 淘甲科 Torridincolidae |
| Crowson | 1955, 1966 | 建立了鞘翅目4亚目6系21总科160科的分类体系 |
| Crowson | 1981 | 在1955年和1966年分类系统基础上，重新建立了4亚目11系21总科168科的分类体系 |
| Kirejtshuk | 1991 | 将现生和古生鞘翅目归为6亚目9类49总科208科 |
| Lawrence & Newton | 1995 | 建立了4亚目7系16总科169科的分类体系 |
| Bejsak | 2003 | 提出4亚目9系23总科178科的分类体系 |
| Löbl & Smetana | 2003–2013 | 主编《古北区鞘翅目名录》8卷，记录中国甲虫10 000余种 |
| Bouchard et al. | 2011 | 审查了全球鞘翅目亚族及以上分类等级名称，将其修订为4亚目24总科211科541亚科1663族740亚族，是全球鞘翅目分类最为重要的工作之一 |

（续表）

| 作　者 | 年　代 | 主要贡献 |
|---|---|---|
| Robertson et al. | 2015 | 将扁甲总科 Cucujoidea 中的一些分类单元独立出来组成新的瓢甲总科 Coccinelloidea。包括穴甲科 Bothrideridae、Teredidae、Euxestidae、Murmidiidae、盘甲科 Discolomatidae、皮坚甲科 Cerylonidae、薪甲科 Lathridiidae、伪薪甲科 Akalyptoischiidae、粒甲科 Alexiidae、拟球甲科 Corylophidae、Anamorphidae、伪瓢甲科 Endomychidae、Mycetaeidae、Eupsilobiidae、瓢甲科 Coccinellidae 共 15 个科 |
| Mckenna et al. | 2015 | 重新揭示了鞘翅目 4 亚目 16 总科 170 科的系统发育关系，将筒蠹总科 Lymexyloidea 并入拟步甲总科 Tenebrionoidea，赞成瓢甲总科 Coccinelloidea 为独立的总科 |

上述学者的研究以 Ganglbauer（1903）提出的肉食亚目 Adephaga 和多食亚目 Polyphaga 两亚目分类体系流行时间较长；Kolbe（1908）的鞘翅目 3 亚目分类体系受到 Böving 和 Craighead（1931）基于幼虫形态学的支持；Jeannel 和 Paulian（1944）将多食亚目 Polyphaga 再分为 2 个"亚目"，即异腹亚目 Heterogastra 和原腹亚目 Haplogastra，后者相当于 Kolbe 的 Symphiogastra；Crowson（1955）建立了第 4 个亚目——菌食亚目 Myxophaga，包括 Sphaeriidae、水缨甲科 Hydroscaphidae 和单跗甲科 Lepiceridae 3 科；Steffan（1964）为菌食亚目 Myxophaga 增加了第 4 个科——淘甲科 Torridincolidae；Crowson（1955，1966）建立了鞘翅目 4 亚目 6 系 21 总科 160 科的分类体系，其中 3 科的分类地位没有明确；Crowson（1981）、Lawrence 和 Newton（1995）分别在此基础上进行了补充完善，基本明确了这些科的亲缘关系；此外，Kirejtshuk（1991）对 Crowson（1981）的分类系统进行修订，将现生甲虫和古甲虫归为 6 亚目 9 类 49 总科 208 科。

## （二）分类编目与系统发育

这方面研究体现在下列代表性工作之中。

### 1. 古北区鞘翅目编目

自 2003—2013 年以来，由 Löbl 和 Smetana 主编、世界诸多鞘翅目权威分类专家参与的甲虫编目工作取得重要进展，通过对古北区甲虫艰巨的分类修订，极大推进了鞘翅目分类研究的发展。由其主编的 8 卷《古北区鞘翅目名录》（*Catalogue of Palaearctic Coleoptera*）问世以来，成为欧亚大陆鞘翅目分类研究新的里程碑，其中记录中国甲虫超过 10 000 种。

### 2. 世界性高级分类阶元修订

Bouchard 等（2011）对世界鞘翅目的科级阶元做出新的厘定，对学术界有争议的一些甲虫类群的关系和分类地位做了处理，尤其是对亚族、族、亚科和科的有效名称做了修订，提出了 4 亚目 24 总科 211 科 541 亚科 1663 族 740 亚族的分类体系，目前该系统成为世界鞘翅目分类比较公认的系统。

### 3. 高级分类阶元大整合

随着进化生物学理论的迅猛发展，从基因水平揭示甲虫系统发育关系的研究快速崛起，鞘翅目高级阶元系统分类研究出现了一派大变动、大改组和大繁荣景象。有关研究工作涉及的类群主要有：

（1）构建分子时间树推测甲虫各亚目的分离时间

Hunt 等（2007）基于大量重复的 3 属 340 种甲虫的 18S rDNA 数据构建了 1 个甲虫分子时间树（molecular timetrees）；McKenna 和 Farrell（2009）基于 955 种甲虫的 18S rDNA 序列数据，构建了 2 个甲虫分子时间树。这 2 项研究在深节点处（deep nodes）都得到了相当小的分辨率（resolution）和节点支持，对甲虫各亚目的分离时间的估算非常相似，即处于二叠纪时期的中期到晚期。

（2）构建了几个重要甲虫总科的分子时间树

相关几个甲虫总科系统发育研究分别是：①基于 18S rRNA 的多食亚目系统发生研究（Farrell, 1998）；②基于 16S rRNA/18S rRNA/28S rRNA 的叶甲总科系统发生研究（Gómez-Zurita et al., 2007）；③基于 18S rRNA 的象甲总科系统发生研究（Farrell, 1998; McKenna et al., 2009）；④基于 151 种主要水生甲虫 6 基因分子数据集的牙甲总科系统发生研究（Bloom et al., 2014）；⑤基于 4 个基因（18S、28S、16S rRNA (rrnL)和 *cox*1）的 146 种的金龟甲总科系统发生研究（Ahrens et al., 2014）；⑥基于 404 个类群 250 种拟步甲的 8 个基因片段组成数据集的拟步甲总科系统发生研究（Kergoat et al., 2014）。

（3）新建立了瓢甲总科

Robertson 等（2015）基于 384 个甲虫的 8 个基因（4 个核基因，4 个线粒体基因）中提取 DNA 序列数据，包括 35 个（37 个）科和 289 个属的标本，重点对鞘翅目科级分类地位进行了探讨，建立了新的瓢甲总科 Coccinelloidea 单系，包括穴甲科 Bothrideridae、Teredidae、Euxestidae、Murmidiidae、盘甲科 Discolomatidae、Cerylonidae、Lathridiidae、伪薪甲科 Akalyptoischiidae、粒甲科 Alexiidae、Corylophidae、Anamorphidae、Endomychidae、Mycetaeidae、Eupsilobiidae 和 Coccinellidae 15 科，对该总科的范围和特征重新进行了界定，对个别科、亚科和族也进行了处理。

（4）构建了新的鞘翅目分类系统

Mckenna 等（2015）基于 8 个核基因（18S rRNA, 28S rRNA, *CAD*, *AK*, *Spec*, *EF1-*, *Wg*, *PEPCK*）的 DNA 序列数据，包括 6 个单一复制的核蛋白编码基因，涉及 367 个物种，代表 183 个现存科的 170 个甲虫科，揭示了鞘翅目各亚目、总科、科的系统发育关系（见表3）。该研究结果将筒蠹总科 Lymexyloidea 并入拟步甲总科 Tenebrionoidea，支持将瓢甲总科 Coccinelloidea 上升为独立的总科。研究结果还支持捻翅目 Strepsiptera 为鞘翅目的姐妹群，而且鞘翅目的 4 个亚目均表现为单系性，即多食亚目 Polyphaga（肉食亚目 Adephaga（原鞘亚目 Archostemata，菌食亚目 Myxophaga））（见图 I-4）。

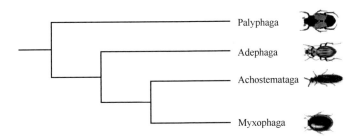

图 I-4　鞘翅目 4 个亚目的系统发育关系（Mckenna et al., 2015；有改动）

**表 3　鞘翅目亚目、总科和科一览表**（根据 Mckenna et al., 2015 编排）

| 亚目 | 科 |
|---|---|
| 原鞘亚目 Archostemata（3 科） | 眼甲科 Ommatidae、复变甲科 Micromalthidae、长扁甲科 Cupedidae |
| 菌食亚目 Myxophaga（4 科） | 水缨甲科 Hydroscaphidae、球甲科 Sphaerusidae、单跗甲科 Lepiceridae、淘甲科 Torridincolidae |
| 肉食亚目 Adephaga（2 类 11 科） | 水生类 Hydradephaga（8 科）：<br>沼梭甲科 Haliplidae、豉甲科 Gyrinidae、瀑甲科 Meruidae、小粒龙虱科 Noteridae、水甲科 Hygrobiidae、壁甲科 Aspidytidae、两栖甲科 Amphizoidae、龙虱科 Dytiscidae<br>陆生类 Geadephaga（3 科）：<br>步甲科 Garabidae、粗水甲科 Trachypachidae、条脊甲科 Rhysodidae |
| 多食亚目 Polyphaga（16 总科 152 科） | 沼甲总科 Scirtoidea（5 科）：<br>拳甲科 Clambidae、伪郭公甲科 Derodontidae（原 Derodontoidea）、扁腹花甲科 Eucinetidae、伪花甲科 Decliniidae、沼甲科 Scirtidae<br>隐翅甲总科 Staphylinoidea（7 科）：<br>短跗甲科 Jacobsoniidae（原 Derodontoidea）、缨甲科 Ptiliidae、平唇水龟科 Hydraenidae、球蕈甲科 Leiodidae、觅葬甲科 Agyrtidae、隐翅甲科 Staphylinidae、葬甲科 Silphidae<br>牙甲总科 Hydrophiloidea（4 科）：<br>圆泥甲科 Georyssidae、Helophoridae、Spercheidae、牙甲科 Hydrophilidae<br>阎甲总科 Histeroidea（3 科）：<br>长阎甲科 Synteliidae、扁圆甲科 Sphaeritidae、阎甲科 Histeridae<br>金龟总科 Scarabaeoidea（11 科）：<br>漠金龟科 Glaresidae、皮金龟科 Trogidae、粪金龟科 Geotrupidae、锹甲科 Lucanidae、重口金龟科 Diphyllostomatidae、金龟科 Scarabaeidae、驼金龟科 Hybosoridae、绒毛金龟科 Glaphyridae、红金龟科 Ochodaeidae、黑蜣科 Passalidae、毛金龟科 Pleocomidae<br>花甲总科 Dascilloidea（3 科）：<br>小丸甲科 Nosodendridae、羽角甲科 Rhipiceridae、花甲科 Dascillidae<br>吉丁甲总科 Buprestoidea（1 科）：<br>吉丁甲科 Buprestidae |

（续表）

| 亚　目 | 科 |
|---|---|
| 多食亚目 Polyphaga<br>（16 总科 152 科） | 丸甲总科 Byrrhoidea（13 科）：<br>丸甲科 Byrrhidae、扇角甲科 Callirhipidae、水獭泥甲科 Lutrochidae、泥甲科 Dryopidae、纤颚甲科 Podabrocephalidae、毛泥甲科 Ptilodactylidae、萤泥甲科 Cneoglossidae、缩头甲科 Chelonariidae、长泥甲科 Heteroceridae、泽甲科 Limnichidae、扁泥甲科 Psephenidae、掣爪泥甲科 Eulichadidae、溪泥甲科 Elmidae<br>叩甲总科 Elateroidea（15 科）：<br>伪泥甲科 Artematopodidae、邻萤科 Telegeusidae、伪萤科 Omethidae、颈萤科 Brachypsectridae、隐唇叩甲科 Eucnemidae、粗角叩甲科 Throscidae、树叩甲科 Cerophytidae、叩甲科 Elateridae、红萤科 Lycidae、花萤科 Cantharidae、欧萤科 Omalisidae、稚萤科 Drilidae、雌光萤科 Rhagophthalmidae、光萤科 Phengodidae、萤科 Lampyridae<br>长蠹总科 Bostrichoidea（3 科）：<br>皮蠹科 Dermestidae、蛛甲科 Ptinidae、长蠹科 Bostrichidae<br>瓢甲总科 Coccinelloidea（9 科）：<br>薪甲科 Latridiidae、皮坚甲科 Cerylonidae、穴甲科 Bothrideridae、盘甲科 Discolomatidae、粒甲科 Alexiidae、伪瓢甲科 Endomychidae、拟球甲科 Corylophidae、伪薪甲科 Akalyptoischiidae、瓢甲科 Coccinellidae<br>拟步甲总科 Tenebrionoidea（29 科）：<br>长颈甲科 Stenotrachelidae、角甲科 Salpingidae、木甲科 Aderidae、筒蠹科 Lymexylidae（原 Lymexyloidea）、大花蚤科 Ripiphoridae、蚁形甲科 Anthicidae、花蚤科 Mordellidae、芫菁科 Meloidae、拟花蚤科 Scraptiidae、幽甲科 Zopheridae、拟天牛科 Oedemeridae、绒皮甲科 Mycteridae、颚扁甲科 Prostomidae、盘胸甲科 Boridae、赤翅甲科 Pyrochroidae、三栉牛科 Trictenotomidae、树皮甲科 Pythidae、拟步甲科 Tenebrionidae、狭胸甲科 Trachelostenidae、长朽木甲科 Melandryidae、木蕈甲科 Ciidae、齿胫甲科 Synchroidae、斑蕈甲科 Tetratomidae、斑翅甲科 Pterogeniidae、古隐甲科 Archeocrypticidae、小蕈甲科 Mycetophagidae、铜甲科 Chalcodryidae、姬朽木甲科 Promecheilidae、疣坚甲科 Ulodidae<br>郭公甲总科 Cleroidea（11 科）：<br>谷盗科 Trogossitidae、小花甲科 Byturidae（原 Cucujoidea）、毛蕈甲科 Biphyllidae（原 Cucujoidea）、菌郭公甲科 Thanerocleridae、絮郭公甲科 Metaxinidae、毛谷盗科 Chaetosomatidae、郭公甲科 Cleridae、热萤科 Acanthocnemidae、长酪甲科 Phycosecidae、细花萤科 Prionoceridae、拟花萤科 Melyridae<br>扁甲总科 Cucujoidea（23 科）：<br>伪隐食甲科 Hobartiidae、微扁甲科 Smicripidae、花扁甲科 Boganiidae、球棒甲科 Monotomidae、拟露尾甲科 Kateretidae、露尾甲科 Nitidulidae、姬蕈甲科 Sphindidae、蜡斑甲科 Helotidae、原扁甲科 Protocucujidae、大蕈甲科 Erotylidae、皮扁甲科 Phloeostichidae、扁甲科 Cucujidae、菌食甲科 Agapythidae、扁坚甲科 Priasilphidae、隐食甲科 Cryptophagidae、凹颚甲科 Cavognathidae、锯谷盗科 Silvanidae、姬花甲科 Phalacridae、皮跳甲科 Propalticidae、扁谷盗科 Laemophloeidae、圆蕈甲科 Cyclaxyridae、澳扁甲科 Myraboliidae、隐颚扁甲科 Passandridae<br>叶甲总科 Chrysomeloidea（7 科）：<br>叶甲科 Chrysomelidae、盾天牛科 Oxypeltidae、距甲科 Megalopodidae、芽甲科 Orsodacnidae、暗天牛科 Vesperidae、天牛科 Cerambycidae、瘦天牛科 Disteniidae<br>象甲总科 Curculionoidea（8 科）：<br>矛象科 Belidae、毛象科 Nemonychidae、长角象科 Anthribidae、卷象科 Attelabidae、柏象科 Caridae、三锥象科 Brentidae、百合象科 Brachyceridae、象甲科 Curculionidae |

# 五、宁夏甲虫种类多样性与地理分布

## （一）种类多样性组成

### 1. 亚目和科级阶元组成

经整理，宁夏甲虫已知 2 亚目 15 总科 50 科 503 属 1133 种（亚种）（不含补遗属、种，见表 4）。其中，肉食亚目 Adephaga 有 3 科（6.00%）59 属（11.73%）172 种（15.18%），多食亚目 Polyphaga 有 15 总科 47 科（94.00%）444 属（88.27%）961 种（84.82%）。由该数据看出，多食亚目是构成宁夏甲虫物种多样性的主体。

尽管对宁夏甲虫各个类群的区系调查和分类研究的程度有所不同，但从已知的 50 个科中，有 8 个科（16.00%）的物种数量总和构成了该地区甲虫区系的主体，其种数占到总种数的 77.92%，分别是：拟步甲科 Tenebrionidae 44 属（8.75%）162 种（14.30%）、步甲科 Carabidae 50 属（9.94%）159 种（14.03%）、叶甲科 Chrysomelidae 67 属（13.32%）139 种（12.27%）、金龟科 Scarabaeidae 43 属（8.55%）110 种（9.71%）、天牛科 Cerambycidae 59 属（11.73%）102 种（9.00%）、象甲科 Curculionidae 45 属（8.95%）78 种（6.88%）、隐翅甲科 Staphyinidae 32 属（6.36%）72 种（6.35%）和瓢甲科 Coccinelidae 29 属（5.77%）61 种（5.38%）。此外，物种数量仅有 1 种的科 13 个（26.00%）、含 2 种的科 8 个（16.00%）、含 3 种的科 2 个（4.00%）、含 4～5 种的科 4 个（8.00%）、含 6～10 种的科 6 个（12.00%）、含 11～15 种的科 3 个（6.00%）、含 16～20 种的科 4 个（8.00%）、含 21～25 种的科 2 个（4.00%），表明宁夏甲虫的科级阶元组成以多种科（3 种以上）稍占优势，占总科数的 54.00%。

表 4　宁夏甲虫的科、属、种组成

| 亚目 Subordor /<br>总科 Superfamilies | 科（Families） | 属（Genera） | | 种（Species） | |
|---|---|---|---|---|---|
| | | 数量（个）<br>Quantity | 百分比（%）<br>Percentage | 数量（个）<br>Quantity | 百分比（%）<br>Percentage |
| 肉食亚目 Adephaga | 沼梭甲科 Haliplidae | 1 | 0.20 | 1 | 0.09 |
| | 龙虱科 Dytiscidae | 8 | 1.59 | 12 | 1.06 |
| | 步甲科 Carabidae | 50 | 9.94 | 159 | 14.03 |
| 多食亚目 Polyphaga /<br>牙甲总科 Hydrophiloidea | 牙甲科 Hydrophilidae | 4 | 0.80 | 6 | 0.53 |
| 隐翅甲总科 Staphylinoidea | 觅葬甲科 Agyrtidae | 1 | 0.20 | 1 | 0.09 |
| | 球蕈甲科 Leiodidae | 1 | 0.20 | 2 | 0.18 |
| | 葬甲科 Silphidae | 8 | 1.59 | 25 | 2.21 |
| | 隐翅甲科 Staphylinidae | 32 | 6.36 | 72 | 6.35 |
| 阎甲总科 Histeroidea | 长阎甲科 Synteliidae | 1 | 0.20 | 1 | 0.09 |
| | 阎甲科 Histeridae | 7 | 1.39 | 16 | 1.41 |

（续表）

| 亚目 Subordor / 总科 Superfamilies | 科（Families） | 属（Genera） | | 种（Species） | |
|---|---|---|---|---|---|
| | | 数量（个）Quantity | 百分比（%）Percentage | 数量（个）Quantity | 百分比（%）Percentage |
| 金龟总科 Scarabaeoidea | 粪金龟科 Geotrupidae | 6 | 1.19 | 6 | 0.53 |
| | 皮金龟科 Trogidae | 1 | 0.20 | 4 | 0.35 |
| | 锹甲科 Lucanidae | 2 | 0.40 | 3 | 0.26 |
| | 红金龟科 Ochodaeidae | 1 | 0.20 | 1 | 0.09 |
| | 金龟科 Scarabaeidae | 43 | 8.55 | 110 | 9.71 |
| 花甲总科 Dascilloidea | 花甲科 Dascillidae | 1 | 0.20 | 1 | 0.09 |
| 吉丁甲总科 Buprestoidea | 吉丁甲科 Buprestidae | 7 | 1.39 | 15 | 1.32 |
| 丸甲总科 Byrrhoidea | 泥甲科 Dryopidae | 1 | 0.20 | 1 | 0.09 |
| 叩甲总科 Elateroidea | 叩甲科 Elateridae | 10 | 1.99 | 17 | 1.50 |
| | 红萤科 Lycidae | 1 | 0.20 | 1 | 0.09 |
| | 花萤科 Cantharidae | 7 | 1.39 | 17 | 1.50 |
| 长蠹总科 Bostrichoidea | 皮蠹科 Dermestidae | 5 | 0.99 | 17 | 1.50 |
| | 长蠹科 Bostrichidae | 3 | 0.60 | 4 | 0.35 |
| | 蛛甲科 Ptinidae | 8 | 1.59 | 8 | 0.71 |
| 郭公甲总科 Cleroidea | 谷盗科 Trogossitidae | 1 | 0.20 | 1 | 0.09 |
| | 郭公甲科 Cleridae | 5 | 0.99 | 7 | 0.62 |
| | 拟花萤科 Melyridae | 2 | 0.40 | 2 | 0.18 |
| 扁甲总科 Cucujoidea | 球棒甲科 Monotomidae | 1 | 0.20 | 2 | 0.18 |
| | 隐食甲科 Cryptophagidae | 2 | 0.40 | 4 | 0.35 |
| | 锯谷盗科 Silvanidae | 2 | 0.40 | 2 | 0.18 |
| | 扁甲科 Cucujidae | 1 | 0.20 | 3 | 0.26 |
| | 露尾甲科 Nitidulidae | 3 | 0.60 | 5 | 0.44 |
| 瓢甲总科 Coccinelloidea | 穴甲科 Bothrideridae | 1 | 0.20 | 1 | 0.09 |
| | 瓢甲科 Coccinellidae | 29 | 5.77 | 61 | 5.38 |
| | 薪甲科 Latridiidae | 5 | 0.99 | 7 | 0.62 |
| 拟步甲总科 Tenebrionoidea | 小蕈甲科 Mycetophagidae | 2 | 0.40 | 2 | 0.18 |
| | 花蚤科 Mordellidae | 1 | 0.20 | 1 | 0.09 |
| | 幽甲科 Zopheridae | 1 | 0.20 | 1 | 0.09 |
| | 拟步甲科 Tenebrionidae | 44 | 8.75 | 162 | 14.30 |
| | 拟天牛科 Oedemeridae | 5 | 0.99 | 12 | 1.06 |
| | 芫菁科 Meloidae | 5 | 0.99 | 21 | 1.85 |
| | 蚁形甲科 Anthicidae | 1 | 0.20 | 1 | 0.09 |
| 叶甲总科 Chrysomeloidea | 暗天牛科 Vesperidae | 1 | 0.20 | 1 | 0.09 |
| | 天牛科 Cerambycidae | 59 | 11.73 | 102 | 9.00 |
| | 距甲科 Megalopodidae | 2 | 0.40 | 2 | 0.18 |
| | 叶甲科 Chrysomelidae | 67 | 13.32 | 139 | 12.27 |

（续表）

| 亚目 Subordor / 总科 Superfamilies | 科（Families） | 属（Genera） | | 种（Species） | |
|---|---|---|---|---|---|
| | | 数量（个）Quantity | 百分比（%）Percentage | 数量（个）Quantity | 百分比（%）Percentage |
| 象甲总科 Curculionoidea | 卷象科 Attelabidae | 6 | 1.19 | 10 | 0.88 |
| | 三锥象科 Brentidae | 2 | 0.40 | 2 | 0.18 |
| | 隐颏象科 Dryophthoridae | 1 | 0.20 | 2 | 0.18 |
| | 象甲科 Curculionidae | 45 | 8.95 | 78 | 6.88 |
| 合计 | | 50 | 503 | 100.00 | 1133 | 100.00 |

**2. 属级阶元组成**

在宁夏回族自治区已知甲虫的 503 个属中（不含补遗属，见表 5），单种属 284 个（56.46%），2～3 种属 147 个（29.22%），3 种以上的属 72 个（14.31%），表明宁夏甲虫属级阶元的组成以单种属为主，多种属（3 种以上）最少，与中日界的其他亚界相比，该数据反映出宁夏甲虫的相对单纯性。

表 5　宁夏甲虫的属级阶元组成

| 序　号 | 属（Genera） | 数量（个）（Quantity） | 百分比（%）（Percentage） |
|---|---|---|---|
| 1 | 1 种属（one species） | 284 | 56.46 |
| 2 | 2 种属（two species） | 99 | 19.68 |
| 3 | 3 种属（there species） | 48 | 9.54 |
| 4 | 4 种属（four species） | 20 | 4.00 |
| 5 | 5 种属（five species） | 20 | 4.00 |
| 6 | 6 种属（six species） | 7 | 1.39 |
| 7 | 7 种属（seven species） | 6 | 1.19 |
| 8 | 8 种属（eight species） | 2 | 0.40 |
| 9 | 9 种属（nine species） | 2 | 0.40 |
| 10 | 10 种属（ten species） | 3 | 0.60 |
| 11 | 12 种属（twelve species） | 3 | 0.60 |
| 12 | 13 种属（thirteen species） | 3 | 0.60 |
| 13 | 14 种属（fourteen species） | 2 | 0.40 |
| 14 | 19 种属（nineteen species） | 2 | 0.40 |
| 15 | 21 种属（twenty–one species） | 1 | 0.20 |
| 16 | 28 种属（twenty–eight species） | 1 | 0.20 |
| 合计 | | 503 | 100.00 |

# （二）地理分布

## 1. 宁夏甲虫与世界动物地理区的关系

世界动物地理采用 Holt 等（2013）的 11 界划分意见，即古北界、东洋界、中国—日本界（以下简称中日界）、撒哈拉—阿拉伯界、非洲界、新热带界、大洋洲界、巴拿马界、新北界、马达加斯加界、澳大利亚—新西兰界。宁夏甲虫属级阶元的分布与世界动物地理区划的关系（见表6）显示：古北界+中日界192属（38.17%），古北界+中日界+东洋界126属（25.05%），其余各分布类型所占比例均小于10.00%。以上数据表明，宁夏甲虫的属级分布以古北界+中日界为主，古北界+中日界+东洋界次之。

表 6　宁夏甲虫与世界动物地理区的关系

世界动物地理区 World's Zoogeographical Realms

| 古北界 Palearctic realm | 东洋界 Oriental realm | 中国—日本界 Sino-Japanese realm | 新北界 Nearctic realm | 澳大利亚—新西兰界 Australian realm | 新热带界 Neotropical realm | 大洋洲界 Oceanian realm | 巴拿马界 Panamanian realm | 马达加斯加界 Madagascan realm | 撒哈拉—阿拉伯界 Saharo-Arabian realm | 非洲界 Afrotropical realm | 属数（个）Quantity | 百分比（%）Percentage |
|---|---|---|---|---|---|---|---|---|---|---|---|---|
| + | + | + | + | + | + | + | + | + | + | + | 2 | 0.40 |
| + | + | + | + |  | + | + |  |  | + | + | 1 | 0.20 |
| + | + | + | + |  | + |  |  |  | + | + | 1 | 0.20 |
| + | + | + | + | + |  |  |  |  | + | + | 1 | 0.20 |
| + | + | + | + |  |  |  |  |  | + | + | 4 | 0.80 |
| + | + | + | + |  |  |  |  |  | + | + | 5 | 0.99 |
| + | + | + | + |  | + | + |  |  | + |  | 1 | 0.20 |
| + | + | + | + |  |  |  |  |  | + |  | 1 | 0.20 |
| + | + | + | + |  |  |  |  |  | + |  | 1 | 0.20 |
| + | + | + | + |  |  |  |  |  | + |  | 8 | 1.59 |
| + | + | + | + |  |  |  |  |  | + |  | 4 | 0.80 |
| + | + | + |  |  |  |  |  |  | + |  | 39 | 7.75 |
| + | + | + | + | + |  |  |  |  | + |  | 1 | 0.20 |
| + | + | + |  |  |  |  |  |  | + |  | 11 | 2.19 |
| + | + | + |  | + |  |  |  |  | + |  | 1 | 0.20 |
| + | + | + |  |  |  |  |  |  | + |  | 126 | 25.05 |
| + | + | + |  |  |  |  |  |  |  |  | 5 | 0.99 |
| + |  | + |  |  |  |  |  |  | + | + | 4 | 0.80 |
| + |  | + |  |  |  |  |  |  | + |  | 9 | 1.79 |
| + |  | + |  |  |  |  |  |  | + |  | 21 | 4.17 |
| + |  | + |  |  |  |  |  |  |  | + | 1 | 0.20 |
| + |  | + |  |  |  |  |  |  | + |  | 1 | 0.20 |
| + |  | + | + | + |  |  |  |  |  |  | 1 | 0.20 |
| + |  | + | + |  |  |  |  |  |  |  | 3 | 0.60 |
| + |  | + |  |  |  |  |  |  |  |  | 192 | 38.17 |
| + |  |  |  |  |  |  |  |  | + |  | 2 | 0.40 |

（续表）

| Palearctic realm 古北界 | Oriental realm 东洋界 | Sino–Japanese realm 中国—日本界 | Nearctic realm 新北界 | Australian realm 澳大利亚—新西兰界 | Neotropical realm 新热带界 | Oceanian realm 大洋洲界 | Panamanian realm 巴拿马界 | Madagascan realm 马达加斯加界 | Saharo–Arabian realm 撒哈拉—阿拉伯界 | Afrotropical realm 非洲界 | 属数 Quantity（个） | 百分比 Percentage（%） |
|---|---|---|---|---|---|---|---|---|---|---|---|---|
| + | | | + | | | | | | | | 1 | 0.20 |
| + | | | | | | | | | | | 37 | 7.36 |
| | + | + | | | | | | | | | 2 | 0.40 |
| | | + | | | | | | | | | 13 | 2.58 |
| 合计 | | | | | | | | | | | 503 | 100 |

## 2. 宁夏甲虫与中国动物地理区的关系

作者采用张荣祖（2011）影响广泛的中国动物地理7区（东北区、华北区、蒙新区、青藏区、西南区、华中区和华南区）的划分意见，宁夏甲虫的属级阶元分布与中国动物地理区划的关系（见表7）显示：7区分布者53属（10.54%），蒙新区44属（8.75%），蒙新区+华北区36属（7.16%），东北区+华北区+蒙新区+西南区+华中区+华南区35属（6.96%），东北区+华北区+蒙新区+青藏区+华中区33属（6.56%），其余各分布类型所占的比例均小于5.00%。结合以上数据，宁夏甲虫以2区和多区分布型分布为主，同时又稍微凸显蒙新区成分。

表 7　宁夏甲虫与中国动物地理区划的关系

| 东北区 Northeast | 华北区 North | 蒙新区 Mongolia–Xinjiang | 青藏区 Qinghai–Xizang | 西南区 Southwest | 华中区 Middle | 华南区 South | 属数（个） Quantity | 百分比（%） Percentage |
|---|---|---|---|---|---|---|---|---|
| + | + | + | + | + | + | + | 53 | 10.54 |
| + | + | + | + | + | + | | 22 | 4.37 |
| + | + | + | + | + | | + | 1 | 0.20 |
| + | + | + | + | + | | | 7 | 1.39 |
| + | + | + | + | | + | + | 17 | 3.38 |
| + | + | + | + | | + | | 33 | 6.56 |
| + | + | + | + | | | + | 2 | 0.40 |
| + | + | + | + | | | | 18 | 3.58 |
| + | + | + | | + | + | + | 35 | 6.96 |
| + | + | + | | + | + | | 14 | 2.78 |
| | + | + | | + | | | 1 | 0.20 |
| + | + | + | | | + | + | 21 | 4.17 |
| + | + | + | | | + | | 20 | 3.98 |

（续表）

| 中国动物地理区 China Zoogeographical Regions | | | | | | | 属数（个） | 百分比（%） |
|---|---|---|---|---|---|---|---|---|
| 东北区 Northeast | 华北区 North | 蒙新区 Mongolia–Xinjiang | 青藏区 Qinghai–Xizang | 西南区 Southwest | 华中区 Middle | 华南区 South | Quantity | Percentage |
| + | + | + | | | | | 24 | 4.77 |
| + | + | | + | + | + | + | 2 | 0.40 |
| + | + | | | + | + | + | 3 | 0.60 |
| + | + | | | + | + | | 3 | 0.60 |
| + | + | | | + | | + | 1 | 0.20 |
| + | + | | | | + | | 11 | 2.19 |
| + | + | | | | | | 2 | 0.40 |
| + | | + | + | + | + | + | 1 | 0.20 |
| + | | + | + | | + | | 1 | 0.20 |
| + | | + | + | | | | 1 | 0.20 |
| + | | + | | + | + | + | 1 | 0.20 |
| + | | + | | + | + | | 1 | 0.20 |
| + | | + | | + | | | 1 | 0.20 |
| + | | + | | | + | | 2 | 0.40 |
| + | | + | | | | | 3 | 0.60 |
| + | | | | | | + | 1 | 0.20 |
| | + | + | + | + | + | + | 5 | 0.99 |
| | + | + | + | + | + | | 1 | 0.20 |
| | + | + | + | | + | + | 1 | 0.20 |
| | + | + | + | | + | | 6 | 1.19 |
| | + | + | + | | | + | 1 | 0.20 |
| | + | + | + | | | | 10 | 1.99 |
| | + | + | | + | + | + | 6 | 1.19 |
| | + | + | | + | + | | 4 | 0.80 |
| | + | + | | + | | | 2 | 0.40 |
| | + | + | | | + | + | 2 | 0.40 |
| | + | + | | | + | | 6 | 1.19 |
| | + | + | | | | + | 1 | 0.20 |
| | + | + | | | | | 36 | 7.16 |
| | + | | + | + | + | + | 1 | 0.20 |
| | + | | + | + | | | 1 | 0.20 |
| | + | | + | | + | + | 1 | 0.20 |
| | + | | + | | + | | 1 | 0.20 |
| | + | | + | | | | 1 | 0.20 |
| | + | | | + | + | + | 4 | 0.80 |
| | + | | | + | + | | 2 | 0.40 |

（续表）

| 中国动物地理区 China Zoogeographical Regions | | | | | | | 属数（个） | 百分比（%） |
|---|---|---|---|---|---|---|---|---|
| 东北区 Northeast | 华北区 North | 蒙新区 Mongolia–Xinjiang | 青藏区 Qinghai–Xizang | 西南区 Southwest | 华中区 Middle | 华南区 South | Quantity | Percentage |
| | + | | | + | | + | 2 | 0.40 |
| | + | | | + | | | 4 | 0.80 |
| | + | | | | + | | 3 | 0.60 |
| | + | | | | | + | 5 | 0.99 |
| | + | | | | | | 20 | 3.98 |
| | | + | | + | + | + | 1 | 0.20 |
| | | + | | | + | | 1 | 0.20 |
| | | + | + | + | + | + | 1 | 0.20 |
| | | + | + | + | | | 1 | 0.20 |
| | | + | + | + | + | | 1 | 0.20 |
| | | + | + | | | | 11 | 2.19 |
| | | + | | + | + | + | 3 | 0.60 |
| | | + | | + | + | | 1 | 0.20 |
| | | + | | + | | | 1 | 0.20 |
| | | + | | + | | | 1 | 0.20 |
| | | | | | + | + | 2 | 0.40 |
| | | + | | | + | | 5 | 0.99 |
| | | + | | | | + | 1 | 0.20 |
| | | + | | | | | 44 | 8.75 |
| 合计 | | | | | | | 503 | 100 |

## 3. 宁夏甲虫区域分布特点

王希蒙、任国栋等（1992）根据聚类分析结果，将宁夏昆虫地理划分为3区3亚区，即

（1）荒漠—半荒漠区：下设贺兰山—罗山亚区、平原—绿洲亚区、荒漠—半荒漠亚区3个地理亚区。

（2）六盘山区。

（3）黄土高原区。

据此观点，作者对宁夏甲虫在这3个动物地理区的分布情况进行分析。结果显示，荒漠-半荒漠区266属（52.88%）＞六盘山区240属（47.71%）＞黄土高原区121属（24.06%）。这表明宁夏甲虫的蒙新区性质最为显著，华北区成分次之。该结果也与荒漠—半荒漠环境在宁夏所占的比例过大有关。

# 六、宁夏甲虫资源类型与保护利用

甲虫是地球自然生态系统最为重要的建设者、贡献者和维护者之一。全球记录的甲虫物种超过 40 万种，中国记录者也在 20 000 种以上。甲虫的保护价值取决于它们对人类的利用价值和对生态系统的贡献价值。在自然界，甲虫几乎分布于所有陆地生态系统中，进化出了其他任何动物无可比拟的丰富的食性，可大致总结为如下 11 种类型：①内寄生–外寄生性（endo- and ecto-parasitism）；②仓贮类（granivory）；③寄居性（inquilinism）；④菌食性（mycophagy）；⑤拟寄生性（parasitoidism）；⑥植食性（phytophagy）；⑦粉食性（pollenivory，食花粉性）；⑧腐食性（saprophagy）；⑨粪食性（sporophagy）；⑩木食性（xylophagy）；⑪肉食性（zoophagy）。甲虫与人类的紧密联系主要表现在：

（1）捕食昆虫、蜘蛛、软体动物或鱼苗等　如中国虎甲 *Cicindela (Sophiodela) chinensis chinensis* DeGeer, 1774 和中华星步甲 *Calosoma (Campalita) chinense chinense* Kirby, 1819 等。

（2）有些种类取食植物或真菌　如杨叶甲 *Chrysomela populi* Linnaeus, 1758、白茨粗角萤叶甲 *Diorhabda rybakowi* Weise, 1890 和榆跳象 *Orchestes (Orchestes) alni* (Linnaeus, 1758) 等甲虫的成虫、幼虫均取食植物的叶片；谷婪步甲 *Harpalus (Pseudoophonus) calceatus* (Duftschmid, 1812) 等兼食植物种子等；几乎所有拟步甲科 Tenebrionidae 的菌甲族 Diaperini、毒甲族 Toxicini、齿甲族 Ulomini、朽木甲亚科 Alleculinae，以及瓢甲总科的大蕈甲科 Erotylidae 和伪瓢甲科 Endomychidae 的大多数成员均喜食真菌子实体或被真菌侵染的朽木。

（3）有些种类取食腐败动植物残体或皮毛　如以腐败动物尸体为食的尸体皮金龟 *Trox cadaverinus cadaverinus* Illiger, 1802 和祖氏皮金龟 *Trox zoufali* Balthasar, 1931 等；许多荒漠拟步甲的幼虫取食植物性腐殖质；以动物皮毛为食的褐毛皮蠹 *Attagenus (Attagenus) augustatus* Ballion, 1871、白腹皮蠹 *Dermestes (Dermestinus) maculatus* DeGeer, 1774 等。

（4）有些种类能访花授粉，给植物带来好处　如花蚤科 Mordellidae、大花蚤科 Rhipiphoridae 等。

（5）许多种类的成虫有发达的防御腺　如拟步甲科的琵甲族 Blaptini 普遍进化有发达的防御腺，能制造和释放蚁酸或苯醌类物质以自卫，是人类可利用的重要药用物质。

（6）不少种类具有很高的观赏价值，是重要的文化昆虫资源　如大卫刀锹甲 *Dorcus davidis* (Fairmaire, 1887)、锈红金龟 *Codocera ferruginea* (Eschscholtz, 1818)、褐绣花金龟 *Anthracophora rusticola* Burmeister, 1842、金绿花金龟 *Cetonia (Cetonia) aurata viridiventris* Reitter, 1896、大蜣螂 *Scarabaeus (Scarabaeus) sacer* Linnaeus, 1758、吉丁

甲科 Buprestidae 等。

　　宁夏地域狭小，却蕴藏了丰富的甲虫资源。宁夏各族人民在改造与利用自然的过程中，与甲虫之间形成了复杂而密切的关系，科学合理地保护和利用宁夏甲虫资源，对于人与区域环境长久和谐发展十分重要。本文所指的甲虫资源主要包括传粉类、清洁类、食（饲）用类、药用类、天敌类、观赏类、仿生类、文化类、仓储类及农林类甲虫，作者将它们统统视为资源看待，而不是过于强调它们的有害性。

# （一）宁夏甲虫资源的类型

　　甲虫资源不仅包括传粉类、捕食类、食用类、食菌类、药用类、观赏类和仿生类甲虫资源，也包括储藏物类和农林牧类甲虫，尽管它们中少数种能对人类的经济利益带来不利影响，但这些甲虫常常进化形成其他甲虫所不具有的生物学优势和群体发生优势，完全可以通过科学的"化害为益"和人工养殖管理，形成服务于人类的强大资源优势。为此，作者认为的甲虫资源指的是生活于自然界的、具较强生态功能和作用的所有甲虫种类，而不局限于前面几种类型。

## 1. 传粉类甲虫

　　在自然界，大约 60 个甲虫科和大约占甲虫物种总数 15.00%者为植物传花授粉。这些甲虫主要通过两种方式为植物传粉：一种是成虫在访花取食过程中通过携带黏附于虫体上的花粉进行迁移扩散而为植物传花授粉，常见类群如长扁甲、花金龟、斑金龟、鳃金龟、花甲、长花蚤、吉丁甲、叩甲、花萤、郭公甲、拟花蚤、部分露尾甲、花蚤、大花蚤、拟花蚤、拟天牛、赤翅甲、朽木甲、天牛和叶甲等；另一种是幼虫在花或果实中取食生长，伴随着植物的生长发育，在花中完成其生活史，同时也完成了传粉作用，常见类群如小花甲、部分露尾甲、豆象、毛象、长角豆象、卷象、部分梨象和象甲等。

　　传粉甲虫或以 1 科对 1 科植物授粉，或以 1 科对应多个科植物授粉。如叶甲科、郭公甲科及鞘翅目其他一些科可为萝摩科 Asclepiadaceae 植物授粉；叩甲科和叶甲科昆虫主要为木棉科 Bombacaceae 植物授粉，也能为卫矛科 Celastraceae 植物授粉；叶甲科的一些种类为山茱萸科 Cornaceae 植物授粉；一些叶甲科、象甲科、露尾甲科和郭公甲科的种类能为龙脑香科 Dipterocarpaceae 植物授粉；隐翅甲科和露尾甲科的一些种类能为柿科 Ebenaceae 植物授粉；金龟科、花萤科、叶甲科、象甲科、花蚤科、蚁形甲科、叩甲科等一些种类能为大戟科 Euphorbiaceae 植物授粉；叶甲科、叩甲科的一些种类能为壳斗科 Fagaceae 植物授粉；一些象甲和叶甲的种类能为豆科 Leguminiosae 植物授粉；一些叶甲和隐翅甲等可为椴树科 Tiliaceae 植物授粉，等等。

　　宁夏境内常见的访花甲虫主要有花金龟亚科 Cetoniinae、瓢甲科 Coccinellidae、芫菁科 Meloidae、天牛科 Cerambycidae（部分）、花蚤科 Mordellidae、露尾甲科 Nitidulidae（部分）、叩甲科 Elateridae、朽木甲亚科 Alleculinae、伪叶甲亚科 Lagriinae、郭公甲科

Cleridae 等，它们与虫媒植物建立起紧密的协同进化关系。

**2. 捕食类甲虫**

在人与自然的关系愈演愈烈的今天，利用天敌昆虫防治农林业害虫显得尤为重要，保护与利用自然天敌是害虫生物防治及综合治理的基本措施。在宁夏的甲虫中，也存在大量的天敌昆虫，如瓢甲科 Coccinellidae、芫菁科 Meloidae、隐翅甲科 Staphylinidae 的部分类群和步甲科 Carabidae 可捕食大量的蚜虫、木虱、蜘蛛、螨类及软体动物等，龙虱科 Dytiscidae、牙甲科 Hydrophilidae 的全部类群可捕食水中的蝌蚪和鱼苗，甚至生活能力差的成鱼。

**3. 清洁类甲虫**

该类资源包括以动物的尸体、粪便、腐败动植物残体为营养的甲虫，其在生态系统中加速了动物尸体、粪便及腐殖质的分解，通过物质能量转化，维持生态系统保持清洁状态。在该类甲虫中粪食性种类约占 6.00%、腐食性种类约占 4.00%，全球约有5000 种。主要包括：以动物粪便为食的金龟科 Scarabaeidae 和粪金龟科 Geotrupidae，以哺乳动物尸体为营养的皮金龟科 Trogidae、葬甲科 Silphidae、阎甲科 Histeridae、皮蠹科 Dermestidae 和部分隐翅甲科 Staphylinidae 等，这些种类因对腐尸有强烈的趋性，常与动物尸体及各类腐物为伍，是清洁"能手"。"蜣螂出国解救澳大利亚草原"的故事家喻户晓，成为闻名中外的清洁甲虫。这些甲虫种类的"清洁"作用，为创造良好的自然生态环境做出了重要贡献。

**4. 食用类甲虫**

甲虫富含蛋白质、微量元素、不饱和脂肪酸等，可为人类及其养殖动物提供高蛋白、高矿物质和低脂肪的理想食品，而且大部分都易饲养、食物转化率高，是一类潜力巨大的食物资源。如拟步甲科的黄粉虫 *Tenebrio molitor* Linnaeus, 1785，以及龙虱科 Dytiscidae、金龟科 Scarabaeidae、天牛科 Cerambycidae 和吉丁甲科 Buprestidae 中的一些种类。

**5. 食菌类甲虫**

食菌甲虫是自然生态系统生物多样性的组成者和大型真菌及被真菌侵染木质素的重要分解者。中国食菌甲虫的种类涉及 2 亚目 10 总科 35 科约 320 属 1100 种。其中以扁甲总科 Cucujoidea、瓢甲总科 Coccinelloidea 和拟步甲总科 Tenebrionoidea 为主，约占整个食菌甲虫总种数的 50.00%。宁夏甲虫的食菌种类主要见于拟步甲科 Tenebrionidae（部分）、隐翅甲科 Staphylinidae（部分）、瓢甲科 Coccinellidae（部分）、天牛科 Cerambycidae（部分）等类群之中。

### 6. 药用类甲虫

几乎每种甲虫都可单独或通过药方配伍入药，或直接对付人类疾病，或通过对机体的调理作用健身强体和抵御不良。甲虫的整个虫体或特殊部分或其衍生物、分泌物、病理产物等均可入药。目前可入药的昆虫已知有 300 余种（彩万志等，2011）。常见的药用甲虫资源有地胆、斑蝥、蜣螂、桑蠹虫等，目前发展到对其化学成分、药理、药效作用，以及应用范围等做了大量的化验、分析、精炼、提取、加工、合成等研究阶段。国家药典和地方药志收录的有关甲虫药仅斑蝥药至少有 8 种，如甲斑蝥素、去甲斑蝥素片、斑蝥素、斑蝥素乳膏和鹅掌凤药水等，蜣螂药有大黄蟅虫丸等。

近年来对虫药的研究也取得了一定的成果，芫菁干燥虫体中的斑蝥素，可用来治疗乳腺癌、肝癌、食管癌、肺癌、结肠癌等；神农洁蜣螂 *Catharsius molossus* (Linnaeus, 1758) 全虫含蜣螂毒素约 1.00%，可治疗胃痉挛、上腹疼痛、痢疾等急腹症、腹绞痛等；黑覆葬甲 *Nicrophorus concolor* Kraatz, 1877 全虫入药可抗癌（张大治等，2003）。这些药用甲虫主要存在于金龟科 Scarabaeidae、芫菁科 Meloidae、叩甲科 Elateridae、天牛科 Cerambycidae、隐翅甲科 Staphylinidae 和葬甲科 Silphidae 中。

宁夏的芫菁、金龟子等药用甲虫资源十分丰富，是值得研究、开发和利用的宝贵财富。

### 7. 观赏及仿生类甲虫

在维持人与自然和谐共处的前提下，不仅要重视宁夏域内野生珍稀观赏甲虫的保护，而且也应充分利用一些甲虫的优势生物学发展其养殖业，做到经济发展与生态发展双赢。宁夏的观赏甲虫种类丰富，有具有金属光泽且颜色鲜艳的丽金龟、美丽的花金龟、威武的锹甲和犀金龟，具有蜂纹的芫菁、行动敏捷的步甲、小巧漂亮的瓢虫等。

近年来，昆虫的分子仿生、行为仿生、形态仿生、化学仿生等广泛地应用于军事、医学、工农业等领域，给人类创造了巨大的经济效益和社会效益。如炮步甲 *Pheropsophus* (*Stenaptinus*) *occipitalis* (MacLeay, 1825)自卫时，可喷出恶臭的高温液体"炮弹"，用来刺激和迷惑敌人。因为它体内有 3 个小室，分别储存着二元酚、过氧化氢和生物酶，三者反应瞬间就会合成高达 100℃的毒液射出。美国受这种原理的启发，研制出了二元武器。国内一些学者经过对犀金龟和锹甲成虫前翅结构的研究，提出了一种夹芯层状三合板结构的具体单元结构模型（陈锦祥，2006），也提出了通过基因组技术生产仿生材料的设想（陈锦祥，2010）。

### 8. 储藏物甲虫

该类甲虫指生活在人类居室、中药材库、储粮仓库等场所，以植物动物和菌物性产品为食的甲虫。该类甲虫全球已知 34 科 315 种（张生芳等，2008），与人类的联系历史十分久远。不少甲虫种类会直接或间接对人类生活造成影响，尤其是储藏的粮食、毛皮、书籍和衣物等。主要的仓储物甲虫常见于皮蠹科 Dermestidae、蛛甲科 Ptinidae、扁甲科 Cucujidae、长蠹科 Bostrichidae、谷盗科 Trogossitidae、拟步甲科 Tenebrionidae、郭公甲科 Cleridae、象甲科 Curculionidae、露尾甲科 Nitidulidae 和叶甲科 Chrysomelidae 等。可以说仓储物甲虫特有的取食干或半干食物的特性是将来最具开发潜力的甲虫资源。

### 9. 农林类甲虫

该类甲虫从危害角度来说，能给农业、园艺、林学和牧草等造成不同程度的危害，造成其生长势减弱、产量下降或品质降低，甚至在危害严重时造成绝产。光肩星天牛 *Anoplophora glabripennis* (Motschulsky, 1854)就是该类甲虫的突出代表。该虫于 20 世纪 80—90 年代在宁夏甚至整个北方爆发成灾，受害林木不计其数，尽管国家投入了大量的人力、物力和财力以阻止其扩散漫延，但实际收效甚微。该虫直接导致大片林木死亡，木材质量严重降低，致使数十年造林成果近于毁灭。作者将其归为一类资源，意在从辩证角度看待。该虫只是被一味地作为害虫对待，其食谱药性、高置换率的甲壳素、蛹和幼虫的高蛋白和特殊的脂肪价值则被人忽视了，该虫强大的生物学优势和自然选择机制尚未变成服务我们的生物优势。应通过开发式治虫，化害为益，变为我们开发利用的宝贵资源。近年来，随着宁夏中部干旱区枣树的大面积种植，一种新型的害虫——食芽象 *Pachyrhinus* (*Pachyrhinus*) *yasumatsui* (Kono & Morimoto, 1960)悄然兴起，对枣、苹果、梨、桃、杏、樱桃、紫穗槐、杨、桑、泡桐等多种林木造成严重危害，该虫的幼虫和蛹也有很高的开发利用价值。在宁夏北部荒漠草原生活的许多拟步甲、金龟、芫菁等甲虫开发潜力很大，需要重视。宁夏农林牧业害虫主要分布在天牛科 Cerambycidae、叶甲科 Chrysomelidae、象甲科 Curculionidae、吉丁甲科 Buprestidae 和小蠹亚科 Scolytinae，对其危害性应有足够的认识，同时应寻找对其资源开发利用的新途径。

## （二）宁夏甲虫资源的保护与利用

大自然因物种的丰富而变得多姿多彩，甲虫就是其中亮丽的风景。甲虫是生态系统的建筑师，它们通过钻木、掘土而与其他无脊椎动物和植物相互作用；许多甲虫通过多营养与自然生态系统相互作用来回收有机物，有助于土壤肥力；甲虫广泛的生物多样性和成功的适应能力，成为生物圈运作的关键组成部分。甲虫在我们生活中无处不在，与人类生活密切相关。如果没有甲虫等众多昆虫给千万种植物传花授粉，自然界就不会展现出绚丽多姿的景象。地球上如果甲虫消失，食物链的很大一部分将会遭到破坏，陆地上依赖昆虫为食的一些小型哺乳动物也要灭绝，整个地球将会出现灾难性的连锁反应。我们向往美好生活和追梦生活环境的绿水青山，就要做大自然的保护神和善待大自然的任何一个物种；我们要保持生态平衡，维护包括甲虫在内的生物多样性，就要学会与大自然和谐共处；通过宽容处事，从了解甲虫和学习甲虫中提升思想境界和认知水平，学会与它们相处。

甲虫的物种多样性随地球气候环境的变化而变化。考古学和晚期全新世遗址的研究表明，人类活动的自然景观的碎片化是非常重要的气候变化，对甲虫种群的当地多样性产生重要的影响。当今甲虫栖息地的减少致使甲虫的生物多样性减少仍在加剧，使其物种越来越容易灭绝。人类活动决定全球气候变暖并加剧甲虫种类减少，需要引起重视。

宁夏甲虫资源丰富，但长期以来，人们只重视大型动植物资源的开发利用，对甲虫资源认识还不够完全清楚。宁夏地处西北边陲，昆虫研究起步晚，解放前只有零星记录，从 20 世纪 80 年代起才渐渐有了工作起色，但大多是在多样性和区系领域，有关甲虫保护与利用的研究仍然不足，需要不断加强对其研究基础。

保护与利用甲虫资源的意见和建议：

（1）利用各个保护区或森林公园的甲虫资源考察结果进行科普宣传　自 20 世纪 80 年代起，宁夏各自然保护区陆续开展了昆虫资源考察，尤以六盘山、贺兰山、罗山、白芨滩国家级自然保护区为代表，我们应该以此为契机，建立较高规格的区、市级昆虫博物馆展示昆虫资源，传播和普及昆虫自然之美、昆虫与人类生活的关系、昆虫与自然生态系统的联系，广泛传播昆虫科学文化知识，提升人民文化素养和宁夏的综合形象。

（2）进一步深化和完善生物资源考察和总结　小小甲虫"藏匿"在各个角落，短期内并不能完全挖掘出所有的甲虫资源，应进一步组织专家开展未知类群的考察，考察结果也应该及时总结成文面世，要加强优势甲虫种类的生物学、营养学和应用技术研究。

（3）建立宁夏甲虫资源共享平台　宁夏甲虫资源丰富，区内外的诸多高校和科研单位都保存了数量不等的标本，也陆续发表了拟步甲科 Tenebrionidae、瓢甲科 Coccinellidae、隐翅甲科 Staphylinidae 和牙甲科 Hydrophilidae 等类群的新种和新纪录，但这些报道都是零散且无系统的。因此，需要通过建立甲虫等昆虫资源共享平台，使历史研究工作、相关专家和研究团队的工作集中于该平台，及时有效地交流和沟通，避免工作的重复劳动。

# 各　论

本书分别采用 Mckenna 等（2015）和 Bouchard 等（2011）的分类体系对宁夏甲虫的科和族级阶元进行分类编排，并根据 Robertson 等（2015）的意见将瓢甲总科 Coccinelloidea 作为 1 个独立类群看待。属、亚属和种级分类单元参考 Löbl 和 Smetana（2003～2013）的《Catalogue of Palaearctic Coleoptera》（第 1～8 卷），再参考有关学者最新的分类学文献修订。

## 一、宁夏甲虫分亚目、科检索表

### 宁夏鞘翅目分亚目、科检索表

12. 鞘翅短形，腹部大部分露出 ················· 阎甲科 Histeridae
-　鞘翅大多非短形，盖及腹部大部分 ········· 长阎甲科 Synteliidae
13. 鞘翅大多短形，腹部大部分露出 ··········· 隐翅甲科 Staphylinidae
-　鞘翅普通长形，覆盖腹部大部分 ················································ 14
14. 中足基节一般相互远离，极少靠近 ············· 葬甲科 Silphidae
-　中足基节相互接近或相连 ························································ 15
15. 额唇基沟明显；鞘翅盖住整个腹部；缘折发达而完整，或仅延伸至翅端 4/5 处；腹部可见腹
　　板 5 节 ················································ 觅葬甲科 Agyrtidae
-　额唇基沟偶尔明显；鞘翅几乎覆盖整个腹部，偶尔露出 1 节或 2 节；缘折通常发达但多不
　　完整；腹部腹板通常可见 6 节，偶尔 5 节或 4 节 ········· 球蕈甲科 Leiodidae
16. 后足基节下侧形成沟槽，容纳腿节；触角端部 5 节膨大 ··· 泥甲科 Dryopidae
-　后足基节一般无容纳腿节的沟槽 ··············································· 17
17. 前足基节稍隆凸；上唇明显；腹部可见 5 节 ········· 花甲科 Dascillidae
-　前足基节不隆凸，若隆凸，则上唇退化 ········································ 18
18. 前足基节横形；中足基节相距较远 ············································ 19
-　前足基节非横形，若横形，则中足基节相距较近 ··························· 22
19. 前足基节突出；跗式 5-5-5 ······················································ 20
-　前足基节一般不突出，若突出，则跗式 5-5-4 ······························ 25
20. 体椭圆形，具绒毛或鳞片 ····················· 皮蠹科 Dermestidae
-　体圆柱形、卵形或蛛形，不被绒毛和鳞片 ····································· 21
21. 头部及前胸背板明显窄于鞘翅；触角丝状或念珠状，基部接近；鞘翅圆形，隆起 ···········
　　·············································· 蛛甲科 Ptinidae
-　头部及前胸背板与鞘翅近等宽；触角端部 3~4 节呈棒状，基部远离；鞘翅狭长，端部具刺突
　　·········································· 长蠹科 Bostrychidae
22. 后胸腹板具横缝；前胸不可动 ················· 吉丁甲科 Buprestidae
-　后胸腹板无横缝 ·································································· 23
23. 前胸可动；触角锯齿状或栉齿状 ··············· 叩甲科 Elateridae
-　前胸不可动；触角多为丝状，也有锯齿状或栉状 ···························· 24
24. 鞘翅具明显纵脊 ····························· 红萤科 Lycidae
-　鞘翅无纵脊 ··························· 花萤科 Cantharidae
25. 跗节伪 4 节 ······································································ 26
-　跗节非伪 4 节 ···································································· 33
26. 额区延长成喙；触角膝状或棒状；无外咽片 ···································· 27
-　额区不延长成喙；触角多为丝状，有时锯齿状；有外咽片 ···················· 30
27. 喙长且直；触角丝状 ························· 三锥象科 Brentidae
-　喙短，若较长，则触角膝状 ······················································ 28

28. 体不被鳞片,具光泽;触角不呈膝状;头及喙延长,前伸 ························· 卷象科 Attelabidae

   - 体被鳞片;触角膝状;头及喙延长,弯曲 ·················································· 29

29. 触角棒节为缩短的圆锥形,基部光泽无毛,末端海绵状 ············· 隐颏象科 Dryophthoridae

   - 触角棒节不为缩短的圆锥形 ···················································· 象甲科 Curculionidae

30. 触角着生在额突上,一般很长,接近或超过体长;复眼肾形 ··············· 31

   - 触角不着生在额突上,不超过体长之半;复眼不呈肾形 ·························· 32

31. 鞘翅大多能盖住腹部 ······································································ 天牛科 Cerambycidae

   - ♀♂前、后翅不同,♀无后翅且鞘翅退化,♂正常,具鞘翅及后翅 ······ 暗天牛科 Vesperidae

32. 体表多毛;眼后显著收缩;头突出 ·············································· 距甲科 Megalopodidae

   - 体表光滑;眼后不显著收缩;后头常缩于前胸背板之下 ············叶甲科 Chrysomelidae

33. 跗式 5-5-5;触角多棒状;足具爪间突;鞘翅非细长,表面多毛 ··············· 34

   - 跗式非 5-5-5 ·································································································· 36

34. 上颚具 1 对端齿;腹部腹板可见 6 节 ········································· 拟花萤科 Melyridae

   - 上颚具 1 枚端齿;腹部可见腹板多 5 节 ·························································· 35

35. 前胸背板多宽大于长;鞘翅表面多粗糙或具纵脊或纵沟纹;前足基节横形 ··············

                                                        谷盗科 Trogossitidae

   - 前胸背板多长大于宽;鞘翅表面被长而密的竖毛;前足基节隆凸,圆锥状 ···· 郭公甲科 Cleridae

36. 前足基节突出;跗式普遍为 5-5-4;鞘翅大多具发达的假折缘 ···················· 37

   - 前足基节多不突出;跗式大多非 5-5-4;鞘翅无假折缘 ······························· 43

37. 鞘翅具发达的假折缘 ······································································ 拟步甲科 Tenebrionidae

   - 鞘翅无假折缘 ······························································································ 38

38. 头在后颊逐渐收缩 ····················································································· 39

   - 头在后颊强烈而突然地收缩 ··········································································· 41

39. 跗式 4-4-4(♂为 3-4-4),稀见 5-5-5 ···································· 小蕈甲科 Mycetophagidae

   - 跗式 5-5-4 ·································································································· 40

40. 前胸腹板无容纳触角的沟槽 ······································································ 拟天牛科 Oedemeridae

   - 前胸腹板有容纳触角的沟槽 ········································································· 幽甲科 Zopheridae

41. 体驼背状,拱弯;腹部肛节尖而伸长 ·············································· 花蚤科 Mordellidae

   - 体非驼背状,不拱弯 ····················································································· 42

42. 后足基节不突出;跗爪简单 ·································································· 蚁形甲科 Anthicidae

   - 后足基节大而突出;跗爪 2 裂或具齿 ················································ 芫菁科 Meloidae

43. 前、中足基节强烈横长;若鞘翅端部横切,则 2 个以上背板外露 ······ 露尾甲科 Nitidulidae

   - 前、中足基节不强烈横长;若鞘翅端部横切,则仅 1 个背板外露 ·················· 44

44. 跗节第 3 节双叶状,第 4 节短于第 1 节 ······································ 锯谷盗科 Silvanidae

   - 跗节第 3 节非双叶状,第 1 节短于第 4 节 ······················································· 45

45. 触角丝状,体极扁;腹部第 9 节明显短于第 8 节 ···························· 扁甲科 Cucujidae

   - 触角多为棒状;腹部第 9 节不明显短于第 8 节 ··················································· 46

# 二、宁夏甲虫种类记述

## 鞘翅目 COLEOPTERA LINNAEUS, 1758

统称甲虫（beetle）。体小至大型，体壁坚硬，身体紧密结合和高度硬化或形成铠甲。咀嚼式口器；前翅变为坚硬的鞘翅，静止时覆盖折叠的膜质后翅；足的类型变化较大，具爪和粘附结构。幼期陆生或水生；头囊硬化，下颚对生；足 5 节，无腹足或唇丝腺。

全球已知物种数量超过 40 万，分为 4 亚目 16 总科 170 科（Mckenna 等，2015）。其物种数量基本构成是：原鞘亚目 Archostemata 3 科约 50 种、肉食亚目 Adephaga 2 类 11 科 4 万种、藻食亚目 Myxophaga 4 科 65 种、多食亚目 Polyphaga 16 总科 152 科 30 万种。甲虫遍布地球除南极、海洋以外的其他栖息地，形成了广泛的植食、肉食、菌食、腐食、粪食等食性，有些广见于动、植物及其产品储藏地，许多种类生活于地下和蚁穴中。

## 肉食亚目 ADEPHAGA SCHELLENBERG, 1806

触角丝状或棒状；前胸有明显背侧缝；静止时后翅折叠成多种形状，后翅有 2 条 m-cu 横脉构成的小纵室；后足基节固定在后胸腹板上，不能活动；第 1 可见腹板被后足基节窝完全划分开；跗式 5-5-5。

该亚目包括 2 类 11 科 4 万余种，约占甲虫物种总数的 6.50%。其中水生类 Hydradephaga 8 科、陆生类 Geadephaga 3 科，绝大多数种类肉食性，少数植食性。栖息地范围从洞穴至雨林冠层和高山。有些成员生活在空气-水界面，有些在木材中栖息，也有生活在蚁巢中者。

## 水生类 HYDRADEPHAGA

全球已知 8 科；中国已记录 6 科；本书记录宁夏 2 科。

## 1. 沼梭甲科 Haliplidae Aubé, 1836

体长 1.5～5.5 mm。舟形或椭圆形，隆背，有时两侧略平行；前胸背板和鞘翅均匀弯曲；黄色、棕色或铁锈色，有或无黑斑或黑纹，斑纹亮或暗；身体大多具刻点，许多种类的鞘翅具微刻点，但该特征仅限于雌性。头前口式，宽略大于长；复眼大，突出程度或弱或强；侧面观椭圆形，无切口。触角 11 节，丝状，无毛，柄节短。前胸背板向前变窄，前缘与头等宽；有时基部两侧平行，两侧饰边明显；背面刻点稠密，许多种类基部具不闭合横凹。前胸腹突与后胸腹突相连。鞘翅发达，盖及腹部，具 10 列以上黑色刻点。腹部 6 个可见腹板，第 2～4 节愈合。足细长，中、后足胫节不扁，边缘具游泳毛；前足基节与中足基节接近，球形；后足基节强烈扩展，向后长及第 5 腹节，形成巨大的后足基节板，具有辅助呼吸、储存空气和呼吸作用。

该科全球已知 5 属 240 余种，分布于除南极、新西兰和大洋洲外的世界其他动物地理区。成虫生活于池塘、湖泊、小溪里的水中，捕食摇蚊卵、蠕虫、小型甲壳类、水螅类、藻类等，也可能取食种子植物；幼虫主食藻类。与其他捕食性潜水甲虫相比，该科成虫在水下进行捕食活动时足有交替运动的特点。中国已记录 3 属 29 种；本书记录宁夏 1 属 1 种。

### 1）沼梭甲属 *Haliplus* Latreille, 1802

#### （1）卵形沼梭甲 *Haliplus (Liaphlus) ovalis* Sharp, 1884（图版 I: 1）

*Haliplus ovalis* Sharp, 1884: 440; Löbl & Smetana, 2003: 32; Liu et al., 2011: 255.

识别特征：体长 4.1～4.3 mm，宽 2.1～2.2 mm。体卵形，中部最宽。头黄褐色，顶部具黑斑点，刻点弱；触角和触须红黄色。前胸背板黄色，侧缘边直，具细饰边；盘区刻点非常稀疏，基部刻点宽而黑，有时较弱。鞘翅黄色，初级刻点中等强烈，第 1 行 40 个；次级刻点很多，所有刻点黑色；翅缝、端部斑点、第 9 个或第 10 个点黑色，第 1 行和第 3 行间中部的斑点有时与翅缝相连。腹面黄至红黄色，鞘翅缘折黄色，足红黄色，向基部逐渐变黑；前胸腹突平，刻点稠密而强，近基部变窄。

地理分布：宁夏（中卫）；日本。

捕食对象：水生小动物。

## 2. 龙虱科 Dytiscidae Leach, 1815

体长 1.0～48.0 mm。椭圆形至长卵形或水滴形；背、腹面均扁拱，也有球形者，光滑而具光泽；体表坚硬，流线形；大多深褐色、黑色或暗橄榄色。头阔，与前胸紧密结合。前胸背板和鞘翅偶具明亮的、对比鲜明的黄边、斑或线纹；体表光滑、无毛、有光泽至有强烈的刻点、皱纹且暗淡；上颚镰状，无扩大的磨区；下颚须短。触角 11 节，一般雌、雄均为丝状，向后明显长过鞘翅基部，极少数近于棒状或雌性或雄性的某几节扩大。前胸背板近梯形，基部或近基部最宽；偶心形，基部显窄于鞘翅。鞘翅和腹部紧紧闭合。腹部 8 节，可见 6 节；第 2～4 节愈合，第 5～7 节能活动。足长；后足特化为游泳足，基节发达，左右相接；腿节、胫节和跗节外侧具长的游泳毛，有时胫节和跗节下侧也如此；前、中足跗节 4 节或第 4 节非常小，隐藏在第 3 节的叶片之间；后足跗节单爪，若 2 爪，则小盾片外露。跗式 5-5-5；雄性前足第 1～3 跗节常向两侧强烈扩展，下侧有粘性毛或"吸盘"。

该科全球已知 11 亚科 188 属 4300 多种，水生，世界性广布。成虫、幼虫均为溪流和池塘中重要的捕食者，捕食水生昆虫，如蚊类幼虫、桡足类、介足类等节肢动物，对控制蚊虫有重要作用，但也加害鱼苗。中国已记录 6 亚科 13 族 44 属约 340 种；本书记录宁夏 4 亚科 8 属 12 种。

## 2.1　端毛龙虱亚科 Agabinae Thomson, 1867

### 2）端毛龙虱属 *Agabus* Leach, 1817

#### （2）阿莫端毛龙虱 *Agabus (Acatodes) amoenus amoenus* Solsky, 1874（图版 I: 2）

*Agabus amoenus* Solsky, 1874: 142; Löbl & Smetana, 2003: 35.

识别特征：体长约 9.0 mm。长卵形，略拱起；头、前胸背板、腹面、足黑色，触角、鞘翅、跗节棕色，复眼黄色具黑斑。触角近于达到前胸背板基部。前胸背板横长，边缘棕色；前缘凹而中部突，基部突，侧缘近平行；前角尖，后角钝。小盾片深褐色。鞘翅翅缝两侧具刻点沟。

检视标本：1 头，宁夏贺兰山，1987. VI. 1（HBUM）。

地理分布：宁夏（贺兰山）；塔吉克斯坦，乌兹别克斯坦，欧洲。

#### （3）端毛龙虱 *Agabus (Acatodes) conspicus* Sharp, 1873（图版 I: 3）

*Agabus conspicus* Sharp, 1873: 48; Löbl & Smetana, 2003: 36; Ren, 2010: 150; Yang et al., 2011: 141.

曾用名：瓢龙虱（任国栋，2010；杨贵军等，2011）。

识别特征：体长 9.8～11.0 mm。背面光泽强，鞘翅暗褐色。鞘翅刻点粗且不规则，刻点沟的刻点大。

地理分布：宁夏（罗山、六盘山）；俄罗斯（远东），韩国，日本。

捕食对象：水生虫类。

### 3）异毛龙虱属 *Ilybius* Erichson, 1832

#### （4）端异毛龙虱 *Ilybius apicalis* Sharp, 1873（图版 I: 4）

*Ilybius apicalis* Sharp, 1873: 51; Gao, 1993: 104; Löbl & Smetana, 2003: 41; Yang et al, 2011: 141.

曾用名：黄缘小龙虱（高兆宁，1993；杨贵军等，2011）。

识别特征：体长约 5.5 mm。头深褐色，具 1 对红褐色的眼间斑；唇基红褐色，前缘略内凹；额唇缝颜色深，凹入；复眼内缘具 1 列粗糙刻点。前胸背板深褐色，边缘黄褐色；前角钝，后角近于直角；侧缘脊较宽。鞘翅红褐色到深褐色，侧缘具很宽的淡黄色纵带，在鞘翅亚端部向内延形成斑，黄斑前缘犬牙交错。后足腿节、胫节光滑，具清晰网纹，网眼小，后足腿节端部后角 1 簇刚毛；雄性前、中足跗节基部 3 节略膨大，具吸附毛。

检视标本：2 头，宁夏银川，1960. V. 24（IPPNX）；1 头，宁夏隆德，1964. VII（IPPNX）；1 头，宁夏泾源六盘山，1983. VII. 27（IPPNX）；2 头，宁夏海原水冲寺，

1986. VIII. 22，任国栋采（HBUM）。

地理分布：宁夏（银川、海原、隆德、泾源、灵武、罗山）、北京、辽宁、吉林、黑龙江、上海、江苏、江西、山东、湖北、四川、陕西、甘肃；俄罗斯（远东），韩国，日本。

捕食对象：水生虫类。

## 2.2　切眼龙虱亚科 Colymbetinae Erichson, 1837

### 切眼龙虱族 Colymbetini Erichson, 1837

#### 4）雀斑龙虱属 *Rhantus* Dejean, 1833

##### （5）小雀斑龙虱 *Rhantus (Rhantus) suturalis* (MacLeay, 1825)（图版 I: 5）

*Colymbetes suturalis* MacLeay, 1825: 31; Löbl & Smetana, 2003: 46.

*Colymbetes pulverosus* Stephens, 1828: 69; Ren, 2010: 150.

曾用名：异爪麻点龙虱（任国栋，2010）。

识别特征：体长约 11.0 mm，宽约 6.8 mm。长椭圆形，背部略拱起。头部棕黄色，头基部、内侧及眼内侧黑色；额唇缝深色，略刻入。前胸背板黄棕色，背部中央具 1 个近菱形的黑斑，中部常具 1 个纵向的刻线将黑斑一分为二；侧缘脊宽，隆起不明显；前缘、侧缘及基部两侧具粗糙刻点。鞘翅黄棕色，黑色小斑点稀疏分布；鞘翅缝深色，两侧各具 1 条小黑斑组成的纵带；鞘翅背部、侧缘及亚侧缘具刻点沟，刻点沟上小斑相对稠密；小黑斑在鞘翅亚端部近中缝处稠密分布，形成两块稍大的黑斑。足红褐色，胫节与跗节颜色变深；雄性前、中足跗节基部 3 节膨大，具长椭圆形的吸盘；后胫节腹面两侧及中央各具 1 列长形大刻点；后爪不等长，外爪约为内爪 1/3 长。

检视标本：3 头，宁夏青铜峡树新，1985. IV. 7，任国栋采（HBUM）。

地理分布：宁夏（青铜峡、六盘山、贺兰山）、北京、河北、山西、内蒙古、辽宁、吉林、黑龙江、江苏、浙江、福建、山东、湖北、广西、四川、贵州、云南、西藏、甘肃、青海、台湾、澳门；蒙古国，俄罗斯，朝鲜，日本，印度，尼泊尔，塔吉克斯坦，乌兹别克斯坦，土库曼斯坦，吉尔吉斯斯坦，哈萨克斯坦，土耳其，乌克兰，埃及，巴基斯坦，沙特阿拉伯，欧洲，澳洲界，东洋界。

捕食对象：水生虫类。

## 2.3　龙虱亚科 Dytiscinae Leach, 1815

### 真龙虱族 Cybisterini Sharp, 1880

#### 5）真龙虱属 *Cybister* Curtis, 1827

##### （6）黄边真龙虱 *Cybister (Cybister) limbatus* (Fabricius, 1775)（图版 I: 6）

*Dytiscus limbatus* Fabricius, 1775: 230; Gao, 1993: 104; Löbl & Smetana, 2003: 50.

曾用名：黄边厚龙虱（高兆宁，1993）。

识别特征：体长 31.0～38.0 mm，宽 16.0～20.0 mm。长椭圆形，背面略隆起，基半部略窄；背面黑色，常具绿色光泽；上唇、唇基及前胸背板侧缘和鞘翅侧缘黄色；翅侧黄边于基部宽于前胸背板黄边，向后渐狭，末端钩状；鞘翅缘折基部黄色；腹面、后足、中足腿节棕褐色或黑红色。

地理分布：宁夏（黄灌区）、台湾；日本，印度，巴基斯坦，东洋界。

捕食对象：蝌蚪、蜗牛和小鱼等。

### （7）日本真龙虱 *Cybister* (*Scaphinectes*) *japonicus* Sharp, 1873（图版 I: 7）

*Cybister japonicus* Sharp, 1873: 45; Wang et al., 1992: 45; Gao, 1993: 104; Zhu et al., 1999: 70; Löbl & Smetana, 2003: 51; Wang & Yang, 2010: 169.

曾用名：日本吸盘龙虱（王希蒙等，1992）、四纹小龙虱（高兆宁，1993）、黄缘龙虱（王新谱等，2010）。

识别特征：体长 35.0～40.0 mm，宽 17.1～20.5 mm。体背面黑色且具光泽，头基半部、口器、触角、前胸背板侧缘、鞘翅近外缘纵条纹、体下及足均黄褐色。头基半部两侧具布小刻点的浅凹陷，上唇前缘中央略弧凹。雄性前胸背板光滑，沿前缘和侧缘具刻点和微弱的皱纹，雌性则密布皱纹状条纹。每翅 3 条由刻点组成的纵带，而雌性密布纵皱纹。后胫节宽扁而短，其长度约等于跗节基部 3 节长度之和，胫节内端距刺状，外端距棱状，明显长于内端距；雄性前足基部 3 个跗节扩展成近椭圆形的大吸盘：第 1 节最大，扩大成宽三角形，腹面具金黄色吸毛，排列紧密，随视线方向不同而变色；第 2、第 3 节腹面各由 2 列约 20 个椭圆形的小吸器组成，吸盘基部具 1 列硬刺毛，其余边缘具较短毛；外爪长大，内爪较短小。

检视标本：1 头，宁夏银川，1989. V. 3（IPPNX）；1 头，宁夏银川，1989. VI. 3（HBUM）。

地理分布：宁夏（银川、中宁、中卫、平罗、灵武、贺兰山）、北京、天津、河北、山西、辽宁、吉林、黑龙江、上海、福建、江西、山东、河南、湖南、广东、海南、四川、贵州、云南、陕西、甘肃、台湾；俄罗斯（远东），朝鲜，韩国，日本。

取食对象：水生昆虫、幼鱼和水稻根部。

### （8）红缘真龙虱 *Cybister* (*Scaphinectes*) *lateralimarginalis lateralimarginalis* (DeGeer, 1774)（图版 I: 8）

*Dytiscus lateralimarginalis* DeGeer, 1774: 396; Löbl & Smetana, 2003: 51; Jia, 2010: 257.

*Cybister hedini* Zaitzev, 1908: 419.

曾用名：侧缘真龙虱（贾凤龙，2010）。

识别特征：体长 29.0～37.0 mm。该种与日本真龙虱 *Cybister* (*Scaphinectes*) *japonicus* Sharp, 1873 十分相似，与后者不同之处是：体中度隆起；前胸背板及鞘翅上的黄缘边较窄。

地理分布：宁夏、内蒙古、甘肃、新疆；欧洲，非洲界。

## 齿缘龙虱族 Eretini Crotch, 1873

### 6）齿缘龙虱属 *Eretes* Laporte, 1833

#### （9）齿缘龙虱 *Eretes sticticus* (Linné, 1767)（图版 I: 9）

*Dytiscus sticticus* Linné, 1767: 666; Gao, 1993: 104; Zhu et al., 1999: 68; Löbl & Smetana, 2003: 53; Ren, 2010: 150.

曾用名：灰龙虱（王希蒙等，1992）、黄灰小龙虱（高兆宁，1993）、薄翅灰龙虱（任国栋，2010）。

识别特征：体长 12.0～14.5 mm，宽 5.8～7.1 mm。体灰黄褐色；触角、口器黄色；头顶中央 1 斑纹及头基部 2 黑横纹；前胸背板中部两侧 1 条黑横纹，其后方的斑纹灰褐色；鞘翅侧缘中央及翅端的斑纹和近端部 1 条波弯横纹均黑色，雌性侧缘中央黑纹内侧具纵凹；足黄褐色至褐色；体背面密布极微刻点。前胸背板基部具小刻点。鞘翅缝角有 1 锐齿，每翅 3 条刻点列，其他地方密布细刻点。后胫节短，近似方形，其长度短于或等于第 1 跗节长，端距刺状，内端距稍长于外端距，2 个爪等长；雄性前足基部 3 个跗节扩展成近圆形的吸盘，其结构第 1 节有 2 个圆形小吸器，第 2、第 3 节均为 1 列横行排列紧密的吸毛；吸盘周缘毛黄色。

检视标本：1 头，宁夏隆德，1964. VII. 10（IPPNX）；1 头，宁夏泾源六盘山，1983. V. 13（IPPNX）；4 头，宁夏青铜峡，1985. IV. 7，任国栋采（HBUM）。

地理分布：宁夏（泾源、隆德、西吉、青铜峡、中卫）、北京、河北、山西、辽宁、黑龙江、上海、江苏、浙江、福建、江西、山东、河南、湖北、湖南、广东、广西、海南、四川、贵州、云南、陕西、台湾、香港；俄罗斯（远东），朝鲜，韩国，日本，印度，尼泊尔，不丹，菲律宾，伊朗，土库曼斯坦，土耳其，阿曼，巴基斯坦，科威特，沙特阿拉伯，叙利亚，埃及，也门，伊拉克，欧洲，东洋界，非洲界。

捕食对象：小鱼和其他水生小动物。

## 斑龙虱族 Hydaticini Sharp, 1880

### 7）斑龙虱属 *Hydaticus* Leach, 1817

#### （10）宽缝斑龙虱 *Hydaticus (Guignotites) grammicus* (Germar, 1827)（图版 I: 10）

*Dytiscus grammicus* Germar, 1827: pl. l; Gao, 1993: 104; Zhu et al., 1999: 70; Löbl & Smetana, 2003: 53; Wang & Yang, 2010: 169.

曾用名：条纹龙虱（高兆宁，1993）。

识别特征：体长 9.5～10.8 mm，宽 4.8～5.3 mm。体淡褐色；头基部分黑色，触角、上唇、口须淡黄褐色，上颚红褐色，小盾片黑色，体下淡红褐色，足深黄褐色。体背密布微细刻纹，夹杂小刻点。头基半部和唇基两侧各 1 小凹陷。前胸背板前缘及基部两侧有不甚明显的横列小刻点，基部的刻点沟弓弯。小盾片三角形，光滑无刻点。每翅 3 条刻点列，外侧刻点行不甚明显；翅上的黑点纹组成连续的纵线条，其内侧的清晰，外侧的纹稀。后胫节短扁，略长于基部 2 个跗节长之和，端距刺状，内端距长于外端距；雄性前足跗节的基部 3 节扩大成圆吸盘，第 1 节基半部 2 个较大吸器，端半部及第 2、第 3 节各具 1 列小吸器，每列约 6 个；吸盘两侧具内弯的刺钩，基部具黄色毛列。

检视标本：宁夏银川（14 头，1960. VI. 6；1 头，1960. VI. 18；2 头，1965. V. 8；11 头，1983. VI. 28）（IPPNX）；1 头，宁夏中宁石空，2006. VIII. 15，张治科采（IPPNX）；1 头，宁夏永宁，1985. IV（HBUM）；4 头，宁夏永宁，1984. V（IPPNX）；1 头，宁夏永宁，1984. V. 13（HBUM）。

地理分布：宁夏（中宁、中卫、银川、永宁、平罗、贺兰山）、北京、河北、辽宁、吉林、黑龙江、江苏、湖北、湖南、海南、四川、云南；朝鲜，日本，伊朗，乌兹别克斯坦，土库曼斯坦，哈萨克斯坦，欧洲。

捕食对象：水生小动物。

**（11）单斑龙虱 *Hydaticus (Guignotites) vittatus* (Fabricius, 1775)**（图版 I: 11）

*Dytiscus vittatus* Fabricius, 1775: 825; Gao, 1993: 104; Löbl & Smetana, 2003: 54.

曾用名：维他龙虱（高兆宁，1993）。

识别特征：体长约 12.0 mm，宽约 8.0 mm。体宽圆，背部明显拱起；头、前胸背板、鞘翅黑色。头前缘具黑色宽横带，额唇缝深色，小刻点稠密分布，大刻点稀疏分布；触角淡黄色，前缘略内凹。前胸背板前角钝圆，侧缘略弧形；小刻点稠密分布，基部略稀疏，中部具稍大的刻点；前缘粗糙刻点沟完整，基部粗糙刻点沟中部间断。鞘翅侧缘具 2 条黄色纵带，外带短，内带几乎达鞘翅端部；网纹清晰，网眼小，近圆形；小刻点稠密分布，大刻点稀疏。足短粗，后足腿节具网纹，网眼小，圆形，小刻点稀疏分布；雄性前足基部 3 跗节特化成圆盘状，具大的圆形吸盘；中足基部 3 跗节略膨大，具小的圆形吸盘。

地理分布：宁夏（银川、灵武、青铜峡）、山西、江苏、浙江、福建、江西、山东、湖北、广东、海南、四川、云南、台湾、香港、澳门；日本，印度，尼泊尔，东洋界。

捕食对象：水生小动物。

## 2.4　异龙虱亚科 Hydroporinae Aubé, 1836

### 异爪龙虱族 Bidessini Sharp, 1880

#### 8）异爪龙虱属 *Hydroglyphus* Motschulsky, 1853

**（12）日本异爪龙虱 *Hydroglyphus japonicus* (Sharp, 1873)**（图版 I: 12）

*Hydroporus japonicus* Sharp, 1873: 54; Löbl & Smetana, 2003: 56; Liu et al., 2011: 256; Lee & Ahn, 2016: 293.

识别特征：体长 1.8～2.0 mm。头大部分棕黄色，复眼周围和基部深棕色；前胸背板大部分棕黄色，中基部具深棕色斑纹；鞘翅棕黄色，基部具深棕色横斑，中部具 2 个深棕色条纹，亚缝条纹深棕色。头上刻点稠密；前胸背板侧缘弱圆；鞘翅具褶皱，缘折具稀疏刚毛；腹部第 7 节具稀疏刚毛。

地理分布：宁夏（中卫）、北京、辽宁、吉林、黑龙江、江苏、浙江、福建、江西、湖北、广东；俄罗斯（远东），韩国，日本。

## 龙虱族 Hyphydrini Gistel, 1848

### 9）异龙虱属 *Hyphydrus* Illiger, 1802

#### （13）东方异龙虱 *Hyphydrus orientalis* Clark, 1863（图版 II: 1）

*Hyphydrus orientalis* Clark, 1863:419; Löbl & Smetana, 2003: 56.

识别特征：体长 3.9～4.5 mm，宽 2.5～3.0 mm。体卵圆形，拱起强烈，鞘翅末端狭。头红褐色，唇基前缘具窄脊，前缘平截，大刻点稀疏分布，基半部 1/3 粗糙，具不清晰的网纹，前缘两侧 1 对浅刻点；复眼间 1 对圆斑。前胸背板红褐色，基部中叶具深褐色斑；前角锐，后角近于直角；基部 “V” 角明显；侧缘窄脊明显上翘；小刻点稀疏分布，大刻点集中分布在前、基部。鞘翅红褐色到深褐色，具黄褐色斑；缘折脊在近肩角处可见；大、小两类刻点稠密分布；鞘翅侧缘大刻点略稀疏；背部中央具 1 刻点沟。后足基节基部具网纹；跗节红褐色，大刻点稀疏分布，末节边缘具短纤毛。

检视标本：2 头，宁夏永宁，1984. V. 3，任国栋采；3 头，宁夏永宁，1987. V. 5，任国栋采（HBUM）；2 头，宁夏中卫沙坡头，1985. IV. 6，任国栋采（HBUM）；宁夏平罗（4 头，1989. VI. 3，任国栋采；1 头，1989. VII. 22，任国栋采）（HBUM）。

地理分布：宁夏（永宁、中卫、平罗）、北京、河北、上海、江苏、浙江、福建、江西、山东、湖北、广东、广西、海南、贵州、云南、西藏、甘肃、新疆、香港、台湾；日本，东洋界。

## 陆生类 GEADEPHAGA

全球已知 3 科；中国已记录 2 科，分别是步甲科 Garabidae 和条脊甲科 Rhysodidae；本书记录宁夏 1 科。

## 3. 步甲科 Carabidae Latreille, 1802

体长 1.0～85.0 mm。扁平或长形；多数种类黑色或暗淡，表面常光滑，具或强或弱的金属光泽。复眼发达且突出，偶退化或缺如。触角 11 节，多为丝状。多数种类的前胸背板两侧较圆，向后变窄，基部较鞘翅显窄。鞘翅将腹部完全遮盖，或端部平截，此时腹部末端外露；翅面有 8 列刻点和 9 个行间；第 3、第 5、第 9 行间一般具毛，有时第 1、第 7 行间也有。有些种类后翅退化。腹部可见腹板 6 个，第 3～4 节愈合；多数类群的第 2 腹板仅两侧可见。跗式 5-5-5。

该科全球已知 2023 属 37600 余种，分布于亚北极至热带地区的所有陆地生境类型中。成、幼虫大多数生活在土壤、落叶中或在地面，有时会攀爬灌丛或植物活动，许多种类栖息于洞穴或山岩中的网状裂缝中。极少数具两栖生活方式。中国已记录3000种以上；本书记录宁夏 11 亚科 50 属 159 种。

## 3.1 心步甲亚科 Nebriinae Laporte, 1834

### 心步甲族 Nebriini Laporte, 1834

#### 10）弧缘步甲属 *Archastes* Jedlička, 1935

##### （14）小弧缘步甲 *Archastes solitarius minor* Ledoux & Roux, 2010（图版 II: 2）

*Archastes solitarius minor* Ledoux & Roux, 2010: 74.

识别特征：体长 8.0～8.5 mm。背面深棕色，口器、触角、胫节、跗节棕色，腹面黑色。头光滑，上唇前缘直，唇基两侧前角各有 1 长毛，额隆起；复眼突，眉毛 1；触角向后伸达前胸背板基部，基部 4 节光滑，余节被密毛。前胸背板较拱起，中部稍前最宽；前缘凹而中间直，与两复眼外侧距离近于等长；侧缘自最宽处向前、后弧形收缩，基部弱突；背面中纵线明显，不达前缘和基部；盘区光滑，具横微纹，前缘凹与基凹浅，前、基部近于无刻点；基部两侧凹，两侧最宽处与后角各有 1 长毛。鞘翅长椭圆形，背面弱拱；每翅面具 8 行刻点，行间拱而光滑。腹部光滑，第 2～5 节腹板中部两侧各有 1 长毛。雄性前足前 3 跗节膨大。

检视标本：1♂1♀，宁夏泾源东山坡，2014. VII. 18，白玲、王娜采（HBUM）。

地理分布：宁夏（泾源）。

捕食对象：小型节肢动物的幼虫。

#### 11）盗步甲属 *Leistus* Frölich, 1799（宁夏新纪录）

##### （15）莱氏盗步甲 *Leistus* (*Evanoleistus*) *lesteri* Allegro, 2007（图版 II: 3）

*Leistus* (*Evanoleistus*) *lesteri* Allegro, 2007: 69.

识别特征：体长约 9.3 mm。头、前胸背板、鞘翅和腿节深棕色，胫节、跗节、触角、上唇、上颚和上颚须红棕色。上颚宽而短，外侧弱弯，上唇中部突；头、前胸背板和鞘翅的微刻纹很弱，头上刻点稀疏，顶部突且有弱沟痕，复眼旁具皱纹，明显窄于前胸背板，背观颈部显缩；复眼大而突。前胸背板宽，强烈横形，向基部显缩；两侧端半部均匀地变圆，基部强烈弯曲，端半部最宽；刻点稀疏，盘区弱拱，无刻点，中纵线明显；前缘中部突，饰边不明显，前面刻点稠密；基沟明显，基部完全被刻点，基部无刚毛；前角弱突，后角直。鞘翅长卵形，弱拱，两侧基半部最宽；无肩齿，肩部强烈倾斜；翅面沟深而刻点强烈，于端部消失；行间拱起，第 3 行间有 4 个点毗邻第 3 刻点沟。足相当长，雄性前足跗节强烈扩展。

检视标本：1♂，宁夏泾源二龙河，2014. VII. 15，白玲、王娜采（HBUM）。

地理分布：宁夏（泾源）、甘肃。

捕食对象：地面活动的小型昆虫的幼虫。

## 12）心步甲属 *Nebria* Latreille, 1802

### （16）中华心步甲 *Nebria* (*Orientonebria*) *chinensis chinensis* Bates, 1872（图版 II: 4）

*Nebria chinensis* Bates, 1872: 52; Löbl & Smetana, 2003: 94; Ren, 2010: 148.

识别特征：体长约 15.0 mm。黑色，具弱光泽；口须、触角及跗节浅黄褐色；腿节、胫节淡黄色；腹部腹板中央红棕色，侧缘及胸部腹板黑色。头凸，复眼内沿具刻点，背面具皱纹；上颚细，尖钩状且外沟端部具 1 毛；额中央具 1 个 "八" 字形红黄斑；触角第 1～4 节光滑，其余节被绒毛；齿端部凹，分成 2 齿。前胸背板心形，基半部 1/3 处最宽；侧板中部狭，侧板近后角处变宽；基窝大，前、后横陷明显；侧板、前横陷之前和后横陷之后具粗皱刻点；背中央具细皱，中线较浅，伸达前、后横陷。鞘翅刻点沟深且内具小刻点；行间凸，散布稀刻点；侧缘刻点密；第 3 行间具 3 毛穴，均靠近第 3 刻点沟。足细长。

检视标本：10 头，宁夏泾源二龙河，2008. VI. 21；宁夏泾源龙潭，2008. VI. 23；宁夏隆德苏台，2008. VII. 1；宁夏固原和尚铺，2008. VII. 3–5，均为娄巧哲采（IZCAS）；1♂2♀，宁夏隆德苏台，2008. VII. 1，王新谱、刘晓丽采（HBUM）；1♀，宁夏泾源龙潭，1740 m，2008. VII. 19，王新谱采（HBUM）；1 头，宁夏泾源红峡林场，1998 m，2008. VII. 9，王新谱采（HBUM）；1 头，宁夏泾源龙潭林场，2009. VII. 5，赵小林采（HBUM）；1 头，宁夏泾源东山坡，2014. VII. 18，白玲采（HBUM）。

地理分布：宁夏（泾源、隆德、固原）、江苏、浙江、江西、山东、湖北、湖南、四川、贵州、陕西；朝鲜，韩国，日本。

捕食对象：黏虫等鳞翅目幼虫。

### （17）黄缘心步甲 *Nebria* (*Paranebria*) *livida angulata* Bänninger, 1949（图版 II: 5）

*Nebria livida angulata* Bänninger, 1949: 127; Zhu et al., 1999: 33; Löbl & Smetana, 2003: 94; Wang & Yang, 2010: 166; Ren, 2010: 148; Yang et al., 2011: 140.

识别特征：体长 15.5～17.0 mm，宽 6.5～7.0 mm。头、前胸背板前、基部、小盾片及鞘翅大部分黑色；头顶两复眼间 2 黄斑；触角、口须、前胸背板、鞘翅外侧及端部 1/4、鞘翅缘折和足（除基节褐色外）均为黄色；体下褐至黑褐色。头近于方形，顶部宽平，近复眼两侧及基部中央各有 1 凹坑，有时不甚明显；额沟长达复眼中部，其周围具细刻点；触角从第 5 节后密布黄褐色细短毛。前胸背板横宽，近心形，两侧膨出，基部狭，侧缘边宽翘；盘区中央隆起，前、后横沟深，沟中及侧缘布粗刻点；侧缘及后角处各有 1 缘毛。小盾片布皱纹。鞘翅两侧近平行，每翅 9 条刻点沟，具小盾片列；行间扁平，以第 8 行最宽，行上 1 列粗刻点。雄性前足跗节基部 3 节扩展，下侧具毛。

地理分布：宁夏（泾源、固原、平罗、罗山、贺兰山）、华北、东北；蒙古国，俄罗斯（远东、东西伯利亚），朝鲜，日本。

捕食对象：鳞翅目幼虫。

## 湿步甲族 Notiophilini Motschulsky, 1850

### 13）湿步甲属 *Notiophilus* Dumeril, 1806

#### （18）喜湿步甲 *Notiophilus aquaticus* (Linné, 1758)（图版 II: 6）

*Cicindela aquaticus* Linné, 1758: 408; Löbl & Smetana, 2003: 96; Yang et al., 2011: 140; Wang et al., 2012: 56.

识别特征：体长 4.8～5.5 mm。前胸侧缘中部向外呈角状突出；每个鞘翅具 2 个大眼纹斑并排成纵列；足棕红色，较体背面的颜色浅。

地理分布：宁夏（罗山）、辽宁、吉林、黑龙江；俄罗斯（远东、东西伯利亚），日本，哈萨克斯坦，欧洲。

捕食对象：地面活动的小型昆虫的幼虫。

## 3.2　虎甲亚科 Cicindelinae Latreille, 1802

## 虎甲族 Cicindelini Latreille, 1802

## 虎甲亚族 Cicindelina Latreille, 1802

### 14）斑虎甲属 *Calomera* Motschulsky, 1862

#### （19）月斑虎甲 *Calomera lunulata* (Fabricius, 1781)（图版 II: 7）

*Cicindela lunulata* Fabricius, 1781: 284; Gao, 1993: 102; Löbl & Smetana, 2003: 101; Wang & Yang, 2010: 153.

识别特征：体长 12.0～16.0 mm。体绿色且具铜色光泽，触角前 4 节金绿色。上唇中部具 1 横列较密的淡色长毛，前缘中部具 1 尖齿；复眼间具细皱纹。鞘翅密布小圆刻点，肩胛内侧具少数大刻点和乳白或淡黄斑，肩胛外侧和翅端部各具 1 半月形斑，中部具 1 对部分连接的小斑，其后还具 1 对小圆斑。

检视标本：1 头，宁夏永宁，1984. VI，任国栋采（HBUM）；1 头，宁夏青铜峡，1985. IV. 9，任国栋采（HBUM）；1 头，宁夏银川，1987. V. 28，任国栋采（HBUM）；2 头，宁夏银川，1989. VII，任国栋采（HBUM）；1 头，宁夏平罗，1989. VII，任国栋采（HBUM）；1 头，宁夏盐池，1989. VII. 9，任国栋采（HBUM）；1 头，宁夏河滩地，1990. VI. 5，任国栋采（HBUM）；1 头，宁夏泾源老龙潭，1993. V. 27，于江采（HBUM）；10 头，宁夏泾源六盘山，1992. VI. 12，林 92–VI 组采（IPPNX）。

地理分布：宁夏（银川、永宁、青铜峡、中卫、中宁、盐池、平罗、同心、泾源、灵武、贺兰山）、北京、河北、山西、内蒙古、辽宁、贵州、甘肃、新疆；俄罗斯，伊朗，叙利亚，埃及，欧洲，非洲界。

捕食对象：小型昆虫。

### 15）塞虎甲属 *Cephalota* Dokhtouroff, 1883

#### （20）黄唇虎甲 *Cephalota* (*Taenidia*) *chiloleuca* (Fischer von Waldheim, 1820)（图版 II: 8）

*Cicindela chiloleuca* Fischer von Waldheim, 1820: pl. 1; Löbl & Smetana, 2003: 102; Wang & Yang, 2010: 152; Yang et al., 2011: 136.

识别特征：体长 8.0～11.0 mm。体深绿色且具铜色光泽。上唇黄色；额在复眼之间具粗纵皱纹；复眼大而突出；触角前 4 节金绿色。前胸背板长宽近相等。小盾片三角形，绿色，末端尖锐。鞘翅具稠密绿色圆刻点，鞘翅前 1/4 处有 1 斜金色斑，端部膨大，中部具指向小盾片的 "＞" 形金色斑，后 1/4 及基部各具 1 较大的金色芽形斑，这些斑在侧缘互相连接。

检视标本：5♀，宁夏海原，1986. VII. 26，任国栋采（HBUM）；1♀，宁夏永宁，1987. VII. 29，任国栋采（HBUM）。

地理分布：宁夏（海原、永宁、平罗、罗山、贺兰山）、云南、甘肃；蒙古国，俄罗斯（东西伯利亚），哈萨克斯坦，欧洲。

捕食对象：小型昆虫。

## 16）虎甲属 *Cicindela* Linné, 1758

### （21）红翅虎甲 *Cicindela (Cicindela) coerulea nitida* Lichtenstein, 1796（图版 II: 9）

*Cicindela coerulea nitida* Lichtenstein, 1796: 32; Löbl & Smetana, 2003: 104; Ren, 2010: 145.

识别特征：体长 15.5～17.5 mm，宽 6.5～7.5 mm，具强烈金属光泽；头和前胸背板翠绿或蓝绿色，鞘翅紫红色，体下蓝绿或紫色。上颚强大，雌性基半部背面外侧蜡黄色，雄性基部背面 2/3 蜡黄色；上唇蜡黄色，前缘和侧缘黑色，宽约为中部长 3 倍，中部向前突出并稍隆起，两侧各具 1 个大圆凹洼，前缘中央具 1 尖齿，近前缘处每侧有 3～4 根长毛，前角 1 长毛；额具细纵皱纹，头顶具横皱纹；复眼大而突出；触角前 4 节光亮，余节暗棕色。前胸背板宽略大于长，基部稍狭于端部，两侧平直；盘区密布细皱纹。鞘翅密布细刻点和颗粒，每翅具 3 斑：基部和端部各具 1 弧形斑，基部的斑有时分裂为 2 个逗点状斑，中部具 1 近倒 "V" 形斑。体下两侧和足密布粗长白毛。

地理分布：宁夏（西吉）、山西、内蒙古、青海、新疆；蒙古国，俄罗斯（远东、东西伯利亚），朝鲜。

### （22）芽斑虎甲 *Cicindela (Cicindela) gemmata gemmata* Faldermann, 1835（图版 II: 10）

*Cicindela gemmata* Faldermann, 1835: 350; Löbl & Smetana, 2003: 105; Wang & Yang, 2010: 152.

识别特征：体长 18.0～22.0 mm，宽 7.0～9.0 mm。头、胸均为铜色，鞘翅深绿色，体下红色、绿色和紫色。头部颊区无白色毛或只具稀疏的几根白色毛。鞘翅具淡黄斑点且每翅基部具 1 个芽状小斑，中部具 1 条弯曲形横斑，有时此斑分裂为 2 个小斑，翅端靠近侧缘具 1 个小圆斑。雌性腹部 6 节，雄性腹部 7 节且前足跗节宽扁而多毛。

检视标本：1 头，宁夏泾源龙潭，1993. V. 27，于江采（HBUM）；1 头，宁夏泾源二龙河，赵瑞采（HBUM）；1 头，宁夏泾源东山坡，2009. VII. 12，赵小林采（HBUM）；3 头，宁夏泾源六盘山，1995. VI. 9，林 92–VI 组采（HBUM）；1 头，宁夏泾源六盘山，1995. VI. 13，林 92–III 组采（HBUM）。

地理分布：宁夏（泾源、六盘山、贺兰山）、北京、河北、山西、内蒙古、黑龙江、上海、江苏、浙江、安徽、福建、江西、山东、河南、湖北、广东、海南、四川、云南、西藏、甘肃、新疆、中国台湾地区；俄罗斯（远东），朝鲜，日本。

捕食对象：鳞翅目幼虫。

**（23）铜翅虎甲 *Cicindela (Cicindela) transbaicalica transbaicalica* Motschulsky, 1844**（图版 II: 11）

Cicindela transbaicalica Motschulsky, 1844: 28; Gao, 1993: 102; Löbl & Smetana, 2003: 107; Zhang et al., 2009: 49; Ren, 2010: 145.

识别特征：体长约 12.0 mm，宽约 5.0 mm。体铜色且具紫或绿色光泽。上唇横宽；复眼大而突出；触角 11 节，丝状且细长。鞘翅基部和端部各具 1 弧形斑，偶尔基斑还分裂为 2 个逗点形斑；中部具 1 弯曲的横斑。

地理分布：宁夏（泾源、中卫）、内蒙古、黑龙江、辽宁、青海、新疆；蒙古国，俄罗斯（远东、东西伯利亚）。

捕食对象：蝗蝻、小型节肢动物等。

**（24）中国虎甲 *Cicindela (Sophiodela) chinensis chinensis* DeGeer, 1774**（图版 II: 12）

Cicindela chinensis DeGeer, 1774: 119; Löbl & Smetana, 2003: 108; Zhang et al., 2014: 130.

识别特征：体长 18.0～21.0 mm。头绿色，唇基和额中部有时铜色或红色；前胸背板基部和端部绿色，盘区绿色或红色；鞘翅天鹅绒黑色，具绿色或绿色和红色带，中部横向半月形，端部长卵形斑；腹面黑色，具金属光泽，两侧具柔毛；足黑色，具金属光泽。

地理分布：宁夏（盐池、同心）、江苏、浙江、安徽、福建、江西、湖北、山东、河南、广东、广西、四川、云南、甘肃；朝鲜，日本，越南，东洋界。

捕食对象：小型昆虫。

**17）星虎甲属 *Cosmodela* Rivalier, 1961**

**（25）星斑虎甲 *Cosmodela (Ifasina) kaleea kaleea* (Bates, 1866)**

Cicindela kaleea Bates, 1866: 340; Löbl & Smetana, 2003: 111; Wang & Yang, 2010: 153.

识别特征：体长 8.5～9.5 mm，宽 2.8～3.5 mm。体狭长；体及足墨绿色；头、胸部具铜色光泽；鞘翅斑纹黄白色。额上复眼间平坦，具纵皱纹，顶部具横皱纹；触角自第 5 节后密布灰色微毛。前胸背板长宽近相等，密布横皱纹。鞘翅由前向后逐渐变宽，至翅端前又急变窄，翅端具小尖翅；翅面散布青蓝色刻点，每翅 4 个黄白色斑纹。雌性第 6 腹板基部中叶凹；雄性第 6 腹板基部中叶深凹。

检视标本：1 头，宁夏海原，1986. VIII. 22，任国栋采（HBUM）；1 头，宁夏海原水冲寺，1989. VII. 24，任国栋采（HBUM）；3 头，宁夏平罗，1989. VI. 17，任国栋采（HBUM）；3 头，宁夏永宁，1989. VII.8，任国栋采（HBUM）；1 头，宁夏泾源秋千架，2008. VI. 23，王新谱采（HBUM）；27 头，宁夏泾源秋千架，2009. VII. 8，王新谱、杨晓庆采（HBUM）；6 头，宁夏泾源二龙河，2009. VII. 4，王新谱、赵小林采（HBUM）；2 头，宁夏泾源二龙河，2014.VII. 15，白玲、王娜采（HBUM）。

地理分布：宁夏（彭阳、海原、平罗、永宁、泾源、贺兰山、六盘山）、福建、江西、山东、广东、四川、贵州、云南、台湾、香港；印度，东洋界。

捕食对象：小型昆虫。

## 18）圆虎甲属 *Cylindera* Westwood, 1831

### （26）双铗虎甲 *Cylindera (Cylindera) gracilis* (Pallas, 1773)（图版 III: 1）

*Cicindela gracilis* Pallas, 1773: 724; Löbl & Smetana, 2003: 109; Zhang et al., 2009: 50; Ma et al., 2013: 90.

识别特征：体长 10.0～12.0 mm。体墨绿色，几无光泽。上唇前缘微波弯，中间具尖齿。前胸背板长矩形，明显窄于头部，两侧平行。鞘翅窄且两侧平行，后端呈三角形收缩；鞘翅中部具 1 白色斑，由外斜向内侧，端部沿翅缘具 1 细白色斑。

地理分布：宁夏（西吉、海原、固原）、内蒙古、辽宁、山东；蒙古国，俄罗斯（远东、东西伯利亚），朝鲜，韩国，日本，乌克兰，欧洲。

捕食对象：小型昆虫。

### （27）斜斑虎甲 *Cylindera (Cylindera) obliquefasciata obliquefasciata* (Adams, 1817)（图版 III: 2）

*Cicindela obliquefasciata* Adams, 1817: 280; Löbl & Smetana, 2003: 109; Zhang et al., 2014: 130.

识别特征：体长 10.0～11.0 mm。墨绿色；前胸背板两侧中部稍外弧；鞘翅两侧中基部稍外扩，中部由外向内具较粗的侧向白斑，斑的内端部有小圆斑点。

检视标本：10 头，宁夏灵武，1964. VII. 18（IPPNX）；13 头，宁夏高沙窝，2006.VI.15（IPPNX）。

地理分布：宁夏（银川、灵武、盐池、同心、贺兰山）、华北、内蒙古、辽宁、黑龙江、江苏、浙江、山东、河南、甘肃、青海、新疆；俄罗斯（远东、东西伯利亚），伊朗。

捕食对象：小型昆虫。

### （28）云纹虎甲 *Cylindera (Eugrapha) elisae elisae* (Motschulsky, 1859)（图版 III: 3）

*Cicindela elisae* Motschulsky, 1859: 487; Wu et al., 1982: 260; Gao, 1993: 102; Löbl & Smetana, 2003: 110; Wang & Yang, 2010: 152; Ren, 2010: 145; Yang et al., 2011: 136.

曾用名：绸纹虎甲（吴福桢等，1982；高兆宁，1993）。

识别特征：体长 8.5～11.0 mm，宽 4.5～5.5 mm。体背深绿色，胸部和腹部侧面及足部基节、腿节密布白色长毛；上唇灰白色；复眼下方有强蓝绿色光泽；触角基部 4 节蓝绿色，光裸，第 5 节后为黑褐色且各节密具短毛；前胸背板具铜绿色光泽；各足转节赤褐色，其余具蓝色光泽。头部两复眼间凹陷，上唇中央具 1 小齿，前缘具 1 列白色长毛。前胸圆筒形，宽小于长且具白色长毛。鞘翅暗红铜色，密具细粒并杂有稀疏深绿色粗刻点，翅肩部花纹呈 "C" 形，中央呈斜 "3" 字形，端部花纹弧形，各纹在侧缘相互连接。

检视标本：8 头，宁夏永宁，1982. VII. 2，任国栋采（HBUM）；1 头，宁夏中卫沙坡头，1985.V，任国栋采（HBUM）；4 头，宁夏平罗，1989. VIII. 5，任国栋采（HBUM）；1 头，宁夏青铜峡，1995. VI. 12，任国栋采（HBUM）。

地理分布：宁夏（海原、西吉、固原、银川、青铜峡、吴忠、同心、中卫、平罗、永宁、灵武、盐池、贺兰山）、北京、河北、山西、内蒙古、吉林、黑龙江、上海、江苏、浙江、安徽、福建、江西、山东、河南、湖北、湖南、广东、海南、四川、云南、西藏、甘肃、新疆、台湾；蒙古国，朝鲜，韩国，日本。

捕食对象：小型昆虫。

## （29）拟沙漠虎甲 *Cylindera (Eugrapha) pseudodeserticola* (Horn, 1891)

*Cicindela pseudodeserticola* Horn, 1891: 112; Löbl & Smetana, 2003: 111; Bai et al., 2013: 645.

地理分布：宁夏、内蒙古、新疆；蒙古国，哈萨克斯坦。

## 3.3　步甲亚科 Carabinae Latreille, 1802

## 步甲族 Carabini Latreille, 1802

## 19）帝步甲属 *Callisthenes* Fischer von Waldheim, 1820（宁夏新纪录）

### （30）乌帝步甲 *Callisthenes anthrax* (Semenov, 1900)（图版 III: 4）

*Calosoma anthrax* Semenov, 1900: 304; Löbl & Smetana, 2003: 118.

识别特征：体长约 23.0 mm，宽约 10.0 mm。体黑色，背面带铜色光泽。头具稠密刻点及皱褶；上颚盘上布皱纹；上唇与唇基前缘凹，唇基两侧凹；复眼突出；触角扁。前胸背板宽大于长，端部稍后最宽；前、基部凹，侧缘弧形而上卷；中纵线细，背面具相当稠密皱纹，两侧近后角处凹。鞘翅宽阔，侧缘上卷，每翅 3 列稀疏的具毛刻点，整个翅面被稠密的皱纹划分为许多小块。

检视标本：1 头，宁夏海原牌路山，2009. VII. 18，冉红凡采（HBUM）。

地理分布：宁夏（海原）、内蒙古；蒙古国。

## 20）星步甲属 *Calosoma* Weber, 1801

### （31）青雅星步甲 *Calosoma (Calosoma) cyanescens* (Motschulsky, 1859)（图版 III: 5）

*Callisoma cyanescens* Motschulsky, 1859: 489; Löbl & Smetana, 2003: 119; Liu et al., 2011: 255.

识别特征：体长 18.0～24.0 mm。背面黑色，具绿色光泽，腹面暗绿色。前胸背板刻点粗密，有褶皱；侧缘弧形，中部最宽。鞘翅具 15 条纵隆线，行间瓦状纹排列规则，第 4、第 8、第 12 条线上有绿色星点。腹面有光泽。雄性中胫节稍弯曲，雌性较直。

地理分布：宁夏（中卫）、河北、内蒙古、辽宁、吉林、黑龙江、甘肃；俄罗斯（远东），朝鲜，韩国，日本。

捕食对象：蛾类幼虫。

### （32）大星步甲 *Calosoma (Calosoma) maximoviczi* Morawitz, 1863（图版 III: 6）

*Calosoma maximoviczi* Morawitz, 1863: 20; Zhu et al., 1999: 37; Löbl & Smetana, 2003: 119; Wang & Yang, 2010: 157.

识别特征：体长 23.0～35.0 mm，宽 11.5～4.5 mm。体黑色，背面带弱铜色光泽，两侧缘绿色。头具稠密刻点，两侧及基部具皱褶；上颚盘上有皱纹；触角基部 4 节光滑，5 节后具稠密灰褐色微毛。前胸背板宽大于长，中部最宽，侧缘全弧形，缘边完整；盘区具稠密皱纹状刻点。鞘翅宽阔，肩后明显扩展；每翅深纵沟 16 条，沟底有刻点，行间具规则的浅横沟，使翅面形成瓦状纹；每翅 3 行带绿色光辉的星点，星点小，狭于行间，每星行间有 3 行间。雄性前足基部 3 个跗节扩展，腹面黏毛排列紧密，后胫节内端具棕红色毛。

地理分布：宁夏（贺兰山）、北京、河北、山西、内蒙古、辽宁、吉林、江苏、浙江、安徽、福建、江西、山东、河南、湖北、四川、云南、西藏、陕西、甘肃、台湾；俄罗斯（远东），朝鲜，韩国，日本。

捕食对象：鳞翅目幼虫。

### （33）中华星步甲 *Calosoma (Campalita) chinense chinense* Kirby, 1819（图版 III: 7）

*Calosoma chinense* Kirby, 1819: 379; Gao, 1993: 103; Zhu et al., 1999: 38; Liang & Yu, 2000: 162; Löbl & Smetana, 2003: 120; Wang & Yang, 2010: 156; Ren, 2010: 143.

曾用名：金星步甲（祝长清等，1999）、中国曲胫步甲（高兆宁，1993）、中华金星步甲（王新谱等，2010）。

识别特征：体长 26.0～35.0 mm，宽 9.0～12.5 mm。体黑色具铜色或古铜色光泽。头具稠密的细刻点，基部具细刻纹；上颚背部具皱纹，口须末节端部平截；额沟较长，其侧有纵皱褶；触角向后伸达体长之半处，基部 4 节光滑，5 节后具稠密短绒毛。前胸背板宽大于长，中部稍前最宽，盘区具稠密皱纹状刻点，侧缘弧形上翻，基部明显上翘，后角钝圆，基凹较长。鞘翅略长形，两侧近平行，肩后稍膨出；每翅 3 行圆形闪烁金色或金绿色的星点；行间无沟纹但密布排列不规则的小粒突。中、后胫节弯曲，雄性更明显；雄性前足基部 3 个跗节扩展。

检视标本：1 头，宁夏石炭井，1988. V. 5，任国栋采（HBUM）；1 头，宁夏中卫香山，1989. VI. 28，任国栋采（HBUM）；2 头，宁夏固原，1989. VI. 4，任国栋采（HBUM）；1 头，宁夏盐池，1989. VIII. 9，任国栋采（HBUM）；4 头，宁夏永宁，1990. V，任国栋采（HBUM）；3 头，宁夏海原，1990. VI. 23，任国栋采（HBUM）；2♂2♀，宁夏泾源西峡，2008. VI. 27，李秀敏采（HBUM）；1♀，宁夏泾源西峡，2008. VII. 15，吴琦琦采（HBUM）；22 头，宁夏泾源西峡，2008. VI. 25，娄巧哲采（IZCAS）；宁夏固原绿塬，2008. VII. 7，娄巧哲采（IZCAS）；3 头，宁夏泾源卧羊川，2008. VI. 26，王新谱、刘晓丽采（HBUM）；2 头，宁夏隆德峰台林场，2008. VII. 3，王新谱、刘晓丽采（HBUM）；2 头，宁夏海原牌路山，2009. VII. 18，王新谱、冉红凡采（HBUM）。

地理分布：宁夏（全区）、北京、河北、山西、内蒙古、辽宁、吉林、黑龙江、上海、江苏、浙江、安徽、福建、江西、山东、河南、湖南、广东、四川、贵州、云南、西藏、陕西、甘肃、青海、新疆；俄罗斯（远东），朝鲜，日本。

捕食对象：鳞翅目幼虫。

### （34）齿星步甲 *Calosoma (Campalita) denticolle* Gebler, 1833（图版 III: 8）

*Calosoma denticolle* Gebler, 1833: 274; Zhu et al., 1999: 39; Löbl & Smetana, 2003: 120; Ren, 2010: 143.

识别特征：体长 22.8～24.5 mm，宽 9.0～11.7mm。体黑色，鞘翅星点绿色或金铜色。头上有稠密刻点；触角向后伸达体长之半处。前胸背板横宽，侧缘圆弧状，中部最宽，中部及后角各具缘毛 1，中部后略变窄，后角端稍向外突；盘区具稠密的细刻点且常伴皱褶。鞘翅近长方形，肩后稍膨出，翅基部在肩内具纵凹，星行之间具 7～9 行间，瓦形纹不整齐，星点小且星行前后、星点之间不隆起。中、后胫节不弯曲，雄性前足跗节不膨大。

检视标本：1 头，宁夏海原，1989. V. 30，任国栋采（HBUM）；1 头，宁夏固原绿塬林场，2008. VII. 9，任国栋采（HBUM）；2 头，宁夏泾源西峡林场，2008. VII. 8，王新谱、刘晓丽采（HBUM）。

地理分布：宁夏（中卫、固原、泾源、海原、六盘山）、河北、山西、内蒙古、黑龙江、山东、新疆；蒙古国，俄罗斯，乌兹别克斯坦，土库曼斯坦，哈萨克斯坦，土耳其，阿塞拜疆，亚美尼亚，保加利亚，芬兰，罗马尼亚，乌克兰。

捕食对象：螟蛾科、枯叶蛾科幼虫。

**（35）金星广肩步甲 Calosoma (Campalita) maderae maderae (Fabricius, 1775)**（图版 III: 9）

*Carabus maderae* Fabricius, 1775: 237; Wu et al., 1982: 259; Löbl & Smetana, 2003: 121.

识别特征：体长 25.0～30.0 mm。体黑色，具稠密的细刻点且泛古铜色光泽，前胸背板较明显。头顶平，头后宽长略隆起；上唇褐色，前缘深凹，上颚颇长，表面有明显皱纹；复眼外突；触角丝状且长度超过前胸背板基部，第 5 节后为赤褐色且密生短毛。前胸背板长短于宽，略似鼓形，前缘凹入且具棱边，基部中叶向后微凸，两侧缘具棱，弧形外突，背中央具浅纵沟，隐约可见，基部角钝，微向后突，附近具明显凹陷。小盾片三角形。鞘翅肩部钝圆，边缘刃状，微向上翻，翅面各具 3 纵列 30～34 个金色刻点，翅端刻点细小，排列较密。各腿节具刻点且刻点具毛，中、后胫节略弯，雄性前足第 1～3 跗节扩大扁平。

检视标本：2 头，宁夏银川，1977. VI. 25（IPPNX）。

地理分布：宁夏（银川、隆德、同心、固原、灵武、盐池）、北京、河北、山西、东北、江苏、浙江、河南；蒙古国，朝鲜，日本，欧洲，非洲界。

捕食对象：成虫、幼虫均捕食蝶、蛾类幼虫和蛹。

**（36）暗星步甲 Calosoma (Charmosta) lugens Chaudoir, 1869**（图版 III: 10）

*Calosoma lugens* Chaudoir, 1869: 372; Gao, 1993: 103; Zhu et al., 1999: 38; Löbl & Smetana, 2003: 121; Ren, 2010: 143.

曾用名：直胫步甲（高兆宁，1993）。

识别特征：体长 22.0～31.0 mm，宽 10.5～11.5 mm。体黑色；头及前胸背板具皱纹状密刻点；触角基部 4 节光滑，5 节以后具短密绒毛，第 2、第 3、第 4 节基部一侧扁平。前胸背板宽大于长，侧缘弧形，中部最宽；后角钝圆，基凹浅。鞘翅近于长方形，两侧缘接近平行；每翅 3 行圆形无金属光泽的星点，星行之间具 7 行间，其上沟纹浅，瓦形纹较为平坦。中、后胫节直，后转节具毛穴；雄性前足基部 3 个跗节扩展，腹面黏毛排列紧密。

检视标本：1♀，宁夏固原绿塬，2008. VII. 19，任国栋采（HBUM）；1♀，宁夏泾源西峡，2008. VII. 15，李秀敏采（HBUM）；1♀，宁夏泾源西峡，2008. VI. 27，王新谱采（HBUM）；8头（宁夏泾源西峡，2008. VI. 25；宁夏固原绿塬，2008. VII. 9），娄巧哲采（IZCAS）。

地理分布：宁夏（固原、泾源、盐池、贺兰山）、北京、河北、山西、辽宁、黑龙江、山东、河南、湖北、四川、新疆；蒙古国，俄罗斯，朝鲜，韩国，日本。

捕食对象：鳞翅目等昆虫的幼虫。

## 21）步甲属 *Carabus* Linné, 1758

### （37）麻步甲 *Carabus (Cathaicus) brandti brandti* Faldermann, 1835（图版 III: 11）

*Carabus brandti* Faldermann, 1835: 338; Zhu et al., 1999: 36; Liang & Yu, 2000: 161; Löbl & Smetana, 2003: 137; Wang & Yang, 2010: 157; Yang et al., 2011: 137.

识别特征：体长 16.0～24.0 mm，宽 9.8～11.0 mm。体黑色，复眼棕黄色。头具稠密的细刻点，上颚较短宽而直，内缘中央具 1 粗大齿；唇基弧形弯曲，基半部中央下凹；口须末节扩大成斧状；触角基部 4 节光裸，第 5 节以后具棕黄色细密毛。前胸背板宽大于长，中部之前最宽，盘区具稠密刻点，基部具 1 列较长黄色毛，覆盖小盾片；前缘弧形深凹，侧缘弧形，基部中叶直而两端后弯，后角钝圆略向后突，基凹深圆。小盾片宽三角形，表面光滑。鞘翅卵圆形，基部无饰边，翅面密具大小瘤突，瘤突表面及无粒突之处均布微细密刻点，无明显缝角刺突。雄性前足基部 3 个跗节扩展，腹面黏毛棕黄色。

检视标本：1头，宁夏贺兰山苏峪口，2400 m，1987. VI. 1，任国栋采（HBUM）；1头，宁夏贺兰山，1987. VI. 3，任国栋采（HBUM）；1头，平罗县，1989. VII. 4，任国栋采（HBUM）；1头，宁夏固原须弥山，2009. VII. 17，王新谱、冉红凡采（HBUM）。

地理分布：宁夏（全区）、北京、河北、山西、内蒙古、辽宁、吉林、黑龙江、山东、河南、陕西；俄罗斯，韩国，日本。

捕食对象：鳞翅目幼虫。

### （38）黏虫步甲 *Carabus (Carabus) granulatus telluris* Bates, 1883（图版 III: 12）

*Carabus granulatus telluris* Bates, 1883: 223; Löbl & Smetana, 2003: 136; Ren, 2010: 144.

识别特征：体长约 21.0 mm。黑色，头、前胸背板、鞘翅上具古铜色光泽。头上刻点模糊，上唇前缘深凹，唇基弧形弯曲；复眼球形而突出；触角向后伸出，4 节超出前胸背板基部，基部 4 节光裸，第 5 节以后具棕黄色细密毛。前胸背板宽大于长，中部最宽；盘区具模糊稠密刻点，侧缘变为短皱纹；前缘弧凹，侧缘弧形，基部中叶弱突而两端后弯，两侧基凹浅；前角钝，后角钝圆而突。鞘翅长卵形，端部稍后最宽；每翅面具 3 条纵脊及 3 列纵瘤突，近翅缝 1 条脊模糊，近侧缘 1 列瘤突短而窄，整个翅面具稠密小粒突。腹面光滑。雄性前足跗节基部 4 节扩大且中胫节端半部外侧具金黄色稠密短毛刷。

检视标本：13头，宁夏隆德，1960. VIII. 9（IPPNX）；2头，宁夏泾源六盘山，

1964. IV（IPPNX）；1 头，宁夏泾源龙潭，1986. VIII（IPPNX）；1 头，宁夏泾源东山坡，1973. VIII. 15（IPPNX）。

地理分布：宁夏（隆德、泾源、六盘山）、河北、辽宁、吉林、黑龙江、甘肃、新疆；蒙古国，俄罗斯（西伯利亚），朝鲜，日本。

捕食对象：黏虫、银纹夜蛾等幼虫和蛹。

**（39）圆粒步甲 *Carabus (Coptolabrus) formosus subformosus* Semenov, 1887**（图版 IV: 1）

*Carabus formosus subformosus* Semenov, 1887: 415; Löbl & Smetana, 2003: 142; Ren, 2010: 144.

检视标本：1 头，宁夏秋千架，2008. VII. 11，娄巧哲采（IZCAS）。

地理分布：宁夏（泾源）、四川、陕西、甘肃。

**（40）微大步甲 *Carabus (Eccoptolabrus) exiguus exiguus* Semenov, 1898**（图版 IV: 2）

*Carabus exiguus* Semenov, 1898: 399; Löbl & Smetana, 2003: 150; Ren, 2010: 144.

检视标本：1 头，宁夏泾源二龙河，2008. VI. 21，娄巧哲采（IZCAS）；2 头，宁夏隆德峰台，2008. VII. 1；娄巧哲采（IZCAS）。

地理分布：宁夏（泾源、隆德）、四川、陕西、甘肃。

**（41）雕步甲 *Carabus (Eupachys) glyptopterus* Fischer von Waldheim, 1828**（图版 IV: 3）

*Carabus glyptopterus* Fischer von Waldheim, 1828: 193; Löbl & Smetana, 2003: 152; Yang et al., 2011: 137.

识别特征：体长约 26.0 mm。黑色，具古铜色光泽。上唇与唇基前缘深凹，上颚颇长；复眼外突；触角基部 4 节光滑，第 5～11 节密生短毛。前胸背板长短于宽，中部稍前最宽，背中央具细纵沟；前缘深凹而无棱边，基部深凹，两侧深凹而边缘上卷；前、后角突出而下沉，基部浅横凹；盘区刻点稀疏，前缘稠密，两侧和基部相当稠密。小盾片三角形。鞘翅肩部钝圆，侧缘刃状而向上翻；翅面鱼鳞状。

检视标本：1 头，宁夏固原官厅乡，2013. VII. 29，高志忠等采（HBUM）。

地理分布：宁夏（固原、罗山）、河北、山西、内蒙古、黑龙江、甘肃；蒙古国，俄罗斯（东西伯利亚）。

捕食对象：鳞翅目幼虫。

**（42）长叶步甲 *Carabus (Oreocarabus) vladsimirskyi vladsimirskyi* Dejean, 1830**（图版 IV: 4）（宁夏新纪录）

*Carabus vladsimirskyi* Dejean, 1830: 19; Löbl & Smetana, 2003: 183.

识别特征：体长 21.0～25.0 mm。黑色，具古铜色光泽。头背面中部纵隆而两侧纵凹；上唇前缘深凹，上颚颇长；复眼外突；触角丝状且向后超过前胸背板基部，基部 4 节光滑，第 5～11 节密生短毛。前胸背板长短于宽，近中部最宽，背中央具细纵沟；前缘凹而无棱边，基部深凹而直，侧缘弧形外突而上卷；前、后角突出而下沉，基部浅横凹。小盾片三角形。鞘翅肩部钝圆，侧缘刃状而向上翻；翅面各具 4 列刺突，近侧缘的排列紧密，其余 3 列稀疏。各足胫节直。

检视标本：1♂，宁夏海原水冲寺，1986. VIII. 23，任国栋采（HBUM）；1♀，宁夏海原南华山，2009. VII. 19，杨晓庆采（HBUM）。

地理分布：宁夏（海原）、河北、山西、内蒙古、甘肃、青海；蒙古国、俄罗斯（西伯利亚东部）。

**（43）粗皱步甲 *Carabus (Pagocarabus) crassesculptus crassesculptus* Kraatz, 1881**（图版 IV: 5）

*Carabus crassesculptus* Kraatz, 1881: 268; Löbl & Smetana, 2003: 182; Ren, 2010: 144.

识别特征：体长 21.0～27.0 mm。体背面紫黑色或紫色。头顶密布浅凹及皱纹，上颚弯曲，前端近钩状，基部具叉状齿。前胸背板略方形，宽大于长，密布浅凹及皱纹，前缘窄于基部，最宽处距基部 2/3 处，侧缘在此前弧形变窄，之后略直线变窄，中线明显，前角圆钝，后角略钝突。鞘翅卵形，密布排列成行的条形颗粒，每边约具 13，缝角钝。

检视标本：1♀，宁夏隆德苏台，2008. VII. 1，冉红凡采（HBUM）；18 头（宁夏泾源龙潭，2008. VI. 23；宁夏泾源红峡，2008. VI. 27；宁夏泾源西峡，2008. VI. 26；宁夏隆德峰台，2008. VII. 1；宁夏泾源东山坡，2008. VII. 5；宁夏泾源卧羊川，2008. VII. 7；宁夏隆德苏台，2008. VI. 29），均为娄巧哲采（IZCAS）；1 头，宁夏灵武，1984. VI，任国栋采（HBUM）；1 头，宁夏海原灵光寺，1986. VIII. 24，任国栋采（HBUM）；1 头，海原五桥沟，1987（HBUM）；1 头，宁夏彭阳，1987. VIII. 3，任国栋采（HBUM）；1 头，宁夏隆德，1987. VIII. 5，任国栋采（HBUM）；1 头，宁夏西吉，1989. VII. 25，任国栋采（HBUM）；1 头，宁夏泾源东山坡林场，2008. VII. 4，任国栋采（HBUM）；1 头，宁夏泾源东山坡，2014. VII. 18，白玲采（HBUM）。

地理分布：宁夏（隆德、泾源、灵武、海原、彭阳、西吉）、北京、河北、山西、内蒙古、河南、四川、陕西、甘肃、青海。

**（44）甘肃大步甲 *Carabus (Pseudocranion) gansuensis gansuensis* Semenov, 1887**（图版 IV: 6）

*Carabus gansuensis* Semenov, 1887: 410; Löbl & Smetana, 2003: 189; Ren, 2010: 144.

识别特征：体长约 25.0 mm。黑色，具古铜色光泽。头背面中部纵隆而两侧纵凹；上唇前缘深凹，上颚颇长；复眼外突；触角丝状且向后超过前胸背板基部，基节黄色，基部 4 节光滑，第 5～11 节密生短毛。前胸背板长短于宽，端部稍后最宽，背中央具细纵沟；前缘凹入且具棱边，基部向前弱凹，侧缘具棱，弧形外突，近基部弱凹；前、后角突出而下沉，两侧后角附近具明显凹洼。小盾片三角形。鞘翅肩部钝圆，侧缘刃状而微向上翻；翅面各具 5 纵列细肋，自翅缝起第 2、第 4 列完整而端部消失，其余 3 列不连续。各足胫节直。

检视标本：3 头，宁夏泾源西峡，2008. VI. 25，娄巧哲采（IZCAS）；1 头，宁夏泾源西峡林场，N 35.51620，E 106.25086，2200 m，2008. VI. 26，赵宗一采（HBUM）。

地理分布：宁夏（泾源）、西藏、甘肃。

**（45）北胁大步甲 *Carabus* (*Hypsocarabus*) *kitawakianus* Imura, 1993**（图版 IV: 7）

*Carabus kitawakianus* Imura, 1993: 379; Löbl & Smetana, 2003: 190; Ren, 2010: 144.

检视标本：14 头，宁夏泾源红峡，2008. VI. 27，娄巧哲采（IZCAS）。

地理分布：宁夏（泾源）、陕西。

**（46）莱氏大步甲 *Carabus* (*Hypsocarabus*) *reitterianus* Breuning, 1932**

*Carabus reitterianus* Breuning, 1932: 60.

*Carabus* (*Qinlingocarabus*) *reitterianus*: Löbl & Smetana, 2003: 190; Ren, 2010: 144.

检视标本：9 头（宁夏泾源红峡，2008. VI. 28；宁夏隆德苏台，2008. VI. 29；宁夏泾源东山坡，2008. VII. 6；宁夏泾源卧羊川，2008. VII. 9），娄巧哲采（IZCAS）。

地理分布：宁夏（泾源、隆德）、湖北、四川、陕西、甘肃。

**（47）刻步甲 *Carabus* (*Scambocarabus*) *kruberi kruberi* Fischer von Waldheim, 1820**（图版 IV: 8）

*Carabus kruberi* Fischer von Waldheim, 1820: pl. 4; Löbl & Smetana, 2003: 191; Bai et al., 2013: 288.

地理分布：宁夏、北京、河北、山西、内蒙古、辽宁、黑龙江、陕西；蒙古国，俄罗斯（远东、东西伯利亚），朝鲜，韩国。

**（48）刻翅步甲 *Carabus* (*Scambocarabus*) *sculptipennis sculptipennis* Chaudoir, 1877**（图版 IV: 9）

*Carabus sculptipennis* Chaudoir, 1877: 75; Löbl & Smetana, 2003: 198; Ren, 2010: 144.

识别特征：体长 20.0～25.0 mm。体背黑色或棕黑色。头顶具刻点及皱纹，上颚前端近钩状，基部具开叉齿。前胸背板略方形，宽大于长，密布细刻点，前缘近相等于基部，侧缘弧形，中部最宽，前角圆，后角钝。鞘翅卵形，密布整齐小颗粒，形成颗粒行。

检视标本：1♂1♀，宁夏泾源卧羊川，2008. VII. 7，王新谱、刘晓丽采（HBUM）；4 头，宁夏泾源卧羊川，2008. VII. 9，娄巧哲采（IZCAS）；1 头，宁夏海原水冲寺，1986. VIII. 25，任国栋采（HBUM）；1 头，宁夏海原南华山，2009. VII. 19，王新谱、杨晓庆采（HBUM）；1 头，宁夏贺兰山小口子，1989. V. 18，任国栋采（HBUM）。

地理分布：宁夏（泾源、海原、贺兰山）、北京、河北、山西、内蒙古、辽宁、吉林、陕西、甘肃、青海。

**（49）陕西大步甲 *Carabus* (*Tomocarabus*) *shaanxiensis shaanxiensis* Deuve, 1991**（图版 IV: 10）（宁夏新纪录）

*Carabus shaanxiensis* Deuve, 1991: 105; Löbl & Smetana, 2003: 149.

识别特征：体长约 17.0 mm。黑色，具古铜色光泽，整个背面相当粗糙。头背面中部纵隆而两侧纵凹；上唇前缘深凹，上颚颇长；复眼外突；触角丝状且向后超过前胸背板基部，基部 4 节光滑，第 5～11 节密生短毛。前胸背板长稍短于宽，端部稍后最宽，背中央具细纵沟；前缘凹入且具棱边，基部凹，侧缘具棱，弧形外突，近基部浅凹；前角圆钝而下沉，后角突出而向下，两侧后角附近具明显凹洼。小盾片三角形。

鞘翅肩部钝圆，侧缘刃状而微向上翻；翅面各具 3 列不连续的纵肋。

检视标本：1 头，二龙河，2100 m，1993. V. 23（HBUM）。

地理分布：宁夏（泾源）、陕西。

## 蜗步甲族 Cychrini Perty, 1830

### 22）蜗步甲属 *Cychrus* Fabricius, 1794

#### （50）双刺蜗步甲 *Cychrus bispinosus bispinosus* Deuve, 1989

*Cychrus bispinosus* Deuve, 1989: 230; Löbl & Smetana, 2003: 203; Ren, 2010: 145.

识别特征：体长约 15.0 mm。黑色。头窄，唇基光滑，唇的中部有 2 根刚毛；触须最后 1 节非常大的三角形铲状扩展，背面凹；额和头顶刻点粗；复眼突出；触角细长。前胸背板中部之前最宽，盘区有不规则粗刻点，中洼明显；前、基部无刚毛。鞘翅长椭圆形，前面略变窄；肩宽，盘区较突。足细，雄性前足跗节扩展。

检视标本：1 头，宁夏秋千架，2008. VII. 11，娄巧哲采（IZCAS）。

地理分布：宁夏（泾源）、山西、四川、陕西。

#### （51）玛氏蜗步甲 *Cychrus marcilhaci marcilhaci* Deuve, 1992（图版 IV: 11）

*Cychrus marcilhaci* Deuve, 1992: 59; Löbl & Smetana, 2003: 204; Ren, 2010: 145.

检视标本：1♀，宁夏泾源西峡，2008. VI. 27，李秀敏采（IZCAS）；1♀，宁夏泾源西峡，2008. VII. 15，吴琦琦采（IZCAS）；1♀，宁夏泾源东山坡林场，2008. VII. 4，任国栋采（IZCAS）；98 头（宁夏泾源二龙河，2008. VI. 21；宁夏泾源西峡，2008.VI.15；宁夏泾源龙潭，2008. VI. 29；宁夏隆德峰台，2008. VII. 1；宁夏固原和尚铺，2008. VII. 3），娄巧哲采（IZCAS）。

地理分布：宁夏（泾源、固原、隆德）、甘肃。

## 3.4 铠步甲亚科 Loricerinae Bonelli, 1810（宁夏新纪录）

### 23）铠步甲属 *Loricera* Latreille, 1802

#### （52）绵毛铠步甲 *Loricera (Loricera) ovipennis* Semenov, 1889（图版 IV: 12）

*Loricera ovipennis* Semenov, 1889: 390; Löbl & Smetana, 2003: 98.

识别特征：体长约 9.2 mm。头、小盾片铜绿色，前胸背板、鞘翅古铜色，口器、胫节、跗节棕色，触角、腿节深棕色。上颚宽扁片状，端尖；上唇宽大，前缘突出，中部圆凹，唇基具纵褶皱；后颊显缩呈颈状；后头中央具深纵凹；复眼大，球形鼓出。触角向后明显超过前胸背板基部，柄节粗壮而光滑，与第 2～5 节之和近于等长，第 2～5 节腹侧具粗长黑毛刺。前胸背板拱起，光滑，两侧近中部最宽；前缘弱凹；侧缘自最宽处向前、基部弧形收缩，后角前弱凹；基部直，前角圆钝，后角钝；背中线细而明显，不达前缘和基部；盘区光滑，具横微纹，前缘中央 1 三角形具刻点区域；两侧各 1 凹，位于中部与端部及中纵线与侧缘中间；基部具刻点，两侧后角处凹并在中纵线与侧缘中间向前纵凹为 1 细线。小盾片三角形，侧缘直，顶尖。鞘翅弱拱，两侧近中部最宽，端部两侧扁凹；每翅 12 行刻点，行间窄，第 4 行中部及中部与基部、端部中间各 1 大坑。雄性前足有 3 个膨大的跗节。

检视标本：1♂，宁夏泾源二龙河，2014. VII. 15，白玲采（HBUM）。

地理分布：宁夏（泾源）、四川、甘肃。

捕食对象：小型节肢动物的幼虫。

## 3.5　圆步甲亚科 Omophroninae Bonelli, 1810

### 24）圆步甲属 *Omophron* Latreille, 1802

#### （53）拟瓢步甲 *Omophron (Omophron) limbatum* (Fabricius, 1777)（图版 V: 1）

*Carabus limbatum* Fabricius, 1777: 240; Gao, 1993: 103; Löbl & Smetana, 2003: 208.

识别特征：体长约 7.0 mm。近圆形。头近三角形，上宽下窄；前额倒心形，淡黄色；顶部金绿色，具粗刻点；触角淡黄色。前胸背板宽约为长的 3 倍，近前缘处刻点粗大，前缘凹入；基部中央向后弯展将小盾片盖住；侧缘自前而后渐扩展，至后几乎与鞘翅等宽；盘区中部有 1 褐绿色斑块扩展至基部中叶；前胸腹板向后弯展并盖在中胸腹板上；中胸基节臼开放，中胸内侧片后端伸达中足基节。鞘翅黄褐色有带金属光泽的褐绿色斑，每翅 14 条细刻点沟。

地理分布：宁夏（永宁）、河北；俄罗斯（西伯利亚），阿富汗，伊朗，塔吉克斯坦，哈萨克斯坦，土耳其，欧洲，非洲界。

## 3.6　蝼步甲亚科 Scaritinae Bonelli, 1810

### 小蝼步甲族 Clivinini Rafinesque, 1815

### 小蝼步甲亚族 Clivinina Rafinesque, 1815

### 25）小蝼步甲属 *Clivina* Latreille, 1802

#### （54）葬小蝼步甲 *Clivina fossor fossor* (Linné, 1758)

*Tenebrio fossor* Linné, 1758: 417; Löbl & Smetana, 2003: 219; Morimoto, 2007: 23; Liu et al., 2011: 255.

曾用名：掘墓扁蝼甲（刘逎发等，2011）。

识别特征：体长 5.5～6.0 mm。黑褐色，触角、口须、足赤褐色。头无横沟，前缘翼片间弯入；鞘翅第 1～5 刻点沟基端游离，第 3 行间有 4～5 个孔点。

地理分布：宁夏（中卫）、东北；俄罗斯（远东、西伯利亚），日本，伊朗，土库曼斯坦，土耳其，以色列，欧洲，非洲界，新北界。

捕食对象：土壤表面活动的小型节肢动物。

#### （55）日本小蝼步甲 *Clivina niponensis* Bates, 1873

*Clivina niponensis* Bates, 1873: 239; Gao, 1993: 103; Löbl & Smetana, 2003: 220.

识别特征：体长 4.6～5.4 mm。头顶和额之间有 1 清晰的沟槽；前胸背板侧缘弧形；鞘翅具毛刻点位于第 3 刻点行的中部；中胫节外缘具刺。

地理分布：宁夏（陶乐）、河北；日本。

捕食对象：土壤表面活动的小型节肢动物。

## 蝼步甲族 Scaritini Bonelli, 1810

## 蝼步甲亚族 Scaritina Bonelli, 1810

### 26）蝼步甲属 *Scarites* Fabricius, 1775

**（56）单齿蝼步甲 *Scarites* (*Parallelomorphus*) *terricola terricola* Bonelli, 1813**（图版 V: 2）

*Scarites terricola* Bonelli, 1813: 471; Gao, 1993: 104; Zhu et al., 1999: 40; Liang & Yu, 2000: 161; Löbl & Smetana, 2003: 232; Wang & Yang, 2010: 168; Yang et al., 2011: 140.

曾用名：锹步甲（高兆宁，1993）。

识别特征：体长 17.5～21.5 mm，宽 5.0～6.5 mm。体黑色，具弱光泽；触角、下唇、下颚及体下均褐黄色。头近方形，额中部微隆；上唇短狭，下陷于两上颚基部之间，上颚内缘具 2 齿；复眼小，内侧具纵向浅皱纹；触角短，向后不达前胸背板基部，基部 4 节光亮，第 5 节以后具黄褐色短密毛。前胸背板宽大于长，基半部最宽，基部两侧变窄，侧缘毛 2 根；盘区中部隆起，光亮，前横沟及中线明显，两侧基凹内具少量粒突和皱纹。鞘翅狭长，两侧近平行，肩后稍膨出，肩胛方形，肩齿突出；每翅有 7 条具刻点纵沟，具细横纹，第 3 行间具 2 毛穴。足部胫节宽扁，前胫节尤甚，中胫节外缘近端部具 1 刺突。

检视标本：1 头，宁夏平罗城北，1985. V. 3（HBUM）；1 头，宁夏平罗，1989.VI.4，任国栋采（HBUM）；1 头，宁夏平罗，1989. VII. 9，任国栋采（HBUM）；2 头，宁夏银川，1987. V. 28，任国栋采（HBUM）；1 头，宁夏银川，1989. VII，任国栋采（HBUM）。

地理分布：宁夏（银川、平罗、中卫、同心、灵武、盐池、贺兰山）、河北、内蒙古、辽宁、黑龙江、上海、江苏、福建、河南、甘肃、新疆、台湾；蒙古国，伊朗，塔吉克斯坦，乌兹别克斯坦，土库曼斯坦，吉尔吉斯斯坦，哈萨克斯坦，土耳其，巴基斯坦，伊拉克，欧洲，非洲界。

取食对象：地老虎幼虫等；小麦、粟、高粱种子等。

## 3.7　柄胸步甲亚科 Broscinae Hope, 1838

## 柄胸步甲族 Broscini Hope, 1838

## 柄胸步甲亚族 Broscina Hope, 1838

### 27）柄胸步甲属 *Broscus* Panzer, 1813

### （57）考氏柄胸步甲 *Broscus kozlovi* Kryzhanovskij, 1995

*Broscus kozlovi* Kryzhanovskij, 1995: 268; Löbl & Smetana, 2003: 236; Wang & Yang, 2010: 156; Yang et al., 2011: 137.

识别特征：体长 17.0～20.0 mm。体亮黑色。头具细皱纹，上唇前缘具 6 根毛；

触角向后伸达前胸基部，第 1 节粗大，端部具 1 毛。前胸背板近心形，两侧中部之前略平行，中部之后变窄，前缘略凹，基部后突，背面具横皱纹，饰边完整，中纵线明显，前、后角各具 1 长毛。鞘翅长卵形，饰边完整，背面具 9 条刻点行，行间微隆，每侧缘具 6 根长毛。前胫节凹截，具刺 1 枚，内缘具毛刷。

检视标本：3 头，宁夏固原须弥山，2009. VII. 17，王新谱、冉红凡采（HBUM）；3 头，宁夏固原云雾山，2013. VII. 23，高志忠等采（HBUM）；6 头，宁夏海原南华山，2009. VII. 19，王新谱、杨晓庆采（HBUM）；1 头，宁夏同心阴洼村，2014. VII. 3，白玲采（HBUM）。

地理分布：宁夏（固原、海原、同心、平罗、贺兰山）、内蒙古；蒙古国。

捕食对象：鳞翅目幼虫和蛴螬。

**（58）半沟柄胸步甲 *Broscus semistriatus* (Dejean, 1828)**（图版 V: 3）

*Cephalotes semistriatus* Dejean, 1828: 429; Löbl & Smetana, 2003: 236.

地理分布：宁夏（贺兰山）；俄罗斯（西西伯利亚），哈萨克斯坦，欧洲。

## 3.8　疾步甲亚科 Trechinae Bonelli, 1810

### 锥须步甲族 Bembidiini Stephens, 1827

### 锥须步甲亚族 Bembidiina Stephens, 1827

#### 28）锥须步甲属 *Bembidion* Latreille, 1802

**（59）小四点锥须步甲 *Bembidion* (*Bembidion*) *paediscum* Bates, 1883**

*Bembidion paediscum* Bates, 1883: 270; Löbl & Smetana, 2003: 244; Liu et al., 2011: 255.

识别特征：体长约 3.0 mm。黑色，鞘翅有 4 个斑纹，有时后面的消失，足黄褐色。复眼大而突出；前胸背板基部两侧倾斜，后角小齿状突出；翅面具刻点沟，后方消失。

地理分布：宁夏（中卫）；蒙古国，俄罗斯（远东、东西伯利亚），日本。

捕食对象：小型昆虫。

**（60）窄狭锥须步甲 *Bembidion* (*Bracteon*) *stenoderum stenoderum* Bates, 1873**（图版 V: 4）（宁夏新纪录）

*Bembidion stenoderum* Bates, 1873: 300; Löbl & Smetana, 2003: 247.

识别特征：体长 4.5～5.5 mm。头、前胸背板铜绿色，上颚、触须、触角棕色，鞘翅、足黄色至棕黄色，鞘翅侧缘、翅缝、鞘翅中部由翅缝至侧缘及小盾片红棕色，腹面棕色。头背面刻点稀疏，中央纵隆而两侧凹；上唇与唇基前缘直，唇基两侧前角各具 1 长毛；复眼椭圆形，大而突，眉毛 2 根；触角向后伸达前胸背板基部。前胸背板宽大于长，两侧中部稍前最宽；前缘弧凹，短于头部复眼外侧之间的距离；侧缘由最宽处向前、基部弧形收缩，后角前凹；基部近于直，前、后角近于直；背面中纵线明显，不达前缘和基部；盘区光滑无刻点，具横向皱纹，前、基部具刻点，基部两侧凹，两侧最宽处与后角各具 1 长毛。小盾片三角形，光滑。鞘翅较扁，近中部最宽；

每翅面具 7 行刻点，端部变模糊，第 3 行中部上、下侧各有 1 具长毛大刻点。腹部光滑。

检视标本：1 头，宁夏泾源西峡林场，2000 m，2008. VI. 27，冉红凡采（HBUM）；7 头，宁夏泾源西峡林场，2009. VII. 9，王新谱、赵小林采（HBUM）；4 头，宁夏泾源西峡林场，2009. VII. 10，王新谱、赵小林采（HBUM）；5 头，宁夏泾源西峡，2009. VII. 9，王新谱、赵小林采（HBUM）；1 头，宁夏泾源东山坡林场，2008. VII. 4，任国栋采（HBUM）；5 头，宁夏泾源东山坡，2014. VII. 18，白玲、王娜采（HBUM）；1 头，宁夏泾源卧羊川，2008. VII. 7，刘晓丽采（HBUM）；1 头，宁夏泾源二龙河林场，2008. VII. 19，吴琦琦采（HBUM）；2 头，宁夏泾源二龙河，2014. VII. 15，白玲、王娜采（HBUM）；1 头，宁夏固原绿塬林场，2008. VII. 9–13，任国栋采（HBUM）；1 头，宁夏同心阴洼村，2014. VII. 3，白玲采（HBUM）；1 头，宁夏吴忠同利村，2014. VIII. 26，白玲采（HBUM）。

地理分布：宁夏（泾源、固原、同心、吴忠）、福建；俄罗斯（远东），朝鲜，日本。

捕食对象：地面活动的小型节肢动物。

### （61）河沿锥须步甲 *Bembidion (Odontium) persimile* Morawitz, 1862

*Bembidion persimile* Morawitz, 1862: 263; Löbl & Smetana, 2003: 257; Liu et al., 2011: 255.

识别特征：体长 6.0～6.5 mm。黑色，具金铜色光泽，局部绿色，触角基节、胫节中部暗黄褐色。复眼突；前胸背板前角突出，后角钝；鞘翅基部末端为第 5 刻点沟的基部，沟明显，有小刻点，第 2～4 行间等宽。

地理分布：宁夏（中卫）、黑龙江；俄罗斯（远东、东西伯利亚），朝鲜，日本。

捕食对象：小型昆虫。

### （62）锥须步甲 *Bembidion (Peryphus) insidiosum insidiosum* Solsky, 1874

*Bembidion insidiosum* Solsky, 1874: 130; Löbl & Smetana, 2003: 261; Ren, 2010: 143.

地理分布：宁夏；俄罗斯，阿富汗，伊朗，塔吉克斯坦，乌兹别克斯坦，吉尔吉斯斯坦，哈萨克斯坦，巴基斯坦，欧洲。

捕食对象：地表小型节肢动物。

### （63）四斑锥须步甲 *Bembidion (Peryphus) morawitzi* Csiki, 1928

*Bembidion morawitzi* Csiki, 1928: 104; Löbl & Smetana, 2003: 262; Liu et al., 2011: 255.

识别特征：体长约 4.5 mm。具绿色金属光泽，鞘翅暗褐色，有 4 个淡黄褐色斑纹，触角基部、足黄褐色。鞘翅具小刻点沟，后方消失。

地理分布：宁夏（中卫）；俄罗斯（远东），朝鲜，日本。

捕食对象：小型昆虫。

### （64）原锥须步甲 *Bembidion (Trichoplataphus) proteron* Netolitzky, 1920（图版 V: 5）

*Bembidion proteron* Netolitzky, 1920: 116; Löbl & Smetana, 2003: 271; Ren, 2010: 143.

检视标本：15 头，宁夏泾源二龙河，2008. VI. 21；宁夏隆德峰台，2008. VI. 29；均为娄巧哲采（IZCAS）。

地理分布：宁夏（泾源、隆德）、江西、山东、四川、甘肃。

捕食对象：地表小型节肢动物。

## 3.9　帕步甲亚科 Patrobinae Kirby, 1837

### 帕步甲族 Patrobini Kirby, 1837

#### 29）隘步甲属 *Archipatrobus* Zamotajlov, 1992

#### （65）黄足隘步甲 *Archipatrobus flavipes flavipes* (Motschulsky, 1864)（图版 V: 6）

*Patrobus flavipes* Motschulsky, 1864: 191; Gao, 1993: 103; Zhu et al., 1999: 42; Löbl & Smetana, 2003: 281; Ren, 2010: 143.

曾用名：黄脚隘步甲（高兆宁，1993）。

识别特征：体长 13.0～17.0 mm，宽 6.7～7.5 mm。体背黑色，具强光泽；触角、口须及跗节红褐色，腿节和胫节黄至黄褐色。头于眼后具深横沟，沟底具刻点；上颚内缘直；颏齿具 1 毛；下唇须亚端节内缘具 2 根毛；复眼较突出；触角基部 2 节光滑，第 3 节后具黄褐色密细毛。前胸背板长宽近相等，中部之前最宽，前缘弧凹，基部平直，侧缘基半部弧形，中部后急剧变窄，近于直形；后角近于直角；盘区光滑，周缘具刻点。每翅 9 条布刻点沟，具小盾片刻点行，行间基半部略隆，基部平坦；第 3 行间具 3 个毛穴。

检视标本：1♀，宁夏隆德苏台，2008. VII. 2，王新谱采（HBUM）；1♂2♀，宁夏隆德峰台，2008. VII. 3，王新谱、刘晓丽采（HBUM）；（2 头，宁夏泾源西峡，2008. VI. 25；3 头，宁夏隆德苏台，2008. VI. 29；2 头，宁夏隆德峰台，2008. VII. 1），娄巧哲采（IZCAS）；1 头，宁夏隆德峰台林场，2008. VII. 3，刘晓丽采（HBUM）；2 头，宁夏泾源二龙河，2014. VII. 15，白玲、王娜采（HBUM）；2 头，宁夏泾源东山坡，2014. VII. 18，白玲、王娜采（HBUM）。

地理分布：宁夏（隆德、泾源）、辽宁、吉林、上海、江苏、浙江、安徽、江西、湖南、四川、云南、甘肃、香港；朝鲜，韩国，日本。

捕食对象：地面活动的小型节肢动物。

## 3.10　气步甲亚科 Brachininae Bonelli, 1810

### 气步甲族 Brachinini Bonelli, 1810

### 炮步甲亚族 Pheropsophina Jeannel, 1949

#### 30）炮步甲属 *Pheropsophus* Solier, 1833

#### （66）炮步甲 *Pheropsophus* (*Stenaptinus*) *occipitalis* (MacLeay, 1825)（图版 V: 7）

*Aptinus occipitalis* MacLeay, 1825: 28; Liang & Yu, 2000: 162; Löbl & Smetana, 2003: 217; Liu et al., 2011: 255; Wang et al., 2012: 50.

曾用名：广屁步甲、放屁虫。

识别特征：体长 10.5～19.0 mm。头、前胸背板棕黄色，头顶中间有 1 心形黑斑；

前胸背板前、基部及中央纵纹黑斑呈"工"形；鞘翅肩斑、中斑与侧缘、端缘橘黄色。头扁平，光滑；触角基部2节光洁，余节密布短毛。前胸背板长略大于宽，前缘微凹，前角稍锐；侧缘弧凸，后角钝；盘区光洁，具粗刻点和皱纹，中线细而明显，不达前缘和基部。鞘翅较短，末端直，腹部外露。雄性前足跗节基部3节膨大。

地理分布：宁夏（中卫）、华北、辽宁、华中、华东、华南、西南、甘肃、台湾、香港；日本，印度，缅甸，菲律宾，马来西亚，印度尼西亚，东洋界。

捕食对象：黏虫、螟虫、叶蝉和蝼蛄等。

## 3.11　婪步甲亚科 Harpalinae Bonelli, 1810

### 青步甲族 Chlaeniini Brullé, 1834

### 青步甲亚族 Chlaeniina Brullé, 1834

### 31）青步甲属 *Chlaenius* Bonelli, 1810

#### （67）黄斑青步甲 *Chlaenius (Achlaenius) micans* (Fabricius, 1792)（图版 V: 8）

*Carabus micans* Fabricius, 1792: 151; Zhu et al., 1999: 53; Liang & Yu, 2000: 163; Löbl & Smetana, 2003: 348; Wang & Yang, 2010: 157.

识别特征：体长 14.0～17.0 mm，宽 5.5～6.5 mm。体浓绿色，具红铜色光泽；触角、鞘翅端纹、足的腿节和胫节均黄褐色；上颚大部、口须、足的跗节和爪均红褐色；体下黑褐色，肛节后端棕黄色。头顶密布刻点和皱纹，近眼内缘有纵皱纹，眉毛1；上颚短宽，内缘较直，尖端角状内弯，口须末节端部钝圆；触角基部3节光裸，第4节后密布黄褐色微毛。前胸背板宽略大于长，中部最宽，密布皱纹状刻点、横皱纹及金黄色细毛；侧缘弧形，缘边上翻，基部平直，后角钝圆，其前有1缘毛，基凹浅而宽圆，中线深细。小盾片三角形，光亮。鞘翅刻点沟深细，沟底具细刻点，有小盾片刻点行，行间平，密布细刻点及横皱纹，密布金黄色细毛，端纹内缘圆而外缘向后伸长，第9行间有粗刻点行。雄性前足基部3个跗节扩展。

地理分布：宁夏（灵武、贺兰山）、北京、河北、内蒙古、辽宁、吉林、黑龙江、河南；俄罗斯，韩国，日本，阿富汗，伊拉克。

捕食对象：夜蛾、螟蛾等幼虫。

#### （68）点沟青步甲 *Chlaenius (Amblygenius) praefectus* Bates, 1873（图版 V: 9）

*Chlaenius praefectus* Bates, 1873: 314; Zhu et al., 1999: 56; Löbl & Smetana, 2003: 349; Wang & Yang, 2010: 158; Yang et al., 2011: 137.

识别特征：体长 16.5～18.0 mm，宽 6.0～7.0 mm。头及前胸背板绿色，具红铜色金属光泽；鞘翅黑色而两侧有蓝绿色光泽；触角基部3节红褐色，第4～11节及跗节和爪暗褐色、口须及上唇红褐色；腿节和胫节黄褐色；小盾片及体下黑色。额中部光亮，具微刻点和横纹；触角第1节粗大，第3节最长，约等于第1+2节长度之和，第1～3节具稀疏长毛，第4节以后的其他节具黄褐色短密毛。小盾片三角形，盘上有微刻点。前胸背板宽略大于长，前缘较狭，基部较宽且近平直，侧缘弧形，中部最宽，基部中叶具纵皱纹。每翅9条纵沟，行间中央稍隆起，两侧具微刻点，刻点沟两侧各具1条纵列短毛。雄性前足基部3个跗节扩展。

地理分布：宁夏（贺兰山、罗山）、河南、湖北、广西、四川、云南、台湾；日本，东洋界。

捕食对象：鳞翅目幼虫。

### （69）周缘青步甲 *Chlaenius (Chlaeniostenus) circumdatus circumdatus* Brullé, 1835

*Chlaenius circumdatus* Brullé, 1835: 283; Wu et al., 1982: 259; Gao, 1993: 103; Löbl & Smetana, 2003: 351.

识别特征：体长 14.0～18.0 mm。体黑褐色，具紫色和绿色光泽。头部上方较平坦；复眼大而突出；触角第1节黄褐色，其余各节黑褐色，第3节以后的各具黄色短绒毛。前胸背板长宽近相等，前缘凹入，基部平直，侧缘弧形突出，中端部最宽，后方缩窄，后角呈直角形，各角附近有1深凹，中线浅凹。鞘翅肩部圆钝，侧缘和基部具黄褐色宽纹，翅上7条纵沟。各足胫节大部黄褐色，其他黑褐色；前胫节近端部内侧具1深凹，凹后方及端部各有1距，雄性前足跗节第1～3节变宽。

地理分布：宁夏（银川、永宁、平罗）、云南、台湾；朝鲜，日本，巴基斯坦。

捕食对象：小型昆虫。

### （70）黄边青步甲 *Chlaenius (Chlaeniostenus) circumdatus subviridulus* Mandl, 1978

*Chlaenius circumdatus subviridulus* Mandl, 1978: 264; Zhu et al., 1999: 52; Löbl & Smetana, 2003: 351; Ren, 2010: 144.

识别特征：体长 11.5～14.5 mm，宽 4.5～5.5 mm。体背面深绿色，具红铜色光泽；触角、上唇、口须、鞘翅侧缘和缘折、腹部侧缘及足的腿节、胫节均黄色；体下黑色。头部混生稀疏粗、细刻点和皱纹；额较平坦，中部光滑，额沟浅，眉毛1；上颚表面光滑，内缘直，口须末端平截；触角向后长过体长之半，第3节最长，第1、第2节光裸，第3节有少量毛，第4节后密布黄褐色短毛。前胸背板宽略大于长，侧缘基半部弧形，基部收缩，最宽处在中部稍端部；基部平直，后角近于直角，缘毛1，位于后角之前；盘区刻点稀而粗大，排成不规则条状，中线深细，不达前缘和基部，两侧基凹深沟状。小盾片三角形，表面光滑。每翅9条纵沟，沟底无刻点，行间微隆，密布微细粒突，沿行间边有细刻点；翅缘黄斑达到第6刻点沟外侧。体下有刻点。雄性前足基部3个跗节扩展。

地理分布：宁夏（全区）、河北、辽宁、吉林、黑龙江、江苏、浙江、安徽、福建、江西、山东、河南、湖北、湖南、广东、广西、海南、四川、贵州、云南、西藏、陕西；蒙古国，尼泊尔，不丹。

捕食对象：叶甲幼虫、地老虎、三化螟、稻纵卷叶螟、稻螟蛉、叶蝉、飞虱等。

### （71）狭边青步甲 *Chlaenius (Chlaeniostenus) inops inops* Chaudoir, 1856（图版 V: 10）

*Chlaenius inops* Chaudoir, 1856: 239; Löbl & Smetana, 2003: 349; Shang et al., 2006: 1.

识别特征：体长 9.0～12.5 mm，宽 4.5～6.0 mm。头及前胸背板绿色，鞘翅墨绿色，前胸背板侧缘及足的腿节和胫节均棕黄色，触角自第 4 节后、足的跗节、爪均暗红褐色。头部于两复眼间略拱起，额较平坦，具细浅刻点；触角基部 3 节光裸，第 4 节以后的其他节具黄褐色短密毛。前胸背板宽略大于长，中部最宽，侧缘弧形，基部平直，后角近于直角；背中线深细，不达前缘和基部，基凹浅；背板盘区光滑，周缘具刻点。小盾片三角形且表面光滑。每翅 9 条刻点沟；行间平坦，具稠密黄褐色毛及粗刻点；翅缘黄色部局限于第 8 刻点沟以外。体下具带毛刻点。雄性前足基部 3 个跗节扩展。

检视标本：2 头，宁夏西吉，1995. IV. 29，蔡家锟采（HBUM）。

地理分布：宁夏（中卫、西吉）、河北、黑龙江、江苏、福建、江西、河南、湖北、湖南、广东、广西、四川、贵州、云南、陕西、甘肃、新疆、台湾；俄罗斯（远东），朝鲜，韩国，日本。

捕食对象：蝼蛄、蚜蟥等。

**（72）黄缘青步甲 Chlaenius (Chlaenites) spoliatus spoliatus (Rossi, 1792)**（图版 V: 11）

*Carabus spoliatus* Rossi, 1792: 79; Zhu et al., 1999: 53; Löbl & Smetana, 2003: 351; Wang & Yang, 2010: 159; Ren, 2010: 145; Yang et al., 2011: 138.

识别特征：体长 13.5～16.0 mm，宽 6.0～7.5 mm。体深绿色，具铜色或铜绿色光泽；触角、上唇、口须、鞘翅侧缘、腹侧缘及足均为黄色至黄褐色；体下黑色至黑褐色。头具细刻点，额沟浅且侧具纵皱纹，头基部具横皱纹，刻点稀疏且稍大；上颚表面光滑，内缘直，口须末端平截；触角第 3 节最长，第 1、第 2 节光亮，第 3 节毛少，第 4 节以后具稠密灰黄色短毛。前胸背板宽大于长，侧缘基半部弧形，基部渐变窄，中部稍前最宽；基部平直，后角近于直角；盘区具细刻点及细横纹，中线深细，不达前缘和基部，两侧基凹深长。小盾片三角形，表面光滑。每翅 9 条纵沟；行间隆起并具微刻点，奇数行间隆起高于偶数行间，隆脊具铜色光泽；翅缘黄色部分到达第 7 刻点沟。雄性前足基部 3 个跗节扩展。

检视标本：2 头，宁夏银川，1985. V（HBUM）。

地理分布：宁夏（全区）、河北、内蒙古、福建、江西、河南、湖北、湖南、广西、四川、贵州、新疆；蒙古国，俄罗斯（远东、东西伯利亚），朝鲜，日本，印度尼西亚，阿富汗，伊朗，塔吉克斯坦，乌兹别克斯坦，土库曼斯坦，吉尔吉斯斯坦，哈萨克斯坦，土耳其，黎巴嫩，塞浦路斯，叙利亚，摩洛哥。

捕食对象：鳞翅目幼虫。

**（73）淡足青步甲 Chlaenius (Chlaenius) pallipes (Gebler, 1823)**（图版 V: 12）

*Epomis pallipes* Gebler, 1823: 127; Gao, 1993: 103; Zhu et al., 1999: 55; Liang & Yu, 2000: 164; Löbl & Smetana, 2003: 352; Wang & Yang, 2010: 158; Ren, 2010: 144.

曾用名：毛青步甲（高兆宁，1993；王新谱等，2010）。

识别特征：体长 12.5～16.5 mm，宽 5.0～6.5 mm。头、前胸背板绿色，具红铜色光泽；鞘翅暗绿色；小盾片红铜色；触角、上唇、口须及足黄褐色至暗褐色；上颚黑色。头具细刻点及皱纹，额沟短浅，额中部光亮；上颚光滑，末端尖弯；口须顶钝圆；

触角基部 3 节光亮，具少许短毛，第 4 节以后的其他节具稠密金黄色短毛并具细刻点。前胸背板宽略大于长，中端部最宽；侧缘弧状，基部近平直，后角近于直角；盘区刻点较粗密，基部刻点略皱，两侧基凹浅沟状，背中线浅细；背板及鞘翅均具稠密黄褐色短毛。小盾片三角形。每翅 9 条细刻点沟；行间平坦，具稠密横皱纹，第 9 行间具毛穴。前胫节内侧 1 长距；雄性前足基部 3 个跗节扩展。

检视标本：1♂2♀，宁夏隆德苏台，2008. VII. 1，王新谱、刘晓丽采（HBUM）；1♂1♀，宁夏彭阳挂马沟，2008. VI. 25，王新谱、刘晓丽采（HBUM）；11 头（宁夏泾源西峡，2008. VI. 25；宁夏隆德苏台，2008. VI. 29；宁夏泾源东山坡，2008. VII. 5；宁夏彭阳挂马沟，2008. VI. 25），娄巧哲采（IZCAS）；13 头，宁夏西吉，1995. IV. 29，蔡家锟采（HBUM）；1 头，宁夏泾源六盘山，1989. VI. 15，安耀兴采（HBUM）；1 头，宁夏银川，1986. VI. 7（HBUM）；1 头，宁夏青铜峡，1985. V. 10（HBUM）；1 头，宁夏永宁，1985. V（HBUM）；1 头，宁夏隆德，1982. V. 27（IPPNX）；1 头，宁夏吴忠，1960. VIII. 7（IPPNX）；1 头，宁夏固原绿塬林场，2008. VII. 10，任国栋采（HBUM）。

地理分布：宁夏（银川、青铜峡、中卫、永宁、隆德、彭阳、泾源、西吉、固原、吴忠、灵武、贺兰山）、河北、山西、内蒙古、辽宁、吉林、黑龙江、江苏、浙江、福建、江西、山东、河南、湖北、湖南、广西、四川、贵州、云南、甘肃、青海；蒙古国，俄罗斯（远东、东西伯利亚），朝鲜，韩国，日本。

捕食对象：黏虫、地老虎幼虫及蝗虫卵等。

### （74）大黄缘青步甲 *Chlaenius (Epomis) nigricans* Wiedemann, 1821

*Chlaenius nigricans* Wiedemann, 1821: 110; Gao, 1993: 103; Zhu et al., 1999: 52; Löbl & Smetana, 2003: 353.

识别特征：体长 19.0～21.5 mm，宽 9.7～10.5 mm。头、前胸背板绿色且具红铜色光泽，鞘翅暗绿色；触角、上唇、口须、鞘翅侧缘和缘折及足均黄色至黄褐色；小盾片黑色。头于眼后微横凹，除唇基和头基部光滑无刻点外，其余部分均具刻点，并具稀而细刻纹；上颚盘上有纵皱；触角第 3 节最长，基部 3 节毛少，第 4 节以后的其他节具稠密短毛。前胸背板宽略大于长，中部稍前最宽，侧缘基半部弧形，中部后收缩；基部平直，后角钝圆；中线细，不达前缘；盘区具粗刻点。小盾片三角形。每翅 9 条刻点沟；行间有脊状隆起，两侧布具毛刻点，第 8 行间刻点密；翅缘黄斑达到第 8 行间的外半部。

地理分布：宁夏（永宁、中卫、灵武）、江苏、安徽、福建、江西、河南、湖北、湖南、广西、四川、贵州、云南、台湾；朝鲜，韩国，日本，东洋界。

捕食对象：鳞翅目幼虫。

### （75）后斑青步甲 *Chlaenius (Lissauchenius) posticalis* Motschulsky, 1854（图版 VI: 1）

*Chlaenius posticalis* Motschulsky, 1854: 44; Wu et al., 1982: 258; Gao, 1993: 103; Zhu et al., 1999: 54; Löbl & Smetana, 2003: 353; Ren, 2010: 145.

曾用名：双斑步甲（吴福桢等，1982；高兆宁，1993）。

识别特征：体长 12.5～14.5 mm，宽 4.5～5.5 mm。头、前胸背板绿色具亮红铜色光泽；小盾片红铜色；触角基部 3 节、口须、足的腿节和胫节黄褐色；上颚、上唇、足的跗节和爪棕褐色；鞘翅墨绿色；足基节黑色。头具稠密的粗、细刻点，额沟浅而长；上颚短粗，内缘直，端部弯尖角状，口须顶钝圆；触角基部 3 节光裸，第 4 节以后的其他节具稠密的褐短毛。前胸背板宽略大于长，中部最宽，盘区无毛，具粗、细两种刻点，中部及两侧具短横皱纹；前缘弧凹，侧缘弧形，基部近平直；前角尖锐，后角近直角；中线深细。小盾片三角形。每翅 9 条细纵沟；行间平坦，布稠密细刻点和金黄色短毛，横皱纹明显；翅端纹略呈长方形，位于 4～8 行间上。前胫节腹端斜纵沟不甚明显；雄性前足基部 3 个跗节扩展。

检视标本：9 头，宁夏银川，1960. VI. 13（IPPNX）；13 头，宁夏银川，1964. III. 22，徐立凡采（IPPNX）。

地理分布：宁夏（全区）、河北、山西、内蒙古、辽宁、吉林、黑龙江、江苏、安徽、山东、河南、湖北、湖南、广西、四川、云南；俄罗斯（远东），朝鲜，韩国，日本。

捕食对象：蛾类幼虫、蝼蛄卵等。

### （76）双斑青步甲 *Chlaenius (Ocybatus) bioculatus* Chaudoir, 1856（图版 VI: 2）

*Chlaenius bioculatus* Chaudoir, 1856: 198; Gao, 1993: 103; Zhu et al., 1999: 54; Löbl & Smetana, 2003: 354.

曾用名：后双斑步甲（高兆宁，1993）。

识别特征：体长 12.0～14.0 mm，宽 5.0～6.0 mm。头、前胸背板绿色带紫铜色光泽；小盾片绿色；鞘翅青铜色或近黑色，基部具近圆形的黄斑纹；口器及触角棕黄色至棕褐色，触角基部 3 节色较淡；足棕黄色至棕褐色。头于眼间稍隆起，具细刻点，头基部刻点粗密；上颚短宽，口须末端平截；触角向后长过体长之半，基部 3 节光裸，第 4 节以后的其他节具稠密细毛。前胸背板宽略大于长，前缘微凹，基部近平直，侧缘弧形，基部略上翘，后角之前有侧缘毛；盘区中部隆起，具粗、细两种刻点，中线细，两侧基凹深，中线两侧、侧缘及基凹的底部具皱褶。鞘翅狭长，基部最宽；每翅 9 条纵点沟，行间平坦，密具刻点。雄性前足基部 3 个跗节扩展。

地理分布：宁夏（银川、中卫）、河北、山西、吉林、江苏、浙江、安徽、福建、河南、湖北、湖南、广东、广西、四川、贵州、云南、西藏、陕西、台湾；尼泊尔，东洋界。

捕食对象：夜蛾、灯蛾、螟蛾、卷叶蛾及麦蛾等鳞翅目幼虫。

## 瓢步甲族 Cyclosomini Laporte, 1834

## 突步甲亚族 Masoreina Chaudoir, 1871

### 32）皮步甲属 *Corsyra* Dejean, 1825

### （77）皮步甲 *Corsyra fusula* (Fischer von Waldheim, 1820)（图版 VI: 3）

*Cymindis fusula* Fischer von Waldheim, 1820: pl. 12; Löbl & Smetana, 2003: 356; Wang & Yang, 2010: 159; Yang et al., 2011: 138.

识别特征：体长 8.5～10.0 mm。头、胸部黑色，具稠密刻点及短毛；鞘翅浅黄色具黑斑。上唇横宽，前缘毛6根，唇基前角各具1长毛，眉毛2根；触角棕红色，向后超过前胸背板基部。前胸背板呈倒梯形，两侧缘弧形，边缘较宽的上翘，侧缘中部具1长毛，盘区密布刻点和棕色绒毛。鞘翅宽卵形，刻点行9条，刻点细小；翅中缝至刻点行4以内形成倒等腰三角形棕色斑，4～8行间为黄色纵带，此带在中基部有斜长条形棕色带，鞘翅基部1/6为棕红色。胸部腹板黑色，腹部腹板棕红色。足细长。

检视标本：1头，宁夏贺兰山，1987. VI. 1，任国栋采（HBUM）；1头，宁夏贺兰，1987. VI. 2，任国栋采（HBUM）；2头，宁夏盐池，1988. V. 12，任国栋采（HBUM）；1头，宁夏盐池，1988. XI. 2，任国栋采（HBUM）；3头，宁夏贺兰山汝箕沟，1820 m，1989. IV. 18，任国栋采（HBUM）；1头，宁夏固原须弥山，2009. VII. 17，冉红凡采（HBUM）；2头，宁夏海原李俊乡，2009. VII. 18，王新谱、杨晓庆采（HBUM）。

地理分布：宁夏（贺兰、盐池、灵武、固原、海原、贺兰山、罗山）、内蒙古；蒙古国，俄罗斯（东西伯利亚），哈萨克斯坦，欧洲。

捕食对象：鳞翅目幼虫。

## 婪步甲族 Harpalini Bonelli, 1810

## 斑步甲亚族 Anisodactylina Lacordaire, 1854

### 33）斑步甲属 *Anisodactylus* Dejean, 1829

### （78）麦穗斑步甲 *Anisodactylus* (*Pseudanisodactylus*) *signatus* (Panzer, 1796)（图版 VI: 4）

*Carabus signatus* Panzer, 1796: no. 4; Liang & Yu, 2000: 164; Löbl & Smetana, 2003: 361; Ren, 2010: 142; Wang et al., 2012: 48.

识别特征：体长11.0～13.5mm。体背黑紫蓝色且具金属光泽。唇基具横脊，额区沿复眼内侧具纵沟；复眼外突；触角丝状，基部4节光滑，第4节以后的其他节具短褐色绒毛。前胸背板近方形，前、侧缘具沿，前、基部直，侧缘弧凸，前、后角钝。小盾片三角形，具中线。鞘翅近椭圆形，宽于前胸背板，两侧近平行，两侧边沿宽，上翘，刻点刻点沟细深，行间凸。

检视标本：1♂♀，宁夏隆德苏台，2008. VII. 2，王新谱、刘晓丽采（HBUM）；5头，宁夏隆德苏台，2008. VI. 29，娄巧哲采（IZCAS）。

地理分布：宁夏（隆德）、全国广布；蒙古国，俄罗斯，朝鲜，韩国，日本，伊朗，塔吉克斯坦，乌兹别克斯坦，土库曼斯坦，吉尔吉斯斯坦，哈萨克斯坦，巴基斯坦，塞浦路斯，欧洲。

捕食对象：黏虫。

## 婪步甲亚族 Harpalina Bonelli, 1810

### 34）婪步甲属 *Harpalus* Latreille, 1802

#### （79）广胸婪步甲 *Harpalus (Harpalus) amplicollis* Ménétriés, 1848（图版 VI: 5）

*Harpalus amplicollis* Ménétriés, 1848: 38; Löbl & Smetana, 2003: 372; Wang & Yang, 2010: 161.

识别特征：体长 8.0～8.5mm。体黑色，触角、口须及足棕黄色，前胸背板后角及鞘翅端缘棕黄色。头光滑，额唇基沟较细，额沟较短，唇基每侧具 1 毛；上唇横方形，基部端部稍宽，前角圆形；触角长度不及前胸背板基部。前胸背板近梯形，侧缘微拱，近中部具 1 毛，前缘浅凹，基部稍前拱起，前角宽圆，后角近于直角；盘区光滑。鞘翅基部与前胸背板近等宽，中部两侧近平行，两翅于末端相合成圆形；鞘翅基沟平直，外部向前且具小肩齿突；行间平坦，行间无毛穴。

检视标本：2 头，宁夏银川，1959.V. 14（IZCAS）；2 头，宁夏灵武，1972.VI.17（IZCAS）。

地理分布：宁夏（银川、灵武、盐池、贺兰山）、北京、河北、山西、内蒙古、辽宁、新疆；蒙古国，俄罗斯（东西伯利亚），朝鲜，伊朗，乌兹别克斯坦，土库曼斯坦，吉尔吉斯斯坦，哈萨克斯坦，欧洲。

捕食对象：鳞翅目幼虫和蛴螬。

#### （80）短婪步甲 *Harpalus (Harpalus) brevis* Motschulsky, 1844（图版 VI: 6）

*Harpalus brevis* Motschulsky, 1844: 204; Löbl & Smetana, 2003: 373; Bai et al., 2013: 291.

地理分布：宁夏、内蒙古、甘肃、青海、新疆；蒙古国，俄罗斯（远东、东西伯利亚），吉尔吉斯斯坦，哈萨克斯坦，欧洲。

#### （81）棒婪步甲 *Harpalus (Harpalus) bungii* Chaudoir, 1844（图版 VI: 7）

*Harpalus bungii* Chaudoir, 1844: 451; Löbl & Smetana, 2003: 374; Wang & Yang, 2010: 161; Ren, 2010: 146; Yang et al., 2011: 138.

识别特征：体长 5.8～6.2 mm。体亮黑色。上唇前缘具 6 根毛，唇基前角各具 1 长毛。前胸背板横宽，前缘深凹，基部直，两侧中部之后最宽、略平行，中部之前收缩，盘区中央具"I"形凹，基部两侧各有 1"Y"形凹，后角各具 1 长毛。鞘翅长卵形，刻点行 9 条，行间微隆，行间 8、行间 9 具毛穴 12～16 个。足粗短，前胫节端距 1 枚，凹截内具刺 1 枚，具毛刷。

检视标本：1 头，宁夏隆德苏台，2008. VI. 29；3 头，宁夏固原和尚铺，2008. VII. 3；均为娄巧哲采（IZCAS）。

地理分布：宁夏（隆德、固原、罗山、贺兰山）、北京、山西、内蒙古、辽宁、黑龙江、四川、陕西；俄罗斯（远东），朝鲜，韩国，日本。

捕食对象：鳞翅目幼虫及蛴螬。

#### （82）铜绿婪步甲 *Harpalus (Harpalus) chalcentus* Bates, 1873

*Harpalus chalcentus* Bates, 1873: 263; Zhu et al., 1999: 49; Löbl & Smetana, 2003: 374; Wang & Yang, 2010: 162.

识别特征：体长 11.5～14.5 mm，宽 3.5～5.5 mm。体黑色，具铜绿色光泽；口器、触角及前胸背板侧缘棕黄色，触角 3～6 节棕褐色。头光滑无刻点或具极微刻点；唇基具纵皱；触角长仅达鞘翅肩角，雄性稍长于雌性。前胸背板宽大于长，前缘微凹，基部较直，侧缘基半部微拱出，中部最宽。鞘翅自肩后略外扩，肩角具小齿，行间平坦，每翅具 9 条纵沟，第 2 刻点沟基部具一毛穴。

地理分布：宁夏（中卫、贺兰山）、河北、山西、辽宁、上海、江苏、浙江、安徽、福建、江西、河南、湖南、四川、陕西；朝鲜，韩国，日本。

捕食对象：鳞翅目幼虫等。

### （83）直角婪步甲 *Harpalus* (*Harpalus*) *corporosus* (Motschulsky, 1861)（图版 VI：8）

*Pheuginus corporosus* Motschulsky, 1861: 3; Gao, 1993: 103; Löbl & Smetana, 2003: 374; Wang & Yang, 2010: 162; Ren, 2010: 146; Yang et al., 2011: 139.

曾用名：婪步甲（高兆宁，1993）。

识别特征：体长 11.0～15.5mm。体背黑色。头光滑无刻点，额唇基沟及额沟深，唇基每侧具 1 毛；上唇基部较宽，前缘中央微凹，上颚沟较深；触角较短，不达前胸背板基部。前胸背板前缘微凹，前角钝圆，基部较平，后角稍钝，侧缘在前端稍狭，中部之前具 1 毛；中线浅，基沟明显，盘区光滑。鞘翅刻点沟深，行间平坦，第 3 行间无毛穴。足粗壮，后足腿节前后均被横列毛，前足第 1～4 跗节两侧有横列毛。

检视标本：5♂5♀，宁夏隆德苏台，2008. VII. 1，王新谱、刘晓丽采（HBUM）；1♂1♀，宁夏隆德峰台，2008. VI. 30，王新谱、刘晓丽采（HBUM）；1♀，宁夏泾源西峡，2008. VII. 15，李秀敏采（HBUM）；1♀，宁夏泾源西峡，2000 m，2008. VII. 8，王新谱采（HBUM）；21 头（宁夏泾源西峡，2008. VI. 25；宁夏隆德苏台，2008. VI. 29；宁夏隆德峰台，2008. VI. 30；宁夏固原和尚铺，2008. VII. 3；宁夏泾源东山坡，2008. VII. 6；宁夏固原绿塬，2008. VII. 7），娄巧哲采（IZCAS）；1 头，宁夏泾源西峡林场，2008. VI. 27，李秀敏采（HBUM）；3 头，宁夏泾源西峡，2009. VII. 9，王新谱、赵小林采（HBUM）；1 头，宁夏泾源龙潭林场，2009. VII. 6，赵小林采（HBUM）；1 头，宁夏泾源秋千架，2009. VII. 7，杨晓庆采（HBUM）；1 头，宁夏泾源二龙河，2009. VIII. 7，顾欣采（HBUM）；1 头，宁夏泾源东山坡，2011. VII. 20，任国栋采（HBUM）；1 头，宁夏泾源东山坡，2014. VII. 18，白玲采（HBUM）；1 头，宁夏隆德峰台林场，2008. VII. 3，刘晓丽采（HBUM）；1 头，宁夏隆德苏台，2009. VIII. 12，顾欣采（HBUM）；1 头，宁夏固原开城，2009. VII. 16，冉红凡采（HBUM）；10 头，宁夏固原须弥山，2009. VII. 17，王新谱、冉红凡采（HBUM）；2 头，宁夏泾源六盘山林业局，2009. VIII. 19，顾欣采（HBUM）；1 头，宁夏固原云雾山，2013. VII. 22，高志忠等采（HBUM）；1 头，宁夏海原牌路山，2009. VII. 18，冉红凡采（HBUM）；4 头，宁夏海原南华山，2009. VII. 19，王新谱、杨晓庆采（HBUM）；2 头，宁夏同心阴洼村，2014. VII. 3，白玲采（HBUM）。

地理分布：宁夏（隆德、泾源、固原、海原、同心、灵武、贺兰山、罗山）、北京、山西、内蒙古、辽宁、吉林、黑龙江、四川、陕西、甘肃、青海；俄罗斯（远东），朝鲜，韩国，日本。

捕食对象：鳞翅目幼虫及蝼蛄。

**（84）强婪步甲 *Harpalus (Harpalus) crates* Bates, 1883**（图版 VI: 9）

*Harpalus crates* Bates, 1883: 239; Löbl & Smetana, 2003: 374; Yang et al., 2011: 139.

识别特征：体长 12.0～16.0 mm。前胸背板基部具不明显的浅刻点，基部中叶饰边消失，后角钝角形；鞘翅通常具弱铜色光泽，盘上刻点沟深，刻点也深，基部的小刻点沟稍长，不太多。

地理分布：宁夏（盐池、贺兰山、罗山）、北京、山西、内蒙古、辽宁、黑龙江、江苏、江西、山东、四川、陕西、甘肃、青海、香港特别行政区；俄罗斯，韩国，朝鲜，日本。

取食对象：叩甲、象甲和谷子。

**（85）大卫婪步甲 *Harpalus (Harpalus) davidianus davidianus* Tschitschérine, 1903**（图版 VI: 10）

*Harpalus davidianus* Tschitschérine, 1903: 12; Löbl & Smetana, 2003: 375; Wang & Yang, 2010: 163.

识别特征：体长 9.0～11.0 mm。体黑色。头光滑，触角和复眼间 2 个浅纵凹各具 1 长毛；上唇前缘 6 根毛；触角向后伸达前胸背板基部，第 3 节之后具绒毛。前胸背板横宽，前缘微凹，基部略直，两侧中部之前最宽，饰边完整，中纵线明显但不达前缘和基部。鞘翅长卵形，具 9 行刻点，行间微隆，光滑。足粗短，前胫节端距 1 枚，凹截内具刺 1 枚，具毛刷。

地理分布：宁夏（贺兰山）、北京、河北、山西、内蒙古、辽宁、吉林、黑龙江、陕西、青海；蒙古国，韩国。

捕食对象：鳞翅目幼虫及蛴螬。

**（86）红缘婪步甲 *Harpalus (Harpalus) froelichii* Sturm, 1818**（图版 VI: 11）

*Harpalus froelichii* Sturm, 1818: 117; Löbl & Smetana, 2003: 376; Wang & Yang, 2010: 164; Yang et al., 2011: 139.

识别特征：体长 7.5～9.0 mm。体棕红色。头较前胸狭且具疏小刻点；上颚端部黑色，上唇前缘 6 根毛，唇基前角各具 1 长毛。前胸背板宽大于长 1.5 倍，前缘深凹，基部直，两侧中间之后最宽，向后略平行，中部之前圆弧形变窄，两侧中部各具 1 长毛，盘区中纵线明显，基部两侧各有 1 浅凹。鞘翅宽卵形，具 9 条刻点行，行间平坦，密布微刻点，行间 8、行间 9 具 8～10 个毛穴。

地理分布：宁夏（贺兰山、罗山）、北京、山西、内蒙古、黑龙江、陕西、甘肃、青海、新疆；蒙古国，俄罗斯（远东、东西伯利亚），朝鲜，乌兹别克斯坦，土库曼斯坦，吉尔吉斯斯坦，哈萨克斯坦，欧洲。

捕食对象：鳞翅目幼虫及蛴螬。

**（87）列穴婪步甲 *Harpalus (Harpalus) lumbaris* Mannerheim, 1825**（图版 VI: 12）

*Harpalus lumbaris* Mannerheim, 1825: 27; Löbl & Smetana, 2003: 378; Bai et al., 2013: 295.

地理分布：宁夏、北京、山西、内蒙古、辽宁、甘肃、青海、新疆；蒙古国，俄罗斯（东西伯利亚），哈萨克斯坦。

**（88）巨胸婪步甲 *Harpalus (Harpalus) macronotus* Tschitschérine, 1893**（图版 VII: 1）

*Harpalus macronotus* Tschitschérine, 1893: 372; Löbl & Smetana, 2003: 378; Wang & Yang, 2010: 164; Yang et al., 2011: 139.

识别特征：体长 11.5～13.0 mm。体宽卵形；黑色。头平坦光滑，上唇前缘 4 根毛，唇基前角各具 1 长毛，眉毛 1，触角之间具 1 细横沟；触角不达前胸背板基部。前胸背板横阔，前缘深凹，基部直，两侧中部最宽，之前弧形变窄，向后平行，盘区中纵线明显，向前不达前缘，向后达基部，基部有"山"形凹，凹内刻点粗大。小盾片三角形且具横皱。鞘翅长卵形，两侧平行，刻点行 9 条，行间微隆。前胫节端距 1 枚，外缘具刺 4～5 枚，凹截内刺 1 枚，较短。

检视标本：4 头，宁夏固原须弥山，2009. VII. 17，王新谱、冉红凡采（HBUM）；1 头，宁夏固原云雾山，2013. VII. 22，高志忠等采（HBUM）；1 头，宁夏海原李俊乡，2009. VII. 18，王新谱、杨晓庆采（HBUM）；3 头，宁夏海原南华山，2009. VII. 19，王新谱、杨晓庆采（HBUM）；5 头，宁夏吴忠红寺堡，2009. VII. 19，王新谱、杨晓庆采（HBUM）；1 头，宁夏同心大罗山，2009. VII. 20，王新谱、冉红凡采（HBUM）。

地理分布：宁夏（固原、海原、红寺堡、贺兰山、罗山）、山西、内蒙古、青海、新疆；蒙古国，俄罗斯（东西伯利亚），哈萨克斯坦。

捕食对象：鳞翅目幼虫及蛴螬。

**（89）喜婪步甲 *Harpalus (Harpalus) optabilis* Dejean, 1829**（图版 VII: 2）

*Harpalus optabilis* Dejean, 1829: 350; Löbl & Smetana, 2003: 380; Wang & Yang, 2010: 165; Yang et al., 2011: 139.

识别特征：体长 9.0～10.0 mm。体亮黑色，口器和触角棕红色。头平坦无刻点；上唇前缘 6 根毛，唇基前角各具 1 长毛，眉毛 1；触角向后伸达前胸背板基部，第 3 节之后具绒毛。前胸背板宽大于长 1.8 倍，前缘深凹，基部直，两侧中间之后最宽，向后略平行，中部之前圆弧形变窄，两侧中部各具 1 长毛，盘区中纵线明显，基部两侧的凹内刻点粗大。鞘翅宽卵形，刻点行 9 条，行间微隆，光滑，行间 8、行间 9 具毛穴，行间 3 具 1 毛穴，行间 5、行间 7 基部各具 3 个毛穴。前胫节端距 1 枚，外缘具刺 4～5 枚，凹截内具刺 1 枚，长达胫节端部。

地理分布：宁夏（贺兰山、罗山）、新疆；蒙古国，俄罗斯（东西伯利亚），吉尔吉斯斯坦，哈萨克斯坦，欧洲。

捕食对象：鳞翅目幼虫及蛴螬。

**（90）白毛婪步甲 *Harpalus (Harpalus) pallidipennis* Morawitz, 1862**（图版 VII: 3）

*Harpalus pallidipennis* Morawitz, 1862: 260; Zhu et al., 1999: 46; Löbl & Smetana, 2003: 380; Wang & Yang, 2010: 165; Ren, 2010: 146; Yang et al., 2011: 139.

曾用名：黄鞘婪步甲（王新谱等，2010；杨贵军等，2011）。

识别特征：体长 8.0～10.0 mm，宽 3.0～4.0 mm。头、前胸背板黑色；触角、口须、前胸背板侧缘及足黄褐色，鞘翅褐色或黑褐色，具黄斑纹，上颚端部黑色。头部光滑或具极微刻点；上唇前缘微拱，基部较前端略宽；复眼间微隆；触角长仅达前胸背板基部，基部 2 节光滑，第 3 节以后具灰黄色密细毛。前胸背板宽略大于长，中部最宽，侧缘弧状，基部近平直，后角近于直角，盘区微隆。鞘翅宽约接近于前胸，基半部两侧近平行，基部渐变窄，基沟较平直，近肩角处稍弯且具 1 齿；每翅 9 条纵沟，行间平，第 3 行间具 4 毛穴，第 9 行间具毛穴行。前胫节端距较长，外端具 3 根刺；

后足腿节基部具 7 根毛，转节长超过腿节之半；雄性前、中足跗节有 4 节扩大，腹面黏毛排成 2 列。

检视标本：1♀，宁夏隆德苏台，2008. VII. 1，王新谱采（HBUM）；1 头，宁夏隆德苏台，2008. VII. 1，娄巧哲采（IZCAS）；1 头，宁夏泾源东山坡林场，2008. VII. 4，任国栋采（HBUM）；1 头，宁夏泾源秋千架，2009. VII. 7，杨晓庆采（HBUM）；1 头，宁夏须弥山，2009. VII. 4，任国栋采（HBUM）；5 头，宁夏固原须弥山，2009. VII. 17，王新谱、冉红凡采（HBUM）；2 头，宁夏固原云雾山，2013. VII. 22，高志忠等采（HBUM）；9 头，宁夏贺兰山，1097 m，2009. VII. 8，张承礼、潘昭采（HBUM）；5 头，宁夏海原李俊乡，2009. VII. 18，王新谱、杨晓庆采（HBUM）；10 头，宁夏海原南华山，2009. VII. 19，王新谱、杨晓庆采（HBUM）；3 头，宁夏吴忠红寺堡，2009. VII. 19，王新谱、杨晓庆采（HBUM）；5 头，宁夏吴忠红寺堡，2014. VIII. 15，白玲采（HBUM）；2 头，宁夏同心大罗山，2009. VII. 20，王新谱、冉红凡采（HBUM）；2 头，宁夏吴忠同利村，2014. VIII. 26，白玲采（HBUM）。

地理分布：宁夏（泾源、固原、隆德、海原、红寺堡、吴忠、灵武、平罗、盐池、罗山、贺兰山）、北京、河北、山西、内蒙古、辽宁、吉林、黑龙江、江苏、浙江、福建、江西、山东、河南、湖北、广西、四川、云南、西藏、陕西、甘肃、青海；蒙古国，俄罗斯（远东、东西伯利亚），朝鲜，韩国，日本。

捕食对象：黏虫、鳞翅目幼虫。

**（91）黄足婪步甲 *Harpalus (Harpalus) rubripes* (Duftschmid, 1812)**（图版 VII: 4）

*Carabus rubripes* Duftschmid, 1812: 77; Löbl & Smetana, 2003: 381; Ren, 2010: 146.

检视标本：10 头（宁夏泾源红峡，2008. VI. 28；宁夏隆德苏台，2008. VII. 1；宁夏固原绿塬，2008. VII. 8；宁夏泾源龙潭，2008. VII. 20），娄巧哲采（IZCAS）。

地理分布：宁夏（泾源、隆德、固原）、山西、四川、陕西、甘肃、青海、新疆；蒙古国，俄罗斯（远东、东西伯利亚），伊朗，塔吉克斯坦，乌兹别克斯坦，土库曼斯坦，吉尔吉斯斯坦，哈萨克斯坦，土耳其，塞浦路斯，叙利亚，欧洲。

**（92）径婪步甲 *Harpalus (Harpalus) salinus salinus* Dejean, 1829**

*Harpalus salinus* Dejean, 1829: 341; Löbl & Smetana, 2003: 381; Wang & Yang, 2010: 165; Yang et al., 2011: 139.

识别特征：体长 10.0～11.1 mm。体黑色，口器、触角、足棕红色，鞘翅具棕色光泽。头黑色、光亮，上唇前缘具 4 毛，唇基前角各具 1 长毛；触角向后伸达前胸基部。前胸背板宽大于长 1.5 倍，前缘深凹，前角钝，基部直，后角近于直角，两侧中部最宽，之前弧形变窄，向后略平行，两侧中部略靠前具 1 长毛。鞘翅长卵形，两侧略平行，刻点行 9 条，行间平坦光滑。

地理分布：宁夏（盐池、贺兰山、罗山）、内蒙古；俄罗斯（西伯利亚），韩国，日本，吉尔吉斯斯坦，哈萨克斯坦，欧洲。

捕食对象：鳞翅目幼虫及蛴螬。

**（93）藏婪步甲 *Harpalus (Harpalus) tibeticus tibeticus* Andrewes, 1930**（图版 VII: 5）

*Harpalus tibeticus* Andrewes, 1930: 16; Löbl & Smetana, 2003: 383; Ren, 2010: 146.

检视标本：1♂1♀，宁夏隆德苏台，2008. VII. 1，王新谱、刘晓丽采（IZCAS）；1♀，宁夏泾源龙潭，1740 m，2008. VII. 19，王新谱采（IZCAS）；21头（宁夏泾源二龙河，2008. VI. 21；宁夏泾源西峡，2008. VI. 26；宁夏泾源红峡，2008. VI. 28；宁夏隆德苏台，2008. VII. 1；宁夏固原和尚铺，2008. VII. 3；宁夏泾源东山坡，2008. VII. 6；宁夏泾源龙潭，2008. VII. 19），娄巧哲采（IZCAS）。

地理分布：宁夏（隆德、泾源、固原）、四川、云南、西藏、青海；尼泊尔。

**（94）赤褐婪步甲 *Harpalus (Loboharpalus) rubefactus rubefactus* Bates, 1873**

*Harpalus rubefactus* Bates, 1873: 264; Löbl & Smetana, 2003: 384.

识别特征：头背面、复眼、上唇、上颚光滑，额沟短，不伸向复眼；颏齿明显，负唇须节无脊。鞘翅光滑，行间刚毛孔多，第3行间有基孔。后足腿节基部刚毛多于3根；前胫节外端角膨大，外缘具许多刺；跗节背面光滑，第5节腹面具5根刚毛。

地理分布：宁夏（灵武）、山西、辽宁、山东、四川；俄罗斯（远东），朝鲜，韩国，日本。

**（95）谷婪步甲 *Harpalus (Pseudoophonus) calceatus* (Duftschmid, 1812)**（图版 VII: 6）

*Carabus calceatus* Duftschmid, 1812: 81; Löbl & Smetana, 2003: 384; Wang & Yang, 2010: 162; Yang et al., 2011: 138.

识别特征：体长 10.5～14.5 mm。体黑色，口器棕红色或棕色，触角及足棕黄至棕红。头光滑；触角向后伸达前胸背板基部。前胸背板近方形，前、基部较平，侧缘稍膨出，中基半部具1毛，后角钝角。鞘翅基部较前胸稍宽，两侧近平行，基沟较平直，端角齿钝，行间稍隆，第7行间末端具2毛穴，第8、第9行间具微浅刻点。足部跗节背面具毛。

检视标本：1头，宁夏彭阳挂马沟，2008. VI. 25，刘晓丽采（HBUM）；1头，宁夏海原牌路山，2009. VII. 18，冉红凡采（HBUM）；1头，宁夏海原南华山，2009. VII. 19，杨晓庆采（HBUM）；1头，宁夏固原官厅乡，2013. VII. 29，高志忠等采（HBUM）；7头，宁夏同心阴洼村，2014. VII. 3，白玲采（HBUM）；1头，宁夏泾源东山坡，2014. VII. 18，白玲采（HBUM）；1头，宁夏吴忠同利村，2014. VIII. 26，白玲采（HBUM）。

地理分布：宁夏（彭阳、海原、固原、泾源、同心、吴忠、盐池、灵武、平罗、贺兰山、罗山）、河北、山西、内蒙古、辽宁、四川、云南、陕西、新疆；蒙古国，俄罗斯（远东、东西伯利亚），朝鲜，韩国，日本，印度，阿富汗，塔吉克斯坦，乌兹别克斯坦，土库曼斯坦，吉尔吉斯斯坦，哈萨克斯坦，土耳其，欧洲。

捕食对象：鳞翅目幼虫及蛴螬。

**（96）大头婪步甲 *Harpalus (Pseudoophonus) capito* Morawitz, 1862**（图版 VII: 7）

*Harpalus capito* Morawitz, 1862: 259; Gao, 1993: 103; Zhu et al., 1999: 46; Liang & Yu, 2000: 164; Löbl & Smetana, 2003: 384; Ren, 2010: 146.

曾用名：宽头婪步甲（高兆宁，1993）。

识别特征：体长 17.5～20.5 mm，宽 6.5～8.0 mm。头、前胸背板及鞘翅黑色，微带褐色；触角、口须、上唇周缘、唇基前缘及足黄色至黄褐色；前胸背板及鞘翅具棕黄色密毛。头略宽于前胸背板，光裸，额宽阔；眼小；上唇前缘中央深凹；上颚端尖扁薄；触角基部 2 节光滑，3 节中部后具灰黄色细密毛。前胸背板宽大于长，基半部最宽；前缘略凹，基部平直，侧缘基半部扩出，基部变窄；后角近于直角；盘区密布刻点。每翅 9 条刻点沟，沟底刻点细小，行间平，密布细浅刻点。足部跗节背面具刻点和毛；雄性前足基部 3 个跗节扩展，1～4 节腹面具黏毛。

检视标本：60 头，宁夏银川，1963. VIII. 3（IPPNX）；1 头，宁夏固原，1973. VIII. 6（IPPNX）；15 头，宁夏泾源六盘山，1983. VIII. 27（IPPNX）2 头，宁夏永宁，1984. V，任国栋采（HBUM）。

地理分布：宁夏（银川、固原、泾源、永宁、灵武）、河北、山西、内蒙古、辽宁、吉林、黑龙江、江苏、浙江、安徽、福建、江西、山东、河南、湖北、湖南、陕西、甘肃、台湾；俄罗斯（远东、西伯利亚），朝鲜，韩国，日本。

捕食对象：鳞翅目幼虫、蝇蛆、金针虫、蚯蚓等。

**（97）朝鲜婪步甲 *Harpalus* (*Pseudoophonus*) *coreanus* (Tschitscherine, 1895)**（图版 VII: 8）

*Ophonus coreanus* Tschitscherine, 1895: 156; Löbl & Smetana, 2003: 384; Ren, 2010: 147.

曾用名：婪步甲（任国栋，2010）。

识别特征：体长 11.5～13.0 mm。黑色，具弱光泽；上唇、口须、触角及足红棕色。上唇前缘有 6 根长毛，中部弱凹；唇基前缘两侧各有 1 长毛；复眼突出，有 1 毛；触角基部 2 节光滑，其余各节具灰黄色密细毛。前胸背板宽大于长，中部稍前最宽，此处有 1 长毛；前缘凹，基部直，侧缘圆弧形，后角处微凹；前、后角钝角形；中纵线明显，基部具稠密刻点及皱纹，两侧浅凹。每翅 9 条刻点沟，行间平。

检视标本：1♂1♀，宁夏隆德苏台，2008. VII. 1，王新谱、刘晓丽采（HBUM）；1♀，宁夏泾源和尚铺，2100 m，2008. VII. 2，王新谱采（HBUM）；5 头（宁夏隆德苏台，2008. VI. 29；宁夏固原和尚铺，2008. VII. 2；宁夏固原绿塬，2008. VII. 7–9），娄巧哲采（IZCAS）；1 头，宁夏泾源六盘山，1996. VI. 11，解建忠采（HBUM）；1 头，宁夏泾源六盘山，1996. VI. 11，张海？采（HBUM）；1 头，宁夏泾源红峡林场，2008. VI. 26，冉红凡等采（HBUM）；1 头，宁夏泾源红峡林场，1998 m，2008. VII. 9，王新谱采（HBUM）；4 头，宁夏泾源东山坡林场，2008. VII. 4，任国栋采（HBUM）；1 头，宁夏泾源东山坡，2014. VII. 18，白玲采（HBUM）；2 头，宁夏泾源龙潭林场，1750 m，2008. VII. 20，王新谱、刘晓丽采（HBUM）；5 头，宁夏海原南华山，2009. VII. 19，王新谱、杨晓庆采（HBUM）。

地理分布：宁夏（隆德、泾源、固原、海原、六盘山）、北京、河北、山西、内蒙古、辽宁、黑龙江、福建、四川、陕西、甘肃；蒙古国，俄罗斯（远东、东西伯利亚），朝鲜，日本。

**（98）毛娄步甲 *Harpalus (Pseudoophonus) griseus* (Panzer, 1796)**（图版 VII: 9）

*Carabus griseus* Panzer, 1796: no.1; Zhu et al., 1999: 47; Löbl & Smetana, 2003: 385; Wang & Yang, 2010: 164; Ren, 2010: 147; Yang et al., 2011: 139.

识别特征：体长 9.0～12.0 mm，宽 3.5～4.5 mm。体多黑色；触角、唇基前缘、前胸背板基部与侧缘及足为棕黄色；鞘翅有时为棕黄色或棕褐色；头及前胸背板具光泽；前胸背板基部及鞘翅布淡黄色毛。头光滑；触角向后伸达前胸基部，基部 2 节光滑，第 3 节以后具稠密细毛。前胸背板宽大于长，中部前最宽；前缘弧状凹，基部近平直，后角钝角。每翅 9 条纵沟，行间平，密布刻点。前胫节外端具 4～5 根刺，端距近中部略扩大，跗节背面具刻点和毛；雄性前足基部 3 个跗节扩展。

检视标本：1♀，宁夏隆德苏台，2008. VII. 1，王新谱采（HBUM）；1 头，宁夏隆德苏台，2008. VII. 1，娄巧哲采（IZCAS）；1 头，宁夏固原和尚铺，2008. VII. 4，娄巧哲采（IZCAS）；1 头，宁夏泾源卧羊川，2008. VII. 10，娄巧哲采（IZCAS）；1 头，宁夏泾源六盘山，1995. VI. 16，林 92–VI 组采（HBUM）；1 头，宁夏泾源六盘山，1996. VI. 15，贺明辉采（HBUM）；1 头，宁夏泾源西峡林场，2008. VI. 27，李秀敏、冉红凡、吴琦琦采（HBUM）；2 头，宁夏泾源二龙河林场，2008. VII. 19，王新谱、冉红凡、吴琦琦采（HBUM）；1 头，宁夏泾源六盘山林业局，2009. VIII. 19，顾欣采（HBUM）；1 头，宁夏吴忠红寺堡，2009. VII. 19，杨晓庆采（HBUM）；2 头，宁夏吴忠红寺堡，2014. VIII. 15，白玲采（HBUM）。

地理分布：宁夏（隆德、固原、泾源、红寺堡、盐池、灵武、罗山、贺兰山、六盘山）、河北、山西、辽宁、吉林、黑龙江、上海、江苏、浙江、安徽、福建、山东、河南、湖北、湖南、广西、四川、贵州、云南、陕西、甘肃、新疆、台湾；蒙古国，俄罗斯（远东、西伯利亚），朝鲜，韩国，日本，阿富汗，伊朗，塔吉克斯坦，乌兹别克斯坦，土库曼斯坦，吉尔吉斯斯坦，哈萨克斯坦，土耳其，塞浦路斯，伊拉克，以色列，欧洲，非洲界，东洋界。

取食对象：白蚁，玉米、谷子等种子和草莓。

**（99）肖毛娄步甲 *Harpalus (Pseudoophonus) jureceki* (Jedlička, 1928)**（图版 VII: 10）

*Pseudophonus jureceki* Jedlička, 1928: 45; Liang & Yu, 2000: 164; Löbl & Smetana, 2003: 385; Liu et al., 2011: 255; Bai et al., 2013: 294.

识别特征：唇基 2 原生毛和 1～6 次生毛，复眼后颊区纤毛不明显。前胸背板后角圆钝，侧缘无次生缘毛，盘区光滑或具稀疏弱刻点。鞘翅完全被微毛。

地理分布：宁夏（中卫、灵武）、河北、山西、内蒙古、辽宁、黑龙江、上海、江苏、浙江、安徽、江西、湖北、四川、贵州、云南、甘肃；俄罗斯（远东、东西伯利亚），朝鲜，韩国，日本，东洋界。

捕食对象：鳞翅目幼虫。

**（100）草原婪步甲 *Harpalus (Pseudoophonus) pastor pastor* Motschulsky, 1844**（图版 VII: 11）（宁夏新纪录）

*Harpalus pastor* Motschulsky, 1844: 208; Löbl & Smetana, 2003: 385.

识别特征：体长 11.5～12.0 mm。黑色，具弱光泽；上唇、口须、触角及足红棕色。上唇前缘6根长毛，中部弱凹；唇基前缘两侧各有1长毛；复眼突出，有1眉毛；触角基部2节光滑，其余各节具灰黄色密细毛。前胸背板宽大于长，近中部最宽，最宽处附近背面有1长毛；前缘凹，基部直，侧缘圆弧形；前、后角钝角形；中纵线明显，背面有时具浅横纹，基部具稠密刻点及皱纹，两侧浅凹。每翅9条刻点沟，行间平。

检视标本：1头，宁夏泾源东山坡林场，2008. VII. 4，任国栋采（HBUM）；1头，宁夏泾源龙潭林场，1750 m，2008. VII. 20，刘晓丽采（HBUM）；2头，宁夏吴忠红寺堡，2014. VIII. 15，白玲采（HBUM）。

地理分布：宁夏（泾源、红寺堡）、河北、山西、内蒙古、辽宁、黑龙江、上海、江苏、浙江、福建、山东、湖北、广东、广西、四川、甘肃；俄罗斯（远东），朝鲜，韩国。

**（101）黑足婪步甲 *Harpalus (Pseudoophonus) roninus* Bates, 1873**

*Harpalus roninus* Bates, 1873: 260; Zhu et al., 1999: 47; Löbl & Smetana, 2003: 385; Ren, 2010: 147.

识别特征：体长 16.0～18.0 mm，宽 5.0～6.0 mm。暗黑色；触角、口须、跗节棕红色；复眼灰黄色；腿节、胫节黑色。头顶部具稠密刻点，无毛，具细皱纹；额平坦；触角向后伸达鞘翅基部，基部2节光滑，自第3节中部后密布细毛。前胸背板宽大于长，中部最宽，具稠密的细刻点，前、基部近平直，侧缘弧形，前角略伸长，后角呈钝角，基凹浅而不显。小盾片三角形。鞘翅纵沟极细，行间平坦，具稠密的细刻点和黄色短毛，每翅8条纵沟。前胫节外缘端具3根短刺突，各足跗节背面具毛和刻点；雄性前、中足跗节有4节扩大，腹面黏毛排列紧密，黄褐色。

检视标本：9头（宁夏泾源西峡，2008. VI. 25；宁夏固原绿塬，2008. VII. 7；宁夏泾源卧羊川，2008. VII. 10），娄巧哲采（IZCAS）；4头，宁夏泾源西峡林场，2008. VI. 27，李秀敏、冉红凡、吴琦琦采（IZCAS）；1头，宁夏泾源西峡林场，2008. VII. 15，李秀敏采（IZCAS）；1头，宁夏泾源西峡林场，2000 m，2008. VII. 8，刘晓丽采（IZCAS）；1头，宁夏泾源西峡，2009. VII. 9，赵小林采（IZCAS）；2头，宁夏泾源王化南，2009. VII. 3，任国栋、巴义彬采（IZCAS）。

地理分布：宁夏（泾源、固原）、山西、辽宁、黑龙江、上海、江苏、河南、湖南、四川、陕西；俄罗斯（远东、东西伯利亚），朝鲜，韩国，日本。

**（102）单齿婪步甲 *Harpalus (Pseudoophonus) simplicidens* Schauberger, 1929**（图版 VII: 12）

*Harpalus simplicidens* Schauberger, 1929: 185; Zhu et al., 1999: 48; Liang & Yu, 2000: 165; Löbl & Smetana, 2003: 385; Ren, 2010: 147.

识别特征：体长 11.0～12.5 mm，宽 3.5～4.8 mm。黑色，具弱光泽；头、上颚、前胸背板、鞘翅外缘红褐色；触角、口须、足棕黄色。头狭于前胸，下唇须亚端节多毛，负唇须节长；复眼颇凸；触角向后伸达前胸背板基部前，第 3 节长为第 2 节 2 倍。前胸背板宽大于长，基半部 1/3 处最宽，前缘微弯曲，基部近平直，侧缘弧形，后角锐，盘区中部光滑，基部两侧具较密刻点。鞘翅光滑，行间微隆。前胫节端部外缘具刺 5～6 根；后足腿节近基部处具 6～7 根刚毛；足部跗节背面具毛，雄性中足第 1 跗节腹面无黏毛。

检视标本：1 头，宁夏泾源龙潭，2008. VI. 24，娄巧哲采（IZCAS）。

地理分布：宁夏（泾源）、河北、山西、内蒙古、辽宁、黑龙江、江苏、河南、湖北、湖南、四川、贵州、云南、甘肃；俄罗斯（远东），朝鲜，韩国，日本。

取食对象：谷子、玉米、花生等籽实和谷穗。

**（103）中华婪步甲 *Harpalus (Pseudoophonus) sinicus* Hope, 1845**

*Harpalus sinicus* Hope, 1845: 14; Zhu et al., 1999: 48; Löbl & Smetana, 2003: 385; Wang & Yang, 2010: 166.

识别特征：体长 11.5～15.5 mm，宽 4.5～6.0 mm。体黑色且具光泽；上颚部分、上唇周缘、口须、触角、前胸背板侧缘及基部棕红色。头光滑；触角向后伸达前胸基部。前胸背板近方形，宽略大于长，中部最宽，前缘微凹，基部平直，侧缘弧形，盘区微隆，具刻点，后角近于直角。每翅 9 条纵沟，行间稍隆起，无明显刻点，仅在第 8、第 9 行间具极微细密刻点。雄性前足跗节稍膨大，前、中足 1～4 跗节腹面具黏毛。

地理分布：宁夏（灵武、中卫、中宁、盐池、贺兰山）、河北、山西、辽宁、黑龙江、上海、江苏、浙江、安徽、福建、江西、山东、河南、湖北、湖南、广东、广西、四川、云南、陕西、甘肃、台湾；俄罗斯（远东），朝鲜，韩国，日本，越南，东洋界。

捕食对象：红蜘蛛、蚜虫等。

**（104）大毛婪步甲 *Harpalus (Pseudoophonus) ussuriensis vicarius* Harold, 1878**（图版 VIII: 1）

*Harpalus ussuriensis vicarius* Harold, 1878: 66; Zhu et al., 1999: 46; Löbl & Smetana, 2003: 386; Ren, 2010: 147.

识别特征：体长 17.0～18.5 mm，宽 6.2～7.0 mm。体黑色，触角、上唇周缘、下唇、口须、跗节及爪红褐色。头短宽，额宽平，头顶及唇基密布微刻点；触角基部 2 节光滑，自第 3 节中部后具稠密金黄色绒毛。前胸背板宽大于长，中端部最宽，侧缘弧状，基部近平直，前角尖锐而后角钝，盘区具稠密的细刻点，基部有稀毛。每翅 9 条细纵沟，行间平。前胫节端距基部稍扩大，爪节背面具刻点和毛。

检视标本：2♂♀，宁夏隆德峰台，2008. VI. 30，王新谱、刘晓丽采（HBUM）；7♂♀，宁夏隆德苏台，2008.VI.1，王新谱、刘晓丽采（HBUM）；1♀，宁夏隆德峰台，2008. VII. 1，王新谱采（HBUM）；46 头（宁夏泾源红峡，2008. VI. 27；宁夏隆德峰台，2008. VI. 29；宁夏隆德苏台，2008. VI. 29；宁夏固原和尚铺，2008. VII. 3；宁夏泾源东山坡，2008.VII；宁夏固原绿塬，2008. VII. 8），娄巧哲采（IZCAS）；1 头，宁夏泾源二龙河南沟，1993. V. 24，张永贞采（HBUM）；1 头，宁夏泾源，1993. V. 24，

罗一升采（HBUM）；1 头，宁夏泾源六盘山，1995. VI. 14，林 92–VI 组采（HBUM）；1 头，宁夏泾源六盘山，1996. VI. 15，马晓武采（HBUM）；7 头，宁夏泾源东山坡林场，2008. VII. 4，任国栋采（HBUM）；11 头，宁夏泾源东山坡，2014. VII. 18，白玲、王娜采（HBUM）；1 头，宁夏泾源西峡林场，2008. VII. 15，李秀敏采（HBUM）；2 头，宁夏泾源西峡，2009. VII. 9，赵小林采（HBUM）；1 头，宁夏泾源王化南，2009. VII. 3，任国栋采（HBUM）；1 头，宁夏彭阳挂马沟，2008. VI. 25，王新谱采（HBUM）；1 头，宁夏隆德苏台林场，2008. VII. 1，冉红凡采（HBUM）。

地理分布：宁夏（隆德、泾源、彭阳、固原、六盘山）、河北、黑龙江、河南、湖北、四川、云南、西藏；俄罗斯，日本。

**（105）银川婪步甲 *Harpalus (Pseudoophonus) yinchuanensis* Huang, 1993**（图版 VIII: 2）

*Harpalus yinchuanensis* Huang, 1993: 452; Löbl & Smetana, 2003: 386.

曾用名：单齿婪步甲。

识别特征：体长约 11.5 mm。黑色，上颚基部、口须、触角基部与前胸背板侧缘黄褐色，腹面红黑色。头顶具小刻点，下唇须亚端节顶端 1 长毛。前胸背板横宽，后角钝角形，向侧缘非小齿状突出；盘区光滑，侧沟深。鞘翅沟内刻点不明显，基部、侧缘与前缘区均无纤毛。腹部第 2～6 腹板中部被密毛，第 2～5 腹板两侧各有 1 椭圆形凹。前胫节端部外缘 5～6 刺，端距侧缘突出，但不呈齿状；雄性中足第 1 跗节腹面无黏毛；后足腿节基部 7～9 根毛。

地理分布：宁夏（银川）。

**（106）小绿光婪步甲 *Harpalus (Zangoharpalus) tinctulus tinctulus* Bates, 1873**（图版 VIII: 3）（宁夏新纪录）

*Harpalus tinctulus* Bates, 1873: 263; Löbl & Smetana, 2003: 386.

识别特征：体长 6.5～8.3 mm。颏齿明显。前胸背板基部略窄于鞘翅基部。鞘翅第 3 行间仅 1 个毛孔。腹部第 2、第 3 腹节中部具纤毛，第 3～5 腹节仅有 1 对刚毛，两侧无次生毛。雄性中足第 1 跗节无黏毛。

检视标本：66 头，宁夏银川，灯下，1960. V. 24（IPPNX）；2 头，宁夏中卫，1961. IV（IPPNX）；2 头，宁夏隆德，1962. VI. 15（IPPNX）。

地理分布：宁夏（银川、中卫、隆德）、东北、四川；日本。

## 莱步甲族 Lebiini Bonelli, 1810

## 猛步甲亚族 Cymindidina Laporte, 1834

### 35）猛步甲属 *Cymindis* Latreille, 1806

**（107）肩胛猛步甲 *Cymindis (Cymindis) scapularis scapularis* Schaum, 1857**

*Cymindis scapularis* Schaum, 1857: 299; Löbl & Smetana, 2003: 414; Yang et al., 2011: 138.

地理分布：宁夏（罗山）；俄罗斯（西伯利亚），哈萨克斯坦，欧洲。

捕食对象：鳞翅目幼虫。

**（108）异色猛步甲 *Cymindis (Menas) daimio* Bates, 1873**（图版 VIII：4）

*Cymindis daimio* Bates, 1873: 310; Zhu et al., 1999: 65; Löbl & Smetana, 2003: 415; Wang & Yang, 2010: 160; Ren, 2010: 145; Yang et al., 2011: 138.

曾用名：半猛步甲（王新谱等，2010；杨贵军等，2011）。

识别特征：体长 8.5～9.5 mm，宽 3.2～3.8 mm。头和前胸背板蓝黑色；触角、口须、胫节和跗节棕褐色，鞘翅紫红色且具光泽，缘折基半部黄褐色，后半部蓝黑色，翅上蹄形斑纹紫蓝色或青绿色，腿节亮黑色；体密布黄褐色直立长毛。头密布粗刻点；触角基部 3 节光裸，第 4 节后密布黄褐色短毛。前胸背板略似心脏形，中端部最宽，侧缘从最宽处向后急变窄，基部弧形突出，后角尖锐外突，背板密布多边形粗刻点，鞘翅基部远离前胸背板。小盾片舌形。每翅有 9 条具刻点沟，鞘翅的蹄形斑纹由两翅斑纹汇合而成；行间微隆，密布刻点。

检视标本：1♀，宁夏泾源卧羊川，2008. VII. 7，王新谱采（HBUM）；1♀，宁夏泾源龙潭，1750 m，2008. VII. 19，刘晓丽采（HBUM）；1 头，宁夏泾源二龙河，2008. VI. 22，娄巧哲采（IZCAS）；1 头，宁夏泾源卧羊川，2008. VII. 7，娄巧哲采（IZCAS）；1 头，宁夏须弥山，2009. VII. 4，任国栋采（HBUM）；2 头，宁夏固原云雾山，2013. VII. 22，高志忠等采（HBUM）；2 头，宁夏彭阳挂马沟，2009. VII. 11，冉红凡、张闪闪采（HBUM）；1 头，宁夏海原牌路山，2009. VII. 18，冉红凡采（HBUM）；1 头，宁夏海原南华山，2009. VII. 19，杨晓庆采（HBUM）。

地理分布：宁夏（泾源、固原、彭阳、海原、盐池、灵武、罗山、贺兰山）、河北、内蒙古、吉林、山东、河南、甘肃；蒙古国，俄罗斯（远东），朝鲜，日本。

捕食对象：鳞翅目幼虫及蛴螬。

**（109）双斑猛步甲 *Cymindis (Tarsostinus) binotata* Fischer von Waldheim, 1820**（图版 VIII：5）

*Cymindis vittata* Fischer von Waldheim, 1820: pl. 12; Löbl & Smetana, 2003: 417; Wang & Yang, 2010: 160; Yang et al., 2011: 138.

识别特征：体长 8.5～9.5 mm。体扁，背面褐色；小盾片、鞘翅侧缘及盘区上的纵带棕黄色，触角、口器、足棕黄色，鞘翅纵带形状变异较大。后头光滑，上唇横方形，前缘平直；眼略突出；触角向后伸达鞘翅基部。前胸背板心形，刻点密，侧缘在基半部膨出呈弧形，侧缘边缘翘起，在中部及后角各有 1 毛，基部两侧向前斜深，前角宽圆，后角呈钝角上翘，端部有小齿突，盘区隆起。鞘翅平坦，密布刻点。爪梳齿式。

检视标本：1 头，宁夏海原水冲寺，1986. VIII. 25，任国栋采（HBUM）；2 头，宁夏海原牌路山，2009. VII. 18，王新谱、冉红凡采（HBUM）；1 头，宁夏海原李俊乡，2009. VII. 18，杨晓庆采（HBUM）；2 头，宁夏海原南华山，2009. VII. 19，王新谱、杨晓庆采（HBUM）；1 头，宁夏同心，1987. VIII. 12，任国栋采（HBUM）；1 头，宁夏同心大罗山，2009. VII. 20，冉红凡采（HBUM）。

地理分布：宁夏（海原、同心、灵武、盐池、贺兰山、罗山）、北京、山西、内蒙古、甘肃、青海、新疆；蒙古国，俄罗斯（东西伯利亚），韩国，日本，哈萨克斯坦，欧洲。

捕食对象：鳞翅目幼虫及蛴螬。

## 盔步甲亚族 Gallerucidiina Chaudoir, 1872

### 36）光鞘步甲属 *Lebidia* Morawitz, 1862

**（110）眼斑光鞘步甲 *Lebidia bimaculata* (Jordan, 1894)**（图版 VIII: 6）（宁夏新纪录）

*Sarothrocrepis bimaculata* Jordan, 1894: 106; Zhou, 2013: 153.

检视标本：1♂，宁夏泾源二龙河南沟，1993. V. 24（IZCAS）；1♀，宁夏泾源龙潭林场，2008. VI. 22，任国栋采（IZCAS）；1♂，宁夏泾源二龙河林场，2008. VI. 23，冉红凡采（IZCAS）；1♀，宁夏泾源王化南，2009. VII. 4，侯文君采（IZCAS）。

地理分布：宁夏（泾源）、浙江、湖北、广东、广西、重庆、四川、贵州、西藏、陕西、甘肃、台湾；东南亚。

**（111）双圈光鞘步甲 *Lebidia bioculata bioculata* Morawitz, 1863**（图版 VIII: 7）

*Lebidia bioculata* Morawitz, 1863: 29; Löbl & Smetana, 2003: 426; Ren, 2010: 147.

识别特征：体长 9.0～10.0 mm。体形略长，体背面、触角及足橙黄色。头窄而尖；前胸背板宽于头部；鞘翅中后段具 2 个银白色大斑，大斑边缘波弯，不及前、后翅缘；腹部中央最宽。

检视标本：1♂1♀，宁夏泾源二龙河，2008. VI. 23，冉红凡采（IZCAS）；2 头，宁夏泾源二龙河，2008. VI. 23，娄巧哲采（IZCAS）。

地理分布：宁夏（泾源）、辽宁、湖北、四川、云南、西藏、陕西、台湾；俄罗斯（远东），日本，越南，印度（包括锡金），马来西亚，印度尼西亚，东洋界。

## 莱步甲亚族 Lebiina Bonelli, 1810

### 37）盆步甲属 *Lachnolebia* Maindron, 1905

**（112）筛毛盆步甲 *Lachnolebia cribricollis* (Morawitz, 1862)**（图版 VIII: 8）

*Lebia cribricollis* Morawitz, 1862: 245; Zhu et al., 1999: 66; Löbl & Smetana, 2003: 427; Ren, 2010: 147.

识别特征：体长 6.5～7.5 mm，宽 3.0～3.3 mm。头、鞘翅青蓝色且具光泽，前胸背板、触角、口须、鞘翅肩角、小盾片、足均棕褐色。头背面密布圆形粗刻点，头腹面及颊部刻点稀；复眼大而鼓；触角向后伸达翅基 1/3 处，具刻点，基部 3 节毛稀，第 4 节后密布灰黄色短细毛。前胸背板宽大于长，中端部最宽，侧缘弧形，基部中叶后突，盘区隆起。小盾片三角形。每翅 7 条具刻点纵沟，行间平，密布刻点及毛，行间具 1 列带毛刻点；翅端斜截，腹端外露。前胫节外缘具 1 刺；爪梳齿。

检视标本：1♀，宁夏泾源龙潭，2008. VI. 19，任国栋采（HBUM）；1 头，宁夏泾源龙潭，2008. VI. 19，娄巧哲采（IZCAS）。

地理分布：宁夏（泾源）、河北、辽宁、吉林、黑龙江、江苏、浙江、福建、江西、河南、湖北、湖南、广西、四川、云南、陕西、新疆；俄罗斯（远东），朝鲜，韩国，日本。

### 38）莱步甲属 *Lebia* Latreille, 1802（宁夏新纪录）

#### （113）十字莱步甲 *Lebia cruxminor cruxminor* (Linné, 1758)（图版 VIII: 9）

*Carabus cruxminor* Linné, 1758: 416; Löbl & Smetana, 2003: 428.

识别特征：体长 5.0～6.0 mm。头、小盾片及鞘翅基部靠近小盾片与翅缝处、中部由翅缝至侧缘再由此处沿侧缘至端部翅缝、腹面、各足胫节端部黑色，触角棕色，其余黄色。头小，背面具稀疏刻点；复眼大而鼓；触角向后伸达鞘翅基部 1/3 处，基部 3 节毛稀，第 4 节后密布灰黄色短细毛。前胸背板小，宽大于长，中部最宽；前缘浅凹，基部弱突，侧缘弧形，基部颈状缢缩；盘区隆起。小盾片三角形。每翅 9 条浅细刻点沟，行间平且具稀疏细刻点；翅端斜截，腹端外露。前胫节外缘无刺；爪梳齿。

检视标本：2 头，宁夏泾源秋千架，2009. VII. 7，王新谱、杨晓庆采（HBUM）。

地理分布：宁夏（泾源）；蒙古国，俄罗斯（西伯利亚、远东），日本，吉尔吉斯斯坦，哈萨克斯坦，土耳其，叙利亚，以色列，欧洲，非洲界。

## 金步甲亚族 Metallicina Basilewsky, 1984

### 39）宽颚步甲属 *Parena* Motschulsky, 1859

#### （114）柔毛宽颚步甲 *Parena laesipennis* (Bates, 1873)

*Crossoglossa laesipennis* Bates, 1873: 317; Löbl & Smetana, 2003: 434; Liu et al., 2011: 255.

识别特征：体长 11.0～12.5 mm。前胸背板后角钝，基部两侧倾斜；鞘翅沟微弱凹，行间具稀疏细刻点，背面横沟状凹。

地理分布：宁夏（中卫）；日本。

捕食对象：鳞翅目幼虫。

## 曲步甲族 Licinini Bonelli, 1810

## 曲步甲亚族 Licinina Bonelli, 1810

### 40）捷步甲属 *Badister* Clairville, 1806

#### （115）小边捷步甲 *Badister* (*Baudia*) *marginellus* Bates, 1873

*Badister marginellus* Bates, 1873: 258; Löbl & Smetana, 2003: 441; Ren, 2010: 143.

检视标本：1 头，宁夏泾源秋千架，2008. VII. 11，娄巧哲采（IZCAS）。

地理分布：宁夏（泾源）、河北、浙江、湖北、湖南、四川、陕西、甘肃；俄罗斯（远东），日本。

## 41）畸颚步甲属 *Licinus* Latreille, 1802（宁夏新纪录）

### （116）毛畸颚步甲 *Licinus (Tricholicinus) setosus* Sahlberg, 1880（图版 VIII: 10）

*Derostichus setosus* Sahlberg, 1880: 40; Löbl & Smetana, 2003: 443.

识别特征：体长 7.0～8.0 mm。黑色，密布棕色毛；口须、触角、胫节与跗节棕色；前胸背板和鞘翅密布粗刻点。头光亮；唇基前缘深凹；触角向后伸达前胸背板基部，基部 3 节光滑，之后各节被绒毛。前胸背板前缘凹而直，基部浅凹而直，两侧圆弧形，中部最宽；前角尖，后角宽钝；盘区中纵线不明显，不达前缘和基部。鞘翅长卵形，每侧具 9 条刻点行，行间微隆。前胫节端距 1 枚，凹截内刺 1 枚。

检视标本：1 头，宁夏泾源西峡林场，2008. VII. 15，吴琦琦采（HBUM）；1 头，宁夏泾源东山坡，2014. VII. 18，白玲采（HBUM）。

地理分布：宁夏（泾源）；俄罗斯（西伯利亚东部、远东）。

## 42）钝颚步甲属 *Martyr* Semenov & Znojko, 1929

### （117）圆胸钝颚步甲 *Martyr alter* Semenov & Znojko, 1929

*Martyr alter* Semenov & Znojko, 1929: 180; Löbl & Smetana, 2003: 443; Wang & Yang, 2010: 166.

识别特征：体长 7.5～9.0 mm。体黑色，密布粗刻点和棕色毛。头光亮；触角向后伸达前胸基部，棕红色，第 3 节之后被绒毛。前胸背板前缘凹入平直，前角钝角，基部浅凹直，后角宽钝，两侧圆弧形，中部最宽，盘区中纵线不明显，不达前缘和基部。鞘翅长卵形，9 条刻点行，行间微隆且密布棕色毛。前胫节端距 1 枚，凹截内刺 1 枚，毛刷稀。

地理分布：宁夏（贺兰山）、甘肃；蒙古国，俄罗斯。

捕食对象：鳞翅目幼虫及蚧蟠。

## 卵步甲族 Oodini LaFerté–Sénectère, 1851

## 43）盘步甲属 *Lachnocrepis* LeConte, 1853

### （118）长毛盘步甲 *Lachnocrepis prolixa* (Bates, 1873)

*Oodes prolixa* Bates, 1873: 254; Löbl & Smetana, 2003: 445; Liu et al., 2011: 255; Wang et al., 2012: 44.

识别特征：体长 10.5～11.5 mm。背面黑色，具青铜色光泽，触角和足暗色。前胸背板与鞘翅等宽。鞘翅刻点沟规整，行间较平坦；第 3、第 5、第 7 行间具长椭圆形瘤突，瘤突两侧具排列整齐的颗粒状纵脊。雄性前足跗节基部 3 节膨大，腹面具绒毛。

地理分布：宁夏（中卫）、辽宁；俄罗斯（远东），朝鲜半岛，日本，哈萨克斯坦。

捕食对象：各类昆虫。

## 佩步甲族 Perigonini Horn, 1881

### 44）佩步甲属 *Perigona* Laporte, 1835

#### （119）黄缘佩步甲 *Perigona* (*Perigona*) *plagiata* Putzeys, 1875

*Perigona plagiata* Putzeys, 1875: 734; Löbl & Smetana, 2003: 448; Liu et al., 2011: 255.

识别特征：体长约 3.5 mm。黄赤褐色，头与鞘翅中央前、后方长形纹暗色，第1、第2行间侧缘、翅端部赤色。前胸背板后角钝；鞘翅行间隆。

地理分布：宁夏（中卫）、台湾；日本，东洋界。

捕食对象：各类昆虫。

#### （120）波缘佩步甲 *Perigona* (*Perigona*) *sinuata* Bates, 1883

*Perigona sinuata* Bates, 1883: 265; Löbl & Smetana, 2003: 448; Liu et al., 2011: 255.

识别特征：体长 3.0～3.5 mm。黄赤褐色，头背面、鞘翅除周缘部暗色，翅缝淡色带窄，中央后方第 1～3 行间宽。前胸背板后角近于直，背面隆起，后方压。鞘翅刻点沟明显，行间散布刻点。

地理分布：宁夏（中卫）；日本。

捕食对象：各类昆虫。

## 扁步甲族 Platynini Bonelli, 1810

### 45）细胫步甲属 *Agonum* Bonelli, 1810

#### （121）小细胫步甲 *Agonum* (*Agonum*) *nitidum* Motschulsky, 1844

*Agonum nitidum* Motschulsky, 1844: 136; Löbl & Smetana, 2003: 451; Wang & Yang, 2010: 155; Yang et al., 2011: 136.

识别特征：体长 6.7～7.1 mm。体扁平，黑色且具蓝紫色光泽；上颚端部棕红色。上唇梯形；触角向后伸达前胸基部。前胸背板前缘凹，前角钝；基部凹入直，后角圆形；两侧圆弧形，边缘较宽的上翘；中纵线明显，基部两侧凹，两侧及后角各具1长毛。鞘翅长卵形，9条刻点行，行间平坦，行间具 4～5 个毛穴。足细长。

地理分布：宁夏（贺兰山、罗山）；俄罗斯（远东、东西伯利亚），阿富汗，哈萨克斯坦。

捕食对象：鳞翅目幼虫和蛴螬。

### 46）安步甲属 *Andrewesius* Andrewes, 1939

#### （122）茹氏安步甲 *Andrewesius rougemonti* Morvan, 1997（图版 VIII: 11）

*Andrewesius rougemonti* Morvan, 1997: 12; Löbl & Smetana, 2003: 456; Ren, 2010: 142.

识别特征：体长约 12.0 mm。背、腹面具绿色光泽，触角、触须棕色。头隆，背面刻点细；上唇前缘直，具 6 根长毛，唇基前缘两侧各具 1 长毛；复眼突，具 2 根眉毛；触角细长，远超过前胸背板基部。前胸背板中部稍前最宽，背面具细刻点；前缘凹，基部直，基部略比前缘 1/2 长，前角突，后角圆钝；两侧圆弧形，边缘上翘，两侧中部各具 1 长毛；中纵线明显，基部两侧后角处凹。鞘翅长卵形，每翅 9 条刻点行。足细长，中胫节弱弯，后胫节直。

检视标本：1♀，宁夏泾源龙潭，1740 m，2008. VII. 19，王新谱采（HBUM）；1♀，宁夏泾源红峡，2008. VI. 26，冉红凡采（HBUM）；1♀，宁夏泾源二龙河，2008. VI. 23，冉红凡采（HBUM）；1♀，宁夏泾源二龙河，2008. VII. 20，王新谱采（HBUM）；1♀，宁夏泾源西峡，2008. VII. 15，吴琦琦采（HBUM）；1♀，宁夏泾源二龙河，2008. VI. 24，袁峰采（HBUM）；1 头，宁夏泾源西峡，2008.VI.15，娄巧哲采（IZCAS）；2 头，宁夏泾源二龙河，2008. VI. 23，娄巧哲采（IZCAS）；2 头，宁夏泾源红峡，2008. VI. 26，娄巧哲采（IZCAS）；1 头，宁夏泾源龙潭，2008. VII. 20，娄巧哲采（IZCAS）。

地理分布：宁夏（泾源）、甘肃。

### 47）扁步甲属 *Platynus* Bonelli, 1810

### （123）大卫扁步甲 *Platynus davidis* (Fairmaire, 1889)（图版 VIII: 12）

*Colpodes davidis* Fairmaire, 1889: 9; Löbl & Smetana, 2003: 464.

检视标本：4 头，宁夏贺兰山，2100 m，1987. VI. 2（HBUM）；3 头，宁夏泾源六盘山，1995. VI. 16，林 92–VI 组采（HBUM）。

地理分布：宁夏（泾源、贺兰山）、四川。

## 通缘步甲族 Pterostichini Bonelli, 1810

## 通缘步甲亚族 Pterostichina Bonelli, 1810

### 48）山绿步甲属 *Aristochroodes* Marcilhac, 1993

### （124）山绿步甲东部亚种 *Aristochroodes reginae orientalis* Sciaky & Wrase, 1997（图版 IX: 1）

*Aristochroodes reginae orientalis* Sciaky & Wrase, 1997: 1120; Löbl & Smetana, 2003: 471.

识别特征：体长 13.1～15.2 mm。体形略窄，金绿色，有时具明显黄铜色或紫铜色光泽。鞘翅偶数行间仅略宽于奇数行间，与鞘翅基部奇数偶数行间几乎等宽，至鞘翅中基部宽窄不均匀比较明显。

检视标本：1 头，宁夏泾源秋千架，2009. VII. 7，王新谱采（HBUM）。

地理分布：宁夏（泾源、隆德、六盘山）、陕西。

### （125）山绿步甲指名亚种 *Aristochroodes reginae reginae* (Marcilhac, 1993)（图版 IX: 2）

*Pterostichus reginae* Marcilhac, 1993: 274; Löbl & Smetana, 2003: 471; Ren, 2010: 143.

曾用名：瑞类山丽步甲。

识别特征：体长 13.1～14.2 mm。体金绿色。头顶具稠密的细刻点。前胸背板强烈横长，侧缘中部略圆弧形，后角之前近于直，后角强烈外突；侧边十分厚，于中部之后显宽；基部具很粗的皱纹及刻点。鞘翅刻点沟浅。前胸侧片及中、后胸侧片密布刻点。

检视标本：1♀，宁夏泾源二龙河，2008. VII. 19，王新谱采（HBUM）；1♀，宁夏泾源卧羊川，2008. VII. 7，刘晓丽采（HBUM）；1♂1♀，宁夏泾源西峡，2008. VII. 15，李秀敏、冉红凡采（HBUM）；66头（宁夏泾源龙潭，2008. VI. 24；宁夏泾源西峡，2008. VI. 26；宁夏泾源红峡，2008. VI. 28；宁夏隆德苏台，2008. VI. 29；宁夏隆德峰台，2008. VII. 3；宁夏固原和尚铺，2008. VII. 3；宁夏泾源东山坡，2008. VII. 5；宁夏泾源卧羊川，2008. VII. 10；宁夏固原绿塬，2008. VII. 7；宁夏泾源二龙河，2008. VII. 19，）娄巧哲采（IZCAS）。

地理分布：宁夏（泾源、隆德、固原）、甘肃。

### 49）壮步甲属 *Myas* Sturm, 1826

#### （126）粗壮步甲 *Myas* (*Trigonognatha*) *robustus* (Fairmaire, 1894)

*Aurisma robustus* Fairmaire, 1894: 216; Löbl & Smetana, 2003: 476; Ren, 2010: 147.

曾用名：粗壮通缘步甲（任国栋，2010）。

检视标本：5头（宁夏泾源二龙河，2008. VI. 21；宁夏隆德峰台，2008. VII. 1），娄巧哲采（IZCAS）。

地理分布：宁夏（泾源、隆德）、四川、云南、陕西、甘肃。

#### （127）维氏壮步甲 *Myas* (*Trigonognatha*) *vignai* (Casale & Sciaky, 1994)

*Trigonognatha vignai* Casale & Sciaky, 1994: 52; Löbl & Smetana, 2003: 476; Ren, 2010: 148.

曾用名：维氏通缘步甲（任国栋，2010）。

检视标本：35头（宁夏泾源龙潭，2008. VI. 23；宁夏隆德苏台，2008. VI. 29；宁夏固原和尚铺，2008. VII. 3；宁夏泾源东山坡，2008. VII. 5；宁夏泾源卧羊川，2008. VII. 10），娄巧哲采（IZCAS）。

地理分布：宁夏（泾源、隆德、固原）、四川、甘肃。

### 50）脊角步甲属 *Poecilus* Bonelli, 1810

#### （128）壮脊角步甲 *Poecilus* (*Poecilus*) *fortipes* (Chaudoir, 1850)（图版 IX: 3）

*Feronia fortipes* Chaudoir, 1850: 131; Löbl & Smetana, 2003: 482; Ren, 2010: 148.

曾用名：强足通缘步甲（任国栋，2010）。

识别特征：体长 11.1～15.0 mm。体黑色、蓝色、紫色、铜色或绿色，常具强烈金属光泽；触角黑色且略带金属光泽。头顶无刻点；复眼突出。前胸背板向基部略变窄，侧边在后角之前直，后角端部较钝；前胸敞边略宽，于中部之后显宽。鞘翅基部具毛穴，刻点沟略深且沟底具细刻点，行间略隆起；第 3 行间具 3 毛穴且靠近第 3 刻点沟；后胸前侧片长，后翅发达。中足腿节基部具 2 根刚毛，后足跗节内侧无脊，外侧基部 2 节具脊。

检视标本：1♀，宁夏泾源红峡，1998 m，2008. VII. 9，王新谱采（HBUM）；3♂4♀，宁夏隆德苏台，2008. VII. 1，王新谱、刘晓丽采（HBUM）；1♂2♀，宁夏泾源卧羊川，

2008. VII. 7，王新谱、刘晓丽采（HBUM）；1♂2♀，宁夏隆德峰台，2008. VI. 30，王新谱、刘晓丽采（HBUM）；1♀，宁夏泾源和尚铺，2100 m，2008. VII. 5，王新谱采（HBUM）；1♀，宁夏固原绿塬，2008. VII. 10，王新谱采（HBUM）；1♀，宁夏泾源西峡，2000 m，2008. VII. 8，刘晓丽采（HBUM）；159 头（宁夏泾源龙潭，2008. VI. 24；宁夏泾源西峡，2008. VI. 25；宁夏固原和尚铺，2008. VII. 3–5；宁夏固原绿塬，2008. VII. 7–9；宁夏泾源卧羊川，2008. VII. 9），娄巧哲采（IZCAS）；13 头，宁夏泾源东山坡林场，2008. VII. 4，任国栋采（HBUM）； 2 头，宁夏泾源东山坡，2009. VII. 8，冉红凡、张闪闪采（HBUM）；3 头，宁夏泾源东山坡，2014. VII. 18，白玲、王娜采（HBUM）；4 头，宁夏泾源西峡林场，2008. VII. 15，李秀敏、冉红凡、吴琦琦采（HBUM）；2 头，宁夏泾源西峡林场，2008. VI. 27，李秀敏、吴琦琦采（HBUM）；1 头，宁夏泾源西峡林场，2000 m，2008. VII. 8，刘晓丽采（HBUM）；5 头，宁夏泾源红峡林场，1998 m，2008. VII. 9，王新谱、刘晓丽采（HBUM）；1 头，宁夏泾源龙潭林场，2008. VI. 19，任国栋采（HBUM）；5 头，宁夏泾源龙潭林场，1750 m，2008. VII. 20，王新谱、刘晓丽采（HBUM）；2 头，泾源六盘山，96.VI.11，林 93–I 组采（HBUM）；2 头，宁夏固原绿塬林场，2008. VII. 10，任国栋采（HBUM）；3 头，宁夏固原绿塬林场，2008. VII. 10，王新谱、冉红凡、吴琦琦采（HBUM）；1 头，宁夏隆德峰台林场，2008. VI. 29–30，吴琦琦采（HBUM）；2 头，宁夏隆德峰台林场，2009. VII. 14，王新谱、赵小林采（HBUM）；5 头，宁夏彭阳挂马沟，2008. VI. 25，王新谱、刘晓丽采（HBUM）；23 头，宁夏海原南华山，2009. VII. 19，王新谱、杨晓庆采（HBUM）；12 头，宁夏同心大罗山，2009. VII. 20，王新谱、冉红凡采（HBUM）；1 头，宁夏吴忠红寺堡，2009. VII. 19，王新谱、杨晓庆采（HBUM）。

地理分布：宁夏（泾源、隆德、固原、彭阳、海原、红寺堡、罗山）、河北、内蒙古、云南；蒙古国，俄罗斯（远东、东西伯利亚），朝鲜，韩国，日本。

**（129）格脊角步甲 *Poecilus (Poecilus) gebleri* (Dejean, 1828)**（图版 IX: 4）

*Feronia gebleri* Dejean, 1828: 220; Löbl & Smetana, 2003: 482; Wang & Yang, 2010: 168; Ren, 2010: 149; Yang et al., 2011: 140.

曾用名：直角通缘步甲（王新谱等，2010；任国栋，2010；杨贵军等，2011）。

识别特征：体长 11.0～18.1 mm。体背黑色，鞘翅具铜绿色光泽，侧缘边绿色，头及前胸背板具蓝色金属光泽，触角、口器、足及腹面棕褐至黑褐色。额唇基沟细，额沟较深；上唇前缘微凹；触角向后伸达鞘翅肩胛。前胸背板近方形，侧缘稍膨，中基半部及后角各具 1 长毛，中线不达背板基部，基部每侧具 2 条纵沟，外沟与侧缘间显隆，盘区光滑。鞘翅与前胸背板近等宽，两侧稍膨且在后端近 1/3 处变窄，基沟深且向前弯曲，外端具小齿突，刻点沟深且沟底具细刻点，行间平隆。

检视标本：1♀，宁夏泾源卧羊川，2008. VII. 7，王新谱采（HBUM）；1 头，宁夏泾源卧羊川，2008. VII. 7，娄巧哲采（IZCAS）；6 头，宁夏固原须弥山，2009. VII. 17，王新谱、冉红凡采（HBUM）；4 头，宁夏固原云雾山，2013. VII. 22，高志忠等采

（HBUM）；1 头，宁夏固原云雾山，2013. VII. 23，高志忠采（HBUM）；1 头，宁夏隆德峰台林场，2008. VII. 3，王新谱采（HBUM）；1 头，宁夏彭阳挂马沟，2008. VI. 25，刘晓丽采（HBUM）；1 头，宁夏彭阳挂马沟，2008. VI. 25，刘晓丽采（HBUM）；15 头，宁夏海原牌路山，2009. VII. 18，冉红凡采（HBUM）；41 头，宁夏海原南华山，2009. VII. 19，杨晓庆采（HBUM）；1 头，宁夏海原李俊乡，2009. VII. 18，杨晓庆采（HBUM）；2 头，宁夏同心大罗山，2009. VII. 20，王新谱、冉红凡采（HBUM）；4 头，宁夏同心阴洼村，2014. VII. 13，白玲采（HBUM）。

地理分布：宁夏（全区）、河北、内蒙古、辽宁、吉林、黑龙江、福建、四川、云南、甘肃、青海；蒙古国，俄罗斯（远东、东西伯利亚），朝鲜。

捕食对象：地老虎、草地螟、蝇类幼虫等。

**（130）普氏脊角步甲** *Poecilus* (*Poecilus*) *pucholti* (Jedlička, 1962)（图版 IX: 5）（宁夏新纪录）

*Pterostichus pucholti* Jedlička, 1962: 196; Löbl & Smetana, 2003: 483.

识别特征：体长约 12.0 mm。体黑色，略具光泽；头顶具较多的粗刻点；复眼突出。前胸背板较窄，中部略圆，侧边在后角之前略弯，后角直角；侧沟较窄而均匀且到达后角处，于后角之前略变窄；基凹深，内侧基凹远离基部，基部向外侧弯曲；外侧基凹直，到达基部，外侧基凹与侧边之间区域强烈隆起成短脊；内侧基凹内侧具少量刻点，基凹沟内光洁。鞘翅狭长，两侧近平行；基边强烈向端部弯曲，基部具毛穴，肩部具小齿；小盾片刻点沟长；盘上刻点沟深，沟底具明显刻点，刻点向端部逐渐减弱；行间略隆起，行间间具强烈等径微纹；第 3 行间靠近第 3 刻点沟有 3 个毛穴。中足腿节有 3 根刚毛，近端部有 3 根刺，彼此远离；后足跗节内、外侧均无脊。

检视标本：18 头，宁夏海原南华山，2009. VII. 19，王新谱、杨晓庆采（HBUM、IZCAS）；1 头，宁夏泾源龙潭林场，2009. VII. 6，赵小林采（HBUM）。

地理分布：宁夏（海原、泾源）、甘肃。

捕食对象：地表活动的小型昆虫的幼虫。

**（131）敞缘脊角步甲** *Poecilus* (*Poecilus*) *reflexicollis* Gebler, 1832（图版 IX: 6）（宁夏新纪录）

*Poecilus reflexicollis* Gebler, 1832: 35; Löbl & Smetana, 2003: 483.

识别特征：体长 11.0～12.5 mm。通常金属红铜色，有时颜色较深或略带绿色；触角基部 2 节黄色，第 3 节通常基部深色端部黄色。头顶无细刻点，复眼突出。前胸背板略向基部变窄，侧边中央圆弧形，后角之前不弯，后角通常钝圆，不突出；基凹很浅，外侧脊不明显，基凹区近光洁；前胸敞边在中部之后显著变宽，到达外侧基凹沟位置。鞘翅基部具毛穴；刻点沟略浅，沟底具刻点；行间略隆，第 3 行间中部之后具 2～3 个毛穴，均靠近第 2 刻点沟；后翅发达。中足腿节基部具 2 根刚毛；后足跗节内侧具脊，外侧基部 3 节具脊。

检视标本：4 头，宁夏泾源龙潭林场，2009. VII. 6，王新谱、赵小林采（HBUM）；

1头，宁夏泾源六盘山，1996. VI. 15，马晓武采（HBUM）。

地理分布：宁夏（泾源、六盘山）、山西、内蒙古、吉林、黑龙江；蒙古国，俄罗斯（西伯利亚东部、远东），日本。

捕食对象：小型土壤节肢动物幼虫。

**（132）黑青脊角步甲 *Poecilus (Poecilus) samurai* Lutshnik, 1916**

*Platysma samurai* Lutshnik, 1916: 92; Gao, 1993: 103; Löbl & Smetana, 2003: 483.

地理分布：宁夏（银川）；俄罗斯（远东），日本。

**（133）异色脊角步甲 *Poecilus (Poecilus) versicolor* (Sturm, 1824)**

*Platysma versicolor* Sturm, 1824: 99; Löbl & Smetana, 2003: 484.

*Carabus caerulescens* Linnaeus, 1758: 416; Ren, 2010: 149.

识别特征：体长 10.0～12.0 mm。体色多变，黑色，绿色，蓝色或铜色，但通常带明显金属光泽；触角基部 2 节均为黄色，第 3 节基部深色端部黄色。头顶无细刻点；复眼突出。前胸背板略向基部变窄，侧边中央圆弧形，在后角之前不弯曲，后角通常钝圆，不突出；基凹很浅，外侧脊不明显，基凹区接近光滑；前胸敞边与中部之后显宽，到达外侧基凹沟位置。鞘翅基部毛穴存在；刻点沟略浅，沟底具刻点，行间略隆起；第 3 行间具 2～3 毛穴，均靠近第 2 刻点沟，位于中部之后；后胸前侧片略长，后翅发达。中足腿节基部 2 刚毛；后足跗节内侧具脊，外侧基部 3 节具脊。

地理分布：宁夏（泾源）、东北、西北、新疆；俄罗斯，日本，哈萨克斯坦，欧洲。

捕食对象：地表活动的小型节肢动物幼虫。

## 51）通缘步甲属 *Pterostichus* Bonelli, 1810

**（134）暗通缘步甲 *Pterostichus (Eurythoracana) haptoderoides haptoderoides* (Tschitschérine, 1889)**（图版 IX: 7）

*Eurythorax haptoderoides* Tschitschérine, 1889: 192; Löbl & Smetana, 2003: 494.

识别特征：体长 7.8～9.6 mm。体背黑色，前胸背板侧边靠近后角处橙黄色。前胸背板圆盘形，基部略变窄，前胸基部仅略窄于鞘翅基部，侧边于中部略呈圆弧形，前胸背板基部中央光滑；基凹平坦，略凹陷。鞘翅微纹明显且横长，刻点沟深且沟底具细刻点，行间平坦；小盾片刻点沟消失或很短，第 3 行间具 3 毛穴且靠近第 3 刻点沟。各足第 5 跗节具毛。

检视标本：1头，宁夏泾源东山坡林场，2008. VII. 4，任国栋采（HBUM）；2头，宁夏泾源龙潭林场，2009. VII. 6，王新谱、赵小林采（HBUM）；1头，宁夏泾源二龙河，2014. VII. 15，白玲采（HBUM）。

地理分布：宁夏（泾源）、北京、辽宁、吉林、黑龙江、江苏、上海、安徽、浙江、河南、四川、贵州、陕西、甘肃；俄罗斯（远东、东西伯利亚），朝鲜，日本。

捕食对象：地表或地下活动的小型昆虫幼虫等。

**（135）邓氏通缘步甲 *Pterostichus (Morphohaptoderus) dundai* Sciaky, 1994**（图版 IX: 8）

*Pterostichus dundai* Sciaky, 1994: 9; Löbl & Smetana, 2003: 500.

识别特征：体长 10.0～11.1 mm。触角第 3 节内缘近端部具数根细刚毛。前胸背板近圆形，侧边圆弧且基部强烈变窄，后角略突出呈小齿，内、外侧基凹沟深，其间区域隆起，基凹区具少量刻点。鞘翅刻点沟内无刻点，小盾片刻点沟无或很短，第 3 行间具 2 毛穴；雌性鞘翅具强烈等径微纹；雄性肛腹板浅凹且凹内略皱。

检视标本：1 头，宁夏隆德峰台林场，2008. VI. 30，刘晓丽采（HBUM）；2 头，宁夏泾源西峡林场，2008. VII. 15，李秀敏、冉红凡采（HBUM）；1 头，宁夏泾源二龙河，2014. VII. 15，白玲采（HBUM）；1 头，宁夏泾源东山坡，2014. VII. 18，白玲采（HBUM）。

地理分布：宁夏（泾源、隆德）、陕西。

捕食对象：地表活动的小型节肢动物幼虫。

**（136）格氏通缘步甲 *Pterostichus (Morphohaptoderus) geberti* Sciaky & Wrase, 1997**（图版 IX: 9）

*Pterostichus geberti* Sciaky & Wrase, 1997: 1099; Löbl & Smetana, 2003: 500.

识别特征：体长 10.0～11.0 mm。亚颏每侧 2 刚毛；前胸外侧基凹沟极短，几乎消失；雌、雄鞘翅微纹类似，鞘翅第 3 行间具 2 毛穴且分别靠近第 2、第 3 刻点沟；末跗节无毛。

地理分布：宁夏（泾源、隆德）、陕西。

**（137）伟通缘步甲 *Pterostichus (Morphohaptoderus) maximus* (Tschitschérine, 1889)**（图版 IX: 10）（宁夏新纪录）

*Haptoderus maximus* Tschitschérine, 1889: 190; Löbl & Smetana, 2003: 500.

识别特征：体长 9.5～10.5 mm。触角第 3 节光洁。前胸背板近梯形，侧边中部略圆，基部略变窄，后角不突出；内、外侧基凹沟深且倾斜，其间区域隆起，基凹区具稠密刻点。鞘翅刻点沟内刻点粗大，第 3 行间具 2 个毛穴；雌性鞘翅具强烈微纹。雄性肛节腹板具许多横向皱纹。

检视标本：1 头，泾源六盘山，1996. VI. 10，林 93–I 组采（HBUM）；1 头，宁夏泾源二龙河林场，2008. VII. 19，冉红凡采（HBUM）；1 头，宁夏泾源龙潭林场，1750 m，2008. VII. 20，刘晓丽采（HBUM）；1 头，宁夏泾源秋千架，2009. VII. 7，杨晓庆采（HBUM）；2 头，宁夏泾源东山坡，2014. VII. 18，白玲、王娜采（HBUM）；2 头，宁夏固原绿塬林场，2008. VII. 10，任国栋采（HBUM）；15 头，宁夏固原绿塬林场，2008. VII. 10，王新谱、冉红凡、吴琦琦采（HBUM）。

地理分布：宁夏（泾源、固原）、甘肃。

捕食对象：地表活动的小型昆虫的幼虫等。

**（138）重通缘步甲 *Pterostichus (Neohaptoderus) gravis* Jedlička, 1939**（图版 IX: 11）

*Pterostichus gravis* Jedlička, 1939: 3; Löbl & Smetana, 2003: 501.

识别特征：体长 11.0～13.1 mm。前胸略呈心形，侧边于后角前强烈弯曲，后角强烈突出。鞘翅肩部具明显齿，基部具毛穴，第 3 行间具 1 毛穴且靠近第 2 刻点沟，刻点沟明显且沟底具细刻点，行间略隆起。雄性肛腹板无明显第二性征。中足腿节端部具 1 刺，各足末跗节腹面具毛。

检视标本：2 头，宁夏泾源东山坡林场，2008. VII. 4，任国栋采（HBUM）；1 头，宁夏泾源东山坡，2011. VII. 20，任国栋采（HBUM）；1 头，宁夏泾源东山坡，2014. VII. 18，白玲采（HBUM）；1 头，宁夏泾源王化南林场，2008. VI. 20，冉红凡采（HBUM）；1 头，宁夏泾源西峡林场，2008. VII. 15，李秀敏采（HBUM）；1 头，宁夏泾源龙潭林场，2009. VII. 5，赵小林采（HBUM）；2 头，宁夏泾源二龙河，2014. VII. 15，白玲、王娜采（HBUM）；15 头，宁夏隆德峰台林场，2008. VI. 30，王新谱、刘晓丽采（HBUM）；1 头，宁夏隆德峰台林场，2009. VII. 10，孟祥君采（HBUM）。

地理分布：宁夏（泾源、隆德）、陕西、甘肃。

捕食对象：小型节肢动物幼虫。

**（139）克莱通缘步甲 *Pterostichus (Neohaptoderus) kleinfeldianus* Sciaky & Wrase, 1997**（图版 IX: 12）

*Pterostichus kleinfeldianus* Sciaky & Wrase, 1997: 1092; Löbl & Smetana, 2003: 501.

识别特征：体长 12.5～14.0 mm。背板似心形，向基部强烈变窄，侧边于后角之前略弯曲，后角明显突出；盘区基凹线状，内侧基凹沟深且不达到基部，外侧基凹沟短浅，长不及内侧基凹沟之半。鞘翅肩齿宽短，基部具毛穴，小盾片具刻点沟，第 3 行间 1 毛穴靠近第 2 刻点沟，位于中部之后，刻点沟明显，沟底无刻点，行间略隆起。雄性肛腹板无第二性征。中足腿节端部具 1 刺，各足末跗节光滑。

检视标本：2 头，固原二龙河，1993. V. 24，于有志采（HBUM）；3 头，宁夏泾源二龙河，2014. VII. 15，白玲、王娜采（HBUM）；1 头，宁夏泾源王化南林场，2008. VI. 20，冉红凡采（HBUM）；2 头，宁夏泾源西峡林场，2008. VII. 15，李秀敏、吴琦琦采（HBUM）；1 头，宁夏泾源龙潭林场，2009. VII. 4，孟祥君采（HBUM）；4 头，宁夏泾源东山坡，2014. VII. 18，白玲、王娜采（HBUM）。

地理分布：宁夏（泾源）、陕西。

捕食对象：地表活动的小型节肢动物幼虫。

**（140）埃氏通缘步甲 *Pterostichus (Platysma) eschscholtzii* (Germar, 1824)**（图版 X: 1）

*Platysma eschscholtzii* Germar, 1824: 19; Löbl & Smetana, 2003: 509; Ren, 2010 149.

识别特征：体长 16.0～20.0 mm。体背黑色，鞘翅无金属光泽。头顶具细刻点；复眼较大且突出。前胸背板近心形，向基部强烈变窄；侧边中部圆弧形，于后角之前强烈弯曲，后角强烈突出；基凹深，内、外两刻点沟略明显，内、外侧沟之间区域强烈凹陷，外侧沟外侧强烈隆起形成短脊，基凹内具一些细皱纹。鞘翅微纹浅明显而等径，雌、雄微纹相似；鞘翅刻点沟深，沟底无刻点，行间隆起，第 3 行间具 3 毛穴。雄性肛腹板无第二性征。

检视标本：1♂1♀，宁夏泾源西峡，2008. VII. 15，李秀敏、冉红凡采（HBUM）；59 头（宁夏泾源二龙河，2008. VI. 21；宁夏泾源龙潭，2008. VI. 23；宁夏泾源西峡，2008. VI. 25；宁夏泾源红峡，2008. VI. 27；宁夏固原和尚铺，2008. VII. 3；宁夏泾源卧羊川，2008. VII. 9），娄巧哲采（IZCAS）。

地理分布：宁夏（泾源、固原）、内蒙古、上海；蒙古国，俄罗斯（远东、东西伯利亚），朝鲜，日本。

捕食对象：土壤小型节肢动物幼虫。

**（141）江苏通缘步甲 *Pterostichus (Rhagadus) kiangsu* Jedlička, 1965**（图版 X: 2）（宁夏新纪录）

*Pterostichus kiangsu* Jedlička, 1965: 204; Löbl & Smetana, 2003: 515.

识别特征：体长 10.5～12.0 mm。前胸背板圆形，前角略尖，中等程度突出；后角完全圆形；前胸基凹浅，基凹内具稠密刻点，基凹外侧略隆起呈一短脊。鞘翅刻点沟较深，沟底具很细的刻点；后翅通常退化。

检视标本：1 头，宁夏泾源卧羊川，2008. VII. 7，王新谱、刘晓丽采（HBUM）。

地理分布：宁夏（泾源）、江苏、安徽、江西、湖北。

捕食对象：小型节肢动物幼虫。

**（142）润通缘步甲 *Pterostichus (Rhagadus) laevipunctatus* (Tschitschérine, 1889)**

*Pseudadelosia laevipunctatus* Tschitschérine, 1889: 198; Löbl & Smetana, 2003: 513.

识别特征：体长 9.5～11.1 mm。前胸背板圆形，前角略尖，中等程度突出；后角钝圆，端部略呈钝角；前胸基凹浅凹，基凹内具刻点，基凹外侧脊不明显。鞘翅刻点沟略深且沟底具很细的刻点。

检视标本：1 头，宁夏泾源秋千架，2009. VII. 7，王新谱采（IZCAS）；2 头，宁夏彭阳挂马沟，2009. VII. 11，冉红凡、张闪闪采（IZCAS）。

地理分布：宁夏（泾源、彭阳）、四川、云南、陕西、甘肃。

捕食对象：地表或地下活动的鳞翅目幼虫。

**（143）小头通缘步甲 *Pterostichus (Rhagadus) microcephalus* (Motschulsky, 1860)**（图版 X: 3）（宁夏新纪录）

*Argutor microcephalus* Motschulsky, 1860: 6; Löbl & Smetana, 2003: 513.

识别特征：体长 9.5～11.0 mm。前胸背板近方形，前角向前强烈尖突，后角近于直角，端部通常具小齿；前胸基凹浅，略凹，基凹内具刻点，基凹外侧脊不明显。鞘翅刻点沟略深，沟底具很细的刻点；后翅通常发达。

检视标本：1 头，宁夏泾源东山坡林场，2008. VII. 4，任国栋采（HBUM）；1 头，宁夏泾源东山坡，2014. VII. 18，白玲采（HBUM）；1 头，宁夏固原和尚铺林场，2100 m，

2008. VII. 5，刘晓丽采（HBUM）。

地理分布：宁夏（泾源）、北京、河北、山西、内蒙古、辽宁、吉林、黑龙江、江苏、浙江、安徽、福建、江西、湖北、湖南、广东、广西、贵州、陕西；蒙古国，俄罗斯（远东），朝鲜，韩国，日本。

**（144）索氏通缘步甲 *Pterostichus (Rhagadus) solskyi* (Chaudoir, 1878)**（图版 X: 4）

*Feronia solskyi* Chaudoir, 1878: 63; Löbl & Smetana, 2003: 513.

识别特征：体长 10.1～12.5 mm。前胸背板近圆形，前角较宽圆，后角钝角；前胸基凹浅凹，凹内具刻点，基凹外侧脊明显。鞘翅刻点沟略深且沟底具粗刻点。

地理分布：宁夏（泾源）、北京、内蒙古、吉林、黑龙江、陕西、甘肃、青海；朝鲜。

捕食对象：节肢动物幼虫。

**（145）佩氏通缘步甲 *Pterostichus (Sinoreophilus) peilingi* Jedlička, 1937**

*Pterostichus peilingi* Jedlička, 1937: 3; Löbl & Smetana, 2003: 515.

识别特征：体长 18.1～19.0 mm。体黑色，雄性鞘翅略具光泽。复眼较大且突出。前胸背板近心形且向基部变窄，侧边在后角之前略弯曲，略隆起，前胸基部具许多细刻点；基凹浅，内、外侧沟不明显，外侧沟外侧显隆；内、外基凹沟之间区域隆起。雄性鞘翅微纹浅，等径；鞘翅刻点沟略深，沟底无刻点，行间平坦；第 3 行间具 3 毛穴。雄性肛腹板第二性征不明显，仅具很浅的凹。中足腿节近端部具 2 根刺；各足第 5 跗节光滑。

地理分布：宁夏（泾源）、甘肃。

捕食对象：地表活动的节肢动物幼虫。

**（146）波氏通缘步甲 *Pterostichus (Sinoreophilus) potanini* Tschitschérine, 1889**（图版 X: 5）

*Pterostichus potanini* Tschitschérine, 1889: 185; Löbl & Smetana, 2003: 514.

*Pterostichus validior* Tschitschérine, 1889: 187; Ren, 2010: 149.

曾用名：强通缘步甲（任国栋，2010）。

识别特征：体长 14.1～16.1 mm。体背黑色，雄性鞘翅具光泽，略呈金属色，雌性鞘翅暗淡，具强烈微纹。复眼较大且突出。前胸背板方形，侧边在后角之前完全直，后角直角，有时具不明显齿突，略隆起，前胸基部及基凹内多皱纹。鞘翅刻点沟浅且沟底无刻点，行间平坦；第 3 行间具 3～5 毛穴。雄性肛腹板第二性征不明显，仅具很浅的凹。中足腿节近端部具 2 刺；各足第 5 跗节光滑。

地理分布：宁夏（六盘山）、四川、云南、甘肃。

捕食对象：地表或地下活动的鳞翅目幼虫和蛴螬。

**（147）狭通缘步甲 *Pterostichus (Sinoreophilus) strigosus* Sciaky & Wrase, 1997**（图版 X: 6）

*Pterostichus strigosus* Sciaky & Wrase, 1997: 1104; Löbl & Smetana, 2003: 514.

识别特征：体长 16.1～18.2 mm。体背黑色，雄性鞘翅具光泽，雌性鞘翅暗淡，具强烈微纹。复眼较大且突出。前胸背板心形，侧边在后角之前强烈弯曲，基部明显窄于前缘；后角直角，略向外侧突出；前胸背板略隆起，表面光滑；基凹略深，内、外侧沟略明显，外侧沟外侧不隆起，内、外侧沟之间区域显隆；基凹内具稠密的细刻点。鞘翅刻点沟略深，沟底无刻点，行距平坦，行距间光滑；第3行间具3毛穴。雄性肛腹板第二性征明显，为腹板中部一横向的瘤突。中足腿节近端部具1刺；各足第5跗节光滑。

检视标本：1头，宁夏泾源东山坡林场，2008.VII.4，任国栋采（HBUM）；2头，宁夏泾源西峡林场，2008.VII.15，李秀敏、冉红凡采（HBUM）；2头，宁夏泾源龙潭林场，2009.VII.4，冉红凡、张闪闪采（HBUM）；1头，宁夏泾源龙潭林场，2009.VII.5，赵小林采（HBUM）；4头，宁夏泾源二龙河，2014.VII.15，白玲、王娜采（HBUM）。

地理分布：宁夏（泾源）、陕西。

捕食对象：地表活动的节肢动物幼虫。

## 52）长颚步甲属 *Stomis* Clairville, 1806

### （148）布氏长颚步甲 *Stomis (Stomis) brivioi brivioi* Sciaky, 1998

*Stomis brivioi* Sciaky, 1998: 44; Löbl & Smetana, 2003: 517; Ren, 2010: 149.

检视标本：1头，宁夏泾源二龙河，2008.VI.21；1头，宁夏泾源西峡，2008.VI.25；1头，宁夏固原和尚铺，2008.VII.3–5；均为娄巧哲采（IZCAS）。

地理分布：宁夏（泾源、固原）、四川、甘肃。

捕食对象：地表活动的节肢动物幼虫。

## 53）艳步甲属 *Trigonognatha* Motschulsky, 1858

### （149）心胸艳步甲 *Trigonognatha cordicollis* Sciaky & Wrase, 1997

*Trigonognatha cordicollis* Sciaky & Wrase, 1997: 1114; Löbl & Smetana, 2003: 475.

识别特征：体长 10.1～11.2 mm。体背多金绿色，有时前胸颜色略暗淡。额沟浅，向后方延伸形成倾斜的沟，头顶具较多的细刻点；触角第3节光滑，第4节自1/4起具毛。前胸背板心形，向基部强烈变窄；侧边于后角之前强烈弯曲，后角明显突出；基凹内、外侧沟清晰，内侧沟略长于外侧沟，两沟均倾斜，内、外沟之间区域隆起，外侧沟外侧隆起形成脊；基凹区不同程度具刻点。鞘翅基部毛穴消失，小盾片刻点沟存在，有时不清晰；肩部齿小但明显；刻点沟底多少具刻点，行间略隆起，奇、偶数行间等宽，第3行间通常具1毛穴，位于中部之后，有时具2毛穴；第9行间毛穴列中部稀疏。前胸及后胸侧片具一些细刻点；后足第1跗节外侧的脊仅占跗节基部之半长度，第2跗节外侧光滑。

检视标本：1头，宁夏泾源龙潭林场，2009.VII.6，赵小林采（IZCAS）。

地理分布：宁夏（泾源）、河南、陕西、甘肃。

捕食对象：地表或地下活动的鳞翅目幼虫和蛴螬。

## 壮步甲族 Sphodrini Laporte, 1834

## 长步甲亚族 Dolichina Brullé, 1834

### 54）长步甲属 *Dolichus* Bonelli, 1810

#### （150）赤胸长步甲 *Dolichus halensis* (Schaller, 1783)（图版 X: 7）

*Carabus halensis* Schaller, 1783: 317; Gao, 1993: 103; Liang & Yu, 2000: 162; Löbl & Smetana, 2003: 530; Wang & Yang, 2010: 161; Ren, 2010: 146; Yang et al., 2011: 138.

曾用名：红背步甲（高兆宁，1993）。

识别特征：体长 16.0～20.5 mm，宽 5.0～6.5 mm。体黑色，触角基部 3 节、足腿节和胫节黄褐色；触角大部、口须、复眼间 2 圆形斑、前胸背板侧缘、鞘翅上的大斑纹及跗节和爪均棕红色。头光亮无刻点，额上较平坦，上唇长方形，上颚粗宽且顶尖锐，口须末端平截；触角基部 3 节光裸，第 4 节以后的其他节具稠密灰黄色短毛。前胸背板长宽近相等，中部略拱起，前横凹明显，中线细，侧缘沟深，两侧基凹深而圆。小盾片三角形，表面光亮。鞘翅狭长且末端窄缩，中部具长形斑，两翅色斑合成长舌形大斑；每翅 9 条刻点沟，具小盾片刻点行，第 3 行间具 2 毛穴，第 8 刻点沟具 23～28 毛穴。前胫节端部斜纵沟明显；雄性前足基部 3 个跗节扩展且第 2、第 3 节腹面具 2 排鳞毛，爪具小齿。

检视标本：1 头，宁夏隆德，1987. VII. 5，任国栋采（HBUM）；2♂2♀，宁夏隆德峰台，2008. VI. 30，王新谱、刘晓丽采（HBUM）；4♂4♀，宁夏隆德苏台，2008. VII. 1，王新谱、刘晓丽采（HBUM）；1 头，宁夏泾源西峡林场，2008. VI. 23，任国栋采（HBUM）；1♀，宁夏泾源龙潭，2008. VI. 19，任国栋采（HBUM）；1 头，宁夏彭阳挂马沟，2008. VI. 25，刘晓丽采（HBUM）；1 头，宁夏泾源东山坡，2008. VII. 4，任国栋采（HBUM）；1 头，宁夏隆德苏台林场，2008. VII. 6，王新谱采（HBUM）；1♂1♀，宁夏固原绿塬，2008. VII. 9，王新谱、刘晓丽采（HBUM）；1 头，宁夏泾源红峡林场，2008. VII. 9，刘晓丽采（HBUM）；1 头，宁夏彭阳挂马沟林场，2008. VII. 12，李秀敏采（HBUM）；1 头，宁夏泾源龙潭，2008. VII. 22，王新谱采（HBUM）；3 头，宁夏固原绿塬林场，2008. VII. 10，任国栋采（HBUM）；1 头，宁夏固原绿塬林场，2008. VII. 10,吴琦琦采(HBUM)；1 头,宁夏泾源西峡林场,2008. VII. 16,李秀敏采(HBUM)；93 头（宁夏泾源西峡，2008. VI. 25；宁夏隆德苏台，2008. VI. 29；宁夏泾源东山坡，2008. VII. 5；宁夏固原绿塬，2008. VII. 7；宁夏泾源卧羊川，2008. VII. 9），娄巧哲采（IZCAS）；1 头，宁夏泾源秋千架，2009. VII. 8，刘晓丽采（HBUM）；1 头，宁夏泾源六盘山，1984. VIII，任国栋采（HBUM）；2 头，宁夏泾源红峡林场，1998 m，2008. VII. 9，王新谱、刘晓丽采（HBUM）；1 头，宁夏泾源龙潭林场，1750 m，2008. VII. 20，王新谱采（HBUM）；4 头，宁夏泾源东山坡，2014. VII. 18，白玲、王娜采（HBUM）；2 头，宁夏固原绿塬林场，2008. VII. 10，任国栋采（HBUM）；1 头，宁夏固原云雾山，

2013. VII. 22，高志忠采（HBUM）；1头，宁夏隆德峰台林场，2009. VII. 14，赵小林采（HBUM）；3头，宁夏同心阴洼村，2014. VII. 1，白玲采（HBUM）；2头，宁夏同心阴洼村，2014. VII. 3，白玲采（HBUM）。

地理分布：宁夏（隆德、泾源、固原、彭阳、同心、平罗、灵武、盐池、罗山、贺兰山）、河北、山西、内蒙古、辽宁、吉林、黑龙江、江苏、浙江、安徽、福建、江西、河南、湖北、湖南、广东、广西、四川、贵州、云南、陕西、甘肃、青海、新疆；俄罗斯（远东、东西伯利亚），朝鲜，韩国，日本，乌兹别克斯坦，哈萨克斯坦，土耳其，欧洲。

捕食对象：蛴螬、蝼蛄若虫、螟蛾、夜蛾等鳞翅目幼虫。

## 壮步甲亚族 Sphodrina Laporte, 1834

### 55）伪葬步甲属 *Pseudotaphoxenus* Schaufuss, 1865

#### （151）短翅伪葬步甲 *Pseudotaphoxenus brevipennis* Semenov, 1889（图版 X：8）

*Pseudotaphoxenus brevipennis* Semenov, 1889: 370; Löbl & Smetana, 2003: 540; Wang & Yang, 2010: 168; Yang et al., 2011: 140.

识别特征：体长 25.0～28.0 mm。体亮黑色。头微隆，上颚顶尖锐，内缘略直，上唇横宽，前缘毛 6 根，唇基前角各具 1 长毛，眉毛 1；触角之间的头部具 2 个前纵凹，纵凹间有浅横皱。前胸略呈方形，前、基部凹入平直，前角钝，两侧中部之前最宽，侧缘较宽的上翘，盘区中纵线明显，不达基部。鞘翅卵形，向后长度达到体长的 3/5，刻点行 9 条，刻点浅。前胫节凹截内长刺 1 枚，长达胫节端部。

地理分布：宁夏（灵武、盐池、贺兰山、罗山）、西藏、青海。

捕食对象：鳞翅目幼虫及蛴螬。

#### （152）西氏伪葬步甲 *Pseudotaphoxenus csikii* (Jedlička, 1953)（图版 X：9）（宁夏新纪录）

*Taphoxenus csikii* Jedlička, 1953: 108; Löbl & Smetana, 2003: 540.

识别特征：体长 22.5～28.0 mm。体黑色。上颚长，内缘直而端部内弯；上唇前缘 6 根毛，唇基前角各具 1 长毛，眉毛 2 根；触角向后超前胸背板基部。前胸背板宽略大于长，前、基部凹而直，两侧圆弧形，端部稍后最宽，两侧缘上翘；中纵线明显且达前、基部，背面具浅细横纹，基部横凹。鞘翅长卵形且具 9 条浅刻点行，行间平。足细长，前胫节 1 枚端距，凹截内有 1 枚刺。

检视标本：1头，宁夏海原水冲寺，1985. VIII. 12，任国栋采（HBUM）；5头，宁夏海原牌路山，2009. VII. 18，王新谱、冉红凡采（HBUM）；2头，宁夏盐池，1988. V. 17，任国栋采（HBUM）；1头，宁夏盐池，1989.V.5，任国栋采（HBUM）；1头，宁夏中卫，2006.VII.21，王新谱采（HBUM）；1头，宁夏须弥山，2009. VII. 4，任国栋采（HBUM）；18头，宁夏固原须弥山，2009. VII. 17，王新谱、冉红凡采（HBUM）；1头，宁夏固原云雾山，2013. VII. 23，高志忠采（HBUM）；2头，宁夏吴忠红寺堡，

2014. VIII. 15，白玲采（HBUM）。

地理分布：宁夏（海原、盐池、中卫、固原、红寺堡）；蒙古国。

捕食对象：地表或地下活动的节肢动物幼虫。

**（153）蒙古伪葬步甲 *Pseudotaphoxenus mongolicus* (Jedlička, 1953)**

*Taphoxenus mongolicus* Jedlička, 1953: 109; Löbl & Smetana, 2003: 541; Wang & Yang, 2010: 167; Yang et al., 2011: 140.

识别特征：体长 14.0～17.0 mm。体暗红色，腹面暗棕色。后头长，触角及复眼内侧纵凹，上颚长，内缘略直，上唇前缘 6 根毛，之间 2 根短，唇基前角各具 1 长毛，眉毛 2 根；触角向后伸达前胸背板基部。前胸背板宽略大于长，前缘深凹，基部略直，两侧圆弧形，中部最宽，两侧缘上翘，中纵线明显且达前、基部。鞘翅长卵形，具 9 条刻点行，行间微隆，密布微刻点，第 8、第 9 行间具 21～23 个毛穴。足细长，前胫节端距 1 枚，凹截内有刺 1 枚，毛刷稀疏。

地理分布：宁夏（灵武、盐池、贺兰山、罗山）、北京、山西、内蒙古、陕西；蒙古国。

捕食对象：鳞翅目幼虫及蝼蛄。

**（154）原伪葬步甲 *Pseudotaphoxenus originalis* Schaufuss, 1865**（图版 X: 10）（宁夏新纪录）

*Pseudotaphoxenus originalis* Schaufuss, 1865: 99; Löbl & Smetana, 2003: 541.

识别特征：体长 21.0～23.0 mm。体黑色。上颚长，内缘略直而端部内弯；上唇前缘 6 根毛，唇基前角各具 1 长毛，眉毛 1；触角向后超前胸背板基部。前胸背板宽略大于长，前、基部凹而直，两侧圆弧形，端部稍后最宽，两侧缘上翘；中纵线明显且达前、基部，侧缘及基部具浅细刻点沟。鞘翅长卵形且具 9 条浅刻点行，行间平。足细长，前胫节 1 枚端距，凹截内有 1 枚刺。

检视标本：1 头，宁夏陶乐，1987. VIII. 24，任国栋采（HBUM）；7 头，宁夏中卫，2006.VII.21，王新谱采（HBUM）；1 头，宁夏吴忠红寺堡，2009. VII. 19，杨晓庆采（HBUM）。

地理分布：宁夏（陶乐、中卫、红寺堡）；蒙古国。

捕食对象：地表活动的节肢动物幼虫。

**（155）皱翅伪葬步甲 *Pseudotaphoxenus rugipennis* (Faldermann, 1836)**（图版 X: 11）

*Sphodrus rugipennis* Faldermann, 1836: 17; Löbl & Smetana, 2003: 542; Ren, 2010: 149.

检视标本：1♀，宁夏彭阳挂马沟，2008. VI. 25，王新谱采（IZCAS）；1 头，宁夏彭阳挂马沟，2008. VI. 26，娄巧哲采（IZCAS）。

地理分布：宁夏（彭阳）、河北、山西、内蒙古；蒙古国，俄罗斯（东西伯利亚）。

捕食对象：地表活动的节肢动物幼虫。

## 56）卷葬步甲属 *Reflexisphodrus* Casale, 1988（宁夏新纪录）

### （156）卷葬步甲 *Reflexisphodrus refleximargo* (Reitter, 1894)（图版 X: 12）

*Pseudotaphoxenus refleximargo* Reitter, 1894: 123; Löbl & Smetana, 2003: 543.

识别特征：体长 13.0～17.0 mm。体黑色，口须、触角及跗节棕色。上颚长，内缘略直而端部内弯；上唇前缘 6 根毛，唇基前角各具 1 长毛，眉毛 1；触角向后超前胸背板基部。前胸背板长大于宽，前、基部凹而近于直，两侧圆弧形，端部稍后最宽，两侧缘上翘；中纵线明显且达前、基部，背面具细横纹的痕迹，基部横凹。鞘翅长卵形且具 9 条浅刻点行，行间平，侧缘上卷。足细长，前胫节 1 枚端距，凹截内有 1 枚刺。

检视标本：1 头，宁夏盐池，1988. V. 17，任国栋采（HBUM）；1 头，宁夏彭阳，1989. VII. 20，任国栋采（HBUM）；1 头，宁夏固原云雾山，2013. VII. 23，高志忠采（HBUM）；1 头，宁夏固原官厅乡，2013. VII. 29，高志忠采（HBUM）。

地理分布：宁夏（盐池、彭阳、固原）；蒙古国。

捕食对象：地表或地下活动的节肢动物幼虫。

## 瑟步甲亚族 Synuchina Lindroth, 1956

## 57）地步甲属 *Trephionus* Bates, 1883

### （157）卷缘地步甲 *Trephionus nikkoensis* Bates, 1883

*Trephionus nikkoensis* Bates, 1883: 255; Löbl & Smetana, 2003: 547; Liu et al., 2011: 255.

识别特征：体长 7.7～9.2 mm。暗褐色，口器、触角、足赤褐色。下颚须末节细长，纺锤形。前胸背板后角圆，基部两侧弧形，基凹深，侧缘凸隆。鞘翅沟深，行间隆，有明显细微刻点印迹，横长网目状。

地理分布：宁夏（中卫）；日本。

捕食对象：蛴螬等。

## 距步甲族 Zabrini Bonelli, 1810

## 暗步甲亚族 Amarina Zimmermann, 1831

## 58）暗步甲属 *Amara* Bonelli, 1810

### （158）亚扁暗步甲 *Amara* (*Amathitis*) *subplanata* (Putzeys, 1866)

*Amathitis subplanata* Putzeys, 1866: 225; Löbl & Smetana, 2003: 552; Yang et al., 2011: 137.

地理分布：宁夏（罗山）；俄罗斯（东西伯利亚），哈萨克斯坦，欧洲。

捕食对象：地表活动的鳞翅目幼虫。

### （159）尖角暗步甲 *Amara* (*Bradytus*) *aurichalcea* Germar, 1824（图版 XI: 1）

*Amara aurichalcea* Germar, 1824: 10; Löbl & Smetana, 2003: 553; Ren, 2010: 142.

识别特征：体长约 10.0 mm。黑色，具弱铜色光泽。头光滑无刻点，上唇横宽，前缘毛6根，唇基前角各具1长毛，眉毛2根；触角较短，向后近达前胸背板基部，前3节与第4节基部棕黄色而光滑，其余被密毛。前胸背板横宽，前缘凹，基部近于直，前角尖突，后角近于直角；两侧缘圆弧形，近基部最宽，侧缘近中部及后角各具1长毛；盘区中纵线明显，基凹内刻点细而浅。鞘翅两侧缘略平行，刻点行深，行间微隆而光滑。前胫节端距1枚，凹截内1刺较长。

检视标本：3头，宁夏固原和尚铺，2008. VII. 4（IZCAS）；2头，宁夏泾源东山坡，2008. VII. 5（IZCAS）；1头，宁夏固原和尚铺林场，N 35.35229，E 106.11723，2330 m，2008. VII. 4 N（HBUM）；均为娄巧哲采。

地理分布：宁夏（固原、泾源）、北京、河北、山西、内蒙古、辽宁、吉林、黑龙江、四川、云南、陕西、新疆；蒙古国，俄罗斯（远东、东西伯利亚），朝鲜，欧洲。

捕食对象：地表或地下活动的节肢动物幼虫。

**（160）点翅暗步甲 Amara (Bradytus) majuscula (Chaudoir, 1850)**（图版 XI: 2）（宁夏新纪录）

*Bradytus majuscula* Chaudoir, 1850: 148; Löbl & Smetana, 2003: 554.

识别特征：体长 8.0～9.0 mm。棕色，具铜色光泽。头光滑无刻点；上唇横宽，前缘毛6根，唇基前角各具1长毛，眉毛2根；触角向后伸达前胸背板基部，前3节与第4节基部光滑，其余被密毛。前胸背板横宽，前缘凹，基部近于直，前、后角钝角形；两侧缘圆弧形，中部稍前最宽，侧缘中部稍前及后角各具1长毛；盘区中纵线明显，基凹内刻点细而浅。鞘翅两侧缘略平行，刻点行深，行间平而光滑。前胫节端距1枚，凹截内1刺较长。

检视标本：1头，宁夏西吉，1989. VII. 25，任国栋采（HBUM）；1头，宁夏隆德峰台林场，2008. VI. 30，王新谱采（HBUM）；1头，宁夏泾源龙潭林场，2009. VII. 6，赵小林采（HBUM）；1头，宁夏泾源六盘山气象站，2835 m，2009. VIII. 1，顾欣采（HBUM）。

地理分布：宁夏（西吉、隆德、泾源、固原）、北京、河北、甘肃、内蒙古、辽宁、黑龙江、四川、青海、新疆；蒙古国，俄罗斯（西伯利亚、远东），朝鲜，日本，伊朗，乌兹别克斯坦，吉尔吉斯斯坦，哈萨克斯坦，土耳其，欧洲。

捕食对象：地表或地下活动的鳞翅目幼虫和蛴螬。

**（161）棒胸暗步甲 Amara (Curtonotus) banghaasi Baliani, 1933**（图版 XI: 3）

*Amara banghaasi* Baliani, 1933: 90; Löbl & Smetana, 2003: 559; Wang & Yang, 2010: 154.

识别特征：体长 11.5～13.0 mm。体长椭圆形，黑色；触角、前胸和鞘翅侧缘略显棕褐色。头光滑无刻点，上唇横宽，前缘毛6根，唇基前角各1长毛，眉毛2；触角较短，向后近达前胸背板基部。前胸背板横宽，前基部略直，前角钝，后角略成直角，两侧缘圆弧形，中部最宽，侧缘中部及后角各具1长毛，盘区中纵线明显，在靠近前缘 1/3 处具分支，基部波弯凹陷内刻点粗深。鞘翅宽卵形，两侧缘略平行，刻点行深，行间微隆，光滑。足细长，前胫节端距 1 枚，凹截内 1 刺较短。

地理分布：宁夏（贺兰山）、北京、辽宁、黑龙江、湖北、青海；俄罗斯，朝鲜。

捕食对象：地表活动的黏虫、地老虎等鳞翅目幼虫。

**（162）短胸暗步甲 *Amara (Curtonotus) brevicollis* (Chaudoir, 1850)**（图版 XI: 4）

*Leirus brevicollis* Chaudoir, 1850: 151; Löbl & Smetana, 2003: 559; Wang & Yang, 2010: 154; Ren, 2010: 142; Yang et al., 2011: 137.

识别特征：体长 11.0～12.0 mm。体红棕色，腹面色淡。头具分散的浅刻点，触角之间具宽横沟；上颚端部黑色，上唇方形，前缘 6 根毛，唇基前角各具 1 长毛，眉毛 2 根；触角向后伸达前胸基部。前胸背板横宽，前缘凹，基部直，前、后角钝，两侧中部最宽，中纵线明显，向前不达前缘，前缘和基部两侧凹陷刻点粗深，盘区中部的刻点较密，后角各具 1 长毛。鞘翅宽卵形且具 9 条刻点行，刻点深，行间平坦光滑。前胫节略扁，端距 1 枚，外缘刺 12 枚，凹截内长刺 1 枚，超过胫节端部。

检视标本：3♂3♀，宁夏隆德峰台，2008. VI. 30，王新谱、刘晓丽采（HBUM）；1♀，宁夏隆德峰台，2008. VII. 1，王新谱采（HBUM）；1♀，宁夏泾源秋千架，1600 m，2008. VI. 23，王新谱采（HBUM）；6 头，宁夏隆德峰台，2008. VI. 30，娄巧哲采（IZCAS）；3 头，宁夏泾源秋千架，2008. VI. 23，娄巧哲采（IZCAS）。

地理分布：宁夏（隆德、泾源、罗山、贺兰山）、北京、河北、内蒙古、吉林、黑龙江、湖北、贵州、陕西、甘肃、青海、新疆；蒙古国，俄罗斯（远东、东西伯利亚），朝鲜，韩国，土库曼斯坦，吉尔吉斯斯坦，哈萨克斯坦，欧洲。

捕食对象：地表或地下活动的鳞翅目幼虫和蛴螬。

**（163）点胸暗步甲 *Amara (Curtonotus) dux* Tschitschérine, 1894**（图版 XI: 5）

*Amara dux* Tschitschérine, 1894: 383; Löbl & Smetana, 2003: 559; Wang & Yang, 2010: 154.

识别特征：体长 15.0～17.0 mm。体暗棕色，足、腹面红棕色。上唇前缘毛 4 根，唇基前角长毛各 1，眉毛 2 根，上颚端部黑色。前胸横宽，基部略直，前角钝，后角直角；两侧缘圆弧形，中部之前最宽，侧缘具长毛 1；盘区中纵线明显，不达前缘和基部，中纵线两侧具浅横皱，背板前缘及基部凹陷内刻点深粗。鞘翅宽卵形，具 9 条刻点行，刻点深，行间平坦光滑。

地理分布：宁夏（盐池、贺兰山）、河北、内蒙古、辽宁；蒙古国，俄罗斯（远东、东西伯利亚），朝鲜，韩国，日本。

捕食对象：地表或地下活动鳞翅目幼虫和蛴螬。

**（164）甘肃暗步甲 *Amara (Curtonotus) gansuensis* Jedlička, 1957**

*Amara gansuensis* Jedlička, 1957: 26; Löbl & Smetana, 2003: 559; Wang & Yang, 2010: 155.

识别特征：体长 13.0～15.0 mm。体褐色，触角、下唇、下颚棕红色。头光滑，触角间有 2 段纵凹；上唇横宽，前缘毛 4 根，唇基前角各具 1 长毛，眉毛 2。前胸背板横宽，前缘凹，前角钝，基部微凹，后角直角，两侧缘中部最宽，中纵线明显，基部深凹内刻点粗大，后角各具 1 长毛。鞘翅宽卵形，两侧略平行，刻点行 9 条。

地理分布：宁夏（贺兰山）、北京、辽宁、陕西、甘肃；俄罗斯（远东），朝鲜。

捕食对象：地表或地下活动的鳞翅目幼虫和蛴螬。

**（165）格氏暗步甲 *Amara (Curtonotus) gebleri* Dejean, 1831**（图版 XI: 6）

*Amara gebleri* Dejean, 1831: 799; Löbl & Smetana, 2003: 560.

识别特征：体长 11.0～18.0 mm，宽 5.5～6.0 mm。体背黑色，鞘翅具铜绿光泽，侧缘边绿色，头及胸背板常具蓝色金属光泽，触角、口器、足及腹面棕褐至黑褐色。头较前胸为狭，额唇基沟细，额沟较深，唇基每侧各具 1 毛，上唇矩形，前缘微凹，具 6 根毛；眼稍突出，眉毛 2 根，眼间较宽，刻点细且稀；触角仅伸达鞘翅肩胛，基部 3 节无毛，第 1 节最粗，长度与第 4～11 节各节近相等，为第 2 节的 2 倍，第 3 节较第 1 节稍长。前胸背板近方形，宽长之比约 6:5，侧缘稍膨，中基半部及后角各具 1 长毛，后角稍大于直角；中线不达背板基部，基部每侧具 2 纵沟，外沟与侧缘间显隆；盘区光滑，刻点细小。小盾片三角形。鞘翅与前胸背板近等宽，两侧稍膨，在后端近 1/3 处变窄；基沟深，向前弯曲，外端具小齿突；刻点沟深，沟底具细刻点，行间平隆，末端显隆，第 3 行间具 3 毛穴，1 个位于中部之前，2 个位于中部之后。

地理分布：宁夏（贺兰山）、北京、河北、内蒙古、辽宁、吉林、黑龙江、四川、云南；蒙古国，俄罗斯（远东、东西伯利亚），朝鲜，哈萨克斯坦，欧洲。

捕食对象：地表或地下活动的鳞翅目幼虫。

**（166）巨胸暗步甲 *Amara (Curtonotus) gigantea* (Motschulsky, 1844)**（图版 XI: 7）（宁夏新纪录）

*Leirus gigantea* Motschulsky, 1844: 173; Löbl & Smetana, 2003: 560.

识别特征：体长约 18.5 mm。黑色，具金属光泽；口须、触角棕色。头较前胸为狭，上唇矩形，前缘微凹，具 6 根毛，唇基每侧各具 1 毛；眼稍突出，眼间较宽，眉毛 1；触角仅伸达鞘翅肩胛，基部 3 节无毛。前胸背板横宽，前缘深凹，具浅细刻点，基部直，前、后角近于直角；侧缘弧形，近后角处凹，端部稍后最宽，最宽处及后角各具 1 长毛；盘区光滑，中线明显；基部两侧深凹，凹内刻点稠密。小盾片三角形。鞘翅两侧稍膨，刻点沟深，行间微隆。

检视标本：1 头，泾源六盘山，1995. VI. 14，林 92–VI 组采（HBUM）。

地理分布：宁夏（泾源）、北京、河北、山西、内蒙古、辽宁、吉林、黑龙江、上海、江苏、浙江、山东、四川、陕西、甘肃；蒙古国，俄罗斯（西伯利亚东部、远东），朝鲜，韩国，日本。

捕食对象：地表或地下活动的昆虫幼虫。

**（167）蝼胸暗步甲 *Amara (Curtonotus) harpaloides* Dejean, 1828**（图版 XI: 8）

*Amara harpaloides* Dejean, 1828: 514; Löbl & Smetana, 2003: 560; Ren, 2010: 142.

检视标本：2 头，宁夏隆德苏台，2008. VI. 29；1 头，宁夏固原绿塬，2008. VII. 7；均为娄巧哲采（IZCAS）。

地理分布：宁夏（隆德、固原）、河北、山西、内蒙古、黑龙江、四川、甘肃、青海；蒙古国，俄罗斯（远东、东西伯利亚），朝鲜，吉尔吉斯斯坦，哈萨克斯坦。

**（168）膨胸暗步甲 *Amara (Curtonotus) tumida tumida* Morawitz, 1862**

*Amara tumida* Morawitz, 1862: 258; Löbl & Smetana, 2003: 561; Wang & Yang, 2010: 155.

识别特征：体长 11.5～13.0 mm。棕红色。上唇方形，前缘具毛 6 根，唇基前角各具 1 长毛，眉毛 1；触角向后伸达前胸基部。前胸背板前缘凹入，前角钝，基部直，后角直角，具长毛 1，盘区中纵线明显达前、基部，基部宽凹内刻点粗大。鞘翅长卵形且两侧略平行，具 9 条刻点行，行间平坦光滑。前胫节凹截内长刺 1 枚，超过胫节端部。

地理分布：宁夏（贺兰山）、内蒙古、黑龙江；俄罗斯（东西伯利亚）。

捕食对象：地表或地下活动的鳞翅目幼虫和蛴螬。

**（169）平凡暗步甲 *Amara (Zezea) plebeja* (Gyllenhal, 1810)**（图版 XI: 9）（宁夏新纪录）

*Harpalus plebeja* Gyllenhal, 1810: 141; Löbl & Smetana, 2003: 568.

识别特征：体长 7.0～8.0 mm。黑色，背面具金属光泽；口须、触角、胫节及跗节棕色。上唇方形，前缘 6 根毛，唇基前角各具 1 长毛，眉毛 2 根；复眼突出；触角向后伸达前胸背板基部，基部 3 节光滑，其余各节被密毛。前胸背板前缘凹入，前角近于直；基部近于直，中部弱突，后角直角，具 1 长毛；两侧由基部至中部直，再向端部弧形收缩，中部稍前有 1 长毛；盘区中纵线明显但不达前基部，基部两侧弱凹且具浅刻点。鞘翅长卵形，两侧略平行；每翅面具 9 条刻点行，行间平坦光滑。前胫节凹截内有 1 枚超过胫节端部的长刺。

检视标本：2 头，宁夏西吉将台，1995. IV. 30，蔡家锟采（HBUM）；3 头，宁夏同心清水河，1995. V. 13，蔡家锟采（HBUM）；1 头，宁夏泾源六盘山，1995. VI. 10，林 92–VII 组采（HBUM）；1 头，宁夏泾源六盘山，1995. VI. 17，林 92–III 组采（HBUM）；2 头，宁夏泾源六盘山，1996. VI. 10，林 93–II 组采（HBUM）；4 头，宁夏泾源龙潭林场，2008. VI. 19，任国栋采（HBUM）；1 头，宁夏泾源龙潭林场，1740 m，2008. VII. 20，王新谱采（HBUM）；1 头，宁夏泾源龙潭林场，2009. VII. 4，孟祥君采（HBUM）；2 头，宁夏泾源王化南林场，2008. VI. 20，冉红凡采（HBUM）；1 头，宁夏泾源王化南，2009. VII. 3，任国栋采（HBUM）；1 头，宁夏泾源二龙河林场，2008. VI. 23，冉红凡采（HBUM）；5 头，宁夏泾源二龙河，2009. VII. 6，周善义、孟祥君采（HBUM）；2 头，宁夏泾源二龙河，2014. VII. 15，白玲、王娜采（HBUM）；2 头，宁夏和尚铺林场，2008. VII. 1，王新谱、刘晓丽采（HBUM）；15 头，宁夏泾源东山坡林场，2008. VII. 4，任国栋采（HBUM）；2 头，宁夏泾源东山坡，2009. VII. 8，冉红凡、张闪闪采（HBUM）；2 头，宁夏泾源东山坡，2014. VII. 18，白玲、王娜采（HBUM）；2 头，宁夏泾源秋千架，2009. VII. 7，王新谱、杨晓庆采（HBUM）；1 头，宁夏彭阳挂马沟，2008. VI. 25，刘晓丽采（HBUM）；2 头，宁夏彭阳挂马沟林场，2008. VII. 11，李秀敏、冉红凡采（HBUM）。

地理分布：宁夏（西吉、固原、泾源、彭阳）、黑龙江；蒙古国，俄罗斯（西伯利亚、远东），朝鲜，日本，哈萨克斯坦，欧洲。

捕食对象：小型地表活动昆虫的幼虫。

## 距步甲亚族 Zabrina Bonelli, 1810

### 59）距步甲属 *Zabrus* Clairville, 1806

**（170）波氏距步甲 *Zabrus* (*Pelor*) *potanini* Semenov, 1889**（图版 XI: 10）（宁夏新纪录）

*Zabrus potanini* Semenov, 1889: 382; Löbl & Smetana, 2003: 571.

识别特征：体长 13.0～15.0 mm。黑色，口须棕色。头背面具稀疏浅细刻点，上唇方形，前缘 6 根毛，唇基前角各具 1 长毛，眉毛 1；复眼突出；触角短，向后不达前胸背板基部，基部 3 节光滑，其余各节被密毛。前胸背板前缘浅凹，基部中叶弱突，前、后角弱钝角；两侧中部稍前最宽，此处有 1 长毛；盘区中纵线浅而细，基部两侧弱凹，盘区隆起且光滑，四周具浅细刻点。鞘翅长卵形，两侧略平行；每翅面具 9 条刻点行，行间微隆而光滑。前胫节凹截内有 1 枚超过胫节端部的长刺。

检视标本：3 头，宁夏西吉，1989. VII. 25，任国栋采（HBUM）；1 头，宁夏中卫，1989. VIII. 4，任国栋采（HBUM）；1 头，宁夏隆德峰台林场，2008. VII. 3，王新谱采（HBUM）；1 头，宁夏隆德峰台林场，2009. VII. 10，孟祥君采（HBUM）；1 头，宁夏隆德峰台林场，2009. VII. 14，赵小林采（HBUM）；1 头，宁夏泾源东山坡林场，2008. VII. 3，任国栋采（HBUM）；1 头，宁夏泾源卧羊川，2008. VII. 7，刘晓丽采（HBUM）；1 头，宁夏泾源东山坡，2009. VII. 12，赵小林采（HBUM）；1 头，宁夏固原绿塬林场，2008. VII. 10，任国栋采（HBUM）；1 头，宁夏固原绿塬林场，2008. VII. 11，任国栋采（HBUM）；1 头，宁夏海原南华山，2009. VII. 19，杨晓庆采（HBUM）。

地理分布：宁夏（西吉、隆德、泾源、固原、海原、中卫）、甘肃。

捕食对象：小型地表活动昆虫的幼虫。

**（171）普氏距步甲 *Zabrus* (*Pelor*) *przewalskii przewalskii* Semenov, 1889**（图版 XI: 11）

*Zabrus przewalskii* Semenov, 1889: 380; Löbl & Smetana, 2003: 571; Ren, 2010: 149.

检视标本：8♂♀，宁夏隆德峰台，2008. VI. 30，王新谱、刘晓丽采（IZCAS）；2♂♀，宁夏隆德峰台，2008. VII. 1，王新谱、刘晓丽采（IZCAS）；2♂2♀，宁夏隆德峰台，2008. VII. 3，王新谱、刘晓丽采（IZCAS）；29 头（宁夏隆德苏台，2008. VII. 1；宁夏隆德峰台，2008. VII. 2；宁夏固原和尚铺，2008. VII. 3–5），娄巧哲采（IZCAS）。

地理分布：宁夏（固原、隆德）、西藏、甘肃、青海。

捕食对象：小型地面节肢动物的幼虫。

**（172）暗黑距步甲 *Zabrus* (*Zabrus*) *tenebrioides tenebrioides* Goeze, 1777**

*Carabus tenebrioides* Goeze, 1777: 665; Löbl & Smetana, 2003: 573; Liu et al., 2011: 255.

识别特征：体长 14.0～16.0 mm。背面隆起；黑色。头具 1 对眉毛；触角短，未达前胸背板基部。前胸背板向前强烈收缩变窄,侧缘基部变宽,基部密布刻点,后角处无刚毛。鞘翅近端部反扭转,第 3 行间无背孔;后翅发达。前胫节端距内有 1 小距,雄性前足前 3 跗节膨大。

地理分布:宁夏(中卫)、西藏;土耳其,欧洲。

取食对象:鳞翅目幼虫、金针虫;玉米种子。

# 多食亚目 POLYPHAGA EMERY, 1886

体小至大型;触角形态多样化;前胸无背侧缝;后翅边缘无长毛,翅面无小纵室;后足基节不固定在后胸腹板上,不将第 1 可见腹板完全划分开;跗节 3~5 节。

该亚目包括 16 总科 152 科 30 多万种,约占整个鞘翅目总数的 90.00%,进化形成各种各样的专化特性和适应能力,营肉食性、植食性、腐食性和菌食性。中国已记录约 120 科;本书记录宁夏 15 总科 47 科。

## I. 牙甲总科 Hydrophiloidea Latreille, 1802

形似龙虱科,体小型至大型,椭圆形,流线型身体,背拱腹扁;下颚须长丝状,与触角等长或更长。触角 6~9 节,端部 3~4 节膨大成锤状。前足基节窝有 1 个长裂缝;有些种类的中胸腹板有 1 条长中脊;后胸腹板中间明显隆起。腹部可见 5 个腹板。跗节 5 节。

按照 Mckenna 等(2015)分类体系,该总科全球已知 4 科 177 属约 3400 种,原隶属于该总科的条脊牙甲科 Hydrochidae 和盾牙甲科 Epimetopidae 均被合并。中国已记录 4 科 55 属 329 种;本书记录宁夏 1 科。

## 4. 牙甲科 Hydrophilidae Latreille, 1802

体长 1.5~32.0 mm。大多椭圆形,少见球形且能滚动者,或强烈球形,或横扁;黑色或黑褐色;背面比龙虱的更加凸起,下侧较扁。头部略倾斜,在眼后略变窄;下颚须长丝状,与触角等长或更长;眼圆,少数分离为上下 2 部分。触角 6~9 节,远短于头宽;端部 3~4 节膨大为锤状。前胸背板侧缘与鞘翅形成连续的隆线。前胸背板基部最宽,背面大多均匀凸起,刻点均匀。前足基节窝有 1 长裂缝;有些种类的中胸腹板有 1 条长中脊;后胸腹板中间明显隆起。鞘翅沟纹明显或刻点成行,偶有翅缝沟;缘折和假缘折发达,缘折垂直。腹部可见腹板 5 个,极少数 4 个或 6 个。足具长毛;腿节脊嵌入胫节的沟槽;跗节 5 节,稀见雄性前足跗节 4 节者。

该科全球已知 9 亚科 177 属 2900 多种,分布于除南极外的世界各大动物地理区,水生或半水生,陆生种类可在蚁巢等更干燥的环境中栖息;成虫大多腐食性,一些体型大者可捕食蜗牛、小鱼或蝌蚪等,有些则见于花上。中国已记录 5 亚科 55 属约 330 种;本书记录宁夏 2 亚科 4 属 6 种。

## 4.1 毛牙甲亚科 Chaetarthriinae Bedel, 1881

### 60）齿牙甲属 *Crenitis* Bedel, 1881

**（173）隆背齿牙甲 *Crenitis* (*Crenitis*) *convexa* Ji & Komarek, 2003**（图版 XI: 12）

*Crenitis convexa* Ji & Komarek, 2003: 402; Jia et al., 2016: 569.

识别特征：体长 2.8～3.3 mm。体宽卵形隆起，背面光亮，头黑色，上颚须棕红色，前胸背板棕红色至棕黑色，前缘和侧缘棕黄色至棕红色，鞘翅棕红色至棕黑色。唇基和额具微弱浅凹，密布不均匀的粗刻点，侧缘刻点更加汇合，间质弱鲨皮状；额唇基沟弱；触角 9 节。前胸背板浅中线明显；盘上刻点粗密，由侧缘至中线处明显变粗变密；刻点间质光亮，弱鲨皮状；前缘、侧缘有弱粒。鞘翅有不规则细刻点，条间部的刻点向端部变粗，行间拱起；小盾片条纹达到其基半部，刻点明显；鞘翅向端部稍变窄，假缘折和缘折倾斜。第 5 腹板背面端缘圆形。中足腿节的刚毛刷位于其 2/3 处，后足腿节刚毛刷位于基部和近前缘 1/2 处。

地理分布：宁夏（泾源）、重庆、四川、云南、陕西。

## 4.2 牙甲亚科 Hydrophilinae Latreille, 1802

### 刺鞘牙甲族 Berosini Mulsant, 1844

### 61）刺鞘牙甲属 *Berosus* Leach, 1817

**（174）刘氏刺鞘牙甲 *Berosus* (*Enoplurus*) *lewisius* Sharp, 1873**（图版 XII: 1）

*Berosus lewisius* Sharp, 1873: 61; Löbl & Smetana, 2004: 47; Liu et al., 2011: 256.

识别特征：鞘翅末端弯陷，外侧具长刺，内缘具刺或齿状突；鞘翅刻纹间距刻点较密，排列不规则，刻纹间距刻点毛极短。前足跗节爪正常。雄性外生殖器侧叶与中叶等长，中部外弯，中叶末端不向背弯。

检视标本：32 头，宁夏银川，灯下，1983. VI. 23（IPPNX）。

地理分布：宁夏（银川、中卫）、北京、内蒙古、黑龙江、江苏、浙江、上海、云南、香港；蒙古国，俄罗斯（远东），朝鲜，韩国，日本，东洋界。

### 牙甲族 Hydrophilini Latreille, 1802

### 牙甲亚族 Hydrophilina Latreille, 1802

### 62）刺腹牙甲属 *Hydrochara* Berthold, 1827

**（175）钝刺腹牙甲 *Hydrochara affinis* (Sharp, 1873)**（图版 XII: 2）

*Hydrochares affinis* Sharp, 1873: 58; Gao, 1993: 104; Löbl & Smetana, 2004: 53; Zhang et al., 2009: 70; Wang & Yang, 2010: 172.

曾用名：小牙甲（高兆宁，1993）。

识别特征：体长 14.0～17.5 mm。体黑色具金属光泽；触角红褐色，锤状部暗色，下颚须褐色，足红褐色。头、上唇基部具 1 横列刻点；唇基前侧刻点粗糙；复眼大而突出。前胸背板宽大于长，基部宽，前缘窄，呈梯形，侧缘呈弧状向前变窄；前胸腹板脊短，后端无刺或齿；后胸腹板脊稍宽，基部延长成钝刺，到达或超过第 1 腹板。

地理分布：宁夏（银川、永宁、中卫、平罗、贺兰山）、北京、内蒙古、辽宁、黑龙江、上海、浙江、安徽、福建、江西、山东、河南、湖北、四川、甘肃；蒙古国，俄罗斯（远东、东西伯利亚），朝鲜，韩国，日本，印度，塔吉克斯坦，乌兹别克斯，坦哈萨克斯坦。

捕食对象：水生虫类、鱼苗。

### （176）锐突刺腹牙甲 *Hydrochara libera* (Sharp, 1884)

*Hydrocharis libera* Sharp, 1884: 450; Löbl & Smetana, 2004: 54; Zhang et al., 2009: 71.

识别特征：体长 16.0～18.0 mm。后胸腹板脊向后延伸成锐尖刺状，超过第 1 腹板基部。

地理分布：宁夏、北京、内蒙古、辽宁、黑龙江、江苏、浙江、山东；俄罗斯（远东），朝鲜，日本。

## 63）牙甲属 *Hydrophilus* Geoffroy, 1762

### （177）长须牙甲 *Hydrophilus* (*Hydrophilus*) *acuminatus* Motschulsky, 1854（图版 XII: 3）

*Hydrophilus acuminatus* Motschulsky, 1854: 44; Gao, 1993: 104; Löbl & Smetana, 2004: 54; Wang & Yang, 2010: 172.

曾用名：稻牙甲、大牙甲（高兆宁，1993）。

识别特征：体长 28.0～32.0 mm。体漆黑且具光泽；触角和下颚须黄褐色。每翅 4 个大刻点沟，尤以基部明显。前胸腹板强烈隆起呈帽状，腹刺到达第 2 腹节中部；中胸腹板隆脊沟窄而浅，通常沟前端具 1 小凹窝。雄性前足第 5 跗节仅简单变宽，不成片状。

检视标本：5 头，宁夏银川，1960. V. 24（IPPNX）。

地理分布：宁夏（银川、永宁、中卫、平罗、灵武、贺兰山）、北京、河北、内蒙古、上海、浙江、江西、广东、四川、云南、西藏、台湾、香港；俄罗斯（远东），朝鲜，韩国，日本，东洋界。

捕食对象：各种水生昆虫的幼虫和蛹、蝌蚪及鱼苗等。

### （178）达牙甲 *Hydrophilus* (*Hydrophilus*) *dauricus* Mannerheim, 1852

*Hydrophilus dauricus* Mannerheim, 1852: 297; Löbl & Smetana, 2004: 54; Jia, 2006: 191.

识别特征：体长 33.0～35.0 mm。鞘翅顶端较圆，内角无刺突。中胸腹板隆脊具窄浅沟，沟有时不明显，仅前端形成 1 凹陷；后胸腹板隆脊于后胸基部处两侧无大刻点。腹部屋脊状隆起钝，第 5 节不形成十分明显的隆脊；第 2～5 腹节两侧仅基半部具毛斑，故前、后节之间的毛斑不连续。雄性前足第 5 跗节扩展为三角形，但外缘较直，片状结构较小。

地理分布：宁夏、内蒙古、辽宁、吉林、黑龙江、甘肃；俄罗斯（远东、东西伯利亚），日本。

捕食对象：水生昆虫节肢动物等。

## II. 隐翅甲总科 Staphylinoidea Latreille, 1802

下颚须 4 节，下唇须多 3 节；复眼完整，有时退化或消失；触角 11 节；鞘翅端部多平截，腹部 1 至多节外露；腹部可见腹板 5～7 节，第 2 腹节由侧面可见。

该总科是甲虫世界的大家族，种类十分庞杂。在 Mckenna 等（2015）分类系统中将 Jacobsoniidae（原属于 Derodontoidea）、缨甲科 Ptiliidae、平唇水龟科 Hydraenidae、球蕈甲科 Leiodidae、觅葬甲科 Agyrtidae、隐翅甲科 Staphylinidae 和葬甲科 Silphidae 共 7 科囊括进来，使之物种数量雄踞甲虫各总科之首。本书记录宁夏 4 科。

## 5. 觅葬甲科 Agyrtidae Thomson, 1859

体长 3.0～12.0 mm。体型多变，长至宽椭圆形，强烈隆起至扁平；亮至暗红棕色或黄褐色。头后部被前胸背板遮盖；圆形复眼大而完整，向侧面突出，此处为头部最宽处。触角 11 节，纤细或端部 3～6 节棒状。前胸背板横宽，梯形（近基部最宽）至心形（端半部最宽）。鞘翅长形，向端部锥形变窄，端部不平截，完全覆盖腹部；背面几乎光裸，具分散的刚毛和 9 或 10 个刻点行。后翅发达或高度退化至缺如。跗式 5-5-5，几乎所有种类的前、中足第 1～2 或第 1～3 跗节的两侧扩展。

该科全球已知 3 亚科 8 属 70 多种，主要分布于温带森林地区。成、幼虫主食腐肉、粪便、腐烂的真菌等类似的腐烂物质，有些专食蜗牛尸体，有些栖息于腐烂的原木和真菌或落叶层中，偶尔在树叶或花上；还有些栖息于鸟等动物的尸体下。中国已记录 2 亚科 3 属 9 种；本书记录宁夏 1 亚科 1 属 1 种。

### 通缘觅葬甲亚科 Pterolomatinae Thomson, 1862

#### 64）觅葬甲属 *Apteroloma* Hatch, 1927

##### （179）波氏觅葬甲 *Apteroloma potanini* (Semenov, 1893)（图版 XII: 4）

*Pteroloma potanini* Semenov, 1893: 338; Löbl & Smetana, 2004: 133; Tang et al., 2011: 47.

识别特征：体长 4.0～4.8 mm。成体背面棕色至暗棕色，侧面色淡；触角、口器和足亮棕色；背面具微刻纹；前胸背板和鞘翅具散乱的短竖毛。上颚内侧端部之前具 2 个大型尖齿。前胸背板基部 1/3 最宽，前缘深凹，侧缘饰边细，较宽的平坦，两侧强烈隆突，基部 2 湾，基部很宽，无浅凹；盘区刻点极细且规则，两侧具分散的大刻点。鞘翅端部伸长，每翅面具 9 条规则的沟，第 3 刻点沟有 61～64 个小刻点；后翅发达。雌性第 8 腹板基部窄凹。

检视标本：1♂，宁夏隆德，2400 m，2008. VI. 26，殷子为采（SHNU）；1♂，宁夏泾源东山坡海子沟，2300 m，2008. VI. 24，殷子为采（SHNU）。

地理分布：宁夏（泾源、隆德）、河北、河南、湖北、四川、陕西、甘肃。

取食对象：动物尸体。

# 6. 球蕈甲科 Leiodidae Fleming, 1821

体长 1.0～8.0 mm。体型多变，一般卵形；窄长至宽卵至奇形怪状，强烈隆起至扁平；体色多变，淡黄色至暗红棕色，或黄褐色至黑色，极少数颜色艳丽。后头被前胸背板遮盖；圆形复眼大而完整，两侧突出，为头部最宽处，或退化或缺如。触角 11 节，稀 10 节，一般端部 5 节棒状，也有 4 节或 3 节或其他几节棒状者，或全部丝状。前胸背板形状多变，一般横形、梯形（近基部最宽）或心形（端半部最宽）。鞘翅长至宽形，向端部锥形变窄，端部不平截，完全遮盖腹部，或略平截，端部 1 节外露；稀见鞘翅更短者，在此情况下腹部多节外露；翅面刻点列 9～10 个，或行模糊或缺如；被毛稠密至近于光裸无毛。约 50.00% 的种类后翅退化或缺如。跗式 5-5-5，偶见 3-3-3 或其他者。

该科全球已知 6 亚科 374 属 4100 多种，世界性分布。多见于森林地区，取食各种腐烂的植物性或动物性有机物，或与植物和动物有关的酵母或细菌，或菌食性（高等真菌的子囊菌、黏菌等）。中国已记录 3 亚科 35 属 300 多种；本书记录宁夏 1 亚科 1 属 2 种。

## 球蕈甲亚科 Leiodinae Fleming, 1821

## 球蕈甲族 Leiodini Fleming, 1821

### 65）球蕈甲属 *Leiodes* Latreille, 1796

#### （180）红鞘球蕈甲 *Leiodes apicata* Švec, 2008

*Leiodes apicata* Švec, 2008: 247.

识别特征：体长约 2.5 mm。体长卵圆形，微红色；鞘翅端部 1/3 逐渐变深至深棕色。头密布刻点，刻点处着生刚毛若干。前胸背板长小于宽，基部最宽，侧缘向前角圆滑变窄；基部笔直，远离前角之前微凹；后角微钝，背观宽圆；侧面观侧缘拱形；后角钝，宽圆；前胸背板表面密布刻点，刻点明显。小盾片三角形，无微网纹。鞘翅长大于宽，鞘翅基部约 1/3 处最宽，鞘翅两侧缘整个长度背观可见，侧缘具常规大小和密度的刻点；鞘翅盘上有明显规则的刻点沟，侧缘刻点排列更稠密，端部刻点排列更稀疏；第 9 列短，与侧缘平行，连接于鞘翅长度 1/4 处基部的侧沟；鞘翅行间隙具较小的刻点散布于大刻点与刻点之间，奇数行间隙刻点大小和分布密度与刻点沟刻点相同；缝沟线明显，延伸至大约端部 1/3 处；鞘翅缘折无可见刚毛；膜质后翅发达。后足跗节由基部向端部稍变宽。

地理分布：宁夏（隆德）、云南。

### （181）中华球蕈甲 *Leiodes chinensis* Angelini & Švec, 1994

*Leiodes chinensis* Angelini & Švec, 1994: 24; Löbl & Smetana, 2004: 195.

识别特征：体长约 2.9 mm。体卵圆形，背面黑棕色，腹面深棕色；触角第 1～6 节微黄红色，第 7～11 节黑色，足微红棕色。头宽大于长，刻点细微且稀疏不规则；复眼基部水平线之前具 4 个大刻点排成 1 不规则横列，刻点处着生刚毛若干。前胸背板长小于宽，刻点十分微小，不规则分布，刻点间距为其自身直径的 4～8 倍。小盾片三角形，具微网纹。鞘翅长大于宽，基部约 1/3 处最宽，肩部具倾斜的刻点沟，刻点沟具小且细微刻点；鞘翅缘折无毛；膜质后翅发达。腹部第 8 腹片略内弯，内缘中部无突起，两 1/4 各有 1 钝突。

地理分布：宁夏（隆德）、四川、甘肃。

# 7．葬甲科 Silphidae Latreille, 1807

体长 7.0～45.0 mm。卵形至长形，微弱或强烈扁平；背面无毛，少数种类前胸背板密被短毛，鞘翅具稀疏短毛。触角 11 节，柄节长，梗节高度退化，偶见膝状者，唯覆葬甲亚科 Nicrophorinae 10 节（梗节退化并与第 3 节愈合）；端部 3 节棒状。鞘翅完全遮盖腹部，或端部平截，腹部有 1～5 个外露节；翅面无刻点沟。腹部第 2 节两侧可见，后足基节窝之间不可见；雌性可见 3～8 个腹板，雄性可见 3～9 个腹板。跗式 5-5-5。

该科全球已知 2 亚科 17 属近 200 种，除南极外，世界性广布。成、幼虫均为腐食性，有些种类捕食蜗牛或蛾蝶幼虫，有些取食各种植物，尤其是甜菜；少数对粪便和真菌有趋性，可能捕食其中的蛆虫。中国已记录 2 亚科 14 属 75 种；本书记录宁夏 2 亚科 8 属 25 种。

## 7.1  葬甲亚科 Silphinae Latreille, 1807

### 66）干葬甲属 *Aclypea* Reitter, 1885

### （182）达乌里干葬甲 *Aclypea daurica* (Gebler, 1832)（图版 XII: 5）

*Silpha daurica* Gebler, 1832: 48; Löbl & Smetana, 2004: 229; Ji, 2012: 58.

识别特征：体长 10.0～14.0 mm。体黑色，背面密布浓厚的棕色或棕灰色毛，偶尔稍少而局部露出黑色底色。头宽略不及前胸背板最大宽度的之半；上唇中央深"V"缺刻；触角末端 3 节被土黄色微毛而略显发黄。前胸背板中央 6 疣突，分两排，前排 2 个相距较远，后排 4 个略成等距，不被体毛覆盖，其面异常光滑，形状不规则，前背中线上靠前缘处也有纵向的线状疤痕，由紧邻的疣突组成。鞘翅肋上具成列且彼此相互独立的黑色较大疣突，不被毛覆盖。各足腿节下侧被黑色短刚毛，胫节端距和爪棕红色。

检视标本：1 头，宁夏泾源秋千架林场，2008. VI. 23，王新谱、刘晓丽采（HBUM）；1 头，宁夏隆德峰台林场，2008. VII. 2，王新谱、刘晓丽采（HBUM）。

地理分布：宁夏（泾源、隆德）、北京、河北、山西、内蒙古、黑龙江、湖北、四川、陕西、青海；俄罗斯（东西伯利亚、远东），朝鲜，韩国。

取食对象：动物尸体。

## 67）尸葬甲属 *Necrodes* Leach, 1815

### （183）滨尸葬甲 *Necrodes littoralis* (Linnaeus, 1758)（图版 XII: 6）

*Silpha littoralis* Linnaeus, 1758: 360; Gao, 1993: 104; Löbl & Smetana, 2004: 231; Wang & Yang, 2010: 170; Ji, 2012: 72.

*Necrodes asiaticus* Portevin, 1922: 507; Ren, 2010: 154; Ren et al., 2013: 164.

曾用名：尸葬甲（王新谱等，2010）、亚洲葬甲（高兆宁，1993；任国栋，2010）。

识别特征：体长 17.0～35.0 mm。体黑色，偶尔略显棕红色；触角末端 3 节橘色。上唇光裸，仅前缘被棕黄色长毛。前胸背板近圆形，表面光滑，刻点非常细腻且均匀，基部刻点略大，中央微微隆，中部具 1 不甚明显的纵向沟痕，沟痕较短，不达前胸背板前、基部。鞘翅刻点较前胸背板大，亦均匀，鞘翅具显普的端突，靠外的 2 条肋在经过端突后明显折角状转向，向内缘的肋靠拢；鞘翅末端平截，雌性鞘翅端角显圆但仍明显为平截。雄性前足和中足腿节末端下方正常，不陡然缢凹，后足腿节极度膨大，腿节下方具 1 排小齿；雄性后胫节内侧末端不扩展，腿节下方具 1 排小齿。

检视标本：宁夏泾源二龙河（1 头，1983. VII. 15；1 头，1994. VIII. 9）（IPPNX）；5 头，宁夏泾源六盘山小南川，1995. VI. 23（IPPNX）；1 头，宁夏泾源龙潭林场，2008. VII. 19，刘晓丽采（HBUM）；1 头，宁夏隆德苏台林场，2008. VII. 1，王新谱采（HBUM）；1 头，宁夏泾源红峡林场，2008. VII. 9，赵小林采（HBUM）。

地理分布：宁夏（泾源、隆德、贺兰山）、河北、内蒙古、吉林、黑龙江、浙江、福建、江西、河南、湖北、四川、云南、西藏、陕西、甘肃；蒙古国，俄罗斯（远东、东西伯利亚），朝鲜，韩国，日本，印度，阿富汗，伊朗，塔吉克斯坦，乌兹别克斯坦，土库曼斯坦，吉尔吉斯斯坦，哈萨克斯坦，土耳其，巴基斯坦，欧洲。

取食对象：动物尸体。

## 68）嗌葬甲属 *Oiceoptoma* Leach, 1815

### （184）红胸嗌葬甲 *Oiceoptoma subrufum* (Lewis, 1888)（图版 XII: 7）

*Silpha subrufum* Lewis, 1888: 9; Löbl & Smetana, 2004: 231.

识别特征：体长 12.1～14.7 mm。体为宽扁的椭圆形。头黑色，额区和后头被明显的橙色刚毛；触角黑色，端锤部分由末端 4 节组成。前胸中等程度横宽，侧基部一般程度曲凹；盘区颜色较周缘暗；中央具对称的、纵向的微弱起伏，升高处颜色变深、近黑色并略具光泽。鞘翅表面平滑，具一些浅的横向褶皱，刻点中等大小；鞘翅侧缘展边宽度中等；鞘翅末端正常弧圆，雌性顶端稍显延长。

检视标本：2 头，宁夏泾源六盘山，1964. VI（IPPNX）；1 头，宁夏彭阳挂马沟，2008. VII. 11，李秀敏采（HBUM）；1 头，宁夏泾源二龙河林场，2009. VII. 6，孟祥君采（HBUM）。

地理分布：宁夏（彭阳、泾源、六盘山）、北京、河北、内蒙古、辽宁、吉林、黑龙江、浙江、四川、陕西、甘肃。

取食对象：动物尸体。

**（185）皱鞘媳葬甲** *Oiceoptoma thoracicum* **(Linnaeus, 1758)**（图版 XII: 8）

*Silpha thoracicum* Linnaeus, 1758: 360; Gao, 1993: 105; Löbl & Smetana, 2004: 231; Zhang et al., 2009: 66; Ji, 2012: 111.

曾用名：赤胸扁葬甲（高兆宁，1993）。

识别特征：体长 13.4～15.6 mm。宽扁，椭圆形；前胸背板橘红色，头、触角、足、体下均黑色，鞘翅深褐色至黑色，稀见浅褐色。头额区和后头被橙色长刚毛；触角端锤部分由 4 节组成。前胸背板中等宽，被橙色长毛，毛的不同走向使盘区形成斑驳；盘区微隆，颜色较周缘暗、中间有对称的、纵向的微弱起伏，高处颜色深、近黑色并略具光泽；翅上遍布粗糙褶皱，边缘上的横皱尤为强烈和细碎，盘区的褶皱较平缓、无明显走向；刻点中等大小，侧缘展边宽度中等；鞘翅末端弧圆，雌性顶端略延长。

地理分布：宁夏（六盘山）、北京、河北、山西、吉林、辽宁、黑龙江；蒙古国，俄罗斯（远东、东西伯利亚），朝鲜，韩国，日本，哈萨克斯坦，土耳其，欧洲。

## 69）缶葬甲属 *Phosphuga* Leach, 1817

**（186）黑缶葬甲** *Phosphuga atrata atrata* **(Linnaeus, 1758)**（图版 XII: 9）

*Silpha atrata* Linnaeus, 1758: 360; Löbl & Smetana, 2004: 231; Ji, 2012: 115.

识别特征：体长 8.0～14.0 mm。体黑色。上唇前缘深凹，具长柔毛；触角细长，向后伸达前胸背板中间，端锤较窄。前胸背板横宽，半圆形；前缘直，基部向后略突出，侧缘及四角均弧弯；盘区中央隆起，两侧及前角处降低，密布粗糙的深刻点。鞘翅盘区隆起，边缘折弯较窄而深；3 条脊均止于隆起的盘区边缘，中脊较低，内脊略短于中脊，仅达到翅基部的 5/6，外脊位于翅基 2/3；翅上密布粗糙的深大刻点，刻点间隙发亮；雌性鞘翅基部内角略突出。腹部末端的 2～3 节外露。

检视标本：1 头，宁夏隆德，1989. VII. 28，任国栋采（HBUM）；1 头，宁夏泾源六盘山，1995. VI. 8，林 92–IV 组采（HBUM）；1 头，宁夏泾源六盘山，1995. VI. 10，林 92–I 组采（HBUM）；1 头，宁夏泾源六盘山，1995. VI. 11，林 92–III 组采（HBUM）；1 头，宁夏泾源六盘山，1995. VI. 16，林 92–III 组采（HBUM）；1 头，宁夏泾源六盘山，1995. VI. 16，林 92–VI 组采（HBUM）；1 头，宁夏泾源六盘山，1996. VI. 11，林 93–II 组采（HBUM）；1 头，宁夏泾源六盘山，1996. VI. 11，林 93–III 组采（HBUM）；1 头，宁夏泾源西峡林场，2008. VI. 26，赵宗一采（HBUM）；1 头，宁夏隆德峰台林场，2008. VII. 2，周海生采（HBUM）。

地理分布：宁夏（隆德、泾源、固原）、北京、河北、内蒙古、黑龙江、河南、四川、陕西、甘肃、青海、新疆；蒙古国，俄罗斯，朝鲜，日本，印度，阿富汗，吉尔吉斯斯坦，哈萨克斯坦，塔吉克斯坦，土库曼斯坦，乌兹别克斯坦，伊朗，土耳其，欧洲，东洋界。

## 70）葬甲属 *Silpha* Linnaeus, 1758

### （187）隧葬甲 *Silpha perforata* Gebler, 1832（图版 XII: 10）

*Silpha perforata* Gebler, 1832: 49; Gao, 1993: 105; Löbl & Smetana, 2004: 232.

曾用名：扁葬甲（高兆宁，1993）。

识别特征：体长 15.0～20.0 mm。体较大、长椭圆形；黑色，常具微弱的蓝绿或蓝紫色金属光泽。头上刻点细腻，后头密布褐色短毛；上唇前缘具黄色长毛且中部弧凹；触角第 8 节略长于第 9 节。前胸背板略呈梯形，前缘浅凹；盘区平坦，与侧缘无明显界限；盘上有稠密的细刻点均匀；前胸背板和鞘翅均光裸无毛。鞘翅 3 条发达并几乎到达翅端的翅肋；盘区刻点大，侧缘展边较小而浅；鞘翅侧缘展边中等宽，于肩部较宽；后翅退化，无飞行能力。

检视标本：1♀，宁夏海原灵光寺，1986. VIII. 22，任国栋采（HBUM）；1♀，宁夏海原灵光寺，1987. VI. 19，任国栋采（HBUM）；1♀，宁夏海原灵光寺，1987. VI. 29，任国栋采（HBUM）；1♀，宁夏海原灵光寺，1987. IX. 21，任国栋采（HBUM）；1♂，宁夏海原五桥沟，1987. IX. 25（HBUM）；1♀，宁夏海原灵光寺，1989. VI. 23，任国栋采（HBUM）；1♀，宁夏海原灵光寺，1989. VIII. 4，任国栋采（HBUM）。

地理分布：宁夏（海原、六盘山）、北京、河北、山西、内蒙古、黑龙江、江西、陕西；蒙古国，俄罗斯（远东、东西伯利亚），朝鲜，韩国，日本。

## 71）亡葬甲属 *Thanatophilus* Leach, 1815

### （188）异亡葬甲 *Thanatophilus dispar* (Herbst, 1793)（图版 XII: 11）

*Silpha dispar* Herbst, 1793: 204; Löbl & Smetana, 2004: 233; Ji, 2012: 136.

识别特征：体长 7.0～12.0 mm。体较宽，黑色。头上刻点细，密布灰褐色伏毛而使黑色不显；触角末端 3 节被灰黄色浓密微毛。前胸背板密布灰褐色长毛，仅盘区和基部有数量不等的亮黑色小圆裸斑。小盾片基半部密布灰褐色长毛，端部两侧各有 1 光裸区。鞘翅无光泽，肩圆，每翅 3 条纵肋，其外肋低于 2 条内肋，后者高而锋利并达到翅端部；鞘翅基部密布长毛，盘区和侧缘有疏毛，刻点较为深大；鞘翅端部圆或略截形（雄）或波弯（雌）。

检视标本：1♂，宁夏隆德峰台林场，2008. VII. 3，周海生采（HBUM）；1♂，宁夏固原和尚铺林场，2008. VII. 5，赵宗一采（HBUM）。

地理分布：宁夏（泾源、隆德）、青海、新疆；蒙古国，俄罗斯（远东、东西伯利亚），吉尔吉斯斯坦、乌兹别克斯坦，哈萨克斯坦，欧洲。

### （189）侧脊亡葬甲 *Thanatophilus latericarinatus* (Motschulsky, 1860)（图版 XII: 12）

*Oiceoptoma latericarinatus* Motschulsky, 1860: 124; Löbl & Smetana, 2004: 233.

识别特征：体长 8.0～10.0 mm。较扁，黑色。上唇密布粗刻点；触角向后伸达前胸背板中间，柄节最长，端锤宽大和扁平。前胸背板宽是长约 1.7 倍，最宽处位于基部之前；前缘深凹，基部向后显突，中央 1/3 近平直；侧缘及各角弧弯；盘区轻微隆，两侧较低，密布圆形刻点和黄褐色柔毛；隆起处的柔毛不规则脱落，露出黑色的前胸背板。小盾片较大，刻点和柔毛与前胸背板相似。鞘翅两侧近平行，盘区略隆起，每翅 3 条脊，外脊短而高，2 条内脊完整；中脊端部 1/3 和外脊基部各 1 圆突；整个盘上密布圆刻点，刻点上方具 1 黄色长毛；刻点间隙有稠密的细刻点。腹部末端的 2～3 节偶露出鞘翅端部之外。鞘翅基部微斜（雄）或内侧角略突出（雌）。前足第 1～4 跗节膨大（雄）或正常（雌）。

检视标本：1♀，宁夏贺兰山，1987. X（HBUM）；2♂，宁夏贺兰山苏峪口，1996. VI. 24（HBUM）。

地理分布：宁夏（贺兰山）、黑龙江、广西、青海；蒙古国，俄罗斯。

**（190）寡肋亡葬甲 *Thanatophilus roborowskyi* (Jakovlev, 1887)**（图版 XIII: 1）

*Pseudopelta roborowskyi* Jakovlev, 1887: 316; Löbl & Smetana, 2004: 233; Ji, 2012: 144.

识别特征：体长 9.0～12.0 mm。较宽，黑至暗褐色。头被黑色毛，刻点浅细；触角末端 3 节被灰黄色密毛。前胸背板无光泽，有稠密的细刻点均匀。鞘翅无光泽，刻点细小，不及前胸背板刻点的稠密；鞘翅肩圆，无齿；鞘翅仅外肋明显，长达到端突，内侧 2 条不可见或仅有模糊痕迹，有时仅端部略明显；鞘翅末端圆（雄）或波弯（雌）。

检视标本：1♂2♀，宁夏海原南华山，2009. VII. 19，王新谱、刘晓丽采（HBUM）。

地理分布：宁夏（海原）、四川、西藏、甘肃、青海。

**（191）皱亡葬甲 *Thanatophilus rugosus* (Linnaeus, 1758)**（图版 XIII: 2）

*Silpha rugosus* Linnaeus, 1758: 361; Löbl & Smetana, 2004: 233; Ji, 2012: 145.

识别特征：体长 10.0～12.0 mm。较宽，黑色，仅褶皱和瘤突外均无光泽。头被黄色长毛；触角端节被浓密的灰黄色微毛。前胸背板通常被浓密灰黄色刚毛，其间遍布数量不等、形状不规则但前胸两侧对称的亮黑裸斑，有稠密的细刻点均匀。小盾片基部有稠密的灰黄色短毛，仅端部两侧各 1 裸斑。鞘翅刻点较大较深，具稠密的横褶皱或间隔分布形状不规则的瘤突，该瘤突和褶皱大多与肋相接；肩圆，无齿，翅上 3 条强肋，外侧的高和略超过端突，内侧 2 条矮、弯曲并达到翅端；鞘翅末端圆（雄）或截形（雌）。

检视标本：15♂22♀，宁夏隆德峰台林场，2008. VII. 1，王新谱、刘晓丽采（HBUM）；1♀，宁夏泾源卧羊川林场，2008. VII. 7，任国栋采（HBUM）；1♀，宁夏固原绿塬林场，2008. VII. 9，王新谱、冉红凡、吴琦琦采（HBUM）。

地理分布：宁夏（隆德、泾源、固原）、北京、辽宁、黑龙江、四川、云南、西藏、陕西、甘肃、青海、新疆；蒙古国，俄罗斯（远东），朝鲜，韩国，日本，塔吉克斯坦，土库曼斯坦，乌兹别克斯坦，吉尔吉斯斯坦，哈萨克斯坦，阿富汗，伊朗，伊拉克，欧洲。

**（192）曲亡葬甲 *Thanatophilus sinuatus* (Fabricius, 1775)**（图版 XIII: 3）

*Silpha sinuatus* Fabricius, 1775: 75; Löbl & Smetana, 2004: 234; Wang & Yang, 2010: 170; Yang et al., 2011: 142.

*Thanatophilus auripilosus* Portevin, 1905: 421; Wang et al., 1992: 46; Ren, 2010: 154.

曾用名：背瘤葬甲（王希蒙等，1992）、亡葬甲（王新谱等，2010；任国栋，2010；

杨贵军等，2011）。

识别特征：体长 9.0～13.0 mm。较宽阔，黑色。头有棕黄色长毛和浅小刻点；触角端部 3 节被灰黄色密毛。前胸背板通常被浓密的短或长的灰黄色毛，其间散布数量不等的圆形裸斑，由此显露出其体表的本色；裸斑披弱光泽，有稠密的细刻点。小盾片上有灰黄色短毛，仅亚端部两侧为棕黄色长毛。鞘翅无光泽，刻点较为深大；肩部有 1 小齿，翅上 3 条达到翅端的粗肋，其中内侧 2 条直达端缘，外侧 1 条略高；翅端平截圆形（雄）或波形（雌）。

检视标本：6 头，宁夏固原绿塬林场，2008. VII. 9，王新谱、冉红凡、吴琦琦采（HBUM）；4 头，宁夏固原和尚铺林场，2008. VII. 5，王新谱、刘晓丽采（HBUM）；1 头，宁夏彭阳挂马沟，2008. VI. 25，王新谱采（HBUM）；10 头，宁夏泾源卧羊川林场，2008. VII. 7，任国栋采（HBUM）；1 头，宁夏海原南华山，2009. VII. 19，刘晓丽采（HBUM）；9 头，宁夏泾源六盘山，2009. VII. 3，任国栋、巴义彬、周勇采（HBUM）。

地理分布：宁夏（六盘山、海原、平罗、盐池、贺兰山、罗山）、北京、内蒙古、辽宁、吉林、黑龙江、湖北、四川、云南、西藏、陕西、新疆、台湾；蒙古国，俄罗斯（远东、东西伯利亚），朝鲜，韩国，日本，阿富汗，伊朗，塔吉克斯坦，乌兹别克斯坦，土库曼斯坦，吉尔吉斯斯坦，哈萨克斯坦，土耳其，塞浦路斯，欧洲，非洲界。

取食对象：鸟等动物尸体。

## 7.2 覆葬甲亚科 Nicrophorinae Kirby, 1837

### 72）覆葬甲属 *Nicrophorus* Fabricius, 1775

#### （193）亮覆葬甲 *Nicrophorus argutor* Jakovlev, 1891（图版 XIII: 4）

*Nicrophorus argutor* Jakovlev, 1891: 127; Löbl & Smetana, 2004: 234; Ji, 2012: 166.

识别特征：体长 15.0～20.0 mm。亮黑色；触角端锤基节黑色，端部 3 节橙色；鞘翅 2 条橙红色横带。头横宽，宽略小于前胸背板最宽处的 2/3；后颊膨大，唇基中央具大 "U" 形膜区，暗褐色至橙黄色；复眼大而突出；触角短，向后仅达前胸背板前角，端锤膨大明显，略扁。前胸背板近倒梯形，端部 1/4 处最宽，正面观前、基部均平直，四个角均弧弯；盘区隆起，具稀疏的小刻点，两侧及基部降低。小盾片大，倒三角形，顶端宽阔钝圆。鞘翅两侧近平行，隐约具 3 条脊；缘折背脊较长，前端超过小盾片中部；鞘翅端部 1/4 于侧面 1/3 处轻微隆突，鞘翅自隆突起下弯；盘区刻点大而粗糙，刻点间隙有稀疏的细刻点，还有许多杂乱无章的刻痕；鞘翅缘折脊和边缘具稀疏的深色短毛；缘折橙色，但基部之前具黑斑。后足第 1 跗节长，第 2 节约为第 1 节的之半，第 3、第 4 节均较前 1 节略短；雄性前足第 1～4 跗节扩展并具黄色毛垫，雌性跗节正常。

检视标本：1♀，宁夏海原黄家庄，1986. VIII. 28，任国栋采（HBUM）。

地理分布：宁夏（海原）、北京、内蒙古、西藏、甘肃；蒙古国，俄罗斯（西伯利亚），哈萨克斯坦。

取食对象：动物尸体。

**（194）典型覆葬甲 *Nicrophorus basalis* Faldermann, 1835**（图版 XIII: 5）

*Nicrophorus basalis* Faldermann, 1835: 364; Löbl & Smetana, 2004: 234; Ji, 2012: 168.

识别特征：体长 13.0～22.0 mm，亮黑色。唇基前缘有 1 大的"U"形膜区；触角短，向后伸达前胸背板前角，端锤显大，橙色，略扁。前胸背板近倒梯形，端部 1/4处最宽，长大于最宽处 3/4；背观前、基部均平直，两侧缘中央略向内变窄，四个角均弧弯；盘区隆起，两侧及基部降低；前横沟位于端部 1/4，纵沟较浅；刻点小而稀疏，降低处刻点稠密而粗糙。小盾片倒三角形。鞘翅具 2 条橙红色横带，隐约有 3 条脊。鞘翅盘区刻点大而粗糙，刻点间隙有许多杂乱无章的刻痕；缘折脊和边缘具稀疏的深色短毛，鞘翅基部有一些浅棕色长毛；缘折橙色，基部具黑斑；斑内无黑斑；前斑达到鞘缝，后斑达到鞘缝和翅的基部；邻近鞘缝端部的区域黑色。后足第 1 跗节长，第 2 节长约为第 1 节之半；雄性前足第 1～4 跗节扩展并具黄色毛垫，雌性跗节正常。

检视标本：6♀，宁夏银川，1980. VI，任国栋采（HBUM）；1♀，宁夏彭阳，1989. VII. 28，任国栋采（HBUM）。

地理分布：宁夏（彭阳、银川）、北京、河北、内蒙古、辽宁、江苏；蒙古国，俄罗斯（远东），朝鲜。

取食对象：动物尸体。

**（195）黑覆葬甲 *Nicrophorus concolor* Kraatz, 1877**（图版 XIII: 6）

*Nicrophorus concolor* Kraatz, 1877: 100; Gao, 1993: 104; Löbl & Smetana, 2004: 234; Zhang et al., 2009: 65; Ren, 2010: 154; Yang et al., 2011: 154; Ji, 2012: 172; Ren et al., 2013: 164.

曾用名：大黑葬甲（高兆宁，1993；任国栋，2010；任国栋等，2013）、黑负葬甲（杨贵军等，2011）。

识别特征：体长 24.0～40.0 mm。亮黑色，个大而厚实。额区无红斑；触角锤部分基节黑色，末端 3 节橘黄色。前胸背板光裸、近圆形、显隆，盘区中央无纵沟，横沟不明显，仅两侧有痕迹；盘区圆隆，呈锅底状。鞘翅盘区光裸，披弱光泽；肩部偶具微小红斑；缘折脊长过小盾片中部，几达鞘翅肩部。后胸腹板和后胸后侧片均光裸。后足转节具 1 小齿突，后胫节明显弯曲，后胫节外缘端部明显延长成 1 尖突，尖突顶端无小刺丛。

检视标本：5 头，宁夏同心，1954. VII（IPPNX）；9 头，宁夏固原田洼，1973. VIII（IPPNX）；2 头，宁夏灵武白芨滩，1975. VIII. 15（IPPNX）；3 头，宁夏银川，1981 .VI. 24（IPPNX）。

地理分布：宁夏（全区）、天津、辽宁、吉林、黑龙江、浙江、福建、河南、湖北、湖南、广东、四川、贵州、云南、陕西、台湾；俄罗斯（远东），朝鲜，韩国，日本，印度，尼泊尔，不丹，东洋界。

取食对象：鸟、兽类尸体，蝇蛆等。

**（196）橘角覆葬甲 *Nicrophorus investigator* Zetterstedt, 1824**（图版 XIII: 7）

*Nicrophorus investigator* Zetterstedt, 1824: 151; Löbl & Smetana, 2004: 235; Ren, 2010: 154; Ji, 2012: 186; Ren et al., 2013: 164.

曾用名：埋葬甲（任国栋，2010）。

识别特征：体长 10.5～24.0 mm。触角末端 3 节橘黄色。前胸背板光裸无毛。鞘翅斑纹通常为宽大的带状。臀板端部具 1 排黄褐长毛。体下于后胸腹板密布金黄色至黄褐色最长毛；腹部各节端部具 1 排不明显暗色长毛。各足腿节、后足基节和转节上也具一些暗色短刚毛，后胫节直。

检视标本：1♂，宁夏贺兰山苏峪口（HBUM）；1♀，宁夏隆德峰台林场，2400 m，2008. VII. 1，周海生采（HBUM）；1♂1♀，宁夏泾源东山坡林场，2008. VII. 5，周海生、赵宗一采（HBUM）；2♂2♀，宁夏固原和尚铺林场，2100 m，2008. VII. 5，周海生、赵宗一采（HBUM）。

地理分布：宁夏（泾源、隆德、六盘山、贺兰山）、河北、山西、黑龙江、甘肃、新疆；俄罗斯（远东、东西伯利亚），阿富汗，伊朗，塔吉克斯坦，乌兹别克斯坦，土库曼斯坦，土耳其，欧洲，新北界。

取食对象：鸟等动物尸体。

**（197）日本覆葬甲 *Nicrophorus japonicus* Harold, 1877**（图版 XIII: 8）

*Nicrophorus japonicus* Harold, 1877: 345; Gao, 1993: 105; Zhu et al., 1999: 78; Löbl & Smetana, 2004: 235; Wang & Yang, 2010: 170; Ren, 2010: 154; Yang et al., 2011: 142; Ji, 2012: 191.

曾用名：日本葬甲（祝长清等，1999；任国栋，2010）、大红斑葬甲（王新谱等，2010；杨贵军等，2011）。

识别特征：体长 17.0～28.5 mm。触角末端 3 节为橘黄色。前胸背板光裸无毛。体下唯后胸腹板端缘具 1 排很长的金黄色毛，后胸腹板两侧、各节腹板端缘的金黄色毛较短，后胸复板中央和各节腹板中央光裸；腹部各节背板端部具 1 排不甚长的金黄色刚毛。后胫节弯曲。

检视标本：1 头，宁夏银川，1963. VIII. 27（IPPNX）；1 头，宁夏隆德，1963. VII. 16（IPPNX）；2♂4♀，宁夏银川，1980. VI，任国栋采（HBUM）；2♂，宁夏平罗，1989. V. 20（HBUM）；1♂，宁夏平罗，1989. VI. 10，樊采（HBUM）；1♀，宁夏平罗，1989. VI. 21（HBUM）；1♀，宁夏贺兰，1989. VII. 9（HBUM）。

地理分布：宁夏（全区）、北京、天津、河北、内蒙古、辽宁、吉林、黑龙江、上海、江苏、福建、江西、山东、河南、湖北、湖南、贵州、陕西、甘肃、台湾；蒙古国，俄罗斯（远东、东西伯利亚），朝鲜，韩国，日本。

取食对象：各种动物尸体、蛴螬及蝇蛆等。

**（198）额斑覆葬甲 *Nicrophorus maculifrons* Kraatz, 1877**（图版 XIII: 9）

*Nicrophorus maculifrons* Kraatz, 1877: 101; Gao, 1993: 105; Löbl & Smetana, 2004: 236; Ren, 2010: 154; Ji, 2012: 196.

曾用名：花葬甲（高兆宁，1993；任国栋，2010）。

识别特征：体长 13.5～25.0 mm。头黑色，触角末端 3 节橘黄色。前胸背板光裸无毛。鞘翅斑纹边缘深波弯、左右不接连，基部斑纹中具 1 黑色小圆斑，端部斑纹中无此斑。腹部腹板光滑仅端缘具 1 排黑色刚毛。后胫节直。

检视标本：1 头，宁夏泾源六盘山（IPPNX）；1 头，宁夏泾源小南川，1994. VIII. 11（IPPNX）；1 头，宁夏银川，1980. VI，任国栋采（HBUM）；1 头，宁夏泾源六盘山，1995. VI. 14，林 92–VI 组采（HBUM）；1 头，宁夏泾源红峡林场，2100 m，2008. VI. 29，赵宗一采（HBUM）。

地理分布：宁夏（银川、泾源、六盘山）、黑龙江、上海、江苏、福建、甘肃；俄罗斯（远东、东西伯利亚），朝鲜，韩国，日本。

取食对象：各种动物尸体。

### （199）亮黑覆葬甲 *Nicrophorus morio* Gebler, 1817（图版 XIII: 10）

*Nicrophorus morio* Gebler, 1817: 319; Löbl & Smetana, 2004: 236; Ji, 2012: 199.

识别特征：体长 17.0～27.0 mm。亮黑色。头横宽，上唇前缘深凹，具稀疏刻点，唇基中央具 1 大 "U" 形膜区，暗褐色至橙黄色，额唇基沟宽 "V" 形；复眼大而突出，其内侧具纵沟；触角向后伸达前胸背板前角，端锤显大，略扁。前胸背板近倒梯形，端部 1/4 处最宽，前缘浅凹，基部平截，四角均弧弯；盘区隆起，两侧及基部降低；前横沟位于端部 1/3，中部较浅，纵沟微弱；刻点小而稀疏和杂乱，降低处刻点粗大，刻点间隙有稀疏的细微刻点。小盾片倒三角形，顶钝。鞘翅表面光滑，刻点较大和稀疏，隐约排成 2 列；缘折脊长达小盾片中部；盘区刻点间隙具稀疏细刻点和乱痕；缘折与盘区之间有 1 列直立深色长毛。后胫节外缘中部扩展；雄性前足第 1～4 跗节扩展并具黄色毛垫，雌性跗节正常。

检视标本：1♂1♀，宁夏盐池，1988. VI. 12，任国栋采（HBUM）；2♂4♀，宁夏海原灵光寺，1989. V. 28，任国栋采（HBUM）。

地理分布：宁夏（盐池、海原）、河北、内蒙古、江西、广西、甘肃、青海、新疆；蒙古国，俄罗斯，阿富汗，伊朗，乌兹别克斯坦，土库曼斯坦，吉尔吉斯斯坦，哈萨克斯坦。

取食对象：动物尸体。

### （200）尼覆葬甲 *Nicrophorus nepalensis* Hope, 1831（图版 XIII: 11）

*Nicrophorus nepalensis* Hope, 1831: 31; Löbl & Smetana, 2004: 236; Ji, 2012: 202.

识别特征：体长 20.0～22.0 mm。亮黑色；触角端锤基节黑色，端部 3 节橙色，鞘翅有 2 条橘色至红褐色横斑，其上有完整的黑斑。唇基前端有 1 大 "U" 形膜区，暗褐色至橙黄色，头顶中间有 1 橙红色菱形大斑；复眼大而突出，其内侧具纵沟；触角向后伸达前胸背板前角，端锤显大。前胸背板近横长方形，前、基部均平直，四角均弧弯；盘区隆起，两侧及基部宽阔降低。小盾片倒三角形，顶钝，光裸。鞘翅隐约可见 3 脊；缘折脊前端仅达到小盾片端部；鞘翅盘区刻点粗大，刻点间隙具许多杂乱无章刻痕；鞘翅缘折与盘区之间和边缘具稀疏的深色直立毛，鞘翅基部具 5～10 束深色长刚毛；缘折橙色。腹部第 2～3 可见节外露，具稠密小刻点和深色短毛。后足第 1 跗节长于其他节。

检视标本：1 头，宁夏固原和尚铺林场，2100 m，2008. VII. 5，赵宗一采（HBUM）。

地理分布：宁夏（泾源）、北京、天津、河北、山西、内蒙古、辽宁、江苏、浙江、安徽、福建、江西、山东、河南、湖北、湖南、广东、广西、海南、重庆、四川、贵州、云南、西藏、陕西、甘肃、台湾；日本，印度，尼泊尔，不丹，巴基斯坦，东洋界。

取食对象：动物尸体。

### （201）四星覆葬甲 *Nicrophorus quadripunctatus* Kraatz, 1877（图版 XIII: 12）

*Nicrophorus quadripunctatus* Kraatz, 1877: 101; Gao, 1993: 105; Löbl & Smetana, 2004: 236; Zhang et al., 2009: 64; Ren, 2010: 154; Ji, 2012: 211.

曾用名：四红斑葬甲（高兆宁，1993；任国栋，2010）。

识别特征：体长 14.0～24.0 mm。触角末端 3 节橘黄色。前胸背板光裸无毛。鞘翅斑纹大而宽，色带状，左右相连于中缝，端部、基部色带中各具 1 游离黑色小圆斑。后胸腹板被较密黄褐色长毛。腹部大部光裸，唯第 1 可见腹板中部与各节端缘具一些不明显的黄褐色刚毛。各足腿节具一些黄褐色被毛，后胫节直。

地理分布：宁夏（泾源）、黑龙江、江西、湖北、台湾；俄罗斯（远东），朝鲜，韩国，日本。

取食对象：各种动物尸体。

### （202）沙氏覆葬甲 *Nicrophorus schawalleri* Sikes & Madge, 2006（图版 XIV: 1）（宁夏新纪录）

*Nicrophorus schawalleri* Sikes & Madge in Sikes, Madge & Trumbo, 2006: 355.

识别特征：体长 15.5～26.0 mm。头黑色，触角端锤部分基节黑色，末端 3 节橘黄色。前胸背板光裸，略矩形，两侧中部直，前、后角圆；盘区显隆，被纵、横沟明显分割成 6 个独立块斑，端部 4 个较小，基部 2 个较大。鞘翅缘折脊具 1 排黄色直长毛，侧缘近端处 1 排浅黄色长毛；盘区近乎光裸，发亮，鞘翅基部和端部各有 1 橘红带，缘折整体橘红色；盘区隐约可见 2 条肋痕。后胫节直，外缘端部 1 尖齿，其顶端有 1 丛小刺。

检视标本：26♂，宁夏泾源二龙河林场，2008. VII. 19，王新谱、冉红凡、吴琦琦采（HBUM）；1♂，宁夏泾源龙潭林场，2008. VII. 13，王新谱、刘晓丽采（HBUM）；1♂，宁夏泾源二龙河林场，2009. VII. 3，赵小林采（HBUM）；1♂，宁夏泾源二龙河，2014. VII. 16，白玲采（HBUM）。

地理分布：宁夏（泾源）、四川、陕西、甘肃、青海。

取食对象：动物尸体。

### （203）中国覆葬甲 *Nicrophorus sinensis* Ji, 2012（图版 XIV: 2）

*Nicrophorus sinensis* Ji, 2012: 226.

识别特征：体长 15.2～25.2 mm。触角末端 3 节暗色。前胸背板光裸无毛。鞘翅斑纹通常基部为宽大带状、端部在近中缝端常较外侧端陡然抬升，使鞘翅端部内缘露出小块黑色区域。臀板端部具 1 排黄褐色长毛。体下于后胸腹板密布黄褐色最长毛；腹部各节端部具 1 排不明显暗色长毛。后足腿节基部、后足基节和转节上具黄褐色的极短刚毛，后胫节直。

检视标本：1♀，宁夏泾源六盘山，2008. VII. 1，周海生、赵宗一采（IZCAS）。

地理分布：宁夏（六盘山）、北京、河北、四川。

**（204）蜂纹覆葬甲 *Nicrophorus vespilloides* Herbst, 1783**（图版 XIV: 3）

*Nicrophorus vespilloides* Herbst, 1783: 32; Löbl & Smetana, 2004: 236; Ren, 2010: 154; Ji, 2012: 243.

曾用名：红斑葬甲（任国栋，2010）。

识别特征：体长 11.0～17.0 mm。触角末端 3 节黑色。前胸背板光裸无毛。鞘翅端部通常明显更宽，使整体明显呈梯形；鞘翅基斑宽带状、端斑小而宽圆。臀板端部有 1 排黄褐色长毛。后胸腹板被较密黄白色毛；腹部各节端部有 1 排黄色短刚毛。中、后足腿节、后足基节和转节上也具一些不易察觉的黄色短毛，后胫节直。

地理分布：宁夏、内蒙古、辽宁、黑龙江、四川；蒙古国，俄罗斯（远东、东西伯利亚），朝鲜，韩国，日本，伊朗，哈萨克斯坦，土耳其，以色列，欧洲。

取食对象：狗、羊等动物尸体。

## 73）冥葬甲属 *Ptomascopus* Kraatz, 1876

**（205）双斑冥葬甲 *Ptomascopus plagiatus* (Ménétriés, 1854)**（图版 XIV: 4）

*Necrophorus plagiatus* Ménétriés, 1854: 27; Gao, 1993: 105; Zhu et al., 1999: 79; Löbl & Smetana, 2004: 237; Ren, 2010: 154; Yang et al., 2011: 142; Ji, 2012: 250; Ren et al., 2013: 164.

曾用名：双斑葬甲（高兆宁，1993；任国栋，2010）、双斑截葬甲（杨贵军等，2011）。

识别特征：体长 12.5～20.0 mm。体瘦长、梭形。额侧沟通常较短，仅具前半或有时也伸达复眼后平面上。前胸背板前缘和侧缘靠前处具较密灰黄色至污黄色短或稍长伏毛。鞘翅基部具 1 橘红色色带，常较大、呈圆角矩形、范围达鞘翅中部，有时较小，呈窄小并倾斜的小斑。后胸腹板密布灰黄色至棕黄色较长刚毛；体下其余部位包括足通常均密布同色或稍暗色刚毛；有时腹部尤其腹末两节被毛稀疏。中胫节直或微弯，后胫节直。

检视标本：1 头，宁夏银川，1979. VII（IPPNX）；1 头，宁夏银川，1983. V. 3（IPPNX）；1♂，宁夏平罗，1987. VIII. 4，任国栋采（HBUM）；1♂，宁夏盐池，1989. VII. 9，任国栋采（HBUM）。

地理分布：宁夏（全区）、北京、内蒙古、辽宁、黑龙江、上海、江苏、福建、河南、湖北、广西、甘肃、青海、台湾；俄罗斯，朝鲜，韩国。

取食对象：各种动物尸体，蛴螬、蝇蛆等。

**（206）漳腊冥葬甲 _Ptomascopus zhangla_ Háva, Schneider & Ružička, 1999**（图版 XIV: 5）

_Ptomascopus zhangla_ Háva, Schneider & Ružička, 1999: 70; Löbl & Smetana, 2004: 237; Ji, 2012: 258.

识别特征：体长 17.0～22.0 mm。体相对较宽厚、坚硬。头黑色，上唇前缘暗棕红色；复眼相对较狭小；触角末端 3 节密布灰白色微毛而显灰黑色，其余各节为不明显暗棕红色。前胸背板明显前宽后窄，近端部向两侧明显扩展而基部急剧变窄。鞘翅肩部于缘折脊不达处无毛，缘折脊异形，强烈弧弯，其中基部极贴近鞘翅下缘，即鞘翅两侧在缘折脊之前即已折向体下、不以缘折脊作为盘区与缘折的分界线，鞘翅中部略靠前位置具 1 条宽大橘色色带，色带前缘波弯，左右鞘翅的色带在中缝宽阔相连。

检视标本：2♂，宁夏泾源红峡林场，2008. VII. 10，王新谱、刘晓丽采（HBUM）。

地理分布：宁夏（泾源）、四川、云南、陕西、甘肃。

取食对象：动物尸体。

# 8. 隐翅甲科 Staphylinidae Latreille, 1802

体长 0.5～50.0 mm。卵形至长形，扁平至强凸；红棕色、棕色至黑色（偶黄色或具红斑者），有些种类淡黄色或通体彩虹色；体表光裸无毛或近于无毛或明显具毛或鳞片。触角 11 节，向后伸达前胸背板中部至超过鞘翅端部，多为念珠状或锤状，偶丝状或棍棒状。前胸背板形状多变；前胸腹侧无容纳触角的沟槽（除铠甲亚科 Micropeplinae 外）。鞘翅有时高度退化和（或）愈合，稀见缺如者；翅盖及腹部基部 1～2 节或第 1～3 节，腹部 3～6 节外露。后翅发达，非常紧凑的折叠于鞘翅之下，有些则退化或缺如，具二态性或多态性。腹部大多可见腹板 6 个或 7 个，偶 5 个或其中 3 节愈合，第 9～10 腹节藏入第 8 节。跗式 5-5-5，少见 5-5-4、4-5-5、4-4-5、4-4-4、3-4-4、3-3-3、2-2-2 或 5-4-4 者。

该科全球已知 32 亚科约 6.3 万种，分布于除南极以外的所有大陆和主要岛屿。栖息于森林和林地、草原、灌丛、荒漠、内陆盐碱地区等地；有些栖息于鸟巢或啮齿目动物洞穴及社会性昆虫与非社会性昆虫的窝内。营捕食性、腐食性、菌食性和植食性。中国已记录 22 亚科 560 属 6100 多种；本书记录宁夏 9 亚科 32 属 72 种。

## 8.1 蚁甲亚科 Pselaphinae Latreille, 1802

### 鬼蚁甲族 Batrisini Reitter, 1882

### 鬼蚁甲亚族 Batrisina Reitter, 1882

**74）鬼蚁甲属 _Batrisodes_ Reitter, 1882**

**（207）平坦鬼蚁甲 _Batrisodes petalosus_ Jiang & Yin, 2016**（图版 XIV: 6）

_Batrisodes petalosus_ Jiang & Yin, 2016: 197.

识别特征：体长 2.9～3.0 mm。棕红色。头宽稍大于长，头顶窝光裸；触角瘤突出；额前缘强弯，前中部在触角瘤间的区域有 5 簇刚毛；唇基中间无刻点，前缘圆形，侧纵脊短，从头顶窝后方延伸至后头，无中脊。触角念珠状，11 节，端部 3 节棒状。前胸背板侧面圆，中部至基部显凹，盘区中间有横向和纵向沟纹；基部两侧小凹明显。鞘翅宽大于长，每翅 3 条纵凹，背线浅而短。腹部宽大于长，第 IV 可见腹板最长，约 2 倍于其后面的节，有强烈的斜边脊。中足腿节下侧近中部具微刺；中足胫节下侧基部 3/5 具齿，端部有三角形尖齿。

　　检视标本：3♂3♀，宁夏隆德六盘山，2008. VI，毕文煊采（SHNU）。

　　地理分布：宁夏（六盘山）。

　　捕食对象：蚂蚁。

## 皮蚁甲族 Pselaphini Latreille, 1802

### 75）洁蚁甲属 *Bellenden* Chandler, 2001（[拉] Bell-整洁的、迷人的、美丽的）

#### （208）泾源洁蚁甲 *Bellenden jingyuanensis* (Yin & Nomura, 2009)

*Buobellenden jingyuanensis* Yin & Nomura in Yin, Nomura & Zhao, 2009: 66; Ren, 2010: 188.

　　识别特征：体长约 1.9 mm。体长大于宽。唇基由背面不可见；额叶侧缘向前收缩，在触角基部横向扩展，具椭圆形大凹；上颚须长，细长且膝状弯曲；触角细长，第 1 节粗大，长管状。前胸背板长宽相等，中间之前最宽，中度光滑。鞘翅宽大于长，前面较窄，近梯形，微凸，微具毛，在基部较密。足短，前足和中足转节正常。

　　检视标本：1♂，宁夏泾源东山坡，2200 m，2008. VI. 23，卜云采（SHNU）。

　　地理分布：宁夏（六盘山）。

## 苔蚁甲族 Tyrini Reitter, 1882

## 苔蚁甲亚族 Tyrina Reitter, 1882

### 76）鼻苔蚁甲属 *Tyrinasius* Kurbatov, 1993

#### （209）野村氏鼻苔蚁甲 *Tyrinasius nomurai* Yin & Yang, 2012

*Tyrinasius nomurai* Yin & Yang in Yang, Yin & Yu, 2012: 60.

　　识别特征：体长约 2.5 mm。棕红色，下颚须色略稍浅。头长于宽，近圆形；额隆起；头顶略隆起，后下宽阔，侧缘弧形；每个复眼具小眼 5 个。触角细长，端部 2 节形成端锤。前胸背板长大于宽，约与头等长，基部略收缩。鞘翅短，横宽，近梯形，等长于前胸背板，每个鞘翅 2 个基窝。后胸腹板中部强烈突起，后足基节渐凹陷。腹部大于鞘翅，宽大于长，长度约为鞘翅的 2 倍，端缘弧形。腹部第 4 腹节背板长为第 5 节约 4 倍，第 8 背板近梯形，端部变窄；末节腹板端部变窄，中间凹。

　　检视标本：2♂，宁夏泾源六盘山卧羊川，2400 m，2008. VII. 18，卜云采（SHNU）。

　　地理分布：宁夏（六盘山）。

## 8.2 尖腹隐翅甲亚科 Tachyporinae MacLeay, 1825

### 尖腹隐翅甲族 Tachyporini MacLeay, 1825

#### 77）圆胸隐翅甲属 *Tachinus* Gravenhorst, 1802

**（210）硕圆胸隐翅甲 *Tachinus (Tachinus) gigantulus* Bernhauer, 1933**（图版 XIV: 7）

*Tachinus gigantulus* Bernhauer, 1933: 52; Löbl & Smetana, 2004: 346; Ren, 2010: 153.

识别特征：体长 8.1～9.5 mm。暗红褐色，略有光泽；触角第 1～4 节及末节浅褐色，第 5～10 节黑褐色，前胸背板周缘、鞘翅基部及腹部各节基部浅褐色，足黄褐色。头较大，窄于前胸背板，头密布多角形网状刻纹及细刻点；复眼较大，突出；触角向后延伸达前胸背板基部，第 1～4 节光滑，无毛，第 5～11 节布密毛。前胸背板长小于宽，基部 1/3 处最宽，前缘略呈二波弯，基部稍呈圆弧状突出，盘上刻点比头部细小，密布多角形网状刻纹。鞘翅长小于宽，长于前胸背板，基部中叶凹入，外角钝圆，刻点十分密，明显较头部及前胸背板的粗大，刻点和刻纹向边缘变得更为稍密。

检视标本：4♂3♀，宁夏彭阳挂马沟，2100 m，2008. VII. 4，殷子为采（SHNU）；2♂11♀，宁夏隆德峰台，2400 m，2008. VII. 26，毕文烜采（SHNU）；2♂4♀，宁夏泾源凉殿峡，2400 m，2008. VII. 26，殷子为采（SHNU）。

地理分布：宁夏（六盘山）、四川。

## 8.3 前角隐翅甲亚科 Aleocharinae Fleming, 1821

### 暗纹隐翅甲族 Athetini Casey, 1910

#### 暗纹隐翅甲亚族 Athetina Casey, 1910

#### 78）暗纹隐翅甲属 *Atheta* Thomson, 1858

**（211）捷足暗纹隐翅甲 *Atheta (Atheta) transfuga* (Sharp, 1874)**

*Homalota transfuga* Sharp, 1874: 13; Löbl & Smetana, 2004: 376; Liu et al., 2011: 257.

曾用名：褪色黄足隐翅甲（刘迺发等，2011）。

识别特征：体长约 3.7 mm。体狭窄而粗壮；底色为棕色，基半部具弱光泽；头和前胸背板近黑色，触角棕色而基部色稍淡，鞘翅偏棕黄色，腹部暗棕色而基部色淡，足完全淡红棕色。头小，背面弱拱，刻点弱而皱纹明显，中部弱凹；上唇横宽，前缘中部弱凹；复眼大；触角向后伸达前胸背板基部，向端部弱扩。前胸背板表面弱拱，基部弱窄，盘上具细密颗粒；基部之前有浅中凹，侧面有直长毛。鞘翅端部弱凹，颗粒和皱纹较前胸背板更稀疏。腹部刻点弱，肛节几乎无毛。

地理分布：宁夏（中卫）；日本。

取食对象：腐物。

## 迅隐翅甲族 Oxypodini Thomson, 1859

## 迅隐翅甲亚族 Oxypodina Thomson, 1859

### 79）孔隐翅甲属 *Porocallus* Sharp, 1888

#### （212）显孔隐翅甲 *Porocallus insignis* Sharp, 1888

*Porocallus insignis* Sharp, 1888: 287; Löbl & Smetana, 2004: 486; Liu et al., 2011: 257.

*Platysmarthrusa chinensis* Pace, 1999: 108; Löbl & Smetana, 2004: 486; Assing, 2006: 98.

识别特征：头和前胸背板光泽极弱。鞘翅具明显的细刻点，刻点间隙光亮，体基半部凹并具少量密毛。腹部第 7 节通常具细刻点。

地理分布：宁夏（中卫）、北京、江西、四川、陕西；俄罗斯（远东），朝鲜，韩国，日本。

## 8.4　舟甲亚科 Scaphidiinae Latreille, 1806

### [=出尾露尾甲亚科、出尾蕈甲亚科]

（亚科改名理由：Scaph–意指舟、船；该类甲虫体形大多为舟形，故改称舟甲亚科）

## 球舟甲族 Cypariini Achard, 1924

### 80）球舟甲属 *Cyparium* Erichson, 1845

#### （213）西伯利亚球舟甲 *Cyparium sibiricum* Solsky, 1871（图版 XIV: 8）

*Cyparium sibiricum* Solsky, 1871: 350; Löbl & Smetana, 2004: 497; Ren, 2010: 152.

识别特征：体黑色，尖卵形。复眼突出，触角端部 5 节膨大。前胸背板基部最宽，与鞘翅基部近等宽。翅面具不规则刻点沟，鞘翅未遮盖腹部，末 3 节外露。

检视标本：45 头，宁夏隆德峰台，2300 m，2008. VI. 27，毕文烜、殷子为采（SHNU）。

地理分布：宁夏（隆德）、四川、云南、陕西；俄罗斯（远东、东西伯利亚）。

## 8.5　颈隐翅甲亚科 Oxytelinae Fleming, 1821

## 卜隐翅甲族 Blediini Ádám, 2001

### 81）卜隐翅甲属 *Bledius* Leach, 1819

#### （214）中华卜隐翅甲 *Bledius (Bledius) chinensis* Bernhauer, 1928

*Bledius chinensis* Bernhauer, 1928: 8; Löbl & Smetana, 2004: 520; Wang et al., 2012: 78.

识别特征：体长 5.5～6.9 mm。背面大部分黑色，具深棕色光泽；触角、足、鞘翅、腹部端部红褐色。头表面密布微瘤状刻纹，几乎无刻点，具光泽。前胸背板近方形，前角圆钝，后角弧形；雄性前角长刺状伸直，一般与前胸背板等长或更长，两侧具长毛；盘上刻点稀疏，1 深纵沟由前向后贯通；雌性前角不明显。小盾片长三角形。鞘翅宽于前胸背板，长椭圆形，基部暗棕色，向端部渐变为红褐色；翅面有稠密细刻点，毛短。腹部细长，两侧平行。

地理分布：宁夏（贺兰山）、河北、内蒙古、辽宁、黑龙江、山东、四川、陕西、新疆；蒙古国。

### （215）三角卜隐翅甲 *Bledius (Bledius) tricornis* (Herbst, 1784)

*Staphylinus tricornis* Herbst, 1784: 149; Löbl & Smetana, 2004: 521.

地理分布：宁夏（银川、永宁、青铜峡）、北京、天津、河北、山西、内蒙古、辽宁、上海、江苏、福建、江西、山东、河南、湖北、广西、海南、四川、新疆；蒙古国，俄罗斯，越南，斯里兰卡，孟加拉国，阿富汗，伊朗，土耳其，叙利亚，欧洲，非洲北部，热带界。

## 粪隐翅甲族 Coprophilini Heer, 1839

## 82）花隐翅甲属 *Deleaster* Erichson, 1839

### （216）棒角花隐翅甲 *Deleaster bactrianus* Semenow, 1900

*Deleaster bactrianus* Semenow, 1900: 684; Löbl & Smetana, 2004: 512.

检视标本：1♂，宁夏贺兰山，2328 m，2010. VIII. 5，黄鑫磊采（IZCAS）。

地理分布：宁夏（贺兰山）、内蒙古；阿富汗，塔吉克斯坦，乌兹别克斯坦，哈萨克斯坦。

## 颈隐翅甲族 Oxytelini Fleming, 1821

## 83）异颈隐翅甲属 *Anotylus* Thomson, 1859

### （217）条纹异颈隐翅甲 *Anotylus cognatus* (Sharp, 1874)（图版 XIV: 9）

*Oxytelus cognatus* Sharp, 1874: 94; Löbl & Smetana, 2004: 513; Wang, Zhou & Lü, 2017: 40

识别特征：体长 4.5～5.0 mm。黑色，翅红棕色，足棕色。头、胸部具稠密刻点和中等稠密的纵纹。头横向，具少量大圆刻点和粗糙纵纹；唇基近方形，凸起，皮革质。眼大，明显凸。前胸背板端部 1/3 最宽；表面具适中圆刻点，纵纹较少，两侧更密；中沟前 2/3 宽浅，后 1/3 窄深，两侧纵沟宽浅，沟间平滑具刻点；前缘弧凹；侧缘具缘饰，后半段具模糊小圆齿；前角明显，后角钝圆。鞘翅密布细刻点和粗糙纵纹。第 7 腹板后缘近直，中间深凹，凹内两侧各 1 大扁圆突；第 8 腹板后缘近直，两侧具长刚毛。雌性第 7 腹板后缘平直或略凹；第 8 腹板后缘渐窄，中间略突。

检视标本：4♂，宁夏泾源东山坡，1800～2200 m，2008. VII. 5，周海生、赵宗一采（IZCAS）。

地理分布：宁夏（六盘山）、北京、辽宁、上海、江苏、安徽、湖北、广西、四川、云南、陕西、甘肃；韩国，日本，欧洲。

### （218）拟平头异颈隐翅甲 *Anotylus complanatoides* Schülke, 2009（图版 XIV: 10）

*Anotylus complanatoides* Schülke, 2009: 2019.

识别特征：体长 2.3～3.2 mm。黑褐色，口器、触角基部、鞘翅和足红褐色。头和胸部密布纵刻槽和大刻点。复眼小，略凸。触角第 5～10 节横向，末节短粗。前胸背板近半圆形，密布粗糙纵槽，中央微隆；中沟深，稍宽，两侧纵沟宽浅；前缘近前角处微弱内凹，侧缘向后缘平缓弧形过度，后角不明显。小盾片尖细。鞘翅表面密布粗糙刻点和皱纹。第 7 腹板后缘宽凹，中间具"V"形或圆凹，凹内两侧凸起；第 8 腹板深凹，中间有圆钝突。雌性第 7 腹板后缘近平直，中间略突；第 8 腹板后缘 2 浅凹。

检视标本：1♂，宁夏泾源秋千架林场，1800 m，2008. VII. 13（IZCAS）；3♀，宁夏固原卧羊川林场，1800 m，2008. VII. 10（IZCAS）。

地理分布：宁夏（泾源、固原）、北京、四川、甘肃。

### （219）粗毛异颈隐翅甲 *Anotylus hirtulus* (Eppelsheim, 1895)（图版 XIV: 11）

*Oxytelus hirtulus* Eppelsheim, 1895: 68; Löbl & Smetana, 2004: 513.

识别特征：体长 4.5～5.5 mm。黑褐色，口器、足和鞘翅大部分红褐色，仅基部和鞘翅缝处深色，具光泽；体被长柔毛。头近圆形，略横，密布粗大刻点；复眼小，略凸；触角丝状，前 4 节显长，第 6～10 节短，不横宽，末节水滴状。前胸背板近半圆形，前缘 1/4 最宽；中央微隆，密布长柔毛和大圆刻点，中沟深，自基部向端部渐宽；两侧纵沟短浅，沟间脊面光滑；前缘宽凹，侧缘和后缘具光滑大圆齿，无边脊和后角。鞘翅短，密布圆刻点和长柔毛。腹部各节两侧具短柔毛；第 7 腹板后缘平直或略突，中间具小凸；第 8 腹板前缘 1 条中脊，后缘浅 2 凹。雌性第 8 腹板后缘中部钝圆叶状前突。

检视标本：1♀，宁夏泾源龙潭林场，1950 m，2008. VI. 25，周海生采（IZCAS）。

地理分布：宁夏（六盘山）、江苏、浙江、安徽、福建、广西、四川、云南、西藏、陕西；印度，缅甸，尼泊尔，巴基斯坦。

### （220）尼泰异颈隐翅甲 *Anotylus nitelisculptilis* Wang, Zhou & Lü, 2017（图版 XIV: 12）

*Anotylus nitelisculptilis* Wang, Zhou & Lü, 2017: 22.

识别特征：体长 3.5～3.8 mm。黄褐色，头和触角黑色，足黄色。头胸部散布刻点及纵纹。眼小，略突出。前胸背板端部 1/3 最宽；中央微隆，布零星刚毛，散布适中刻点，仅两侧具纵纹；中沟深，向基部渐窄；两侧纵沟宽浅，纵沟间锐脊状；前缘近平直，两侧近前角处浅凹，侧缘平滑，后 1/4 微弱圆齿状或无；前角略尖，后角圆钝。鞘翅布零星刚毛，密布刻点列和纵纹。第 7 腹板后缘近平直略内凹，两侧具长刚毛；第 8 腹板宽浅 2 凹状，两侧具长刚毛，中间钝圆，稍长于两侧。雌性第 7 腹板后缘平直略凸，边缘具长刚毛；第 8 腹板后缘渐收窄，中间圆形弧突，略超过两侧。

检视标本：3♀，宁夏泾源东山坡，2050～2100 m，2008. VI. 22（IZCAS）。

地理分布：宁夏（六盘山）、甘肃、陕西、四川。

### （221）光鲜异颈隐翅甲 *Anotylus nitidulus* (Gravenhorst, 1802)（图版 XV: 1）

*Oxytelus nitidulus* Gravenhorst, 1802: 107; Löbl & Smetana, 2004: 514.

识别特征：体长 1.6～2.0 mm。黑褐色，口器、鞘翅和足棕黄色，具光泽。头、胸密布粗糙大刻点。头近梯形；触角窝上脊边缘增厚并向后延伸至头基部。复眼大，具眼内沟。前胸背板近半圆形，中央微隆，表面密布大刻点和光滑纵脊；中缝窄深，两侧纵沟宽浅，沟间具光滑棱脊；前缘微凹，前角明显，侧缘具钝圆小齿，后角不明显。鞘翅表面密布小圆刻点和皱纹，中缝不完全闭合。第 7 腹板后缘向后渐收缩，中间平截；第 8 腹板后缘中间宽凹。雌性第 7 腹板后缘平直，第 8 腹板向端部逐渐收窄，前缘两侧具宽角突。

检视标本：1 头，宁夏隆德苏台林场，2100 m，2008. VI. 29（IZCAS）。

地理分布：宁夏（六盘山）、北京、黑龙江、广西、西藏、陕西、甘肃、青海；蒙古国，俄罗斯，印度，马来西亚，克什米尔，巴基斯坦，阿富汗，伊朗，塔吉克斯坦，乌兹别克斯坦，土库曼斯坦，吉尔吉斯斯坦，哈萨克斯坦，土耳其，黎巴嫩，塞浦路斯，埃及，沙特阿拉伯，新北界，新热带界，欧洲，北美洲。

## 84）颈隐翅甲属 *Oxytelus* Gravenhorst, 1802

### （222）焦黑颈隐翅甲 *Oxytelus piceus* (Linnaeus, 1767)

*Staphylinus piceus* Linnaeus, 1767: 686; Löbl & Smetana, 2004: 516.

地理分布：宁夏、北京、天津、河北、山西、内蒙古、辽宁、吉林、黑龙江、上海、江苏、浙江、福建、江西、广西、四川、贵州、云南、西藏、陕西、新疆；蒙古国，俄罗斯，朝鲜，韩国，日本，老挝，伊朗，塔吉克斯坦，乌兹别克斯坦，吉尔吉斯斯坦，哈萨克斯坦，阿塞拜疆，格鲁吉亚，沙特阿拉伯，叙利亚，欧洲，非洲。

## 85）宽翅隐翅甲属 *Platystethus* Mannerheim, 1830

（该属原中文名"离鞘隐翅甲属"，现改为该名称，理由是：Platy-宽阔之意，steth-翅）

### （223）沙地宽翅隐翅甲 *Platystethus arenarius* (Geoffroy, 1785)

*Staphylinus arenarius* Geoffroy, 1785: 172; Zheng, 1998: 249; Löbl & Smetana, 2004: 519.

识别特征：体长 2.2～3.0 mm。黑色，鞘翅偶见黑褐色，口器、触角、足红褐至黑褐色。头横宽，略比前胸短，稍比前胸长，雌性头较前胸窄；触角第 2～3 节倒锥形，几等长，第 4 节球形，有时近方形，第 5～10 节横宽，宽度渐增，末节稍比亚末节窄，基部宽圆，端部钝尖。前胸半圆形，稍比鞘翅宽，略较鞘翅长；侧、基部连续呈弧形，后角缺，前缘中部圆突，两侧各 1 凹，前角明显，稍突；背中线具纵沟，纵刻纹、刻点与头部相似，微刻纹缺。小盾片具微网纹。鞘翅缝沟不与基部连续，侧缘几平行，纵刻纹、刻点比头和前胸的密。腹部第 3 节最宽，向后渐窄，背板几无刻点，微网纹清晰，稀生长毛，第 8 腹板中片两侧各 1 齿。

检视标本：4♂，宁夏固原和尚铺林场，2100 m，2008. VII. 4，周海生、赵宗一采（IZCAS）。

地理分布：宁夏（六盘山）、四川、陕西、西藏；俄罗斯（远东、东西伯利亚），乌兹别克斯坦，伊朗，土耳其，欧洲，非洲界。

### （224）纹宽翅隐翅甲 *Platystethus cornutus* (Gravenhorst, 1802)

*Oxytelus cornutus* Gravenhorst, 1802: 109; Löbl & Smetana, 2004: 518.

地理分布：宁夏、北京、天津、河北、内蒙古、辽宁、吉林、黑龙江、上海、江苏、江西、山东、四川、西藏、陕西、甘肃、青海、新疆、台湾、香港；蒙古国，俄罗斯，韩国，日本，越南，印度，缅甸，尼泊尔，巴基斯坦，阿富汗，土库曼斯坦，欧洲。

### （225）亮宽翅隐翅甲 *Platystethus nitens* (Sahlberg, 1832)

*Oxytelus nitens* Sahlberg, 1832: 413; Zheng, 1998: 253; Löbl & Smetana, 2004: 518.

识别特征：体长 1.8~2.4 mm。体具光泽，头、前胸、腹部黑色，鞘翅黑褐显红色，触角前 4 节红褐色，后 7 节黑褐色，口器、足红褐色。头横宽，与前胸长宽约相等，雌性头比前胸窄；唇后角大小不一，刻点细而不密，缺微刻纹；触角第 2~3 节的长度近于相等，第 4~5 节长宽近相等，第 6~10 节横宽，末节长于其前面 2 节长度之和。前胸背板横宽，近半圆形，略短于鞘翅，约与其宽度相等；两侧基部窄缩，前角突出，后角圆；盘上具中线，刻点与头部的相似，无微刻纹。鞘翅无微刻纹。腹部第 4 腹板最宽，背板几无刻点，稀生细毛，微刻纹明显。

地理分布：宁夏（隆德）、北京、河北、黑龙江、辽宁、上海、云南、陕西、甘肃；蒙古国，俄罗斯（东西伯利亚、远东），印度，巴基斯坦，阿富汗，伊朗，乌兹别克斯坦，哈萨克斯坦，土耳其，塞浦路斯，叙利亚，欧洲。

## 丘隐翅甲族 Thinobiini Sahlberg, 1876

### 86）丘隐翅甲属 *Ochthephilus* Mulsant & Rey, 1856

### （226）丝角丘隐翅甲 *Ochthephilus sericinus* (Solsky, 1874)

*Ancyrophorus sericinus* Solsky, 1874: 206; Löbl & Smetana, 2004: 531.

观察标本：4♂2♀，宁夏贺兰山，2010. VIII. 1，黄鑫磊采（IZCAS）；3♀，宁夏贺兰山，2010. VII. 30，黄鑫磊采（IZCAS）。

地理分布：宁夏（贺兰山）、内蒙古、新疆；蒙古国，阿富汗，伊朗，塔吉克斯坦，乌兹别克斯坦，吉尔吉斯斯坦。

## 8.6 斧须隐翅甲亚科 Oxyporinae Fleming, 1821

### 87）斧须隐翅甲属 *Oxyporus* Fabricius, 1775

### （227）大颚斧须隐翅甲 *Oxyporus maxillosus* Fabricius, 1793

*Oxyporus maxillosus* Fabricius, 1793: 531; Löbl & Smetana, 2004: 535; Wang & Yang, 2010: 171.

识别特征：体长 6.8~8.0 mm。体黄褐色，光亮；上颚、头背面、头腹面除基部和两侧外、前胸背板和腹板、中胸腹板基半部、中足基节、小盾片、鞘翅后角、腹部从第 7 腹节基部至末端黑色，触角第 4~10 节褐色。雄性头近圆形，略宽于前胸背板，雌性较小，约与前胸背板等宽；眼内侧近前缘有 1 具毛刻点，基部有 1 具毛刻点；上唇前缘中部深凹。前胸背板近六边形，表面光滑，稀布微刻点，前缘刻点 6 个，基部刻点 2 个，近后角处刻点 2 个，每侧近侧缘处有 2 具毛刻点。后翅发达。腹部由基部向端部渐变窄，各节稀布细刻点，具皮革状微刻纹；第 3~4 节盘区中部有 1 对毛斑；

第 8 腹板基部中叶平截（雄）或中部稍突出（雌）。

地理分布：宁夏（贺兰山）、内蒙古、黑龙江、甘肃；蒙古国，俄罗斯（远东、东西伯利亚），韩国，日本，土耳其，叙利亚，欧洲。

取食对象：林间菌类及周围落叶。

### （228）朱红斧须隐翅甲 *Oxyporus rufus rufus* (Linnaeus, 1758)（图版 XV: 2）

*Staphylinus rufus* Linnaeus, 1758: 422; Löbl & Smetana, 2004: 536; Zheng et al., 2010: 301.

识别特征：体长 4.9～7.8 mm。体中小型，红褐色，光亮；上颚、头背腹面、中胸腹板、鞘翅后 2/3、腹部第 7 节以后黑色，触角第 6～11 节深褐色。头近圆形，稍宽于前胸背板；眼小而突出；触角向后伸达头的基部，各节有稀疏长毛，第 5～11 节轴区光滑，两侧有稠密短毛，第 6～10 节横宽，宽度大于长度 2 倍以上，末节近三角形，扁平。前胸背板六边形，横宽，中部最宽，侧缘弓形；盘区光滑，稀布微刻点，每侧中部 1 凹陷；前缘具毛刻点 6 个，基部具毛刻点 4 个，每侧近侧缘处 2 个具毛刻点。鞘翅长为宽的 1.4 倍，向后几乎不变宽，每翅在中缝处有 1 列粗刻点，在中域与后半部具许多粗刻点；肩角隆起，前突。后翅发达。

地理分布：宁夏（六盘山）、内蒙古、黑龙江；俄罗斯（远东、东西伯利亚），朝鲜，日本，伊朗，土耳其，欧洲。

## 8.7　虎隐翅甲亚科 Steninae MacLeay, 1825

### 88）束毛隐翅甲属 *Dianous* Leach, 1819

### （229）隆胸束毛隐翅甲 *Dianous inaequalis inaequalis* Champion, 1919（图版 XV: 3）

*Dianous inaequalis inaequalis* Champion, 1919: 45; Löbl & Smetana, 2004: 538; Ren, 2010: 152.

识别特征：体长 6.3～6.8 mm。金属蓝色，鞘翅部分区域金绿色，触角蓝色，端部 3 节棕色，下颚须和足黑色，带蓝色金属光泽，上唇和唇基蓝色，密生白色毛，有稠密的细刻点。头上额前区密布刻点和刚毛，眼间区有 1 对浅纵沟；触角向后伸达鞘翅基部 1/3 处。前胸背板长稍大于宽，基部缢缩，中部之前最宽，盘不平，基部和端部均浅凹，中部两侧各有 1 对浅凹，浅凹中间弧形突起；刻点较大，圆形至椭圆形。鞘翅长稍大于宽，两侧较平行，肩部浅凹较显，后半部具明显的浅圆凹。腹部扁桶形，第 3～6 腹板具明显侧背板。足粗壮，第 4 跗节有虚弱的分叶。

检视标本：1♂2♀，宁夏泾源秋千架，1800 m，2008. VI. 6，毕文烜采（SHNU）。

地理分布：宁夏（泾源）、四川、贵州、云南、台湾；印度，尼泊尔，阿富汗，东洋界。

### （230）宁夏束毛隐翅甲 *Dianous ningxiaensis* Tang & Li, 2013（图版 XV: 4）

*Dianous ningxiaensis* Tang & Li, 2013: 14.

识别特征：体长约 6.7 mm。体黑色，具紫色金属光泽；触角褐色，每翅 1 个大长形橘色斑点。头宽大于鞘翅，两眼间具深的纵的皱纹，中间凸起，具大小相等的圆刻点；触角长度超过前胸背板基部。前胸背板的长与宽大约相等，盘区不平坦。鞘翅长是宽的 1.1 倍。腹部半圆柱形，第 3~6 腹板具稠密的圆刻点。

检视标本：1♂，宁夏泾源二龙河林场小南川，2000 m，2008. VII. 10，殷子为采（SHNU）。

地理分布：宁夏（泾源）。

### （231）殷氏束毛隐翅甲 *Dianous yinziweii* Tang & Li, 2013（图版 XV: 5）

*Dianous yinziweii* Tang & Li, 2013: 10.

识别特征：体长 4.8~5.1 mm。体黑色，具铅灰色光泽；触角褐色，每翅 1 个大的橘色方形斑。头宽是鞘翅约 1.9 倍，两眼间具深的纵皱纹，中间部分凸起，具圆刻点，中间的刻点比眼周围的更大更稀疏；触角长度明显超过前胸背板基部。前胸背板长是宽的 1.0~1.1 倍，盘区相对平坦，具圆形刻点，其在基部横向交汇，比头部的略大，刻点与刻点之间平滑。鞘翅长约等于宽。腹部半圆柱形，第 3~6 腹板有稠密的刻点。

检视标本：1♂，宁夏泾源二龙河林场小南川，2000 m，2008. VII. 10，殷子为采（SHNU）；3 头，宁夏泾源东山坡林场，2014. VII. 18，白玲、王娜采（HBUM）；1 头，宁夏泾源二龙河，2014. VII. 15，白玲采（HBUM）。

地理分布：宁夏（泾源）。

## 89）虎隐翅甲属 *Stenus* Latreille, 1797

### （232）异虎隐翅甲 *Stenus alienus* Sharp, 1874（图版 XV: 6）

*Stenus alienus* Sharp, 1874: 81; Löbl & Smetana, 2004: 553; Ren, 2010: 153.

识别特征：体长 4.8~5.2 mm。下唇特化，可弹出；复眼大，占据整个头部侧缘。翅上有 1 对橙色斑。腹部腹板无基线，具侧腹板。足带红色，后足第 4 跗节简单。

检视标本：1♂，宁夏泾源秋千架，1800 m，2008. VI. 6，毕文烜采（SHNU）。

地理分布：宁夏（泾源）、北京、内蒙古、山西、辽宁、吉林、黑龙江、浙江、山东、四川、贵州、甘肃、台湾；俄罗斯（远东、东西伯利亚），韩国，日本。

### （233）粗短虎隐翅甲 *Stenus asprohumilis* Zhao & Zhou, 2006（图版 XV: 7）

*Stenus asprohumilis* Zhao & Zhou, 2006: 284.

识别特征：体长 3.3 mm。黑色。头窄于鞘翅，上唇和唇基被白毛；头背面被粗密刻点，两眼间 2 深纵沟；触角向后伸不达到前胸背板中部，末端 3 节棍棒状。前胸背板长宽相等，近中部最宽，两侧基部 1/4 前弧形，然后近于平行；盘上刻点与头部的相似，但较稠密。鞘翅宽大于长，中缝长度短于前胸背板，端部 1/4 外最宽，两侧弱突，端部显缩，基部外侧窄凹；翅面弱拱，肩部和中缝有浅凹；后翅退化，显短于鞘翅且透明。腹部第 3 腹板基部 3 条基线，第 4~6 腹板 3 条隆线；第 3~6 腹板各有 1 行刻点；雄性第 6 腹板基部浅凹，第 7 腹板后半部的纵中浅凹，第 8 腹板基部有深槽；雌性第 8 腹板基部完整。后足第 1 与第 5 跗节近等长；雄性中、后胫节端部内侧具刺。

检视标本：1♂1♀，宁夏固原和尚铺林场，2008. VI. 27，殷子为采（SHNU）。

地理分布：宁夏（六盘山）、黑龙江、辽宁、陕西。

## （234）毕氏虎隐翅甲 *Stenus biwenxuani* Tang & Li, 2013（图版 XV: 8）

*Stenus biwenxuani* Tang & Li, 2013: 6.

识别特征：体黑色，具模糊的铅灰色光泽；触角暗棕色，上颚须浅黄色，末节和倒数第 2 节端部褐色，足红棕色。头宽是鞘翅的 1.9 倍，两眼间有深的纵皱纹，中间适度凸起，具稠密的圆形刻点；触角向后伸达前胸背板中部。前胸背板长是宽的 1.6 倍，具稠密的圆形刻点，部分刻点间隙有网状纹。鞘翅长约等于宽，盘区不平坦，肩部具不清晰的纵浅凹，刻点多交汇，比前胸背板的稍大，具多皱纹的间隙。腹部半椭圆形，第 3～6 腹板具稠密的圆刻点。后足跗节稍长于后胫节。

检视标本：1♂，宁夏泾源，2100 m，2008. VII. 9，毕文烜采（SHNU）。

地理分布：宁夏（六盘山）。

## （235）斑虎隐翅甲 *Stenus comma comma* LeConte, 1863（图版 XV: 9）

*Stenus comma* LeConte, 1863: 50; Löbl & Smetana, 2004: 555; Ren, 2010: 153.

识别特征：体长 4.3～5.5 mm。粗壮，黑色，触角基节近黑色，余节深褐色，下颚须基节黄褐色，余节深褐色；唇基和上唇黑色；足深褐色，膝部黑色，爪节褐色；每鞘翅后半部各 1 椭圆形橙色斑。复眼间头顶中间深凹，具 1 细长光滑脊，无侧沟；头密被白毛，沟内比两侧毛更密。触角细长，向后达到前胸背板后缘，倒数第 2～3 节宽大于长。前胸背板中间最宽，基部两侧近平行；盘区中后部具短中沟，沟的两侧各 1 条与中沟等长的光滑斜带；刻点深粗，其间距小于刻点直径。鞘翅后缘明显凹缺，中缝沟宽浅，半部清晰可见，向后渐消失；刻点细密，其间距小于刻点直径。腹部粗壮，被白毛，各节背板近基部有横凹。足粗壮，后足跗节被密毛，第 1 跗节长于第 2+3 节之和。雄性第 6 腹板后缘 1/4 有半圆形凹；第 7 腹板后缘 1/6 具宽浅缺刻；第 8 节腹板后缘具深凹；第 9 腹板后缘两侧具细侧齿。雌性腹部各节完整。

地理分布：宁夏（六盘山）、河北、山西、辽宁、吉林、黑龙江、江苏、湖北、四川、陕西、甘肃、新疆；蒙古国，俄罗斯（远东、东西伯利亚），朝鲜，韩国，日本，哈萨克斯坦，土耳其，伊拉克，欧洲。

## （236）冠虎隐翅甲 *Stenus coronatus coronatus* Benick, 1928（图版 XV: 10）

*Stenus coronatus* Benick, 1928: 245; Löbl & Smetana, 2004: 531; Ren, 2010: 152; Ren et al., 2013: 163.

识别特征：体长约 6.0 mm。长翅型，黑色，鞘翅基半部 1 对橙红色斑，足黄色，体表具铜金属光泽。触角短，黄褐色，基部两节和棒部深褐色，上颚节黄褐色，上唇和唇基黑色被稠密的金色黄毛，双腿呈红褐色，具淡铅色光泽。头大，通常有稠密的粗刻点；复眼强烈突出，眼间 2 条深纵沟；触角细长，端部略膨大。前胸背板方形，长略大于宽，两侧近平行，盘区刻点粗密。鞘翅方形，密布粗刻点，后缘有明显的凹缺。腹部粗壮，第 3～6 节有完整的近水平的侧背片。雄性第 8 腹板后缘中间具浅半圆形凹缺，第 9 腹板两侧具长的外侧齿，第 10 背板后缘宽阔圆形。雌性第 8 腹板后缘中间椭圆形，第 10 背板后缘与雄性相似。

检视标本：2♂4♀，宁夏隆德峰台，2310 m，2008. VI. 2，毕文烜、卜云采（SHNU）；3♂5♀，宁夏泾源二龙河林场，2000 m，2008. VI. 21，周海生、赵宗一采（IZCAS）。

地理分布：宁夏（六盘山）、北京、河北、山西、吉林、黑龙江、河南、四川、云南、陕西、福建、广西、台湾；俄罗斯（远东），朝鲜，韩国，日本。

捕食对象：小型节肢动物。

### （237）拟态虎隐翅甲 *Stenus deceptiosus* Puthz, 2008

*Stenus deceptiosus* Puthz, 2008: 184; Tang & Li, 2013: 6.

识别特征：体长 4.4～5.6 mm。下唇特化，可弹出；额侧面刻点稀，其间隙至少和 1 个刻点的直径等宽；复眼大，占据头部整个侧缘。鞘翅 1 对橙色斑，盘上刻点不稠密。腹部腹板无基线，具侧腹板。足黑色，后足第 4 跗节简单。

检视标本：7♂7♀，宁夏泾源秋千架，1800 m，2008. VII. 6，毕文烜采（SHNU）；2♂3♀，宁夏泾源，2008. VII. 15，袁峰采（SHNU）。

地理分布：宁夏（泾源）、北京、河北、山西、辽宁、陕西；韩国。

### （238）二斑虎隐翅甲 *Stenus falsator* Puthz, 2008

*Stenus falsator* Puthz, 2008: 182; Tang & Li, 2013: 6.

识别特征：体长 4.4～5.5 mm。下唇特化，可弹出；额侧面刻点稠密，其间隙小于 1 个刻点的直径；复眼大，占据头部整个侧缘。鞘翅 1 对橙色斑，盘上刻点不稠密。腹部腹板无基线，具侧腹板；雄性腹部侧板有近于成行的刻点。足黑色，后足第 4 跗节简单。

检视标本：8♂7♀，宁夏泾源秋千架，1800 m，2008. VII. 6，毕文煊采（SHNU）；7♂8♀，宁夏泾源西峡，2008. VII. 15，袁峰采（SHNU）。

地理分布：宁夏（泾源）、北京、山西、内蒙古、吉林、黑龙江；俄罗斯。

### （239）朱诺虎隐翅甲 *Stenus juno* (Paykull, 1789)（图版 XV: 11）

*Staphylinus juno* Paykull, 1789: 33; Löbl & Smetana, 2004: 558.

识别特征：体长约 6.0 mm。黑色，触角基部 2 节黑色，端部 4 节深褐色，其余褐色；下颚须基部 2 节及第 3 节基半部黄色；唇基和上唇黑色；足黑色，胫节和跗节深褐色。复眼间头顶 2 条纵浅沟；头上刻点间距小于刻点直径之半。触角向后伸达前胸背板中部。前胸背板近中间宽，后缘 1/4 两侧近平行；盘区隆起，具中纵沟痕迹；刻点与头部的相似。鞘翅两侧近平行；盘区隆起，刻点与头部刻点相似。腹部粗壮，具完整的略向上翘起的侧背片；第 3～6 背板基部 3 条粗脊；第 6 背板刻点直径等于复眼小眼面。足粗壮，后足跗节第 1 节大于第 2+3 节之和。雄性中胫节端内侧具粗刺，后胫节端内缘具小刺。第 8 节后缘具三角形深缺刻；第 9 腹板两侧有粗侧齿。雌性中、后胫节无刺，腹部各节完整。

检视标本：1♀，宁夏隆德峰台，2300 m，2008. VI. 27，毕文烜采（SHNU）。

地理分布：宁夏（六盘山）、北京、山西、黑龙江、陕西；蒙古国，俄罗斯（远东、东西伯利亚），朝鲜，日本，哈萨克斯坦，土耳其。

**（240）六盘山虎隐翅甲 *Stenus liupanshanus* Tang & Li, 2013**（图版 XV: 12）

*Stenus liupanshanus* Tang & Li, 2013: 9.

识别特征：体长约 2.7 mm。体暗棕色，头部更暗，上唇端部、触角、上颚须和足红棕色。头中间具有横环纹，复眼间 2 条深纵沟，头上布稠密粗刻点，刻点直径大于刻点间隙。触角向后略长过前胸背板后缘。前胸背板长略小于宽，两侧收缩，布均匀稠密的粗刻点，刻点直径约为其间隙的 2 倍；盘上凹凸不平，中纵沟浅。鞘翅梯形，向后渐变宽，外缘 3/4 处最宽，后缘显凹；盘区略隆起。腹部刻点与刻点间隙与前胸背板相似。后足跗节显短于胫节，第 4 跗节双叶状，雄性后足无此性征。腹部圆筒形，无明显侧背片，腹面有明显边缘，第 7 节背板具有栏杆状侧带；第 3～8 节背板有椭圆形刻点，其向后变为稀小，第 3～8 节背板有明显小横凹；第 8～10 背板有环纹。雄性第 8 腹板后缘中间浅凹，第 9 腹板后缘有粗侧齿；第 10 节背板后缘扁圆形。雌性腹部比雄性宽阔，第 8 腹板后缘中间细尖。

检视标本：1♂，宁夏泾源峰台林场，2400 m，2008. VII. 26，毕文烜采（SHNU）；1♂，宁夏泾源红峡，1900 m，2008. VI. 27；2♂2♀，宁夏泾源二龙河，2050 m，2008. VI. 22；1♂，宁夏隆德峰台，2350 m，2008. VII. 2；均为周海生、赵宗一采（IZCAS）。

地理分布：宁夏（六盘山）。

**（241）黑色虎隐翅甲 *Stenus melanarius melanarius* Stephens, 1833**（图版 XVI: 1）

*Stenus melanarius* Stephens, 1833: 299; Löbl & Smetana, 2004: 559; Ren, 2010: 153.

识别特征：体长约 3.6 mm。亮黑色，触角基节黑色，余节深褐色；下颚须基节赤黄色，余节深褐色；上唇和唇基黑色；足深褐色。复眼间头顶 2 条浅纵沟；触角向后伸达前胸背板基部，倒数第 2 节宽大于长或等于长。前胸长略大于宽，近中间最宽，向前圆缩，向后直缩，基部两侧近平行；盘区隆升，无中纵沟，刻点粗密。鞘翅隆起，刻点粗密，其间距小于刻点直径。腹部第 3～6 背板上 4 条短脊，第 7 背板仅见脊突；腹板有稀疏细刻点。后足第 1 跗节显短于爪节，第 4 跗节简单。雄性中、后胫节端内侧具微刺；第 7 腹板中间具纵浅凹，后缘近于完整；第 8 腹板后缘浅凹；第 9 节两侧有细长弯侧齿，侧齿外缘无细齿。雌性中、后胫节无微刺，腹部各节完整。

检视标本：1♂2♀，宁夏隆德苏台，2200 m，2008. VI. 22，殷子为采（SHNU）。

地理分布：宁夏（六盘山）、北京、天津、山西、黑龙江、吉林、辽宁、江苏、上海、浙江、福建、海南、云南、贵州、四川、湖南、江西、陕西、河南、台湾；蒙古国，俄罗斯，日本，朝鲜，菲律宾，越南，缅甸，尼泊尔，印度，斯里兰卡，印度尼西亚，土耳其，伊朗，阿塞拜疆，欧洲。

**（242）尖钩虎隐翅甲 *Stenus pilosiventris* Bernhauer, 1915**

*Stenus pilosiventris* Bernhauer, 1915: 70; Löbl & Smetana, 2004: 563; Ren, 2010: 153.

识别特征：体小型，较粗壮，黑色具光泽；触角、足红棕色。头窄于鞘翅；触角粗短，向后伸达前胸背板中间，第 3～7 节明显较第 2 节细，第 8～11 节逐渐向端部变粗形成 1 个松散的棍棒，末节顶尖。前胸背板长略大于宽，近球形，中间最宽，盘上密布圆形刻点，刻点较头部的大，每个刻点窝着生1方向向后的白色毛，刻点与刻点之间密布网状微刻纹。鞘翅长等于宽，侧缘较平行，两鞘翅基部共同组成非常浅的弧形凹。足较短，跗节不分叶。

检视标本：2♂1♀，宁夏隆德苏台，2300 m，2008. VI. 2，殷子为采（SHNU）。

地理分布：宁夏（六盘山）、北京、河北、山西、辽宁、黑龙江、上海、江苏、浙江、山东、湖南、四川、陕西、甘肃；蒙古国，俄罗斯（东西伯利亚），朝鲜，韩国，日本。

### （243）粗糙虎隐翅甲 *Stenus scabratus* Puthz, 2008（图版 XVI: 2）

*Stenus scabratus* Puthz, 2008: 180; Ren, 2010: 153; Tang & Li, 2013: 6.

识别特征：体长 3.5～4.3 mm。下唇特化，可弹出；复眼大，占据头部整个侧缘。鞘翅有 1 对橙色斑，盘上刻点相当稠密。腹部腹板无基线，具侧腹板。足黑色，后足第 4 跗节简单。

检视标本：3♂1♀，宁夏泾源红峡，2000 m，2008. VI. 11，毕文烜采（SHNU）。

地理分布：宁夏（泾源）、四川、云南。

### （244）毛簇虎隐翅甲 *Stenus secretus* Bernhauer, 1915（图版 XVI: 3）

*Stenus secretus* Bernhauer, 1915: 70; Löbl & Smetana, 2004: 561; Tang & Li, 2013: 5.

识别特征：体长 4.4～4.7 mm。黑色，触角基节黑色，余节红褐色；下颚须基部 2 节和末节基半部黄色，后者端部色略深；唇基黑色，上唇边缘红褐色，其上被金黄色毛；足红褐色，膝部色深。复眼间头顶 2 条浅纵沟；头上刻点间距小于刻点直径。触角细长，向后伸达前胸背板后缘。前胸背板中间宽，向前圆缩，后缘 1/3 两侧近平行，后缘之前具不明显凹；盘山具稠密粗刻点，刻点间距略大于刻点直径之半。鞘翅后缘深凹；盘区隆升，肩沟细长，刻点粗密且不规则。腹部粗壮，向后渐窄，具明显翘起的侧背片；腹部第 3～6 背板基部 3 条粗脊；腹部刻点清晰，第 3 背板刻点距等于刻点直径，第 7 背板刻点间距大于刻点直径；第 6 腹板中间具浅凹，凹两侧具金黄色长毛簇；第 7 腹板后缘浅凹，其前纵中间具凹，凹两侧具金黄色长毛簇；第 8 腹板后缘凹；第 9 腹板两侧具粗侧齿。足粗壮，第 1 跗节略长于爪节，第 4 跗节简单；雄性中胫节端内侧具明显小刺，后胫节近端内侧具微弱小刺；雌性中、后足无齿。

检视标本：1♂，宁夏泾源，2200 m，2008. VII. 4，毕文烜采（SHNU）。

地理分布：宁夏（泾源）、北京、天津、河北、山西、内蒙古、辽宁、吉林、黑龙江、河南、山东、湖北、湖南、四川、陕西、甘肃；蒙古国，俄罗斯（远东、东西伯利亚），朝鲜，韩国。

### （245）三角虎隐翅甲 *Stenus trigonuroides* Zheng, 1993（图版 XVI: 4）

*Stenus trigonuroides* Zheng, 1993: 229; Löbl & Smetana, 2004: 547; Puthz, 2008: 173; Ren, 2010: 153.

识别特征：体长 3.2～4.0 mm。黑色，触角、下颚须及足红褐色，膝色深；唇基黑色，上唇红褐色，唇基和上唇被银白色长毛；鞘翅无斑点。头显窄于鞘翅，复眼间头顶 2 条平行纵沟；头上刻点间距小于刻点直径。触角向后伸达前胸后缘之前，明显超过前胸中间，棒节长略大于宽。前胸背板中间最宽，两侧基部 1/4 近平行；盘区凹凸不平，前缘之后具横凹，中间具中沟；其在基部两侧各 1 圆凹；刻点间距小于刻点直径。鞘翅后缘最宽；盘隆起，中缝沟完整；基部浅凹；鞘翅刻点间距大于其直径。腹部具完整侧背片，第 3~6 背板基部具浅横凹；腹部各节被金黄色短伏毛；第 7 腹板后缘中间 1 弱凹；第 5 腹板后缘具 V 形深凹；雌性无此特征。后足第 4 跗节双叶状；雄性中胫节端部内侧有粗短刺，后胫节端内侧有粗刺。

检视标本：2♂2♀，宁夏隆德峰台，2300 m，2008. VI. 27，毕文烜、卜云采（SHNU）。

地理分布：宁夏（六盘山）、辽宁、黑龙江、四川、云南。

## 8.8　毒隐翅甲亚科 Paederinae Fleming, 1821

### 毒隐翅甲族 Paederini Fleming, 1821

#### 隆线隐翅甲亚族 Lathrobiina Laporte, 1835

### 90）隆线隐翅甲属 *Lathrobium* Gravenhorst, 1802

#### （246）宁夏隆线隐翅甲 *Lathrobium ningxiaense* Peng & Li, 2014（图版 XVI: 5）

*Lathrobium ningxiaense* Peng & Li 2014: in Peng, Li & Zhao, 2014: 5.

识别特征：体长约 6.2 mm。棕色至淡棕色，足和触角亮棕色。头长宽近相等，额中间刻点稀疏，余地变为粗密，刻点与刻点与刻点之间具浅网纹。前胸背板两侧近平行，盘上刻点比头部的稀疏；中央无刻点也无网纹。鞘翅较短，有稠密的细刻点且非常浅；后翅完全退化。腹部有稠密的细刻点，第 7 节上的刻点比其前面的背板略稀疏，刻点间隙具浅刻纹；雄性第 7 节横宽，后面中线浅凹，凹中部具稀疏的黑色刚毛，基部弱凹，微弱不对称；第 8 节不对称，具倾斜的中线凹，基部弱突。

地理分布：宁夏（泾源）。

### 91）毒隐翅甲属 *Paederus* Fabricius, 1775

#### （247）典型毒隐翅甲 *Paederus (Eopaederus) basalis* Bernhauer, 1914（图版 XVI: 6）

*Paederus basalis* Bernhauer, 1914: 98; Löbl & Smetana, 2004: 612; Ren, 2010: 152.

曾用名：底毒隐翅甲（任国栋，2010）。

识别特征：体长约 9.5 mm。头蓝黑色，鞘翅暗蓝色闪金属光泽，前胸背板、第 2~3 腹节棕红色，第 1 腹板及末端 2 个腹节黑色，余黑色。头稍圆，前窄后宽，略宽于前胸；头顶中央几无刻点，刻点在边缘地区中等稠密，在复眼内侧更密；触角向后伸达鞘翅基部，各节长均大于宽，端部略粗。前胸背板略呈梯形，前面 1/4 最宽，长稍大于宽；中域光裸，两侧刻点中度稠密。小盾片"U"形，长大于宽，端钝，盘上有小横刻纹和稀疏刻点。鞘翅显宽于前胸，几为正方形，刻点细而不密，大刻点少，刻点深，刻点间距小于刻点直径，基半部刻点更密；具后翅。

检视标本：3 头，宁夏泾源二龙河，1993. V. 24，苏宗一采（HBUM）；14 头，宁夏泾源二龙河林场，2008. VI. 18，袁峰采（HBUM）；1头，宁夏泾源龙潭林场，2008. VII. 14，王新谱采（HBUM）；1头，宁夏泾源二龙河，2009. VII. 6，孟祥君采（HBUM）；28头，宁夏泾源二龙河，2014. VII. 15，白玲、王娜采（HBUM）。

地理分布：宁夏（泾源）、广西、四川、陕西；印度，尼泊尔，阿富汗，巴基斯坦。

### （248）赤胸毒隐翅甲 *Paederus (Eopaederus) tamulus* Erichson, 1840

*Paederus tamulus* Erichson, 1840: 661; Gao, 1993: 105; Löbl & Smetana, 2004: 612; Ren, 2010: 152; Yang et al., 2011: 141.

曾用名：赤胸隐翅甲（高兆宁，1993；杨贵军等，2011）。

识别特征：体长 6.0～7.0 mm。头青黑色，前胸及腹基部 4 节黄褐色，鞘翅暗绿色，腹端 2 节及足黑色。头圆形，散布刻点，复眼基部连线上具 1 对大刻点；触角黑色，基部 2 节赤褐。前胸背板与头等宽而稍狭，后方较狭，散布小刻点，中央平滑。鞘翅长方形，背面膨起，长宽显然超过前胸背板，翅面有较大刻点。腹部两侧平行，具微小刻点，尾端具 1 对黑色尾突；雄性肛节基部中央深陷入。各足第 4 跗节深裂为 2 片，第 5 跗节细长，爪 1 对。

地理分布：宁夏（泾源、平罗、罗山）、台湾、香港；俄罗斯（远东），日本，尼泊尔，不丹，阿富汗，伊朗，东洋界。

捕食对象：稻飞虱、叶蝉等小型昆虫。

## 8.9　隐翅甲亚科 Staphylininae Latreille, 1802

### 直缝隐翅甲族 Othiini Thomson, 1859

### 92）直缝隐翅甲属 *Othius* Stephens, 1829

### （249）宽腹直缝隐翅甲 *Othius latus gansuensis* Assing, 1999（图版 XVI: 7）

*Othius latus gansuensis* Assing, 1999: 27; Löbl & Smetana, 2004: 626.

识别特征：体长约 13.0 mm。头、前胸背板、腹部、上颚和触角黑色，鞘翅、足红色。头形状多样，长大于宽，背观基部显宽，微刻纹清晰，具横皱或网纹，两侧刻点稠密，前额处 2 对刻点呈方形排列。前胸背板端部宽，小盾片具清晰微横刻纹。鞘翅较短，刻点较稀疏，小盾片附近具褶皱，微刻纹细；后翅大。腹部第 3～6 背板前边缘处具浅横凹，无光，具清晰一致的微刻纹，其余背板盘上有清晰地微细横刻纹，刻点相对浅宽，第 7 背板基部具栅栏状组织。

检视标本：1头，宁夏固原绿塬林场，2008. VII. 9，王新谱采（HBUM）；1头，宁夏泾源二龙河林场，2008. VII. 20，冉红凡采（HBUM）；2头，宁夏泾源西峡，2009. VII. 10，王新谱、赵小林采（HBUM）；1头，宁夏泾源秋千架，2009. VII. 8，杨晓庆采（HBUM）；2头，宁夏泾源二龙河林场，2014. VII. 18，白玲、王娜采（HBUM）；3头，宁夏泾源东山坡林场，2014. VII. 18，白玲、王娜采（HBUM）；1头，宁夏泾源西峡林场，2014. VII. 14，白玲采（HBUM）。

地理分布：宁夏（固原、泾源）、山西、甘肃。

## 隐翅甲族 Staphylinini Latreille, 1802

## 匪隐翅甲亚族 Philonthina Kirby, 1837

### 93）双曲隐翅甲属 *Bisnius* Stephens, 1829

#### （250）秽双曲隐翅甲 *Bisnius fimetarius* (Gravenhorst, 1802)

*Staphylinus fimetarius* Gravenhorst, 1802: 175; Löbl & Smetana, 2004: 630; Ren, 2010: 151; Li & Zhou, 2010: 109.

曾用名：粪堆双隐翅甲（任国栋，2010）。

识别特征：体长 6.8～7.8 mm。头圆方形，复眼小，扁平；触角中等长，基部两节光亮，第 1 节最长，端部略膨大，末节明显长大于宽，斜截。前胸背板长方形，侧边几乎平行，刻点成列分布，背列每列 4 个大刻点，亚侧列每列 2 个大刻点，微刻纹明显。小盾片三角形，刻点粗密。鞘翅长宽近相等，刻点稠密。腹部刻点粗密，刻点间距 1～2 倍于刻点直径，向后端刻点逐渐稀疏。

检视标本：5♂7♀，宁夏泾源东山坡，2100～2200 m，2008. VII. 5，周海生、赵宗一采（IZCAS）。

地理分布：宁夏（泾源）；俄罗斯，印度，高加索—伊朗地区，哈萨克斯坦，土耳其，亚美尼亚，欧洲，非洲界，北美洲，新北界。

#### （251）俭双曲隐翅甲 *Bisnius parcus* (Sharp, 1874)

*Philonthus parcus* Sharp, 1874: 40; Löbl & Smetana, 2004: 630; Ren, 2010: 151; Li & Zhou, 2010: 111.

曾用名：稀少双隐翅甲（任国栋，2010）。

识别特征：体长 8.0～8.9 mm。头、前胸背板黑色具金属光泽，触角、鞘翅、小盾片黑色，腹部黑色具虚弱的蓝色金属光泽，口须红棕色，足暗棕色。头圆方形；复眼小，扁平；触角中等长，基部 3 节光亮，第 1 节最长，端部略膨大，末节明显长大于宽，斜截。前胸背板长方形，两侧近于平行；刻点成列分布，背上每列 4 个大刻点，亚侧列每列 2 个大刻点。小盾片三角形，刻点稠密而粗糙。鞘翅长略大于宽，刻点稠密，刻点间距 1～2 倍于刻点直径。腹部宽，刻点稠密而粗糙，刻点间距同前，刻点向后端渐变稀疏，第 3～5 腹板有 2 条基脊，两脊间刻点稠密。

检视标本：1♂3♀，宁夏隆德峰台，2400 m，2008. VII. 1；2♂3♀，宁夏泾源卧羊川，1750 m，2008. VII. 10；均为周海生、赵宗一采（IZCAS）。

地理分布：宁夏（隆德、泾源）、北京、辽宁、江西、山东、云南、陕西；蒙古国，韩国，日本，欧洲。

#### （252）盗双曲隐翅甲 *Bisnius plagiatus* (Fauvel, 1874)

*Philonthus plagiatus* Fauvel, 1874: 222; Löbl & Smetana, 2004: 630; Ren et al., 2013: 161.

识别特征：体长 6.4～7.5 mm。头、前胸背板黑色披金属光泽，触角黑色或黑棕色，鞘翅黑棕色或红棕色，小盾片黑色，腹部黑色披虚弱的蓝金属光泽，口须红棕色，足暗棕色。头圆方形，复眼扁小；触角中等长，基部 3 节光亮，第 1 节最长，顶部略膨大，末节长显大于宽，斜截。前胸背板长方形，前端略窄，刻点成列分布，盘上每列 4 个大刻点，亚侧列每列 2 个大刻点，无微刻纹。小盾片三角形，刻点粗密。鞘翅长宽近相等，刻点稠密，刻点间距 2～3 倍于刻点直径。腹部刻点稠密而粗糙，刻点间距 1～2 倍于刻点直径，并向后端渐变稀疏；第 3～6 腹板有 2 条基脊，两脊间有稠密刻点。

地理分布：宁夏（六盘山）、北京、河北、山东、云南、陕西；蒙古国，韩国，日本，塔吉克斯坦，土库曼斯坦，欧洲。

### （253）徐氏双曲隐翅甲 *Bisnius xuae* Li & Zhou, 2010

*Bisnius xuae* Li & Zhou, 2010: 108.

识别特征：体长 7.6～8.9 mm。前胸背板黑色具铜绿色金属光泽，触角黑色，鞘翅红棕色或深棕色具弱蓝色金属光泽，腹部黑色披强烈彩虹色光泽，口须及足黑棕色。头圆方形；触角中等长，基部 3 节光亮，第 3 节略长于第 2 节，第 4～5 节长略大于宽，第 6～7 节长宽约相等，第 8～10 节略宽大于长，末节长显大于宽，斜截。前胸背板长方形，前端略窄，刻点成列分布，盘上每列 4 个大刻点，亚侧列每列具 2 个大刻点，微刻纹明显。小盾片三角形，刻点稠密而粗糙。鞘翅长宽近相等，刻点稀疏，刻点间距为 3～4 个刻点直径大。腹部刻点十分稀疏，背板有零星刻点，大部分光滑无刻点；第 3～6 腹板有 2 条基脊，两脊间光滑无刻点。

检视标本：1♂，宁夏泾源六盘山，35°38' N，106°18' E，1950～2400 m，2008. VI. 25–VII.3，周海生采（IZCAS）。

地理分布：宁夏（泾源）、四川、陕西。

## 94）佳隐翅甲属 *Gabrius* Stephens, 1829

### （254）粪佳隐翅甲 *Gabrius fimetarioides* (Scheerpeltz, 1976)

*Philonthus fimetarioides* Scheerpeltz, 1976: 125; Löbl & Smetana, 2004: 634; Ren, 2010: 150.

曾用名：粪堆噶隐翅甲（任国栋，2010）。

识别特征：体长 6.1～6.5 mm。头、前胸背板黑色具金属光泽，触角黑棕色或深棕色，鞘翅、小盾片黑棕色，腹部黑色披蓝色金属弱光泽，腹部第 3～7 背板基部有红棕色宽带，口须及足红棕色。头两侧具稀疏刻点，顶部光滑无刻点，微刻纹明显，横波弯；复眼小，扁平；触角中等长，基部 3 节光亮，第 1 节最长，顶部略膨大，第 3 节明显长于第 2 节，第 4～6 节长约等于宽，第 7～10 节明显横长，末节长略大于宽，斜的平截。前胸背板长方形，侧边近乎平行，略宽于头，刻点成列分布，背列每列具 4 个大刻点，亚侧列每列具 2 个大刻点。小盾片大，三角形，刻点稀疏、粗糙。鞘翅长略短于宽，刻点稠密，刻点间距 1～2 倍于刻点直径。腹部刻点稠密、粗糙，向后端刻点逐渐稀疏；腹节第 3～5 背板具 2 条基脊，两脊间光滑无刻点。

检视标本：7♂11♀，宁夏泾源龙潭，1950 m，2008. VII. 25，周海生、赵宗一采（IZCAS）。

地理分布：宁夏（泾源）、湖北、云南、陕西；印度，尼泊尔，不丹，巴基斯坦。

### （255）红佳隐翅甲 *Gabrius hong* Li, Schillhammer & Zhou, 2010

*Gabrius hong* Li, Schillhammer & Zhou, 2010: 14.

识别特征：体长 5.3～6.9 mm。体红棕色，头上颜色有时比前胸背板略深。头上布稀疏的粗糙刻点，头顶部光滑无刻点，有细斜纹；触角中等长度，基部 3 节光亮，第 1 节最长，第 3 节略长于第 2 节，第 4～5 节长宽近相等，第 6～10 节显宽，末节长略大于宽，斜截。前胸背板长方形，几乎与头等宽，刻点成列分布，盘上每列 6 个粗刻点，亚侧列每列 2 个大刻点，具微横纹。小盾片三角形，刻点粗密。鞘翅短缩，宽大于长，刻点稠密，刻点间距 1～2 倍于刻点直径。腹部刻点稠密和粗糙，刻点间距小于刻点直径，向后端刻点渐变为稀疏；第 3～6 腹板有 2 条基脊，其间光滑无刻点。

地理分布：宁夏（六盘山）、陕西。

### （256）剑形佳隐翅甲 *Gabrius incubens* Schillhammer, 1991

*Gabrius incubens* Schillhammer, 1991: 53; Löbl & Smetana, 2004: 635; Ren, 2010: 152.

曾用名：梦噶隐翅甲（任国栋，2010）。

识别特征：体长 7.0～7.8 mm。头、前胸背板、腹部黑色披弱蓝色金属光泽，触角黑色或黑棕色，基部 3 节红棕色，鞘翅黑棕色或深棕色具弱蓝色金属光泽，小盾片黑色，第 7 腹板基部红棕色，上颚、口须及足红棕色。头上布稀疏的粗糙刻点，头顶光滑无刻点；触角基部 3 节光亮，第 3 节显长于第 2 节，第 4 节长略大于宽，第 5～6 节长宽约相等，第 7～10 节横宽，末节长大于宽明显，斜截。前胸背板长方形，略宽于头，刻点成列分布，盘上每列 5～6 个大刻点，亚侧列每列 2 个大刻点。小盾片三角形，布稠密的粗刻点。鞘翅长宽近相等，刻点稠密，刻点间距 2～3 倍于刻点直径。腹部有稠密的粗刻点，刻点间距 1～2 倍于刻点直径，刻点向后端渐变为稀疏；第 3～6 腹板有 2 条基脊，其间有 1 行不规则刻点。

检视标本：2♂，宁夏泾源二龙河，2000～2050 m，2008. VII. 21–22，周海生、赵宗一采（IZCAS）。

地理分布：宁夏（泾源）、北京、河北、山西、陕西；俄罗斯（远东、东西伯利亚）。

### （257）日本佳隐翅甲 *Gabrius japonicus* Shibata, 1991（图版 XVI: 8）

*Gabrius japonicus* Shibata, 1991: 90; Löbl & Smetana, 2004: 635; Ren, 2010: 152.

检视标本：3♂4♀，宁夏泾源二龙河，2050 m，2008. VII. 22，周海生、赵宗一采（IZCAS）。

地理分布：宁夏（泾源）；日本。

### （258）扭曲佳隐翅甲 *Gabrius tortilis* Li, Schillhammer & Zhou, 2010

*Gabrius tortilis* Li, Schillhammer & Zhou, 2010: 19.

识别特征：体长 8.3～9.0 mm。头、前胸背板亮黑色，触角和鞘翅黑色，腹部黑色具弱蓝色光泽，上颚暗红色，触角和口须红褐色或深棕色，足棕黑色。头部背面两侧有分散的具毛粗刻点，头顶无刻点，整个头部有明显的深刻纹；触角中等长。前胸背板两侧近平行，稍宽于头部，盘上刻点行每行 6 个刻点，整个表面有明显的深横纹。小盾片三角形，具稠密细刻点和毛。鞘翅有稠密的细刻点。腹部有稠密的细刻点，刻点与刻点之间有非常稠密的细横刻纹。

地理分布：宁夏（六盘山）、湖北、四川、云南、陕西。

### （259）赵氏佳隐翅甲 *Gabrius zhaoi* Li, Schillhammer & Zhou, 2010

*Gabrius zhaoi* Li, Schillhammer & Zhou, 2010: 21.

识别特征：体长 7.3～7.7 mm。头、前胸背板黑色具金属光泽，触角黑色，末节偶见深棕色，鞘翅、小盾片黑色或黑棕色，腹部黑色具弱蓝色金属光泽，上颚及口须、足棕至暗色。触角中等长，基部 3 节光滑，第 3 节略长于第 4 节，第 4～8 节长显大于宽，第 9～10 节长宽约相等，末节长略大于宽，斜截。胸背板长方形，两侧近于平行，盘上有成列分布的刻点，背列每列 6 个大刻点，亚侧列每列 2 个大刻点，有明显的横刻纹。小盾片大三角形，布稠密的粗刻点。鞘翅刻点稠密。腹部有稠密的粗糙刻点，刻点间距 2～3 倍于刻点直径，刻点向后端逐渐变为稀疏；第 3～6 腹板有 2 条基脊，两脊间光滑无刻点。

地理分布：宁夏（六盘山）。

## 95）尼隐翅甲属 *Neobisnius* Ganglbauer, 1895

### （260）小尼隐翅甲 *Neobisnius pumilus* (Sharp, 1874)

*Philonthus pumilus* Sharp, 1874: 49; Löbl & Smetana, 2004: 639; Liu et al., 2011: 256.

识别特征：体长 4.4～5.0 mm。窄长形，光亮；头和前胸背板黑色，鞘翅红黄色。雄性外生殖器阳基侧突前面无分支。

地理分布：宁夏（中卫）、四川、台湾；俄罗斯（远东），韩国，日本。

## 96）菲隐翅甲属 *Philonthus* Stephens, 1829

### （261）檀黑菲隐翅甲 *Philonthus* (*Philonthus*) *ebeninus* (Gravenhorst, 1802)

*Staphylinus ebeninus* Gravenhorst, 1802: 170; Zheng, 1996: 15; Löbl & Smetana, 2004: 644.

识别特征：体长 6.2～7.2 mm。头亮黑色，口器黑褐色，触角第 1～3 节黑褐，第 4～11 节灰褐，前胸背板亮黑，鞘翅橘红，小盾域、缝域、有时肩部黑色，中胸腹板、后胸腹板、足、腹部褐黑色。头背面布微细横刻纹；前胸长宽约相等，宽于头，基部 1/3 处最宽，刻纹与头部的相似。鞘翅约与前胸背板等长，翅上布中等粗密的具毛刻点。腹部的具毛刻点与鞘翅的相似，第 2～3 背板基部中叶各有 1 小突起。雄性肛节腹板基部有 1 三角形凹口。前足基部 3 个跗节稍膨大，约与胫端等宽。

地理分布：宁夏（隆德）、内蒙古、新疆；蒙古国，俄罗斯（远东），土库曼斯坦，哈萨克斯坦，土耳其，伊朗，叙利亚，欧洲，非洲界。

**（262）窗菲隐翅甲 *Philonthus* (*Philonthus*) *fenestratus* Fauvel, 1872**

*Philonthus fenestratus* Fauvel, 1872: 35; Zheng, 1996: 16; Löbl & Smetana, 2004: 644.

识别特征：体长 6.9～7.3 mm。头、前胸亮黑色，口器、触角红褐至黑褐色，触角第 1～3 节褐红色，缘折、腹板偶黑褐色，鞘翅黑褐色，足红褐色，腹部黑色。触角倒数第 2 节长大于宽，具清晰微刻纹。前胸长宽约相等，两侧基半部稍窄缩。鞘翅横宽，几乎不比前胸背板长，远较前胸背板宽，具中等粗密的具毛深刻点。腹部上的具毛刻点与鞘翅的相似，略稀。第 2～3 腹板背面的基部无中突。雄性前足前 3 跗节膨大，与胫端等宽。

地理分布：宁夏、内蒙古、青海；土耳其，塞浦路斯，欧洲，非洲界。

## 97）伪金星隐翅甲属 *Pseudohesperus* Hayashi, 2008

**（263）红腹伪金星隐翅甲 *Pseudohesperus rutiliventris* (Sharp, 1874)**

*Philonthus rutiliventris* Sharp, 1874: 47; Löbl & Smetana, 2004: 649; Ren et al., 2013: 163.

识别特征：体长 8.7～10.5 mm。头、前胸背板黑色具金属光泽，触角黑棕色，鞘翅、小盾片黑色，腹部黑色具强烈的彩虹色光泽，上颚、口须红棕色，足深棕色或红棕色。头上刻点稠密和粗糙，两侧刻点稀疏，头顶无刻点，具横刻纹明；触角长，基部 3 节光滑，第 3 节明显长于第 2 节，其余各节长明显大于宽，但长度逐渐变短，末节明显长大于宽，斜截。前胸背板长方形，前端显窄，略宽于头，刻点稀疏，刻点间距 3～5 倍于刻点直径，中线区光滑无刻点，横刻纹明显。小盾片三角形，布稠密的粗糙刻点。鞘翅长小于宽，刻点稠密，刻点间距约等于刻点直径。腹部刻点稠密和粗糙，刻点间距 2～3 倍于刻点直径，刻点向后端渐变稀，第 3～5 腹板有 2 条基脊，其刻点稠密。

地理分布：宁夏（六盘山）、北京、河北、辽宁、吉林、陕西；俄罗斯（远东、东西伯利亚），韩国，日本。

## 颊脊隐翅甲亚族 Quediina Kraatz, 1857

## 98）颊脊隐翅甲属 *Quedius* Stephens, 1829

**（264）珍颊脊隐翅甲 *Quedius* (*Distichalius*) *pretiosus* Sharp, 1874**

*Quedius pretiosus* Sharp, 1874: 26; Löbl & Smetana, 2004: 657.

识别特征：体长约 8.0 mm。头和鞘翅黑色，前胸背板外围红棕色，里面大部分黑棕色，身体的其余部分红棕色。头圆形，宽大于长，表面有稠密的细刻纹；触角较长，向末端逐渐扩展。前胸背板宽略大于长，中间最宽，两侧向前逐渐变窄，侧缘弧形，每个刻点行上 3 个刻点，亚纵行每行 2 个刻点。小盾片光滑无刻点，有稠密的细刻纹。鞘翅较短，基部比前胸背板的最宽处窄，向后稍变宽，刚毛十分稀疏，排成纵行，盘上刻点稀疏，刻点与刻点之间有微刻纹；后翅发达。

地理分布：宁夏（六盘山）、北京、河北、浙江、福建、重庆、四川、贵州；

日本。

### （265）颊脊隐翅甲 *Quedius (Distichalius) quinctius* Smetana, 1998

*Quedius quinctius* Smetana, 1998: 323; Löbl & Smetana, 2004: 657.

曾用名：奎因颊脊隐翅甲。

识别特征：体长 5.8～6.8 mm。体深棕色，腿节和跗节浅棕色，鞘翅肩部、中缝和基部棕黄色。头宽大于长，前、后颊刻点与刻点之间无刚毛刻点，两前额刻点间具1对额外的具毛刻点，后颊刻点与头基部之间有2额外的具毛刻点，头上密布横刻纹；触角较长。前胸背板宽大于长，背排刻点每列3个，亚背排刻点每列3个，盘上的刻纹与头部相似。小盾片无刚毛，密布微刻纹。鞘翅宽于前胸背板，侧缘长大于前胸背板长，中缝长小于前胸背板长，刻点稀疏，排成数列，刻点间无刻纹；后翅发达。

检视标本：1♂，宁夏隆德峰台林场，2300 m，2008. VII. 3，周海生采（IZCAS）。

地理分布：宁夏（隆德）、北京、上海、江苏、浙江、四川、陕西。

### （266）弧颊脊隐翅甲 *Quedius (Microsaurus) arcus* Cai, Zhao & Zhou, 2015（图版 XVI：9）

*Quedius (Microsaurus) arcus* Cai, Zhao & Zhou, 2015: 3.

识别特征：体长约 10.0 mm，宽约 2.1 mm。头黑色，其余部分深棕色，腹部各节背板的基部浅色，触角和足暗棕色。头近方形，宽大于长，具稠密的细横刻纹，间杂微刻点；前胸背板宽大于长，前角略突出，约与中部最宽，向前和向后均匀变窄，但向前变窄的程度更大，后角钝而可见，基部弧形，侧缘几乎不平展，盘上每个背列3个刻点。鞘翅宽略大于长，两侧向后略变宽，肩脊发达，具短刺毛，折缘前面1长毛；盘上具毛刻点较密，均匀分布，刻点横向间距约2倍于刻点直径，纵向间距则更大。前胫节下侧近端部有1刺，跗节基部4节变宽，下侧被密毛；中、后胫节端部直。

检视标本：2♂3♀，宁夏泾源西峡林场，2200 m，2008. VI. 27；1♂2♀，宁夏泾源二龙河林场，2000 m，2008. VI. 26；3♂1♀，宁夏隆德峰台林场，2300 m，2008. VII. 3；均为周海生、赵宗一采（IZCAS）。

地理分布：宁夏（六盘山）。

### （267）克莱颊脊隐翅甲 *Quedius (Microsaurus) chremes* Smetana, 1996

*Quedius chremes* Smetana, 1996: 10; Löbl & Smetana, 2004: 658.

识别特征：体长约 11.0 mm，宽约 2.2 mm。体黑色，腹部各节背板基部颜色略浅，触角和足均近黑色。头近圆形，宽大于长，下颚须末节近纺锤形，顶钝；前胸背板宽大于长，前角突出，中部最宽，向前、后均匀变窄，但向前变窄的程度更大，后角不可见，基部弧形，侧缘几乎不平展；盘上每个背列3刻点，每亚侧列2刻点。小盾片具稠密横刻纹。鞘翅短小，宽略大于长，两侧向后略变宽，肩脊发达，具短刺毛，折缘前面1长毛；盘上有较均匀稠密的具毛刻点，刻点横向间距约2倍于刻点直径，纵向间距则更大。前胫节下侧近端部有1刺，跗节基部4节变宽，下侧被密毛；中胫节端部不弯曲，跗节基部 4 节不变宽但渐变短；后胫节比中胫节刺少，端部不弯曲。

检视标本：2♂，宁夏泾源二龙河林场，2000～2050 m，2008. VI. 22～23，周海生、赵宗一采（IZCAS）。

地理分布：宁夏（泾源）、山西、湖北、四川、陕西、甘肃。

**（268）宁夏颊脊隐翅甲 *Quedius* (*Raphirus*) *ningxiaensis* Cai & Zhou, 2015**（图版 XVI: 10）

*Quedius* (*Raphirus*) *ningxiaensis* Cai & Zhou, 2015: 157.

识别特征：头黑色，腹部棕黑色具弱光泽，中、后胫节棕黑色；鞘翅和腹部有棕黑色毛；其余棕色。头圆，宽大于长；头上头具稠密的细斜横纹；复眼大，几乎占据头部整个侧缘；触角中等长，第 2～3 节近于等长，第 4～7 节及第 11 节长略大于宽，第 8～10 节宽略大于长。前胸背板宽略大于长，向前略变窄，侧缘基半部和基部圆，侧缘不扁平；盘上每个背列 3 刻点，每亚侧列 2 刻点，背面刻纹与头部相似。鞘翅短，宽大于长，向后弱扩展；盘上刻点稠密，刻点间隙略小于刻点直径，无微刻纹；后翅高度退化，无飞翔能力。第 2 腹板刻点细小，其余各节刻点显较鞘翅的细密，向基部稍变稀疏。

地理分布：宁夏（泾源）。

# 隐翅甲亚族 Staphylinina Latreille, 1802

## 99）猎隐翅甲属 *Creophilus* Leach, 1819

**（269）白带猎隐翅甲 *Creophilus maxillosus maxillosus* (Linnaeus, 1758)**（图版 XVI: 11）

*Staphylinus maxillosus* Linnaeus, 1758: 421; Gao, 1993: 105; Löbl & Smetana, 2004: 671; Ren, 2010: 152.

曾用名：白带隐翅甲（高兆宁，1993）、白带大隐翅甲（任国栋，2010）。

识别特征：体长 14.0～22.0 mm。头、胸部亮黑色，触角和足黑色。头大，与前胸等宽或更宽；触角很短，第 2～3 节等长，第 4～10 节横宽，第 7～10 节更宽，末节短，有凹缺。前胸背板两侧直，基部强烈收缩，前角短圆，后角宽圆；沿边缘和近角处刻点明显变为稠密，其余区域散布少量细刻点；前角有厚密的黑长毛。小盾片天鹅绒丝状。鞘翅显长和宽于前胸背板，有稠密的细刻点；鞘翅中部具银灰色横纹，每翅有 1 纵列 4～5 个小黑点，基部具黑长毛。腹部有稠密的细刻点，夹杂黑色和银色毛；雄性第 5 腹板基部浅凹，第 6 节弧宽深凹，边缘呈斜面。足上有黄褐色细毛，前足腿节下侧基部 1 钝齿。

检视标本：5 头，宁夏海原兴仁，1986. VIII. 22，任国栋采（HBUM）；2 头，宁夏平罗，1989. V. 20，任国栋采（HBUM）；2 头，宁夏西吉，1995. IV. 29，任国栋采（HBUM）；1 头，宁夏泾源东山坡，2008. VII. 3，任国栋采（HBUM）；1 头，宁夏固原绿塬林场，2008. VII. 19，冉红凡采（HBUM）。

地理分布：宁夏（海原、平罗、西吉、泾源、固原、隆德）、北京、河北、辽宁、吉林、黑龙江、四川、云南、西藏、陕西、香港；蒙古国，俄罗斯（东西伯利亚），朝鲜，韩国，日本，印度，尼泊尔，不丹，伊朗，阿富汗，塔吉克斯坦，土库曼斯坦，吉尔吉斯斯坦，哈萨克斯坦，土耳其，巴基斯坦，塞浦路斯，黎巴嫩，叙利亚，欧洲，新北界。

捕食对象：小型昆虫。

## 100）点隐翅甲属 *Miobdelus* Sharp, 1889

### （270）黑角点隐翅甲 *Miobdelus atricornis* Smetana, 2001（图版 XVI: 12）

*Miobdelus atricornis* Smetana, 2001: 184.

识别特征：体中至大型。棕黑色，头、前胸背板和鞘翅有黄铜色至紫金属色光泽；口须棕黑色，末节端部浅色；触角基部灰黑色，端部渐变浅；足黑色，前胫节浅色；体背面被棕黑色绒毛，第 1～3 可见腹节背板各有 1 对暗棕色绒毛斑，第 4 可见腹节背板有 1 金黄色绒毛大斑，第 5 可见腹节背板中央有少许金黄色绒毛，第 3～5 可见腹节背板末端边缘均有 3 块金黄色绒毛束。头上刻点粗大。触角短，末节短于第 9+10 节。前胸背板长显大于宽，基部饰边延伸至约 1/4 处；刻点和绒毛与头部相似。鞘翅刻点微小，淀粉粒状。第 2 腹节背板仅边缘有稀疏刻点和绒毛；所有腹节背板覆盖中度稠密的刻点和绒毛；雄性第 8 腹板端部宽凹，雌性第 10 背板宽并被密毛。

检视标本：5♂2♀，宁夏泾源二龙河林场，2000 m，2008. VI. 23；1♂2♀，宁夏泾源西峡林场，2300 m，2008. VI. 27；5♂1♀，宁夏泾源东山坡林场，2100 m，2008. VII. 7；5♂，宁夏隆德峰台林场，2300 m，2008. VII. 3；均为周海生、赵宗一采（IZCAS）。

地理分布：宁夏（六盘山）、四川、云南、陕西、甘肃。

## 101）腐隐翅甲属 *Ocypus* Leach, 1819

### （271）赭腐隐翅甲 *Ocypus* (*Pseudocypus*) *graeseri* Eppelsheim, 1887（图版 XVII: 1）

*Ocypus graeseri* Eppelsheim, 1887: 424; He & Zhou, 2015: 43.

识别特征：体中型，细长。头、前胸背板和腹节背板均为黑色，有明显光泽，鞘翅深红棕色；口须和触角棕色，向端部略微变浅；足黑色，跗节和胫节被黄褐色短绒毛；头、前胸背板和腹背的绒毛黑色，鞘翅绒毛深红褐色。头椭圆形，与前胸背板近似等宽；复眼小，略突出；刻点和被毛较稀疏，刻点间距明显大于刻点直径；触角较短，末节明显长于第 10 节。前胸背板长宽近相等，两侧近平行，后缘圆弧形，饰边狭窄，向前延伸至前面 1/3 处；刻点和绒毛似头部，但更稀疏。小盾片被有细密刻点和黑绒毛。鞘翅两侧近平行，刻点细小，淀粉粒状；被毛比头、胸部的更为密长。所有可见腹节背板除基部外均有密点和绒毛，且端部渐变疏；雄性第 8 腹板端部浅凹；雌性第 10 背板更宽，向端部强烈变窄。

检视标本：8♂3♀，宁夏贺兰山苏峪口，2164 m，2008. VI. 17；1♂5♀，宁夏贺兰山苏峪口，2280 m，2008. VI. 17；1♂，宁夏贺兰山苏峪口，2280 m，2008. VI. 17；均为杨贵军、刘永、贺奇采（NXU）；1♂1♀，宁夏西吉，1989. VII. 24，任国栋采（HBUM）。

地理分布：宁夏（西吉、贺兰山）、北京、河北、山西、内蒙古、黑龙江、青海；俄罗斯（东西伯利亚）。

## 102）原腐隐翅甲属 *Protocypus* Müller, 1923

### （272）黄茸原腐隐翅甲 *Protocypus fulvotomentosus* (Eppelsheim, 1889)（图版 XVII: 2）

*Ocypus fulvotomentosus* Eppelsheim, 1889: 172; Löbl & Smetana, 2004: 674.

识别特征：体长 22.4～23.8 mm。体大型，较粗壮。头和前胸背板灰黑色，有轻微光泽，鞘翅暗棕色，腹节背板灰黑色，向端部颜色渐浅；口须和触角暗棕色，端部灰褐色；足暗褐色，前跗节和胫节有黄褐色短毛；头和前胸背板绒毛暗棕色，鞘翅和腹节背板上的绒毛暗棕色。头钝梯形，略窄于前胸背板最宽处。复眼大小中等，微突出；刻点密小，绒毛浓密，刻点间距小于或约等于刻点直径。触角较短，末节明显短于前两节长度之和。前胸背板盾形，后面 1/3 处最宽，基部圆弧状，饰边前延至两侧 1/3 处；刻点和绒毛比头部的更密小。小盾片有小刻点和黑色绒毛。鞘翅刻点十分细小，淀粉粒状，被毛浓密。所有可见腹节背板有稠密的刻点和绒毛。雄性第 8 腹板端部浅凹，第 9 腹板菱形，第 10 背板端部三角形。雌性第 2 生殖突基节细长。

检视标本：13♂6♀，宁夏泾源东山坡林场，2100 m，2008. VII. 5；12♂6♀，宁夏泾源红峡林场，2100 m，2008. VI. 29；5♂3♀，宁夏固原和尚铺林场，2100 m，2008. VII. 5；1♂2♀，宁夏泾源龙潭林场，1950 m，2008. VI. 23；8♂5♀，宁夏泾源秋千架林场，1800 m，2008. VII. 13；1♂，宁夏泾源二龙河林场，2000 m，2008. VI. 23；6♂1♀，宁夏泾源卧羊川林场，1800 m，2008. VII. 10；均为周海生，赵宗一采（IZCAS）；1♂1♀，宁夏泾源西峡林场，2100–2200 m，2008. VI. 25，娄巧哲采（IZCAS）；1 头，宁夏泾源西峡林场，2008. VII. 16，冉红凡采（HBUM）；1 头，宁夏泾源东山坡，2014. VII. 18，白玲采（HBUM）。

地理分布：宁夏（六盘山）、北京、河北、湖北、陕西、甘肃。

## 103）塔隐翅甲属 *Tasgius* Stephens, 1829

### （273）西里塔隐翅甲 *Tasgius* (*Tasgius*) *praetorius* (Bemhauer, 1915)（图版 XVII: 3）

*Staphylinus praetorius* Bemhauer, 1915: 73; Löbl & Smetana, 2004: 686.

识别特征：体长 14.0～17.5 mm。头黑色，口器黄褐至褐色，上颚黑褐色；触角第 1、第 3 节黑色，第 2 节基部红褐、端部黑色，第 4～11 节红褐至黄色，第 4～5 节色略深；前胸背板黑色，缘折及腹板红褐至黑褐色，前胸后侧片红褐色，具翅胸节腹板黑色；鞘翅黑褐至黑色；足红褐至黑褐色，胫、跗节刺毛红褐色；腹部黑色。头横宽，后角圆，头顶刻点稀疏两侧密，密生短毛杂几根黑长毛；触角向后伸达前胸之半处。前胸背板长方形，约与之等宽，两侧直，中基部微凹；刻点大小与头部相似，具光滑的中纵带；鞘翅长宽近相等，盘上刻点稠密，毛细，多皱纹。腹部刻点、毛与前胸背板的相似；雄性肛节基部有三角形深凹。

检视标本：3 头，宁夏吴忠红寺堡，2014. VIII. 16，白玲采（HBUM）。

地理分布：宁夏（红寺堡）、北京、河北、内蒙古、甘肃、青海；蒙古国，韩国。

## 黄隐翅甲族 Xantholinini Erichson, 1839

### 104）莫隐翅甲属 *Medhiama* Bordoni, 2002

#### （274）六盘山莫隐翅甲 *Medhiama liupanshanensis* Zhou & Zhou, 2012

*Medhiama liupanshanensis* Zhou & Zhou, 2012: 175.

识别特征：体长约 5.9 mm。近圆柱形；棕色。头椭圆形，前颊较直，后颊角圆；背面具多边形网纹状浅刻纹及稀疏小刻点；触角第 1 节远长于第 2～4 节之和。前胸背板与头等长，但较窄；前面 1/3 最宽，后面 1/3 最窄，侧缘中部波弯；前角圆突，后角圆；盘上布浅条纹，中间有 1 对由 12～14 个刻点组成的刻点行，刻点较头部的为小，中区外侧有稀疏的不规则刻点。小盾片光亮，具稀疏多边形网纹，端部 1/4 有 1 对小刻点。鞘翅近方形，显宽于前胸背板但较短；肩发达，侧缘后方扩展，基部圆形；背面弱皱，无微刻纹，两侧有对称地规则刻点行。腹部圆柱形，第 7 节最宽。

地理分布：宁夏（泾源）。

### 105）大隐翅甲属 *Megalinus* Mulsant & Rey, 1877

#### （275）日本大隐翅甲 *Megalinus japonicus* (Sharp, 1874)（图版 XVII: 4）

*Xantholinus japonicus* Sharp, 1874: 52; Löbl & Smetana, 2004: 689; Zhou, Bordoni & Zhou, 2013: 43.

识别特征：体黑色，鞘翅淡黄色。头三角形，唇基前缘有 4 道湾，中间齿突明显，其后方有三角形区，头上刻点稀疏；颈宽约为头宽的 1/2。前胸背板盾形，长大于宽，后缘至两侧中部饰边由背面可见；后缘呈 1 个弧度向后弯突；盘上中间 2 条粗大纵刻点线；肩部及前侧缘具刚毛。小盾片三角形，两侧色浅；鞘翅中缝三角形宽裂，基部靠近小盾片黑色，刻点浅而粗大，被黄色毛。腹部第 3～7 节背板具横刻纹和等径的网纹；第 8 腹节仅狭窄的中纵带无刻点，其背板后缘中间凹入，腹板向后 1 个弧度弯曲；第 8 节背板基部中叶微凹，第 10 节背板基部逐渐变锐而基部宽弓形；第 9 节腹板基部锐而基部近于直。

检视标本：1♂，宁夏泾源，2400 m，2008. VII. 1，周海生采（IZCAS）；1♀，宁夏泾源秋千架，1750 m，2008. VI. 11，娄巧哲采（IZCAS）。

地理分布：宁夏（六盘山）、福建、江西；日本，韩国。

#### （276）六盘山大隐翅甲 *Megalinus liupanshanensis* Zhou & Zhou, 2013（图版 XVII: 5）

*Megalinus liupanshanensis* Zhou & Zhou in Zhou, Bordoni & Zhou, 2013: 14.

识别特征：体长约 10.5 mm。体大型，圆柱形；暗棕色，口须棕色，鞘翅淡红色。头近方形，颊向后显宽，后颊角圆；背面光亮，无刻纹，具稀疏刻点及中等大小的圆刻点；触角第 1 节长于第 2～4 节之和。前胸背板近长方形，较头长；基半部明显宽，两侧向后变窄；前角弱突，后角宽圆；背面光亮，微刻点稀疏，无微刻纹；前缘刻点稀疏，侧缘各有 2 行具毛刻点。小盾片光亮，布稀疏条纹和小刻点。鞘翅近方形，较前胸背板显宽但等长；盘扁平光亮，每翅 8～9 列由中等大小刻点组成的行。腹部圆柱形，第 6 节最宽；第 3～7 节背板光亮，具浅横条纹和具毛小刻点；每节的基部浅凹，无刻点，但有多边形网纹；各腹节光亮，布刻纹和具毛刻点。

检视标本：1♂，宁夏固原和商铺，2100 m，2008. VII. 4，娄巧哲采（IZCAS）。

地理分布：宁夏（六盘山）。

### （277）宁夏大隐翅甲 *Megalinus ningxiaensis* Bordoni, 2013（图版 XVII: 6）

*Megalinus ningxiaensis* Bordoni in Zhou, Bordoni & Zhou, 2013: 17.

识别特征：体长约 8.8 mm。体大型，圆柱形；暗棕色，头和前胸背板更暗。头近方形，颊向后显宽，后颊角圆；背面光亮，无微刻纹，具稀疏微刻点及中等大小圆刻点；复眼中等大小；触角第 1 节长于第 2～4 节之和。前胸背板近长方形，较头长，基半部明显宽，侧缘向后变窄；前角弱突，后角宽圆；盘上光亮，刻点小而稀疏；前缘刻点稀疏，侧缘各有 2 行具毛刻点。小盾片光亮，布稀疏网状纹，前缘 1/3 的刻点成对。鞘翅近方形，显较前胸背板宽但等长；盘上扁平光亮，每翅 8～9 个刻点沟。腹部圆柱形，第 6 节最宽，第 3～7 节背板光亮，具横微浅条纹和具毛小刻点；每节的基部浅凹，无刻点，但有明显的多边形网纹；各腹节光亮，被微刻纹和具毛刻点。

检视标本：1♂，宁夏隆德苏台林场，2200 m，2008. VI. 22，殷子为采（IZCAS）。

地理分布：宁夏（隆德）、青海。

### （278）扁亮大隐翅甲 *Megalinus nonvaricosus* Zhou & Zhou, 2013（图版 XVII: 7）

*Megalinus nonvaricosus* Zhou & Zhou, 2013: 19.

识别特征：体长约 9.8 mm。圆柱形；棕色，头暗色，鞘翅褐色。头长方形，背面光亮，具中等大小的稠密圆刻点；触角第 1 节长于第 2～4 节之和。前胸背板近长方形，较头长，但等宽；两侧近平行或弱弯；前角弱扩，后角宽圆；盘光亮，具微刻点；近前缘刻点稀疏，侧缘各有 2 行具毛刻点。小盾片光亮，布稀疏微条纹和数个小刻点。鞘翅近方形，较前胸背板显宽但等长；盘扁平光亮，无微刻纹，每翅 6～8 个点条线。腹部圆柱形，第 6 节最宽；第 3～7 节背板光亮，具明显横纹和具毛小刻点；各节基部浅凹，无刻点，但有明显的多边形网纹；各腹节光亮，布微刻纹和具毛刻点。

检视标本：1♂，宁夏西吉，2200 m，2008. VI. 22，谢成军采（IZCAS）；1♀，宁夏海原灵光寺，2200 m，1985. VII. 3，任国栋采（IZCAS）。

地理分布：宁夏（西吉、海原）。

## III. 阎甲总科 Histeroidea Gyllenhal, 1808

大多具复眼，圆形或长圆形；触角 11 节，触角第 8 节（极少第 7 节）之后形成棒状；鞘翅端部平截，腹部 1～2 节外露；后翅后缘具 1 后脊（闭锁装置），具中环和顶端铰链；腹部下侧光裸无毛，第 8 腹板完全陷入第 7 节；跗式 5-5-5，偶 5-5-4。

该总科全球已知 3 科 4000 余种，以阎甲科 Histeridae 为核心，已知 3900 余种，世界性分布；长阎甲科 Synteliidae 主要分布于亚洲和北美；扁圆甲科 Sphaeritidae 世界性分布。本书记录宁夏 2 科。

# 9. 长阎甲科 Synteliidae Lewis, 1882

体长 10.0～35.0 mm。长形、粗壮，两侧较平行，背面凸起；黑色，较光亮至暗淡，有时略具蓝绿色金属光泽。眼大，圆形。触角短，11 节，柄节长，较弯，第 9～11 节形成具密毛的棒状。前胸可自由活动；前胸背板横宽，近梯形，端部 1/3 最宽。鞘翅长，背面扁平，具 3～10 个刻点沟；端部平截，臀板（腹部第 7 腹节）外露。腹部可见第 3～7 腹节。跗式 5-5-5。

该科全球已知 1 属 9 种，分布于亚洲东部和美洲中部，以热带和亚热带地区相对较多。成、幼虫栖息于各种腐烂原木的潮湿树皮下，夏季栎树、榆树的流汁处，捕食生活于皮下的其他昆虫幼虫。中国已记录 1 属 4 种；本书记录宁夏 1 属 1 种。

## 106）长阎甲属 *Syntelia* Westwood, 1864

### （279）长阎甲 *Syntelia histeroides* Lewis, 1882

*Syntelia histeroides* Lewis, 1882: 137; Wang et al., 1992: 52; Gao, 1993: 110; Löbl & Smetana, 2004: 68.

曾用名：长阎虫（高兆宁，1993）。

识别特征：体长 12.0～15.0 mm。头的颈部被粗刻点群环绕，上颚长，具 4 齿。翅面有 6～7 条刻点沟，侧缘刻点沟不完整。肛节腹板两侧凹。

地理分布：宁夏（银川）；俄罗斯（远东），日本。

取食对象：榆树干上的流液。

# 10. 阎甲科 Histeridae Gyllenhal, 1808

体长 0.7～30.0 mm。体型多变，隆背或背、腹面扁平，有些圆柱形，稀见球形似蜘蛛者；大多黑色，具蓝或绿色金属光泽或红斑；背面大多光裸，有些具刻点，少数具粗毛。大多具复眼，长圆形，后缘常向内弯曲。触角膝状，端部 3 节棒状。前胸背板凸起，光滑、无毛，具刻点和（或）毛。鞘翅方形，具刻点沟。后翅发达，极少退化。腹部短宽，可见 7 个腹节，至少前 5 个腹节被鞘翅遮盖。跗式 5-5-5，稀见 5-5-4 者。

该科全球已知 11 亚科 395 属 4000 多种，世界性广布。大多数成、幼虫捕食昆虫的幼虫和卵，许多种类选择性捕食双翅目和鞘翅目的幼虫，尤其是粪便、腐肉和腐烂植物中生活的幼虫；部分种类捕食螨类。许多种类栖息于树皮下和木质部的虫洞里；有些成虫在树皮下或腐烂木材的锯末中，主要以真菌孢子为食。中国已记录 9 亚科 45 属约 190 种；本书记录宁夏 3 亚科 7 属 16 种。

## 10.1　腐阎甲亚科 Saprininae Blanchard, 1845

### 107）腐阎甲属 *Saprinus* Erichson, 1834

#### （280）埃腐阎甲 *Saprinus (Saprinus) aeneolus* Marseul, 1870（图版 XVII: 8）

*Saprinus aeneolus* Marseul, 1870: 111; Löbl & Smetana, 2004: 97.

识别特征：体较小，宽卵形，隆凸，亮黑色；胫节、跗节、口器和触角的鞭节暗棕色。头上密布不规则小刻点，后端刻点略大。前胸背板两侧微弓形前缩，端部 1/5 向前剧烈收缩，前缘凹缺部分浅二波弯，基部双波弯；缘线隆起、完整，接近末端但不达基部；前胸背板两侧密布粗大长椭圆形纵刻点，沿基部有 2 行大刻点。鞘翅两侧弧圆，肩略突出；缘折中部微凹，靠近缘线的刻点较盘区的小；缘折缘线细而完整，刻点行粗糙和内弯，后端沿鞘翅基部延伸，到达缝缘处并与缝线相连。前臀板刻点粗浅和稠密；臀板刻点深，较前者的稀粗。前胫节外缘 8～10 齿。

地理分布：宁夏、北京、河北、山西、黑龙江、上海、台湾；蒙古国，俄罗斯（远东），朝鲜，韩国，吉尔吉斯斯坦，印度，阿富汗，土耳其。

#### （281）双斑腐阎甲 *Saprinus (Saprinus) biguttatus* (Steven, 1806)（图版 XVII: 9）

*Hister biguttatus* Steven, 1806: 159; Löbl & Smetana, 2004: 97.

识别特征：体宽卵形，高隆，亮黑色，有不明显的金属彩光；跗节、前胫节和触角的鞭节深红棕色，触角端锤深褐色，鞘翅中、后部各 1 黄褐色小圆斑。头上基半部刻点粗密，中间有 1 粗大圆形深刻点。前胸背板两侧向前圆弧形收缩，前缘凹内中央较直，基部双波弯；盘上两侧密布粗大浅圆刻点，有时相连形成短纵皱纹。鞘翅中部光滑，有稠密的细刻点；缘折中部深凹；缘线隆起且完整，前端内弯，后端沿鞘翅基部延伸，于缝缘处与缝线相连。前胫节外缘 10～12 齿，端部 4～5 个和基部 1～3 个较小。

地理分布：宁夏（盐池）、内蒙古、吉林、甘肃、新疆；蒙古国，俄罗斯，哈萨克斯坦，土库曼斯坦，乌兹别克斯坦，伊朗，阿富汗，土耳其。

#### （282）变色腐阎甲 *Saprinus (Saprinus) caerulescens caerulescens* (Hoffmann, 1803)（图版 XVII: 10）

*Hister caerulescens* Hoffmann, 1803: 73; Löbl & Smetana, 2004: 97.

*Hister semipunctatus* Fabricius, 1792: 73.

识别特征：体长 5.0～8.0 mm。卵圆形；暗蓝或绿色，偶黑青铜色或黑色。鞘翅背线内有刻点，背线通常短于鞘翅长之半；第 4 背线退化，仅留端部一段；翅缝线约为鞘翅长的 3/4。

地理分布：宁夏（平罗）、内蒙古、新疆；俄罗斯（东西伯利亚），阿富汗，伊朗，乌兹别克斯坦，土库曼斯坦，哈萨克斯坦，土耳其，塞浦路斯，沙特阿拉伯，叙利亚，以色列，欧洲，非洲界，新热带界。

**（283）外突腐阎甲 *Saprinus (Saprinus) externus* (Fischer von Waldheim, 1823)**

*Hister externus* Fischer von Waldheim, 1823: pl. 25; Löbl & Smetana, 2004: 98.

地理分布：宁夏（贺兰山）；阿富汗，伊朗，乌兹别克斯坦，土库曼斯坦，土耳其，叙利亚。

**（284）日本腐阎甲 *Saprinus (Saprinus) niponicus* Dahlgren, 1962**（图版 XVII: 11）

*Saprinus niponicus* Dahlgren, 1962: 245; Löbl & Smetana, 2004: 99.

识别特征：宽卵形，强烈隆起，亮黑色，带黄铜色光泽；足胫节、跗节和触角的鞭节深红棕色，触角端锤暗褐色。额上有稀疏和大小适中的刻点。前胸背板两侧向前微弓形收缩，前缘凹入，浅双波弯，基部双波弯。鞘翅两侧弧圆，缘折线细而完整，在其与缘折之间有 1～2 行稀疏和大小适中的刻点，缘折末端内弯，后端沿鞘翅基部延伸，于鞘翅缝缘处与缝线相连，其内侧布大小适中的稀疏刻点并向端部 1/3 变密。前胫节外缘 13 个刺，端部 2 个和基部 3 个较小。

地理分布：宁夏、北京、辽宁、吉林、黑龙江、新疆；俄罗斯（远东），朝鲜，韩国，日本。

**（285）平盾腐阎甲 *Saprinus (Saprinus) planiusculus* Motschulsky, 1849**（图版 XVII: 12）

*Saprinus planiusculus* Motschulsky, 1849: 97; Löbl & Smetana, 2004: 99; Yang et al., 2011: 143.

识别特征：体长 3.6～5.5 mm。卵圆形，暗青铜色，具强光泽。前胸背板上的眼后窝较浅；两侧的大刻点不扩展到基部。鞘翅第 3 背线通常很短，翅缝线非常退化。

地理分布：宁夏（盐池、罗山）、河北、内蒙古、辽宁、吉林、黑龙江、浙江、山东、甘肃、新疆；蒙古国，俄罗斯（远东、东西伯利亚），朝鲜，韩国。

取食对象：动物尸体、粪便。

**（286）半纹腐阎甲 *Saprinus (Saprinus) semistriatus* (Scriba, 1790)**（图版 XVIII: 1）

*Hister semistriatus* Scriba, 1790: 72; Löbl & Smetana, 2004: 100; Wang & Yang, 2010: 173.

识别特征：体长 3.4～5.5 mm。卵圆形，具光泽，触角及足黑褐色。前胸背板两侧散布粗刻点，刻点不扩散到后角，眼后窝大而深。鞘翅背线内有刻点，背线向后伸达中部稍后；第 3 背线不缩短，第 4 背线基部弯向翅缝，但不与翅缝线相连；肩线与第 1 背线平行，并与肩下线相接。前胫节 10～13 个小齿。

地理分布：宁夏（盐池、贺兰山）、辽宁、吉林、黑龙江、新疆；蒙古国，俄罗斯，伊朗，埃及，欧洲，非洲界。

**（287）光泽腐阎甲 *Saprinus (Saprinus) subnitescens* Bickhardt, 1909**（图版 XVIII: 2）

*Saprinus subnitescens* Bickhardt, 1909: 221; Löbl & Smetana, 2004: 100.

识别特征：体长 3.5～6.0 mm。青铜色或黑青铜色。与半纹腐阎甲 *Saprinus semistriatus* (Scriba, 1790)十分相似，主要区别特征为：体稍窄而长，中胸腹板刻点稀少，雄性阳茎侧面观端部近于直角弯曲。

地理分布：宁夏（盐池）、新疆；阿富汗，伊朗，哈萨克斯坦，黎巴嫩，塞浦路斯，叙利亚，伊拉克，以色列，欧洲，非洲界，新北界。

**（288）细纹腐阎甲** *Saprinus (Saprinus) tenuistrius tenuistrius* Marseul, 1855（图版 XVIII: 3）

*Saprinus tenuistrius* Marseul, 1855: 458; Löbl & Smetana, 2004: 100; Wang & Yang, 2010: 173; Yang et al., 2011: 143.

识别特征：体长 2.5～4.6 mm。卵圆形；黑褐色，触角及足栗褐色，触角棒状部红褐色。前胸背板眼后窝较明显，两侧散布大刻点并扩展至后角，中区刻点稀小。鞘翅背线细而明显，向后伸达翅中部稍后，背线内无刻点；第 3～4 背线稍短，第 4 背线前端呈弧形与傍线相接；肩线与第 1 背线略平行并与肩下线相连。前胫节 6～8 个弱齿。

地理分布：宁夏（灵武、盐池、贺兰山、罗山）、内蒙古、福建、甘肃、新疆；阿富汗，伊朗，伊拉克，欧洲，非洲界。

取食对象：动物尸体、粪便。

## 10.2　棒阎甲亚科 Dendrophilinae Reitter, 1909

### 棒阎甲族 Dendrophilini Reitter, 1909

#### 108）棒阎甲属 *Dendrophilus* Leach, 1817

**（289）仓储棒阎甲** *Dendrophilus (Dendrophilus) xavieri* Marseul, 1873

*Dendrophilus xavieri* Marseul, 1873: 226; Wang et al., 1992: 52; Löbl & Smetana, 2004: 73.

识别特征：体长 2.5～3.7 mm，宽 2.0～2.3 mm。亮黑色，龟形。触角端节黄褐色，余节黑褐色。头小而下弯，头上散生圆形小刻点；触角 11 节，末端 3 节呈锤状。前胸背板基部最宽，前缘微凹，基部半圆形外突出，盘上散生小刻点。鞘翅后缘切截状，不将肛节遮盖，每翅 7 个完整点条线。前胸和中胸的腹板狭窄，后胸腹板最宽。腹板 5 个，第 1 节最宽，第 2、第 4 节最窄，第 3、第 5 节中等。前胫节 1 距；各足有细刺，腿节及胫节宽扁，各足末端 2 爪；跗式 5-5-5。

地理分布：宁夏、河北、内蒙古、上海、浙江、江西、湖北、广东、广西、海南、贵州、云南、陕西、甘肃、新疆、台湾；韩国，日本，欧洲，新北界。

取食对象：螨类、发霉粮食、油饼等。

### 等角阎甲族 Paromalini Reitter, 1909

#### 109）矮阎甲属 *Carcinops* Marseul, 1855

**（290）黑矮阎甲** *Carcinops pumilio* (Erichson, 1834)（图版 XVIII: 4）

*Paromalus pumilio* Erichson, 1834: 169; Wang et al., 1992: 52; Löbl & Smetana, 2004: 74.

*Dendrophilus quatuor decimstriatus* Stephens, 1835: 412; Wang et al., 2007: 32; Zhang, 2008: 96; Ren, 2010: 150; Yang et al., 2011: 142.

识别特征：体长 2.1～2.6 mm。宽卵形，背略拱；栗褐色至黑色，体壁有脂肪状光泽；触角及足暗褐，触角棒黄红色，触角基部 8 节赤褐色，末端 3 节黄至黄褐色，足红褐色，复眼黄褐色。头短宽，侧缘脊明显，前缘中间平两侧凹，布卵圆形大刻点和稠密浅小刻点；上颚外露；触角锤状，第 2 节最长，第 3～8 节长短相等，末端 3 节锤状。前胸背板宽是长 1.8 倍，两侧及前缘饰边细，前缘弓形，两侧弧形，缘脊明显，前角尖，基部最宽；盘区中间刻点小。鞘翅陷线内刻点大，第 1～5 背线完整。前足腿节下侧 2 尖齿；各胫节外缘有 1 齿，端部内、外侧各具 2 个长尖刺；前胫节内缘显弯，外缘端部 2 大齿，中胫节 2 大刺，后胫节外缘 1 大刺。

地理分布：宁夏（全区）、福建、江西、河南、湖北、广西、四川、台湾；俄罗斯（远东），韩国，日本，欧洲，非洲界，澳洲界，新北界，东洋界。

取食对象：发霉粮食、油饼等。

## 10.3　阎甲亚科 Histerinae Gyllenhal, 1808

## 阎甲族 Histerini Gyllenhal, 1808

### 110）斑阎甲属 *Atholus* Thomson, 1859

#### （291）双红斑阎甲 *Atholus bimaculatus* (Linnaeus, 1758)（图版 XVIII: 5）

*Hister bimaculatus* Linnaeus, 1758: 358; Wang et al., 1992: 52; Löbl & Smetana, 2004: 78.

识别特征：体长 4.5～6.5 mm，宽 3.0～4.0 mm。卵圆形，亮黑，触角红棕色，锤部黄灰色，跗节棕黑色。头长方形，宽大于长，上颚钳状；复眼长卵形；触角末端 3 节锤状。前胸背板隆起，宽大于长。鞘翅中部 2 个大红斑，第 1～4 背线伸达翅的末端，腹部 2 节外露，刻点均布。前足外齿发达；所以胫节外端具黄色毛，跗节端部具棕色刺。

检视标本：1 头，宁夏青铜峡树新二队，1981. V. 9，陈义夫采（HBUM）；34 头，宁夏中卫沙坡头，1985. IV，任国栋采（HBUM）；1 头，宁夏中卫甘塘，1985. IV，任国栋采（HBUM）；3 头，宁夏海原盐池，1988. VI. 11，任国栋采（HBUM）。

地理分布：宁夏（中卫、青铜峡、海原）、内蒙古；俄罗斯（东西伯利亚），日本，阿富汗，伊朗，伊拉克，以色列，约旦，欧洲，非洲界，新北界，新热带界，东洋界。

取食对象：动物尸体、蝇蛆等昆虫。

#### （292）窝胸清亮阎甲 *Atholus depistor* (Marseul, 1873)（图版 XVIII: 6）

*Hister depistor* Marseul, 1873: 224; Löbl & Smetana, 2004: 79; Wang & Yang, 2010: 172.

识别特征：体长 4.2～4.8 mm。鞘翅黑色，触角及足的胫节通常红褐色。前胸背板近前角处的眼后窝深而圆，窝内有粗刻点。鞘翅背线明显，线内布刻点；第 1～5 背线完整，向前约伸达翅中部；肩下线发达，明显弯曲，约为翅长之半。前臀板上的刻点粗而密；臀板上的刻点较密小。前胫节外缘具 3 齿，以端齿最大。

地理分布：宁夏（贺兰山）、辽宁、黑龙江、台湾；俄罗斯（远东），朝鲜，日本，非洲界。

取食对象：动物尸体、粪便。

## 111）阎甲属 *Hister* Linnaeus, 1758

### （293）谢氏阎甲 *Hister sedakovii* Marseul, 1862（图版 XVIII: 7）

*Hister sedakovii* Marseul, 1862: 548; Löbl & Smetana, 2004: 23; Yang et al., 2011: 142; Wang et al., 2012: 72.

识别特征：体长 3.6～4.8 mm。卵圆形，黑色有光泽。鞘翅背线内无刻点，第 1～3 背线完整，第 4 背线端部略短，第 5 背线和傍缝线仅残留端部一小段。

地理分布：宁夏（灵武、罗山）、辽宁、黑龙江；蒙古国，俄罗斯（远东、东西伯利亚），朝鲜，韩国。

取食对象：动物尸体、粪便。

## 112）歧阎甲属 *Margarinotus* Marseul, 1854

### （294）周歧阎甲 *Margarinotus periphaerus* Mazur, 2003（图版 XVIII: 8）

*Margarinotus (Ptomister) periphaerus* Mazur, 2003: 163.

识别特征：体卵形，隆凸，亮黑色；足和触角红棕色。头平坦，具稀疏的细刻点；额线深刻完整，并于前端中央向内弯曲。前胸背板两侧均匀弓弯并向前收缩，前角锐，盘上刻点稀小，小盾片前区具 1 纵长刻点。鞘翅两侧略呈弧形，外肩下线近于完整，基部略短缩，内肩下线缺失，斜肩线细。前胫节外缘 6 小齿；前足腿节线短，位于端部。

地理分布：宁夏、北京、陕西、甘肃。

## 113）分阎甲属 *Merohister* Reitter, 1909

### （295）吉氏分阎甲 *Merohister jekeli* (Marseul, 1857)（图版 XVIII: 9）

*Hister jekeli* Marseul, 1857: 417; Löbl & Smetana, 2004: 85; Wang & Yang, 2010: 173; Yang et al., 2011: 142.

识别特征：体长 7.0～9.5 mm。短卵圆形，中度隆起，亮黑色。前胸背板前角之后近侧线处有宽凹陷区，其内散布粗刻点；侧线明显而完整。鞘翅背线深，第 1～4 背线完整，第 5 背线及侧缝线达到翅长的 1/3～1/2，后 2 条线有时断裂成刻点状。前臀板散布中等稠密的刻点；臀板隆起，刻点小而较密。前胫节 3～4 齿，端齿由 2 个刺组成。

地理分布：宁夏（贺兰山、罗山）、河北、内蒙古、辽宁、福建、江西、广东、台湾；俄罗斯，朝鲜，韩国，日本，东洋界。

取食对象：动物尸体、粪便。

# IV. 金龟总科 Scarabaeoidea Latreille, 1802

触角鳃叶状；前足特化适于挖洞；腹部第 2 腹板仅由侧面可见；第 8 腹节形成真正的臀板且不被第 7 腹节隐藏；前足基节发达，胫节外缘齿状，端距 1 枚；无后足基节板。

该总科全球已知 11 科 3.5 万种，植食性、粪食性和腐食性。本书记录宁夏 5 科。

# 11．粪金龟科 Geotrupidae Latreille, 1802

体长 5.0～45.0 mm。卵形或圆形；黄色、褐色、红褐色、紫色、棕黑色或黑色，常具金属光泽。复眼完整（粪金龟亚科 Geotrupinae Latreille, 1802）或部分被眼角分离。触角 11 节（粪金龟亚科 Geotrupinae 和 Lethrinae Oken, 1843）或 10 节（Taurocerastinae Germain, 1897），端部 3 节棒状。前胸背板强烈凸起，基部宽于鞘翅基部或等宽；有或无结节、角突、沟或脊。鞘翅强烈凸起，完全遮盖腹部；背面有或无刻点行。后翅发达。腹部可见腹板 6 节。跗式 5-5-5。

该科全球已知 4 亚科 108 属 1000 多种，主要分布于北极、新热带区和澳大利亚。成虫为幼虫营造洞穴和提供食物。粪金龟亚科 Geotrupinae 的食物从粪便到真菌到腐殖质不等；Lethrinae 专性收集并浸渍绿叶；Taurocerastinae 取食草食性哺乳动物的粪便。中国已记录 2 亚科 13 属 114 种；本书记录宁夏 2 亚科 6 属 6 种。

## 11.1　隆金龟亚科 Bolboceratinae Mulsant, 1842

### 球角粪金龟族 Bolbelasmini Nikolajev, 1996

#### 114）球角粪金龟属 *Bolbelasmus* Boucomont, 1911

##### （296）朝鲜球角粪金龟 *Bolbelasmus* (*Kolbeus*) *coreanus* (Kolbe, 1886)（图版 XVIII: 10）

*Bolboceras coreanus* Kolbe, 1886: 188; Löbl & Smetana, 2006: 83.

检视标本：1 头，宁夏同心，1974. VII（IPPNX）；4 头，宁夏固原，1978. VI. 15（IPPNX）。

地理分布：宁夏（固原、同心）、安徽、福建、浙江、四川、贵州、云南、陕西、甘肃；朝鲜，韩国，印度，东洋界。

#### 115）锤角粪金龟属 *Bolbotrypes* Olsoufieff, 1907

##### （297）戴锤角粪金龟 *Bolbotrypes davidis* (Fairmaire, 1891)（图版 XVIII: 11）

*Bolboceras davidis* Fairmaire, 1891: 6; Wang et al., 1992: 76; Löbl & Smetana, 2006: 83; Wang & Yang, 2010: 175.

识别特征：体长 8.0～13.3 mm。体短阔，背面圆隆，近半球形；黄褐至棕褐色，头、胸色略深，鞘翅光亮。头上刻点粗密；唇基近梯形，中心略前有 1 瘤状小凸；额上有 1 高隆墙状横脊，横脊顶端有 3 突，中突最高；雌性横脊高宽。前胸背板布刻点粗大，周缘具饰边；两侧基部圆弧形，基部波浪形弯曲，中端部有 1 陡直斜面，其上缘中段有 1 短直横脊。小盾片近三角形。鞘翅圆拱，缝肋阔；盘上 10 条刻点沟，外侧 5 条长短不一。腹部密布绒毛。

检视标本：1 头，宁夏盐池麻黄山，1986. VI，任国栋采（HBUM）；2 头，宁夏平罗，1989. VIII. 5（HBUM）。

地理分布：宁夏（青铜峡、中卫、盐池、平罗、贺兰山）、北京、山西、甘肃；

蒙古国，俄罗斯（远东），朝鲜。

取食对象：成虫、幼虫均食粪。

## 11.2　粪金龟亚科 Geotrupinae Latreille, 1802

### 角粪金龟族 Enoplotrupini Paulian, 1945

#### 116）弗粪金龟属 *Phelotrupes* Jekel, 1866

**（298）荒漠粪金龟 *Phelotrupes (Chromogeotrupes) auratus auratus* (Motschulsky, 1858)**（图版 XVIII: 12）

*Geotrupes auratus* Motschulsky, 1858: 31; Löbl & Smetana, 2006: 85; Morimoto, 2007: 136.

识别特征：体长 16.0～22.0 mm。体宽，背面披金红、红铜、金绿至蓝色金属光泽，腹面金绿至紫蓝色。上颚镰形突出，唇基长梯形，外缘两侧向前直线状收缩，前缘弱凹；中间后面有"V"形纵隆起。前胸背板光滑，中部有细纵沟；侧缘刻点密，部分皱纹状；基部两侧中央具小凹。小盾片中间有达到前端的纵凹。鞘翅刻点沟明显，沟内刻点可辨，行间隆突而光滑，外缘宽平。后足腿节基部 1 棘状突起；雄性前胫节内侧 3～4 个棘齿，以基部 2 个最大。

检视标本：1 头，宁夏固原，1962. VIII. 5（IPPNX）；1 头，宁夏灵武，1963. V. 4（IPPNX）；宁夏银川（1 头，1962. IV. 15；1 头，1963. IV. 29）（IPPNX）；1 头，宁夏灵武白芨滩，1975. VIII. 15（IPPNX）；10 头，宁夏盐池，1992. V. 15（IPPNX）。

地理分布：宁夏（固原、灵武、银川、盐池）；俄罗斯（远东），朝鲜，韩国，日本。

### 粪金龟族 Geotrupini Latreille, 1802

#### 117）叉角粪金龟属 *Ceratophyus* Fischer von Waldheim, 1824

**（299）叉角粪金龟 *Ceratophyus polyceros* (Pallas, 1771)**（图版 XIX: 1）

*Scarabaeus polyceros* Pallas, 1771: 461; Löbl & Smetana, 2006: 87.

识别特征：体长约 24.0 mm，宽约 13.0 mm。扁椭圆形，棕色或棕黑色，有弱金属光泽；腹面有浓密的黄棕色绒毛。头光亮，刻点致密；眼上刺突发达；上颚强大，顶端分叉；雄性唇基向上伸出 1 个弯曲的角突，头部中央 1 纵脊，与角突相连；雌性唇基前缘 1 三角形角突，顶端向上弯曲，角突后方附近有 1 短角突。前胸背板短宽，中部 1 纵沟，刻点稠密，大而深；前缘平直，基部略呈波弯，饰边明显；前、后角圆钝；雄性前缘中央具 1 长尖角突，直达唇基前缘；雌性前缘中央 1 突起多少前冲，突起的两侧各有 1 小角突。小盾片鸡心状。鞘翅有 13 条点条线。前胫节外缘 6 齿突，端齿顶端分叉，端距尖长；中、后胫节各有端距 2 枚。

检视标本：2 头，宁夏盐池，1986. VI，任国栋采（HBUM）；1 头，宁夏盐池麻黄山，1986. VIII，任国栋采（HBUM）；5 头，宁夏陶乐，1987. VIII. 24（HBUM）；1

头，宁夏彭阳，1989. VIII. 9（HBUM）。

地理分布：宁夏（彭阳、盐池、陶乐）、山西、内蒙古；哈萨克斯坦。

## 118）粪金龟属 *Geotrupes* Latreille, 1797

### （300）粪堆粪金龟 *Geotrupes (Geotrupes) stercorarius* (Linnaeus, 1758)（图版 XIX: 2）

*Scarabaeus stercorarius* Linnaeus, 1758: 349; Wang et al., 1992: 76; Gao, 1993: 126; Löbl & Smetana, 2006: 87; Ren, 2010: 156; Yang et al., 2011: 144.

曾用名：粪金龟（高兆宁，1993）。

识别特征：体长 15.5～22.0 mm，宽 9.8～12.0 mm。长椭圆形，背面显著圆拱，黑色，有或强或弱的铜绿和紫铜色金属光泽；腹面铜绿色金属光泽强于背面；胸下、腹下密布长绒毛；触角鳃片部栗色泛黄，密布柔短茸毛，光泽较弱。唇基长大近菱形，前缘圆形，刻纹致密，中间有纵脊，其后端隆起似小圆丘；额中部有纵凹沟；上颚发达，弯镰状，端部多少二叶形；触角鳃片部第 2 节明显短小和不完整。前胸背板宽大，中央除有不连续中纵刻点沟外，光滑无刻点；四周有深大刻点，尤以两侧为多；四周具饰边，前缘饰边高阔，中段有膜质饰边；前角钝角形，后角圆弧形。小盾片短阔三角形。鞘翅刻点沟 13 条，均显深。足粗壮，外缘 7 齿；雄性前胫节内侧中部 1 钝齿，近基部 1～2 枚小齿突。

检视标本：1 头，宁夏泾源二龙河，1984. V. 18（HBUM）；1 头，宁夏盐池，1986. VI, 任国栋采（HBUM）；1 头，宁夏海原水冲寺，1986. VIII. 22，任国栋采（HBUM）；宁夏彭阳（2 头，1988. V. 21；2 头，1989. VIII. 11），任国栋采（HBUM）；宁夏泾源六盘山（1 头，1984. VIII. 17；4 头，1989. VIII. 8，任国栋采）（HBUM）；1 头，宁夏固原，1989. VI. 14（HBUM）。

地理分布：宁夏（泾源、盐池、海原、彭阳、固原、罗山）、北京、河北、山西、内蒙古、辽宁、吉林、黑龙江、山东、河南、甘肃；蒙古国，伊朗，塔吉克斯坦，土库曼斯坦，欧洲，新北界。

取食对象：牛粪、马粪。

## 笨粪金龟族 Lethrini Oken, 1843

## 119）笨粪金龟属 *Lethrus* Scopoli, 1777

### （301）波笨粪金龟 *Lethrus (Heteroplistodus) potanini* Jakovlev, 1889（图版 XIX: 3）

*Lethrus potanini* Jakovlev, 1889: 261; Wang et al., 1992: 76; Löbl & Smetana, 2006: 93; Wang & Yang, 2010: 175; Ren, 2010: 156; Yang et al., 2011: 144.

识别特征：体长约 16.0 mm。较圆隆；深黑褐色，光泽弱。唇基近梯形，表面粗糙；头、眼脊片凹凸不平，中间凹陷，布杂乱刻点；眼上刺突发达，呈三角形，有刻点；上颚发达，具致密刻点，内缘 4～5 小齿；左颚外缘下面 1 长直角突，右上颚下面有疣突；触角鳃片部套置呈圆锥形。前胸背板横宽，密布刻点和小突起；背面中段

1 条纵沟纹，饰边明显；前角钝，后角圆。鞘翅圆隆，纵纹弱，有杂乱刻点和大小瘤突。前胫节外缘 7～8 齿突；中、后胫节各 2 枚端距；各足 1 对爪。

检视标本：2 头，宁夏中卫，1985. IV；1 头，宁夏彭阳，1650 m，1987. VIII. 2；1 头，宁夏石嘴山，1988. VII. 26；14 头，宁夏海原，1989. V. 30；1 头，宁夏平罗，1989. VIII. 5；1 头，宁夏中卫甘塘，1992. V. 6；均为任国栋采（HBUM）。

地理分布：宁夏（中卫、彭阳、石嘴山、海原、平罗、泾源、同心、灵武、盐池、贺兰山）、山西、内蒙古、甘肃；蒙古国。

取食对象：牛粪、马粪。

# 12. 皮金龟科 Trogidae MacLeay, 1819

体长 5.0～25.0 mm。长椭圆形，凸起；棕色或灰色至黑色；常有灰色、黄色或棕色毛；背面常有污垢。触角 10 节，端部 3 节棒状。

该科全球已知 3 亚科 4 属约 300 种，分布于北极、非洲区（包括马达加斯加）、北美洲南部、新热带区和全北区。成虫、幼虫均以头发、毛、蹄子、爪子、角等的角蛋白为食，是最后访问尸体的昆虫。有些取食洞穴或树洞里的蝙蝠粪便。中国已记录 3 属 25 种；本书记录宁夏 1 亚科 1 属 4 种。

## 皮金龟亚科 Troginae MacLeay, 1819

### 120）皮金龟属 *Trox* Fabricius, 1775

#### （302）尸体皮金龟 *Trox cadaverinus cadaverinus* Illiger, 1802（图版 XIX: 4）

*Trox cadaverinus* Illiger, 1802: 44; Ren & Hou, 2003: 506; Löbl & Smetana, 2006: 80; Yang et al., 2011: 143.

识别特征：肛节狭窄，两侧基部具脊。前足腿节下缘有细锯齿；前胫节外缘齿非常钝，外角较圆。阳茎侧突外缘直、平行，中叶顶端圆锥形。

检视标本：1 头，宁夏海原盐湖，1987. VII. 24，任国栋采（HBUM）；3 头，宁夏平罗，1989. VII. 21（HBUM）。

地理分布：宁夏（盐池、海原、平罗、罗山）、内蒙古、甘肃、青海；蒙古国，俄罗斯（远东、东西伯利亚），土库曼斯坦，吉尔吉斯斯坦，欧洲。

取食对象：动物尸体。

#### （303）大瘤皮金龟 *Trox eximius* Faldermann, 1835（图版 XIX: 5）

*Trox eximius* Faldermann, 1835: 368; Ren & Hou, 2003: 506; Löbl & Smetana, 2006: 80.

识别特征：体长 12.0～14.0 mm。椭圆形，背面高隆；黑色。唇基前缘圆弧形，复眼上缘的颊具毛列；触角短，基部 2 节背面具长毛，端部 3 节鳃片状。前胸背板短阔，基部之前最宽；前缘凹而中部突，基部向后突出，侧缘弧形，后角前凹入，侧缘及基部具毛列；前角尖突，后角弱突；背面具粗刻点及凹洼。小盾片光滑，舌形。鞘翅刻点沟粗深，行间为块状大瘤突。足粗短，前胫节开掘式。

检视标本：1 头，宁夏中卫，1985. VI，任国栋采（HBUM）；2 头，宁夏盐池麻黄山，1986. VI，任国栋采（HBUM）。

地理分布：宁夏（中卫、盐池）、内蒙古；蒙古国。

**（304）甘肃皮金龟 *Trox gansuensis* Ren, 2003**（图版 XIX: 6）

*Trox gansuensis* Ren, 2003: 110; Löbl & Smetana, 2006: 80; Ren, 2010: 155.

识别特征：体长 7.7~9.2 mm，宽 4.5~5.5 mm。长卵形，十分隆起；黑色，端距和跗节棕色。唇基前缘圆三角形；额平坦，中间两侧各 1 浅凹。前胸背板前缘弱弯，中间突出；两侧中部偏后最宽；基部向后宽三角形突出；前角尖突，后角近于直角形；侧缘和基部密布黄色鳞片状缘毛；盘于中线前、后方各有 1 大浅凹；前侧方具 1 大横凹，后半部有 2 小凹；刻点浅圆粗大。鞘翅侧缘中基部最宽，边缘有细锯齿，齿间有 1 短毛；背面非常隆起，两侧近于直立，有宽边；行上具四方形粗深刻点，两侧有细纹；行间平坦，每行有 7~8 个毛簇和不规则皱纹。前足腿节下缘有粗钝齿；前胫节外缘 3 粗齿，基部 3~4 细齿，前缘非常倾斜；中、后胫节端部扩展，外缘锯齿状，外端距长是基部 3 个跗节之和。

检视标本：1 头，宁夏泾源卧羊川，2008. VII. 7，王新谱采（HBUM）；2 头，宁夏泾源龙潭林场，2009. VII. 6，王新谱、赵小林采（HBUM）；1 头，宁夏泾源秋千架，2009. VI. 8，杨晓庆采（HBUM）。

地理分布：宁夏（泾源）、甘肃。

**（305）祖氏皮金龟 *Trox zoufali* Balthasar, 1931**（图版 XIX: 7）

*Trox zoufali* Balthasar, 1931: 131; Löbl & Smetana, 2006: 81; Wang & Yang, 2010: 176; Yang et al., 2011: 143; Wang et al., 2013: 1387.

识别特征：体长 5.5~5.8 mm。长椭圆形；黑褐色。头背微隆，密布浅圆刻点；具弱弯弧形脊线，脊线前刻点多具淡黄短毛；唇基表面刻纹杂乱，有少数浅黄短毛。前胸背板短阔，中部之后最宽，均匀密布具毛圆浅刻点；前角锐而前伸，后角钝；侧缘略钝，侧基部均匀列短弱片状毛；盘区隆起，两侧较宽的上翘；中纵有前浅后略深的浅纵沟，沟侧基部各有 1 长圆浅凹。小盾片光滑，舌形。鞘翅刻点沟深显，行间宽，有成列毛丛。前足腿节扩大呈圆柱形。

地理分布：宁夏（灵武、贺兰山、罗山）、北京、山西、湖北；俄罗斯（远东），朝鲜，东洋界。

取食对象：成虫、幼虫均食粪。

# 13. 锹甲科 Lucanidae Latreille, 1804

体长 2.0~100.0 mm。相当长，背面弱凸、较扁或圆柱形；红棕色至黑色，有时艳丽；背面光滑或具毛；大多有性二型，有些雄性具多型现象。上颚发达，雄性多特化。复眼完整或被眼角部分或完全分离。触角膝状或直，10 节，端部 3~6 节栉状。许多类群无后翅。腹部可见腹板 5 节。跗式 5-5-5。

该科全球已知 5 亚科 95 属约 1250 种，世界性广布，栖息于腐烂的木材、针叶林与落叶林的落叶中。蚁锹甲属 *Penichrolucanus* Deyrolle, 1863 被发现于白蚁巢中；成虫、幼虫生活于腐烂木材中；有些种类的幼虫生活在土壤中，以腐殖质和植物根为食。中国已记录约 300 种；本书记录宁夏 1 亚科 2 属 3 种。

## 锹甲亚科 Lucaninae Latreille, 1804

## 刀锹甲族 Dorcini Parry, 1864

### 121）刀锹甲属 *Dorcus* MacLeay, 1819

#### （306）大卫刀锹甲 *Dorcus davidis* (Fairmaire, 1887)（图版 XIX: 8）

*Gnaphaloryx davidis* Fairmaire, 1887: 314; Löbl & Smetana, 2006: 185; Wang & Yang, 2010: 174; Ren, 2010: 155; Yang et al., 2011: 143; Ren et al., 2013: 165; Bai et al., 2013: 329.

曾用名：戴维刀锹甲（王新谱等，2010；杨贵军等，2011）。

识别特征：体小到中型；黑色，背面及腹面均光滑。上颚弯曲，短于头及前胸总长；上颚基部宽大，顶尖，向内强烈弯曲，中部具 1 斜伸的三角形大齿；头近梯形，中央隆起。前胸背板前缘弯曲，基部较直，侧缘曲折；前、后角宽钝。鞘翅边缘具稠密刻点，中部光滑无纵线；肩角尖。小盾片心形，末端较尖。各足腿节背面中部具稀疏短毛；前胫节侧缘 3～5 小齿；中、后胫节各有 1 微齿。

检视标本：1 头，宁夏泾源，2008. VII. 7（HBUM）。

地理分布：宁夏（泾源、平罗、灵武、罗山、贺兰山）、北京、河北、山西、内蒙古、辽宁、吉林、陕西、青海；蒙古国。

取食对象：幼虫取食被真菌感染的食物，成虫取食阔叶木本植物伤口处的溢液。

#### （307）直齿刀锹甲 *Dorcus rectus* (Motschulsky, 1858)（图版 XIX: 9）（宁夏新纪录）

*Psalidostomus rectus* Motschulsky, 1858: 29; Löbl & Smetana, 2006: 73; Huang & Chen, 2013: 341.

识别特征：体长 22.0～53.5 mm。黑褐至红褐色；背面光裸，腹面具稀疏的黄褐色短毛，后胸腹板的毛较为长和密。上颚较扁平，雄性稍长于头及前胸的总长，雌性短；上颚较宽，顶尖而向内弯曲；上颚中基半部 1 大齿，紧邻上颚端部有 1 小齿，几与上颚端部垂直；头近于倒梯形，前缘宽于基部，头顶中基半部弱凹陷呈三角形；额很平，近扇形；唇基近长方形，中央深凹，端部两侧有呈锐角突；下唇近梯形，宽扁，均布细刻点。前胸背板近长方形，中央弱凸；前缘明显波弯，中部向外尖突；基部较平直；侧缘弱波弯；前、后角较钝。鞘翅较光滑，靠近肩角及小盾片处有细密稠密的小刻点；肩角尖。小盾片尖三角形。前胫节侧缘锯齿状，有 5～7 枚小齿；中、后胫节各 1 微齿。

检视标本：宁夏银川（1 头，1960. VI. 7；1 头，1960. VII. 1；1 头，1962. VIII. 8）（IPPNX）；1 头，宁夏泾源秋千架，1994. VIII. 10（IPPNX）；1 头，宁夏灵武东塔乡，2006. VII. 18，张治科采（IPPNX）。

地理分布：宁夏（银川、灵武、泾源）、辽宁、吉林、台湾；俄罗斯（远东），朝鲜，韩国，日本，东洋界。

## 矮锹甲族 Figulini Burmeister, 1847

### 122）矮锹甲属 *Figulus* MacLeay, 1819

#### （308）双节矮锹甲 *Figulus binodulus* Waterhouse, 1873

*Figulus binodulus* Waterhouse, 1873: 227; Löbl & Smetana, 2006: 69; Liu et al., 2011: 260.

识别特征：体长 10.0～18.0 mm。细长；黑色。上颚短，端部上齿突 1 枚，内侧齿突左 2 右 1。前胸背板外缘边明显突起无锯齿。鞘翅有平行的纵沟，沟内刻点粗。雌、雄无明显差异。

地理分布：宁夏（中卫）、台湾；朝鲜，韩国，日本，东洋界。

取食对象：朽木、腐殖土。

## 14．红金龟科 Ochodaeidae Mulsant & Rey, 1871

体长 3.0～10.0 mm。背凸起；黄色、棕色、红棕色或黑色，偶见双色者。触角 9 节（Chaetocanthini）或 10 节，端部 3 节棒状。鞘翅背面凸起，常具刻点、颗粒或毛，有时光滑。

该科全球已知 2 亚科 10 属约 80 种，分布于除澳大利亚和新西兰以外的世界其他地区，主要在半干旱沙地；也有栖息在蚁巢中和取食真菌子实体者。中国已记录 1 亚科 2 属 9 种；本书记录宁夏 1 亚科 1 属 1 种。

### 红金龟亚科 Ochodaeinae Mulsant & Rey, 1871

### 红金龟族 Ochodaeini Mulsant & Rey, 1871

#### 123）圆红金龟属 *Codocera* Eschscholtz, 1821

##### （309）锈红金龟 *Codocera ferruginea* (Eschscholtz, 1818)（图版 XIX: 10）

*Lethrus ferruginea* Eschscholtz, 1818: 51; Löbl & Smetana, 2006: 95; Yang et al., 2011: 149.

识别特征：体长 7.0～8.0 mm，宽 2.5～3.5 mm。近椭圆形，背面高隆；锈褐色；全体密布淡黄褐色绒毛，以唇基、触角第 1 节、鞘翅周缘及各足之毛最长。头短阔，上颚发达，由背面可见；上唇短阔；唇基近半圆形，布稠密刻点，雄性基半部中间有 1 锥形小突；复眼近半球形鼓出；前胸背板短阔，宽显大于长；前角直角形，后角斜弯；刻点皱密。小盾片较小三角形。鞘翅有 9 条刻点沟；缘折发达，前阔后窄。前胫节外缘 3 齿，基齿弱小，远离中齿，内端距发达，跗节纤细；后足第 1 跗节明显长于第 2 节；爪成对，简单。

检视标本：1 头，宁夏海原，1987. VII. 29（IPPNX）；1 头，宁夏海原，1987. VII. 30，任国栋采（HBUM）；2 头，宁夏平罗，1989. VII. 21（HBUM）。

地理分布：宁夏（海原、平罗、罗山）、河北、山西、内蒙古、辽宁、吉林、黑龙江、河南、新疆；蒙古国，俄罗斯（远东、东西伯利亚），朝鲜，塔吉克斯坦，乌兹别克斯坦，土库曼斯坦，吉尔吉斯斯坦，哈萨克斯坦，欧洲。

取食对象：动物粪便或尸体。

# 15. 金龟科 Scarabaeidae Latreille, 1802

体长 1.5～225.0 mm。体型多变，卵形、方形或圆柱形；体色多变，常光亮，有或无金属光泽。复眼部分分离。触角 10 节，极少 8～9 节者，第 3～7 节为鳃片状。鞘翅扁平或凸起。后翅发达或退化。腹部可见 5～7 个腹板。许多种类的雄性头和（或）前胸背板有明显的犄角。

该科全球已知 21 亚科约 32 族 1600 属 3 万种以上，世界性广布。食性呈现显著的多样化：取食粪便、腐肉、真菌、活体植物、白蚁、蚂蚁；或大部分取食腐殖质或粪便，有些成虫、幼虫植食性或栖息于腐烂的原木中；有些成虫以植物的花、叶为食，幼虫食植物根和腐烂植物；有些成虫以块茎、玉米或花为食，幼虫主食植物根和腐殖质；有些几乎完全取食树木、果汁和花蜜；有些取食社会性昆虫的食物或被其抚育，或栖息于粪便和白蚁巢、鸟巢中，幼虫以其中的碎屑为食；还有成虫几乎完全取食花粉和花蜜、与白蚁生活在一起者。本书记录宁夏 6 亚科 43 属 110 种。

## 15.1 蜉金龟亚科 Aphodiinae Leach, 1815

## 蜉金龟族 Aphodiini Leach, 1815

## 蜉金龟亚族 Aphodiina Leach, 1815

### 124）蜉金龟属 *Aphodius* Illiger, 1798

#### （310）迟钝蜉金龟 *Aphodius (Accmthobodilus) languidulus* Schmidt, 1916

*Aphodius languidulus* Schmidt, 1916: 98; Löbl & Smetana, 2006: 105; Liu et al., 2011: 261.

识别特征：体长 5.0～6.0 mm。体较扁，背面光泽强；前胸背板密布大、小两种刻点；肩部具齿。

检视标本：8 头，宁夏固原，1959. VIII（IPPNX）；1 头，宁夏西吉，1962. VII. 22（IPPNX）；6 头，宁夏泾源六盘山，1964. VII（IPPNX）；2 头，宁夏泾源秋千架，1983. VIII. 9（IPPNX）；宁夏隆德（3 头，1963. VIII. 11；24 头，1980. VIII. 24）（IPPNX）。

地理分布：宁夏（中卫、固原、西吉、隆德、泾源、六盘山）、北京、上海、四川、云南、西藏、甘肃、青海、新疆、台湾；俄罗斯（远东、东西伯利亚），朝鲜，韩国，日本。

取食对象：牛粪。

#### （311）马粪蜉金龟 *Aphodius (Agrilinus) sordidus sordidus* (Fabricius, 1775)

*Scarabaeus sordidus* Fabricius, 1775: 16; Wang et al., 1992: 76; Löbl & Smetana, 2006: 109.

识别特征：体长 5.0～7.0 mm。黄褐色，光泽暗，鞘翅端部钝；头、胸部背面除周缘外暗色，鞘翅肩部中央后面具暗色纹，有时消失或前后合为宽大的 1 条，基部背面具纹。头部中央纵向隆起，雄性后端中央隆起宽广；前胸背板后角钝；小盾片三角形。

地理分布：宁夏、北京、云南；蒙古国，俄罗斯（远东、东西伯利亚），朝鲜，日本，吉尔吉斯斯坦，哈萨克斯坦，土耳其，欧洲。

取食对象：成虫、幼虫均食粪。

**（312）红亮蜉金龟 *Aphodius* (*Aphodiellus*) *impunctatus* Waterhouse, 1875**（图版 XIX: 11）

*Aphodius impunctatus* Waterhouse, 1875: 85; Löbl & Smetana, 2006: 113; Wang & Yang, 2010: 177; Yang et al., 2011: 146.

识别特征：体长 6.5～8.3 mm。长椭圆形；红褐色，具光泽。头近半圆形，唇基长大，散布浅疏刻点，中央微隆；额唇基缝两侧钝角形。前胸背板短阔和弧形拱起，两侧近于平行，布稀疏浅细刻点，基部饰边完整。小盾片尖舌形，光滑无刻点。鞘翅狭长，每翅 9 条明显的细刻点沟，行间平滑。前胫节外缘 3 齿，齿距接近。

地理分布：宁夏（灵武、盐池、贺兰山、罗山)、山西、内蒙古、辽宁、吉林、黑龙江；蒙古国，俄罗斯（东西伯利亚)，日本。

取食对象：成虫、幼虫均食粪。

**（313）雅蜉金龟 *Aphodius* (*Aphodius*) *elegans* Allibert, 1847**（图版 XIX: 12）

*Aphodius elegans* Allibert, 1847: 18; Wang et al., 1992: 76; Löbl & Smetana, 2006: 113; Ren, 2010: 157.

识别特征：体长 10.0～12.0 mm。亮黑色，无毛，鞘翅黄色具黑斑。唇基刻点浅细，雄性前缘中部有 1 角；两侧颊各 1 个小角突。前胸背板横宽，隆起，前缘直，基部突出，侧缘圆弧形弯曲；前角突出，后角圆钝；背面散布少许浅刻点。小盾片三角形。每翅 9 条刻点沟，行间具稀疏微刻点。前胫节外缘 3 齿，距端位；爪 1 对，简单。

检视标本：8 头，宁夏固原绿峡林场，2008. VI. 15–16，王新谱、吴琦琦采（HBUM）；5 头，宁夏泾源西峡林场，2008. VII. 15，王新谱、冉红凡、张闪闪采（HBUM）；2 头，宁夏泾源二龙河林场，2008. VII. 19，王新谱、冉红凡、张闪闪采（HBUM）；3 头，宁夏泾源西峡林场，1980 m，2008. VII. 9，王新谱、刘晓丽采（HBUM）。

地理分布：宁夏（固原、泾源、海原、六盘山）、辽宁、吉林、上海、江苏、浙江、安徽、福建、江西、河南、湖北、湖南、广东、广西、四川、贵州、云南、西藏、甘肃、青海、新疆、台湾；俄罗斯（远东），朝鲜，日本，越南。

取食对象：牛粪。

**（314）游荡蜉金龟 *Aphodius* (*Colobopterus*) *erraticus* (Linnaeus, 1758)**（图版 XX: 1）

*Scarabaeus erraticus* Linnaeus, 1758: 348; Löbl & Smetana, 2006: 121; Zhang et al., 2009: 75; Ren, 2010: 158; Yang et al., 2011: 146.

识别特征：体长 7.5～8.8 mm，宽 3.5～4.4 mm。较扁阔；背面除鞘翅基部黑色斜面外，均不被毛；头、前胸背板、小盾片、鞘翅基部及缝肋黑色，鞘翅暗黄褐色，鞘翅第 2、第 3 行间基部有模糊的深褐条斑。头隆起，具稠密的浅圆刻点；雄性唇基后方中部有 1 小圆疣。前胸背板弧形隆升，刻点匀密，周缘具饰边。小盾片长三角形。每侧鞘翅 9 条刻点沟，行间弧拱。前胫节外缘 3 齿，距端位；爪 1 对，简单。

检视标本：6 头，宁夏泾源西峡林场，2008. VII. 15，李秀敏、冉红凡、张闪闪采（HBUM）；55 头，宁夏泾源红峡林场，1980 m，2008. VII. 9，王新谱、刘晓丽采（HBUM）；5 头，宁夏固原绿峡林场，2008. VII. 10，王新谱、冉红凡、吴琦琦采（HBUM）。

地理分布：宁夏（泾源、固原、贺兰山、罗山）、四川、西藏；蒙古国，俄罗斯（远东、东西伯利亚），朝鲜，日本，阿富汗，伊朗，塔吉克斯坦，乌兹别克斯坦，土库曼斯坦，吉尔吉斯斯坦，哈萨克斯坦，土耳其，巴基斯坦，黎巴嫩，塞浦路斯，叙利亚，伊拉克，以色列，欧洲，东洋界，新北界。

取食对象：成虫、幼虫均食粪。

**（315）哈氏蜉金龟 Aphodius (Colobopterus) quadratus Reiche, 1850**（图版 XX: 2）

*Aphodius quadratus* Reiche, 1850: 343; Löbl & Smetana, 2006: 121; Zhang et al., 2009: 74; Ren, 2010: 158.

*Aphodius haroldianus* Balthasar, 1932: 1; Yang et al., 2011: 146.

识别特征：体长 9.7～10.8 mm，宽 4.8～5.4 mm。黑褐至黑色，背面光裸无毛。头隆起，唇基前缘圆弧形；中有 1 圆瘤或微隆；额上刻点稀疏；触角 9 节，鳃片部 3 节。前胸背板宽阔，弧形拱起，布圆刻点，中间稀疏两侧稠密；前、侧缘饰边完整，基部饰边宽，中间间断。小盾片三角形。每翅 9 条深刻点沟。前胫节外缘 3 齿，距端位；跗节细；爪 1 对，细弯。

检视标本：11 头，宁夏泾源红峡林场，1980 m，2008. VII. 9，王新谱、刘晓丽采（HBUM）；3 头，宁夏泾源龙潭林场，1650 m，2008. VI. 18，袁峰采（HBUM）；1 头，宁夏泾源西峡林场，2008. VII. 15，李秀敏采（HBUM）。

地理分布：宁夏（泾源、平罗、盐池、罗山）、山西；俄罗斯（远东），朝鲜，日本。

取食对象：成虫、幼虫均食粪。

**（316）边黄蜉金龟 Aphodius (Labarrus) sublimbatus Motschulsky, 1860**

*Aphodius sublimbatus* Motschulsky, 1860: 132; Löbl & Smetana, 2006: 124; Liu et al., 2011: 261.

识别特征：体长 4.5～6.5 mm，宽 2.0～2.5 mm。体暗褐黄色，唇基、头和前胸背板除边缘为宽的褐黄色外，均呈黑或暗褐色。唇基前缘弧凹；触角 9 节，鳃片部 3 节。前胸背板宽大于长，前后角均近于直角，基部弧形，盘区遍布小刻点。小盾片长三角形，末端尖。鞘翅狭长，每翅 9 条刻点沟；具不清晰和不规则的黑或暗褐色小斑。足稍短，前胫节外缘 3 个齿；跗节细弱；爪小，简单。

检视标本：2 头，宁夏同心，1963. VI. 17（IPPNX）；2 头，宁夏固原田洼，1973. VIII（IPPNX）。

地理分布：宁夏（固原、同心、中卫）、辽宁、黑龙江、吉林、台湾；俄罗斯，朝鲜，日本。

取食对象：粪。

**（317）血斑蜉金龟 *Aphodius (Otophorus) haemorrhoidalis* (Linnaeus, 1758)**（图版 XX: 3）

*Scarabaeus haemorrhoidalis* Linnaeus, 1758: 348; Löbl & Smetana, 2006: 132; Wang & Yang, 2010: 176; Ren, 2010: 158.

识别特征：体长 4.0～5.6 mm。椭圆形；黑色，鞘翅端部 1/3 及肩凸内侧有暗血红色斑。头短阔，刻点稠密；唇基梯形，后方中央微隆，前缘中段略凹；头顶 3 个小瘤突排成 1 横列。前胸背板横宽，大小刻点相间；前角尖伸，后角钝，周缘饰边完整。小盾片舌形，长达鞘翅长之 1/4，刻点致密。鞘翅有 9 条深刻点沟，行间微隆，布细微刻点。前胫节外缘 3 齿，齿距近相等。

检视标本：10 头，宁夏固原绿塬林场，2008. VII. 9，王新谱、刘晓丽采（HBUM）。

地理分布：宁夏（固原、灵武、贺兰山）、河北、山西、内蒙古、江苏、四川、西藏、新疆；蒙古国，俄罗斯（远东、东西伯利亚），朝鲜，日本，塔吉克斯坦，吉尔吉斯斯坦，哈萨克斯坦，土耳其，高加索山脉，喜马拉雅山脉，欧洲。

取食对象：成虫、幼虫均食粪。

**（318）维氏蜉金龟 *Aphodius (Paracrossidius) viturati* Reitter, 1907**

*Aphodius viturati* Reitter, 1907: 411; Löbl & Smetana, 2006: 132.

地理分布：宁夏、四川、西藏；尼泊尔。

**（319）直蜉金龟 *Aphodius (Phaeaphodius) rectus* Motschulsky, 1866**（图版 XX: 4）

*Aphodius rectus* Motschulsky, 1866: 169; Wang et al., 1992: 76; Gao, 1993: 126; Löbl & Smetana, 2006: 133; Wang & Yang, 2010: 177; Ren, 2010: 158; Yang et al., 2011: 146.

识别特征：体长 5.5～6.0 mm。长椭圆形，背面弧拱；黑褐至黑色或鞘翅黄褐色，鞘翅各翅斜立 1 长圆形黑褐色大斑。唇基短阔，梯形，密布粗细不匀的刻点；前缘中段微下弯；唇基中间有短弱横脊，沿额唇基缝横列 3 个弱丘突。前胸背板弧拱光亮，散布圆形大刻点，基部饰边完整。小盾片三角形。每翅 10 条深刻点沟，行间平坦。前胫节外缘 3 齿，雄性前胫节端距多少呈"S"形。

检视标本：宁夏隆德（1 头，1960. VI；1 头，1963. VIII. 16）（IPPNX）；宁夏固原（2 头，1978. IV. 23；1 头，1992. VI. 21）（IPPNX）；1 头，宁夏泾源秋千架，1983. VIII. 5（IPPNX）；1 头，宁夏盐池，2000. IX. 7（IPPNX）；38 头，宁夏泾源西峡林场，2008. VII. 15，李秀敏、冉红凡、吴琦琦采（HBUM）。

地理分布：宁夏（全区）、北京、山西、内蒙古、辽宁、吉林、黑龙江、江苏、福建、山东、河南、四川、新疆、台湾；蒙古国，俄罗斯（远东），朝鲜，日本，伊朗，吉尔吉斯斯坦，哈萨克斯坦。

取食对象：成虫、幼虫均食粪，幼虫偶尔取食禾草根部。

**（320）清洁蜉金龟 *Aphodius (Pharaphodius) putearius* Reitter, 1895**

*Aphodius putearius* Reitter, 1895: 208; Löbl & Smetana, 2006: 135.

地理分布：宁夏、北京、天津、河北、山西、内蒙古、上海、江苏、浙江、安徽、江西、山东、河南、湖北、湖南、广东、广西、海南、四川、贵州、云南、陕西、甘肃、台湾；东洋界。

### （321）皱线蜉金龟 *Aphodius (Pharaphodius) rugosostriatus* Waterhouse, 1875

*Aphodius rugosostriatus* Waterhouse, 1875: 92; Löbl & Smetana, 2006: 135.

识别特征：体长 4.5～6.5 mm。具光泽；头顶隆起，头与前胸背板汇合线的端部中央隆起，两侧弱隆；鞘翅刻点沟相当宽，其间隙中有横长刻点。

地理分布：宁夏、北京、天津、河北、山西、内蒙古、辽宁、吉林、黑龙江、上海、江苏、浙江、安徽、福建、江西、山东、河南、湖北、湖南、广东、广西、海南、四川、贵州、云南、陕西、甘肃、台湾；俄罗斯（远东、东西伯利亚），朝鲜，韩国，日本。

## 普蜉金龟族 Psammodiini Mulsant, 1842（宁夏新纪录）

## 普蜉金龟亚族 Psammodiina Mulsant, 1842

### 125）普蜉金龟属 *Psammodius* Fallén, 1807

### （322）隆背普蜉金龟 *Psammodius convexus* Waterhouse, 1875

*Psammodius convexus* Waterhouse, 1875: 94; Löbl & Smetana, 2006: 146.

识别特征：体长 2.2～3.0 mm，宽约 1.0 mm。卵圆形；暗褐色，触角、足色浅。头密布颗粒状粗刻点，唇基前缘中部深凹；触角短小，鳃片部 3 节。前胸背板前角突出，侧缘和基部连成一体的圆弧形；盘上遍布粗皱纹和刻点，有 5 条横沟，后面 2 条刻点沟中间断开。小盾片长三角形。鞘翅圆隆，中基部较宽，每翅 10 条刻点沟。足较粗壮，前胫节较宽，外缘 3 齿；后足第 1 跗节三角形；爪小。

检视标本：1 头，宁夏泾源二龙河，1992.VII.30（IPPNX）。

地理分布：宁夏（泾源、灵武）、内蒙古、辽宁；日本。

取食对象：动物尸体及腐物。

## 15.2 金龟亚科 Scarabaeinae Latreille, 1802

## 粪蜣螂族 Coprini Leach, 1815

### 126）洁蜣螂属 *Catharsius* Hope, 1837

### （323）神农洁蜣螂 *Catharsius molossus* (Linnaeus, 1758)（图版 XX: 5）

*Scarabaeus molossus* Linnaeus, 1758: 347; Wang et al., 1992: 75; Löbl & Smetana, 2006: 151; Ren, 2010: 156; Yang et al., 2011: 144.

曾用名：神农蜣螂（王希蒙等，1992；任国栋，2010）。

识别特征：体长 23.7～40.0 mm，宽 16.8～23.0 mm。体大型，椭圆形，背十分圆隆；黑或黑褐色。头大，密布长鳞状横刻纹，唇基与眼上刺突扇面形；雄性唇基后中部有 1 发达的后弯角突，其基部后侧 1 对小突起；雌性头部中间十分隆起，上端部横脊状，中部多少突起；触角 9 节，鳃片部 3 节。前胸背板密布小圆瘤；雄性于中部稍后有 1 高锐横脊，横脊中段多少前冲，侧端前伸，呈强大齿突；雌性前胸背板简单，仅基半部有 1 平缓横脊；胸下有长毛。无小盾片。鞘翅可见 7 条纵细线，外侧 2 道纵脊，内纵脊较短。臀板大，匀布圆深刻点；上臀板有宽深气道，臀部饰边完整。前胫节外缘 3 齿，下面有 3 道斜行毛列；中足基节被腹板远远隔开；中、后胫节端部扩大呈喇叭形；前足跗节十分退化，呈线形。

检视标本：1 头，宁夏固原，1980. VIII，任国栋采（HBUM）；1 头，宁夏泾源西峡林场，2008. VII. 15，李秀敏采（HBUM）。

地理分布：宁夏（固原、泾源、中卫、同心、中宁、青铜峡、永宁、罗山）、河北、山西、江苏、浙江、安徽、福建、江西、山东、河南、湖北、湖南、广东、广西、四川、贵州、云南、西藏、陕西、台湾、澳门；越南，柬埔寨，泰国，印度（包括锡金），缅甸，尼泊尔，斯里兰卡，菲律宾，马来西亚，印度尼西亚，阿富汗。

取食对象：人粪、畜粪。

## 127）粪蜣螂属 *Copris* Geoffroy, 1762

### （324）车粪蜣螂 *Copris ochus* (Motschulsky, 1860)（图版 XX: 6）

*Catharsius ochus* Motschulsky, 1860: 13; Wang et al., 1992: 75; Gao, 1993: 126; Löbl & Smetana, 2006: 152; Ren, 2010: 155; Yang et al., 2011: 145; Wang et al., 2012: 108.

曾用名：臭蜣螂（任国栋，2010；杨贵军等，2011；王小奇等，2012）。

识别特征：体长 21.0～27.0 mm，宽 12.6～15.2 mm。身体上下均十分隆起；黑色，背面光亮。雄性头上有 1 向后弧弯的强大角突；雌性无，额基半部有马鞍形横隆脊，其侧面有瘤突或齿突；触角 9 节，鳃片部 3 节。前胸背板宽大于长，基半部密布皱纹状大刻点；雄性盘区高隆，中段更高，呈 1 枚对称的前冲角突，其下方陡直光滑，侧方有凹坑，其侧端有 1 尖齿突；雌性简单，仅端部中段有 1 微缓斜坡，坡峰呈微弧形横脊，基部饰边宽。无小盾片。鞘翅刻点沟浅，行间几不隆起。足粗壮，前胫节外缘 3 齿。

检视标本：宁夏银川（3 头，1959. VIII. 6；10 头，1963. VII. 24）（IPPNX）；6 头，宁夏隆德，1964. VII. 31（IPPNX）；3 头，宁夏固原田洼，1973. VIII（IPPNX）；3 头，宁夏同心，1974. VIII（IPPNX）；1 头，宁夏灵武白芨滩，1975. VIII （IPPNX）；宁夏盐池（12 头，1987. VIII，任国栋采；2 头，1992. VII. 24）（IPPNX）；3 头，宁夏泾源二龙河，1994. VIII. 9（IPPNX）；2 头，宁夏泾源秋千架，11994. VIII. 10（IPPNX）；3 头，宁夏泾源六盘山，1989. VII. 18，任国栋采（HBUM）；1 头，宁夏彭阳，1989. VII. 20，任国栋采（HBUM）。

地理分布：宁夏（银川、隆德、固原、灵武、盐池、泾源、彭阳、海原、同心、永宁、中卫、陶乐、石嘴山、平罗）、河北、山西、内蒙古、辽宁、吉林、黑龙江、江苏、浙江、福建、山东、河南、广东；蒙古国，俄罗斯（远东），朝鲜，韩国，日本。

取食对象：人粪、畜粪。

## 裸蜣螂族 Gymnopleurini Lacordaire, 1856

## 128）裸蜣螂属 *Gymnopleurus* Illiger, 1803

### （325）墨侧裸蜣螂 *Gymnopleurus mopsus mopsus* (Pallas, 1781)（图版 XX：7）

*Scarabaeus mopsus* Pallas, 1781: 3; Wang et al., 1992: 75; Löbl & Smetana, 2006: 155; Wang & Yang, 2010: 178; Ren, 2010: 156; Yang et al., 2011: 145.

识别特征：体长 11.0～15.5 mm。体扁拱，黑色。头扇面形，与眼上刺突连接为屋脊形，前缘明显弧凹；头上密布细皱纹，基半部散布大刻点；唇基基部有弧形棱状脊。前胸背板侧缘扩出，前段 5～8 小齿，基部无饰边；前角尖伸，后角钝。鞘翅狭长，有 8 条刻点沟，行间匀布光滑小瘤突；侧缘在肩凸之后强烈内弯。腹部侧方纵脊状，第 1 腹板纵脊不完整，基半部 1/3 圆弧形，之后为纵脊，与腹侧纵脊贯连。前足腿节琵琶形，前端 1/4 处有 1 斜齿突；前胫节外缘基半部 3 粗齿，基部锯齿形，端距雌圆细雄扁粗；中胫节 1 枚大端距；后胫节细长，四棱形，端距 1 枚。

地理分布：宁夏（全区）、北京、河北、山西、内蒙古、辽宁、吉林、黑龙江、江苏、浙江、福建、江西、山东、河南、湖北、甘肃、新疆、台湾；蒙古国，朝鲜，韩国，阿富汗，伊朗，塔吉克斯坦，乌兹别克斯坦，土库曼斯坦，吉尔吉斯斯坦，哈萨克斯坦，巴勒斯坦，科威特，塞浦路斯，叙利亚，以色列，欧洲，非洲界。

取食对象：成虫、幼虫均食粪。

## 丁蜣螂族 Oniticellini Kolbe, 1905

## 129）原蜣螂属 *Euoniticellus* Janssens, 1953

### （326）帕里原蜣螂 *Euoniticellus pallipes* (Fabricius, 1781)（图版 XX：8）

*Scarabaeus pallipes* Fabricius, 1781: 33; Löbl & Smetana, 2006: 156.

曾用名：篷优丁蜣螂。

识别特征：体长 7.0～13.0 mm。拱起，两侧平行；浅褐色到深褐色；背面光亮，明显被毛。头具脊或结节，唇基前缘无齿。鞘翅 8 条虚弱刻点行，行间扁拱，刻点从无到中等密度；肩部具弱凹坑；背面被短毛，基部具 1 列长毛；后翅发育正常。腹部正常，臀板无沟槽。前胫节外缘 4 齿；中、后胫节具横脊；中胫节 2 枚不同长度的端距，后胫节端距长于第 1 跗节；后足第 1 跗节长度与其余 4 节长度之和近相等；爪简单。

检视标本：16 头，宁夏平罗，1989. VII，任国栋采（HBUM）。

地理分布：宁夏（平罗）、内蒙古、新疆；印度，巴基斯坦，阿富汗，伊朗，塔吉克斯坦，乌兹别克斯坦，土库曼斯坦，吉尔吉斯斯坦，哈萨克斯坦，土耳其，叙利亚，以色列，塞浦路斯，欧洲，非洲界，澳洲界。

## 130）利蜣螂属 *Liatongus* Reitter, 1892

### （327）仿利蜣螂 *Liatongus imitator* Balthasar, 1938（图版 XX：9）

*Liatongus imitator* Balthasar, 1938: 98; Löbl & Smetana, 2006: 157.

识别特征：体长 8.5～9.5 mm。体稍扁；鞘翅黑至黑褐色。唇基前缘无凹；头部有角突。前胸背板和鞘翅侧面光裸无毛；雄性前胸背板中部 1 凹坑，无复杂突起，有时仅靠近基部有叶片状直突，基部无饰边，端部圆钝；雌性前胸背板 1 长浅凹。鞘翅刻点行间扁拱，匀布稀疏细刻点；近基部的刻点颗粒状或鲨皮状，有时模糊无光泽；第 8 刻点行间平坦；背观侧缘完整可见。臀板无脊和凹。前胫节不强烈扩展，外缘端齿与内缘明显倾斜，端缘和外缘齿相对长，端距长，略弯。

检视标本：42 头，宁夏泾源红峡，1980 m，2008. VII. 9，王新谱、刘晓丽采（HBUM）。

地理分布：宁夏（泾源）、四川。

### （328）亮利蜣螂 *Liatongus phanaeoides* (Westwood, 1840)（图版 XX：10）

*Onthophagus phanaeoides* Westwood, 1840: 4; Löbl & Smetana, 2006: 157; Zhang et al., 2009: 77; Ren, 2010: 156.

识别特征：体长约 10.0 mm，宽约 5.6 mm。椭圆形；黑色或棕褐色，光泽弱。头、唇基宽大，前缘中间微凹；雄性头顶有 1 后弯的扁圆角突，长达前胸背板基部，端部指尖近端处两侧各 1 齿突，末端指形；雌性头顶近基部有 1 对横疣突；触角 8 节，鳃片部 3 节。前胸背板近方形，雄性大部扁凹，密布粗圆刻点，两侧有纵脊状隆起，脊后端光滑并内倾，凹陷的中纵前后方各有 1 小瘤突；雌性盘区中部有倒"U"形凹，其宽度小于背板的 1/3，后端向两侧弧岔不呈脊状。小盾片小，可见。

检视标本：205 头，宁夏泾源红峡林场，1998 m，2008. VII. 9，王新谱、刘晓丽采（HBUM）。

地理分布：宁夏（全区）、河北、山西、辽宁、福建、河南、四川、贵州、云南、台湾；朝鲜，韩国，日本，越南，老挝，印度，缅甸，孟加拉国，巴基斯坦，喜马拉雅山脉，东洋界。

取食对象：畜粪。

## 嗡蜣螂族 Onthophagini Burmeister, 1846

## 131）毛凯蜣螂属 *Caccobius* Thomson, 1859

### （329）捷氏毛凯蜣螂 *Caccobius* (*Caccobius*) *jessoensis* Harold, 1867（图版 XX：11）

*Caccobius jessoensis* Harold, 1867: 100; Löbl & Smetana, 2006: 160; Ren, 2010: 156; Wang et al., 2012: 112.

识别特征：体长 5.0～7.5 mm。黑色，有光泽，头、胸部带铜绿色金属光泽。头具 2 条横脊；雄性前脊直，后脊 2 道湾；雌性前脊向后弯曲，后脊直线状。前胸背板有稀浅刻点；雄性端部两侧具小瘤突；雌性有不明显的凹窝。

检视标本：2 头，宁夏泾源龙潭林场，2008. VI. 21，袁峰采（HBUM）。

地理分布：宁夏（泾源）、河北、山西、内蒙古、辽宁、河南、甘肃；俄罗斯（远东），日本。

取食对象：畜粪。

**（330）恺氏毛凯蜣螂 Caccobius (Caccophilus) kelleri (Olsoufieff, 1907)**（图版 XX: 12）

*Onthophagus kelleri* Olsoufieff, 1907: 192; Löbl & Smetana, 2006: 160; Ren, 2010: 156.

识别特征：体长 8.0～9.0 mm。鞘翅黑褐至褐色，黑色斑纹无或有，但基部和端部具黄斑点。唇基前缘弱凹无饰边（雄）或圆形无凹有明显饰边（雌）；雄性头部后脊向后延伸为 1 三角形突出。前胸背板有卵圆形刻点；角突雄有雌无；前胸腹板有 1 脊。鞘翅行间有颗粒状刻点；背面具短毛或被稀疏长毛，较光亮。

检视标本：1 头，宁夏固原绿塬林场，2008. VII. 10，任国栋采（HBUM）；7 头，宁夏泾源红峡林场，1998 m，2008. VII. 9，王新谱、刘晓丽采（HBUM）；47 头，宁夏泾源西峡林场，2008. VII. 15，李秀敏、冉红凡、吴琦琦采（HBUM）。

地理分布：宁夏（固原、泾源）、北京、山西、内蒙古、河南；俄罗斯（远东、东西伯利亚），朝鲜，韩国。

**（331）污毛凯蜣螂 Caccobius (Caccophilus) sordidus Harold, 1886**（图版 XXI: 1）

*Caccobius sordidus* Harold, 1886: 141; Löbl & Smetana, 2006: 161; Zhang et al., 2009: 78; Ren, 2010: 156.

识别特征：体长 2.6～4.0 mm，宽 1.6～2.2 mm。体椭圆形；棕褐或黑褐色，鞘翅、口器、触角、足栗色；体表密布茸毛。唇基前缘有钝角形凹缺；雄性额上 1 扁圆角突，头顶横隆似脊；雌性简单；触角 8 节，鳃片部 3 节。前胸背板宽阔，密布具毛深刻点；侧缘和基部弧凸，基部中段向后钝角形突出；前角近于直角形，后角几不可见。无小盾片。每翅 7 条刻点沟，行间布具毛刻点。前胫节端部平截，外缘 4 齿；中、后胫节长三角形；后足第 1 跗节明显长于第 2 节。

检视标本：18 头，宁夏泾源龙潭林场，1650～2750 m，2008. VI. 18，袁峰采（HBUM）；3 头，宁夏泾源秋千架，2008. VII. 13，李秀敏、冉红凡、吴琦琦采（HBUM）。

地理分布：宁夏（泾源）、北京、山西、辽宁、黑龙江、河南；原苏联地区，朝鲜，韩国。

取食对象：粪。

**（332）独角毛凯蜣螂 Caccobius (Caccophilus) unicornis (Fabricius, 1798)**（图版 XXI: 2）

*Copris unicornis* Fabricius, 1798: 33; Löbl & Smetana, 2006: 161; Wang & Yang, 2010: 177; Yang et al., 2011: 144.

识别特征：体长 2.5～4.0 mm。宽卵圆形，前胸背、腹面均圆拱，鞘翅上平整；棕褐至黑褐色；被绒毛，鞘翅有绒毛列。头近五角形，唇基短阔，前缘有钝角形凹缺；雄性额上有 1 扁圆角突，头顶光滑无刻点，横隆似脊；雌性头上散布大小不一的刻点；额唇基缝隆升呈弧形横脊；复眼于复眼之间及头顶有 2 弱横脊；触角 8 节。前胸背板均匀布具毛深刻点，侧缘至基部弧形，前角近于直角。每翅 7 个刻点沟，行间布具毛刻点。腿节略扁锤形；前胫节外缘 4 齿，基齿小，端距指形，微外弯。

地理分布：宁夏（灵武、盐池、贺兰山、罗山）、北京、山西、辽宁、黑龙江、上海、福建、湖北、湖南、四川、云南、台湾；朝鲜，韩国，日本，东洋界。

取食对象：成虫、幼虫均食粪。

## 132）嗡蜣螂属 *Onthophagus* Latreille, 1802

### （333）西伯利亚嗡蜣螂 *Onthophagus (Altonthophagus) sibiricus* Harold, 1877（图版 XXI: 3）

*Onthophagus sibiricus* Harold, 1877: 335; Löbl & Smetana, 2006: 162; Ren, 2010: 157.

识别特征：头和前胸背板无金属光泽。颊与唇基线在边缘略凹入或几乎不凹入，不越过头部后脊基部；雄性头部后脊突起发达，强烈向后延伸为新月形，前脊无或不发达，无明显饰边。

检视标本：2 头，宁夏西吉，2008. VII. 17，李秀敏、冉红凡采（HBUM）；5 头，宁夏隆德苏台林场，2008. VII. 2，王新谱、刘晓丽采（HBUM）；1 头，宁夏泾源红峡林场，2008. VII. 9，刘晓丽采（HBUM）；1 头，宁夏泾源和尚铺，2008. VII. 6，王新谱采（HBUM）；9 头，宁夏泾源龙潭林场，2008. VI. 21，袁峰采（HBUM）；9 头，宁夏泾源秋千架，2008. VII. 14，李秀敏、冉红凡、吴琦琦采（HBUM）；4 头，宁夏泾源卧羊川，2008. VII. 7，王新谱、刘晓丽采（HBUM）。

地理分布：宁夏（西吉、隆德、泾源），中国北方广布；蒙古国，俄罗斯（西伯利亚），印度，阿富汗，塔吉克斯坦，吉尔吉斯斯坦，哈萨克斯坦。

### （334）同艾嗡蜣螂 *Onthophagus (Altonthophagus) uniformis* Heyden, 1886（图版 XXI: 4）

*Onthophagus uniformis* Heyden, 1886: 275; Löbl & Smetana, 2006: 163; Ren, 2010: 157.

识别特征：唇基前缘无饰边，雄性头部后脊中央突出，但不强烈向后延伸为新月形，前脊发达，具明显饰边。

检视标本：11 头，宁夏泾源龙潭，1650～2750 m，2008. VI. 18，袁峰采（HBUM）。

地理分布：宁夏（泾源）、北京、东北；原苏联地区，朝鲜，韩国。

取食对象：成虫、幼虫均食粪。

### （335）直突嗡蜣螂 *Onthophagus (Colobonthophagus) tragus* (Fabricius, 1792)（图版 XXI: 5）

*Scarabaeus tragus* Fabricius, 1792: 56; Löbl & Smetana, 2006: 163; Ren, 2010: 157.

曾用名：公羊嗡蜣螂（任国栋，2010）。

识别特征：体长 7.0～9.0 mm，宽 4.8～5.5 mm。椭圆形；黑色或深棕褐色，弱光泽。头宽阔，唇基与眼上刺突扇面形，前缘中央微凹，密布浅圆刻点；唇基前缘上翘；复眼内侧 1 对直角突，角突之间有 1 小突起；额唇基缝弧形，脊状隆升；雌性眼上刺突发达，与头顶的中突横列成 1 排，少数个体刺突之长略超过中突；触角 9 节。前胸背板布稀疏粗刻点；侧缘弧扩，前角钝，后角更钝；盘区两侧有微小疣突；前胸背板隆起，基半部呈弧形陡坡。无小盾片。鞘翅短阔，背面光裸，几乎无毛，刻点沟 7 条，行间平缓。臀板大，近心形，具稀疏刻点。前胫节基部锯齿状，雄性 4～6 齿，雌性 3～

4 齿，基部外缘有第 2 列齿突；后足长度约为体长的 4/5。

检视标本：2 头，宁夏彭阳，1988. V. 21，任国栋采（HBUM）。

地理分布：宁夏（彭阳）、北京、河北、山西、福建、广东、四川、云南、台湾、澳门；韩国，越南，印度，缅甸，马来西亚，印度尼西亚，孟加拉国，西里伯斯岛，东洋界。

### （336）独行嗡蜣螂 *Onthophagus (Matashia) solivagus* Harold, 1886（图版 XXI: 6）

*Onthophagus solivagus* Harold, 1886: 290; Löbl & Smetana, 2006: 165; Zhang et al., 2009: 80; Ren, 2010: 157; Yang et al., 2011: 145.

曾用名：独后嗡蜣螂（任国栋，2010）。

识别特征：体长 7.5～8.5 mm，宽 4.0～4.6 mm。卵圆形；黑色，鞘翅基部、端部和行间有棕黄斑点，触角鳃片部黄色。唇基梯形，边缘上翘，布横皱纹；头顶基部有隆脊，其中央高高隆起呈锥状；触角 9 节，鳃片部短小。前胸背板圆弧形隆起，密布粗刻点；侧缘下方弧形，前角尖，基部连同后角微钝角形；雄性盘区基半部中间有长方形凹，仅基部中间有虚弱的前突。无小盾片。每翅 7 条浅刻点沟，行间较平坦，有瘤突 2 列。前胫节外缘 4 齿，齿间有小齿；爪简单。

检视标本：11 头，宁夏泾源红峡林场，1980 m，2008. VII. 9，王新谱、刘晓丽采（HBUM）；10 头，宁夏泾源西峡林场，2008. VII. 15，李秀敏、冉红凡、吴琦琦采（HBUM）；2 头，宁夏泾源二龙河，2008. VII. 19，冉红凡、吴琦琦采（HBUM）。

地理分布：宁夏（泾源、罗山）、北京、山西、辽宁、河南、湖北、四川、东北部；俄罗斯（西伯利亚），朝鲜，韩国，日本。

取食对象：成虫、幼虫均食粪。

### （337）双顶嗡蜣螂 *Onthophagus (Onthophagus) bivertex* Heyden, 1887（图版 XXI: 7）

*Onthophagus bivertex* Heyden, 1887: 302; Löbl & Smetana, 2006: 165; Wang & Yang, 2010: 178.

识别特征：体长约 7.0 mm。椭圆形；黑色，具弱光泽。头基半部半圆形，唇基与额较平整，密布深皱刻点，前缘微弯翘；雄性头顶有斜伸的、中央微向前弯的板状突；雌性无该特征，仅额唇基缝略为横脊状，头顶有 1 横高脊；触角 9 节。前胸背板隆起，密布粗糙刻点，前角锐角形，顶钝，后角钝。鞘翅刻点沟浅而明显，行间微隆，疏布成列短毛。臀板近三角形，刻点稀疏。前胫节外缘 4 齿，端距发达；中胫节、后胫节端部喇叭形。

地理分布：宁夏（平罗、贺兰山）、北京、河北、山西、福建、四川；蒙古国，俄罗斯（远东），朝鲜，韩国，日本。

取食对象：成虫、幼虫均食粪。

### （338）小驼嗡蜣螂 *Onthophagus (Palaeonthophagus) gibbulus gibbulus* (Pallas, 1781)（图版 XXI: 8）

*Scarabaeus gibbulus* Pallas, 1781: 7; Löbl & Smetana, 2006: 168; Wang & Yang, 2010: 179; Ren, 2010: 156; Yang et al., 2011: 145.

识别特征：体长 9.6～10.1 mm。近长卵圆形；黑色至棕褐色，散布黑褐小斑，鞘翅黄褐色。雄性头近三角形，头上散布刻点；唇基前端高翘；额唇基缝呈横脊状；头顶的板突上端急剧变窄呈指状突，侧观"S"形；雌性头梯形，前缘近横直或略有中凹，有 2 条近平行的横脊；触角 9 节。前胸背板横阔，隆起，密布具毛刻点；雄性前中部有光亮的倒"凸"形凹坑，雌性近前缘中段有短的矮横脊。鞘翅 7 条浅刻点沟，行间有成列短毛。前胫节外缘 4 粗齿，近基部锯齿形，端距发达；中胫节、后胫节端部喇叭形。

检视标本：6 头，宁夏泾源红峡林场，1980 m，2008. VII. 9，王新谱、刘晓丽采（HBUM）；4 头，宁夏彭阳挂马沟林场，2008. VII. 11，李秀敏、冉红凡、吴琦琦采（HBUM）；4 头，宁夏泾源西峡林场，2008. VII. 15，李秀敏、冉红凡、吴琦琦采（HBUM）；3 头，宁夏泾源龙潭林场，1650～2750 m，2008. VI. 18，袁峰采（HBUM）；4 头，宁夏泾源卧羊川林场，2008. VI. 22，任国栋采（HBUM）；2 头，宁夏泾源红峡林场，1980 m，2008. VII. 9，王新谱、刘晓丽采（HBUM）；3 头，宁夏固原绿塬林场，2008. VII. 10，王新谱、冉红凡、吴琦琦采（HBUM）；2 头，宁夏隆德苏台林场，2008. VII. 1，王新谱、刘晓丽采（HBUM）。

地理分布：宁夏（固原、隆德、彭阳、泾源、盐池、贺兰山、罗山）、北京、河北、山西、内蒙古、辽宁、吉林、黑龙江、新疆；蒙古国，俄罗斯（远东、东西伯利亚），朝鲜，韩国，日本，伊朗，塔吉克斯坦，乌兹别克斯坦，土库曼斯坦，吉尔吉斯斯坦，哈萨克斯坦，土耳其，叙利亚，伊拉克，欧洲。

取食对象：成虫、幼虫均食粪。

**（339）黑缘嗡蜣螂** *Onthophagus* (*Palaeonthophagus*) *marginalis nigrimargo* **Goidanich, 1926**（图版 XXI: 9）

*Onthophagus marginalis nigrimargo* Goidanich, 1926: 54; Löbl & Smetana, 2006: 168.

识别特征：体长 7.3～7.8 mm，宽 4.0～4.5 mm。椭圆形；头、前胸背板、臀板黑色；鞘翅黄褐色，周缘为不完整黑条斑，翅面有不规则黑斑；腹面棕褐至黑色。头雄长雌短，唇基扇形，前缘微凹并铲形上翘（雄），部分个体前端平截并上翘；头上平，额唇基缝弧弯；头顶向后板状延伸，其中央呈小指形突；雌性头基半部梯形，刻点密而具长毛，头上 2 条平行的高横脊；触角 9 节。前胸背板隆起，雄性前中部有凹坑或 1 对小疣突；雌性前中部有 1 前伸的半圆形突起。无小盾片。鞘翅表面平整，具 7 条刻点沟。臀板短阔，末端圆钝。前胫节外缘 4 齿，端距发达；中胫节、后胫节喇叭形。

检视标本：1 头，宁夏海原蒿川乡，1984. VIII，任国栋采（HBUM）。

地理分布：宁夏（海原、同心、灵武、盐池）、河北、山西、内蒙古、辽宁、吉林、黑龙江、西藏、新疆；蒙古国，俄罗斯（东西伯利亚），朝鲜，印度，巴基斯坦，阿富汗，东洋界。

取食对象：成虫、幼虫均食粪。

**（340）立叉嗡蜣螂** *Onthophagus* (*Palaeonthophagus*) *olsoufieffi* **Boucomont, 1924**（图版 XXI: 10）

*Onthophagus olsoufieffi* Boucomont, 1924: 114; Löbl & Smetana, 2006: 169; Yang et al., 2011: 145; Wang et al., 2012: 116.

识别特征：体长 5.0～7.5 mm，宽 3.3～4.3 mm。椭圆形；黑色，足、腹面棕褐色。

头前缘扇形，边缘高翘，中段浅凹；额唇基缝形成前弯的高横脊。雄性头顶有 1 斜的直板状角突，顶部 2 分叉；雌性的板突更宽，顶端 3 分叉；触角 9 节。前胸背板十分隆起，密布刻点；近前缘横列 4 个端部发亮的疣突，前角近于直角形；基部略钝角形。无小盾片。每翅 7 条深刻点沟，行间微拱，稀布具长毛刻点。前胫节外缘 4 齿；中胫节、后胫节喇叭形。

检视标本：1 头，宁夏中卫，1985. VI，任国栋采（HBUM）。

地理分布：宁夏（中卫、盐池、罗山）、北京、河北、山西、辽宁、吉林、黑龙江；俄罗斯（远东），朝鲜，韩国，日本。

取食对象：各类动物粪便。

**（341）点亲嗡蜣螂 *Onthophagus* (*Parentius*) *punctator* Reitter, 1892**（图版 XXI: 11）

*Onthophagus punctator* Reitter, 1892: 196; Löbl & Smetana, 2006: 172; Ren, 2010: 157.

识别特征：体长约 5.0 mm。唇基前缘具齿；头部无脊或有 2 条脊；复眼间距至少为复眼直径的 4～5 倍；触角鳃片部第 1 节不发达。前胸背板简单或具角突，基部无饰边；雄性角突的形状多变，部分雌性近前缘有多个角突；基部弱圆弧形；侧脊通常到达前角；盘区无角突，端半部非屋脊状，多为陡坡。小盾片不可见。鞘翅具斑纹，密布长毛；翅缝基部不拱起或凹陷。臀板基部具饰边或无。前胫节外缘 4 齿，基齿小但明显；雄性前胫节正常，偶伸长，背面具多种颜色；后胫节端距简单，有时略扩展；后足跗节细直，第 2 节长约为第 1 节的 1/3。

检视标本：11 头，宁夏泾源龙潭林场，1650～2750 m，2008. VI. 18，袁峰采（HBUM）；1 头，宁夏隆德峰台林场，2008. VII. 1，王新谱、刘晓丽采（HBUM）；4 头，宁夏泾源卧羊川，2008. VII. 7，王新谱、刘晓丽采（HBUM）；5 头，宁夏泾源秋千架林场，2008. VII. 13，李秀敏、冉红凡、吴琦琦采（HBUM）。

地理分布：宁夏（泾源、隆德）、北京、山西、吉林、西藏；蒙古国，朝鲜。

取食对象：成虫、幼虫均食粪。

**（342）掘嗡蜣螂 *Onthophagus* (*Phanaeomorphus*) *fodiens* Waterhouse, 1875**（图版 XXI: 12）（宁夏新纪录）

*Onthophagus fodiens* Waterhouse, 1875: 75; Löbl & Smetana, 2006: 172.

识别特征：体长 7.0～11.0 mm，宽 4.0～6.9 mm。小至中型，长椭圆形，中段两侧近平行；黑至棕黑色，具弱光泽。头长，唇基长过头长之半，密布横皱纹；雄性侧缘微弯近于直，前端上翘；额唇基缝脊状；头顶有弧形短脊；触角 9 节。前胸背板心形，雄性侧端部斜凹，背面有弱的"凸"形或三角形突出，凸的背面密布圆刻点，凹陷处的刻点具毛；雌性的前胸背板隐约可辨三角形突出，刻点密似雄性，多毛。无小盾片。鞘翅 7 条深刻点沟，行间有具毛刻点。臀板近三角形，散布具毛刻点。前胫节外缘 4 粗齿，基部有数枚小齿；中胫节、后胫节端部喇叭形。

检视标本：2 头，宁夏固原，1959. V（IPPNX）；1 头，宁夏吴忠滚泉，1989. V. 7（IPPNX）；1 头，宁夏灵武狼皮子梁，1989. VI. 9（IPPNX）。

地理分布：宁夏（固原、吴忠、灵武）、河北、江西、福建、山东、四川；俄罗斯（远东），朝鲜，韩国，日本。

**(343)娄嗡蜣螂 *Onthophagus (Strandius) lenzii lenzii* (Harold, 1874)**（图版 XXII：1）

*Onthophagus lenzii* Harold, 1874: 290; Löbl & Smetana, 2006: 173; Zhang et al., 2009: 78; Ren, 2010: 157.

识别特征：体长 8.0～12.0 mm，宽 5.0～7.0 mm。椭圆形；黑色或黑褐色，光泽强。头基半部半圆形，边缘弯翘；唇基密布横皱纹；头部有 2 道微弧形横脊；触角 8 节,* 鳃片部 3 节。前胸背板宽大隆起，密布圆刻点；隆拱面的后侧呈斜脊形向侧面敞出，前后端常显齿突，敞脊外侧至前侧深凹陷；侧缘钝角形扩出，前角锐角前伸，后角钝。无小盾片。鞘翅盘上有微小皱纹，每翅 7 条刻点沟。前胫节外缘 4 齿；雄性前胫节端齿前伸。

地理分布：宁夏（六盘山）、北京、山西、辽宁、江苏、浙江、福建、江西、河南、四川、贵州、台湾；俄罗斯（西伯利亚），朝鲜，韩国，日本。

取食对象：成虫、幼虫均食粪。

**(344) 鞍嗡蜣螂 *Onthophagus clitellifer* Reitter, 1894**（图版 XXII：2）

*Onthophagus clitellifer* Reitter, 1894: 189; Löbl & Smetana, 2006: 174; Ren, 2010: 156.

识别特征：头和前胸背板无强烈金属光泽，前胸背板黑色或黑褐色，鞘翅除基部和端部黑色外为黄色。唇基前缘显凹；雄性头顶向后延伸为片状角突，角突端部不分叉。前胸背板无角突。鞘翅具浅色或深色斑纹，腹面色浅。

检视标本：1 头，宁夏泾源卧羊川，2008. VII. 8，王新谱采（HBUM）。

地理分布：宁夏（泾源）、北京、辽宁、贵州；蒙古国，俄罗斯（远东、东西伯利亚），朝鲜，韩国。

取食对象：成虫、幼虫均食粪。

**(345) 中华嗡蜣螂 *Onthophagus sinicus* Zhang & Wang, 1997**（图版 XXII：3）

*Onthophagus sinicus* Zhang & Wang, 1997: 209; Löbl & Smetana, 2006: 175; Wang & Yang, 2010: 179.

识别特征：体长 4.6～5.6 mm。椭圆形，体背面和腹面十分圆隆；深棕褐至黑色。头上密布深圆刻点；唇基前缘弯翘，中段有钝角形凹；额唇基缝中段隆升呈横脊；头顶复眼间有 1 横脊；触角 9 节。前胸背板近心形，密布刻点，后段有中线；两侧中部之前最宽，前角近于直角形，后角钝圆。鞘翅 7 条刻点沟，行间密布椭圆形刻点。前胫节外缘前 2/3 有 4 枚粗齿，大齿间有锯齿形小齿，基部 1/3 有微锯齿，内缘中段弧凹，基部 1 大齿，端部有 2～4 枚垂直小齿；后足腿节扁阔，基部钝角形扩展；中胫节、后胫节端部喇叭形，后胫节端距长于第 1 跗节；爪成对，简单。

地理分布：宁夏（盐池、贺兰山）、北京、河北、山西。

取食对象：成虫、幼虫均食粪。

## 蜣螂族 Scarabaeini Latreille, 1802

### 133）蜣螂属 *Scarabaeus* Linnaeus, 1758

#### （346）大蜣螂 *Scarabaeus* (*Scarabaeus*) *sacer* Linnaeus, 1758（图版 XXII: 4）

*Scarabaeus sacer* Linnaeus, 1758: 347; Gao, 1993: 126; Löbl & Smetana, 2006: 178.

识别特征：唇基前缘 6 齿；颊部发达，前端尖齿状。前胸背板具稠密的细刻点。前胫节外缘 4 齿，内缘 2 锐齿；后胫节弯曲。

地理分布：宁夏（全区）、北京、天津、河北、内蒙古、辽宁、吉林、黑龙江、河南、湖北、新疆；印度，巴基斯坦，阿富汗，伊朗，土耳其，沙特阿拉伯，叙利亚，伊拉克，以色列，约旦，埃及，欧洲。

#### （347）台风蜣螂 *Scarabaeus* (*Scarabaeus*) *typhon* (Fischer von Waldheim, 1823)（图版 XXII: 5）

*Ateuchus typhon* Fischer von Waldheim, 1823: pl. 27 [=1824: 210]; Wang et al., 1992: 75; Löbl & Smetana, 2006: 178; Zhang et al., 2009: 76; Ren, 2010: 156; Yang et al., 2011: 145.

识别特征：体长 20.0～32.0 mm，宽 13.6～19.0 mm。扁阔椭圆形；黑色，具弱光泽。头阔，唇基大，前缘 4 齿；眼上刺突三角形，前端齿状，与唇基 4 齿合成前缘 6 齿；头上散布具毛刻点和小瘤突；触角 9 节，鳃片部 3 节。前胸背板横阔，侧缘锯齿状弧突，基部向后弧突；盘区散布刻点，中纵带光滑。无小盾片。鞘翅隆起，缘折细高脊状。足强壮，前胫节外缘 4 齿，内缘中段弧凹。

检视标本：1 头，宁夏中宁，1964. V. 14（IPPNX）；1 头，宁夏石嘴山，1966. VII. 7（IPPNX）；11 头，宁夏盐池，1992. VII. 24（IPPNX）；1 头，宁夏灵武狼皮子梁，1991. VIII. 26（IPPNX）。

地理分布：宁夏（全区）、河北、山西、内蒙古、辽宁、吉林、黑龙江、江苏、浙江、安徽、江西、山东、河南、西藏、陕西、甘肃、新疆；蒙古国，朝鲜，韩国，阿富汗，伊朗，乌兹别克斯坦，土库曼斯坦，哈萨克斯坦，土耳其，黎巴嫩，塞浦路斯，叙利亚，伊拉克，以色列，约旦，欧洲。

取食对象：成虫、幼虫均食畜粪。

## 西蜣螂族 Sisyphini Mulsant, 1842

### 134）西蜣螂属 *Sisyphus* Latreille, 1807

#### （348）赛西蜣螂 *Sisyphus* (*Sisyphus*) *schaefferi schaefferi* (Linnaeus, 1758)（图版 XXII: 6）

*Scarabaeus schaefferi* Linnaeus, 1758: 349; Löbl & Smetana, 2006: 179; Zhang et al., 2009: 77; Ren, 2010: 157.

识别特征：体长 9.0～10.0 mm，宽 4.5～6.5 mm。近椭圆形，强烈隆起；黑色，具弱光泽。头上粗糙，密布短毛和小瘤；唇基前缘中段弧凹，两端翘起形成齿突；刺突发达；触角 9 节，鳃片部 3 节。前胸背板宽大于长，圆弧形隆起；周缘有饰边，侧缘近平行，基部饰边线形；盘区密布刻点，中纵带光滑，前凸后凹。无小盾片。鞘翅末端收缩似楔状，每翅 8 行刻点沟，行间散布具毛小瘤突。前足粗短，胫节外缘 3 齿；中足、后足细长，后足最长；雄性后足腿节棒槌形，后胫节弯曲，跗节长。

检视标本：1 头，宁夏固原和尚铺林场，2100 m，2008. VII. 5，刘晓丽采（HBUM）；5 头，宁夏泾源卧羊川，2008. VII. 7，王新谱、刘晓丽采（HBUM）；2 头，宁夏泾源红峡林场，1998 m，2008. VII. 9，王新谱、刘晓丽采（HBUM）；1 头，宁夏泾源西峡林场，2008. VII. 15，吴琦琦采（HBUM）；2 头，宁夏固原绿塬林场，2008. VII. 10，任国栋采（HBUM）。

地理分布：宁夏（泾源、固原）、河北、山西、内蒙古、辽宁、河南；伊朗，土库曼斯坦，哈萨克斯坦，土耳其，塞浦路斯，叙利亚，以色列，约旦，欧洲，非洲界。

取食对象：动物粪便。

## 15.3　鳃金龟亚科 Melolonthinae Leach, 1819

## 双缺鳃金龟族 Diphycerini Medvedev, 1952（宁夏新纪录）

### 135）双缺鳃金龟属 *Diphycerus* Fairmaire, 1878

#### （349）毛双缺鳃金龟 *Diphycerus davidis* Fairmaire, 1878（图版 XXII: 7）

*Diphycerus davidis* Fairmaire, 1878: 100; Löbl & Smetana, 2006: 181.

识别特征：体长约 5.7 mm，宽约 3.0 mm。体小型，长椭圆形；亮黑色，全体被毛。头上有稀疏黄褐色短毛；唇基前缘圆弧形，边缘略弯翘，密布粗浅皱纹；头顶密布小颗粒和刻纹；触角 9 节，鳃片部 3 节，约与其前 5 节的总长等长。前胸背板密布深褐长毛，两侧及中线布呈纵带的乳白长毛；侧缘钝角形突出，基部饰边宽亮，在小盾片位置有 1 对齿形凹；前角直角形，后角圆弧形。小盾片三角形，两侧有稠密的短白毛；基部二道湾，突出部恰与前胸背板基部的双凹相楔合。鞘翅短。腹面密布白绒毛；前臀板大部外露，密布细皱纹；臀板近半椭圆形，微隆，密布乳白尖毛。足粗壮，后足甚长大；前胫节外缘 2 齿，内端距与外缘基齿对生；前足 2 爪短，末端分裂；中足、后足 2 端距，爪细长，不分裂。

检视标本：8 头，宁夏盐池，1987. V. 19，任国栋采（HBUM）。

地理分布：宁夏（盐池）、山西、河南、陕西。

## 单爪鳃金龟族 Hopliini Latreille, 1829

## 单爪鳃金龟亚族 Hopliina Latreille, 1829

### 136）平爪鳃金龟属 *Ectinohoplia* Redtenbacher, 1867

#### （350）红足平爪鳃金龟 *Ectinohoplia rufipes* (Motschulsky, 1860)（图版 XXII: 8）

*Decamera rufipes* Motschulsky, 1860: 133; Löbl & Smetana, 2006: 184; Ren, 2010: 159.

识别特征：体长 7.0～9.5 mm，宽 3.7～5.0 mm。深褐至黑褐色，鞘翅棕红色，足红褐色；背面较暗，腹面光亮。头较大，唇基宽梯形；头平坦，密布圆形或近圆形或椭圆形银黄色大鳞片，其间杂生短竖毛；触角 10 节，鳃片部 3 节，甚短小，卵圆形或圆形。前胸背板隆拱，密布灰黄褐色圆至椭圆形鳞片，四周及中纵鳞片呈淡银灰色；侧缘锯齿状；前角近于直角形，后角弧形。小盾片长三角形，侧缘略弧，密布鳞片。鞘翅密布近圆形鳞片，多棕色；后半部常有淡黄绿色鳞片组成 2 条倒 "V" 形横带，基半部杂生淡色鳞片；肩凸外侧、鞘翅端部鳞片多呈淡金黄色或淡银绿色，与臀板及腹面鳞片相似；缝角处有 4～5 根刺毛。前臀板大部外露；臀板大，密布淡银绿或污黄色圆形鳞片；腹面鳞片相似但更大。足较瘦，布零星鳞片；前胫节外缘 3 齿；前足、中足 2 爪大小较接近，末端分裂；后足 1 爪，不分裂。

检视标本：6 头，宁夏泾源龙潭林场，2008. VI. 19，任国栋采（HBUM）；1 头，宁夏泾源王化南林场，2008. VI. 20，冉红凡采（HBUM）；2 头，宁夏泾源二龙河林场，2008. VI. 23，冉红凡采（HBUM）；1 头，宁夏泾源西峡林场，2008. VI. 27，李秀敏、冉红凡、吴琦琦采（HBUM）；1 头，宁夏和尚铺林场，2008. VII. 12，王新谱、刘晓丽采（HBUM）；7 头，宁夏泾源二龙河林场，2008. VII. 19，王新谱、冉红凡、吴琦琦采（HBUM）。

地理分布：宁夏（泾源）、辽宁、吉林、黑龙江、山东、湖北；蒙古国，俄罗斯（东西伯利亚），朝鲜，韩国，日本。

**（351）姊妹平爪鳃金龟 *Ectinohoplia soror* Arrow, 1921**（图版 XXII: 9）

*Ectinohoplia soror* Arrow, 1921: 270; Löbl & Smetana, 2006: 184; Ren, 2010: 159.

识别特征：体长 9.5～10.5 mm，宽 4.5～4.8 mm。狭窄，黑褐色；背面密布鳞片，鳞片间散生短黑刺毛；腹面密布淡绿色鳞片。头大，顶平，鳞片间有皱纹；唇基近半圆形或略近梯形，被黑色鳞片；触角 10 节，鳃片部 3 节；雄性宽大雌性短小，前者略短于其前 6 节长之和。前胸背板侧缘弧弯，基部弧形；前角尖伸，后角雌钝雄锐；中纵、侧缘或周缘有淡绿色细鳞片带；两侧各 1 淡草绿斑，其余布黑色鳞片。小盾片狭楔形，密布淡绿鳞片。鞘翅除黑鳞片外，还有淡绿鳞片组成的 3 条横带；中、后 2 条横带常斜折，横带间有 3～5 条同色细纵带贯穿；缝肋宽，被同色鳞片；翅面前横带处常凹陷；肩部端凸发达，外侧明显下折；缝角有 1 丛刚毛。

检视标本：3 头，宁夏泾源龙潭林场，2008. VI. 19，任国栋采（HBUM）；1 头，宁夏泾源二龙河，2009. VII. 6，孟祥君采（HBUM）。

地理分布：宁夏（泾源）、浙江、福建、湖北、广东、四川、贵州。

## 137）单爪鳃金龟属 *Hoplia* Illiger, 1803

**（352）围绿单爪鳃金龟 *Hoplia* (*Decamera*) *cincticollis* (Faldermann, 1833)**（图版 XXII: 10）

*Anisoplia cincficollis* Faldermann, 1833: 49; Wang et al., 1992: 79; Gao, 1993: 125; Zhu et al., 1999: 84; Löbl & Smetana, 2006: 185; Wang & Yang, 2010: 183; Ren, 2010: 160; Yang et al, 2011: 147; Ren et al., 2013: 173.

曾用名：围绿半爪鳃金龟（王希蒙等，1992）。

识别特征：体长 11.4～15.0 mn，宽 6.0～8.3 mm。黑至黑褐色，鞘翅淡红棕色。除唇基外，体表密布各式鳞片。头平坦，被长毛，鳞片柳叶形，淡银绿色和卧生；触角 10 节，鳃片部 3 节，短小。前胸背板圆拱，侧缘钝角形突出；前角尖突，后角直角形；盘区鳞片金黄褐色，长条形竖生；中央鳞片色深，无金属光泽；四周特别是四角区有椭圆形卧生银绿色鳞片。小盾片的鳞片与前胸背板的相似。鞘翅纵肋不明显，有稀疏短小刺毛；盘上密布长条形或少量短披针形、卵圆形黄褐鳞片。臀板、前臀板及腹面鳞片淡银绿色。足粗壮，前足 2 爪大小相差甚大；后足为单爪。

检视标本：4 头，宁夏银川，1982. VII. 3（IPPNX）；2 头，宁夏彭阳，1987. VIII. 3（IPPNX）；1 头，宁夏固原和尚铺林场，2008. VII. 1，王新谱采（HBUM）。

地理分布：宁夏（银川、中卫、平罗、彭阳、泾源、隆德、灵武、罗山、贺兰山）、河北、山西、内蒙古、辽宁、吉林、黑龙江、山东、河南、广东、陕西、甘肃；蒙古国、俄罗斯（东西伯利亚）。

取食对象：榆、杨、桑、杏、梨、桦树的嫩叶及野生白苜蓿苗。

### （353）戴单爪鳃金龟 *Hoplia (Decamera) davidis* Fairmaire, 1887（图版 XXII: 11）

*Hoplia davidis* Fairmaire, 1887: 314; Löbl & Smetana, 2006: 185; Ren, 2010: 160; Wang et al., 2012: 138; Ren et al., 2013: 173.

识别特征：体长 12.6～14.0 mm，宽 7.1～7.8 mm。卵圆形，扁宽；黑褐至黑色，触角褐色，鞘翅淡红棕色。除唇基外，体表密布鳞片。头部鳞片短椭圆形淡银绿色，有光泽；唇基横宽，边缘弯翘，前缘近平直；触角 10 节，鳃片部 3 节。前胸背板、小盾片、鞘翅的鳞片卵形或椭圆形浅黄绿色，无光泽；鞘翅近侧缘的鳞片近方形。前胸背板隆起，侧缘圆弧形；前角尖伸，后角钝。小盾片盾形。鞘翅纵肋几乎不可见，散生黑色短刺毛或裸露小点。前臀板后方、臀板的鳞片近圆形浅银绿色，有光泽。前足、中足 2 个爪大小差异明显，大爪端部近背面分裂。

检视标本：2 头，宁夏银川，1982. VII. 3（IPPNX）；1 头，宁夏固原绿塬林场，2008. VI. 9，王新谱、刘晓丽采（HBUM）；4 头，宁夏泾源卧羊川，2008. VII. 7，王新谱、刘晓丽采（HBUM）；2 头，宁夏固原绿塬林场，2008. VII. 8，任国栋采（HBUM）；1 头，宁夏固原绿塬林场，2008. VII. 11，王新谱、刘晓丽采（HBUM）；119 头，宁夏彭阳挂马沟，2008. VII. 25–26，王新谱、刘晓丽采（HBUM）；39 头，宁夏泾源龙潭林场，2009.VII.25，王新谱、刘晓丽采（HBUM）；2 头，宁夏隆德峰台林场，2009. VII. 14，王新谱、刘晓丽采（HBUM）。

地理分布：宁夏（银川、彭阳、隆德、泾源、固原）、北京、河北、山西、内蒙古、辽宁、山东、河南、四川、西藏、陕西、青海。

取食对象：禾本科植物叶片。

### （354）半棕单爪鳃金龟 *Hoplia (Decamera) semicastanea* Fairmaire, 1887

*Hoplia semicastanea* Fairmaire, 1887: 315; Wang et al., 1992: 79; Zhu et al., 1999: 86; Löbl & Smetana, 2006: 185; Ren, 2010: 160.

识别特征：体长 9.0～11.9 mm，宽 4.8～6.0 mm。黑褐至黑色，鞘翅棕红色，跗节棕褐色。外形与围绿单爪鳃金龟 *Hoplia* (*Decamera*) *cincticollis* 十分近似，差别在于该种体背面鳞片少，且大小参差不齐。唇基近矩形，前角圆，除被毛外，尚有少数条形鳞片；头部鳞片薄，淡银绿色或半透明。触角鳃片部较长大。前胸背板密布粗长的淡褐色刺毛，长条形鳞片在四角处较大而明显。小盾片上鳞片小而稠密。鞘翅鳞片细疏，并被有大致成列的短褐纤毛。前臀板、臀板均密布淡银绿色大型鳞片；腹面密布相似鳞片。前胫节端部大爪的端部分裂较显；后爪细长而简单，末端不分裂。

地理分布：宁夏（全区）、北京、内蒙古、河南、甘肃、新疆。

取食对象：杨、榆、梨等果树。

**（355）斑单爪鳃金龟 *Hoplia* (*Euchromoplia*) *aureola* (Pallas, 1781)**（图版 XXII: 12）

*Scarabaeus aureola* Pallas, 1781: 18; Wang et al., 1992: 79; Gao, 1993: 125; Löbl & Smetana, 2006: 185; Ren, 2010: 159; Yang et al., 2011: 147; Wang et al., 2012: 136.

曾用名：斑哦金龟（高兆宁，1993）。

识别特征：体长 6.5～7.5 mm，宽 3.6～4.2 mm。黑至黑褐色，鞘翅浅棕褐色；体表密布不同颜色的鳞片。头较大，唇基略梯形，前缘中段微凹，密布纤毛；头顶金黄或银绿色圆至椭圆形鳞片与纤毛相间；触角 9 节，鳃片部 3 节。前胸背板弧隆，被金黄或银绿色圆鳞片，杂以短粗纤毛；有 4 个或 6 个黑褐色鳞片形成的斑点，呈前 4 后 2 横向排列；前角锐角形，后角钝角形；侧缘锯齿形弧凸，齿中有毛。小盾片半圆形，密布黑褐色鳞片，两侧被金黄色鳞片。鞘翅各有 7 个黑褐色鳞片斑点，斑点大多不完全、模糊或完全消失。前臀板仅部分外露。前胫节外缘 3 齿，基齿弱小，跗节端部 2 爪，大爪强大，端部上缘分裂，小爪甚弱；后胫节强壮，末端向下角突状延伸，跗节端部 1 爪，不分裂。

检视标本：宁夏隆德（3 头，1960. VI；203 头，1963. VII. 9）（IPPNX）；宁夏泾源六盘山（34 头，1964. VI；20 头，1984. VI.1）（IPPNX）；64 头，宁夏泾源龙潭，1986. VI. 31（IPPNX）；13 头，宁夏同心大罗山，1991. VI.2 1（IPPNX）；17 头，宁夏泾源六盘山，1996. VI. 12（IPPNX）；4 头，宁夏隆德苏台林场，2008. VII. 1，王新谱、刘晓丽采（HBUM）；3 头，宁夏泾源卧羊川，2008. VII. 7，王新谱、刘晓丽采（HBUM）；3 头，宁夏泾源卧羊川林场，2008. VII. 8，任国栋采（HBUM）；1 头，宁夏泾源龙潭林场，2008. VII. 20，任国栋采（HBUM）；1 头，宁夏固原绿塬林场，2008. VII. 9，冉红凡采（HBUM）。

地理分布：宁夏（全区）、河北、山西、内蒙古、辽宁、吉林、黑龙江、江苏、甘肃、青海、新疆；蒙古国，俄罗斯（远东、东西伯利亚），朝鲜，日本。

取食对象：甘蓝、禾本科植物、杂草、灰榆等灌木叶片。

**（356）黄绿单爪鳃金龟 *Hoplia* (*Euchromoplia*) *communis* Waterhouse, 1875**

*Hoplia communis* Waterhouse, 1875: 100; Löbl & Smetana, 2006: 185.

识别特征：体长 5.5～8.5 mm。体卵圆形；褐色至黑色；前胸背板、小盾片、鞘翅上密布黄绿色近圆形的鳞片，臀板、体下密布银白色近圆形有光泽的鳞片，腿节布较稠密的椭圆形、长条形银白色鳞片，胫节布较稀疏的长条形银白色鳞片；银白色鳞片明显大于黄绿色鳞片。前胸背板中区两侧、鞘翅侧缘及基部附近有许多斜生小黑刺。

地理分布：宁夏（灵武）、河南；日本。

## 鳃金龟族 Melolonthini Leach, 1819

## 七节鳃金龟亚族 Heptophyllina Medvedev, 1951

### 138）希鳃金龟属 *Hilyotrogus* Fairmaire, 1886

#### （357）二色希鳃金龟 *Hilyotrogus bicoloreus* (Heyden, 1887)（图版 XXIII：1）

*Lachnosterna bicoloreus* Heyden, 1887: 265; Zhu et al., 1999: 100; Löbl & Smetana, 2006: 183.

识别特征：体长 12.3～15.5 mm，宽 7.0～8.0 mm。体狭窄；头、前胸背板、小盾片栗褐色，鞘翅淡茶褐色，腹部颜色似鞘翅。头较宽，唇基短阔，散布深大刻点，边缘高翘，前缘浅凹，侧缘弧形；头顶中间约有 20 个具毛浅刻点；触角 10 节，鳃片部 5 节：雄性的长大，雌性的短小。前胸背板短，刻点大而深；前缘有成排纤毛，侧缘弧形，基部无饰边；前、后角钝。鞘翅散布圆形大刻点，4 条纵肋明显。臀板表面皱褶，缘毛长。前胫节外缘 3 齿；爪端部深裂。

检视标本：63 头，宁夏固原绿塬林场，2008. VII. 9，任国栋采（HBUM）；24 头，宁夏固原和尚铺林场，2008. VII. 1，王新谱、刘晓丽采（HBUM）；1 头，宁夏隆德苏台林场，2008. VII. 5，刘晓丽采（HBUM）。

地理分布：宁夏（泾源、隆德、固原）、北京、河北、山西、辽宁、吉林、黑龙江、河南、湖北、四川、贵州、甘肃、青海；俄罗斯（远东），朝鲜。

取食对象：核桃、樱桃、桃、梨、李树等叶片。

## 鳃金龟亚族 Melolonthina Leach, 1819

### 139）鳃金龟属 *Melolontha* Fabricius, 1775

#### （358）弟兄鳃金龟 *Melolontha* (*Melolontha*) *frater frater* Arrow, 1913（图版 XXIII：2）

*Melolontha frater* Arrow, 1913: 400; Wang et al., 1992: 79; Gao, 1993: 125; Zhu et al., 1999: 89; Löbl & Smetana, 2006: 194; Ren, 2010: 160.

识别特征：体长 22.0～26.0 mm，宽 12.0～14.0 mm。棕色或褐色，密布灰白色短毛。唇基长大近方形，前缘平直；头顶有长毛；触角 10 节，鳃片部：雄性 7 节，较长；雌性 6 节，较短。前胸背板被灰白色针状毛，后角直角形，盘区有不连贯的浅纵沟。鞘翅 4 条纵肋明显，纵肋间刻点粗大；腹面密布棕色长毛。腹部密生黄色长毛；臀板有明显中线，前端突出。雄性前胫节外缘 2 齿，雌性 3 齿；爪下近基部处有小齿；后胫节 2 个端距生于一侧。

检视标本：4 头，宁夏泾源龙潭，1986. VII. 29（IPPNX）；4 头，宁夏泾源六盘山，1989. VII. 16，罗耀光采（IPPNX）；1 头，宁夏泾源红峡林场，2008. VI. 25，冉红凡采（HBUM）；1 头，宁夏泾源二龙河，2014. VII. 18，白玲采（HBUM）。

地理分布：宁夏（泾源）、河北、山西、内蒙古、辽宁、吉林、黑龙江、江苏、浙江、安徽、山东、河南、湖北、湖南、四川、贵州、陕西、青海、台湾；蒙古国，朝鲜，日本。

取食对象：幼虫取食苗木地下根部，成虫取食阔叶树的叶片。

**（359）大栗鳃金龟蒙古亚种 *Melolontha* (*Melolontha*) *hippocastani mongolica* Ménétriés, 1854**（图版 XXIII: 3）

*Melolontha hippocastani mongolica* Ménétriés, 1854: 28; Wang et al., 1992: 80; Gao, 1993: 125; Zhu et al., 1999: 89; Löbl & Smetana, 2006: 195; Ren, 2010: 160.

曾用名：大栗鳃金龟（王希蒙等，1992）、蒙古鳃金龟（高兆宁，1993）。

识别特征：体长 25.7～31.5 mm，宽 12.9～13.9 mm。栗褐色、黑褐色至黑色，常披墨绿色金属光泽；鞘翅、跗节褐色至棕色，鞘翅边缘黑褐色至黑色；腹部基部 5 个腹板两侧有乳白色三角形斑。头密布具直毛小刻点；触角 10 节，鳃片部：雄性 7 节，粗弯；雌性 6 节，短直。前胸背板有宽阔的浅纵沟，沟内有马鬃状长毛，沟侧光滑，两侧密布有毛刻点，基部有 1 三角长毛区，后角锐角形。小盾片半椭圆形，具稀疏小刻点。鞘翅 4 条光滑纵肋，肋间密布大小一致的具灰白色伏毛刻点；基部和侧面有少数浅灰色直长毛。臀板密布刻点和伏毛，端部侧缘有直长毛；臀板端部常延伸成窄突，雄性明显长于雌性；腹板第 1～5 节侧面各有 1 三角形白斑。雄性前胫节外缘 2 齿，雌性 3 齿；中、后胫节外缘有锉状具毛刻点，其中 1 条为裂齿状短刺；爪等长，基部下面有尖齿。

检视标本：12 头，宁夏泾源六盘山，1964. VI（IPPNX）；23 头，宁夏泾源二龙河，1984. V. 29（IPPNX）；1 头，宁夏泾源六盘山，1984. VIII. 26（IPPNX）；8 头，宁夏泾源小南川，1995. VI. 23（IPPNX）；1 头，宁夏泾源西峡林场，2008. VII. 15，李秀敏采（HBUM）。

地理分布：宁夏（泾源、隆德、海原）、北京、河北、山西、内蒙古、四川、贵州、陕西、甘肃、青海；蒙古国，俄罗斯（西伯利亚）。

取食对象：幼虫取食小麦、豌豆、马铃薯、玉米、甜菜等作物及树苗的地下部分，成虫取食杨、杉、松、桦树叶片。

**（360）灰胸突鳃金龟 *Melolontha* (*Melolontha*) *incana* (Motschulsky, 1854)**（图版 XXIII: 4）

*Oplosternus incana* Motschulsky, 1854: 46; Löbl & Smetana, 2006: 195; Yang et al., 2011: 148.

识别特征：体长 24.5～30.0 mm，宽 12.2～15.0 mm。深褐或栗褐色，密布灰黄或灰白色鳞毛。头阔，绒毛向头顶中心聚集；触角 10 节，鳃片部：雄性 7 节，长弯；雌性 6 节，小直。前胸背板因覆毛而色异，常有 5 条纵纹，中央及两侧纹色较深；基部中段弓形后突。每翅 3 条明显纵肋。中胸腹突长达前足基节中间，近端部收缩变尖；臀板三角形。雄性前胫节端部外缘 2 齿，雌性 3 齿。爪发达，具齿。

地理分布：宁夏（平罗、罗山）、北京、河北、内蒙古、山西、辽宁、吉林、黑龙江、山东、浙江、江西、河南、湖北、四川、贵州、陕西、甘肃、青海；俄罗斯（远东），朝鲜。

取食对象：幼虫取食禾谷类、豆类、薯类等作物及苗木的根部，成虫取食杨、柳、榆、苹果、梨树等叶片。

## 140）云鳃金龟属 *Polyphylla* Harris, 1841

### （361）小云鳃金龟 *Polyphyll (Gynexophylla) gracilicornis gracilicornis* (Blanchard, 1871)（图版 XXIII: 5）

*Melolontha gracilicornis* Blanchard, 1871: 811; Wu et al., 1978: 254; Wang et al., 1992: 80; Gao, 1993: 125; Zhu et al., 1999: 87; Löbl & Smetana, 2006: 197; Ren, 2010: 160; Ren et al., 2013: 17.

曾用名：小云斑鳃金龟、小云斑金龟子（吴福桢等，1978）、褐须金龟（高兆宁，1993）。

识别特征：体长 26.5～28.5 mm，宽 13.0～13.5 mm。栗褐至深褐色，头及前胸背板颜色较深，有光泽；体表被白色、乳白色或黄色鳞片组成的斑纹。头部鳞片披针形；额上及唇基后半被灰褐色长毛；额上具粗刻点，头顶基部光滑；触角 10 节，鳃片部：雄性 7 节，甚长大且弯曲；雌性 6 节，短小。前胸背板短阔，不平坦；被长而密的黄色鳞毛，形成浅色云斑；中纵纹常贯穿全长；侧缘锯齿形，缺刻中有毛；胸下绒毛厚密。鞘翅有顶端弯曲的披针形白色长鳞片，构成各种形状的云状斑。雄性前胫节外缘 1 齿，雌性 3 齿。

检视标本：1 头，宁夏泾源龙潭林场，1740 m，2008. VII. 20；10 头，宁夏泾源秋千架，2008. VI. 25；1 头，宁夏彭阳挂马沟，2008. VI. 25；14 头，宁夏泾源西峡林场，2008. VI. 27；均为王新谱、刘晓丽采（HBUM）。

地理分布：宁夏（泾源、隆德、彭阳、固原、中卫）、北京、河北、山西、内蒙古、河南、四川、贵州、云南、西藏、陕西、甘肃、青海。

取食对象：幼虫取食麦类、豆瓜类、蔬菜类及苹果、杨、落叶松等树的根部，成虫不食。

### （362）大云鳃金龟 *Polyphylla (Gynexophylla) laticollis laticollis* Lewis, 1887（图版 XXIII: 6）

*Polyphyll laticollis* Lewis, 1887: 231; Wu et al., 1978: 256; Wang et al., 1992: 80; Gao, 1993: 125; Zhu et al., 1999: 87; Löbl & Smetana, 2006: 197; Wang & Yang, 2010: 185; Ren, 2010: 161.

曾用名：云斑金龟子（吴福桢等，1978）、云斑金龟（高兆宁，1993）。

识别特征：体长 26.0～45.0 mm，宽 18.0～23.0 mm。栗黑至黑褐色，被乳白色鳞片组成的云状斑纹。头大，有粗刻点及皱纹，鳞片披针状；唇基前缘明显上翘，密布具鳞片的皱形刻点；触角 10 节，鳃片部：雄性 7 节，长而弯；雌性 6 节，短而小。前胸背板宽约为长的 2 倍，盘上有稠密的不规则浅刻点；白色鳞片群形成 3 条白纵线，大致呈"兴"形；两侧各 1 环形斑；前缘有粗长纤毛，侧缘有具毛缺刻，基部无毛；

腹面毛密长。鞘翅鳞片卵圆形,白色鳞片组成的云状斑纹明显;刻点小,无纵肋。臀板密布刻点及微毛;腹部毛短。前胫节外缘雄性 2 齿,雌性 3 齿;爪发达,对称。

检视标本:63 头,宁夏隆德,1960. VII. 16(IPPNX);宁夏银川(9 头,1962. VII. 27;6 头,1975. VII. 19)(IPPNX);2 头,宁夏中卫,1964. VII. 11(IPPNX);1 头,宁夏灵武,1974. VII. 14(IPPNX);2 头,宁夏贺兰山,1991. VI.2 7(IPPNX);27 头,宁夏泾源,1995. VI. 24(IPPNX);8 头,宁夏泾源东山坡,2014. VII. 18,白玲、王娜采(HBUM)。

地理分布:宁夏(银川、中卫、中宁、灵武、盐池、固原、隆德、泾源、贺兰山)、北京、河北、山西、内蒙古、辽宁、吉林、黑龙江、江苏、浙江、安徽、福建、江西、山东、河南、湖北、四川、贵州、云南、陕西、甘肃、青海、新疆;蒙古国,朝鲜,日本。

取食对象:幼虫取食灌木、杂草地下部分,成虫取食松、杨、榆、云杉、柳树叶片。

**(363)白云鳃金龟替代亚种 *Polyphylla (Xerasiobia) alba vicaria* Semenov, 1900**(图版 XXIII: 7)

*Polyphylla alba vicaria* Semenov, 1900: 307; Wu et al., 1978: 258; Wang et al., 1992: 80; Gao, 1993: 125; Löbl & Smetana, 2006: 198.

曾用名:白鳃金龟子(吴福桢等,1978)、白须金龟(高兆宁,1993)。

识别特征:体长 26.5～33.0 mm,宽 12.0～16.5 mm。棕褐色,全身密布乳白色鳞片,胸部密布黄色长毛。头棕色;复眼圆形,黑色;触角 10 节,雄性鳃片部 7 节。前胸背板高拱,前缘圆弧形,被金黄色长毛;基部凸,近小盾片处具金黄色长毛。小盾片三角形,鳞片白色。臀板三角形。足上密生白黄色长毛,前胫节外缘 2 齿。

检视标本:1 头,宁夏固原,1959. VII(IPPNX);宁夏银川(3 头,1965. VII. 10;3 头,1976. VI. 21)(IPPNX);2 头,宁夏中卫,2000. VIII. 12(IPPNX);4 头,宁夏中卫沙坡头,2001. VII. 4(IPPNX);1 头,宁夏泾源红峡林场,2008. VI. 25,冉红凡采(HBUM)。

地理分布:宁夏(泾源、银川、中卫、平罗、固原、海原、同心、灵武)、内蒙古、陕西、甘肃、新疆;蒙古国。

取食对象:幼虫取食多种苗木及作物根部,成虫取食柳、胡杨、葡萄等的叶片。

## 根鳃金龟亚族 Rhizotrogina Burmeister, 1855

## 141)阿鳃金龟属 Amphimallon Latreille, 1825

**(364)马铃薯鳃金龟东亚亚种 *Amphimallon solstitiale sibiricum* Reitter, 1902**(图版 XXIII: 8)

*Amphimallon solstitiale sibiricum* Reitter, 1902: 234; Wang et al., 1992: 78; Gao, 1993: 125; Löbl & Smetana, 2006: 209; Ren, 2010: 159; Yang et al., 2011: 147; Wang et al., 2012: 132.

曾用名:马铃薯鳃金龟(高兆宁,1993)。

识别特征：体长 13.5～18.6 mm，宽 7.0～9.5 mm。体中型，长椭圆形；淡茶褐至深褐色，光泽颇强；头深褐色，近唇基红褐色；通体被毛。唇基近梯形，前缘中部微凹，边缘弯翘；触角 9 节，鳃片部 3 节；雄性长大，雌性短小。前胸背板宽阔，前缘较直；侧缘中部最宽，前段明显变窄，后段不明显变窄；基部中段向后弧形扩展；背面密生茶黄色长毛，两侧及中纵有 3 条纵黄褐色毛带，2 条灰白斜毛带位于中纵带两侧。小盾片宽三角形，顶圆钝。鞘翅 4 条纵肋明显，被稀疏黄褐色长毛。臀板平缓三角形，密布具毛大刻点。前胫节外端 2 齿，爪发达，爪下近基部 1 小齿。

检视标本：1 头，宁夏西吉，1987. VI，任国栋采（HBUM）。

地理分布：宁夏（泾源、隆德、彭阳、海原、西吉、罗山）、内蒙古、辽宁、吉林、黑龙江、陕西、甘肃、青海、新疆；蒙古国，俄罗斯（远东），哈萨克斯坦。

取食对象：马铃薯等农作物。

**（365）马铃薯鳃金龟指名亚种 *Amphimallon solstitiale solstitiale* (Linnaeus, 1758)**（图版 XXIII: 9）（宁夏新纪录）

*Scarabaeus solstitiale* Linnaeus, 1758: 351; Löbl & Smetana, 2006: 209.

识别特征：体长 13.5～18.5 mm，宽 7.0～9.5 mm。头深褐色，触角棕红色，前胸背板深褐色，鞘翅黄褐色，足棕黄色；被毛黄棕色。唇基前缘边缘翘起，复眼大，圆形，黑色；触角 9 节，鳃片部 3 节。前胸背板隆起，前缘直，基部弧凸；密布黄棕色长毛。小盾片发达，三角形。鞘翅 4 条纵肋明显，被稀疏长毛。足发达，前胫节外缘 2 齿。

检视标本：1 头，宁夏永宁，1958. VI. 28（IPPNX）；宁夏固原（2 头，1959. VI. 1；20 头，1978.VI.17）（IPPNX）；2 头，宁夏中卫，1964. VI. 26（IPPNX）；48 头，宁夏隆德，1964. IX. 4（IPPNX）。

地理分布：宁夏（永宁、固原、中卫、隆德）、内蒙古；哈萨克斯坦，欧洲。

取食对象：幼虫取食马铃薯块茎、禾本科沙生植物根部。

## 142）婆鳃金龟属 *Brahmina* Blanchard, 1851

**（366）波婆鳃金龟 *Brahmina* (*Anoxiella*) *potanini* (Semenov, 1891)**（图版 XXIII: 10）

*Rhizotrogus potanini* Semenov, 1891: 318; Gao, 1993: 125; Zhu et al., 1999: 94; Löbl & Smetana, 2006: 211; Zhang et al., 2009: 86; Ren, 2010: 159.

识别特征：体长 13.2～15.0 mm，宽 6.4～7.6 mm。长椭圆形；棕褐至赤褐色。头较小，唇基短宽，布具毛刻点，边缘上翘，前缘中部微凹；触角 10 节，鳃片部 3 节；雄性长大，雌性短小。前胸背板短阔，前缘饰边宽，侧缘强钝角状突出，边缘浅锯齿形，基部无饰边；盘区布浅大刻点。小盾片短阔三角形，覆盖绒毛。鞘翅较短，第 1、第 2 条纵肋甚宽，末端汇合于端凸，第 3、第 4 条纵肋较弱；肩凸、端凸发达。臀板较长，布具毛刻点。前胫节端部外缘 3 齿，爪细长，爪下中部 1 斜生小爪齿。

地理分布：宁夏（银川、固原、隆德、泾源）、山西、四川、西藏、甘肃、青海。

取食对象：幼虫取食植物地下部分。

**（367）赛婆鳃金龟 *Brahmina (Brahmina) sedakovii* (Mannerheim, 1849)**（图版 XXIII：11）

*Rhizotrogtts sedakovii* Mannerheim, 1849: 237; Löbl & Smetana, 2006: 212; Ren, 2010: 159.

*Rhizotrogus intermedia* Mannerheim, 1849: 238; Wang & Yang, 2010: 183.

曾用名：介婆鳃金龟（王新谱等，2010）。

识别特征：体长 13.0～16.0 mm。长卵圆形；深红褐色，具光泽；被毛不均匀。唇基边缘弯翘，前缘近于直或略弯，密布深大刻点；头顶后头间横脊状；触角 10 节，鳃片部：雄性短于前 6 节之后，雌性更短小。前胸背板弧拱起，散布具长毛浅大圆刻点；侧缘钝角形突出，基部中段无饰边。小盾片半椭圆形，刻点细小。鞘翅缝肋发达，4 条纵肋明显；盘区刻点稀，侧缘基部刻点密。前胫节外缘 3 齿，内端距与外缘中齿对生；中、后胫节均有 2 枚端距，后胫节外缘后侧有棘突 6 枚；后足第 1、第 2 跗节等长；爪短，深切。

检视标本：73 头，宁夏海原牌路山，2009. VII. 18，王新谱、冉红凡采（HBUM）。

地理分布：宁夏（隆德、固原、海原、贺兰山）、山西、内蒙古、吉林、黑龙江；蒙古国，俄罗斯（远东、东西伯利亚）。

取食对象：幼虫取食牧草及苗木地下部分，成虫取食苹果、榆树等嫩叶。

**（368）福婆鳃金龟 *Brahmina (Brahminella) faldermanni* Kraatz, 1892**（图版 XXIII：12）

*Brahmina faldermanni* Kraatz, 1892: 309; Wang et al., 1992: 78; Zhu et al., 1999: 96; Löbl & Smetana, 2006: 212; Wang & Yang, 2010: 183; Ren, 2010: 159; Yang et al., 2011: 147.

曾用名：福婆金龟（高兆宁，1993）。

识别特征：体长 9.0～12.2 mm，宽 4.3～6.0 mm。卵圆形；栗褐或浅褐色，鞘翅色浅。唇基梯形，密布深大刻点；头上有粗大而皱密的具毛刻点；头顶隐约可见褶皱纹状横脊；触角 10 节，鳃片部 3 节：雄性与前 6 节之和约等长，雌性较短小。前胸背板密布浅圆具毛刻点，毛长而竖立；侧缘锯齿状钝角形突出；腹面密布绒毛。小盾片三角形，密布具毛刻点。鞘翅密布深大具毛刻点，基部毛明显长，第 1 条纵肋明显。腹部及臀板密布具毛刻点。后足第 1 跗节略短于第 2 节，爪端部深裂。

检视标本：1 头，宁夏固原田洼，1973. VIII（IPPNX）；1 头，宁夏泾源泾河源，1983. VII. 22（IPPNX）；2 头，宁夏泾源秋千架，1983. VIII. 5（IPPNX）；1 头，宁夏泾源龙潭，1986. VII. 13（IPPNX）；1 头，宁夏平罗，1989. VII. 21（IPPNX）；1 头，宁夏贺兰山，1987. VI. 8（IPPNX）；1 头，宁夏海原黄庄，1987. VI. 6（IPPNX）；2 头，宁夏彭阳，1987. VIII. 2，任国栋采（HBUM）；6 头，宁夏固原须弥山，2009. VII. 17，王新谱、冉红凡采（HBUM）。

地理分布：宁夏（银川、隆德、泾源、海原、彭阳、固原、同心、平罗、贺兰山、罗山）、北京、河北、山西、内蒙古、辽宁、山东、河南、陕西、甘肃；俄罗斯（远东）。

取食对象：幼虫取食禾草、灌木地下部分，成虫取食山枣、苹果、刺槐、杏树等叶片。

**（369）姬东茶鳃金龟 *Brahmina* (*Brahminella*) *rubetra* (Faldermann, 1835)**（图版 XXIV: 1）（宁夏新纪录）

*Melolontha rubetra* Faldermann, 1835: 376; Löbl & Smetana, 2006: 212.

检视标本：1 头，宁夏永宁，1957. VIII（IPPNX）；4 头，宁夏固原，1980. VIII. 17（IPPNX）。

地理分布：宁夏（永宁、固原）、辽宁；朝鲜，韩国。

**（370）五台鳃金龟 *Brahmina wutaiensis* Zhang & Wang, 1997**（图版 XXIV: 2）

*Brahmina wutaiensis* Zhang & Wang, 1997: 212; Löbl & Smetana, 2006: 213; Ren, 2010: 159.

识别特征：体长 16.2～17.7 mm，宽 7.6～8.0 mm。长卵圆形；红棕色，头部色稍深并发亮。头上有稠密的具毛粗刻点；唇基边高翘；复眼间横脊粗糙不整，雄性中断，雌性微弱，脊前有具毛圆形大刻点；触角 10 节，雄性鳃片部长于其前 6 节长之和。前胸背板短阔，布稀疏具毛大圆刻点；周缘刻点最为粗密，侧缘明显钝角形扩出，被具毛缺刻切断；中部最宽；后角近于直角形，基部饰边完整；腹面密布长毛。小盾片短阔三角形，有具毛细刻点。鞘翅匀布具毛刻点，基半部散生长毛；缘折有呈列长刚毛，向后渐短；每翅 4 条纵肋，缝肋发达。臀板近三角形，密布具毛刻点；腹部刻点稀小，被毛短。前胫节外缘 3 齿，中齿稍近端齿，基齿夹角近于直角。

检视标本：25 头，宁夏海原牌路山，2009. VII. 18，王新谱、冉红凡采（HBUM）。

地理分布：宁夏（海原）、河北、山西。

## 143）雪鳃金龟属 *Chioneosoma* Kraatz, 1891

**（371）莱雪鳃金龟 *Chioneosoma* (*Aleucolomus*) *reitteri* (Brenske, 1887)**（图版 XXIV: 3）

*Rhizotrogus reitteri* Brenske, 1887: 232; Wang et al., 1992: 78; Gao, 1993: 125; Löbl & Smetana, 2006: 213; Ren, 2010: 159.

识别特征：体长 13.0～23.5 mm，宽 6.4～10.5 mm。长椭圆形；栗褐或淡黄褐色，头上深褐至黑褐色；前胸背板除盘区、鞘翅、臀板及腹部外有白色霉状层。触角 10 节，鳃片部 3 节：雄性十分扁长，雌性短小。前胸背板密布刻点，盘区光亮，侧区刻点多具蜡质短毛；四周有饰边，侧缘饰边为具毛缺刻所断，钝角状突出；前角钝，后角近于直角；腹面密布长白绒毛。小盾片近三角形。鞘翅密布具蜡状毛刻点，4 条纵肋明显，边缘有宽大半透明饰边。臀板宽拱，密布具毛刻点；腹部中部光亮，雄性有长椭圆形扁凹。足较壮，前胫节外缘 3 齿，内端距发达；后足第 1、第 2 跗节约等长；爪长大，下侧近基部 1 小齿突。

检视标本：1 头，宁夏贺兰山，1961. IV（IPPNX）；1 头，宁夏永宁，1984. IV. 29（HBUM）；1 头，宁夏海原，1984. V. 20，任国栋采（HBUM）；1 头，宁夏青铜峡树新，1985. IV. 29（HBUM）；1 头，宁夏盐池，1986. IV，任国栋采（HBUM）。

地理分布：宁夏（全区）、内蒙古、西藏、陕西、甘肃、青海、新疆；蒙古国，克什米尔，中亚。

取食对象：沙枣及大田作物。

## 144）齿爪鳃金龟属 *Holotrichia* Hope, 1837

### （372）棕色鳃金龟 *Holotrichia (Eotrichia) titanis* (Reitter, 1902)（图版 XXIV: 4）

*Holotrichia titanis* Reitter, 1902: 178; Wu et al., 1982: 177; Wang et al., 1992: 79; Gao, 1993: 125; Zhu et al., 1999: 97; Löbl & Smetana, 2006: 218; Ren, 2010: 159.

曾用名：棕色金龟（高兆宁，1993）。

识别特征：体长 17.5～24.5 mm，宽 9.5～12.5 mm。棕色，披弱丝绒光泽。头小，唇基宽短，前缘中央明显凹入，前侧缘上卷；触角 10 节，鳃片部 3 节。前胸背板宽大，中纵线光滑微凸；除基部中段外均具饰边，侧缘外扩，饰边锯齿状和不完整，密生褐色细毛；腹面密生白色长毛。小盾片刻点稀疏。鞘翅 4 条纵肋，第 1、第 2 条比第 3、第 4 条明显，第 1 条后方窄尖；肩凸明显。腹部圆大，有光泽；雄性臀板刻点稀疏，顶钝，雌性刻点密，扁平三角形。前胫节外缘 2 齿，后胫节细长，端部喇叭状，爪中位很直，有 1 锐齿。

检视标本：宁夏固原（1 头，1959. V；5 头，1978. IV. 26）（IPPNX）；1 头，宁夏平罗，1959. V. 12（IPPNX）；宁夏中卫（1 头，1960. VIII. 4；3 头，2000. VIII. 10）（IPPNX）；19 头，宁夏泾源，1980. V. 19（IPPNX）；1 头，宁夏隆德，1982. VIII. 27（IPPNX）；宁夏泾源二龙河（2 头，1984. V. 26；4 头，1996. VI. 11，林 93 采）（IPPNX）；1 头，宁夏彭阳，1988. V. 14，任国栋采（HBUM）；2 头，宁夏泾源龙潭林场，2100 m，1996. VI. 9，赵瑞采（HBUM）。

地理分布：宁夏（固原、泾源、彭阳、平罗、中卫、隆德、灵武）、河北、山西、辽宁、吉林、黑龙江、江苏、浙江、山东、河南、湖北、广西、四川、陕西、甘肃；俄罗斯（远东），朝鲜，韩国。

取食对象：幼虫取食各种作物的地下根茎，成虫取食月季、刺槐、果树等叶片。

### （373）朝鲜大黑鳃金龟 *Holotrichia (Holotrichia) diomphalia* (Bates, 1888)（图版 XXIV: 5）

*Lachnosterna diomphalia* Bates, 1888: 373; Löbl & Smetana, 2006: 218.

识别特征：体长 16.2～21.0 mm，宽 8.0～11.0 mm。体短扁圆；黑褐或栗褐色至沥黑色，多黑褐色，腹面色泽略淡，相当油亮。唇基密布刻点，前缘中部微凹；头顶横形弧拱起，刻点较稀；触角 10 节，鳃片部 3 节：雄性长大，明显长于前 6 节之和，雌性短小。前胸背板布脐状刻点，侧缘弧扩，中部弱稍前最宽，前段微外弯，有少数具毛缺刻，后段完整；腹面密布绒毛。小盾片三角形，后端圆钝，基部散布少量刻点。鞘翅表面微皱，纵肋明显，第 3 条最弱。臀板短宽，略倒梯形，散布圆形大刻点；第 5 腹板中部后方有深谷形凹坑。前胫节内端距约与中齿对生；后足第 1 跗节短于第 2 节；爪齿位于中部之前。

检视标本：2 头，宁夏永宁，1954. VII. 6（IPPNX）；2 头，宁夏吴忠金积镇，1959. VII. 6（IPPNX）；9 头，宁夏泾源，1980. V. 22（IPPNX）；5 头，宁夏银川，1989. V. 3（IPPNX）。

地理分布：宁夏（银川、永宁、吴忠、泾源、灵武、贺兰山）、北京、河北、吉林、辽宁、黑龙江、山东；蒙古国，俄罗斯（远东、东西伯利亚），朝鲜，韩国，日本。

**（374）华北大黑鳃金龟 *Holotrichia (Holotrichia) oblita* (Faldermann, 1835)**（图版 XXIV: 6）

*Ancylonycha oblita* Faldermann, 1835: 459; Wu et al., 1978: 249; Wang et al., 1992: 99; Gao, 1993: 125; Zhu et al., 1999: 99; Löbl & Smetana, 2006: 219; Wang & Yang, 2010: 183; Ren, 2010: 159; Yang et al., 2011: 147; Ren et al., 2013: 172.

曾用名：华北大黑金龟子（吴福桢等，1978）。

识别特征：体长 17.0～21.8 mm，宽 8.4～11.0 mm。黑褐色至黑色，有光泽。头小，刻点稠密。触角 10 节，鳃片部 3 节，雄性的约与前 6 节之和等长。唇基横长，近半月形。前胸背板密布粗刻点；侧缘向外弯，有褐色细毛；前缘有少数缺刻，凹陷处具毛。鞘翅有 3 条明显纵肋，缝肋宽而隆起，肩瘤明显。雄性臀板隆凸顶点在中部以下，顶圆尖，两侧上方各 1 圆形小坑，肛腹板中间有明显的三角形凹坑；雌性臀板较长，顶圆钝，肛腹板无凹坑。前胫节外缘 3 齿；后足第 1 跗节略短于第 2 节；各足有爪 1 对，爪下有 1 齿。

检视标本：1 头，宁夏固原，1959. VIII（IPPNX）；宁夏银川（48 头，1960. VI. 7；6 头，1990. VI. 9）（IPPNX）；10 头，宁夏中宁，1964. V. 21（IPPNX）；1 头，宁夏中卫沙坡头，1985. IV. 13（IPPNX）；3 头，宁夏泾源龙潭，1985. VII. 15（IPPNX）；宁夏中卫（7 头，1964.V.28；1 头，1987. V. 23，任国栋采）（HBUM）；5 头，宁夏贺兰，1988. VI（IPPNX）；2 头，宁夏泾源龙潭林场，2100 m，1996. VI. 28，郭伏成采（IPPNX）；4 头，宁夏中宁石空，2006. VI. 21，张治科采（IPPNX）；4 头，宁夏灵武东塔乡，2006. VII. 18，张治科采（IPPNX）。

地理分布：宁夏（银川、固原、中卫、中宁、贺兰、灵武、泾源、盐池、平罗、贺兰山、罗山）、北京、天津、河北、山西、内蒙古、辽宁、吉林、黑龙江、江苏、浙江、安徽、福建、江西、山东、河南、湖北、广西、四川、贵州、陕西、甘肃、青海；俄罗斯（远东），韩国，日本。

取食对象：幼虫取食牧草及苗木的地下部分，成虫取食榆、苹果树等嫩叶。

**（375）暗黑鳃金龟 *Holotrichia (Holotrichia) parallela* (Motschulsky, 1854)**（图版 XXIV: 7）

*Ancylonycha parallela* Motschulsky, 1854: 64; Löbl & Smetana, 2006: 219; Zhang et al., 2009: 87.

识别特征：体长 17.0～22.0 mm，宽 9.0～11.5 mm。长卵形；黑或黑褐色，无光泽，体表被绒毛。头大，唇基前缘中部微凹，头顶微拱；触角 10 节，鳃片部 3 节，短小。前胸背板横宽，盘区密布刻点，有宽亮中纵带；侧缘中部之后最宽，前缘具饰边及褐色毛，基部无饰边；前角钝，后角直。小盾片近半圆形。鞘翅伸长，两侧近平行，后方稍扩；每侧 4 条明显纵肋。前胫节端部外缘 3 齿，中齿明显接近端齿。爪齿于爪下方中间分出，与爪垂直。

地理分布：宁夏、河北、山西、内蒙古、辽宁、吉林、黑龙江、上海、江苏、浙江、福建、安徽、江西、山东、河南、湖南、广东、广西、四川、贵州、甘肃；俄罗斯（远东），朝鲜，韩国，日本。

取食对象：幼虫取食大豆、小麦等农作物，成虫取食梨、苹果、杨、榆、柳、槐、大豆、玉米、马铃薯、高粱、向日葵等植物叶片。

### （376）东南大鳃金龟 *Holotrichia sauteri sauteri* Moser, 1913

*Holotrichia sauteri* Moser, 1913: 436; Zhang et al., 1996: 133; Löbl & Smetana, 2006: 220.

识别特征：体长 18.5～19.5 mm，宽 9.5～10.0 mm。黑褐色，头、前胸背板颜色稍深，相当油亮。前胸背板侧缘全被微小具毛缺刻所断。臀板狭小，隆凸顶点在近中部或稍前。

地理分布：宁夏、山西、内蒙古、吉林、广东、广西、贵州、陕西、台湾。

取食对象：大豆、花生、杨、榆、油桐等。

## 145）迷鳃金龟属 *Miridiba* Reitter, 1902

### （377）毛黄鳃金龟 *Miridiba trichophora* (Fairmaire, 1891)（图版 XXIV: 8）

*Rhizotrogus trichophora* Fairmaire, 1891: 199; Wang et al., 1992: 79; Gao, 1993: 125; Löbl & Smetana, 2006: 222; Ren, 2010: 159.

识别特征：体长 14.2～16.6 mm，宽 7.6～9.5 mm。长卵圆形，背平；棕褐或淡褐色，头、前胸背板及小盾片栗褐色，腹侧相当光亮。头小，唇基密布深刻点；头顶复眼间有高锐横脊，横脊有时中断，侧端伸达眼缘，横脊基半部密布具毛深刻点，基部有稠密的细刻点具茸毛；触角 9 节，鳃片部 3 节。前胸背板刻点较稀，大小相间具长毛；前缘饰边横脊状，侧缘钝角形扩展，前段直而完整，后段微锯齿形，中部之后最宽；前角钝，后角圆。腹面布长绒毛。小盾片三角形。鞘翅布具毛刻点，基部毛最长，与前胸背板相似；缝肋清晰，无纵肋。臀板三角形，布具毛刻点；腹部刻点具毛。前胫节外缘 3 齿，内端距与基中齿间凹对生；后胫节横脊完整或中断，外基部具齿突 3～5 枚；后足第 1 跗节略短于第 2 节；爪细长，爪下齿中位。

地理分布：宁夏（固原、隆德、海原、西吉、灵武）、北京、河北、山西、辽宁、江苏、浙江、安徽、福建、江西、上海、河南、湖北、广西、四川。

取食对象：幼虫取食高粱、小麦、谷子、花生、玉米、蔬菜等农作物嫩根，成虫不食。

## 146）拟鳃金龟属 *Pseudosymmachia* Dalla Torre, 1913

### （378）小黄鳃金龟 *Pseudosymmachia flavescens* (Brenske, 1892)（图版 XXIV: 9）

*Metabolus flavescens* Brenske, 1892: 153; Zhu et al., 1999: 93; Löbl & Smetana, 2006: 224; Ren, 2010: 160.

识别特征：体长 11.0～13.6 mm，宽 5.3～7.4 mm。黄褐色，头、前胸背板淡栗褐色；匀被稠密的短针毛。头较大，刻点粗密；额中线明显；唇基有稠密的具毛大刻点，前缘上翘；触角 9 节，鳃叶部 3 节，较短小。前胸背板有具毛大刻点；侧缘前段直，后段内弯，有长纤毛，基部向后弧形突出；前、后角钝，腹面毛细长。小盾片短阔三角形，有具毛刻点。鞘翅刻点稠密，仅第 1 纵肋可见，肩凸明显。腹部、腿节被毛细长。臀板圆三角形。前胫节外缘 3 齿，爪下有小齿。

检视标本：1 头，宁夏泾源西峡林场，2008. VII. 11，吴琦琦采（HBUM）。

地理分布：宁夏（泾源）、北京、河北、山西、辽宁、江苏、浙江、山东、河南、湖南、陕西、甘肃；土耳其。

取食对象：幼虫取食苗木根部及作物的地下部分，成虫取食苹果、梨、海棠等果木叶片。

**（379）鲜黄鳃金龟 *Pseudosymmachia tumidifrons* (Fairmaire, 1887)**（图版 XXIV: 10）

*Metabolus tumidifrons* Fairmaire, 1887: 107; Gao, 1993: 125; Zhu et al., 1999: 93; Löbl & Smetana, 2006: 224; Yang et al., 2011: 148.

曾用名：鲜黄金龟（高兆宁，1993）。

识别特征：体长 11.5～14.5 mm，宽 6.0～7.0 mm。鲜黄褐色，头、复眼黑褐色，前胸背板及小盾片褐色，鞘翅及腹面亮黄褐色；体表光裸。唇基新月形，前侧缘上卷；头上起伏不平，中线明显，复眼间显隆；触角 9 节，鳃片部 3 节：雄性的与柄部各节之和等长，雌性的短于前 5 节长之和。前胸背板及小盾片均布少量刻点。鞘翅最宽处位于后端，第 1、第 2 条纵肋明显可见。臀板三角形，有细毛。前胫节外缘 3 齿，中齿接近端齿；后胫节中段有 1 完整的具刺横脊；后足第 2 跗节下方内侧有 18～22 根栉状刺；爪端深裂。

地理分布：宁夏（泾源、罗山）、河北、山西、辽宁、吉林、江苏、浙江、江西、山东、河南、湖南、四川、甘肃；朝鲜。

取食对象：幼虫取食禾谷类及马铃薯、红薯、大豆等作物的地下部分，成虫不食。

## 147）皱鳃金龟属 *Trematodes* Faldermann, 1835

**（380）大皱鳃金龟 *Trematodes grandis* Semenov, 1902**（图版 XXIV: 11）

*Trematodes grandis* Semenov, 1902: 345; Wang et al., 1992: 80; Gao, 1993: 125; Löbl & Smetana, 2006: 228; Wang & Yang, 2010: 186; Ren, 2010: 161; Yang et al., 2011: 148; Ren et al., 2013: 174.

曾用名：大皱金龟（高兆宁，1993）。

识别特征：体长 18.5～21.0 mm。黑色，光泽较强。唇基近梯形，边缘高翘，密布杂乱的圆形刻点，侧缘近斜直，前缘中部微凹；额上平坦，刻点与唇基相似；触角 10 节，鳃片部 3 节。前胸背板侧缘后段微弯，后角略向侧下方延展，近于直角形。小盾片短阔，基部两边散布刻点。鞘翅 4 条纵肋明显，匀布大浅刻点。雄性腹部浅纵宽。中、后胫节 2 道具刺横脊；各足跗节端部 2 爪大小差异明显；后足第 1、第 2 跗节约等长。

检视标本：1 头，宁夏银川，1980. VI（HBUM）；2 头，宁夏灵武，1987. V. 5，任国栋采（HBUM）；1 头，宁夏青铜峡，1987. V. 6（HBUM）；1 头，宁夏陶乐，1100 m，1989. VIII. 30（HBUM）；1 头，宁夏固原开城，2009. VII. 16，王新谱、冉红凡采（HBUM）。

地理分布：宁夏（银川、海原、盐池、灵武、吴忠、中卫、陶乐、同心、青铜峡、固原、贺兰山、罗山）、内蒙古、陕西、甘肃、青海；俄罗斯。

取食对象：沙蒿、柠条、花棒等沙生植物。

**（381）波皱鳃金龟 *Trematodes potanini* Semenov, 1902**（图版XXIV: 12）（宁夏新纪录）

*Trematodes potanini* Semenov, 1902: 345; Löbl & Smetana, 2006: 228.

识别特征：体长13.6～18.9 mm，宽7.4～9.0 mm。体较短阔，密布粗刻点；暗黑无光泽；鞘翅和臀板有明显的灰白色表层。唇基隆梯形，前缘有卷褶，褶前明显凹陷；触角10节，鳃片部3节。前胸背板横宽，基部显窄，侧缘锯齿状弧形并生长毛，基部弧形向后延伸，两侧具饰边。鞘翅皱褶丰富，无纵肋；后翅退化呈长条形，长达第4腹板，无飞翔能力。雄性腹部凹陷，肛腹板水平突起呈半圆形或三角形。前胫节外缘3齿，无爪齿；中、后胫节中间有1带刺横脊。

检视标本：9头，宁夏海原南华山，2009. VII. 19，王新谱、杨晓庆采（HBUM）。

地理分布：宁夏（海原）、河北、山西、内蒙古、山东、河南、陕西、甘肃。

取食对象：幼虫取食作物地下的根、块根、块茎，成虫取食小麦、玉米、谷子、豆类、向日葵、亚麻、苜蓿等作物和刺儿菜、车前子等杂草的嫩茎、嫩芽及叶片。

**（382）黑皱鳃金龟 *Trematodes tenebrioides* (Pallas, 1761)**（图版XXV: 1）

*Scarabaeus tenebrioides* Pallas, 1781: 9; Wu et al., 1978: 250; Gao, 1993: 125; Zhu et al., 1999: 90; Löbl & Smetana, 2006: 228; Ren, 2010: 161; Yang et al., 2011: 148; Ren et al., 2013: 174.

曾用名：无翅黑金龟子（吴福桢等，1978）、无翅黑金龟（高兆宁，1993）。

识别特征：体长14.0～17.5 mm，宽8.2～9.4 mm。体短阔，前胸与鞘翅基部显窄；暗黑无光泽。头大，唇基横阔，密布蜂窝状大刻点；额及头顶部刻点粗密，后头刻点小；触角10节，鳃片部3节，短小；前胸背板强烈横宽，密布深大刻点；前缘两侧有饰边，侧缘弧扩，有具毛缺刻；腹面密布具毛刻点。鞘翅粗皱，纵肋不甚清晰；后翅短三角形，长达或略超过第2腹板。臀板宽大，密布浅的皱纹状大刻点；腹部刻点小具伏毛；雄性腹部中央深凹，肛腹板基半部水平突起多数较狭尖，雌性腹部饱满。足粗壮，前胫节外缘3齿；前足、中足的内爪、外爪大小差异明显。

检视标本：宁夏灵武狼皮子梁（22头，1965. V. 21；6头，1989. V. 4；6头，1991. IV. 19）（IPPNX）；1头，宁夏西吉，1984. VI. 14（IPPNX）；2头，宁夏海原，1986. VII. 22，任国栋采（HBUM）；26头，宁夏盐池，1987. V. 28（IPPNX）；11头，宁夏大战场，1989. V. 6（IPPNX）；宁夏固原（3头，1959. V. 3；2头，1989. VI. 8）（IPPNX）；宁夏同心（1头，1974. VII；1头，1990. IX. 27）（IPPNX）；1头，宁夏中卫香山，1991. VII. 9（IPPNX）；1头，宁夏彭阳挂马沟，2009. VII. 11，张闪闪采（HBUM）；7头，宁夏吴忠红寺堡，2009. VII. 19，王新谱、杨晓庆采（HBUM）。

地理分布：宁夏（固原、灵武、中宁、中卫、盐池、海原、西吉、同心、红寺堡、彭阳、平罗）、北京、天津、河北、山西、内蒙古、辽宁、吉林、黑龙江、江苏、浙江、安徽、江西、山东、河南、湖南、陕西、甘肃、青海、台湾；蒙古国，俄罗斯（东西伯利亚），日本。

取食对象：幼虫取食旱麦及秋作物，成虫取食花生、大豆、玉米、向日葵的幼苗。

## 绢金龟族 Sericini Kirby, 1837

## 绢金龟亚族 Sericina Kirby, 1837

### 148）阿绢金龟属 *Anomalophylla* Reitter, 1887

#### （383）克氏绢金龟 *Anomalophylla kozlovi* Medvedev, 1952

*Anomalophylla kozlovi* Medvedev, 1952: 126; Löbl & Smetana, 2006: 229.

识别特征：前胸背板前角宽圆形，不向前突出。鞘翅上的毛远短于其间隙的宽度；整个臀板被毛适度稠密。后胫节背面侧缘非锯齿状，后足跗节侧面无隆线。

检视标本：2♂，宁夏银川，1987. V. 28（HBUM）。

地理分布：宁夏（银川）、北京。

#### （384）暗色绢金龟 *Anomalophylla tristicula* Reitter, 1887（图版 XXV: 2）

*Anomalophylla tristicula* Reitter, 1887: 232; Löbl & Smetana, 2006: 229.

识别特征：体长 6.0～7.0 mm。黑色，背、腹面着生黄色长毛。唇基宽阔，刻点粗密；前缘及侧缘上卷，前缘中凹；复眼突出；触角鳃片部 3 节。前胸背板前缘近于直，基部突，侧缘弧形，近中部最宽；前、后角钝，前角前伸。小盾片三角形。鞘翅各翅有 9 条浅刻点沟，行间隆起；后侧缘折角明显。臀板三角形。前胫节宽扁，外缘 2 齿；后胫节宽扁；爪下具齿。

检视标本：1 头，宁夏海原灵光寺，1987. VI. 29，任国栋采（HBUM）；4 头，宁夏海原，1989. VIII. 4，任国栋采（HBUM）；2 头，宁夏贺兰山，1990. VI. 24，任国栋采（HBUM）。

地理分布：宁夏（海原、贺兰山）、四川、西藏、甘肃；蒙古国。

### 149）绒金龟属 *Maladera* Mulsant & Rey, 1871

#### （385）阔胫赤绒金龟 *Maladera* (*Cephaloserica*) *verticalis* (Fairmarie, 1888)（图版 XXV: 3）

*Serica verticalis* Fairmaire, 1888: 118; Wang et al., 1992: 79; Gao, 1993: 125; Zhu et al., 1999: 102; Löbl & Smetana, 2006: 235; Wang & Yang, 2010: 184; Ren, 2010: 160; Yang et al., 2011: 148.

曾用名：宽胫绒金龟（高兆宁，1993）、阔胫绢金龟（祝长清等，1999）、阔胫玛绢金龟（王新谱等，2010；杨贵军等，2011）。

识别特征：体长 7.0～8.0 mm，宽 4.5～5.0 mm。红棕或红褐色，具丝绒状光泽。唇基前狭后宽，近梯形，前缘上卷，刻点较多，有较明显的纵脊；触角 10 节，鳃片部 3 节：雄性为第 2～7 节总长的 1.5 倍；雌性的与第 2～7 节总长等长或稍长。前胸背板侧缘后段直，前角尖，后角钝。小盾片长三角形。鞘翅有 4 条刻点沟，行间隆起明显；基部刻点较多，后侧缘折角明显。臀板三角形。前胫节外缘 2 齿；后胫节十分宽扁，光亮而近于无刻点；爪下具齿。

　　检视标本：9 头，宁夏泾源卧羊川，2008. VII. 7；1 头，宁夏泾源红峡林场，1980 m，2008. VII. 9；1 头，宁夏泾源六盘山秋千架，2008. VI. 25；均为王新谱、刘晓丽采（HBUM）。

　　地理分布：宁夏（全区）、北京、河北、山西、辽宁、吉林、黑龙江、江苏、浙江、江西、山东、河南、陕西、台湾；朝鲜。

　　取食对象：幼虫取食苜蓿、玉米、高粱等作物地下须根，成虫取食柳、杨、榆、苹果等叶片。

**（386）黑绒金龟 *Maladera (Omaladera) orientalis* (Motschulsky, 1858)**（图版 XXV: 4）

*Serica orientalis* Motschulsky, 1858: 33; Wu et al., 1978: 252; Shi, 1985: 46; Wang et al., 1992: 80; Gao, 1993: 125; Löbl & Smetana, 2006: 236; Wang & Yang, 2010: 185; Ren, 2010: 161; Yang et al., 2011: 148.

　　曾用名：黑绒金龟子（吴福桢等，1978）、东方绢金龟（王新谱等，2010；杨贵军等，2011）。

　　识别特征：体长 6.0～9.0 mm。近卵圆形；黑褐或棕褐色，有微弱光泽。唇基密布皱刻点，有少量刺毛，中央微隆凸；额唇基缝钝角形后折；额上刻点稀疏，后头光滑；触角 9 节，少数 10 节，雄性鳃片部长大，约为其前 5 节长之和。前胸背板短阔，基部无饰边；腹板绒毛密。鞘翅有 9 条刻点沟，行间微隆，散布刻点，缘折有成列纤毛。腹部每个腹板有 1 排毛。前胫节外缘 2 齿；后胫节刻点少，胫节端部 2 个端距着生于跗节两侧。

　　检视标本：25 头，宁夏固原，1959.V（IPPNX）；宁夏盐池（1 头，1962. VII. 2；9 头，2001. VII. 31）（IPPNX）；宁夏灵武（98 头，1963. V. 9；20 头，1965. V. 21）（IPPNX）；15 头，宁夏银川，1977.VI. 25（IPPNX）；5 头，宁夏隆德，1980. VII. 16（IPPNX）；2 头，宁夏中卫沙坡头，1983.IV. 13，任国栋采（HBUM）；1 头，宁夏彭阳，1988. V. 21（HBUM）；45 头，宁夏中宁大战场，1989. V. 6（IPPNX）；3 头，宁夏贺兰山滚钟口，1990. VIII. 24（IPPNX）；16 头，宁夏中卫沙坡头，2001. VII. 31（IPPNX）；6 头，宁夏中宁石空，2006. VI. 21，张治科采（IPPNX）；2 头，宁夏灵武东塔乡，2006.VII. 18，张治科采（IPPNX）；2 头，宁夏泾源龙潭林场，2008. VI. 19，任国栋采（HBUM）；1 头，宁夏泾源卧羊川林场，2008. VII. 7，任国栋采（HBUM）；2 头，宁夏泾源东山坡，2014. VII. 18，白玲、王娜采（HBUM）。

　　地理分布：宁夏（全区）、北京、河北、山西、内蒙古、辽宁、吉林、黑龙江、江苏、浙江、安徽、福建、江西、山东、河南、湖北、广东、海南、贵州、陕西、甘肃、青海、新疆、台湾；蒙古国，俄罗斯（远东），朝鲜，韩国，日本。

　　取食对象：各种农作物、多种果树、林木及蔬菜、杂草等。

**（387）卢氏绒金龟 *Maladera lukjanovitschi* Medvedev, 1966**

*Maladera lukjanovitschi* Medvedev, 1966: 1576; Löbl & Smetana, 2006: 237.

　　地理分布：宁夏（盐池）、北京、内蒙古；蒙古国。

## 150）绢金龟属 *Serica* MacLeay, 1819

### （388）贝氏绢金龟 *Serica (Serica) benesi* Ahrens, 2005（图版 XXV: 5）

*Serica (Serica) benesi* Ahrens, 2005: 28.

识别特征：体长 8.0～9.0 mm。长卵圆形；黄褐色至黄色，前胸背板色深，鞘翅具深色小斑，头及复眼黑色。唇基宽大，具粗皱及浅刻点，前缘及侧缘上卷，前缘中部凹；复眼大而半球形鼓出，前颊嵌入复眼的部分将其分割为上下两部分；触角第 1 节具长毛，末端 3 节鳃片部，鳃片长约为其余各节总长的 2 倍。前胸背板横长，前缘凹而中部突，基部突，侧缘近于直，基部最宽；前角钝，后角近于直。小盾片长三角形，具浅刻点。鞘翅各翅 10 条刻点沟，行间拱起，侧缘具长毛。臀板不发达，由背面不可见。前胫节宽扁，外缘 2 齿；后胫节宽扁；爪 2 裂。

检视标本：3 头，宁夏泾源二龙河，2009. VII. 3，王新谱、赵小林采（HBUM）；1 头，宁夏泾源东山坡，2009. VII. 8，张闪闪采（HBUM）；7 头，宁夏泾源东山坡，2009. VII. 11，王新谱、赵小林采（HBUM）；4 头，宁夏泾源东山坡，2009. VII. 12，王新谱、赵小林采（HBUM）；1 头，宁夏隆德峰台林场，2009. VII. 14，赵小林采（HBUM）。

地理分布：宁夏（泾源、隆德）、四川、陕西、甘肃、青海。

### （389）脊臀毛绢金龟 *Serica (Serica) heydeni* (Reitter, 1896)（图版 XXV: 6）

*Trichoserica heydeni* Reitter, 1896: 184; Löbl & Smetana, 2006: 244.

识别特征：体长 7.0～9.2 mm，宽 3.4～4.5 mm。长卵圆形；背面棕褐色，腹面淡棕色，腹部色较深；全体有稀疏的褐亮短毛，体颇亮。唇基布稠密的蜂窝状刻点；复眼大，半球形鼓出；触角 9 节，鳃片部 3 节，雄性十分长大，外弯，柄节端部锤状膨大。前胸背板短阔，基部无饰边；前角钝，后角近于直，顶钝。小盾片长三角形。鞘翅纵肋高隆，缝肋最宽。臀板十分隆起，有中纵脊。足细长，前胫节外缘 2 齿；后胫节狭长，有少数纵皱纹；爪深裂，下支的末端斜切，爪基下缘齿形；雄性前足内爪特化，下片呈一圆片与爪端并生。

检视标本：1 头，宁夏泾源六盘山，1995. VI. 8，林 92–III 组采（HBUM）；1 头，宁夏泾源六盘山，1995. VI. 11，林 92–III 组采（HBUM）；2 头，宁夏泾源六盘山，1995. VI. 13，林 92–III 组采（HBUM）；1 头，宁夏泾源六盘山，1995. VI. 13，林 92–VII 组采（HBUM）；16 头，宁夏泾源二龙河，2008. VI. 24，袁峰采（HBUM）；3 头，宁夏泾源秋千架，2008. VI. 25，王新谱、刘晓丽采（HBUM）；15 头，宁夏固原绿塬林场，2008. VI. 27，王新谱、刘晓丽采（HBUM）；12 头，宁夏泾源东山坡，2008. VI. 29，王新谱、刘晓丽采（HBUM）；113 头，宁夏隆德峰台林场，2008. VII. 3，王新谱、刘晓丽采（HBUM）。

地理分布：宁夏（泾源、隆德、固原）、四川、陕西、甘肃、青海。

### （390）饰毛绢金龟 *Serica (Serica) polita* (Gebler, 1832)（图版 XXV: 7）

*Omaloplia polita* Gebler, 1832: 53; Löbl & Smetana, 2006: 244; Ren, 2010: 161.

识别特征：体长约 9.0 mm，宽约 5.0 mm。长卵圆形；头和复眼灰至黑褐色，余地棕褐色；背面色较深，腹面色较浅。唇基近梯形，边缘略上翘，前缘中间有三角形小凹，密布小刻点和短毛；头密布小刻点及疏毛；触角 10 节，鳃片部 3 节，雄性鳃片部长，约与柄部等长。前胸背板横宽，密布小刻点及浅褐色毛；两侧前段略弧形，后中部略后弯；前、后角近于直；腹面被较长毛。小盾片近三角形，被刻点及毛。鞘翅密布浅褐色毛，每个鞘翅有 9 条刻点沟；行间隆起，布有不规则黑色小斑。臀板钝三角形，被疏毛；腹部密布短毛。前胫节外缘 2 齿，仅有 1 发达内端距。

检视标本：1 头，宁夏泾源二龙河林场，2008. VI. 24，李峰采（HBUM）；2 头，宁夏隆德苏台林场，2008. VII. 5，王新谱、刘晓丽采（HBUM）；1 头，宁夏泾源卧羊川，2008. VII. 6，王新谱、刘晓丽采（HBUM）；1 头，宁夏泾源西峡林场，2008. VII. 16，李秀敏采（HBUM）；2 头，宁夏固原绿塬林场，2008. VII. 19，任国栋采（HBUM）；2 头，宁夏泾源红峡林场，2008. VII. 19，王新谱、刘晓丽采（HBUM）；80 头，宁夏泾源二龙河林场，2008. VII. 20，王新谱、冉红凡、吴琦琦采（HBUM）；10 头，宁夏泾源二龙河，2014. VII. 15，白玲采（HBUM）。

地理分布：宁夏（泾源、隆德、固原）、山西；俄罗斯（远东、东西伯利亚）。

**（391）拟突眼绢金龟 *Serica (Serica) rosinae rosinae* Pic, 1904**（图版 XXV: 8）

*Serica rosinae* Pic, 1904: 33; Löbl & Smetana, 2006: 245; Ren, 2010: 160; Yang et al., 2011: 148.

识别特征：体长约 7.0 mm，宽约 4.0 mm。长卵圆形；复眼和头黑褐色，其余暗棕褐色，略有天鹅绒光泽。唇基近方形，边缘略上卷，前缘中部弧形凹入；触角 9 节，亮黄色，鳃片部 3 节：雄性长大，约为其余各节总长的 2.5 倍；雌性短小，约与其余各节总长等长。前胸背板近长方形，端部变窄；前角钝突，后角直；侧缘前段弧弯，中、后段较直，基部中段后凸。小盾片钝三角形。鞘翅 9 条刻点沟，有不太均匀的黑褐斑。臀板略隆起。前胫节外缘 2 齿，内端距 1 个，较尖；后足爪深裂，下支端部斜截。

检视标本：37 头，宁夏泾源二龙河，2008. VII. 22，王新谱、冉红凡、吴琦琦采（HBUM）。

地理分布：宁夏（泾源、罗山）、山西、辽宁、黑龙江、甘肃；俄罗斯（远东）。

取食对象：麦类、苜蓿、林木、果树。

**（392）小阔胫绢金龟 *Serica ovatula* Fairmaire, 1891**（图版 XXV: 9）

*Serica ovatula* Fairmaire, 1891: 195; Wang et al., 1992: 79; Gao, 1993: 125; Zhu et al., 1999: 102; Löbl & Smetana, 2006: 245; Wang & Yang, 2010: 184; Ren, 2010: 160; Yang et al., 2011: 148.

曾用名：宽胫小绒金龟（高兆宁，1993）、小阔胫绒金龟（祝长清等，1999）、小阔胫玛绢金龟（王新谱等，2010；杨贵军等，2011）。

识别特征：体长 6.5～8.0 mm，宽 4.2～4.8 mm。浅棕色，有光泽；头顶深褐色，前胸背板红棕色，触角鳃片部淡黄褐色；体表较粗糙，刻点稠密和散乱。唇基光亮，前缘上卷，刻点较大；触角 10 节，鳃片部 3 节，雄性甚长。前胸背板密布刻点，有光泽，后侧缘略内弯。胸部下侧毛被甚少，腹部各腹板有 1 排整齐刺毛。雄性臀板三角形，基部钝圆，雌性较尖锐。前胫节外缘 2 齿；后足腿节较宽短，后胫节十分扁宽，胫节端部两侧有端距；跗节 5 节，爪 1 对，爪端部深裂。

检视标本：1 头，宁夏盐池，1988. V. 12，任国栋采（HBUM）；2 头，宁夏泾源西峡林场，2008. VI. 27，李秀敏、冉红凡采（HBUM）；1 头，宁夏固原和尚铺林场，2008. VII. 1，王新谱采（HBUM）；1 头，宁夏隆德峰台林场，2008. VII. 3，刘晓丽采（HBUM）；2 头，宁夏泾源卧羊川，2008. VII. 7，王新谱、刘晓丽采（HBUM）；6 头，宁夏固原绿塬林场，2008. VII. 11，任国栋采（HBUM）；1 头，宁夏泾源二龙河，2008. VII. 18–19，吴琦琦采（HBUM）。

地理分布：宁夏（同心、泾源、隆德、固原、盐池、平罗、贺兰山、罗山）、河北、山西、内蒙古、辽宁、吉林、黑龙江、江苏、安徽、山东、河南、广东、海南、四川。

取食对象：幼虫取食花生、大豆、玉米地下须根，成虫取食各种作物根部与果树、林木及小麦、大豆、油菜等叶片。

## 15.4 丽金龟亚科 Rutelinae MacLeay, 1819

## 喙丽金龟族 Adoretini Burmeister, 1844

## 喙丽金龟亚族 Adoretina Burmeister, 1844

### 151）喙丽金龟属 *Adoretus* Laporte, 1840

#### （393）额喙丽金龟 *Adoretus* (*Adoretus*) *nigrifrons* (Steven, 1809)（图版 XXV: 10）

*Melolontha nigrifrons* Steven, 1809: 41; Löbl & Smetana, 2006: 249.

识别特征：体长约 9.5 mm。长椭圆形；棕黄色，头红棕色；鞘翅上具稀疏苍白色短毛，臀板有密毛，腹面具稀疏金黄色长毛。头上刻点模糊；上唇中部喙状延伸，唇基宽大，半圆形，边缘上卷；复眼大而鼓出；触角 10 节，端部 3 节鳃片状，明显长于基节，基节略短于第 2～7 节之和。前胸背板短宽，背面刻点粗浅；前缘中部近于直而两侧前伸，侧缘外扩而中部最宽，基部弱后突；前角直，后角钝。小盾片舌形，顶尖。鞘翅肩部隆起，翅上刻点模糊且不规则。腹部具稀疏金黄色长毛。前胫节外缘 3 齿，内端距 1 个，弱小；中、后胫节外缘有 2 排斜短刺突，后足近基部的不明显。

地理分布：宁夏（贺兰山）、西藏、甘肃、新疆；阿富汗，伊朗，塔吉克斯坦，乌兹别克斯坦，土库曼斯坦，吉尔吉斯斯坦，哈萨克斯坦，欧洲。

#### （394）斑喙丽金龟 *Adoretus* (*Lepadoretus*) *tenuimaculatus* Waterhouse, 1875（图版 XXV: 11）

*Adoretus tenuimaculatus* Waterhouse, 1875: 112; Wang et al., 1992: 76; Gao, 1993: 125; Zhu et al., 1999: 105; Löbl & Smetana, 2006: 250; Wang & Yang, 2010: 180.

识别特征：体长 9.4～10.5 mm，宽 4.7～5.3 mm。长椭圆形；褐色至棕褐色；全体密布披针形乳白色鳞片。头大，复眼大而鼓出；上唇下方中部喙状延伸，喙有中纵脊；触角 10 节。前胸背板极短阔，侧缘外扩；前角锐，后角钝。小盾片三角形。鞘翅 3 条纵肋明显可辨并有明显的纵列白色斑，端凸及其侧缘下由稠密鳞片组成的大小白色斑各 1 个。腹部具鳞毛。前胫节外缘 3 齿，内端距 1 个；后胫节外缘有 1 齿突。

地理分布：宁夏（青铜峡、中卫、同心、盐池、平罗、贺兰山）、河北、山西、辽宁、江苏、浙江、安徽、福建、江西、山东、河南、湖北、湖南、广东、广西、海南、四川、贵州、云南、陕西、甘肃、台湾；俄罗斯，朝鲜，韩国，日本，东洋界，新北界。

取食对象：幼虫取食果树苗木及农作物地下部分，成虫取食苹果、梨、刺槐、葡萄等植物叶片。

## 异丽金龟族 Anomalini Streubel, 1839

## 异丽金龟亚族 Anomalina Streubel, 1839

### 152）异丽金龟属 *Anomala* Samouelle, 1819

#### （395）多色异丽金龟 *Anomala chamaeleon* Fairmaire, 1887（图版 XXV: 12）

*Anomala chamaeleon* Fairmaire, 1887: 317; Löbl & Smetana, 2006: 258; Ren, 2010: 161; Wang et al., 2012: 152.

识别特征：体长 12.0～14.0 mm，宽 7.0～8.5 mm。卵圆形；体色变异大，有 3 个色型：与侧斑异丽金龟 *Anomala luculenta* 相似，但前胸背板两侧有淡褐色纵斑；全体深铜绿色；这 2 种相同类型者颜色为浅紫铜色。其余部分与侧斑异丽金龟十分近似，主要区别特征为：前胸背板侧缘基部无明显饰边，内侧浅宽横沟勉强可见，后角圆弧；腹部第 3～4 腹板的侧端脊明显，无或有时有淡色斑点；雄性触角鳃片部甚宽厚长大，为其前 5 节总长的 1.5 倍。

地理分布：宁夏（六盘山）、北京、天津、河北、山西、内蒙古、辽宁、吉林、上海、山东、四川、云南、陕西、甘肃、台湾；蒙古国，俄罗斯（远东），朝鲜。

取食对象：幼虫取食果树等地下部分，成虫不食。

#### （396）铜绿异丽金龟 *Anomala corpulenta* Motschulsky, 1854（图版 XXVI: 1）

*Anomala corpulenta* Motschulsky, 1854: 28; Wang et al., 1992: 76; Gao, 1993: 125; Zhu et al., 1999: 105; Löbl & Smetana, 2006: 258.

曾用名：铜绿丽金龟（王希蒙等，1992）、铜绿金龟（高兆宁，1993）。

识别特征：体长 15.0～19.0 mm，宽 8.0～10.5 mm。体背铜绿色，有光泽；腹面黄褐色，鞘翅色较浅；唇基前缘及前胸背板两侧有淡黄色条斑。头上刻点皱密；唇基短阔梯形，前缘上卷；触角 9 节，鳃片部 3 节。前胸背板刻点浅小，前角尖，后角钝。小盾片近半圆形。鞘翅密布刻点，缝肋明显，纵肋不明显。前胫节外缘 2 齿，内缘 1 距；前足、中足爪分叉，后足爪不分叉。

地理分布：宁夏（泾源）、河北、山西、内蒙古、辽宁、吉林、黑龙江、上海、江苏、浙江、安徽、福建、江西、山东、河南、湖北、湖南、四川、贵州、陕西、甘肃；朝鲜，韩国。

取食对象：幼虫取食马铃薯块茎等，成虫取食苹、核桃、榆树等叶片。

### （397）黄褐异丽金龟 *Anomala exoleta* Faldermann, 1835（图版 XXVI: 2）

*Anomala exoleta* Faldermann, 1835: 381; Wu et al., 1982: 178; Wang et al., 1992: 76; Gao, 1993: 125; Zhu et al., 1999: 107; Löbl & Smetana, 2006: 259; Ren, 2010: 161; Yang et al., 2011: 149.

曾用名：黄褐金龟（高兆宁，1993）。

识别特征：体长 12.5～17.0 mm，宽 7.2～9.7 mm。背面黄褐色，油亮，光泽强；腹面色浅，淡黄褐色或浅黄色。唇基近长方形，密布皱纹状刻点；复眼大而鼓出；触角 9 节，雄性鳃片部长大，与唇基宽度相等或略长。前胸背板密布刻点，基部近中间有黄色细毛，前、后角钝角形。小盾片短阔。鞘翅刻点密，纵肋可见。前足 2 爪，内爪仅端部微裂；中足内爪深裂为 2 支。

检视标本：1 头，宁夏灵武，1980. VI. 5，任国栋采（HBUM）。

地理分布：宁夏（海原、灵武、盐池、永宁、同心、中卫、银川、青铜峡、平罗、罗山）、北京、河北、山西、内蒙古、辽宁、吉林、黑龙江、江苏、安徽、福建、山东、河南、湖北、陕西、甘肃、青海。

取食对象：幼虫取食薯类、禾谷类、豆类、蔬菜、苗木等作物地下部分，成虫取食杏树的花、叶片及杨、榆、大豆等叶片。

### （398）弱脊异丽金龟 *Anomala sulcipennis* (Faldermann, 1835)（图版 XXVI: 3）

*Ldiocnema sulcipennis* Faldermann, 1835: 378; Zhu et al., 1999: 108; Löbl & Smetana, 2006: 263; Wang & Yang, 2010: 181; Ren, 2010: 161; Yang et al., 2011: 149.

识别特征：体长 16.8～22.0 mm，宽 9.2～11.5 mm。复眼黑色；头、前胸背板、小盾片、臀板和胫节青铜色并具光泽；胸腹部腹板、基节、转节、腿节赤铜绿色，有强烈光泽。头上刻点密，唇基横椭圆形。前胸背板梯形，中央中纵线光滑。鞘翅有明显肩瘤，纵肋不明显。臀板具黄褐色细毛；腹部第 1～5 腹板两侧各具黄褐色稠密细毛斑 1 个。前胫节外缘 2 齿，中胫节外缘 1 齿仅留痕迹，并具端距。

检视标本：1 头，宁夏海原牌路山，2009. VII. 18，冉红凡采（HBUM）。

地理分布：宁夏（海原、贺兰山、罗山）、河北、山西、内蒙古、辽宁、江苏、浙江、福建、江西、河南、湖北、湖南、广东、广西、四川、贵州、陕西、甘肃、香港。

取食对象：幼虫取食果树、林木、花生、薯类等地下部分，成虫取食苹果、梨等果树种子。

## 153）塞丽金龟属 *Cyriopertha* Reitter, 1903

### （399）弓斑塞丽金龟 *Cyriopertha* (*Pleopertha*) *arcuata* (Gebler, 1832)（图版 XXVI: 4）

*Anisoplia arcuata* Gebler, 1832: 51; Wang et al., 1992: 77; Gao, 1993: 125; Zhu et al., 1999: 109; Löbl & Smetana, 2006: 266; Wang & Yang, 2010: 181; Ren, 2010: 161; Yang et al., 2011: 150.

识别特征：体长 8.5～14.0 mm，宽 4.9～7.4 mm。近卵圆形；体色变化大：体黑色，鞘翅茶褐色；体茶褐色，头、小盾片及胸腹面黑褐色；通体茶褐色，但头和跗节黑褐色。唇基大，端部微扩阔，前缘横直，十分上翘；触角9节。前胸背板较长，密布大小两种刻点，多数刻点具毛；侧缘后段"S"形弯曲，基部中段向后弧扩，四周有完整饰边；腹面密布灰白色绒毛。小盾片近半圆形。鞘翅散布具毛刻点，缝肋明显，4条纵肋明显可见，缘折上有成列粗刺毛；翅面大多有1"弓"形深色斑，开口向前，但有时不甚明显或完全消失。

检视标本：1头，宁夏海原，1989. VI. 23，任国栋采（HBUM）。

地理分布：宁夏（海原、中卫、盐池、贺兰山、罗山）、北京、河北、内蒙古、辽宁、吉林、黑龙江、河南、陕西、甘肃；蒙古国，俄罗斯（远东、东西伯利亚）。

取食对象：幼虫取食禾谷类作物及杂草地下部分，成虫取食禾谷类作物的穗和向日葵花盘。

## 154）彩丽金龟属 *Mimela* Kirby, 1823

### （400）粗绿彩丽金龟 *Mimela holosericea holosericea* (Fabricius, 1787)（图版 XXVI: 5）

*Melolontha holosericea* Fabricius, 1787: 21; Wang et al., 1992: 78; Löbl & Smetana, 2006: 268; Zhang et al., 2009: 85.

识别特征：体长 14.0～20.0 mm，宽 8.5～10.6 mm。体背深铜绿色，有强烈金属光泽；体表粗糙不平，突出部更显光亮。头顶隆起，布细刻点；触角9节，鳃片部：雄长大，雌较短。前胸背板较短，盘区刻点粗密，中线凹；侧缘后段近平行，前段变窄，基部饰边中断。小盾片近半圆形，散布刻点。鞘翅表面粗糙，肩凸、端凸发达；缝肋亮而突起，第1纵肋显直，第2条不连贯，第3、第4条模糊不全。前胫节端外缘2齿。

检视标本：1头，宁夏贺兰山苏峪口，1986. VIII. 2，任国栋采（HBUM）。

地理分布：宁夏（贺兰山）、北京、河北、山西、内蒙古、辽宁、吉林、黑龙江、陕西、青海；蒙古国，俄罗斯（东西伯利亚），朝鲜，韩国。

取食对象：苹果、葡萄等植物叶片。

### （401）墨绿彩丽金龟 *Mimela splendens* (Gyllenhal, 1817)（图版 XXVI: 6）

*Melolontha splendens* Gyllenhal, 1817: 110; Löbl & Smetana, 2006: 269; Wang et al., 2012: 158.

识别特征：体长 17.0～20.5 mm，宽 10.0～11.5 mm。卵圆形；墨绿至铜绿色，有金黄色金属光泽，触角黄褐至深褐；表面光滑，光泽强烈。唇基长大，近梯形，前缘微凹；额唇基缝近横直；触角9节，鳃片部长大。前胸背板短，刻点均布；中线细，两侧中部各有1明显小圆坑，其后侧1斜凹；周缘有饰边：前角锐角形，强烈前伸，后角钝角形。小盾片短阔，刻点散布。鞘翅刻点散布，缝肋明显，纵肋模糊。前足、中足2爪中的大爪端部分叉。

地理分布：宁夏、河北、山西、内蒙古、辽宁、吉林、黑龙江、江苏、浙江、福建、江西、山东、河南、广东、广西、四川、贵州、云南、甘肃；蒙古国，朝鲜，日本，越南，缅甸，东洋界。

取食对象：幼虫取食植物地下部分，成虫取食栎、李、油桐等植物。

## 155）发丽金龟属 *Phyllopertha* Stephens, 1830

### （402）分异发丽金龟 *Phyllopertha diversa* (Waterhouse, 1875)（图版 XXVI: 7）（宁夏新纪录）

*Phyllopertha diversa* Waterhouse, 1875: 106; Löbl & Smetana, 2006: 270.

识别特征：体长 9.0～10.5 mm，宽 4.0～5.6 mm。长椭圆形；雌雄体色差异极大，雄性：鞘翅周缘、肩凸、端凸，腹面除中、后胸腹板黑或黑褐色外，均为淡橘黄色；雌性：背面浅橘黄色；眼内侧包括眼上刺突有大黑斑，略似大熊猫面部，触角鳃片部淡棕褐色；前胸背板 4 个横列黑斑，中大侧小，弧形排列；腹部各节的侧端、臀板两侧各 1 黑斑；胫节末端及跗爪黑褐色，光泽颇强。头顶十分隆起，布稠密粗刻点；雄性头上有长绒毛；触角 9 节，鳃片部雄长雌短；前胸背板宽拱，刻点浅细而光亮；刻点具毛（雄）或无毛（雌）；各缘具饰边，侧缘略"S"形；前角尖，后角直。小盾片近半圆形。鞘翅纵肋可见 4 条刻点沟，行间散布刻点。臀板阔三角形（雄）或菱形（雌），布具毛皱纹状浅刻点。前胫节外缘 2 齿，前足、中足的大爪端部分裂。

检视标本：4 头，宁夏泾源龙潭，2100 m，1996. VI. 8，马桂军、赵剑民、何金柱采（HBUM）；1 头，宁夏泾源龙潭，2100 m，1996. VI. 10，赵瑞采（HBUM）；1 头，宁夏泾源二龙河，1996. VI. 11，林 93–I 组采（HBUM）；13 头，宁夏泾源六盘山，1996. VI. 11，林 92、93 组采（HBUM）；1 头，宁夏泾源龙潭，2100 m，1996. VI. 11，刘丽丹采（HBUM）；1 头，宁夏泾源六盘山龙潭，2000 m，1996. VI. 11，赵瑞采（HBUM）；1 头，宁夏泾源六盘山，2000 m，1996. VI. 11，马桂军采（HBUM）；1 头，宁夏泾源六盘山龙潭，2000 m，1996. VI. 17，刘丽丹采（HBUM）；1 头，宁夏泾源二龙河，2100 m，1996. VI. 17，马桂军采（HBUM）；3 头，宁夏泾源六盘山，1996. VI. 17，叶宏安、安宏伟、张宁采（HBUM）；3 头，宁夏泾源二龙河，2100 m，1996.VI. 18，马桂军、赵剑民、何金柱采（HBUM）；8 头，宁夏泾源六盘山，1995. VI. 16，林 92–I 组采（HBUM）；18 头，宁夏泾源二龙河，1996. VI. 17（HBUM）。

地理分布：宁夏（泾源）、北京、天津、河北、山西、内蒙古、吉林、辽宁、黑龙江、浙江、河南、山东、陕西；朝鲜，韩国，日本

### （403）庭园发丽金龟 *Phyllopertha horticola* (Linnaeus, 1758)（图版 XXVI: 8）

*Scarabaeus horticola* Linnaeus, 1758: 351; Wang et al., 1992: 78; Zhu et al., 1999: 111; Löbl & Smetana, 2006: 270; Ren, 2010: 161.

识别特征：体长 8.4～11.0 mm，宽 4.5～6.0 mm。长椭圆形；背面长绒毛密（雄）或较疏（雌），金属光泽强，体色以墨绿为主，两性差异：鞘翅偏深暗红色（雄）或黄褐至棕色（雌），后者足棕褐色。唇基阔梯形，头上有稠密的粗皱纹和刻点；触角 9 节，鳃片部雄长雌短。前胸背板短宽，扁拱，光亮，匀布具毛深刻点；周缘具饰边，侧缘弱"S"形，中部之前最宽；前角锐，顶钝，后角直，顶钝；基部中段近于直。小盾片半椭圆形，散布具毛刻点。鞘翅有 8～9 条深刻点沟，行间隆起；雌性鞘翅侧

缘于肩凸之后纵向鼓起。臀板密布长绒毛，雄性尤长；腹部被灰白色长毛。前胫节外缘端部2齿，前足、中足的大爪端部分裂。

检视标本：1头，宁夏泾源二龙河南沟，1993. V. 24（HBUM）；1头，宁夏泾源龙潭，1993. V. 27（HBUM）；1头，宁夏泾源六盘山，1995. VI. 10，林92–IV组采（HBUM）；1头，宁夏泾源六盘山，1996. VI. 10，林93–I组采（HBUM）；6头，宁夏泾源龙潭林场，2009. VII. 4，冉红凡、张闪闪采（HBUM）；12头，宁夏泾源二龙河，2009. VII. 3，王新谱、赵小林采（HBUM）；6头，宁夏泾源西峡林场，2009. VII. 9，王新谱、赵小林采（HBUM）。

地理分布：宁夏（泾源、固原）、北京、河北、山西、内蒙古、辽宁、吉林、黑龙江、西藏、陕西、青海、新疆；蒙古国，俄罗斯（远东、东西伯利亚），朝鲜，吉尔吉斯斯坦，哈萨克斯坦，欧洲。

取食对象：小麦、蚕豆、油菜等作物叶片及苹果、桃、梨、柳等树叶、花等。

## 156）毛丽金龟属 *Proagopertha* Reitter, 1903

### （404）苹毛丽金龟 *Proagopertha lucidula* (Faldermann, 1835)（图版 XXVI: 9）

*Anomala lucidula* Faldermann, 1835: 380; Wang et al., 1992: 78; Gao, 1993: 126; Zhu et al., 1999: 113; Löbl & Smetana, 2006: 271.

识别特征：体长 8.9～12.2 mm，宽 5.5～7.5 mm。扁卵圆形；黑至黑褐色，有青铜色或紫铜色光泽；鞘翅茶色或黄褐色，半透明，弱绿色光泽；除鞘翅外，其余部分被淡黄色绒毛，腹部各节两侧有黄色毛束。唇基长大，刻点皱密；头上刻点粗密；触角9节。前胸背板密布具长毛刻点，基部中段后弯。小盾片短阔。鞘翅肩凸明显，其外侧1浅凹，盘上9条刻点沟，行间有刻点。后胫节断面喇叭状，有刺列，跗节端爪不分叉。

检视标本：11头，宁夏盐池，1986. VIII，任国栋采（HBUM）；5头，宁夏彭阳，1988. IV. 29，任国栋采（HBUM）。

地理分布：宁夏（银川、盐池、中卫、平罗、彭阳、贺兰山）、河北、山西、内蒙古、辽宁、吉林、黑龙江、江苏、安徽、山东、河南、四川、陕西、甘肃；俄罗斯（远东），朝鲜。

取食对象：幼虫取食各种作物的须根、块根，成虫取食苹果、梨、李、葡萄、杨、柳、花生、大豆等植物的花、幼芽、嫩叶等。

## 弧丽金龟亚族 Popilliina Ohaus, 1918

## 157）弧丽金龟属 *Popillia* Dejean, 1821

### （405）琉璃弧丽金龟 *Popillia flavosellata* Fairmaire, 1886（图版 XXVI: 10）

*Popillia flavosellata* Fairmaire, 1886: 331; Zhu et al., 1999: 111; Löbl & Smetana, 2006: 274; Ren, 2010: 162.

识别特征：体长 8.5～12.5 mm，宽 6.0～8.0 mm。体色变化较大，以蓝黑色或黑色为主：前胸背板墨绿色，鞘翅黄褐色略红色；前胸背板墨绿色或金绿色，鞘翅浅褐色具黑色侧边。唇基横梯形，额上刻点相当稠密。前胸背板高隆，盘区刻点粗密，向后渐变稀小，两侧的粗密，前角附近有时具横刻点；侧缘中部弯突，端部和基部近于直，基沟很短；前角尖伸，后角圆。小盾片三角形，刻点粗。鞘翅上 6 条粗深刻点沟，行间隆起；第 2 行间宽；第 4 行间和外侧通常具横点，横隔显深。臀板密布粗或细横刻纹，基部有 2 小毛斑。

检视标本：2 头，宁夏泾源东山坡，2009. VII. 7，王新谱、刘晓丽采（HBUM）。

地理分布：宁夏（泾源）、北京、河北、山西、辽宁、吉林、黑龙江、上海、江苏、浙江、安徽、福建、江西、山东、河南、湖北、湖南、四川、贵州、云南、西藏、陕西、台湾；俄罗斯（远东），朝鲜，韩国，日本，越南，东洋界。

取食对象：幼虫取食禾谷类、豆类地下部分，成虫取食葡萄、梨、桑、榆、杨等植物叶片及胡萝卜、玫瑰等的花。

### （406）无斑弧丽金龟 *Popillia mutans* Newman, 1838（图版 XXVI: 11）

*Popillia mutans* Newman, 1838: 337; Wang et al., 1992: 77; Gao, 1993: 125; Zhu et al., 1999: 113; Löbl & Smetana, 2006: 275; Ren, 2010: 162.

曾用名：棉弧丽金龟（高兆宁，1993）。

识别特征：体长 9.0～14.0 mm，宽 6.0～8.0 mm。墨绿色、蓝黑色或深蓝色；有时体墨绿色，鞘翅红褐色或红褐泛紫色，有强烈金属光泽。额和唇基密布皱纹状刻点；头顶刻点粗疏，后头刻点横皱；触角 9 节。前胸背板短阔扁拱；刻点在前、侧域粗密，在中、基部疏细；前角尖，后角圆；基部饰边很短，中段宽，超过小盾片宽度之半；腹面密布短灰毛。小盾片三角形。鞘翅在小盾片后方有 1 对深横凹；盘上 6 条浅刻点沟，第 2 条短；行间光滑，几无刻点。臀板宽大，刻点密布，无毛斑；腹部每个腹板有 1 排毛。前胫节外缘 2 齿；雄性中足 2 爪，大爪不分裂，雌性中足的大爪端部分裂。

检视标本：1 头，宁夏泾源西峡林场，2009. VII. 9；1 头，宁夏泾源龙潭林场，2009. VII. 5；1 头，宁夏泾源东山坡，2009. VII. 12；2 头，宁夏泾源二龙河，2009. VII. 3；均为王新谱、赵小林采（HBUM）。

地理分布：宁夏（泾源、固原）、北京、河北、山西、内蒙古、辽宁、吉林、黑龙江、江苏、浙江、安徽、福建、江西、山东、河南、湖北、湖南、广东、广西、海南、四川、贵州、云南、陕西、甘肃、台湾、澳门；俄罗斯（远东），朝鲜，韩国，日本，印度。

取食对象：幼虫取食大豆等地下根部，成虫取食玉米花丝、月季、玫瑰、芍药、紫薇及种果、林叶、花器。

### （407）中华弧丽金龟 *Popillia quadriguttata* (Fabricius, 1787)（图版 XXVI: 12）

*Trichius quadriguttata* Fabricius, 1787: 377; Wu et al., 1978: 250; Wang et al., 1992: 77; Gao, 1993: 125; Zhu et al., 1999: 112; Löbl & Smetana, 2006: 275; Wang & Yang, 2010: 182.

曾用名：四纹丽金龟（高兆宁，1993）。

识别特征：体长 7.5～12.0 mm，宽 4.5～6.5 mm。头、前胸背板、小盾片、胸腹面及足（跗节及爪除外）亮绿色；鞘翅浅褐或草黄色，周缘褐色或墨绿色；触角红褐色，复眼黑色。头大，唇基梯形，前缘上卷；触角 9 节。前胸背板密布刻点，侧方刻点不汇合；前角锐，后角钝；基部侧段具饰边，中段向前弧弯。小盾片三角形。鞘翅短阔，有 6 条刻点沟，行间扁拱；第 2 刻点沟刻点散乱。臀板具稠密的锯齿形横纹；基部 2 个白色毛斑，第 1～5 腹板侧端有白色斑。前足、中足 2 爪，内爪端部裂成 2 支。

检视标本：27 头，宁夏灵武，1960. VII（IPPNX）；15 头，宁夏中卫，1960. VIII. 22（IPPNX）；1 头，宁夏盐池，1961. VII. 14（IPPNX）；5 头，宁夏永宁，1963. VI. 8（IPPNX）；5 头，宁夏泾源六盘山，1964. VI（IPPNX）；28 头，宁夏中宁，1964. VII. 22（IPPNX）；1 头，宁夏隆德，1980. VII. 14（IPPNX）；4 头，宁夏彭阳，1980. VII. 18（IPPNX）；10 头，宁夏中卫沙坡头，1987. IV，任国栋采（HBUM）；2 头，宁夏永宁，1989. VII. 3（HBUM）；1 头，宁夏泾源六盘山，1995. VI. 13，林 92–VI 组采（HBUM）。

地理分布：宁夏（银川、贺兰、永宁、中卫、中宁、灵武、青铜峡、泾源、盐池、隆德、彭阳、贺兰山）、北京、河北、山西、内蒙古、辽宁、吉林、黑龙江、上海、江苏、浙江、安徽、福建、江西、山东、河南、湖北、湖南、广东、广西、四川、贵州、云南、陕西、甘肃、青海、台湾；俄罗斯（远东），朝鲜，韩国，越南。

取食对象：幼虫取食豆类、禾谷类等地下部分，成虫取食梨、苹果、杏、葡萄、桃、榆、紫穗槐、杨、牧草等。

## 15.5　犀金龟亚科 Dynastinae MacLeay, 1819

### 犀金龟族 Dynastini MacLeay, 1819

#### 158）叉犀金龟属 *Allomyrina* Arrow, 1911

**（408）双叉犀金龟 *Allomyrina dichotoma dichotoma* (Linnaeus, 1771)**（图版 XXVII: 1）

*Scarabaeus dichotoma* Linnaeus, 1771: 529; Zhu et al., 1999: 114; Löbl & Smetana, 2006: 277; Ren, 2010: 162; Ren et al., 2013: 177.

识别特征：体长 35.1～60.2 mm，宽 19.6～32.5 mm。长椭圆形，性二型现象明显；红棕色或深褐色至黑褐色。头小，雄性有 1 强大的 2 分叉角突；雌性粗糙无角突，额顶横列 3 个小直突，中高侧低。前胸背板饰边完整；雄性中间有 1 短壮、端部燕尾分叉的角突，角突端部指向端部；雌性中央基半部有"Y"形洼纹。小盾片三角形，中线明显。鞘翅肩凸、端凸发达，纵肋隐约可辨。

地理分布：宁夏（六盘山）、北京、河北、辽宁、吉林、江苏、浙江、安徽、福建、江西、山东、河南、湖北、湖南、广东、广西、海南、四川、贵州、云南、陕西、台湾、澳门；朝鲜，韩国，日本，老挝，印度，菲律宾，东洋界。

取食对象：幼虫食腐，成虫取食桑、榆等植物嫩枝及一些瓜类的花。

## 掘犀金龟族 Oryctini Mulsant, 1842

### 159）掘犀金龟属 *Oryctes* Illiger, 1798

**（409）普氏掘犀金龟 *Oryctes (Oryctes) nasicornis przevalskii* Semenov & Medvedev, 1932**（图版 XXVII: 2）

*Oryctes nasicornis przevalskii* Semenov & Medvedev, 1932: 485; Löbl & Smetana, 2006: 279; Zhang & Li, 2011: 288.

识别特征：体长 44.0～60.0 mm。棕红色，腿节红色；头顶 1 粗角，在基部 1/3 之后向背后方强烈弯曲；前胸背板散布稀疏小刻点，两侧有 2 对角突并向两侧突出，该角突短而较粗壮。雌性体型略小，头及前胸背板无角突，前胸背板端部凹陷。

地理分布：宁夏、新疆。

## 禾犀金龟族 Pentodontini Mulsant, 1842

## 禾犀金龟亚族 Pentodontina Mulsant, 1842

### 160）禾犀金龟属 *Pentodon* Hope, 1837

**（410）阔胸禾犀金龟 *Pentodon quadridens mongolicus* Motschulsky, 1849**（图版 XXVII: 3）

*Pentodon quadridens mongolicus* Motschulsky, 1849: 111; Wang et al., 1992: 81; Zhu et al., 1999: 115; Löbl & Smetana, 2006: 282; Wang & Yang, 2010: 180; Ren et al., 2013: 177.

*Pentodon patruelis* Frivaldszky, 1890: 202; Wu et al., 1982: 176; Gao, 1993: 126; Ren, 2010: 162; Yang et al., 2011: 150.

曾用名：阔胸金龟（吴福桢等，1982；高兆宁，1993）、阔胸犀金龟（任国栋，2010；杨贵军等，2011）。

识别特征：体长 16.6～24.0 mm，宽 10.2～11.7 mm。红棕色、深褐色至黑色，有光泽。唇基长大，近梯形，前缘两侧有齿突，两侧缘具上卷饰边；额唇基缝略后弯；中央 1 对疣突，其间距为前缘齿距的 1/3。前胸背板宽阔和高拱，密布粗圆刻点。鞘翅纵肋隐约可见。足粗壮，前胫节宽扁，外缘 3 大齿，基、中齿间 1 小齿，基齿下方 2～4 小齿；中、后胫节膨大，有 2 条不完整刺状横脊。

检视标本：84 头，宁夏银川，1960. V. 22（IPPNX）；宁夏盐池（1 头，1960. VI. 20；4 头，1993. VIII. 6）（IPPNX）；2 头，宁夏中宁，1964. VIII. 18（IPPNX）；2 头，宁夏同心，1974. VII（IPPNX）；1 头，宁夏贺兰，1988. VII（IPPNX）；20 头，宁夏灵武狼皮子梁，1990. VIII. 3（IPPNX）；2 头，宁夏灵武东塔乡，2006. VII. 18，张治科采（IPPNX）；2 头，宁夏中宁石空，2006. VIII. 15，张治科采（IPPNX）。

地理分布：宁夏（银川、盐池、中宁、中卫、贺兰、灵武、同心、固原、平罗、贺兰山、罗山）、北京、河北、山西、内蒙古、辽宁、吉林、黑龙江、上海、江苏、浙江、安徽、山东、河南、湖北、湖南、陕西、甘肃、青海、新疆；蒙古国。

取食对象：幼虫取食大豆、小麦、玉米、高粱、胡萝卜、白菜、葱等植物地下部分，成虫不食。

## 15.6　花金龟亚科 Cetoniinae Leach, 1815

## 花金龟族 Cetoniini Leach, 1815

## 花金龟亚族 Cetoniina Leach, 1815

### 161）花金龟属 *Cetonia* Fabricius, 1775

### （411）金绿花金龟 *Cetonia (Cetonia) aurata viridiventris* Reitter, 1896（图版 XXVII: 4）

*Cetonia aurata viridiventris* Reitter, 1896: 245; Wang et al., 1992: 76; Ma, 1995: 115; Löbl & Smetana, 2006: 285; Ren, 2010: 162.

识别特征：体长 14.0～17.5 mm，宽 7.0～9.0 mm。背面绿色或金绿色，有时蓝绿色；鞘翅多具白色斑；全体有强烈的金属光泽；腹面散布长短不一的黄色绒毛。唇基短宽，前缘宽凹，前角较圆，两侧有饰边，头上密布粗糙刻点。前胸背板基部最宽，两侧饰边窄，基部中凹浅，后角宽圆；盘区刻点稀小，两侧刻点弧形较大。小盾片长三角形，顶钝。鞘翅基部较宽，肩后外缘强烈弯曲，缝角不突出；盘上密布粗糙弧形皱纹，基部近翅缝有明显刻点行，近边缘多白绒斑；翅缝中部内侧横列 2 小斑，基部中央 1 横斑，外侧 6～8 斑。臀板短宽，后端圆，皱纹细密；两侧近边缘各 1 白绒斑，中央近基部 2 斑有时消失。腹部光滑，中部刻点和皱纹稀小，两侧密布皱纹、刻点和黄绒毛。足粗壮，前胫节雄窄雌宽，外缘 3 齿，雄性较小；中、后胫节外缘中突齿状。

地理分布：宁夏（银川、灵武、盐池、六盘山）、内蒙古、新疆；俄罗斯（东西伯利亚），乌兹别克斯坦，吉尔吉斯斯坦，哈萨克斯坦，欧洲。

取食对象：柠条、锦鸡儿、杏、桃、苹果、葡萄、花棒。

### （412）华美花金龟 *Cetonia (Eucetonia) magnifica* Ballion, 1871（图版 XXVII: 5）

*Cetonia magnifica* Ballion, 1871: 348; Zhu et al., 1999: 122; Löbl & Smetana, 2006: 286; Wang & Yang, 2010: 186.

识别特征：体长 13.5～18.5 mm，宽 7.0～8.5 mm。椭圆形；古铜色或深绿色，被粉末状薄层，有时磨损略显光泽；体下和足亮铜红色；鞘翅密布浅黄色长茸毛。唇基短宽，前缘稍翘，中凹浅，前角圆，两侧有饰边，密布粗刻点和直立或斜伏毛；头上纵隆较高，两侧各 1 小坑，坑内茸毛较长。前胸背板近梯形，密布粗刻点和茸毛，有时盘区有绒斑；侧缘弧形，基部中凹浅，后角弱钝。小盾片狭长，顶钝。鞘翅近长方形，稀布刻纹和茸毛，边缘附近有众多白斑：外缘基部 2 大横斑，近翅缝基部 1 和翅端 1 个次之，余斑小而不规则。中胸腹突近球形，甚光滑；后胸腹板两侧密布粗大刻纹和长茸毛，有时具白色斑。臀板近三角形，基部 4 个间距近相等的小圆斑，中间 2 个偶消失。足短粗，前胫节外缘 3 齿，中、后胫节外缘 1 齿。

地理分布：宁夏（贺兰山）、河北、山西、内蒙古、辽宁、吉林、黑龙江、山东、河南、陕西；俄罗斯（远东、东西伯利亚），韩国。

取食对象：玉米、高粱、苹果、梨、槐等植物的花。

**（413）铜绿花金龟** *Cetonia* (*Eucetonia*) *viridiopaca* **(Motschulsky, 1858)**（图版 XXVII: 6）

*Glycyphana viridiopaca* Motschulsky, 1858: 18; Ma, 1995: 113; Löbl & Smetana, 2006: 286; Wang & Yang, 2010: 187; Ren, 2010: 162.

曾用名：暗绿花金龟（王新谱等，2010）。

识别特征：体长 15.5～19.2 mm，宽 8.3～10.5 mm。宽卵圆形，深绿色，几无光泽，被绿色粉物；前胸背板 2 对白斑，鞘翅和臀板表面的斑点和长毛与华美花金龟 *Cetonia* (*Eucetonia*) *magnifica* 近似；腹面光亮，泛铜红色。唇基和前胸背板也与华美花金龟近似，但头额中纵隆较高，前胸背板两侧浅凹，白绒斑较明显，黄绒毛较稀。鞘翅稍宽，白绒斑较大，纵肋较高，皱纹和黄绒毛稀疏。臀板短宽，末端圆，密布小皱纹，黄绒毛较稀，有 1 明显中纵隆，近基部横排 4 个间距近相等的小白斑，中央 2 个偶消失。腹部中部光滑，散布稀小刻点；两侧皱纹较大，向侧缘变为细密；第 1～5 腹板两侧中部和侧端各具白绒斑，偶消失，外侧被黄色长绒毛。前胫节外缘 3 齿，中、后胫节外缘中央各 1 刺突；跗节稍细长，爪大，弯曲。

检视标本：1 头，宁夏灵武，1987. VII. 4，任国栋采（HBUM）；1 头，宁夏贺兰山小口子，1989. V. 18（HBUM）；1 头，宁夏平罗，1989. VII. 21（HBUM）。

地理分布：宁夏（全区）、北京、河北、山西、内蒙古、辽宁、吉林、黑龙江；俄罗斯（远东、东西伯利亚），朝鲜，韩国。

取食对象：栎树、玉米、高粱。

## 162）青花金龟属 *Gametis* Burmeister, 1842

**（414）小青花金龟** *Gametis jucunda* **(Faldermann, 1835)**（图版 XXVII: 7）

*Cetonia jucunda* Faldermann, 1835: 386; Wang et al., 1992: 76; Gao, 1993: 126; Ma, 1995: 148; Zhu et al., 1999: 120; Löbl & Smetana, 2006: 287; Wang & Yang, 2010: 187; Ren, 2010: 163.

识别特征：体长 12.0～14.0 mm，宽约 7.5 mm。暗绿色，有大小不等的银白色绒斑；头黑褐色，体下及足黑色。唇基前缘深凹。前胸背板由前向后弧形外扩，前端两侧各 1 白斑，密布细黄毛；前缘凹入，基部外凸，中段内凹。小盾片长三角形。鞘翅侧缘近基部内弯；翅面有银白色斑纹：近缝肋和外缘各 3 个，侧缘 3 个较大。中胸腹突突出，顶圆。臀板外露，有 4 个横列银白色绒斑；腹部及足密布黄褐色毛。前胫节外缘 3 齿，中齿对面 1 内距。

地理分布：宁夏（银川、中卫、六盘山、贺兰山）、北京、河北、山西、内蒙古、黑龙江、上海、江苏、浙江、福建、山东、湖北、广西、海南、四川、云南、甘肃；俄罗斯（远东），朝鲜，韩国，日本，印度，尼泊尔，东洋界。

取食对象：幼虫食腐，成虫取食苹果、梨及一些树木的花心、花瓣、子房等。

各 论

## 163）星花金龟属 *Protaetia* Burmeister, 1842

### （415）白星花金龟 *Protaetia (Liocola) brevitarsis* (Lewis, 1879)（图版 XXVII: 8）

*Cetonia brevitarsis* Lewis, 1879: 463; Wu et al., 1978: 251; Wang et al., 1992: 76; Gao, 1993: 126; Zhu et al., 1999: 120; Löbl & Smetana, 2006: 290; Wang & Yang, 2010: 188; Ren, 2010: 163; Yang et al., 2011: 150; Suo et al., 2015: 409.

曾用名：白星金龟子（吴福桢等，1978）。

识别特征：体长 17.0～24.0 mm，宽 9.0～12.0 mm。体色多为古铜色或青铜色，较光亮，触角深褐色，有的足带绿色；散布较多不规则波纹状白色绒斑。唇基短宽，前缘上翘，大多中凹；两侧平行有饰边，外侧向下钝角形斜扩；背面密布粗糙皱纹。复眼突出。触角棒状部雄长雌短。前胸背板略短宽，两侧弧形，基部最宽，后角圆弧形，基部中凹；盘区刻点稀小，通常有 2～3 对或排列不规则的白绒斑，有的沿饰边具白绒带，近基部较平滑。小盾片长三角形，顶钝。鞘翅宽大，肩部最宽；盘上密布粗糙皱纹，其在肩突内、外侧更密；白绒斑多横向波弯，中、基部白绒斑较集中。臀板短宽，密布皱纹和黄绒毛，每侧 3 个白绒斑并呈三角形排列；腹部光滑，两侧密布粗皱纹。

检视标本：1 头，宁夏盐池，1961. VII. 11（IPPNX）；20 头，宁夏固原，1964. VII. 11（IPPNX）；3 头，宁夏同心，1974. VII（IPPNX）；1 头，宁夏灵武白芨滩，1982. V. 29（IPPNX）；4 头，宁夏贺兰山，1982. VII. 2，任国栋采（HBUM）；1 头，宁夏海原，1986. VIII. 21，任国栋采（HBUM）；宁夏银川（20 头，1964. VII. 6；3 头，1987. V. 28）（IPPNX）；1 头，宁夏灵武狼皮子梁，1989. VII. 18（IPPNX）；8 头，宁夏中宁大战场乡，1989. VII. 22（IPPNX）；宁夏平罗（3 头，1961. VII. 8；1 头，1989.IX.5）（IPPNX）；3 头，宁夏贺兰山，1991. VIII. 1（IPPNX）；1 头，宁夏固原须弥山，2009. VII. 4，任国栋采（HBUM）；1 头，宁夏彭阳挂马沟，2009. VII. 12，冉红凡、张闪闪采（HBUM）；3 头，宁夏吴忠红寺堡，2014. VIII. 18，白玲采（HBUM）。

地理分布：宁夏（彭阳、银川、盐池、灵武、永宁、中宁、中卫、同心、海原、平罗、固原、红寺堡、贺兰山、罗山）、北京、河北、山西、内蒙古、辽宁、吉林、黑龙江、上海、江苏、浙江、安徽、福建、江西、山东、河南、湖北、湖南、广东、广西、四川、贵州、云南、西藏、陕西、甘肃、青海、新疆、台湾；蒙古国，俄罗斯（远东），朝鲜，韩国，日本。

取食对象：幼虫取食鸡粪、麦秸粪、房草等，成虫取食葡萄、苹果、桃、梨、柑橘等果树及向日葵、玉米、高粱、小麦等作物和番茄、胡萝卜等蔬菜。

### （416）多纹星花金龟 *Protaetia (Potosia) famelica famelica* (Janson, 1878)（图版 XXVII: 9）

*Cetonia famelica* Janson, 1878: 539; Ma, 1995: 126; Löbl & Smetana, 2006: 295; Wang & Yang, 2010: 188.

识别特征：体长 14.0～19.0 mm，宽 9.0～10.0 mm。披弱光泽，大多古铜色、铜红色或铜绿色。唇基近方形，前缘强烈翘起，中凹，两侧具饰边，外侧向下钝角形斜扩；刻点粗密。前胸背板近梯形，两侧弧形，后角微圆，基部中凹；密布皱纹，中间有 1 不达前缘的光滑纵带，盘区 4 组纵白斑，每组有 2～3 个不规则小斑，中部 2 组较直，白斑处常常浅凹。小盾片长三角形，顶钝。鞘翅两侧近平行，缝角不突出；盘上密布粗刻点和皱纹，近翅缝的中、基部和外侧的中、基部各 1 横波斑，另散布一些小斑。臀板密布小皱纹和不规则白绒斑。腹部中央光滑，散布稀小刻点，两侧密布皱纹和黄绒毛，第 2～5 节两侧中部和第 1～4 节外侧具白绒斑，有时全部消失。前胫节外缘 3 齿，端齿和中齿较近；中、后胫节的中突较小；跗节细长；爪中等，弯曲。

检视标本：2 头，宁夏贺兰山小口子，1500 m，1987. V. 27（IPPNX）；2 头，宁夏平罗，1989. VII. 1（IPPNX）。

地理分布：宁夏（平罗、贺兰山）、河北、山西、内蒙古、辽宁、吉林、黑龙江、江苏、浙江、山东、云南、陕西；俄罗斯（远东、东西伯利亚)，朝鲜。

取食对象：桃、柳、榆、柏、玉米、高粱、大豆等。

## 颏花金龟族 Cremastocheilini Burmeister & Schaum, 1841

## 颏花金龟亚族 Cremastocheilina Burmeister & Schaum, 1841

### 164）跗花金龟属 *Clinterocera* Motschulsky, 1858

#### （417）白斑跗花金龟 *Clinterocera mandarina* (Westwood, 1874)（图版 XXVII: 10）

*Callynomes mandarina* Westwood, 1874: 27; Ma, 1995: 165; Löbl & Smetana, 2006: 299; Wang & Yang, 2010: 186 ; Ren, 2010: 162.

识别特征：体长 12.2～13.0 mm，宽 5.0～5.5 mm。黑色至黑褐色，几无光泽；有不同程度白色绒层。唇基宽大微拱，前缘微卷，两侧稍扩展，刻点粗密；触角较短，基节宽大，片状，近三角形。前胸背板椭圆形，前角尖伸，布稀疏圆形粗刻纹。小盾片宽三角形。鞘翅狭长，肩部最宽，两侧近平行，后外端缘圆弧形，缝角不突出；盘上密布长弧形或近环形刻纹，每翅中间有 1 大斑及小斑和绒层。臀板短突，基部常有白绒层，散布的刻纹同鞘翅；腹部散布弧形刻纹，雄性腹部中央浅凹。足较短，前胫节外缘 2 齿；雌强雄弱，有时雄性仅前端 1 齿，跗节短小，爪较小，稍弯曲。

检视标本：宁夏泾源六盘山（3 头，1995. VI. 5，林 92–VI 组采；1 头，1996.VI. 13；2 头，1999.VI.12，赵瑞采）（HBUM）；1 头，宁夏泾源二龙河，2008. VI. 23，冉红凡采（HBUM）；1 头，宁夏泾源二龙河，2008. VII. 19，吴琦琦采（HBUM）；1 头，宁夏泾源六盘山，2009. VII. 5，杨晓庆采（HBUM）。

地理分布：宁夏（泾源、六盘山、贺兰山）、北京、河北、山西、辽宁、山东、河南、湖北、湖南、广西、四川、云南、陕西；俄罗斯（远东），朝鲜，韩国，日本。

## 双花金龟亚族 Diplognathini Burmeister, 1842

### 165）绣花金龟属 *Anthracophora* Burmeister, 1842

#### （418）褐绣花金龟 *Anthracophora rusticola* Burmeister, 1842（图版 XXVII: 11）

*Anthracophora rusticola* Burmeister, 1842: 62; Zhu et al., 1999: 120; Löbl & Smetana, 2006: 300; Ren, 2010: 162.

识别特征：体长 16.0～21.0 mm，宽 8.0～12.5 mm。背面赤褐色或黄褐色，有许多黑色斑纹，中胸腹突赤褐色，腹部黑色。唇基两侧突出，前缘近于直。前胸背板前缘具饰边，侧缘中部钝角形外扩，基部外扩，中部内弯。小盾片长三角形。鞘翅侧缘于肩后微内弯，无明显纵肋。中胸腹突端部扩大，端部弧形。前胫节外具 3 锐齿，中齿内侧有内端距 1 个。

检视标本：1 头，宁夏彭阳，1989. VIII. 10（HBUM）；1 头，宁夏平罗，1989. VIII. 10，任国栋采（HBUM）。

地理分布：宁夏（平罗、盐池、彭阳）、河北、山西、辽宁、吉林、黑龙江、上海、江苏、浙江、福建、江西、山东、河南、湖北、湖南、广西、四川、云南、陕西、甘肃、台湾；俄罗斯（远东），朝鲜，韩国，日本。

取食对象：幼虫食腐，成虫取食玉米及苹果、梨、栎、榆的花和熟透的桃果实等。

## 斑金龟族 Trichiini Fleming, 1821

## 斑金龟亚族 Trichiina Fleming, 1821

### 166）毛斑金龟属 *Lasiotrichius* Reitter, 1899

### （419）短毛斑金龟 *Lasiotrichius succinctus succinctus* (Pallas, 1781)（图版 XXVII: 12）

*Scarabaeus succinctus* Pallas, 1781: 18; Wang et al., 1992: 76; Zhu et al., 1999: 125; Löbl & Smetana, 2006: 309; Ren, 2010: 158.

识别特征：体长 9.0～12.0 mm，宽 4.3～6.0 mm。长椭圆形；黑色，密布淡黄、棕褐至黑褐色绒毛，鞘翅有宽的 "¥" 形淡黄褐色斑纹。唇基长，前缘中凹明显，布稠密的黑褐色粗毛；复眼鼓出；触角 10 节，鳃片部 3 节。前胸背板长，基部显窄于翅基；被密长毛，隐约可见灰褐—灰白—灰褐—灰白 4 条横带；基部向后斜扩。小盾片小，长三角形，顶尖。鞘翅前宽后窄，肩突和端突均发达，有 2 条纵肋，密布柔毛。前臀大部外露，密布整齐的淡灰白色毛并排成 1 横带；臀板三角形，密布深褐绒毛。足长大，前胫节外缘近端部 2 齿；各足第 1 跗节最短，爪成对，简单。

检视标本：5 头，宁夏泾源卧羊川，2008. VII. 7，王新谱、刘晓丽采（HBUM）；10 头，宁夏泾源秋千架，2009. VII. 7，王新谱、杨晓庆采（HBUM）。

地理分布：宁夏（泾源）、北京、河北、山西、内蒙古、辽宁、吉林、黑龙江、江苏、浙江、福建、山东、河南、湖北、广东、广西、四川、云南、陕西；蒙古国，俄罗斯（远东、东西伯利亚），朝鲜，日本，欧洲。

取食对象：玉米、高粱、向日葵及林木的花。

# V. 花甲总科 Dascilloidea Guérin–Méneville, 1843 (1834)
## （宁夏新纪录）

花甲科 Dascillidae 和羽角甲科 Rhipiceridae 在口器类型、前胸联锁机制、翅脉、折叠和外生殖器上有共同之处。羽角甲科幼虫有别于花甲科的特征为：下侧口器合并、双气门和无下颚磨区等特征更类似于叩甲幼虫类；上颚没有明显的磨区或多少突出；鞘翅无条纹和规则的刻点；后翅径室和臀室短，若有顶脉则为 1 根；前足基节窝突出；腹部有 5 个可见腹板。

该总科分为 2 科，分别是花甲科 Dascillidae 和羽角甲科 Rhipiceridae，已知约 200 种，常见于潮湿的植物上。本书记录宁夏 1 科。

## 16. 花甲科 Dascillidae Guérin–Méneville, 1843 (1834)

整个身体被稠密的灰色或棕色毛，体横向伸长和较隆起是该科重要的识别特征。体微小至中等大小；灰褐色。触角锯齿状。前胸背板横宽，表面具密毛。鞘翅长，两侧平行。前足基节大型基转节；中足基节扩大成板状；跗节 5 节，第 2 至第 4 节双叶状。

该科全球已知 2 亚科（花甲亚科 Dascillinae、卡花甲亚科 Karumiinae）13 属近 300 种，分布于北半球和澳大利亚，以亚洲物种的多样化明显。成虫访花，幼虫栖息于潮湿的土壤或岩石下和土中，取食植物根部，也有个别类群的幼虫水生。中国已记录 15 属 40 种，本书记录宁夏 1 亚科 1 属 1 种。

### 花甲亚科 Dascillinae Guérin–Méneville, 1843 (1834)

### 花甲族 Dascillini Guerin–Meneville, 1843

#### 167）花甲属 *Dascillus* Latreille, 1797

#### （420）蒙古花甲 *Dascillus mongolicus* Heyden, 1889（图版 XXVIII: 1）

*Dascillus mongolicus* Heyden, 1889: 675; Löbl & Smetana, 2006: 324.

识别特征：体长 8.5～11.4 mm。黑色或褐色，密生短伏毛。头、前胸和鞘翅均匀着生黄色刚毛，鞘翅密生刚毛形成的多条间隔规则的纵条纹，腹面密生黄色小柔毛。上颚端部强烈内弯，内缘 2 小齿；下颚须第 1 节圆筒形或纺锤形；下唇须第 1 节端部略扩展。触角向后伸达鞘翅中部，末节显长于第 10 节。前胸背板侧缘光滑，有明显刚毛。腹部在腹板两侧有成对的光裸圆斑；第 5 腹板前缘宽圆，肛节第端部微凹，基部宽圆，背板基部微凹。

检视标本：2 头，宁夏泾源六盘山，1996. VI. 17，白万恩采（HBUM）；3 头，宁夏泾源龙潭林场，2009. VII. 4，周善义、孟祥君采（HBUM）；宁夏泾源东山坡林场（2头，2008. VI. 18，袁峰采；2 头，2011. VII. 20，任国栋采）（HBUM）；5 头，宁夏泾源二龙河，2009. VII. 3，王新谱、赵小林采（HBUM）；1 头，宁夏泾源二龙河，2014. VII. 15，白玲采（HBUM）；4 头，宁夏泾源东山坡林场，2014. VII. 18，白玲、王娜采（HBUM）。

地理分布：宁夏（泾源）、河南、湖北、四川、云南、陕西、甘肃。

# VI. 吉丁甲总科 Buprestoidea Leach, 1815

触角大多 11 节；前胸腹突端部嵌入中胸腹窝；前、中胸连接紧密，不能活动；后胸腹板有 1 条明显的横缝；腹部基部 2 个腹板愈合，背板骨化；跗式 5-5-5，第 4 跗节简单或双叶状。

该总科全球已知 2 科（Buprestidae、Schizopodidae）6 亚科 50 族 492 属 14600 余种。本书记录宁夏 1 科。

# 17. 吉丁甲科 Buprestidae Leach, 1815

体长 1.5～75.0 mm。体型多变，有圆柱形、卵圆形、楔形等；体色多变，具金属光泽；体表有无规则的色斑、脊、网状片。头较小，下口式。触角常 11 节，少数 12 节；多为锯齿状，少数扇形、梳状。前胸背板形状多变，后角圆钝。前胸腹突端部嵌入中胸腹窝；前、中胸连接紧密，不能活动；后胸腹板有 1 条明显的横缝。腹部第 1、第 2 节可见腹板愈合；背板骨化。跗式 5-5-5，具跗垫，第 4 跗节单叶状。

该科全球已知 6 亚科 48 族 489 属 14600 多种，世界性分布。成虫多以阔叶树叶片为食，部分种类仰食花粉和花蜜。幼虫蛀木或食叶，部分生活于干旱、半干旱的种类取食植物根部。中国已记录 6 亚科 66 属 700 多种；本书记录宁夏 3 亚科 7 属 15 种。

## 17.1 丽吉丁甲亚科 Chrysochroinae Laporte, 1835

### 色吉丁甲族 Poecilonotini Jakobson, 1913

### 色吉丁甲亚族 Poecilonotina Jakobson, 1913

#### 168）金缘吉丁甲属 *Lamprodila* Motschulsky, 1860

#### （421）梨金缘吉丁 *Lamprodila* (*Lamprodila*) *limbata* (Gebler, 1832)（图版 XXVIII: 2）

*Buprestis limbata* Gebler, 1832: 41; Wu et al., 1978: 190; Zhu et al., 1999: 76; Löbl & Smetana, 2006: 350; Wang & Yang, 2010: 189; Ren, 2010: 163; Yang et al., 2011: 151.

曾用名：翡翠吉丁虫（吴福桢等，1978）。

识别特征：体长 16.0～18.0 mm，宽约 6.0 mm。翠绿色，有金属光泽，触角黑色，体两侧边缘金色，腹面密生黄褐色绒毛。额上刻点粗，中央具 1 倒 "Y" 形隆起。前胸背板中部宽，外缘圆弧形；盘区有 5 条蓝黑色纵隆线：中间 1 条显粗，两侧的较细；小盾片扁梯形。鞘翅有 10 多条断续的蓝黑色纵纹，翅端锯齿状。雄性肛节末端深凹。

检视标本：6 头，宁夏银川，1959. VII. 15（IPPNX）。

地理分布：宁夏（海原、银川、灵武、永宁、青铜峡、同心、平罗、贺兰山、六盘山、罗山）、河北、内蒙古、辽宁、吉林、黑龙江、江苏、浙江、江西、山东、河南、湖北、陕西、甘肃、青海、新疆；蒙古国，俄罗斯（远东、东西伯利亚）。

取食对象：梨、苹果、杏、桃、杨等。

## 169）锦纹吉丁甲属 *Poecilonota* Eschscholtz, 1829

### （422）杨锦纹吉丁 *Poecilonota variolosa variolosa* (Paykull, 1799)（图版 XXVIII: 3）

*Buprestis variolosa* Paykull, 1799: 219; Löbl & Smetana, 2006: 352; Wang & Yang, 2010: 190.

识别特征：体长 15.0～20.0 mm。扁平；黑古铜色，具金属光泽；密布黑色斑点。下唇须棒状；复眼栗褐色；触角 11 节，锯齿状。前胸背板有 1 黑色中脊，两侧具短纵斑。前胸腹板后端突起，嵌入中胸腹板。小盾片较小，弱椭圆形。每翅 10 条纵条纹。腹部有紫铜色和蓝绿色金属光泽。

地理分布：宁夏（贺兰山）、内蒙古、东北、湖北；蒙古国，俄罗斯（东西伯利亚），哈萨克斯坦，欧洲。

取食对象：小叶杨、小青杨。

## 17.2　吉丁甲亚科 Buprestinae Leach, 1815

### 吉丁甲族 Buprestini Leach, 1815

### 吉丁甲亚族 Buprestina Leach, 1815

## 170）吉丁甲属 *Buprestis* Linnaeus, 1758

### （423）哈氏吉丁 *Buprestis (Ancylocheira) haardti* Thěry, 1934

*Buprestis haardti* Thěry, 1934: 317; Löbl & Smetana, 2006: 382.

地理分布：宁夏、四川、云南、西藏、甘肃、青海。

## 接眼吉丁甲族 Chrysobothrini Gory & Laporte, 1836

## 171）接眼吉丁甲属 *Chrysobothris* Eschscholtz, 1829

### （424）六星铜吉丁 *Chrysobothris (Chrysobothris) affinis affinis* (Fabricius, 1794)

*Buprestis affinis* Fabricius, 1794: 450; Wang et al., 1985: 46; Wang et al., 1992: 49; Löbl & Smetana, 2006: 384; Ren, 2010: 163.

识别特征：体长约 13.0 mm。紫褐色，有紫色光泽。复眼椭圆形，黑褐色；触角锯齿状，紫褐色。鞘翅各有 3 个近圆形金绿色小斑点，浅凹，肩角下方各有 1 长形浅凹。腹部中部及腿节内侧有明显的翠绿色光泽，足的其余部分紫褐色。

地理分布：宁夏（隆德、永宁、银川、青铜峡、吴忠、六盘山）、河北、山西、内蒙古、辽宁、吉林、黑龙江、浙江、江西、山东、四川、陕西、甘肃、青海、新疆；原苏联地区，朝鲜，韩国，土耳其，欧洲。

取食对象：幼虫取食梨、苹果、桃、枣、樱桃、唐槭、五角枫、杨树。

### （425）伊氏六星吉丁 *Chrysobothris (Chrysobothris) igai* Kurosawa, 1948（图版 XXVIII: 4）

*Chrysobothris igai* Kurosawa, 1948: 18; Gao, 1993: 108; Löbl & Smetana, 2006: 385; Ohmomo & Fukutomi, 2013: 126.

曾用名：六星吉丁（高兆宁，1993），杜英六星吉丁。

识别特征：体长 9.0～13.0 mm。黑色，有紫铜色金属光泽。头上有 1 明显的横隆起；复眼椭圆形，黑褐色；触角棒状，一般 11 节。鞘翅每翅有 3 个近圆形有金绿色星坑，浅凹，星坑不很大。腹部青蓝色。后足第 1 跗节长度是其后面 3 节之和。

检视标本：1 头，宁夏吴忠，1975. VI. 7（IPPNX）；1 头，宁夏永宁，2000. VI. 10（IPPNX）；1 头，宁夏银川园艺所，2006. VI. 28（IPPNX）。

地理分布：宁夏（银川、吴忠、隆德、永宁）、浙江；日本。

取食对象：杜英、柑橘、苹果、梨、桃、杏等树枝干。

**（426）六星吉丁 *Chrysobothris (Chrysobothris) succedanea* Saunders, 1873**（图版 XXVIII: 5）

*Chrysobothris succedanea* Saunders, 1873: 512; Wu et al., 1982: 82; Zhu et al., 1999: 75; Löbl & Smetana, 2006: 386; Wang & Yang, 2010: 189; Yang et al., 2011: 151.

识别特征：体长 9.0～14.0 mm，宽 3.0～4.0 mm。长圆形，前钝后尖；深紫铜色，刻点密。头上铜色，中上方有 1 横线，其下方凹陷；头顶及额上密布黄色细毛；触角铜绿色，柄节长大，略扁，梗节小球形，第 3 节长形，其余各节锯齿形。小盾片三角形，翠绿色。鞘翅铜紫色，基部及中、后方各有 3 个下陷的金色圆斑，外缘有不规则小锯齿；盘上刻点稠密，具 4 条纵脊。腹面翠绿色。足铜绿色，具光泽。

地理分布：宁夏（银川、吴忠、隆德、同心、贺兰山、罗山）、河北、辽宁、吉林、黑龙江、浙江、江苏、福建、江西、山东、河南、湖北、湖南、广西、四川、甘肃、青海、香港；俄罗斯，朝鲜，韩国，日本。

取食对象：苹果、梨、杏、桃、杨等。

## 黑吉丁甲族 Melanophilini Bedel, 1921

### 172）斑吉丁甲属 *Trachypteris* Kirby, 1837

**（427）杨十斑吉丁紫铜亚种 *Trachypteris picta decostigma* (Fabricius, 1787)**（图版 XXVIII: 6）

*Buprestis picta decostigma* Fabricius, 1787; 180; Wang, 1980: 23; Wang, 1981: 5; Wu et al., 1982: 96; Chen, 1985: 27; Wang et al., 1992: 50; Gao, 1993: 108; Zhang et al., 1996: 110; Löbl & Smetana, 2006: 388; Wang et al., 2007: 32.

曾用名：十斑吉丁虫（高兆宁，1993）。

识别特征：体长 8.3～14.0 mm。黑褐色，有金属光泽。头、胸部紫铜色，有均匀小刻点；额上密生淡黄色细毛；复眼肾形，明显突出；触角 11 节，锯齿状，比头胸部略短。鞘翅黑色，各有 4 条纵隆线和 5～7 个不规则黄褐色大斑，肩斑常分离成 3 个。各足腿、胫节铜绿色，跗节蓝黑色，被淡黄色微毛。

检视标本：2 头，宁夏银川，1981. VI. 7（IPPNX）。

地理分布：宁夏（中卫、银川、盐池、灵武）、山西、内蒙古、陕西、甘肃、新疆；土耳其，叙利亚，以色列，欧洲，非洲北部，新热带界。

取食对象：杨树、沙枣树等。

**（428）杨十斑吉丁指名亚种 *Trachypteris picta picta* (Pallas, 1773)**

*Buprestis picta* Pallas, 1773: 719; Löbl & Smetana, 2006: 388.

识别特征：体长 10.0～14.0 mm。前胸背板和体下青铜色。鞘翅具黄斑，黄斑的图案变异较大。

地理分布：宁夏（固原）、北京、黑龙江、湖南、甘肃、新疆；蒙古国，俄罗斯（西伯利亚），印度，阿富汗，伊朗，塔吉克斯坦，乌兹别克斯坦，土库曼斯坦，哈萨克斯坦。

## 17.3　窄吉丁甲亚科 Agrilinae Laporte, 1835

## 窄吉丁甲族 Agrilini Laporte, 1835

## 窄吉丁甲亚族 Agrilina Laporte, 1835

### 173）窄吉丁甲属 *Agrilus* Curtis, 1825

#### （429）棕窄吉丁 *Agrilus (Agrilus) integerrimus* (Ratzeburg, 1837)（图版 XXVIII: 7）

*Buprestis integerrimus* Ratzeburg, 1837: 57; Löbl & Smetana, 2006: 389; Wang & Yang, 2010: 189.

地理分布：宁夏（贺兰山）；蒙古国，俄罗斯，韩国，欧洲。

取食对象：杨、榆。

#### （430）绿窄吉丁 *Agrilus (Agrilus) viridis viridis* (Linnaeus, 1758)（图版 XXVIII: 8）

*Buprestis viridis* Linnaeus, 1758: 410; Löbl & Smetana, 2006: 389; Wang & Yang, 2010: 189; Yang et al., 2011: 151.

识别特征：体长 6.0～9.0 mm。体狭长，腹面稍拱起；鞘翅墨绿色，腹面有金绿色光泽。复眼赤褐或黄铜色；头上有多条皱纹和明显中线；触角黑褐色具灰色短绒毛，第 4 节之后各节锯齿状。前胸背板横长方形，两侧中间有凹陷；侧缘基半部缘折前宽后窄，后角隆起；前缘饰边略隆起，较光亮，基部 3 个凹陷，背面有横波纹。鞘翅基部具凹窝，肩角突出；侧缘端部 1/4 处有 1 齿突，近端部钝圆。

地理分布：宁夏（平罗、灵武、贺兰山、罗山）、北京、河北、吉林、西藏；蒙古国，俄罗斯（远东、东西伯利亚），伊朗，土库曼斯坦，非洲界。

取食对象：柳、杨、榆。

#### （431）锦鸡儿窄吉丁 *Agrilus (Quercuagrilus) ussuricola* Obenberger, 1924（图版 XXVIII: 9）

*Agrilus ussuricola* Obenberger, 1924: 46; Guo et al., 2003: 72; Löbl & Smetana, 2006: 392; Ohmomo & Fukutomi, 2013: 154.

识别特征：体长 4.5～5.2 mm。窄长形；背面铜绿色，复眼、触角黑色，腹部具铜色光泽。头短宽，密布细刻点，中线明显；复眼肾形；触角第 1 节纺锤形，第 2 节椭圆形，第 4 节锯齿状。前胸背板横长方形，略宽于头，中部与鞘翅前缘等宽；前缘弧形，中部稍突；侧缘弧形，后角处有 1 短纵脊并与侧缘形成 1 纵凹窝；背面具波弯横皱。小盾片横长方形，半侧立。鞘翅密布刻点，基部显凹，前缘隆起为弧形横脊，顶尖。腹部鼓，具稠密细刻点与短毛。

地理分布：宁夏（灵武）、内蒙古、黑龙江、陕西；俄罗斯（远东），朝鲜，韩国，日本。

取食对象：柠条、踏郎、花棒。

**（432）沙柳窄吉丁 *Agrilus (Robertius) moerens* Saunders, 1873**（图版 XXVIII: 10）

*Agrilus moerens* Saunders, 1873: 517; Wang et al., 1992: 49; Löbl & Smetana, 2006: 393; Ohmomo & Fukutomi, 2013: 155.

识别特征：体长 5.9～7.2 mm，宽 1.1～1.5 mm。长楔形；铜绿色，有金属光泽，被白色细绒毛。头、前胸背板及鞘翅密布网状皱纹；复眼肾形，褐色，较突出；触角 11 节，锯齿状；第 1 节较长，其余各节等长。鞘翅狭长，具铜绿色光泽。雌性腹部比雄性略宽，腹部末端有 1 小突起和 1 凹坑；雄性腹部末端平展，无凹陷和突起。

地理分布：宁夏（灵武、盐池）、北京、河北、内蒙古、黑龙江、四川、陕西、甘肃；俄罗斯（远东），朝鲜，韩国，日本。

取食对象：幼虫钻蛀沙柳干部，成虫取食沙柳叶片。

**（433）苹窄吉丁 *Agrilus (Sinuatiagrilus) mali* Matsumura, 1924**（图版 XXVIII: 11）

*Agrilus mali* Matsumura, 1924: 1; Wang et al., 1992: 49; Gao, 1993: 108; Zhu et al., 1999: 74; Löbl & Smetana, 2006: 394; Ren, 2010: 163.

曾用名：苹果小吉丁（高兆宁，1993）。

识别特征：体长 6.0～10.0 mm，宽约 2.0 mm。铜蓝色，有金属光泽；背面亮蓝色，腹面青色；刻点密小。头短宽；复眼肾形。前胸背板横长方形。鞘翅基部显凹，近端部合拢处有 2 不太明显的淡黄色茸毛斑。腹部背板 6 节。后胫节外缘有 1 列刺。

地理分布：宁夏（泾源）、河北、黑龙江、山东、河南、湖北、广西、四川、西藏、甘肃、青海；蒙古国，俄罗斯（远东、东西伯利亚），朝鲜，日本。

取食对象：苹果、沙果、海棠。

# 纹吉丁甲族 Coraebini Bedel, 1921

## 纹吉丁甲亚族 Coraebina Bedel, 1921

### 174）纹吉丁甲属 *Coraebus* Gory & Laporte, 1839

**（434）拟窄纹吉丁 *Coraebus acutus* Thomson, 1879**（图版 XXVIII: 12）

*Coraebus acutus* Thomson, 1879: 54; Löbl & Smetana, 2006: 396.

识别特征：体长 8.0～10.0 mm，宽 2.0～3.0 mm。蓝黑色，具弱光泽。头短，顶平，具布规则刻点和刻纹及稀疏金黄色绒毛，中央 1 纵线；额宽，中纵凹浅宽，两侧隆起；复眼大，黄褐色；触角第 1、第 2 节粗大，第 2、第 3 节近圆锥形，第 4～11 节锯齿状。前胸背板横宽，基半部隆起，有 3 条白色纵毛斑，中间细，两侧宽，盘上有不规则短波弯刻纹；前缘 2 道湾，中央显凸；侧缘弧形，具规则的细齿状边；基部明显 2 道湾，中部后方突出呈宽钝圆形。小盾片尖三角形，表面有小刻点和横刻纹。鞘翅细长，基部宽浅凹，具白色绒毛斑；肩钝圆；侧缘基半部弧凹，近端部具缘齿；盘的中央斜截，两侧 2 枚大刺，内刺内缘有 1 小刺。雌性肛腹板端部浅凹或近平截；后胫节内缘简单。

检视标本：1♂，宁夏泾源红峡林场，2008. VI. 26，冉红凡采（HBUM）；1♀，宁夏固原绿塬林场，2008. VI. 28，刘晓丽采（HBUM）；1♀，宁夏固原和尚铺林场，2008.

VII. 12，刘晓丽采（HBUM）；1♀，宁夏泾源王化南，2009. VII. 4，任国栋采（HBUM）；1♂，宁夏泾源红峡林场，2009. VII. 19，王新谱采（HBUM）。

地理分布：宁夏（泾源、固原）、上海、安徽、福建、江西、河南、湖北、湖南、广东、广西、贵州、四川、陕西、甘肃。

取食对象：悬钩子。

**（435）贝氏纹吉丁 *Coraebus becvari* Kubáň, 1995**（图版 XXIX: 1）

*Coraebus becvari* Kubáň, 1995: 8; Löbl & Smetana, 2006: 409.

识别特征：体纤细。鞘翅具紫色光泽，沿翅缝具绿色光泽。

地理分布：宁夏（泾源）、四川、云南。

# VII. 丸甲总科 Byrrhoidea Latreille, 1804

前胸腹突发达，可伸至中足基节间；中足基节远离；后胸腹板大，具纵缝，基节相近；腹部可见腹板 5 节；腿节有沟，可容纳胫节。

该总科全球已知 13 科（Mckenna 等，2015）。本书记录宁夏 1 科。

# 18. 泥甲科 Dryopidae Billberg, 1820

体长 1.3～9.5 mm。短椭圆形、宽阔、凸起至强烈伸长、两侧平行、略扁平至较凸起；黑色，触角棒状部、口器和足红色，极少数种类的鞘翅具蓝色、绿色或紫色的金属光泽和红斑，部分种类完全棕色；身体骨化强烈，尤其是陆生的无翅种类。复眼大而强烈或较强突出，或小而略突出；或退化。触角短，向后不伸达前胸中部；第 6～13 节或第 4～13 节棒状。前胸背板宽大于长，或长宽相等。鞘翅短、倒卵形、背面凸起；或长形、两侧近平行、背面扁平或凸起。后翅发达、退化或缺如。腹部可见腹板 5 个，前 2 节合生。足无游泳毛；跗式 5-5-5 或 4-4-4。

该科全球已知 33 属约 280 种，几乎世界性广布。成虫栖息于水中、河岸或陆地。许多种类是真正的水生甲虫。幼虫大多数陆生，栖息于潮湿的土壤、沙子和腐烂的植物组织或木材中。中国已记录 7 属 20 种；本书记录宁夏 1 属 1 种。

## 175）厚泥甲属 *Pachypamus* Fairmaire, 1889

**（436）狄氏厚泥甲 *Pachypamus dicksoni* (Waterhouse, 1878)**（图版 XXIX: 2）

*Dryops dicksoni* Waterhouse, 1878: 491; Gao, 1993: 109; Löbl & Smetana, 2006: 443; Zhang et al., 2009: 92.

识别特征：体长 8.0～12.0 mm。细长；黑色，密布黄色绒毛。复眼发达，稍向外突；额区具中线。前胸背板宽大于长，前缘和基部较直，侧缘在后角之前内凹；前角前伸呈锐角，后角向侧后方延伸呈尖刺状。小盾片正三角形。鞘翅两侧近平行，仅端部 1/3 稍外突；翅上刻点沟明显。足细长，跗节 5 节，末跗节长于基部 4 节之和。

检视标本：11 头，宁夏同心，1974. VII（IPPNX）；9 头，宁夏农科院植保所，1975. VII. 15（IPPNX）。

地理分布：宁夏（同心、银川）、辽宁、台湾。

# VIII. 叩甲总科 Elateroidea Leach, 1815

前胸腹板向后变尖，伸入中胸腹板中间的腹窝，可前、后活动，组成"叩头"关节；后胸腹板无横缝；前足基节小、球形；后足基节横宽；腹部可见腹板 5 节；跗式 5-5-5，简单或部分跗节双叶状。

按照 Mckenna 等（2015）的分类体系，该总科分为 15 科，将原来长期独立的花萤总科归入其中作为若干个科级阶元。本书记录宁夏 3 科。

# 19. 叩甲科 Elateridae Leach, 1815

体长 0.9～75.0 mm。长形，两侧较平行；背、腹面扁平至较凸；光裸或具毛。复眼完整，大而突；雌性一般较小。触角 11 节，极少 12 节；多为丝状或锯齿状，有时梳状、双栉状或扇形；若雄性为梳状或扇形，则雌性一般为锯齿状。前胸背板长大于宽，基部最宽；后角尖，向后或后外侧强烈突出。前胸腹突尖；中胸腹板中间凹，形成腹窝以接纳前胸腹突，形成"叩头"关节。鞘翅基部略宽、端部锥形；常具 9 个明显的刻点沟或刻点行。后翅发达，极少数种类的雌性高度退化或缺如。腹部大多可见腹板 5 个，Cebrioninae 的部分种类则为 6 个或 7 个。跗式 5-5-5。

该科全球已知 400 多属 12000 多种，世界性分布。成虫取食植物汁液；幼虫腐食性、植食性或捕食性，栖息于土壤、枯枝落叶、白蚁巢或腐烂的木材中。中国已记录 1400 多种；本书记录宁夏 4 亚科 10 属 17 种。

## 19.1 槽缝叩甲亚科 Agrypninae Candèze, 1857

### 槽缝叩甲族 Agrypnini Candèze, 1857

#### 176）槽缝叩甲属 Agrypnus Eschscholtz, 1829

##### （437）泥红槽缝叩甲 *Agrypnus argillaceus argillaceus* (Solsky, 1871)（图版 XXIX: 3）

*Lacon argillaceus* Solsky, 1871: 360; Löbl & Smetana, 2007: 97; Wang & Yang, 2010: 191; Ren, 2010: 164.

识别特征：体长约 15.5 mm。狭长；红褐色，通体密布茶色、红褐色鳞片短毛。触角短，不达前胸背板基部；第 4 节以后各节锯齿状，末节椭圆形，近端部凹缩成假节。前胸背板长不大于宽，中间纵向低凹，基部更明显，侧缘基部具细齿。小盾片盾状；两侧基半部平行，之后急剧膨大并向后变尖。鞘翅宽于前胸，两侧平行，端部 1/3 变窄；刻点显粗成行。前、后胸侧板无跗节槽。腹面布鳞状毛和刻点。

地理分布：宁夏（泾源、灵武、贺兰山）、北京、内蒙古、辽宁、吉林、河南、湖北、广西、海南、四川、云南、西藏、甘肃、台湾；俄罗斯（远东），朝鲜，韩国，日本，越南，东洋界。

##### （438）大卫槽缝叩甲 *Agrypnus davidis* (Fairmaire, 1878)

*Lacon davidis* Fairmaire, 1878: 109; Löbl & Smetana, 2007: 97.

识别特征：该种以前被认为是泥红槽缝叩甲 *Agrypnus argillaceus argillaceus* (Solsky, 1871)的同物异名，现已恢复其独立种地位，它与后者最大的区别点是：体色朱红，通体密布朱红色鳞片状短毛。

地理分布：宁夏、山西、辽宁、吉林、福建、湖北、湖南、四川、贵州、云南、西藏、甘肃；东洋界。

### （439）麻斑槽缝叩甲 *Agrypnus judex* (Candèze, 1874)

*Lacon judex* Candèze, 1874: 62; Jiang & Wang, 1999: 43; Löbl & Smetana, 2007: 98.

识别特征：体长约 17.0 mm。褐色，被灰黄色鳞片状扁毛，形成污斑，其间散布黑直毛。前胸背板长略大于宽，自中部向前、后变窄，侧缘基半部肘状弯曲；盘区刻点较粗，筛孔状，中线有纵沟；前、后角均宽，后角相当分叉，端部直。鞘翅宽于前胸背板，自中部向前变宽，向后渐窄；翅面有稀疏刻点组成的条痕。前胸侧板和后胸腹板有相当明显的跗节槽。

地理分布：宁夏（灵武）、内蒙古、上海、江苏、江西、湖北。

### （440）暗色槽缝叩甲 *Agrypnus musculus* (Candèze, 1857)（图版 XXIX: 4）

*Lacon musculus* Candèze, 1857: 141; Löbl & Smetana, 2007: 98; Wang & Yang, 2010: 191.

识别特征：体长约 9.0 mm。卵圆形；黑褐色，触角、跗节红色。头两侧、触角基上方刻点密；触角第 4～10 节宽短呈锯齿状，末节宽。前胸背板宽大于长，中部最宽，向前弧形变窄，前角突出；前缘"凹"形，侧缘具细齿状边；刻点匀密。鞘翅肩部侧缘具细齿状边；翅面有光滑的微弱凹纹，凹纹中无刻点，其间隙有排列成纵行的瘤点。前胸侧板无跗节槽，基部有容纳腹节的斜槽；腹侧缝基半部 2/3 深凹成槽状，后 1/3 完全关闭；后胸腹板无跗节槽。

地理分布：宁夏（灵武、盐池、贺兰山）、江苏、浙江、福建、江西、湖北、广东、海南、四川、台湾、香港；韩国，日本。

取食对象：玉米、麦类、水稻、高粱。

## 177）短足叩甲属 *Anathesis* Candèze, 1865

### （441）扁毛短足叩甲 *Anathesis laconoides* Candèze, 1865（图版 XXIX: 5）

*Anathesis laconoides* Candèze, 1865: 21; Jiang & Wang, 1999: 74; Löbl & Smetana, 2007: 100.

识别特征：体长约 16.0 mm。体壮；暗褐色，被棕黄色鳞片状短卧毛，因疏密不均而形成不规则毛斑。头顶平，额脊完整，前缘中央凹；触角短，不达前胸背板基部，第 2 节近球形，第 4 节起锯齿状。前胸背板长大于宽，盘区隆突，基部骤凹，基部中央在小盾片前向后突出；两侧具锐边，后角外伸，背面紧靠外侧边缘有 1 脊纹。小盾片弱五边形，基部直，向下倾斜，基部隆突。鞘翅基部窄于前胸背板后角，从基部向端部渐变窄；刻点沟纹较细，行间较宽而平坦，弱横皱纹状或颗粒状。足粗壮，后足基节片外窄内宽；第 3、第 4 跗节下侧叶片状膨大。

地理分布：宁夏（灵武）、海南、云南、台湾；东洋界。

## 19.2　齿胸叩甲亚科 Dendrometrinae Gistel, 1848

## 齿胸叩甲族 Dendrometrini Gistel, 1848

## 齿胸叩甲亚族 Denticollina Stein & Weise, 1877 (1848)

### 178）筛胸叩甲属 *Athousius* Reitter, 1905

#### （442）霍氏筛胸叩甲 *Athousius holdereri* (Reitter, 1900)（图版 XXIX: 6）

*Athous holdereri* Reitter, 1900: 159; Jiang et al., 1999: 77; Löbl & Smetana, 2007: 163; Ren, 2010: 164.

识别特征：体长约 7.0 mm。体窄长；栗褐色，触角黑色，鞘翅缘折、胫节部分褐色，跗节红色；绒毛灰黄色，腹面密。头上刻点粗密，大小不等；额脊前缘中部钝，两侧在触角基上方明显，背观凹缘状；触角向后伸达前胸背板基部，第 2 节小，倒锥形；第 4～10 节锯齿状。前胸背板近长方形，两侧向前微弱变窄，近后角微弱波弯；背面略凸，基部横凹，表面有强烈刻点；有中线，基半部不明显；后角尖突，分叉。小盾片四方形。鞘翅狭长，基部显宽于前胸背板；两侧平行，中部之后渐窄；翅面有微刻点纹，间隙平，有稠密的等大皱纹状刻点。整个身体腹面密布细刻点。

检视标本：2 头，宁夏泾源龙潭，2009. VII. 4，周善义、孟祥君采（HBUM）；15 头，宁夏泾源东山坡，2009. VII. 12，王新谱、赵小林采（HBUM）。

地理分布：宁夏（泾源）、西藏、甘肃、新疆。

### 179）金叩甲属 *Selatosomus* Stephens, 1830

#### （443）虎斑金叩甲 *Selatosomus* (*Pristilophus*) *pacatus* (Lewis, 1894)（图版 XXIX: 7）

*Corymbites pacatus* Lewis, 1894: 261; Wu et al., 1982: 180; Wang et al., 1992: 49; Gao, 1993: 108; Löbl & Smetana, 2007: 181; Ren, 2010: 164.

曾用名：虎斑叩甲（吴福桢等，1982；高兆宁，1993）。

识别特征：体长约 14.0 mm，宽约 4.5 mm。头、胸、背密布刻点和灰黄色细毛。头黑色；触角黑色，第 2 节短小，第 4 节以后锯齿状。前胸背板隆起，长略大于宽；中线为黑色宽纵带，两侧赤褐色；后角向外刺状斜突。小盾片椭圆形，密布淡黄色毛。鞘翅黄褐色，翅缝及后端黑色，肩部和侧缘中部有黑斑，翅面纵沟明显。腹部黑褐色。足赤褐色。

地理分布：宁夏（固原、隆德、泾源）、甘肃；日本。

取食对象：杨树等苗木根部。

#### （444）宽背金叩甲 *Selatosomus* (*Selatosomus*) *latus* (Fabricius, 1801)（图版 XXIX: 8）

*Elater latus* Fabricius, 1801: 232; Wu et al., 1982: 180; Wang et al., 1992: 49; Gao, 1993: 108; Löbl & Smetana, 2007: 182; Wang & Yang, 2010: 192; Ren, 2010: 164; Yang et al., 2011: 152.

曾用名：宽背叩甲（吴福桢等，1982；王希蒙等，1992；高兆宁，1993；任国栋，2010）。

识别特征：体长 14.5～15.0 mm。褐铜色，被黄色绒毛。额扁平，基半部及两侧刻点密。前胸背板宽大于长，两侧圆弧形拱弯；前缘宽凹，基部波弯；背面突起，刻点密，中线明显；前角短，后角长，分叉，脊 1 条。小盾片宽，两侧弧形拱弯。鞘翅基部较前胸背板宽，两侧向中部变宽再变窄；翅面沟纹明显，基部凹，行间平坦，具小刻点。

检视标本：5 头，宁夏泾源二龙河，2009. VII. 3，王新谱、赵小林采（HBUM）；4 头，宁夏泾源王华南，2009. VII. 3，任国栋、侯文君采（HBUM）；3 头，宁夏泾源二龙河，2009. VII. 4，冉红凡、张闪闪采（HBUM）；6 头，宁夏泾源二龙河，2009. VII. 6，周善义、孟祥君采（HBUM）；4 头，宁夏泾源二龙河，1984. V. 17（IPPNX）；1 头，宁夏吴忠，1958. VII. 10（IPPNX）；宁夏隆德（1 头，1959. VI；6 头，1960. VI. 7）（IPPNX）；10 头，宁夏泾源六盘山，1964. VI（IPPNX）。

地理分布：宁夏（隆德、泾源、银川、固原、同心、吴忠、盐池、贺兰山、罗山）、内蒙古、黑龙江、吉林、新疆；蒙古国，俄罗斯（远东）。

取食对象：麦类、谷类、亚麻、芸芥、蔬菜、马铃薯、杨树苗及种子。

### 线角叩甲族 Pleonomini Semenov & Pjatakova, 1936

### 180）线角叩甲属 *Pleonomus* Ménétriés, 1849

#### （445）沟线角叩甲 *Pleonomus analiculatus* (Faldermann, 1835)（图版 XXIX: 9）

*Cratonychus analiculatus* Faldermann, 1835: 362; Wang et al., 1985: 45; Zhang et al., 1996: 109; Löbl & Smetana, 2007: 146; Wang et al., 2013: 1388.

曾用名：沟叩头虫（王绪捷等，1985；章士美等，1996）。

识别特征：体长 14.0～18.0 mm，宽 3.5～5.0 mm。栗色，密布金黄色细毛，足浅褐色。头扁，端部有三角形洼凹，密布明显刻点。前胸背板半球形隆起，宽大于长，刻点密，中间有微细纵沟，后角略突出。

地理分布：宁夏（灵武）、河北、山西、内蒙古、辽宁、吉林、黑龙江、上海、江苏、浙江、福建、安徽、山东、河南、湖北、湖南、广西、四川、贵州、云南、陕西、甘肃、青海。

取食对象：幼虫取食多种林、果苗木和农作物的根、嫩茎和刚发芽的种子。

### 19.3 叩甲亚科 Elaterinae Leach, 1815

### 锥尾叩甲族 Agriotini Laporte, 1840

### 锥尾叩甲亚族 Agriotina Laporte, 1840

### 181）锥尾叩甲属 *Agriotes* Eschscholtz, 1829

#### （446）棕黑锥尾叩甲 *Agriotes* (*Agriotes*) *subvittatus fuscicollis* Miwa, 1928（图版 XXIX: 10）

*Agriotes subvittatus fuscicollis* Miwa, 1928: 44; Wu et al., 1978: 242; Wang et al., 1992: 49; Gao, 1993: 108; Löbl & Smetana, 2007: 118; Wang & Yang, 2010: 190; Ren, 2010: 164; Yang et al., 2011: 151; Ren et al., 2013: 183.

曾用名：细胸叩头甲（吴福桢等，1978；高兆宁，1993）、细胸锥尾叩甲（王新谱等，2010；杨贵军等，2011）。

识别特征：体长 8.0～9.0 mm。体细长，背面扁平；头、胸部棕黑色，鞘翅、触角和足红棕色；被黄色细伏毛。头顶拱凸，密布深刻点；额唇基前缘和两侧脊状；触角细短，向后不伸达前胸背板基部；第 1 节最粗长，第 2 节稍长于第 3 节，自第 4 节起略呈锯齿状。前胸背板长稍大于宽，基部与鞘翅等宽；侧边很细，中部之前明显向下弯曲，直抵复眼下缘；后角尖锐，顶端略上翘；表面拱凸，刻点深密。小盾片心脏形，被密毛。鞘翅狭长，末端趋尖；翅面布细粒，每翅 9 行刻点沟。爪单齿式。

检视标本：3 头，宁夏固原，1958. VII. 14 （IPPNX）；1 头，宁夏银川，1959. VI. 22 （IPPNX）；1 头（幼虫），宁夏同心，1961. V （IPPNX）；3 头（幼虫），宁夏隆德，1961. VII.7 （IPPNX）；2 头，宁夏盐池，1992. V. 15 （IPPNX）；3 头，宁夏贺兰山军马场，2001. VI. 13 （IPPNX）；1 头，宁夏彭阳，2002. VI. 28 （IPPNX）；9 头，宁夏泾源二龙河，2009. VII. 3，王新谱、赵小林采（HBUM）；5 头，宁夏泾源二龙河，2009. VII. 6，周善义、孟祥君采（HBUM）。

地理分布：宁夏（泾源、彭阳、隆德、固原、海原、同心、盐池、平罗、永宁、银川、中卫、灵武、贺兰山、罗山）、河北、山西、内蒙古、辽宁、吉林、黑龙江、江苏、浙江、安徽、福建、山东、河南、湖北、广西、四川、陕西、甘肃、青海、新疆；俄罗斯（西伯利亚），日本。

取食对象：玉米、小麦、白菜、萝卜、马铃薯、甜菜等根部及杨树等多种树木。

**（447）细胸锥尾叩甲 Agriotes (Agriotes) subvittatus subvittatus Motschulsky, 1860**（图版 XXIX: 11）

*Agriotes subvittatus* Motschulsky, 1860: 490; Löbl & Smetana, 2007: 118; Zhang et al., 2009: 95; Ren et al., 2013: 184.

识别特征：体长约 10.0 mm。头、前胸背板、小盾片、腹面暗褐色；鞘翅、触角、足茶褐色；被黄白毛，有金属光泽。额前缘凸，前端平截；触角弱锯齿状，末节顶尖锥状。前胸背板宽大于长，具细弱的中线；侧缘由中部向前、后弧形变窄；后角尖，略分叉，表面有 1 锐脊，与侧缘近平行。小盾片盾形。鞘翅与前胸背板等宽，两侧平行，中部开始弧形变窄，端部连合；刻点沟明显，行间平。跗节、爪简单。

地理分布：宁夏、河北、山西、内蒙古、辽宁、吉林、黑龙江、江苏、浙江、安徽、福建、山东、河南、湖北、广西、四川、陕西、甘肃、青海、新疆；俄罗斯（远东），朝鲜，韩国。

取食对象：小麦。

# 锥胸叩甲族 Ampedini Gistel, 1848

## 182）锥胸叩甲属 *Ampedus* Dejean, 1833

**（448）黑色锥胸叩甲 Ampedus (Ampedus) nigrinus (Herbst, 1784)**（图版 XXIX: 12）

*Elater nigrinus* Herbst, 1784: 114; Löbl & Smetana, 2007: 125; Wang & Yang, 2010: 192; Yang et al., 2011: 152.

识别特征：体长 10.0～11.0 mm。黑色至黑褐色，有金属光泽，被暗褐色或灰色毛。额突起，向前渐尖，具刻点；触角红褐色。前胸背板长宽近相等，向前变窄，侧缘外扩；后角小，脊弱，刻点细且稀疏。鞘翅和前胸背板等宽，两侧近平行，具弱的刻点状条纹。腹面黑色，被绒毛，有光泽。

地理分布：宁夏（平罗、盐池、贺兰山、罗山）、辽宁、吉林；蒙古国，俄罗斯（远东、东西伯利亚），哈萨克斯坦，土耳其，欧洲，新北界。

取食对象：柞树等。

**（449）美丽锥胸叩甲 *Ampedus (Ampedus) pomonae* (Stephens, 1830)**

*Elater pomonae* Stephens, 1830: 257; Löbl & Smetana, 2007: 126; Ren, 2010: 164.

地理分布：宁夏（泾源）、华东；蒙古国，俄罗斯（远东、西伯利亚），日本，伊朗，哈萨克斯坦，土耳其，欧洲。

## 梳爪叩甲族 Melanotini Candèze, 1859 (1848)

### 183）梳爪叩甲属 *Melanotus* Eschscholtz, 1829

**（450）褐梳爪叩甲 *Melanotus (Melanotus) caudex* Lewis, 1879**

*Melanotus caudex* Lewis, 1879: 156; Wang et al., 1992: 49; Löbl & Smetana, 2007: 143; Zhang et al., 2009: 95; Ren, 2010: 164; Yang et al., 2011: 152; Ren et al., 2013: 184.

识别特征：体长 8.0～10.0 mm。黑褐色，被灰色短毛。头凸，刻点粗；唇基分裂；触角第 2、第 3 节弱球形，第 4～10 节锯齿状。前胸背板长大于宽，后角尖，向后突出。小盾片舌形。鞘狭长，自中部向端部渐变尖；每侧具 9 行刻点沟，被灰短毛。足部跗节前 4 节依次渐短，爪梳状。

地理分布：宁夏（隆德、固原、灵武、罗山）、河北、山西、辽宁、吉林、黑龙江、河南、湖北、湖南、广西、陕西、青海；日本。

取食对象：高粱、玉米、麦类、蔬菜、马铃薯、牧草、林草等。

**（451）栗腹梳爪叩甲 *Melanotus (Melanotus) nuceus* Candèze, 1882**（图版 XXX: 1）

*Melanotus nuceus* Candèze, 1882: 89; Löbl & Smetana, 2007: 147; Wang & Yang, 2010: 192.

识别特征：体长 17.5～18.5 mm。背面栗褐色，触角、足、腹面红褐色；密布灰色长毛。头上刻点粗密，基半部 2 凹陷；额前缘弧拱，额脊完全，额槽宽深；触角向后伸达前胸背板后角，第 3～10 节锯齿状，末节长锥状。前胸背板刻点密，两侧愈合呈皱纹状；两侧向前逐渐变窄，侧缘近于直，近前角处内弯；后角中等大，指向后方，背面 1 条长脊与侧缘平行；基部基沟宽，向前变浅。鞘翅与前胸背板等宽，表面有深刻点沟；基部窄沟状，沟纹间隙隆凸，散布小刻点。后足基节片向外强烈扩大；爪梳齿状，梳齿密。

地理分布：宁夏（贺兰山）、江西、湖南、广东、四川；韩国，越南，东洋界。

## 19.4　心盾叩甲亚科 Cardiophorinae Candèze, 1859

### 184）心盾叩甲属 *Cardiophorus* Eschscholtz, 1829

**（452）平凡心盾叩甲 *Cardiophorus (Cardiophorus) vulgaris* Motschulsky, 1860**

*Cardiophorus vulgaris* Motschulsky, 1860: 111; Löbl & Smetana, 2007: 201; Ren, 2010: 164.

地理分布：宁夏（泾源）、华东；蒙古国，俄罗斯（远东），日本。

## 185）齿爪叩甲属 *Platynychus* Motschulsky, 1858

### （453）伪齿爪叩甲 *Platynychus* (*Platynychus*) *nothus* (Candèze, 1865)（图版 XXX: 2）

*Cardiophorus nothus* Candèze, 1865: 43; Jiang & Wang, 1999: 161; Löbl & Smetana, 2007: 207.

识别特征：体长约 11.0 mm。纺锤形；背面、腹面、触角和足完全栗色，被金黄色绒毛。头平，有稠密的细刻点；额向前帽沿儿状拱出，额槽宽而深；触角第 2 节长锥形，第 3～10 节锯齿状，末节菱形。前胸背板锥形，两侧向前逐渐弯曲变窄，中基部宽拱起，向后微弱变窄；背面隆突，刻点较细弱，有 1 细缝从后角开始弯向腹面而达前缘；后角相当短，指向端部，有短脊；基沟显直。小盾片心形。鞘翅上突起，从基部向后变窄，端部 1/3 明显变窄，端部完全；翅面有明显的刻点沟纹，间隙平，散布非常微弱的刻点。跗节简单，第 1～4 节逐渐变小；爪无刚毛，有明显基齿。

地理分布：宁夏（灵武）、北京、河北、江苏、江西、福建、河南、湖北、湖南、重庆、四川、贵州、甘肃；日本。

# 20. 红萤科 Lycidae Laporte, 1836

体长 2.0～28.0 mm。长形，背、腹侧扁平，两侧略平行；红色、黄色或黑色，许多种类颜色鲜艳或有黄色和黑色或红色和黑色图案。头小，较前胸显窄，部分被前胸背板遮盖；眼侧生，半球形突出。触角 11 节，极少数 10 节，丝状、弱锯齿状至扇形（部分种类雄性），各节被密毛。前胸背板略窄于鞘翅，扁平；背面大多具脊或凹。鞘翅柔软，两侧近平行，后面显宽；扁平，宽圆形或球形；具纵脊和横肋。后翅发达。腹部短，较鞘翅显窄，可见腹板 8 个（雄性）或 7 个（雌性）。跗式 5-5-5，第 2～4 节常具膜垫。

该科全球已知约 160 属 4900 种，分布于除南极和新西兰以外的世界各大动物地理区。陆生，偏好森林或灌木。成虫或访花，或取食花蜜，或在开花的树上集群；幼虫栖息于死木头、含有机物的森林垃圾和土壤中，常在潮湿的木材表面或松散的树皮下捕食其他甲虫、软体动物或双翅目幼虫。中国已记录 240 种；本书记录宁夏 1 亚科 1 属 1 种。

## 红萤亚科 Lycinae Laporte, 1836

## 大红萤族 Macrolycini Kleine, 1929

## 186）大红萤属 *Macrolycus* Waterhouse, 1878

### （454）栉角大红萤 *Macrolycus flabellatus* (Motschulsky, 1860)

*Lygistopterus flabellatus* Motschulsky, 1860: 114; Gao, 1993: 106; Löbl & Smetana, 2007: 213.

识别特征：头、前胸背板、小盾片及足黑色，鞘翅红色。触角栉齿状，基部圆球形。前胸背板近方形，侧角不外突。

地理分布：宁夏（泾源）、吉林、台湾；蒙古国，俄罗斯（远东、东西伯利亚），朝鲜，韩国，日本。

# 21．花萤科 Cantharidae Imhoff, 1856 (1815)

体长 1.2～28.0 mm。长形，两侧较平行，较扁；体色多变，全黑色至红色、橙色或黄色，极少数有蓝色或绿色金属光泽；前胸背板和（或）鞘翅常具警戒色；具毛。眼完整，略突出；雄性的较大，偶很大；无单眼。触角 11 节，大多细长，丝状；有时锯齿状，很少梳状、扇形、棒状或性二型。前胸背板近方形至横形，很少窄长形。鞘翅柔软，两侧较平行，极少数端部扩大；部分种类完全或强烈短缩，腹部几节和（或）后翅外露。后翅发达。腹部可见 7 个腹板（第 2～8 腹节，雌性和部分雄性）或 8 节（第 2～9 腹节，大多为雄性）。跗式 5-5-5，第 4 节双叶状。

该科全球已知 10 亚科 173 属 6000 多种，世界性分布。栖息于森林、草原、热带稀树草原和山地草甸。成虫捕食无脊椎动物或取食花蜜和花粉；幼虫生活于落叶、植物残骸、石下、松散的土壤中或腐烂原木松散的树皮下等相对湿度较高的微生境中，捕食蚯蚓及其它昆虫的卵、幼虫和成虫等无脊椎动物，有些种类的幼虫杂食性，取食植物。中国已记录 4 亚科 41 属 700 多种；本书记录宁夏 2 亚科 7 属 17 种。

## 21.1　花萤亚科 Cantharinae Imhoff, 1856 (1815)

### 花萤族 Cantharini Imhoff, 1856 (1815)

#### 187）花萤属 *Cantharis* Linnaeus, 1758

##### （455）棕翅花萤 *Cantharis* (*Cantharis*) *brunneipennis* Heyden, 1889（图版 XXX: 3）

*Cantharis brunneipennis* Heyden, 1889: 673; Löbl & Smetana, 2007: 240; Ren, 2010: 165; Ren et al., 2013: 185.

地理分布：宁夏（泾源）、北京、河北、山西、内蒙古、黑龙江、山东、湖北、四川、西藏、陕西、甘肃、青海；蒙古国，俄罗斯（远东）。

##### （456）柯氏花萤 *Cantharis* (*Cantharis*) *knizeki* Švihla, 2004

*Cantharis knizeki* Švihla, 2004: 174; Löbl & Smetana, 2007: 242; Wang & Yang, 2010: 193.

识别特征：体长约 7.0 mm，宽约 2.0 mm。头、触角基部 2 节、前胸背板、足和腹部肛节橙色，复后颊、触角其他节、小盾片、鞘翅、跗节、腹部肛节黑色。头圆形，复眼较小；触角丝状，长达鞘翅中部。前胸背板横宽，前、后角宽圆形。基半部中央 1 横斑；雄性鞘翅两侧平行，雌性向后稍变宽。雄性前、中外侧爪均具 1 基片，雌性无。

地理分布：宁夏（贺兰山）、北京、河北；日本，欧洲。

捕食对象：蚧虫、蚜虫、叶甲等。

##### （457）红毛花萤 *Cantharis* (*Cantharis*) *rufa* Linnaeus, 1758（图版 XXX: 4）

*Cantharis rufa* Linnaeus, 1758: 401; Löbl & Smetana, 2007: 245; Wang & Yang, 2010: 193.

识别特征：体长 8.0～11.0 mm，宽 2.5～3.5 mm。头、足、触角端部 2 节、前胸背板和小盾片橙色；腹部、触角、腹部黑色，鞘翅大部分黑色（少部分淡黄色），侧缘淡黄色。头圆，复眼稍隆起；触角丝状，长达鞘翅中部。前胸背板横宽，前、后角宽圆。鞘翅两侧平行。两性各足的外侧爪均有 1 基齿。

检视标本：1 头，宁夏平罗，1989. VII. 4（HBUM）；1 头，宁夏贺兰山苏峪口，1988. V. 10，任国栋采（HBUM）；1 头，宁夏西吉，1987. III，任国栋采（HBUM）；4 头，宁夏青铜峡树新，1985. V. 18，任国栋采（HBUM）；3 头，宁夏永宁，1984. V. 15，任国栋采（HBUM）；5 头，宁夏青铜峡，1980. V. 20，任国栋采（HBUM）；7 头，宁夏银川，1980. V. 17，任国栋采（HBUM）。

地理分布：宁夏（银川、永宁、平罗、青铜峡、西吉、贺兰山）、北京、河北、内蒙古、黑龙江、西藏、青海、新疆；蒙古国，俄罗斯（远东、东西伯利亚），朝鲜，韩国，阿富汗，塔吉克斯坦，乌兹别克斯坦，吉尔吉斯斯坦，哈萨克斯坦，欧洲，北美洲，新北界。

捕食对象：蚧虫、蚜虫、叶甲等。

### （458）黑斑花萤 Cantharis (Cyrtomoptila) plagiata Heyden, 1889（图版 XXX: 5）

Cantharis plagiata Heyden, 1889: 675; Löbl & Smetana, 2007: 247; Ren, 2010: 165.

地理分布：宁夏（泾源）、河北、黑龙江、湖北、四川、陕西、甘肃；俄罗斯（远东），朝鲜，韩国，日本。

## 188）异角花萤属 Fissocantharis Pic, 1921

### （459）半烟异角花萤 Fissocantharis semifumata (Fairmaire, 1889)

Podabrus semifumatus Fairmaire, 1889: 39; Löbl & Smetana, 2007: 258; Yang et al., 2009: 49; Yang & Yang, 2011: 46.

识别特征：体长 8.0～11.0 mm。头、触角基部 2 节、前胸、小盾片、鞘翅基部和侧缘、腹板末 2 节黄色，触角和鞘翅其余部分、腿节端部、胫节基部、跗节、中后足和腹部黑色；有时鞘翅完全浅黄色或端部色稍深，胫节完全黑色；鞘翅略具金属光泽。头近方形，密布较发达斑点；复眼高隆；触角丝状，长达鞘翅中部，雌性稍短。前胸背板近方形，近基部最宽；前缘弧形，端缘近直，两侧向后稍变宽；前角宽圆，后角近直；盘区密布与头部相似斑点，基部两侧明显隆起。鞘翅两侧向后变宽，盘区具粗大刻点和半直立长毛。足内、外侧爪均双裂，下爪短于上爪。

地理分布：宁夏（泾源）、四川、陕西、甘肃。

## 189）异花萤属 Lycocerus Gorham, 1889

### （460）黄异花萤 Lycocerus jelineki (Švihla, 2004)（图版 XXX: 6）

Andrathemus jelineki Švihla, 2004: 189; Löbl & Smetana, 2007: 251; Ren, 2010: 165.

地理分布：宁夏（泾源）、湖北、陕西。

### （461）南坪异花萤 Lycocerus nanpingensis (Wittmer, 1995)

Andrathemus nanpingensis Wittmer, 1995: 204; Löbl & Smetana, 2007: 252; Ren, 2010: 165.

地理分布：宁夏（泾源）、四川、陕西、甘肃。

### （462）红胸异花萤 Lycocerus pubicollis (Heyden, 1889)（图版 XXX: 7）

Cantharis pubicollis Heyden, 1889: 674; Löbl & Smetana, 2007: 253; Wang & Yang, 2010: 194; Ren, 2010: 165.

曾用名：毛胸异花萤（王新谱等，2010）。

识别特征：体长 10.0～13.0 mm，宽 2.5～3.5 mm。大部分黑色，前胸背板棕红色，前缘变深，有时盘区基部中央具黑斑，腹部橙色。头圆形，复眼较小；触角向后伸达鞘翅中部，雄性略宽扁，中央节内侧缘具光滑细纵沟，雌性无。前胸背板近方形，雄性长稍大于宽，雌性宽大于长。鞘翅两侧平行。雄性跗爪简单，雌性前、中内侧爪各具 1 基齿。

检视标本：1♀，宁夏泾源六盘山，2008. VI. 18，袁峰采（HBUM）；1♀，宁夏泾源二龙河，2008. VI. 21，杨玉霞采（HBUM）；2♂，宁夏泾源六盘山，1650～1750 m，2008. VI. 19，袁峰采（HBUM）。

地理分布：宁夏（泾源、贺兰山）、北京、河北、内蒙古、山东、四川、陕西、甘肃、青海。

捕食对象：蚧虫、蚜虫、叶甲等。

### （463）拟斑异花萤 *Lycocerus similis* (Švihla, 2005)

*Athemus (Andrathemus) similis* Švihla, 2005: 91; Ren, 2010: 165.

识别特征：体长 7.5～7.7 mm。头棕褐至锈色，额上有 1 近三角形大黑斑；触角卵黄色，端部渐变黑褐色；前胸锈色，前胸背板端半部倒"U"形棕黑色大斑，基部之前有棕黑色"V"形小斑；中、后胸腹板深绿色；腹部腹板深褐色，边缘棕褐色，肛节几乎全部棕褐色；小盾片和鞘翅深绿色；足卵黄色，跗节端部略褐色。头宽于前胸背板，两侧直并向基部收缩；刻点细小并呈瓦片状重叠，被黄色细柔毛，无光泽；雄性触角向后伸达鞘翅长的 2/3 处，第 4～10 节有模糊的卵形凹痕；雌性触角短，不达鞘翅中部。前胸背板长宽近相等，前缘宽圆，前角圆，侧缘略波弯，基部分叉，后角近尖，基部圆；盘上具细刻点和黄色柔毛，无光泽或弱光泽，基半部有纵向细中脊。鞘翅两侧平行，无翅脉，翅面多皱纹，基部具刻点和黄色柔毛，具弱光泽。

地理分布：宁夏（泾源）、四川、甘肃。

## 190）丝角花萤属 *Rhagonycha* Eschscholtz, 1830

### （464）甘肃丝角花萤 *Rhagonycha (Rhagonycha) gansuensis* Švihla, 2002（图版 XXX: 8）

*Rhagonycha (Rhagonycha) gansuensis* Švihla, 2002: 310; Löbl & Smetana, 2007: 263; Ren, 2010: 165.

识别特征：体长 8.7～10.6 mm。黑色，前胸背板边缘棕红色，鞘翅金绿色。头在眼后明显变窄，触角突后方 1 浅凹，被稠密的浅皱纹和稀疏小刻点；唇基半圆形突起，中间有浅凹槽；复眼小，眼间距约为 1 个眼半径的 4 倍；触角细圆柱形，长超过鞘翅中部。前胸背板横宽，侧缘和前缘弱突，前、后角近于直；光亮，具稀疏细刻点和短毛，基部后角前有凹槽。小盾片三角形，端部圆，具稠密小刻点。鞘翅长，两侧平行；光亮，具稠密皱纹与稀疏短毛。足细，胫节近于直；雄性内爪有 1 小钝齿，雌性无。

检视标本：1♀，宁夏泾源二龙河，2000 m，2008. VI. 21，杨玉霞采（HBUM）。

地理分布：宁夏（泾源）、四川、陕西、甘肃。

## 191）台花萤属 *Taiwanocantharis* Wittmer, 1984

### （465）德拉台花萤 *Taiwanocantharis drahuska* (Švihla, 2004)（图版 XXX: 9）

*Cordicantharis drahuska* Švihla, 2004: 176; Löbl & Smetana, 2007: 248; Yang & Yang, 2014: 30.

*Cantharis (Cantharis) gansosichuana* Kazantsev, 2010: 154.

地理分布：宁夏（泾源）、四川、陕西、甘肃。

## 192）丽花萤属 *Themus* Motschulsky, 1858

### （466）赫氏丽花萤 *Themus (Haplothemus) hedini* Pic, 1933（图版 XXX: 10）

*Themus hedini* Pic, 1933: 3; Löbl & Smetana, 2007: 271.

识别特征：体长 17.0～24.0 mm，宽 4.0～6.0 mm。头、前胸背板、小盾片、体下、足橙色，眼黑色；触角棕色，第 1、第 2 节橙色；鞘翅黑色，具弱金属光泽。头近圆形，略窄于前胸背板；触角丝状，雄性的长过鞘翅 4/5 处；雌性细短，长达鞘翅中部。前胸背板近方形，雄性前缘向前突出，两侧向后稍变宽或近平行，基部中段稍向前弯，前角钝直，后角圆；雌性盘区后侧部稍突出。鞘翅两侧近平行，密布较粗刻点。雌性腹部第 8 腹板基部中间有 1 大缺刻，其两侧各 1 尖突。跗爪单齿状。

检视标本：1 头，宁夏泾源二龙河，1988. VI. 11（IPPNX）；1♀，宁夏泾源二龙河，2009. VII. 3，赵小林采（HBUM）；1♂1♀，宁夏泾源二龙河，2009. VII. 06，冉红凡、张闪闪采（HBUM）。

地理分布：宁夏（泾源）、四川、陕西、甘肃。

### （467）李氏丽花萤 *Themus (Haplothemus) licenti* Pic, 1938（图版 XXX: 11）（宁夏新纪录）

*Themus licenti* Pic, 1938: 161; Löbl & Smetana, 2007: 265.

识别特征：体长 15.0～21.0 mm，宽 4.0～6.0 mm。头深蓝色，咽部橙色；触角黑色；前胸背板橙色，盘区近中央 2 黑斑；小盾片橙色，鞘翅深蓝色，稍具金属光泽；足深蓝色，基、转节和腿节基半部橙色，有时后胫节端部腹面橙色；中、后胸腹板和腹部橙色。头近方形，触角丝状，雄性长达鞘翅中部；雌性细短。前胸背板近方形，前缘突出，侧缘向后稍变宽或近平行，基部弧圆；前角钝直，后角圆。鞘翅两侧近平行，密布较粗刻点。肛腹板长三角形（雄）或具宽圆缺刻（雌）。两性跗爪均单齿状。

检视标本：2 头，宁夏泾源二龙河，2009. VII. 3，王新谱、赵小林采（HBUM）；1 头，宁夏泾源龙潭林场，2009. VII. 4，冉红凡、张闪闪采（HBUM）；1 头，宁夏泾源二龙河，2009. VII. 6，孟祥君采（HBUM）；2 头，宁夏泾源东山坡，2009. VII. 12，王新谱、赵小林采（HBUM）；5 头，宁夏泾源六盘山，1989. VII. 25，任国栋采（HBUM）；4 头，宁夏泾源二龙河林场，2014. VII. 16，白玲、王娜采（HBUM）。

地理分布：宁夏（泾源）、北京、河北、山西、河南、四川、陕西。

**（468）施氏丽花萤** *Themus (Haplothemus) schneideri* Švihla, 2004（图版 XXX: 12）
（宁夏新纪录）

*Themus (Haplothemus) schneideri* Švihla, 2004: 169; Löbl & Smetana, 2007: 270.

识别特征：体长 15.0～20.0 mm，宽 3.5～4.5 mm。橙红色，复眼内侧有黑斑，触角黑色，基部 3 节橙红色，鞘翅黑色。头近方形；复眼强烈隆起，稍宽于前胸背板前缘；触角丝状，长达鞘翅端部 2/3（雄）或 2/5（雌）。前胸背板长方形，前缘拱起，两侧向后略变宽，基部窄；前角圆，后角钝。鞘翅两侧近平行，密布较粗刻点。肛节腹板长三角形；雌性第 8 腹板基部中间有 1 小缺刻，两侧各有 1 圆缺刻。跗爪均单齿状。

检视标本：4 头，宁夏泾源二龙河林场，2008. VI. 23，冉红凡等采（HBUM）；3 头，宁夏泾源红峡林场，1980 m，王新谱、刘晓丽采（HBUM）；32 头，宁夏泾源二龙河，2008. VII. 19，王新谱、冉红凡、吴琦琦采（HBUM）；41 头，宁夏泾源二龙河，2009. VII. 3，王新谱、赵小林采（HBUM）；4 头，宁夏泾源龙潭林场，2009. VII. 4，冉红凡、张闪闪采（HBUM）；17 头，宁夏泾源二龙河，2009. VII. 6，周善义、孟祥君采（HBUM）；15 头，宁夏泾源二龙河，2014.VII.6，白玲、王娜采（HBUM）。

地理分布：宁夏（泾源）、四川、陕西。

**（469）黄足丽花萤** *Themus (Themus) luteipes* Pic, 1938（图版 XXXI: 1）

*Themus luteipes* Pic, 1938: 161; Löbl & Smetana, 2007: 272; Ren, 2010: 165.

识别特征：体长 14.0～20.0 mm，宽 5.0～6.0 mm。头黄色，复眼中后部黑色，口器黄色，上颚端部棕黑色；触角黑色，基部 2 节和第 3～5 节腹面及末节端部黄色；前胸背板黄色，盘区近中央 2 小黑斑；小盾片黑色，鞘翅绿色，具较强金属光泽；足黄色，胫节外缘端部和 2 个端跗节略黑色；体下黄色，各腹节两侧分别具 1 小黑斑。头近方形；触角近丝状，向后伸达鞘翅中部，雌性较细短。前胸背板长方形，两侧向后稍变窄。鞘翅粗糙，密布均匀粗刻点，两侧向后稍变窄；雌性两侧近平行。肛节腹板长三角形；雌性第 8 腹板基部中间有 1 三角形小缺刻，端部中线两侧各 1 小凹，基部两侧各 1 浅缺刻。两性跗爪均单齿状。

检视标本：1 头，宁夏泾源龙潭，1650 m，2008. VI. 18，袁峰采（HBUM）；1 头，宁夏泾源龙潭，2009. VII. 4，孟祥君采（HBUM）；6 头，宁夏泾源龙潭，2009. VII. 5，王新谱、刘晓丽采（HBUM）；3 头，宁夏泾源秋千架，1600 m，2008. VI. 23，王新谱、刘晓丽采（HBUM）；1 头，宁夏泾源秋千架，2009. VII. 7，杨晓庆采（HBUM）；1 头，宁夏固原绿塬林场，1600 m，2008. VI. 27，任国栋采（HBUM）；1♂1♀，宁夏泾源西峡，2008. VI. 25，杨玉霞采（HBUM）。

地理分布：宁夏（泾源、固原）、北京、河北、山西、江苏、陕西、甘肃。

**（470）黑斑丽花萤** *Themus (Themus) stigmaticus* (Fairmaire, 1888)（图版 XXXI: 2）

*Telephorus stigmaticus* Fairmaire, 1888: 123; Löbl & Smetana, 2007: 273; Ren, 2010: 165; Ren et al., 2013: 187.

识别特征：体长 12.0～19.0 mm，宽 4.0～6.0 mm。头深蓝色，具弱金属光泽，口

器黑色，上颚深棕色，基部黄色；触角黑色，基节背面深蓝色，弱金属光泽，基部 2
节的腹面黄色；前胸背板黄色，盘区近中央 2 个深蓝色黑斑，具弱金属光泽。小盾片
黑色。鞘翅绿色，金属光泽强；中、后胸腹板深蓝色，金属光泽弱；腹部黄色，各节
两侧具 1 小黑斑；足深蓝色，金属光泽弱。头近方形；触角丝状，长达鞘翅中部，雌
性较细短。前胸背板长方形，两侧向后稍变窄。鞘翅密布粗刻点，两侧向后稍变窄；
雌性两侧近平行。肛节腹板长三角形；雌性第 8 腹板基部中央 1 弧圆小缺刻，缺刻两
侧各具 1 三角形突起，基部两侧平直。两性跗爪均单齿状。

　　检视标本：1♂1♀，宁夏泾源六盘山，1650～1750 m，2008. VI. 19，袁峰采
（HBUM）。

　　地理分布：宁夏（六盘山）、北京、河北、山西、内蒙古、江苏、四川、西藏、
陕西、甘肃、青海、香港。

## 21.2　突花萤亚科 Chauliognathinae LeConte, 1861

### 鱼纹花萤族 Ichthyurini Champion, 1915

### 193）小翅花萤属 *Trypherus* LeConte, 1851

#### （471）黄缘小翅花萤 *Trypherus (Trypherus) niponicus* (Lewis, 1879)

*Ichthyurus niponicus* Lewis, 1879: 463; Löbl & Smetana, 2007: 298.

*Ichthyurus atriceps* Lewis, 1895: 114; Gao, 1993: 106.

检视标本：1 头，宁夏银川，1990. VI. 23（IPPNX）。

地理分布：宁夏（银川、隆德）；俄罗斯（远东），日本。

取食对象：苹果树。

## IX.　长蠹总科 Bostrichoidea Latreille, 1802

　　按照 Mckenna 等（2015）的分类体系，该总科被分为 3 科，分别是长蠹科
Bostrichidae、皮蠹科 Dermestidae 和蛛甲科 Ptinidae，原来的 Endecatomidae 没有包括
在该体系中，3 者都是经济意义十分重要的类群。本书记录宁夏 3 科。

## 22.　皮蠹科 Dermestidae Latreille, 1804

　　体小型，卵圆形至长卵形；暗色，密生鳞片与毛，多形成不同毛色的斑纹。复眼
大，除皮蠹属外，有单眼 1 个。触角短，11 节或 10 节，棒状与球杆状，休止时常收
纳在前胸背板前部下侧的触角窝内。后翅发达适于飞翔。腹板 5 节。足短，腿节下侧
具凹沟以纳胫节；胫节常具刺；跗节 5 节。

　　该科全球已知 6 亚科 34 属约 1000 种，世界性分布。主要为害生皮张、干鱼、咸
肉、蚕茧、生丝、皮衣、毛织品、毛呢服装、动物性药材，部分为害谷类和豆类。中
国已记录 8 属约 40 种，遍布全国各省区；本书记录宁夏 4 亚科 5 属 17 种。

## 22.1 皮蠹亚科 Dermestinae Latreille, 1804

### 皮蠹族 Dermestini Latreille, 1804

#### 194）皮蠹属 *Dermestes* Linnaeus, 1758

##### （472）钩纹皮蠹 *Dermestes* (*Dermestes*) *ater* DeGeer, 1774（图版 XXXI: 3）

*Dermestes ater* DeGeer, 1774: 223; Zhao et al., 1982: 55; Wang et al., 1992: 50; Zhu et al., 1999: 131; Löbl & Smetana, 2007: 299.

曾用名：家钩纹皮蠹（王希蒙等，1992）。

识别特征：体长 7.0～9.0 mm。体背暗褐色至黑色，腹面暗红褐色；体背毛较长，黄褐色至暗褐色，鞘翅多为黑色毛夹杂少量淡黄色毛，腹部被淡黄色毛并散布暗褐色毛斑。头部无中单眼。前胸背板基部 1/3 处最宽，两侧浅凹入。鞘翅刻点不明显，无明显纵脊和沟。腹部各腹板的侧陷线完整，第 1 腹板的侧陷线基部向内明显弯曲，终止于后足基节侧缘。雄性第 3、第 4 腹板近中间有凹窝，由此发出直立的毛束。

地理分布：宁夏、香港、澳门；蒙古国，俄罗斯（东西伯利亚），朝鲜，韩国，日本，印度，尼泊尔，阿富汗，伊朗，塔吉克斯坦，乌兹别克斯坦，土库曼斯坦，吉尔吉斯斯坦，哈萨克斯坦，阿曼，巴基斯坦，黎巴嫩，塞浦路斯，沙特阿拉伯，叙利亚，也门，伊拉克，以色列，约旦，埃及。

取食对象：动物性药材、皮毛、干鱼及水产品等。

##### （473）美洲皮蠹 *Dermestes* (*Dermestes*) *nidum* Arrow, 1915（图版 XXXI: 4）

*Dermestes nidum* Arrow, 1915: 426; Löbl & Smetana, 2007: 300.

识别特征：体长 7.5～9.5 mm。体狭长；暗褐色至近黑色，背面密布黄褐色长毛，有时杂暗褐色毛；腹面被黄褐色短毛，无毛斑。前胸背板两侧仅略下弯，由背面可见均匀圆形的侧缘，基部中叶近圆形，两侧宽而深前弯，基部在近后角 1/2 处有显著的宽凹。鞘翅中部有稍明显的宽而浅的纵沟纹。前胸腹板中纵隆脊明显；中胸腹板中纵隆脊侧面观，在其基部 2/5 处中断，隆脊基部 2/5 近于直；后胸后侧片基部近圆形或直。腹部各腹板侧陷线完整，雄性第 3、第 4 腹板中央各 1 脐状凹刻，由此各发出 1 黄褐色直立毛束。

地理分布：宁夏（贺兰山）、东北、台湾；蒙古国，俄罗斯（远东），朝鲜，新北界。

##### （474）玫瑰皮蠹 *Dermestes* (*Dermestinus*) *dimidiatus* Kuznecova, 1808（图版 XXXI: 5）

*Dermestes dimidiatus* Kuznecova, 1808: 89; Zhao et al., 1982: 55; Wu et al., 1982: 193; Wang et al., 1992: 50; Gao, 1993: 109; Löbl & Smetana, 2007: 300; Wang & Yang, 2010: 194; Yang et al., 2011: 153.

识别特征：体长 9.0～11.0 mm。头密生黑色及黄褐色毛，均向头的正中倒伏，黄褐色毛隐约成 5 个小斑；触角黑褐色。前胸背板及鞘翅基部约 1/4 处密生玫瑰色茸毛，茸毛褪色后常呈粉紫色或淡褐色；前胸背板背面中间有 1 对无茸毛的黑色眼状斑。鞘翅后大半段黑色，密布黑毛。中胸腹板密布白毛，两侧上角处各有 3 个黑斑。腹部腹板密布白毛，第 1 节除中部外，大部黑色；在黑色区中有 2 条弯曲的白毛纵纹，第 2～4 节两侧各有 1 半圆形黑斑，第 5 节两侧各 1 三角形黑斑，基部 1 凹形大黑斑；雄性第 3、第 4 节腹板中央各 1 褐色毛簇。足黑褐色，密生黄褐色毛和刺。

检视标本：2 头，宁夏银川植保所，1975. IX. 14（IPPNX）。

地理分布：宁夏（银川、青铜峡、平罗、盐池、贺兰山、罗山）、河北、内蒙古、黑龙江、西藏、甘肃、青海、新疆；蒙古国，俄罗斯（西伯利亚），哈萨克斯坦，欧洲。

取食对象：兽骨、生皮张、干鱼、动物性物质。

**（475）拟白腹皮蠹 Dermestes (Dermestinus) frischii Kugelann, 1792**（图版 XXXI: 6）

Dermestes frischii Kugelann, 1792: 478; Zhao et al., 1982: 55; Wu et al., 1982: 190; Wang et al., 1992: 50; Gao, 1993: 109; Zhu et al., 1999: 128; Löbl & Smetana, 2007: 300; Wang & Yang, 2010: 195; Yang et al., 2011: 153.

识别特征：体长 6.0～10.0 mm。黑色或暗褐色。头部无中单眼，两侧着生白色毛，中央以黄褐色毛为主。前胸背板中央着生黑色杂黄褐色及白色毛，两侧及前缘着生大量白色或淡黄色毛，形成宽的淡色毛带；两侧毛带基部各 1 个卵圆形黑毛斑，使白色带的基部形成叉状。鞘翅以黑色毛为主，杂生白色或黄褐色毛，有时形成淡色毛斑。腹板上的暗色毛斑以白色毛为主，仅前胸背板缘折基部 1/4～1/3 处、中胸腹板两侧、后胸腹板前侧片侧缘中部分别着生黑色或深褐色毛。腹部密布伏毛；雄性第 4 腹板后半部中央 1 圆形凹窝，着生直立褐色毛束。

检视标本：20 头，宁夏银川，1989. VIII. 20（IPPNX）。

地理分布：宁夏（全区）、北京、河北、山西、内蒙古、辽宁、吉林、黑龙江、上海、浙江、福建、山东、河南、湖南、四川、云南、陕西、甘肃、青海、新疆；蒙古国，俄罗斯（远东、东西伯利亚），朝鲜，韩国，日本，印度，尼泊尔，阿富汗，伊朗，塔吉克斯坦，乌兹别克斯坦，土库曼斯坦，吉尔吉斯斯坦，哈萨克斯坦，土耳其，阿曼，巴基斯坦，黎巴嫩，沙特阿拉伯，叙利亚，也门，伊拉克，约旦，埃及。

取食对象：兽皮、生皮张、动物性药材、干鱼、粮仓碎粮及家庭贮藏物。

**（476）白腹皮蠹 Dermestes (Dermestinus) maculatus DeGeer, 1774**（图版 XXXI: 7）

Dermestes maculatus DeGeer, 1774: 223; Wu et al., 1982: 188; Wang et al., 1992: 50; Zhu et al., 1999: 128; Löbl & Smetana, 2007: 301; Yang et al., 2011: 153.

识别特征：体长 5.5～10.0 mm，宽 3.6～5.8 mm。长椭圆形，具光泽，赤褐色至黑色。头部无中单眼，密布白毛；触角棒状，11 节，触角棒 3 节，赤褐色。前胸背板前缘及侧缘密生白毛，中部杂生白、黑及褐色毛。小盾片密布黄褐色毛。鞘翅遮盖腹末，疏被白、黑及褐色毛，尖端具刺，外缘端部不均匀分布细小锯齿。腹部密布白色毛，腹板第 1～5 节两侧前角均有黑斑；第 5 腹板中部另有 1 斧状黑斑，间隔形成 2 条对称的白毛弯带；雄性第 4 腹板中央 1 凹窝，由此发出 1 丛直立毛束。前足第 1～3 跗节腹面密生金黄褐色直立茸毛，第 4 跗节茸毛短且倒伏，不形成明显的垫。

检视标本：14 头，宁夏银川中成药厂，1974. X. 22（IPPNX）。

地理分布：宁夏（银川、罗山、贺兰山）、北京、内蒙古、山东、河南、新疆、淮河以南地区；世界广布。

取食对象：动物性药材、干肉、生皮张、兽骨等。

**（477）赤毛皮蠹 *Dermestes* (*Dermestinus*) *tessellatocollis tessellatocollis* Motschulsky, 1860**（图版 XXXI: 8）

*Dermestes tessellatocollis* Motschulsky, 1860: 124; Zhao et al., 1982: 56; Wang et al., 1992: 50; Gao, 1993: 109; Zhu et al., 1999: 130; Löbl & Smetana, 2007: 302; Wang & Yang, 2010: 195.

曾用名：波纹皮蠹（高兆宁，1993）。

识别特征：体长 7.0～8.0 mm。赤褐色至暗褐色。头部无中单眼，着生暗褐色毛夹杂少量黑色毛。前胸背板有成束的赤、黑及少量白色毛。小盾片着生黑色毛，侧缘毛色变淡。鞘翅密布黑色毛，夹杂少量淡黄色毛及白色毛。前胸腹板被黑或褐色毛；中胸腹板大部被黑色毛，仅中足基节间后半部、中足基节前角及中胸前侧片基部着生白色及淡褐色毛；后胸腹板大部被白色毛，仅前侧片侧缘中部及前角有小黑毛斑。腹部第 1～5 腹板侧角各有 1 黑色毛斑，第 5 腹板末还有 1 "V" 形黑色毛斑。雄性第 3、第 4 腹板近中央各 1 凹窝，由此发出 1 直立毛束。

检视标本：宁夏银川(2 头，1981. VI. 16；4 头，1984. VI；9 头，1990. V. 28)(IPPNX)；1 头，宁夏同心，1974. VII（IPPNX）。

地理分布：宁夏（青铜峡、银川、同心、贺兰山）、北京、河北、山西、内蒙古、吉林、黑龙江、江苏、福建、山东、河南、湖南、广西、贵州、云南、西藏、陕西、甘肃、青海、新疆；俄罗斯（东西伯利亚），朝鲜，日本，印度。

取食对象：皮毛、干鱼、中药材、粮食、油饼、花生。

**（478）波纹皮蠹 *Dermestes* (*Dermestinus*) *undulatus* Brahm, 1790**（图版 XXXI: 9）

*Dermestes undulatus* Brahm, 1790: 114; Wu et al., 1982: 192; Zhao et al., 1982: 56; Wang et al., 1992: 50; Zhu et al., 1999: 129; Löbl & Smetana, 2007: 302.

曾用名：波纹毛皮蠹（王希蒙等，1992）。

识别特征：体长 5.5～7.5 mm。黑色，触角暗褐色，有时鞘翅肩部、胫节及跗节也暗褐色。头部的暗褐色及黄褐色毛形成不规则的毛斑，夹杂少数白色小毛斑。前胸背板有较大的暗褐色毛斑及少数白色毛斑。小盾片密布黄色毛。鞘翅被黑色毛，散布大量不规则的白色波弯毛斑；基部着生浓密的黄褐色毛，有时在肩部后方形成淡色毛斑。腹部密布白色及暗褐色毛；第 2～4 腹板两侧基部有 1 黑色毛斑，第 5 腹板大部着生黑色毛，仅在前缘有 2 白色短毛带；雄性第 3、第 4 腹板近中央各 1 凹窝，由此发出 1 直立毛束。

地理分布：宁夏（青铜峡）、河北、内蒙古、吉林、河南、广西、西藏、甘肃、青海、新疆；伊朗，巴基斯坦，塔吉克斯坦，乌兹别克斯坦，土库曼斯坦，吉尔吉斯斯坦，哈萨克斯坦，土耳其，塞浦路斯，欧洲，非洲界，新北界。

取食对象：皮毛、土产、干鱼、中药材、肉类及其制品。

## 22.2 怪皮蠹亚科 Trinodinae Casey, 1900

### 百怪皮蠹族 Thylodriini Semenov, 1909

#### 195）百怪皮蠹属 *Thylodrias* Motschulsky, 1839

**（479）百怪皮蠹 *Thylodrias contractus* Motschulsky, 1839**（图版 XXXI: 10）

*Thylodrias contractus* Motschulsky, 1839; Zhao et al., 1982: 56; Wu et al., 1982: 194; Wang et al., 1992: 50; Gao, 1993: 109; Zhu et al., 1999: 134; Löbl & Smetana, 2007: 306.

识别特征：体长 2.0～3.0 mm。体狭长，两侧略平行；背面黄褐色，腹面褐色，全身密布直立或倒伏的黄褐色毛。头部具中单眼；触角 10 节，末端 4 节特别长。前胸背板梯形，近基部处最宽。鞘翅质软，两鞘翅不密接，在基部叉开；后翅发达或退化。腹部第 1 腹板中间有 1 界限分明的宽隆突，每一侧片呈三角形；第 2 腹板后半部中间有 1 横隆起，上面有 1 列黄褐色毛刷；第 7 腹板基部近于直。足细长，第 1 跗节长约等于第 2、第 3 节总长。雌性幼虫状，体粗短，无翅；复眼小，稍凸，中单眼较退化；触角短，9 节，末端 3 节相对延长；腹部第 1 腹板中间不分裂，第 2 腹板无毛刷；足短，第 1 跗节短于或稍长于第 2 节。

检视标本：8 头，宁夏银川，1975. I. 18（IPPNX）。

地理分布：宁夏（银川、青铜峡）、北京、天津、河北、山西、辽宁、江西、山东、河南、湖北、广东、陕西、甘肃、青海、新疆；日本，欧洲，非洲界，澳洲界，新北界，新热带界。

取食对象：幼虫取食昆虫标本、毛及中药材等多种动物性产品及贮粮，成虫不食。

## 22.3 毛皮蠹亚科 Attageninae Laporte, 1840

### 毛皮蠹族 Attagenini Laporte, 1840

#### 196）毛皮蠹属 *Attagenus* Latreille, 1802

**（480）波纹毛皮蠹 *Attagenus (Aethriostoma) undulatus* (Motschulsky, 1858)**（图版 XXXI: 11）

*Aethriostoma undulatus* Motschulsky, 1858: 47; Löbl & Smetana, 2007: 307.

识别特征：体小型，亮褐色。头部具中单眼。前胸背板基半部无接近侧缘强烈突起的脊；前胸背板缘折无明显的容纳触角的腔。前胸腹板不形成"圈"，故口器能自由活动。翅面具横向的带和淡黄色毛斑。

地理分布：宁夏（青铜峡、永宁、银川、中卫）、广东、广西、贵州、云南；印度，非洲界。

**（481）褐毛皮蠹 *Attagenus (Attagenus) augustatus* Ballion, 1871**（图版 XXXII: 1）

*Attagenus augustatus* Ballion, 1871: 330; Zhao et al., 1982: 54; Wang et al., 1992: 50; Löbl & Smetana, 2007: 307.

识别特征：体长 4.0～6.3 mm。长椭圆形，两侧近平行。头被毛黄色，额区棕色；

触角 11 节，雄性异常发达。前胸背板中度隆起，被毛黄色，中央常有不清晰的暗色毛
班；基部中叶向后方明显宽叶状突出，端部直。小盾片三角形，色暗。鞘翅被黄色长
毛，有时杂有少量暗褐色毛；每翅有 1 细白色毛带，始于肩部，向内下方斜行，伸达
翅缝中央，毛带也逐渐变粗；翅面有不规则的暗色区。腹部暗褐色至黑色。

地理分布：宁夏（青铜峡）、山西、内蒙古、辽宁、四川、云南、西藏、陕西、
甘肃、青海、新疆；蒙古国，塔吉克斯坦，土库曼斯坦。

取食对象：节肢动物尸体、含角蛋白的物质和毛皮、药材、谷物。

### （482）黑毛皮蠹日本亚种 *Attagenus* (*Attagenus*) *unicolor japonicus* Reitter, 1877
（图版 XXXII: 2）

*Attagenus unicolor japonicus* Reitter, 1877: 375; Wang et al., 1992: 51; Zhu et al., 1999: 139; Löbl & Smetana, 2007: 310; Yang et al., 2011: 152.

曾用名：小圆皮蠹（杨贵军等，2011）。

识别特征：体长 2.8～5.0 mm，宽 1.5～2.5 mm。椭圆形；暗褐色至黑色，中单眼
赤褐色，复眼黑色；触角及足淡褐色，触角端节近黑色；背面密布暗褐色毛，前胸背
板周缘及鞘翅基部着生黄色毛；腹面被黄褐色毛，腹末着生暗褐色毛。复眼间距约为
复眼直径的 2 倍；触角 11 节，雄性末节长于第 9+10 节之和的 3～4 倍，雌性末节略
长于第 9+10 节长之和。前胸背板基部中叶宽，向后突出，端部微圆至近于直。

地理分布：宁夏（全区）、河南、湖北、台湾、全国广布；蒙古国，朝鲜，韩国，
日本，北美洲。

取食对象：幼虫取食干肉、皮毛、动物性中药材，成虫取食花粉和花蜜。

### （483）黑毛皮蠹指名亚种 *Attagenus* (*Attagenus*) *unicolor unicolor* (Brahm, 1790)
（图版 XXXII: 3）

*Dermestes unicolor* Brahm, 1790: 144; Wang et al., 1992: 51; Löbl & Smetana, 2007: 310.

*Dermestes piceus* Olivier, 1790: no 9: 10; Wu et al., 1982: 196; Ren, 2010: 166; Yang et al., 2011: 152.

曾用名：黑皮蠹（吴福桢等，1982）。

识别特征：体长 3.0～5.0 mm。椭圆形；黑褐色或黑色，密生细毛。头扁圆，密
布小刻点；复眼较大，突出，黑色；触角 11 节，雄性末端扩大如牛角状，雌性末节圆
锥形。

检视标本：20 头，宁夏中成药厂，1974. X. 22（IPPNX）；2 头，宁夏银川，1990.
V. 9（IPPNX）。

地理分布：宁夏（全区）、河北、中国西部、贵州、台湾；俄罗斯（东西伯利亚），
朝鲜，韩国，日本，印度，尼泊尔，巴基斯坦，阿富汗，塔吉克斯坦，乌兹别克斯坦，
土库曼斯坦，吉尔吉斯斯坦，哈萨克斯坦，土耳其，阿曼，黎巴嫩，塞浦路斯，沙特
阿拉伯，叙利亚，也门，伊拉克，以色列，约旦，埃及，欧洲，美洲。

取食对象：毛丝织品衣物、皮毛、羽毛、奶粉、动物性中药材、粮食、面粉、油
料及豆类等。

## 22.4 长皮蠹亚科 Megatominae Leach, 1815

## 圆皮蠹族 Anthrenini Gistel, 1848

### 197）圆皮蠹属 *Anthrenus* Geoffroy, 1762

**（484）红圆皮蠹 *Anthrenus* (*Anthrenus*) *picturatus hintoni* Mroczkowski, 1952**（图版 XXXII: 4）

*Anthrenus picturatus hintoni* Mroczkowski, 1952: 29; Zhao et al., 1982: 53; Wu et al., 1982: 198; Wang et al., 1992: 51; Gao, 1993: 109; Zhu et al., 1999: 136; Löbl & Smetana, 2007: 312; Ren, 2010: 166.

识别特征：体长 2.9～3.5 mm，宽 1.8～2.2 mm。卵圆形，背面隆起；红褐色至黑色，有光泽，足和触角淡褐色。头部具中单眼；复眼内缘深凹；触角 11 节，触角棒 3 节；触角窝宽，卵形。体背被黄色、白色及黑色鳞片，白色鳞片分布如下：前胸背板两侧有大斑；每翅基部 2 斑，向后有 3 条中断的带；鞘翅基半部沿翅缝有 1 "欠" 形斑。腹面被白色鳞片，金黄色鳞片斑分布于后胸腹板前侧片、第 2～5 腹板的前角及第 5 腹板中央。

检视标本：29 头，宁夏银川农科院植保所，1975. II. 9（IPPNX）；1 头，宁夏银川，1990. V. 8（IPPNX）；2 头，宁夏银川中成药厂，1974. X. 22（IPPNX）。

地理分布：宁夏（西吉、青铜峡、银川、盐池、中卫）、河北、内蒙古、辽宁、江苏、安徽、福建、江西、山东、河南、湖南、广西、四川、陕西、甘肃、青海、新疆、台湾；朝鲜，日本，欧洲，美洲。

取食对象：幼虫取食动物标本及药材、皮毛、毛织品等，成虫取食多种花卉植物的花器。

**（485）白带圆皮蠹 *Anthrenus* (*Anthrenus*) *pimpinellae pimpinellae* (Fabricius, 1775)**（图版 XXXII: 5）

*Byrrhus pimpinellae* Fabricius, 1775: 61; Zhao et al., 1982: 54; Wu et al., 1982: 198; Wang et al., 1992: 51; Gao, 1993: 109; Löbl & Smetana, 2007: 312; Wang & Yang, 2010: 194; Yang et al., 2011: 152.

识别特征：体长 3.0～3.5 mm，宽 2.0～2.5 mm。黑褐色，有白、褐、黑三色鳞片组成的花斑。头常藏在前胸背板之下，有黑褐色相间的花纹。前胸背板黄褐色，散布白色及暗褐色较对称的小斑。鞘翅基部有 1 黑褐色鞋底形斑，中部为 1 白色宽横带，后端花斑较大，略呈 "公" 形。腹部白色，第 1 腹板近侧缘处及第 2～5 腹板两侧角处各有 1 黑色斑，第 5 腹板中间有 1 近方形的黑斑。足褐色，腿节前面有黑褐色花纹。

检视标本：宁夏银川（5 头，1960. V. 1；1 头，1961. V. 3；2 头，1963. VI. 2；18 头，1963. V. 29）（IPPNX）。

地理分布：宁夏（银川、中卫、平罗、灵武、贺兰山、罗山）、辽宁；蒙古国，朝鲜，日本，塔吉克斯坦，吉尔吉斯斯坦，土耳其，欧洲，非洲界。

取食对象：动物标本、干鱼、羊毛、毛织品及木耳、稻谷。

**（486）小圆皮蠹 Anthrenus (Nathrenus) verbasci (Linnaeus, 1767)**（图版 XXXII: 6）

Byrrhus verbasci Linnaeus, 1767: 568; Wang et al., 1992: 51; Zhu et al., 1999: 135; Löbl & Smetana, 2007: 314; Ren, 2010: 166; Ren et al., 2013: 188.

识别特征：体长 1.7～3.2 mm，宽 1.1～2.2 mm。卵圆形，背面显隆；暗褐色至黑色，有光泽。头多被黄色鳞片，中单眼 1 个，复眼内缘不凹入；触角 11 节，触角棒 3 节；触角窝深，为前胸背板侧缘的 1/2 长。前胸背板基部中央及侧缘有白色鳞片斑，其余为暗色鳞片。小盾片小，由背面不可见。鞘翅横列 3 条黄色及白色鳞片形成的不规则波弯带。腹面大部被白色或黄白色鳞片，仅第 2～5 腹板前侧部及第 5 腹板中间有黄褐色鳞片斑。

地理分布：宁夏、河北、内蒙古、辽宁、黑龙江、浙江、安徽、福建、江西、河南、湖北、湖南、四川、贵州、云南、甘肃、青海；蒙古国，俄罗斯（远东、东西伯利亚），朝鲜，韩国，日本，印度，尼泊尔，巴基斯坦，阿富汗，伊朗，塔吉克斯坦，乌兹别克斯坦，土库曼斯坦，吉尔吉斯斯坦，哈萨克斯坦，土耳其，阿曼，黎巴嫩，塞浦路斯，沙特阿拉伯，叙利亚，也门，伊拉克，以色列，约旦，埃及，欧洲。

取食对象：禾谷类粮食、面粉、燕麦、大米、糠、花生、胡椒、毛织品、皮革、丝、毛、动物标本、药材。

## 长皮蠹族 Megatomini Leach, 1815

### 198）斑皮蠹属 Trogoderma Dejean, 1821

**（487）红斑皮蠹 Trogoderma variabile Ballion, 1878**（图版 XXXII: 7）

Trogoderma variabile Ballion, 1878: 277; Wu et al., 1978: 286; Zhao et al., 1982: 57; Wang et al., 1992: 50; Gao, 1993: 109; Zhu et al., 1999: 143; Löbl & Smetana, 2007: 320.

曾用名：花斑皮蠹（赵养昌等，1982；王希蒙等，1992）。

识别特征：体长 2.2～4.4 mm，宽 1.2～2.3 mm。两侧近平行；头及前胸背板黑色，鞘翅褐色至暗褐色，翅面有赤褐色至褐色的亚基带、亚中带和亚端带，亚中带和亚端带波弯；体被黑色、黄褐色及白色毛，前胸背板毛暗色或黄褐色夹杂少量白毛，鞘翅毛暗褐色，仅在淡色花斑上着生淡黄色毛和白色毛。头部具中单眼；复眼内缘不凹入；触角 11 节，稀见 9 至 10 节；雄性触角棒 7～8 节，雌性 4 节。

检视标本：宁夏银川（20 头，1963. IV. 20；1 头，1963. VII. 13）（IPPNX）；1 头，宁夏中卫香山，1981. VI. 17（IPPNX）。

地理分布：宁夏（银川、中卫、贺兰）；蒙古国，阿富汗，伊朗，塔吉克斯坦，乌兹别克斯坦，土库曼斯坦，沙特阿拉伯，欧洲，非洲界。

取食对象：幼虫取食多种仓贮谷物及加工品、家庭贮藏物及蚕丝、毛皮、动物干制标本。

**（488）花斑皮蠹 Trogoderma varium (Matsumura & Yokoyama, 1928)**（图版 XXXII: 8）（宁夏新纪录）

Megatoma varium Matsumura & Yokoyama, 1928: 51; Zhao & Li, 1966: 247; Löbl & Smetana, 2007: 320.

识别特征：体长 2.0～3.5 mm，宽 1.1～1.9 mm。头及前胸背板黑色，鞘翅暗褐色并有淡色花斑，鞘翅上的淡色毛形成较清晰的毛带，有时亚中带及亚端带较退化；触角 11 节，粗棒状，棒 6 节（雄）或 5 节（雌）。雄性第 10 腹节背板端缘强烈隆起使整个背片呈三角形。

检视标本：16 头，宁夏银川中药库，1970. X. 23（IPPNX）；1 头，宁夏贺兰山，1978. VI. 14（IPPNX）。

地理分布：宁夏（银川、贺兰山）、湖南、四川；韩国，日本。

# 23. 长蠹科 Bostrichidae Latreille, 1802

体小至大型，长圆筒形；浅褐至深褐色。前胸背板风帽状，完全将头部遮盖住。触角短，8～10 节，末端球杆部 3 节。前胸背板前半部有小齿和刺状突起。鞘翅末端急剧向下倾斜，周缘具刺状和角状突起。腹板 5 节，第 1 节长。足短；跗节 5 节，第 1 节很小。

该科全球已知 9 亚科 11 族 92 属约 700 种，世界性分布。大多数种类见于高温高湿地区，可依靠木材、竹材、贮粮的运输传播，为枯木材、竹材、贮粮的重要害虫，也是建筑用和家具用的木、竹材的重要害虫，少数危害活的树木枝干。中国已记录 3 亚科 15 属 25 种；本书记录宁夏 3 亚科 3 属 4 种。

## 23.1　长蠹亚科 Bostrichinae Latreille, 1802（宁夏新纪录）

### 长蠹族 Bostrichini Latreille, 1802

#### 199）长蠹属 Bostrichus Geoffroy, 1762

##### （489）红腹长蠹 Bostrichus capucinus (Linnaeus, 1758)（图版 XXXII: 9）

*Dermestes capucinus* Linnaeus, 1758: 355; Löbl & Smetana, 2007: 321.

识别特征：体长 9.0～14.0 mm，宽 3.5～4.6 mm。长圆筒形；腹部红色，其余黑色。头由背面不可见；触角 10 节，第 2 节短于第 1 节。前胸背板端缘近于直，前缘角齿突不呈钩形角状突起，基半部两侧齿突稀大，中央凹陷部密小，后半部齿突同基半部中央凹陷部齿突。鞘翅刻点圆，端部无倾斜面，无胝。

检视标本：6 头，宁夏银川，2009. VI，杨彩霞采（HBUM）。

地理分布：宁夏（银川）、新疆；俄罗斯（西伯利亚），哈萨克斯坦，黎巴嫩，土库曼斯坦，土耳其，塞浦路斯，埃及，欧洲，非洲界。

取食对象：各种木材、枝条、葡萄茎。

## 23.2　竹蠹亚科 Dinoderinae Thomson, 1863

#### 200）谷蠹属 Rhyzopertha Stephens, 1830

##### （490）谷蠹 Rhyzopertha dominica (Fabricius, 1792)（图版 XXXII: 10）

*Synodendron dominica* Fabricius, 1792: 359; Wang et al., 1992: 54; Gao, 1993: 111; Zhu et al., 1999: 154; Löbl & Smetana, 2007: 326.

识别特征：体长约 3.0 mm。圆筒形；暗赤褐至深褐色，有光泽；腹面与足色略淡。

头被前胸背板遮盖，由背面不可见；仅唇基与上唇布刻点；触角 10 节，端部 3 节均向内扩展。前胸背板高隆，基半部窄于基部，前后、角钝圆；基半部有呈同心圆排列的钝圆形齿，近前缘的齿形成圆齿状的脊，后半部呈小颗粒状突起。鞘翅具小刻点纵行，被毛黄色。腹面有微小刻点与淡黄色毛。

地理分布：宁夏（石嘴山）、河南、台湾、香港；日本，塞浦路斯，叙利亚，也门，伊拉克，欧洲，非洲界。

取食对象：谷类、豆类、高粱、大米、大麦、小麦、面粉、糕点、干果、木材、中药材、书籍、竹制品及木制品等。

## 23.3 粉蠹亚科 Lyctinae Billberg, 1820

### 粉蠹族 Lyctini Billberg, 1820

#### 201）粉蠹属 *Lyctus* Fabricius, 1792

##### （491）中华粉蠹 *Lyctus* (*Lyctus*) *sinensis* Lesne, 1911（图版 XXXII: 11）

*Lyctus sinensis* Lesne, 1911: 48; Zhao et al., 1982: 60; Wu et al., 1982: 218; Wang et al., 1992: 53; Gao, 1993: 111; Zhu et al., 1999: 150; Löbl & Smetana, 2007: 327; Ren, 2010: 166; Ren et al., 2013: 190.

曾用名：中华扁蠹（高兆宁，1993）。

识别特征：体长 3.0～5.0 mm。扁长形；棕黄褐色，前胸背板基部 2/3 黑褐色，鞘翅中部有 1 基部与前胸背板基部近等宽且向后变窄、伸达翅端的黑褐色纵带；触角 11 节，棒状部 2 节，末节扁卵形，亚末节倒梯形。前胸背板长明显大于宽，两侧近平行，前角圆钝；盘上散布小颗粒，中间有 1 光滑而不明显且贯全长的中线纵。鞘翅两侧平行，端部圆；表面刻点小而浅，中部不明显，边区明显。各足腿节近等长。

地理分布：宁夏（银川、永宁、灵武、中宁、青铜峡、六盘山）、北京、河北、山西、内蒙古、辽宁、江苏、浙江、安徽、福建、江西、河南、湖北、湖南、广西、四川、贵州、云南、青海、台湾；朝鲜，日本，欧洲，澳洲界。

取食对象：家具、芦席、箩筐、扁担、筷子等干燥的竹木材及其制品与中药材。

##### （492）褐粉蠹 *Lyctus* (*Xylotrogus*) *brunneus* (Stephens, 1830)（图版 XXXII: 12）

*Xylotrogus brunneus* Stephens, 1830: 117; Wang et al., 1992: 53; Gao, 1993: 111; Zhu et al., 1999: 149; Löbl & Smetana, 2007: 327; Ren, 2010: 166; Ren et al., 2013: 190.

曾用名：褐扁蠹（高兆宁，1993）。

识别特征：体长 2.2～7.0 mm。体狭长；褐色、赤褐色或黄褐色，密生金黄色或黄褐色茸毛。额唇基沟明显。前胸背板端部最宽并与鞘翅基部等宽；前角圆，后角尖；前缘明显突出，基部略凸或近于直，侧缘浅凹或波弯，具大量微齿；背面略隆起，中纵凹宽而浅，通常呈单一长形。小盾片小。鞘翅两侧平行，末端圆滑，背面略隆起；每翅 6 纵列小刻点及 4 条弱纵隆线。前足基节间突发达，左右基节被分隔，基节窝后方封闭；前足腿节比中、后足腿节粗大。

检视标本：宁夏银川（2 头，1962. V. 24；1 头，1963. V. 28）（IPPNX）。

地理分布：宁夏（银川、固原、吴忠）、河北、山西、内蒙古、辽宁、上海、江苏、安徽、福建、江西、山东、河南、湖北、湖南、广东、广西、海南、四川、贵州、云南、陕西、青海、台湾；日本，乌兹别克斯坦，欧洲，非洲界。

取食对象：幼虫蛀食家具、筷子、芦席、扁担、拖把等竹木材及其制品与中药材。

# 24. 蛛甲科 Ptinidae Latreille, 1802

体长 0.9～10.5 mm。长形、圆柱形至椭圆形、球状，强烈凸起，稀扁平；棕褐色、褐色、皮色或黑色。头及前胸背板显较鞘翅为窄，头弯曲，插入前胸。触角着生于复眼前方，丝状、锯齿状、果胶状或扇形，11 节，向后伸达鞘翅中部；雄性端部 3 节变为丝状，其基部相互接近。前胸宽椭圆形到近方形，无侧缘线，显窄于鞘翅。鞘翅圆隆，翅端盖及腹部末端。腹部可见腹板 5 个，稀见 3 个或 4 个者。足细长，腿节外露于体侧，端部膨大；前足基节窝后方开放，基节球形，前、中足基节左右相连；后足腿节端部膨大，胫节弯曲；跗式 5-5-5。

该科全球已知约 230 属 2200 余种，世界性分布，以温带种类丰富。取食干燥的动、植物碎屑、鼠粪、腐肉等，有些与真菌有关。幼虫在树皮、木材、小枝、藤蔓、豆荚、种子、木本植物的果实、瘿瘤、真菌、枯死的花茎中钻洞，或在生长的树木幼茎或嫩枝中。中国已记录 8 亚科约 50 种；本书记录宁夏 3 亚科 8 属 8 种。

## 24.1　蛛甲亚科 Ptininae Latreille, 1802

### 裸蛛甲族 Gibbiini Jacquelin du Val, 1860

#### 202）裸蛛甲属 *Gibbium* Scopoli, 1777

##### （493）裸蛛甲 *Gibbium psylloides* (Czempinski, 1778)（图版 XXXIII: 1）

*Scotias psylloides* Czenpinski, 1778: 51; Wu et al., 1978: 290; Zhao et al., 1982: 58; Wang et al., 1992: 51; Gao, 1993: 110; Löbl & Smetana, 2007: 329; Ren, 2010: 167; Yang et al., 2011: 154; Ren et al., 2013: 190.

识别特征：体长 2.0～3.0 mm。体背隆起或呈弧形；红棕色或红褐色，有光泽；前胸背板和鞘翅光裸，其余部分密生黄褐色细毛。头小且向下；复眼较大；触角 11 节，长丝状，基部位于复眼之间的端部，左右靠近。前胸背板短小。两鞘翅互相愈合且与身体相愈合，延伸而包围腹面两侧，看起来近球形；无后翅。足细长，腿节端部膨大。

检视标本：2 头，宁夏中卫，1960. IX（IPPNX）；宁夏银川（2 头，1961. IX. 17；2 头，1995. IX. 11）（IPPNX）。

地理分布：宁夏（全区）、河北、福建、江西、河南、湖北、湖南、广西、四川、贵州、台湾；俄罗斯（远东），韩国，日本，伊朗，土耳其，黎巴嫩，塞浦路斯，沙特阿拉伯，伊拉克，以色列，叙利亚，欧洲，非洲界。

取食对象：米、面、麦麸、面包、腐烂动植物标本、羊毛织品等。

## 鳞蛛甲族 Meziini Bellés, 1985

### 203）鳞蛛甲属 *Mezium* Curtis, 1828

#### （494）鳞蛛甲 *Mezium affine* Boieldieu, 1856（图版 XXXIII: 2）

*Mezium affine* Boieldieu, 1856: 674; Wang et al., 1992: 51; Löbl & Smetana, 2007: 329; Ren, 2010: 167; Ren et al., 2013: 191.

识别特征：体长 2.3～3.5 mm，宽 1.3～1.9 mm。宽卵圆形；暗红褐色至近黑色，有光泽。前胸背板的毛比头部的长，很少呈鳞片状。鞘翅基部变窄的毛环基本完整，仅中间部分中断；翅的其余部分光亮，几乎无刻点。

地理分布：宁夏（全区）、全国性分布；土耳其，塞浦路斯，叙利亚，欧洲，澳洲界，新北界。

取食对象：大麦、小麦、玉米、面粉及高粱。

## 蛛甲族 Ptinini Latreille, 1802

### 204）莫蛛甲属 *Mezioniptus* Pic, 1944

#### （495）西北蛛甲 *Mezioniptus impressicollis* Pic, 1944（图版 XXXIII: 3）

*Mezioniptus impressicollis* Pic, 1944: 5; Löbl & Smetana, 2007: 332.

识别特征：体长 2.4～2.7 mm。宽卵形；红棕色，光亮；全身着生倒伏的黄色鳞片及近于直立长毛。前胸背板基半部中央两侧各 1 黄色纵毛垫，两毛垫之间有 1 深中线；侧缘向后缢缩。小盾片小，不明显。鞘翅光亮，无刻点，疏生半直立黄色长毛及倒伏的鳞片状毛。

地理分布：宁夏、内蒙古、甘肃、青海、新疆。

### 205）黄蛛甲属 *Niptus* Boieldieu, 1856

#### （496）黄蛛甲 *Niptus hololeucus* (Faldermann, 1835)（图版 XXXIII: 4）

*Ptinus hololeucus* Faldermann, 1835: 214; Zhao et al., 1982: 58; Wu et al., 1982: 208; Wang et al., 1992: 51; Gao, 1993: 110; Löbl & Smetana, 2007: 332.

曾用名：黄颈蛛甲（高兆宁，1993）。

识别特征：体长约 4.0 mm。卵圆形；红棕色，光亮，密生金黄色细毛。头小；复眼圆形；触角 11 节，丝状。前胸背板近球形，显隆。鞘翅椭圆形，有不明显的条纹。足细长，腿节端部膨大呈锤状。

检视标本：9 头，宁夏平罗，1974. IX（IPPNX）。

地理分布：宁夏（固原、青铜峡、平罗）、内蒙古、上海、江苏、浙江、江西、甘肃、青海、新疆、香港；蒙古国，俄罗斯（远东、东西伯利亚），朝鲜，韩国，日本，印度，尼泊尔，巴基斯坦，阿富汗，伊朗，塔吉克斯坦，乌兹别克斯坦，土库曼斯坦，吉尔吉斯斯坦，哈萨克斯坦，土耳其，科威特，黎巴嫩，塞浦路斯，叙利亚，伊拉克，以色列，约旦，埃及，欧洲，非洲界。

取食对象：谷类、豆类、油料、干酪、各种植物种子与昆虫标本、毛皮及其加工品。

## 206）褐蛛甲属 *Pseudeurostus* Heyden, 1906

### （497）褐蛛甲 *Pseudeurostus hilleri* (Reitter, 1877)（图版 XXXIII: 5）

*Niptus hilleri* Reitter, 1877: 378; Zhao et al., 1982: 58; Wang et al., 1992: 52; Zhu et al., 1999: 160; Löbl & Smetana, 2007: 333; Ren, 2010: 167.

识别特征：体长 1.9～2.8 mm，宽 1.0～1.6 mm。宽卵形；暗红褐色，光亮。头被较密的黄褐色细伏毛；复眼卵形，几乎不突出；触角位于复眼之间，11 节，末节纺锤形，长达体长的 2/3；基部隆起，脊突宽不超过触角第 1 节长的 1/4。前胸背板和鞘翅上的毛淡褐色，相当稀；前胸背板端部 3/4 近圆形，基部缩窄近颈状；无毛垫，密布刻点与粒突。小盾片小。鞘翅愈合，无后翅；肩角不明显，刻点行浅。雌性第 5 腹板末端中央两侧各 1 大型卵形浅刻点，各自生出 1 个由直立长毛构成的毛刷。胫节细而弯曲。

地理分布：宁夏（青铜峡、固原）、天津、河北、山西、内蒙古、辽宁、吉林、黑龙江、江苏、浙江、安徽、福建、江西、山东、河南、湖北、湖南、广东、四川、贵州、陕西、甘肃、青海；俄罗斯（远东、东西伯利亚），韩国，日本，欧洲。

取食对象：谷类、豆类、油料、皮毛、羽毛、丝织品、植物性及动物性干物质。

## 207）蛛甲属 *Ptinus* Linnaeus, 1767

### （498）日本蛛甲 *Ptinus* (*Cyphoderes*) *japonicus* Reitter, 1877（图版 XXXIII: 6）

*Ptinus japonicus* Reitter, 1877: 377; Wu et al., 1978: 288; Zhao et al., 1982: 58; Wang et al., 1992: 52; Gao, 1993: 110; Zhu et al., 1999: 159; Löbl & Smetana, 2007: 333; Ren, 2010: 167; Yang et al., 2011: 154; Ren et al., 2013: 191.

识别特征：体长 3.4～4.8 mm，宽 1.2～2.0 mm。体细长，两侧平行；褐色。头小，被前胸背板掩盖；上唇圆，前缘近于直；复眼黑色，圆形；触角丝状，11 节，位于复眼之间。前胸背板小，中央隆起；两侧自基部 1/4 至中部各 1 隆起的黄褐色毛垫，毛垫前有 1 明显高宽的隆起。小盾片大，半圆形，密生白色和黄褐色毛。鞘翅肩角明显，近基部及末端各 1 白毛斑；雄性鞘翅长椭圆形，雌性卵形。足细长，腿节末端膨大，后胫节弯曲；跗式 5-5-5，第 1 节最长，第 4 节最短。

检视标本：宁夏银川（11 头，1974. X. 23；1 头，1962. V. 4；1 头，1960. IV. 1；7 头，1960. VII. 15）（IPPNX）；2 头，宁夏吴忠，1983. IV. 7（IPPNX）；2 头，宁夏泾源六盘山小南川，1994. VIII. 24（IPPNX）。

地理分布：宁夏（全区）、河北、山西、内蒙古、江苏、安徽、江西、河南、湖北、湖南、广西、四川、甘肃、全国广布；蒙古国，俄罗斯（远东、东西伯利亚），朝鲜，韩国，日本，印度，欧洲。

取食对象：面粉、高粱、谷子、小麦、玉米、干枣、干鱼、干肉、皮毛、丝毛织品、药材、药草、动物标本。

## 24.2 窃蠹亚科 Anobiinae Fleming, 1821

### 208）药材甲属 *Stegobium* Motschulsky, 1860

#### （499）药材甲 *Stegobium paniceum* (Linnaeus, 1758)（图版 XXXIII: 7）

*Dermestes paniceum* Linnaeus, 1758: 357; Wu et al., 1982: 205; Wang et al., 1992: 52; Gao, 1993: 111; Zhu et al., 1999: 147; Löbl & Smetana, 2007: 343; Ren, 2010: 166.

识别特征：体长 2.0～3.0 mm。长椭圆形；黄褐色至深赤褐色。触角 11 节，末端 3 节膨大、松散。前胸背板显隆，前缘圆形，基部略比鞘翅基部宽，基部中叶有 1 纵隆脊，后角钝圆；盘上有小颗粒，着生灰色茸毛，两侧较密。鞘翅有明显刻点行，被灰黄色毛。

检视标本：5 头，宁夏银川植保所，1972. I. 25（IPPNX）。

地理分布：宁夏（平罗、银川、吴忠、灵武、青铜峡、中卫、陶乐、海原）、北京、天津、河北、山西、内蒙古、辽宁、黑龙江、上海、江苏、浙江、安徽、福建、江西、山东、河南、湖北、湖南、广东、广西、海南、四川、贵州、云南、西藏、陕西、甘肃、青海、新疆、台湾、香港；日本，印度，尼泊尔，土库曼斯坦，吉尔吉斯斯坦，哈萨克斯坦，土耳其，塞浦路斯，以色列，约旦，欧洲，非洲界，澳洲界，新热带界，新北界，东洋界。

取食对象：幼虫取食面包、面粉、粮食、薯干、饼干、中药材、书籍等。

## 24.3 细脉窃蠹亚科 Ptilininae Shuckard, 1839

### 209）细脉窃蠹属 *Ptilinus* Geoffroy, 1762

#### （500）栉角窃蠹 *Ptilinus fuscus* (Geoffroy, 1785)（图版 XXXIII: 8）

*Bostrichus fuscus* Geoffroy, 1785: 133; Wang et al., 1992: 53; Löbl & Smetana, 2007: 356; Ren, 2010: 166; Wang et al., 2012: 206.

识别特征：体长 3.1～5.4 mm。黑色或红黑色，触角鲜橙黄色。雄性触角栉齿状，侧突十分发达；雌性强锯齿状。鞘翅长，有弱纵脊，刻点排列混乱。

地理分布：宁夏（泾源）、内蒙古、辽宁、甘肃、青海、新疆；俄罗斯（远东、东西伯利亚），日本，印度，塔吉克斯坦，土库曼斯坦，哈萨克斯坦，土耳其，欧洲，非洲界。

取食对象：杨木。

# X. 郭公甲总科 Cleroidea Latreille, 1802

触角多为 11 节；前胸背板及鞘翅具竖毛；前足基节横形，基前转化部分外露；腹部可见 5～7 个腹板；跗式多为 5-5-5，跗节简单或双叶状，有时第 1 节小或隐藏。

该总科全球已知 1.02 万种，分为 12 个科（Mckenna 等，2015）。本书记录宁夏 3 科。

# 25. 谷盗科 Trogossitidae Latreille, 1802

体长 1.0～35.0 mm。宽扁、长形或背面高度凸起，卵形或圆形；体色多样，多暗、浅或红、棕，也有黑、绿或蓝者；体裸露或被疏密不一的或短或长的毛，有时具刚毛簇和鳞片。头部较长，大部分缩进胸腔；复眼有时被眼角分离为背、腹两半。触角 8～11 节，端部 1～3 节棒状或末节膨大但不对称。前胸背板横宽，部分种类长形；大多数种类的前胸背板最宽处位于基部或中部，少数在前面，侧缘饰边隆突。鞘翅刻点规则，完全覆盖腹部；常具后翅，有些种类缺如。腹部可见腹板 5 个或 6 个，第 1～3 节愈合。跗式多数为 5-5-5、少数为 4-4-4 或 4-4-5，第 1 节非常小或与第 2 节部分愈合。

该科全球已知 2 亚科 11 族 50 属约 600 种，世界性分布。成虫、幼虫菌食性或捕食性或两者兼备，多数种类主要以木本科植物上生长的真菌菌丝体为食；幼虫主要栖息于腐烂的木材内，成虫在树皮下生活。中国已记录 8 亚科约 50 种；本书记录宁夏 1 亚科 1 属 1 种。

## 谷盗亚科 Trogossitinae Latreille, 1802

## 谷盗族 Trogossitini Latreille, 1802

### 210）大谷盗属 *Tenebroides* Piller & Mitterpacher, 1783

#### （501）大谷盗 *Tenebroides mauritanicus* (Linnaeus, 1758)（图版 XXXIII: 9）

*Tenebrio mauritanicus* Linnaeus, 1758: 417; Wu et al., 1978: 292; Zhao et al., 1982: 60; Wang et al., 1992: 52; Gao, 1993: 110; Zhu et al., 1999: 161; Löbl & Smetana, 2007: 365; Ren, 2010: 168.

识别特征：体长 6.5～10.0 mm。长椭圆形，扁平；黑色，有光泽。头三角形，前伸，与前胸背板近于等长；颚发达，外露；上唇前缘和前胸前缘各具 1 列黄褐色毛；触角棍棒状，11 节。前胸背板宽大于长，与鞘翅最宽处约等宽；前角突出，端缘凹入，侧缘在中部之后向内收缩，基部与鞘翅衔接处呈颈状。小盾片小，半圆形。鞘翅长约为宽的 2 倍，末端圆；盘上有 7 条纵刻行，行间宽阔并各具 2 行弱小刻点。前足基节窝后方封闭；跗节为 5-5-5 式，第 1 跗节小，隐于胫节端部凹陷之内。

检视标本：宁夏石嘴山（5 头，1956. VI；1 头，1960. VIII. 20）（IPPNX）；5 头，宁夏银川中成药厂，1974. X. 22（IPPNX）。

地理分布：宁夏（全区）、内蒙古、江苏、浙江、安徽、福建、江西、河南、湖北、广东、广西、四川、贵州、陕西、台湾、香港、澳门；俄罗斯（远东、东西伯利亚），朝鲜，日本，欧洲，非洲界，澳洲界，新热带界。

取食对象：大米、面粉、豆类、油料、药材、干果、丝绢等。

# 26. 郭公甲科 Cleridae Latreille, 1802

体长 3.0～50.0 mm。长圆柱形，有些窄长、宽卵形或扁平；橙、红、黄、绿、蓝诸色，色泽鲜艳；大多数明显具毛，偶具毛束。头大，三角形或长形；复眼完整，扁平至突出，前缘凹。触角4～11节，丝状、锤状、锯齿状或栉状；有些种类锯齿状、梳状和丝状。前胸背板横宽至长形。鞘翅无明显的侧缘饰边。后翅大多有，少数无。腹部可见腹板6个，偶5个；第1～3腹板愈合。跗式5-5-5，第1～4节多为双叶状。

　　该科全球已知4亚科300属3570多种，世界性分布，主要产于热带与亚热带。成、幼虫栖息环境相同，但捕食对象可能不同；均为捕食性，少数为腐食性；有些属的成虫取食花粉，有些是重要的仓库害虫。自然情况下，成虫活动在在树干、朽木、树叶和花上，藏于其中觅食，捕食小型昆虫，有些种类的幼虫捕食蝇蛆，有些栖息于蜂房之中。中国已记录19属150种；本书记录宁夏3亚科5属7种。

## 26.1　猛郭公甲亚科 Tillinae Fischer von Waldheim, 1813

### 211）猛郭公甲属 *Tilloidea* Laporte, 1832

#### （502）条斑猛郭公甲 *Tilloidea notata* (Klug, 1842)（图版 XXXIII: 10）

*Tillus notata* Klug, 1842: 276; Gao, 1993: 107; Löbl & Smetana, 2007: 369.

　　曾用名：白带小郭公甲（高兆宁，1993）。

　　识别特征：头黑色，前胸黑色或红色。鞘翅基部1/3红色，端部2/3黑色，红色与黑色交接处具1条黄色斜纹，前端位于翅侧缘，后端位于翅中缝；端部1/3具1条黄色斜纹，末端具1黄斑；刻点沟到达翅端1/3处。腹部黑色。

　　检视标本：1头，宁夏银川，1964. V. 23；1头，宁夏银川，1983. VII. 6；3头，宁夏银川，1986. VI. 28（IPPNX）；1头，宁夏吴忠，1989. V. 30（IPPNX）。

　　地理分布：宁夏（银川、吴忠）、河北、内蒙古、浙江、江苏、福建、山东、河南、湖北、广东、广西、四川、云南、台湾；日本，印度，尼泊尔。

　　取食对象：木材。

### 212）毛郭公甲属 *Trichodes* Herbst, 1792

#### （503）中华毛郭公甲 *Trichodes sinae* Chevrolat, 1874（图版 XXXIII: 11）

*Trichodes sinae* Chevrolat, 1874: 303; Wu et al., 1978: 261; Gao, 1993: 107; Löbl & Smetana, 2007: 379; Wang & Yang, 2010: 198; Ren, 2010: 167; Yang et al., 2011: 154; Ren et al., 2013: 192.

　　曾用名：中华郭公甲（吴福桢等，1978）、红斑郭公甲（吴福桢等，1978；王希蒙等，1992；高兆宁，1993）、中华食蜂郭公甲（王新谱等，2010；杨贵军等，2011）。

　　识别特征：体长10.0～18.0 mm。深蓝色，具光泽，密布长毛；头黑色，复眼赤褐色；触角赤褐色，末端深褐色，鞘翅横带红色至黄色；足蓝色。头宽短，向下倾；触角丝状，达前胸中部，末端数节粗大如棍棒，末节尖端向内伸似桃形。前胸背板前缘与头基部等长，基部收缩似颈，窄于鞘翅。鞘翅狭长，具3条红色或黄色横斑。

　　检视标本：1头，宁夏泾源二龙河，2008. VI. 19，吴琦琦采（HBUM）；22头，宁夏彭阳挂马沟（14头，2008. VI. 25，王新谱、刘晓丽采；2头，宁夏隆德苏台，2008.

VII. 2，王新谱、刘晓丽采；3 头，2008. VII. 11，李秀敏、冉红凡、吴琦琦采）（HBUM）；1 头，宁夏泾源卧羊川，2008. VII. 7，任国栋采（HBUM）；1 头，宁夏隆德峰台，2008. VII. 19，冉红凡采（HBUM）；1 头，宁夏泾源龙潭，2009. VII. 5，杨晓庆采（HBUM）；25 头，宁夏泾源秋千架，2009. VII. 8，王新谱、杨晓庆采（HBUM）；3 头，宁夏固原开城，2009. VII. 16，王新谱、冉红凡采（HBUM）；8 头，宁夏永宁，1957.V（IPPNX）；1 头，宁夏中宁，1958（IPPNX）；4 头，宁夏贺兰山，1960. VI（IPPNX）；17 头，宁夏隆德，1960. VII. 9（IPPNX）；3 头，宁夏银川，1960. VII（IPPNX）；2 头，宁夏石嘴山，1961. VII. 4（IPPNX）；3 头，宁夏固原，1964. VII（IPPNX）；1 头，宁夏盐池，1964. VIII（IPPNX）；4 头，宁夏同心，1974. VI. 7（IPPNX）。

地理分布：宁夏（泾源、固原、隆德、彭阳、永宁、银川、盐池、同心、石嘴山、中宁、中卫、平罗、灵武、贺兰山）、北京、天津、河北、山西、内蒙古、辽宁、吉林、黑龙江、浙江、江西、山东、河南、湖北、湖南、四川、西藏、陕西、甘肃、青海、新疆；蒙古国，俄罗斯（远东），朝鲜，韩国。

取食对象：幼虫捕食火红拟孔蜂等的幼虫，成虫取食胡萝卜、蚕豆、榆树等植物花粉。

## 26.2 郭公甲亚科 Clerinae Latreille, 1802

### 213）奥郭公甲属 *Opilo* Latreille, 1802

#### （504）连斑奥郭公甲 *Opilo communimacula* (Fairmaire, 1888)（图版 XXXIII: 12）

*Clerus communimacula* Fairmaire, 1888: 124; Löbl & Smetana, 2007: 372.

识别特征：鞘翅红色，端部中央具 1 个大黑斑。

检视标本：2 头，宁夏平罗，1982. VIII. 27，任国栋采（HBUM）；1 头，宁夏中卫沙坡头，1985. V（HBUM）；3 头，宁夏银川新市区，1988. VI. 6（HBUM）；1 头，宁夏贺兰山小口子，1386 m，2010. VI. 21，袁峰采（HBUM）。

地理分布：宁夏（中卫、平罗、银川、贺兰山）、北京、山西；蒙古国。

### 214）劫郭公甲属 *Thanasimus* Latreille, 1806

#### （505）蚁劫郭公甲 *Thanasimus formicarius formicarius* (Linnaeus, 1758)

*Attelabus formicarius* Linnaeus, 1758: 387; Löbl & Smetana, 2007: 375; Wang & Yang, 2010: 198.

曾用名：蚁形郭公甲（王新谱等，2010）。

识别特征：体长 7.0～11.0 mm。体形似蚂蚁。头黑色，嵌合在前胸内，构成一整体，似蚂蚁头部；触角 9 节，线状，黑色，末端棕红色。前胸背板前缘微棕红色，其余黑色。鞘翅黑色，肩部棕红色；翅基半部和后半部有 2 条平行的白色条纹。腹部棕红色，雌性腹部末端第 2 腹板边缘内陷，雄性无此特征。足黑色。

地理分布：宁夏（贺兰山）、内蒙古、甘肃；俄罗斯（远东、东西伯利亚），欧洲，非洲。

捕食对象：小型昆虫。

**（506）刘氏劫郭公甲 *Thanasimus lewisi* (Jakobson, 1911)**

*Cleroides lewisi* Jakobson, 1911: 717; Löbl & Smetana, 2007: 375; Zhang et al., 2009: 100.

识别特征：体长 7.0～10.0 mm。头、前胸背板黑色，密布刻点和细毛。头中央具弱隆起。前胸背板中纵线平滑。鞘翅基部 1/3 赤色，其余 2/3 黑色，黑色区端部 1/3 处具白色窄横带，赤色区多变异，有时赤色消失；肩部明显，两侧平行，两翅端弧形汇合；刻点沟明显，行间平，密布小刻点。

地理分布：宁夏（贺兰山）、北京、辽宁、吉林、山东、河南、青海；韩国，日本。

捕食对象：木材害虫。

**（507）光劫郭公甲 *Thanasimus substriatus substriatus* (Gebler, 1832)** （图版 XXXIV: 1）

*Clerus substriatus* Gebler, 1832: 47; Gao, 1993: 107; Löbl & Smetana, 2007: 376.

曾用名：赤胸白带郭公甲（高兆宁，1993）。

识别特征：前胸背板前横沟前为黑色，前横沟后为红色。鞘翅基部红色，几乎无清晰刻点；端部黑色，亚基部和亚端部之间各具 1 条白色伏毛形成的横纹；第 1 条白纹在翅缝处往前延伸，形成 X 形；黑色体色越过第 1 条白纹 X 形后臂，前缘平直，不呈波纹状。

检视标本：1 头，宁夏贺兰山苏峪口，1990. VI. 24（HBUM）。

地理分布：宁夏（银川、贺兰山）、内蒙古、吉林、黑龙江、山东、河南；蒙古国，俄罗斯（远东、东西伯利亚），日本。

取食对象：木材。

## 26.3 隐跗郭公甲亚科 Korynetinae Laporte, 1836

### 215）尸郭公甲属 *Necrobia* Olivier, 1795

**（508）赤足尸郭公甲 *Necrobia rufipes* (DeGeer, 1775)** （图版 XXXIV: 2）

*Clerus rufipes* DeGeer, 1775: 165; Wu et al., 1982: 202; Wang et al., 1992: 48; Gao, 1993: 106; Löbl & Smetana, 2007: 382.

曾用名：红足郭公甲（吴福桢等，1982；高兆宁，1993）、赤足郭公甲（王希蒙等，1992）。

识别特征：体长 5.0～7.0 mm。卵形，深蓝色，有蓝绿色光泽。头、前胸和鞘翅刻点密。头长，向下伸，蓝绿色；复眼黑色，突出；触角 11 节，第 1～6 节红褐色，第 7～11 节蓝绿色，第 9～11 节膨大呈锤状，顶端平截而弱凹。头和前胸背板有淡色粗长毛，周缘的长毛黑褐色。前胸背板前缘直，侧缘和基部圆弧形，后面稍宽，背面隆起，基部边在中部弱上翘。鞘翅隆起，后 2/3 处最宽，前缘平直或弱凹，肩部近于直角形；盘上密布微毛和椭圆形小刻点，每翅各有 5 行纵刻点，此点刻在后半部和外侧不明显。腹端部在鞘翅外，黑褐色，有平伏的浅色毛。足红褐色。

检视标本：6 头，宁夏银川，1975. IX. 4；1 头，宁夏银川，1990. VI. 2）（IPPNX）。

地理分布：宁夏（银川）、山西、内蒙古、浙江、安徽、福建、山东、湖北、湖南、海南、广东、四川、贵州、云南、陕西、甘肃、新疆；蒙古国，俄罗斯（远东），日本，印度，伊朗，塔吉克斯坦，土耳其，沙特阿拉伯，欧洲，非洲界。

取食对象：干肉制品、兽皮、兽骨、咸鱼及仓库害虫。

# 27. 拟花萤科 Melyridae Leach, 1815

体长 1.0～20.0 mm。稍扁平至较凸起；具蓝色或绿色金属光泽，红色和蓝色或橙色和黑色相间，或纯黑色、纯棕色或纯黄色。眼不太突出，完整或浅凹。触角 11 节，有些种类 9 节或 10 节；丝状、锯齿状、梳状或略变粗。前胸背板中部或近基部最宽。鞘翅刻点不规则，翅端有时平截，露出腹部几节。腹部可见 6 个腹板，极少数 5 个或 7 个。跗式 5-5-5，少数 4-4-4 或 4-5-5。

该科全球已知 4 亚科 300 多属 600 多种，世界性分布，以干旱半干旱区最为丰富。成虫捕食性或食花粉，有些为肉食性、草食性或腐食性。本书记录宁夏 1 亚科 2 属 2 种。

## 囊花萤亚科 Malachiinae Fleming, 1821

## 囊花萤族 Malachiini Fleming, 1821

### 216）安拟花萤属 *Anhomodactylus* Mayor & Wittmer, 1981

#### （509）卓越拟花萤 *Anhomodactylus eximius* (Lewis, 1895)

*Malachius eximius* Lewis, 1895: 117; Gao, 1993: 106; Löbl & Smetana, 2007: 438.

识别特征：体长 4.5～5.0 mm。蓝绿色，有点不透明，具被灰色短毛。头部挖掘器状，两眼间横凹深，复眼上半部坐落于狭窄的基部之上；挖掘器的中部有 1 三角形结构，前面和触角后面的区域下凹，一部分由浅凹形成，一部分由升起的围边形成；口器黄色；雄性触角第 1～6 节背面光亮，第 3～5 节弱扁；雌性触角第 3～5 节虚弱地扩大。前胸背板圆形，长大于宽。鞘翅刻点很细，行模糊。雄性前足砖红色；中足腿节砖红色而端部金绿色，胫节褐色；后足光亮；雌性足全部光亮或罕见胫节端部暗淡。

地理分布：宁夏（银川）、内蒙古；日本。

取食对象：榆、杨。

### 217）囊拟花萤属 *Intybia* Pascoe, 1866

#### （510）黄带拟花萤 *Intybia niponicus* (Lewis, 1895)

*Laius niponicus* Lewis, 1895: 116; Gao, 1993: 106; Löbl & Smetana, 2007: 417.

识别特征：头部几乎全部黑色，触角棕色至黑色，第 1～3 节黄色，罕见 1～11 节黄色。前胸背板黑色，罕见具弱光泽。鞘翅黑色或具弱光泽，中部之前具黄色或橙色横斑，有时在翅缝中断。足黄色至黑色。

地理分布：宁夏（银川）；俄罗斯（远东），日本。

# XI. 扁甲总科 Cucujoidea Latreille, 1802

多数种类前足基节窝内侧开放；雌性腹部第 8 腹节背面隐藏于第 7 节，雄性第 10 节（载肛突）全部膜质化；雌性跗式 5-5-5，雄性跗式 5-5-5 或 5-5-4，稀见 4-4-4。幼虫大多数有琴形额臂，多数种类的上颚中线面有发达的臼，多数具下颚关节区，多数具舌悬环，前跗节毛 2 根。

按照 Mckenna 等（2015）的分类体系，该总科被分为 23 科，已知 1.9 余万种。原隶属于该类的 9 个科现已归并到瓢甲总科 Coccinelloidea，被移出去的科分别是薪甲科 Lathridiidae、皮坚甲科 Cerylonidae、穴甲科 Bothrideridae、Alexiidae、盘甲科 Discolomatidae、伪瓢甲科 Endomychidae、拟球甲科 Corylophidae、Akalyptoischiidae 和瓢甲科 Coccinellidae。本书记录宁夏 5 科。

# 28. 球棒甲科 Monotomidae Laporte, 1840

体长 1.5～6.0 mm。体窄长，大多数体扁平或近圆柱形；深棕色、红棕色、浅棕色、黄色或黑色，有些具橙色斑；光滑或近光滑，或前胸背板和鞘翅着生稀疏短毛。头前口式，不隐藏；复眼侧生，小眼面精细。触角粗短，10 节（第 10～11 节愈合），有 1～2 个棒节。前足基节圆形，大多数种类的后转节隐藏，转节的部分横贯；前足基节窝宽阔地接触。鞘翅上有暗斑或浸渍，鞘翅端部明显横截。腹部可见有 5 个腹板；腹部背板露出 1 节（雌）或 2 节（雄）。跗式 5-5-5（雌）或 5-5-4（雄），或两性均为 5-5-5 或 4-4-4。

该科全球已知 2 亚科 5 族 36 属约 260 种，世界性分布。包括许多具有经济或生态意义的物种，其中一些被认为是森林害虫、传粉者、蚁客和蜂客。大多数捕食性和在皮下仰食菌类。中国已记录 2 亚科 3 属 7 种；本书记录宁夏 1 亚科 1 属 2 种。

## 球棒甲亚科 Monotominae Laporte, 1840

## 球棒甲族 Monotomini Laporte, 1840

### 218）球棒甲属 *Monotoma* Herbst, 1793

#### （511）短胸球棒甲 *Monotoma brevicollis brevicollis* Aubé, 1837

*Monotoma brevicollis* Aubé, 1837: 460; Zhao et al., 1982: 29, 62; Wang et al., 1992: 47; Löbl & Smetana, 2007: 494.

曾用名：小扁甲（王希蒙等，1992）。

地理分布：宁夏（青铜峡）、内蒙古、甘肃、新疆；乌兹别克斯坦，哈萨克斯坦，土耳其，欧洲，非洲界，新北界。

取食对象：仓库腐败食物。

#### （512）四窝球棒甲 *Monotoma quadrifoveolata* Aubé, 1837（图版 XXXIV: 3）

*Monotoma quadrifoveolata* Aubé, 1837: 468; Zhao et al., 1982: 29; Gao, 1993: 106; Löbl & Smetana, 2007: 494.

曾用名：四坑小扁甲（高兆宁，1993）。

识别特征：体长 2.0～2.2 mm。红褐色。触角第 10、第 11 节愈合成棒状，第 3～9 节显窄。前胸背板近于正方形，两侧略平行；背面每侧有 1 大纵凹窝，窝的前、后端均深，向前伸达前胸背板端部 1/3 处。鞘翅较光滑而无光泽，刻点行细，伏毛较长。

检视标本：15 头，宁夏银川，1965. VIII. 16（IPPNX）。

地理分布：宁夏（银川）、天津、河北、山西、内蒙古、山东；俄罗斯（远东），日本，塔吉克斯坦，乌兹别克斯坦，土耳其，欧洲，非洲界。

取食对象：朽木、腐物、粮食、面粉。

# 29. 隐食甲科 Cryptophagidae Kirby, 1826

体长 0.8～5.2 mm。长而平行，中等扁平或高度凸起，椭圆形或圆形；颜色多种多样，最暗、最亮或红棕色；体毛长或短、平卧、近直立或直立。上颚有发达的磨区，端部具切齿和臼叶；背瘤明显或缺；无深窝或贮菌器；幕骨无中腱。触角插入点裸露，由背面可见；柄节弯曲，圆锥形或筒形。前胸有发达或不发达的侧脊。鞘翅刻点无规则。腹部有 5 个连接紧密的腹板；第 1 腹板长过其余节，基半部缘折明显，基节间突起中度宽阔；第 5 节具短毛。中足基节窝侧区被后胸腹板封闭；跗式 5-5-5 或 5-5-4（Cryptophaginae）。

该科全球已知 2 亚科 4 族 60 属 600 余种，分布于世界各地，以温带地区较为丰富，热带种类大多数生活在海拔较高地区。成、幼虫以真菌为食，生活在各种各样的栖息地和环境中，例如腐烂的木材和脱落的动物皮毛。中国已记录 2 亚科 3 族 14 属约 55 种；本书记录宁夏 2 亚科 2 属 4 种。

## 29.1 隐食甲亚科 Cryptophaginae Kirby, 1826

### 隐食甲族 Cryptophagini Kirby, 1826

#### 219）隐食甲属 *Cryptophagus* Herbst, 1792

##### （513）尖角隐食甲 *Cryptophagus acutangulus* Gyllenhal, 1827（图版 XXXIV: 4）

*Cryptophagus acutangulus* Gyllenhal, 1827: 285; Zhao et al., 1982: 64; Wang et al., 1992: 47; Zhu et al., 1999: 190; Löbl & Smetana, 2007: 514.

识别特征：体长 1.9～2.6 mm。椭圆形，背部隆起，光亮；黄褐色至暗黄褐色，密布黄色细毛。复眼大而突出，小眼面粗大，大于头上刻点；触角 11 节，第 3 节等于或略长于第 2 节。前胸背板宽远大于长，基部宽略微大于长，侧缘弱波弯或近于直；侧齿明显，位于侧缘中部；前角强烈增厚并侧向突出成吸盘状的胝，胝占侧缘 1/4，基部突出成宽圆形齿突，基部与前胸背板侧缘的距离等于胝面的直径；胝的背缘明显突出在前胸背板侧缘之上。鞘翅长为前胸背板长的 3 倍，基部与前胸背板前角处宽度等宽，密布单一倾斜凸起的细毛，刻点远较前胸背板稀小。

地理分布：宁夏（盐池）、北京、内蒙古；俄罗斯（远东），朝鲜，日本，巴基斯坦，阿富汗，伊朗，塔吉克斯坦，乌兹别克斯坦，土库曼斯坦，吉尔吉斯斯坦，哈萨克斯坦，沙特阿拉伯，欧洲，非洲界，新北界，新热带界。

取食对象：谷草、药草、发霉物、真菌等。

**（514）窝隐食甲 *Cryptophagus cellaris* (Scopoli, 1763)**（图版 XXXIV: 5）

*Dermestes cellaris* Scopoli, 1763: 16; Zhu et al., 1999: 189; Löbl & Smetana, 2007: 515.

识别特征：体长 2.2～2.9 mm。体狭长，椭圆形，显隆，两侧平行；锈红褐色至赤褐色，密布金黄色细毛。复眼大，球状突出；触角 11 节，棒状部 3 节，第 9 节近三角形，第 10 节碗形，末节桃形。前胸背板前角有宽胝；侧缘中部最宽，中部有明显三角形齿突，端半部宽弧凹，基半部渐向基部缩窄；基横线至前缘显隆，基部中叶向后显突。鞘翅两侧平行，端部近圆，光泽强；刻点比前胸背板稀小，翅上伏毛间有成行的近于直立长毛。

地理分布：宁夏、安徽、河南、四川、云南、西藏、陕西、甘肃、青海、新疆；俄罗斯（远东），朝鲜，日本，欧洲，非洲界。

取食对象：谷物、豆粉、面粉、植物种子等。

**（515）腐隐食甲 *Cryptophagus obsoletus* Reitter, 1879**（图版 XXXIV: 6）

*Cryptophagus obsoletus* Reitter, 1879: 22; Zhu et al., 1999: 192; Löbl & Smetana, 2007: 518.

识别特征：体长 2.2～2.8 mm。长椭圆形，背部显隆，两侧近平行；体色多变，多漆黑色；触角及足赤褐色，鞘翅肩部与近端部各有 1 红褐色斑。触角向后伸达鞘翅肩部或肩部之前；第 2、第 3 节近于等长，棒状部 3 节。前胸背板中后方最宽，基部与前角的胝后方近等宽；两侧近平行；侧缘齿位于侧缘中后方，齿端直；前角胝较小，其向前突出超过前胸背板前缘；基部向后外方的侧缘齿小而突。鞘翅最宽处稍大于前胸背板最宽处，两侧近平行，端部圆形。

地理分布：宁夏、山西、内蒙古、黑龙江、江苏、安徽、河南、湖北、四川、云南、西藏、甘肃、青海、新疆；蒙古国，俄罗斯（远东、东西伯利亚），日本，欧洲。

取食对象：粮食、薯干、稻草、饲料、药材、油料、竹材及其制品等。

## 29.2　星隐食甲亚科 Atomariinae LeConte, 1861

### 星隐食甲族 Atomariini LeConte, 1861

**220）星隐食甲属 *Atomaria* Stephens, 1829**

**（516）刘氏星隐食甲 *Atomaria* (*Anchicera*) *lewisi* Reitter, 1877**（图版 XXXIV: 7）

*Atomaria lewisi* Reitter, 1877: 112; Zhao et al., 1982: 63; Wang et al., 1992: 47; Löbl & Smetana, 2007: 526; Wang et al., 2012: 222.

曾用名：远东星甲（赵养昌等，1982；王希蒙等，1992；王小奇等，2012）。

识别特征：体长 3.6～6.2 mm。棕黄至灰褐色。唇基前缘弧凸，复眼间的额上有横脊；眼缢缩。前胸背板前角钝，后角尖锐；侧缘弧凸无黑纹，基部中段直，两侧弧凹；盘区中部隆脊，两侧凹凸不匀。小盾片半圆形。鞘翅长椭圆形，基部直，肩角直角状；两侧微弧凸，末端弧窄；翅面布不规则的云状黑褐斑，刻点刻点沟规整，行间微突，缝肋宽隆凸。

地理分布：宁夏（青铜峡）、北京、天津、河北、内蒙古、辽宁、吉林、黑龙江、上海、江苏、浙江、安徽、福建、山东、河南、湖北、广东、广西、四川、贵州、云南、陕西、甘肃、青海、台湾；蒙古国，俄罗斯（远东），朝鲜，日本，印度，尼泊尔，不丹，阿富汗，伊朗，塔吉克斯坦，乌兹别克斯坦，吉尔吉斯斯坦，哈萨克斯坦，欧洲。

取食对象：仓库内发霉食物。

# 30. 锯谷盗科 Silvanidae Kirby, 1837

体长 1.2~15.0 mm。扁平；棕色；被短柔毛和稠密斑点。头部和前胸背板常有凹槽或龙骨突。触角短，11 节，长棒状。前胸背板长方形，基部窄于鞘翅基部，侧缘齿状或具细齿。前足基节窝后方关闭；腹部可见腹板 5 节，完全被鞘翅覆盖。前、中足基节球形，后足基节横形；跗式 5-5-5，第 3 跗节下侧叶片状，少数雄性后足第 4 跗节小。

该科全球已知 2 亚科（Brontinae、锯谷盗亚科 Silvaninae）58 属 500 种，分布于除南极以外的所有大陆，以东半球热带地区的物种最为丰富。多以真菌为食，见于朽木皮下和湿润森林的朽木外面。中国已记录 2 亚科 2 族 15 属约 30 种；本书记录宁夏 1 亚科 2 属 2 种。

## 锯谷盗亚科 Silvaninae Kirby, 1837

### 221）米扁甲属 *Ahasverus* Gozis, 1881

#### （517）米扁甲 *Ahasverus advena* (Waltl, 1834)（图版 XXXIV: 8）

*Cryptophagus advena* Waltl, 1834: 169; Wu et al., 1982: 206; Wang et al., 1992: 47; Gao, 1993: 106; Zhu et al., 1999: 172; Löbl & Smetana, 2007: 498; Ren, 2010: 169.

识别特征：体长 1.5~2.4 mm。长卵形，背面稍隆；黄褐色至褐色，密生黄褐色细毛，有光泽。头近三角形；复眼圆突，眼间距为 1 个复眼横径的 4.8~6.2 倍，小于头长之半；触角 11 节，棍棒状，棒状部 3 节。前胸背板显横，侧缘弱弧形；前角显突呈 1 钝圆形齿突，自大齿突至后角之间着生大量微齿。鞘翅缘边细窄，第 1 刻点行间有 1 列刚毛，其他行间各有 3 列刚毛；末端圆形，盖住腹部末端。足的第 3 跗节明显扩展成叶状。

检视标本：7 头，宁夏永宁，1965（IPPNX）。

地理分布：宁夏（全区）、吉林、江苏、浙江、福建、江西、河南、湖北、广东、广西、四川、贵州、云南、甘肃、台湾；俄罗斯（远东），日本，欧洲，非洲界。

取食对象：霉菌、药材、面粉、储粮、花生、禾谷类及其加工品。

## 222）锯谷盗属 *Oryzaephilus* Ganglbauer, 1899

### （518）锯谷盗 *Oryzaephilus surinamensis* (Linnaeus, 1758)（图版 XXXIV: 9）

*Dermestes surinamensis* Linnaeus, 1758: 357; Wu et al., 1978: 294; Wang et al., 1992: 47; Gao, 1993: 106; Zhu et al., 1999: 170; Löbl & Smetana, 2007: 499; Ren, 2010: 169.

识别特征：体长约 2.5 mm。扁长形；密布金黄色细毛。复眼圆突；触角 11 节，棍棒状，第 9、第 10 节宽大于长，后角圆钝。前胸背板略长方形，背面 3 条显纵脊，中脊直，侧脊弧形；侧缘各有 6 个大锯齿。鞘翅长，两侧近平行，盖住腹部末端。雄性后足腿节下侧有 1 小齿突。

地理分布：宁夏（银川、中卫、盐池、海原、隆德）、江苏、浙江、安徽、福建、江西、广东、河南、湖北、四川、贵州、陕西、台湾、香港；俄罗斯（远东），日本，土耳其，沙特阿拉伯，以色列，欧洲，非洲界。

取食对象：粮食、油料、药材、糕点、糖果、蜜饯、干菜、烟草及干肉等。

# 31. 扁甲科 Cucujidae Latreille, 1802

体长 6.0～25.0 mm。长形，背、腹面极扁，两侧平行；大部分颜色明亮，红色或黄色和黑色；被毛不明显至中度明显。头大，三角形，大多数种的后颊发达；复眼较小。触角 11 节，丝状至近于念珠状，无明显的棒节，第 3 节最长。前胸背板方形或非常横阔，较头部为小；无前角；两侧较圆，齿状或具小齿；盘区多数凹陷，近于无刻点到密刻点。鞘翅盘区扁，盖及腹端；盘上刻点迷乱，无条纹（某些种可见模糊的纵线）。腹部可见 5 个腹板，第 1 节长于第 2+3 节之和。前足基节窝开放或关闭；后足基节分离较远；跗式 5-5-5（雌）或 5-5-4（雄），前跗节雄宽雌窄。

该科全球已知 4 属 50 余种，世界性分布。成虫、幼虫见于死树皮下或仓库中，少数有捕食习性。中国已记录 2 属 4 种；本书记录宁夏 1 属 3 种。

## 223）扁谷盗属 *Cryptolestes* Ganglbauer, 1899

### （519）锈赤扁谷盗 *Cryptolestes ferrugineus* (Stephens, 1831)（图版 XXXIV: 10）

*Cucujus ferrugineus* Stephens, 1831: 223; Zhao et al., 1982: 29, 62; Zhu et al., 1999: 164; Löbl & Smetana, 2007: 503; Ren, 2010: 168.

曾用名：锈齿扁谷（祝长清等，1999；任国栋，2010）。

识别特征：体长 1.5～2.4 mm。细长，十分扁平；赤褐色，被金黄褐色细毛，光泽强。头部亚侧纵脊 2 条，彼此独立；雄性上颚外缘有 1 大齿突；触角短念珠状，约为体长的 1/2（雄）或 2/5（雌）。前胸背板倒梯形，基部远较前缘窄，雄性较雌性尤其明显。鞘翅第 1、第 2 行间各有 4 列细毛。

地理分布：宁夏（石嘴山、银川、灵武、盐池、固原、泾源）、河北、山西、内蒙古、江苏、浙江、安徽、福建、江西、山东、河南、湖北、湖南、广东、广西、海南、四川、贵州、云南、台湾、香港、澳门；俄罗斯（远东），阿富汗，也门，欧洲，非洲界，新北界。

取食对象：豆类、禾谷类、油料、油饼、干果、可可粉、香料等。

**（520）长角扁谷盗 *Cryptolestes pusillus* (Schönherr, 1817)**（图版 XXXIV: 11）

*Cucujus pusillus* Schönherr, 1817: 55; Wang et al., 1992: 46; Zhu et al., 1999: 165; Löbl & Smetana, 2007: 503; Ren, 2010: 169.

识别特征：体长 1.4～1.9 mm。短扁；黄褐色至赤褐色，光泽不明显。头部 2 亚侧脊以后横脊相连；雄性触角丝状，末端 3 节两侧近平行；雌性串珠状，不到体长的 1/2，各小节均短小。前胸背板横长方形，宽明显大于长，但雄性基部显较前缘窄。鞘翅第 1、第 2 行间各有 4 列细毛。雄性第 7 腹板基部宽圆形，第 8 腹板基部略宽于端部，第 9 腹板有突呈倒 "Y" 形斑。

地理分布：宁夏（固原、泾源、盐池）、内蒙古、福建、江西、河南、湖北、湖南、海南、澳门；日本，印度，不丹，也门，欧洲。

取食对象：豆类、禾谷类、面粉等。

**（521）土耳其扁谷盗 *Cryptolestes turcicus* (Grouvelle, 1876)**（图版 XXXIV: 12）

*Laemophloeus turcicus* Grouvelle, 1876: 33; Wu et al., 1978: 296; Wang et al., 1992: 46; Gao, 1993: 105; Zhu et al., 1999: 165; Löbl & Smetana, 2007: 504; Ren, 2010: 169.

识别特征：体长 1.5～2.2 mm。长而扁；赤褐色，光泽明显；雄性触角丝状，末端 3 节两侧端部扩展；雌性串珠状，超过体长 1/2，各小节较粗长。前胸背板近正方形，基部略较前缘窄。鞘翅第 1、第 2 行间各有 3 列细毛。雄性第 7 腹板基部窄而平直，第 8 腹板基部显宽于端部。

地理分布：宁夏（银川、固原、泾源、盐池、永宁）、内蒙古、辽宁、福建、江西、河南、湖北、湖南、海南、西藏、香港；韩国，日本，伊朗，欧洲，非洲界。

取食对象：面粉、糟、谷类、豆类、干果、香料、植物性药材等。

# 32．露尾甲科 Nitidulidae Latreille, 1802

体长 1.0～18.0 mm。倒卵圆形至长形，稍扁平；多为淡褐色至近黑色，有些有红色或黄色的斑点或条纹；背面柔毛稠密。头显露，上颚宽大，强弯。触角短，11 节，柄节及端部 3 节膨大，中间各节较细。前胸背板宽大于长。鞘翅宽大，不完全遮盖腹部，臀板或末端 2～3 节背板外露；翅面有纤毛和刻点行。腹部可见 5 个腹板。前足、中足基节横形，基前转片明显；胫节端部膨大，前足胫节外侧有锯齿状突起；跗式 5-5-5，第 3 节双叶状，第 4 节很小，第 5 节较长。

该科全球已知 11 亚科 350 属 4 500 余种，世界性分布。成虫、幼虫一般腐食性，主要以腐烂的蔬菜、过熟的水果和树液为食，尤其喜欢发酵的植物性物质，很多生活在花与菌类上，少数捕食与潜叶；约有 20 种在仓库内为害贮粮与干果，在酒坊可见其群集于酒糟上。中国已记录 11 亚科 40 余属 190 余种；本书记录宁夏 2 亚科 3 属 5 种。

## 32.1　谷露尾甲亚科 Carpophilinae Erichson, 1842

### 224）谷露尾甲属 *Carpophilus* Stephens, 1830

#### （522）细胫露尾甲 *Carpophilus* (*Carpophilus*) *delkeskampi* Hisamatsu, 1963（图版 XXXV: 1）

*Carpophilus delkeskampi* Hisamatsu, 1963: 60; Zhao et al., 1982: 60; Wang et al., 1992: 53; Zhu et al., 1999: 178; Löbl & Smetana, 2007: 466; Ren et al., 2013: 192.

识别特征：体长 2.0～4.0 mm，宽 1.5～2.0 mm。倒卵形，显隆，两侧明显向外扩展；淡至暗栗褐色，极少黑色；密布细伏毛，光亮。触角 11 节，末端 3 节锤状，第 2 节长于第 3 节。前胸背板宽大于长，侧缘弧形，基部显较端部宽。鞘翅基部与前胸背板基部近等宽，肩部和端部黄色至红黄色淡色斑不太明显，边缘界限较模糊，端部色斑外侧部分总是朝外侧后方逐渐缩小；有时雄性端斑较小且不明显，椭圆形至长卵形，位于翅缝两侧旁。臀板末端圆形（雄）或尖圆形（雌）。后胫节细长，基半部弱扩，端半部近平行。

地理分布：宁夏（青铜峡）、北京、天津、河北、山西、辽宁、吉林、黑龙江、福建、江西、广东、广西、海南、贵州、云南、甘肃、青海、新疆、台湾；俄罗斯（远东），日本，印度，非洲界。

取食对象：酒曲、曲胚、酒糟、酵母、菌类及腐败物。

#### （523）黄斑露尾甲 *Carpophilus* (*Carpophilus*) *hemipterus* (Linnaeus, 1758)（图版 XXXV: 2）

*Dermestes hemipterus* Linnaeus, 1758: 358; Wu et al., 1982: 201; Wang et al., 1992: 53; Gao, 1993: 111; Zhu et al., 1999: 179; Löbl & Smetana, 2007: 466.

曾用名：酱曲露尾甲（王希蒙等，1992）。

识别特征：体长 2.0～4.0 mm。外形与细胫露尾甲 *Dermestes hemipterus* Linnaeus, 1758 十分相似，其主要区别为：鞘翅端部淡色斑鲜明，边缘界限相当清晰，其外侧部分明显向外侧端部扩展且特大，两性同形；雄性臀板末端圆形，雌性近于直；后胫节自基部向端部明显扩大呈长三角形。

检视标本：宁夏银川（2 头，1961. VIII. 10；1 头，1976. VI；1 头，1996. VII）（IPPNX）；1 头，宁夏中宁大战场乡，1990（IPPNX）；1 头，宁夏石嘴山，1963. VIII. 9（IPPNX）。

地理分布：宁夏（银川、石嘴山、中宁）、天津、山西、内蒙古、辽宁、吉林、黑龙江、江苏、安徽、福建、江西、河南、湖北、湖南、广东、广西、四川、贵州、云南、陕西、甘肃、青海、新疆、台湾；日本，伊朗，土库曼斯坦，土耳其，黎巴嫩，沙特阿拉伯，伊拉克，以色列，约旦，欧洲，非洲界。

取食对象：酒曲、曲胚、酒糟、酵母、菌类及腐败物。

#### （524）脊胸露尾甲 *Carpophilus* (*Myothorax*) *dimidiatus* (Fabricius, 1792)（图版 XXXV: 3）

*Nitidula dimidiatus* Fabricius, 1792: 261; Wang et al., 1992: 52; Löbl & Smetana, 2007: 467; Ren, 2010: 168; Wang et al., 2012: 218.

识别特征：体长 2.0～3.5 mm。倒卵形；暗栗褐色。触角 11 节，锤状。鞘翅短，盖不住腹部，腹末端 2 节外露；鞘翅基部及端部各有 1 黄色或红黄斑。

地理分布：宁夏（全区）、河北、山西、江苏、安徽、福建、江西、山东、河南、湖北、湖南、广东、广西、四川、云南、陕西、甘肃、台湾、香港、澳门；日本，土耳其，塞浦路斯，叙利亚，伊拉克，约旦，欧洲，非洲界。

取食对象：储粮、油料、干果、发酵果实、药材等。

## 32.2　露尾甲亚科 Nitidulinae Latreille, 1802

### 露尾甲族 Nitidulini Latreille, 1802

#### 225）露尾甲属 *Nitidula* Fabricius, 1775

##### （525）四纹露尾甲 *Nitidula carnaria* (Schaller, 1783)（图版 XXXV: 4）

*Silpha carnaria* Schaller, 1783: 257; Wu et al., 1982: 200; Wang et al., 1992: 53; Gao, 1993: 111; Zhu et al., 1999: 184; Löbl & Smetana, 2007: 474.

识别特征：体长 1.6～3.5 mm。体稍宽，倒卵形，两侧近平行，背面稍隆；密布黄褐色细伏毛，前胸背板侧缘及鞘翅侧缘密生梳状毛；暗红褐色至近黑色，具弱光泽；触角基部数节及足色淡并带红色；鞘翅基部 1/4 处有 2 椭圆形或不规则的淡色斑，中部后方有 2 大形淡色斑，每侧常有 3 个颇小的淡色斑。上唇前缘中部弧形宽凹，触角沟基部明显接近；触角 11 节，第 2 节短，第 3 节等于或稍长于第 4+5 节之和。前胸背板近基部 2/5 处最宽，中部无凹陷；两侧具明显的亚侧沟，常自近基部弧形伸达端部 1/3 处；侧缘均匀弧形，不平展，前缘近于直，基部弱波弯。鞘翅长为前胸背板长的 2 倍。臀板近平伸，末端近于直，露于鞘翅末端。

地理分布：宁夏（银川）、山西、内蒙古、辽宁、黑龙江、上海、江苏、安徽、山东、河南、湖北、湖南、陕西、甘肃、青海、新疆；蒙古国，俄罗斯（东西伯利亚），乌兹别克斯坦，土库曼斯坦，吉尔吉斯斯坦，哈萨克斯坦，土耳其，黎巴嫩，塞浦路斯，欧洲，非洲界，新北界。

取食对象：粮食、饲料、中药材、生皮张、骨骼、干鱼等。

#### 226）窝胸露尾甲属 *Omosita* Erichson, 1843

##### （526）短角露尾甲 *Omosita colon* (Linnaeus, 1758)（图版 XXXV: 5）

*Silpha colon* Linnaeus, 1758: 362; Wang et al., 1992: 53; Zhu et al., 1999: 184; Löbl & Smetana, 2007: 474; Ren et al., 2013: 194.

识别特征：体长 2.0～3.5 mm。体较宽，近椭圆形，背面稍隆起；淡至暗赤褐色，光亮，密生细毛；每翅有 7 个淡红黄斑：基半部 6 个圆形淡色小斑，端半部 1 个红黄色大斑，该斑内还有 1 暗色小圆斑。触角棒状部 3 节，大而连接紧密；触角沟宽而深，互相平行或基部略接近。前胸背板中部或基部 2/5 处最宽，前缘深凹，前角向前显突，大而钝，基部 2 湾状；侧缘近弧形，宽阔平展且向上弯翘；中部基部端部各有 1 较深宽凹，近基部 2/5 两侧缘各有 1 狭纵凹。侧观臀板露外并垂直弯下，故从背观看不到臀板。第 5 腹板基部略 2 湾，末端宽凹。

地理分布：宁夏、北京、河北、山西、内蒙古、辽宁、吉林、黑龙江、江苏、浙江、山东、河南、湖北、云南、陕西、甘肃、青海、新疆；蒙古国，俄罗斯（远东、东西伯利亚），朝鲜，日本，哈萨克斯坦，土耳其，欧洲，新北界，澳洲界。

取食对象：生皮张、骨骼、玉米、高粱、谷子等禾谷类粮食。

## XII. 瓢甲总科 Coccinelloidea Latreille, 1807

后翅缺 1 个封闭径室，臀脉减少；后足基节窝被后足宽隔达 1/3 以上；后足基节间的腹突多数直截，少数宽圆；跗节减少，跗式 4-4-4 或 3-3-3；阳茎收缩时侧卧，阳茎基板退化（Coccinellidae 除外）。幼虫第 2 触角节的感觉附属物与第 3 触角节等长；气门环状；跗骨前爪单生。

在 Robertson 等（2015）的分类系统中，将原来隶属于扁甲总科的 9 个科独立出来建立了瓢甲总科，包括穴甲科 Bothrideridae、Teredidae、Euxestidae、Murmidiidae、盘甲科 Discolomatidae、皮坚甲科 Cerylonidae、薪甲科 Lathridiidae、伪薪甲科 Akalyptoischiidae、粒甲科 Alexiidae、拟球甲科 Corylophidae、Anamorphidae、伪瓢甲科 Endomychidae、Mycetaeidae、Eupsilobiidae、瓢甲科 Coccinellidae 共 15 个科。本书记录宁夏 3 科。

## 33. 穴甲科 Bothrideridae Erichson, 1845

触角的亚触角槽发达，部分具幕骨。多数种类的前胸背板具深沟或凸起的齿槽。前胸前侧片窄长；后胸后侧片强缩，融入前侧片并隐于鞘翅和前胸前侧片下面。鞘翅行间具肋或有不同程度升高。肛板扩展边缘适合于与鞘翅联锁。中足基节窝关闭；后足基节半圆形至圆形，转节高度退化并隐藏于腿节的凹内，前距不等；两性的跗式均为 4-4-4。

该科全球已知 4 亚科 380 属 400 余种，世界性分布。除 Anommatinae 亚科外，所有穴甲均发现于树皮下，与蛀木昆虫有关；Anommatinae 亚科则栖息在堆肥、森林凋落物、草屑和有机肥的土壤中；少数 Xylariophilinae 和 Teredinae 的幼虫在地上菌类中活动。中国已记录 1 亚科 5 属 7 种；本书记录宁夏 1 亚科 1 属 1 种。

### 穴甲亚科 Bothriderinae Erichson, 1845

#### 227）绒穴甲属 *Dastarcus* Walker, 1858

#### (527) 花绒穴甲 *Dastarcus longulus* Sharp, 1885（图版 XXXV: 6）

*Dastarcus longulus* Sharp, 1885: 76; Gao, 1993: 110; Wang et al., 1996: 75; Löbl & Smetana, 2007: 551.

曾用名：缢翅坚甲、花绒坚甲（高兆宁，1993）。

识别特征：体长 5.2～10.0 mm，宽 2.1～3.8 mm。体扁而坚硬，深褐色，背面覆盖鳞毛并形成条纹。头凹入胸内；复眼黑色，卵圆形；触角短小，11 节，端部膨大呈扁球形，基节膨大。头和前胸背板密布小刻点。前胸背板和鞘翅有明显的纵脊或沟槽；前胸背板前缘弧弯或弯曲，中间突出，基部窄而端部宽。鞘翅基部有缺刻，翅上有 1 椭圆形深褐色斑纹，尾部沿中缝有 1 粗"十"形斑；每翅 4 条纵沟，沟脊由粗刺组成；侧缘在后半部明显变窄。腹部腹板 7 节，基部 2 节愈合。足跗节 4 节，爪 1 对。

地理分布：宁夏（银川）、北京、河北、山西、内蒙古、辽宁、吉林、江苏、浙江、安徽、山东、河南、湖北、广东、陕西、甘肃、台湾、香港；俄罗斯（远东），朝鲜，日本。

捕食对象：幼虫捕食天牛、吉丁、象甲等蛀干幼虫和蛹，成虫不食。

# 34．瓢甲科 Coccinellidae Latreille, 1807

体长 0.8～18.0 mm。圆形至半圆形；黑色、深灰色、灰色或棕色，常具鲜艳色斑。头小，后部嵌于前胸。触角一般 11 节，锤状。鞘翅有明显的黄色、橙色或红色小黑点，这些色彩图案变化很大。腹部可见 5 个或 6 个腹板。跗节隐 4 节。

该科全球已知 2 亚科 30 族 360 属 6000 种，世界性分布。其食性大致可分为植食性、菌食性和肉食性 3 类。肉食性种类上颚具基齿，端部对裂或不分裂；背面光亮。植食性和菌食性种类上颚无基齿，端部分成许多小齿；无光泽或弱光泽。肉食性种类占总种数的 80.00% 以上，成虫、幼虫主要捕食蚜虫、蚧、粉虱、螨类等。中国已记录 98 属 725 种；本书记录宁夏 6 亚科 29 属 61 种。

## 34.1 盔唇瓢虫亚科 Chilocorinae Mulsant, 1846

### 228）盔唇瓢虫属 *Chilocorus* Leach, 1815

#### （528）红点盔唇瓢虫 *Chilocorus kuwanae* Silvestri, 1909（图版 XXXV: 7）

*Chilocorus kuwanae* Silvestri, 1909: 126; Wu et al., 1978: 310; Wu et al., 1982: 227; Wang et al., 1992: 55; Gao, 1993: 112; Löbl & Smetana, 2007: 593; Ren et al., 2009: 132.

曾用名：小赤星瓢虫（吴福桢等，1978；吴福桢等，1982）、小赤星瓢（高兆宁，1993）。

识别特征：体长 3.3～4.9 mm，宽 2.9～4.5 mm。近圆形，端部稍窄，背面拱起；体黑色，唇基前缘红棕色，鞘翅中部之前各有 1 横长形或近圆形橙红色小斑，腹部各节红褐色，第 1 节基部中央黑色。前胸背板基部弓形，前、后角钝圆，但前角窄于后角；后角内侧有 1 沿基部斜伸的斜脊，与基部形成尖角状的窄带，窄带内较光滑，无明显刻点；侧缘弧形，侧缘缝线自前角外缘连至前缘且消失于前缘中部之前。雄性第 5 腹板基部中央直而稍内凹，第 6 腹板弧形外凸而基部中央较直；雌性第 5 腹板、第 6 腹板基部弧形外凸，后者几乎完全被第 5 腹板覆盖。

检视标本：1 头，宁夏青铜峡树新，1981.VIII，任国栋采（HBUM）；2 头，宁夏泾源龙潭，1983. VIII. 14（IPPNX）；1 头，宁夏青铜峡，1985. IV，任国栋采（HBUM）；2 头，宁夏中卫沙坡头，1985. VI，任国栋采（HBUM）；2 头，宁夏中宁大战场乡，1991. VI. 22（IPPNX）。

地理分布：宁夏（银川、灵武、青铜峡、中宁、中卫、泾源、盐池）、北京、河北、辽宁、吉林、黑龙江、上海、江苏、浙江、安徽、福建、江西、山东、河南、湖北、湖南、广东、四川、贵州、云南、西藏；俄罗斯（远东），朝鲜，韩国，日本，印度，以色列，东洋界，欧洲，新北界。

捕食对象：杨牡蛎蚧、杏球蚧、桑白蚧等。

**（529）黑缘盔唇瓢虫 *Chilocorus rubidus* Hope, 1831**（图版 XXXV: 8）

*Chilocorus rubidus* Hope, 1831: 31; Wu et al., 1978: 311; Wu et al., 1982: 221; Gao, 1993: 112; Löbl & Smetana, 2007: 593; Ren et al., 2009: 134; Wang & Yang, 2010: 201; Ren, 2010: 171; Yang et al., 2011: 155.

曾用名：黑缘红瓢（高兆宁，1993）。

识别特征：体长 5.2～7.0 mm，宽 4.5～5.7 mm。近心脏形，背面明显拱起；头、前胸背板及鞘翅周缘黑色，背面中央枣红色；小盾片多黑色，枣红色与黑色分界不明显；部分越冬个体的翅缝黑色，故每翅中央枣红色而边缘渐黑色；前胸背板缘折和鞘翅缘折的外缘黑色，内缘红褐色；口器、触角及胸、腹部红褐色；足色泽较深，趋于枣红色。前胸背板两侧伸出部分刻点较粗且有白色短毛，侧缘平直，肩角及前角钝圆。鞘翅缘折宽，但无明显的下陷以容纳中、后足腿节末端。雌性第 5 腹板基部圆弧形外突，第 6 腹板几乎全被覆盖；雄性第 5 腹板基部弧形外突，第 6 腹板稍外露。跗爪基半部有 1 宽的近三角形基齿。

检视标本：3 头，宁夏海原灵光寺，1982. VII. 5，任国栋采（HBUM）；1 头，宁夏银川，1984. VII. 5，任国栋采（HBUM）；2 头，宁夏青铜峡，1985. V，任国栋采（HBUM）；2 头，宁夏盐池，1986. V，任国栋采（HBUM）；2 头，宁夏泾源二龙河，2009. VII. 7，顾欣采（HBUM）；1 头，宁夏泾源后沟，2009. VIII. 8，王兴民采（HBUM）。

地理分布：宁夏（银川、海原、盐池、青铜峡、中卫、泾源、平罗、灵武、贺兰山、罗山）、北京、天津、河北、内蒙古、辽宁、吉林、黑龙江、江苏、浙江、安徽、福建、江西、山东、河南、湖北、湖南、海南、四川、贵州、云南、西藏、陕西、甘肃；蒙古国，俄罗斯（远东、东西伯利亚），朝鲜，韩国，日本，越南，印度，尼泊尔，印度尼西亚，巴基斯坦。

捕食对象：杏球蚧、朝鲜球蚧等。

**（530）类盔唇瓢虫 *Chilocorus similis* (Rossi, 1790)**（图版 XXXV: 9）

*Coccinella similis* Rossi, 1790: 68; Löbl & Smetana, 2007: 594.

检视标本：宁夏银川（2 头，1959；1 头，1960. VII. 2；1 头，1988. V. 11；1 头，1991. VIII. 1）（IPPNX）；1 头，宁夏灵武，1960. VI（IPPNX）。

地理分布：宁夏（银川、灵武）；欧洲。

## 229）光缘瓢虫属 *Exochomus* Redtenbacher, 1843

### （531）蒙古光缘瓢虫 *Exochomus mongol* Barovskij, 1922（图版 XXXV: 10）

*Exochomus mongol* Barovskij, 1922: 291; Löbl & Smetana, 2007: 594; Ren et al., 2009: 136; Wang & Yang, 2010: 201; Ren, 2010: 172; Yang et al., 2011: 156.

识别特征：体长 4.3～5.2 mm，宽 3.6～4.1 mm。近卵圆形，半球形拱起，外缘向外平展；体黑色，触角黑褐色，鞘翅各有 2 长四边形和近圆形的红斑，腹部除基部中央外其余红褐色。头及前胸背板刻点均匀而细浅；鞘翅刻点较粗而深；腹部腹板刻点粗深，第 1 腹板中部最稀且近圆形。鞘翅缘折约为胸部 1/3 宽；后基线自腹板 3/4 处弯曲而伸达前缘。雄性第 5 腹板基部稍内凹，第 6 腹板外露而基部齐平；雌性第 5 腹板基部圆弧形突出，第 6 腹板被覆盖。

检视标本：1 头，宁夏永宁，1984. VI，任国栋采（HBUM）；2 头，宁夏盐池，1992. VII. 24（IPPNX）；1 头，宁夏固原绿塬，2008. VII. 9，王新谱采（HBUM）；3 头，宁夏彭阳挂马沟，2009. VII. 16，张闪闪采（HBUM）；1 头，宁夏泾源秋千架，2009. VII. 13，李秀敏采（HBUM）；1 头，宁夏泾源西峡，2009. VII. 13，孟祥君采（HBUM）；1 头，宁夏泾源龙潭，2009. VII. 14，孟祥君采（HBUM）；4 头，宁夏隆德峰台，2008. VII. 10，王新谱采（HBUM）；2 头，宁夏泾源后沟，2009. VIII. 8，王兴民、陈晓胜采（HBUM）；6 头，宁夏泾源白云寺，2009. VIII. 10，王兴民、陈晓胜、郝俊义采（HBUM）。

地理分布：宁夏（永宁、固原、彭阳、泾源、隆德、同心、盐池、贺兰山）、北京、河北、内蒙古、辽宁、黑龙江、江苏、浙江、安徽、山东、陕西、甘肃；蒙古国，俄罗斯（远东、东西伯利亚），朝鲜，韩国。

捕食对象：松干蚧等。

## 34.2　小毛瓢虫亚科 Scymninae Mulsant, 1846

### 小毛瓢虫族 Scymnini Mulsant, 1846

## 230）弯叶毛瓢虫属 *Nephus* Mulsant, 1846

### （532）二星小毛瓢虫 *Nephus (Bipunctatus) bipunctatus* (Kugelann, 1794)（图版 XXXV: 11）

*Scymnus bipunctatus* Kugelann, 1794: 547; Wang et al., 1992: 54; Gao, 1993: 113; Löbl & Smetana, 2007: 579.

曾用名：二星小瓢（高兆宁，1993）。

识别特征：鞘翅黑色或黑棕色，端半部翅缝和侧缘的中间有 1 圆形或稍宽的横斑，端部之前翅缝的软毛由翅缝至边缘对角形分布。前胸腹突无脉线。腹部第 1 腹板的腿节线不形成 1 个完整的半圆，其外侧不达到腹板边缘。

检视标本：5 头，宁夏同心，1963. VII. 1，徐立凡采（IPPNX）；8 头，宁夏银川，1976. V. 31（IPPNX）。

地理分布：宁夏（银川、灵武、同心）；俄罗斯（远东、东西伯利亚），阿富汗，哈萨克斯坦，欧洲。

捕食对象：刺槐、粉蚧卵等。

**（533）长斑弯叶毛瓢虫** *Nephus* (*Geminosipho*) *incinctus* **(Mulsant, 1850)**（图版 XXXV: 12）

*Scymnus incinctus* Mulsant, 1850: 959; Löbl & Smetana, 2007: 580; Ren, 2010: 174.

识别特征：鞘翅黑色或黑棕色，盘区中部有 1 大的棕黄色长斑，端部之前翅缝的软毛由翅缝至边缘对角形。前胸腹突无脉线。腹部第 1 腹板的腿节线不形成 1 个完整的半圆，其外侧不达腹板的边缘。

检视标本：1 头，宁夏泾源二龙河，2009. VIII. 7，王兴民采（HBUM）；1 头，宁夏泾源后沟，2009. VIII. 8，王兴民采（HBUM）；2 头，宁夏泾源白云寺，2009. VIII. 10，王兴民、陈晓胜采（HBUM）。

地理分布：宁夏（泾源）、北京、内蒙古、新疆；蒙古国，朝鲜，哈萨克斯坦。

**（534）圆斑弯叶毛瓢虫** *Nephus* (*Nephus*) *ryuguus* **(Kamiya, 1961)**（图版 XXXVI: 1）

*Scymnus ryuguus* Kamiya, 1961: 289; Löbl & Smetana, 2007: 581; Ren, 2010: 174.

识别特征：体长 1.9～2.3 mm，宽 1.3～1.4 mm。长卵形；体黑色；每翅中部偏后有 1 近圆形红斑；腹部色泽较浅；足棕色。

检视标本：3 头，宁夏泾源二龙河，2009. VIII. 7，王兴民、陈晓胜、郝俊义采（HBUM）；5 头，宁夏泾源白云寺，2009. VIII. 10，王兴民、陈晓胜、郝俊义采（HBUM）。

地理分布：宁夏（泾源）、江苏、福建、广东、广西、海南、四川、贵州、陕西；日本，印度。

捕食对象：柑橘粉蚧、大红花粉蚧等。

## 231）小毛瓢虫属 *Scymnus* Kugelann, 1794

**（535）套矛毛瓢虫** *Scymnus* (*Neopullus*) *thecacontus* **Ren & Pang, 1993**

*Scymnus* (*Neopullus*) *thecacontus* Ren & Pang, 1993: 6; Löbl & Smetana, 2007: 584; Chen et al., 2014: 310.

识别特征：体长 1.7～1.9 mm。体较拱；前胸背板黑色，前角棕色；或前胸背板棕色，具黑斑；鞘翅棕色，具黑色区域；或鞘翅黑色，端部棕色。后基线被不规则的刻点环绕。

地理分布：宁夏（泾源）、湖北、河南、云南。

**（536）钩端拟小瓢虫** *Scymnus* (*Parapullus*) *aduncatus* **Chen, Ren & Wang, 2012**（图版 XXXVI: 2）

*Scymnus* (*Parapullus*) *aduncatus* Chen, Ren & Wang, 2012: 30.

识别特征：体长 2.3～2.6 mm，宽 1.6～1.7 mm。长卵形，较拱；背面具黄白色细毛；头黄色，基部砖红色；复眼黑色；前胸背板黄白色，中部栗色；小盾片黑色；鞘翅黑色，端部 1/6 黄色。头小，刻点比小眼面细，具稀疏银色细毛；复眼小且近圆形，小眼面粗糙。前胸背板刻点细且稀疏。鞘翅刻点稠密。腹部后基线不完整，明显向腹节基部弯转。

地理分布：宁夏（泾源）。

**（537）锤囊拟小瓢虫 *Scymnus (Parapullus) malleatus* Chen, Ren & Wang, 2012**（图版 XXXVI：3）

*Scymnus (Parapullus) malleatus* Chen, Ren & Wang, 2012: 24.

识别特征：体长约 2.3 mm，宽约 1.7 mm。长卵形，较拱；背面具金黄色细毛；头、触角、口器棕黄色；前胸背板、小盾片和鞘翅红棕色；腹面棕黄色，后胸腹板红棕色。头小，刻点与小眼面类似，具金黄色毛；复眼小。前胸背板刻点细。鞘翅刻点稠密。腹部后基线不完整。

地理分布：宁夏（泾源）。

**（538）锈色小瓢虫 *Scymnus (Pullus) dorcatomoides* Weise, 1879**（图版 XXXVI：4）

*Scymnus dorcatomoides* Weise, 1879: 151; Löbl & Smetana, 2007: 585; Ren, 2010: 176.

识别特征：体长 1.6～1.9 mm，宽 0.8～1.3 mm。长卵形，较拱起；被淡黄色细毛；头黄棕色；前胸背板黄棕色或中基部红棕色；足红棕色。前胸腹板两纵隆线自基部近于平行伸至 2/3 处开始变窄，连成半圆形的弧而未达前胸腹板前缘。

检视标本：28 头，宁夏泾源二龙河，2009. VIII. 7，王兴民、陈晓胜、郝俊义采（HBUM）；1 头，宁夏泾源后沟，2009. VIII. 8，王兴民采（HBUM）；10 头，宁夏泾源白云寺，2009. VIII. 10，王兴民、陈晓胜、郝俊义采（HBUM）。

地理分布：宁夏（泾源）、福建、河南、湖北、四川、台湾；俄罗斯（远东），朝鲜，韩国，日本，越南，东洋界。

**（539）河源小瓢虫 *Scymnus (Pullus) heyuanus* Yu, 2000**

*Scymnus (Pullus) heyuanus* Yu, 2000: 179; Löbl & Smetana, 2007: 586; Ren, 2010: 176.

识别特征：体长约 2.5 mm，宽约 1.7 mm。长卵形，背面较拱；黄褐色，前胸背板有三角形小黑斑，其向前伸至前胸背板 4/5 处；小盾片黑色；鞘翅黑色，端部 1/10 黄褐色，颜色分界明显、倾斜；前胸腹突、中、后胸部、鞘翅缘折、第 1 腹板基部中叶黑色；中足、后足基节黑色。额近平，刻点粗糙，唇基前缘弱弯，上颚须末节外侧扩展、明显倾斜；复眼间距略窄于头宽的 1/2，复眼两侧边缘拱起，向后明显分开；前胸背板刻点与头部相似。鞘翅刻点略粗，翅缝无粗刻点沟，软毛强"S"形排列。第 1 腹板后基线较直，完整；第 5 腹板基部近于直，弱凸，第 6 腹板端部弱拱。

检视标本：71 头，宁夏泾源后沟，2009. VIII. 8，王兴民、陈晓胜、郝俊义采（HBUM）；1 头，宁夏泾源白云寺，2009. VIII. 10，王兴民采（HBUM）。

地理分布：宁夏（泾源）、云南。

**（540）六盘山小瓢虫 *Scymnus (Pullus) liupanshanus* Chen & Ren, 2015**（图版 XXXVI：5）

*Scymnus (Pullus) liupanshanus* Chen & Ren in Chen et al., 2015: 314.

识别特征：体长约 1.8 mm，宽约 1.2 mm。卵形，较拱；红褐色，背面被白色毛；中、后胸腹板黑色。额刻点细；小眼面稠密，眼间距是头宽的 2/5 多。前胸背板刻点大于头部；前胸腹突梯形，侧缘隆线明显，伸至第 1 腹板前缘，基半部明显收敛。鞘翅刻点粗密且明显大于前胸背板，基部近翅缝有具 2 列粗刻点。腹部后基线几乎到达第 1 腹板基部；雄性第 5 腹板基部圆。

地理分布：宁夏（泾源）。

### （541）哑铃小瓢虫 *Scymnus (Pullus) yaling* Yu, 1999

*Scymnus (Pullus) yaling* Yu, 1999: 66; Löbl & Smetana, 2007: 589.

识别特征：体长 1.8～2.0 mm。卵形，中度拱起；黑色，被棕黄色毛；口器棕色，每翅 1 个哑铃形棕色大斑，翅尖棕色，与黑色区域分界不清；足棕黄色，腿节基部色稍深。鞘翅刻点比前胸背板粗而疏。前胸腹板两纵隆线稍向前变窄。后基线完整，基部达第 1 腹板的 3/4 处；后基线内侧刻点较细，外侧刻点稍粗大；雄性第 5 腹板基部圆突，第 6 腹板基部中央近于直。

地理分布：宁夏（泾源）、山西、河南。

### （542）长毛小毛瓢虫 *Scymnus (Scymnus) crinitus* Fürsch, 1966

*Scymnus crinitus* Fürsch, 1966: 40; Löbl & Smetana, 2007: 589; Ren, 2010: 177; Chen et al., 2013: 460.

识别特征：体长 1.9～2.1 mm，宽 1.4～1.5 mm。卵形，较拱起；棕色，被较粗淡黄色毛；前胸背板基部有 1 三角形黑斑；小盾片、鞘翅黑色；中、后胸及腹基部黑色。前胸腹板两纵隆线窄，伸达前缘，稍向前收缩。后基线不完整，达第 1 腹板的 4/5 处；第 6 腹板基部圆突，雄性中央浅凹。

检视标本：2 头，宁夏泾源白云寺，2009. VIII. 10，王兴民、陈晓胜采（HBUM）。

地理分布：宁夏（泾源）、河北、河南、湖北、四川、甘肃；伊朗，土耳其，黎巴嫩。

### （543）四斑小毛瓢虫 *Scymnus (Scymnus) frontalis* (Fabricius, 1787)（图版 XXXVI: 6）

*Coccinella frontalis* Fabricius, 1787: 60; Wang et al., 1992: 54; Löbl & Smetana, 2007: 589.

识别特征：体长 2.7～2.9 mm，宽 2.0～2.2 mm。长椭圆形，弧形扁拱；被金黄色密毛；雄性头部红黄色，雌性黑色，触角、口器红黄色；复眼黑色；前胸背板黑色，雄性前角有四边形红黄斑并伸至缘折，前缘红黄色且与 2 个斑连接；小盾片黑色或黑红色；鞘翅黑色，各有 2 红黄斑；腹面黑色至黑褐色；足红褐色；头上刻点粗稀较深，前胸背板均匀细密且较浅，小盾片最细密，鞘翅最深，胸部腹面及腹部粗深。前胸背板前角下弯，后角明显直角形，有明显凹槽；前缘较宽较深凹入，外缘直，基部两侧直，中部后凸。小盾片近相等边三角形。鞘翅长，肩胛明显突起，外缘波弯；外缘线隆起至端末，具纵槽，在 2/3 处消失；外缘基部 2/3 近于直，端部向内弧弯，腹部端末外露。雄性第 5 腹板基部中叶半圆形凹，内生 1 密毛，第 6 腹板近于直；雌性第 5 腹板基部圆突，第 6 腹板不外露。爪二分裂，大小近似。

地理分布：宁夏（海原）、北京、河北、黑龙江、福建、江西、山东、河南、湖北、陕西、新疆；俄罗斯（远东、东西伯利亚），欧洲。

捕食对象：槐蚜、棉蚜等。

**（544）施氏小毛瓢虫 *Scymnus (Scymnus) schmidti* Fürsch, 1958**（图版 XXXVI: 7）

*Scymnus schmidti* Fürsch, 1958: 85; Löbl & Smetana, 2007: 591; Chen et al., 2013: 435.

*Scymnus mimulus* Capra & Fürsch, 1967: 221; Ren et al., 2009: 90; Ren, 2010: 177.

识别特征：体长 2.7～2.9 mm，宽 2.0～2.2 mm。长卵圆形，弧拱；被金黄色细毛；雄性头部红黄色，雌性黑色，触角、口器红黄色；复眼黑色；前胸背板黑色，雄性前角有四边形红黄斑，前缘红黄色且与此斑相连；小盾片黑或黑红色；鞘翅黑色，各有 2 红黄斑，有时后斑消失，前斑缩小；腹面黑至黑褐色；足红褐色。

地理分布：宁夏（海原、贺兰山）、河北、黑龙江、浙江、福建、江西、山东、河南、湖北、贵州、陕西、甘肃、新疆；俄罗斯（西伯利亚），阿富汗，土耳其，欧洲。

捕食对象：茶蚜、棉蚜、槐蚜。

## 食螨瓢虫族 Stethorini Dobrzhanskiy, 1924

## 232）食螨瓢虫属 *Stethorus* Weise, 1885

**（545）深点食螨瓢虫 *Stethorus (Stethorus) pusillus* (Herbst, 1797)**（图版 XXXVI: 8）

*Scymnus pusillus* Herbst, 1797: 346; Löbl & Smetana, 2007: 592.

*Scymnus punctillum* Weise, 1891: 391; Gao, 1993: 113; Löbl & Smetana, 2007: 592; Ren et al., 2009: 50; Ren, 2010: 177.

曾用名：深点食螨瓢（高兆宁，1993）。

识别特征：体长 1.3～1.4 mm，宽 1.0～1.1 mm。卵圆形，匀称，中部最宽；黑色，口器及触角黄褐色，唇基有时黄褐色；足腿节基部黑褐色，腿节端部、胫节及跗节黄褐色。后基线宽弧形，完整，基部达腹板的 1/2 处；雄性第 6 腹板基部中央内凹，雌性弧形外突。

检视标本：10 头，宁夏银川，1963. V. 21（IPPNX）。

地理分布：宁夏（海原、中卫、永宁、银川）、河北、辽宁、黑龙江、江苏、浙江、福建、江西、山东、河南、湖北、广西、四川、贵州、陕西、甘肃、新疆；蒙古国，俄罗斯（远东、东西伯利亚），日本，伊朗，乌兹别克斯坦，吉尔吉斯斯坦，哈萨克斯坦，土耳其，伊拉克，以色列，欧洲，非洲界，新北界。

捕食对象：红蜘蛛等。

## 34.3　瓢虫亚科 Coccinellinae Latreille, 1807

## 瓢虫族 Coccinellini Latreille, 1807

## 233）大丽瓢虫属 *Adalia* Mulsant, 1846

**（546）二星瓢虫 *Adalia (Adalia) bipunctata* (Linnaeus, 1758)**（图版 XXXVI: 9）

*Coccinella bipunctata* Linnaeus, 1758: 364; Wu et al., 1978: 314; Wu et al., 1982: 224; Gao, 1993: 112; Wang et al., 2007: 32; Löbl & Smetana, 2007: 602; Yu, 2010: 34; Wang & Yang, 2010: 199; Ren, 2010: 170; Yang et al., 2011: 155.

曾用名：二星瓢（高兆宁，1993）。

识别特征：体长 4.5～5.3 mm，宽 3.1～4.0 mm。长卵形，半圆形拱起；黑色，背面光裸；唇基白色，上唇黑褐色，紧靠复眼内侧有 1 近半圆形黄白色斑，触角黄褐色；前胸背板黄白色，有 1 "M" 形黑斑；鞘翅橘红色至黄褐色，中央 2 个横长形黑斑；前胸背板及鞘翅缘折橙黄色；腹部外缘、跗节黑褐色。头、前胸背板及鞘翅刻点均匀细密；复眼近椭圆形，三角形凹入。唇基前缘直，上唇肥厚，前缘直；触角粗壮，11 节。前胸背板前缘深凹，基部中叶突出；前角尖，后角圆。小盾片三角形。鞘翅中部较宽，肩角钝圆，不上翻，端角尖。腹部基半部及端末刻点稀而深；雄性第 5 腹板基部直，第 6 腹板基部中叶弧凹；雌性第 5 腹板基部中叶舌形突出，第 6 腹板基部尖弧形突出。足较长，跗爪端部不对裂，爪间中部有尖齿。

检视标本：1 头，宁夏永宁，1984. VI，任国栋采（HBUM）；3 头，宁夏银川，1985. IV，任国栋采（HBUM）；5 头，宁夏青铜峡树新，1985. IV，任国栋采（HBUM）；4 头，宁夏中卫沙坡头，1985. IV，任国栋采（HBUM）；2 头，宁夏贺兰山小口子，2100 m，1987. V，任国栋采（HBUM）；2 头，宁夏海原，1987. VII. 24，任国栋采（HBUM）；2 头，宁夏彭阳挂马沟，2009. VII. 11，冉红凡、张闪闪采（HBUM）；1 头，宁夏泾源二龙河，2009. VII. 4，赵小林采（HBUM）；1 头，宁夏隆德峰台，2009. VII. 10，孟祥君采（HBUM）；1 头，宁夏泾源后沟，2009. VIII. 8，王兴民采（HBUM）。

地理分布：宁夏（银川、中宁、中卫、平罗、灵武、永宁、青铜峡、盐池、隆德、海原、彭阳、泾源、固原、贺兰山、罗山）、北京、河北、山西、内蒙古、辽宁、吉林、黑龙江、江苏、浙江、福建、江西、山东、湖北、四川、云南、西藏、陕西、甘肃、新疆；蒙古国，俄罗斯（远东），日本，印度，阿富汗，伊朗，塔吉克斯坦，土库曼斯坦，吉尔吉斯斯坦，黎巴嫩，叙利亚，伊拉克，以色列，约旦，欧洲，非洲界，澳洲界，新北界，新热带界。

捕食对象：枸杞蚜、桃粉蚜、棉蚜、麦二叉蚜、槐蚜、枸杞木虱等。

## 234）异斑瓢虫属 *Aiolocaria* Crotch, 1871

### （547）六斑异瓢虫 *Aiolocaria hexaspilota* (Hope, 1831)（图版 XXXVII: 1）

*Coccinella hexaspilota* Hope, 1831: 31; Löbl & Smetana, 2007: 606; Yu, 2010: 136; Ren, 2010: 170.

曾用名：奇变瓢虫（高兆宁，1993）。

识别特征：体长 9.7～10.2 mm，宽 8.6～8.7 mm。宽卵形，圆弧形拱起；体黑色，背面光裸；触角深褐色，端末黑褐色；前胸背板两侧各 1 大黄斑；鞘翅浅红褐色，有黑色斑纹；腹部外缘黄褐色。头上刻点粗且稀；唇基圆弧形深凹，上唇前缘弧凹；复眼较大，近圆形；触角 11 节，长于额宽。前胸背板、小盾片和鞘翅刻点均匀细密，鞘翅外缘稀疏、圆形、深粗；前胸背板前缘深凹，前角尖锐；外缘端部斜直，基部弧形。小盾片三角形。鞘翅肩角宽圆伸；肩宽达胸宽 1/3 以上。雄性第 5 腹板基部直，第 6 腹板基部直，中央浅凹；雌性第 5 腹板基部近于直，第 6 腹板基部尖圆突出。爪完整，具基齿。

检视标本：2 头，宁夏泾源六盘山，1995. VI. 13，林 92–IV 组采（HBUM）；1 头，

宁夏泾源西峡，2008. VII. 22，吴琦琦采（HBUM）；1头，宁夏泾源二龙河，2009. VII. 4，王新谱采（HBUM）；10头，宁夏泾源西峡，2009. VII. 5，王新谱、杨晓庆采（HBUM）；1头，2008. VII. 13，宁夏泾源秋千架，李秀敏采（HBUM）；1头，宁夏泾源龙潭，2008. VI. 19，任国栋采（HBUM）；1头，宁夏泾源白云寺，2009. VIII. 10，王兴民采（HBUM）。

地理分布：宁夏（泾源）、北京、河北、山西、内蒙古、辽宁、吉林、黑龙江、浙江、福建、河南、湖北、湖南、广东、四川、贵州、云南、西藏、陕西、甘肃、青海、新疆、台湾；俄罗斯（远东、东西伯利亚），朝鲜，韩国，日本，印度，缅甸，尼泊尔，巴基斯坦。

捕食对象：蚜虫类。

## 235）异点瓢虫属 *Anisosticta* Chevrolat, 1836

### （548）展缘异点瓢虫 *Anisosticta kobensis* Lewis, 1896（图版 XXXVII: 2）

*Anisosticta kobensis* Lewis, 1896: 25; Löbl & Smetana, 2007: 600; Yu, 2010: 13.

*Coccinella novemdecimpunctata* Linnaeus, 1758: 366; Gao, 1993: 112.

曾用名：十九星瓢（高兆宁，1993）。

识别特征：体长 3.8～4.1 mm。长形，扁拱；黄白色至深黄色。头基部具相连的 2 个黑斑。前胸背板具 6 个小黑斑，有时两侧的斑纹变小或消失。鞘翅有 19 个黑斑，位于小盾片处的构成缝斑；有时鞘翅上的斑纹会消失。腹面黑色，鞘翅缘折及腹面外缘黄色至黄棕色；有时腹板除基部外为黄棕色；雌性第 6 腹板基部中央明显倒"U"形内凹，达腹板长的 4/5 处，雄性呈宽浅的倒"V"形。

地理分布：宁夏（平罗、银川、青铜峡）、北京、天津、河北、内蒙古、黑龙江、江苏、浙江、江西、山东、河南、湖北、湖南、陕西、新疆；俄罗斯（远东、东西伯利亚），朝鲜，韩国，日本，以色列，欧洲，非洲界。

捕食对象：多种蚜虫。

### （549）隆缘异点瓢虫 *Anisosticta terminassianae* Bielawski, 1959（图版 XXXVII: 3）

*Anisosticta terminassianae* Bielawski, 1959: 851; Löbl & Smetana, 2007: 600; Yu, 2010: 14.

识别特征：体长 3.7～4.5 mm，宽 1.9～2.0 mm。体长形，背面弱拱，鞘翅两侧近平行；体背黄褐色；头顶 2 个在基部相连的黑斑；前胸背板具前、后 2 排 6 个近圆形黑斑；小盾片黄褐色，侧边黑色；每翅 9 个黑斑，有时变小，甚至全部消失；腹面黄褐色，中胸、后胸黑色；腹部第 1～3 节黑色，两侧黄褐色；足黄褐色。雄性第 6 腹板基部圆突，雌性基部中央弱凹，腹板下面明显可见 1 个倒"U"形膜状结构。

地理分布：宁夏（平罗、银川）、北京、河北、上海、福建、河南、甘肃；蒙古国，俄罗斯（东西伯利亚）。

## 236）裸瓢虫属 *Calvia* Mulsant, 1846

### （550）十四星裸瓢虫 *Calvia quatuordecimguttata* (Linnaeus, 1758)（图版 XXXVII: 4）

*Coccinella quatuordecimguttata* Linnaeus, 1758: 367; Löbl & Smetana, 2007: 607; Yu, 2010: 57; Ren, 2010: 171.

识别特征：体长 5.1～7.1 mm，宽 4.1～5.8 mm。宽卵形，圆形拱起；头黄褐色，复眼黑色，口器、触角红褐色；前胸背板有 5 个白斑；小盾片黄白色；鞘翅 7 个白斑，外缘及翅中缝具白色窄纹；腹面边缘浅黄色，中部深黄色至红褐色；足深黄色。头被较稀细毛，刻点稀小；触角 11 节，长约为复眼间额宽 2 倍，锤部各节结合不紧，端节显大。前胸背板显宽，后角前最宽且靠近外缘有长形下凹；前缘近梯形凹入，中部略凸，外缘、基部缓弧形；前角钝圆，后角圆形；有稠密的细刻点。小盾片扁三角形。鞘翅基部 1/3 最宽，肩胛显突；前缘弱凹，肩圆，端钝。雄性第 5 腹板基部直，第 6 腹板基部中叶圆形凹入；雌性第 5 腹板基部弱凸，第 6 腹板基部中叶突出。足长大；爪完整，有宽大基齿。

检视标本：1 头，宁夏银川，1980. VI. 5（HBUM）；1 头，宁夏永宁，1984. V. 8（HBUM）；1 头，宁夏泾源六盘山，1996. VI. 12，林 93–II 组采（HBUM）；1 头，宁夏泾源西峡，2009. VII. 13，孟祥君采（HBUM）；2 头，宁夏泾源龙潭，2009. VII. 4，冉红凡采（HBUM）；2 头，宁夏泾源龙潭，2009. VII. 4，王新谱采（HBUM）；1 头，宁夏泾源二龙河，2009. VIII. 7，王兴民采（HBUM）；1 头，宁夏泾源白云寺，2009. VIII. 10，王兴民采（HBUM）。

地理分布：宁夏（泾源、银川、永宁）、河北、内蒙古、吉林、福建、山东、河南、湖北、湖南、广东、广西、四川、贵州、云南、西藏、陕西、甘肃、台湾；蒙古国，俄罗斯（远东、东西伯利亚），朝鲜，韩国，日本，印度，尼泊尔，不丹，哈萨克斯坦，土耳其，欧洲，新北界。

捕食对象：蚜虫。

**（551）链纹裸瓢虫 *Calvia sicardi* Mader, 1930**（图版 XXXVII: 5）

*Calvia sicardi* Mader, 1930: 163; Löbl & Smetana, 2007: 608; Yu, 2010: 55; Ren, 2010: 171.

识别特征：体长 5.6～6.5 mm。宽卵形，半球形拱起；头黄褐色至浅黄色，无斑纹。前胸背板黄褐色，外侧各有 1 环形大斑，中间有时有 1 形纵斑。每翅内、外侧各 1 条由 2 个椭圆形的环组成“8”形的白色链形条纹，并在鞘翅端角部分与 1 个四边形或近圆形的环相连。腹面和足黄褐色。

检视标本：1 头，宁夏泾源二龙河，2009. VII. 19，王新谱采（HBUM）。

地理分布：宁夏（泾源）、安徽、福建、河南、湖北、湖南、广东、广西、重庆、四川、贵州、云南、陕西、甘肃。

## 237）突角瓢虫属 *Ceratomegilla* Crotch, 1873

**（552）黑斑突角瓢虫 *Ceratomegilla* (*Ceratomegilla*) *potanini* (Weise, 1889)**（图版 XXXVII: 6）

*Semiadalia potanini* Weise, 1889: 650; Löbl & Smetana, 2007: 609; Ren et al., 2009: 174; Ren, 2010: 173.

*Asemiadalia lixianensis* Jing, 1986: 206; Ren, 2010: 173.

曾用名：理县突角瓢虫（任国栋，2010）。

识别特征：体长 4.6～5.7 mm，宽 3.3～3.7 mm。长卵形；有光泽。头黑色；雄性复眼间 1 白横斑，雌性近三角形。前胸背板黄色，基半部的黑斑从中部向前伸出 2

个的纵带斑。小盾片黑色。鞘翅黄色，小盾片下有 1 "＋" 形黑斑，沿鞘翅下伸呈条斑；此外，每翅还有 5 个斑：端斑有时横卵形，其余各斑方形或长方形并彼此连接成网状。

检视标本：1 头，宁夏泾源六盘山，1996. VI. 7，林 93 采（HBUM）；63 头，宁夏泾源二龙河，2009. VIII. 7，王兴民、陈晓胜、郝俊义采（HBUM）；46 头，宁夏泾源后沟，2009. VIII. 8，王兴民、陈晓胜、郝俊义采（HBUM）；87 头，宁夏泾源白云寺，2009. VIII. 10，王兴民、陈晓胜、郝俊义采（HBUM）；56 头，宁夏泾源西峡，2008. VI. 27，李秀敏、冉红凡、吴琦琦采（HBUM）；32 头，宁夏泾源秋千架，2008. VII. 13，李秀敏、冉红凡、吴琦琦采（HBUM）；9 头，宁夏泾源和尚铺，2008. VII. 10，王新谱、刘晓丽采（HBUM）；22 头，宁夏泾源二龙河，2008. VII. 19，王新谱、冉红凡、吴琦琦采（HBUM）；15 头，宁夏彭阳挂马沟，2008. VII. 11，李秀敏、冉红凡、吴琦琦采（HBUM）；2 头，宁夏泾源王化南，2008. VII. 19，王新谱、冉红凡采（HBUM）；2 头，宁夏隆德峰台，2008. VI. 29，王新谱、李秀敏采（HBUM）；7 头，宁夏固原绿塬，2008. VII. 10，王新谱、吴琦琦采（HBUM）；18 头，宁夏泾源王化南，2009. VII. 20，冉红凡采（HBUM）；16 头，宁夏泾源二龙河，2009. VII. 7，顾欣采（HBUM）；2 头，宁夏泾源红峡，2009. VII. 9，王新谱采（HBUM）；1 头，宁夏彭阳挂马沟，2009. VII. 11，李秀敏采（HBUM）；2 头，宁夏固原开城，2009. VII. 16，王新谱采（HBUM）。

地理分布：宁夏（彭阳、泾源、隆德、固原）、江苏、湖北、四川、云南、西藏、陕西、甘肃。

捕食对象：蚜虫等。

## 238）瓢虫属 Coccinella Linnaeus, 1758

### （553）华日瓢虫 Coccinella (Coccinella) ainu Lewis, 1896（图版 XXXVII: 7）

Coccinella ainu Lewis, 1896: 27; Löbl & Smetana, 2007: 610; Ren et al., 2009: 184; Yang et al., 2011: 156.

识别特征：体长 4.3～5.6 mm，宽 3.5～4.4 mm。长卵圆形，弧形拱起；体黑色，背面光裸；触角、口器深褐色或黑色；前胸背板前缘有微黄色窄条，两侧边缘暗黄色；鞘翅血红色或橙红色，共有 11 个大小不一的黑色圆斑：外缘 6 个小，中间 5 个大。

地理分布：宁夏（同心）、辽宁、黑龙江、湖北、陕西、甘肃、新疆；俄罗斯（远东、东西伯利亚），朝鲜，韩国，日本。

捕食对象：蚜虫。

### （554）纵条瓢虫 Coccinella (Coccinella) longifasciata Liu, 1962（图版 XXXVII: 8）

Coccinella longifasciata Liu, 1962: 265; Löbl & Smetana, 2007: 611; Yu, 2010: 114; Ren, 2010: 171.

识别特征：体长 4.5～5.0 mm，宽 3.2～3.8 mm。卵圆形，扁平拱起；体黑色，上颚外侧黄色，紧靠复眼内侧各 1 黄斑，复眼下部内凹处有小黄斑，与眼侧大斑相连；触角黑褐色；前胸背板前缘、前角、侧缘有黄色条纹；鞘翅黄色，自基部沿肩胛有较宽的黑色纵条；小盾片下沿鞘翅另有 1 黑色纵条；腹面被白毛，中胸、后胸腹板的后侧片黄色；雄性前足基节偏黄。头及鞘翅的刻点比前胸背板粗深；鞘翅外缘细窄的隆起，内侧无粗刻点和纵槽；后基线外支不达腹板前缘。雄性第 5 腹板基部内凹，中间下斜，第 6 腹板有月牙形横凹，基部内凹并弱上翻；雌形第 5 腹板基部齐平，第 6 腹板基部圆形外凸。

检视标本：1 头，宁夏海原灵光寺，1986. VIII. 25，任国栋采（HBUM）；1 头，宁夏泾源二龙河，1993. V. 24，靳海涛采（HBUM）。

地理分布：宁夏（泾源、海原）、内蒙古、吉林、四川、西藏、甘肃、青海、新疆；蒙古国，俄罗斯（远东、东西伯利亚）。

捕食对象：蚜虫。

**（555）七星瓢虫 Coccinella (Coccinella) septempunctata Linnaeus, 1758**（图版 XXXVII: 9）

*Coccinella septempunctata* Linnaeus, 1758: 365; Wu et al., 1978: 311; Wang et al., 1992: 55; Gao, 1993: 112; Löbl & Smetana, 2007: 612; Yu, 2010: 106; Wang & Yang, 2010: 200; Ren, 2010: 171; Yang et al., 2011: 155.

曾用名：七星瓢（高兆宁，1993）。

识别特征：体长 5.2～7.0 mm，宽 4.0～5.6 mm。卵圆形，半球形拱起；体黑色，背面光裸；唇基前缘有窄黄条，上颚外侧黄色，额与复眼相连的边缘上各 1 淡黄色圆斑；复眼内侧凹入处各 1 淡黄色小点，有时与上述黄斑相连；触角栗褐色；前胸背板前角各 1 四边形淡黄大斑并伸展到缘折上形成窄条；鞘翅红色或橙黄色，有 7 个黑斑，基部靠小盾片两侧各 1 三角形小白斑。头上刻点均匀细小。前胸背板前缘中部凹，侧缘有明显隆线；前角尖，后角钝；基部较宽，有稠密的细刻点。雄性第 5 腹板基部浅中凹，第 6 腹板基部直，中部横凹，基上缘有 1 排长毛；雌性第 5 腹板基部直，第 6 腹板基部凸。足密生细毛，胫节末端内侧 2 距；爪基部有大齿。

检视标本：2 头，宁夏海原，1989. VII. 24，任国栋采（HBUM）；2 头，宁夏西吉，1989. VII. 25，任国栋采（HBUM）；1 头，宁夏贺兰山，1990. VI. 24，任国栋采（HBUM）；宁夏泾源（20 头，1995. VI. 14，林 92–VI 组采；18 头，1996. VI. 6，林 92–I 组采）（HBUM）；2 头，宁夏泾源小南川，1996. VI. 14，马广滔采（HBUM）；宁夏泾源龙潭（86 头，1996. VI. 8，林 92–I 组采；106 头，2009. VII. 4，周善义、孟祥君采）（HBUM）；31 头，宁夏泾源西峡，2009. VII. 4，周善义、孟祥君采（HBUM）；22 头，宁夏彭阳挂马沟，2009. VII. 11，冉红凡、张闪闪采（HBUM）；11 头，宁夏隆德峰台，2009. VII. 10，孟祥君采（HBUM）；24 头，宁夏泾源龙潭，2009. VII. 4，周善义、孟祥君采（HBUM）；宁夏泾源二龙河（3 头，1996. VI. 17，2100 m，赵瑞采；19 头，2009. VIII. 7，王兴民、陈晓胜、郝俊义采）（HBUM）；57 头，宁夏泾源后沟，2009. VIII. 8，王兴民、陈晓胜、郝俊义采（HBUM）；75 头，宁夏泾源白云寺，2009. VIII. 10，王兴民、陈晓胜、郝俊义采（HBUM）；2 头，宁夏泾源二龙河，2014. VII. 16，白玲、王娜采（HBUM）；1 头，宁夏泾源东山坡，2014. VII. 18，白玲采（HBUM）。

地理分布：宁夏（全区）、全国分布；蒙古国，俄罗斯（远东），朝鲜，韩国，日本，印度（包括锡金），尼泊尔，不丹，克什米尔，巴基斯坦，阿富汗，伊朗，中亚，科威特，黎巴嫩，塞浦路斯，沙特阿拉伯，叙利亚，伊拉克，以色列，约旦，埃及，欧洲，非洲界，新北界。

捕食对象：枸杞蚜、槐蚜、松蚜、麦蚜、豆蚜、枸杞木虱等。

**（556）横斑瓢虫 *Coccinella (Coccinella) transversoguttata transversoguttata* Faldermann, 1835**（图版 XXXVII: 10）

*Coccinella transversoguttata* Faldermann, 1835: 454; Wu et al., 1978: 312; Wang et al., 1992: 55; Löbl & Smetana, 2007: 612; Yu, 2010: 113; Wang & Yang, 2010: 200; Ren, 2010: 171; Yang et al., 2011: 155.

*Coccinella geminopunctata* Liu, 1962: 268; Liu, 1963: 38; Gao, 1993: 112; Ren, 2010: 171.

曾用名：九星瓢虫（吴福桢等，1978；高兆宁，1993）、李斑瓢（高兆宁，1993）、李斑瓢虫（任国栋，2010）。

识别特征：体长 6.0～7.2 mm，宽 4.5～5.4 mm。卵圆形，扁平拱起；体黑色，唇基前缘有时具黄色窄条，上颚外侧黄色，近复眼处各 1 黄白色大斑；复眼内凹处各 1 黄白色小斑；触角黑褐色。前胸背板前角各 1 四边形或近三角形的黄白斑；每翅 5 个黑斑；腹面有白色细毛；中胸、后胸后侧片及后胸前侧片端部黄白色。头上刻点较深而明显。前胸背板和鞘翅刻点稍浅。鞘翅外缘稍隆起，肩角之后最宽，向后细窄，内有纵槽，刻点稍粗稍稀。后基线内支接近腹板基部，外支不达前缘且与前角有相当距离；雄性第 5 腹板基部浅宽凹，雌性直；雄性第 6 腹板基部全部较深内凹，雌性圆形外凸。

检视标本：宁夏隆德（16 头，1960. VI. 2；7 头，1980. V. 9）（IPPNX）；1 头，宁夏同心罗山，1984. VIII. 2（IPPNX）；19 头，宁夏泾源龙潭林场，1990. VII. 21（IPPNX）；2 头，宁夏泾源小南川，1994. VIII. 9（IPPNX）；3 头，宁夏泾源六盘山小南川，1999. VIII. 9（IPPNX）；33 头，宁夏泾源东山坡，2009. VII. 11，王新谱、赵小林采（HBUM）；10 头，宁夏泾源西峡，2009. VII. 4，周善义、孟祥君采（HBUM）；5 头，宁夏彭阳挂马沟，2009. VII. 11，冉红凡、张闪闪采（HBUM）；1 头，宁夏隆德峰台，2009. VII. 10，孟祥君采（HBUM）；4 头，宁夏泾源龙潭，2009. VII. 4，周善义、孟祥君采（HBUM）；2 头，宁夏泾源二龙河，2009. VIII. 7，王兴民、陈晓胜采（HBUM）；2 头，宁夏泾源后沟，2009. VIII. 8，王兴民、陈晓胜采（HBUM）；3 头，宁夏泾源白云寺，2009. VIII. 10，王兴民、陈晓胜、郝俊义采（HBUM）。

地理分布：宁夏（银川、中卫、青铜峡、海原、隆德、泾源、彭阳、同心、灵武、贺兰山）、河北、山西、内蒙古、黑龙江、河南、四川、云南、西藏、陕西、甘肃、青海、新疆；蒙古国，俄罗斯（远东、东西伯利亚），印度，克什米尔，尼泊尔，吉尔吉斯斯坦，哈萨克斯坦。

捕食对象：柳蚜、艾蒿蚜。

**（557）横带瓢虫 *Coccinella (Coccinella) trifasciata trifasciata* Linnaeus, 1758**（图版 XXXVIII: 1）

*Coccinella trifasciata* Linnaeus, 1758: 365; Wu et al., 1978: 312; Wang et al., 1992: 55; Gao, 1993: 112; Löbl & Smetana, 2007: 612; Yu, 2010: 114; Ren, 2010: 172; Yang et al., 2011: 155.

曾用名：八卦瓢虫（吴福桢等，1978）、八卦瓢（高兆宁，1993）。

识别特征：体长 4.8～4.9 mm，宽 3.8～4.1 mm。椭圆形，半球形拱起；头、复眼黑色；雄性黄色，雌形复眼内侧有三角形黄斑与内凹的黄斑相连；触角栗褐色；前胸背板黑色，肩角有三角形黄白斑并伸展到腹面，在缘折上形成四边形黄白斑，占基部 1/2，肩角的斑在前缘以黄白色带连接；小盾片黑色；鞘翅黄色，基部小盾片两侧的黄白色横斑达到肩胛，每翅各有 3 条近平行横带；腹面黑色，中胸、后胸后侧片、后胸前侧片末端及第 1 腹板前角浅黄色。刻点均匀，中等粗细，头部和鞘翅缘槽略粗稀。鞘翅边缘隆线及纵槽均匀且细，顶角较尖锐；后基线分叉。雄性第 5 腹板中部有横长凹，第 6 腹节基部 1/3 处有隆线分别向基部斜伸形成光滑三角区，基部直；雌性第 5 腹板基部近于直，中部弱圆突，第 6 腹板基部圆突。

检视标本：3 头，宁夏固原，1980. VIII. 16，任国栋采（HBUM）；5 头，宁夏泾源六盘山，1995. VI. 5，林 92–I 组采（HBUM）；2 头，宁夏泾源六盘山，1996. VI. 11，任国栋采（HBUM）；3 头，宁夏泾源六盘山，1996.VII.30（HBUM）；3 头，宁夏泾源二龙河，1996. VI. 11，林 93 采（HBUM）；1 头，宁夏泾源龙潭，2009. VII. 5，王新谱采（HBUM）；1 头，宁夏固原绿塬，2008. VII. 10，王新谱采（HBUM）；2 头，宁夏泾源西峡，2008. VII. 10，王新谱采（HBUM）；3 头，宁夏泾源二龙河，2009. VIII. 7，王兴民、陈晓胜、郝俊义采（HBUM）；9 头，宁夏泾源白云寺，2009. VIII. 10，王兴民、陈晓胜、郝俊义采（HBUM）。

地理分布：宁夏（银川、隆德、泾源、固原、罗山）、北京、河北、内蒙古、辽宁、吉林、黑龙江、西藏、陕西、甘肃、青海、新疆；蒙古国，俄罗斯（远东、东西伯利亚），欧洲。

捕食对象：柳蚜、麦蚜、艾蒿蚜等。

**（558）十一星瓢虫 Coccinella (Spilota) undecimpunctata undecimpunctata Linnaeus, 1758**（图版 XXXVIII: 2）

Coccinella undecimpunctata Linnaeus, 1758: 365; Wang et al., 1992: 55; Löbl & Smetana, 2007: 612; Yu, 2010: 110; Wang & Yang, 2010: 200; Ren, 2010: 172; Yang et al., 2011: 155.

识别特征：体长 4.0～5.6 mm，宽 3.0～4.1 mm。卵圆形，扁平拱起；体黑色，唇基前缘有细窄黄条纹，上颚外面黄色；复眼内侧黄斑不及眼宽之半，不紧靠复眼，复眼下部内凹处有小黄斑，不与眼侧相连；前胸背板前角有三角形黄白色斑，以窄纹沿侧缘伸至后角；小盾片两侧鞘翅基部各 1 三角形白斑；鞘翅黄色，小盾片下有 1 宽为小盾片基部 6 倍的黑圆斑；肩胛 1 小黑斑；外缘 1/3 处、2/3 处和 3/4 处各 1 黑斑，中部稍前近翅缝处有较大横形黑斑；中胸、后胸腹板后侧片黄色。前胸背板刻点比头部与鞘翅浅。鞘翅外缘细窄、变厚隆起，内侧有纵槽。后基线外支不达腹板前缘；雄性第 5 腹板基部弱凹，第 6 腹节中间全部凹入，基部内凹；雌性第 5 腹板基部直，第 6 腹节不凹，基部渐缓外凸。

检视标本：2 头，宁夏泾源东山坡，2009. VII. 8，孟祥君等采（HBUM）；1 头，宁夏泾源龙潭，2009. VII. 4，孟祥君采（HBUM）。

地理分布：宁夏（银川、泾源、平罗、贺兰山、罗山）、河北、山西、山东、陕西、甘肃、新疆；俄罗斯（远东），欧洲，澳洲界，新北界。

捕食对象：麦蚜、棉蚜、艾蒿蚜。

## 239）长隆瓢虫属 *Coccinula* Dobrzhanskiy, 1925

### （559）双七瓢虫 *Coccinula quatuordecimpustulata* (Linnaeus, 1758)（图版 XXXVIII: 3）

*Coccinella quatuordecimpustulata* Linnaeus, 1758: 368; Wu et al., 1978: 316; Wang et al., 1992: 55; Gao, 1993: 112; Löbl & Smetana, 2007: 600; Yu, 2010: 27; Wang & Yang, 2010: 201; Ren, 2010: 172; Yang et al., 2011: 155.

曾用名：十四星瓢虫（吴福桢等，1978）、双七星瓢虫（王希蒙等，1992）、十四星瓢（高兆宁，1993）。

识别特征：体长 3.3～4.0 mm，宽 2.6～2.9 mm。卵圆形，半球形拱起；体黑色，有黄斑纹。头黄色，雌性复眼附近具黄斑，上唇深黄色，口器、上颚大部分黄色；触角黄褐色；前胸背板前缘黄色，前角具黄斑；每翅 7 个黄圆斑；腹面缘折、中胸后侧片、后胸前侧片的后半和第 1 腹板外侧黄色；前足、中足腿节末端、胫节、跗节和后胫节末端、跗节红褐色。上唇半圆形外伸；前胸背板侧缘弧形，基部较宽，基部弓弯；前角钝，后角圆钝。鞘翅刻点均匀细小，边缘窄隆。雄性第 5 腹板基部弱凹，第 6 腹板明显半圆形凹；雌性第 5 腹板基部直，第 6 腹板尖圆形凸。中胫节、后胫节各有 2 距刺；爪不对裂，基部具齿。

检视标本：2 头，宁夏永宁，1984. VI（HBUM）；1 头，宁夏贺兰山，1989. IX（HBUM）；1 头，宁夏泾源龙潭，2009. VII. 6，王新谱采（HBUM）；4 头，宁夏彭阳挂马沟，2009. VII. 11，冉红凡、张闪闪采（HBUM）；1 头，宁夏泾源后沟，2009. VIII. 8，王兴民采（HBUM）。

地理分布：宁夏（永宁、彭阳、海原、泾源、固原、西吉、平罗、盐池、贺兰山、罗山）、北京、河北、内蒙古、辽宁、吉林、黑龙江、江西、山东、河南、四川、甘肃、新疆；俄罗斯（东西伯利亚），日本，伊朗，乌兹别克斯坦，吉尔吉斯斯坦，土耳其，叙利亚，欧洲，非洲界。

捕食对象：麦蚜、棉蚜、艾蒿蚜等。

### （560）中国双七瓢虫 *Coccinula sinensis* (Weise, 1889)（图版 XXXVIII: 4）

*Coccinella sinensis* Weise, 1889: 575; Löbl & Smetana, 2007: 601; Ren et al., 2009: 192; Yu, 2010: 28; Bai et al., 2013: 369.

识别特征：体长 3.0～4.2 mm，宽 2.4～3.2 mm。卵圆形，背面拱起；体黑色，额灰色，口器、触角褐色；前胸背板前缘黄色，中央向后弯大呈三角形黄斑，前角 1 个大黄斑；每翅 7 个橘黄斑；腹部缘折、中胸后侧片、前侧片的大部分及第 1 腹板两侧黄色；腿节末端、胫节末端以下褐色。

地理分布：宁夏、北京、河北、山西、内蒙古、辽宁、吉林、黑龙江、山东、四川、陕西、甘肃；蒙古国，俄罗斯（远东、东西伯利亚），朝鲜，韩国，日本。

捕食对象：蚜虫等。

## 240）盘耳瓢虫属 *Coelophora* Mulsant, 1850

### （561）黄斑盘耳瓢虫 *Coelophora saucia* Mulsant, 1850（图版 XXXVIII: 5）

*Coelophora saucia* Mulsant, 1850: 380; Löbl & Smetana, 2007: 614; Wang & Yang, 2010: 204.

识别特征：体长 5.8～6.8 mm，宽 4.8～6.0 mm。圆形，半球形拱起；体黑色，雄性头部橙黄色；触角红褐色；前胸背板前角至基部各有 1 橙黄色大斑，有时前缘橙黄色；鞘翅外缘与翅缝中间有基部浅凹的肾形斑，缘折内缘橙黄色；雄性足及后胸腹板外缘大部分橙黄色；刻点细小稠密，鞘翅较浅较疏。前胸背板侧缘弧弯，前角不明显，后角圆钝。小盾片宽大三角形，侧缘直。中胸腹板前缘中央向后三角形凹入；后基线沿腹板基部弧形伸至后角处；雄性第 5、第 6 腹板基部直；雌性第 5 腹板基部直，第 6 腹板圆突。

地理分布：宁夏（贺兰山）、浙江、江苏、福建、江西、山东、河南、湖南、广东、广西、四川、贵州、云南、陕西、甘肃、台湾、香港；韩国，日本，印度，尼泊尔，菲律宾，东洋界。

捕食对象：蚜虫。

## 241）和瓢虫属 *Harmonia* Mulsant, 1846

### （562）异色瓢虫 *Harmonia axyridis* (Pallas, 1773)（图版 XXXVIII: 6, XXXIX: 1）

*Coccinella axyridis* Pallas, 1773: 716; Wu et al., 1978: 318; Wu et al., 1982: 220; Wang et al., 1992: 55; Gao, 1993: 113; Wang et al., 2007: 32; Löbl & Smetana, 2007: 615; Yu, 2010: 118; Wang & Yang, 2010: 203; Ren, 2010: 172; Yang et al., 2011: 156.

曾用名：异色瓢（高兆宁，1993）。

识别特征：体长 5.4～8.0 mm，宽 3.8～5.2 mm。卵圆形，半球形拱起；体背面光裸，色泽及斑纹变异很大；头、前胸背板及鞘翅具均匀浅小刻点，鞘翅边缘较深粗而稀。唇基前缘弱凹，上唇前缘直，下唇须端节斧形；复眼椭圆形，近触角基部附近三角形凹入；前胸背板前缘深凹，基部中叶凸，小盾片前直，侧缘弧弯；前角钝，后角不明显。鞘翅侧缘不明显向外平展，肩角稍向上掀起，端角弧形内弯；翅缝末端稍内凹，边缘具宽扁隆线，在鞘翅 7/8 处端末前显隆形成横脊。鞘翅缘折中、后胸侧面最宽；后基线分叉；雄性第 5 腹板基部弧凹，第 6 腹板基部中叶半圆形内凹；雌性第 5 腹板基部中叶舌形突出，第 6 腹板中部纵隆起，基部圆突。爪完整，基齿宽大。

检视标本：宁夏固原（1 头，1962. VII. 16；1 头，1964. VII）（IPPNX）；14 头，宁夏泾源六盘山龙潭，1983. VIII. 13（IPPNX）；1 头，宁夏盐池，1994. IX. 1（IPPNX）；7 头，贺兰山农牧场，2002. VI. 10（IPPNX）；1 头，宁夏灵武东塔乡，2006. VI. 18，张治科采（IPPNX）；2 头，宁夏彭阳，2008. VI. 28（IPPNX）；108 头，宁夏泾源龙潭，2009. VII. 3，王新谱、赵小林采（HBUM）；12 头，宁夏泾源东山坡，2009. VII. 12，赵小林采（HBUM）；120 头，宁夏泾源西峡，2008. VII. 10，王新谱采（HBUM）；37 头，宁夏隆德峰台，2009. VII. 10，孟祥君采（HBUM）；72 头，宁夏泾源二龙河，2009. VIII. 7，王兴民、陈晓胜、郝俊义采（HBUM）；13 头，宁夏泾源后沟，2009. VIII. 8，

王兴民、陈晓胜、郝俊义采（HBUM）；81 头，宁夏泾源白云寺，2009. VIII. 10，王兴
民、陈晓胜、郝俊义采（HBUM）；30 头，宁夏泾源二龙河，2014. VII. 16，白玲、王
娜采（HBUM）；10 头，宁夏泾源东山坡，2014. VII. 18，白玲、王娜采（HBUM）；1
头，宁夏吴忠同利村，2014. VIII. 26，白玲采（HBUM）。

地理分布：宁夏（全区）、北京、河北、内蒙古、山西、吉林、黑龙江、江苏、
浙江、福建、江西、山东、河南、湖北、湖南、广东、广西、海南、四川、贵州、云
南、西藏、陕西、甘肃、新疆、台湾、香港；蒙古国，俄罗斯（远东、东西伯利亚），
朝鲜，韩国，日本，印度，哈萨克斯坦，东洋界，欧洲，新北界。

捕食对象：紫榆叶甲的卵、粉蚧、木虱、豆蚜、棉蚜等。

**（563）四斑和瓢虫 *Harmonia quadripunctata* (Pontoppidan, 1763)**（图版 XXXIX: 2）

*Coccinella quadripunctata* Pontoppidan, 1763: 669; Löbl & Smetana, 2007: 616; Ren et al., 2009: 194; Yu, 2010: 123; Ren, 2010: 173.

识别特征：体长 4.7～5.0 mm，宽 3.6～4.0 mm。卵圆形，较拱起；光裸；头白色，
口器黄色，额基部 2 黑斑；复眼黑色；前胸背板黄白色，中部 2 纵形黑斑，基部 5 个
弧形排列的黑斑；小盾片黑色；鞘翅黄白色，翅缝黑色，每翅 8 黑斑；腹面、足黄色。

检视标本：2 头，宁夏泾源西峡，2009. VII. 4，张闪闪采（HBUM）；8 头，宁夏
泾源二龙河，2009. VII. 6，冉红凡、孟祥君采（HBUM）；3 头，宁夏泾源龙潭，2009.
VII. 4，冉红凡采（HBUM）；5 头，宁夏泾源西峡，2009. VII. 10，王新谱采（HBUM）；
1 头，宁夏隆德峰台，2009. VII. 10，孟祥君采（HBUM）；1 头，宁夏泾源二龙河，2009.
VII. 13，王新谱采（HBUM）；51 头，宁夏泾源二龙河，2009. VIII. 7，王兴民、陈晓
胜、郝俊义采（HBUM）；1 头，宁夏泾源白云寺，2009. VIII. 10，王兴民采（HBUM）。

地理分布：宁夏（泾源、隆德）、云南、甘肃；俄罗斯（远东、东西伯利亚），朝
鲜，韩国，土耳其，叙利亚，欧洲，非洲界，新北界。

捕食对象：蚜虫等。

## 242）长足瓢虫属 *Hippodamia* Chevrolat, 1836

**（564）十三星瓢虫 *Hippodamia* (*Hemisphaerica*) *tredecimpunctata* (Linnaeus, 1758)**
（图版 XXXIX: 3）

*Coccinella tredecimpunctata* Linnaeus, 1758: 366; Wu et al., 1978: 316; Wu et al., 1982: 222; Wang et al., 1992: 55; Gao, 1993: 112; Löbl & Smetana, 2007: 617; Wang & Yang, 2010: 202; Ren, 2010: 174; Yu, 2010: 22; Yang et al., 2011: 156.

曾用名：十三星瓢（高兆宁，1993）。

识别特征：体长 6.0～6.2 mm，宽 3.4～3.6 mm。体长形，扁拱；黑色，背面光裸。
唇基前缘黄色，三角形突入复眼之间，口器、触角黄褐色；前胸背板橙黄色，中部 1
近梯形大黑斑，自基部前伸近达前缘，近侧缘中部各有 1 圆小黑斑；鞘翅橙红至黄褐
色，有 13 个黑斑；前胸背板和鞘翅的缘折及腹部第 1～5 腹板外缘橙黄色，中、后胸
后侧片黄白色；腿节橙黄色；头、前胸背板、小盾片有稠密的细刻点，鞘翅刻点深而
稠密，外侧粗稀。头外露，唇基前缘直；触角 11 节，长于额宽，锤部结合紧密。前胸

背板圆拱，前缘微凹，前角钝圆；外缘弧形，具细饰边窄隆起，纵槽浅宽；基部中叶弧凸，小盾片前直，两侧内凹使后角明显突出。鞘翅外缘向外平展，纵槽在中部最宽最深；肩胛明显突起，肩角钝圆，端角尖。雄性第5腹板基部内凹，第6腹板基部中间拱起；雌性第5腹板基部直，第6腹板基部尖圆突。足细长，腿节端末伸出体缘之外，距刺长且大；爪中部有小齿。

检视标本：1头，宁夏青铜峡树新，1985. IV. 4，任国栋采（HBUM）；6头，宁夏永宁，1984. VI，任国栋采（HBUM）。

地理分布：宁夏（全区）、北京、河北、辽宁、吉林、黑龙江、江苏、浙江、安徽、江西、山东、河南、湖北、陕西、甘肃、青海、新疆；蒙古国，俄罗斯（远东、东西伯利亚），朝鲜，韩国，日本，阿富汗，伊朗，塔吉克斯坦，乌兹别克斯坦，土库曼斯坦，哈萨克斯坦，吉尔吉斯斯坦，土耳其，伊拉克，欧洲，非洲界，新北界。

捕食对象：棉蚜、麦长管蚜、豆长管蚜、麦二叉蚜、槐蚜等。

### （565）多异瓢虫 *Hippodamia (Hippodamia) variegata* (Goeze, 1777)（图版 XXXIX: 4）

*Coccinella variegata* Goeze, 1777: 247; Wu et al., 1978: 314; Wu et al., 1982: 224; Wang et al., 1992: 56; Gao, 1993: 112; Löbl & Smetana, 2007: 618; Yu, 2010: 24; Wang & Yang, 2010: 203; Ren, 2010: 174; Yang et al., 2011: 156.

曾用名：小十三星瓢虫（吴福桢等，1978）、小十三星瓢（高兆宁，1993）。

识别特征：体长4.0～4.7 mm，宽2.5～3.0 mm。长卵形；黑色，体背光滑；头基半部黄白色或颜面有2～4个黑斑，触角、口器黄褐色；前胸背板黄白色，基部有黑色横带，常向前分出4支，有时支端部左右相互愈合形成2个中空的方斑；鞘翅黄褐色至红褐色，有13个黑斑并常常发生变异；腹面胸部侧片黄白色；足端部黄褐色。触角11节，锤节结合紧密。前胸背板显拱，侧缘上翻，内侧具纵沟，基部具细隆边。雄性第5腹板基部微凹，第6腹板直；雌性第5腹板基部舌形凸，第6腹板尖形凸。足细长，中胫节、后胫节末端各有2根距刺；爪中部具小齿。

检视标本：1头，宁夏苏峪口，1962. VIII. 15（IPPNX）；12头，宁夏香山，1981. VI. 15（IPPNX）；1头，宁夏海原水冲寺，1986. VIII. 25，任国栋采（HBUM）；1头，宁夏贺兰，1989. V. 7（IPPNX）；1头，宁夏中卫甘塘，1993. VI.2 7，田畴采（IPPNX）；1头，宁夏贺兰山，1996. VII，任国栋采（HBUM）；5头，宁夏泾源六盘山，1995. VI. 14，林92–I组采（HBUM）；27头，宁夏贺兰山农牧场，2002. VI. 27（IPPNX）；3头，宁夏盐池城西滩，2008. VI. 24，钱锋利，张治科采（IPPNX）；2头，宁夏泾源西峡，2009. VII. 11，王新谱采（HBUM）；31头，宁夏固原开城，2009. VII. 16，王新谱、杨晓庆采（HBUM）；3头，宁夏泾源东山坡，2009. VII. 12，王新谱采（HBUM）；9头，宁夏海原牌路山，2009. VII. 18，王新谱、杨晓庆采（HBUM）；9头，宁夏彭阳挂马沟，2009. VII. 12，冉红凡采（HBUM）；16头，宁夏泾源龙潭，2009. VII. 12，孟祥君采（HBUM）；2头，宁夏泾源二龙河，2009. VIII. 7，王兴民、陈晓胜采（HBUM）；3头，宁夏泾源后沟，2009. VIII. 8，王兴民、陈晓胜、郝俊义采（HBUM）；3头，宁夏泾源白云寺，2009. VIII. 10，王兴民、陈晓

胜、郝俊义采（HBUM）。

地理分布：宁夏（银川、吴忠、平罗、灵武、永宁、贺兰、盐池、海原、中卫、隆德、泾源、固原、彭阳、贺兰山、罗山）、北京、河北、山西、内蒙古、辽宁、吉林、黑龙江、福建、山东、河南、湖南、四川、云南、西藏、陕西、甘肃、青海、新疆；蒙古国，俄罗斯（远东、东西伯利亚），朝鲜，日本，印度，尼泊尔，不丹，巴基斯坦，阿富汗，伊朗，伊拉克，吉尔吉斯斯坦，哈萨克斯坦，黎巴嫩，以色列，约旦，欧洲，非洲界，新北界。

捕食对象：棉蚜、豆蚜、玉米蚜、槐蚜。

## 243）月瓢虫属 *Menochilus* Timberlake, 1943

### （566）六斑月瓢虫 *Menochilus sexmaculata* (Fabricius, 1781)（图版 XXXIX: 5）

*Coccinella sexmaculata* Fabricius, 1781: 96; Löbl & Smetana, 2007: 619; Yu, 2010: 47; Liu et al., 2011: 258.

识别特征：体长 3.6～6.5 mm。卵形；背面光裸。头黄白色，有时头顶黑色；或头黑色。前胸背板黑色，前角、前缘和侧缘黄白色至白色，中间有 1 倒"八"形白斑与白色前角相连，此斑可扩大或消失；或前胸背板黑色，仅前角黄白色。小盾片黑色。鞘翅斑纹多变，常见的为翅缝及外缘黑色，每翅有 3 个横向黑斑；或黑色的鞘翅有 2 红斑：1 个在翅基部，另 1 个在翅的近端部；鞘翅上的红色部分或黑色部分均可扩大或缩小，有时鞘翅几乎全黑色或完全黑色。

地理分布：宁夏（中卫）、辽宁、吉林、上海、江苏、浙江、福建、江西、河南、湖北、湖南、广东、广西、海南、重庆、四川、贵州、云南、陕西、甘肃、台湾、香港；日本，印度（包括锡金），尼泊尔，不丹，巴基斯坦，阿富汗，伊朗，阿联酋，阿曼，东洋界，非洲界，澳洲界。

捕食对象：蚜虫。

## 244）兼食瓢虫属 *Micraspis* Chevrolat, 1836（宁夏新纪录）

### （567）稻红瓢虫 *Micraspis discolor* (Fabricius, 1798)（图版 XXXIX: 6）

*Coccinella discolor* Fabricius, 1798: 77; Löbl & Smetana, 2007: 620; Yu, 2010: 128.

识别特征：体长 3.9～4.9 mm，宽 3.1～3.9 mm。卵形，背面明显拱起；头黄褐色，有时头顶黑色或额有 1 对黑斑，雌性上唇及唇基具黑褐色区；复眼黑色；前胸背板黄褐色，通常 2 对黑斑；小盾片黑色；鞘翅红色至橘红色，翅缝黑色，较窄；腹面大部分黑色，中胸、后胸后侧片及腹部黄褐色；足褐色，腿节黑色，有时端部黄褐色，或腹面仅中胸、后胸中部及腹板中基部黑褐色，足黄褐色，爪黑色。

检视标本：1 头，宁夏泾源六盘山，1995. VI. 16，林 92–I 组采（HBUM）；1 头，宁夏泾源二龙河，1996. VI. 11，林 93 采（HBUM）。

地理分布：宁夏（泾源）、上海、江苏、浙江、福建、江西、山东、河南、湖北、湖南、广东、广西、海南、四川、贵州、云南、西藏、陕西、台湾、香港；日本，东洋界。

### 245）中齿瓢虫属 *Myzia* Mulsant, 1846

#### （568）黑中齿瓢虫 *Myzia gebleri* (Crotch, 1874)（图版 XXXIX: 7）

*Mysia gebleri* Crotch, 1874: 33; Löbl & Smetana, 2007: 620; Ren, 2010: 174; Yang et al., 2011: 157.

识别特征：体长 7.2～9.0 mm，宽 5.5～6.7 mm。宽卵形，背面较拱起；头黄褐色，沿复眼有 1 较宽的淡黄色带；背面黄褐色或黑色：若黄褐色则具白色或黄白色斑纹，若黑色则具黄褐色斑纹；前胸背板两侧具浅色卵形大斑，侧缘同色；小盾片两侧各具 1 近卵形浅色斑，与翅基相接；每翅 4 条浅纵条纹，近翅缝处具 1 纵条，远不达基部而达端部并与近翅缘的纵条相连，小盾斑后侧方具 1 长形斑，肩角下方各具 1 纵条，近翅端处变细；浅色个体的腹面及足大多黑色或黑褐色，前胸背板缘折及中胸后侧片白色。

检视标本：1 头，宁夏泾源东山坡，2009. VII. 11，王新谱采（HBUM）；1 头，宁夏泾源王化南，2009. VII. 20，冉红凡采（HBUM）；1 头，宁夏泾源二龙河，2009. VIII. 7，王兴民采（HBUM）。

地理分布：宁夏（泾源、罗山）、内蒙古、甘肃；蒙古国，俄罗斯（远东、东西伯利亚），日本。

捕食对象：蚜虫。

### 246）小巧瓢虫属 *Oenopia* Mulsant, 1850

#### （569）双六小巧瓢虫 *Oenopia billieti* (Mulsant, 1853)（图版 XXXIX: 8）

*Harmonia billieti* Mulsant, 1853: 144; Löbl & Smetana, 2007: 621; Ren et al., 2009: 216; Yu, 2010: 88; Ren, 2010: 175.

曾用名：龟纹巧瓢虫（任国栋，2010）。

识别特征：体长 3.6～3.8 mm，宽 2.9～3.0 mm。卵圆形，较拱起；体黑色，光裸；头白色；前胸背板两前角各 1 大白斑；每翅各有 6 个白斑；足黄褐色。

检视标本：2 头，宁夏泾源西峡，2009. VII. 13，冉红凡、张闪闪采（HBUM）。

地理分布：宁夏（泾源）、河北、辽宁、吉林、黑龙江、山东、湖北、四川、贵州、云南、西藏、陕西、甘肃、青海、新疆；印度，尼泊尔，东洋界。

捕食对象：蚜虫。

#### （570）十二斑巧瓢虫 *Oenopia bissexnotata* (Mulsant, 1850)（图版 XXXIX: 9）

*Leis bissexnotata* Mulsant, 1850: 269; Wang et al., 1992: 56; Gao, 1993: 113; Löbl & Smetana, 2007: 621; Yu, 2010: 87; Wang & Yang, 2010: 205; Ren, 2010: 175; Yang et al., 2011: 157.

曾用名：十二斑和瓢（高兆宁，1993）。

识别特征：体长 4.4～5.1 mm，宽 3.6～4.0 mm。长圆形，弧拱；黑色，光裸；头基半部、触角黄褐色，口器褐色；前胸背板前角有 1 四边形大黄斑；每翅 6 黄斑；足大部分褐色；头、前胸背板、小盾片有稠密的细刻点，鞘翅刻点略粗且深，边缘更粗深。复眼内侧纵直平行，基半部内凹。前胸背板前缘和外缘细窄隆起，基部平坦。小盾片三角形，顶角狭长尖锐。鞘翅基部浅凹，外缘外伸，至端末等宽；肩角明显拱起，肩胛不明显。雄性第 5 腹板基部浅凹，第 6 腹板中部显凹；雌性第 5 腹板基部弱凸，第 6 腹板尖圆突。爪不分裂，基部具齿。

检视标本：3 头，宁夏银川，1984. V. 7（HBUM）；1 头，宁夏永宁，1984. VI，任国栋采（HBUM）；4 头，宁夏中卫沙坡头，1985 IV，任国栋采（HBUM）；2 头，宁夏青铜峡树新，1985. IV. 1（HBUM）；2 头，宁夏贺兰山小口子，1500 m，1985. V. 7（HBUM）；1 头，宁夏泾源东山坡，2009. VII. 11，王新谱采（HBUM）；8 头，2009. VII. 16，王新谱、杨晓庆采（HBUM）；1 头，宁夏彭阳挂马沟，2008. VII. 12，吴琦琦采（HBUM）。

地理分布：宁夏（银川、永宁、青铜峡、中卫、固原、泾源、彭阳、贺兰山、罗山）、河北、辽宁、吉林、黑龙江、浙江、江西、山东、湖北、湖南、四川、贵州、云南、陕西、甘肃、青海、新疆；蒙古国，俄罗斯（远东、东西伯利亚），朝鲜，韩国。

捕食对象：榆四麦棉蚜、苹果蚜、杨缘纹蚜等。

**（571）菱斑巧瓢虫 *Oenopia conglobata conglobata* (Linnaeus, 1758)**（图版 XXXIX: 10）

*Coccinella conglobata* Linnaeus, 1758: 366; Wu et al., 1978: 316; Wu et al., 1982: 226; Wang et al., 1992: 56; Gao, 1993: 113; Löbl & Smetana, 2007: 621; Yu, 2010: 86; Wang & Yang, 2010: 204; Ren, 2010: 175; Yang et al., 2011: 157.

曾用名：多星瓢虫（吴福桢等，1978）、多星瓢（高兆宁，1993）。

识别特征：体长 4.4～4.9 mm，宽 3.1～3.7 mm。椭圆形，半圆形拱起；背面光裸；头黄白色，触角、口器黄褐色；复眼黑色；前胸背板暗黄色，有 7 个形状、大小不同的黑斑；小盾片黑色或黄褐色，边缘黑色；鞘翅暗黄色，每翅 8 个大小不一的黑斑，鞘缝黑色；腹面黑色，腹部外缘及端末部分褐色或黄褐色，中胸后侧片黄色；头、前胸背板有稠密的细刻点而浅，鞘翅细密而深。前胸背板前缘宽深凹，侧缘弧形，基部弧形，中部直；前角尖，后角明显。小盾片三角形。鞘翅基部较宽，外缘显隆至端角，内侧纵槽明显，端角宽圆，弱上卷。雄性第 5 腹板基部直，第 6 腹板弧凹；雌性第 5 腹板基部直，第 6 腹板尖弧形凸。爪细小，具基齿。

检视标本：1 头，宁夏吴忠，1958. VII. 10（IPPNX）；3 头，宁夏隆德，1959. VI（IPPNX）；1 头，宁夏陶乐，1960. V（IPPNX）；2 头，宁夏中卫，1961. IX. 29（IPPNX）；宁夏银川（2 头，1960. VI. 9；3 头，1961. VI. 24；3 头，1962. III. 30）（IPPNX）；1 头，宁夏灵武，1963. V. 4（IPPNX）；4 头，宁夏中卫龙宫湖，1975. III. 14（IPPNX）；宁夏农科院植保所（2 头，1974. VI. 12；3 头，1975. XI. 2）（IPPNX）；3 头，宁夏永宁，1984. V. 13，马峰采（HBUM）；1 头，宁夏白芨滩，1984. IX. 7（IPPNX）；1 头，宁夏青铜峡，1985. VI，任国栋采（HBUM）；2 头，宁夏中卫沙坡头，1985. VI，任国栋采（HBUM）；1 头，宁夏沙坡头，1990. VI. 21（IPPNX）；1 头，宁夏盐池城西滩，2008. VI. 24，张治科采（IPPNX）。

地理分布：宁夏（海原、同心、银川、永宁、吴忠、灵武、盐池、隆德、陶乐、青铜峡、中卫、中宁、平罗、贺兰山）、北京、河北、山西、内蒙古、黑龙江、江苏、浙江、安徽、福建、山东、河南、四川、西藏、陕西、甘肃、青海、新疆；蒙古国，俄罗斯（远东、东西伯利亚），朝鲜，阿富汗，伊朗，土耳其，黎巴嫩，叙利亚，欧洲。

捕食对象：柳蚜、苹果蚜、杨蚜、枸杞蚜、玉米蚜、高粱蚜、菜蚜、小麦蚜等。

**（572）淡红巧瓢虫 *Oenopia emmerichi* Mader, 1933**（图版 XL: 1）

*Oenopia emmerichi* Mader, 1933: 98; Wang et al., 1992: 56; Gao, 1993: 113; Löbl & Smetana, 2007: 622; Ren et al., 2009: 218; Yu, 2010: 101; Ren, 2010: 175.

曾用名：淡巧瓢虫（王希蒙等，1992）、淡色巧瓢（高兆宁，1993）。

识别特征：体长 3.2～3.9 mm，宽 2.4～2.9 mm。椭圆形，弧拱；头黑色；前胸背板黑色，前角具四边形橙色斑；鞘翅橙红色，外缘黑色，黑纹扩展为箭头形黑斑，每翅 4 黑斑。前胸背板基部最宽，前缘梯形较深内凹，基部弧形后凸。小盾片等边三角形。鞘翅缘折完整，黄色，外缘黑色。

地理分布：宁夏（固原）、江西、湖北、四川、云南、西藏。

捕食对象：多种蚜虫。

**（573）梯斑巧瓢虫 *Oenopia scalaris* (Timberlake, 1943)**（图版 XL: 2）

*Protocaria scalaris* Timberlake, 1943: 29; Löbl & Smetana, 2007: 622; Ren et al., 2009: 222; Yu, 2010: 89; Ren, 2010: 175.

识别特征：体长 4.2～4.3 mm，宽 2.5～2.6 mm。卵圆形，背面弱拱；光裸；头黄色，额基部黑色并在中部向后延伸；前胸背板黄色，具 1 黑色大基斑，中线黄色；小盾片黑色；鞘翅黑色，近翅缝各有 3 黄斑，周缘黄色，边缘波弯，在两黄斑间内凹。

检视标本：1 头，宁夏泾源二龙河，2009. VIII. 7，王兴民采（HBUM）；2 头，宁夏泾源白云寺，2009. VIII. 10，王兴民、陈晓胜采（HBUM）。

地理分布：宁夏（泾源）、北京、河北、福建、河南、广东、台湾；朝鲜，韩国，日本，越南，东洋界，密克罗尼西亚，夏威夷。

捕食对象：蚜虫。

## 247）龟纹瓢虫属 *Propylea* Mulsant, 1846

**（574）龟纹瓢虫 *Propylea japonica* (Thunberg, 1781)**（图版 XL: 3）

*Coccinella japonica* Thunberg, 1781: 12; Wu et al., 1978: 316; Wang et al., 1992: 56; Gao, 1993: 113; Löbl & Smetana, 2007: 623; Yu, 2010: 39; Wang & Yang, 2010: 205; Ren, 2010: 175; Yang et al., 2011: 157.

曾用名：日本龟纹瓢虫（吴福桢等，1978；高兆宁，1993；王新谱等，2010）。

识别特征：体长 3.8～4.7 mm，宽 2.9～3.2 mm。长圆形，弧拱；黄色，光裸；雄性头部额上基部在前胸背板下为黑色，雌性额上有三角形黑斑或扩展之整个头部，触角、口器黄褐色；复眼黑色；前胸背板中央具大黑斑，基部与基部相连，有时扩展至整个前胸背板，仅前、基部黄色；小盾片黑色；翅面具斜长形肩斑及侧斑，斑纹常有变异，翅缝黑色；雌性胸部各腹板黑色，雄性前胸、中胸腹板中部黄褐色，中胸、后胸腹板后侧片白色；腹部腹板中部黑色而边缘黄褐色；足黄褐色；头上有稠密的细刻点而浅，鞘翅粗大而深，前胸背板介于二者之间。前胸背板前缘浅凹，侧缘较直；前角锐，后角钝。小盾片三角形。鞘翅外缘明显外伸，端角尖。雄性第 5 腹板基部直，第 6

腹板近于直；雌性第 5 腹板基部弱弧凸，第 6 腹板基部圆突。爪端部不分裂，基部具齿。

检视标本：1 头，宁夏泾源西峡，2009. VII. 13，冉红凡采（HBUM）。

地理分布：宁夏（固原、泾源、平罗、贺兰山、罗山）、北京、河北、山西、内蒙古、辽宁、吉林、黑龙江、上海、江苏、浙江、安徽、福建、江西、山东、河南、湖北、湖南、广东、广西、海南、四川、贵州、云南、陕西、甘肃、青海、新疆、台湾；俄罗斯（远东），朝鲜，韩国，日本，印度，不丹，东洋界。

捕食对象：棉蚜、玉米蚜、高粱蚜、菜蚜、豆蚜、木虱、叶螨等。

**（575）方斑瓢虫 *Propylea quatuordecimpunctata* (Linnaeus, 1758)**（图版 XL: 4）

*Coccinella quatuordecimpunctata* Linnaeus, 1758: 366; Löbl & Smetana, 2007: 624; Yu, 2010: 41.

识别特征：体长 3.5～4.5 mm。卵形，弱拱。头白色或黄白色，头顶黑色；雌性额中部 1 黑斑，有时与黑色头顶相连。前胸背板白色或黄白色，中基部 1 大型黑斑，黑斑的两侧中央常向外突出，有时黑斑扩大，侧缘及前缘色浅，通常雌性黑斑较大；或偶尔前胸背板黄白色，具 6 黑斑。小盾片黑色。鞘翅黄色或黄白色，翅缝黑色，翅面斑纹变异大。足黄褐色。

地理分布：宁夏（平罗）、北京、河北、内蒙古、辽宁、吉林、黑龙江、江苏、福建、江西、河南、湖北、四川、贵州、陕西、甘肃、新疆、香港；蒙古国，俄罗斯（远东、西伯利亚），朝鲜，韩国，日本，巴基斯坦，伊朗，哈萨克斯坦，土耳其，黎巴嫩，塞浦路斯，叙利亚，伊拉克，以色列，欧洲，北美洲，非洲界，新北界。

## 食菌瓢虫族 Psylloborini Casey, 1899

### 248）黄菌瓢虫属 *Halyzia* Mulsant, 1846

**（576）梵文菌瓢虫 *Halyzia sanscrita* Mulsant, 1853**（图版 XL: 5）

*Halyzia sanscrita* Mulsant, 1853: 152; Löbl & Smetana, 2007: 598; Yu, 2010: 148; Ren, 2010: 172.

识别特征：体长 5.2～6.1 mm，宽 4.1～5.0 mm。宽卵形，弧拱；背面光裸；头黄白色，无斑纹，触角、口器黄褐色；复眼黑色；前胸背板褐色，近侧缘基半部与基部各有 1 四边形白斑，基部中叶有 1 中型白斑；小盾片黄白色；鞘翅褐色，翅缝白色，每翅面各有 4 行白斑纹；腹面及足褐色至黄褐色；头上刻点较粗稀且深，前胸背板刻点细浅，鞘翅刻点最深且细密。唇基前缘近于直，上唇横长；前胸背板平坦，前缘浅凹，侧缘明显外伸，基部两侧微凹，中部直；前角钝圆，后角明显伸出。小盾片等边三角形。鞘翅肩胛突起，肩角宽圆，侧缘明显外伸。雄性第 5 腹板基部直，第 6 腹板基部弧凹；雌性第 5 腹板基部中叶舌形弱凸，第 6 腹板基部尖圆突出，中央纵凹，有直缝。爪不分裂，基齿宽大、尖锐。

检视标本：1 头，宁夏泾源二龙河，2008. VI. 19，吴琦琦采（HBUM）；1 头，宁夏固原绿塬，2008. VII. 9，王新谱采（HBUM）。

地理分布：宁夏（泾源、固原）、河北、江苏、浙江、福建、江西、河南、湖南、广西、四川、贵州、云南、西藏、陕西、甘肃、台湾；印度，尼泊尔，不丹，也门。

取食对象：真菌孢子等。

### （577）十六斑黄菌瓢虫 *Halyzia sedecimguttata* (Linnaeus, 1758)（图版 XL: 6）

*Coccinella sedecimguttata* Linnaeus, 1758: 367; Gao, 1993: 112; Löbl & Smetana, 2007: 598; Ren et al., 2009: 238; Yu, 2010: 149; Ren, 2010: 172.

曾用名：十六斑黄菌瓢（高兆宁，1993）。

识别特征：体长 5.0～5.5 mm，宽 4.0～4.6 mm。椭圆形，较拱起；深褐色；头黄白色，唇基、口器褐色；复眼黑色；前胸背板 5 个黄白斑；每翅 8 个黄白色圆斑；前胸背板缘折和鞘翅缘折黄褐色；胸、腹部腹板及足褐色。前胸背板前缘弱凹，两侧弧形，基部弧形，中央后凸，后角钝圆。

检视标本：宁夏泾源六盘山（1 头，1989. VII. 24；1 头，1996. VI. 17），任国栋采（HBUM）；5 头，宁夏泾源二龙河，1994. VIII. 9（HBUM）；2 头，宁夏泾源龙潭，2008. VI. 18，袁峰采（HBUM）；2 头，宁夏泾源西峡，2000 m，2008. VII. 8，王新谱采（HBUM）；124 头，宁夏泾源二龙河，2008. VII. 9，王新谱、冉红凡、吴琦琦采（HBUM）。

地理分布：宁夏（泾源）、河北、吉林、黑龙江、四川、云南、陕西、新疆、台湾；蒙古国，俄罗斯（远东），日本，哈萨克斯坦，土耳其，高加索地区，欧洲。

取食对象：真菌孢子等。

### 249）大菌瓢虫属 *Macroilleis* Miyatake, 1965

### （578）白条菌瓢虫 *Macroilleis hauseri* (Mader, 1930)（图版 XL: 7）

*Halyzia hauseri* Mader, 1930: 162; Wang et al., 1992: 56; Löbl & Smetana, 2007: 598; Yu, 2010: 152; Ren, 2010: 174.

识别特征：体长 6.0～6.8 mm，宽 5.0～5.3 mm。宽卵形，圆拱；头乳白色，无斑纹，触角、口器黄褐色；复眼黑色；前胸背板黄褐色，半透明，无斑纹；鞘翅褐色至黄褐色，有 4 条白色纵条纹；小盾片黄白色；腹面中部褐色至黄褐色，侧片及边缘部分黄白色或浅黄色；足黄褐色。头上刻点浅，中部最稀，两侧细密，有稀疏短黄毛，前胸背板刻点浅稀，鞘翅刻点深而粗密。前胸背板平坦，前缘浅凹。鞘翅前缘中部外凸，侧缘明显向外伸展。雄性第 5 腹板基部直，第 6 腹板基部半圆形内凹；雌性第 5 腹板基部中叶舌形突出，第 6 腹板基部圆突，中部纵凹，有直缝。爪不分裂，基齿宽短。

地理分布：宁夏（泾源）、福建、河南、湖北、湖南、广西、海南、四川、贵州、云南、西藏、陕西、甘肃、台湾；不丹，东洋界。

取食对象：苹果白粉菌、球蚜。

### 250）食菌瓢虫属 *Psyllobora* Chevrolat, 1836

### （579）二十二星菌瓢虫 *Psyllobora (Thea) vigintiduopunctata* (Linnaeus, 1758)（图版 XL: 8）

*Coccinella vigintiduopunctata* Linnaeus, 1758: 366; Löbl & Smetana, 2007: 599; Yu, 2010: 143; Ren, 2010: 175.

识别特征：体长 3.7～4.1 mm，宽 2.9～3.2 mm。椭圆形，半圆形拱起；体色鲜明，背面光裸；头浅橙色，触角、口器褐色；复眼黑色；前胸背板浅橙色，有黑斑5个；小盾片黑色；鞘翅浅橙色，每翅11黑斑；足褐色，有时腿节近端部有黑斑；有稠密的细刻点，头、前胸背板很浅，鞘翅较深。前胸背板前缘浅凹，前角及侧缘明显翻卷。鞘翅外缘明显翻卷，向后渐细窄，纵槽基半部明显深宽，向后变窄浅。前胸腹板无纵隆线；中胸腹板前缘全部浅宽弧凹；后基线弧形后伸到腹板基部，向外平行，不达侧缘；雄性第5腹板基部近于直，第6腹板直，中部弱凹；雌性第5腹板基部中叶舌形突，第6腹板尖形突。足细长，爪细长，不分裂，基齿短小尖锐。

检视标本：2头，宁夏贺兰山，1987. V. 29（HBUM）；2头，宁夏泾源卧羊川，2008. VII. 8，王新谱、刘晓丽采（HBUM）；1头，宁夏泾源白云寺，2009. VIII. 10，王兴民采（HBUM）。

地理分布：宁夏（泾源、贺兰山）、北京、河北、黑龙江、上海、山东、河南、四川、陕西、新疆；蒙古国，俄罗斯（远东、东西伯利亚），朝鲜，韩国，阿富汗，伊朗，塔吉克斯坦，乌兹别克斯坦，吉尔吉斯斯坦，哈萨克斯坦，土耳其，黎巴嫩，叙利亚，伊拉克，以色列，欧洲，非洲界。

取食对象：椿树白粉菌。

## 251）褐菌瓢虫属 *Vibidia* Mulsant, 1846

### （580）十二斑褐菌瓢虫 *Vibidia duodecimguttata* (Poda & Neuhaus, 1761)（图版 XL: 9）

*Coccinella duodecimguttata* Poda & Neuhaus, 1761: 25; Gao, 1993: 113; Löbl & Smetana, 2007: 599; Yu, 2010: 145; Ren, 2010: 177.

曾用名：十二斑褐菌瓢（高兆宁，1993）。

识别特征：椭圆形，半圆形拱起；背面光裸；头乳白色，无斑纹，触角黄褐色；复眼黑色；前胸背板和鞘翅褐色，前胸背板两侧各有1乳白纵条，有时分为前角和后角2个斑；每翅各6个乳白色斑；前胸、中胸腹板及侧片乳白色，其他部分和足黄色至黄褐色；头、前胸背板刻点细浅不明显，鞘翅圆且粗深。前胸背板较扁平，前缘浅凹，侧缘明显翻起，纵槽宽且深。小盾片等边三角形。鞘翅侧缘外伸狭窄，外伸部分与拱起部分界明显。雄性第5腹板基部直，第6腹板无纵凹；雌性第5腹板基部中叶舌形微凸，第6腹板中央纵凹浅沟状。爪细小，完整，基齿宽大。

检视标本：1头，宁夏泾源六盘山，1995. VI. 14，林92–VI组采（HBUM）。

地理分布：宁夏（海原、泾源）、北京、河北、吉林、江苏、福建、河南、湖北、湖南、广东、广西、四川、贵州、云南、西藏、陕西、甘肃、青海；蒙古国，俄罗斯（远东、东西伯利亚），朝鲜，韩国，日本，伊朗，哈萨克斯坦，土耳其，东洋界，欧洲。

取食对象：椿树白粉菌。

## 34.4 红瓢虫亚科 Coccidulinae Mulsant, 1846

### 短角瓢虫族 Noviini Mulsant, 1846

#### 252）红瓢虫属 *Rodolia* Mulsant, 1850

##### （581）红环瓢虫 *Rodolia limbata* (Motschulsky, 1866)（图版 XL: 10）

*Novius limbata* Motschulsky, 1866: 178; Löbl & Smetana, 2007: 597; Ren et al., 2009: 162; Ren, 2010: 176.

识别特征：体长 4.0～6.0 mm，宽 3.0～4.3 mm。长圆形，两侧较直，弧形拱起；黑色，背、腹面密布黄白色毛；前胸背板前缘和前角至后角部分红色；鞘翅外缘和翅缝被红色宽环纹围绕；腹面端末和侧缘及鞘翅缘折红色；足腿节端末红色或留红色的边缘，胫节和跗节红色；刻点细小稠密，鞘翅略深于头部、前胸背板和小盾片。后基线在腹板中部之前向外弯曲达到前缘；雄性第 5 腹板两侧长度超过中央部分，第 6 腹板中央部分内凹；雌性第 5 腹板基部直，第 6 腹板基部圆突。

检视标本：1 头，宁夏泾源二龙河，2009. VII. 19，王新谱采（HBUM）；3 头，宁夏泾源后沟，2009. VIII. 8，王兴民、陈晓胜、郝俊义采（HBUM）；4 头，宁夏泾源白云寺，2009. VIII. 10，王兴民、陈晓胜、郝俊义采（HBUM）。

地理分布：宁夏（泾源）、北京、天津、河北、山西、辽宁、吉林、黑龙江、上海、江苏、浙江、山东、河南、湖北、广东、广西、四川、贵州、云南、陕西；蒙古国，俄罗斯（远东、东西伯利亚），朝鲜，韩国，日本。

捕食对象：吹绵蚧、银毛吹绵蚧、茶硕蚧。

## 34.5 食植瓢虫亚科 Epilachninae Mulsant, 1846

#### 253）豆形瓢虫属 *Cynegetis* Chevrolat, 1836

##### （582）中国豆形瓢虫 *Cynegetis chinensis* Wang & Ren, 2014（图版 XL: 11）

*Cynegetis chinensis* Wang & Ren in Wang, Tomaszewska & Ren, 2014: 42.

识别特征：短卵形，背面异常拱起；被稠密短绒毛。头黄褐色，基部有小黑斑；额有不明显的小刻点及散乱长刚毛；眼小。前胸背板黄褐色，具 3 个大黑斑：中间 1 个纵向，横向扩展至端部 1/4 处，另外 2 个不规则椭圆形；盘区具稍大于头部的稠密小刻点。鞘翅黄褐色，具 3 个圆形黑斑和 3 个波弯黑色条带；刻点似前胸背板。腹面黄褐色。鞘翅缘折和足黄色。

地理分布：宁夏（泾源）。

#### 254）食植瓢虫属 *Epilachna* Chevrolat, 1836（宁夏新纪录）

##### （583）尖翅食植瓢虫 *Epilachna acuta* (Weise, 1900)（图版 XLI: 1）

*Solanophila acuta* Weise, 1900: 384; Löbl & Smetana, 2007: 626.

识别特征：体长 8.5～9.0 mm。卵形，背面异常拱起；棕黄色而具黑斑，腹面黑色；被稠密短绒毛，黑斑上较弱。头基部及复眼具黑斑。前胸背板刻点粗密，两侧及中部各 1 大黑斑。鞘翅各翅基部 2 个相连黑斑，中部 1 个黑带，端部有 1 大黑斑；翅面具稀疏浅细刻点及稠密微刻点。

检视标本：1 头，宁夏泾源六盘山，1989. VIII. 17，任国栋采（HBUM）。

地理分布：宁夏（泾源）、江苏、河南、重庆、陕西、甘肃、台湾。

## 255）裂臀瓢虫属 *Henosepilachna* Li, 1961

### （584）马铃薯瓢虫 *Henosepilachna vigintioctomaculata* (Motschulsky, 1858)（图版 XLI: 2）

*Epilachna vigintioctomaculata* Motschulsky, 1858: 40; Löbl & Smetana, 2007: 630; Ren et al., 2009: 312; Ren, 2010: 173.

识别特征：体长 6.6～8.3 mm。近卵形或心形，背面拱起；红棕至红黄色。头中部 2 黑斑，有时连合。前胸背板 1 个近三角形的中斑。鞘翅 6 个基斑及 8 个变斑；鞘翅端角的内缘与翅缝成切线相连，不成角状突出；后基线近圆弧形，但在前弯时稍成角状弯曲，基部伸达第 1 腹板的 6/7～7/8 处；雄性第 5 腹板基部稍外突，第 6 腹板基有缺切；雌性第 5 腹板基部直且中央近末端的 1/2 以后有凹，第 6 腹板中央纵裂。

检视标本：3 头，宁夏泾源西峡，2008. VI. 27，李秀敏、冉红凡、吴琦琦采（HBUM）。

地理分布：宁夏（泾源）、北京、河北、山西、辽宁、吉林、黑龙江、江苏、浙江、安徽、福建、山东、河南、湖北、湖南、四川、贵州、云南、西藏、陕西、甘肃、台湾；俄罗斯（远东、东西伯利亚），朝鲜，韩国，日本，印度，尼泊尔，巴基斯坦，东洋界。

取食对象：马铃薯、曼陀罗等茄科植物。

### （585）茄二十八星瓢虫 *Henosepilachna vigintioctopunctata* (Fabricius, 1775)（图版 XLI: 3）

*Coccinella vigintioctopunctata* Fabricius, 1775: 84; Löbl & Smetana, 2007: 630; Ren et al., 2009: 312; Wang & Yang, 2010: 202; Ren, 2010: 173; Yang et al., 2011: 156.

曾用名：茄二十八瓢虫（任国栋，2010）。

识别特征：体长 5.2～7.4 mm。近心形或卵形，背面拱起；黄褐色；前胸背板 7 个黑斑：浅色个体部分消失或全部消失，深色个体扩大、连合以至前胸背板黑色而前缘及侧缘浅色；每翅 6 个基斑和 8 个变斑：有些个体变斑部分消失或全部消失而仅留 6 个基斑，或基斑扩大、连合而成各种斑纹；大多数每翅有 14 个近圆形斑。腹面黄褐色，上颚末端、后胸腹板后角或后面部分黑色；有些个体黑斑扩大至整个后胸腹板，至腹基部亦为黑色且甚至延至后足腿节基部。鞘翅端角与翅缝的连合处明显角状突起。雄性第 5 腹板基部直或稍内凹，第 6 腹板基部有缺切；雌性第 5 腹板基部直或中央微突，第 6 腹板中央纵裂。

检视标本：14 头，宁夏盐池沙边子，2008. VIII. 14，杨彩霞、钱锋利采（IPPNX）；1 头，宁夏泾源王化南，2009. VII. 31，顾欣采（HBUM）。

地理分布：宁夏（盐池、中卫、泾源、平罗、贺兰山、罗山）、河北、辽宁、吉林、黑龙江、江苏、浙江、安徽、福建、江西、山东、河南、湖北、湖南、广东、广西、海南、四川、贵州、云南、西藏、陕西、台湾、香港；俄罗斯（远东），朝鲜，韩国，日本，印度，尼泊尔，不丹，巴基斯坦，阿富汗，澳洲界。

取食对象：茄、野茄、龙葵、瓜类、甘草。

## 34.6 显盾瓢虫亚科 Hyperaspidinae Mulsant, 1846

### 256）显盾瓢虫属 *Hyperaspis* Chevrolat, 1836

#### （586）亚洲显盾瓢虫 *Hyperaspis* (*Hyperaspis*) *asiatica* Lewis, 1896（图版 XLI: 4）

*Hyperaspis asiatica* Lewis, 1896: 33; Löbl & Smetana, 2007: 577; Ren et al., 2009: 100; Ren, 2010: 174; Yang et al., 2011: 157.

识别特征：体长约 3.0 mm，宽约 2.0 mm。卵圆形，强烈拱起；黑色，光裸；雄性头部额区大部分白色；前胸背板前角白色；足棕褐色。

检视标本：1 头，宁夏泾源后沟，2009. VIII. 8，王兴民采（HBUM）。

地理分布：宁夏（泾源、罗山）、河北、辽宁、吉林、黑龙江、江苏、浙江、山东、四川、陕西；蒙古国，俄罗斯（远东、东西伯利亚），朝鲜，韩国，日本。

捕食对象：蚜虫、蚧虫。

#### （587）六斑显盾瓢虫 *Hyperaspis* (*Hyperaspis*) *gyotokui* Kamiya, 1963（图版 XLI: 5）

*Hyperaspis gyotokui* Kamiya, 1963: 83; Wang et al., 1992: 56; Löbl & Smetana, 2007: 577; Ren et al., 2009: 101; Ren, 2010: 174.

识别特征：体长 2.9～3.2 mm，宽 1.9～2.1 mm。椭圆形，中度拱起；黑色，雄性额区橙黄色，口器及触角第 1 节褐色；前胸背板两侧各有 1 橙黄斑，雄性前缘有 1 细窄黄纹与两侧斑相连；每翅各有 3 个橙黄斑：前斑圆，位于鞘翅基部中线 1/3 处，中斑位于鞘翅侧缘中部，后斑肾形，横置于鞘翅末端 1/3 处。

地理分布：宁夏（海原、西吉）、河北、河南、四川、陕西；俄罗斯（远东），朝鲜，韩国，日本。

捕食对象：麦蚜、麦二叉蚜等。

#### （588）四斑显盾瓢虫 *Hyperaspis* (*Hyperaspis*) *leechi* Miyatake, 1961（图版 XLI: 6）

*Hyperaspis leechi* Miyatake, 1961: 151; Löbl & Smetana, 2007: 577; Ren et al., 2009: 102; Wang & Yang, 2010: 203.

识别特征：体长 3.5～4.5 mm，宽 2.3～3.5 mm。长卵形，较拱起；体黑色；前胸背板中间有梯形大黑斑，两侧有黄斑；每翅各有 2 橘红色斑；前胸背板缘折和中胸后侧片黄色。前胸背板基部半圆弧形，两侧平行。鞘翅末端直。腹部末端收缩并露出鞘翅之外；雄性第 5 腹板基部直，第 6 腹板基部弧凸。

地理分布：宁夏（贺兰山）、河北、山西、辽宁、吉林、黑龙江、上海、江苏、浙江、安徽、福建、河南、湖北、四川、陕西；蒙古国，俄罗斯（远东、东西伯利亚），朝鲜，韩国，日本。

捕食对象：蚜虫。

# 35. 薪甲科 Latridiidae Erichson, 1842

体长 0.9～15.0 mm。窄至宽卵圆形，中度隆起或扁平，或近半球形和球形；淡褐色至近黑色；光滑或被绒毛。头显露，上颚宽而强弯；背面具刻点和稠密细短毛，偶光裸。触角短，11 节，柄节及端部 3 节膨大，中间各节较细；具触角沟。前胸背板宽大于长。前足基节间腹突隆起。鞘翅宽大，常具条纹或刻痕；臀板外露或末端 2～3 个背板外露。腹部可见腹板 5 个。足短，所有基节横向分开，基节和转片明显；前足基、转节自由；后足基节近于达到身体后缘；跗式 5-5-5，第 1 节正常，第 4 节很小，第 5 节最长。

该科全球已知 4 亚科 30 属约 1100 种，多见于落叶下、蚁巢中、菌物间、薪材里，也有大面积为害苹果、梨等果树的报道。中国已记录 2 亚科 11 属 40 余种；本书记录宁夏 1 亚科 5 属 7 种。

## 薪甲亚科 Latridiinae Erichson, 1842

### 257）缩颈薪甲属 *Cartodere* Thomson, 1859

**（589）同沟缩颈薪甲 *Cartodere (Cartodere) constricta* (Gyllenhyl, 1827)**（图版 XLI: 7）

*Latridius constricta* Gyllenhal, 1827: 138; Zhao et al., 1982: 64; Zhu et al., 1999: 194; Löbl & Smetana, 2007: 636; Ren, 2010: 169; Ren et al., 2013: 194.

曾用名：缩颈薪甲（赵养昌等，1982；祝长清等，1999；任国栋，2010；任国栋等，2013）。

识别特征：体长 1.2～1.75 mm，宽约 0.68 mm。细长，背部稍隆起，两侧近平行至倒卵形；虫体黄褐色至暗红褐色，足和触角淡黄褐色；体表近于光滑。头部有 1 较窄浅但显见的中线；唇基低于额面；颊长，两侧平行；上颚 1 狭长端齿，内缘锯齿形；复眼大而突出，与触角基部间距离稍小于复眼直径；触角 11 节，棒状部 2 节，末节端部斜直。前胸背板端部 1/5～1/4 处最宽，长宽近相等；两侧基部 1/3 强烈向内深缢缩窄，基部近于直，具完整细饰边；中区近基部有 2 条中纵脊向前延伸且弱外扩，几乎伸达前缘。鞘翅长约为前胸背板长的 3 倍，偶数行间扁平，奇数行间弱隆。第 1 腹板基间腹突具 1 对腺窝。跗节 3-3-3 式。

地理分布：宁夏（全区）、河北、山西、内蒙古、黑龙江、辽宁、安徽、江苏、福建、山东、河南、安徽、湖南、广东、广西、四川、云南、贵州、陕西、甘肃、青海、新疆；蒙古国，俄罗斯（远东、东西伯利亚），日本，印度，尼泊尔，巴基斯坦，阿富汗，哈萨克斯坦，也门，欧洲，非洲界。

取食对象：玉米、高粱、小麦、谷子、稻、发霉的粮食、中药材、烟草、食品、陈腐稻草及席草编制品等贮藏物。

## 258）小薪甲属 *Dienerella* Reitter, 1911

### （590）红颈小薪甲 *Dienerella (Cartoderema) ruficollis* (Marsham, 1802)（图版 XLI：8）

*Corticaria ruficollis* Marsham, 1802: 111; Zhu et al., 1999: 196; Löbl & Smetana, 2007: 636.

识别特征：体长 1.0～1.2 mm，宽约 0.44 mm。体狭长倒卵形，背面光滑较隆起；头、前胸背板红褐色，复眼黑色，触角、腹面、足黄褐色或褐色，鞘翅黑褐色。触角 11 节，棒状部 3 节。前胸背板宽大于长，端部 1/5 处最宽，基部与端部近等宽；两侧不平展，具饰边，近基部 1/3 处明显缢缩；基部直，具弱饰边；背面有 1 较深而短的完整横凹，通常两侧缘镶较宽厚而均匀的白垩色蜡质分泌物。鞘翅具 7 行圆形至近方形刻点，仅第 6 行间弱隆；翅缝行间略呈间断隆线状。后胸腹板中区在两中足基节基部之间及两后足基节内侧之间各有 1 较窄而深的横凹，两横凹相平行。跗节 3-3-3 式。

地理分布：宁夏、山西、内蒙古、黑龙江、上海、江苏、浙江、安徽、福建、江西、山东、河南、湖北、湖南、广东、广西、云南、贵州、四川、新疆；日本，土耳其，欧洲，北非，北美。

取食对象：小麦、稻谷、玉米、大米、碎米、面粉、麸皮、米糠、薯干、饲料、陈皮、鹿茸、木灵芝、半夏、茯苓、莲子、莲子芯、白芷、红枣、黄花菜、木耳、蘑菇、竹制品、草席、草帽、草垫、烟叶等各类贮藏物。

### （591）脊鞘小薪甲 *Dienerella (Dienerella) costulata* (Reitter, 1877)

*Cartodere costulata* Reitter, 1877: 114; Löbl & Smetana, 2007: 637.

识别特征：体长约 2.3 mm，宽约 0.8 mm。体细长，颇隆起，两侧近平行；黄褐至暗红褐色，足和触角淡黄褐色；体表光滑无毛。头近梯形，宽略大于长，略窄于前胸背板。额上 1 明显中纵沟，其前端窄，中后部浅宽，不伸达额前缘，后颊发达。触角 11 节，短于头部和前胸背板之和，端部 3 节棒状，第 9、第 11 节长显大于宽，第 10 节长宽相等。前胸背板宽大于长，端部 1/3 处最宽，两侧前部圆，边缘明显平坦或近于平坦，中部到后部直或稍锯齿状，稍圆形；盘区中前部凹陷，基部 1/3 处有 1 深横凹，凹的两侧各有 1 圆深窝，中部无凹，隆起部分具小密点，侧缘和横沟近于光滑。小盾片极小。鞘翅长椭圆形，背面强烈隆起，约长于前胸背板 3 倍，宽于前胸背板 1/4～1/5，肩圆，中部之前近三角形，侧缘基部 1/3 近角状，翅端狭圆，盖过腹部。每翅 8 行刻点，第 5、第 6 刻点行在端部相接，每行刻点间距约为刻点直径的 2/3，刻点间表面光滑；第 3、第 5、第 7 行间显著隆起，中部之前 1 横沟，第 3 行间基部 1/3 之前较其余部分隆起。腹部可见腹板 5 个，第 1 腹板长于其后 3 个腹板长度之和，第 5 腹板长度与其前 2 节腹板长度之和相等。每节腹板具 1 横凹。跗式 3-3-3。

地理分布：宁夏（泾源）、北京、河北、内蒙古、四川、甘肃；日本，欧洲，新北界。

取食对象：小麦、玉米、团粉。

## 259）脊薪甲属 *Enicmus* Thomson, 1859

### （592）伊斯脊薪甲 *Enicmus histrio* Joy & Tomlin, 1910（图版 XLI: 9）

*Enicmus histrio* Joy & Tomlin, 1910: 250; Zhu et al., 1999: 200; Löbl & Smetana, 2007: 637.

识别特征：体长 1.2～2.0 mm。倒卵形，背面隆起；淡红褐至黑褐色，有弱毛，光亮，近光滑。头部具 1 条稍宽浅的中线，上唇窄于唇基，唇基低于额面；复眼圆，大且显突；触角 11 节，棒状部 3 节。前胸背板端部 1/3 处最宽，两侧稍宽展并强烈上弯，侧缘弧形；前角钝，后角近于直；中区 2 个中纵脊极短，仅位于基部或极不明显甚至无；基部 1/4～1/3 处有 1 宽深长横凹，端半部有 1 宽卵形凹。鞘翅基部 1/3 处最宽，肩部隆起；每翅有 8 行刻点，行间扁平，第 7 行间与外缘之间有 2 行刻点，行间显隆。前胸基间腹突明显脊状隆起；后胸腹板两侧基节窝后方各有 1 卵形大深凹，自凹刻周缘发出大量辐射状明显隆线，近伸达后半部，其间无刻点，光泽强；腹部第 1 腹板在后足基节窝后方各有许多辐射状隆线，无刻点。跗节 3-3-3 式。

地理分布：宁夏、北京、河北、内蒙古、辽宁、吉林、黑龙江、浙江、安徽、福建、江西、山东、河南、湖北、湖南、贵州、云南、陕西、甘肃、新疆；蒙古国，俄罗斯（西伯利亚），朝鲜，日本，印度，尼泊尔，巴基斯坦，土耳其，也门，澳大利亚，欧洲，澳洲界。

取食对象：陈腐稻草、铺垫物及露天囤垛围席。

### （593）横脊薪甲 *Enicmus transversus* (Olivier, 1790)（图版 XLI: 10）

*Ips transversus* Olivier, 1790: no 18: 14; Wang et al., 1992: 47; Löbl & Smetana, 2007: 638.

识别特征：体长约 2.0 mm，宽约 0.8 mm。宽卵圆形；光滑，棕褐色至锈红色，触角黄褐色。头梯形，密布细刻点，额中部有 1 浅凹，上唇顶端明显微凹，颊发达，两侧近平行；复眼大，近圆形，稍突出；触角 11 节，触角棒 3 节。前胸背板刻点密，两侧圆弧且边缘隆起，近基部两侧各有 1 长椭圆形凹，凹中间有 1 横沟相连。小盾片小，长椭圆形，具隆脊。鞘翅卵圆形，背面隆起，肩角圆，边缘平坦，翅端钝圆，盖过腹部；每翅 8 列刻点，基半部刻点大，端半部小，基半部刻点行间隆起，后半部略平坦，第 7 行间显隆。足较短，腿节极粗壮，胫节细长，雄形前胫节近端部有 1 小齿；跗节 3-3-3 式，第 1、第 2 节短，近于等长，第 3 节长于第 1、第 2 节之和；爪简单。

地理分布：宁夏、北京、天津、河北、山西、内蒙古、辽宁、吉林、黑龙江、上海、江苏、安徽、福建、江西、山东、河南、湖北、湖南、海南、重庆、云南、西藏、陕西、甘肃、青海、宁夏、新疆、台湾、香港、澳门；俄罗斯（西伯利亚），尼泊尔，阿富汗，叙利亚，以色列，约旦，欧洲。

取食对象：仓库内发霉食物。

## 260）薪甲属 *Latridius* Herbst, 1793

### （594）湿薪甲 *Latridius minutus* (Linnaeus, 1767)（图版 XLI: 11）

*Tenebrio minutus* Linnaeus, 1767: 675; Löbl & Smetana, 2007: 639; Ren et al., 2013: 197.

曾用名：眼湿薪甲。

识别特征：体长 1.2～2.4 mm。卵形，背面隆起；淡赤褐色至黑色，光滑或略有微毛；头部有 1 宽浅中线，颊为复眼直径的 1/2；复眼大而圆，与触角基部距离约为复眼直径的 2/3；触角 11 节，触角棒 3 节，第 2～9 节长大于宽。前胸背板宽大于长，端部 1/7～1/6 处最宽，侧缘上翘，前角叶状；中区基部有 1 宽横凹，端半部有 1 卵形深凹。鞘翅长为前胸背板长的 3 倍，端部宽圆，基部与前胸背板最宽处近等宽；每翅有 8 列刻点。

地理分布：宁夏、河北、内蒙古、辽宁、黑龙江、江苏、浙江、山东、河南、湖南、广西、四川、云南、陕西、甘肃、青海、新疆；蒙古国，俄罗斯（西伯利亚），土耳其，欧洲。

取食对象：药材、面粉、稻谷、大米。

### 261）行薪甲属 *Thes* Semenov, 1910

#### （595）四行薪甲 *Thes bergrothi* (Reitter, 1881)（图版 XLI: 12）

*Lathridius bergrothi* Reitter, 1881: 53; Zhao et al., 1982: 65; Wang et al., 1992: 47; Zhu et al., 1999: 202; Löbl & Smetana, 2007: 641; Ren, 2010: 169.

识别特征：体长 1.8～2.2 mm。倒卵形，背面隆起；光亮，近于光滑，红黄褐色至赤褐色。头部均匀平隆，无中线，唇基低于额面；复眼圆，较小，弱突，与触角基部间距等于复眼直径；触角 11 节，触角棒 3 节。前胸背板宽大于长，端部 1/6 处最宽；侧缘稍阔并明显上弯，近基部 1/4～1/3 处稍明显弧凹；中区 2 个中纵脊基半部明显，端半部不明显；基部 1/3 处有 1 长横凹，凹中部被 2 条中纵脊截断。鞘翅长为前胸背板长的 3 倍，近端部 2/5 处最宽，宽约为前胸背板宽的 2 倍；翅缝行间、第 3 行间基部 1/3、第 5 和第 7 行间自基部至近端部隆脊状；第 7 行间与外缘之间的基部 2/5 有 2 行刻点，端部 1/5～3/5 有 4 行刻点。

地理分布：宁夏（固原）、黑龙江、江西、湖北、贵州、甘肃、青海；欧洲，非洲界，新北界。

取食对象：发霉食物、面粉、药材、干酪。

## XIII. 拟步甲总科 Tenebrionoidea Latreille, 1802

该总科主要识别特征有以下 10 点：（1）下颚有外叶和内叶；（2）后胸叉骨源于侧臂的窄柄与前腱（anterior tendons）；（3）后翅中域脉不超过 4 条；（4）腹部有 7 对气门；（5）前足基节窝突出或不突出于基节，为异形节（非常倾斜，使腿节与基节相连），腹部第 1～3 腹板愈合；（6）几乎所有两性的前足和中足跗节均为 5 节，后足跗节 4 节，偶见跗式 4-4-4 者，极少 3-4-4 者；（7）阳茎异跗节模式（阳基背侧或腹侧不形成环）；（8）幼虫上颚很少有臼叶（prostheca）；（9）幼虫上颚的磨区钝或内端角有距；（10）幼虫头部常具中缝。

按照 Mckenna 等（2015）的分类系统，该总科由 23 个科构成，全球已知约 4

万种，尤其包括了原来的筒蠹总科 Lymexyloidea，现将其降为科级。本书记录宁夏7 科。

# 36．小蕈甲科 Mycetophagidae Leach，1815

体长 1.5～6.5 mm。倒卵形，宽扁；浅棕色至黑色，鞘翅有光斑或条纹，有些种类有橘黄或微红色斑点；体表被毛短至长，稀疏至稠密，近于直立。头短，三角形，稍下弯；复眼大，倒卵形。触角着生于前额脊下，11 节，棒状；第 7～11 节变粗，或端部 2～3 节形成松散的棒节。前胸背板比头宽，与鞘翅基部等宽；端部窄，前缘变窄和平截，后缘弯曲。腹部有 5 个可见腹板。前足基节窝后端开放。跗式 4-4-4（雌）或 3-4-4（雄）。雄性外生殖器三叶状。

该科全球已知 3 亚科约 20 属 200 种。成虫、幼虫生活在腐烂的落叶层、真菌和树皮下，大多数物种以真菌为食，稀见食松树花粉者，有些见于仓库和植物花上者，也有捕食蚧虫者。中国已记录 2 亚科 6 属 8 种；本书记录宁夏 1 亚科 2 属 2 种。

## 小蕈甲亚科 Mycetophaginae Leach，1815

### 小蕈甲族 Mycetophagini Leach，1815

#### 262）小蕈甲属 *Mycetophagus* Fabricius，1792

##### （596）波纹小蕈甲 *Mycetophagus (Ulolendus) antennatus* (Reitter, 1879)

*Tritoma antennatus* Reitter, 1879: 225; Wang et al., 1992: 53; Löbl & Smetana, 2008: 53; Ren, 2010: 170; Ren et al., 2013: 197.

识别特征：体长 4.0～5.0 mm。长椭圆形；褐色至暗褐色；鞘翅端部红褐色，中央前、后各 1 波弯红褐斑。触角 11 节，末 7 节变粗形成棒状，第 3 节长于第 2 节，末节大而色淡。鞘翅刻点行浅，行内刻点粗大，行间有颗粒状小瘤突。

地理分布：宁夏（全区）、山西、内蒙古、辽宁、吉林、黑龙江、广西、四川、贵州、云南、陕西、甘肃、青海、新疆、台湾；俄罗斯（远东、东西伯利亚），朝鲜，日本。

取食对象：米、面、麦类、稻谷、糠麸、湿润中药材及土产品等。

### 疹小蕈甲族 Typhaeini Thomson，1863

#### 263）疹小蕈甲属 *Typhaea* Stephens，1829

##### （597）小毛蕈甲 *Typhaea stercorea* (Linnaeus, 1758)（图版 XLII: 1）

*Derrnestes stercorea* Linnaeus, 1758: 357; Wang et al., 1992: 53; Gao, 1993: 111; Löbl & Smetana, 2008: 54; Zhang et al., 2009: 102.

曾用名：毛蕈甲（王希蒙等，1992；高兆宁，1993；张治良等，2009）。

识别特征：体长 2.2～3.2 mm。椭圆形，两侧近平行；淡褐色、黄褐色至栗褐色。触角 11 节，棒状部 3 节，末节端部略尖。前胸背板横宽，基部 1/3 最宽，基部略直。

鞘翅长于前胸背板长 3 倍，行纹浅，中区行纹内的刻点浅而不明显，行间刻点更浅小；各行间中间有 1 近于直立粗长毛，行纹内及行间着生细短伏毛。

检视标本：宁夏银川（2 头，1960；1 头，1988. VIII. 30）（IPPNX）。

地理分布：宁夏（银川）、辽宁；蒙古国，俄罗斯（西伯利亚），朝鲜，韩国，日本，印度，尼泊尔，不丹，巴基斯坦，阿富汗，伊朗，塔吉克斯坦，土库曼斯坦，吉尔吉斯斯坦，哈萨克斯坦，土耳其，塞浦路斯，叙利亚，也门，伊拉克，以色列，约旦，欧洲，非洲界。

取食对象：米、面等仓储粮食。

# 37．花蚤科 Mordellidae Latreille, 1802

体长 1.5～15.0 mm。体色多变，黑色、红色、白色和黄色；体表密生绢丝状微毛，或具粗毛或鳞片。光滑和流线形、背面驼峰状弯曲、腹部尖是该科的突出特征。头大，下弯，卵形，部分缩入前胸内，与前胸背板等宽，眼后方收缩；表面光滑或布皱纹状刻点；卵形眼侧生，较发达，小眼面中等大。触角着生于前颊下方，靠近上颚基部；短丝状，11 节，偶 10 节；向后伸出不超过前胸背板，末端略粗或锯齿状。前胸背板小，中部最宽，端部窄，与鞘翅基部等宽；形状不规则，前端伸长，侧缘弓形，后缘宽且弯波状，偶平展，具侧缘；表面有皱纹状刻点，侧区宽阔。鞘翅长，后端宽，不完全盖及臀板；背面具皱纹和刻点；缘折隆线不明显，缘折中等宽。后翅发达。腹板有 5～6 个可见腹板，末节尖。后足发达，擅长跳跃；跗式 5-5-4；爪简单。

该科现生种类全球已知 3 亚科 115 属 2300 余种，世界性分布，以古北区、大洋区、北美和中美洲较多，热带地区较少。成虫栖息于花中，特别喜食伞形花序，有些寄生于朽木真菌。幼虫侵害活的草茎和朽木，也有生活于白蚁巢内捕食白蚁的报道。中国已记录 24 属约 110 种；本书记录宁夏 1 亚科 1 属 1 种。

## 花蚤亚科 Mordellinae Latreille, 1802

## 花蚤族 Mordellistenini Ermisch, 1941

### 264）花蚤属 *Mordellistena* Costa, 1854

#### （598）大麻花蚤 *Mordellistena (Mordellistena) comes* Marseul, 1877（图版 XLII: 2）

*Mordellistena comes* Marseul, 1877: 473; Shiyake, 1994: 11, 19; Löbl & Smetana, 2008: 97.

*Mordellistena cannabisi* Matsumura, 1915 (Kôno, 1928 (Shiyake, 1994: 19)); Wu et al., 1978: 78; Wang et al., 1992: 63; Wang & Yang, 2010: 228; Yang et al., 2011: 163.

曾用名：蛀麻狭花蚤（王希蒙等，1992）。

识别特征：体长约 3.0 mm。体长形；黑色，密布灰色短毛。头下垂，眼卵圆形。胸腹部拱弯。后足腿节膨大适于跳跃；后胫节甚短，跗节长于胫节。雌性尾端有长产卵管。

检视标本：10 头，宁夏银川，1960. VII. 15（IPPNX）；3 头，宁夏固原，1963. VII.

5，徐立凡采（IPPNX）。

地理分布：宁夏（永宁、银川、盐池、同心、固原、平罗、贺兰山）、河北、安徽、甘肃；韩国，日本。

取食对象：幼虫取食大麻、苍耳、灰条等植物茎秆，成虫多取食植物花粉。

## 38．幽甲科 Zopheridae Solier, 1834

体长 1.8～34.0 mm。扁长，两侧平行，椭圆形；背面光裸、被刚毛或鳞片，光滑或有瘤突，常有分泌产物的涂层。头深插入前胸；眼弱，圆形、肾状，垂直或缩小。触角生于复眼前方、额之侧缘下，8～11 节，端部 2～3 节棒状；如有触角沟时，位于前胸下方。前胸背板侧缘光滑或具齿，有时模糊或缺如，缘折下方有触角沟或窝。鞘翅完整，具条纹或皱纹；缘折隆线窄且完整。后翅消失或强烈退化。前足基节窝向后开放或关闭。跗式 5-5-4 或 4-4-4，第 1～3、1～4 或 1～5 跗节愈合。阳茎翻转。

该科全球已知 2 亚科（坚甲亚科 Colydiinae 和幽甲亚科 Zopherinae）180 属 1375 种，其中 100 多种为世界性分布，以马达加斯加较为丰富。幽甲亚科的种类生活在死亡的腐木或腐烂的植物材料中，它们营养的真正来源还不太确定，但与真菌的联系相当密切。坚甲亚科多为捕食性，栖于蛀木昆虫的隧道中；或植食性，栖于菌苔或植物碎屑中；也有生活于蚁穴中者。中国已记录 2 亚科 10 属 12 种；本书记录宁夏 1 亚科 1 属 1 种。

### 幽甲亚科 Zopherinae Solier, 1834

### 乌幽甲族 Usechini Horn, 1867

### 265）乌幽甲属 *Usechus* Motschulsky, 1845

#### （599）中条幽甲 *Usechus chujoi* Kulzer, 1960

*Usechus chujoi* Kulzer, 1960: 304; Löbl & Smetana, 2008: 79.

检视标本：1♂，宁夏隆德，1981. Ⅷ. 5，任国栋采（HBUM）。

地理分布：宁夏（隆德）；日本。

## 39．拟步甲科 Tenebrionidae Latreille, 1802

体长 1.2～80.0 mm。体形多变，狭长或瓢形，隆起或盾片状；体色黑、棕、绿、紫等多样化，但单一，或具明显斑纹，温带种类普遍为单一的黑色，热带种类则富有各种金属光泽，有些还有红色或白色斑纹，或白色鳞片（毛）。体壁坚硬、唇基前缘明显、鞘翅有发达假缘折、前足基节窝关闭或部分开放、跗式 5-5-4（少数 4-4-4）是本科的主要识别特点。头部卵形，前口式至下口式，较前胸微小。触角生于头侧下前方的触角沟上，11 节，稀 10 节，丝状、棍棒状、念珠状、锯齿状等；伪叶甲亚科 Lagriinae 常有发达的端节。前胸背板较头宽，卵形，边缘常具饰边。前胸腹板突出。小盾片小。鞘翅端部圆，有些种类具翅尾；侧缘下折；翅上有条纹，行间具脊或无；假缘折扁平。

腹部有 5 个可见腹板，第 1~3 节常愈合。足发达，胫节细长，距突出；前足基节窝后方关闭；后足基节长。雄性外生殖器三叶状。

该科全球已知 9 亚科约 97 族 2300 多属 25000 种，从热带到亚热带和温带、从热沙漠至冷荒原的陆地环境均有分布，湿冷气候区的种类相对较少。栖息环境从树冠、朽木、皮下、地下到动、植物性仓储品，食性分化复杂，植食性、肉食性至菌食性，少数种类可食动物粪便、尸体和小型活体动物。幼虫大多取食植物根部及仓库动植物产品，一些生活在木质隧道或皮下，捕食其内的昆虫幼虫和卵等。中国已记录 7 亚科 54 族 2100 余种；本书记录宁夏 5 亚科 44 属 164 种。

### 拟步甲科分亚科检索表

1. 跗爪梳齿状·······································································朽木甲亚科 Alleculinae
- 跗爪非梳齿状································································································2
2. 腹部可见腹板 3~5 节之间无裸露的节间膜（漠甲族除外）；阳茎缩入和伸出腹部时弯转····
·······························································································漠甲亚科 Pimeliinae
- 腹部可见腹板 3~5 节之间一般具裸露的节间膜；阳茎缩入和伸出腹部时不弯转············3
3. 上唇长椭圆形，至多略宽，鞘翅如具刻点行，则各为 10 条，倒数第 2 跗节常呈叶状·········
·······························································································伪叶甲亚科 Lagriinae
- 上唇中等至强烈横阔；鞘翅刻点行少于 10 条；倒数第 2 跗节稀见叶状，若如此，则各为
9 条刻点行·······························································································4
4. 体强烈隆起；触角第 6~8 节内缘锯齿状至扇状，在突出部分着生感觉器；中、后足胫节
外侧具 1 条浅纵沟或脊，脊的外面具前、后缘·······································菌甲亚科 Diaperinae
- 体不强烈隆起；触角和胫节通常不如上述·······························拟步甲亚科 Tenebrioninae

## 39.1　伪叶甲亚科 Lagriinae Latreille, 1825 (1820)

### 伪叶甲亚科分种检索表

1. 触角较短，端节不延长································································································2
- 触角长，丝状，端节大多甚延长···················································································4
2. 鞘翅无刻点行·······························································东方垫甲 Luprops orientalis
- 鞘翅具刻点行································································································3
3. 肛节后缘中央浅凹·······························贺兰刺足甲 Centorus (Centorus) helanensis
- 肛节后缘圆弧形·······························梅氏刺足甲 Centorus (Centorus) medvedevi
4. 体较细长，较坚硬；鞘翅一般具刻点行；前胸腹板突抬起、向后急降，大多伸达基节后方，
并将前足基节明显分开；胫节端距明显·······················波氏绿伪叶甲 Chlorophila portschinskii
- 体较宽，多柔软；鞘翅一般无刻点行；前胸腹板突无，若很细小，则扁平、不抬起；胫节
端距细小或缺失································································································5
5. ♂眼较小，细长，前缘深凹，眼间距等于或大于复眼横径的 1.5 倍；前胸背板较宽·······6
- ♂复眼大，几乎占满整个头部，前缘浅凹，间距至多等于复眼横径；前胸背板窄·········7

6. 额区至少中央纵向有 1 浅沟；眼间距至少为复眼横径的 2.5 倍；翅缝突出 ················
·················································· 黑足伪叶甲 Lagria (Lagria) atripes

- 额区中央纵向无沟；眼间距为复眼横径的 1.5 倍；翅缝不突出 ·····························
·················································· 黑胸伪叶甲 Lagria (Lagria) nigricollis

7. ♂触角第 11 节等于其前 3 节或 4 节长度之和；♂足简单，胫节无齿 ·····················
·················································· 多毛伪叶甲 Lagria (Lagria) hirta

- ♂触角第 11 节至少等于其前 6 节长度之和；♂中、后足末端有齿 ·····················8

8. 鞘翅褐色，前体与鞘翅均被黄色茸毛；♂眼间距为复眼横径的 4/5 ·····················
·················································· 红翅伪叶甲 Lagria (Lagria) rufipennis

- 鞘翅黄色，前体被深色毛，鞘翅被黄色茸毛；♂复眼横径至少为眼间距的 2 倍 ·····················
·················································· 眼伪叶甲 Lagria (Lagria) ophthalmica

# 刺足甲族 Belopini Reitter, 1917

## 266）刺足甲属 Centorus Mulsant, 1854

### （600）贺兰刺足甲 Centorus (Centorus) helanensis (Ren & Wu, 1994)（图版 XLII: 3）

*Belopus helanensis* Ren & Wu, 1994: 351; Löbl & Smetana, 2008: 105; Yang et al., 2016: 81.

识别特征：体长 6.0～6.1 mm。体狭长；黑褐色，有光泽；触角、上唇、下颚须及跗节棕褐色。头部刻点粗；唇基前缘直，上唇梯形，被黄白色毛；复眼扁圆粗糙；触角 10 节，第 1 节粗大，第 2 节短小，第 3～6 节等长，圆筒形，第 7～9 节扁，末节锥形。前胸背板长大于宽，较头部宽；前角钝，后角突出；前缘凹，基部弧形；背扁平，布均匀圆刻点。小盾片舌状。鞘翅基部较前胸宽，与胸部连接处缝缩；翅狭长，短于腹部，顶尖，前面 1/3 处最宽；翅面有刻点行，行间有规则圆小刻点；缘折向端部变窄。腹部腹板布均匀圆刻点，肛节中央浅凹，被棕色毛。前足腿节明显棒槌状；胫节外缘直，内缘中部隆起。后足第 1 跗节等于第 2+3 节的长度之和，第 4 节长为前 3 节之和；爪发达。

检视标本：1♀，宁夏平罗崇岗，1200 m，1987. VIII. 27；1 头，宁夏银川苗木场，1987. V. 27；1♂，宁夏贺兰，1990. V. 1；均为任国栋采（HBUM）。

地理分布：宁夏（银川、平罗、贺兰、贺兰山）。

### （601）梅氏刺足甲 Centorus (Centorus) medvedevi Zhang & Ren, 2009（图版 XLII: 4）

*Centorus (Centorus) medvedevi* Zhang & Ren, 2009: 213.

识别特征：体长 5.4～5.8 mm，宽 1.6～1.7 mm。体小型，扁平；亮黑色，触角和上唇红棕色。上唇方形，唇基前缘直，头部侧缘弧扩，触角窝之前最宽，头顶扁平，刻点粗密；触角向后伸达前胸背板基部。前胸背板长略大于宽，刻点稠密，中部之前最宽；前缘凹，无饰边，侧缘强拱，饰边完整，基部内凹，饰边清晰。前胸侧板扁平，具皱纹和刻点；中、后胸腹板刻点粗密。鞘翅长卵形，基部宽于前胸背板基部，弱拱，具 9 条刻点行，自肩部向中部扩大，自中部向基部陡峭地收缩，刻点行深，行内刻点明显，行间扁平，具细刻点。第 1～4 节可见腹板中部扁平，第 5 节扁拱，具刻点和短毛；腹板突前缘中部尖锐。腿节棒状，刻点稀疏；雄性前胫节内侧中部弱突，外侧直，雌性前胫节内侧具小齿；中、后胫节向端部均匀扩展。

检视标本：11♂26♀，宁夏平罗，2009. VII. 7，张承礼、潘昭采（HBUM）；65 头，宁夏平罗王家庄，2009. VII. 8，张承礼、潘昭采（HBUM）。

地理分布：宁夏（平罗）。

## 伪叶甲族 Lagriini Latreille, 1825

## 伪叶甲亚族 Lagriina Latreille, 1825

### 267）伪叶甲属 *Lagria* Fabricius, 1775

#### （602）黑足伪叶甲 *Lagria (Lagria) atripes* Mulsant & Guillebeau, 1855（图版 XLII: 5）

*Lagria atripes* Mulsant & Guillebeau, 1855: 74; Löbl & Smetana, 2008: 114.

识别特征：体长 10.0～11.0 mm。具光泽，黑色，鞘翅黄色，密布半竖立的黄色长毛。头短圆形，长宽近相等；额不平坦，中央 1 浅纵沟；触角粗短，向后伸达鞘翅基部，向末端渐变粗。前胸背板方形，宽大于长，具大小混杂的刻点；侧缘清晰，基部及端部两侧浅凹；背观两侧波弯，基部及中部最宽；雌性中央 1 纵隆凸，其中部具小洼，两侧有不明显浅坑。小盾片舌形。鞘翅隆凸，半透明，向后方稍膨大，布细横皱纹；缝缘突起，翅上 4 条纵肋；肩角较突出，缘折基部 1/3 处最宽，翅端短圆形。

检视标本：1♂，宁夏海原，1989. VI. 23，任国栋采（HBUM）；1♂，中卫甘塘，1992. V. 6，于有志采（HBUM）；1♀，宁夏隆德峰台林场，2009. VII. 14，王新谱、赵小林采（HBUM）；1♀，宁夏彭阳挂马沟，2009. VII. 12，冉红凡、张闪闪采（HBUM）。

地理分布：宁夏（隆德、彭阳、海原、中卫）、北京、河北、河南、湖南、四川、云南、陕西、新疆；伊朗，土库曼斯坦，土耳其，欧洲。

#### （603）多毛伪叶甲 *Lagria (Lagria) hirta* (Linnaeus, 1758)（图版 XLII: 6）

*Chrysomela hirta* Linnaeus, 1758: 377; Löbl & Smetana, 2008: 114.

曾用名：林氏伪叶甲

识别特征：体长 7.5～9.0 mm。体细长；前体黑色，触角、小盾片和足黑褐色，鞘翅亮褐色，触角鞭节具弱光泽；头、前胸背板有直立深色长毛，鞘翅有半直立黄色长茸毛；头与前胸背板约等宽；复眼大，几乎占满整个头部，前缘浅凹，显高于眼间额；雌性后颊发达，头顶隆凸，眼间有不明显"U"形浅凹，复眼细长；触角向后远超过鞘翅肩部，端节顶尖，等于其前 3 节或 4 节长度之和。前胸背板刻点稀小，有时中间有纵浅凹，基部 1/3 两侧有横浅凹；基半部收缩，前角、后角不明显突出；雌性前胸背板中间有纵疤痕，基部低于盘区。鞘翅细长，平坦，有不明显纵脊线，刻点小而杂乱；饰边除肩部外其余可见，缘折窄细。足细瘦。

检视标本：1♂，宁夏海原，1989. VI. 23，任国栋采（HBUM）；1♂，宁夏泾源绿塬林场，1600 m，2008. VI. 27，王新谱、刘晓丽采（HBUM）；4♂，宁夏彭阳挂马沟，

2009. VII. 12，冉红凡、张闪闪采（HBUM）；1♀，宁夏泾源龙潭林场，2009. VII. 4，冉红凡、张闪闪采（HBUM）；1♂，宁夏泾源龙潭林场，2009. VII. 4，周善义、孟祥君采（HBUM）；1♂，宁夏泾源二龙河，2009. VII. 6，冉红凡、张闪闪采（HBUM）；1♂，宁夏隆德峰台林场，2009. VII. 14，王新谱、赵小林采（HBUM）；1♂，宁夏海原黄家庄，任国栋采（HBUM）。

地理分布：宁夏（海原、泾源、彭阳、隆德）、天津、河北、黑龙江、河南、四川、陕西、甘肃；俄罗斯（东西伯利亚），伊朗，塔吉克斯坦，乌兹别克斯坦，土库曼斯坦，哈萨克斯坦，土耳其，塞浦路斯，伊拉克，欧洲。

### （604）黑胸伪叶甲 *Lagria (Lagria) nigricollis* Hope, 1843（图版 XLII: 7）

*Lagria nigricollis* Hope, 1843: 63; Löbl & Smetana, 2008: 115.

识别特征：体长 6.0～8.8 mm。头胸部黑色，触角、小盾片和足黑褐色，鞘翅亮褐色，触角鞭节具弱光泽；头、前胸背板有直立深色长毛，鞘翅有半直立黄色长茸毛。头窄于或等于前胸背板；额侧突基瘤微隆，额上有稀疏的大小不一的刻点，头顶扁拱；复眼小而细长，前缘深凹，甚隆凸，显高于眼间头顶；触角向后伸达端部鞘翅肩部，第3～10节渐短粗，端节略弯，约等于其前5节长度之和或稍短；雌性复眼甚小，眼后发达，触角端节等于其前3节长度之和或稍短。前胸背板刻点稀小，有时中区两侧有1对浅凹；基半部略收缩，前、后角圆形；雌性前胸背板中间有纵疤痕。鞘翅细长，有不明显纵脊线，刻点较稀疏；肩部隆起；饰边除肩部外其余可见，缘折窄细。足细弱。

检视标本：1♀，宁夏泾源六盘山，1989. VIII. 7，任国栋采（HBUM）；1♂，宁夏泾源东山坡，2009. VII. 8，张闪闪采（HBUM）；1♀，宁夏泾源东山坡，2009. VII. 11，杨晓庆采（HBUM）。

地理分布：宁夏（泾源）、北京、河北、山西、辽宁、吉林、黑龙江、浙江、安徽、福建、江西、河南、湖北、湖南、四川、贵州、陕西、青海、新疆；俄罗斯（远东），朝鲜，韩国，日本。

取食对象：榆树、黄杨、柳树、桑、月季、荨麻、油茶、玉米、小麦。

### （605）眼伪叶甲 *Lagria (Lagria) ophthalmica* Fairmaire, 1891（图版 XLII: 8）

*Lagria ophthalmica* Fairmaire, 1891: 216; Löbl & Smetana, 2008: 115.

识别特征：体长 6.5～8.0 mm。体细长；前体黑色，触角、小盾片和足褐色，鞘翅黄色，光泽较强；头、前胸背板有直立深色长毛，鞘翅有半直立黄色长茸毛。头宽于前胸背板；复眼甚大，几乎占满整个头部；触角向后伸达鞘翅肩部，端节等于前其前面7节长度之和；雌性复眼小，触角端节等于其前面3节的长度之和。前胸背板刻点稀小；中部稍后宽阔地收缩，侧缘端半部圆弧形，前、基部抬起，基部有饰边，前角圆形，后角略突出；雌性前胸背板中间有1近椭圆形的纵疤痕。鞘翅细长，平坦，顶钝圆，有不明显纵脊线，刻点小而模糊；背观肩部和末端的饰边不可见，缘折窄细；雌性鞘翅无纵脊线。足细弱，中足、后足末端具齿。

检视标本：1♂，宁夏中卫甘塘，1992. V. 6，于有志采（HBUM）；1♂3♀，宁夏泾源龙潭林场，2009. VII. 4，冉红凡、张闪闪采（HBUM）；1♂1♀，宁夏泾源龙潭林场，2009. VII. 4，周善义、孟祥君采（HBUM）；4♂，宁夏泾源龙潭林场，2009. VII. 5，王新谱、赵小林采（HBUM）；1♀，宁夏泾源龙潭林场，2009. VII. 6，赵小林采（HBUM）。

地理分布：宁夏（中卫、泾源）、河北、黑龙江、河南、湖北、湖南、四川、贵州、云南、陕西、甘肃。

**（606）红翅伪叶甲 *Lagria (Lagria) rufipennis* Marseul, 1876**（图版 XLII: 9）

*Lagria rufipennis* Marseul, 1876: 337; Löbl & Smetana, 2008: 115; Wang & Yang, 2010: 133; Yang et al., 2011: 162.

识别特征：体长 6.0～7.5 mm。细长，具光泽；头及前胸背板黑色，中、后胸、腹部、小盾片、触角和足黑褐色，鞘翅黄褐色，密生长茸毛，头和胸部的茸毛更长和竖立。头宽大于长，较宽于前胸背板；上唇心形，前缘凹，唇基前缘直，额唇基沟深而较短；额区不平坦，有稀疏粗刻点；头顶不隆凸，颊短于复眼横径 1/2；触角向后伸达鞘翅中部。前胸背板长宽相等，光亮，有稀疏细刻点；两侧基部变窄，端部收缩较强烈，基部宽突。鞘翅密布大刻点，末端渐浅，缘折完整，末端短圆形。

检视标本：5♂27♀，宁夏彭阳挂马沟，2009. VII. 11，冉红凡、张闪闪采（HBUM）。

地理分布：宁夏（泾源、海原、彭阳、同心、贺兰山）、北京、河北、江西、湖北、重庆、四川、云南、陕西、甘肃；俄罗斯（远东），朝鲜，韩国，日本。

取食对象：杨、槐树及大豆、葡萄、水稻。

## 突伪叶甲亚族 Statirina Blanchard, 1845

### 268）绿伪叶甲属 *Chlorophila* Semenov, 1891

**（607）波氏绿伪叶甲 *Chlorophila portschinskii* Semenov, 1891**（图版 XLII: 10）

*Chlorophila portschinskii* Semenov, 1891: 374; Löbl & Smetana, 2008: 117.

识别特征：体长 15.1～17.1 mm，宽 4.2～5.1 mm。体细长；金绿色，有金属光泽；触角，口须，胸部腹面及足棕黄色，前胸背板和鞘翅具黄色边缘，翅肩黄色；腹部基部 3 节色深，有紫色光泽，端部 2 节棕黄色；雌性可见腹板与胸板棕黄色。头宽略大于长，背面浅凹，非常粗糙，具不规则隆突；触角向后伸达鞘翅基部 1/3 处，雌性较短。前胸背板圆柱形，宽略大于长，基部最宽；侧缘与前胸侧板分界仅两端明显，前缘中部和基部的饰边均模糊；前角、后角不明显；盘隆起，布杂乱的横隆起。鞘翅肩部有光滑瘤突；盘稍隆起，刻点沟上有模糊的浅刻点，基部 1/3 行间有清晰、杂乱的刻点，端部 2/3 偶有刻点。腹部腹板有刻点和棕色长毛，基部 3 节有横皱纹，肛节末端近于直；雌性肛节端部近弧形突出，顶尖。足细长，腿节近棒状，端部明显变细，胫节明显弧弯。

地理分布：宁夏、福建、四川、云南、陕西、甘肃；印度（包括锡金）。

## 垫甲族 Lupropini Ardoin, 1958

### 269）垫甲属 *Luprops* Hope, 1833

### （608）东方垫甲 *Luprops orientalis* (Motschulsky, 1868)（图版 XLII: 11）

*Anaedus orientalis* Motschulsky, 1868: 195; Löbl & Smetana, 2008: 119.

识别特征：体长 8.0～9.5 mm，宽 3.5～4.0 mm。长椭圆形；栗色，鞘翅和足较淡，有光泽。唇基隆起，额唇基沟深凹；触角 11 节，末端渐变宽，第 3 节略长于第 4 节，第 5～10 节圆锥状，末节卵形。前胸背板端部宽，圆形，基部波弯窄缩，基部直，有细缘边。鞘翅两侧略平行，端部 1/4 处最宽。各足跗节腹面密布金黄色毛，后足第 1 跗节长于第 2+3 节之和。

地理分布：宁夏、河北、山西、内蒙古、辽宁、吉林、黑龙江、浙江、福建、江苏、江西、河南、湖北、湖南、海南、四川、云南、陕西、甘肃、台湾；蒙古国，俄罗斯（远东），朝鲜，韩国，日本，尼泊尔，不丹，东洋界。

## 39.2　漠甲亚科 Pimeliinae Latreille, 1802

### 漠甲亚科分种检索表

1. 颏较小，不完全遮盖下颚须轴、茎节，下颚有活动余地；腹部第 3、第 4 可见腹板之间有或无节间膜 ·················································································· 2

- 颏发达，遮盖下颚须轴、茎节；腹部第 3、第 4 可见腹板之间无外露的节间膜 ·········· 23

2. 中足基节外侧的转节不突出 ············································································ 3

- 中足基节外侧的转节突出 ·············································································· 4

3. 前胸背板具 2 条完整的纵脊 ······························· 中华龙甲 *Leptodes chinensis*

- 前胸背板除 2 条完整的纵隆脊外，在中、侧脊前上方尚具 1 条短纵脊 ·················· ································································· 谢氏龙甲 *Leptodes szekessyi*

4. 颏外侧具尖锐的亚刺突；后胸腹板短或长于中足基节窝长 ···································· ································ 中华砚甲 *Cyphogenia* (*Cyphogenia*) *chinensis*

- 颏外侧无亚刺突；后胸腹板长，常长于中足基节窝的纵径 ······························· 5

5. 眼圆或斜圆，后方有眼罩，位于头顶前方；鞘翅宽阔弓背状，光裸或有伏毛，毛常常形成带纹 ································································································· 6

- 眼扁圆，后方无眼罩，位于头的侧缘；鞘翅扁或扁圆，无毛带 ························ 13

6. 前胸腹突伸到中胸腹板时常较少瘤突状拱起，常与之接触 ······························· 7

- 前胸腹突端部与中胸腹板不接触 ····································································· 9

7. 鞘翅缝纵凹；长约 10.0 mm ······················ 内蒙宽漠王 *Mantichorula mongolica*

- 鞘翅缝不凹；长 13.0 mm 以上 ······································································· 8

8. 后足跗节基 3 节后缘弯曲；前胸腹突粗壮，表面粗糙并有明显中沟；鞘翅两侧由前向后较直地变窄，中间绝不扩展；长 14.0～20.0 mm ········· 宽漠王 *Mantichorula grandis*

    - 后足跗节基 3 节后缘斜直；前胸腹突不太粗糙；鞘翅两侧在前中部较扩展；长 13.0～17.0 mm ···················································································· 谢氏宽漠王 *Mantichorula semenowi*

9. 鞘翅大部甚至头和前胸背板除被柔毛外尚有直立的丝状长毛······ 方漠王 *Przewalskia dilatata*

    - 鞘翅除倾斜的细毛外绝无完全直立的长毛 ······················································· 10

10. 鞘翅背面光滑无毛 ················································································· 11

    - 鞘翅背面具毛带或至少在翅坡具明显毛带 ······················································· 12

11. 鞘翅外侧无颗粒列，表面布皱纹，翅坡较粗糙 ···················· 鄂漠王 *Platyope ordossica*

    - 鞘翅外侧具 3 条细粒状纵隆线，靠近翅缝具 1 光滑区域，仅有少数小颗粒···················· 维氏漠王 *Platyope victor*

12. 前胸背板基部直，前、后角圆，盘区中央具 1 横棱形区 ········ 条纹漠王 *Platyope balteiformis*

    - 前胸背板基部中央浅凹，两侧各具 1 深坑，前角尖、后角宽直，盘区中央无压迹或具不深的凹 ································································· 蒙古漠王 *Platyope mongolica*

13. 触角第 3 节长度超过其宽的 1 倍 ··································································· 14

    - 触角第 3 节长度至少为宽 3 倍 ····································································· 17

14. 鞘翅肩缘很弱的扩展，假缘折与肩脊横切面夹角为钝角；边脊为清晰的单行；前胸腹突多数长，在中足基节前缘明显的水平状突出·············· 莱氏脊漠甲 *Pterocoma (Mongolopterocoma) reitteri*

    - 鞘翅肩缘强烈扩展，假缘折与肩脊横切面夹角近直角形，若肩角为钝角形或圆形，则鞘翅第 1 侧脊很弱，不与边脊结合；或前胸腹突很短，非水平状达到中足基节前缘 ············ 15

15. 前胸腹板中部非水平状，向前很倾斜，前缘具明显的衣领状饰边；前胸腹突短，稀见水平达到中足基节前缘者················································· 泥脊漠甲 *Pterocoma (Parapterocoma) vittata*

    - 前胸腹板中部近于平，向前几乎不倾斜，前缘无饰边或不明显；前胸腹突很长，向中足基节前缘水平状突出 ··································································· 16

16. 前胸背板基部中间几乎不弯，侧缘饰边不明显，盘区具密粗粒，中纵线褶皱状·············· 宽翅脊漠甲 *Pterocoma (Mesopterocoma) amandana amandana*

    - 前胸背板基部中间宽弯，侧缘饰边具明显刻纹，盘区具小颗粒，多数无中纵线·············· 洛氏脊漠甲 *Pterocoma (Mesopterocoma) loczyi*

17. 鞘翅具明显的双重刻纹，刻纹由大量大突起或结节和许多不整齐的微小颗粒构成········· 18

    - 鞘翅盘区具单一刻纹，刻纹由同大的颗粒构成 ················································· 19

18. 鞘翅颗粒行由汇合的粗粒和肋突构成，或整个背面具粗瘤；背观边粒列外侧至少向端部变窄或完全不可见 ······································· 谢氏宽漠甲 *Sternoplax (Sternoplax) szechenyii*

    - 鞘翅颗粒行矮小，由不汇合的颗粒构成，完全或几乎不呈肋状隆起；背观边粒列外侧从基部到端部明显等宽 ························· 苏氏宽漠甲 *Sternoplax (Mesosternoplax) souvorowiana*

19. 前足胫节外缘端部具明显光滑的肋状龙骨突；中、后足胫节横截面略圆或宽椭圆形，有时也稍方形；中、后足跗节内侧大多有与外侧同长且稀疏的鬃毛 ························· 20

    - 前足胫节端部变宽，外缘锯齿状；后足胫节横截面圆形；中、后足跗节无稠密的长毛刷，仅在短刺毛间散布长毛································································· 22

20．中胸腹板强烈驼背状拱起，常圆锥形前伸 ················· 多毛扁漠甲 *Sternotrigon setosa setosa*

－　中胸腹板均匀拱起，不强烈驼背状突出或圆锥形前伸 ························································· 21

21．鞘翅肩域背面观明显可见全长，肩粒列清晰，列上颗粒较周围颗粒明显大 ····························

················································································ 克氏扁漠甲 *Sternotrigon kraatzi*

－　鞘翅肩域背面观仅中部稍可见或完全不可见，肩粒列颗粒与周围颗粒区分不明显 ···············

································································································ 紫奇扁漠甲 *Sternotrigon zichyi*

22．鞘翅侧缘平行；前胸背板宽为长的 1.3 倍 ················· 粒角漠甲 *Trigonocnera granulate*

－　鞘翅侧缘弧形；前胸背板宽为长的 1.6 倍 ···························································

················································· 突角漠甲指名亚种 *Trigonocnera pseudopimelia pseudopimelia*

23．多数有后翅；后胸长，近于和前、中胸之和等长；背面常覆盖尖伏毛，伏毛形成条纹或毛

斑，少数光裸无毛；腹部腹突前端在后足基节间尖锐 ············································· 24

－　无后翅；后胸短，近于与中胸等长；体背面光裸，至多有长感觉毛；腹部腹突前端在后足

基节间方或圆形 ······································································································· 26

24．前胸背板中部最宽 ··················································· 棕色背毛甲 *Epitrichia fusca*

－　前胸背板中部稍前最宽 ·········································································· 25

25．前胸背板基部向后突出，后角近于直；鞘翅有鳞状毛形成的纵纹或散布鳞状毛 ···············

················································································ 蒙古背毛甲 *Epitrichia mongolica*

－　前胸背板基部二湾，后角略尖；鞘翅有稠密锉纹状小皱纹 ···············································

······································································································ 宁夏背毛甲 *Epitrichia ningsiana*

26．唇基前缘向前弧形突出，有角的迹象 ····························································· 27

－　唇基前缘中间直或近直，决不向前呈角状突出 ·············································· 34

27．鞘翅基部饰边或短脊与侧缘相连 ·········· 蒙古小鳖甲 *Microdera* (*Microdera*) *mongolica mongolica*

－　鞘翅基部饰边与侧缘不相连或无或饰边 ······················································· 28

28．前胸背板圆球状，至少侧区陡降 ······························································· 29

－　前胸背板圆盘状，盘区较平坦，不向两侧陡降 ·············································· 30

29．鞘翅光泽强烈，刻点在基部排列为双行，在中后部变为单行 ···········································

················································································ 光亮小鳖甲 *Microdera* (*Dordanea*) *lampabilis*

－　鞘翅光泽一般，刻点非上述排列 ····················· 圆形小鳖甲 *Microdera* (*Dordanea*) *rotundithorax*

30．眼内侧具眼睑，眼褶遮盖部分复眼；前胸背板扁平 ························································

················································································ 姬小鳖甲 *Microdera* (*Dordanea*) *elegans*

－　眼内侧无眼睑，眼褶不遮盖复眼；前胸背板稍隆起 ········································· 31

31．前胸背板横椭圆形，基部略圆弧形，饰边粗厚 ·············································· 32

－　前胸背板基部直线状，饰边狭长 ······························································· 33

32．前胸背板和鞘翅粗刻点稠密，前胸背板侧区较陡地落下，前缘饰边在中间间断或完整 ······

················································································ 克小鳖甲 *Microdera* (*Dordanea*) *kraatzi kraatzi*

－　前胸背板和鞘翅刻点细，前胸背板侧区较平坦，前缘饰边在中间间断 ································

················································· 阿小鳖甲 *Microdera* (*Dordanea*) *kraatzi alashanica*

33. 前胸背板中部之后最宽·······························罗山小鳖甲 *Microdera (Dordanea) luoshanica*
- 前胸背板中部或中部稍前最宽·······················球胸小鳖甲 *Microdera (Dordanea) globata*

34. 前颊和唇基间直或弧形连接；上颚基部上方无深的弧形缺刻······························· 35
- 前颊和唇基间有圆形至钝角形缺刻；上颚基部上方有深的缺刻······························· 43

35. 鞘翅基部双弧形弯曲，肩角向前齿状伸出······························· 36
- 鞘翅基部直或弧形弯曲，肩角非齿状伸出······························· 42

36. 背面无光泽······························· 37
- 背面至少有微弱的光泽······························· 39

37. 鞘翅有纵毛带或颗粒带·······························显带圆鳖甲 *Scytosoma fascia*
- 鞘翅无毛带或颗粒带······························· 38

38. 鞘翅颗粒均匀；前胸背板倒梯形，侧缘斜直·······················梯胸圆鳖甲 *Scytosoma scalare*
- 鞘翅颗粒稠密；前胸背板中部最宽，侧缘圆弧形·······················暗色圆鳖甲 *Scytosoma opacum*

39. 鞘翅基部强烈弯曲；前胸背板侧缘圆弧形，后角圆···········小圆鳖甲 *Scytosoma pygmaeum*
- 鞘翅基部虚弱弯曲······························· 40

40. 唇基侧缘弧形；前胸背板后角突出···············棕腹圆鳖甲 *Scytosoma rufiabdominum*
- 唇基侧缘直；前胸背板后角圆······························· 41

41. 前胸背板明显比鞘翅窄，侧缘中部最宽·······················粗壮圆鳖甲 *Scytosoma obesum*
- 前胸背板与鞘翅等宽或略窄，侧缘端部 1/3 处最宽·······裂缘圆鳖甲 *Scytosoma dissilimarginis*

42. 前胸背板侧缘圆，后角钝直角形；鞘翅侧缘具弱刻点行和不发达的小脊，基部较直·········
······························· 圆胸高鳖甲 *Hypsosoma rotundicolle*
- 前胸背板侧缘较直，后角尖直角形；鞘翅外缘具 3 条明显的脊，侧缘具同样的扁沟，基部
较弯曲······························· 蒙古高鳖甲 *Hypsosoma mongolica*

43. 上颚基部上方缺刻深，使上颚基部完全露出；眼后缘不呈角状陷入···············
······························· 狭胸鳖甲 *Colposcelis (Colposcelis) microderoides microderoides*
- 上颚基部上方缺刻较浅，未将上颚基部完全遮盖；若缺刻深，则眼后缘呈角状陷入······ 44

44. 鞘翅基部饰边完整······························· 45
- 鞘翅基部饰边不完整或完全没有······························· 52

45. 前胸侧板中、外侧的平滑槽长达后缘······························· 46
- 前胸侧板中、外侧无平滑槽，常有分裂的皱纹或有颗粒或简单的刻点······························· 50

46. 前胸背板小刻点简单；前胸侧板刻点粗；后足胫节直······························· 47
- 前胸背板稠密刻点小或粗，但较长；雄性后足胫节略弯曲······························· 48

47. 触角长达前胸背板基部 1/3 处；前胸背板弱心形，浅圆刻点稠密，光泽弱···········
······························· 谢氏东鳖甲 *Anatolica (Anatolica) semenowi*
- 触角长达前胸背板基部；前胸背板方形，具细刻点或光滑，光泽强···········
······························· 磨光东鳖甲 *Anatolica (Anatolica) polita polita*

48. 鞘翅有 3 条扁脊·······················弯胫东鳖甲 *Anatolica (Anatolica) pandaroides*

61. 前颊在眼前平行；各足胫节直，后足胫节大端距与第 1 跗节等长 ⋯⋯⋯⋯⋯⋯⋯⋯⋯⋯
⋯⋯⋯⋯⋯⋯⋯⋯⋯⋯⋯⋯⋯⋯⋯⋯⋯⋯ 小丽东鳖甲 *Anatolica (Anatolica) amoenula*

\- 前颊在眼前扩展；前足胫节内侧中间弱弧凹；后足胫节大端距较第 1 跗节短 ⋯⋯⋯⋯⋯⋯⋯
⋯⋯⋯⋯⋯⋯⋯⋯⋯⋯⋯⋯⋯⋯⋯⋯⋯ 平原东鳖甲 *Anatolica (Eurepipleura) ebenina*

## 砚甲族 Akidini Billberg, 1820

### 270）砚甲属 *Cyphogenia* Solier, 1837

### （609）中华砚甲 *Cyphogenia (Cyphogenia) chinensis* (Faldermann, 1835)（图版 XLII：12）

*Akis chinensis* Faldermann, 1835: 392; Wang et al., 1992: 57; Gao, 1993: 113; Ren & Yu, 1999: 56; Wang et al., 2007: 33; Löbl & Smetana, 2008: 127; Yang et al., 2011: 158.

曾用名：中华砚王（高兆宁，1993）。

识别特征：体长 17.5～23.0 mm，宽 7.0～9.1 mm。黑色，具弱光泽；口须和爪棕色。唇基前缘浅凹，额中间有弱纵隆和浅横沟，触角着生处最宽，向前斜直，向后强烈收缩；前颊近圆形；头腹面的亚基突尖刺状伸出，下唇中间有耸立的突起，靠侧缘有沟，前缘中央深缺；复眼横条状；触角细，向后伸达前胸背板基部之前。前胸背板两侧非常显著地向上翘起，整体砚台状；侧缘弱"S"形弯曲，中部之前最宽，向前急缩，向后直缩，侧缘沟明显，具横皱纹；前缘显著地凹入，中间直并有饰边，前角前伸到达眼的前缘；基部宽凹，中间直，无饰边；前角尖三角形，后角向侧后侧方尖伸。鞘翅宽平有皱纹，前缘弯"3"形；内脊长达翅坡，外脊短达到中足、后足之间，后端与内脊近于等长。腹部前 3 节鼓起，后 2 节扁平。足发达，各跗节基部有短毛，内侧有长毛。

检视标本：4♂7♀，宁夏中卫沙坡头，1987. V. 9，任国栋采（HBUM）；1♂2♀，宁夏陶乐，1987. V. 20，任国栋采（HBUM）；1♂3♀，宁夏灵武，1987. V. 2，任国栋采（HBUM）；2♂4♀，宁夏同心，1987. IV. 27，任国栋采（HBUM）；2♂1♀，宁夏银川，1989. VII. 10，任国栋采（HBUM）；9 头，宁夏灵武白芨滩，2015. VI，高祺采（BJFU）。

地理分布：宁夏（银川、中卫、陶乐、灵武、盐池、同心、海原、西吉）、北京、内蒙古、辽宁、陕西、甘肃、新疆；蒙古国，哈萨克斯坦。

取食对象：沙生植物种子、嫩皮、干叶及麸皮、玉米、黄米、饲料等。

## 背毛甲族 Epitragini Blanchard, 1845

### 271）背毛甲属 *Epitrichia* Gebler, 1859

### （610）棕色背毛甲 *Epitrichia fusca* Ren & Zheng, 1993

*Epitrichia fusca* Ren & Zheng, 1993: 51; Gao, 1999: 183; Ren & Yu, 1999: 44; Löbl & Smetana, 2008: 189; Ren & Ba, 2010: 35.

识别特征：体长 7.6～9.7 mm，宽 2.4～3.0 mm。尖卵形；棕红色，体表密布白色长针毛。头上有稠密圆刻点；触角细，向后伸达前胸背板中部之后。前胸背板扁拱，两侧较陡地降落，饰边黑色；盘区匀布长圆形浅刻点，刻点在侧区变圆；前缘直；侧缘基部直，中部显宽；基部中叶向后宽阔地突出；前角、后角近于直。鞘翅高拱，肩部后方 1 大浅凹；每翅 5 条纵毛带，中间 3 条窄而外侧 2 条宽。仅雄性前胸腹板有椭圆形脐突，其顶端中间有 1 束长鬃毛。前足腿节粗壮，中足、后足腿节较瘦，均着生较密的针状毛；雄性后胫节拱弯，雌性较直；跗节与胫节近于等长。

检视标本：8♂♀，宁夏中卫沙坡头，1987. VI. 22，任国栋采（HBUM）。

地理分布：宁夏（中卫、平罗、灵武）、内蒙古。

取食对象：菊蒿、柠条等。

**（611）蒙古背毛甲 *Epitrichia mongolica* Kaszab, 1965**（图版 XLIII: 1）

*Epitrichia mongolica* Kaszab, 1965: 299; Wang et al., 1992: 56; Löbl & Smetana, 2008: 189.

曾用名：蒙古毛背甲（王希蒙等，1992）。

识别特征：体长 6.5～8.0 mm。体表面不被黄色伏毛。额中部刻点粗密，复眼侧面刻点更粗。前胸背板非心形，中部刻点非常粗密，侧面则为粒状，有时皱纹状，但非锉纹状；前缘直；侧缘弱弯，中部稍前最宽，向基部直缩，基部有饰边痕迹或无饰边；基部向后突出；后角近于直。鞘翅弱隆，盘上有由鳞状毛形成的纵纹或散布鳞状毛；整个侧缘强烈地圆弯，饰边上卷。雄性前胸腹突高隆或弱隆，其基部和端部深凹，中间陡峭隆起，凹简单圆形并具简单毛。胫节外缘无锐边；后足跗节各节略长于负爪节。

地理分布：宁夏（中卫）；蒙古国，俄罗斯（东西伯利亚）。

取食对象：籽蒿、锦鸡儿属植物叶片及嫩梢。

**（612）宁夏背毛甲 *Epitrichia ningsiana* Kaszab, 1965**（图版 XLIII: 2）

*Epitrichia ningsiana* Kaszab, 1965: 279; Wang et al., 1992: 56; Ren & Yu, 1999: 44; Löbl & Smetana, 2008: 189; Ren & Ba, 2010: 34.

曾用名：宁夏毛背甲（王希蒙等，1992）。

识别特征：体长约 8.0 mm。红褐色，具油污状光泽，被灰白色密毛。头长卵形，额扁平，有稠密的圆形小刻点；复眼粗大，肾形，小眼面粗，前缘沟低凹；触角不达前胸背板基部，端半部具毛。前胸背板中部之前最宽，基部之前有扁横凹，盘上有稠密的粗圆刻点，侧区有皱纹状粒点；侧缘圆形，饰边几乎不可辨识；前缘直，基部 2 道湾；前角圆钝，后角略尖。鞘翅狭长，中部之后最宽，背面有稠密锉纹状小皱纹；基部内侧扁凹。雄性前胸腹板有 1 直立的横卵形脐突，其背面中间深凹，凹内具毛刷。腿节下侧端部圆拱；胫节直；跗节长于胫节。

检视标本：136 头，宁夏灵武白芨滩，2015. VI，高祺采（BJFU）。

地理分布：宁夏（银川、灵武）。

## 龙甲族 Leptodini Lacordaire, 1859

### 272）龙甲属 *Leptodes* Dejean, 1834

#### （613）中华龙甲 *Leptodes chinensis* Kaszab, 1962（图版 XLIII: 3）

*Leptodes chinensis* Kaszab, 1962: 78; Ren & Yu, 1999: 50; Löbl & Smetana, 2008: 149.

识别特征：体长 6.8～7.5 mm，宽 2.3～2.5 mm。体狭长，细卵形；头、胸背面棕红色，鞘翅黄褐色。头宽矛头形，与前胸背板近等长，背扁平，中央 1 两头断开的纵脊。前胸背板盾形，长略大于宽，中部之前最宽，具稀疏的不规则具毛粒点；前缘较直，饰边隆起，前角近于直；侧缘向基部后收缩，有 2 弱弧形弯曲的脊，脊间宽扁。鞘翅长卵形，有 4 条锐纵脊，其中 3 条在盘上，1 条在缘折上，第 1、第 3 脊完整，第 2、第 4 脊不达端部；脊的顶部有钝锯齿，齿间有 1 毛；脊间有 2 列具毛深圆刻点。腹部被短毛，第 1～4 节两侧各 1 纵脊，脊间有 1 长卵形平坦区。足细长，腿节长棒状，胫节截面圆柱形，基部略细；前胫节外缘直，内缘中部扁后稍弯；中、后胫节较直；腿节、胫节腹面有小粒点和毛；后足第 1、第 4 跗节等长，第 2 节较第 3 节短小。

地理分布：宁夏、内蒙古、甘肃、新疆。

#### （614）谢氏龙甲 *Leptodes szekessyi* Kaszab, 1962（图版 XLIII: 4）

*Leptodes szekessyi* Kaszab, 1962: 79; Wang et al., 1992: 57; Ren & Yu, 1999: 51; Löbl & Smetana, 2008: 150; Wang & Yang, 2010: 213.

识别特征：体长 6.8～7.5 mm，宽 2.0～2.2 mm。细长卵形；棕褐色。头上有具毛粗粒，中央 1 钝纵脊，脊前端不达唇基前缘。前胸背板近圆球形，长宽相等，中部之前最宽；前缘直，饰边隆起；侧缘向后比向前弯曲强烈，后角之前显缩，有略向外突出的角及钝锯齿状边，饰边略扩展；基部中叶直，两侧斜伸，饰边隆起；前角宽钝，后角近于直；盘上 2 条锐脊，脊间长方形，脊与侧缘之间的前上方还有 1 短脊。鞘翅长卵形，有 4 条斜立锐脊，其中外侧 2 条具齿；第 1、第 3 脊完整，第 2、第 4 脊不达翅长的 9/10，行间有 2 列模糊的具毛刻点，刻点与刻点之间横向联合。腹部第 1～4 节两侧有弧形钝脊，脊间扁平长卵形；第 3 节两侧和末端 2 节十分粗糙。前、中胫节弱弯，后胫节直；第 1、第 4 跗节近于等长，为第 2、第 3 节长度之和。

检视标本：1♀，宁夏贺兰山苏峪口，1987. VI. 2，任国栋采（HBUM）。

地理分布：宁夏（贺兰山）、山西、内蒙古、陕西。

取食对象：羊粪碎屑，粮食及其加工品。

## 漠甲族 Pimeliini Latreille, 1802

### 273）宽漠王属 *Mantichorula* Reitter, 1889

#### （615）宽漠王 *Mantichorula grandis* Semenov, 1893（图版 XLIII: 5）

*Mantichorula grandis* Semenov, 1893: 263; Ren & Yu, 1999: 77; Löbl & Smetana, 2008: 154.

识别特征：体长 14.0～20.0 mm，宽 9.5～12.0 mm。体粗壮，背面宽扁；漆黑色，光泽强烈。头顶被白色绒毛，复眼下端部、上唇和唇基被黑色伏毛；触角两侧布短刚毛，第3节外侧有3根长刚毛。前胸背板前缘中间宽凹，两侧向前下方斜伸；侧缘从中部向前角耳状扩大，背观可见其下侧边缘；基部宽圆凹，有1列棕黑毛，基沟浅宽，不达后角边；前角圆，后角宽圆；中线为2条精致的具灰白短毛细刻点；盘区光滑，侧区有分散的圆和长圆形大粒突，耳状部密布长皱纹或白色毛。小盾片基半部扇状，光亮，有疏毛；后半部新月形，无光泽，具中线、短毛和网状皱纹。鞘翅长三角形，不完全盖住腹部端部；前缘两侧各有1大凹坑，侧缘线由小粒突组成，内侧从肩部至中部有1列与外缘平行的粒突；盘的中基半部光滑，翅坡可见清晰的细刻点行。前足腿节扁，上侧弱弯，下侧基部2/3粗壮，端部1/3显缩；胫节弧弯，前胫节内端距发达，窄叶状，外端距较短，三棱状；后足跗节片状侧立，基部3节基部弯，衔接不紧密，末节较窄，长卵圆形。腹部密布均匀黑或灰白色短毛，第3、第4节侧缘外露。

检视标本：73♂70♀，宁夏中卫沙坡头，1985. IV. 23，任国栋采（HBUM）；2♂，宁夏永宁征沙渠，1997. V. 15，任国栋采（HBUM）。

地理分布：宁夏（中卫、永宁）、内蒙古、甘肃。

### （616）内蒙宽漠王 *Mantichorula mongolica* Schuster, 1940

*Mantichorula mongolica* Schuster, 1940: 23; Ren & Yu, 1999: 75; Löbl & Smetana, 2008: 154.

识别特征：体长约10.0 mm。亮黑色。前胸腹板有稠密短黄毛；鞘翅侧缘具稠密长毛；腹部具棕色短毛。头粗，与前胸背板前缘近等宽；眼圆，略斜立，侧缘低和扁平；触角向后伸达前胸背板基部，端部5节突出。前胸背板横阔，心形，侧缘弱圆，向前端弱圆锥形收缩，具稀疏的、相当粗的亮瘤；盘区中间有1光裸窄纵条；前缘深凹，中间无饰边，基部弯截具饰边，侧缘饰边由背面不可见；前角略尖，后角近于直；基部之前有1不达边缘的横沟，具黄毛和小颗粒。鞘翅短卵形，侧缘弱圆形弯曲，边隆起，从中部向端部陡峭地降落；盘上刻点消失，具不明显和不规则的细纹，翅缝深，肩突出。腹部有横卧的棕黄色短毛。后足跗节扁平并有显著的长缘毛。

地理分布：宁夏（灵武）、内蒙古。

### （617）谢氏宽漠王 *Mantichorula semenowi* Reitter, 1889 （图版 XLIII: 6）

*Mantichorula semenowi* Reitter, 1889: 695; Gao, 1993: 114, 1999: 157; Ren & Yu, 1999: 77; Löbl & Smetana, 2008: 154.

曾用名：塞氏凹肩漠甲（高兆宁，1993）、谢氏东鳖甲（高兆宁，1999）。

识别特征：体长13.0～15.0 mm，宽7.0～8.6 mm。宽扁椭圆形，十分隆起；黑色，光泽强。头顶复眼间有2～3个浅凹或不明显。前胸背板宽大于长，前面较平坦并有圆形具毛细刻点，后面较低；中线由十分精细的短毛带，侧区有等大的颗粒，近盘区的颗粒形成1个桃形或方形光滑区；前缘中央直，在眼后向下端部弯曲，侧缘向前耳状弯扩，基部宽凹，基沟浅或较深，向中间渐隆起。小盾片扇面形，基部粗糙并有伏毛。鞘翅两侧近平行，中后部强烈收缩，侧缘细齿状，内、外2条边线均很粗；翅面拱起，隐约有4条纵线，肩稍突出并包围前胸背板后角；假缘折密布褐色或棕褐色伏毛，缘折有黑色或银灰色毛。腹部有黑色或银灰色伏毛并夹杂黑色刺状毛。前足腿节下侧弱弧弯，后足跗节前 3 节基部斜直，下侧有长毛。

检视标本：41♂42♀，宁夏中卫，1986. IV. 23，任国栋采（HBUM）；3♂1♀，宁夏中宁长山头，1988. VI. 2，任国栋采（HBUM）；99♂129♀，宁夏中宁宣和镇，2011. V. 6，贾龙、李进采（HBUM）；7♂10♀，宁夏青铜峡树新，1987. VI. 7，任国栋采（HBUM）；5♂5♀，宁夏同心窑山乡，1990. VI. 12，任国栋采（HBUM）；3♂1♀，宁夏吴忠，1987. IV. 26，任国栋采（HBUM）；19♂21♀，宁夏盐池，1986 VII. 23，任国栋采（HBUM）；16♂13♀，宁夏灵武磁窑堡镇，1989. V. 13 任国栋采（HBUM）；2♂1♀，宁夏陶乐镇庙庙湖，1987. VII. 31，任国栋采（HBUM）；4♂2♀，宁夏永宁征沙渠村，1989. V. 20，任国栋采（HBUM）；6♂8♀，宁夏银川，1990. V. 23，任国栋采（HBUM）；11♂12♀，宁夏石嘴山大武口，1989. V. 22，任国栋采（HBUM）；33 头，宁夏灵武白芨滩，2015. VI，高祺采（BJFU）。

地理分布：宁夏（中卫、中宁、青铜峡、同心、吴忠、盐池、灵武、陶乐、永宁、银川、石嘴山、平罗、贺兰山）、山西、内蒙古、陕西、甘肃、新疆；蒙古国。

取食对象：沙生植物。

## 274）漠王属 *Platyope* Fischer von Waldheim, 1820

### （618）条纹漠王 *Platyope balteiformis* Ren & Wang, 1993（图版 XLIII: 7）

*Platyope balteiformis* Ren & Wang in Ren, Wang & Ma, 1993: 44; Löbl & Smetana, 2008: 165.

识别特征：体长 9.8～14.0 mm，宽 5.4～7.0 mm。尖卵形；弱亮黑色，触角亮黑色，复眼、上唇、下颚须端部、腿节端部、胫节端部及跗节和端距棕褐色。上唇狭长，前缘深凹，颚唇基缝上 2 横凹；头顶 2 浅凹，圆刻点内着生半直立黑色刺状毛；触角向后伸达前胸背板基半部。前胸背板前缘中部深凹，两侧前伸；侧缘基部收缩，中后部耳状弯曲；基部直，具饰边，两侧三角形凹；前角、后角圆；盘区平坦，具 1 横菱形凹及分散的具毛颗粒。鞘翅基部稍切入前胸，两侧具凹；翅平坦，基半部 3 行粒突向后合为 1 行，5 条白色毛带于翅坡上合为 3 条，毛带间和行间具较明显的扁突。腹部密布灰白色伏毛夹杂少量黑色刺毛，肛节端部直；雌性腹部两侧具稀疏长毛。前胫节端部三角形，外缘 7 钝齿；中胫节、后胫节被黑色刺毛，外缘中、下部着生 2 色长毛（基部棕色、端部灰白色）；胫节端距扁刺状，内侧粗大，外侧细小；中足、后足跗节外侧毛长为内侧的 3 倍。

检视标本：2♂2♀，宁夏灵武，1986.V.6，任国栋采（HBUM）；6♂7♀，宁夏盐池，1987. VI. 2，任国栋采（HBUM）。

地理分布：宁夏（盐池、灵武）。

### （619）蒙古漠王 *Platyope mongolica* Faldermann, 1835（图版 XLIII: 8）

*Platyope mongolica* Faldermann, 1835: 388; Wang et al., 1992: 58; Gao, 1999: 163; Ren & Yu, 1999: 74; Löbl & Smetana, 2008: 165; Wang & Yang, 2010: 213.

曾用名：蒙古光漠王（王希蒙等，1992）、蒙古漠王甲（高兆宁，1999）。

识别特征：体长 10.3～14.5 mm。前胸背板密布粒点，两侧前端宽圆，前角尖，后角宽直；基部中央浅凹，两侧基部各有 1 深凹；盘区中央无扁凹或有浅凹。鞘翅基部较前胸背板宽，颗粒稀疏且明显；侧缘脊伸达肩部，与外缘之间密布灰色伏毛，将翅分为内、外两半；毛带中有 1 狭窄无毛区域，而有 1 行不太大的粒突；翅坡有清晰淡色毛带。

检视标本：10♂17♀，宁夏青铜峡树新，任国栋采（1980. V. 16，1985. IV. 11，1985. VI. 19，1985. IX. 11）（HBUM）；23♂29♀，宁夏石嘴山，1140 m，1987. IV. 16（HBUM）；4♂4♀，宁夏石嘴山石炭井，1988. V. 5（HBUM）；5♂，宁夏中卫香山，1987. V. 18（HBUM）；1♂，宁夏盐池，1986. VIII. 17（HBUM）；1♂，宁夏灵武马鞍山，2007. VIII. 25，任国栋采（HBUM）；4♀，宁夏吴忠红寺堡，2009. VII. 19，王新谱、杨晓庆采（HBUM）；195 头，宁夏灵武白芨滩，2015. VI，高祺采（BJFU）。

地理分布：宁夏（盐池、青铜峡、永宁、石嘴山、中卫、灵武、红寺堡、贺兰山）、内蒙古、辽宁、吉林；蒙古国，俄罗斯（东西伯利亚）。

取食对象：针茅草等牧草。

### （620）鄂漠王 *Platyope ordossica* Semenov, 1907（图版 XLIII: 9）

*Platyope ordossica* Semenov, 1907: 183; Wang et al., 1992: 58; Ren & Yu, 1999: 72; Löbl & Smetana, 2008: 165.

曾用名：河套光漠王（王希蒙等，1992）。

识别特征：体长约 13.0 mm，宽约 7.5 mm。体背平坦。头、前唇基具简单刻点，其余布宽大颗粒，头侧缘在触角上方有宽脊突；眼边缘隆起。前胸背板较宽，基部收缩，具相同分散颗粒。鞘翅上无毛，有类似革质的皱纹，翅坡不规则粗。

检视标本：25♂34♀，宁夏盐池，1990. V. 27，任国栋采（HBUM）。

地理分布：宁夏（中卫、灵武、盐池、石嘴山、陶乐、吴忠）、内蒙古、甘肃。

取食对象：白茨、长茅草、嫩草、柠条、柳树、豆渣、油渣、黄米、麸皮、饲料。

### （621）维氏漠王 *Platyope victor* Schuster & Reymond, 1937（图版 XLIII: 10）

*Platyope victor* Schuster & Reymond, 1937: 235; Ren & Yu, 1999: 73; Löbl & Smetana, 2008: 165.

识别特征：体长约 13.0 mm。亮黑色；头散布刻点，无粒突，中央光亮，颊弓圆形；眼大，稍突出，基部显隆。前胸背板横阔，侧缘近于直立，弱圆，向基部渐变窄，后角圆；盘区凹，从前向后有短小中线和尖圆大颗粒，近中间有弱金色或银色光泽，侧区颗粒粗大。前胸腹突有稠密细小颗粒。鞘翅无绒毛带，有 3 条细粒组成的纵线，从中间向端部分为 3 条；沿翅缝有 1 不太光滑的宽带，仅有数个独立小颗粒；假缘折端部有不规则颗粒，粒突顶端方向向后，着生黑色短纤毛；缘折弯曲无毛，有 2 列不规则小颗粒。腹部有厚黄色绒毛、柔毛和细刻点。

地理分布：宁夏（灵武）、甘肃。

## 275）脊漠甲属 *Pterocoma* Dejean, 1834

### （622）宽翅脊漠甲 *Pterocoma (Mesopterocoma) amandana amandana* Reitter, 1887

*Pterocoma amandana* Reitter, 1887: 374; Ren & Yu, 1999: 87; Löbl & Smetana, 2008: 166; Liu et al., 2011: 259.

识别特征：体长 9.0～12.0 mm。体宽阔；黑色，被灰色丝状毛。头有刻点，触角间头顶有白色绒毛。前胸背板短，盘区非常扁平；侧缘背观圆形，基部中叶几乎不弯曲，前缘扁平且直，有白色横毛带，前角几乎不弯曲；盘区中间有粗皱纹状粒突；雄性前胸背板侧缘无饰边，雌性前角后方有短饰边。鞘翅十分扩展，隆起，侧脊突出，由非常稠密的不规则粒突组成；翅缝不隆起，每翅2条侧背脊：第1脊弱拱，由小颗粒构成，中部颗粒消失，第2脊几乎不明显；第1侧背脊之间的基结脊略发达，第2侧背脊两侧行间横向拱起，有较粗刻点，几乎无颗粒；盘区两侧的毛比内侧稠密，肩部有不清晰的毛带。

地理分布：宁夏（中卫、灵武）、西藏、青海、新疆。

**（623）洛氏脊漠甲 *Pterocoma (Mesopterocoma) loczyi* Frivaldszky, 1889**（图版 XLIII: 11）

*Pterocoma loczyi* Frivaldszky, 1889: 209; Ren & Yu, 1999: 89; Löbl & Smetana, 2008: 166; Liu et al., 2011: 259.

识别特征：体长 9.5～15.5 mm。短卵圆形；黑色，暗淡；背面被暗色粉末，腹面被灰色绒毛和褐色长毛。头顶平坦，具稀疏粒点和黑色刚毛；触角丝状，末节尖，具少量长毛。前胸背板前缘中央具缺刻，前角明显前伸；侧缘弱圆，侧面观具明显刻纹；基部中叶深凹；盘区基底具较明显横刻纹，无中纵线，中间具稀疏小颗粒，两侧具稠密颗粒和刚毛，颗粒顶部尖。鞘翅短卵圆形，横截面近梯形；肩圆直角形；边脊在中部以后连续，先由2行粒点组成，再变为单行锯状齿；第2、第3侧脊近消失，仅可见不清楚的痕迹；第1侧脊凸起，由不规则粗粒构成，中部之后近消失；第1侧脊两侧间的基结节脊明显；行间略隆起或扁平，具不太密的小颗粒及刻点。前胫节扁平，向端部变宽，外缘具不规则齿状棱。

地理分布：宁夏（中卫）、内蒙古、甘肃、新疆。

**（624）莱氏脊漠甲 *Pterocoma (Mongolopterocoma) reitteri* Frivaldszky, 1889**（图版 XLIII: 12）

*Pterocoma reitteri* Frivaldszky, 1889: 208; Wang et al., 1992: 59; Gao, 1999: 164; Ren & Yu, 1999: 86; Löbl & Smetana, 2008: 167; Wang & Yang, 2010: 213; Yang et al., 2011: 158.

识别特征：体长 9.0～12.5 mm。宽卵圆形；黑色，近于发亮；头部颗粒粗，被灰色短柔毛和褐色长毛；上唇宽，前面有细刻点并渐向两侧、向后变光滑。前胸背板很宽，前面有弱横凹，前角直角形，基部中叶波弯；背面有粗颗粒和褐色毛。鞘翅基部两侧波弯，侧缘锐锯齿状，粒状脊不达小盾片，第1背侧脊由大型扁平或光裸的颗粒组成，明显与由小颗粒组成的第2背侧脊相区别；第1背侧脊之间，以及第1、第2背侧脊之间扁平，各脊之间被灰色毛；第3脊在肩部退化，向边缘渐分开并与第1脊结合；行间有不稠密小刻点；第1条毛带斜，第3、第4条毛带完整。前胸腹突水平延伸至中足基节窝端部，顶端光裸，有光泽，背面有细刻点。中胫节、后胫节除短毛外还有长刚毛。

检视标本：1♂1♀，宁夏中卫甘塘，1985. IV. 21，任国栋采（HBUM）；1♀，宁夏永宁，1987. IV. 4，任国栋采（HBUM）；17♂18♀，宁夏中卫甘塘，1987. IV. 9，任国

栋采（HBUM）；22♂23♀，宁夏中宁，1987. IV. 21，任国栋采（HBUM）；8♂8♀，宁夏灵武马鞍山，1987. V. 2，任国栋采（HBUM）；35♂38♀，宁夏永宁平吉堡，1987. V. 8（HBUM）；2♂3♀，宁夏中卫甘塘，1987. V. 12，任国栋采（HBUM）；2♂3♀，宁夏永宁征沙渠，1987. V. 15，任国栋采（HBUM）；7♂8♀，宁夏中卫香山，1987. V. 18，任国栋采（HBUM）；10♂11♀，宁夏银川，1987. V. 28，任国栋采（HBUM）；1♀，宁夏石炭井，1988. V. 5，任国栋采（HBUM）；2♂2♀，宁夏中卫甘塘，1988. VII，任国栋采（HBUM）；1♀，宁夏青铜峡，1989. V. 25，任国栋采（HBUM）；34♂35♀，宁夏中卫甘塘，1992. V. 5，于有志采（HBUM）；1♀，宁夏永宁，1992. V. 29，任国栋采（HBUM）。

地理分布：宁夏（中卫、中宁、银川、青铜峡、灵武、石嘴山、永宁、贺兰山、罗山）、内蒙古、甘肃；蒙古国。

取食对象：幼虫取食白刺等沙生植物根部。

### （625）泥脊漠甲 *Pterocoma (Parapterocoma) vittata* Frivaldszky, 1889

*Pterocoma vittata* Frivaldszky, 1889: 208; Wang et al., 1992: 58; Gao, 1999: 164; Ren & Yu, 1999: 89; Löbl & Smetana, 2008: 167; Wang & Yang, 2010: 214; Yang et al., 2011: 158; Liu et al., 2011: 259.

识别特征：体长 9.2～13.4 mm。黑色。前额上方有横毛带。前胸背板颗粒粗，前缘直，前部、基部各有 1 毛带，前角十分弯曲，背观侧缘非常圆。前胸腹突粗大，近水平状达到中足基节前缘。鞘翅短卵形，非常均称地圆形弯曲；肩圆并明显弯曲；盘区有 3 条明显背脊，第 1 前侧脊两边的基结脊成行且低矮，第 3 侧背脊前端近短缩或向前完全达肩部，两侧有明显齿突；翅缝略凸起，行间有小颗粒；假缘折有明显大刻点。足短，彼此靠近，有黄白色毛；前足、中足有短毛；后足腿节、胫节被稀疏褐色长毛。腹面胸部被倒伏细黄毛；腹部第 2 节有不明显粒点。

检视标本：7♂6♀，宁夏中卫孟家湾，1985. IV. 22，任国栋采（HBUM）；6♂7♀，宁夏中卫甘塘，1985. VII. 14，任国栋采（HBUM）；1♀，宁夏永宁，1985. VII，任国栋采（HBUM）；1♀，宁夏中卫沙坡头，1986. VIII，任国栋采（HBUM）；1♀，宁夏银川，1986. VIII. 22，刘志斌采（HBUM）；1♂，宁夏灵武磁窑堡镇，1380 m，1987. V. 5，任国栋采（HBUM）；1♂，宁夏中宁长山头，2007. VI. 9，任国栋采（HBUM）；15头，宁夏灵武白芨滩，2015. VI，高祺采（BJFU）。

地理分布：宁夏（银川、永宁、中卫、中宁、盐池、同心、灵武、平罗、贺兰山、罗山）、内蒙古、陕西、甘肃、青海、新疆。

取食对象：牧草、草籽、麸皮、豆渣、饲料等。

### 276）宽漠甲属 *Sternoplax* Frivaldszky, 1889

### （626）苏氏宽漠甲 *Sternoplax (Mesosternoplax) souvorowiana* Reitter, 1907

*Sternoplax souvorowiana* Reitter, 1907: 88; Ren & Yu, 1999: 96; Löbl & Smetana, 2008: 169; Liu et al., 2011: 259.

识别特征：体长 18.0～22.0 mm。前胸背板侧缘弱圆形弯曲，基部中央宽凹，盘区具稀疏颗粒。前胸腹突后端陡峭降落，具稀疏刚毛。鞘翅短卵形，略隆起，颗粒较稀小；3 条背侧脊的颗粒显隆，彼此孤立；第 3 条脊难以辨认，各突起上有非常短的刚毛；背观翅背从肩域基部到端部几乎均匀变宽，颗粒或突起均匀，常在中部有小粒突；边脊中部由很发达的、独立的、在端部和背面为多变的粒突构成；假缘折具明显圆颗粒。腿节下侧具稠密但彼此独立的颗粒，其间无穴坑；中跗节、后足跗节内侧具小毛，两侧毛等长，端部具赤锈色刚毛。

地理分布：宁夏（中卫）、甘肃、新疆；阿富汗，乌兹别克斯坦，哈萨克斯坦。

**（627）谢氏宽漠甲 *Sternoplax* (*Sternoplax*) *szechenyii* Frivaldszky, 1889**（图版 XLIV: 1）

*Sternoplax szechenyii* Frivaldszky, 1889: 207; Gao, 1999: 165; Ren & Yu, 1999: 98; Löbl & Smetana, 2008: 169.

识别特征：体长 14.0～21.0 mm。长圆形；黑色，近于无光泽。头部中央粒点稀疏，后面有稠密小颗粒；上唇横阔，密布刻点，前缘中凹并密布红毛；触角细长，黑色，末端 3 节红色。前胸背板两侧中部之前逐渐变圆，基部中央略凹；前角尖突，后角钝角形；盘略凸，中线较明显，有大粒点，两侧的较突起和密。鞘翅基部两侧略弯，末端陡坡状；连同翅缝共有 3 条脊，近端部渐消失，中间 2 条脊分隔成扁平发光的小段，后端分离为颗粒；第 3 条脊以外的侧脊不发达；脊间有稀疏小颗粒，中间有 1 行小突起；假缘折有稀疏小粒。腹面密布粒点及灰色短毛；中胸腹突后面突起，无明显毛发。前胫节向端部变宽，外侧边尖锐，端部有红色长毛。

地理分布：宁夏（灵武、中宁、中卫、盐池、灵武、同心）、甘肃、新疆。

## 277）扁漠甲属 *Sternotrigon* Skopin, 1973

**（628）克氏扁漠甲 *Sternotrigon kraatzi* (Frivaldszky, 1889)**（图版 XLIV: 2）

*Trigonoseelis kraatzi* Frivaldszky, 1889: 206; Löbl & Smetana, 2008: 169; Ba & Ren, 2013: 572.

识别特征：长圆形，背面非常隆起；黑色，不光亮。头具稀疏颗粒和刻点，刻点有黑色毛，边缘和后头被灰色细毛；触角细，第 4～7 节长圆形，第 8～9 节宽大于长。前胸背板横宽，前缘弱弯，基部宽弯，前角、后角钝角形；盘区几乎不横向隆起，有不太稠密的粒点，近基部有浅凹。鞘翅几乎不扁平，翅面有半倒伏毛和颗粒，偶具淡红色长刚毛；肩脊由 1 行排列不太精密的颗粒组成，肩脊和中缝之间有稠密小颗粒，颗粒上常常有短刚毛，或肩脊顶端明显向外角状突出；肩脊和侧脊之间有非常明显的淡色伏毛。中足、后足跗节的毛刷和中、后胫节外缘的长刚毛黄色至淡红色。

地理分布：宁夏（中卫）、内蒙古、甘肃、新疆；蒙古国。

**（629）多毛扁漠甲 *Sternotrigon setosa setosa* (Bates, 1879)**（图版 XLIV: 3）

*Trigonoseelis setosa* Bates, 1879: 475; Wang et al., 1992: 59; Gao, 1999: 165; Ren & Yu, 1999: 94; Löbl & Smetana, 2008: 169; Wang & Yang, 2010: 214.

曾用名：多毛漠甲（王希蒙等，1992）、毛足宽漠甲（高兆宁，1999）、多毛宽漠甲（任国栋等，1999）。

识别特征：体长 13.0～21.0 mm。宽长圆形至卵形；黑色。头有稀疏刻点和毛，唇基和上唇刻点较粗密；雄性触角第 3、第 4 节外侧端部刚毛较雌性短。前胸背板长方形，近于隆起，有时盘区浅凹；两侧中部之前稍圆，后角之前有近于直的小弯，基部中叶凹；盘区密布粒点和稀疏绒毛，前角尖。鞘翅近卵圆形，略扁平；侧脊和亚侧脊隆起，脊末端缩短；盘区有 2 条不明显背脊，脊由粒点行构成，行间粒点稀疏，近内侧较模糊，外侧明显；翅缝端部略隆起。腹面密布绒毛；前胸腹突后面突起较大；中胸腹板基半部深凹，基部圆锥状凸。腿节下侧有稀疏小颗粒；前胫节细长，外侧中部以上有不规则的刺，喇叭状的端部内侧有短刃状边。

检视标本：16♂22♀，宁夏中卫甘塘，1984. IV. 28，任国栋采（HBUM）；10♂11♀，宁夏灵武马鞍山，1987. V. 4，任国栋采（HBUM）；6♂9♀，宁夏盐池城南，1986. VI. 2，任国栋采（HBUM）；53 头，宁夏灵武白芨滩，2015. VI，高祺采（BJFU）。

地理分布：宁夏（陶乐、灵武、中卫、盐池、石嘴山、贺兰山）、内蒙古、新疆；克什米尔，塔吉克斯坦，乌兹别克斯坦。

取食对象：麦麸、饲料、豆渣、黄米、牧草等。

### （630）紫奇扁漠甲 *Sternotrigon zichyi* (Csiki, 1901)（图版 XLIV: 4）

*Trigonoseelis zichyi* Csiki, 1901: 110; Löbl & Smetana, 2008: 169; Ba & Ren, 2013: 568.

识别特征：体长 16.5～18.5 mm，宽 7.5～8.5 mm。宽卵形；黑色，稍光亮。上唇近方形，前缘微凹，侧缘直；唇基直，侧角稍前伸；前颊弱弧形，后颊在眼后近平行；额上稀疏的小颗粒具刺毛，两侧及后头具稠密棕黄色短毛；颏弱心形，前缘三角形深凹；触角粗壮，第 10 节超过前胸背板基部。前胸背板近方形，前缘弧凹，粗饰边完整，侧缘弱弧形，端 1/4 处最宽，细饰边背面不可见，基部近于直，饰边粗；前角尖锐前伸，后角圆钝；盘区平坦，横向拱起，均匀小颗粒自中部向两侧渐变大。鞘翅宽卵形，基部近于直，侧缘弱弧形；肩直角形，稍前伸，肩部颗粒列长达翅坡，背面仅见中基半部，列上颗粒细小稠密；翅背稍拱起，具 1 边颗粒列；假缘折近光滑，小颗粒稀疏。腹部拱起，短毛间夹杂稀疏小颗粒。腿节具稠密扁平颗粒，胫节具稍稀疏颗粒和刺毛；前胫节向端部扩展，外缘端半部钝锯齿状，端距与前 2 跗节等长；中胫节端部稍扩展，跗节内外侧具长毛；后胫节端部变粗，稍内弯，跗节内外侧具长毛。

检视标本：1♀，宁夏中卫甘塘，1992. V. 6，于有志采（HBUM）。

地理分布：宁夏（中卫）、内蒙古、甘肃；蒙古国。

## 278）角漠甲属 *Trigonocnera* Reitter, 1893

### （631）粒角漠甲 *Trigonocnera granulata* Ba & Ren, 2009（图版 XLIV: 5）

*Trigonocnera granulata* Ba & Ren, 2009: 52.

识别特征：体长 16.0～22.0 mm，宽 8.0～11.0 mm。宽卵形；黑亮。头横宽，额上刻点具刺毛，中间较两侧稍疏，唇基前缘和侧缘直，前颊弱弯，颏近方形，前缘浅凹；触角粗，向后达前胸背板基部。前胸背板前缘直，中间饰边模糊；两侧弧形，中部之前最宽，细饰边由背面不可见；基部 2 湾，饰边粗且完整；前角尖，后角钝；盘区弱拱，中线清晰，脐状具毛颗粒较间距大。鞘翅宽卵形，基部弱 2 湾，侧缘近平行；肩圆，肩脊仅端部 2/3 清晰，端半部颗粒稠密且小；边脊颗粒基半部粗大，向后渐细密；外侧颗粒肩部稠密，内侧颗粒扁平近汇合，常在翅缝附近磨损；翅坡颗粒较细密；假缘折小颗粒稀疏。前胸侧板毛密，颗粒细疏；前胸腹突强弯，顶宽圆，具细饰边；中胸腹板中间驼背状隆起，圆颗粒具毛；腹部毛密，颗粒疏小。前胫节外缘向端部渐变宽，中胫节、后胫节端部稍粗。

检视标本：2♂2♀，宁夏青铜峡树新，1980. V. 18，任国栋采（HBUM）；7♂10♀，宁夏灵武马鞍山，1987. V. 2，任国栋采（HBUM）；2♂3♀，宁夏灵武白芨滩，1987. V. 4，任国栋采（HBUM）；4♂5♀，宁夏灵武，1987. V. 5，任国栋采（HBUM）；1♂1♀，宁夏银川，1987. V. 28，任国栋采（HBUM）；1♀，宁夏盐池麻黄山乡，1988. VII. 8，任国栋采（HBUM）；2♂1♀，宁夏灵武马鞍山，2007. VIII. 25，任国栋采（HBUM）；15♂22♀，宁夏中宁，2008. VIII. 15，张承礼采（HBUM）。

地理分布：宁夏（青铜峡、灵武、银川、盐池、中宁）、内蒙古。

### （632）突角漠甲指名亚种 *Trigonocnera pseudopimelia pseudopimelia* (Reitter, 1889)（图版 XLIV: 6）

*Trigonocnera pseudopimelia* Reitter, 1889: 697; Gao, 1999: 159; Ren & Yu, 1999: 92; Löbl & Smetana, 2008: 171; Yang et al., 2011: 158.

曾用名：突角漠甲（高兆宁，1999；任国栋等，1999；杨贵军等，2011）。

识别特征：体长 18.0～19.0 mm。长圆形至倒卵形；黑色，光泽弱，腹面被灰色绒毛，背面近光裸。头具刻点和微柔毛；触角倒数第 2 节近横宽。前胸背板横阔，背面具颗粒，中间有长圆形浅凹；前缘近于直，前角尖突；基部中叶波弯，在基边之前有轻度横凹。鞘翅较隆起，背面非常扁平，颗粒稠密；第 3 条脊不明显，由成排颗粒组成；肩中度隆起，缘折有稀疏小粒。足粗壮，胫节有 2 枚不等大的端距。

检视标本：1♂1♀，宁夏中卫沙坡头，1985. IV. 9（HBUM）；3♂3♀，宁夏中卫甘塘，1985. V. 20，于有志采（HBUM）；1♂，宁夏海原黄庄，1986. VII. 22，于有志采（HBUM）；1♀，宁夏海原蒿川，1986. VII. 22，任国栋采（HBUM）；1♂，宁夏同心大罗山，1989. VI. 2，任国栋采（HBUM）；5♂5♀，宁夏中卫，1989. VII. 20，于有志采（HBUM）；2♂2♀，宁夏海原水冲寺，1989. VII. 24，任国栋采（HBUM）；10♂12♀，宁夏中卫甘塘，1992. V. 6，于有志采（HBUM）。

地理分布：宁夏（中卫、中宁、盐池、海原、平罗、灵武、罗山）、内蒙古、甘肃。
取食对象：沙生植物根部。

## 鳖甲族 Tentyriini Eschscholtz, 1831

### 279）东鳖甲属 *Anatolica* Eschscholtz, 1831

#### （633）小丽东鳖甲 *Anatolica (Anatolica) amoenula* Reitter, 1889 （图版 XLIV: 7）

*Anatolica amoenula* Reitter, 1889: 683; Ren & Yu, 1999: 153; Löbl & Smetana, 2008: 182; Ren & Ba, 2010: 169; Wang & Yang, 2010: 206.

识别特征：体长 9.3～13.4 mm。隆起；亮黑色。头上刻点虚弱；触角细长，倒数

第 2 节近横形，外侧齿状。前胸背板心形，近于光滑，有不太明显的刻点；前缘近于直，基部窄，近圆形，侧缘前面圆，具细饰边；前角近圆形，前端向侧缘急速弯下，线状饰边近于不明显间断，后角近于直角形。鞘翅宽卵形，非常均匀地隆起，有稠密细刻点；基部无饰边，顶尖长，沿翅缝明显扁平。腹面无或有较小刻点，中胸腹板有横皱纹状刻点。

检视标本：1♂，宁夏中卫甘塘，1985. VI. 12，任国栋采（HBUM）；3♂3♀，宁夏平罗，1987. IV. 1，任国栋采（HBUM）；3♂3♀，宁夏大武口，1987. IV. 16，任国栋采（HBUM）；6♂9♀，宁夏灵武，1987. V. 2，任国栋采（HBUM）；24♂30♀，宁夏银川，1987. V. 20，任国栋采（HBUM）；1♂1♀，宁夏贺兰山小口子，1987. V. 27，任国栋采（HBUM）；1♂，宁夏中卫香山，1987. VIII. 18，任国栋采（HBUM）；1♂，宁夏中卫，1987. VIII. 19，任国栋采（HBUM）；1♂2♀，宁夏青铜峡，1987. VIII. 21，任国栋采（HBUM）；3♂3♀，宁夏石嘴山，1988. V. 5，任国栋采（HBUM）；1♀，宁夏中卫，1989. VII. 26，任国栋采（HBUM）；宁夏盐池（2♀，1984. IX. 21；5♂5♀，1986. VIII. 17；1♂3♀，1987. VIII. 4；1♂2♀，1989. VI. 21；1♂1♀，1989. IX. 30；9♂9♀，1990. VI. 4），任国栋采（HBUM）；5♂7♀，宁夏石嘴山平罗，1989. VII. 13，任国栋采（HBUM）；3♂7♀，宁夏平罗下庙，1989. VI. 30，任国栋采（HBUM）；1♀，宁夏平罗沙湖，1991. IV. 20，任国栋采（HBUM）。

地理分布：宁夏（银川、青铜峡、石嘴山、灵武、平罗、中卫、陶乐、盐池、贺兰山）、内蒙古、甘肃；蒙古国。

取食对象：沙生植物根部。

### （634）条纹东鳖甲 *Anatolica* (*Anatolica*) *cellicola* (Faldermann, 1835)

*Tentyria cellicola* Faldermann, 1835: 398; Ren & Yu, 1999: 165; Löbl & Smetana, 2008: 183; Ren & Ba, 2010: 156; Liu et al., 2011: 259; Yang et al., 2016: 80.

识别特征：体长 9.0～15.0 mm。体长卵形；黑色，无光泽。头上刻点稠密，腹面有深沟；前、后颊均斜向弯曲，背观头两侧阶段变窄；眼外突，外缘圆弧形。前胸背板长大于宽，侧缘中间最宽，端部 2/3 具很突出的圆饰边，基部 1/3 处具缺刻，但不平行；基部不均匀弧形弯曲，近于直截；背面刻点小而稠密且清楚。鞘翅长卵形，从基部到中部具脊状突起；翅背密布清楚的小刻点和几条明显的纵纹，基部饰边不完整。

地理分布：宁夏（中卫、贺兰山）、河北、内蒙古、辽宁；蒙古国，俄罗斯（东西伯利亚）。

### （635）宽腹东鳖甲 *Anatolica* (*Anatolica*) *gravidula* Frivaldszky, 1889（图版 XLIV: 8）

*Anatolica gravidula* Frivaldszky, 1889: 204; Ren & Yu, 1999: 167; Löbl & Smetana, 2008: 183; Ren & Ba, 2010: 161; Wang & Yang, 2010: 207.

识别特征：体长 9.0～11.0 mm。体宽阔；黑色，近于光亮。头具稠密刻点，触角之间的头顶浅凹，头下面有宽沟；触角端部几节不变窄。前胸背板宽阔，背面不太隆起，刻点稠密，近基部中间有浅横凹；前缘近于直，较扁平，侧缘中部之前几乎不变圆，向基部逐渐变窄，基部两侧浅弯；前角尖锐，后角近于直角。鞘翅宽卵形，基部弓形弯曲，肩上有细饰边；翅面拱起，有稠密细刻点，基部中间有浅横凹。

地理分布：宁夏（盐池、贺兰山）、内蒙古、甘肃、新疆。

取食对象：沙生植物根部。

**（636）无边东鳖甲 *Anatolica (Anatolica) immarginata* Reitter, 1889**（图版 XLIV: 9）

*Anatolica immarginata* Reitter, 1889: 681; Ren & Yu, 1999: 156; Löbl & Smetana, 2008: 182; Ren & Ba, 2010: 148.

识别特征：体长 15.7～16.2 mm。体细长；亮黑色。头较粗，比前胸背板窄，背面刻点不太明显；触角倒数第 2 节几乎不变宽。前胸背板宽大于长，近心形，刻点简单且不易区分；两侧中部之前圆形，前缘饰边较宽，饰边线近于不明显，基部较圆，无饰边；前角较直的变弯，后角略尖并弱后突。鞘翅卵形，细长，基部有完整细饰边，两侧向端部渐变尖，有较独立的短翅尾；翅面向上均匀而急剧地的隆起，中部之前最宽。前胸侧板有非常简单或微锉状刻点，有时近于完全光滑；前胸腹突向后阔伸，端部不下弯；中胸腹板刻点稠密近于汇合；腹部近平滑。雄性前足和腿节内侧有淡色刻点组成的感觉器条纹。

检视标本：5♂11♀，宁夏中卫，1987. V. 18，任国栋采（HBUM）；1♂，宁夏陶乐，1989. VII. 3，任国栋采（HBUM）。

地理分布：宁夏（中卫、陶乐、平罗、灵武）、内蒙古、甘肃、新疆；蒙古国。

**（637）尖尾东鳖甲 *Anatolica (Anatolica) mucronata* Reitter, 1889**（图版 XLIV: 10）

*Anatolica mucronata* Reitter, 1889: 682; Wang et al., 1992: 57; Gao, 1993: 113, 1999: 158; Ren & Yu, 1999: 163; Löbl & Smetana, 2008: 184; Ren & Ba, 2010: 155; Wang & Yang, 2010: 208.

曾用名：小沙地鳖甲（王希蒙等，1992）、漠鳖甲（高兆宁，1993）、尖腹东鳖甲（高兆宁，1999）。

识别特征：体长 13.6～16.0 mm。长卵形，隆起；亮黑色。头两侧有不明显长扁凹，背面有细刻点，中间更小；触角倒数第 2 节略宽，外侧近角状。前胸背板刻点小；前缘两侧有细饰边，前角直角形，略尖；两侧中部之前较圆，后面窄，接近前、后角处有饰边；基部两侧直，中部向后弧突，无饰边。鞘翅长卵性，均匀隆起，有稠密小刻点；基半部外侧有饰边，顶尖角状，盘沿中缝不浅凹。前胸腹板有稠密的、腹部有更稠密的浅刻点；前胸腹突顶端不弯下，水平地延伸到基节基部，端部宽度和中间一样；肛节侧缘基部各有 1 不太明显的沟将此腹板前后分开。雄性前足腿节内侧基部有浅点构成的条纹。

检视标本：1♂，宁夏灵武，1981. X. 1，任国栋采（HBUM）；1♀，宁夏盐池，1984. IX. 11，任国栋采（HBUM）；31♂34♀，宁夏中卫沙坡头，1985. III. 28，任国栋采（HBUM）；2♂3♀，宁夏中卫甘塘，1985. IV. 2，任国栋采（HBUM）；10♂12♀，宁夏青铜峡树新，1985. IV. 11，任国栋采（HBUM）；1♂2♀，宁夏青铜峡树新，1985. VIII. 26，任国栋采（HBUM）；7♂7♀，宁夏中卫，1986. VIII. 2，任国栋采（HBUM）；12♂14♀，宁夏平罗，1987. IV. 1，任国栋采（HBUM）；1♂，宁夏灵武，1987. V. 2，任国栋采

（HBUM）；9♂9♀，宁夏灵武磁窑堡，1987. V. 5，任国栋采（HBUM）；1♂1♀，宁夏中卫香山，1987. V. 17，任国栋采（HBUM）；6♂5♀，宁夏中卫，1987. V. 18，任国栋采（HBUM）；1♂1♀，宁夏陶乐，1987. VIII. 24，任国栋采（HBUM）；1♀，宁夏石嘴山，1988. VII. 4，任国栋采（HBUM）；1♂，宁夏盐池，1988. VIII. 11，任国栋采（HBUM）；1♂1♀，宁夏陶乐，1989. VII. 3，任国栋采（HBUM）；6♂6♀，宁夏石嘴山，1989. VII. 4，任国栋采（HBUM）；1♂1♀，宁夏平罗下庙，1989. VII. 16，任国栋采（HBUM）；1♀，宁夏海原，1989. VIII. 3，任国栋采（HBUM）；2♂3♀，宁夏盐池，1990. VI. 4，任国栋采（HBUM）；10♂14♀，宁夏中卫沙坡头，1990. X. 6，任国栋采（HBUM）；5♂6♀，宁夏平罗沙湖，1991. IV. 20，任国栋采（HBUM）；4♂5♀，宁夏陶乐，1991. V. 18，任国栋采（HBUM）；2♂3♀，宁夏灵武马鞍山，1991. IX. 28，于有志采（HBUM）；5♂7♀，宁夏灵武磁窑堡，1992. V. 19，马峰采（HBUM）；10♂12♀，宁夏灵武马鞍山，1992. V. 19，任国栋、于有志采（HBUM）；1♂2♀，宁夏中卫，1993. VII. 24，任国栋采（HBUM）；7♂7♀，宁夏永宁征沙渠，1997. V. 15，王新谱采（HBUM）；72头，宁夏灵武白芨滩，2015. VI，高祺采（BJFU）。

地理分布：宁夏（银川、平罗、陶乐、石嘴山、永宁、灵武、盐池、青铜峡、中宁、中卫、海原、贺兰山）、内蒙古、西藏、陕西、甘肃、青海；蒙古国。

取食对象：沙生植物。

**（638）异点东鳖甲 *Anatolica (Anatolica) mustacea* Kolbe, 1908**（图版 XLIV: 11）

*Anatolica mustacea* Kolbe, 1908: 88; Ren & Yu, 1999: 153; Löbl & Smetana, 2008: 184; Ren & Ba, 2010: 146.

识别特征：体长约 13.0 mm。黑色至碳黑色，稍光亮。头背面有稠密的长圆形刻点，唇基向颊非常宽阔地弯曲；眼褶明显。前胸背板近心形，微隆，盘上有长圆形刻点，后角钝。鞘翅长卵形，基部有完整饰边；除翅缝附近扁凹外，翅面平坦且非常光滑，有稠密小刻点。前胸侧板有稠密纵条纹；前胸腹突向后伸长，几乎不超过基节基部，微钝角形下弯；腹部各节刻点较小，基部和侧缘刻点粗。足细长，由基部向端部均匀弱弯，胫节中部近于不弯曲。

地理分布：宁夏、甘肃、青海。

**（639）宁夏东鳖甲 *Anatolica (Anatolica) ningxiana* Ren & Ba, 2010**（图版 XLIV: 12）

*Anatolica ningxiana* Ren & Ba, 2010: 173.

识别特征：体长约 8.5 mm，宽约 4.0 mm。长卵形；亮黑色。唇基前缘直，侧缘斜直，与颊间钝凹；前颊圆弧形，在眼前平行；后颊向后弧形强收缩；头顶平坦，粗圆刻点稠密；颊端部浅凹；复眼强弧形外突；触角向后伸达前胸背板基部，末节卵形。前胸背板心形，前缘直，饰边中断；侧缘圆弧形，端部 1/3 最宽，近基部斜直；基部弱弧形后突，饰边完整；前角圆钝、后角圆直角形；盘虚弱隆起，刻点粗圆。鞘翅尖卵形，基部弧凹，无饰边，肩圆齿状；侧缘宽弧形，中部最宽；翅背圆隆，刻点浅。前胸侧板中部纵皱纹矮粗，内侧、外侧光滑；前胸腹板刻点细小，腹突有纵凹，向后弧形下降；中胸、后胸腹板刻点粗大。腹部光滑。前胫节端距大，略较第 1 跗节长，中胫节、后胫节端距较第 1 跗节短。

检视标本：2♀，宁夏灵武，1987. V. 2；1♂1♀，宁夏同心大罗山，1987. VIII. 14；1♂，宁夏中卫甘塘，1991. VIII. 26；5♂6♀，宁夏中卫，1995. IV. 21；2♂3♀，宁夏中卫甘塘，1995. IV. 21；均为任国栋采（HBUM）。

地理分布：宁夏（灵武、中卫、罗山）。

**（640）纳氏东鳖甲 *Anatolica* (*Anatolica*) *nureti* Schuster & Reymond, 1937**（图版 XLV: 1）

*Anatolica nureti* Schuster & Reymond, 1937: 237; Gao, 1999: 159; Ren & Yu, 1999: 150; Löbl & Smetana, 2008: 184; Ren & Ba, 2010: 158; Wang & Yang, 2010: 208.

识别特征：体长 11.0～15.5 mm。黑色，十分光亮。头向后虚弱突出，头侧缘向后虚弱变窄；眼褶粗壮。前胸背板心形，比头更圆；侧缘基部之前一段直立，基部饰边前的中部有 1 不太深但明显横扁的凹；外侧刻点细小，近于不可见，光滑。鞘翅侧缘和基部无饰边，沿翅缝扁凹，基部靠近肩角处完全无凹；盘上刻点细小，外侧近于汇合。前胸侧板外侧有明显浓密纵皱纹，后面连着 1 大片光滑区，仅有小刻点。雄性前足腿节短，胫节端部中间内侧有可见纤毛，外缘钝脊状，后足第 1 跗节与胫节端距近于等长。

地理分布：宁夏（中卫、灵武、盐池、平罗、陶乐、石嘴山、贺兰山）、内蒙古、甘肃；蒙古国。

取食对象：沙生植物根部。

**（641）弯褶东鳖甲 *Anatolica* (*Anatolica*) *omnoensis* Skopin, 1964**（图版 XLV: 2）

*Anatolica omnoensis* Skopin, 1964: 37; Löbl & Smetana, 2008: 184; Ren & Ba, 2010: 145.

识别特征：体长 10.0～12.0 mm，宽 4.0～6.0 mm。长卵形；亮黑色。唇基前缘与侧缘间浅凹，前颊圆弧形，后颊向后强直的收缩，与眼外缘呈钝角形；头顶平坦、光滑，侧区刻点浅；眼圆，眼褶矮；触角向后伸达前胸背板基部 1/3 处，内侧弱锯齿状，端 3 节膨大。前胸背板前缘直，饰边宽断；侧缘圆弧形，近基部直；基部弱 2 湾，具细饰边；前角直，后角圆直角形；盘区端部隆起，自中部向基部渐压扁；刻点近于消失，向侧区渐粗大。鞘翅长卵形，基部饰边完整、宽厚，肩角前伸，侧缘具长浅凹；中缝凹，刻点浅而稀疏。前胫节中部弧凹，端部膨大；中胫节、后胫节大端距短于第 1 跗节。

地理分布：宁夏、内蒙古、新疆；蒙古国。

**（642）弯胫东鳖甲 *Anatolica* (*Anatolica*) *pandaroides* Reitter, 1889**（图版 XLV: 3）

*Anatolica pandaroides* Reitter, 1889: 680; Ren & Yu, 1999: 157; Löbl & Smetana, 2008: 184; Ren & Ba, 2010: 141; Wang & Yang, 2010: 208; Yang et al., 2011: 158.

识别特征：体长约 13.0 mm。体细长；黑色，近于光亮。头上刻点稠密，侧区近皱纹状；触角细长。前胸背板两侧中部圆，基部弱 2 湾，后角直角形，背面有稠密长形深刻点。鞘翅较宽阔，刻点圆且稠密；基部饰边完整，肩脊饰边明显；盘上有不太明显的 2 条脊，前面的翅缝近于扁凹。雄性足细长，前胫节弱弯，向端部渐变粗。

检视标本：1♀，宁夏贺兰山，1987. VII. 27，任国栋采（HBUM）；1♂1♀，宁夏同心，1987. VIII. 12，任国栋采（HBUM）；1♂，宁夏同心，1990. IV. 27，任国栋采（HBUM）。

地理分布：宁夏（同心、贺兰山）、内蒙古、甘肃。

取食对象：沙生植物根部。

### （643）平坦东鳖甲 Anatolica (Anatolica) planata Frivaldszky, 1889（图版 XLV: 4）

*Anatolica planata* Frivaldszky, 1889: 203; Ren & Yu, 1999: 158; Löbl & Smetana, 2008: 184; Ren & Ba, 2010: 142; Wang & Yang, 2010: 209.

识别特征：体长约11.0 mm。体细长；黑色，近于光亮。头上刻点稠密，头顶不凹，头下面的沟横窄，中间有宽的小孔穴；触角端部非角状。前胸背板长大于宽，前缘饰边近于消失，前角不太隆起，顶端圆形；侧缘中部无饰边，向基部逐渐变窄，后角近于直角形，基部两侧弱弯；背面显隆，刻点稠密。鞘翅卵圆形，基部具饰边，肩锐角状弱隆；背面平坦或近翅缝处无扁凹和沟。腹面光亮，前胸侧板有稠密细皱纹；中胸腹板无线状纹；腹部刻点极小。雄性前胫节长而弯曲。

地理分布：宁夏（贺兰山）、内蒙古、甘肃。

取食对象：沙生植物根部。

### （644）磨光东鳖甲 Anatolica (Anatolica) polita polita Frivaldszky, 1889（图版 XLV: 5）

*Anatolica polita* Frivaldszky, 1889: 204; Ren & Yu, 1999: 159; Löbl & Smetana, 2008: 184; Ren & Ba, 2010: 139; Yang et al., 2016: 80.

识别特征：体长 11.0～14.0 mm。体长卵形；亮黑色。头顶平坦，颊稍隆，小圆刻点稀疏；眼圆形外突，眼褶明显；触角向后伸达前胸背板基部，末节尖卵形。前胸背板方形，前缘浅凹，饰边宽断；侧缘弱弧形，端部 1/3 处最宽；基部中叶宽弧形后突，具细饰边；前角尖直，后角圆钝；盘区平坦，较两侧不隆，完全光滑或有极细刻点。鞘翅长卵形，基部直，饰边达到小盾片，肩圆齿状；翅背沿中缝凹陷，光滑或具细刻点。腹部光滑。前胫节内侧中间稍弧凹，端部膨大，大端距与基部 2 个跗节等长；中胫节端距小；后胫节大端距较第 1 跗节短。

地理分布：宁夏（贺兰山）、内蒙古、甘肃。

### （645）波氏东鳖甲 Anatolica (Anatolica) potanini Reitter, 1889（图版 XLV: 6）

*Anatolica potanini* Reitter, 1889: 683; Gao, 1993: 113; Ren & Yu, 1999: 164; Löbl & Smetana, 2008: 184; Ren & Ba, 2010: 153; Wang & Yang, 2010: 209.

曾用名：勃氏鳖甲（高兆宁，1993）。

识别特征：体长 10.0～12.0 mm。体宽阔，前体窄；亮黑色。头上刻点小；触角端部外侧近齿状，倒数第 2 节近于横形。前胸背板心形，刻点小；侧缘端半部圆扩，基部 1/3 强缩窄；前缘近于直，前角钝角形延长，饰边线状且中断；基部圆形，无饰边，后角宽直角形。鞘翅宽卵形，中部最宽，盘有稀疏小颗粒，无刻点；基部至翅坡宽凹或中缝浅凹，基部饰边清晰且内侧中断。后胫节端距扁平披针状，大距长于第 1 跗节之半。

检视标本：18♂12♀，宁夏中卫，1985. V. 13（HBUM）；5♂5♀，宁夏盐池，1986. VIII. 17（HBUM）；5♂5♀，宁夏中卫，1987. V. 4（HBUM）；8♂8♀，宁夏灵武，1987. V. 5（HBUM）；1♂，宁夏中卫沙坡头，1987. V. 18（HBUM）；1♂，宁夏青铜峡，1987. VIII. 21（HBUM）；5♂5♀，宁夏陶乐，1987. VIII. 24（HBUM）；1♂2♀，宁夏中卫甘塘，1988. VII. 1（HBUM）；9♂12♀，宁夏中卫，1989. VII. 4（HBUM）；1♀，宁夏盐池，1989. VII. 21（HBUM）；6♂9♀，宁夏盐池，1990. VI. 11（HBUM）；1♂，宁夏平罗崇岗山，1990. V. 22（HBUM）；1♀，宁夏永宁，1991. V. 29（HBUM）；30♂32♀，宁夏中卫甘塘，1991. VIII. 26，于有志、马峰采（HBUM）；22♂36♀，宁夏中卫甘塘，1992. V. 6，于有志采（HBUM）；6♂8♀，宁夏灵武，1992. V. 19，于有志、任国栋采（HBUM）；2♂2♀，宁夏中卫，1993. VIII. 13（HBUM）；22♂34♀，宁夏永宁征沙渠，1998. V. 15（HBUM）；3♂3♀，宁夏中卫，2003. VII. 27，王文强、李新江采（HBUM）；200 头，宁夏灵武白芨滩，2015. VI，高祺采（BJFU）。

地理分布：宁夏（灵武、陶乐、平罗、石嘴山、青铜峡、盐池、永宁、中卫、中宁、贺兰山）、内蒙古、四川、西藏、陕西、甘肃、新疆；蒙古国。

取食对象：沙生植物。

### （646）谢氏东鳖甲 *Anatolica (Anatolica) semenowi* Reitter 1889（图版 XLV: 7）

*Anatolica semenowi* Reitter, 1889: 680; Ren & Yu, 1999: 159; Löbl & Smetana, 2008: 184; Ren & Ba, 2010: 138.

识别特征：体长约 14.0 mm。体细长；亮黑色。头具较稠密小刻点；触角倒数第 2 节顶端尖，近长椭圆形。前胸背板横阔，光滑和弱隆，布稠密细刻点；前缘弱凹，饰边中断；侧缘中部之前圆形弯曲，具饰边；基部两侧波弯，仅两侧具饰边，后角近于直。鞘翅长卵形，有稠密细刻点；基部饰边完整，向外宽阔的突出。前胸侧板有稠密弱条纹；前胸腹板有细刻点；腹部几乎无刻点。前胫节弱弯。

地理分布：宁夏（贺兰山东麓冲积扇干草原）、甘肃。

### （647）宽突东鳖甲 *Anatolica (Anatolica) sternalis sternalis* Reitter, 1889（图版 XLV: 8）

*Anatolica sternalis* Reitter, 1889: 681; Ren & Yu, 1999: 162; Löbl & Smetana, 2008: 184; Ren & Ba, 2010: 157; Wang & Yang, 2010: 210; Yang et al., 2011: 158.

识别特征：体长约 13.0 mm。短卵形，隆起；亮黑色。头具稠密小刻点；触角端节近齿状，倒数第 2 节横宽。前胸背板横阔，近心形，盘上有较细刻点；两侧中部之前较圆，由前向后近于直角形弯曲；前缘饰边略宽，中间断；基部直，具细饰边。鞘翅宽阔，短卵形，中部之前扩大；背面隆起，沿翅缝弱扁凹，有稠密的细刻点；基部外侧有饰边，端部斜坡状，顶端有扁平短尖。前胸侧板有虚弱沟槽；腹面刻点稠密。

检视标本：1♀，宁夏贺兰山东，1990. V. 22，任国栋采（HBUM）；1♂，宁夏中卫沙坡头，1987. VI. 15，任国栋采（HBUM）。

地理分布：宁夏（中卫、盐池、贺兰山、罗山）、内蒙古、甘肃、新疆。

取食对象：沙生植物根部。

**（648）瘦东鳖甲 *Anatolica (Anatolica) strigosa strigosa* (Germar, 1824)**（图版 XLV: 9）

*Tentyria strigosa* Germar, 1824: 138; Löbl & Smetana, 2008: 184; Ren & Ba, 2010: 144; Wang & Yang, 2010: 210.

识别特征：体长约 13.0 mm，宽约 5.0 mm。体细长；黑色，弱亮。头顶平坦，颊稍隆，刻点卵形稠密和近于汇合；复眼圆，眼褶隆起；触角细，长达前胸背板基部 1/3 处。前胸背板近倒梯形，前缘浅凹，饰边中断；侧缘宽弧形，端部 1/3 最宽，近基部斜直；基部向后宽弧形突出，具完整细饰边；前角圆直、后角圆钝；盘区平坦，卵形刻点近纵向汇合。鞘翅基部宽弧形，饰边达小盾片，肩角齿状弱前伸；侧缘宽弧形，中间最宽；宽扁，沿中缝不凹，刻点圆细。前胸侧板中间具长皱纹，内侧、外侧具刻点。胫节端距细小，雄性前胫节内侧中间浅凹。

地理分布：宁夏（贺兰山）、内蒙古、西藏、青海、新疆；蒙古国，俄罗斯（远东）。

取食对象：沙生植物根部。

**（649）凹缝东鳖甲 *Anatolica (Anatolica) suturalis* Reitter, 1889**（图版 XLV: 10）（宁夏新纪录）

*Anatolica suturalis* Reitter, 1889: 682; Löbl & Smetana, 2008: 184; Ren & Ba, 2010: 166.

识别特征：体长约 15.0 mm。体宽短，近卵形；亮黑色。头具稠密的小刻点。前胸背板横阔，盘区强烈隆起，小刻点稠密，近基部中叶的横凹不明显；侧缘基部略窄，基部半圆形，两侧波弯，后角前近于直。鞘翅宽卵形，背拱起，中间扁平，中部显宽，沿翅缝浅凹，刻点小；基部外侧具饰边，端部短尖角状。前胸侧板近光滑；腹部布稠密的小刻点。

检视标本：56♂70♀，宁夏中卫沙坡头，2009. V. 27，唐婷、安雯婷采（HBUM）。

地理分布：宁夏（中卫）、内蒙古。

**（650）平原东鳖甲 *Anatolica (Eurepipleura) ebenina* Fairmaire, 1887**（图版 XLV: 11）

*Anatolica ebenina* Fairmaire, 1887: 323; Löbl & Smetana, 2008: 184; Ren & Ba, 2010: 171; Wang & Yang, 2010: 206.

识别特征：体长 9.0～12.0 mm，宽 4.0～5.5 mm。长卵形；亮黑色。头顶平坦，布稀疏小刻点；触角向后伸达前胸背板基部，端部 4 节膨大。前胸背板横阔，基部缢缩，端部 1/3 处最宽；前缘浅凹，饰边中断；侧缘端部 2/3 圆弧形，基部 1/3 直，具细饰边；基部向后宽弧形突出，具完整细饰边；前角圆钝、后角圆直角形；盘虚弱隆起，布稀疏小刻点。鞘翅宽卵形，宽扁，中缝浅凹，近光滑，肩圆突；基部弧凹，无饰边，侧缘宽弧形，端部稍延伸。前胸侧板刻点稀疏和浅锉状。前胫节内侧中间浅凹，端部膨大，大端距长于基部 2 个跗节；中胫节大端距与第 1 跗节近于等长；后胫节细，端距披针状，较第 1 跗节短。

地理分布：宁夏（石嘴山、中卫、盐池、灵武、平罗、贺兰山）、北京、内蒙古。

取食对象：沙生植物根部。

**（651）小东鳖甲 *Anatolica (Eurepipleura) minima* Bogdanov–Katjkov, 1915**（图版 XLV: 12）

*Anatolica minima* Bogdanov–Katjkov, 1915: 2; Löbl & Smetana, 2008: 185; Ren & Ba, 2010: 163; Wang & Yang, 2010: 207.

识别特征：体长 9.0～11.0 mm，宽 4.0～5.0 mm。宽卵形；亮黑色，背、腹面刻点粗密。头横宽，头顶平坦；复眼斜立，眼褶发达并外扩；触角向后伸达前胸背板基部，末节宽卵形。前胸背板近方形，盘区平坦，基部 1 横凹；前缘直，饰边中断；侧缘弱弧形，近基部直，端部 1/3 处最宽；基部宽弧形突出，具完整细饰边；前角尖锐，后角圆钝。鞘翅宽卵形，基部圆弧凹，饰边不完整；侧缘宽弧形，端部窄；宽扁，中缝凹，肩前伸。前胸侧板外侧具粗刻点，内侧具粗皱纹。雄性腿节直，下侧中间 1 列淡色感觉器；前胫节大端距长达第 1 跗节中间。

检视标本：1♀，宁夏贺兰山东，1987. VI. 3，任国栋采（HBUM）；1♂，宁夏中卫甘塘，1985. V. 20，任国栋采（HBUM）。

地理分布：宁夏（中卫、贺兰山）、内蒙古、甘肃。

取食对象：沙生植物根部。

## 280）胸鳖甲属 *Colposcelis* Dejean, 1834

### （652）狭胸鳖甲 *Colposcelis (Colposcelis) microderoides microderoides* Reitter, 1900（图版 XLVI: 1）

*Colposcelis microderoides* Reitter, 1900: 106; Ren & Yu, 1999: 171; Löbl & Smetana, 2008: 186; Ren & Ba, 2010: 185.

曾用名：细胸鳖甲（任国栋等，1999）。

识别特征：体长 8.2～9.1 mm。唇基前缘圆形突出，两侧和颊的连接处深凹呈宽直角状；后颊向颈部强烈收缩；背面均匀拱起，布粗糙刻点；复眼基部向外强烈突出，眼褶直隆，内侧有长凹；触角向后伸达前胸背板中基部。前胸背板心形，背圆拱，有较稠密的粗刻点；前缘浅弯，宽于基部；两侧中部之前最宽，向基部收缩强烈。鞘翅卵形，中部最宽，基部饰边达到小盾片；盘纵隆，布粗刻点。前胸侧板仅有长刻点。后足基跗节与负爪节近于等长，约与第 2、第 3 跗节长度之和相等。

检视标本：1♂1♀，宁夏中卫沙坡头，1985. III. 28，任国栋采（HBUM）；2♂，宁夏中卫，1987. VI. 15，任国栋采（HBUM）。

地理分布：宁夏（中卫）、内蒙古、陕西、甘肃、新疆；蒙古国。

## 281）高鳖甲属 *Hypsosoma* Ménétriés, 1854

### （653）蒙古高鳖甲 *Hypsosoma mongolica* Ménétriés, 1854（图版 XLVI: 2）

*Hypsosoma mongolica* Ménétriés, 1854: 31; Ren & Yu, 1999: 140; Löbl & Smetana, 2008: 192; Ren & Ba, 2010: 113; Liu et al., 2011: 260.

识别特征：体长 9.0～11.0 mm。尖卵形，背面略扁；漆黑色，稍光亮。唇基前缘直，头顶平坦，触角间 1 对凹坑，刻点自端部向基部由圆形变至长卵形或卵圆形；触角向后伸达前胸背板基部 1/4 处，弱锯齿状，末节扁卵形。前胸背板横阔，前缘宽凹，饰边中断；侧缘圆弧形，近基部直缩；基部 2 道弱湾；前角钝，后角尖直角形；盘区中线窄，不光滑，刻点椭圆形和稠密。鞘翅基部弱弯，饰边完整；侧区 3 条不达端部的纵脊，缘折上刻点稀疏；盘宽扁，卵形刻点与其间距近等宽，脊沟模糊并向端部渐消失。肛节的刻点细密，端部宽圆（雌）或有小凹（雄）。

地理分布：宁夏（中卫）、北京、河北、山西、内蒙古、辽宁、河南、陕西。

### （654）圆胸高鳖甲 *Hypsosoma rotundicolle* Fairmaire, 1888（图版 XLVI: 3）

*Hypsosoma rotundicolle* Fairmaire, 1888: 125; Ren & Yu, 1999: 140; Löbl & Smetana, 2008: 192; Ren & Ba, 2010: 113.

识别特征：体长约 8.0 mm。长卵形，粗壮；黑色，近于光亮。头、胸光亮并有稠密小刻点，触角间头顶有强烈的横凹，基半部稍变粗，前缘钝圆；触角向后几乎不超过前胸背板基部。前胸背板隆起，盘上有稠密小刻点，中线不明显升高；侧缘圆；前角钝圆，后角很常钝。鞘翅卵形，背面几乎不扁；两侧中部宽阔，顶尖角形；盘区有微毛，外侧有弱刻点行和不发达小脊；基部弧凹，小盾片两侧具齿并向肩部形成角突。腿节下侧光亮，有细微的革质块。

地理分布：宁夏、北京、山西。

## 282）小鳖甲属 *Microdera* Eschscholtz, 1831

### （655）姬小鳖甲 *Microdera* (*Dordanea*) *elegans* (Reitter, 1887)（图版 XLVI: 4）

*Dordanea elegans* Reitter, 1887: 358; Ren & Ye, 1990: 15; Wang et al., 1992: 57; Gao, 1993: 114; Ren & Yu, 1999: 107; Löbl & Smetana, 2008: 195; Ren & Ba, 2010: 63.

曾用名：姬兜胸鳖甲（任国栋等，1990；王希蒙等，1992）、姬小胸鳖甲（高兆宁，1993）。

识别特征：体长 9.0～11.0 mm。暗红褐色，滑亮；通体具刻点，腹面更清晰。唇基前缘有 1 圆钝角；下颚须细长；复眼近圆形，前缘被部分头脊相切；触角细长，近光滑。前胸背板横椭圆形隆起，前缘近于直，两侧有细饰边，中部不间断，基部有明显饰边；前角近于直，强烈下弯，后角略圆。小盾片小三角形。鞘翅长卵形，隆背，无纵纹；下折部分不形成隆脊，侧线连到肩部再突然短缩；基部和肩无饰边，与前胸紧密连接。足细长。

地理分布：宁夏（银川、青铜峡、中卫、中宁、永宁、石嘴山、陶乐、灵武、同心、贺兰山）、山西、内蒙古、辽宁、陕西、甘肃、青海、新疆。

取食对象：粮仓储粮、沙地茅草、落叶、落花、麸皮、饲料等。

### （656）球胸小鳖甲 *Microdera* (*Dordanea*) *globata* (Faldermann, 1835)（图版 XLVI: 5）

*Tentyria globata* Faldermann, 1835: 402; Ren & Yu, 1999: 110; Löbl & Smetana, 2008: 195; Ren & Ba, 2010: 68; Wang & Yang, 2010: 211.

识别特征：体长 7.6～9.0 mm，宽 3.2～3.7 mm。亮黑色。唇基前缘突出呈钝三角形，侧缘向颊直弯；前颊弧缩，内侧有深凹，后颊急缩；头背较平坦，有均匀圆刻点，端部渐变小；复眼大，钝角形突，眼褶窄，较突出。前胸背板横椭圆形，盘弱拱，中间有长椭圆形粗刻点，两侧变浅或不明显；前缘直，饰边完整并由两侧向中部渐变宽；侧缘圆弧形弯曲，中间最宽，具细饰边；基部短，向后圆弧形弯曲，饰边宽厚。小盾片凸，长条状。鞘翅长卵形，极为拱起；基部两侧有弱脊并于肩上中断；两侧基部非常收缩，向翅端长圆弧形弯曲，侧缘饰边完整，由背面不可见；盘上 3 条由长圆形刻点构成的浅凹线。前胸侧板外侧光滑，中间有粗刻点和纵皱纹，基部有稀疏刻点。腹部中央光滑，两侧有粗长刻点，其向端部渐变小。足粗短，后胫节中间弯曲。

检视标本：3♂7♀，宁夏同心大罗山，1986. VI. 2；1♂，宁夏盐池，1986. VIII. 17；2♀，宁夏灵武，1987. V. 2；50♂44♀，宁夏盐池，1987. VI；2♂6♀，宁夏盐池，1987. VIII. 24；3♂4♀，宁夏贺兰山小口子，1990. V. 5；1♂4♀，宁夏平罗崇岗山，1990. V. 20；3♀，宁夏盐池，1990. VI. 4；1♀，宁夏中卫甘塘，1991. VIII. 26，均为任国栋采（HBUM）；225头，宁夏灵武白芨滩，2015. VI，高祺采（BJFU）。

地理分布：宁夏（盐池、灵武、平罗、中卫、贺兰山、罗山）、山西、内蒙古、甘肃、青海；蒙古国。

取食对象：沙生植物根部。

### （657）阿小鳖甲 *Microdera (Dordanea) kraatzi alashanica* Skopin, 1964（图版 XLVI: 6）

*Microdera kraatzi alashanica* Skopin, 1964: 384; Gao, 1999: 162; Ren & Yu, 1999: 108; Löbl & Smetana, 2008: 195; Ren & Ba, 2010: 66; Yang et al., 2011: 158.

识别特征：体长 8.8～11.3 mm，宽 3.4～4.2 mm。亮黑色。头弱拱，均布圆刻点；眼内侧褶中度发达高并弱弯，但在眼基部消失；触角向后伸达前胸背板基部。前胸背板横椭圆形，平坦，向前角和基部急降，刻点与头部的一样稠密；前缘弱凹，中间饰边宽断；侧缘圆弧形弯曲，饰边粗；基部向后呈弱圆弧形弯或直，饰边厚，基沟直或近于直。鞘翅长卵形，中间最宽，刻点较前胸背板稀小；基部无饰边和脊突，侧缘饰边在肩部消失。前胸侧板外半部光滑，有稀疏小刻点，中间有短皱纹，内侧有粗刻点；前、中胸腹板两侧有长圆形粗刻点；腹部前3节两侧有长圆形粗刻点。

检视标本：21♂30♀，宁夏中卫沙坡头，1984.IV.8，姜昌采（HBUM）；42♂47♀，宁夏中卫甘塘，1987. IV. 9，杨顺、唐兴武采（HBUM）；23♂37♀，宁夏灵武马鞍山，1987. V. 2，任国栋采（HBUM）；3♂3♀，宁夏中宁石空，1987. VI. 21，任国栋采（HBUM）；7♂12♀，宁夏中卫香山，1987. VIII. 1，任国栋采（HBUM）；7♂13♀，宁夏中卫沙坡头区照壁山区，1987. VIII. 19，张学文采（HBUM）；18♂19♀，宁夏青铜峡树新，1987. VIII. 20，任国栋采（HBUM）；7♂9♀，宁夏陶乐镇庙庙湖，1987. VIII. 24，任国栋采（HBUM）。

地理分布：宁夏（中宁、灵武、中卫、青铜峡、陶乐、平罗、盐池、贺兰山、罗山）、内蒙古、甘肃。

取食对象：沙生植物根部。

### （658）克小鳖甲 *Microdera (Dordanea) kraatzi kraatzi* (Reitter, 1889)（图版 XLVI: 7）

*Dordanea kraatzi* Reitter, 1889: 685; Ren & Yu, 1999: 107; Löbl & Smetana, 2008: 195; Ren & Ba, 2010: 65; Wang & Yang, 2010: 211; Yang et al., 2011: 158.

识别特征：体长 8.5～12.0 mm，宽 3.4～4.2 mm。体细长；亮黑色。头宽短，弱横拱起，头顶卵圆刻点均匀；唇基钝三角形，圆刻点较小；前颊平行，内侧浅纵凹，后颊向后急收缩；复眼圆形外突，眼褶高隆，弱弯，达到眼基部；触角向后伸达前胸背板基部。前胸背板横椭圆形，盘区横向匀拱起，较平坦，稠密刻点与头部相似；前缘弱凹，饰边宽断或完整；侧缘向基部收缩较强烈，饰边由背面可见；基部圆弧或直，饰边厚，基沟近于直；前角、后角圆钝。鞘翅长椭圆形，基部无饰边，侧缘中部最宽，翅面粗刻点稠密。前胸侧板内侧具卵形稠密粗刻点，中间具短皱纹，外侧具长形稀疏小刻点；腹板两侧具近菱形粗刻点；中胸腹突近光滑，无中纵凹；后胸和腹部前3节两侧具卵形稠密粗刻点，中间稀小，腹部刻点由前向后渐变小；肛节端部直，近光滑。

检视标本：6♂8♀，宁夏中宁石空，1987. VI. 21，任国栋采（HBUM）；1头，宁夏泾源东山坡，2014. VII. 18，白玲、王娜采（HBUM）；1头，宁夏吴忠同利村，2014. VIII. 26，白玲采（HBUM）。

地理分布：宁夏（灵武、中宁、吴忠、泾源、盐池、贺兰山、罗山）、内蒙古、甘肃；蒙古国。

取食对象：沙生植物根部。

### （659）光亮小鳖甲 *Microdera (Dordanea) lampabilis* Ren, 1999（图版 XLVI: 8）

*Microdera lampabilis* Ren in Ren & Yu, 1999: 113; Löbl & Smetana, 2008: 195; Ren & Ba, 2010: 71.

识别特征：体长9.5～11.6 mm，宽3.5～4.6 mm。漆黑色，光泽强。头背纵隆，中央扁凹，中部之前刻点深圆，中部之后稀疏和粗大，椭圆形至半圆形；唇基前缘阔三角形，两侧斜直，眼前略收缩；右上颚背面中间有钝齿；颊内侧较宽凹，后颊向后近平行；复眼不突出，眼褶粗短，向后几乎不超过眼基部，略弯；触角向后伸达前胸背板基部。前胸背板圆盘状，背面均匀拱起，刻点粗浅；盘区较平坦，向前角和后角急剧降落；前缘直，中间无饰边，两侧具饰边并向中央渐变宽；侧缘圆弧形弯曲，饰边宽；基部短，向后圆弯曲；基沟深凹，基边粗厚，弯月形；前、基部有毛列。鞘翅长卵形，中部最宽，基部无脊，向上近于直立升起；背面较宽平，基半部大刻点排成2行，后半部单行，行间有小刻点。前胸侧板外半部光滑有细点，内半部刻点大，近前、基部有短皱纹；前胸腹板中部有稀疏圆刻点，向前及两侧变为浅皱纹；中胸腹板的突起部分近于直立，有长刻点。腹部两侧刻点粗，向端部渐变小，中部刻点稀小，前2节和第3节基半部有侧边。后足第1跗节最长。

检视标本：1♂2♀，宁夏海原兴仁，1985. VIII. 22；1♂1♀，宁夏中卫，1987. IV. 9；1♀，宁夏海原牌路山森林公园，1987. VII. 24；1♂2♀，宁夏海原兴仁，1987. IX. 8；均为任国栋采（HBUM）。

地理分布：宁夏（海原、中卫）、甘肃。

### （660）罗山小鳖甲 *Microdera (Dordanea) luoshanica* Ren, 1999（图版 XLVI: 9）

*Microdera luoshanica* Ren in Ren & Yu, 1999: 109; Löbl & Smetana, 2008: 195; Ren & Ba, 2010: 67; Yang et al., 2011: 158.

识别特征：体长8.5～10.5 mm，宽3.3～4.1 mm。雄性前颊内侧较平坦，弱浅凹，雌性深凹。前胸背板中部之后最宽，基部窄；盘区前面刻点稀疏近圆形浅小，其余则较稠密长圆形浅大；前缘饰边完整，基部弱弧弯，基沟浅凹。鞘翅基部两侧有脊的痕迹，刻点均匀，比前胸背板略小。中胸腹板颈部有较长横向粗皱纹，后面突起部分中央平坦，无凹沟；腹部基节前缘圆形。

检视标本：5♂11♀，宁夏同心大罗山，1984. IV. 2，任国栋采（HBUM）。

地理分布：宁夏（罗山）。

取食对象：沙生植物根部。

## （661）圆胸小鳖甲 *Microdera* (*Dordanea*) *rotundithorax* Ren, 1999（图版 XLVI: 10）

*Microdera rotundithorax* Ren in Ren & Yu, 1999: 118; Löbl & Smetana, 2008: 195; Ren & Ba, 2010: 77.

识别特征：体长 8.0～10.0 mm，宽 3.1～3.7 mm。亮黑色。唇基两侧与前颊间斜直；眼褶近于直。前胸背板圆盘状，中部最宽；盘区高隆，向侧边较陡地降落，有卵形深刻点，前缘中部较稀小；前缘近于直，两侧饰边明显，中央宽断，侧缘圆弧形弯曲，饰边粗厚，基部圆弧形。鞘翅长卵形，中部最宽，盘区非常隆起，散布长圆形浅刻点，基部无饰边和脊突。前胸侧板外半部较光滑，有模糊纵皱纹，中部有粗长皱纹；中胸腹突起部分中央浅凹。

检视标本：4♂4♀，宁夏同心河西，1990. IV. 27，白继章采（HBUM）。

地理分布：宁夏（同心）。

## （662）蒙古小鳖甲 *Microdera* (*Microdera*) *mongolica mongolica* (Reitter, 1889)（图版 XLVI: 11）

*Microdera mongolica* Reitter, 1889: 686; Wang et al., 1992: 57; Gao, 1999: 162; Ren & Yu, 1999: 109; Löbl & Smetana, 2008: 197; Ren & Ba, 2010: 80.

曾用名：蒙小胸鳖甲（王希蒙等，1992）。

识别特征：体长 9.1～12.5 mm，宽 3.7～4.6 mm。黑色，无或弱光泽。头长宽近相等，背面中央隆起，两侧纵凹；唇基前缘三角形，两侧略弯；后颊近于直变窄；眼褶发达，顶圆，基部外弯，向后超过眼基部；触角粗，长达前胸背板基部。前胸背板圆盘状，较扁平，两侧和基部较强降落；前缘中央宽直，仅两侧有饰边；侧缘宽圆，中部之前最宽；基部半圆，饰边粗拱起，基沟深；盘区具与头部等大的长圆形刻点。鞘翅长卵形，高隆，中部最宽；基部外侧有与缘折相连的脊突，两侧至中部近平行；背面沿翅缝略扁，刻点较前胸背板稀小，翅坡更稀小。前胸侧板外侧光滑，有稀疏小刻点，中部有长皱纹夹杂粗刻点，内侧有粗深刻点；中胸腹板颈状部有粗大浅刻点，基部有深凹，凸起部分近于直立，有浅凹；腹部两侧有粗皱纹状刻点。

地理分布：宁夏（中卫、海原、灵武）、内蒙古、甘肃、青海、新疆；蒙古国。

取食对象：粮仓储粮、沙地茅草、落叶、落花、麸皮、饲料等。

## 283）圆鳖甲属 *Scytosoma* Reitter, 1895

### （663）裂缘圆鳖甲 *Scytosoma dissilimarginis* Ren & Ba, 2010（图版 XLVI: 12）

*Scytosoma dissilimarginis* Ren & Ba, 2010: 110.

识别特征：体长 7.5～9.5 mm，宽 3.0～5.0 mm。长卵形；黑色，具弱光泽。头部两侧较直，头顶触角间具 2 凹坑，基部刻点宽卵形，端部圆形；唇基弱圆；前颊宽弧形，在眼前平行，后颊向后弱直缩；颏端部圆凹，两侧刻点较密；眼圆形；触角向后伸达前胸背板基部 1/3 处，第 7～10 节三角状，第 10 节长宽近相等，顶端具侧毛斑，末节扁卵形。前胸背板倒梯形，盘区隆，中线明显，刻点均匀宽卵形；前缘浅凹，饰边中断；侧缘圆弧形，中部之前最宽，近基部直缩，具细饰边；基部中突，饰边完整；前角圆，后角钝。鞘翅卵形，基部浅弯，肩角外扩；侧缘宽弧形，饰边宽；缘折具小颗粒；翅缝扁凹，翅背刻点均匀浅圆。前胸侧板纵条纹均匀，腹板刻点木锉状；中胸前侧片光滑，后侧片具疏浅刻点，腹板刻点皱纹状，腹突窄，末端光滑且直；后胸端部及两侧有浅刻点；腹部前 3 节具稀疏刻点，端部 2 节刻点小而稠密。前、中胫节内侧粗糙，中部粗。

检视标本：2♂1♀，宁夏海原北寺，1990. VII. 24，任国栋采（HBUM）；68♀35♂，宁夏贺兰山镇北堡，2010.VII. 23，任国栋采（HBUM）；1 头，宁夏同心阴洼村，2014. VII. 3，白玲采（HBUM）。

地理分布：宁夏（海原、银川、同心）、内蒙古。

**（664）显带圆鳖甲 *Scytosoma fascia* Ren & Zheng, 1993**（图版 XLVII: 1）

*Scytosoma fascia* Ren & Zheng, 1993: 38; Ren & Yu, 1999: 132; Löbl & Smetana, 2008: 204; Ren & Ba, 2010: 103; Ren, 2010: 183; Yang et al., 2011: 159.

识别特征：体长 7.3～9.7 mm，宽 2.9～4.2 mm。体下棕红色，触角、足和口须棕色。头顶由后向前缓降，头背面在触角间有 2 对凹坑，匀布长圆至圆形深刻点；上唇前缘有三角形缺刻，背面有疏毛，前缘及两侧有密毛；唇基两侧与颊间近圆弧；前颊稍外扩，后颊向后变窄；眼直，略突出；触角向后伸达前胸背板基部或略超过，第 1～7 节近圆柱形，第 8～10 节锯齿状，第 10 节长宽近相等，末节长卵形，顶端毛区色淡。前胸背板横宽，背面均匀隆起，中线清晰；盘区密布卵形双重刻点，四周密布木锉状刻纹，每刻点着生 1 黄白色短伏毛。鞘翅狭窄，每翅各有 4 条黄白色纵毛带，行间光滑。腹部浅刻点木锉状；末节基部宽圆。前胫节基部 3/5 直，端部扩大。

检视标本：1♂，宁夏同心大罗山，1987. V. 14，任国栋采（HBUM）；22♂35♀，宁夏海原，1987. VII. 24，任国栋采（HBUM）；24 头，宁夏海原牌路山，2009. VII. 18，王新谱、冉红凡、杨晓庆采（HBUM）。

地理分布：宁夏（海原、罗山）。

取食对象：沙生植物根部。

**（665）粗壮圆鳖甲 *Scytosoma obesum* Ren & Zheng, 1993**

*Scytosoma obesea* Ren & Zheng, 1993: 35; Ren & Yu, 1999: 139; Ren & Ba, 2010: 109; Yang et al., 2016: 80.

*Scytosoma obesum*: Löbl & Smetana, 2008: 204.

识别特征：体长 8.3～12.0 mm。体卵形，粗壮；黑色，具弱光泽；口须及跗节褐色。唇基前缘直；前颊弱弧形，较眼窄；后颊向后稍收缩；触角间具横凹；刻点在唇基圆且稠密，在头顶菱形且向两侧变密；眼圆，眼褶稍隆；触角向后伸达前胸背板中部。前胸背板前缘弧凹，中间饰边最宽；侧缘弧形，中部最宽；基部两侧弱弧形，中间直，饰边厚隆；前角直，后角钝角形；盘区横向弱拱，稠密的长刻点在侧区近汇合。鞘翅卵形，基部强烈双弯曲，具短纵皱，肩角稍向外弯；侧缘中部近平行；缘折具弱横纹；翅背隆起，沿中缝微凹，表面鲨皮状，小颗粒稠密。腹部基部 4 节两侧具浅凹坑；肛节端部圆形，雌性在基部 1/3 处具浅横凹坑。足短，胫节具刺，雄性腿节下侧中间具淡色感觉区。

地理分布：宁夏（贺兰山）、内蒙古。

**（666）暗色圆鳖甲 *Scytosoma opacum* (Reitter, 1889)**（图版 XLVII: 2）

*Scytis opacum* Reitter, 1889: 684; Ren & Yu, 1999: 134; Löbl & Smetana, 2008: 204; Ren & Ba, 2010: 107; Ren, 2010: 183.

识别特征：体长 8.5～10.0 mm。体背弱拱；暗黑色，无光泽；触角、口须和跗节不明显锈红色。头、胸部有非常稠密的小刻点；眼不突出。前胸背板与鞘翅等宽或略窄，盘区有稠密小刻点，两侧近于汇合；前缘饰边宽；侧缘圆，中部最宽；雌性基部近于直，雄性两侧有饰边；前角、后角近于直。小盾片短小。鞘翅近卵形，中部最宽；盘区弱拱，有稠密小粒点；基部有完整凸饰边。前胸侧板有稠密皱纹；腹面光亮，有小刻点。

检视标本：5 头，宁夏固原须弥山，2009. VII. 17，王新谱、冉红凡采（HBUM）；1 头，宁夏彭阳挂马沟，2009. VII. 11，王新谱采（HBUM）。

地理分布：宁夏（固原、彭阳）、北京、河北、山西、内蒙古、甘肃、新疆。

**（667）小圆鳖甲 *Scytosoma pygmaeum* (Gebler, 1832)**（图版 XLVII: 3）

*Tentyria pygmaeum* Gebler, 1832: 54; Gao, 1999: 159; Ren & Yu, 1999: 135; Löbl & Smetana, 2008: 204; Ren & Ba, 2010: 108; Wang & Yang, 2010: 212; Yang et al., 2011: 159.

曾用名：小皮鳖甲（王新谱等，2010）。

识别特征：体长 8.0～9.1 mm，宽 3.1～3.9 mm。尖卵形；黑色。头背中间有长方形深凹，刻点圆，后颊为皱纹；唇基两侧和前颊向眼圆弧形弯曲，后颊向后较直收缩；额唇基缝两侧清晰；触角较粗，第 8～10 节三角形，末节扁卵形，端部 4 节上侧有淡色毛区。前胸背板横阔，盘区高隆，中线明显，刻点棱形并交错成网状，两侧卵形双重刻点稠密；前缘弱凹，饰边中断；侧缘圆弧形弯曲，中基部较急收缩，饰边明显；基部中叶直，两侧弯曲，饰边中断；前角钝直，后角近圆。鞘翅基部饰边抛线状伸向肩角，肩钝角形向前突；侧缘长圆弯曲，前面 3/8 处最宽；盘拱起，有稠密半圆形具毛浅刻点，隐约可见 4 条纵脊。前胸侧板中部和外侧有木锉状刻点；腹部有具毛浅圆刻点，第 2～4 节中部不清晰，两侧密，肛节中央微凹。前胫节短直，内侧粗糙，端部粗，内端距长于外端距。

检视标本：5♂5♀，宁夏贺兰山东滚钟口，1990.VIII. 6，任国栋采（HBUM）；2♂，宁夏盐池，1987. VIII. 22，于有志采（HBUM）；1♂1♀，宁夏同心大罗山，1984. VIII.2，马峰采（HBUM）；3♀，宁夏贺兰山镇北堡，2010.VII. 23，任国栋采（HBUM）。

地理分布：宁夏（盐池、银川、贺兰山、罗山）、内蒙古；蒙古国，俄罗斯（东西伯利亚）。

取食对象：沙生植物根部。

**（668）棕腹圆鳖甲 *Scytosoma rufiabdominum* Ren & Zheng, 1993**（图版 XLVII: 4）

*Scytosoma rufiabdominum* Ren & Zheng, 1993: 39; Ren & Yu, 1999: 137; Löbl & Smetana, 2008: 204; Ren & Ba, 2010: 111; Wang & Yang, 2010: 12; Yang et al., 2011: 159.

曾用名：棕腹皮鳖甲（王新谱等，2010）。

识别特征：体长 8.0～12.0 mm，宽 3.5～4.5 mm。尖长卵形；黑色，具弱光泽。头顶隆起，背面倾斜，基半部刻点圆，后半部长圆形至菱形；唇基向前颊圆弯曲，后颊向颈部直缩；额唇基缝两侧深凹；触角向后伸达前胸背板基部。前胸背板横宽，盘区有长椭圆形深刻点，中线光滑，前缘弯曲，两侧饰边细；侧缘半圆形弯曲，具细饰边；基部弱弧弯，饰边宽，前部、基部具金黄色毛列，前角宽钝圆，后角圆。鞘翅尖卵形，雄性背面平坦，雌性隆起；有均匀长圆至圆刻点，翅肋隐约可见；基部饰边完整，下缘波弯，肩突出；侧缘基部缩，向端部长弧形弯曲。前胸侧板有浅刻点；中胸腹板基半部及前侧片粗糙；后胸腹板两侧及侧片有半圆形浅刻点；腹部基节突有宽边，顶端近圆，肛节基部半圆，雄性中央弱凹，雌性无凹。

检视标本：20♂23♀，宁夏贺兰山，1987. VIII. 6，任国栋采（HBUM）；3♂3♀，宁夏盐池，1987. VIII，任国栋采（HBUM）；2♂2♀，宁夏平罗崇岗山，1990. V. 22，任国栋采（HBUM）；4♂6♀，宁夏永宁征沙渠，1997. V. 15，王新谱采（HBUM）。

地理分布：宁夏（永宁、平罗、盐池、贺兰山、罗山）、内蒙古。

取食对象：沙生植物根部。

**（669）梯胸圆鳖甲 *Scytosoma scalare* Ren & Zheng, 1993**（图版 XLVII: 5）

*Scytosoma scalare* Ren & Zheng, 1993: 35; Ren & Yu, 1999: 134; Löbl & Smetana, 2008: 204; Ren & Ba, 2010: 106; Yang et al., 2011: 159.

识别特征：体长 9.3～11.0 mm，宽 3.7～4.2 mm。唇基前缘直，两侧向复眼圆弯；头顶平坦，两侧有凹坑。前胸背板倒梯形，中部之前最宽，两侧刻点长菱形，雌性两侧颗粒不太尖锐；前缘中度凹入，具完整细饰边；侧缘基部略直，由此向中部抛线状弯曲；基部直，中叶向后稍突出，后角钝直角形。鞘翅有均匀小粒点，翅缝基部凹，肩角向上直翘。前胸侧板有长脊状突起；腹部有稠密的长圆形至木锉状刻纹，其在中、后胸两侧更为粗密；肛节基部中央较直；雌性腹部两侧有明显木锉状刻点，中胸腹板两侧及中部有网状至皱纹状刻点。

检视标本：2♂1♀，宁夏海原黄家庄，1997. VII. 29，任国栋采（HBUM）。

地理分布：宁夏（海原、彭阳、固原、罗山）、内蒙古、陕西、甘肃。

取食对象：沙生植物根部。

# 39.3  拟步甲亚科 Tenebrioninae Latreille, 1802

## 拟步甲亚科分种检索表

1. 唇基前缘中部有三角形深缺刻，若缺刻不深则前足跗节除爪以外的长度与前足、中足胫节端部的宽度相等 ······························································································· 2

- 唇基前缘直，微隆起或沿边缘有均匀的浅凹；若前足胫节很宽（与跗节等宽或近于等宽），则唇基前缘弧形突出，无缺刻 ································································· 41

2. 鞘翅缘折达到缝角；前足胫节外缘向端部扩展，外缘有 1～2 个齿，中足、后足胫节上的齿顶端裂开或无齿，在后种情况下，其端部略扩展 ······郑氏齿足甲 *Cheirodes (Pseudanemia) zhengi*

15. 前胸背板后角宽钝角形 ············· 蒙南漠土甲 *Melanesthes (Melanesthes) jenseni meridionalis*

\- 前胸背板后角尖角形或直角形 ························································ 16

16. 前颊斜直前伸 ······················· 荒漠土甲 *Melanesthes (Melanesthes) desertora*

\- 前颊半圆形弯曲 ····················· 短齿漠土甲 *Melanesthes (Melanesthes) exilidentata*

17. 前胸背板盘区有颗粒或皱纹状颗粒 ················································ 18

\- 前胸背板盘区只有刻点，无颗粒 ················································· 27

18. 鞘翅有规则的小瘤状突起行，形成锐脊，并列于每一行间，或仅分布于奇数行间 ········· 19

\- 鞘翅具脊，脊完整或由不同长度的断片组成（脊呈不规则的撕裂状），通常行间仅有小的
颗粒行 ················································································ 22

19. 前胸背板后角宽钝角形 ················ 粗背伪坚土甲 *Scleropatrum horridum horridum*

\- 前胸背板后角锐角形或短尖角形 ················································· 20

20. 前胸背板中间的颗粒不规则，彼此以断裂的沟相连，在沟间可见一部分封闭的圆形深沟，
两侧的颗粒圆而独立 ······················································· 
················································· 瘤翅伪坚土甲 *Scleropatrum tuberculatum*

\- 前胸背板被皱纹状颗粒 ························································· 21

21. 颊和唇基的结合处深凹，前颊平行；前胸背板前角很尖，后角尖角形，向外突
出；后足末跗节明显长于第 1 跗节 ············· 条脊伪坚土甲 *Scleropatrum tuberculiferum*

\- 颊和唇基之间无凹，前颊向外强烈扩展；前胸背板侧缘较强烈地弯曲，前角钝三角形，后
角短尖角形，略直角形；后足末跗节不长于第 1 跗节 ·········· 希氏伪坚土甲 *Scleropatrum csikii*

22. 中足、后足基节间的后胸显长于中足基节纵径（1.2 倍）；鞘翅行间无瘤；后翅发达 ······ 23

\- 中足、后足基节间的后胸短于中足基节纵径；鞘翅大部分具有较突的行间或行间具有平滑
的瘤；大多数缺后翅；体较粗短 ················································· 25

23. 所有跗节的末跗节较其余节之和短；触角第 3 节长，通常是第 2 节的 3 倍多 ·············
····································· 棒胫土甲 *Gonocephalum (Gonocephalum) recticolle*

\- 所有跗节的末跗节比其余节之和略长；触角第 3 节短，几乎不比第 2 节长或不超过第 2 节
的 3 倍 ············································································· 24

24. 前足胫节端部较窄，宽度仅等于前 2 跗节之和 ····································· 
····························· 侏土甲 *Gonocephalum (Gonocephalum) granulatum pusillum*

\- 前足胫节端部较宽，宽度等于前 3～4 跗节之和 ···································· 
····································· 网目土甲 *Gonocephalum (Gonocephalum) reticulatum*

25. 鞘翅沟内无发亮的扁瘤 ·············· 粗翅沙土甲 *Opatrum (Colpopatrum) asperipenne*

\- 鞘翅沟内有发亮的扁瘤 ························································· 26

26. 前足胫节外端角宽齿状突出；前胸背板基部沿两侧到中央有饰边，侧缘圆形 ·············
····································· 沙土甲 *Opatrum (Opatrum) sabulosum sabulosum*

\- 前足胫节外端角窄尖状向顶端突出；前胸背板基部沿两侧到中央无饰边，侧缘略圆 ········
····································· 类沙土甲 *Opatrum (Opatrum) subaratum*

- 前足胫节 2 个端距相差不大，顶尖 ·················································· 59
58. 体具光泽；触角向后长达前胸背板中部；前胸背板后角钝圆；鞘翅刻点细而密 ···································· 中型琵甲 *Blaps* (*Blaps*) *medusa*
- 体暗淡；触角向后长达前胸背板基部 1/3 处；前胸背板后角直角形；鞘翅刻点细而疏 ······ ································· 异距琵甲 *Blaps* (*Blaps*) *kiritshenkoi*
59. 前胸背板后角锐角形 ················· 尖角琵甲 *Blaps* (*Blaps*) *acutangula*
- 前胸背板后角直角或钝角形 ············································· 60
60. ♂第 1、第 2 可见腹板间具刚毛刷 ············································ 61
- ♂第 1、第 2 可见腹板间无刚毛刷 ············································ 63
61. 翅尾分叉 ····························· 戈壁琵甲 *Blaps* (*Blaps*) *gobiensis*
- 翅尾不分叉 ····················································· 62
62. ♂翅尾长超过 3.0 mm ··················· 长尾琵甲 *Blaps* (*Blaps*) *varicose*
- ♂翅尾长不超过 1.5 mm ···················· 皱纹琵甲 *Blaps* (*Blaps*) *rugosa*
63. 鞘翅翅尾明显可见 ··················· 磨光琵甲 *Blaps* (*Blaps*) *opaca*
- 鞘翅翅尾不明显 ················································· 64
64. 每鞘翅有 8 条清楚的刻点列 ············· 中华琵甲 *Blaps* (*Blaps*) *chinensis*
- 鞘翅无明显刻点列 ··············· 拟步行琵甲 *Blaps* (*Blaps*) *caraboides caraboides*
65. 连接上唇基部和唇基的膜通常由背面可见；♂前足、中足跗节扩展 ·············· 66
- 连接上唇基部和唇基的膜由背面看不到；♂前足、中足跗节不扩展 ············· 72
66. 前足腿节具齿 ············· 多点齿刺甲 *Oodescelis* (*Acutoodescelis*) *punctatissima*
- 前足腿节无齿 ····················································· 67
67. 前足胫节端部扩展；鞘翅侧缘饰边完整，腹部光裸 ···························· 68
- 前足胫节由基部向端部逐渐扩展；鞘翅侧缘饰边完整或在中、后部消失，腹部多被毛·· 70
68. 前胸背板中部稍后最宽，刻点相当粗糙，部分汇合为皱纹 ···························· ····························· 心形刺甲 *Platyscelis* (*Platyscelis*) *subcordata*
- 前胸背板基部（有时基部稍前）最宽，刻点不如上述 ························· 69
69. 前胸背板两侧基部到中部较宽的凹陷 ·············· 盖氏刺甲 *Platyscelis* (*Platyscelis*) *gebieni*
- 前胸背板两侧基部到中部极窄凹或不凹 ············· 绥远刺甲 *Platyscelis* (*Platyscelis*) *suiyuana*
70. 前足胫节端部下侧凹陷 ············· 烁光双刺甲 *Bioramix* (*Leipopleura*) *micans*
- 前足胫节端部下侧不凹陷 ·········································· 71
71. 前胸背板基部最宽 ············· 六盘山双刺甲 *Bioramix* (*Cardiobioramix*) *liupanshana*
- 前胸背板中部最宽 ············· 圆点双刺甲 *Bioramix* (*Cardiobioramix*) *globipunctata*
72. 鞘翅缘折在达到端部一半处折入；中足基节有大型外基片；体长大于 10.0 mm ·········· 73
- 鞘翅缘折在达到端部一半处不折入；中足基节无明显的外基片；体长约 7.0 mm ········· 74
73. 体黑色，暗淡；鞘翅行间具稀疏大颗粒；前胸背板前角不达眼后缘，基部具细饰边 ···························· ····························· 黑粉虫 *Tenebrio obscurus*

各　论

- 体黑褐色，脂状光亮；鞘翅行间无大颗粒；前胸背板前角明显前伸达眼后缘，基部仅具深沟，无饰边 ················································· 黄粉虫 *Tenebrio molitor*

74. 前胸背板基部直或在中部向后弧形突出，不呈二湾状 ····················· 75
- 前胸背板基部二湾状，后角向后延伸 ································· 77

75. 眼内侧的额上有小尖脊；触角端部 4～5 节向端部渐扩展 ······ 杂拟粉甲 *Tribolium confusum*
- 眼内侧的额上无脊；触角端部具 3 个明显的球形节 ······················· 76

76. 鞘翅第 1 行间无脊，第 2 行间具细脊；体暗棕色至黑色 ·········· 黑拟粉甲 *Tribolium madens*
- 鞘翅第 1～3 行间无脊；体淡棕色 ·························· 赤拟粉甲 *Tribolium castaneum*

77. 眼被前颊适度切入，侧观纵径为 3 小眼面；前胸背板侧缘近直，后缘中部缺饰边或饰边不完整 ································· 黑粉甲 *Alphitobius diaperinus*
- 眼被前颊深切，几乎被分为背腹两半，侧观纵径仅为 1 小眼面；前胸背板侧缘圆弧形，后缘中部饰边完整 ······················· 褐粉甲 *Alphitobius laevigatus*

## 粉甲族 Alphitobiini Reitter, 1917

### 284）粉甲属 *Alphitobius* Stephens, 1829

#### （670）黑粉甲 *Alphitobius diaperinus* (Panzer, 1797)（图版 XLVII: 6）

*Tenebrio diaperinus* Panzer, 1796: 16; Wang et al., 1992: 60; Ren & Yu, 1999: 329; Löbl & Smetana, 2008: 214.

曾用名：黑菌虫（王希蒙等，1992）。

识别特征：体长 5.5～7.2 mm，宽 2.3～3.1 mm。扁长卵形；黑色或褐色，有油脂状光泽。唇基前缘浅凹，颊和唇基连接处浅凹，前颊显宽于眼外缘；复眼肾形，下面部分较上面部分粗；触角端部棍棒状，第 5 节末端内侧略突出。前胸背板刻点稀小，两侧较大且清晰，基部两侧无小窝；前缘深凹，中间较直，两侧向前角钝角形突；两侧从前向后斜直地变宽，端部收缩较为强烈，后角前或中部之后最宽；基部中叶向后圆形突出，两侧浅凹，后角尖直角形。鞘翅 9 条刻点沟，沟的端部均凹。腹部第 4 腹板很窄。前、中胫节由基部向端部较强变宽，端部外缘圆；雄性中胫节 1 对弯曲的端距，余直；雌性中胫节端距直。

地理分布：宁夏（银川、石嘴山、吴忠）、天津、河北、山西、内蒙古、辽宁、黑龙江、江苏、浙江、安徽、福建、江西、湖北、湖南、广东、广西、海南、四川、云南、陕西、台湾、香港；蒙古国，俄罗斯（远东），韩国，日本，尼泊尔，不丹，阿富汗，土库曼斯坦，哈萨克斯坦，巴林，塞浦路斯，沙特阿拉伯，也门，伊拉克，以色列，埃及，欧洲，非洲界，全球性分布。

取食对象：面粉、霉变食物、糠麸等。

#### （671）褐粉甲 *Alphitobius laevigatus* (Fabricius, 1781)（图版 XLVII: 7）

*Opatrum laevigatus* Fabricius, 1781: 90; Löbl & Smetana, 2008: 215; Wang et al., 2012: 248.

曾用名：褐菌甲、小菌虫（王小奇等，2012）。

识别特征：体长 4.5～5.0 mm。长椭圆形；黑至黑褐色，具弱光泽。复眼被头部

· 333 ·

侧缘切分；触角第 7～11 节内侧锯齿状扩展。前胸背板密布均匀刻点，基部两侧各 1 具刻点小窝；前缘略窄于基部，两侧圆，中部最宽，基部缩窄较明显。鞘翅刻点密，刻点行末端浅，不呈沟状。中胸腹板在中足基节间具 V 形脊，布小颗粒，不光亮。前胫节端部微弱扩展。

地理分布：宁夏、河北、山西、内蒙古、辽宁、吉林、黑龙江、江苏、安徽、浙江、福建、江西、山东、河南、湖北、湖南、广东、广西、海南、四川、贵州、云南、陕西、甘肃、台湾；俄罗斯（远东），朝鲜，韩国，日本，不丹，巴基斯坦，阿富汗，哈萨克斯坦，塞浦路斯，沙特阿拉伯，也门，伊拉克，欧洲，非洲界，全球性分布。

取食对象：含水量较高的粮食、糠麸、粉类及饼屑等。

## 琵甲族 Blaptini Leach, 1815

## 琵甲亚族 Blaptina Leach, 1815

### 285）琵甲属 *Blaps* Fabricius, 1775

#### （672）尖角琵甲 *Blaps (Blaps) acutangula* Ren & Wang, 2001（图版 XLVII: 8）

*Blaps (Blaps) acutangula* Ren & Wang, 2001: 19; Löbl & Smetana, 2008: 220; Ren et al., 2016: 94.

识别特征：体长 16.0～16.5 mm，宽 9.0～10.0 mm。短卵形；黑色，无光泽。头顶具稠密粗刻点并在后头汇合；触角向后伸达前胸背板基部。前胸背板前缘深凹，饰边不完整；侧缘中部最宽，向前浅凹、饰边完整；基部直，饰边完整；前角钝角形，后角锐角形，略伸；盘区稍隆，刻点粗大且部分汇合，近基部 1 横沟，两后角处具稠密小粒点。鞘翅宽卵形，侧缘浅凹，饰边由背面仅见基部；假缘折上方具明显肩肋，似鞘翅侧缘；每翅 2 条不明显皱脊；翅面具粗大皱纹，其间形成坑穴，向后逐渐消失；翅坡陡峭，具小颗粒；无翅尾；假缘折光滑，前端宽阔，向后均匀收缩。腹部光亮，腹板基部 3 节具稠密细纹，两侧较明显；端部 2 节有稠密圆刻点，肛板扁凹。前足腿节短棍棒状，胫节内侧具刺状毛；中、后胫节具稠密刺毛；后足第 1 跗节对称，等于第 2+3 节的长度之和。

检视标本：1 头，宁夏泾源秋千架，2009. VII. 7，杨晓庆采（HBUM）。

地理分布：宁夏（泾源）、陕西。

#### （673）拟步行琵甲 *Blaps (Blaps) caraboides caraboides* Allard, 1882（图版 XLVII: 9）

*Blaps caraboides* Allard, 1882: 135; Wang et al., 1992: 58; Gao, 1993: 113; Ren & Yu, 1999: 274; Löbl & Smetana, 2008: 220; Wang & Yang, 2010: 215; Ren, 2010: 178; Ren et al., 2016: 98.

曾用名：拟步行琵琶甲（高兆宁，1993）。

识别特征：体长 14.2～18.0 mm，宽 5.8～8.0 mm。体被褐色纤毛。触角细，超过前胸背板基部。前胸背板方形，前缘略凹，两侧有饰边；侧缘基半部斜直，端半部圆弯，中部之前最宽，向前角阶梯状收缩，具细饰边；基部中叶略后突，两侧在后角内侧略凹，饰边中断；背面拱起，侧缘较强降落，刻点深圆较密。鞘翅卵形，中基部最宽；侧缘从中部近斜直弯曲，饰边由背面仅前面可见；缘折有细皱纹；背面弱拱，刻点稠密并有皱纹迹象，近翅缝有纵脊痕迹；端部陡峭降低；翅尾不明显，较钝。前胸侧板有不明显纵皱纹。雄性腹部基部 2 节中间有明显横皱纹，前 3 节两侧有纵皱纹，端部 2 节有刻点。前足腿节端部下侧明显变窄，胫节较直，内缘有弱齿。

检视标本：30♂30♀，宁夏贺兰山，1987. VI. 6，任国栋采（HBUM）；2♂3♀，宁夏固原炭山乡，1991. IV. 11，任国栋采（HBUM）；5 头，宁夏彭阳挂马沟，2008. VII. 11，李秀敏、吴琦琦、冉红凡采（HBUM）；4 头，宁夏泾源龙潭，2008. VII. 24，任国栋采（HBUM）；7 头，宁夏泾源和尚铺，2008. VI. 30，王新谱、刘晓丽采（HBUM）；34 头，宁夏隆德峰台，2008. VI. 30，王新谱、刘晓丽采（HBUM）。

地理分布：宁夏（固原、彭阳、隆德、泾源、盐池、贺兰山）、西藏、陕西、甘肃、青海、新疆；阿富汗，塔吉克斯坦，吉尔吉斯斯坦，哈萨克斯坦。

取食对象：沙生植物根部或腐物。

### （674）中华琵甲 *Blaps* (*Blaps*) *chinensis* (Faldennann, 1835)（图版 XLVII: 10）

*Leptomorpha chinensis* Faldennann, 1835: 407; Wang et al., 1992: 58; Ren & Yu, 1999: 273; Löbl & Smetana, 2008: 221; Ren et al., 2016: 100.

识别特征：体长 16.5～20.0 mm，宽 6.0～7.0 mm。体细长；黑色，具弱绸缎状光泽。上唇近方形，前缘中间略凹，刻点圆而稠密，具棕色毛列；唇基前缘弧凹，侧角略伸；额唇基沟明显；头顶扁平，眼内侧 1 对深凹；前颊在眼前近平行，后颊隆起并向后急缩；触角细长，超过前胸背板基部。前胸背板长方形，前缘略凹，饰边宽断；侧缘近于直，端部 1/3 处最宽，饰边隆起且完整；基部弱弯，饰边粗而中断；前角圆钝，后角尖直，略后伸；盘区隆起，两侧较低，纵中线略明显，刻点细密。小盾片钝三角形，近隐藏。鞘翅长卵形，侧缘弧形，中部最宽，饰边由背面仅见基部；盘区稍隆，中缝隆起，具 8 条明显扁脊，刻点疏小；端部缓降；无翅尾。腹部扁平，皱纹杂乱不明显，端部 2 节具稠密细刻点，第 1、第 2 腹板间无毛刷。足细长，胫节具刺毛和刻点，端部截面直筒形，端距短小；后足第 1 跗节对称，与第 2、第 3 节近于等长。

检视标本：1 头，宁夏固原须弥山，1991. IX. 11，任国栋采（HBUM）。

地理分布：宁夏（固原、贺兰山）、北京、河北、山西、内蒙古、辽宁、江苏、山东、河南、湖北、陕西、甘肃。

### （675）达氏琵甲 *Blaps* (*Blaps*) *davidis* Deyrolle, 1878（图版 XLVII: 11）

*Blaps davidis* Deyrolle, 1878: 119; Wang et al., 1992: 57; Gao, 1993: 113, 1999: 172; Ren & Yu, 1999: 277; Löbl & Smetana, 2008: 221; Ren, 2010: 178; Wang & Yang, 2010: 215; Yang et al., 2011: 160; Ren et al., 2016: 105.

曾用名：达氏琵琶甲（高兆宁，1993）。

识别特征：体长 18.0～23.0 mm，宽 8.0～11.5 mm。宽卵形；黑色，具弱光泽。上唇长方形，前缘略凹，具毛列及刻点；唇基前缘直，与侧缘夹角钝形；头顶有稠密刻点；触角基半部有稠密短棕毛及少量长毛。前胸背板方形，前缘凹，饰边不完整；侧缘圆弧形，饰边完整；基部中央直，两侧弱弯；盘区略拱起，有刻点及皱纹，四周低；前角、后角较尖。小盾片裸三角形。鞘翅前端与前胸背板连接处有小粒点，侧缘向端部弧缩，饰边完整，由背面可见；翅面稍扁平，有明显皱纹；雄性翅尾长，雌性短但明显可见。雄性第 1 腹板中部有明显横皱纹和刚毛刷，各节两侧有纵纹，中部为横纹，端部 2 节有刻点和柔毛。中、后胫节有稠密刺毛，端距尖锐；后足第 1 跗节不对称，远长于第 2+3 节之和。

检视标本：2♀，宁夏中卫，1985. V. 24，任国栋采（HBUM）；1♀，宁夏永宁，1986. VI. 1，任国栋采（HBUM）；1♂1♀，宁夏盐池，1988. V. 12，任国栋采（HBUM）；2♀，宁夏贺兰山苏峪口，1988. VII. 2，任国栋采（HBUM）；2 头，宁夏隆德峰台，2008. VII. 3，王新谱、刘晓丽采（HBUM）；1 头，宁夏同心阴洼村，2014. VII. 3，白玲采（HBUM）。

地理分布：宁夏（泾源、隆德、中卫、永宁、盐池、同心、平罗、灵武、贺兰山）、北京、内蒙古、黑龙江、山东、湖北、陕西、甘肃；蒙古国。

取食对象：麸皮、饲料、小麦、黄豆渣、黄米、柠条豆荚、茅草、苜蓿等。

### （676）缢胫琵甲 *Blaps (Blaps) dentitibia* Reitter, 1889（图版 XLVII: 12）

*Blaps dentitibia* Reitter, 1889: 687; Ren & Yu, 1999: 265; Löbl & Smetana, 2008: 221; Yang et al., 2011: 160; Ren et al., 2016: 106.

识别特征：体长 20.0～27.0 mm，宽 9.0～13.0 mm。长卵形；亮黑色。头顶刻点圆形，中部 2 圆凹坑；触角较细，长达前胸背板基部。前胸背板方形，前缘浅凹，两侧具饰边；侧缘基半部较收缩，后半部直，中基部最宽，具细饰边；基部直，有粗饰边；前角宽钝，后角直；盘均匀拱起，中线仅中部明显，前缘和侧缘缓降，基部显降；刻点浅圆较密。鞘翅长卵形，盘圆拱，有细皱纹，其间杂有稀疏小刻点，翅底有脊的痕迹；两侧长圆弧形，由背面可见基半部和翅尾前饰边，饰边上翘；翅尾约为翅长的1/4，两侧平行，背面有纵凹，翅尖背面有横皱纹，侧观翅尾弱弯。雄性腹部第 1 腹板前缘中间有突起，第 2 节基部中间有刚毛刷，前 3 节中间有横皱纹，肛节有扁凹；雌性腹部中间有稀疏刚毛。前足腿节粗壮，胫节基部内侧有半圆形深凹；爪长，弯镰状。

检视标本：2♂♀，宁夏海原，1989. VII. 22，任国栋采（HBUM）；3♂1♀，宁夏中卫甘塘，1992. V. 6，于有志采（HBUM）；1♂，宁夏永宁，1994. VI. 15，任国栋采（HBUM）；2 头，宁夏同心阴洼村，2014. VII. 3，白玲采（HBUM）。

地理分布：宁夏（中卫、海原、永宁、盐池、同心）、内蒙古、陕西、甘肃、青海、新疆。

### （677）弯齿琵甲 *Blaps (Blaps) femoralis* (Fischer von Waldheim, 1844)（图版 XLVIII: 1）

*Pandarus femoralis femoralis* Fischer von Waldheim, 1844: 141; Gao, 1999: 172; Ren & Yu, 1999: 267; Löbl & Smetana, 2008: 221; Wang & Yang, 2010: 215; Yang et al., 2011: 160.

*Blaps (Blaps) femoralis*: Ren, Yin & Li, 2000: 14; Ren et al., 2016: 112.

*Blaps femoralis rectispina* Kaszab, 1968: 377; Wang & Yang, 2010: 216.

识别特征：体长 16.5～22.5 mm，宽 6.5～10.5 mm。体粗壮，宽卵形；黑色，具弱光泽。头顶具稠密浅刻点。触角粗短，达前胸背板中部。前胸背板近方形，前缘深凹并有毛列，饰边宽断；侧缘弱隆，端部 1/3 处最宽，向前弧形、向后斜直收缩，饰边完整；基部中央弱凹，粗饰边宽断；前角圆钝，后角近于直；盘虚弱隆起，基部略扁凹，稠密的圆刻点在中间略稀疏，中纵凹浅。鞘翅宽卵形，侧缘饰边完整，由背面看不到全长；盘圆拱，端部 1/4 降落，密布扁平横皱纹，端部夹杂小颗粒；翅尾短，雌性近无；假缘折鲨皮状。腹部基部 3 节有稠密皱纹，端部 2 节有稠密圆刻点，肛板扁凹；雄性第 1、第 2 腹板间具锈红色毛刷。前足腿节端部下侧 1 弯齿，有时略钝；中足腿节下侧 1 直齿。

检视标本：1♀，宁夏青铜峡，1980. VI. 3，任国栋采（HBUM）；16♂37♀，宁夏同心大罗山，1985. VI. 2，任国栋采（HBUM）；2♂7♀，宁夏海原兴仁镇，1986. V. 22，任国栋采（HBUM）；15♂21♀，宁夏盐池麻黄山，1986. VIII. 18，任国栋采（HBUM）；1♀，宁夏灵武，1987. V. 2，任国栋采（HBUM）；1♀，宁夏海原兴仁，1987. VIII. 22，任国栋采（HBUM）；1♀，宁夏同心窑山乡，1990. VIII. 12，任国栋采（HBUM）；15♂15♀，宁夏灵武磁窑堡镇，1992. V. 18，任国栋采（HBUM）；1♂37♀，宁夏永宁征沙渠，1997. V. 15，任国栋采（HBUM）；2♂7♀，宁夏盐池，2007. V. 4，任国栋、侯文君采（HBUM）；32 头，宁夏同心阴洼村，2014. VII. 3，白玲采（HBUM）；10 头，宁夏灵武白芨滩，2015. VI，高祺采（BJFU）。

地理分布：宁夏（同心、青铜峡、灵武、盐池、海原、永宁、平罗、贺兰山）、河北、山西、内蒙古、陕西、甘肃；蒙古国。

取食对象：沙生植物根部或腐物。

### （678）戈壁琵甲 *Blaps (Blaps) gobiensis* Frivaldszky, 1889（图版 XLVIII: 2）

*Blaps gobiensis* Frivaldszky, 1889: 206; Wang et al., 1992: 57; Gao, 1993: 113, 1999: 168; Ren & Yu, 1999: 280; Löbl & Smetana, 2008: 222; Yang et al., 2011: 161; Ren et al., 2016: 117.

曾用名：戈壁琵琶甲（高兆宁，1993）。

识别特征：体长 21.0～27.0 mm，宽 7.0～12.0 mm。长卵形；亮黑色。头顶较平，布稀疏小刻点；触角向后伸达前胸背板中部以后。前胸背板近方形，有细刻点；前缘弧凹，无饰边；侧缘端部 1/3 处最宽，向前圆弧形、向后弱弯后斜直地收缩，饰边完整；基部近于直，中部略突；前角圆钝，后角近于直；盘区高拱起，向四周急降落。小盾片阔三角形，有稠密黄白色毛。鞘翅密布细粒，侧缘弧形，饰边背面看不到全长；盘区隆，细刻点明显，略具细横纹，翅坡近于直降落；翅尾短，沿中缝裂开，具纵沟，端部明显下弯，侧观呈鸟喙状；腹部可见腹板瘤突明显，雌性第 1 腹板前端中间不明显；第 1、第 2 腹板间有红色刚毛刷，第 1～3 腹板中间具横纹，两侧具纵纹，端部 2 节刻点细疏，肛板中部略凹。前足腿节棍棒状，端部收缩，胫节弯曲，端部略扩，外侧有突起，下侧粗糙具颗粒和刺状毛；中、后胫节粗糙，端部喇叭状扩大；跗节下侧及各节基部有刺状短毛，后足第 1 跗节不对称，长于第 2+3 节之和。

检视标本：2♂，宁夏灵武，1985. V. 2（HBUM）；2♂4♀，宁夏中卫甘塘，1986. V. 2（HBUM）；2♂1♀，宁夏石嘴山，1987. IV. 12（HBUM）；10♂17♀，宁夏中卫沙坡头，

1987. VI. 5（HBUM）；1♂2♀，宁夏海原，1987. VII. 22，任国栋采（HBUM）；5♂13♀，宁夏银川南郊，1987. VIII. 9（HBUM）；1♀，宁夏石嘴山，2008. VIII. 16，张承礼采（HBUM）。

地理分布：宁夏（中卫、银川、灵武、石嘴山、海原、同心、盐池、贺兰山）、河北、山西、内蒙古、甘肃、青海、新疆；蒙古国。

取食对象：沙生植物根部。

**（679）步行琵甲 *Blaps (Blaps) gressoria* Reitter, 1889**（图版 XLVIII: 3）

*Blaps gressoria* Reitter, 1889: 689; Ren & Yu, 1999: 287; Löbl & Smetana, 2008: 222; Yang et al., 2016: 81; Ren et al., 2016: 121.

识别特征：体长 20.0～25.0 mm，宽 7.5～10.5 mm。长卵形；黑色，具弱光泽。头顶扁平，刻点圆而稠密；触角粗壮，长达前胸背板基部。前胸背板近方形，前缘弧凹，无饰边；侧缘扁且略翘，中部之前最宽，向前弧形、向后较直收缩；基部直，两侧略后伸；前角圆钝，后角钝；盘虚弱隆起，基部前具横凹，浅刻点圆而稠密但不汇合。小盾片近隐藏。鞘翅长卵形，基部略凹；侧缘长弧形，中部之后最宽，由背面可见饰边全长；翅面略拱起，鲨皮状，具稠密小颗粒和略稀疏圆刻点，翅坡较陡；翅尾较长，背面有宽深纵沟，雌性较短。腹部基部 3 节中部具横细皱纹，两侧具纵纹，端部 2 节具稠密浅刻点，肛板中间扁凹；第 1 腹板瘤突钝，后有粗大横皱纹，第 1、第 2 腹板间有红色毛刷。后足第 1 跗节不对称。

检视标本：1 头，宁夏盐池，1988. V（HBUM）；1♀，宁夏中卫，1988. V（HBUM）；1 头，宁夏海原树台，2002. V. 1，张峰举采（HBUM）；1 头，宁夏盐池四墩子，2002. V. 25，李雪枫采（HBUM）；1 头，宁夏灵武～盐池，2007. V. 4，任国栋、侯文君采（HBUM）；7 头，宁夏灵武马鞍山，2007. VIII. 25，任国栋采（HBUM）；1 头，宁夏同心阴洼村，2014. VII. 3，白玲采（HBUM）。

地理分布：宁夏（中卫、盐池、海原、灵武、同心、贺兰山）、内蒙古、甘肃、青海。

**（680）异距琵甲 *Blaps (Blaps) kiritshenkoi* Semenov & Bogatschev, 1936**（图版 XLVIII: 4）

*Blaps kiritshenkoi* Semenov & Bogatchev, 1936: 555; Gao, 1999: 176; Ren & Yu, 1999: 263; Löbl & Smetana, 2008: 222; Wang & Yang, 2010: 217; Yang et al., 2011: 161; Ren et al., 2016: 130.

曾用名：卵圆琵甲（高兆宁，1999）。

识别特征：体长 14.5～20.0 mm，宽 7.0～10.5 mm。宽卵形，隆起；暗黑色，个别具弱光泽。上唇前缘中部有三角形深凹；头顶平坦，圆刻点在两侧较中间稠密；触角粗短，达前胸背板基部 1/3 处。前胸背板近心形，前缘圆弧凹，无饰边；侧缘弧形，中部稍前最宽，近基部斜直，饰边隆起；基部中央弱凹，两侧直，饰边粗而中断；前角圆钝，后角直；盘区隆起，基部横沟状压扁，圆刻点在四周较中间大且稠密，中纵线略明显。小盾片小，钝三角形，有稠密黄白色毛。鞘翅宽卵形，侧缘浅凹，中部之后最宽，具细饰边，背观不见全长；盘区隆，粗糙，刻点细疏，具弱脊痕迹，基部小颗粒稀疏，翅坡降落；翅尾短，中部深凹，端部裂开，雌性不明显。腹部第1腹板中部皱纹粗大，第1、第2腹板间具棕红色毛刷，第1~3腹板两侧纵皱纹细，中部横皱纹略弱，端部2节有稠密圆刻点，肛板扁平，有黄色短毛。胫节端距宽扁，顶端圆，内端距远大于外端距；后足第1跗节不对称，长于第2+3节之和。

检视标本：1♀，宁夏灵武，1987.V.2，任国栋采（HBUM）；3♂10♀，宁夏盐池，1990. IV. 27，任国栋采（HBUM）；4♂26♀，宁夏中卫甘塘，1992. V. 6，于有志采（HBUM）；3♀，宁夏陶乐，1994.VII.3，任国栋采（HBUM）；2♂3♀，宁夏灵武马鞍山，2007. VIII. 25（IPPNX）；3♀，宁夏中卫甘塘，2009. V. 27，唐婷、安雯婷采（HBUM）；3头，宁夏同心阴洼村，2014.VII.3，白玲采（HBUM）；72头，宁夏灵武白芨滩，2015. VI，高祺采（BJFU）。

地理分布：宁夏（同心、灵武、盐池、中卫、陶乐、平罗、贺兰山）、内蒙古、甘肃；蒙古国。

取食对象：沙生植物根部或腐物。

### （681）中型琵甲 *Blaps* (*Blaps*) *medusa* Reitter, 1900（图版 XLVIII: 5）

*Blaps medusa* Reitter, 1900: 161; Löbl & Smetana, 2008: 223; Ren et al., 2016: 137.

识别特征：体长 18.0~21.0 mm，宽 7.5~10.0 mm。卵形；亮黑色。上唇长方形，前缘弧凹，具棕色毛列；唇基前缘浅凹；额脊较隆；头顶刻点圆而稀疏；颏椭圆形，粗糙；复眼低陷；触角短，达前胸背板中部。前胸背板横椭圆形，前缘弧凹，饰边不完整；侧缘中部最宽，向前、后弧形收缩，饰边完整；基部两侧略突，饰边中断；前、后角钝圆；盘区隆起，两侧明显下沉，基部扁平，纵中线明显，刻点疏细。小盾片半圆形，被棕色毛。鞘翅卵形，侧缘长弧形弯曲，饰边完整，由背面仅见基部；盘区隆起，有稠密的细刻点，翅坡陡峭；翅尾短，顶钝圆，具横皱纹；假缘折具细刻纹及少量刻点。前胸侧板具明显不规则皱纹；腹突中线明显，垂直下折，末端扩大并与中胸接触。腹部前3节浅纵纹明显，端部2节刻点细密，肛板扁平；第1腹板中部具钝突，第1、第2腹板间有红色刚毛刷。前足腿节短棒状，端部收缩，胫节内侧粗糙；中、后胫节具稠密刺状毛，端部喇叭状；各足内端距远大于外端距，内端距扁阔，外侧端距较尖；后足第1跗节不对称，长于第2+3节之和。

地理分布：宁夏、内蒙古、甘肃；蒙古国。

### （682）钝齿琵甲 *Blaps* (*Blaps*) *medusula* Skopin, 1964（图版 XLVIII: 6）

*Blaps femoralis medusula* Skopin, 1964: 372; Ren & Yu, 1999: 270; Löbl & Smetana, 2008: 221; Wang & Yang, 2010: 216; Yang et al., 2011: 160.

*Blaps* (*Blaps*) *medusula*: Ren, Yin & Li, 2000: 12; Ren et al., 2016: 138.

识别特征：体长 17.0~20.0 mm，宽 7.5~10.0 mm。宽卵形；黑色，具弱光泽。头顶中央隆起，刻点细密；后颊隆起；触角向后伸达前胸背板中部之后。前胸背板前缘弧凹，饰边中断；两侧端部 1/3 处最宽，向前浅凹、向后直缩，饰边完整；基部直，饰边明显；前角圆，后角近于直；盘区隆起，刻点细密。小盾片三角形，有稠密黄白色毛。鞘翅侧缘浅凹，饰边完整，由背面看不见其全长；翅面前端平坦，弱纵脊明显，细皱纹和小颗粒稀疏；翅尾短（雄）或更短至无（雌）；腹部第 1、第 2 腹板间有明显的刚毛刷。前足腿节端部下侧 1 钝齿。

检视标本：11 头，宁夏同心阴洼村，2014. VII. 3，白玲采（HBUM）；41 头，宁夏灵武白芨滩，2015. VI，高祺采（BJFU）。

地理分布：宁夏（同心、灵武、贺兰山）、内蒙古；蒙古国。

取食对象：沙生植物根部或腐物。

**（683）边粒琵甲 *Blaps (Blaps) miliaria* Fischer von Waldheim, 1844**（图版 XLVIII: 7）

*Blaps miliaria* Fischer von Waldheim, 1844: 103; Ren & Yu, 1999: 284; Löbl & Smetana, 2008: 224; Wang & Yang, 2010: 217; Yang et al., 2011: 161; Ren et al., 2016: 140.

识别特征：体长 18.0～22.0 mm，宽 8.0～9.5 mm。长卵形；暗黑色。头顶隆起，额脊内侧具浅凹，刻点圆而稠密，眼后具稠密小颗粒；触角细，向后伸达前胸背板基部。前胸背板方形，前缘弧凹，无饰边；侧缘近于直，中部最宽，基部略窄，饰边完整且略上翘；基部直，无饰边；前角圆钝，后角直；盘区隆起，中线模糊，浅圆刻点向四周变密但不汇合，基部之前具横凹。小盾片钝三角形，被棕色密毛。鞘翅长卵形，侧缘长弧形，中部最宽，饰边由背面可见全长；盘区缓隆，圆形小颗粒稠密，翅坡降落；翅尾长约 2.0 mm，两侧近平行，具弱齿，背面有宽纵沟。腹部具明显皱纹和少量锉纹状刻点，第 1、第 2 腹板间有红色刚毛刷。

检视标本：2♂♀，宁夏中卫沙坡头，1985. VI. 3，任国栋采（HBUM）；1♂，宁夏永宁，1985. VI. 6，任国栋采（HBUM）；2♂2♀，宁夏海原兴仁，1987. VI. 12，任国栋采（HBUM）；13♂7♀，宁夏盐池，1988. V. 28，任国栋采（HBUM）；3 头，宁夏海原树台，2005. VII. 28，贾龙采（HBUM）。

地理分布：宁夏（泾源、中卫、永宁、海原、盐池、银川、西吉、同心、贺兰山）、山西、内蒙古、甘肃、新疆；蒙古国。

取食对象：沙生植物根部或腐物。

**（684）磨光琵甲 *Blaps (Blaps) opaca* Reitter, 1889**（图版 XLVIII: 8）

*Blaps opaca* Reitter, 1889: 691; Wang et al., 1992: 58; Gao, 1999: 159; Ren & Yu, 1999: 289; Löbl & Smetana, 2008: 225; Wang & Yang, 2010: 218; Ren et al., 2016: 147.

识别特征：体长 22.0～27.0 mm，宽 8.0～11.0 mm。体扁长；棕黑色，具弱光泽。头顶扁平，刻点圆而稠密；触角向后长过前胸背板基部。前胸背板近方形，前缘略凹，无饰边；侧缘中部之前圆形，向后收缩，后角之前略弯，饰边完整；基部近于直，饰边粗；前角圆，后角直；盘区较平，具稠密的深圆刻点，中部之前 2 扁凹。小盾片钝三角形，被密毛。鞘翅长卵形，侧缘长弧形，两侧近平行，由背面仅见其肩部和端部；盘区扁平，具细横纹，疏布小颗粒；翅尾短小（雄）或无（雌）；腹部第 1 腹板中部具不明显横纹，第 1、第 2 腹板间无毛刷。足细长，后足第 1 跗节不对称，长于第 2+3

节之和。

检视标本：2♂2♀，宁夏贺兰山，1987. VI. 4，任国栋采（HBUM）。

地理分布：宁夏（贺兰山）、内蒙古、甘肃、新疆。

取食对象：沙生植物根部或腐物。

**（685）条纹琵甲 *Blaps* (*Blaps*) *potanini* Reitter, 1889**（图版 XLVIII: 9）

*Blaps potanini* Reitter, 1889: 690; Ren & Yu, 1999: 271; Löbl & Smetana, 2008: 225; Ren, 2010: 178; Wang & Yang, 2010: 218; Yang et al., 2011: 161; Ren et al., 2016: 151.

识别特征：体长 16.0～23.0 mm，宽 7.0～11.0 mm。扁长卵形；黑色，具弱光泽。头顶中间较光滑，两侧扁平，具稠密颗粒和细毛；触角向后伸达前胸背板基部。前胸背板近方形，前缘弧凹，无饰边；侧缘近于直，端部 1/3 最宽，向前直缩，饰边完整；基部略前凹，饰边完整；前角圆钝，后角尖直；盘略隆，光滑，四周低陷，细刻点稠密近汇合，中线明显，具稠密小颗粒，基部之前有横沟。小盾片隐藏。鞘翅宽卵形，侧缘弧形，中部之后最宽，由背面可见饰边全长；盘稍隆，具粗大横皱纹，凹处具稠密小颗粒，沿侧缘具稠密小颗粒区，每个翅坡 3 条纵隆脊并向端部汇合；翅尾较长（雄）或粗短（雌）。腹部第 1、第 2 腹板间具刚毛刷，基腹板前缘中部有横皱纹。

检视标本：1♂1♀，宁夏中宁，1984. VIII. 21，任国栋采（HBUM）；1♂4♀，宁夏同心大罗山，1987. VIII. 12，任国栋采（HBUM）；4♂6♀，宁夏海原水冲寺，1989. VII. 24，任国栋采（HBUM）；1♂1♀，宁夏固原东岳山，1991. IV. 13，马峰采（HBUM）；1♂，宁夏贺兰山小口子，1992. V. 3，任国栋采（HBUM）；1♀，宁夏青铜峡树新，1994. VI. 1，任国栋采（HBUM）；5 头，宁夏海原牌路山，2009. VII. 19，王新谱、冉红凡采（HBUM）；1 头，宁夏海原南华山，2009. VII. 18，王新谱采（HBUM）。

地理分布：宁夏（中宁、青铜峡、同心、固原、海原、贺兰山、罗山）、内蒙古、西藏、甘肃、青海。

取食对象：沙生植物根部或腐物。

**（686）弯背琵甲 *Blaps* (*Blaps*) *reflexa* Gebler, 1832**（图版 XLVIII: 10）

*Blaps reflexa* Gebler, 1832: 23; Ren & Yu, 1999: 283; Löbl & Smetana, 2008: 226; Ren et al., 2016: 153.

识别特征：体长 19.0～25.0 mm，宽 9.0～11.5 mm。黑色，无光泽。头的眼后方浅凹，中间 2 凹坑，圆刻点汇合；触角粗大，向后伸达前胸背板基部。前胸背板近方形，前缘凹，无饰边；侧缘宽扁上翘，内侧低陷，中部最宽，向前圆弧形、向后斜直地收缩，饰边完整；基部略内弯，饰边宽断；前角圆钝，后角尖直；盘区略隆，基部前具横凹，小颗粒稠密，刻点浅圆。小盾片钝三角形，有棕色密毛。鞘翅椭圆形，侧缘浅凹，由背面可见饰边全长；盘区具粗大横皱纹和稠密细粒；翅尾长，背面具纵凹纹；中、后胸小颗粒稠密。腹部第 1、第 2 腹板间无毛刷。中胫节、后胫节具粗糙刺毛，端部喇叭形；后足第 1 跗节不对称，长于第 2+3 节之和。

检视标本：1♂，宁夏盐池大水坑，1988. VI. 12，任国栋采（HBUM）。

地理分布：宁夏（盐池）、河北、内蒙古、新疆；蒙古国，俄罗斯（东西伯利亚）。

**（687）皱纹琵甲 *Blaps* (*Blaps*) *rugosa* Gebler, 1825**（图版 XLVIII: 11）

*Blaps rugosa* Gebler, 1825: 48; Wang et al., 1992: 57; Gao, 1993: 113, 1999: 173; Ren & Yu, 1999: 279; Löbl & Smetana, 2008: 226; Ren, 2010: 178; Yang et al., 2011: 161; Ren et al., 2016: 158.

*Blaps variolaris* Gemminger, 1870: 122; Gao, 1999: 169; Wang & Yang, 2010: 219; Yang et al., 2011: 161.

曾用名：皱纹琵琶甲（高兆宁，1993）、扁长琵甲（高兆宁，1999；王新谱等，2010；杨贵军等，2011）。

识别特征：体长 15.0～22.0 mm，宽 7.5～10.0 mm。宽卵形；黑色，具弱光泽。头顶中央隆起，粗刻点圆而稠密；触角粗短，向后伸达前胸背板中部。前胸背板近方形，前缘弧凹，饰边宽断；侧缘端部 1/4 略收缩，中基部近平行，具完整细饰边；基部中叶直，两侧弱弯，无饰边；前角圆直角形，后角略后伸；盘区端部略向下倾，中部略隆起，基部扁平，刻点圆而稠密。小盾片直三角形，被黄白色密毛。鞘翅卵形，侧缘长弧形，饰边由背观不全见；盘区圆拱，横皱纹短且明显，两侧及端部布稠密小颗粒；翅尾短，雌性不明显；假缘折具稀疏细纹和刻点。腹部光亮，第 1～3 腹板中部横纹明显，两侧浅纵纹稠密，端部 2 节具稠密刻点和细短毛，第 1、第 2 腹板间具红色毛刷。前胫节直，端部外侧略扩展，端距尖或钝；中、后胫节具稠密刺状毛；后足第 1 跗节不对称。

检视标本：12♂16♀，宁夏银川，1986. V. 23，任国栋采（HBUM）；6♂8♀，宁夏中卫沙坡头，1987. V. 3，任国栋采（HBUM）；20♂21♀，宁夏海原水冲寺，1987. VII. 28，任国栋采（HBUM）；14♂20♀，宁夏盐池，1988. IV. 26，任国栋采（HBUM）；1♂5♀，宁夏固原须弥山，2009. VII. 4，任国栋采（HBUM）；12 头，宁夏固原须弥山，2009. VII. 17，王新谱、冉红凡采（HBUM）；49 头，宁夏灵武白芨滩，2015. VI，高祺采（BJFU）。

地理分布：宁夏（银川、盐池、中卫、海原、固原、同心、灵武、贺兰山）、河北、山西、内蒙古、辽宁、吉林、陕西、甘肃、新疆；蒙古国，俄罗斯（东西伯利亚）。

取食对象：针茅草、嫩草、沙蒿、柠条叶、作物、杂草、腐烂动植物等。

**（688）长尾琵甲 *Blaps* (*Blaps*) *varicosa* Seidlitz, 1893**（图版 XLVIII: 12）

*Blaps varicosa* Seidlitz, 1893: 308; Löbl & Smetana, 2008: 227; Ren et al., 2016: 175.

识别特征：体长 23.0～28.0 mm，宽 8.0～11.5 mm。体扁长，黑色，具弱光泽。头顶扁平，额脊隆起，圆刻点均匀而稠密；后颊向颈部急缩；触角向后伸达前胸背板基部。前胸背板近方形，前缘微凹，无饰边；侧缘中部之前最宽，向前强烈、向后近斜直地收缩并在后角之前略弯，具完整细饰边；基部直，中间略突出，饰边不完整；前角圆钝，后角近于直；盘弱隆，具稠密圆刻点，基部之前有 1 浅横凹。小盾片三角形，有稠密柔毛。鞘翅细长，侧缘近平行，中基部最宽，背观不见饰边全长；盘区扁平，粗皮革状，具磨损浅刻点和不明显颗粒，沿翅缝具刻点行痕迹；翅尾长，两侧平行，具中缝沟及横皱纹，侧观端部弯曲，雌性粗短且叉开。第 1 腹板具粗大横皱纹，第 1、第 2 腹板间具毛刷。足细长，后足第 1 跗节不对称，略长于第 2+3 节之和。

检视标本：11♂16♀，宁夏贺兰山东，1985. VI. 13，任国栋采（HBUM）；1♂1♀，

宁夏银川，1987. VIII. 4，任国栋采（HBUM）。

地理分布：宁夏（银川、贺兰山）、河北。

**（689）异形琵甲 _Blaps_ (_Blaps_) _variolosa_ Faldermann, 1835**（图版 XLIX: 1）

_Blaps variolosa_ Faldermann, 1835: 404; Wang et al., 1992: 58; Gao, 1999: 170; Ren & Yu, 1999: 286; Löbl & Smetana, 2008: 227; Ren, 2010: 179; Wang & Yang, 2010: 218; Yang et al., 2011: 161; Ren et al., 2016: 176.

曾用名：异狭尾琵甲（王希蒙等，1992）。

识别特征：体长 25.0～28.5 mm，宽 9.0～12.0 mm。体粗壮，亮黑色。头顶平坦，有稠密的粗大圆刻点；触角粗壮，向后超过前胸背板基部。前胸背板近方形，前缘弧凹并隆起，饰边不明显；侧缘扁平，中部最宽，向前强烈、向后虚弱地收缩，饰边完整；基部微凹，饰边宽断；前角圆钝，后角直，略后伸；盘区隆起，周缘扁，圆刻点粗大稠密，在周缘近于汇合。鞘翅粗壮，有黄色密毛；侧缘中部之前最宽，背观饰边完全可见；盘区略隆起，横皱纹粗糙，翅缝扁凹；翅尾长，两侧平行，顶圆，背面具纵沟，端部略下弯。肛板扁凹；第 1、第 2 腹板间无毛刷。前足腿节棒状，胫节外缘直，内侧略弯，端部粗，第 1 跗节下侧明显伸长并具毛垫；后足第 1 跗节不对称，长于第 2+3 节之和。

检视标本：1♂2♀，宁夏中卫沙坡头，1985. V. 13，任国栋采（HBUM）；17♂16♀，宁夏盐池，1988. VI. 12，任国栋采（HBUM）；4♂3♀，宁夏海原，1989. V. 7，任国栋采（HBUM）；2♂1♀，宁夏西吉，1995. IV. 21，蔡家锟采（HBUM）；1 头，宁夏海原树台，2005. VII. 28，贾龙采（HBUM）；13 头，宁夏海原牌路山，2009. VII. 18，王新谱、冉红凡采（HBUM）；2 头，宁夏固原须弥山，2009. VII. 17，王新谱、冉红凡采（HBUM）。

地理分布：宁夏（固原、海原、中卫、盐池、西吉、贺兰山、罗山）、北京、内蒙古、甘肃；蒙古国，俄罗斯（东西伯利亚），土库曼斯坦。

取食对象：沙生植物根部或腐物。

**（690）侧脊琵甲 _Blaps_ (_Prosoblapsia_) _latericosta_ Reitter, 1889**（图版 XLIX: 2）

_Blaps latericosta_ Reitter, 1889: 688; Löbl & Smetana, 2008: 228; Ren et al., 2016: 193.

识别特征：体长 17.0～20.5 mm，宽 8.0～10.5 mm。长卵形；黑色，具弱光泽。上唇较小，前缘微凹，密布刚毛；唇基前缘直，中部隆起，侧缘前颊外侧深凹；头顶扁平，刻点圆而稠密，复眼间具 2 个凹；颏椭圆形；触角向后伸达前胸背板基部。前胸背板近方形，前缘弧凹，饰边中断；侧缘中部之前最宽，向前弧形、向后斜直收缩，饰边完整；基部直，饰边完整；前角圆钝，后角近于直；盘区强烈隆起，四周压低，具稠密细小粒点，中线明显，两侧具光滑区。小盾片三角形，不被毛。鞘翅卵形，侧缘宽弧形，背观仅见基部和尾部饰边；盘区稍隆起，具粗大皱纹，端半部具 3～4 条向后渐消失的纵沟槽；肩肋突出且完整；翅尾扁阔，顶圆；假缘折宽阔，具稀疏细刻纹和小颗粒。前足腿节较细，棍棒状，胫节下侧具粗糙刺毛和颗粒；中、后胫节具稠密刺毛或刺突；后足第 1 跗节对称，与第 2、第 3 节之和近于等长。

检视标本：1♀，宁夏同心大罗山，1984. VI. 2，任国栋采（HBUM）；1♀，宁夏海原盐湖，1987. VII. 29（HBUM）。

地理分布：宁夏（海原、罗山）、甘肃、新疆。

## 小琵甲亚族 Gnaptorinina Medvedev, 2001

### 286）小琵甲属 *Gnaptorina* Reitter, 1887

#### （691）圆小琵甲 *Gnaptorina* (*Gnaptorina*) *cylindricollis* Reitter, 1889（图版 XLIX: 3）

*Gnaptorina cylindricollis* Reitter, 1889: 693; Gao, 1999: 176; Ren & Yu, 1999: 250; Löbl & Smetana, 2008: 231; Ren, 2010: 179; Ren et al., 2016: 343.

曾用名：褐足小琵甲（高兆宁，1999）。

识别特征：体长 9.5～13.5 mm，宽 4.2～7.8 mm。长圆形；黑色。前、后颊十分突出，与眼侧缘形成 1 个弧度；复眼横条状；触角基部上方的头侧凹略凹。前胸背板前缘近于直，略突出；侧缘近平行，中部之前最宽，向前急速、向后较直收缩；基部宽凹，无饰边；前角圆，后角近于直；盘区中度隆起，两侧略圆。鞘翅长圆形至近卵形，近中部最宽，两侧向中基部渐变宽；饰边由盘仅见基部 1/3。腹面有半皱纹状刻点。前足腿节棍棒状，端部较细，胫节直而细长，端外角很圆；雌性内端距明显大于外端距，内端距宽扁指状，外端距几乎不可见；后胫节中部弯曲。

检视标本：4♂1♀，宁夏海原水冲寺，1986. VIII. 22，任国栋采（HBUM）；4 头，宁夏泾源西峡，2008. VII. 15，李秀敏、吴琦琦、冉红凡采（HBUM）；1♀，宁夏泾源西峡林场，2014. VII. 14，白玲采（HBUM）；4♀，宁夏泾源东山坡，2014. VII. 18，白玲、王娜采（HBUM）。

地理分布：宁夏（隆德、海原、泾源）、四川、西藏、甘肃。

#### （692）李氏小琵甲 *Gnaptorina* (*Gnaptorina*) *lii* Li & Ren, 2004（图版 XLIX: 4）

*Gnaptorina* (*Gnaptorina*) *lii* Li & Ren, 2004: 256; Löbl & Smetana, 2008: 231; Ren et al., 2016: 354.

识别特征：体长 10.2～12.3 mm，宽 5.1～7.1 mm。黑色，略光亮。头顶有明显皱纹；颊椭圆形；复眼侧缘最宽；触角向后伸达前胸背板基部 1/4 处。前胸背板近方形，前缘略凹，中间无饰边；侧缘中部之前最宽，中部近平行，饰边完整；基部略直，无饰边；前角钝角形，后角近于直；背面密布细刻点，中央纵凹，后角内侧有凹。无小盾片。鞘翅中部最宽，背面密布刻点，饰边由背面仅见基部 1/3；足粗壮，端距短小；中胫节基部弯曲，中部至端部渐宽；后胫节基部近平行，端部急剧变粗；前足第 1～3 跗节下侧有浅色刚毛刷。

检视标本：2♂♀，宁夏隆德，1976. VII. 27，李继均采（HBUM）。

地理分布：宁夏（隆德）。

#### （693）波小琵甲指名亚种 *Gnaptorina* (*Gnaptorina*) *potanini potanini* Reitter, 1889（图版 XLIX: 5）

*Gnaptorina potanini* Reitter, 1889: 694; Ren & Yu, 1999: 250; Löbl & Smetana, 2008: 231; Ren, 2010: 179; Ren et al., 2016: 365.

识别特征：体长约 13.5 mm，宽约 8.2 mm。近卵形，背面隆起；黑色，具弱光泽；

通体被稠密细刻点。触角向后伸达前胸背板基部，雌性达到基部。前胸背板侧缘弱圆弯，两侧近平行，近中部最宽；前面弱向上隆，向后角直切；基部偶有横凹，稀见中间间断；盘区前面中央具圆点状凹，后半部为椭圆形大凹。鞘翅近宽卵形，中部略扩大，饰边由背面几乎完全可见。整个腹面有皱纹状刻点。雄性前足跗节下侧有刚毛刷。

检视标本：4头，宁夏泾源西峡，2008. VII. 15，李秀敏、吴琦琦、冉红凡采（HBUM）。

地理分布：宁夏（泾源）、四川、甘肃。

## 287）齿琵甲属 *Itagonia* Reitter, 1887

### （694）原齿琵甲 *Itagonia provostii* (Fairmaire, 1888)（图版 XLIX: 6）

*Platyscelis provostii* Fairmaire, 1888: 201.

*Itagonia provostii*: Egorov, 2007: 172; Löbl & Smetana, 2008: 231; Ren et al., 2016: 384.

*Itagonia ganglbaueri* Schuster, 1914: 58; Gao, 1999: 174; Wang & Yang, 2010: 219; Yang et al., 2011: 162.

曾用名：冈氏齿股琵甲（高兆宁，1999；王新谱等，2010）。

识别特征：体长 10.0～11.2 mm，宽 5.5～6.6 mm。卵形；亮黑色。头基半部扁平，刻点深圆，后半部隆起，布稠密纵皱纹并沿两侧发展至前颊内侧；触角向后伸达前胸背板基部。前胸背板近梯形，两侧中部最宽；前缘较直，两侧具饰边；侧缘饰边细，基半部较宽，自基部向中部斜直地扩大，由此向前强烈收缩；基部较直，两侧具饰边；前角宽钝角形，后角宽直角形；盘区较强烈隆起，纵中线细，刻点疏小，两侧变粗密，侧缘附近呈圆或近圆形小刻点。鞘翅尖卵形，中部偏后最宽，细饰边隆起，由背面部分可见；翅面具粗糙横皱纹和圆形、长圆形浅刻点；前足腿节外侧端齿直立，胫节内缘笔直并具短毛，端部不扩大，侧缘略弯，大端距长于第1跗节；中、后胫节内缘弯曲，端部较粗，表面粗糙并具短刚毛，内端距大于外端距；前足、中足第 1～4 跗节腹面端部具棕红色毛束。

检视标本：1♀，宁夏贺兰山滚钟口，1982. VII. 2，任国栋采（HBUM）；1♂，宁夏同心大罗山，1984. VI. 2，任国栋采（HBUM）；1♀，宁夏海原，1988. X. 15，高兆宁采（IPPNX）。

地理分布：宁夏（海原、贺兰山、罗山）、北京、河北、山西、内蒙古。

取食对象：沙生植物根部或腐物。

## 侧琵甲亚族 Prosodina Skopin, 1960

## 288）侧琵甲属 *Prosodes* Eschscholtz, 1829

### （695）北京侧琵甲 *Prosodes (Prosodes) pekinensis* Fairmaire, 1887（图版 XLIX: 7）

*Prosodes pekinensis* Fairmaire, 1887: 323; Ren & Yu, 1999: 253; Löbl & Smetana, 2008: 235; Ren, 2010: 183; Ren et al., 2016: 422.

*Prosodes kreitneri* Frivaldszky, 1889: 206; Yang et al., 2011: 161.

曾用名：克氏侧琵甲（杨贵军等，2011）。

识别特征：体长 23.5～26.5 mm，宽 7.6～9.5 mm。体狭长；黑色，背面无光泽，腹面弱光泽。唇基前缘直，两侧斜直并与颊间浅凹；前颊急剧外扩，后颊前端非常突出，向颈部急缩；头顶刻点圆，中央稀疏，两侧粗；眼外缘倾斜；触角向后伸达前胸背板中部。前胸背板横宽，前缘凹，无饰边；侧缘圆弧形，中部稍前最宽，后角之前收缩，外缘翘起；基部宽凹；后角钝角形，中间具毛；盘区较平坦，刻点均匀长圆形，侧缘后半部宽扁地翘起。鞘翅两侧直，中部最宽，端部粗大弯下；背面布锉纹状小粒和扁平皱纹，于翅端消失；翅下折部分和假缘折有不规则细皱纹；缘折前端非常扩展并达到肩上，肩部被前胸背板后角遮盖。前胸侧板密布纵皱纹；腹突中间深凹，下折部分端部变宽并外突。腹部极度隆起，布稀疏细刻点。腿节棒状，前胫节内缘直，端部之前有缺刻，顶端有突垫，外缘前端深凹，跗节下面有突垫；后胫节长达腹部末端。

检视标本：2♂2♀，宁夏海原水冲寺，1986. VIII. 22，任国栋采（HBUM）；11头，宁夏海原牌路山，2009. VII. 18，王新谱、冉红凡采（HBUM）。

地理分布：宁夏（海原、盐池、罗山）、北京、河北、山西、内蒙古、陕西、甘肃、青海、新疆。

取食对象：沙生植物根部。

## 小黑甲族 Melanimonini Seidlitz, 1894 (1854)

### 289）齿足甲属 Cheirodes Gené, 1839

#### （696）郑氏齿足甲 Cheirodes (Pseudanemia) zhengi Ren & Yu, 1994（图版 XLIX: 8）

Cheirodes zhengi Ren & Yu, 1994: 88; Ren & Yu, 1999: 182; Löbl & Smetana, 2008: 258.

识别特征：体长约 4.9 mm，宽约 2.4 mm。狭长卵形；背面栗褐色，腹面、足、触角及口须红褐色。头背面粗糙，密布近网状排列的浅刻点，由后向前斜直；上唇狭小；唇基前缘有半圆形缺刻，两侧前突、向上翘起；颊弱波弯向眼弯曲；复眼几乎被颊完全切成上、下两半；触角短小，10 节，长达前胸背板前缘，球状部不明显扩展。前胸背板均匀隆起，盘区刻点稀疏而粗浅圆形，侧区皱纹状；前缘中间直而无饰边，两侧向前下方伸，具细饰边和长毛；侧缘基部 1/3 向后急缩，端部 2/3 较直弯缩，端部 1/3 处有凹，后角之前直，具粗饰边和长毛；基部中叶略凹，两侧向前斜弯，具细饰边和整齐毛列；前角宽圆，后角突出，直角形。小盾片倒梯形，后端直，表面细粒点很稠密。鞘翅基部凹，肩部略突，背面布短皱纹和稀疏浅圆刻点，侧缘有密毛。前胫节内缘弯曲，中齿以下有弱齿，前缘显宽于跗节长，中间有 1 深裂；中胫节中齿小而直立，端齿宽扁，高于中齿 2 倍，外缘有长毛；后胫节中齿分裂为 2 个，端齿非常扁，高于中齿 3 倍，与跗节近于等长，内缘布长毛；前胫节端距粗短，中足、后足长刺状。

检视标本：1♂，宁夏永宁王太堡，1989. VII. 3，任国栋采（HBUM）。

地理分布：宁夏（永宁）。

## 土甲族 Opatrini Brullé, 1832

## 土甲亚族 Opatrina Brullé, 1832

### 290）阿土甲属 *Anatrum* Reichardt, 1936

#### （697）山丹阿土甲 *Anatrum shandanicum* Ren, 1999（图版 XLIX: 9）

*Anatrum Shandanicum* Ren in Ren & Yu, 1999: 226; Ren & Yang, 2006: 163; Löbl & Smetana, 2008: 259.

识别特征：体长 14.5～15.2 mm，宽 6.0～6.4 mm。长椭圆形；黑褐色，弱光泽。复眼间头顶隆起并有较大浅刻点，沿基部有浅刻纹并弧形排列；额唇基沟浅凹，两侧弯曲，沟前区有稠密粗刻点；前颊圆弧形弯曲，显宽于复眼；触角向后伸达前胸背板中部。前胸背板横阔，较拱起；前缘中央深凹，前缘有毛列，两侧有饰边；侧缘中央宽圆，向前收缩比向后强烈，中间最宽，饰边翘起；基部中叶宽直后突，两侧内弯并有饰边；前角尖锐，超过或与复眼前缘相等，后角尖直角形，向外侧突；背面刻点长圆形，盘区较稀，两侧较密并有纵皱纹。前胸侧板中间有纵皱纹；腹突近矛形并下弯，表面粗糙，中间有 3 条纵脊。小盾片光滑，宽舌状。鞘翅基部直，肩直角形；侧缘向中部渐变宽，中部最宽；背面均匀隆起，每翅有 8 刻点沟，沟底有不明显浅刻点，行间扁拱，有模糊浅刻点。腹部前 4 节有纵皱纹和刻点，末节有稀疏浅刻点。前胫节端部渐宽，内缘略弯并有短毛，外缘较直，微锯齿状并有短毛，前缘中间深凹，背面有不明显鱼鳞状刻纹。

检视标本：20♂10♀，宁夏中卫甘塘，1800 m，1991. VIII. 26，于有志、马峰采（HBUM）。

地理分布：宁夏（中卫）、甘肃。

#### （698）松阿土甲 *Anatrum songoricum* Reichardt, 1936

*Anatrum songoricum* Reichardt, 1936: 85; Ren & Yang, 2006: 162; Löbl & Smetana, 2008: 259.

识别特征：体长约 13.0 mm，宽约 6.0 mm。体狭长；黑色，具弱光泽。额唇基沟浅凹，两侧弯曲，沟前区刻点粗密，沟后渐小；复眼间头顶隆起，有粗颗粒；颊与唇基间缺刻小，前颊略弯，与复眼前缘近平行；触角向后伸达前胸背板基部。前胸背板横阔，前缘中央深凹，有毛列，两侧有饰边；侧缘宽圆，中基部最宽，向前收缩比向后强烈，饰边极细；基部中叶宽直后突，两侧内弯并有饰边；前角较尖，后角直角形；盘区较拱起，刻点粗密，侧区降落，宽扁。鞘翅基部直，肩尖直角形外突；侧缘向中部渐变宽，中基部最宽；背面均匀隆起，每翅有 8 刻点沟，沟底有 1 行均匀小颗粒，行间扁拱，有细小粒点。腹部第 1 腹板有细粒，第 2、第 3 节有纵皱纹和刻点，第 4、第 5 节为稀疏浅刻点。前胫节向端部渐变宽，较直，外缘微锯齿状并有短毛。

检视标本：1♀，宁夏中卫甘塘，1800 m，1991. VIII. 26，任国栋采（HBUM）。

地理分布：宁夏（中卫）、新疆；蒙古国。

## 291）真土甲属 *Eumylada* Reitter, 1904

### （699）粗壮真土甲 *Eumylada glandilosa* Yang & Ren, 2004（图版 XLIX: 10）（宁夏新纪录）

*Eumylada glandilosa* Yang & Ren, 2004: 305; Ren & Yang, 2006: 170; Löbl & Smetana, 2008: 261.

识别特征：体长 10.5～12.0 mm，宽 5.0～6.0 mm。体粗壮；黑色，具弱光泽。唇基前缘中央深凹，微翘；前颊两侧平行，与唇基之间无缺刻，略宽于复眼；头背面刻点稠密；触角向后伸达前胸背板基部。前胸背板横阔，前缘弧弯，两侧有饰边；侧缘中部最宽，向前比向后收缩较强，饰边完整；基部中央较直，两侧先后突再内弯；前、后角尖角形；盘拱起，布稀疏粗刻点。鞘翅基部与前胸背板最宽处相等，肩齿小而尖，其后有钝隆，小盾片两侧有深缺刻；翅面布深刻点行，行间布刻点，无粒突痕迹。前胫节端部无齿突，外缘具细锯齿；后足末跗节长于基跗节。

检视标本：112♂，宁夏贺兰山草原，1984. IX. 21，任国栋采（HBUM）；4♂，宁夏同心，1990. VI. 27，任国栋采（HBUM）。

地理分布：宁夏（同心、贺兰山）、内蒙古。

### （700）奥氏真土甲 *Eumylada obenbergeri* (Schuster, 1933)（图版 XLIX: 11）

*Myladina obenbergeri* Schuster, 1933: 97; Ren & Yu, 1999: 249; Ren & Yang, 2006: 172; Löbl & Smetana, 2008: 261; Wang & Yang, 2010: 220; Yang et al., 2011: 15.

识别特征：体长 7.0～8.0 mm。黑色，有光泽，背面光裸。头上刻点粗密，前端有较深圆凹；唇基和额之间有可见横凹；触角细短。前胸背板约在中部之后最宽，前缘弱弯，中间饰边宽断，前角尖；侧缘向前比向后收缩强烈，前角后方和后角之前弱拱弯，饰边清晰；基部两侧弯曲，中间直，两侧有不明显短饰边；背面有稠密刻点，中部有坑，基部侧缘有横凹。鞘翅卵形拱起，两侧向中部变宽；有肩齿，肩齿后方区域内有细侧缘边并有 1 清晰的小突起；基部两侧在肩齿后面 1/5 处有饰边，中部有 1 弱齿，刻点宽三角形并向盘区减弱；翅面有相当粗的刻点行，内侧行间有不均匀刻点，侧缘和端部有细粒；鞘翅两侧非常陡地下沉。前胸侧板有不明显纵条纹；前胸腹板有深中线，每侧各有 1 可见侧沟；腹突突出。腹部有清晰的细纵线，端部 2 节有刻点。前胫节横截面近三角形，背面扁平，有棱边；中足、后足跗节有短毛；爪细长。

检视标本：60♂53♀，宁夏贺兰山草原，1984. IX. 21（IPPNX）；16♂9♀，宁夏灵武白芨滩，1987. V. 4（IPPNX）；10♂11♀，同心大罗山，1987. VIII. 14（IPPNX）；4♂7♀，宁夏青铜峡，1987. VIII. 21（IPPNX）；9♂10♀，宁夏海原兴仁堡，1987. IX. 8（IPPNX）；11♂10♀，宁夏盐池，1990. VI. 4（IPPNX）；8♂5♀，宁夏陶乐，1991. V. 18，任国栋采（HBUM）；1♂，宁夏灵武沙葱沟，2003. V. 15（IPPNX）；1♂，宁夏永宁黄羊滩，2003. V. 17（IPPNX）；1♀，宁夏银川古公路横山，2003. VI. 14（IPPNX）；2♂，宁夏银川古公路横山，2003. VI. 22（IPPNX）；1♂，宁夏盐池，2003. VII. 28，张峰举采（IPPNX）；1♂，宁夏灵武古窑子，2003. V. 15（IPPNX）；1♀，宁夏青铜峡铝厂西北，2003. V. 15，张建英采（HBUM）；1♀，宁夏吴忠红寺堡，2009. VII. 19，王新谱、杨晓庆采（HBUM）；

2♂2♀，宁夏贺兰山镇北堡，2010.VII. 23，任国栋采（HBUM）；2♂5♀，宁夏中宁渠口农场，2017. IV. 18，任国栋、侯文君采（HBUM）；1♂1♀，宁夏中宁长山头林场，2017. IV. 20，任国栋、侯文君采（HBUM）；1♂5♀，宁夏同心丁塘镇，2017. IV. 20，任国栋、侯文君采（HBUM）；5♂4♀，宁夏同心丁塘镇金家井村，2017. IV. 20，任国栋、侯文君采（HBUM）。

地理分布：宁夏（灵武、贺兰、同心、中宁、红寺堡、青铜峡、海原、盐池、陶乐、永宁、银川、贺兰山）、内蒙古、陕西、甘肃。

取食对象：沙生植物根部或腐物。

**（701）波氏真土甲 _Eumylada potanini_ (Reitter, 1889)**（图版 XLIX: 12）

_Myladina potanini_ Reitter, 1889: 708; Gao, 1999: 181; Ren & Yu, 1999: 225; Ren & Yang, 2006: 173; Löbl & Smetana, 2008: 262.

识别特征：体长 8.5～10.0 mm，宽 4.0～5.0 mm。黑色，无光泽。唇基前缘有半圆形凹，两侧稍隆起，唇基与前颊之间有小缺刻；唇基沟浅凹；复眼前的颊平行；背面被稠密刻点和皱纹；触角向后伸达前胸背板中部。前胸背板横阔，中基部最宽；前缘弧凹，两侧有饰边；侧缘向前较向后收缩强烈，饰边完整；基部中央直，两侧弱弯，无饰边；前角尖角形，后角钝角形；盘区刻点稠密，侧区窄扁。鞘翅肩齿明显，其后有 1 突起；背面被稠密伏毛，刻点行深，中部行间有刻点，侧缘和端部有颗粒。前胫节端部钝圆，其上有粗刻点和短毛；后足末跗节长于第 1 跗节。

检视标本：6♂5♀，宁夏中卫甘塘，1985. V. 19（HBUM）；1♀，宁夏中卫甘塘，1987. IV. 9（HBUM）；5♂9♀，宁夏中卫甘塘，1987. V. 17（HBUM）；3♂2♀，宁夏中卫，1989. VII. 25（HBUM）；1♂2♀，宁夏中卫甘塘，1991.VIII. 16（HBUM）；2♂1♀，宁夏中卫甘塘，1991. VIII. 26（HBUM）；1♂2♀，宁夏中卫甘塘，1992. V. 6，任国栋采（HBUM）；1♂，宁夏青铜峡甘城南，2003.V. 17，张峰举采（HBUM）。

地理分布：宁夏（中宁、灵武、中卫、青铜峡、同心、贺兰）、内蒙古、甘肃。

## 292）土甲属 _Gonocephalum_ Solier, 1834

**（702）侏土甲 _Gonocephalum_ (_Gonocephalum_) _granulatum pusillum_ (Fabricius, 1792)**（图版 L: 1）

_Opatrum granulatum pusillum_ Fabricius, 1792: 91; Ren & Yang, 2006: 111; Löbl & Smetana, 2008: 263.

识别特征：体长 7.0～8.0 mm，宽 3.0～3.8 mm。短而粗壮；黑色，具弱光泽。唇基前缘三角形缺刻，两侧角钝角形，唇基与前颊之间无缺刻；唇基沟明显深凹；颊角钝角形伸出，远宽于复眼；唇基具皱纹状刻纹，额区及基部具稀疏圆颗粒；触角向后伸达前胸背板基部。前胸背板前缘弧凹，两侧有饰边；侧缘基部最宽，两侧近平行，仅前 1/3 圆弧形收缩，后角之前弱弯；基部 3 弯状，中央较弱，两侧明显；前角锐角形前伸，后角尖角形；盘区隆起，两侧弱降；整个背板布稀疏圆形光亮小颗粒，每颗粒着生 1 伏毛，有明显不完整中线。鞘翅向后略变宽，翅面布深刻点行，行间微隆，奇数行间通常比偶数行间更突出，布稀疏小圆颗粒并具 2～3 列不明显短毛。前胫节端部等于前 2 跗节之和，端角较钝；后足末跗节长于基跗节。

地理分布：宁夏、西藏、新疆；蒙古国，阿富汗，伊朗，土库曼斯坦，哈萨克斯坦，土耳其，叙利亚，欧洲，非洲界。

### （703）棒胫土甲 *Gonocephalum* (*Gonocephalum*) *recticolle* Motschulsky, 1866

*Gonocephalum recticolle* Motschulsky, 1866: 173; Ren & Yang, 2006: 132; Löbl & Smetana, 2008: 265.

识别特征：体长 11.3～12.8 mm。宽卵圆形；暗淡。前胸背板基部之前不变窄或弱变窄，背面有大颗粒。雄性前胫节内侧从基部到中部较明显变圆，端部棍棒状变粗，宽于前 3 跗节长之和，雌性略宽于前 4 跗节长之和。前胸腹突弯曲，圆直角形。雄性腹部无扁凹，顶多扁平。

地理分布：宁夏、河北、内蒙古、辽宁、吉林、黑龙江、甘肃、青海、台湾；俄罗斯（远东），韩国，日本。

### （704）网目土甲 *Gonocephalum* (*Gonocephalum*) *reticulatum* Motschulsky, 1854（图版 L: 2）

*Gonocephalum reticulatum* Motschulsky, 1854: 47; Zhao et al., 1982: 67; Wang et al., 1992: 59; Gao, 1993: 114, 1999: 177; Ren & Yu, 1999: 154; Ren & Yang, 2006: 112; Wang et al., 2007: 33; Löbl & Smetana, 2008: 265; Yang et al., 2011: 160.

*Gonocephalum mongolicum* Reitter, 1889: 706; Wu et al., 1978: 261; Gao, 1993: 113.

曾用名：蒙古沙潜（吴福桢等，1978；高兆宁，1993）、蒙古土潜（赵养昌等，1982；王希蒙等，1992）、网目沙潜（高兆宁，1993）。

识别特征：体长 4.5～7.0 mm，宽 2.0～3.0 mm。锈褐至黑褐色。上唇两侧圆并各有 1 束棕色长毛；下颚须末节直，下唇须末节纺锤形；唇基前缘宽凹但不太深；额唇基沟深凹；颊和唇基之间微凹，前颊向外斜伸，颊角尖直角形；背面刻点粗；触角短，向后达前胸背板中部，端部 4 节明显锤状。前胸背板前缘浅凹；侧缘圆弯曲并有少量锯齿，后角之前略凹；基部中央宽弧形后突；前角宽锐角形，后角尖直角形；背面密布粗网状刻点和少量光滑斑点，有 2 明显瘤突，侧边宽而急剧变扁。鞘翅两侧平行，刻点行细而明显，行间光亮并有 2 排不规则黄色毛列，刻点行上的刚毛从稀疏小圆刻点中间伸出。前胫节外缘锯齿状，末端略突，端部与前 3 跗节长之和等宽。

检视标本：4♂4♀，宁夏泾源，1984. VIII. 26（HBUM）；4♂4♀，宁夏银川，1987. V. 1（HBUM）；3♂4♀，宁夏青铜峡树新，1987. V. 23（HBUM）；13♂18♀，宁夏同心，1987. VII. 22（HBUM）；1♂1♀，宁夏平罗下庙，1989. VII. 16（HBUM）；1♂2♀，宁夏平罗崇岗，1990. V. 20（HBUM）；9♂12♀，永宁王太，1991.VI，任国栋采（HBUM）；1♂，宁夏吴忠红寺堡，2014. VIII. 15，白玲采（HBUM）。

地理分布：宁夏（永宁、同心、银川、青铜峡、泾源、中卫、平罗、盐池、红寺堡、灵武）、北京、河北、山西、内蒙古、吉林、黑龙江、江苏、山东、河南、陕西、甘肃、青海、台湾；蒙古国，俄罗斯（东西伯利亚），朝鲜。

取食对象：小麦、苜蓿、瓜类、麻、大豆、花生、高粱、谷、糜、草籽、仓库碎粮。

## 293）景土甲属 *Jintaium* Ren, 1999

### （705）条脊景土甲 *Jintaium sulcatum* Ren, 1999（图版 L: 3）

*Jintanium sulcatum* Ren in Ren & Yu, 1999: 228; Ren & Yang, 2006: 164; Löbl & Smetana, 2008: 267.

识别特征：体长 13.0～16.0 mm，宽 6.1～6.6 mm。长椭圆形；黑褐色，无光泽。头基半部平坦并密布蜂窝状刻点，后半部中间高拱起，后方有短皱纹；唇基前缘有翘起的饰边；唇基沟浅凹并弯曲；前颊向外圆扩，显宽于眼；触角基部上方头侧缘略凹；触角向后伸达前胸背板中间偏后。前胸背板前缘中间宽凹，中央略突，两侧向顶端急缩并有饰边，有毛列；侧缘中部最宽，向前急剧变窄，向后圆弯并在后角之前显缩，有隆边；基部中叶宽直浅凹，两侧弯曲并有饰边；前角伸至复眼前缘，后角向后侧方尖角形突；背板拱起，中间有蜂窝状较密刻点并向侧区变密，侧缘有宽的扁边及皱纹状刻点。鞘翅基部有隆起的横脊，肩直角形；侧缘向中部渐变宽，边上有细锯齿；每翅有 9 条纵沟，各脊由具毛颗粒组成，奇数行达基部，偶数行在基部中断，各脊间有 1 列具毛小粒点。前胸侧板有细纵纹和稀疏小粒点；腹突中间有 2 条纵脊。腹部前 4 节密布不规则皱纹和刻点，末节扁平并有浅刻点。前胫节向端部渐变宽，内缘弯曲并有短毛，外缘较直，表面粗糙有短毛。

检视标本：6♂4♀，宁夏中卫甘塘，1985. IV. 29（HBUM）；1♀，宁夏中卫沙坡头，1987. VI. 15，任国栋采（HBUM）；1♂，宁夏中卫甘塘，2002.IX.11，张峰举采（HBUM）。

地理分布：宁夏（中卫）、甘肃。

## 294）漠土甲属 *Melanesthes* Dejean, 1834

### （706）纤毛漠土甲 *Melanesthes* (*Melanesthes*) *ciliata* Reitter, 1889（图版 L: 4）

*Melanesthes ciliata* Reitter, 1889: 703; Ren & Yu, 1999: 208; Ren & Yang, 2006: 72; Löbl & Smetana, 2008: 267.

识别特征：体长 8.0～10.8 mm，宽 4.2～5.5 mm。黑色，具弱光泽。唇基前缘上翘，唇基与前颊之间无缺刻；唇基沟浅凹；背面布简单圆刻点；触角向后伸达前胸背板基部。前胸背板横阔，前缘中央深凹宽直，两侧有毛列和饰边；侧缘具明显饰边，中基部最宽，向前缓缩，比向后收缩强烈，后角之前有 1 尾；基部两侧有饰边及细沟；前角钝，后角略直；盘区中部刻点较小较稀疏，侧区较粗略稠密，近侧缘不规则皱纹状；盘区明显平坦，侧区宽扁。鞘翅短卵形，侧缘两侧前 1/2 平行，后收缩；盘区具刻点，底部暗淡鲨皮状。前胫节端齿和中齿之间半圆形凹入，有时具齿，端齿较钝，中齿尖角形；后足跗节各节背面有纵凹。

检视标本：2♂3♀，宁夏石嘴山大武口，1987. IV. 16，任国栋采（HBUM）。

地理分布：宁夏（中卫、石嘴山）、内蒙古、新疆；蒙古国。

### （707）达氏漠土甲 *Melanesthes* (*Melanesthes*) *davadshamsi* Kaszab, 1964（图版 L: 5）

*Melanesthes davadshamsi* Kaszab, 1964: 394; Ren & Yu, 1999: 207; Ren & Yang, 2006: 71; Löbl & Smetana, 2008: 267.

识别特征：体长 7.5～9.0 mm，宽 3.7～4.6 mm。粗壮，长卵形；黑色，具弱光泽。头部前侧缘 2 湾状；唇基沟明显；前颊略外突；背面有小颗粒；触角向后伸达前胸背板基部。前胸背板较强拱起，前缘中间突出，弱 2 湾；侧缘从前向后半圆弧形弯曲并有饰边，前面有长纤毛，中部以前弯曲较强烈；基部近于直，中间极弱拱，两侧有毛列；前角、后角钝角形；盘区隆起，刻点稠密，两侧变皱纹。鞘翅短卵形，基部中叶直，肩宽钝角形；侧缘弧弯，中间最宽，中部之前有长纤毛；背面无光泽或弱油脂状光泽，基部相当平，被细粒和皱纹或不明显点状颗粒；盘区内侧有较清晰刻点行，中基部分皱纹横。腹面鲨皮状；前胸侧板有明显尖锐小颗粒，颗粒之间有不明显长皱纹；腹突向前、后宽圆收缩。雄性腹部基部 2 节中部扁凹，前 3 节有皱纹及粗圆刻点，末端 2 节有粗圆刻点。前胫节内缘直并具毛，外缘中齿和端齿较明显，中齿内侧直立；中、后胫节较细，端部微变宽，外缘直齿不明显；后足末跗节长于第 1 跗节。

检视标本：1♂1♀，宁夏中卫小红山，1989. VII. 25，任国栋采（HBUM）；1♀，宁夏青铜峡甘城南，2003.V. 17，张峰举采（HBUM）。

地理分布：宁夏（中卫、青铜峡）；蒙古国。

### （708）荒漠土甲 *Melanesthes* (*Melanesthes*) *desertora* Ren, 1993（图版 L: 6）

*Melanesthes* (*Melanesthes*) *desertora* Ren, 1993: 486; Ren & Yu, 1999: 211; Ren & Yang, 2006: 84; Löbl & Smetana, 2008: 267.

*Melanesthes* (*Melanesthes*) *lingwuensis* Ren, 1993: 487.

*Melanesthes* (*Melanesthes*) *unddentata* Ren, 1993: 488.

识别特征：体长 10.0～10.5 mm，宽 5.0～5.5 mm。黑色，无光泽。头顶扁平，密布木锉状刻纹；触角向后伸达前胸背板中部。前胸背板平坦，侧缘有宽边；基部中叶直，两侧下弯，基沟宽，两侧有深坑，沟侧边有近 30° 的角；前角锐，后角近于直；盘区刻点稀疏长圆形，侧区圆且大，紧靠侧边有非常不规则的稠密皱纹，四周有饰边。鞘翅肩阔，两侧扩展，向末端渐变尖，基部有明显刻点行，全体有木锉状粒点。腹面光滑，有纵皱纹和稀疏刻点。前胫节外缘有 3～4 枚钝齿，端齿及中齿较大，基齿 1～2 枚；后足发达，胫节截面方形。

检视标本：2♂3♀，宁夏灵武白芨滩，1985. V. 13，任国栋采（HBUM）；1♀，宁夏灵武白芨滩，1987. V. 2，任国栋采（HBUM）；4♀，宁夏灵武白芨滩林场，任国栋采（HBUM）；4 头，宁夏灵武白芨滩，2015. VI，高祺采（BJFU）；1♂1♀，宁夏灵武马鞍山，1987. V. 2，任国栋采（HBUM）；2♀，宁夏灵武马鞍山，1987. V. 14，任国栋采（HBUM）；7♂8♀，宁夏灵武马鞍山，1991. IX. 28，于有志、马峰采（HBUM）；1♂1♀，宁夏灵武磁窑堡，1986.V. 13，任国栋采（HBUM）；1♂，宁夏盐池大水坑，1986. V. 2，任国栋采（HBUM）。

地理分布：宁夏（灵武、盐池、同心）。

### （709）短齿漠土甲 *Melanesthes* (*Melanesthes*) *exilidentata* Ren, 1993（图版 L: 7）

*Melanesthes* (*Melanesthes*) *exilidentata* Ren in Ren, Yu, Ma & Jiang, 1993: 30; Ren & Yu, 1999: 215; Ren & Yang, 2006: 82; Löbl & Smetana, 2008: 267.

识别特征：体长 9.5～10.3 mm，宽 4.5～5.5 mm。黑褐至暗褐色，前胸背板、足及腹面漆黑光亮，头背面及鞘翅无光泽。唇基前缘上翘，中央深凹，两侧角圆钝角形；

唇基和前颊之间无缺刻，唇基与额间横凹；前颊斜直前伸，略宽于复眼；头背面刻纹锉纹状，颈部有小颗粒；触角细长，向后近达前胸背板基部。前胸背板横阔，前缘弧凹，中央略直，两侧有饰边；侧缘中部最宽，向后比向前弯曲强烈；基部近于直，饰边之前有宽横沟，沟两侧有深坑；前角尖角形，后角近于直角形；盘区隆起，刻点浅圆，刻点与刻点之间有小刻点，侧区略扁。小盾片宽三角形，具刻点。鞘翅尖卵形，向后略变宽，侧缘背观仅基半部可见并有长纤毛；翅面鲨皮状，无明显刻点行。前胫节中齿、端齿略突，中间有或无小齿，端部与前4跗节长之和等宽；后足末跗节与第1跗节近于等长。

检视标本：1♂1♀，宁夏盐池，1986.VIII.17，任国栋采（HBUM）；1♂，宁夏银川古路横山，2003.VI.14（HBUM）；1♂，宁夏灵武马家滩炼油厂，2003.VI.15（HBUM）；1♀，宁夏盐池明长城，2003.VIII.14，张峰举采（HBUM）。

地理分布：宁夏（灵武、盐池、银川）、内蒙古。

**（710）蒙南漠土甲 Melanesthes (Melanesthes) jenseni meridionalis Kaszab, 1968**（图版 L: 8）

*Melanesthes jenseni meridionalis* Kaszab, 1968: 390; Ren & Yu, 1999: 209; Ren & Yang, 2006: 79; Löbl & Smetana, 2008: 267.

识别特征：体长11.0～12.5 mm，宽6.0～6.8 mm。长卵形；黑色，具弱光泽。唇基前缘上翘；触角基部上方头侧缘浅凹；前颊圆形突出；头背较平坦，有稠密长刻点；触角向后伸达前胸背板中部。前胸背板前缘中间宽直凹，向两侧急剧斜伸至复眼前缘，有毛列，饰边中断；侧缘由前向后圆弧形强弯，基部之前急缩并近斜直，无饰边；基部近于直，中间略凹并有宽粗饰边，基沟明显，后角内侧有细饰边；前角钝，后角宽直角形；背面匀拱起，两侧有扁边和不规则皱纹，中间刻点稀小，侧区粗密。鞘翅基部隆起，两侧在肩后略收缩，中间近平行，顶尖，侧缘基半部有毛；背面极隆，饰边由背面仅见前面；背面有不完整纵凹行，密布木纹状扁粒。胸部腹面刻点粗密；前胸侧板内侧有皱纹，外侧略光滑有长毛；腹突中间纵凹。腹部中间有纵皱纹。前胫节内侧弯曲，外侧有非常钝的中齿和端齿，齿间近于直。

地理分布：宁夏、内蒙古；蒙古国。

**（711）景泰漠土甲 Melanesthes (Melanesthes) jintaiensis Ren, 1992**（图版 L: 9）

*Melanesthes (Melanesthes) jintaiensis* Ren, 1992: 330; Ren & Yu, 1999: 210; Ren & Yang, 2006: 69; Löbl & Smetana, 2008: 267.

识别特征：体长9.0～10.0 mm，宽4.8～5.2 mm。卵圆形，后端尖；黑色，无光泽。唇基前缘深凹，两侧波弯，边翘起；背面平坦，被十分稠密长刻点，刻点与刻点之间有纵脊；触角多毛。前胸背板横阔，前缘中间深凹，两侧有饰边；侧缘弧弯；基部中央无基沟，两侧基沟浅并有明显凹坑；前角尖，后角钝；盘区中间有纵刻纹和粗圆刻点，侧区有横向平行粗皱纹。小盾片阔三角形。鞘翅肩不突，两侧向端部明显变窄；背面高隆，有深粗刻点行及不规则皱纹，行间有小刻点和短伏毛。腹部布满皱纹及刻点。前胫节外缘有 5～6 齿，端齿较大，基齿与其他齿近相等大，顶钝，胫节端部前缘波弯，靠近端齿有 1 深凹，第 1～4 跗节长之和不超过胫节端部宽，约与末跗节等长；后足末跗节长于第 1 跗节。

检视标本：1♀，宁夏永宁征沙渠，2002. V. 1（HBUM）；1♂，宁夏灵武白土岗，2003. V. 15，张峰举采（HBUM）。

地理分布：宁夏（中卫、永宁、灵武）、甘肃。

**（712）大漠土甲 Melanesthes (Melanesthes) maxima maxima Ménétriés, 1854**（图版 L: 10）

Melanesthes maxima Ménétriés, 1854: 33; Ren & Yu, 1999: 205; Ren & Yang, 2006: 75; Löbl & Smetana, 2008: 267.

识别特征：体长 10.0～11.5 mm，宽 5.0～6.0 mm。体宽扁，卵形，背面隆起；黑色，有光泽。唇基前缘中央深凹，两侧弯曲，边上翘；触角细，向后达到前胸背板基部。前胸背板前缘深凹，被密毛，两侧有饰边；侧缘无纤毛，饰边十分扁阔，中基部最宽，向前较向后收缩强烈，后角前有 1 尾；基部宽弧弯或浅凹，有毛列，基沟深，两侧窝深，基沟后方有较宽饰边；前角、后角宽钝角形；背面中间横拱起，盘区较平坦，刻点深而粗圆，刻点与刻点之间有细刻点，两侧边上翘并被粗刻点。小盾片宽三角形。鞘翅肩钝角形，侧缘陡降，从背面仅看到前面，中部以前有长毛；两侧向后渐收缩，尾尖；盘上刻点行十分清晰，行间有浅刻点及细小颗粒。腹部前 3 节布刻点及皱纹，末端 2 节仅布刻点。前胫节外缘有 2 齿，端齿不太突出，中齿较钝，齿间凹内还有波弯齿，边缘光裸，端齿与前 4 跗节长之和相等；后足末跗节长于第 1 跗节。

地理分布：宁夏、内蒙古；蒙古国。

**（713）蒙古漠土甲 Melanesthes (Melanesthes) mongolica Csiki, 1901**（图版 L: 11）

Melanesthe mongolica Csiki, 1901: 112; Ren & Yu, 1999: 206; Ren & Yang, 2006: 76; Löbl & Smetana, 2008: 267.

识别特征：体长 9.5～10.5 mm，宽 5.0～5.5 mm。体粗壮；黑色，有光泽。唇基前缘略翘，唇基与前颊之间缺刻微小；唇基沟浅凹；头背面刻点圆；触角向后伸达前胸背板中基部。前胸背板横阔，前缘深凹，两侧有长毛；侧缘端部宽阔外弯，中部向基部强烈收缩；基部较直，中间饰边粗，基沟明显；前角钝角形；盘区隆起，有稠密粗刻点，侧区扁平，刻点近相互接触。鞘翅相当光亮，布满刻点，底部小粒点鳞状，其间鲮皮状，暗淡；肩钝角形，侧缘陡降，背观仅基部 1/3 可见，基部 1/2 略平行，端部 1/2 渐收缩，翅端钝圆。前胫节端齿三角形，中齿尖角形突出，后足第 1 跗节约等于末跗节。

地理分布：宁夏（灵武、石嘴山）、内蒙古；蒙古国。

**（714）希氏漠土甲 Melanesthes (Mongolesthes) csikii Kaszab, 1965**（图版 L: 12）

Melanesthes csikii Kaszab, 1965: 343; Ren & Yu, 1999: 197; Ren & Yang, 2006: 55; Löbl & Smetana, 2008: 268.

识别特征：体长 4.5～5.0 mm，宽 2.8～3.0 mm。短而圆拱；黑褐色，背面有油污状光泽。头小，侧缘粗壮；唇基和额弱拱，布稀疏粗粒点；唇基侧缘和颊强拱起，之间浅凹；唇基缝浅；前颊圆形扩展，有规则细锯齿；触角短，和头长相等，棍棒状。

前胸背板前缘明显弯曲，无饰边；两侧从基部之前开始变宽，具饰边，侧缘圆，后面半圆形弯曲；基部两侧无饰边，中间饰边宽；背面强拱起，侧缘有 13～16 枚较粗齿，齿尖小，直立；背板有规则皮革状皱纹，中部大颗粒细，侧区粗而不均匀。鞘翅宽短，中部以后最宽，非常隆起，向肩部变窄，无肩，侧缘饰边细；背面布稀疏大粒点，粒点有金黄色长毛。前胫节端部宽于前足跗节长之和，端齿极发达，顶圆，中齿较粗壮；中胫节背面较宽，略圆拱，表面有明显具长毛粒点；后胫节较瘦，简单拱形，边上粒点成行并散布少量长颗粒和细毛。

地理分布：宁夏、内蒙古、甘肃；蒙古国。

### （715）粗壮漠土甲 *Melanesthes* (*Opatronesthes*) *gigas* Ren & Yang, 2006（图版 LI: 1）

*Melanesthes* (*Opatronesthes*) *gigas* Ren & Yang, 2006: 60.

识别特征：体长 11.5～12.0 mm，宽 5.5～6.0 mm。体粗大；黑色，具弱光泽。唇基前缘中央深凹，两侧略翘，唇基和前颊之间有不明显缺刻；唇基沟浅凹；前颊半圆形突出；头背面具粒点及皱纹；触角向后伸达前胸背板中部。前胸背板横阔，前缘凹，两侧有饰边；侧缘饰边完整，中基部最宽，向前较向后收缩强烈；基部无饰边，中央较隆，两侧弱弯；前、后角锐角形；盘区刻点稀疏椭圆形，侧区刻点长。小盾片半圆形。鞘翅肩钝角形，侧缘陡降，无纤毛，从背面仅前面 1/3 可见；翅面鲨皮状有不明显皱纹，刻点行之间布稀疏小刻点。腹部前 3 节被稀疏刻点及皱纹，末端 2 节有刻点。前胫节端齿明显，较钝，前缘宽度与前 4 节跗节长度之和相等，中齿略突；后足末跗节长于第 1 跗节。

检视标本：2♂3♀，宁夏中卫甘塘，1985. IV. 21，任国栋采（HBUM）；1♀，宁夏中卫甘塘，2002.IX.11，张峰举采（HBUM）。

地理分布：宁夏（中卫）。

### （716）宁夏漠土甲 *Melanesthes* (*Opatronesthes*) *ningxianensis* Ren, 1993（图版 LI: 2）

*Melanesthes* (*Melanesthes*) *ningxianensis* Ren in Ren, Yu, Ma & Jiang, 1993: 31; Ren & Yu, 1999: 202; Ren & Yang, 2006: 65; Löbl & Smetana, 2008: 268; Yang et al., 2011: 159.

识别特征：体长 8.0～9.0 mm，宽 4.0～5.0 mm。体短阔；背面黑褐色，无光泽。头顶密布长棱形刻点；触角向后伸达前胸背板前面 1/3 处。前胸背板横宽，中部之前最宽，侧边扩展，具细饰边；基部弯曲，无饰边；前角钝，后角锐；盘区有稠密长圆形刻点，两侧长棱形并相互交错成网状。鞘翅侧缘有细齿，盘区密布横皱纹，之间有少量具毛小颗粒。体下有不规则具短毛稀疏刻纹。前胫节前缘弯，外缘有 2 齿，端齿极发达，中齿和端齿之间弱波弯；雌性前胫节端齿略短，中齿直立；跗节长度短于胫节端齿。

检视标本：9♂19♀，宁夏海原盐池，1987. VIII. 9（HBUM）；13♂9♀，宁夏同心大罗山，1987. VIII. 12，任国栋采（HBUM）。

地理分布：宁夏（海原、灵武、罗山）。

取食对象：沙生植物根部。

**（717）多刻漠土甲** *Melanesthes* (*Opatronesthes*) *punctipennis* Reitter, 1889（图版 LI: 3）

*Melanesthes punctipennis* Reitter, 1889: 704; Ren & Yu, 1999: 201; Ren & Yang, 2006: 58; Löbl & Smetana, 2008: 268.

识别特征：体长 7.5～9.5 mm，宽 4.0～4.8 mm。宽卵形，隆起；弱光泽。头背面有浅粗刻点和短毛，前面斜凸起；触角向后伸达前胸背板中部。前胸背板横宽，侧缘圆弯；基部无饰边，基沟不明显；前角近尖，略突出，后角近于直；盘区被纵裂刻点，刻点与刻点纵向连接。小盾片横阔，尖卵形。鞘翅两侧近平行，背面隆起，两侧陡降，侧缘无毛，翅端渐变尖，肩直角形；翅面鲛皮状，刻点行较粗，刻点较浅，行间刻点不明显。腹部腹板刻点稀疏具毛。前胫节有 2 粗齿，齿间外缘无齿，端齿顶端近圆，中齿钝；中、后胫节端部略宽，各有 1 齿，外缘具锯齿；后足第 1 跗节长为末跗节之半。

检视标本：1♂1♀，宁夏海原树台，2002. V. 1（HBUM）；1♀，宁夏盐池终纪山，2003. VIII. 28，张峰举采（HBUM）。

地理分布：宁夏（海原、盐池）、甘肃。

**（718）多皱漠土甲** *Melanesthes* (*Opatronesthes*) *rugipennis* Reitter, 1889（图版 LI: 4）

*Melanesthes rugipennis* Reitter, 1889: 704; Gao, 1999: 180; Ren & Yu, 1999: 201; Ren & Yang, 2006: 61; Löbl & Smetana, 2008: 268; Wang & Yang, 2010: 220; Yang et al., 2011: 159.

识别特征：体长 8.0～9.0 mm，宽 4.0～5.0 mm。宽卵形；黑色，无光泽。唇基与前颊之间有小缺刻；前颊钝圆形突出，略宽于复眼；头背面中央浅凹，凹前刻点粗圆，凹后刻点长；触角向后伸达前胸背板中部。前胸背板横阔，前缘中央宽直，两侧有饰边；侧缘圆弯曲，有饰边；基部无饰边，中央后弯，两侧内弯；前角略尖，后角略直；盘区隆起，刻点从中央向两侧渐变长，常常拥挤成短纵皱纹。鞘翅侧缘无纤毛，肩直角形；翅面有近消失的不规则纵皱纹，前面刻点较大，行间刻点木锉纹状，外侧行间混杂小颗粒。前胫节有 2 枚齿，端齿较长，达末跗节中央，中齿靠近基部，顶钝，近圆形；后足第 1 跗节长为末跗节之半。

检视标本：4♂1♀，宁夏泾源六盘山，1986. VIII. 26（HBUM）；2♂2♀，宁夏贺兰山苏峪口，1988. V. 10，任国栋采（HBUM）；1♀，宁夏灵武马鞍山，1987. V. 1，叶建华采（HBUM）。

地理分布：宁夏（灵武、泾源、贺兰山、罗山）、内蒙古、甘肃。

取食对象：沙生植物根部或腐物。

## 295）毛土甲属 *Mesomorphus* Miedel, 1880

**（719）扁毛土甲** *Mesomorphus villiger* (Blanchard, 1853)（图版 LI: 5）

*Opatrum villiger* Blanchard, 1853: 154; Wu et al., 1978: 296; Wang et al., 1992: 58; Gao, 1993: 114; Ren & Yang, 2006: 45; Löbl & Smetana, 2008: 268.

曾用名：仓潜（吴福桢等，1978；王希蒙等，1992；高兆宁，1993）。

识别特征：体长 6.5～8.0 mm，宽 2.5～3.0 mm。体细长，两侧略平行；黑褐色或棕色，无光泽。唇基前缘中央梯形深凹，两侧角钝角形，唇基与前颊之间无缺刻；唇基沟不明显；前颊把复眼完全分为上、下两部分；复眼外侧的颊最宽，两侧略平行；眼较大，眼眶窄，后端圆；头背面有毗邻的脐状较大具黄色长毛刻点；触角向后不达前胸背板基部。前胸背板横阔，基部略前最宽；前缘浅弧凹，两侧饰边明显；侧缘宽圆弯，饰边完整；基部2湾状，两侧有细沟；前角钝，后角近于直；背板宽隆，圆刻点具黄色长毛。小盾片半六角形，具刻点。鞘翅向后略宽，刻点行细，行间近扁平，刻点小而稀疏并具黄色长毛。腹部光亮，具小刻点及皱纹，末端2节刻点变大，末节无皱纹；雄性腹部基部2节中央微凹，雌性腹部隆起。前胫节向端部渐变宽，端部宽等于前2跗节长之和，外端齿略尖，跗节不变宽，下侧有海绵状长毛；后足第1跗节与末跗节等长。

地理分布：宁夏（银川）、河北、山西、内蒙古、辽宁、黑龙江、江苏、安徽、福建、山东、河南、湖北、湖南、广东、广西、海南、四川、贵州、云南、陕西、台湾、香港；俄罗斯（远东），韩国，日本，印度，尼泊尔，阿富汗。

取食对象：米、小麦、玉米、稻谷、麸皮、豆饼等。

## 296）方土甲属 *Myladina* Reitter, 1889

### （720）光背方土甲 *Myladina lissonota* Ren & Yang, 2006（图版 LI: 6）

*Myladina lissonota* Ren & Yang, 2006: 167.

识别特征：体长11.0～12.0 mm，宽5.0～5.5 mm。长卵形；黑色，光泽强。头略方形，唇基前缘中央三角形凹，边缘翘；唇基与前颊之间有缺刻；前颊两侧平行，向前弧弯；触角向后伸达前胸背板中部。前胸背板近方形，前缘宽凹，中央近于直，两侧有饰边；侧缘中部之前最宽，向前弧弯，后角之前稍收缩，有细饰边；基部中央直，两侧内弯；前角尖，后角锐角形后突；背面较平坦，侧区窄扁，盘区有稀疏而明显的圆刻点。鞘翅中部最宽，基部两侧有浅凹，肩角瘤状突出；翅面鲨皮状，行上刻点稀疏，行间有稠密不明显刻点。腹面有皱纹状刻点，雄性腹部基部2节腹板中央纵凹。前胫节弱弯，圆棍状，端半部两侧平行；后足跗节端部无长毛；各足爪发达，约与末跗节等长。

检视标本：1♂1♀，宁夏灵武白芨滩，2003. V. 15，张峰举采（HBUM）；1♂2♀，宁夏中卫沙坡头，2009. V. 27，唐婷、安雯婷采（HBUM）；76头，宁夏灵武白芨滩，2015. VI，高祺采（BJFU）。

地理分布：宁夏（灵武、中卫）。

### （721）长爪方土甲 *Myladina unguiculina* Reitter, 1889（图版 LI: 7）

*Myladina unguiculina* Reitter, 1889: 707; Gao, 1999: 181; Ren & Yu, 1999: 221; Ren & Yang, 2006: 165; Löbl & Smetana, 2008: 269; Wang & Yang, 2010: 221.

识别特征：体长9.0～10.5 mm。黑色，几乎无光泽。上唇、唇基前缘凹；头、胸部狭窄，头前面刻点不太稠密，触角之间有浅横凹。前胸背板近横方形，中部之前最宽；前缘中央近于直，两侧向前斜伸并有饰边；侧缘饰边细，后角之前稍收缩，后角向外侧方突；基部近于直，中间略凹，两侧弱拱，有细饰边；背面较平坦，有稀疏而明显圆刻点。鞘翅中间最宽，基部两侧有浅凹，肩角尖，明显外突，侧缘在肩后略收缩；背面行内刻点稀疏，行间刻点不明显。腹面有皱纹状刻点。前胫节基半部平行变宽，无明显的齿；中胫节直，端部颇宽；后胫节稍弯，圆棍状，端部之前较粗；后足末跗节端部有长毛；各足爪发达，约与负爪节等长。

检视标本：5♂18♀，宁夏中卫，1987. V. 4，任国栋采（HBUM）；1♂9♀，宁夏平罗崇岗山，1990. V. 22，任国栋采（HBUM）；1♂9♀，宁夏盐池，1990. VI. 4（HBUM）；2♀，宁夏贺兰山哈拉乌南，1990. VII. 22，任国栋采（HBUM）；77♂84♀，宁夏中卫甘塘，1991. VIII. 26，任国栋采（HBUM）。

地理分布：宁夏（平罗、盐池、中卫、灵武、贺兰山）、内蒙古、陕西。

取食对象：沙生植物根部或腐物。

## 297）沙土甲属 *Opatrum* Fabricius, 1775

### （722）粗翅沙土甲 *Opatrum (Colpopatrum) asperipenne* Reitter, 1897（图版 LI: 8）

*Opatrum asperipenne* Reitter, 1897: 219; Wang et al., 1992: 59; Ren & Yu, 1999: 237; Ren & Yang, 2006: 158; Löbl & Smetana, 2008: 269.

曾用名：粗翅沙潜（王希蒙等，1992）。

识别特征：体长 5.6～8.5 mm。卵形；背面黑色，无光泽，腹面暗褐色，弱光泽。头具小粒点，唇基前缘凹；唇基和颊交界处有钝形小缺刻；额唇基缝凹；复眼内侧有突起的褶；触角向后伸达前胸背板中间。前胸背板前缘中间略突，有饰边；侧缘较圆，中间最宽，后角之前显缩，饰边上弯并发亮；基部 2 湾，中间略后突，两侧略内弯并有宽边；前角较尖，后角近于直；背面有稠密皱纹状小颗粒，有时有粗点，或盘区中央到两侧有细皱纹或细粒，无刻点，相对于鞘翅第 3～5 行间位置有圆形或三角形凹。鞘翅短卵形，肩直角形；每翅有 9 条纵脊，多次中断为不同长度的断片，脊间有稠密小粒点；腹面观第 9 行间明显比饰边突出，故翅基半部的侧缘由第 9 行间的脊构成。前胸侧板窄，有较明显凹。前胫节外端角略弯。

地理分布：宁夏（中卫）、内蒙古、甘肃；蒙古国。

取食对象：沙米、沙蒿、沙生牧草等。

### （723）沙土甲 *Opatrum (Opatrum) sabulosum sabulosum* (Linnaeus, 1760)（图版 LI: 9）

*Silpha sabulosum* Linnaeus, 1760: 150; Ren & Yu, 1999: 239; Ren & Yang, 2006: 158; Löbl & Smetana, 2008: 270; Wang & Yang, 2010: 222; Yang et al., 2011: 159.

识别特征：体长 6.5～10.0 mm。黑色，无光泽。头具稠密刻点，额唇基沟深凹；触角向后伸达前胸背板中部。前胸背板前缘较基部窄且圆；侧缘圆形，基部有清晰饰边；基部中叶较直，两侧浅凹并有细边，后角尖直，略后突；背面有均匀粒状刻点，无中线。鞘翅两侧平行或向后稍变宽，末端圆；奇数行间较隆起，两侧有光亮大瘤突，行间散布具毛小粒点。前胫节向端部逐渐扩大，外缘钝锯齿状，端外角不突出也不尖，前缘宽为前足前 3 跗节长之和。

地理分布：宁夏（贺兰山、罗山）、内蒙古、河南、西藏、甘肃、新疆；蒙古国，俄罗斯（东西伯利亚），塔吉克斯坦，土库曼斯坦，哈萨克斯坦，土耳其。

取食对象：沙生植物根部或腐物。

**（724）类沙土甲 _Opatrum (Opatrum) subaratum_ Faldermann, 1835**（图版 LI: 10）

_Opatrum subaratum_ Faldermann, 1835: 413; Wang et al., 1992: 59; Gao, 1999: 178; Ren & Yu, 1999: 238; Ren & Yang, 2006: 160; Löbl & Smetana, 2008: 271; Ren, 2010: 183; Wang & Yang, 2010: 221; Yang et al., 2011: 159.

曾用名：沙潜（王希蒙等，1992）、类土甲（高兆宁，1999）。

识别特征：体长 6.5～9.0 mm，宽 3.0～4.5 mm。椭圆形；黑色，无光泽。唇基前缘中央三角形深凹，两侧角弧弯；唇基和颊间无缺刻；唇基沟微凹；前颊斜直外扩，颊角钝角形；头顶隆起；复眼小，眼褶微隆；触角短，向后达前胸背板中部。前胸背板中基部最宽，前缘深凹，中央宽直，两侧有饰边；侧缘基半部强圆收缩，基部略收缩；基部中央突，两侧浅凹；前角钝圆，后角直；盘区隆起，布均匀粒点，两侧扁平。鞘翅行略隆起，每行间有 5～8 个瘤突，行纹较明显，行及行间布小颗粒。前胸腹突向后变宽并下弯，有 2 条浅沟。腹部布满皱纹及颗粒，雄性前 2 节中央纵凹。前胫节端外齿窄而突出，前缘宽是前足前 4 跗节长之和，外缘无明显锯齿；后足末跗节明显长于基跗节。

检视标本：8♂7♀，宁夏同心大罗山，1984. VI. 2，任国栋采（HBUM）；11♂13♀，宁夏贺兰山，1987. VI. 3，任国栋采（HBUM）；23♂33♀，宁夏海原五桥沟，1987. IX. 25，任国栋采（HBUM）；3♂7♀，宁夏平罗下庙，1989. VIII. 1，任国栋采（HBUM）；4♂3♀，宁夏平罗，1989. VII. 21，任国栋采（HBUM）；5♂6♀，宁夏固原东岳，1991. IX. 13，马峰采（HBUM）；2♂3♀，宁夏永宁，1992. VI. 17，任国栋采（HBUM）；10♂9♀，宁夏泾源六盘山，1994. VII. 26，任国栋采（HBUM）；1 头，宁夏固原绿塬，2008. VII. 9，王新谱采（HBUM）。

地理分布：宁夏（隆德、泾源、银川、同心、海原、永宁、西吉、平罗、固原、贺兰山）、河北、山西、内蒙古、辽宁、吉林、黑龙江、安徽、江西、山东、河南、湖北、湖南、广西、四川、贵州、陕西、甘肃、青海、台湾；蒙古国，俄罗斯（远东、东西伯利亚），朝鲜，韩国，日本，哈萨克斯坦。

取食对象：针茅草、苜蓿、柠条、麻类、高粱、碎粮、麸皮、饲料、油渣、瓜类、苹果、梨、甜菜等。

### 298）笨土甲属 _Penthicus_ Faldermann, 1836

**（725）尖角笨土甲 _Penthicus (Myladion) acuticollis acuticollis_ (Reitter, 1887)**（图版 LI: 11）

_Myladion acuticollis_ Reitter, 1887: 386; Ren & Yu, 1999: 218; Ren & Yang, 2006: 193; Löbl & Smetana, 2008: 271.

识别特征：体长 8.5～9.0 mm。长而扁宽，略拱起；黑色并具光泽，几乎无毛。头圆，较前胸窄，刻点密而不均匀，前端和侧缘较粗密，略有皱纹；触角细，向后几乎达到前胸背板基部。前胸背板近中部最宽，几乎不比鞘翅窄，略拱起，常常有 1 不清楚的扁凹；前缘深凹，前角长而尖，向前突出并包围头部后侧；侧缘中部圆，在后角之前和前角之间弧弯，靠近后角处弱凹；基部直；盘区刻点长而粗密，侧区长皱纹明显。小盾片三角形，几乎无刻点。鞘翅基部和前胸背板基部等宽，向端部 1/4 处渐变宽，稍拱起，被很细的皱纹和木锉状刻纹；侧缘光亮，有成行的细刻点。腹面有光泽，刻点稠密。足细，胫节简单且有稀疏短刺。

地理分布：宁夏（灵武）、西藏、新疆。

### （726）阿笨土甲 Penthicus (Myladion) alashanicus (Reichardt, 1936)（图版 LI: 12）

*Lobodera alashanicus* Reichardt, 1936: 163; Ren & Yu, 1999: 218; Ren & Yang, 2006: 194; Löbl & Smetana, 2008: 271; Wang & Yang, 2010: 222.

识别特征：体长 12.0～15.5 mm，宽 4.5～5.5 mm。扁长椭圆形；黑色，无光泽。唇基前缘深凹；触角窝上方头侧缘弱凹；前颊圆形外扩；头背面密布网状刻点，中后方形成纵条纹。前胸背板中部最宽，前缘中央宽凹，两侧尖角形伸出并有饰边，前角尖锐；侧缘圆弯，向前比向后收缩强烈，有扁平饰边；基部中叶直，两侧有缺刻并有细饰边；背面匀拱起，密布深圆刻点，基部两侧靠后角缺刻之前有凹。鞘翅中基部最宽，肩宽钝形；背面较平坦，两侧急降，纵行细，行间隆起并有纵皱纹。前胸侧板和胸部腹面有粗皱纹。腹部被稠密深圆刻点及不明显纵皱纹。足较长，粗糙；前胫节端部较宽，内缘稍弯，外缘较直，无齿，前缘内侧端部突出，宽是前足跗节基部 2 节之和；中胫节、后胫节较直。

检视标本：41 头，宁夏贺兰山小口子，1985. VII. 4，任国栋采（HBUM）；73♂67♀，宁夏贺兰山苏峪口，1987. VI. 2，任国栋采（HBUM）；1♂，宁夏贺兰山苏峪口，2002.IV. 6，张峰举采（HBUM）。

地理分布：宁夏（灵武、贺兰山）、内蒙古；蒙古国。

### （727）贝氏笨土甲 Penthicus (Myladion) beicki beicki (Reichardt, 1936)（图版 LII: 1）

*Lobodera beicki* Reichardt, 1936: 164; Ren & Yu, 1999: 220; Ren & Yang, 2006: 195; Löbl & Smetana, 2008: 271.

识别特征：体长 9.0～12.5mm，宽 4.0～5.5 mm。长卵形；黑色，无光泽；体下、足和触角粟褐色。头背面刻点圆而稀疏；触角短，向后不达前胸背板中部。前胸背板中部最宽，前缘圆弧形凹，两侧具饰边，有毛列；侧缘圆弧形弯曲，向前、后弯曲的程度一样，具细饰边；基部无饰边，中间 1/3 直，两侧有较浅缺刻；前角钝，后角宽圆形；背面均匀拱起，两侧稍扁，刻点圆或椭圆形，从中间向侧区变深、加长，有明显或不明显皱纹。鞘翅不比前胸背板宽，肩向外略突出且具饰边；两侧在中基部之前平行，背面看不到饰边；背圆拱，两侧急剧下沉，刻点行细而浅，行间具稀疏微小粒点，翅底有微弱皱纹。腹部腹板两侧有纵皱纹，雄性第 1、第 2 节腹板中央浅凹。前胫节端部急剧扩展，内缘拱弯并具短毛，外缘锯齿状，前缘波弯；中胫节由基部向端部均匀扩大且较直；后胫节外缘较弯。

地理分布：宁夏（灵武）、新疆；蒙古国。

**（728）齿肩笨土甲 *Penthicus* (*Myladion*) *humeridens* Reitter, 1896**（图版 LII：2）

*Penthicus humeridens* Reitter, 1896: 164; Ren & Yu, 1999: 217; Ren & Yang, 2006: 190; Löbl & Smetana, 2008: 272.

识别特征：体长 11.0～12.0 mm。体长，弱隆起；黑色，具弱光泽；触角端部、口须和跗节棕色。唇基前缘缺刻较浅，唇基和颊的连接处浅凹，在凹后方的颊斜直地向后弯开并在眼前平行；头背面刻点拥挤，触角间的头顶有半圆形横扁凹；眼很大，由背面看呈三角形；触角向后伸达前胸背板中部。前胸背板中间最宽，前缘深凹，中部直，两侧向前角急剧地弯曲并具饰边；侧缘由前角向中部均匀地圆，向前变窄比向后强烈得多，具饰边；基部中叶出，直而无饰边，两侧向后角凹弯并具饰边，整个基部呈明显的 2 湾状，中间在小盾片位置有毛列；前角、后角尖；背面密布小而均匀的浅刻点。鞘翅基部有向外突出的肩齿，肩内侧到小盾片有饰边的痕迹；两侧在肩齿后渐向中基部扩展，饰边由背面看不到；外侧的行间具细粒，内侧的行间几乎平，几乎无明显的刻点。前胫节向端部渐变宽，端部宽度等于第 1+2 跗节；后足末跗节长于第 1 跗节。

地理分布：宁夏（灵武）、内蒙古、新疆；蒙古国。

**（729）吉氏笨土甲 *Penthicus* (*Myladion*) *kiritshenkoi* (Reichardt, 1936)**（图版 LII：3）

*Lobodera kiritshenkoi* Reichardt, 1936: 160; Ren & Yu, 1999: 219; Ren & Yang, 2006: 193; Löbl & Smetana, 2008: 272.

识别特征：体长 9.6～10.7 mm。长椭圆形；黑色，有光泽。头部前侧缘圆弧形弯曲，背面有较稠密刻点；唇基沟凹。前胸背板基部之前最宽，前缘圆弧凹，两侧有饰边；侧缘从前向后较直地弯曲，中部以前收缩较强烈，基部圆形变窄，有饰边；基部中叶后突，两侧向外倾斜；前角尖钝角形，后角宽钝角形；背面横向整个隆起，具简单细刻点，沿侧缘有较明显扁边。鞘翅两侧渐变宽，顶端圆；基部外半侧向上弯曲，肩齿略突，内侧弯曲；翅内侧第 1～3 刻点沟在基部勉强可见，外侧沟较明显，具小刻点。前胫节基部向端部较强变宽，外缘有细齿；中胫节、后胫节基部略弯。

检视标本：3♀，宁夏贺兰山，1994.VI，苏兆龙采（HBUM）；2 头，宁夏灵武白芨滩，2015. VI，高祺采（BJFU）。

地理分布：宁夏（石嘴山、灵武、中卫、贺兰山）、内蒙古；蒙古国。

**（730）厉笨土甲 *Penthicus* (*Myladion*) *laelaps* (Reichardt, 1936)**（图版 LII：4）

*Lobodera laelaps* Reichardt, 1936: 161; Ren & Yang, 2006: 197; Löbl & Smetana, 2008: 272; Wang & Yang, 2010: 223.

识别特征：体长 11.5～13.0 mm，宽 4.5～5.5 mm。长卵形；黑色，无光泽。唇基前缘中间有角状缺刻，两侧半圆形弯曲，略上翘；唇基与前颊之间有缺刻；唇基沟浅凹；前颊圆弧形突出，显宽于复眼；背面刻点皱纹状且稠密；触角细长，向后伸达前胸背板基部。前胸背板横阔，侧缘弧弯，中基部最宽，向前强烈、向后轻微收缩，饰边完整；基部略向后均匀倾斜，两侧有饰边；前角尖钝，略下降，后角钝；盘区隆起，侧边不明显扁，盘区中央刻点粗圆而稀疏，两侧变密变长，彼此不愈合。小盾片半圆形，具粗刻点。鞘翅长卵形，向后逐渐变宽，距基部 2/3 处最宽，向后收缩；盘上刻点行浅，行间具细刻点。雄性腹部第 1、第 2 节中央浅凹。前胫节细长，向端部渐变粗，端部宽等于第 1、第 2 跗节之和，中、后胫节细长，端部几乎不变宽；后足末跗节长于第 1 跗节。

检视标本：7♂10♀，宁夏贺兰山哈拉乌；1♂，宁夏中卫沙坡头，1985. VI；33 头，宁夏贺兰山，1987. VI. 1；153♂，宁夏贺兰，1987. VI. 3；1♂，宁夏大武口贺兰山，1988.X.4；43♂，宁夏贺兰山汝箕沟，1820 m，1989. IV. 18；39♂1♀，宁夏贺兰山苏峪口，1990. VI. 26；均为任国栋采（HBUM）。

地理分布：宁夏（中卫、贺兰、贺兰山）、内蒙古；蒙古国。

取食对象：沙生植物根部或腐物。

**（731）钝突笨土甲 Penthicus (Myladion) nojonicus (Kaszab, 1968)**（图版 LII: 5）

*Lobodera nojonicus* Kaszab, 1968: 385; Ren & Yang, 2006: 184; Löbl & Smetana, 2008: 262; Wang & Yang, 2010: 223; Yang et al., 2011: 160.

识别特征：体长 8.5～10.0 mm，宽 4.0～5.0 mm。短卵形；黑色，无光泽。唇基前缘三角形凹，略上翘；唇基与前颊之间浅凹；唇基沟不明显；前颊弧弯，略比眼宽；背面刻点长而稠密呈网状；触角向后伸达前胸背板中部。前胸背板横阔，前缘浅凹，中央宽直，两侧有宽扁饰边；侧缘圆弧形弯曲，向前比向后收缩略强，饰边完整；基部中央后突，两侧内弯并具饰边；前角、后角尖角形；盘区隆起，两侧不明显变扁，盘区中央刻点圆而稀疏，两侧密。小盾片宽三角形，具刻点。鞘翅肩齿明显外突，两侧向后渐变宽，侧缘从背面完全不可见；翅面具刻点行，行间扁平，具稀疏浅刻点。腹部前 3 节腹板有刻点及皱纹，末端 2 节仅有刻点，雄性第 1、第 2 节中央浅凹。前胫节向端部渐变宽，外缘直，内缘略弯，端部外缘有钝齿突，端部宽等长于前 4 跗节之和；中胫节、后胫节细长；后足末跗节与前 3 跗节之和相等。

检视标本：77♂77♀，宁夏灵武马鞍山，1987. V. 2，任国栋采（HBUM）；1♂3♀，宁夏同心窑山，2100 m，1987. VIII. 12（HBUM）；4♂2♀，宁夏同心大罗山，1987. VIII. 14（HBUM）；9♂9♀，宁夏同心，1990. VI. 27（HBUM）；2♂6♀，宁夏中卫甘塘，1995. IV. 21，任国栋采（HBUM）；1♂，宁夏贺兰山三观口，2003. V. 17（HBUM）；1♀，宁夏西夏王陵，2003. V. 17（HBUM）；1♂1♀，宁夏永宁黄羊滩，2003. V. 17，张建英采（HBUM）；1♂，宁夏中卫甘塘，2002. IX. 10（HBUM）；1♂，宁夏中卫甘塘，2003. IX. 11（HBUM）；1♂1♀，宁夏灵武沙葱沟，2003. V. 15（HBUM）；1♂，宁夏青铜峡铝厂西北，2003. V. 17（HBUM）；1♂，宁夏银川古公路横山，2003. VI. 14，张峰举采（HBUM）。

地理分布：宁夏（灵武、同心、中卫、银川、永宁、青铜峡、贺兰山）、内蒙古、甘肃；蒙古国。

取食对象：沙生植物根部或腐物。

## 299）伪坚土甲属 *Scleropatrum* Reitter, 1887

**（732）希氏伪坚土甲 Scleropatrum csikii (Kaszab, 1967)**（图版 LII: 6）

*Monatrum csikii* Kaszab, 1967: 332; Ren & Yang, 2006: 96; Löbl & Smetana, 2008: 275.

识别特征：体长 11.5～12.3 mm，宽约 6.0 mm。体狭长；黑色，无光泽。唇基前缘缺刻角状，两侧圆弯；唇基和颊之间无明显缺刻；前颊圆钝角形强烈外扩；唇基具粗圆刻点，额具皱纹状颗粒。触角向后仅达前胸背板中部。前胸背板横阔，前缘弧弯，中间宽直，两侧有饰边；侧缘从前向中基部急剧扩大，后面 1/3 最宽，后角之前较斜直收缩；基部中叶宽后突，两侧内凹；前角钝三角形，后角近于直，短尖角形；背面有皱纹状颗粒。鞘翅颗粒行由彼此分开的钝圆具毛颗粒组成，颗粒不完全排成行且排列不规则。腹部被木锉状粒点，雄性第 1、第 2 节中央纵凹。前胫节基部向端部渐变宽，端部宽等于前 3 跗节之和，外缘略锯齿状并有粗短刺，内缘端部急剧内弯，具稀疏长刺；后足末跗节与第 1 跗节近于等长。

检视标本：1♂1♀，宁夏永宁，1984. V，任国栋采（HBUM）。

地理分布：宁夏（永宁）、甘肃、新疆。

**（733）粗背伪坚土甲 *Scleropatrum horridum horridum* Reitter, 1898**（图版 LII: 7）

*Scleropatrum horridum* Reitter, 1898: 37; Gao, 1999: 182; Ren & Yang, 2006: 97; Löbl & Smetana, 2008: 275; Wang & Yang, 2010: 224; Yang et al., 2011: 160.

曾用名：粗背单土甲（高兆宁，1999）。

识别特征：体长 11.0～13.0 mm，宽 5.4～6.7 mm。黑色，无光泽。唇基沟宽凹，沟前刻点皱纹状并略带网格状，沟后被独立的具毛小粒点；头顶中央隆起，眼褶高，内侧有凹沟；颊和唇基之间有小缺刻，前颊宽圆；触角向后伸达前胸背板中基部。前胸背板前缘圆弧深凹并具饰边，两侧有毛列；侧缘中基部最宽，向前较强收缩，后角之前强烈收缩，前面 2/3 饰边拱起；基部中叶宽后弯，两侧内缩，无饰边；前角尖，后角宽钝角形；背面较平坦，盘区有不规则短脊状具毛突起，有时排列成斜皱纹，侧区具颗粒。鞘翅基部弱弯，肩宽直角形；侧缘基部略收缩，向中部平缓变宽；翅面具 9 条脊，脊由彼此独立的颗粒组成。前胸侧板被稀疏小粒点；腹突扁平并有 3 条浅沟；胸部腹面被小粒点。腹部被木锉状粒点，雄性第 1、第 2 节浅凹。前胫节弱弯，由基部向端部略变宽，外缘有细齿。

检视标本：3♂2♀，宁夏中卫甘塘，1985. IV. 15，任国栋采（HBUM）；24♂15♀，宁夏中卫，1985. IV. 21（HBUM）；4♂6♀，宁夏灵武马鞍山，1987. V. 1（HBUM）；5♂5♀，宁夏灵武白芨滩，1987. V. 2（HBUM）；23♂20♀，宁夏贺兰山，1987. V. 4，任国栋采（HBUM）；4♂3♀，宁夏中宁石空，1987. VI. 21（HBUM）；14♂12♀，宁夏中卫小红山，1987. VI. 25，任国栋采（HBUM）；11♂10♀，宁夏贺兰山哈拉乌，1988. VII. 6，任国栋采（HBUM）；5♂3♀，宁夏贺兰山滚钟口，1989. V. 18，任国栋采（HBUM）；3♂1♀，宁夏贺兰山哈拉乌北，1990. VII. 22（HBUM）；3♂3♀，宁夏贺兰山，1990.VIII. 6（HBUM）；3♂4♀，宁夏贺兰山金山，1990. VIII. 7（HBUM）；1♂2♀，宁夏贺兰山哈拉乌，1994. VI. 24，任国栋采（HBUM）；1♂2♀，宁夏中卫甘塘，1991. VIII. 26，于有志、马峰采（HBUM）；1♂，宁夏海原树台，2003. VI. 18，张峰举采（HBUM）；1♂2♀，宁夏平罗暖泉，1135 m，2010. VII. 22，王新谱、潘昭采（HBUM）；1 头，宁夏灵武白芨滩，2015. VI，高祺采（BJFU）；21♂17♀，宁夏中宁长山头林场，2017. IV.

20，任国栋、侯文君采（HBUM）；62♂46♀，宁夏同心丁塘镇，2017. IV. 20，任国栋、侯文君采（HBUM）；17♂3♀，宁夏同心丁塘镇金家井村，2017. IV. 20，任国栋、侯文君采（HBUM）。

地理分布：宁夏（中卫、灵武、中宁、海原、同心、平罗、贺兰山）、山西、内蒙古、甘肃、新疆。

取食对象：沙生植物根部或腐物。

**（734）瘤翅伪坚土甲 *Scleropatrum tuberculatum* Reitter, 1887**（图版 LII: 8）

*Scleropatrum tuberculatum* Reitter, 1887: 388; Gao, 1993: 114; Ren & Yang, 2006: 93; Löbl & Smetana, 2008: 275.

曾用名：疣翅沙潜（高兆宁，1993）。

识别特征：体长 10.5～13.0 mm，宽 4.7～6.1 mm。黑褐色，无光泽。唇基前缘深凹；唇基和前颊之间缺刻明显；前颊圆弯，宽于复眼；唇基沟明显横凹，沟前区刻点浅而稠密略成网状，沟后区突起具粗颗粒；颏略方形，扁平，前缘中央缺刻小；复眼小而深陷，眼褶隆起；触角向后伸达前胸背板中部之后。前胸背板横宽，前缘深凹并圆弯，中央隆，两侧有饰边；侧缘中部最宽，向前较向后强圆弧形弯曲，饰边上翘；基部中叶宽后弯，无饰边但有毛列；前角尖，伸达复眼前缘，后角短尖角形；盘区较平坦，颗粒皱纹状，刻纹呈木锉纹状，近侧缘有明显槽，侧区宽扁。小盾片舌状。鞘翅肩圆钝或直角形，两侧向中部渐变宽，中间最宽，侧缘有具毛齿突；背面具 9 条脊，各脊为单行独立的锥形光亮颗粒。前胸侧板中央被长皱纹；腹突后方变宽，端部近于直角形；中、后胸腹板被均匀大颗粒。腹部密布扁粒点和短毛，末节几乎无粒点，雄性基部有凹迹。前胫节背面具纵皱纹，外缘有弱齿，无明显外端齿；后足末跗节明显长于第 1 跗节。

检视标本：5♂3♀，宁夏中宁渠口农场，2017. IV. 18，任国栋、侯文君采（HBUM）。

地理分布：宁夏（同心、中宁）、内蒙古、西藏、陕西、甘肃、青海、新疆。

**（735）条脊伪坚土甲 *Scleropatrum tuberculiferum* Reitter, 1890**（图版 LII: 9）

*Scleropatrum tuberculiferum* Reitter, 1890: 148; Ren & Yang, 2006: 95; Löbl & Smetana, 2008: 275.

识别特征：体长 12.0～20.0 mm，宽 5.0～6.0 mm。体狭长；黑色，无光泽。唇基与颊之间缺刻明显；唇基沟凹；颊窄长，复眼前近平行；头背面基半部刻纹网格状，后半部粒点粗而皱纹状，头顶中央隆起；触角向后伸达前胸背板中基部。前胸背板前缘深凹，中部近于直；侧缘中部最宽，向前急缩，向后圆弯，后角之前显缩；基部中叶宽直，两侧内弯；前角锐角形突，后角尖角形突；背面颗粒皱纹状，十分粗，侧区扁宽。鞘翅行由彼此分开的钝圆颗粒组成，假缘折的外缘有排列成行的小突起。前胸腹突下弯，有皱纹状刻纹。腹部前几节有木锉状颗粒，端节有具毛浅刻点；雄性第 1、第 2 节中央凹。前胫节内缘略弯，有长刺，外缘微锯齿状，端部略宽，有不发达的齿；前足、中足末跗节长几乎是前 4 节长之和；后足末跗节明显比第 1 跗节长，第 1 跗节长于第 2、第 3 跗节之和。

检视标本：1♂，宁夏中卫香山，2002. VI. 15，张峰举采（HBUM）。

地理分布：宁夏（中卫、灵武）、内蒙古、甘肃、青海。

## 刺甲族 Platyscelidini Lacordaire, 1859

### 300）双刺甲属 *Bioramix* Bates, 1879

**（736）圆点双刺甲 *Bioramix* (*Cardiobioramix*) *globipunctata* Bai & Ren, 2016**（图版 LII: 10）

*Bioramix* (*Cardiobioramix*) *globipunctata* Bai & Ren, 2016: 186.

识别特征：体长 10.9～13.2 mm，宽 3.7～6.6 mm。褐色，光亮，鞘翅具强青铜色光泽。唇基前缘直，唇基沟浅凹，有稠密的细刻点；额弱拱，具稀疏细刻点；颊弱拱，刻点较密；头上刻点粗密；触角向后伸达前胸背板基部。前胸背板方形，中部最宽；两侧向基部微弱收缩，后角之前弱凹，端部收缩较为强烈；前缘深凹，基部近于直，弱 2 湾；前角尖锐，后角直；前、基部靠近两侧有短饰边，侧缘饰边完整；盘区具相互接触的椭圆形粗密刻点，靠近两侧各有 1 无刻点光滑小区，两侧刻点更粗并纵向汇合，背面具稠密的较长金黄色伏毛。鞘翅长卵形，较拱起，中部最宽；翅面具稠密的粗刻点夹杂粗皱纹及稀疏不完整粗刻点行，侧缘饰边由背观仅基部可见并与缘折在近翅缝处合并，背面具较稠密的较长金黄色毛。前胸腹突弯落，端部弱尖角形。腹部第1、第 2 节中间扁平不凹。前胫节端部下侧不凹，外侧不外扩；雄性的前足、中足第 1～4 跗节扩展。

检视标本：1♂1♀，宁夏泾源秋千架，2009. VII. 7，王新谱、杨晓庆采（HBUM）；1♀，宁夏泾源二龙河，2008. VI. 23，冉红凡采（HBUM）；1♂，宁夏泾源东山坡，2014. VII. 18，白玲、王娜采（HBUM）。

地理分布：宁夏（泾源）。

**（737）六盘山双刺甲 *Bioramix* (*Cardiobioramix*) *liupanshana* Bai & Ren, 2016**（图版 LII: 11）

*Bioramix* (*Cardiobioramix*) *liupanshana* Bai & Ren, 2016: 188.

识别特征：体长 11.1～12.1 mm，宽 5.2～6.1 mm。褐色，较光亮，鞘翅具青铜色光泽。唇基前缘弱凹，唇基沟浅凹，有稠密的细刻点；额弱拱，具稀疏细刻点；颊弱拱，刻点较密；头刻点粗密；触角向后伸达前胸背板基部。前胸背板方形，基部最宽，两侧向前近于直，后角之前弱凹，端部收缩较为强烈；前缘深凹，基部近于直；前角尖锐，后角直；前、基部靠近两侧有短饰边，侧缘饰边完整；盘区具相互接触的椭圆形粗密刻点，靠近两侧各有 1 无刻点光滑小区，两侧刻点圆，相互接触但不汇合；背面具可见花粉状黄毛。鞘翅长卵形，弱拱，中部最宽；翅面具稀疏粗刻点和不完整粗刻点行并夹杂细皱纹，侧缘饰边由背观至中部可见并与缘折在近翅缝处合并；背面具与前胸背板一样的毛。前胸腹突弯落，端部弱尖角形。前胫节直，端部下侧不凹陷，外侧不外扩；雄性的前足、中足第 1～4 跗节扩展。

检视标本：1♂，宁夏泾源卧羊川，2008. VII. 7，王新谱、刘晓丽采（HBUM）；1♀，宁夏泾源西峡林场，2014. VII. 14，白玲、王娜采（HBUM）。

地理分布：宁夏（泾源）。

### （738）烁光双刺甲 *Bioramix (Leipopleura) micans* (Reitter, 1889)（图版 LII: 12）

*Faustia micans* Reitter, 1889: 699; Löbl & Smetana, 2008: 292; Ren, 2010: 178.

识别特征：体长 9.0～10.5 mm，宽 4.8～6.0 mm。黑色，具弱光泽。头宽阔，刻点较粗密；唇基前缘近直，唇基沟浅凹；额弱拱，刻点较粗；触角向后未达到前胸背板基部。前胸背板横阔，中部最宽，向前、后圆弧形收缩；前缘、后缘近直；前角、后角钝角形；盘区中央刻点粗且稀疏，侧缘非常粗但不汇合。鞘翅中部最宽，饰边背观前端可见；翅面布稀疏粗刻点夹杂浅皱纹；肩圆。前胸腹突弯落，端部无尖角。腹部第 1 腹板中间有时凹。前胫节端部略向外扩展，端部下侧凹陷；雄性的前足、中足第 1～4 跗节扩展。

检视标本：1♂，宁夏海原，1986. VIII. 25，任国栋采（HBUM）；1♂，宁夏隆德，1989. VII. 26，任国栋采（HBUM）；5♂5♀，宁夏隆德峰台，2008. VI. 30，王新谱、刘晓丽采（HBUM）；3♂，宁夏隆德峰台，2009. VII. 1，王新谱、赵小林采（HBUM）；1♀，宁夏泾源和尚铺，2009. VII. 1，顾欣采（HBUM）；1♂，宁夏泾源卧羊川，2008. VII. 7，李秀敏采（HBUM）；1♂1♀，宁夏泾源西峡，2008. VII. 15，李秀敏等采（HBUM）。

地理分布：宁夏（海原、隆德、泾源）、甘肃、青海。

## 301）齿刺甲属 *Oodescelis* Motschulsky, 1845

### （739）多点齿刺甲 *Oodescelis (Acutoodescelis) punctatissima* (Fairmaire, 1886)（图版 LIII: 1）

*Platyscelis punctatissima* Fairmaire, 1886: 345; Ren & Yu, 1999: 293; Löbl & Smetana, 2008: 294; Ren, 2010: 183.

识别特征：体长 11.5～12.5 mm，宽 6.0～7.0 mm。亮黑色。头上刻点稠密，唇基沟略凹。前胸背板基部最宽，两侧向中部近于直，端部强烈变窄，饰边粗；前缘深凹，近半圆形；基部近于直；前角、后角尖直角形；背面刻点粗密，侧缘纵向汇合。鞘翅卵圆形，中部最宽，背面刻点粗大；侧缘饰边由背观达到中部。前胸腹突略弯，端部弱尖角形。腹部有虚弱毛环。前足腿节有锐齿；雄性的前足、中足第 1～4 跗节扩展。

检视标本：2♂3♀，宁夏泾源卧羊川，2008. VII. 7，王新谱、刘晓丽采（HBUM）；3♂，宁夏泾源秋千架，2009. VII. 7，王新谱、杨晓庆采（HBUM）；1♂，宁夏泾源六盘山气象站，2835 m，2009. VIII. 1，顾欣采（HBUM）。

地理分布：宁夏（泾源、六盘山）、北京、天津、内蒙古、四川、新疆。

## 302）刺甲属 *Platyscelis* Latreille, 1818

### （740）盖氏刺甲 *Platyscelis (Platyscelis) gebieni* Schuster, 1915（图版 LIII: 2）

*Platyscelis gebieni* Schuster, 1915: 88; Ren & Yu, 1999: 306; Löbl & Smetana, 2008: 296; Yang et al., 2011: 162.

识别特征：体长 10.0～12.5 mm，宽 6.0～7.0 mm。黑色，有光泽。头宽阔，唇基前缘直，唇基沟几乎无凹。前胸背板基部最宽，两侧中后部几乎不变窄，端部强烈收缩；两侧基部至中部有狭窄的扁凹，饰边很粗；盘区有稠密的小刻点并向侧缘变为粗密。鞘翅短，中部最宽，饰边由背面可见；盘上有隐约可见的脊及稠密小颗粒。前胸腹突直或尖角形弯曲。腹部光裸无凹。前胫节外缘直，端部下侧凹；雄性前足、中足第1～4跗节扩展。

检视标本：1♂，宁夏海原水冲寺，1986. VIII. 25，任国栋采（HBUM）；3♂3♀，宁夏海原水冲寺，1989. VII. 29，任国栋采（HBUM）；2♂，宁夏海原，1997. VII. 29，任国栋采（HBUM）；3♂6♀，宁夏海原牌路山，2009. VII. 18，王新谱、冉红凡采（HBUM）；55♂59♀，宁夏海原南华山，2009. VII. 19，王新谱、杨晓庆采（HBUM）；1♂1♀，宁夏固原云雾山，1989. V. 29，任国栋采（HBUM）；2♂2♀，宁夏固原黄崄山，1990. VIII. 14，任国栋采（HBUM）；1♂，宁夏固原开城，2009. VII. 16，王新谱、杨晓庆采（HBUM）；14♂19♀，宁夏固原须弥山，2009. VII. 17，王新谱、冉红凡采（HBUM）；3♂3♀，宁夏西吉，1989. VII. 25（HBUM）；1♂1♀，宁夏隆德峰台林场，2008. VI. 30，王新谱、刘晓丽采（HBUM）；3♂1♀，宁夏隆德峰台林场，2009. VII .13–14，王新谱、赵小林采（HBUM）；1♂1♀，宁夏隆德峰台，2008. VII 3，王新谱、刘晓丽采（HBUM）。

地理分布：宁夏（海原、固原、西吉、隆德）、河北、山西、内蒙古、陕西。

取食对象：沙生植物根部。

**（741）心形刺甲 *Platyscelis (Platyscelis) subcordata* Seidlitz, 1893**（图版 LIII: 3）

*Platyscelis subcordata* Seidlitz, 1893: 354; Wang et al., 1992: 60; Löbl & Smetana, 2008: 296.

曾用名：宽胫刺甲（王希蒙等，1992）。

识别特征：体长 9.0～9.5 mm，宽 5.5～6.0 mm。黑色，具弱光泽。头宽阔，刻点粗密；唇基前缘直，唇基沟几乎不凹，具稀疏刻点且在复眼间彼此纵向汇集；额扁平，有较密粗刻点；触角向后伸达前胸背板基部。前胸背板横阔，中部之后最宽，向前强烈、向后近平行地收缩；前缘深凹，两侧弯曲具饰边，基部近于直；前角钝，后角近于直；盘区刻点稀疏，渐向侧缘、基部变粗变密且几乎相互连接。鞘翅中部最宽，饰边由背观仅见其端部；翅面布不规则圆形粗刻点，刻点在侧缘几乎连接。前胫节端部略向外扩展，下侧凹；雄性的前、中足第1～4跗节扩展。

地理分布：宁夏（同心、海原、隆德、西吉）、北京、河北、山西、辽宁、山东。

取食对象：小麦、杂草等。

**（742）绥远刺甲 *Platyscelis (Platyscelis) suiyuana* Kaszab, 1940**（图版 LIII: 4）

*Platyscelis (Platyscelis) suiyuana* Kaszab, 1940: 928; Ren & Yu, 1999: 309.

识别特征：体长 11.0～15.0 mm，宽 6.0～8.5 mm。黑色，具弱光泽。头横阔，刻点很粗密；唇基前缘直，唇基沟不凹；额扁；触角向后达到前胸背板基部。前胸背板横阔，基部最宽，向前逐渐收缩；前缘近直，两侧饰边很细，后缘近直；前角钝角形，后角尖，直角形；盘区中央刻点粗而稀疏，渐向侧缘变粗密稀见纵向汇合。鞘翅基部几乎不宽于前胸背板基部，中部最宽；饰边较粗，由背面全部可见；整个翅面有很粗密的刻点，端部夹杂细密皱纹。腹部光裸无压迹。前胫节向端部突然变粗，外缘直，端部圆，内侧较扁，下侧较凹陷；中胫节弱弯；后胫节基部几乎不弯曲，近直；雄性前足、中足第1～4跗节扩展。

检视标本：1♂1♀，宁夏同心大罗山，1984. VI. 1，任国栋采（HBUM）。

地理分布：宁夏（罗山）、山西、内蒙古、陕西。

## 拟步甲族 Tenebrionini Latreille, 1802

### 303）拟步甲属 *Tenebrio* Linnaeus, 1758

#### （743）黄粉虫 *Tenebrio molitor* Linnaeus, 1785（图版 LIII: 5）

*Tenebrio molitor* Linnaeus, 1758: 417; Ren & Yu, 1999: 309; Löbl & Smetana, 2008: 299; Ren, 2010: 184.

识别特征：体长 12.0～16.0 mm。体扁平，长椭圆形；背面黑褐色，有油脂状光泽，腹面赤褐色。唇基前缘宽圆，唇基沟凹；复眼间头顶隆起，中间有短凹。前胸背板横阔，前缘浅凹；侧缘基半部平行，端半部较强收缩，具饰边；基部中央略后突，两侧在后角内侧明显缺刻，基部之前有深横沟；前角急剧前突，顶端达复眼基部，后角宽钝形后突；背面刻点稠密。小盾片阔三角形，前面刻点非常稀疏。鞘翅前缘浅凹，肩宽圆；两侧中间略收缩，尖圆；翅面有清晰纵沟和稠密刻点。足粗短，前胫节内侧明显弯曲；后足末跗节长于第2、第3跗节之和。

检视标本：3♂3♀，宁夏永宁王太堡，1989. VII. 4，任国栋采（HBUM）；34头，宁夏泾源卧羊川，2008. VII. 8，袁峰、吴琦琦、冉红凡采（HBUM）。

地理分布：宁夏（永宁、泾源）、河北、山西、内蒙古、辽宁、吉林、黑龙江、江苏、福建、江西、山东、河南、湖北、广东、广西、海南、四川、云南、甘肃、台湾、香港；蒙古国，俄罗斯（远东），日本，塔吉克斯坦，土库曼斯坦，欧洲，非洲。

取食对象：面粉、糠麸、霉变食物。

#### （744）黑粉虫 *Tenebrio obscurus* Fabricius, 1792（图版 LIII: 6）

*Tenebrio obscurus* Fabricius, 1792: 111; Wang et al., 1992: 60; Ren & Yu, 1999: 327; Löbl & Smetana, 2008: 300.

识别特征：体长 13.5～18.5 mm，宽 4.5～6.0 mm。扁长卵形；暗黑色，无光泽。前胸背极前缘浅凹；侧缘半圆形，中间最宽，向前较向后收缩强烈，后角之前略收缩；基部中叶略突，两侧微凹，具细饰边；前角稍突，顶端不达复眼基部，后角略外突；背面刻点较密。小盾片有稠密刻点，刻点与刻点之间形成网状。鞘翅长卵形，两侧平行，尖圆；背面有稠密刻点和沟，行间有分散大扁颗粒，故在行上形成显隆的脊突。

地理分布：宁夏（银川、盐池、灵武、石嘴山）、河北、山西、内蒙古、辽宁、吉林、黑龙江、上海、江苏、浙江、安徽、福建、江西、山东、河南、湖南、广东、广西、海南、四川、贵州、陕西、青海、新疆、台湾；俄罗斯（远东），韩国，日本，阿富汗，伊朗，塔吉克斯坦，乌兹别克斯坦，土库曼斯坦，哈萨克斯坦，土耳其，塞浦路斯，伊拉克，欧洲，非洲。

取食对象：面粉、糠麸、霉变食物。

## 拟粉甲族 Triboliini Gistel, 1848

### 304）拟粉甲属 *Tribolium* MacLeay, 1825

#### （745）赤拟粉甲 *Tribolium castaneum* (Herbst, 1797)（图版 LIII: 7）

*Colydium castaneum* Herbst, 1797: 282; Zhao et al., 1982: 86; Wu et al., 1982: 204; Wang et al., 1992: 59; Gao, 1993: 114; Ren & Yu, 1999: 331; Löbl & Smetana, 2008: 301.

曾用名：赤拟谷盗（赵养昌等，1982；吴福桢等，1982；王希蒙等，1992；高兆宁，1993）。

识别特征：体长 2.7～3.7 mm。扁长椭圆形；淡棕色，具光泽。头扁阔，唇基前缘直，两侧向颊扩弯；唇基沟明显；触角端部有 3 个明显球形节，第 1 节基部直并有齿突。前胸背板长方形，前缘近于直；侧缘圆弧形，由前向后缓缩，中间之前最宽；基部中叶后突，两侧浅凹；前角略前突，略下弯；背面有稠密小刻点。鞘翅基部最宽，两侧中间略收缩；每翅 10 行清晰的点条线，行间有成列小刻点，内侧 3 个行间无脊突，其余行间突起。雄性肛节端部无齿突。雄性前足腿节下侧基部 1/4 处有 1 卵形浅窝，其间着生许多直立金黄色毛。

检视标本：3♂2♀，宁夏永宁王太堡，1989. VII. 24（IPPNX）；11 头，宁夏青铜峡，1974. VII（IPPNX）；2 头，宁夏彭阳，1974（IPPNX）。

地理分布：宁夏（银川、青铜峡、永宁、彭阳）、北京、河北、山西、江苏、浙江、安徽、福建、江西、河南、湖北、湖南、广东、广西、海南、四川、贵州、云南、台湾、香港；蒙古国，俄罗斯（远东），日本，不丹，阿富汗，土库曼斯坦，哈萨克斯坦，土耳其，塞浦路斯，沙特阿拉伯，伊拉克，以色列，也门，埃及，欧洲，非洲界。

取食对象：面粉、谷类、豆饼、麸糠、干果、种子、豆类、皮革、干鱼、干肉、昆虫标本等。

#### （746）杂拟粉甲 *Tribolium confusum* Jacquelin du Val, 1861（图版 LIII: 8）

*Tribolium confusum* Jacquelin du Val, 1861: 181; Wu et al., 1978: 296; Wang et al., 1992: 60; Gao, 1993: 114; Ren & Yu, 1999: 332; Löbl & Smetana, 2008: 301; Liu et al., 2011: 260.

曾用名：杂拟谷盗（吴福桢等，1978；王希蒙等，1992；高兆宁，1993）。

识别特征：体长 3.0～4.4 mm。体扁长；棕褐色。唇基前缘直，两侧向颊近斜直；复眼前的颊角钝角状，向外较明显突出；复眼在头部下方的部分较小，分背、腹叶两部分，中间以 1 窄缝连接，约为眼横径 3 倍；复眼内侧的额有不太尖的脊突；背面刻点细；触角第 8～11 节渐扩展，非圆球形。前胸背板长方形，前缘近于直，前角略前突；侧缘较直立，中间之前最宽；基部宽直，两侧略收缩，后角直；背面小刻点较稠密。鞘翅长卵形，两侧平行。雄性肛节端部中间 1 突起。

地理分布：宁夏（银川、中卫、盐池）、河北、山西、内蒙古、辽宁、吉林、黑龙江、江苏、浙江、安徽、福建、江西、山东、河南、湖北，湖南、广西、海南、四川、贵州、云南、陕西、新疆；蒙古国，俄罗斯（远东、东西伯利亚），日本，土库曼斯坦，哈萨克斯坦，黎巴嫩，沙特阿拉伯，塞浦路斯，以色列，埃及，欧洲，非洲界。

取食对象：禾谷类、面粉、豆饼、糠麸、干鱼、种子、皮革、干果、干肉、昆虫标本等。

**（747）黑拟粉甲 *Tribolium madens* (Charpentier, 1825)**（图版 LIII: 9）

*Tenebrio madens* Charpentier, 1825: 218; Zhao et al., 1982: 69; Wang et al., 1992: 60; Ren & Yu, 1999: 330; Löbl & Smetana, 2008: 302.

曾用名：黑拟谷盗（赵养昌等，1982；王希蒙等，1992）。

识别特征：体长 4.3～5.4 mm。暗棕色至黑色。唇基前缘宽直，两侧斜弯；前颊比复眼外缘窄；背面有均匀稠密浅刻点；复眼内缘的头背面无脊状突起；触角端部有3 个明显的球形节。前胸背板长方形，背面扁平，中间刻点较稀，两侧变密，刻点略大；前缘中间向前突出，两侧浅凹；侧缘近于直，中部以前最宽，后角之前略收缩；基部中叶圆弧形后突，两侧微凹；前角钝突，后角钝直。小盾片近方形。鞘翅端部1/3 处最宽；第 1、第 2 行间光滑，刻点不明显；第 1 行间无脊，第 2 行间的脊很细，其余行间隆起；每个行间有 2 列小刻点。肛节中央 1 对浅凹。前胫节、中胫节外缘齿不太明显。

检视标本：1♂1♀，宁夏青铜峡，1964. VI（IPPNX）。

地理分布：宁夏（青铜峡）、山西、甘肃、新疆；俄罗斯（西伯利亚），塔吉克斯坦，土库曼斯坦，欧洲，非洲界。

取食对象：面粉、谷类等。

## 39.4　朽木甲亚科 Alleculinae Laporte, 1840

### 朽木甲亚科分种检索表

1. 眼前缘深凹；后足基节不突出；跗节常具叶状节；腹部一般可见 5 节 ·············· 2

- 眼前缘弱弧凹；后足基节突出，遮盖基腹板基部；跗节简单，一般无叶状节；腹部一般可见 6 节 ··········································································· 4

2. 触角、口须、足大部分黑褐色或黑色 ··············亚尖污朽木甲 *Borboresthes subapicalis*

- 触角、口须、足大部分黄色 ··································································· 3

3. 眼间距等于眼直径 ····························黄角污朽木甲 *Borboresthes flavicornis*

- 眼间距大于眼直径 ····························鲍氏污朽木甲 *Borboresthes borchmanni*

4. 头暗黑色 ·································································································· 5

- 头浅色 ····································································································· 6

5. 触角褐色 ··········································小栉甲 *Cteniopinus parvus*

- 触角黑色 ··········································彭阳栉甲 *Cteniopinus pengyangensis*

6. 前胸背板有明显凹陷 ········································ 异角栉甲 *Cteniopinus varicornis*

- 前胸背板无明显凹陷 ··········································································· 7

7. 触角第 3 节黑色 ·············································································· 8

- 触角第 3 节非黑色 ············································································· 9

8. 胫节和跗节黑色；长 15.0～18.0 mm ···················· 杂色栉甲 *Cteniopinus hypocrita*

- 跗节浅色；长 11.0～12.0 mm ··························· 窄跗栉甲 *Cteniopinus tenuitarsis*

9. 触角短于体长之半 ······························· 阿尔泰栉甲 *Cteniopinus altaicus altaicus*

- 触角长于体长之半 ·········································································· 10

10. 通体黄色；上唇和唇基的刻点较额部大和稀疏；长约 10.0 mm ·······················
   ·········································· 异点栉甲 *Cteniopinus diversipunctatus*

- 跗节浅褐色 ················································································· 11

11. 触角第 7～11 节浅褐色；腹面被浅褐色毛；长 12.0～13.5 mm ·······················
   ·············································· 棕毛栉甲 *Cteniopinus brunneicapilus*

- 触角第 4～11 节浅褐色；体表被疏毛；长 11.0～13.5 mm ························· 12

12. 前胸背板光裸无毛，基部弓形凹；小盾片中部无沟；第 5 可见腹板后缘直 ···············
   ·············································· 六盘山栉甲 *Cteniopinus liupanshana*

- 前胸背板具稀疏毛，基部无凹；小盾片中部具细沟；第 5 可见腹板后缘宽凹 ···········
   ················································· 光滑栉甲 *Cteniopinus glabratus*

## 朽木甲族 Alleculini Laporte, 1840

## 朽木甲亚族 Alleculina Laporte, 1840

### 305）污朽木甲属 *Borboresthes* Fairmaire, 1897

#### （748）鲍氏污朽木甲 *Borboresthes borchmanni* Novák, 2008（图版 LIII: 10）

*Borboresthes borchmanni* Novák in Löbl & Smetana, 2008: 321.

*Borboresthes tibialis* Borchmann, 1941: 27; Yang et al., 2016: 80.

曾用名：胫污朽木甲（杨贵军等，2016）。

识别特征：体长 8.0～9.5 mm。体较宽，棕褐色到红褐色，通体被黄毛；触角、口须、足大部分黄色。上唇强横，布模糊刻点和细皱纹，唇基圆刻点均匀，额刻点稍大于唇基刻点；眼间距大于眼直径；触角几乎达身体中部。前胸背板梯形，基半部平行缓缩，近端部急剧收缩；周缘饰边完整，发亮；被均匀网状刻纹，每网眼 1 个具毛刻点，盘区刻点较疏；基部中叶明显；后角略伸出。小盾片近相等边三角形，布细密刻点。鞘翅发亮，端部颜色较浅；刻点行近基部镶以粗刻点，近端部刻点近消失而变为深切纵沟；行间拱起，近翅端拱起更强烈，密布具毛刻点。腿节粗壮，前足腿节较短；胫节长约为跗节长的 2 倍。

地理分布：宁夏（贺兰山）、福建。

### （749）黄角污朽木甲 *Borboresthes flavicornis* Borchmann, 1941（图版 LIII: 11）

*Borboresthes flavicornis* Borchmann, 1941: 28; Löbl & Smetana, 2008: 321; Yang et al., 2016: 80.

识别特征：体长 8.0～9.0 mm。棕褐色，光亮，背面密布黄色长毛。上唇极横阔，端缘具宽阔圆凹，凹内毛较短，向两侧渐变长；唇基与上唇近等宽，平坦，被稀毛和模糊浅刻点；额布粗大模糊刻点；复眼大，眼间距与眼直径近相等；触角刚达到身体中部。前胸背板近梯形，基部最宽，中部向后平行扩展，向前圆弧形强烈收缩；周围饰边完整，中部饰边稍宽且微翘；盘区布均匀网状刻纹，每网眼有 1 具毛刻点；基部中叶明显，中叶端缘弱凹；前角圆弧形，后角近于直角形。小盾片近梯形，端部平截，密布长毛和模糊刻点。鞘翅第 1、第 2 刻点行从同一点发出，大多数刻点行到达或接近翅端；基部刻点行镶以粗刻点，接近翅端刻点行则近于深切；行间拱起，密布具长毛刻点。足胫节较长，近于跗节长的 2 倍。

地理分布：宁夏（贺兰山）、东北。

### （750）亚尖污朽木甲 *Borboresthes subapicalis* Pic, 1934（图版 LIII: 12）

*Borboresthes subapicalis* Pic, 1934: 22; Löbl & Smetana, 2008: 321; Yang et al., 2016: 80.

识别特征：体长 7.0～9.0 mm。长卵形，密布半直立黄毛；大部分深褐色，触角、口须、足颜色稍浅。上唇横，疏布具毛细刻点，端缘布稠密短毛；唇基与额上的刻点一样粗，额基部刻点稍浅；眼间距远大于眼直径；触角长不达到身体中部。前胸背板梯形，饰边完整，刻点浅，较额上的大，密被长毛；两侧向前近于斜直地收缩，近端部急剧收缩，两侧饰边微翘；基部 2 湾，中叶圆弧形。小盾片宽三角形，密布长毛。鞘翅扁拱，近翅端变尖，基部刻点行上镶以粗刻点，向后变为近乎深切的沟；行间强拱起，布具毛细刻点。前胫节略长于跗节，中胫节、后胫节约为跗节长的 2 倍。

地理分布：宁夏（贺兰山）、河南、湖北。

## 栉甲族 Cteniopodini Solier, 1835

## 306）栉甲属 *Cteniopinus* Seidlitz, 1896

### （751）阿尔泰栉甲 *Cteniopinus altaicus altaicus* (Gebler, 1829)（图版 LIV: 1）

*Cistela altaicus* Gebler, 1829: 128; Löbl & Smetana, 2008: 329; Wang & Yang, 2010: 225.

曾用名：阿栉甲（王新谱等，2010）。

识别特征：体长 7.0～9.0 mm。黄色，口须端节、触角大多深褐色至黑色，头、前胸背板、腹部有深色斑，腿节端部、胫节基部常黑褐色。额刻点粗大；触角向后伸达身体中部，雌性稍短。前胸背板正方形，前缘具饰边，两侧近基部 1/3 平行且具饰边；基部 2 浅凹；盘拱起，布细密刻点，中线明显，两侧各 1 弱凹；前角钝，后角圆直。鞘翅肩角宽圆，两侧中间内弯，具饰边；行间平坦，布褐色伏毛和细刻点。雄性第 5 腹板端部三角形凹入，肛节中间圆凹；雌性肛节端部圆形。胫节端距内长外短；后足跗节与胫节近于等长。

检视标本：1♂1♀，宁夏贺兰山小口子，1500 m，1987. V. 27，任国栋采（HBUM）。

地理分布：宁夏（贺兰山）、内蒙古、河南、陕西、甘肃；俄罗斯（远东、东西伯利亚）。

取食对象：植物花粉。

### （752）棕毛栉甲 *Cteniopinus brunneicapilus* Yu & Ren, 1997

*Cteniopinus brunneicapilus* Yu & Ren, 1997: 9; Löbl & Smetana, 2008: 330; Ren, 2010: 179.

识别特征：体长 12.0～13.5 mm，宽 5.0～5.2 mm。浅棕黄色，下颚须、触角端部 5 节、足膝部及跗节浅棕色，上颚端部、胫节端距棕褐色，腹面浅黄褐色、被黄毛。唇基和额上刻点稀大，头顶刻点密小；触角向后伸达鞘翅中部，第 3 节略较第 4 节长。前胸背板明显横宽，较拱起，具光亮圆刻点和棕色毛，中线不明显；侧缘基部 2/3 直，由此向前圆缩，基部 1/3 具细饰边。小盾片窄三角形，光亮，毛稀，基部中线深。鞘翅向后显宽，具规则刻点沟，基部沟深并生棕色毛，行间凸起，中部被黄毛。第 5 腹板基部深凹，第 6 节端部微凹。后足第 1 跗节长于第 2、第 3 节长之和。

检视标本：2 头，宁夏泾源龙潭，1985. VI. 21，任国栋采（HBUM）。

地理分布：宁夏（泾源）、陕西。

### （753）异点栉甲 *Cteniopinus diversipunctatus* Yu & Ren, 1997（图版 LIV: 2）

*Cteniopinus diversipunctatus* Yu & Ren, 1997: 10; Löbl & Smetana, 2008: 330; Yang et al., 2016: 80.

识别特征：体长约 10.0 mm。黄色，密布黄毛；后头、触角、胫节端距、下颚须端部及前胸背板端部和基部的边浅棕色，上颚浅黑色。上唇和唇基的刻点较额上稀大，唇基沟深；触角向后伸达鞘翅长的 3/4 处。前胸背板侧缘从基部到中部弱，再往前显缩，近基部 1/2 侧边明显；基部弯曲、中部突出。鞘翅肩部略较前胸基部宽，侧缘平行，基部圆缩；刻点沟深而规则，刻点密，行间弱凹。第 4 腹板基部宽凹，第 5 腹板具浅而清晰的三角形凹陷，基部有深的宽凹，第 6 腹板凹陷深。

地理分布：宁夏（贺兰山）、内蒙古。

### （754）光滑栉甲 *Cteniopinus glabratus* Yu & Ren, 1997（图版 LIV: 3）

*Cteniopinus glabratus* Yu & Ren, 1997: 8; Löbl & Smetana, 2008: 330; Ren, 2010: 179.

识别特征：体长 11.0～14.5 mm，宽 4.5～5.5 mm。头、胸及小盾片棕黄色，鞘翅黄色和光亮，上颚端部浅褐色，下颚须、触角第 4～11 节端半部、跗节肉桂褐色。上唇前缘宽凹，背面具黄色细长毛；唇基近方形，刻点稀大；头顶刻点密小；触角向后伸达鞘翅中部。前胸背板扁平，密布圆刻点和稀疏短黄毛；侧缘基部略收缩、中部突出、向前显缩，基半部具饰边；基部较直；后角直。小盾片三角形，中线细，顶尖圆。鞘翅从基部到中部略变宽，雌性显宽，翅尖宽圆且分开；刻点沟深而规则，间隙弱隆、光裸。第 5 腹板基部宽凹、中部具梯形扁凹，第 6 腹板的扁凹深；雌性第 5 腹板基部宽凹，第 6 腹板基部圆。

检视标本：5 头，宁夏泾源二龙河，1989. VII. 29，任国栋采（HBUM）。

地理分布：宁夏（泾源）、甘肃。

### （755）杂色梽甲 *Cteniopinus hypocrita* (Marseul, 1876)（图版 LIV: 4）

*Cteniopus hypocrita* Marseul, 1876: 329; Löbl & Smetana, 2008: 330.

*Cteniopus potanini* Heyden, 1889: 677; Wang & Yang, 2010: 226; Yang et al., 2011: 162.

曾用名：波氏梽甲（王新谱等，2010；杨贵军等，2011）。

识别特征：体长 11.0～13.0 mm。前胸背板、鞘翅及足黄色，其余褐色至黑色。上唇近正方形，前缘凹，周缘具浅色长毛，疏布具黑毛细刻点；触角向后伸达鞘翅中部。前胸背板近梯形，前、基部具饰边，侧缘近基部饰边可见，基部弱 2 湾；盘拱起，密布黄毛和细刻点，纵中线近基部圆突。鞘翅窄长，盘区密布伏毛，行间扁拱。第 5 腹板具三角形凹，肛节侧板略扩展，具毛丛，中部宽凹；雌性第 5 腹板与肛节无凹。足密布深色毛，距与爪较细长。

检视标本：8♂，宁夏海原，1989. VI. 27，任国栋采（HBUM）；3♂，宁夏海原水冲寺，1989. VI. 23，任国栋采（HBUM）；1♂，宁夏海原黄庄，1987. VII. 19，任国栋采（HBUM）；3♂，宁夏海原灵光寺，1987. VI. 30，任国栋采（HBUM）；1♂，宁夏贺兰山小口子，1986. VII. 1，任国栋采（HBUM）；1♂，宁夏同心罗山，1985. VII. 3，于有志采（HBUM）；109 头，宁夏灵武白芨滩，2015. VI，高祺采（BJFU）。

地理分布：宁夏（海原、灵武、贺兰山、罗山）、北京、河北、辽宁、吉林、黑龙江、上海、江苏、福建、河南、湖南、广东、广西、四川、西藏、陕西、甘肃；俄罗斯，韩国，日本。

取食对象：植物花粉。

### （756）六盘山梽甲 *Cteniopinus liupanshana* Ren & Wang, 2010（图版 LIV: 5）

*Cteniopinus liupanshana* Ren & Wang in Ren, 2010: 181.

识别特征：体长 11.0～13.0 mm，宽 4.0～6.0 mm。头、鞘翅、腹部和爪黄绿色，复眼、前胸背板、上颚端部、触角（除各节端部黑色外）及足青绿色。上唇前缘中凹并有疏毛，有稠密的细刻点。触角向后伸达前胸背板中基部，末节端部有小突起。前胸背板近梯形，中基半部隆起；前缘中凹，饰边仅中间可见；两侧基部最宽，基半部近平行，具饰边，端半部急缩，饰边由背面不可见；基部近于直，饰边完整；前角钝直，后角圆直角形；盘区刻点仅中纵线清晰、粗密，两侧细密，被稠密的金黄色伏毛。小盾片长三角形，被毛。鞘翅两侧中基部最宽，仅两端饰边由背面可见；行上具毛圆刻点明显，行间有浅黄色底纹。第 5 腹板有三角形中凹，肛节短宽，中间和基部均宽凹；雌性第 5 腹板无中凹，肛节端部圆形。前胫节较短，中、后胫节内弯；前足、中足跗节较后足跗节宽。

检视标本：1♂，宁夏泾源二龙河，2008. VII. 19，王新谱采（HBUM）；3♂21♀，宁夏泾源二龙河，2008. VII. 19，王新谱、冉红凡、吴琦琦采（HBUM）。

地理分布：宁夏（泾源）。

### （757）小梽甲 *Cteniopinus parvus* Yu & Ren, 1997（图版 LIV: 6）

*Cteniopinus parvus* Yu & Ren, 1997: 10; Löbl & Smetana, 2008: 330; Ren, 2010: 179; Wang & Yang, 2010: 225.

识别特征：体长 8.0～10.0 mm。体深黄色，密布短黄毛；头黑色，下颚须、上颚、胫节端距、跗爪浅肉桂色。头均布稠密刻点，额唇基沟深；触角向后伸达鞘翅长的 2/3 处。前胸背板凸，长宽近相等；侧缘基半部近平行、前 1/4 窄缩，仅侧缘基部 1/3 具饰边。鞘翅两侧平行，后 1/4 窄缩，翅尖圆形分开；刻点沟浅，刻点稀大，行间扁平，近外侧行间较宽。第 5 腹板两侧近基部凹，中部具光滑三角形凹，基部、肛节、端缘均宽凹，侧板窄短，被长毛。后足跗节第 1 节长于第 2 节。

检视标本：1 头，宁夏泾源东山坡，1984. VIII. 15，罗耀兴采（HBUM）。

地理分布：宁夏（泾源、贺兰山）。

取食对象：植物花粉。

**（758）彭阳栉甲 *Cteniopinus pengyangensis* Ren & Wang, 2010**（图版 LIV: 7）

*Cteniopinus pengyangensis* Ren & Wang in Ren, 2010: 179.

识别特征：体长 9.8～12.0 mm，宽 4.0～5.2 mm。体黄绿色，头、小盾片、腹面、足大部分黑色，爪棕色。上唇前缘中凹并有疏毛；唇基前缘具膜片，背面有皱纹状刻点；前胸背板梯形，显隆；前缘近于直，饰边完整；两侧基部最宽，基半部近平行并具饰边，端半部急缩，饰边由背面不可见；基部饰边完整；前角宽圆，后角钝直；盘区有稠密的细刻点，被稠密金黄色伏毛。鞘翅两侧中基部最宽，仅两端饰边由背面可见；背面被稠密黄色短伏毛，翅缝端裂，行上刻点明显。第 5 腹板有三角形中凹，肛节短宽，基部浅凹，三角形凹明显；雌性无该凹。

检视标本：2♂，宁夏泾源卧羊川，2008. VI. 22，任国栋采（HBUM）；1♂1♀，宁夏隆德苏台，2008. VII. 1，王新谱采（HBUM）；1♀，宁夏泾源龙潭，2008. IV. 19，任国栋采（HBUM）；13♂7♀，宁夏彭阳挂马沟，2008. VI. 25，王新谱、刘晓丽采（HBUM）。

地理分布：宁夏（彭阳、隆德、泾源）。

**（759）窄跗栉甲 *Cteniopinus tenuitarsis* Borchmann, 1930**（图版 LIV: 8）

*Cteniopinus tenuitarsis* Borehmann, 1930: 15; Löbl & Smetana, 2008: 330; Ren, 2010: 179; Wang & Yang, 2010: 226.

识别特征：体长 11.0～12.0 mm。黄色，口须端节、腿、上颚端部、触角第 2～11 节、腹部褐色至黑色。头较短，上唇较长，周缘密布长毛刻点、粗刻点和疏长毛；唇基刻点粗，侧缘有长毛列；触角不及鞘翅中部，密被深色毛。前胸背板近正方形，两侧近平行，近端部急收缩，具完整红褐色饰边；基部 2 湾；盘区均布黑色伏毛和粗刻点。鞘翅窄长，刻点行及附近布黑色伏毛，行间密布黄伏毛。体下密布黄色毛。第 5 腹板端缘浅凹，肛侧板极伸长，中部略突；雌性第 5 腹板端缘宽凹，肛节端缘浅凹。足上有稠密黑毛。

检视标本：1♂，宁夏贺兰山小口子，1500 m，1987. V. 27，任国栋采（HBUM）；3♀，宁夏贺兰山小口子，1500 m，1987. V. 27，任维采（HBUM）；2 头，宁夏泾源二龙河，1995. VI. 14，任维采（HBUM）；2♂2♀，宁夏泾源六盘山，1996. VI. 11，任国栋采（HBUM）。

地理分布：宁夏（泾源、贺兰山）、内蒙古、河南、陕西、甘肃；朝鲜。

取食对象：沙生植物根部或腐物。

**（760）异角梽甲 *Cteniopinus varicornis* Ren & Bai, 2005**（图版 LIV: 9）

*Cteniopinus varicornis* Ren & Bai, 2005: 383; Wang & Yang, 2010: 227.

识别特征：体长 11.0～14.0 mm。体细长，光裸；黄色，头和鞘翅光亮，上颚端部黑色。头上有密点；上唇略横；触角长于身体之半。前胸背板扁拱，前缘浅凹，两侧基部至中间浅凹，基部宽直，中间微凹；饰边完整；前角宽圆，后角圆直角；盘区基部有或无月牙形凹。鞘翅肩角宽圆，两侧中间内弯，饰边完整；背隆，行上具粗圆刻点，行间扁拱，布稀疏刻点，底部有暗纹。前胸侧板和腹板磨砂状；腹突狭窄，垂直下折。第 5 腹板基部两侧各 1 扁凹；雌性第 5 腹板中间无凹。胫节内端距长于外端距；前足跗节略粗；后足跗节与胫节近于等长。

检视标本：1♂，宁夏泾源六盘山，1984. VIII，罗耀兴采（HBUM）。

地理分布：宁夏（泾源、贺兰山）、陕西、甘肃。

取食对象：植物花粉。

## 39.5　菌甲亚科 Diaperinae Latreille, 1802

### 菌甲亚科分种检索表

1. 前足胫节外缘具齿 ································································ 胫齿粗角丽甲 *Paranemia bicolor*
- 前足胫节外缘无齿 ······························································································· 2
2. 鞘翅具斑纹 ································································ 二带粉菌甲 *Alphitophagus bifasciatus*
- 鞘翅无斑纹 ································································ 淡红毛隐甲 *Crypticus (Seriscius) rufipes*

## 隐甲族 Crypticini Brullé, 1832

### 307）隐甲属 *Crypticus* Latreille, 1817

**（761）淡红毛隐甲 *Crypticus (Seriscius) rufipes* Gebler, 1829**（图版 LIV: 10）

*Crypticus rufipes* Gebler, 1829: 130; Löbl & Smetana, 2008: 68; Ren, 2010: 179; Wang & Yang, 2010: 224; Yang et al., 2011: 162.

识别特征：体长 3.7～5.5 mm。长卵形；棕褐色，被黄灰色毛，上唇、口须和触角光亮并被疏毛。唇基前缘直；复眼外缘和前颊等宽，后颊颈部收缩；上唇前缘微凹；唇基缝弧凹；头部中间有粗浅刻点，前方、后方有皱纹；触角长不超过前胸背板基部。前胸背板强烈拱起，前缘弧突并具饰边；侧缘圆弯曲，中部以后最宽，具饰边；基部近于直，具细饰边；前角钝，后角直；盘区密布粗圆刻点，侧区渐变长。鞘翅三角形，背面较平，密布横皱纹；侧缘弯曲，基部略收缩，由背面可见 6 条脊；后翅外缘有 1 黄褐色卵形斑。前胫节弯，基部较细、端部较粗，内侧光滑并有小刺，外侧有短刺，短齿较明显。

检视标本：2♂，宁夏盐池，1986. V. 24（HBUM）；6♂12♀，宁夏海原，1987. VIII. 24，任国栋采（HBUM）；1♂1♀，宁夏贺兰山东部，1990. VIII. 7，任国栋采（HBUM）；

2 头，宁夏固原须弥山，2009. VII. 4，任国栋采（HBUM）；2 头，宁夏同心阴洼村，2014. VII. 3，白玲采（HBUM）；66 头，宁夏灵武白芨滩，2015. VI，高祺采（BJFU）。

地理分布：宁夏（固原、同心、盐池、海原、灵武、平罗、贺兰山）、北京、内蒙古、四川、陕西、甘肃、新疆；蒙古国，俄罗斯（远东、东西伯利亚），欧洲。

取食对象：草本植物碎屑及嫩叶。

## 菌甲族 Diaperini Latreille, 1802

### 308）粉菌甲属 *Alphitophagus* Stephens, 1832

#### （762）二带粉菌甲 *Alphitophagus bifasciatus* (Say, 1832)（图版 LIV: 11）

*Diaperis bifasciatus* Say, 1824: 268; Zhao et al., 1982: 66; Wang et al., 1992: 60; Ren & Yu, 1999: 335; Löbl & Smetana, 2008: 307.

曾用名：二带黑菌虫（赵养昌等，1982；王希蒙等，1992）。

识别特征：体长 2.2～3.0 mm。长卵形，扁拱；锈红色，头顶及鞘翅黑色，背面有粉末状细毛。唇基膨大，基部 1 横沟，沟前 1 对"八"形突起，沟后 1 对卷叶状突起将头背分成 3 条纵沟；前颊突裂片状。前胸背板长方形，前缘浅弯；两侧向前强烈收缩，中部最宽；基部 2 道湾，中叶向后突出，两侧向后角弯曲；前角宽圆，后角近于直；盘圆拱，布稠密小刻点。鞘翅卵形，中部以前最宽，缘折达到中缝角；翅面有刻点行，肩内后侧至小盾片后方各有 1 三角形红色横带，翅端部 1/3 处有 1 红色横带。前胫节外缘有 1 列短刺。

检视标本：1♂，宁夏青铜峡，1964. VI（IPPNX）。

地理分布：宁夏（青铜峡、永宁）、北京、河北、山西、内蒙古、辽宁、吉林、江苏、江西、山东、河南、湖北、广东、海南、四川、陕西、甘肃、新疆；日本，阿富汗，塔吉克斯坦，土库曼斯坦，哈萨克斯坦，土耳其，塞浦路斯，以色列，叙利亚，欧洲，非洲界。

取食对象：真菌、霉菌、湿菌食物、腐败食物。

## 丽甲族 Phaleriini Blanchard, 1845

### 309）粗角丽甲属 *Paranemia* Heyden, 1892

#### （763）胫齿粗角丽甲 *Paranemia bicolor* Reitter, 1895（图版 LIV: 12）

*Paranemia bicolor* Reitter, 1895: 157; Yu, Ren & Yu, 2000: 64 (Larvae); Löbl & Smetana, 2008: 315.

识别特征：体长 5.4～5.6 mm，宽 2.4～2.5 mm。红褐色至红棕色，光亮，着生具毛刻点。头上刻点相当稠密，头顶高隆；唇基前缘向两侧弧弯；前颊弱扩，为头部的最宽处；触角粗短，端部 5 节膨大，向后不达前胸背板中部。前胸背板横阔，刻点稠密，盘区隆起；前缘深凹，侧缘弧缩，基部之前弱凹，中部稍前最宽，基部中叶弱后突；前角、后角均钝角形。小盾片三角形。鞘翅两侧近平行，端部圆，饰边完全可见，肩角明显；翅面隆起，具刻点和刻点行，翅缝至中部刻点行明显，中部至两侧变模糊；

翅缝拱起，端部开裂。前胫节宽扁，外缘中部和端部外突；端距尖锐、较大，前足内、外距近于等长，中足、后足内距长于外距。

检视标本：2头，宁夏贺兰金贵，1998.IV.20，任国栋采（HBUM）；2头，宁夏同心刘塘镇，2017.IV.20，任国栋、侯文君采（HBUM）。

地理分布：宁夏（贺兰、银川、同心）、北京、内蒙古、新疆；蒙古国，俄罗斯（西伯利亚东部）。

# 40. 拟天牛科 Oedemeridae Latreille, 1810

体长 5.0~20.0 mm。长形，略扁，横向隆起；体色多变，灰白至青黑色，常有黄、红或橘黄色斑；被毛由细到粗、由稠密到稀疏、由伏卧到直立，稀见近于鳞片者，无长毛或鬃。前胸背板前面宽、两侧无饰边，鞘翅宽于前胸背板基部，前足基节窝开放和具有异跗节是该科的突出特征。头小并下弯，比前胸窄，长大于宽，偶见非常长者；表面光滑，具刻点或小皱纹；复眼粗，卵形，侧置。触角着生于复眼间和上颚基部，11 节，在雄性中稀见有伪 12 节者，第 2 节比其他节小；丝状，稀见锯齿状。前胸背板略盖及头的基部，端部宽于基部，基部窄于鞘翅；两侧圆，无饰边；前胸侧板较宽。鞘翅完整，顶圆，翅面有亚前缘脉。后翅脉减少，$M_4+Cu$ 联合，$M_4$ 脉不完整；稀见无翅型。腹节有 5 个可见腹板。

该科全球已知 120 属 1500 种以上，广泛分布于除南极以外的世界各大陆，尤以热带、亚热带种类丰富。幼虫栖于潮湿的枯木内，尤其在针叶树和干枯木中。成虫有访花性。中国已记录 22 属 120 余种；本书记录宁夏 1 亚科 5 属 12 种。

## 拟天牛亚科 Oedemerinae Latreille, 1810

## 齿拟天牛族 Asclerini Gistel, 1848

### 310）齿拟天牛属 *Ascleropsis* Seidlitz, 1899（宁夏新纪录）

#### （764）类齿拟天牛 *Ascleropsis similis* Švihla, 1997（图版 LV: 1）

*Ascleropsis similis* Švihla, 1997: 421; Löbl & Smetana, 2008: 354.

识别特征：体长 5.2~8.6 mm。头、中胸、后胸腹板、鞘翅和腹部绿色，触角赭色，口器和跗节深褐色，前胸背板棕橙色，足黑色。眼中度突出，眼间距与前胸背板等宽，雌性略窄；触角略超过鞘翅中部，端节在中后方缢缩；头和前胸背板具瓦状细密刻点及稀疏的白色细伏毛，无光泽。前胸背板长略大于宽，略心形，基半部浅凹或有时几乎不可见，前缘中部具半圆至近三角形绿色模糊刻点，达到前胸背板长的 1/4~2/3 处。鞘翅两侧平行，端部宽圆，翅肋几乎不明显；翅面具稠密的皱纹状细刻点及细伏毛，无光泽。

检视标本：1头，宁夏泾源卧羊川，2008.VII.7，刘晓丽采（HBUM）；2头，宁夏彭阳挂马沟，2009.VII.11，冉红凡、张闪闪采（HBUM）。

地理分布：宁夏（泾源、彭阳）、山西、陕西。

## 311）锥拟天牛属 *Ischnomera* Stephens, 1832

### （765）端凹拟天牛 *Ischnomera abdominalis* (Heyden, 1887)

*Asclera abdominalis* Heyden, 1887: 304; Löbl & Smetana, 2008: 357.

*Oedemera analis* Fairmaire, 1888: 131; Ren, 2010: 187.

识别特征：体长 6.3～7.7 mm。头、前胸背板及鞘翅蓝绿色至蓝色，前缘窄呈棕色，前胸腹板蓝色，雌性腹部黄色，雄性除腹部为黄色外余地蓝色，口器黄色，触角基部两节黄色，其余节棕色，跗节棕色，其他部分黄色。头布稠密刻点，刻点间鲨皮状，布稀疏绒毛，无光泽；眼间距与前胸背板等宽，后颊向后变窄；触角向后伸达鞘翅中部。前胸背板心形，宽略大于长，表面布稠密细刻点和皱纹，无光泽；中纵脊明显，基半部凹略。鞘翅具稠密皱纹状，被细绒毛，无光泽，翅肋非常发达，端部圆。爪基齿很小，几乎不可见。

地理分布：宁夏（泾源）、北京、河北、甘肃；俄罗斯（远东），日本。

## 纳拟天牛族 Nacerdini Mulsant, 1858

## 312）长毛拟天牛属 *Anogcodes* Dejean, 1834（宁夏新纪录）

### （766）戴维长毛拟天牛 *Anogcodes davidis* (Fairmaire, 1886)（图版 LV: 2）

*Peronocnemis davidis* Fairmaire, 1886: 352; Löbl & Smetana, 2008: 361.

识别特征：体长 8.7～11.5 mm。长卵形，背面平坦；深蓝紫色。上唇基部收缩，端部近于直；唇基前缘直，梯形；唇基沟明显；额有不规则凹，被稀疏细刻点和棕色毛，弱光泽；眼肾形，突出，稍宽于前胸背板，眼间距大于触角窝间距；触角12节，向后伸达鞘翅基部的1/3处。前胸背板近四边形，长宽近相等；前缘直，无饰边，被棕色毛；侧缘端部圆形，基部弱弯，具饰边并被毛；盘区具稀疏细刻点和棕色毛，中线凹，端部显扩。小盾片钝三角形。鞘翅向后变窄，端部稍开裂且钝，雌性两边平行；翅缝及其两侧4个窄肋，各肋在鞘翅近端部融合。肛节端部宽凹，凹的顶部圆；雌性肛节近三角形，端部有三角形浅凹。

检视标本：1头，宁夏泾源绿塬林场，2008. VI. 9，刘晓丽采（HBUM）；2头，宁夏泾源西峡林场，2008. VI. 27，李秀敏、吴琦琦采（HBUM）；1头，宁夏隆德苏台林场，2008. VII. 5，刘晓丽采（HBUM）；1头，宁夏泾源西峡林场，王新谱采（HBUM）；2头，宁夏泾源西峡林场，2008. VII. 16，李秀敏、冉红凡采（HBUM）；87头，宁夏泾源二龙河林场，2008. VII. 20，王新谱、冉红凡、吴琦琦采（HBUM）；1头，宁夏泾源二龙河，2009. VII. 4，杨晓庆采（HBUM）；2头，宁夏泾源二龙河，2009. VII. 4，王新谱、赵小林采（HBUM）；1头，宁夏泾源二龙河，2009. VII. 6，孟祥君采（HBUM）；1头，宁夏泾源东山坡，2009. VII. 12，赵小林采（HBUM）。

地理分布：宁夏（泾源、隆德）、四川、云南、西藏、甘肃、青海。

## 313）短毛拟天牛属 *Nacerdes* Dejean, 1834

### （767）瓦特短毛拟天牛 *Nacerdes (Xanthochroa) waterhousei* (Harold, 1875)（图版 LV: 3）

*Xanthochroa waterhousei* Harold, 1875: 93; Löbl & Smetana, 2008: 364; Liu et al., 2011: 263.

识别特征：体长 14.0～17.2 mm。头、触角、前胸、小盾片、足和体下卵黄至橘黄色，下颚端部烟黑色，鞘翅暗绿至蓝绿色，肩部具蓝色光泽。唇基梯形，前缘直；额纵隆，被稀疏细刻点和黄毛，具光泽；复眼突出为头最宽处，肾形，宽于前胸背板；雄性触角线状，12 节，向后伸达鞘翅的 3/4 处，雌性 11 节，伸达鞘翅中部。前胸背板略心形，长宽相等，基部 2/3 处最宽，由此向前、后平滑收缩；前缘直，具稀疏黄色直立毛；基部宽圆，具饰边，被黄色软毛；前、后角钝圆，盘区刻点和软毛同头部，具光泽。小盾片梯形，被黄色软毛。鞘翅端部稍变窄，具稀疏大刻点、黄色软毛和横向粗皱纹，脊 3 条，发达，略带光泽；雌性鞘翅两侧平行。肛节近 "U" 形，端部浅凹，末节腹节短于肛节的 1/3，端部深宽凹，第 8 腹板的突出物可见；雌性肛节三角形，顶尖。腿节粗壮，稍扁，胫节细长。

地理分布：宁夏（中卫）、河南、湖北、四川、陕西、甘肃；俄罗斯（远东），朝鲜，日本。

## 拟天牛族 Oedemerini Latreille, 1810

### 314）拟天牛属 *Oedemera* Olivier, 1789

### （768）灰绿拟天牛 *Oedemera (Oedemera) centrochinensis centrochinensis* Švihla, 1999（图版 LV: 4）（宁夏新纪录）

*Oedemera (Oedemera) centrochinensis centrochinensis* Švihla, 1999: 15; Löbl & Smetana, 2008: 365.

识别特征：体长 6.6～9.0 mm。头稍缩短，上唇正四边形，前缘中间弧凹，两边圆突；唇基梯形，前缘直，两边向端部变窄；唇基沟明显；额平，中间稍纵隆，具细皱纹及稀疏黄色细软毛，无光泽；眼小，为头最宽处，显宽于前胸背板，眼间距大于触角窝间距；触角线形，稍超过鞘翅长的 3/4。前胸背板略心形，前缘圆突，无毛及饰边；基部向后圆突，具饰边；盘区具不规则细皱纹和稀疏黄色毛，无光泽；小盾片三角形，被毛。鞘翅中缝和侧缘向后弓弯变窄，翅肋明显，肩下肋与侧缘融合，小盾片肋伸达鞘翅 1/3 处；盘上具细皱纹及稀疏黄色细软毛，无光泽；翅端部具斑点，无光泽。第 5 腹板端部凹，第 8 腹板突可见。后足基跗节长于其余节之和。

检视标本：1♂1♀，宁夏泾源秋千架林场，1600 m，2008. VI. 23，王新谱、刘晓丽采（HBUM）；1♂4♀，宁夏泾源秋千架林场，2009. VII. 7，王新谱、杨晓庆采（HBUM）。

地理分布：宁夏（泾源）、四川、陕西。

### （769）黄胸拟天牛 *Oedemera (Oedemera) lucidicollis flaviventris* Fairmaire, 1891（图版 LV: 5）

*Oedemera lucidicollis flaviventris* Fairmaire, 1891: 219; Löbl & Smetana, 2008: 366; Ren, 2010: 187.

识别特征：体长 4.9～7.6 mm。头缩短，具非常稀疏的细刻点或皱纹及黄色软毛，弱光泽至无光泽；眼适处稍宽于前胸背板；触角稍超过鞘翅长的 3/4，雌性长达鞘翅长的 2/3 处。前胸背板心形，无中纵脊；表面几乎无刻点，具细皱纹，无光泽，几乎无毛。鞘翅侧缘弱弓形凹，雌性不凹，翅肋粗壮；盘上有细皱纹及稀疏直立棕色软毛，端部具刻点。后足腿节适度至强烈变粗。

检视标本：1 头，宁夏泾源六盘山，1995. VI. 7，林 92–V 组采（HBUM）。

地理分布：宁夏（泾源）、北京、河北、黑龙江、浙江、福建、江西、山东、河南、湖北、湖南、四川、贵州、陕西；朝鲜。

**（770）浅黄拟天牛 *Oedemera (Oedemera) lurida sinica* Švihla, 1999**（图版 LV: 6）（宁夏新纪录）

*Oedemera (Oedemera) lurida sinica* Švihla, 1999: 41; Löbl & Smetana, 2008: 366.

识别特征：体长 6.6～8.6 mm。暗绿橄榄色至灰蓝绿色。头长宽相等，上唇正四边形，前缘中间微凹；唇基梯形，前缘直；唇基沟明显；额中部隆起，具细皱纹及稀疏黄色细软毛，无光泽；下颚须端节三角形，端部薄，具感觉槽；眼拱起，为头最宽处，显宽于前胸背板，眼间距大于触角窝间距；触角线形，超过鞘翅之半。前胸背板略心形，长宽近相等；前缘向前圆突，具黄色细毛；基部直，具饰边，盘区皱纹和软毛像头部，无光泽；前胸背板窝发达，中纵脊缺失或很弱。小盾片三角形。鞘翅侧缘不凹，中缝弱弓形凹，端部窄于基部；翅肋明显，肩下肋与侧缘融合，小盾片肋只达鞘翅长的 1/4 处；盘上有黄色细软毛及细皱纹，端部具刻点，无光泽。腹部肛节端部直，中间浅凹，第 8 腹板突可见。后足腿节很轻微的变粗，后足基跗节长于其余节之和。

检视标本：1♀，宁夏泾源二龙河，1993. V. 24（HBUM）；1♀，宁夏泾源龙潭林场，1996. VI. 9（HBUM）；1♀，宁夏泾源王化南林场，2008. VI. 20，王新谱采（HBUM）；2♀，宁夏泾源王化南林场，2008. VI. 20，冉红凡采（HBUM）；3♀，宁夏泾源秋千架林场，1600 m，2008. VI. 23，王新谱、刘晓丽采（HBUM）；2♀，宁夏泾源西峡林场，2000 m，2008. VI. 27，李秀敏、冉红凡采（HBUM）；1♀，宁夏德隆峰台林场，2008. VI. 29，袁峰采（HBUM）；1♀，宁夏德隆苏台林场，2008. VII. 2，刘晓丽采（HBUM）；1♀，宁夏泾源东山坡林场，2008. VII. 3，任国栋采（HBUM）；1♀，宁夏泾源红峡林场，2008. VII. 9，王新谱、刘晓丽采（HBUM）；4♀，宁夏泾源西峡林场，2008. VII. 15，冉红凡、吴琦琦采（HBUM）；1♀，宁夏泾源二龙河，2009. VII. 3，赵小林采（HBUM）；1♀，宁夏泾源龙潭林场，2009. VII. 4，张闪闪采（HBUM）；2♀，宁夏泾源龙潭林场，2009. VII. 4，周善义、孟祥君采（HBUM）；2♀，宁夏泾源龙潭林场，2009. VII. 5，王新谱、赵小林采（HBUM）；1♀，宁夏泾源二龙河，2009. VII. 6，冉红凡采（HBUM）；4♀，宁夏泾源西峡林场，2009. VII. 9，王新谱、赵小林采（HBUM）；1♀，宁夏泾源东山坡，2009. VII. 11，赵小林采（HBUM）；1♀，宁夏泾源西峡林场，2009. VII. 13，孟祥君采（HBUM）；1♂，宁夏泾源西峡林场，2008. VII. 15，李秀敏采（HBUM）；1♂，宁夏泾源西峡林场，2009. VII. 10，赵小林采（HBUM）。

地理分布：宁夏（泾源、隆德）、四川、云南。

**（771）深蓝拟天牛** *Oedemera (Oedemera) pallidipes pallidipes* **Pic, 1907**（图版 LV: 7）（宁夏新纪录）

*Oedemera pallidipes* Pic, 1907: 174; Löbl & Smetana, 2008: 367.

识别特征：体长 5.8～8.1 mm。头稍缩短，上唇正四边形，前缘中间弧凹，两边圆突；唇基梯形，前缘直，两边向端部变窄；唇基沟明显；额平，中间稍纵隆，具细皱纹及稀疏细黄色软毛，无光泽；眼小，适度拱起，为头最宽处，显宽于前胸背板，眼间距大于触角窝间距；触角线形，稍超过鞘翅长的 3/4。前胸背板略心形，前缘向前圆突，无毛及饰边；基部向后圆突，具饰边；盘区具不规则细皱纹和稀疏黄色毛，无光泽；前胸背板窝可见，中纵脊缺失或很弱。小盾片三角形，被毛。鞘翅中缝和侧缘向后弓形变窄，翅肋明显，肩下肋与侧缘融合，小盾片肋伸达鞘翅的 1/3 处；盘上有细皱纹及稀疏黄色细软毛，无光泽；翅端部有斑点，无光泽。第 5 腹板端部凹，第 8 腹板突可见。后足腿节适度变粗，后足基跗节长于其余节之和。

检视标本：1♂，宁夏泾源秋千架，2009. VII. 7，王新谱、杨晓庆采（HBUM）。

地理分布：宁夏（泾源）、四川。

**（772）陕西拟天牛** *Oedemera (Oedemera) pallidipes shaanxiensis* **Švihla, 2003**（图版 LV: 8）（宁夏新纪录）

*Oedemera (Oedemera) pallidipes shaanxiensis* Švihla, 2003: 341; Löbl & Smetana, 2008: 367.

识别特征：侧观中茎齿明显较该种的指名亚种长，阳基侧突在端部之前基部不变粗。

检视标本：1♀，宁夏泾源秋千架林场，2008. VI. 23，刘晓丽采（HBUM）；1♂，宁夏泾源秋千架，2009. VII. 7，杨晓庆采（HBUM）。

地理分布：宁夏（泾源）、湖北、陕西、甘肃。

**（773）粗壮拟天牛** *Oedemera (Oedemera) robusta* **Lewis, 1895**（图版 LV: 9）（宁夏新纪录）

*Oedemera robusta* Lewis, 1895: 443; Löbl & Smetana, 2008: 367.

识别特征：体长 5.3～7.5 mm。暗绿色至青蓝色。头上有细皱纹及稀疏棕色细软毛，具弱光泽；眼隆起，眼所在位置稍宽于前胸背板；触角向后伸达鞘翅之半处。前胸背板心形，前凹轻微至明显发达，中间纵脊轻微发展；盘上皱纹和软毛像头部，略带光泽。鞘翅侧缘不凹，中缝微凹；翅肋细；盘上有黄褐色细软毛及细皱纹，端部刻点稠密，无光泽至弱光泽。后足腿节不变粗。

检视标本：2♀，宁夏泾源二龙河林场，2008. VI. 23，冉红凡采（HBUM）；1♀，宁夏德隆峰台林场，2008. VI. 29，袁峰采（HBUM）；23♀，宁夏德隆苏台林场，2008. VII. 1，王新谱、刘晓丽采（HBUM）；8♀，宁夏泾源二龙河林场，2008. VII. 19，王新谱、冉红凡、吴琦琦采（HBUM）；1♀，宁夏泾源二龙河，2009. VII. 6，周善义采

（HBUM）。

地理分布：宁夏（泾源）、黑龙江；俄罗斯（远东），朝鲜，日本。

**（774）黑跗拟天牛 *Oedemera (Oedemera) subrobusta* (Nakane, 1954)**（图版 LV: 10）
（宁夏新纪录）

*Oedemerina subrobusta* Nakane, 1954: 180; Löbl & Smetana, 2008: 368.

识别特征：体长 5.7～9.4 mm。暗绿橄榄色至灰蓝绿色。头不延长，长宽近相等；唇基梯形，前缘直，两边向前变窄；唇基沟明显；额平坦，具细皱纹及稀疏黄色细软毛；下颚须端节近四边形，端部圆；眼小，拱起，为头部的最宽处，眼间距小于触角窝间距；触角线状，长度超过鞘翅之半。前胸背板心形，前缘向前圆突，无毛及无饰边；基部中叶微凹，略波弯；前角、后角钝圆；前胸背板窝发达，中纵脊稍发达至缺失；盘区皱纹和刻点像头部。小盾片三角形，被毛。鞘翅向端部变窄，侧缘有轻微的弯凹；肋发达，肩下肋与侧缘融合，小盾片肋长达翅长的 1/3 处；盘上有稀疏黄色细软毛及细皱纹，端部刻点稠密。腹部肛节端部弧凹，第 8 腹板突可见。足细长，爪简单。

检视标本：宁夏泾源东山坡（8♂4♀，2009. VII. 12，王新谱、赵小林采；2♂4♀，2009. VII. 12，王新谱、杨晓庆采；4♂13♀，2009. VII. 8，冉红凡、张闪闪采；7♂8♀，2008. VII. 4，任国栋采；1♀，2008. VI. 29，王新谱采）（HBUM）；宁夏固原和尚铺林场（2♂2♀，2008. VII. 5，李秀敏、冉红凡、吴琦琦采；8♂12♀，2100 m，2008. VII. 5，王新谱、刘晓丽采；3♀，2008. VII. 1，王新谱、刘晓丽采）（HBUM）；宁夏泾源红峡林场（1♀，2008. VI. 26，冉红凡采；14♂14♀，1998 m，2008. VII. 9，王新谱、刘晓丽采）（HBUM）；宁夏泾源西峡林场（2♂1♀，2008. VI. 27，袁峰采；1♂，2008. VI. 23，任国栋采；3♂4♀，2009.VIII. 6–7，顾欣采；122♂68♀，2009. VII. 9，王新谱、赵小林采；1♀，2009. VII. 13，孟祥君采；64♂62♀，2008. VII. 15，李秀敏、冉红凡、吴琦琦采；40♂42♀，2008. VI. 27，李秀敏、冉红凡、吴琦琦采；16♂10♀，2009. VII. 14，冉红凡、张闪闪采）（HBUM）；宁夏泾源秋千架林场（13♂23♀，1600 m，2008. VI. 23，王新谱、刘晓丽采；5♂，2008. VII. 13，李秀敏、冉红凡、吴琦琦采；2♂6♀，2009. VII. 7，王新谱、杨晓庆采）（HBUM）；宁夏泾源龙潭林场（4♂14♀，2008. VI. 19，任国栋采；6♂3♀，2009. VII. 5，王新谱、杨晓庆采；1♀，2009. VII. 4，冉红凡采；17♂8♀，2009. VII. 4，周善义、孟祥君采；2♂9♀，2009. VII. 6，王新谱、赵小林采）（HBUM）；宁夏泾源二龙河林场（1♂，2008. VI. 18，袁峰采；1♂，2008. VI. 24，袁峰采；70♂35♀，2008. VII. 19，王新谱、冉红凡、吴琦琦采；11♂，2008. VII. 23，冉红凡采；1♂8♀，2009. VII. 3，王新谱、赵小林采；4♂，2009. VII. 6，冉红凡、张闪闪采；2♂，2009. VII. 3，王新谱、杨晓庆采；10♂11♀，2009. VII. 6，周善义、孟祥君采）（HBUM）；宁夏泾源王化南林场（47♂35♀，2008. VI. 20，冉红凡采；4♂5♀，2009. VII. 3，任国栋、侯文君采；2♀，2008. VI. 20，王新谱、刘晓丽采）（HBUM）；宁夏泾源卧羊川林场（4♂2♀，2008. VII. 7，任国栋采；6♂，2008. VII. 7，王新谱、刘晓丽采）（HBUM）；宁夏彭阳

挂马沟林场（12♂13♀，2009. VII. 12，李秀敏、冉红凡、吴琦琦采；5♂6♀，2008. VI.
25，王新谱、刘晓丽采）（HBUM）；宁夏隆德苏台林场（85♂104♀，2008. VII. 1，
王新谱、刘晓丽采；7♀，2008. VII. 5，王新谱、刘晓丽采；1♂2♀，2008. VII. 12，
顾欣采；2♀，2008. VI. 29–30，李秀敏、冉红凡、吴琦琦采；7♂17♀，2008. VI. 30，
王新谱、刘晓丽采；1♂3♀，2008. VI. 29，袁峰采；5♀，2009. VII. 14，王新谱、赵
小林采）（HBUM）；宁夏固原绿原林场（14♂23♀，2008. VII. 10，王新谱、冉红凡、
吴琦琦采；6♂7♀，2008. VII. 10，任国栋采；8♂7♀，2008. VII. 9，王新谱、刘晓丽
采）（HBUM）。

地理分布：宁夏（泾源、隆德、固原、彭阳）、湖北、四川、陕西、甘肃、青海；
蒙古国，俄罗斯（远东、东西伯利亚），朝鲜，日本，土库曼斯坦，哈萨克斯坦，土
耳其，欧洲。

**（775）绿色拟天牛 Oedemera (Oedemera) virescens virescens (Linnaeus, 1767)**（图
版 LV: 11）（宁夏新纪录）

Cantharis virescens Linnaeus, 1767: 650; Löbl & Smetana, 2008: 368.

识别特征：体长 6.6～10.3 mm。暗绿橄榄色至蓝绿灰色。头稍短，唇基梯形，前
缘直，两边向前变窄；唇基沟不明显；额中间显隆，具细皱纹或皱纹刻点及稀疏黄色
细软毛；复眼小，隆起，为头部的最宽处，眼间距大于触角窝间距；触角线形，略超
过鞘翅长度之半。前胸背板略心形，前缘圆突，无毛，具饰边；基部中叶凹，具饰边；
盘上窝和凹浅但明显，中间纵脊缺失至度明显；盘区刻纹和软毛像头部。小盾片三角
形，两边弯曲。鞘翅侧缘不凹，中缝稍弓凹；翅肋适度发展，肩下肋与侧缘融合，小
盾片肋伸达鞘翅长的 1/3 处；盘上有皱纹及黄色细软毛，端部具刻点。肛节端部直，
第 8 腹板突可见。足细长，爪简单。

检视标本：1♂，宁夏泾源二龙河，1993. V. 20（HBUM）；4♂，宁夏泾源二龙河
南沟，1993. V. 24（HBUM）；1♀，宁夏泾源六盘山，1989. VII. 28（HBUM）；1♂，宁
夏泾源东山坡，2009. VII. 8，张闪闪采（HBUM）。

地理分布：宁夏（泾源）、山西、黑龙江、陕西；蒙古国，俄罗斯（远东、东西
伯利亚），日本，哈萨克斯坦，欧洲。

# 41. 芫菁科 Meloidae Gyllenhal, 1810

体长 5.0～45.0 mm。体色多变，黑色、红色或绿色等，鲜亮。头部下弯，宽于前
胸背板，后部强烈缢缩，形成细颈；复眼侧生，卵形或肾形，左右分离。触角着生于
眼之间、上颚基部上方，11 节，稀 8～9 节；丝状、念珠状、棒状，部分节栉齿状；
或有明显性二型，有时雄性中间的节变粗。前胸背板较鞘翅基部窄，端部最窄，两侧
无隆线和侧缘；表面光滑或具皱纹；侧缘面大。鞘翅柔软，完整或短缩，颜色多变。
腹部可见 6 个腹板，缝完整。前足基节窝大，汇合，后方开放。跗式 5-5-4；爪二裂，
背叶下缘光滑或具齿。

该科全球已知 4 亚科 127 属约 3000 种，广布于除新西兰、南极及波利尼西亚群岛外的世界各地。具有独特的复变态生活史。幼虫半寄生半捕食，生活在蝗卵囊或蜂巢中。成虫喜食菊科、豆科、伞形花科植物，受到惊吓时会从腿节和胫节连接处分泌斑蝥素以自卫。中国已记录 2 亚科 26 属 196 种，多数生活于半干旱地区；本书记录宁夏 1 亚科 5 属 21 种。

## 芜菁亚科 Meloinae Gyllenhal, 1810

## 豆芜菁族 Epicautini Parker & Böving, 1924

### 315）豆芜菁属 *Epicauta* Dejean, 1834

#### （776）豆芜菁 *Epicauta* (*Epicauta*) *gorhami* (Marseul, 1873)（图版 LV: 12）

*Cantharis gorhami* Marseul, 1873: 227; Gao, 1993: 107; Zhu et al., 1999: 261; Löbl & Smetana, 2008: 373; Ren et al., 2013: 213.

识别特征：体长 10.5～18.5 mm，宽 2.6～4.6 mm。体黑色。头上密布刻点，有黑色细短毛；复眼内侧 1 对亮黑 "瘤"；雄性触角第 1～7 节宽扁，略锯齿状，雌性丝状。前胸背板中央 1 条纵凹纹，基部之前有 1 三角形凹洼。前胸背板中央和每翅中央各 1 条由灰白色毛组成的宽纵纹；鞘翅边缘和中缝、胸部腹面两侧和各足腿节、胫节均被白色毛，各腹节腹板基部 1 条由白色毛组成的宽横纹。雄性前足腿节端半部腹面和胫节腹面密布金黄色毛；第 1 跗节基部细棒状，端部腹面向下强烈展宽呈斧状，雌性第 1 跗节端部不明显展宽。

检视标本：1 头，宁夏彭阳草庙，2001. VII. 10（IPPNX）；宁夏隆德（3 头，1960；1 头，2001. VII. 8）（IPPNX）；1 头，宁夏西吉城郊，2001. VII. 7（IPPNX）。

地理分布：宁夏（隆德、彭阳、西吉）、江苏、浙江、安徽、福建、江西、湖南、广东、广西、台湾；朝鲜，日本。

取食对象：幼虫捕食蝗卵；成虫取食豆类、花生、高粱、棉花、茄子、玉米、苜蓿、马铃薯、大豆、菜豆、甜菜、桑树、槐树的叶片。

#### （777）大头豆芜菁 *Epicauta* (*Epicauta*) *megalocephala* (Gebler, 1817)（图版 LVI: 1）

*Lytta megalocephala* Gebler, 1817: 318; Wu et al., 1978: 60; Gao, 1993: 107; Zhu et al., 1999: 260; Löbl & Smetana, 2008: 373; Ren, 2010: 184; Yang et al., 2011: 163; Ren et al., 2013: 213.

曾用名：小黑芜菁（吴福桢等，1978）、小黑豆芜菁（高兆宁，1993；杨贵军等，2011）。

识别特征：体长 6.0～13.0 mm，宽 1.0～3.0 mm。黑色，额上中间有长圆形小红斑。头圆形，两侧平行，后角圆，基部平直，背面刻点较粗密，光亮；额上近触角基部内侧 1 对显隆的圆亮 "瘤"；唇基与头上刻点细疏，前缘光亮；上唇刻点与唇基等同；触角向后伸达体中部，背面端缘有缺刻，雌性仅达体长的 1/3 处，端缘无缺刻。前胸背板近前端 1/3 处最宽，之前突然变窄，之后近平行，基部直；盘区具明显中线，基部中央显凹，刻点与头部等同。鞘翅两侧平行，肩圆；盘区刻点较前胸弱，等大，甚密。腹面光亮，肛节背板前角明显，前缘近于直，基部中间有三角形缺刻，雌性直，背面刻点细疏。足细长，胫节直，有 2 直尖距；前足第 1 跗节左右侧扁，基部细，端部刀状，雌性正常柱状。

检视标本：1 头，宁夏西吉，1989. VII. 25，任国栋采（HBUM）；7 头，宁夏海原水冲寺，1989. VII. 24，任国栋采（HBUM）；4 头，宁夏平罗，1989. VII. 21，任国栋采（HBUM）；2 头，宁夏泾源六盘山，1989. VII. 16，任国栋采（HBUM）；1 头，宁夏泾源六盘山，1989. VII. 30，任国栋采（HBUM）；1♂，宁夏隆德峰台，2008. VI. 29，李秀敏采（HBUM）；3♂1♀，宁夏隆德苏台，2008. VII. 1，王新谱、刘晓丽采（HBUM）；9♂5♀，宁夏泾源和尚铺，2008. VII. 1，王新谱、刘晓丽采（HBUM）；25♂21♀，宁夏隆德峰台，2008. VII. 3，王新谱、刘晓丽采（HBUM）；2♂5♀，宁夏隆德苏台，2008. VII. 5，王新谱、刘晓丽采（HBUM）；16♂14♀，宁夏泾源和尚铺，2008. VII. 5，王新谱、刘晓丽采（HBUM）；1♂2♀，宁夏泾源卧羊川，2008. VII. 7，王新谱、刘晓丽采（HBUM）；1♀，宁夏泾源红峡，2008. VII. 9，王新谱采（HBUM）；1♀，宁夏泾源龙潭，2008. VII. 19，王新谱采（HBUM）；9♂7♀，宁夏泾源龙潭，2008. VII. 20，任国栋采（HBUM）；4♂10♀，宁夏须弥山，2009. VII. 4，任国栋采（HBUM）；16♂27♀，宁夏泾源龙潭，2009. VII. 4，冉红凡、张闪闪采（HBUM）；18♂10♀，宁夏泾源龙潭，2009. VII. 4，周善义、孟祥君采（HBUM）；83♂122♀，宁夏泾源龙潭，2009. VII. 5，王新谱、赵小林、杨晓庆采（HBUM）；65♂85♀，宁夏泾源秋千架，2009. VII. 7，王新谱、杨晓庆采（HBUM）；2♂1♀，宁夏泾源西峡林场，2009. VII. 9，王新谱、赵小林采（HBUM）；3♂3♀，宁夏隆德峰台，2009. VII. 9，周善义、孟祥君采（HBUM）；45♂49♀，宁夏泾源东山坡，2009. VII. 12，王新谱、赵小林采（HBUM）；5♂1♀，宁夏隆德峰台，2009. VII. 14，王新谱、赵小林采（HBUM）；11♂10♀，宁夏固原开城，2009. VII. 16，王新谱、冉红凡、杨晓庆采（HBUM）；6♂4♀，宁夏海原牌路山，2009. VII. 18，王新谱、冉红凡采（HBUM）；1♂1♀，宁夏海原南华山，2009. VII. 19，王新谱、杨晓庆采（HBUM）。

地理分布：宁夏（固原、隆德、泾源、海原、同心、西吉、平罗、灵武）、北京、河北、山西、内蒙古、辽宁、吉林、黑龙江、河南、四川、陕西、甘肃、青海、新疆；蒙古国，俄罗斯（远东、东西伯利亚），韩国，哈萨克斯坦，欧洲。

取食对象：幼虫捕食直翅目昆虫卵；成虫取食大豆、马铃薯、甜菜、花生、菠菜、黄芪、锦鸡儿、沙蓬、苜蓿。

### （778）暗头豆芫菁 *Epicauta* (*Epicauta*) *obscurocephala* Reitter, 1905（图版 LVI：2）

*Epicauta obscurocephala* Reitter, 1905: 195; Wang et al., 1992: 48; Zhu et al., 1999: 260; Löbl & Smetana, 2008: 373; Ren, 2010: 185; Wang & Yang, 2010: 229; Yang et al., 2011: 163.

识别特征：体长 11.5～17.0 mm，宽 3.0～4.0 mm。黑色，额中央 1 条红色短纵纹，头顶中央 1 条灰白色纵纹，前胸背板中央和鞘翅中央各有 1 白色纵纹。头略三角形；

触角 11 节，丝状，细短，第 1 节长而粗大。前胸背板两侧、鞘翅侧缘、端缘和中缝、体下和足密布白色毛。前胸背板两侧平行，前端急剧缩小。雄性后胸腹板中央 1 个椭圆形光裸的凹洼，各腹节腹板中部浅凹，光裸。

检视标本：4♂4♀，宁夏平罗，1989. VII. 30，任国栋采（HBUM）。

地理分布：宁夏（平罗、灵武、同心、六盘山、贺兰山）、北京、天津、河北、内蒙古、辽宁、吉林、上海、江苏、浙江、安徽、江西、山东、河南、湖北、陕西、台湾。

取食对象：幼虫捕食蝗卵；成虫取食桐属、豆类、锦鸡儿、马铃薯、瓜类、苜蓿、甜菜、花生。

### （779）西北豆芫菁 *Epicauta (Epicauta) sibirica* (Pallas, 1773)（图版 LVI: 3）

*Meloe sibirica* Pallas, 1773: 720; Wu et al., 1978: 90; Zhu et al., 1999: 261; Löbl & Smetana, 2008: 374; Ren, 2010: 185; Wang & Yang, 2010: 229; Yang et al., 2011: 164; Ren et al., 2013: 214; Liu, Pan & Ren, 2016: 368.

*Lytta dubia* Fabricius, 1781: 329; Wu et al., 1978: 90; Gao, 1993: 107; Zhu et al., 1999: 262; Löbl & Smetana, 2008: 373; Ren, 2010: 184; Wang & Yang, 2010: 229; Yang et al., 2011: 163; Ren et al., 2013: 213; Liu, Pan & Ren, 2016: 368.

*Lytta chinensis* Laporte, 1840: 274; Wu et al., 1978: 90; Gao, 1993: 107; Zhu et al., 1999: 261; Löbl & Smetana, 2008: 372; Ren, 2010: 184; Wang & Yang, 2010: 228; Yang et al., 2011: 163; Ren et al., 2013: 212; Liu, Pan & Ren, 2016: 368.

曾用名：红头黑芫菁（吴福桢等，1978）、黑头黑芫菁（吴福桢等，1978；高兆宁，1993；王新谱等，2010）、中国黑芫菁（吴福桢等，1978；高兆宁，1993）、红头豆芫菁、西伯利亚豆芫菁（王希蒙等，1992；王新谱等，2010；杨贵军等，2011）、黑头豆芫菁（杨贵军等，2011）、中国豆芫菁（王希蒙等，1992；王新谱等，2010；杨贵军等，2011）。

识别特征：体长 12.5～19.0 mm，宽 4.0～5.5 mm。体黑色，头大部分红色。触角稍长于头、胸之和；雌性线状，每节有稠密刺毛，各节前端刺毛向前突；雄性第 4～9 节栉齿状。前胸背板长宽近相等，两侧平行，前端变窄；密布细刻点和细短黑毛，中央 1 条纵凹纹，基部之前 1 个三角形凹。鞘翅外缘及端部具很窄的灰白色毛带。后胸腹板两侧有很稀疏的灰白色毛。前足除跗节外被白色毛。

检视标本：4 头，宁夏平积，1960. X. 10（IPPNX）；1♀，宁夏泾源西峡，2009. VII. 9，王新谱采（HBUM）；6♂7♀，宁夏彭阳挂马沟，2009. VII. 12，冉红凡、张闪闪采（HBUM）；1♂，宁夏泾源龙潭，2009. VII. 13，王新谱采（HBUM）；10♂7♀，宁夏固原开城，2009. VII. 16，王新谱、冉红凡采（HBUM）；1♂，宁夏固原须弥山，2009. VII. 17，王新谱采（HBUM）；1♂，宁夏海原牌路山，2009. VII. 18，王新谱采（HBUM）。

地理分布：宁夏（银川、中卫、同心、泾源、彭阳、固原、海原、灵武、贺兰山）、北京、天津、河北、山西、内蒙古、辽宁、吉林、黑龙江、江苏、浙江、安徽、江西、山东、河南、湖北、湖南、广东、四川、云南、西藏、陕西、甘肃、青海、新疆、台湾；蒙古国，俄罗斯（东西伯利亚），朝鲜，韩国，日本，哈萨克斯坦，欧洲。

取食对象：幼虫捕食性；成虫取食桐属、豆类、甜菜、马铃薯、玉米、南瓜、向日葵、苜蓿、黄芪。

### （780）凹胸豆芫菁 *Epicauta* (*Epicauta*) *xantusi* Kaszab, 1952（图版 LVI: 4）

*Epicauta xantusi* Kaszab, 1952: 592; Wu et al., 1978: 90; Gao, 1993: 107; Zhu et al., 1999: 260; Löbl & Smetana, 2008: 374; Ren, 2010: 185; Wang & Yang, 2010: 230; Yang et al., 2011: 164; Ren et al., 2013: 214.

曾用名：凹胸黑芫菁（吴福桢等，1978；王新谱等，2010；杨贵军等，2011）、甜菜豆芫菁（王希蒙等，1992）、甜菜黑芫菁（高兆宁，1993）。

识别特征：体长 11.0～17.0 mm，宽 2.8～3.5 mm。黑色，额中间有长梭形红斑。头顶有深色中纵线，额上有 1 对稍亮圆"瘤"。触角向后伸达前胸背板的 1/3 处。前胸背板窄于头，近前端 1/3 处最宽，之前突然变窄，之后两侧平行，基部直；盘区中线明显，基部中央显凹，刻点非常细密。鞘翅两侧平行，肩圆而不发达；盘区有稠密的细刻点。肛节前缘近于直，基部中间有三角形小凹刻，雌性直，背面刻点粗疏。足细长，胫节直，端距 2 枚；前足第 1 跗节左右侧扁，雌性正常柱状。

检视标本：4♂4♀，宁夏平罗，1989. VII. 30，任国栋采（HBUM）。

地理分布：宁夏（银川、平罗、中卫、同心、六盘山、贺兰山）、北京、河北、山西、内蒙古、辽宁、上海、江苏、江西、河南、湖北、广西、四川、陕西。

取食对象：成虫取食大豆、花生、马铃薯、番茄、茄子、棉花等植物叶片。

## 绿芫菁族 Lyttini Solier, 1851

### 316）绿芫菁属 *Lytta* Fabricius, 1775

### （781）绿芫菁 *Lytta* (*Lytta*) *caraganae* (Pallas, 1781)（图版 LVI: 5）

*Meloe caraganae* Pallas, 1781: 97; Wu et al., 1978: 60; Gao, 1993: 107; Zhu et al., 1999: 258; Löbl & Smetana, 2008: 378; Ren, 2010: 185; Wang & Yang, 2010: 230; Yang et al., 2011: 164; Ren et al., 2013: 215; Wang et al., 2014: 49.

识别特征：体长 10.0～25.0 mm。蓝绿色，具金属光泽。头三角形，后角圆，具粗刻点；额中间有黄色椭圆斑，后头中央至额斑具浅凹痕；触角间刻点较后头小；上唇前缘微凹；唇基基半部褶皱，半透明；触角向后伸达鞘翅基部。前胸背板近六边形，基部 1/4 处最宽，由此向前强烈收缩，向后渐收缩，端部宽于基部；前角突，雌性圆，后角宽圆，基部中叶深凹，散布刻点。小盾片舌状。鞘翅皱纹状，具 2 个纵隆脊，基部钝圆，肩突。第 5 腹板深凹，倒数第 2 节前缘弧凹，第 9 背板近方形，端部具黑毛。雄性前胫节端部有 1 钩状外端距；前足第 1 跗节基部细，端部斧状；中足转节 1 个刺突，雌性无；后足转节具瘤突。

检视标本：2 头，宁夏银川，1959. VII. 5（IPPNX）；7 头，宁夏盐池，1961. VII. 15（IPPNX）；宁夏隆德（27 头，1960. VII. 27；5 头，1964. VII. 1；42 头，2005. VI. 7）（IPPNX）；1 头，宁夏中宁，1965. V. 26（IPPNX）；1 头，宁夏西吉城郊，2002. VI. 14（IPPNX）；1♀，宁夏固原绿塬，2008. VII. 9，王新谱采（HBUM）。

地理分布：宁夏（永宁、银川、西吉、盐池、隆德、固原、中宁、中卫、灵武、贺兰山、罗山）、北京、河北、山西、内蒙古、辽宁、吉林、黑龙江、上海、江苏、浙江、安徽、江西、山东、河南、湖北、湖南、陕西、甘肃、青海、新疆；蒙古国、俄罗斯（远东、东西伯利亚），朝鲜，日本。

取食对象：花生、苜蓿、黄芪、柠条、水曲柳、槐属植物等。

### （782）丝发绿芫菁 *Lytta* (*Lytta*) *sifanica* Semenov, 1910（图版 LVI: 6）

*Lytta sifanica* Semenov, 1910: 28; Löbl & Smetana, 2008: 379; Wang et al., 2014: 49.

识别特征：体长 13.0～25.0 mm，宽 4.0～8.0 mm。蓝绿色，弱金属光泽。头三角形，后头圆，后头中间有深纵纹；盘区及后头散布粗刻点，被稀疏黄色柔毛，盘区具橙红色椭圆形斑；触角与椭圆斑之间具 4 个凹痕，触角间刻点较后头细密，黄色柔毛较多；上唇心形；唇基基半部具黄色短毛，端半部透明，光滑；触角线状，长超过鞘翅基部。前胸背板倒梯形，罕有刻点及柔毛；盘区中央具纵纹，纵纹两侧具圆凹痕，端部具三角形凹痕。小盾片舌状。鞘翅无刻点及柔毛，中央具黄色纵条带，自肩部直达鞘翅末端。第 5 腹板钝角凹，倒数第 2 腹板中部凹，第 9 背板近于直角凹，雌性钝角凹。雄性前胫节末端 1 距，雌性 2 距；后胫节内端距基半部粗壮，端半部掌状，外端距较细尖。

检视标本：2♂18♀，宁夏隆德，2008. VII. 3，王新谱采（HBUM）；9♂6♀，宁夏隆德，2009. VII. 14，王新谱采（HBUM）。

地理分布：宁夏（隆德）、西藏、新疆。

### （783）绿边绿芫菁 *Lytta* (*Lytta*) *suturella* (Motschulsky, 1860)（图版 LVI: 7）

*Cantharis suturella* Motschulsky, 1860: 144; Wu et al., 1978: 60; Gao, 1993: 107; Löbl & Smetana, 2008: 378; Ren, 2010: 186; Yang et al., 2011: 164; Ren et al., 2013: 214; Wang et al., 2014: 49.

曾用名：条纹绿芫菁、绿边芫菁、赤带绿芫菁（吴福桢等，1978；王希蒙等，1992）、赤带芫菁（高兆宁，1993）。

识别特征：体长 13.0～28.0 mm，宽 3.0～10.0 mm。蓝或绿色，具金属光泽。头三角形，散布刻点及短毛；额中央具橘黄色椭圆斑；后头中间具浅凹，后头两侧刻点明显多于盘区；唇基基半部透明、光滑，中基部具黄色长毛及刻点；上唇前缘近于直角凹；触角向后伸达身体之半处。前胸背板近倒梯形，几乎无刻点，散布黄色短毛；中央具浅纵凹，纵凹与前角间各具圆形凹，雌性无圆凹，纵凹基部与前胸背板基部之间具三角形凹。小盾片三角形。鞘翅具宽而长的黄色条带，几乎扩展至整个鞘翅。第 5 腹板基部深弧凹，两端尖，雌性基部中叶锐角凹，倒数第 2 节基部浅弧凹，第 8 背板基部钝角凹。雄性前胫节末端 1 距，雌性 2 距；雄性中胫节的距端半部拱形，雌性直；后胫节内端距基半部细，端半部掌状，外端距细，端部稍钩状。

检视标本：宁夏固原（1 头，1959. VI. 13；1 头，1973. VI. 5）（IPPNX）；宁夏隆德（2 头，1960. VI. 7；1 头，1962. V. 25；6 头，1980. VII. 16）（IPPNX）；1 头，宁夏吴忠，1961. VII. 13（IPPNX）；1 头，宁夏泾源六盘山，1964. VI. 5（IPPNX）；4 头，宁夏泾源六盘山，1983. VII. 17（IPPNX）；20♂22♀，宁夏隆德峰台，2008. VII. 3，王新谱、刘晓丽采（HBUM）；6♂22♀，宁夏隆德峰台，2009. VII. 14，王新谱、

赵小林采（HBUM）；2♀，宁夏海原南华山，2009. VII. 19，王新谱、杨晓庆采（HBUM）。

地理分布：宁夏（隆德、固原、吴忠、海原、灵武、六盘山、罗山）、河北、山西、内蒙古、辽宁、吉林、黑龙江、上海、江苏、河南、广西、贵州、陕西、青海、新疆；俄罗斯（远东、东西伯利亚），韩国，日本，塔吉克斯坦。

取食对象：水曲柳、柠条、蚕豆、白蜡、刺槐、忍冬属、柠条锦鸡儿属植物等。

## 短翅芫菁族 Meloini Gyllenhal, 1810

### 317）短翅芫菁属 *Meloe* Linnaeus, 1758

**（784）阔胸短翅芫菁指名亚种 *Meloe* (*Eurymeloe*) *brevicollis brevicollis* Panzer, 1793**（图版 LVI: 8）

*Meloe brevicollis* Panzer, 1793: 15; Löbl & Smetana, 2008: 400; Ren, 2010: 186.

识别特征：体长 13.0～16.0 mm。黑色，具弱光泽。头三角形，额区中部有 1 圆形浅凹；上唇基部直，两侧近平行，端部内凹；唇基基部有稠密近圆刻点；触角 11 节，近念珠状。前胸背板窄于头，侧缘近圆弧形；盘区刻点较大，近端部两侧有近三角形凹，基部中间有近斜三角形光滑无刻点浅凹。鞘翅基部与头部等宽，表面有稠密浅而不规则细皱纹。雄性腹板末节端部稍内凹，雌性直。

检视标本：1♂，宁夏泾源红峡，2008. VI. 26，冉红凡采（HBUM）；1♂，宁夏隆德苏台，2008. VII. 1，王新谱采（HBUM）。

地理分布：宁夏（泾源、隆德）、北京、河北、内蒙古、黑龙江、江西、新疆；蒙古国，俄罗斯（远东、东西伯利亚），朝鲜，阿富汗，伊朗，塔吉克斯坦，吉尔吉斯斯坦，哈萨克斯坦，土耳其，约旦，欧洲。

取食对象：幼虫捕食蜜蜂；成虫取食芸芥、杂草、豆科植物等。

**（785）圆胸短翅芫菁 *Meloe* (*Eurymeloe*) *corvinus* Marseul, 1877**（图版 LVI: 9）

*Meloe corvinus* Marseul, 1877: 482; Gao, 1993: 107; Wang et al., 1992: 48; Löbl & Smetana, 2008: 400; Ren et al., 2013: 216.

曾用名：耳节短翅芫菁（王希蒙等，1992）、鼓腹黑芫菁（高兆宁，1993）。

识别特征：体长 10.0～15.5 mm。黑青色，鞘翅略橘红色。头方形，有稠密粗刻点，两颊近平行；上唇基部直，两侧缘弯曲变圆，密布黄褐色短柔毛，端部内凹；唇基基部圆弧形，侧缘弯曲，背面密布黄褐色长柔毛；触角念珠状。前胸背板窄于头，侧缘较强圆形，雌性近平行，基部内凹；盘区密布粗刻点，基部中间有近三角形浅凹，浅凹刻点稀疏。鞘翅表面有稠密较强不规则皱纹。腹板末节稍内凹。

检视标本：1 头，宁夏东山坡，1983. VII. 19（IPPNX）。

地理分布：宁夏（固原、泾源）、河北、内蒙古、辽宁、吉林、黑龙江、河南、四川、西藏、青海、新疆；俄罗斯（远东），韩国，日本。

取食对象：幼虫捕食蜜蜂；成虫取食荟芥、杂草、豆科植物等。

**（786）斑杂短翅芫菁** *Meloe (Lampromeloe) variegatus variegatus* **Donovan, 1793**
（图版 LVI: 10）

*Meloe variegatus variegatus* Donovan, 1793: 81; Löbl & Smetana, 2008: 401.

识别特征：体长约 22.0 mm。紫铜色，有光泽。上唇基部直，侧缘弯曲变圆且密布黄褐色短柔毛，端部中央凹；唇基前缘两侧有椭圆形凹，基部圆弧形，侧缘弯曲且中部两侧各 1 簇黄褐色长柔毛，背面有稀疏黄褐色短柔毛；头三角形，密布圆形粗刻点；额区近复眼有圆形凹，凹内密布粗刻点；触角 11 节，念珠状。前胸背板正方形，端部 1/3 处最宽，向基部近平行，基部凹入较深；前角、后角钝圆；盘区密布粗刻点，近端部两侧有对称的三角形凹，靠基部中间有三角形凹，凹深且密布粗刻点。鞘翅表面有稠密不规则粗皱纹。雌性腹板基部直。

地理分布：宁夏（六盘山）、内蒙古、黑龙江、甘肃；俄罗斯（东西伯利亚），印度，阿富汗，伊朗，塔吉克斯坦，土库曼斯坦，吉尔吉斯斯坦，哈萨克斯坦，土耳其，黎巴嫩，约旦，欧洲，非洲北部。

取食对象：幼虫捕食蜜蜂；成虫取食豆科植物。

**（787）耳角短翅芫菁** *Meloe (Meloe) auriculatus* **Marseul, 1877**（图版 LVI: 11）

*Meloe auriculatus* Marseul, 1877: 480; Löbl & Smetana, 2008: 402; Ren, 2010: 186.

曾用名：耳角地胆、耳节地胆。

识别特征：体长 14.0～22.5 mm。黑色，有光泽。头近圆形，光滑、稍凸，有稠密杂乱浅刻点；额中部无刻点，具纵向小缝并与唇基相连；上唇基部直，中部有小横凹，端部内凹，侧缘由基部向端部渐圆弯且于端部相连，中基半部有浅刻点及黑色长毛，基部近光滑；唇基前缘两侧有"L"形凹，中基部有浅大刻点和黑长毛；触角 11 节，长达前胸背板基部 1/3 处，雄性第 7 节耳垂形扩大。前胸背板中部最宽，向端部渐收缩且前角钝圆，向基部 1/5 处强烈变窄后逐渐近于直并与后角相连，基部凹入；盘区刻点密，中部有近圆形浅凹，凹中间有纵向细缝，靠基部 1/10 处有斜向下浅凹。鞘翅盘上有稠密纵褶皱，基部比较明显。雄性腹板末节端部内凹，雌性直。

检视标本：5♂1♀，宁夏盐池麻黄山，1990. X. 12（NXU）；1♀，宁夏固原，2008. IX. 13，任国栋采（NXU）；2♂2♀，宁夏同心张家塘张家山，2013. V. 13，魏淑花采（NXU）。

地理分布：宁夏（盐池、固原、同心、海原）、北京、内蒙古、吉林、四川、云南、西藏；日本。

取食对象：幼虫捕食蜜蜂；成虫取食苜蓿、荠芥、杂草、豆科植物。

**（788）曲角短翅芫菁** *Meloe (Meloe) proscarabeaus proscarabeaus* **Linnaeus, 1758**
（图版 LVI: 12）

*Meloe proscarabeaus* Linnaeus, 1758: 419; Löbl & Smetana, 2008: 402.

曾用名：蓝黑地胆。

识别特征：体长 12.0～42.0 mm。黑色，无光泽。头方形，有稠密粗刻点；额区 1 条纵细缝与唇基相连；上唇基部直，两侧平行，端部中央略凹，背面有稠密褐色短柔毛；唇基中基部有稠密具褐色长柔毛刻点；触角 11 节。前胸背板端部 1/6 处最宽，侧缘近平行与基部相连，基部略内凹；前角钝，后角直；盘区粗糙有稠密大刻点。鞘翅表面有稠密纵皱纹。腹板基部略凹。

检视标本：1♀，宁夏固原，1989. VI. 1，任国栋采（NXU）；　3♀，宁夏固原云雾山尖山沟，2012. V. 17，赵亚楠采（NXU）。

地理分布：宁夏（固原）、辽宁、吉林、黑龙江、安徽、湖北、四川、西藏、甘肃、青海、新疆；蒙古国，俄罗斯（东西伯利亚），朝鲜，韩国，日本，伊朗，塔吉克斯坦，乌兹别克斯坦，土库曼斯坦，吉尔吉斯斯坦，哈萨克斯坦，土耳其，黎巴嫩，叙利亚，伊拉克，约旦，欧洲，非洲界。

取食对象：幼虫捕食蜜蜂；成虫取食苜蓿、荠芥、杂草等。

**（789）长茎短翅芫菁 *Meloe (Treiodous) longipennis* Fairmaire, 1891**（图版 LVII: 1）

*Meloe longipennis* Fairmaire, 1891: 22; Löbl & Smetana, 2008: 404.

识别特征：体长 14.0～22.0 mm。蓝黑色，有光泽。头方圆，顶端中部有纵凹；额中部有纵细缝与唇基相连；上唇长方形，侧缘近平行，背面中部到端部密布黄褐色长柔毛，基部光滑；唇基背面刻点稀疏，刻点有黄褐色长柔毛。前胸背板端部 1/3 处最宽，向端部斜向内延伸与端部相连，向基部收缩变窄，基部中央内凹；前角钝圆，后角直；盘区有稠密粗刻点，中部有纵凹，基部中间有倒梯形浅凹，浅凹内无刻点。鞘翅有光泽，翅基不相互重叠，表面有稠密细皱纹。雄性腹板基部内凹，雌性圆。

检视标本：1♂，宁夏盐池麻黄山，1990. X. 12（NXU）。

地理分布：宁夏（盐池）、北京、浙江、湖北、江西、广东、西藏、陕西。

## 斑芫菁族 Mylabrini Rafinesque, 1815

### 318）沟芫菁属 *Hycleus* Latreille, 1817

**（790）霍氏沟芫菁 *Hycleus chodschenticus* (Ballion, 1878)**（图版 LVII: 2）

*Mylabris chodschenticus* Ballion, 1878: 337; Löbl & Smetana, 2008: 387; Ren, 2010: 185; Ren et al., 2013: 214.

曾用名：霍氏斑芫菁、腋斑芫菁。

识别特征：体长 15.2～21.5 mm，宽 3.2～6.7 mm。黑色，具弱光泽。唇基中基部密布浅大刻点和黑长毛；额区常具浅凹；上唇前缘直，背面平整无凹；触角向后伸达前胸背板基部，雌性仅达中部。前胸背板中部最宽，向端部和基部渐收缩，端部窄于基部；盘区中央具纵沟，近基部具圆形小凹。鞘翅密布黑短毛，具黑斑：肩部有 1 纵斑，向后至 1/4 处，向前达基部沿基部至小盾片侧面；翅面 1/4 近翅缝处有 1 圆斑；中央靠后有 1 横斑，偶 2 裂；端部 1/4 处有 2 斑，翅缘侧斑弧形、较大，翅缝侧斑圆形、小；沿端缘有 1 黑窄缘斑。第 5 腹板基部微弯，肛板基部弧形浅凹，雌性第 5 腹板和肛板基部直；第 9 背板近半圆形，端部密布黑毛。前足跗节外侧被长毛，第 1 跗节短于末节。

检视标本：1♂，宁夏彭阳挂马沟，2008. VI. 25，王新谱采（HBUM）；2♂2♀，宁夏泾源卧羊川，2008. VII. 7，王新谱、刘晓丽采（HBUM）；1♂，宁夏固原开城，2009. VII. 6，王新谱采（HBUM）；1♀，宁夏泾源二龙河，2009. VII. 6，冉红凡采（HBUM）；14♂17♀，宁夏泾源秋千架，2009. VII. 7，王新谱、杨晓庆采（HBUM）；3♂5♀，宁夏泾源西峡，2009. VII. 9，王新谱、赵小林采（HBUM）；79♂113♀，宁夏彭阳挂马沟，2009. VII. 12，冉红凡、张闪闪采（HBUM）。

地理分布：宁夏（泾源、彭阳、固原）、北京、河北、山西、内蒙古、黑龙江、江苏、江西、湖北、湖南、陕西、甘肃、新疆；塔吉克斯坦，乌兹别克斯坦，土库曼斯坦，吉尔吉斯斯坦，哈萨克斯坦，欧洲。

取食对象：大豆、甜菜、马铃薯、油茶、菜豆等。

**（791）眼斑沟芫菁 *Hycleus cichorii* (Linnaeus, 1758)**（图版 LVII: 3）

*Meloe cichorii* Linnaeus, 1758: 419; Wang et al., 1992: 49; Gao, 1993: 108; Löbl & Smetana, 2008: 386; Ren, 2010: 185.

曾用名：眼斑芫菁（王希蒙等，1992；高兆宁，1993）。

识别特征：体长 11.9～21.7 mm，宽 3.1～6.0 mm。黑色，具弱光泽，头、胸部密布黄柔毛。后头圆；唇基中基部具浅大刻点和黑短毛；额具光滑无刻点纵脊，密布黑短毛；上唇前缘微凹，中央纵凹；触角向后伸达前胸背板基部，雌性仅达中部。前胸背板基部最宽，向端部先缩后弯，中部略窄于基部，而前渐窄；盘区中央具纵沟和浅椭圆形凹，近基部具三角形中凹。鞘翅黄色部分被黄毛，斑纹"眼斑"型：1 个腋斑、1 个基斑和 2 个横纹，有时基斑、腋斑和前侧横纹合并。第 5 腹板基部中央弧形浅凹，肛板基部钝角凹，雌性第 5 腹板和肛板基部直；第 9 背板近三角形，端部密布黑毛。前足第 1 跗节短于末节。

检视标本：宁夏隆德（5 头，1960. VI. 7；1964. IV. 2）（IPPNX）； 4 头，宁夏固原，1961. VII. 17（IPPNX）；1 头，宁夏彭阳草庙，2001. VII. 10（IPPNX）。

地理分布：宁夏（固原、隆德、彭阳、灵武）、河北、山西、江苏、浙江、安徽、福建、江西、河南、湖北、湖南、广东、广西、海南、四川、贵州、云南、西藏、陕西、甘肃、台湾；日本，越南，印度，尼泊尔，塞浦路斯。

取食对象：幼虫捕食蝗卵；成虫取食苹果、瓜类、花生、泡桐、油茶、酸枣、茄子、栎属植物。

## 319）斑芫菁属 *Mylabris* Fabricius, 1775

**（792）蒙古斑芫菁 *Mylabris* (*Chalcabris*) *mongolica* (Dokhtouroff, 1887)**（图版 LVII: 4）

*Zonabris mongolica* Dokhtouroff, 1887: 345; Löbl & Smetana, 2008: 391; Yang et al., 2011: 164.

识别特征：体长 9.0～21.5 mm，宽 2.1～5.3 mm。黑色，具蓝绿色金属光泽；

密布粗大浅刻点；体被黑毛，雄性胸部、腹部腹板杂有少量淡色短毛；鞘翅通常基部和端部红色，中部黄色，有时全黄色，具黑斑。唇基中基部疏布粗大浅刻点，被黑短毛；额中央具近圆形红斑和细纵沟；上唇前缘直，中部具刻点和黑短毛；触角向后伸达鞘翅肩部，雌性仅达前胸背板基部。前胸背板近五边形，长宽近相等，基半部两侧近平行，端部收缩；中部具圆凹，基部中叶具椭圆形凹。鞘翅密布黑短毛，缘斑近方形。第 5 腹板基部弧凹，雌性直；第 9 背板近矩形，基部微凹，端部被毛。

检视标本：1 头，宁夏中卫沙坡头，1987. V. 10，任国栋采（HBUM）；1 头，宁夏贺兰山小口子，1987. V. 27，任国栋采（HBUM）；3 头，宁夏中卫沙坡头，1987. VI. 8，任国栋采（HBUM）；1 头，宁夏平罗，1989. VII. 21（HBUM）；1 头，宁夏平罗，1989. VII. 13，任国栋采（HBUM）；1 头，宁夏平罗，1989. VII. 12，任国栋采（HBUM）；1 头，宁夏海原，1989. VII. 24，任国栋采（HBUM）；1 头，宁夏海原，1995. III，任国栋采（HBUM）。

地理分布：宁夏（永宁、中卫、青铜峡、平罗、海原、贺兰山、罗山）、河北、内蒙古、河南、陕西、甘肃、新疆；蒙古国。

取食对象：幼虫捕食蝗卵；成虫取食菊科植物的花。

**（793）丽斑芫菁 *Mylabris (Chalcabris) speciosa* (Pallas, 1781)**（图版 LVII: 5）

*Meloe speciosa* Pallas, 1781: 84; Wu et al., 1978: 262; Wang et al., 1992: 49; Gao, 1993: 108; Löbl & Smetana, 2008: 392; Ren, 2010: 186; Wang & Yang, 2010: 231; Yang et al., 2011: 164.

曾用名：红斑芫菁（吴福桢等，1978；高兆宁，1993；王新谱等，2010；杨贵军等，2011）。

识别特征：体长 15.0～24.0 mm，宽 3.6～6.8 mm。体黑色，具金属光泽。唇基中基部疏布粗大浅刻点和黑色毛；额微凹，中央具倒心形红斑和细纵沟；上唇前缘直，中部具刻点和短毛；触角近丝状，向后达鞘翅肩部，末节较短，长不超过宽的 2 倍，雌性仅达前胸背板基部。前胸背板长宽近相等，基半部两侧近平行，中部向端部渐收缩，中部和基部中叶各 1 浅凹。鞘翅黄色，密布黑短毛，基部黑斑不与中斑相连，黑缘斑弧形。腹部仅被黑长毛，第 5 腹板基部深弧凹，雌性直，至多中部有小缺刻；第 9 背板近倒梯形，基部中央锐角深凹，端部被毛。

检视标本：1♀，宁夏泾源卧羊川，2008. VII. 7，王新谱采（HBUM）；1♂，宁夏泾源龙潭，2009. VII. 4，冉红凡采（HBUM）；4♂5♀，宁夏彭阳挂马沟，2009. VII. 12，冉红凡、张闪闪采（HBUM）。

地理分布：宁夏（永宁、平罗、贺兰、银川、灵武、盐池、中卫、泾源、彭阳、贺兰山、罗山）、河北、内蒙古、辽宁、吉林、黑龙江、上海、江西、陕西、甘肃、青海；蒙古国，俄罗斯（东西伯利亚），阿富汗，乌兹别克斯坦，哈萨克斯坦。

取食对象：幼虫捕食蝗卵；成虫取食枸杞、草木樨、胡麻、苜蓿、紫苑、马蔺等植物花器。

**（794）小斑芫菁 Mylabris (Chalcabris) splendidula (Pallas, 1781)**（图版 LVII: 6）

*Meloe splendidula* Pallas, 1781: 83; Wang et al., 1992: 49; Gao, 1993: 108; Löbl & Smetana, 2008: 392; Ren, 2010: 186; Yang et al., 2011: 165.

曾用名：灿丽斑芫菁。

识别特征：体长 7.5～12.5 mm，宽 2.3～3.6 mm。体黑色，具蓝绿色金属光泽。唇基密布粗大浅刻点及黑色毛；额微凹，刻点不均匀，无红斑；上唇前缘微凹，背面平坦无凹，几无刻点，被毛短；触角向后伸达鞘翅基部，雌性较短。前胸背板中部最宽，向端部和基部渐收缩；盘区中央和近基部各 1 不明显浅凹。鞘翅密布黑色短毛和褶皱，具黄斑，基部和中部各 1 侧斑，近端部有 1 横纹，基斑和中斑有时相连，无腋斑。第 5 腹板基部弧凹，雌性直；第 9 背板倒梯形，基部直，端部被毛。雄性前胫节下侧密布淡色短毛，雌性前胫节外缘具长毛。

检视标本：1 头，宁夏盐池麻黄山，1986. VI（HBUM）；3 头，宁夏海原，1986. VIII. 22（HBUM）；2 头，宁夏彭阳，1987. VIII. 2（HBUM）；2 头，宁夏彭阳，1987. VIII. 3（HBUM）；1 头，宁夏彭阳，1987. VIII. 4（HBUM）；1 头，宁夏海原，1989. VIII. 3（HBUM）；3 头，宁夏固原，1989. VIII. 4（HBUM）；3 头，宁夏彭阳，1989. VIII. 11（HBUM）；均为任国栋采；1♀，宁夏隆德苏台，2008. VII. 1，王新谱采（HBUM）。

地理分布：宁夏（固原、隆德、彭阳、盐池、海原、红寺堡、中宁、罗山）、河北、山西、内蒙古、广西、陕西、甘肃、新疆；蒙古国，俄罗斯（远东、东西伯利亚），吉尔吉斯斯坦，哈萨克斯坦。

取食对象：幼虫捕食蝗卵，成虫取食马铃薯、豆类等。

**（795）苹斑芫菁 Mylabris (Eumylabris) calida (Pallas, 1782)**（图版 LVII: 7）

*Meloe calida* Pallas, 1782: 85; Wang et al., 1992: 48; Zhu et al., 1999: 257; Löbl & Smetana, 2008: 392; Ren, 2010: 186; Wang & Yang, 2010: 230; Yang et al., 2011: 164; Ren et al., 2013: 216.

识别特征：体长 11.0～23.0 mm，宽 3.6～7.0 mm。黑色，被黑色直立长毛。头上密布刻点，中央 2 红色小圆斑；触角短，11 节，末端 5 节膨大为棒状。前胸背板长稍大于宽，两侧平行，前端 1/3 变窄；密布刻点，后端中央 2 个圆形浅凹。鞘翅淡棕色，盘上有细皱纹，基部被稀疏黑色长毛；基部约 1/4 处有 1 对黑色圆斑，中部和端部 1/4 处各 1 横斑，有时端部横斑分裂为 2 斑。

检视标本：14♂♀，宁夏泾源西峡，2009. VII. 9，王新谱、赵小林采（HBUM）；1♂，宁夏彭阳挂马沟，2009. VII. 12，周善义采（HBUM）；3♂3♀，宁夏彭阳挂马沟，2009. VII. 12，冉红凡、张闪闪采（HBUM）；4♂13♀，宁夏固原开城，2009. VII. 16，王新谱、冉红凡采（HBUM）；1♂2♀，宁夏固原须弥山，2009. VII. 17，王新谱、冉红凡采（HBUM）；30♂26♀，宁夏海原牌路山，2009. VII. 18，王新谱、冉红凡采（HBUM）。

地理分布：宁夏（泾源、彭阳、固原、海原、平罗、灵武、盐池、贺兰山、罗山）、河北、山西、内蒙古、辽宁、吉林、黑龙江、江苏、山东、河南、湖北、陕西、甘肃、新疆；蒙古国，俄罗斯（远东、东西伯利亚），朝鲜，韩国，阿富汗，伊朗，塔吉克斯坦，土库曼斯坦，吉尔吉斯斯坦，哈萨克斯坦，土耳其，黎巴嫩，沙特阿拉伯，埃及，叙利亚，也门，伊拉克，以色列，约旦，欧洲，非洲界。

取食对象：幼虫捕食蝗卵；成虫取食苹果、瓜类、胡枝子、芍药、沙果、桔梗、豆科植物的花。

**（796）西北斑芫菁 *Mylabris (Micrabris) sibirica* Fischer von Waldheim, 1823**（图版 LVII: 8）

*Mylabris sibirica* Fischer von Waldheim, 1823: pl. 40; Löbl & Smetana, 2008: 396; Ren, 2010: 186; Yang et al., 2011: 164; Ren et al., 2013: 217.

识别特征：体长 7.5～15.5 mm，宽 1.8～4.3 mm。黑亮。唇基中基部疏布粗大浅刻点，被黑长毛；额微凹，中间有不明显纵脊，前端两侧各有红色小圆斑；上唇前缘直，刻点细小，被毛较唇基短；触角向后伸达鞘翅肩部，雌性仅达前胸背板基部。前胸背板长宽近相等，基部 1/4 处最宽，向端部和基部渐收缩；沿中线有圆凹，基部中叶有椭圆形凹。鞘翅密布黑长毛，斑纹多变，有时端斑中央深凹，少数与苹斑芫菁 *Mylabris calida* 斑纹相似。第 5 腹板基部弧凹，雌性直；第 9 背板近倒梯形，基部弧凹，后角被毛。雄性前胫节下侧密布淡黄色短毛，雌性前胫节外缘被黑长毛；跗爪背叶下侧无齿。

检视标本：1 头，宁夏海原，1986. VIII. 22，任国栋采（HBUM）；1 头，宁夏同心大罗山，1988. IV. 6，任国栋采（HBUM）；2 头，宁夏海原水冲寺，1989. VII. 24，任国栋采（HBUM）；1♂，宁夏泾源卧羊川，2008. VII. 7，王新谱采（HBUM）；3♂3♀，宁夏固原绿塬，2008. VII. 9，王新谱、刘晓丽采（HBUM）；1♂1♀，宁夏泾源西峡，2009. VII. 9，王新谱、赵小林采（HBUM）；26♂26♀，宁夏彭阳挂马沟，2009. VII. 12，冉红凡、张闪闪采（HBUM）；57♂24♀，宁夏彭阳挂马沟，2009. VII. 12，周善义、孟祥君采（HBUM）；2♂3♀，宁夏隆德峰台，2009. VII. 14，王新谱、赵小林采（HBUM）；152♂163♀，宁夏固原开城，2009. VII. 16，王新谱、冉红凡、杨晓庆采（HBUM）；2♂2♀，宁夏固原须弥山，2009. VII. 17，王新谱、冉红凡采（HBUM）；4♂3♀，宁夏海原李俊乡，2009. VII. 18，王新谱、杨晓庆采（HBUM）；149♂129♀，宁夏海原牌路山，2009. VII. 18，王新谱、冉红凡采（HBUM）；1♀，宁夏海原南华山，2009. VII. 19，王新谱采（HBUM）。

地理分布：宁夏（泾源、固原、彭阳、海原、隆德、罗山）、河北、内蒙古、甘肃、新疆；俄罗斯（东西伯利亚），吉尔吉斯斯坦，土耳其，哈萨克斯坦，乌克兰，欧洲。

取食对象：幼虫捕食蝗卵；成虫取食甜菜、马铃薯、大豆、油茶、菜豆、桐属植物等。

## 42．蚁形甲科 Anthicidae Latreille, 1819

体长 1.5～16.0 mm。体壁较柔软，被伏毛。头下弯，颈部在眼后急剧变细；上颚短而强弯，下颚须变化大。触角 11 节，丝状、锯齿状或近棍棒状。前胸背板前缘 1/3 处最宽，基半部窄，无饰边；端部具领片状的窄饰边。鞘翅完整。腹部可见 5 个腹板。前足基节窝后缘开放，内侧闭合；中足基节窝被中胸侧板分离，基前转片明显；后足基节窝具短领片。足细长；跗式 5-5-4，倒数第 2 跗节下侧具窄叶；爪简单，具附叶。

该科全球已知 8 亚科 100 属约 3500 种，世界性分布。成虫多为腐食性，有些以花粉、植物渗出液、真菌菌丝体及孢子为食，有些则分别为仓储害虫和捕食性昆虫。中国已记录 6 亚科 22 属 130 种；本书记录宁夏 1 亚科 1 属 1 种。

### 角蚁形甲亚科 Notoxinae Stephens, 1829

### 320）角蚁形甲属 *Notoxus* Geoffroy, 1762

#### （797）独角蚁形甲 *Notoxus monoceros* (Linnaeus, 1760)（图版 LVII: 9）

*Attelabus monoceros* Linnaeus, 1760: 185; Löbl & Smetana, 2008: 453; Wang et al., 2014: 252.

识别特征：体长 4.2～5.3 mm。体细长；棕黄色。头大，向下；复眼黑色，外突，眼后收缩；触角丝状，11 节，末端稍膨大。前胸背板弱球形，前区有 1 角状突起，超过头长，尖端暗色。鞘翅显宽于前胸背板，盘上密布成行的黄色短毛；每翅有 3 黑点：肩下方近缝处 1 个，翅端外侧和鞘翅中部各 1 个。

检视标本：1 头，宁夏彭阳（IPPNX）。

地理分布：宁夏（彭阳、固原、银川、中卫、平罗、罗山）、内蒙古、辽宁、黑龙江、甘肃、新疆；俄罗斯（远东、西伯利亚），乌兹别克斯坦，土库曼斯坦，吉尔吉斯斯坦，欧洲。

## XIV．叶甲总科 Chrysomeloidea Latreille, 1802

复眼发达；触角 11 节，多为丝状；前胸背板发达，具饰边，盘区隆突或有凹窝；鞘翅通常遮盖腹端，少数种类则缩短；腹部可见腹板 5 节以上；跗式 5-5-5 或 4-4-4，第 3 跗节多为双叶瓣状，第 4 节极小，位于第 3 节基部的叶瓣内。

该总科的物种数量高达 6.4 万余种。根据 Mckenna 等（2015）的分类系统，目前该总科分为 7 科，分别是叶甲科 Chrysomelidae、盾天牛科 Oxypeltidae、距甲科 Megalopodidae、芽甲科 Orsodacnidae、暗天牛科 Vesperidae、天牛科 Cerambycidae 和瘦天牛科 Disteniidae。本书记录宁夏 4 科。

## 43．暗天牛科 Vesperidae Mulsant, 1839

体长 8.0～50.0 mm。两侧平行、扁平至粗壮、凸起；除有些大而光滑且不能飞行的种类外，背面具毛。复眼小至很大，强凸。触角 11 节，丝状、念珠状、锯齿状或梳状；有些种类雌性 8～10 节，如裸天牛亚科 Anoplodermatinae；有些种类的雌、雄均 12 节，如 *Vesperoctenus* Bates。鞘翅发达或强烈短缩，有些种类的雌性大多短翅至无翅；偶短翅和（或）腹部膨大。腹部可见腹板 5 个（第 3～7 腹节）。跗式 5-5-5。

该科全球已知 3 亚科 17 属近 80 种，分布于古北区、东洋区、新热带区、热带非洲和地中海。成虫不取食，寿命很短。Anoplodermatinae 的雌性大部分时间在土壤或洞穴里栖息。幼虫陆生，主要以多种植物的根为食。中国已记录 1 亚科 4 属 13 种；本书记录宁夏 1 亚科 1 属 1 种。

### 狭胸天牛亚科 Philinae Thomson, 1861

### 321）芫天牛属 *Mantitheus* Fairmaire, 1889

#### （798）芫天牛 *Mantitheus pekinensis* Fairmaire, 1889（图版 LVII: 10）

*Mantitheus pekinensis* Fairmaire, 1889: 90; Gao, 1993: 115; Zhu et al., 1999: 270; Wang & Yang, 2010: 237; Löbl & Smetana, 2010: 84; Yang et al., 2011: 167.

识别特征：体长 17.0～19.0 mm，宽 5.0～7.0 mm。雌性外形酷似芫菁；黄褐色至黑褐色，无光泽。头略宽于前胸背板，正中有 1 细纵线；复眼大；触角细短，向后不超过腹末端。小盾片宽舌形。雄性鞘翅覆盖腹部，肩部之后明显变窄，顶尖角形，盘上密布细刻点，端部皱纹明显，纵脊不明显，每翅可见 2～3 条，具后翅；雌性鞘翅短缩，仅达腹部第 2 节处，侧缘及中缝两侧渐变窄，端缘略圆形，盘上刻点较粗糙，每翅可见 4 条纵脊，缺后翅。雌性腹部膨大。

检视标本：2 头，宁夏盐池，1987.VIII，任国栋采（HBUM）；1 头，宁夏同心，1987.VIII.11（HBUM）；1 头，宁夏盐池大水坑，1993.VIII.7（HBUM）。

地理分布：宁夏（中宁、同心、盐池、海原、贺兰山）、北京、河北、山西、内蒙古、黑龙江、上海、江苏、浙江、福建、山东、河南、湖南、广东、广西、陕西、甘肃；蒙古国，朝鲜。

取食对象：苹果、榆、刺槐。

## 44．天牛科 Cerambycidae Latreille, 1802

体长 2.4～175.0 mm。圆柱形，背、腹面强烈扁平，或长形，两侧较平行，极少数近圆形；表面无毛，或具毛或鳞片。眼发达至强烈退化，但不缺如；椭圆形到垂直伸长，很少三叶形，稀见被完全分为上、下两半者。触角 11 节，稀见 8 节、9 节、12 节及以上者（最多时超过 30 节）；丝状或锯齿状，较长至很长；偶念珠状、梳状、双栉状或扇形；稀少棒状或锤状。前胸背板强烈横宽到长形，有时长于鞘翅。鞘翅长，翅汇合缝处圆或尖，偶见 1～2 对刺；偶短缩，此时腹部和后翅部分露出。后翅有或短缩或完全退化。腹部可见腹板 5 个（第 3～7 腹节）。跗式 5-5-5，沟胫天牛亚科 Lamiinae 部分种类 4-4-4 式。

该科全球已知 8 亚科约 3.5 万种，世界性分布。有些成虫不取食，或可能吸食发酵液等；或以成熟或发酵的水果为食；有些以花粉、孢子或类似物为食；有些访花；有些以活体植物或死树皮和真菌为食。沟胫天牛亚科 Lamiinae 取食花粉或花蜜。中国已记录 608 属 3450 多种；本书记录宁夏 6 亚科 59 属 102 种。

## 44.1　锯天牛亚科 Prioninae Latreille, 1802

### 裸角天牛族 Aegosomatini Thomson, 1861

### 322）裸角天牛属 *Aegosoma* Audinet–Serville, 1832

#### （799）中华裸角天牛 *Aegosoma sinicum sinicum* White, 1853（图版 LVIII: 1）

*Aegosoma sinicum* White, 1853: 30; Löbl & Smetana, 2010: 87.

曾用名：薄翅天牛。

识别特征：体长 40.0～50.0 mm。赤褐色至暗褐色，有时鞘翅色较淡。头具细密颗粒与棕黄色毛，后头较长，由中央至前额有 1 细纵沟；雄性触角与体等长或略长，基部 5 节极粗糙，下缘有齿状突；雌性细短，伸至鞘翅后半部，基部 5 节粗糙程度较弱。前胸背板前窄后宽呈梯形，表面密布颗粒状刻点和黄色短毛。鞘翅宽于前胸背板，向后渐变窄，表面有微细粒状刻点，每翅有 2～3 条细小纵脊。

地理分布：宁夏（贺兰山）、北京、河北、山西、内蒙古、辽宁、吉林、黑龙江、上海、江苏、浙江、安徽、江西、山东、河南、湖北、湖南、四川、贵州、云南、西藏、陕西、甘肃、台湾；俄罗斯（远东），朝鲜，韩国，日本，越南，缅甸，东洋界。

取食对象：泡桐、油桐、核桃、榆、杨、柳、桑、栎、苦楝、板栗树等。

### 锯天牛族 Prionini Latreille, 1802

### 323）土天牛属 *Dorysthenes* Vigors, 1826

#### （800）曲牙土天牛 *Dorysthenes* (*Cyrtognathus*) *hydropicus* (Pascoe, 1857)（图版 LVIII: 2）

*Prionus hydropicus* Pascoe, 1857: 91; Gao, 1993: 115; Zhu et al., 1999: 268; Löbl & Smetana, 2010: 91.

曾用名：曲牙锯天牛（高兆宁，1993）。

识别特征：体长 27.0～47.0 mm，宽 10.0～16.0 mm。栗黑色，具弱光泽。头前伸，微下弯，正中有细浅纵沟；口器向下，上颚发达呈长刀状，互相交叉，向后弯曲；下颚须与下唇须末节喇叭状；触角红棕色，12 节，雌性较细短，接近鞘翅基部，雄性较粗长，超过鞘翅中部，第 3～10 节外端角突出呈宽锯齿状。前胸背板较阔，前缘中央凹，基部弱波纹形，侧缘具 2 齿，分离较远，中齿较前齿发达，中域两侧微瘤状突起；前胸突片钩状，伸至中足基节基部。鞘翅基部宽大，向后渐尖，内角明显，外角圆形；盘上刻点较前胸稀少，刻点间密布皱纹；每翅略现 2～3 条纵隆线。雌性腹部基节中央三角形。

检视标本：2 头，宁夏贺兰，1984. IX. 27（IPPNX）；1 头，宁夏海原，1987. VIII

（IPPNX）。

地理分布：宁夏（隆德、海原、贺兰）、河北、内蒙古、上海、江苏、浙江、江西、山东、河南、湖北、湖南、广西、海南、贵州、云南、西藏、陕西、甘肃、台湾、香港。

取食对象：杨、柳、棉花、甘蔗、花生、杂草等沙生植物根部。

### （801）大牙土天牛 *Dorysthenes (Cyrtognathus) paradoxus* (Faldermann, 1833)（图版 LVIII: 3）

*Prionus paradoxus* Faldermann, 1833: 63; Wu et al., 1978: 298; Wang et al., 1992: 60; Gao, 1993: 115; Zhu et al., 1999: 269; Ren, 2010: 190; Wang & Yang, 2010: 236; Löbl & Smetana, 2010: 91; Yang et al., 2011: 166.

曾用名：大牙锯天牛（吴福桢等，1978；高兆宁，1993；王新谱等，2010；杨贵军等，2011）。

识别特征：体长 33.0～40.0 mm，宽 12.0～14.0 mm。外形与曲牙土天牛很相似，与后者的主要区别是：触角第 3～10 节外端角较尖锐；前胸侧缘的齿较钝，前齿较小并与中齿接近，中齿不向后弯；雌性腹部基节中央圆形。

检视标本：1 头，宁夏隆德，1959. VIII（IPPNX）；6 头，宁夏同心，1960. VIII. 10（IPPNX）；1 头，宁夏中宁，1963. VIII. 11（IPPNX）；2 头，宁夏泾源小南川，1965.VI. 24（IPPNX）；17 头，宁夏固原，1980. VIII. 18（IPPNX）；1 头，宁夏贺兰，1984. IX. 27（IPPNX）；2 头，宁夏彭阳，1989. VIII. 11（IPPNX）；1 头，宁夏平罗，1989. VI. 21（IPPNX）；21♂25♀，宁夏泾源六盘山，2020 m，2008. VII. 14，M. Abbas 采（HBUM）；1 头，宁夏固原须弥山，2009. VII. 7，王新谱采（HBUM）；6 头，宁夏海原南华山，2009. VII. 19，王新谱、杨晓庆采（HBUM）。

地理分布：宁夏（隆德、彭阳、泾源、固原、西吉、海原、同心、中宁、平罗、贺兰、盐池、贺兰山）、河北、山西、内蒙古、辽宁、吉林、江苏、浙江、安徽、江西、山东、河南、湖北、海南、四川、贵州、陕西、甘肃、青海、台湾、香港；蒙古国，俄罗斯（远东），朝鲜，韩国。

取食对象：玉米、高粱、栎、榆、柏、杨、杏、桐、柳等。

## 324）锯天牛属 *Prionus* Geoffroy, 1762

### （802）锯天牛 *Prionus insularis insularis* Motschulsky, 1858（图版 LVIII: 4）

*Prionus insularis* Motschulsky, 1858: 36; Gao, 1993: 116; Zhu et al., 1999: 267; Ren, 2010: 194; Löbl & Smetana, 2010: 94; Ren et al., 2013: 228.

识别特征：体长约 29.0 mm，宽约 12.0 mm。体较扁平；栗褐色至黑褐色，具金属光泽，跗节常棕色。头较短，向前突出；上颚短而坚；触角 12 节，第 3 节以后为锯齿状，末节长卵形，雌性细短。前胸背板中央刻点较细，两侧较粗密；前、基部有整齐棕毛；侧缘具 2 齿，齿基部稍突，中齿较大略后弯；后角钝齿状。中胸腹板密布棕黄色毛。小盾片圆形，刻点细小，有光泽。鞘翅基部宽，端部窄，内端角具小齿，外端角圆形；翅面具皱纹刻点，每翅有 2～3 条微隆直纹。足部胫节内、外侧有许多棘状突起。

检视标本：17 头，宁夏泾源，1985. VII. 22（HBUM）；1 头，宁夏泾源二龙河，2008. VI. 23，冉红凡采（HBUM）；1 头，宁夏泾源红峡，2008. VI. 25，冉红凡采（HBUM）；1 头，宁夏泾源秋千架，2008. VI. 25，王新谱采（HBUM）；1 头，宁夏隆德苏台，2008. VII. 1，王新谱采（HBUM）；4 头，宁夏隆德苏台，2008. VII. 5，王新谱、刘晓丽采（HBUM）；2 头，宁夏泾源二龙河，2008. VII. 12，王新谱采（HBUM）；1 头，宁夏泾源王化南，2009. VII. 3，任国栋采（HBUM）；2 头，宁夏泾源二龙河，2009. VII. 3，王新谱、赵小林采（HBUM）；4 头，宁夏泾源龙潭，2009. VII. 4，冉红凡、张闪闪采（HBUM）；4 头，宁夏泾源龙潭，2009. VII. 5，王新谱、杨晓庆、赵小林采（HBUM）；1 头，宁夏泾源二龙河，2009. VII. 6，周善义采（HBUM）；1 头，宁夏泾源二龙河，2009. VII. 6，冉红凡采（HBUM）；3 头，宁夏泾源秋千架，2009. VII. 7，王新谱、杨晓庆采（HBUM）；1 头，宁夏泾源龙潭，2008. VII. 13，王新谱采（HBUM）。

地理分布：宁夏（泾源、隆德）、北京、河北、山西、内蒙古、吉林、辽宁、黑龙江、江苏、浙江、安徽、福建、江西、山东、河南、湖北、湖南、四川、云南、甘肃、新疆、台湾、香港；俄罗斯（远东、东西伯利亚），朝鲜，韩国，日本。

取食对象：柳、榆、松、冷杉、云杉、槐、苹果、山毛榉、柏、柳杉等。

**（803）库氏锯天牛 *Prionus kucerai* Drumont & Komiya, 2006**（图版 LVIII: 5）

*Prionus kucerai* Drumont & Komiya, 2006: 22; Ren, 2010: 194; Löbl & Smetana, 2010: 94.

识别特征：体长 23.2～38.8 mm。黑褐色至黑色，雄性鞘翅多淡黄褐色，半透明，透过鞘翅能隐约看见膜质后翅，雌性栗褐色且不透明。头部表面被粗糙颗粒和长毛；触角 12 节，第 3～11 节端部具等长突起。前胸背板有粗糙刻点或颗粒及黄色长毛；每侧 2 齿突，前角 1，基部 1/3 处 1，有时后角呈齿突状；前、基部有长毛。小盾片光裸，舌形，刻点密。雄性鞘翅近基部最宽，向后变窄，端部圆弧形，表面无明显纵脊，内端角不突出；雌性中部最宽，端部卵圆形，肩角圆形，表面被粗糙颗粒或刻点。雄性腹部被长黄毛，腹板每侧 1 浅凹；雌性几乎光裸，腹板每侧有 1 明显纵像船底状凹和与之平行的纵沟。足细长，表面大部被黄色长毛；前胫节内侧具纵凹，端部具纵沟。

检视标本：1♂，宁夏泾源卧羊川，2008. VI. 29，毕文烜采（HBUM）；4♂，宁夏泾源龙潭，2008. VII. 7，毕文烜采（HBUM）。

地理分布：宁夏（泾源）、山西、河南、云南、陕西、甘肃。

## 44.2　花天牛亚科 Lepturinae Latreille, 1802

### 花天牛族 Lepturini Latreille, 1802

#### 325）伪花天牛属 *Anastrangalia* Casey, 1924

**（804）暗伪花天牛 *Anastrangalia scotodes scotodes* (Bates, 1873)**（图版 LVIII: 6）

*Leptura scotodes* Bates, 1873: 194; Jiang et al., 2001: 115; Ren, 2010: 189; Löbl & Smetana, 2010: 97.

识别特征：体长 10.0～11.5 mm，宽 2.8～4.0 mm。体狭长，两侧平行；红色型：

体黑色，前胸背板和鞘翅红色；黑色型：雄性全黑色，雌性前胸背板前、后端红色或翅基肩部红色，触角第 1～6 节赭色。额横宽，稍隆；触角基瘤平隆，中线明显，基半部三角形深凹；唇基稍上斜，散布较粗刻点；头顶、后头平凹，刻点密；复眼内缘凹；头在复眼后强烈变窄；触角向后伸达鞘翅中部，雄性较长。前胸背板隆起，散布细粒状刻点，无细绒毛；前缘成细隆脊，前横沟窄深；两侧浅弧形；基部双曲波形，后横沟较宽；后角稍尖突，仅达鞘翅肩角内侧凹处。小盾片三角形。鞘翅两侧平行，端缘稍斜直，缘角稍突，表面密布较整齐的细刻点。后足第 1 跗节长为其余各节之和。

检视标本：1♀，宁夏泾源龙潭，2008. VII. 7，毕文烜采（HBUM）。

地理分布：宁夏（泾源）、四川、陕西；日本。

## 326）纤花天牛属 *Ischnostrangalis* Ganglbauer, 1889（宁夏新纪录）

### （805）束颈纤花天牛 *Ischnostrangalis stricticollis* (Fairmaire, 1889)（图版 LVIII: 7）

*Stenura stricticollis* Fairmaire, 1889: 62; Jiang & Chen, 2001: 193; Löbl & Smetana, 2010: 102.

识别特征：体长 11.0～12.0 mm，宽 3.0～3.5 mm。体瘦长；黑色，被金黄色细毛；触角部分黄白色，鞘翅黄褐色，外侧具黑斑：肩部与肩后斑及侧下斑排成三角形、中部侧斑与侧下斑汇合成 1 大斑、端部 2/5 侧缘具长条斑。头密布细刻点，眼下颊部和唇基刻点粗皱；额具中线，伸达后头；复眼大而突，内缘浅凹；头在复眼后明显缢缩；触角伸达翅端端部。前胸背板刻点细小，中央具中线；前端 1/3 处强烈缢缩，前横沟较宽；两侧中部扩；基部被厚金色毛；后角突出较短。小盾片三角形，端角钝。鞘翅侧缘较直，向后渐窄，翅端凹截；缝角具刺突，缘角较长尖突；密布细刻点。腹末露出翅端。后足腿节伸达第 5 腹板；后足第 1 跗节长于其余各节之和，第 3 跗节分裂至中部。

检视标本：1 头，宁夏泾源小南川，1996. VI. 17，安宏伟采（HBUM）。

地理分布：宁夏（泾源）、内蒙古、四川。

## 327）花天牛属 *Leptura* Linnaeus, 1758

### （806）橡黑花天牛 *Leptura aethiops* Poda & Neuhaus, 1761（图版 LVIII: 8）

*Leptura aethiops* Poda & Neuhaus, 1761: 38; Jiang et al., 2001: 126; Ren, 2010: 191; Löbl & Smetana, 2010: 103; Ren et al., 2013: 224.

曾用名：橡黑花天牛指名亚种（任国栋，2010）。

识别特征：体长 14.5～15.5 mm，宽约 4.5 mm。黑色，被灰黄色细短毛。头部除上唇外密布细深刻点；额顶部宽凹，中线细而明显，与唇基交界处深横凹；复眼内缘中部凹；后颊短而明显，稍扩张，向后强烈缢缩成细颈；触角向后稍超过鞘翅中部，雄性较长，伸达鞘翅端部 1/5 处。前胸背板圆隆，密布深细刻点；前缘明显，无前横沟；两侧圆弧状膨大，基部前深横凹；基部浅波形；后角尖突，伸达鞘翅肩角。小盾片三角形。鞘翅两侧平行，后端稍窄，端缘平截，缘角稍突，盘上密布细刻点。雌性腹部腹节短宽，端缘中央浅凹，腹板中央浅凹，近达前缘，密布细刻点，第 5 节露出鞘翅外；雄性腹节圆筒形，末节后角向后尖突，端缘宽凹。后足腿节伸达第5腹板中部，胫节稍短于跗节，第1跗节长为其余各节之和。

检视标本：1头，宁夏泾源王化南，2008. VI. 20，冉红凡采（HBUM）；1头，宁夏泾源西峡，2009. VII. 10，王新谱采（HBUM）。

地理分布：宁夏（泾源）、河北、吉林、黑龙江、福建、江西、广西、云南、青海；蒙古国，俄罗斯（远东、东西伯利亚），朝鲜，韩国，日本，哈萨克斯坦，欧洲。

取食对象：桦、柞、槲、榛、柯等。

### （807）曲纹花天牛 *Leptura annularis annularis* Fabricius, 1801（图版 LVIII: 9）

*Leptura annularis* Fabricius, 1801: 363; Jiang & Chen, 2001: 129; Löbl & Smetana, 2010: 104; Ren et al., 2013: 224.

*Leptura arcuata* Panzer, 1793: 12; Jiang & Chen, 2001: 129; Ren, 2010: 191.

识别特征：体长 13.5～17.0 mm，宽 3.5～5.0 mm。体黑色，密布黄色细毛，鞘翅具金黄斑。头与前胸中部等宽，额横宽，中线浅细，前缘横凹；唇基上斜，光滑，刻点细且稀；头顶平坦，刻点粗密；复眼肾形，内缘凹缺；后颊短，头在复眼后变窄。前胸背板前、后端均有深横凹；中部两侧膨大，至下横凹处弯向后角；基部波形，中央后突；后角尖突。小盾片狭长三角形，密布金褐色细毛。鞘翅两侧向后渐窄，端缘稍斜截，缘角短突。后足第1跗节长于其余各节之和。

检视标本：1头，宁夏泾源六盘山，1996. VI. 11（HBUM）；1♂，宁夏泾源龙潭，2008. VI. 19，袁峰采（SHEM）。

地理分布：宁夏（泾源）、河北、山西、内蒙古、辽宁、吉林、黑龙江、浙江、江西、山东、四川、陕西、甘肃；蒙古国，俄罗斯（远东、东西伯利亚），欧洲。

## 328）小花天牛属 *Nanostrangalia* Nakane & Ohbayashi, 1959

### （808）川小花天牛 *Nanostrangalia comis* Holzschuh, 1998（图版 LVIII: 10）

*Nanostrangalia comis* Holzschuh, 1998: 27; Ren, 2010: 192; Löbl & Smetana, 2010: 107.

曾用名：可爱小花天牛（任国栋，2010）。

识别特征：体长 9.3～11.2 mm。体黑色，鞘翅有4条黑色横斑；体背面被黄色绒毛，体下被银色绒毛。头短，复眼球形突，内缘微凹；后颊短，平坦；触角细，雌性达鞘翅末端，雄性超过鞘翅末端。前胸背板钟形，长宽相等；背面隆起，密布细刻点。小盾片三角形。鞘翅狭长，两侧中部偏后强烈变窄，末端稍斜直。雄性末节腹板凹，端缘直。足细长，后足第1跗节长于其余各节之和。

检视标本：1♂，宁夏泾源龙潭，2008. VI. 19，袁峰采（HBUM）；1头，宁夏泾源龙潭，2008. VI. 19，王新谱采（HBUM）；3头，宁夏泾源龙潭，2008. VI. 19，任国栋采（HBUM）；1头，宁夏泾源二龙河，2008. VI. 23，冉红凡采（HBUM）；1♂，宁夏泾源龙潭，2008. VII. 7，毕文烜采（HBUM）；1头，宁夏泾源龙潭，2009. VII. 5，王新谱采（HBUM）。

地理分布：宁夏（泾源）、四川。

## 329）异花天牛属 *Parastrangalis* Ganglbauer, 1889

### （809）显著异花天牛 *Parastrangalis insignis* Holzschuh, 1998（图版 LVIII: 11）

*Parastrangalis insignis* Holzschuh, 1998: 25; Ren, 2010: 193; Löbl & Smetana, 2010: 109.

识别特征：体长约 10.3 mm。体黑色，鞘翅具黑斑。头小，刻点粗密；复眼圆突，内缘浅凹；后颊不发达；触角细长，超过鞘翅末端。前胸背板钟形，均匀隆起，密布细刻点；前横沟深，两侧中部扩张，基部浅波形，后横沟不明显；后角短尖，不及鞘翅肩部。鞘翅两侧向后均匀变窄，端缘斜直，缘角尖突；翅面中部近中缝稍平凹，密布刻点，有光泽。足细长，后足腿节不达翅端，第 1 跗节与其余各节之和等长。

检视标本：1 头，宁夏泾源龙潭，2008. VI. 19，任国栋采（HBUM）；1 头，宁夏隆德峰台，2008. VI. 29，袁峰采（HBUM）；1 头，宁夏泾源卧羊川，2008. VII. 7，王新谱采（HBUM）；2♀，宁夏泾源龙潭，2008. VII. 7，毕文烜采（HBUM）；7 头，宁夏泾源二龙河，2008. VII. 19，王新谱、冉红凡、吴琦琦采（HBUM）；4 头，宁夏泾源二龙河，2009. VII. 3，王新谱、赵小林采（HBUM）；2 头，宁夏泾源龙潭，2009. VII. 5，王新谱、赵小林采（HBUM）；2 头，宁夏泾源二龙河，2009. VII. 6，周善义、孟祥君采（HBUM）；3 头，宁夏泾源西峡，2009. VII. 9，王新谱、赵小林采（HBUM）；1 头，宁夏泾源西峡，2009. VII. 14，冉红凡采（HBUM）。

地理分布：宁夏（泾源、隆德）、湖北。

## 330）斑花天牛属 *Stictoleptura* Casey, 1924

### （810）绿斑花天牛 *Stictoleptura* (*Aredolpona*) *dichroa* (Blanchard, 1871)

*Leptura dichroa* Blanchard, 1871: 812; Gao, 1993: 114; Löbl & Smetana, 2010: 114.

识别特征：体长 12.0～20.0 mm，宽 4.0～6.5 mm。体黑色。头具稠密刻点及灰黄色竖毛，头顶及额正中具细窄纵沟，后头圆筒状；雌性触角接近鞘翅中部，雄性超过中部。前胸背板长宽近相等，密布刻点及黄色毛，中间有细窄光滑纵沟；基半部最窄，中间隆起，两侧缘浅弧形，基部骤凹；后角钝，略突出。小盾片正三角形，密布黄色细毛。鞘翅肩部最宽，向后逐渐变窄，基部斜直，外角尖；盘上刻点较前胸稀疏、均匀，被黄色竖毛。腹面刻点细小，被灰黄色细毛，有光泽。后足第 1 跗节明显长于第 2、第 3 节之和。

地理分布：宁夏（六盘山）、河北、山西、吉林、黑龙江、浙江、安徽、福建、江西、山东、河南、湖北、湖南、四川、贵州、陕西；俄罗斯（远东、东西伯利亚）、朝鲜、韩国。

取食对象：松、栎、赤杨。

## 皮花天牛族 Rhagiini Kirby, 1837

### 331）眼花天牛属 *Acmaeops* LeConte, 1850

#### （811）红缘眼花天牛 *Acmaeops septentrionis* (Thomson, 1866)（图版 LVIII: 12）

*Pachyta septentrionis* Thomson, 1866: 61; Löbl & Smetana, 2010: 119; Wang et al., 2016; 1156.

识别特征：体长约 9.0 mm。体黑色，鞘翅缘折边缘绯红或黄色，体被灰白色较粗短卧毛。头小，额宽胜于高，稍突，刻点较唇基细密；复眼卵形；触角着生在复眼前端内侧，伸达鞘翅中部。前胸背板前、后横沟宽凹，领片较宽，向上翻卷；背面圆隆，侧缘弧圆，后角不突出；刻点细浅较稀，长宽略等。小盾片三角形，毛厚密，端部较钝。鞘翅侧缘平行，端缘平截；翅基背面有 2 条不很明显的纵隆脊，外侧的较短，止于基部 1/4 处，内侧的伸达中部；盘上刻点很细密。腹面后胸毛厚密，后胸前侧片前宽后尖，中央无毛。后足第 1 跗节长于第 2、第 3 节之和。

地理分布：宁夏（贺兰山）、内蒙古、辽宁、吉林、黑龙江、陕西；蒙古国，俄罗斯（远东、西伯利亚），朝鲜，韩国，哈萨克斯坦，欧洲。

## 332）截翅眼花天牛属 *Dinoptera* Mulsant, 1863

### （812）小截翅眼花天牛 *Dinoptera* (*Dinoptera*) *minuta* (Gebler, 1832)（图版 LIX: 1）

*Pachyta minuta* Gebler, 1832: 69; Löbl & Smetana, 2010: 124.

识别特征：体长约 8.0 mm，宽约 3.0 mm。体宽短；黑色，鞘翅具蓝色光泽。头狭小，唇基、上唇狭长，刻点稀疏；额前端中央三角形凹，与唇基交界处横凹，额至头顶在触角基瘤间具深凹沟；头顶微平凹，具浅皱刻；头顶至后头具细纵脊，后头背中间有钝脊；复眼大，卵形，与额等宽，内缘几乎不凹；颈长，复眼后逐渐变窄；触角位于复眼前缘内侧，长达鞘翅中部。前胸背板光滑，中央平隆，无中线，具稀疏极细微刻点及灰色细短柔毛；前、后横沟不明显，中部两侧稍扩，基部浅波形，后角钝圆。小盾片宽短三角形，端部钝圆；表面低陷，具稀疏粗刻点。鞘翅密布浅粗刻点，稠密成不规则横条，着生灰黑色斜短细毛；两侧平行，端缘宽直，翅端下弯。腹部腹板宽扁，末节端缘宽圆。后足第 1 跗节长于第 2+3 节之和。

地理分布：宁夏、河北、山西、内蒙古、辽宁、吉林、黑龙江、浙江、江西、山东、河南、广西、陕西；俄罗斯（远东、东西伯利亚），朝鲜，韩国，日本。

## 333）金花天牛属 *Gaurotes* LeConte, 1850

### （813）红胸蓝金花天牛 *Gaurotes* (*Carilia*) *virginea virginea* (Linnaeus, 1758)（图版 LIX: 2）

*Leptura virginea* Linnaeus, 1758: 398; Löbl & Smetana, 2010: 126.

*Leptura thalassina* Schrank, 1781: 161; Jiang et al., 2001: 80; Ren, 2010: 191.

识别特征：体长 7.5～15.0 mm，宽 3.0～4.0 mm。体宽短；黑色，鞘翅具金蓝色光泽。头短小，唇基刻点明显；额短；头顶与后头宽平，密布粗糙刻点；颊短；复眼近卵形，内缘几乎不凹；头在复眼后渐窄，颈较宽；触角着生在复眼内侧前，雄性稍长过鞘翅中部，雌性不达鞘翅中部。前胸背板长宽近相等，背面隆起，中间有纵沟，密布粗糙刻点；两侧中部有短瘤突，基部双曲波形，中段后突；前横沟窄深，后横沟宽浅，前、后端有细饰边缘；后角圆，不突出。小盾片三角形。鞘翅密布粗刻点，基部最粗深，中央较整齐；肩角突出，内侧凹，小盾片两侧稍突；两侧平行，端缘角圆。腹部扁平。后足第 1 跗节长度等于第 2、第 3 节之和，第 3 节长宽近相等，裂至中部。

检视标本：1头，宁夏泾源西峡，2008. VII. 20，李秀敏、冉红凡、吴琦琦采（HBUM）；2头，宁夏泾源龙潭，2009. VII. 4，周善义、孟祥君采（HBUM）；2头，宁夏泾源龙潭，2009. VII. 4，冉红凡、张闪闪采（HBUM）；1头，宁夏泾源龙潭，2009. VII. 5，王新谱采（HBUM）。

地理分布：宁夏（泾源）、山西、内蒙古、吉林、黑龙江、湖北、陕西；蒙古国、俄罗斯（西伯利亚），朝鲜，欧洲。

**（814）娇金花天牛 *Gaurotes (Paragaurotes) doris doris* Bates, 1884**（图版 LIX: 3）

*Gaurotes doris* Bates, 1884: 212; Jiang & Chen, 2001: 73; Ren, 2010: 191; Löbl & Smetana, 2010: 126.

识别特征：体长 12.0～13.0 mm，宽 5.0～5.5 mm。黑色，鞘翅具金属光泽。头狭小，唇基稍凸，密布刻点；额短，触角基瘤左右并拢；头顶中线明显，与后头均密布较细刻点；前颊平凹，密布较粗刻点，后颊较发达，刻点粗密；复眼小，卵圆形，内缘几乎无凹；触角细，雌性长达鞘翅 3/4 处，雄性约为体长的 4/5。前胸背板长宽近相等，背面平隆，中线宽凹，密布粗刻点；前端无隆饰边缘，前缘至浅横行间的领片部较宽，两侧中端部各有 1 短钝瘤突，基部明显双曲波形，中段后突。小盾片三角形。鞘翅密布粗皱刻点；肩后翅缘浅凹，两侧近平行，翅端宽直；缝角三角形宽突，缘角微突。腹部每节腹板两侧有 1 黑斑。足较细，中、后足腿节近端部内侧有 1 齿突；后足第 1 跗节长为其余各节之和的 1/2。

检视标本：1头，宁夏泾源六盘山，1989. VIII. 29（HBUM）；1头，宁夏泾源六盘山，1989. VIII. 29（HBUM）；1头，宁夏泾源西峡，2008. VII. 15，李秀敏采（HBUM）；2头，宁夏泾源龙潭，2009. VII. 4，周善义、孟祥君采（HBUM）；1头，宁夏泾源西峡，2009. VII. 10，王新谱采（HBUM）。

地理分布：宁夏（泾源）、陕西；朝鲜，日本。

## 334）瘤花天牛属 *Gaurotina* Ganglbauer, 1889

**（815）黄缘瘤花天牛 *Gaurotina flavimarginata* (Pu, 1992)**（图版 LIX: 4）

*Gaurotes flavimarginata* Pu, 1992: 617; Ren, 2010: 191; Löbl & Smetana, 2010: 126.

识别特征：体长 10.0～11.5 mm，宽 4.0～4.5 mm。体长形；具紫铜色光泽，背面有稀疏细毛。唇基横宽，密布细刻点；额短，复眼之间具细纵沟；后头宽阔，有细皱刻点；复眼椭圆形；触角基瘤小，稍突，相互靠近；触角细，长过鞘翅中部。前胸背板中央具光滑纵凹，两侧稍隆，密布中等刻点，前、基部刻点细；前缘横凹较基部横凹明显，每侧隆有 1 凹痕及小而钝的弱瘤突。小盾片三角形，端角圆，密布极细刻点。鞘翅基部显宽于前胸，端部略窄，端缘圆形；盘上密布粗刻点，基部略显皱刻，近中缝中部呈数行纵列。中胸腹突片上瘤突明显，略呈马蹄形；后胸腹板密布细刻点；腹部刻点细且稀。足细长，腿节棒状。

检视标本：1头，宁夏泾源西峡，2009. VII. 9，王新谱采（HBUM）。

地理分布：宁夏（泾源）、四川。

**（816）黄胸瘤花天牛 *Gaurotina nitida* Gressitt, 1951**（图版 LIX: 5）

*Gaurotina nitida* Gressitt, 1951: 62; Jiang et al., 2001: 66; Ren, 2010: 191; Löbl & Smetana, 2010: 126.

识别特征：体长约 12.5 mm，宽约 4.5 mm。体黄褐至赤褐色，鞘翅具金绿色光泽；前胸背板光滑少毛，鞘翅被稀疏褐色毛，腹面被稀疏灰短毛。头部较前胸稍窄，额横扁，几乎无刻点；头顶隆起，后头平坦，中区无刻点，中间有细纵线；颊宽大；颈部强烈缢缩；触角细，长达鞘翅末端。前胸背板端部很窄，前、基部深缢，两侧中部膨大，中部侧瘤突之后还有 1 较大瘤突。鞘翅光滑，刻点粗深；近基部稍隆起，侧缘扁平，中部两侧和基部近中缝较低陷，端部半圆形。后足腿节不达翅端，后足第 1 跗节长度等于第 2+3 节之和。

检视标本：1 头，宁夏泾源龙潭，2009. VII. 6，王新谱采（HBUM）；1 头，宁夏泾源西峡，2009. VII. 10，王新谱采（HBUM）。

地理分布：宁夏（泾源）、陕西、甘肃、青海。

## 335）厚花天牛属 *Pachyta* Dejean, 1821

**（817）松厚花天牛 *Pachyta lamed lamed* (Linnaeus, 1758)**（图版 LIX: 6）

*Cerambyx lamed* Linnaeus, 1758: 391; Jiang et al., 2001: 53; Wang & Yang, 2010: 238; Löbl & Smetana, 2010: 127; Yang et al., 2011: 167.

识别特征：体长 16.0～21.0 mm，宽 6.0～9.0 mm。体宽厚。唇基具明显刻点；额短，中线细短，从额中央伸至头顶端部，基半部有三角形凹，与唇基交界处横凹；头顶凹，密布刻点，中线细而明显；颊面刻点粗深，后颊稍膨大，颈逐渐变窄；复眼近钝三角形，上叶不达触角基瘤后方；触角基瘤左右靠近，触角向后伸达鞘翅中端部。前胸背板背面隆突，中线宽深，密布较粗刻点；前缘上卷，前、后横沟宽深；侧缘密生灰白色细竖毛，中央侧刺突粗壮；后角钝，达肩内侧凹处。小盾片舌形，表面光滑、微凹。鞘翅刻点密，中部多愈合呈不规则细沟和细脊；两侧平行，后端稍变窄，端缘斜直，雄性明显向后变窄，端缘微凹；缘角宽短微突，肩角突，内侧凹，雄性缝角与缘角稍尖突。后足第 1 跗节长于第 2+3 节之和。

地理分布：宁夏（贺兰山、罗山）、内蒙古、辽宁、吉林、黑龙江、西藏、陕西、甘肃、青海、新疆；蒙古国，俄罗斯（远东、东西伯利亚），朝鲜，韩国，日本，欧洲。

取食对象：油松、云杉。

**（818）四斑厚花天牛 *Pachyta quadrimaculata* (Linnaeus, 1758)**（图版 LIX: 7）

*Leptura quadrimaculata* Linnaeus, 1758: 397; Wang et al., 1992: 60; Gao, 1993: 116; Jiang et al., 2001: 56; Ren, 2010: 193; Wang & Yang, 2010: 239; Löbl & Smetana, 2010: 126.

曾用名：四斑松天牛（高兆宁，1993）。

识别特征：体长 15.0～20.0 mm，宽 6.0～8.0 mm。体黑色，鞘翅黄褐色，具黑斑。唇基、上唇、额较短小，密布刻点；头顶、后头浅凹，皱刻粗密，头顶中线明显；颊刻点粗深；复眼内缘凹，上叶较宽短，下叶钝三角形；触角基瘤较小、分离，雌性触角长不达鞘翅中部，雄性超过鞘翅中部。前胸背板长宽近相等，强烈隆突，中线凹，密布粗皱刻及灰黄色细毛；侧刺突短尖而稍上翘，前、后横凹较宽深，基部双曲波形，中部后突，基部与后横凹之间有 1 细横沟，后角不突出。小盾片三角形。鞘翅宽，小盾片前缘两侧后角和肩角均突起，肩角内侧凹；侧缘向后稍窄，端缘稍直，缘角不突出；翅面基半部密布粗皱刻点，端部光滑，刻点近消失。腹部宽短，末节钝圆。后足腿节不超过翅端，后足第 1 跗节长于第 2+3 节之和。

地理分布：宁夏（泾源、银川、盐池、灵武、贺兰山）、河北、吉林、黑龙江、陕西、甘肃、青海、新疆；蒙古国，俄罗斯（东西伯利亚），哈萨克斯坦，欧洲。

取食对象：华山松、红松、油松、云杉等。

### 336）驼花天牛属 *Pidonia* Mulsant, 1863

**（819）具齿驼花天牛 *Pidonia (Pidonia) armata* Holzschuh, 1991**（图版 LIX: 8）（宁夏新纪录）

*Pidonia (Pidonia) armata* Holzschuh, 1991: 9; Jiang & Chen, 2001: 93; Löbl & Smetana, 2010: 129.

识别特征：体长约 8.3 mm。头较窄小，头顶刻点细而较密，具油脂光泽；下颚须末节宽大三角形；后颊平坦，向后变窄；触角基瘤突起，触角细，较体稍长。前胸背板较长，背面不明显隆突，中央刻点细而稀疏，两侧较密，中部后方有光滑细纵线，稍具光泽，横沟不是很深，侧缘齿突较弱。鞘翅两侧向后明显变窄，翅面中部刻点较大，弱光泽，翅端窄圆，刻点较粗。后胸腹板中部两侧各有 1 尖长齿突，中间凹成深沟。后足腿节长达鞘翅末端，后足第 1 跗节明显长于第 2+3 节之和。

检视标本：1 头，宁夏泾源红峡林场，2008. VII. 9，王新谱、刘晓丽采（HBUM）；3 头，宁夏泾源西峡，2008. VII. 15，李秀敏、冉红凡、吴琦琦采（HBUM）；2 头，宁夏泾源二龙河，2009. VII. 3，王新谱、赵小林采（HBUM）。

地理分布：宁夏（泾源）、四川。

**（820）古氏驼花天牛 *Pidonia (Pidonia) gorodinskii* Holzschuh, 1998**（图版 LIX: 9）

*Pidonia (Pidonia) gorodinskii* Holzschuh, 1998: 13; Ren, 2010: 193; Löbl & Smetana, 2010: 129.

识别特征：体红棕色，被毛；前胸背板和足的腿节大部及鞘翅翅缝深棕色，每翅 4 个深棕色斑。触角向后近于达到鞘翅端部；鞘翅刻点粗。

检视标本：1♀，宁夏泾源龙潭，2008. VII. 7，毕文烜采（CBWX）；1♂2♀，宁夏泾源二龙河，2008. VII. 10，毕文烜采（CBWX）；1 头，宁夏泾源西峡，2008. VII. 15，李秀敏采（HBUM）；4 头，宁夏泾源二龙河，2008. VII. 19，王新谱、冉红凡、吴琦琦采（HBUM）；2 头，宁夏泾源二龙河，2009. VII. 6，周善义、孟祥君采（HBUM）。

地理分布：宁夏（泾源）、甘肃。

**（821）污色驼花天牛 *Pidonia (Pidonia) pullata* Holzschuh, 1998**（图版 LIX: 10）

*Pidonia (Pidonia) pullata* Holzschuh, 1998: 11; Ren, 2010: 194; Löbl & Smetana, 2010: 131.

识别特征：体红棕色，被毛；足的腿节部分和翅缝颜色深，每翅 3 个深色斑。触角向后近于达到鞘翅端部；鞘翅刻点粗。

检视标本：1♀，宁夏泾源二龙河，2008. VI. 22，杨玉霞采（HBUM）；1♀，宁夏泾源龙潭，2008. VII. 7，毕文烜采（CBWX）；2♂，宁夏泾源二龙河，2008. VII. 10，毕文烜采（CBWX）；3头，宁夏泾源西峡，2008. VII. 15，刘秀敏、冉红凡、吴琦琦采（HBUM）；2头，宁夏泾源二龙河，2009. VII. 3，王新谱、赵小林采（HBUM）。

地理分布：宁夏（泾源）、湖北。

### （822）显斑驼花天牛 *Pidonia* (*Pidonia*) *serosa* Holzschuh, 1991（图版 LIX: 11）

*Pidonia* (*Pidonia*) *serosa* Holzschuh, 1991: 11; Jiang et al., 2001: 100; Ren, 2010: 194; Löbl & Smetana, 2010: 131.

识别特征：体长 7.8～8.3 mm。体黑色，鞘翅具黑斑。头顶有稠密的细刻点；下颚须端部弱斧状扩大；复眼较大、突出；后颊很长，向后均匀浅弧状变窄；触角基瘤稍突起，触角明显位于复眼前缘之后，向后伸达鞘翅末端。前胸背板背面隆突，有稠密的细刻点，中央较稀，稍具光泽。鞘翅刻点明显，侧缘向后变窄，端缘直。足瘦长，后足腿节达鞘翅末端，后足第1跗节长于第2+3节之和。

检视标本：1头，宁夏泾源龙潭，2008. VI. 19，任国栋采（HBUM）；1头，宁夏泾源二龙河，2009. VII. 3，王新谱采（HBUM）。

地理分布：宁夏（泾源）、四川。

### （823）四川驼花天牛 *Pidonia* (*Pidonia*) *sichuanica* Holzschuh, 1992（图版 LIX: 12）（宁夏新纪录）

*Pidonia* (*Pidonia*) *sichuanica* Holzschuh, 1992: 7; Jiang & Chen, 2001: 93; Löbl & Smetana, 2010: 131.

识别特征：体长 8.9～9.7 mm。体淡褐色；前足腿节淡色，中、后足腿节黑色，基部和基节淡色，胫节端部暗色；腹面浓黑色；小盾片暗色；前胸背板侧面近基节有1暗纵纹；鞘翅斑纹黑色，基部和中部侧斑明显，卵形，不达翅缘，中部后方横带两端变宽呈短纵条，翅端黑斑较窄，中缝黑纵条前端较细，向后稍粗。头上有稠密的细刻点；下颚须端部扩大；后颊较平坦；触角稍超过腹部末端。前胸背板中央隆突，有稠密的细刻点不明显，中纵线后半部有1无刻点的细线，侧瘤突较大。鞘翅向后渐窄，翅端稍向中缝斜直，缘角浑圆，具光泽。

检视标本：5头，宁夏泾源二龙河，2008. VII. 19，王新谱、冉红凡、吴琦琦采（HBUM）；2头，宁夏泾源二龙河，2009. VII. 6，周善义、孟祥君采（HBUM）。

地理分布：宁夏（泾源）、四川。

## 337）肩花天牛属 *Rhondia* Gahan, 1906

### （824）斑胸肩花天牛 *Rhondia maculithorax* Pu, 1992

*Rhondia maculithorax* Pu, 1992: 618; Jiang et al., 2001: 57; Ren, 2010: 195; Löbl & Smetana, 2010: 133.

识别特征：体长 10.0～13.0 mm，宽 4.0～5.5 mm。体宽短；黄色，具黑斑及金属光泽。头窄小，头顶端部凹，刻点深密；复眼小而突出，卵形；触角细长，向后伸达鞘翅中部。前胸背板中央隆突，中线浅凹而不明显，具稀疏深细刻点；前端很窄，领片较宽而上翘，前横沟宽深，领片后侧缘深凹，向基部延伸，后横沟浅而不明显，基部宽而浅双曲波形，侧缘基部不凹，后角不尖突。小盾片三角形，中央稍隆起，顶钝圆。鞘翅宽短，背面拱隆，基半部刻点明显细深，端部渐小；背面凹，端缘宽直而微凹；肩角强突而端部钝扁，缘角、缝角无尖突。后足第 1 跗节长度等于第 2+3 节之和。

检视标本：1 头，宁夏泾源二龙河，2008. VI. 23，冉红凡采（HBUM）。

地理分布：宁夏（泾源）、湖北、四川。

### 338）脊花天牛属 *Stenocorus* Geoffroy, 1762（宁夏新纪录）

### （825）黄条脊花天牛 *Stenocorus longevittatus* Fairmaire, 1887（图版 LX: 1）

*Stenocorus longevittatus* Fairmaire, 1887: 329; Jiang & Chen, 2001: 48; Löbl & Smetana, 2010: 134.

识别特征：体长约 18.0 mm，宽约 5.0 mm。体黑色，鞘翅具黄褐色纵条。头密布细密皱刻点；头顶在触角基瘤间深凹，其后平坦，中央浅凹，中线达后头中央；复眼大而突出；后颊均匀向后渐窄；触角基瘤左右接近，内端角齿状尖突；触角位于复眼前缘内侧端部，向后伸达鞘翅端部 1/5 处。前胸背板密布细皱浅刻点及稀疏细短毛，表面较平坦，后方 1/4 处有浅横凹痕；前缘具细饰边，领片发达略上翘，领片后宽横凹，基部浅双曲波形，后横沟较深，前后横沟之间中线宽深、底平，沟两侧具长卵形隆突；侧缘中部具较发达侧瘤突，顶钝圆。小盾片三角形，顶钝圆，被灰黑细短毛。鞘翅具细浅刻点，端缘略斜直，缘角稍尖突，肩角明显突，内侧浅凹。腹部筒形，端缘圆弧形。后胫节端部明显扁宽，内侧近端部深凹，双距从凹中伸出，第 1 跗节长于第 2+3 节之和。

检视标本：2 头，宁夏泾源六盘山，1989. VII. 27（HBUM）；1 头，宁夏泾源二龙河，2100 m，1996. VI. 12（HBUM）。

地理分布：宁夏（泾源）、河北、山西、陕西、青海。

## 44.3　椎天牛亚科 Spondylidinae Audinet–Serville, 1832

## 幽天牛族 Asemini Thomson, 1861

### 339）梗天牛属 *Arhopalus* Audinet–Serville, 1834

### （826）三穴梗天牛 *Arhopalus foveatus* Chiang, 1963（图版 LX: 2）

*Arhopalus foveatus* Chiang, 1963: 64; Löbl & Smetana, 2010: 137; Ren, 2010: 189.

识别特征：体长约 19.0 mm，宽约 5.0 mm。深栗褐色，具油脂光泽，体表被毛。头短阔，头顶中央宽凹；后头隆，中线不明显，密布不规则细刻点；唇基三角形下陷，具较粗皱刻；上颚外侧密布不规则刻点；下颚须末节宽短，倒三角形，顶端直；复眼大而突，近卵圆形，内缘微凹；触角长约为体长的 3/4。前胸背板扁平，具 3 个纵凹，中部稍前具不明显横向细沟，散布不规细刻点；侧缘中部膨大。小盾片近方形，基部直，两角圆，基半部中间有纵凹，具细刻点。鞘翅密布细皱纹和稀疏微刻点，具 3 条纵脊；肩角钝圆，翅端圆形。前胸腹板隆起，密布皱刻；后胸腹板中间有细纵沟，伸达基部。跗节腹面有纵槽，后足第 1 跗节等于第 2+3 节的长度之和。

检视标本：1 头，宁夏泾源东山坡，2009. VII. 11，王新谱采（HBUM）。

地理分布：宁夏（泾源）、福建、云南、西藏。

**（827）褐梗天牛 *Arhopalus rusticus* (Linnaeus, 1758)**（图版 LX: 3）

*Cerambyx rusticus* Linnaeus, 1758: 395; Gao, 1993: 115; Zhu et al., 1999: 273; Ren, 2010: 190; Wang & Yang, 2010: 233; Löbl & Smetana, 2010: 137; Yang et al., 2011: 166; Ren et al., 2013: 220.

曾用名：褐幽天牛（高兆宁，1993；王新谱等，2010；杨贵军等，2011）。

识别特征：体长 25.0～30.0 mm，宽 6.0～7.0 mm。体较扁；褐色或红褐色，密布灰黄色短毛。头上刻点密，中间有纵沟；雄性触角向后伸达体长的 3/4 处，雌性向后伸达体长的 1/2 处。前胸背板刻点稠密，中间有浅凹光滑纵纹，与基部端部中央横凹相连，背板中央两侧有肾形长凹，上面有较粗刻点；前缘中央稍后弯，侧缘圆，基部直。小盾片大，舌形，末端圆钝。鞘翅薄，两侧平行，基部圆；翅面有 2 条平行纵隆纹，刻点较前胸背板稀，基部较粗大，末端细弱。腹面较光滑，雄性肛节较短阔，雌性较狭长。

检视标本：1 头，宁夏青铜峡树新林场，1980. V. 7（HBUM）；1 头，宁夏同心，1980. VIII. 7（HBUM）；2 头，宁夏泾源西峡，2008. VI. 27，李秀敏、冉红凡采（HBUM）；2 头，宁夏泾源红峡，2008. VII. 9，王新谱、刘晓丽采（HBUM）；2 头，宁夏泾源秋千架，2009. VII. 7，王新谱、杨晓庆采（HBUM）；1 头，宁夏彭阳挂马沟，2009. VII. 11，冉红凡采（HBUM）。

地理分布：宁夏（同心、泾源、彭阳、青铜峡、贺兰山）、河北、内蒙古、辽宁、吉林、黑龙江、浙江、福建、江西、山东、河南、湖北、海南、四川、贵州、云南、陕西、甘肃；蒙古国，俄罗斯（远东、东西伯利亚），朝鲜，韩国，日本，哈萨克斯坦，土耳其，欧洲，非洲界。

取食对象：杨、柳、油松、华山松、赤松、欧洲白皮松、冷杉、柏、榆、桦、椴、侧柏、圆柏等。

## 340）幽天牛属 *Asemum* Eschscholtz, 1830

**（828）松幽天牛 *Asemum striatum* (Linnaeus, 1758)**（图版 LX: 4）

*Cerambyx striatum* Linnaeus, 1758: 396; Wang et al., 1992: 60; Löbl & Smetana, 2010: 138.

*Asemum amurense* Kraatz, 1879: 97; Gao, 1993: 115; Wang & Yang, 2010: 234.

识别特征：体长 11.0～20.0 mm。黑褐色，密生灰白色绒毛，腹面光泽强。头上刻点密，触角之间有明显纵沟；复眼内缘微凹；触角 11 节，向后伸达体长之半处。前胸背板宽大于长，侧缘弧形，中部略圆形外突。小盾片宽三角形，端角圆。鞘翅两侧平行，前缘具横皱，端缘圆形；翅面有纵脊。足短，腿节宽扁。

地理分布：宁夏（贺兰山）、河北、山西、内蒙古、吉林、黑龙江、浙江、山东、湖北、陕西、甘肃、青海、新疆；蒙古国，俄罗斯（远东、东西伯利亚），朝鲜，韩国，日本，吉尔吉斯斯坦，哈萨克斯坦，土耳其，欧洲，新北界，新热带界。

取食对象：油松、云杉、落叶松。

## 341）断眼天牛属 *Tetropium* Kirby, 1837

### （829）光胸断眼天牛 *Tetropium castaneum* (Linnaeus, 1758)（图版 LX: 5）

*Cerambyx castaneum* Linnaeus, 1758: 396; Wang et al., 1992: 60; Gao, 1993: 116; Zhu et al., 1999: 273; Wang & Yang, 2010: 241; Löbl & Smetana, 2010: 139; Yang et al., 2011: 168.

曾用名：光胸幽天牛（高兆宁，1993）。

识别特征：体长 11.0～16.0 mm，宽 3.5～5.0 mm。栗色至黑褐色。头部中央具较明显纵沟纹；复眼前缘深凹，上、下叶近分离，中间仅以 1 线相连，小眼面细；雄性触角约达鞘翅中部，雌性不及中部。前胸背板极光亮，中间有不明显橄榄形凹，中间有不甚明显的微凹纵纹，基部隆起呈横纹，横纹之前有横凹纹；中央刻点较粗而稀，两侧细而密。每翅 2～3 条纵纹，盘上密布刻纹。腿节棍棒状。

检视标本：5 头，宁夏贺兰山，1976. VII. 3（IPPNX）；4 头，宁夏银川，1983. V. 7（IPPNX）；1 头，宁夏中卫沙坡头，1985. VIII. 25，任国栋采（IPPNX）。

地理分布：宁夏（银川、中卫、贺兰山、罗山）、天津、河北、山西、内蒙古、辽宁、吉林、黑龙江、浙江、福建、河南、四川、云南、陕西、青海、甘肃、新疆；蒙古国，俄罗斯（远东、东西伯利亚），韩国，日本，哈萨克斯坦，欧洲。

取食对象：云杉、落叶松、油松。

### （830）云杉断眼天牛 *Tetropium gracilicorne* Reitter, 1889（图版 LX: 6）

*Tetropium gracilicorne* Reitter, 1889: 287; Löbl & Smetana, 2010: 139; Wang, 2014: 87; Wang et al., 2016: 1156.

识别特征：体长 8.0～16.0 mm，宽 2.5～4.0 mm。体窄长。额位于触角之间，较弱，有时不明显，具纵向凹痕和微弱条纹；触角细，顶端不明显变粗。前胸背板弱光泽，背面均匀地布满细刻点，基半部光滑具光泽，侧面刻点略明显，非颗粒状。

地理分布：宁夏（贺兰山）、内蒙古、吉林、黑龙江、新疆；蒙古国，俄罗斯（远东、西伯利亚），韩国，日本，哈萨克斯坦，欧洲。

取食对象：落叶松、鱼鳞松、云杉属、冷杉属、阔叶树。

## 椎天牛族 Spondylidini Audinet–Serville, 1832

## 342）椎天牛属 *Spondylis* Fabricius, 1775

### （831）椎天牛 *Spondylis buprestoides* (Linnaeus, 1758)（图版 LX: 7）

*Attelabus buprestoides* Linnaeus, 1758: 388; Löbl & Smetana, 2010: 140.

识别特征：体长 15.0～25.0 mm。略圆柱形；完全黑色。额中间有 1 光滑的浅凹纵纹，刻点较头顶后方的稍大而粗；触角短。前胸背板前宽后窄，两侧圆，盘上密布刻点；前缘中央稍向后弯，基部直。小盾片大，末端圆。鞘翅基部宽阔，末端稍窄，基部圆；雄性翅面具细刻点和粗圆深刻点，每翅 2 条纵隆脊；雌性盘上刻点呈稠密的皱纹状，脊纹不明显。腹面被黄褐色绒毛。足短，胫节内侧具短竖毛，末端 2 尖刺，外侧有小锯齿。

地理分布：宁夏（贺兰山）、河北、内蒙古、黑龙江、江苏、浙江、安徽、福建、江西、河南、湖北、湖南、广东、广西、海南、四川、贵州、云南、陕西、台湾、香港；蒙古国，俄罗斯（远东、西伯利亚），朝鲜，韩国，日本，哈萨克斯坦，土耳其，欧洲，非洲界。

取食对象：马尾松、华山松、日本赤松、柳杉、冷杉、云杉、日本扁柏等。

## 44.4 膜花天牛亚科 Necydalinae Latreille, 1825

### 343）膜花天牛属 *Necydalis* Linnaeus, 1758

#### （832）点胸膜花天牛 *Necydalis (Necydalis) lateralis* Pic, 1939（图版 LX: 8）

*Necydalis lateralis* Pic, 1939: 2; Liu & Sun, 1991: 20; Löbl & Smetana, 2010: 141; Wang et al., 2016: 1156.

识别特征：体长 21.5～28.0 mm，宽 3.0～4.0 mm。触角向后伸达腹部第 1 腹板。前胸背板具细刻点，前、基部明显横凹，侧缘中间明显凸。鞘翅短缩，长达后胸腹板端部，翅面具粗刻点；两侧中部之后渐窄，端部直，具明显而小的内角；膜翅外露，不折叠。后胸腹板十分发达。腹部狭长，第 1、第 2 节十分明显，长柱形，端部 4～5 节明显膨大；第 5 节端部至基部 1/9 处宽深凹，凹内密生红褐色短毛。后足腿节棒状，基部具细长柄。

地理分布：宁夏（中卫、贺兰山）、北京、河北、内蒙古。

## 44.5 天牛亚科 Cerambycinae Latreille, 1802

### 纹虎天牛族 Anaglyptini Lacordaire, 1868

### 344）纹虎天牛属 *Anaglyptus* Mulsant, 1839

#### （833）邻近纹虎天牛 *Anaglyptus (Anaglyptus) vicinulus* Holzschuh, 1999（图版 LX: 9）

*Anaglyptus vicinulus* Holzschuh, 1999: 41; Löbl & Smetana, 2010: 144.

识别特征：体长 9.9～11.8 mm。体被灰白色绒毛。头黑色。触角红褐色，长度与体长近相等。前胸背板黑色。鞘翅比前胸背板宽，向后稍窄，外端角长而尖锐；具白色、黑色和红褐色间杂的斑纹。腹面黑色。腿节端部黑色，略膨大；腿节基部、胫节和跗节红褐色；后足腿节不超过翅端。

检视标本：1♂，宁夏泾源秋千架，2008. VII. 6，毕文烜采（CBWX）。

地理分布：宁夏（泾源）、北京、湖北、四川、陕西、甘肃。

### 绿天牛族 Callichromatini Swainson, 1840

### 345）颈天牛属 *Aromia* Audinet–Serville, 1834

#### （834）桃红颈天牛 *Aromia bungii* (Faldermann, 1835)（图版 LX: 10）

*Cerambyx bungii* Faldermann, 1835: 433; Wang et al., 1992: 61; Zhu et al., 1999: 295; Wang & Yang, 2010: 234; Löbl & Smetana, 2010: 146; Yang et al., 2011: 166.

识别特征：体长 28.0～37.0 mm，宽 8.0～10.0 mm。体亮黑色。雄性的触角长度超过体长 4～5 节，雌性的触角长度超过体长 1～2 节。前胸背板红棕色，密布横皱纹，背面 4 个光滑瘤突；前、基部黑色，收缩下凹，侧缘具角状侧刺突。鞘翅表面光滑，基部较前胸背板宽，端部渐窄。

地理分布：宁夏（石嘴山、贺兰山、罗山）、河北、山西、内蒙古、辽宁、吉林、黑龙江、江苏、浙江、安徽、福建、江西、山东、河南、湖北、湖南、广东、广西、海南、四川、贵州、云南、陕西、甘肃、香港；朝鲜，韩国。

取食对象：山桃、杏、柳、苹、李、樱桃等果树。

### （835）东方红颈天牛 *Aromia orientalis* Plavilstshikov, 1933（图版 LX: 11）

*Aromia orientalis* Plavilstshikov, 1933: 12; Wang et al., 1992: 61; Gao, 1993: 115; Wang & Yang, 2010: 233; Löbl & Smetana, 2010: 147.

曾用名：杨红颈天牛（王希蒙等，1992；王新谱等，2010）。

识别特征：体长 24.0～28.0 mm，宽 4.5～7.0 mm。头蓝黑色，顶部在两眼间深凹，腹面有许多横皱；触角和足蓝黑色，触角基部两侧各有 1 突起，顶尖锐，雄性长度超过体长，雌性长度与体长相等。前胸背板赤黄色，前、基部蓝色，有光泽；背面近基部处有 2 瘤突，侧刺明显。小盾片黑色，光滑，略下凹。鞘翅密布刻点和皱纹，每翅 2 条纵隆，近翅端处消失。

检视标本：2 头，宁夏银川，1984. VI（IPPNX）；2 头，宁夏贺兰山大水沟，1985. VIII，刘洪海采（IPPNX）。

地理分布：宁夏（银川、罗山、贺兰山）、河北、内蒙古、辽宁、吉林、黑龙江、浙江、福建、河南、陕西、甘肃；蒙古国，俄罗斯（远东、东西伯利亚），朝鲜，韩国，日本。

取食对象：杨、旱柳。

### 346）长绿天牛属 *Chloridolum* Thomson, 1864

### （836）黄胸长绿天牛 *Chloridolum* (*Chloridolum*) *sieversi* (Ganglbauer, 1887)（图版 LX: 12）

*Aromia sieversi* Ganglbauer, 1887: 135; Löbl & Smetana, 2010: 148; Wang et al., 2016: 1156.

识别特征：体长 22.0～33.0 mm。头和鞘翅深绿色，前胸背板及体下赤褐色，触角、小盾片及足深蓝色，体下着生金黄色绒毛。头上刻点较稀，后头刻点粗大，额中央具 1 条纵沟，额前端有 1 横凹；触角细长，雄性的可达体长的 2 倍。前胸背板侧刺突粗大，顶端较锐；前、基部具横皱纹，中区有弯曲细皱纹，近基部两侧略突。鞘翅肩部最宽，向端部渐狭，端部钝圆形。后足较前、中足长，雄性后足腿节较长，显著超过或达到鞘翅末端。

地理分布：宁夏（贺兰山）、吉林、黑龙江、江西、河南、广西、云南；俄罗斯（远东），朝鲜，韩国。

取食对象：柳、栎树。

## 347）多带天牛属 *Polyzonus* Dejean, 1835

### （837）多带天牛 *Polyzonus (Polyzonus) fasciatus* (Fabricius, 1781)（图版 LXI: 1）

*Saperda fasciatus* Fabricius, 1781: 232; Wang et al., 1992: 61; Gao, 1993: 116; Zhu et al., 1999: 298; Ren, 2010: 194; Wang & Yang, 2010: 240; Löbl & Smetana, 2010: 150; Yang et al., 2011: 167.

曾用名：黄多带蓝天牛（王希蒙等，1992）、黄带蓝天牛（高兆宁，1993）。

识别特征：体长约 18.0 mm，宽约 4.0 mm。体细长；蓝绿色至蓝黑色，具弱光泽。头、前胸背板有粗刻点和皱纹，前胸背板侧刺突顶尖锐。鞘翅蓝绿色至蓝黑色，基部常有光泽，中间有 2 条淡黄色横带；翅面被白色短毛及刻点，翅端圆形。腹面被银灰色短毛，雄性腹部可见 6 节，第 5 节基部凹，雌性可见 5 节，末节基部圆形拱凸。触角及足细长，约与体等长，第 3 节长于第 1、第 2 节之和。

检视标本：78 头，宁夏贺兰山，1962. VIII. 15（HBUM）；1 头，宁夏海原水冲寺，1986. VIII. 22，任国栋采（HBUM）；1 头，宁夏平罗，1987. VII. 4（HBUM）；4♂，宁夏泾源卧羊川，2008. VI. 30，毕文烜采（CBWX）；1♂，宁夏泾源秋千架，2008. VII. 5，毕文烜采（CBWX）；14 头，宁夏泾源卧羊川，2008. VII. 7，王新谱、刘晓丽采（HBUM）；1 头，宁夏泾源秋千架，2008. VII. 13，李秀敏采（HBUM）；3 头，宁夏彭阳挂马沟，2009. VII. 11，冉红凡、张闪闪采（HBUM）。

地理分布：宁夏（泾源、海原、西吉、彭阳、隆德、同心、平罗、贺兰山）、北京、天津、河北、山西、内蒙古、辽宁、吉林、黑龙江、江苏、浙江、安徽、福建、江西、山东、河南、湖北、湖南、广东、广西、贵州、陕西、甘肃、青海、香港；蒙古国，俄罗斯（远东、东西伯利亚），朝鲜，韩国。

取食对象：栎、棉、杨、松、枣、柏、竹、木荷、黄荆、柳、刺槐、柑橘、桉、菊、蔷薇、玫瑰。

## 348）沙天牛属 *Schwarzerium* Matsushita, 1933

### （838）榆绿天牛 *Schwarzerium provosti* (Fairmaire, 1887)（图版 LXI: 2）

*Callichroma provosti* Fairmaire, 1887: 54; Wang & Yang, 2010: 235; Löbl & Smetana, 2010: 150.

识别特征：体长 22.0～28.0 mm。体绿色，具金属光泽。头密布较粗刻点，额中间有 1 短纵沟，前额有 2 条不平行浅横凹；触角黑色，雄性长达近翅末端，雌性稍短。前胸背板具网状粗皱纹，侧棘突粗钝。小盾片长三角形，中央稍纵凹。鞘翅色泽较深，密布细皱纹刻点，每翅有 2 条细纵线。体下被淡黄褐短绒毛，雌性除后胸腹板外其余光滑。前、中足腿节大部分红褐色，末端深蓝色；雄性后足腿节长达鞘翅末端，雌性不达鞘翅末端。

地理分布：宁夏（贺兰山）、北京、内蒙古、山东、河南、湖北、陕西；韩国。

取食对象：灰榆、杨、梨。

## 349）杉天牛属 *Semanotus* Mulsant, 1839

### （839）双条杉天牛 *Semanotus bifasciatus* (Motschulsky, 1875)（图版 LXI: 3）

*Hylotrupes bifasciatus* Motschulsky, 1875: 148; Gao, 1993: 116; Zhu et al., 1999: 305; Wang & Yang, 2010: 240; Löbl & Smetana, 2010: 155.

识别特征：体长 10.0～22.0 mm，宽 3.5～7.0 mm。体宽扁。头黑色，具细刻点；触角黑褐色，雄性向后伸达体长 3/4 处，雌性向后伸达体长之半处。前胸背板黑色，中部有梅花形排列的 5 个光滑疣突；两侧圆弧形，具较长淡黄色绒毛。鞘翅棕黄色，中部和末端有黑色宽横带，中部带在中缝处断开；翅面具许多刻点，末端圆形。中、后胸腹板被黄色绒毛。腹部被棕色绒毛，末端微露于鞘翅外。

检视标本：27 头，宁夏永宁，1995. IV. 23（HBUM）；1 头，宁夏青铜峡小坝，1995. IV. 27，马峰采（HBUM）。

地理分布：宁夏（青铜峡、永宁、贺兰山）、河北、山西、内蒙古、黑龙江、上海、江苏、浙江、安徽、福建、江西、山东、河南、湖北、广东、广西、四川、贵州、云南、陕西、甘肃、青海、台湾；俄罗斯（远东），韩国，日本。

取食对象：杉、松、柏树。

# 天牛族 Cerambycini Latreille, 1802

# 天牛亚族 Cerambycina Latreille, 1802

## 350）肿角天牛属 *Neocerambyx* Thomson, 1861

### （840）松脊肿角天牛 *Neocerambyx raddei* Blessig, 1872

*Neocerambyx raddei* Blessig, 1872: 170; Zhang et al., 2009: 113; Löbl & Smetana, 2010: 161.

*Mallambyx japonicus* Bates, 1873: 152; Gao, 1993: 116.

识别特征：体长 43.0～47.0 mm，宽 11.0～14.0 mm。体黑褐色，被棕黄色绒毛。头在复眼间有纵沟；触角长约为体长的 1.5 倍，第 1 节粗大，第 3 节长约为第 4+5 节之和。前胸背板具横皱，侧缘圆弧形，无侧刺突。鞘翅端部圆形，缝角尖刺状。

地理分布：宁夏（银川）、河北、山西、辽宁、吉林、黑龙江、江苏、浙江、安徽、福建、江西、山东、湖北、湖南、四川、贵州、云南、陕西、台湾；俄罗斯（远东），朝鲜，韩国，日本，东洋界。

取食对象：栎、桑、苹果、泡桐树等。

# 虎天牛族 Clytini Mulsant, 1839

## 351）绿虎天牛属 *Chlorophorus* Chevrolat, 1863

### （841）柠条绿虎天牛 *Chlorophorus caragana* Xie & Wang, 2012（图版 LXI: 4）

*Chlorophorus caragana* Xie & Wang in Zong, Xie, Wang, Luo & Cao, 2012: 55; Zong, Wang, Cao, Wang & Luo, 2014: 488.

识别特征：体长 8.0～12.0 mm，宽 3.2～3.5 mm。长筒形，灰褐色，触角及足大部分黑褐色或大部分红褐色，仅腿节端部色深；密被淡黄色绒毛，尤以腹面浓密；头窄于前胸，头上有细密的刻点，头顶中央有 1 光滑的细纵沟。触角 10 节，长达体长之半或略长，第 3～10 节的内端角或外端角延伸呈齿状，基部 3 节和端部 2 节色略深。前胸背板圆球形，被毛不形成斑纹；鞘翅两侧近于平行，盘上 3 对对称的土黄色或暗黑色短纹纵纹。此虫体表绒毛比雄虫更为稠密，鞘翅斑纹不甚明显；触角长不超过鞘翅中部，后足腿节伸达鞘翅端部。

地理分布：宁夏（中卫、灵武、盐池）。

取食植物：柠条锦鸡儿、小叶锦鸡儿、刺槐。

**（842）樱桃绿虎天牛 *Chlorophorus diadema diadema* (Motschulsky, 1854)**（图版 LXI: 5）

*Clytus diadema* Motschulsky, 1854: 48; Wang & Yang, 2010: 235; Löbl & Smetana, 2010: 166.

识别特征：体长 8.0～14.0 mm。体棕褐色，头部及体下被灰黄色绒毛。头顶无毛；触角基瘤内侧角状突起。前胸背板弱球形，密布刻点，前缘及基部有少量黄色绒毛。鞘翅肩部前后有 2 黄色绒毛斑，近小盾片沿内缘有 1 向外的斜条斑，中央稍后有 1 横纹，末端有 1 黄绒横纹。

地理分布：宁夏（灵武、盐池、贺兰山）、北京、天津、河北、山西、内蒙古、辽宁、吉林、黑龙江、江苏、浙江、安徽、福建、江西、山东、河南、湖北、湖南、广东、广西、四川、贵州、云南、陕西、甘肃、台湾；蒙古国，俄罗斯（东西伯利亚)，朝鲜，韩国，日本。

取食对象：刺槐、樱桃、桦、灌丛、柠条锦鸡儿。

**（843）榄绿虎天牛 *Chlorophorus eleodes* (Fairmaire, 1889)**

*Clytus eleodes* Fairmaire, 1889: 65; Löbl & Smetana, 2010: 166.

识别特征：体长 10.5～13.4 mm。黑色，被榄绿色绒毛；触角大部分及胫节、跗节褐色；触角被灰色短毛，腹面密布黄绿色绒毛。

地理分布：宁夏（灵武）、湖北、广西、四川、贵州、云南、西藏、陕西、新疆。

取食植物: 刺桐属。

**（844）六斑绿虎天牛 *Chlorophorus simillimus* (Kraatz, 1879)**（图版 LXI: 6）

*Clytus simillimus* Kraatz, 1879: 91; Wang et al., 1992: 61; Löbl & Smetana, 2010: 169.

*Clytus sexmaculatus* Motschulsky, 1859: 494; Gao, 1993: 115; Ren, 2010: 190; Wang & Yang, 2010: 235; Yang et al., 2011: 166.

曾用名：六斑虎天牛（高兆宁，1993；杨贵军等，2011）。

识别特征：体长 9.0～17.0 mm。体黑色，被灰色绒毛及黑斑。触角基瘤彼此接近，内侧角状突出，触角向后伸达鞘翅中部稍后。前胸背板中部有 1 叉形黑斑，两侧各有 1 黑斑。鞘翅有稠密的细刻点，每侧有 6 个黑斑。

检视标本：1 头，宁夏泾源龙潭，2008. VI. 18，袁峰采（HBUM）；1 头，宁夏泾源龙潭，2008. VI. 19，任国栋采（HBUM）；1 头，宁夏泾源秋千架，2008. VI. 23，王新谱采（HBUM）；3 头，宁夏泾源红峡，2008. VII. 10，王新谱、刘晓丽采（HBUM）；

1 头，宁夏泾源龙潭，2009. VII. 4，冉红凡采（HBUM）；1 头，宁夏泾源秋千架，2009. VII. 7，王新谱采（HBUM）；1 头，宁夏泾源西峡，2009. VII. 9，王新谱采（HBUM）。

地理分布：宁夏（泾源、贺兰山、罗山）、河北、内蒙古、吉林、黑龙江、浙江、福建、江西、山东、河南、湖北、湖南、广西、四川、云南、陕西、甘肃、青海、新疆；蒙古国，俄罗斯（远东、东西伯利亚），朝鲜，韩国，日本。

取食对象：柞、杨等。

## 352）丽虎天牛属 *Plagionotus* Mulsant, 1842

### （845）栎丽虎天牛 *Plagionotus pulcher* (Blessig, 1872)（图版 LXI: 7）

*Clytus pulcher* Blessig, 1872: 184; Wu et al., 1978: 300; Wang et al., 1992: 61; Gao, 1993: 116; Löbl & Smetana, 2010: 177.

识别特征：体长约 12.0 mm，宽约 3.5 mm。体黑褐色，有虎斑，触角及足棕褐色。头顶有 1 黄毛横斑，向两侧延伸围绕头部形成 1 个黄环，中线明显；触角略短于体长，中段各节末端内、外缘具刺突。前胸背板前缘及中央各有 1 黄绒毛细横条。小盾片半圆形，被稀疏黄毛。鞘翅有 8 个黄色横纹，基部有 1 深红色横带，末端有深黄色绒毛大斑，基部凹。腹部第 1～4 节基部黄色。后足第 1 跗节长为其余 3 节之和。

地理分布：宁夏（银川、平罗）、河北、山西、辽宁、吉林、黑龙江、陕西；俄罗斯（远东、西伯利亚），朝鲜，韩国，日本。

取食对象：榆、杨、栎。

## 353）艳虎天牛属 *Rhaphuma* Pascoe, 1858

### （846）丽艳虎天牛 *Rhaphuma gracilipes* (Faldermann, 1835)（图版 LXI: 8）

*Clytus gracilipes* Faldermann, 1835: 436; Löbl & Smetana, 2010: 178; Yang et al., 2011: 166.

识别特征：体长 6.0～11.0 mm。体黑色。头被细密刻点及稀疏灰白色毛，头顶宽，后头有细纵沟；触角细长，被灰白色毛，第 2～6 节下方有长而密的缨毛，雄性超过鞘翅末端，雌性未达到。前胸背板长，侧缘略突，后端较窄，前、基部有隆起的细边；背面隆起，密布小刻点和稀疏褐色毛，侧面有 1 刺毛；小盾片自基部向端部变窄，被白色毛。鞘翅细长，密布小刻点及褐色短毛；两侧平行，肩部圆突，内侧有不清晰皱纹，顶端斜直，外角尖，内角略尖或圆；肩部下侧有 2 斑点，翅缝外侧有斜行至侧缘并弯曲的白色线纹，中部稍后有白色横带，顶端有白色边，侧缘白色。足细长，后足腿节超过鞘翅末端。

地理分布：宁夏（罗山）、北京、河北、内蒙古、辽宁、吉林、黑龙江、广西、海南；蒙古国，俄罗斯（远东、东西伯利亚），朝鲜，韩国，日本，哈萨克斯坦，欧洲。

取食对象：桦、榆、柳树等。

## 354）脊虎天牛属 *Xylotrechus* Chevrolat, 1860

### （847）桦脊虎天牛 *Xylotrechus* (*Xylotrechus*) *clarinus* Bates, 1884（图版 LXI: 9）

*Xylotrechus clarinus* Bates, 1884: 231; Wang et al., 1992: 61; Gao, 1993: 117; Ren, 2010: 196; Löbl & Smetana, 2010: 181.

曾用名：桦虎天牛（高兆宁，1993）。

识别特征：体长 9.5～20.0 mm。一般黑褐色，鞘翅及腹节有时深棕色，触角及足棕红色。头被淡黄色或灰白色绒毛，头顶刻点深，额中纵线两侧各有 1 斜脊；触角短小，伸至鞘翅肩部，第 4 节与第 5 节长度相等，比第 3 节略短，末端 4 节较短小。前胸背板略呈球面形，前缘及基部有淡黄色绒毛，表面密布刻点，两侧有明显短毛。小盾片基部有黄色绒毛。鞘翅表面有淡黄色或乳白色绒毛形成的条斑，紧接小盾片周围略有淡黄色绒毛；肩部为一狭小短横条；基部沿内缘有 1 斜纵条，至外缘向前略弯转，形成方形条斑；鞘翅末端又有 1 狭细横条及黄色或乳白色绒毛。雌性肛节极尖长，全部露于鞘翅外。

检视标本：1 头，宁夏固原，1961.VIII. 9（IPPNX）；1 头，宁夏泾源六盘山，1964. VI（IPPNX）；1 头，宁夏泾源卧羊川，2008. VII. 7，王新谱采（HBUM）；1 头，宁夏泾源秋千架，2009. VII. 7，王新谱采（HBUM）；3 头，宁夏彭阳挂马沟，2009. VII. 12，冉红凡、张闪闪采（HBUM）；1 头，宁夏固原开城，2009. VII. 16，王新谱采（HBUM）。

地理分布：宁夏（固原、泾源、彭阳、灵武、青铜峡）、内蒙古、辽宁、吉林、黑龙江、福建、湖南、陕西、甘肃；俄罗斯（远东），朝鲜，韩国，日本。

取食对象：杨、白桦、日本桤木等。

**（848）灭字脊虎天牛 Xylotrechus (Xylotrechus) javanicus (Laporte & Gory, 1836)**（图版 LXI: 10）（宁夏新纪录）

*Clytus javanicus* Laporte & Gory, 1836: 87; Löbl & Smetana, 2010: 182.

识别特征：体长 9.5～16.5 mm，宽 2.5～4.5 mm。体黑色，头、胸部被淡黄色或灰色绒毛。头具细粒状刻点，雄性额上中间有 1 细纵脊，两侧各有 1 近长方形粗糙脊斑，雌性有 3 条纵脊；雄性触角向后伸达鞘翅基部，雌性稍短。前胸背板有粒状或皱纹刻点，无绒毛区形成黑色斑纹，中间有 1 大圆斑，两侧各有 1 小斑点。小盾片近半圆形。鞘翅后端稍窄，端缘略斜直，外端角较尖，缝角刺状；翅面具稠密的细刻点及灰色或淡黄色绒毛斑纹，每翅有 5 个斑，前端 3 个斑共同组成"灭"字纹。腹面大多具浓密黄色绒毛。足细长，后足第 1 跗节长于其余跗节总长。

检视标本：1 头，宁夏吴忠红寺堡，2009. VII. 19，杨晓庆采（HBUM）。

地理分布：宁夏（红寺堡）、湖北、江苏、浙江、湖南、广东、广西、海南、四川、云南、浙江。

# 沟角天牛族 Hesperophanini Mulsant, 1839

# 沟角天牛亚族 Hesperophanina Mulsant, 1839

## 355）茸天牛属 *Trichoferus* Wollaston, 1854

**（849）家茸天牛 Trichoferus campestris (Faldermann, 1835)**（图版 LXI: 11）

*Callidium campestris* Faldermann, 1835: 435; Wang et al., 1992: 61; Gao, 1993: 116; Zhu et al., 1999: 291; Gao, 1999: 122; Ren, 2010: 195; Wang & Yang, 2010: 241; Löbl & Smetana, 2010: 186; Yang et al., 2011: 168; Ren et al., 2013: 230.

识别特征：体长 13.0～18.0 mm，宽 3.0～6.0 mm。体黑褐色，被棕黄色绒毛和稀疏长竖毛，小盾片棕黄色。雄性额中间有 1 细纵沟，雌性无；雄性触角向后伸达鞘翅端部，雌性稍短。前胸背板长宽近相等，两侧圆弧形，无侧刺突；背面刻点粗密，雄性在刻点间又有细刻点，雌性无。鞘翅具中等大小刻点，两侧近平行，后端稍窄，外端角弧形，内端角直。雄性肛节较宽而直，雌性狭长，端缘弧形。后足第 1 跗节长约为第 2、第 3 节之和。

检视标本：24 头，宁夏银川，1986. VI. 21（IPPNX）；14 头，宁夏泾源，1986. VII. 24（IPPNX）；1 头，宁夏盐池，1986. VI，任国栋采（HBUM）；1 头，宁夏中宁石空，2006. VI. 21，张志科采（IPPNX）；1 头，宁夏隆德峰台，2009. VII. 13，王新谱采（HBUM）。

地理分布：宁夏（全区）、河北、山西、内蒙古、辽宁、吉林、黑龙江、江苏、浙江、安徽、江西、山东、河南、湖北、湖南、四川、贵州、云南、西藏、陕西、甘肃、青海、新疆；蒙古国，俄罗斯（远东、东西伯利亚），朝鲜，韩国，日本，印度，伊朗，塔吉克斯坦，土库曼斯坦，吉尔吉斯斯坦，哈萨克斯坦，欧洲，东洋界。

取食对象：刺槐、油松、枣、丁香、杨、柳、黄芪、苹果、柚、桦、云杉等。

**（850）灰黄茸天牛 *Trichoferus guerryi* (Pic, 1916)**（图版 LXI: 12）

*Hesperophanes guerryi* Pic, 1916: 314; Wang et al., 1992: 61; Gao, 1993: 117; Zhu et al., 1999: 291; Löbl & Smetana, 2010: 186.

识别特征：体长 19.0～25.0 mm，宽 5.5～7.5 mm。体棕褐色，被灰黄色绒毛；前胸背板具黄褐色斑，鞘翅具褐色小点。头近圆形，密布细刻点；额短阔，前缘浅横凹，中间有纵沟，两侧有小凹；颊较短；复眼深凹，上叶较小；触角基瘤微突，雄性触角超过翅端，雌性仅达翅端。前胸背板前端宽，后端较窄，两侧略突；背面有 3 个低瘤突，雌性具粗刻点，雄性基半部为细密浅皱刻点，后半部为粗刻点。小盾片三角形，端角圆。鞘翅两侧近平行，端部稍窄；盘上密布细刻点，基部较粗糙。雄性肛节较短阔，端缘较直；雌性稍长，端缘微弧形。足粗壮，腿节稍膨大，跗节下面具细沟，后足第 1 跗节与第 2、第 3 节之和近相等。

地理分布：宁夏（全区）、河北、山东、河南、湖北、四川、云南、陕西。

取食对象：刺槐、榆、山柳。

## 短鞘天牛族 Molorchini Gistel, 1848

### 356）短鞘天牛属 *Molorchus* Fabricius, 1792

**（851）冷杉短鞘天牛 *Molorchus minor minor* (Linnaeus, 1758)**（图版 LXII: 1）

*Necydalis minor* Linnaeus, 1758: 421; Löbl & Smetana, 2010: 191; Yang et al., 2011: 167.

识别特征：体长 7.5～10.5 mm，宽 2.0～2.5 mm。黑色，被毛，触角、鞘翅及足红褐色。头与前胸背板前端等宽，刻点小；额平坦；雄性触角 12 节，长为体长的 2 倍，雌性 11 节，与体长近相等或略长。前胸背板刻点粗密，弱波弯，中部有 5 个微具刻点圆形隆起；后端前面紧缩，具横沟，侧刺突钝。小盾片近长方形，末端圆。鞘翅短缩，长达第 1 腹板中央，基部宽，末端窄且较厚而隆起，基部圆；盘上刻点稀大疏，中央稍靠后有 1 乳白色横纹斜伸向后方，两侧倒"八"形对称。腹面光滑，刻点小而稀疏。足细，腿节末端突然膨大。

地理分布：宁夏（罗山）、内蒙古、辽宁、黑龙江、陕西、甘肃、青海、新疆；蒙古国，俄罗斯（远东、东西伯利亚），朝鲜，韩国，哈萨克斯坦，土耳其。

取食对象：杉树。

## 紫天牛族 Trachyderini Dupont, 1836

## 紫天牛亚族 Trachyderina Dupont, 1836

### 357）亚天牛属 *Anoplistes* Audinet–Serville, 1834

#### （852）鞍背亚天牛 *Anoplistes halodendri ephippium* (Steven & Dalman, 1817)（图版 LXII: 2）

*Cerambyx halodendri ephippium* Steven & Dalman, 1817: 157; Löbl & Smetana, 2010: 196; Wang et al., 2016: 1156.

识别特征：体长约 13.0 mm。体窄长；黑色，鞘翅基部、肩部及外缘橙红色，呈鞍形，中部在中缝区形成窄长的黑斑延伸至鞘翅末端。颈部短，有粗糙刻点及灰白色细长竖毛；雄性触角向后与体长近相等，第 3 节最长。前胸背板宽略大于长，刻点间呈网纹状，被灰白色细长竖毛。小盾片等边三角形，有灰白色细毛。鞘翅窄长而扁，侧缘平行，末端圆形；盘上刻点基部稀疏，向端部逐渐细小而稠密，被灰白色带黑色的细毛，基部的灰白色毛较长而密。腹面具刻点和灰白色柔毛，后胸腹板及腹部刻点细小而稀疏。后足第 1 跗节长于第 2+3 节之和。

地理分布：宁夏（贺兰山）、河北、内蒙古、东北；哈萨克斯坦，欧洲。

取食对象：忍冬、锦鸡儿、洋槐等。

#### （853）普红缘亚天牛 *Anoplistes halodendri pirus* (Arakawa, 1932)（图版 LXII: 3）

*Purpuricenus halodendri pirus* Arakawa, 1932: 18; Wu et al., 1978: 300; Wang et al., 1992: 61; Gao, 1993: 115; Zhu et al., 1999: 299; Wang & Yang, 2010: 234 (Erroneous recorded as *Asias halodendri* (Pallas, 1776)); Ren, 2010: 190 (*Asias halodendri* (Pallas, 1776)); Löbl & Smetana, 2010: 196; Yang et al., 2011: 166 (*Asias halodendri* (Pallas, 1776)).

曾用名：红缘天牛（吴福桢等，1978；高兆宁，1993；王新谱等，2010；杨贵军等，2011）、红缘亚天牛（任国栋，2010）。

识别特征：体长 15.0～18.0 mm，宽 4.5～5.5 mm。体狭长；黑色，被灰白色长毛。触角细长，雄性约为体长的 2 倍，第 3 节最长，雌性长度与体长近相等，第 11 节最长。前胸背板刻点稠密呈网状，侧刺突短钝。鞘翅狭长，两侧平行，末端圆钝；每翅基部有 1 朱红色椭圆形斑，外缘有 1 朱红色窄条纹。足细长，后足第 1 跗节长于第 2、第 3 节之和。

检视标本：5 头，宁夏贺兰山，1954. VII. 23（IPPNX）；1 头，宁夏中卫，1961（IPPNX）；3 头，宁夏中宁，1965.V. 30（IPPNX）；23 头，宁夏银川，1975. V. 21（IPPNX）；54 头，宁夏永宁，2002. VI. 12（IPPNX）；2 头，宁夏灵武，2006. V. 23（IPPNX）；1 头，宁夏泾源龙潭，2009. VII. 6，王新谱采（HBUM）；2 头，宁夏泾源秋千架，2009.

VII. 7，王新谱、杨晓庆采（HBUM）；20 头，宁夏彭阳挂马沟，2009. VII. 12，冉红凡、张闪闪采（HBUM）。

地理分布：宁夏（中宁、青铜峡、银川、中卫、固原、泾源、彭阳、永宁、灵武、平罗、贺兰山、罗山）、河北、山西、内蒙古、辽宁、吉林、黑龙江、江苏、浙江、江西、山东、河南、湖北、湖南、贵州、陕西、甘肃、青海、新疆、台湾；俄罗斯（远东、东西伯利亚），朝鲜，韩国。

取食对象：苹果、梨、李、榆、旱柳、加拿大杨、蒙古栎、金银花、枣、葡萄、刺槐、沙枣、锦鸡儿、糖槭等。

## 44.6　沟胫天牛亚科 Lamiinae Latreille, 1825

## 长角天牛族 Acanthocinini Blanchard, 1845

### 358）长角天牛属 *Acanthocinus* Dejean, 1821

#### （854）灰长角天牛 *Acanthocinus aedilis* (Linnaeus, 1758)（图版 LXII: 4）

*Cerambyx aedilis* Linnaeus, 1758: 392; Wang et al., 1992: 61; Gao, 1993: 114; Zhu et al., 1999: 373; Wang & Yang, 2010: 231; Löbl & Smetana, 2010: 207.

曾用名：长角灰天牛（高兆宁，1993；王新谱等，2010）。

识别特征：体长 12.0～21.0 mm，宽 4.0～8.0 mm。体扁平；棕红色，被灰色绒毛。额方形，有较密小颗粒；触角长为体长的 2～5 倍，雌性末节较前节短，雄性末节较前节长。前胸背板端部有 4 个火黄色毛斑，侧刺突基部宽大而端部很短稍后弯。每翅中部各有 2 条深色而略斜的横斑及稀疏小圆斑。雌性产卵管外露。

检视标本：1 头，宁夏贺兰山苏峪口（HBUM）；1 头，宁夏永宁王太，1989. VI. 20，赵玉峰采（HBUM）；1 头，宁夏泾源六盘山，1989. VII. 27，任国栋采（HBUM）；1 头，宁夏贺兰山，1990. VI. 4，任国栋采（HBUM）。

地理分布：宁夏（永宁、泾源、贺兰山）、河北、内蒙古、辽宁、吉林、黑龙江、浙江、安徽、江西、山东、河南、湖北、广西、陕西、甘肃；蒙古国，俄罗斯（远东、东西伯利亚），朝鲜，韩国，哈萨克斯坦，土耳其，欧洲。

取食对象：云杉、油松、山杨。

#### （855）小灰长角天牛 *Acanthocinus griseus* (Fabricius, 1792)（图版 LXII: 5）

*Cerambyx griseus* Fabricius, 1792: 261; Zhu et al., 1999: 374; Ren, 2010: 189; Wang & Yang, 2010: 232; Löbl & Smetana, 2010: 208; Yang et al., 2011: 165; Ren et al., 2013: 219.

识别特征：体长 8.0～12.0 mm，宽 2.2～3.5 mm。体窄长，略扁平；黑褐至棕褐色。头被灰色短绒毛，有稠密的细刻点，中间有 1 细沟；额近方形，表面较平；颊略短于复眼下叶，具灰黄色绒毛；复眼内缘深凹，小眼面细；雄性触角长为体长 2.8 倍。前胸背板被灰褐色绒毛，前端有 4 个污黄色圆毛斑。小盾片中部被淡色绒毛。鞘翅中部有 1 宽浅灰色横斑纹并夹杂黑色斑点，浅灰色横纹下有 1 黑色横纹，其下有浅色斑，尤以端部明显；翅面还有棕黄色绒毛斑，左翅基部较多。雌性肛节较长，与第 1、第 2 节之和近相等，腹末伸出长产卵管。

检视标本：1 头，宁夏泾源龙潭，2009. VII. 4，冉红凡采（HBUM）；1 头，宁夏隆德峰台，2009. VII. 13，王新谱采（HBUM）。

地理分布：宁夏（泾源、隆德、贺兰山、罗山）、河北、内蒙古、辽宁、吉林、黑龙江、浙江、福建、江西、河南、湖北、广东、广西、贵州、陕西、甘肃、新疆；蒙古国，俄罗斯（东西伯利亚），朝鲜，韩国，日本，哈萨克斯坦，土耳其，塞浦路斯，欧洲。

取食对象：红松、鱼鳞松、油松、华山松、栎等。

## 多节天牛族 Agapanthiini Mulsant, 1839

### 359）多节天牛属 *Agapanthia* Audinet–Serville, 1835

#### （856）苜蓿多节天牛 *Agapanthia* (*Epoptes*) *amurensis* Kraatz, 1879（图版 LXII: 6）

*Agapanthia amurensis* Kraatz, 1879: 115; Ren, 2010: 189; Wang & Yang, 2010: 232; Löbl & Smetana, 2010: 215; Yang et al., 2011: 165; Ren et al., 2013: 219.

识别特征：体长 14.0～21.0 mm。具深蓝或紫罗兰金属光泽，头、胸及腹部近黑蓝色，触角黑色。头、胸密布具长毛粗深刻点；额前缘有 1 细横沟；触角长于体长，柄节及第 3 节端部有刷状毛簇，基部 6 节下缘有稀疏细长缨毛。前胸背板两侧中部稍膨大。鞘翅密布刻点，有半直立黑毛。

检视标本：1 头，宁夏平罗，1995. V. 20（HBUM）；1 头，宁夏泾源卧羊川，2008. VI. 22，任国栋采（HBUM）；1 头，宁夏固原和尚铺，2008. VII. 1，王新谱采（HBUM）；1 头，宁夏泾源秋千架，2009. VII. 7，王新谱采（HBUM）；1 头，宁夏泾源东山坡，2009. VII. 8，冉红凡采（HBUM）；1 头，宁夏彭阳挂马沟，2009. VII. 11，冉红凡采（HBUM）。

地理分布：宁夏（平罗、泾源、固原、彭阳、贺兰山、罗山）、河北、内蒙古、吉林、黑龙江、江苏、浙江、福建、江西、山东、河南、湖北、湖南、四川、陕西、新疆；蒙古国，俄罗斯（远东、东西伯利亚），朝鲜，日本。

取食对象：松、刺槐、苜蓿等。

## 瓜天牛族 Apomecynini Thomson, 1860

### 360）缝角天牛属 *Ropica* Pascoe, 1858

#### （857）桑缝角天牛 *Ropica subnotata* Pic, 1925（图版 LXII: 7）

*Ropica subnotata* Pic, 1925: 138; Wang et al., 1992: 63; Löbl & Smetana, 2010: 234.

识别特征：体长 5.0～9.5 mm。体红色，绒毛棕黄色、深黄色或灰白色。触角被灰白色绒毛，自第 3 节起每节基、端缘形成淡色环纹。前胸背板背面平坦，刻点粗密，无瘤突；中央常具 1 条深纵纹，前、后横沟不明显。小盾片三角形，被棕黄色绒毛，中央具褐色斑点。鞘翅刻点粗密，成不规则直行，行间无显隆；每翅中部之后有 1 灰白色毛斑及若干灰白色小斑点。

地理分布：宁夏（贺兰山）、河北、山西、江苏、浙江、福建、江西、山东、河南、湖北、广东、贵州、云南、香港。

取食对象：桑树。

## 突天牛族 Astathini Thomson, 1864

### 361）眼天牛属 *Bacchisa* Pascoe, 1866

#### （858）梨眼天牛指名亚种 *Bacchisa (Bacchisa) fortunei fortunei* (Thomson, 1857)（图版 LXII: 8）

*Plaxomicrus fortunei* Thomson, 1857: 58; Wu et al., 1982: 80; Wang et al., 1992: 62; Gao, 1993: 115; Zhu et al., 1999: 327; Ren, 2010: 190; Löbl & Smetana, 2010: 236.

曾用名：梨眼天牛（吴福桢等，1982；高兆宁，1993）。

识别特征：体长 8.0～10.0 mm，宽 3.0～4.0 mm。体圆筒形；橙黄色，有蓝紫色金属光泽，被长毛。雄性触角与体等长或稍长，雌性略短。前胸背板宽大于长，中部拱凸形成明显大瘤突，两侧有 1 非刺状稍小瘤突。鞘翅末端圆形。

检视标本：1 头，宁夏泾源，1962. VIII.2（IPPNX）；1 头，宁夏固原六窑，1991.V.27（HBUM）。

地理分布：宁夏（泾源、固原、青铜峡）、山西、吉林、江苏、浙江、安徽、福建、江西、山东、河南、湖北、湖南、广东、广西、四川、贵州、陕西、甘肃、青海、台湾；朝鲜，韩国，日本。

取食对象：梨、梅、杏、桃、李、苹果、海棠、石楠、野山楂等。

## 白条天牛族 Batocerini Thomson, 1864

### 362）粒肩天牛属 *Apriona* Chevrolat, 1852

#### （859）粒肩天牛 *Apriona (Apriona) germari* (Hope, 1831)（图版 LXII: 9）

*Lamia germari* Hope, 1831: 28; Wang et al., 1992: 62; Zhu et al., 1999: 364; Wang et al., 2007: 33; Ren, 2010: 189; Wang & Yang, 2010: 233; Löbl & Smetana, 2010: 237.

曾用名：桑天牛（王新谱等，2010）。

识别特征：体长 35.0～46.0 mm，宽 10.0～14.0 mm。体黑色，密布棕黄色绒毛。雄性触角超出体长 2～3 节，雌性较体略长。前胸背板前、后横沟之间有不规则横脊纹，具侧刺突。鞘翅基部约 1/3 处有亮黑色的瘤状颗粒，肩角及内、外端角刺状。

地理分布：宁夏（全区）、河北、山西、辽宁、江苏、浙江、安徽、福建、江西、山东、河南、湖北、湖南、广东、广西、海南、四川、贵州、云南、西藏、陕西、甘肃、台湾、香港；俄罗斯（远东），朝鲜，韩国，日本，越南，老挝，印度，缅甸，尼泊尔。

取食对象：桑、苹果、花红、海棠、樱桃、梨、榆、柳、杏、桃等。

# 草天牛族 Dorcadionini Swainson, 1840

## 363）草天牛属 *Eodorcadion* Breuning, 1947

### （860）多脊草天牛 *Eodorcadion* (*Eodorcadion*) *multicarinatum* (Breuning, 1943)（图版 LXII: 10）

*Neodorcadion multicarinatum* Breuning, 1943: 99; Löbl & Smetana, 2010: 257; Wang, 2014: 700; Wang et al., 2016: 1157.

识别特征：前胸背板淡灰黄色，中间有 1 白色条纹。每翅有 10 条细粒脊。

地理分布：宁夏（贺兰山）、山西、内蒙古、辽宁、陕西、甘肃、青海。

### （861）密条草天牛 *Eodorcadion* (*Eodorcadion*) *virgatum virgatum* (Motschulsky, 1854)（图版 LXII: 11)

*Dorcadion virgatum* Motschulsky, 1854: 65; Ren, 2010: 190; Wang & Yang, 2010: 237; Löbl & Smetana, 2010: 257; Yang et al., 2011: 166; Ren et al., 2013: 223.

识别特征：体长 12.0～22.0 mm，宽约 6.5 mm。长卵形；黑色至黑褐色，被绒毛。头刻点粗糙；额横阔，头中间有 1 纵向细凹线；触角粗壮、扁平，雄性达鞘翅端部，雌性稍短。前胸背板刻点粗糙，侧刺突明显，基部粗大，顶端较钝。小盾片光滑，无绒毛和刻点。鞘翅明显拱隆，刻点细小而稀疏，中缝光裸；两侧弧形，中部较宽，肩瘤明显。雄性肛节基部中央微凹，雌性直。足粗壮。

检视标本：1 头，宁夏泾源和尚铺，2008. VII. 1，王新谱采（HBUM）。

地理分布：宁夏（盐池、泾源、贺兰山、罗山）、北京、河北、山西、内蒙古、上海、浙江、湖南、贵州、陕西、甘肃；蒙古国，朝鲜。

取食对象：杨、胡桃、刺槐树等。

### （862）白条草天牛 *Eodorcadion* (*Humerodorcadion*) *lutshniki lutshniki* Plavilstshikov, 1937（图版 LXII: 12)

*Neodorcadion lutshniki* Plavilstshikov, 1937: 33; Wang & Yang, 2010: 236; Löbl & Smetana, 2010: 257.

识别特征：体长 12.0～18.0 mm。体黑色，具白色毛带。头顶密布小刻点，具细纵沟；额有深纵沟，密布白毛斑和粗糙刻点；雄性触角超出鞘翅 3 节，雌性仅达鞘翅 1/4 处。前胸背板有白毛斑，侧面毛均匀，瘤突大；背面中线略清晰，两侧有宽而光亮的纵条纹和不均匀深刻点。鞘翅中部宽，向后渐窄，脊线成条纹状；翅面有稀疏小刻点及弯曲白毛条纹，翅缝无条纹，脊线弱；雄性肩角突出，稍扁。雄性后足第 1 跗节长于第 4 节，雌性等长。

地理分布：宁夏（贺兰山）、内蒙古；蒙古国，俄罗斯（东西伯利亚）。

取食对象：灌木、杂草。

### （863）三棱草天牛 *Eodorcadion* (*Ornatodorcadion*) *egregium* (Reitter, 1897)（图版 LXIII: 1)

*Neodorcadion egregium* Reitter, 1897: 180; Löbl & Smetana, 2010: 257; Liu et al., 2011: 263.

识别特征：体长 15.0～18.0 mm。触角黑色，有灰色基环；柄节约和第 3 节等长，

第 2 节最短，以后各节依次变短。前胸背板长短于宽，有圆环状白斑；有中缝，中部有突起。小盾片三角形，端部平截，略低于鞘翅。每翅中部和肩脊下面有 2 条白色宽条纹，鞘翅黑色部为黑色凸状纵脊，肩部以下的 1 条最高。后足第 1 跗节略长于末节。

地理分布：宁夏（中卫）、内蒙古、新疆；蒙古国，俄罗斯。

取食对象：沙生草本植物。

**（864）粒肩草天牛 *Eodorcadion (Ornatodorcadion) heros* (Jakovlev, 1899)**（图版 LXIII: 2）

*Neodorcadion heros* Jakovlev, 1899: 237; Wang & Yang, 2010: 236; Löbl & Smetana, 2010: 257.

识别特征：体长 14.0～22.0 mm。体黑色。触角第 1 节略短，弯曲。前胸背板长大于宽。鞘翅肩脊、中部及翅缝各有 1 较宽白色纵条纹：肩脊和中部条纹上下两端汇合，翅缝条纹在小盾片两侧分开；翅缝两侧有上窄下宽的白色宽纵带，两侧瘤突具白色斑点。

地理分布：宁夏（盐池、灵武、同心、贺兰山）、天津、内蒙古、辽宁；蒙古国，俄罗斯。

取食对象：灌木、杂草。

**（865）柯氏草天牛 *Eodorcadion (Ornatodorcadion) intermedium kozlovi* (Suvo- rov, 1912)**（图版 LXIII: 3）

*Neodorcadion intermedium kozlovi* Suvorov, 1912: 71; Löbl & Smetana, 2010: 257; Wang, 2014: 698; Wang et al., 2016: 1157.

识别特征：体长 15.0～22.0 mm。触角褐色，第 1 节顶端有明显横脊，第 3 节长，略弯曲，第 3 节起基部有宽的白色环纹；雄性超过鞘翅末端，雌性约达鞘翅末端。鞘翅条纹之间无小斑点，雌性肩条纹不分为 2 条。雄性后足第 1 跗节略长于第 4 节，雌性则短。

地理分布：宁夏（贺兰山）、内蒙古；蒙古国。

**（866）黄角草天牛 *Eodorcadion (Ornatodorcadion) jakovlevi* (Suvorov, 1912)**（图版 LXIII: 4）

*Neodorcadion jakovlevi* Suvorov, 1912: 70; Löbl & Smetana, 2010: 257; Wang, 2014: 696; Wang et al., 2016: 1157.

识别特征：触角红黄色；前胸背板刻点密；鞘翅上的背条纹与肩条纹愈合，不是很窄。

地理分布：宁夏（贺兰山）、内蒙古、甘肃；蒙古国。

**（867）复纹草天牛 *Eodorcadion (Ornatodorcadion) kaznakovi* (Suvorov, 1912)**

*Neodorcadion kaznakovi* Suvorov, 1912: 73; Wang et al., 1992: 62; Ren, 2010: 190; Löbl & Smetana, 2010: 257; Wang et al., 2016: 1157.

曾用名：齿肩草天牛（王希蒙等，1992）。

识别特征：鞘翅肩部具小齿，背条纹与肩条纹在最基部愈合，白条纹宽阔，条间部具皱纹瘤突。

地理分布：宁夏（海原、盐池、贺兰山）、内蒙古；中亚。

取食对象：牧草。

**（868）内蒙草天牛** *Eodorcadion* **(***Ornatodorcadion***) *oryx* (Jakovlev, 1896)**（图版 LXIII: 5）

*Neodorcadion oryx* Jakovlev, 1896: 506; Wang et al., 1992: 62; Löbl & Smetana, 2010: 258.

曾用名：复纹草天牛（王希蒙等，1992）。

识别特征：体长 14.0～20.0 mm，宽 5.5～7.0 mm。长卵形；黑色，具绒毛和毛斑。头顶有纵沟；额基部 1/3 有不均匀点线；雄性的触角超过翅端 2 节或仅达翅端，雌性短于翅端 1/4 处。前胸背板横阔，中部有稠密的深而起皱的点沟，侧刺突尖圆锥形。鞘翅端部稍伸长，肩下浅凹，雄性有时平行，肩侧基半部具皱纹；外侧、内侧和翅缝同背条纹之间通常有稠密的皱纹状点线，基部粒状，端部疏而粗糙。胸部和腹部有稠密的点线浅而密。雄性后足第 1 跗节通常长于第 4 节，雌性则短。

地理分布：宁夏（海原、盐池）、内蒙古、陕西、新疆；蒙古国，俄罗斯。

取食对象：牧草。

## 粉天牛族 Dorcaschematini Thomson, 1860

### 364）粉天牛属 *Olenecamptus* Chevrolat, 1835

**（869）八星粉天牛** *Olenecamptus octopustulatus* **(Motschulsky, 1860)**（图版 LXIII: 6）

*Ibidimorphum octopustulatus* Motschulsky, 1860: 152; Löbl & Smetana, 2010: 265.

*Olenecamptus chinensis* Dillon & Dillon, 1948: 204; Zhu et al., 1999: 361.

曾用名：中华八星粉天牛（祝长清等，1999）。

识别特征：体长 9.0～14.0 mm，宽 2.0～3.0 mm。体较窄；淡棕黄色，被绒毛及白斑。额宽大于长；复眼下叶大，小眼面细；触角极细长，第 2、第 3 节背面有刺粒，雄性各节腹面两侧有小刺，雌性无。前胸背板圆筒形，无侧刺突；前、后横沟不深凹，两者之间无隆起的横脊线。鞘翅刻点粗大，基部较前胸背板宽，末端直，外端角不明显。

地理分布：宁夏、内蒙古、辽宁、浙江、福建、江西、河南、湖北、贵州、陕西、台湾；蒙古国，俄罗斯（远东、东西伯利亚），朝鲜，韩国，日本，东洋界。

取食对象：枫杨、桑、核桃等。

## 沟胫天牛族 Lamiini Latreille, 1825

### 365）巨瘤天牛属 *Morimospasma* Ganglbauer, 1889

**（870）松巨瘤天牛** *Morimospasma paradoxum* **Ganglbauer, 1890**（图版 LXIII: 7）

*Morimospasma paradoxum* Ganglbauer, 1889: 80; Zhu et al., 1999: 325; Ren, 2010: 192; Löbl & Smetana, 2010: 258.

识别特征：体长约 22.0 mm，宽约 9.0 mm。暗褐色，具黄褐色绒毛及黑斑。额横阔、平坦，刻点稀疏细小，中线细浅但明显；后头刻点浅粗；复眼内缘深凹，小眼面粗；触角基瘤突出，彼此分离，雄性触角末端 3 节超过体末端，雌性仅末节超过体末端。前胸背板凹凸不平，中间浅凹，盘上有粗皱纹，中间有大型瘤突；侧刺突基部粗大，末端尖锐。鞘翅卵形，肩部窄于前胸，肩角不明显；肩后各有 1 隆起的巨瘤，中部有隆起的棱脊，基部 1/3 向下屋脊状倾斜；翅面散布棘状突和小瘤突。

检视标本：1 头，宁夏隆德峰台，2009. VII. 13，王新谱采（HBUM）。

地理分布：宁夏（隆德）、河南、湖北、四川、陕西、甘肃、青海。

取食对象：华山松、油松、辽东栎等。

## 象天牛族 Mesosini Mulsant, 1839

### 366）象天牛属 *Mesosa* Latreille, 1829

#### （871）四点象天牛 *Mesosa (Mesosa) myops* (Dalman, 1817)（图版 LXIII: 8）

*Lamia myops* Dalman, 1817: 168; Gao, 1993: 115; Zhu et al., 1999: 346; Wang & Yang, 2010: 237; Löbl & Smetana, 2010: 272.

识别特征：体长 10.0～14.0 mm，宽 4.0～5.5 mm。体短宽；黑色，被灰色绒毛。复眼较小，上、下叶仅以 1 线相连；雄性的触角超出体长的 1/3，雌性的与体等长。前胸背板具 4 个黑色丝绒状毛斑：端部 2 个较大，长形；后方 2 个短小，近圆形；毛斑两侧有火黄色宽边。小盾片火黄色。鞘翅有许多火黄色和黑色斑点。

检视标本：1 头，宁夏贺兰山，1987. V. 27，任国栋采（HBUM）。

地理分布：宁夏（贺兰山）、北京、河北、山西、内蒙古、辽宁、吉林、黑龙江、浙江、安徽、河南、湖北、广东、四川、贵州、陕西、甘肃、青海、新疆、台湾；蒙古国，俄罗斯（远东、东西伯利亚），朝鲜，韩国，日本，哈萨克斯坦，欧洲。

取食对象：核桃、苹果、榆、杨、柳、漆树等。

## 墨天牛族 Monochamini Gistel, 1848

### 367）星天牛属 *Anoplophora* Hope, 1839

#### （872）光肩星天牛 *Anoplophora glabripennis* (Motschulsky, 1854)（图版 LXIII: 9）

*Cerosterna glabripennis* Motschulsky, 1854: 48; Sun, 1984: 30; Wang et al., 1992: 62; Gao, 1993: 114, 1999: 66; Shimazu et al., 2002: 123; Kubota et al., 2003: 77; Ren, 2010: 189; Wang & Yang, 2010: 232; Löbl & Smetana, 2010: 277; Yang et al., 2011: 166; Ren et al., 2013: 220.

*Melanauster nobilis* Ganglbauer, 1889: 82; Wang, 1980: 23; Wu et al., 1982: 94; Wang, 1983: 27; Gao, 1993: 115; Zhu et al., 1999: 358; Shimazu et al., 2002: 123; Kubota et al., 2003: 77; Ren, 2010: 189.

*Melanauster laglaisei* Pic, 1953: 3; Gao, 1999: 94.

曾用名：杨黄星天牛（吴福桢等，1982）、黄斑星天牛（王希蒙等，1992；任国栋，2010）。

识别特征：体长 22.0～35.0 mm，宽 7.0～12.0 mm。该种与星天牛 *Anoplophora chinensis* 近似，体较窄，触角略长；紫铜色或铜绿色。前胸背板无毛斑，瘤突不明显，侧刺突较尖锐，不弯曲。鞘翅基部无颗粒，盘上刻点较密，似有微皱纹，白色毛斑不规则。足及腹面黑色。

检视标本：宁夏隆德（2 头，1971. VII. 25；6 头，1971. VII. 25）（IPPNX）；宁夏固原（1 头，1980. VIII. 18；54 头，1980. IX. 4）（IPPNX）；3 头，宁夏平罗，1983. VIII. 9（IPPNX）；宁夏银川（8 头，1985. X. 18；43 头，1988. VII. 2）（IPPNX）；2 头，2008. VI. 24，宁夏盐池城西滩（IPPNX）。

地理分布：宁夏（银川、青铜峡、石嘴山、海原、固原、彭阳、泾源、隆德、同心、平罗、盐池、中卫、中宁、灵武、贺兰山）、北京、河北、山西、内蒙古、辽宁、吉林、黑龙江、江苏、浙江、安徽、福建、江西、山东、河南、湖北、湖南、广西、四川、贵州、云南、西藏、陕西、甘肃；蒙古国，俄罗斯，朝鲜，韩国，日本，欧洲，新北界。

取食对象：苹果、柳、李、梨、樱桃、樱花、杨、榆树等。

## 368）墨天牛属 *Monochamus* Dejean, 1821

### （873）白星墨天牛 *Monochamus (Monochamus) guttulatus* Gressitt, 1951（图版 LXIII: 10）

*Monochamus guttulatus* Gressitt, 1951: 394; Zhu et al., 1999: 352; Ren, 2010: 192; Löbl & Smetana, 2010: 282.

识别特征：体长约 12.0 mm，宽约 4.5 mm。黑褐色，被绒毛及毛斑。头具稠密的细刻点，中间有 1 无毛细纵凹线；雄性的触角向后长过体长的 3/4。前胸背板宽略大于长，具细密皱纹刻点，中区近前缘左右各有 1 微突，侧刺突短钝。鞘翅中部稍膨扩，端部稍狭，端缘圆形；翅面具稠密的粗刻点，端部渐细弱。

检视标本：1 头，宁夏泾源二龙河，2008. VII. 19，王新谱采（HBUM）；1 头，宁夏泾源二龙河，2009. VII. 3，王新谱采（HBUM）。

地理分布：宁夏（泾源）、辽宁、吉林、黑龙江、河南；俄罗斯（远东），朝鲜，韩国。

取食对象：柳、水曲柳等。

### （874）云杉小墨天牛 *Monochamus (Monochamus) sutor sutor* (Linnaeus, 1758)（图版 LXIII: 11）

*Cerambyx sutor* Linnaeus, 1758: 392; Wang et al., 1992: 63; Gao, 1993: 116; Zhu et al., 1999: 351; Ren, 2010: 192; Löbl & Smetana, 2010: 283.

曾用名：云杉小黑天牛（高兆宁，1993）。

识别特征：体长约 20.0 mm，宽约 5.5 mm。体黑色，具古铜色光泽，被浅色绒毛。头上刻点粗细混杂，头顶刻点粗糙；触角 11 节，雄性向后长度超过体长 1 倍以上，雌性的超过体长的 1/4。前胸背板侧刺突粗壮，顶钝圆；两侧刻点粗密，中央较稀；雌性中区端部常有 2 浅色小斑点。小盾片具灰黄色毛斑，中间有 1 无毛纵纹。鞘翅刻点粗糙，翅端较细，绒毛细而短，翅端钝圆；雌性常有稀疏不明显小斑。

检视标本：1 头，宁夏永宁，1960. V. 12（IPPNX）；6 头，宁夏吴忠，1964. VI，黄石兰采（IPPNX）；1 头，宁夏中卫，1975. V. 19（IPPNX）。

地理分布：宁夏（银川、海原、永宁、吴忠、中卫）、内蒙古、辽宁、吉林、黑龙江、浙江、山东、河南、青海、新疆；蒙古国，俄罗斯（西伯利亚），朝鲜，日本，哈萨克斯坦，欧洲。

取食对象：云杉、冷杉、红松、樟子松、落叶松等。

## （875）云杉大墨天牛 *Monochamus (Monochamus) urussovii* (Fischer von Waldheim, 1805)（图版 LXIII: 12）

*Cerambyx urussovii* Fischer von Waldheim, 1805: 12; Wang et al., 1992: 63; Zhu et al., 1999: 351; Wang & Yang, 2010: 238; Löbl & Smetana, 2010: 283.

曾用名：云杉大黑天牛（高兆宁，1993）。

识别特征：体长 25.0～31.0 mm，宽 7.5～9.0 mm。黑色，具墨绿色或古铜色光泽。雄性触角最长，为体长的 2.0～2.5 倍，雌性略较体长。前胸背板侧刺突发达，圆锥形，末端不尖。小盾片半圆形，密布棕黄色绒毛。雄性鞘翅基部最宽，向后渐窄，雌性两侧平行；翅面隐约可见 2～3 条微突的纵隆纹；基部约 1/3 处有 1 横浅凹，端部约 1/4 处被较密土黄色毛，雌性另有白色或淡黄色大小不等的毛斑，翅端略圆。

检视标本：1 头，宁夏永宁，1995. V（HBUM）。

地理分布：宁夏（中卫、海原、永宁、贺兰山）、河北、山西、内蒙古、吉林、黑龙江、江苏、山东、河南、陕西、新疆；蒙古国，俄罗斯（远东、东西伯利亚），朝鲜，韩国，日本，哈萨克斯坦，欧洲。

取食对象：云杉、油松、落叶松。

## 369）泥色天牛属 *Uraecha* Thomson, 1864

### （876）樟泥色天牛 *Uraecha angusta* (Pascoe, 1857)（图版 LXIV: 1）

*Monohammus angusta* Pascoe, 1857: 49; Zhu et al., 1999: 352; Ren, 2010: 195; Löbl & Smetana, 2010: 287.

识别特征：体长 20.0～22.0 mm，宽 6.0～6.5 mm。黑色，被绒毛及毛斑。头具稠密的细刻点；额长略小于宽，头中间有 1 细凹沟；复眼小，眼面粗；触角基瘤之间深凹，触角丝状，比体长 2 倍多。前胸背板侧刺突短钝，中部具颗粒状刻点。小盾片舌形。鞘翅狭长，肩部较宽，后端变窄，端缘微斜直，外端角钝，无尖锐刺；肩及基部有少许颗粒刻点，基部刻点稍粗，中部之后细弱。足较短，后足腿节长不超过腹部第 3 节。

检视标本：1 头，宁夏泾源秋千架，2008. VI. 25，王新谱采（HBUM）。

地理分布：宁夏（泾源）、河北、江苏、浙江、福建、江西、河南、湖北、湖南、广东、广西、四川、贵州、西藏、陕西、台湾；东洋界。

取食对象：油松、华山松、柳等。

## 小筒天牛族 Phytoeciini Mulsant, 1839

## 370）瘤筒天牛属 *Linda* Thomson, 1864

### （877）黑角瘤筒天牛 *Linda (Linda) atricornis* Pic, 1924（图版 LXIV: 2）

*Linda atricornis* Pic, 1924: 19; Wang et al., 1992: 62; Gao, 1993: 115; Ren, 2010: 191; Löbl & Smetana, 2010: 293; Ren et al., 2013: 225.

曾用名：黑角筒天牛（高兆宁，1993）。

识别特征：体长 12.0～18.0 mm，宽 2.5～4.5 mm。长圆筒形；黑色，被毛。头上刻点粗糙；复眼面粒细小，下叶很大；触角基瘤不明显，触角较体略短，下侧具稀疏短缨毛。前胸背板中间凸，中央隐约有 1 纵脊纹，两侧中后方各有 1 瘤状隆起，无侧刺突。小盾片横长方形，被棕黄色绒毛。鞘翅刻点粗且深，略方形，排成半规则的直行，每隔 2～3 行有 1 不甚明显的微隆纹，末端斜行、微凹，外端角尖突。

检视标本：2 头，宁夏泾源六盘山，1964. VII（IPPNX）；1 头，宁夏泾源龙潭，2009. VII. 4，冉红凡采（HBUM）。

地理分布：宁夏（固原、泾源）、河北、内蒙古、江苏、浙江、福建、江西、河南、湖北、湖南、广东、广西、四川、贵州、云南、陕西、甘肃。

取食对象：桑、苹果、核桃、桃、柳桃、梅、李、杏、山杨、柳、悬钩子等。

**（878）亚瘤筒天牛 Linda (Linda) subatricornis Lin & Yang, 2012**（图版 LXIV: 3）

Linda (Linda) subatricornis Lin & Yang, 2012: 213.

识别特征：体长 13.5～18.5 mm。头、前胸、小盾片、体下、腿节基部 1/3 和爪红色，上唇、下颚、复眼、触角、触角结节、鞘翅和足的大部分为黑色，淡色部分被银色细毛和直立毛，鞘翅基部和触角腹面具稀疏直立毛。头具稠密而微皱的刻点，顶部有浅槽；触角短于体长。前胸宽明显大于长，两侧中部上、下肿。小盾片不规则，截断形。鞘翅端部微凹。腹部可见肛节背板的中部具适当宽和深的槽（雄性）或细线（雌性）且端部均匀的微凹。

地理分布：宁夏（固原、泾源）、北京、福建、四川、陕西。

## 371）脊筒天牛属 *Nupserha* Thomson, 1860

**（879）黑翅脊筒天牛 Nupserha infantula (Ganglbauer, 1889)**（图版 LXIV: 4）

Oberea infantula Ganglbauer, 1889: 83; Zhu et al., 1999: 337; Ren, 2010: 192; Löbl & Smetana, 2010: 295.

识别特征：体长 11.0～13.0 mm，宽 2.8～3.1 mm。黑色，被绒毛。头上刻点粗，粗刻点间有细刻点；头顶刻点粗，较密；额中间有 1 细凹沟；复眼内缘深凹，小眼面细；触角较细，稍长于体长。前胸背板宽大于长，两侧微弧形，前、基部各有 1 浅横凹；背面略拱凸，有中等大小刻点。小盾片舌形。鞘翅刻点较细，两侧近平行，端缘凹，缘角呈角状，缝角小。后胸腹板端末中间有 1 对小乳突，两侧缘有稀疏细刻点；雄性肛节有 1 三角形浅凹，雌性肛节中间有 1 细纵沟。后足腿节长过第 2 腹节基部。

检视标本：1♂1♀，宁夏泾源龙潭，2008. VII. 7，毕文烜采（CBWX）；1 头，宁夏泾源龙潭，2008. VI. 19，任国栋采（HBUM）；1 头，宁夏泾源龙潭，2008. VII. 13，王新谱采（HBUM）；1 头，宁夏泾源龙潭，2009. VII. 4，冉红凡采（HBUM）；1 头，宁夏泾源龙潭，2009. VII. 5，王新谱采（HBUM）；1 头，宁夏泾源秋千架，2009. VII. 7，王新谱采（HBUM）。

地理分布：宁夏（泾源）、河北、浙江、福建、江西、河南、湖北、湖南、广东、广西、四川、贵州、云南、陕西、甘肃。

取食对象：刺楸、菊等。

**（880）缘翅脊筒天牛 *Nupserha marginella marginella* (Bates, 1873)**（图版 LXIV: 5）

*Oberea marginella* Bates, 1873: 390; Gao, 1993: 116; Löbl & Smetana, 2010: 295; Yang et al., 2011: 167.

曾用名：缘翅苹天牛（高兆宁，1993）、绿翅苹天牛（杨贵军等，2011）。

识别特征：体长 7.5～14.5 mm，宽 2.0～4.0 mm。橙黄或橙红色，被绒毛及黑斑。头较前胸背板宽，刻点深密并夹杂微小刻点；雄性复眼较大，额窄；雌性复眼较小，额宽；触角基瘤不突起，触角较体略长。前胸背板刻点稠密，中央隐约有 1 纵隆线，两侧中后方略瘤状拱凸。鞘翅刻点稠密，排成约 8 条不十分规则的纵行；端部钝切，缘角钝圆，少数末端微凹，外角较明显。雄性后胸腹板端末中间有 2 小乳头；腹部第 1～4 节近于等长，雄性尾节腹面有 1 三角形浅凹，雌性有 1 中央纵线。

地理分布：宁夏（盐池、罗山）、吉林、江苏、浙江、福建、江西、山东、河南、湖北、湖南、广东、广西、贵州、陕西、台湾；蒙古国，俄罗斯（远东），韩国，日本。

取食对象：苹果。

## 372）筒天牛属 *Oberea* Dejean, 1835

### （881）黄角筒天牛 *Oberea (Amaurostoma) donceeli* Pic, 1907（图版 LXIV: 6）

*Oberea donceeli* Pic, 1907: 23; Löbl & Smetana, 2010: 296; Li et al., 2014: 180; Wang et al., 2016: 1157.

曾用名：狭筒天牛、杠柳筒天牛（李占文等，2014）。

识别特征：体长 12.0～18.0 mm，宽 2.4～3.6 mm。近圆柱形；被棕红色绒毛。头和前胸背板有稠密的细刻点；复眼黑色，大而明显突出；触角基瘤平坦，左右分开；触角黑褐或淡棕黄色，与体等长或稍长。前胸背板长大于宽。小盾片半圆形。鞘翅淡褐色，肩部略宽于前胸背板，两侧平行，中部略凹，末端凹，缝角略突，缘角尖三角形突出；盘上刻点粗密，排列成行，末端不成行且很细。腹部密布细刻点，雄性腹部末端常下弯，雌性平伸。足红黄色，中、后胫节和跗节常褐色。

地理分布：宁夏（灵武、贺兰山）、河北、内蒙古、吉林、西藏、陕西、甘肃、新疆；蒙古国，俄罗斯（远东、东西伯利亚）。

取食对象：杠柳、老瓜头等萝藦科草本植物。

### （882）黑胸赫氏筒天牛 *Oberea (Oberea) herzi morio* Kraatz, 1879（图版 LXIV: 7）

*Oberea herzi morio* Kraatz, 1879: 117; Löbl & Smetana, 2010: 299; Wang, 2014: 902.

识别特征：体长 12.0～13.0 mm。触角黑色。小盾片黑色，舌状，被黄色长绒毛。鞘翅黑色，刻点较大并呈多条纵列，有上突下平的纵脊；盘上密布短卧毛和稀疏直立毛。腹部第 5 节有中缝。足基节窝黑色，腿节以后红褐色；后足第 1 跗节远短于其余节之和。

地理分布：宁夏（平罗）、辽宁、山东；蒙古国，俄罗斯（远东），韩国。

### （883）肩黑胝筒天牛 *Oberea (Oberea) infranigrescens* Breuning, 1960（图版 LXIV: 8）

*Oberea infranigrescens* Breuning, 1960: 36; Ren, 2010: 192; Löbl & Smetana, 2010: 298.

识别特征：体长 13.9～17.7 mm，宽 2.5～3.2 mm。头顶凹，中央具纵沟，密布粗糙刻点；触角向后伸达鞘翅端部 3/4 处。前胸背板中间拱起，前、基部具浅凹，表面刻点粗糙，两侧中部微隆。小盾片倒梯形，端缘直，中央微凹。鞘翅两侧近平行，中部稍变窄，末端凹截，缝角呈小短刺，缘角延伸呈长刺；盘上刻点粗大明显且排列整齐，端部细小而无序。腹部第 5 腹板具纵沟。足粗壮，后足腿节达第 1 腹板基部或超过第 2 腹节前缘。

检视标本：1 头，宁夏泾源龙潭，2009. VII. 6，王新谱采（HBUM）。

地理分布：宁夏（泾源）、黑龙江、中国北部、香港；朝鲜，日本。

### （884）日本筒天牛 *Oberea* (*Oberea*) *japonica* (Thunberg, 1787)（图版 LXIV: 9）

*Saperda japonica* Thunberg, 1787: 57; Wang et al., 1992: 63; Gao, 1993: 116; Zhu et al., 1999: 332; Löbl & Smetana, 2010: 298.

识别特征：体长 14.8～20.6 mm，宽 2.8～4.2 mm。头上有稠密的细刻点；额近方形；头顶凹，头顶和后头具纵沟；颊非常短；雄性触角约等于体长，雌性与体等长或稍短。前胸背板横宽，中间拱起，具稠密的细刻点。鞘翅向后变窄，中部最窄，末端斜直，缘角明显刺状，缝角小而尖锐；盘上刻点排列整齐成纵列，端部渐小。雄性第 5 腹板中部有半圆形深凹，几乎占据整个腹板，雌性具纵沟。后足腿节达第 1 腹板基部。

地理分布：宁夏（固原、平罗、六盘山）、河北、辽宁、吉林、黑龙江、江苏、浙江、福建、江西、山东、河南、湖北、湖南、广东、广西、海南、四川、陕西、台湾；俄罗斯（远东），日本。

取食对象：苹果、柳、桃、杏、梨、樱桃、桑树等。

### （885）黑腹筒天牛 *Oberea* (*Oberea*) *nigriventris nigriventris* Bates, 1873（图版 LXIV: 10）

*Oberea nigriventris* Bates, 1873: 389; Löbl & Smetana, 2010: 299; Yang et al., 2011: 167.

识别特征：体长 15.0～16.5 mm，宽 1.5～2.2 mm。体细长。头顶凹，中央具纵沟，具有稠密的细刻点，后头皱纹状；雄性触角明显超过体长，雌性略超过。前胸背板筒形，具细刻点和不明显瘤突。小盾片端部窄且直。鞘翅狭长，两侧近平行，末端斜直，缝角和缘角具刺；盘上刻点排列整齐，向后渐小。后胸和腹部两侧布稠密刻点；第 5 腹板浅凹（雄）或无凹（雌），具细沟。足粗短，后足腿节不达第 1 腹板基部。

地理分布：宁夏（罗山）、河北、内蒙古、辽宁、吉林、黑龙江、江苏、浙江、安徽、福建、江西、山东、河南、湖北、湖南、广东、广西、海南、四川、贵州、陕西、甘肃、台湾；韩国，尼泊尔。

取食对象：梅、沙梨、李。

## 373）小筒天牛属 *Phytoecia* Dejean, 1835

### （886）白缝小筒天牛 *Phytoecia* (*Cinctophytoecia*) *albosuturalis* Breuning, 1947（图版 LXIV: 11）

*Phytoecia albosuturalis* Breuning, 1947: 143; Ren, 2010: 193; Löbl & Smetana, 2010: 303.

识别特征：该种与束翅小筒天牛 *Phytoecia cinctipennis* Mannerheim, 1849 非常相

似，但它的腹部和足颜色不同。

检视标本：1♀，宁夏隆德苏台，2008. VI. 21，毕文烜采（CBWX）。

地理分布：宁夏（隆德）、河北、四川、甘肃。

**（887）束翅小筒天牛 *Phytoecia (Cinctophytoecia) cinctipennis* Mannerheim, 1849**（图版 LXIV: 12）

*Phytoecia cinctipennis* Mannerheim, 1849: 242; Ren, 2010: 193; Löbl & Smetana, 2010: 303; Ren et al., 2013: 227.

识别特征：鞘翅具淡色条纹，腿节黄褐色或赭色。

检视标本：1♂，宁夏泾源龙潭，2008. VI. 19，袁峰采（HBUM）；2♂1♀，宁夏固原绿塬，2008. VII. 2，毕文烜采（CBWX）；1♂，宁夏固原绿塬，2008. VII. 2，毕文烜采（CBWX）。

地理分布：宁夏（泾源、固原）、北京、河北、山西、内蒙古、黑龙江、陕西、甘肃；蒙古国，俄罗斯（远东、东西伯利亚），朝鲜，韩国。

**（888）菊小筒天牛 *Phytoecia (Phytoecia) rufiventris* Gautier des Cottes, 1870**（图版 LXV: 1）

*Phytoecia rufiventris* Gautier des Cottes, 1870: 104; Gao, 1993: 116; Zhu et al., 1999: 339; Ren, 2010: 193; Wang & Yang, 2010: 239; Löbl & Smetana, 2010: 308; Ren et al., 2013: 227.

曾用名：菊天牛（高兆宁，1993；王新谱等，2010）。

识别特征：体长 6.0～11.0 mm，宽约 2.0 mm。体圆筒形；黑色，被灰色绒毛。头上刻点极密；额宽；雄性触角较身体稍长，雌性约与身体等长。前胸背板宽大于长，刻点粗密，中部 1 三角形红色大斑，红斑内中央端部 1 纵形或长卵形无刻点拱起区。鞘翅刻点极密而乱，绒毛均匀，无斑点。

检视标本：2 头，宁夏贺兰山苏峪口，1964. VIII. 3，徐立凡采（IPPNX）；1♀，宁夏泾源六盘山，1996. VI. 14，马广滔采（IPPNX）；1 头，宁夏泾源西峡，2008. VI. 23，任国栋采（HBUM）；1 头，宁夏泾源六盘山红峡，2008. VI. 25，冉红凡采（HBUM）；2 头，宁夏泾源红峡，2008. VII. 9，王新谱、刘晓丽采（HBUM）；1 头，宁夏泾源东山坡，2009. VII. 11，王新谱采（HBUM）。

地理分布：宁夏（泾源、六盘山、贺兰山）、河北、山西、内蒙古、辽宁、吉林、黑龙江、江苏、浙江、安徽、福建、江西、山东、河南、湖北、湖南、广东、广西、海南、四川、贵州、陕西、甘肃、台湾；蒙古国，俄罗斯（远东、东西伯利亚），朝鲜，韩国，日本。

取食对象：菊科、艾蒿、三脉紫菀等。

## 芒天牛族 Pogonocherini Mulsant, 1839

### 374）芒天牛属 *Pogonocherus* Dejean, 1821

**（889）白腰芒天牛 *Pogonocherus dimidiatus* Blessig, 1873**（图版 LXV: 2）

*Pogonocherus dimidiatus* Blessig, 1873: 208; Wang et al., 1992: 63; Gao, 1993: 116; Löbl & Smetana, 2010: 312.

*Pogonocherus seminiveus* Bates, 1873: 382; Ren, 2010: 194.

识别特征：体长 5.5～9.0 mm，宽 2.0～3.6 mm。黑色，被绒毛及白斑。触角与身体近于等长。前胸背板几乎无刻点，具侧刺突。鞘翅基部较前胸背板宽，肩下渐窄，末端直，外端角向后延伸呈角状突；翅上 4 条脊纹，近中缝的 1 条较凸起和最长，有 3 个瘤突，第 1 个最大，第 2 个较小，各具 1 簇黑色短毛；脊纹间有成列的粗刻点。

检视标本：2 头，宁夏泾源六盘山，1964. VII（IPPNX）。

地理分布：宁夏（六盘山）、吉林、黑龙江、中国北部、台湾；俄罗斯（西伯利亚），朝鲜，韩国，日本。

取食对象：榆、水青冈等。

## 坡天牛族 Pteropliini Thomson, 1860

### 375）坡天牛属 *Pterolophia* Newman, 1842

#### （890）白带坡天牛 *Pterolophia* (*Hylobrotus*) *albanina* Gressitt, 1942（图版 LXV: 3）

*Pterolophia albanina* Gressitt, 1942: 85; Löbl & Smetana, 2010: 318; Yang et al., 2011: 167.

识别特征：体长 9.0～10.0 mm，宽 3.5～4.0 mm。体长形；黑褐色，被绒毛及毛带。头正中有细纵凹；触角基瘤之间凹，雄性触角长于身体，雌性达鞘翅端部。前胸背板微拱，有较粗且稀疏刻点，前、基部有横凹沟。小盾片半圆形。鞘翅两侧近平行，端缘圆形；基部刻点粗深，中间有 1 短纵隆脊，脊上具黑色竖毛，端部向下倾斜，后端有 1 极微弱的脊纹。雄性腹部第 1 腹板基部具浓密淡黄色绒毛，雌性末节中间有 1 无毛纵线。

地理分布：宁夏（罗山）、河北、黑龙江、江苏、浙江、福建、安徽、江西、河南、湖北、湖南、广西、四川、甘肃。

#### （891）多斑坡天牛 *Pterolophia* (*Pterolophia*) *multinotata* Pic, 1931（图版 LXV: 4）

*Pterolophia multinotata* Pic, 1931: 1; Li et al., 2008: 149; Löbl & Smetana, 2010: 320.

识别特征：体长 5.0～9.0 mm。棕黄色，被不规则褐色斑纹。触角向后伸达鞘翅末端。前胸背板散生许多刻点，密布棕黄色短毛夹杂少许黑褐色或白色短毛。鞘翅近基部中间有 1 具漆黑色毛簇的瘤状突，中部稍下偏外横列 1 个灰白色较大云状斑纹。

地理分布：宁夏（灵武）、辽宁、江苏、四川、贵州、云南；蒙古国，俄罗斯（远东、东西伯利亚），朝鲜。

取食对象：柠条、刺槐、国槐。

#### （892）柳坡天牛 *Pterolophia* (*Pterolophia*) *rigida* (Bates, 1873)（图版 LXV: 5）

*Praonetha rigida* Bates, 1873: 316; Wu et al., 1978: 300; Wang et al., 1992: 63; Gao, 1993: 116; Zhu et al., 1999: 371; Ren, 2010: 195; Löbl & Smetana, 2010: 321.

曾用名：坡翅柳天牛（吴福桢等，1978；王希蒙等，1992；高兆宁，1993）。

识别特征：体长 9.5～12.0 mm，宽 3.5～4.5 mm。黑色或黑褐色，被绒毛及毛斑。额近方形，具刻点；复眼极小，小眼面较粗，上叶、下叶之间仅以 1 线相连；触角基瘤微隆，彼此分离；触角短，雄性向后伸达体长 2/3 处，雌性向后伸达体长 1/2 处。前胸背板密布刻点，无侧刺突。鞘翅基部刻点粗密，端部 1/3 向下明显坡状倾斜；每翅基部 1/4 近中缝处有 1 十分短纵脊，中部以下有 3 条纵脊纹，其中近中缝的 1 条粗而明显并和基部短纵脊处于同一直线，外侧 2 条不甚隆起，末端较显突。足中等长，中胫节无斜沟。

检视标本：1 头，宁夏隆德，1960. VII（IPPNX）；2 头，宁夏贺兰山苏峪口（IPPNX）；1 头，宁夏青铜峡树新，1985. V. 25，任国栋采（HBUM）；1 头，宁夏泾源西峡，2008. VII. 15，李秀敏采（HBUM）。

地理分布：宁夏（银川、青铜峡、隆德、泾源、贺兰山）、河北、吉林、黑龙江、江苏、浙江、安徽、江西、湖北、广西、四川、贵州、甘肃、台湾；蒙古国、朝鲜、日本。

取食对象：桑、柳、榆、合欢、油茶、核桃、柿、夹竹桃等。

## 楔天牛族 Saperdini Mulsant, 1839

### 376）并脊天牛属 *Glenea* Newman, 1842

#### （893）十二星并脊天牛 *Glenea (Glenea) licenti* Pic, 1939（图版 LXV: 6）

*Glenea licenti* Pic, 1939: 3; Zhu et al., 1999: 336; Ren, 2010: 191; Löbl & Smetana, 2010: 325.

识别特征：体长约 11.0 mm，宽约 3.2 mm。近圆柱形；黑色，被绒毛及毛斑。头略宽于前胸背板；额宽，近方形，密布刻点；复眼内缘深凹，小眼面细；触角基瘤彼此分开，触角细，约与体等长。前胸背板长宽近相等，有稠密的细刻点，中部两侧微膨大，无侧刺突。小盾片近圆形。鞘翅密布刻点，翅端略斜直，缝角较短，缘角尖突。后胸前侧片前端宽，后端窄，前缘弧形。足细长，腿节棍棒状，无附齿。

检视标本：1♀，宁夏泾源六盘山，1996. VI. 10，林 93–II 组采（HBUM）；1♀，宁夏泾源六盘山，1996. VI. 14，谢建志采（HBUM）。

地理分布：宁夏（六盘山）、河南、湖北、四川、云南、陕西、甘肃。

取食对象：核桃等。

#### （894）榆并脊天牛指名亚种 *Glenea (Glenea) relicta relicta* Pascoe, 1868（图版 LXV: 7）

*Glenea relicta* Pascoe, 1868: 258; Ren, 2010: 191; Löbl & Smetana, 2010: 326.

识别特征：体长 7.5～14.0 mm，宽 2.2～4.6 mm。额长方形，有相当深和稠密的刻点；触角向后长过体长的 1/3。前胸背板圆筒形，刻点粗密，无侧刺突。鞘翅刻点粗大，排成纵行，近中缝较不规则；肩下、中部靠外具隆线，末端内、外角尖锐，外角长突。

检视标本：2 头，宁夏泾源龙潭，2009. VII. 4，冉红凡、张闪闪采（HBUM）。

地理分布：宁夏（泾源）、江苏、浙江、安徽、福建、江西、湖北、湖南、广东、广西、海南、四川、贵州、陕西、台湾；俄罗斯（远东），韩国，日本，越南，印度，东洋界。

取食对象：油桐、榔榆等。

## 377）弱脊天牛属 *Menesia* Mulsant, 1856

### （895）培甘弱脊天牛 *Menesia sulphurata* (Gebler, 1825)（图版 LXV: 8）

*Saperda sulphurata* Gebler, 1825: 52; Gao, 1993: 115; Zhu et al., 1999: 344; Ren, 2010: 192; Wang & Yang, 2010: 237; Löbl & Smetana, 2010: 328.

曾用名：培干弱脊天牛（高兆宁，1993；任国栋，2010）。

识别特征：体长约 7.0 mm，宽约 1.8 mm。棕栗色至黑色，被绒毛。额宽大于长；触角基瘤不明显，触角向后长过体长 1/4 以上。前胸背板圆筒形，刻点稠密；中部两侧各具 2 黑色斑点，常合并成 1 宽斑点并被中央 1 条细窄淡色纵纹分隔。小盾片近方形。鞘翅刻点粗密，内、外端角小而尖；每翅 4 个黄色大斑点，从基部到端部排成直行，有时彼此向内合并或前 2 个全部合并。

检视标本：1♀，宁夏泾源六盘山，1995. VI. 16（HBUM）。

地理分布：宁夏（贺兰山、六盘山）、河北、山西、辽宁、吉林、黑龙江、山东、河南、湖北、四川、陕西、甘肃、台湾；蒙古国，俄罗斯（远东、东西伯利亚），朝鲜，韩国，日本，哈萨克斯坦，欧洲。

取食对象：薄壳山核桃、核桃、苹果、杨、椴树等。

## 378）双脊天牛属 *Paraglenea* Bates, 1866

### （896）苎麻双脊天牛 *Paraglenea fortunei* (Saunders, 1853)（图版 LXV: 9）

*Glenea fortunei* Saunders, 1853: 112; Zhu et al., 1999: 335; Ren, 2010: 193; Löbl & Smetana, 2010: 328.

识别特征：体长 10.0～16.0 mm，宽 3.5～6.0 mm。黑色，被青绿色绒毛及黑色斑纹。头大部淡色，少数头顶黑色，有时全黑色；触角较体稍长。前胸背板淡色，中部两侧各 1 圆形黑斑。鞘翅斑纹变化较大，每翅 3 个黑色大斑及其分布：位于基部外侧、中部之前和端部之后，翅端色淡。腹面淡色。

检视标本：1 头，宁夏泾源龙潭，2008. VI. 19，任国栋采（HBUM）。

地理分布：宁夏（泾源）、河北、吉林、江苏、浙江、安徽、福建、江西、河南、湖北、湖南、广东、广西、四川、贵州、云南、陕西、台湾；韩国，日本，越南，东洋界。

取食对象：桑、胡桃、刺槐、杨、青冈栎、乌桕、木樨、椴树等。

## 379）楔天牛属 *Saperda* Fabricius, 1775

### （897）双条楔天牛 *Saperda bilineatocollis* Pic, 1924（图版 LXV: 10）

*Saperda bilineatocollis* Pic, 1924: 19; Löbl & Smetana, 2010: 329; Liu et al., 2011: 263.

识别特征：体长约 11.0 mm。体长形。触角自第 3 节起各节被浅灰色稀疏绒毛，各节仅端部无毛，呈光亮黑色；雌性触角短于体长。前胸背板 2 条绒毛纵带较宽，橙黄色。小盾片半圆形，光滑。鞘翅长形，两侧几乎平行，后端变窄，端缘圆；亮黑色，很少被绒毛，无黄色绒毛斑；盘上刻点较粗糙，有时微显皱纹。

地理分布：宁夏（中卫）、北京、河北、内蒙古、辽宁、上海、江苏、河南、湖北、四川、贵州、陕西、甘肃、青海；俄罗斯（远东）。

**（898）断条楔天牛 *Saperda interrupta* Gebler, 1825**（图版 LXV: 11）

*Saperda interrupta* Gebler, 1825: 52; Ren, 2010: 195; Löbl & Smetana, 2010: 330.

识别特征：体长 8.5～9.5 mm，宽 2.8～3.2 mm。黑色，被灰绿或灰色绒毛；黑色毛斑分布：头顶 1，前胸背板 4，鞘翅 3。头上刻点粗深；雄性触角与体略等长，雌性稍短。前胸背板平坦，无明显瘤突。鞘翅两侧平行，末端圆，盘上刻点粗大。

检视标本：1 头，宁夏泾源龙潭，2009. VII. 5，王新谱采（HBUM）。

地理分布：宁夏（泾源）、辽宁、吉林、福建、河南；俄罗斯（远东、东西伯利亚），朝鲜，韩国，日本。

取食对象：铁杉等。

**（899）青杨楔天牛 *Saperda populnea* (Linnaeus, 1758)**（图版 LXV: 12）

*Cerambyx populnea* Linnaeus, 1758: 394; Wang, 1980: 23; Wang, 1981: 5; Wu et al., 1982: 92; Wang et al., 1992: 63; Gao, 1993: 116; Zhu et al., 1999: 341; Wang et al., 2007: 33; Ren, 2010: 195; Wang & Yang, 2010: 240; Löbl & Smetana, 2010: 330; Yang et al., 2011: 167.

曾用名：青杨天牛（吴福桢等，1982）、杨枝天牛（高兆宁，1993）。

识别特征：体长 9.0～13.0 mm，宽 2.5～3.0 mm。体窄长；黑色，被绒毛及毛斑。头上有粗、细两种刻点，后头较粗；触角较细，雄性略较体长，雌性较体短。前胸背板近圆柱形，长宽近相等，密布粗刻点。小盾片半圆形。鞘翅两侧近平行，后端变窄，端缘圆形；盘上刻点较前胸背板粗深，部分略显皱纹，端部刻点弱。

检视标本：1♀，宁夏泾源六盘山，1964. VI. 11（IPPNX）；39 头，宁夏银川，1973.VI. 24（IPPNX）；33 头，宁夏泾源二龙河，1983. VII. 5（IPPNX）；2 头，宁夏青铜峡，1985. V. 11（IPPNX）；3 头，宁夏青铜峡树新，1985. V. 11（HBUM）；1 头，宁夏银川，1995. V（HBUM）；6 头，宁夏泾源六盘山，1995. VI. 13，林 92–III 组采（HBUM）；2 头，宁夏泾源二龙河，2009. VII. 3，王新谱、杨晓庆采（HBUM）；7 头，宁夏泾源龙潭，2009. VII. 4，周善义、孟祥君采（HBUM）；16 头，宁夏泾源龙潭，2009. VII. 4，冉红凡、张闪闪采（HBUM）；12 头，宁夏泾源龙潭，2009. VII. 5，王新谱、杨晓庆、赵小林采（HBUM）；2 头，宁夏泾源二龙河，2009. VII. 6，周善义、孟祥君采（HBUM）；1 头，宁夏泾源东山坡，2009. VII. 8，冉红凡采（HBUM）；2 头，宁夏泾源西峡，2009. VII. 10，王新谱、赵小林采（HBUM）；1 头，宁夏泾源西峡，2009. VII. 13，周善义采（HBUM）；1 头，宁夏隆德峰台，2009. VII. 13，王新谱采（HBUM）。

地理分布：宁夏（全区）、河北、山西、内蒙古、辽宁、吉林、黑龙江、江苏、安徽、福建、山东、河南、湖北、广东、陕西、甘肃、青海、新疆；蒙古国，俄罗斯（远东、东西伯利亚），朝鲜，韩国，伊朗，哈萨克斯坦，土耳其，欧洲。

取食对象：青杨、加拿大杨、小叶杨、山杨、蒿柳、青冈栎等。

### 380）竖毛天牛属 *Thyestilla* Aurivillius, 1923

### （900）麻竖毛天牛 *Thyestilla gebleri* (Faldermann, 1835)（图版 LXVI: 1）

*Saperda gebleri* Faldermann, 1835: 434; Wu et al., 1978: 76; Wang et al., 1992: 63; Gao, 1993: 11; Ren, 2010: 194; Wang & Yang, 2010: 241; Löbl & Smetana, 2010: 332; Ren et al., 2013: 229.

曾用名：大麻天牛（吴福桢等，1978；高兆宁，1993）、麻天牛（王希蒙等，1992）。

识别特征：体长 9.0～18.0 mm。黑绿色，头及体下有灰白色绒毛，头、胸背面及鞘翅正中与两侧有 3 条黄白色纵纹相贯穿。触角各节圆筒形，细毛灰白色与黑色相间；雄性较体稍长，雌性略短。肛节中央凹。

检视标本：140 头，宁夏银川，1959. VI. 18（IPPNX）；8 头，宁夏同心，1974. VI（IPPNX）；3 头，宁夏永宁，孟庆祥采（IPPNX）；2 头，宁夏中卫香山，1981. VI. 19（IPPNX）；2♀，宁夏泾源秋千架，2008. VII. 5，毕文烜、杨玉霞采（HBUM）；4 头，宁夏泾源秋千架，2008. VI. 23，王新谱、刘晓丽采（HBUM）；2 头，宁夏泾源卧羊川，2008. VII. 7，王新谱、刘晓丽采（HBUM）；1 头，宁夏泾源秋千架，2008. VII. 13，李秀敏采（HBUM）；1 头，宁夏泾源龙潭，2009. VII. 6，王新谱采（HBUM）；3 头，宁夏泾源秋千架，2009. VII. 7，王新谱、杨晓庆采（HBUM）。

地理分布：宁夏（银川、中卫、永宁、灵武、吴忠、泾源、同心、平罗、贺兰山）、河北、山西、内蒙古、辽宁、吉林、黑龙江、江苏、浙江、安徽、福建、江西、河南、湖北、湖南、广东、广西、四川、贵州、陕西、甘肃、青海、台湾；俄罗斯（远东、东西伯利亚），朝鲜，韩国，日本。

取食对象：杨、栎、棉、大麻、蓟等。

## 45．距甲科 Megalopodidae Latreille, 1802

体长 2.8～15.0 mm。长形、略扁；黄色至黑色，常为二色，有时前胸背板和鞘翅有明显的黄色和黑色或红色和黑色斑，极少数有绿色金属光泽。复眼强烈突出。触角 11 节，丝状、锯齿状、棒状或变粗。前胸背板长大于宽，侧缘常具瘤突。中胸背板具发音器。鞘翅两侧较平行，偶见端部变窄者，有时略变宽。腹部 5 个可活动腹板。后足腿节常肿大；跗节隐 4 节，跗式 5-5-5。

该科全球已知 2 亚科 28 属约 450 种，分布于泛热带区。幼虫在植物茎内取食。中国已记录 2 亚科 3 属 60 多种；本书记录宁夏 1 亚科 2 属 2 种。

### 小距甲亚科 Zeugophorinae Böving & Craighead, 1931

### 381）耳距甲属 *Pedrillia* Westwood, 1864

### （901）环耳距甲 *Pedrillia annulata* Baly, 1873（图版 LXVI: 2）

*Pedrillia annulata* Baly, 1873: 79; Tan et al., 1980: 49; Gao, 1993: 121; Löbl & Smetana, 2010: 334.

曾用名：卫茅瘤叶甲（谭娟杰等，1980）。

识别特征：体棕黄色，黑斑变异较大，被刻点和淡黄色毛。头上刻点较细，有光泽；唇基横宽、微隆，有光泽，基部和两侧具刻点和毛；额唇基沟深；头顶与后头间浅凹，后头具刻点；眼间较隆，眼后明显变窄；触角长超过肩胛。前胸背板隆起，基部后横沟之后微凹，两侧光滑无刻点；前、基部近等宽，侧缘自前向后渐膨扩，侧瘤中部之后变窄；前、后角有 2～3 毛。小盾片三角形，被细刻点和毛。鞘翅狭长，端部最宽，基部前拱起；缝缘较宽，有 1～2 行刻点和毛；翅面基部 1/3 微凹，刻点粗大，肩胛和其外侧较细密。腿节膨大。

检视标本：2 头，宁夏泾源六盘山，1982. VII. 30，田畴采（HBUM）；6 头，宁夏泾源龙潭，1983.VII.30（HBUM）；1 头，宁夏中卫，1987. VI. 5（HBUM）；1 头，宁夏固原，1990.VII. 20（HBUM）；60 头，宁夏泾源龙潭，1990. VII. 22（HBUM）；1♀，宁夏泾源二龙河林场，1993. V. 24，陆韩采（HBUM）；2♂2♀，宁夏泾源二龙河林场，2008. VII. 19，王新谱、冉红凡、吴琦琦采（HBUM）。

地理分布：宁夏（泾源、中卫、固原、六盘山）、辽宁、吉林、黑龙江、江西；俄罗斯（远东），朝鲜，韩国，日本。

取食对象：卫茅、杨属树种。

## 382）小距甲属 *Zeugophora* Kunze, 1818

### （902）锚小距甲 *Zeugophora (Zeugophora) ancora* Reitter, 1900（图版 LXVI: 3）

*Zeugophora ancora* Reitter, 1900: 164; Tan et al., 1980: 35; Wang, 1981: 6; Wu et al., 1982: 102; Wang et al., 1992: 64; Gao, 1993: 119; Wang et al., 2007: 33; Ren, 2010: 203; Löbl & Smetana, 2010: 335.

曾用名：杨潜叶甲（谭娟杰等，1980；吴福桢等，1982；高兆宁，1993）、锚瘤胸叶甲。

识别特征：体长 3.0～4.0 mm，宽 1.3～1.6 mm。体色变异较大，鞘翅具黑斑，背、腹面着生具毛刻点。前胸背板宽大于长，前、基部近于直，两侧瘤突明显；背面微隆具粗刻点，近基部有横沟，中央纵条光滑无刻点。小盾片三角形，两侧有细刻点及毛。鞘翅两侧近平行，近小盾片处隆起；刻点粗而密，中缝有 1 行极细的刻点。

地理分布：宁夏（银川、永宁、青铜峡、盐池、固原、同心、灵武）、内蒙古、辽宁、吉林、黑龙江、甘肃、青海。

取食对象：箭杆杨、小叶杨、青杨、合作杨、北京杨、波兰杨、黑杨等杨属树种。

## 46．叶甲科 Chrysomelidae Latreille, 1802

体长 0.9～40.0 mm。体形多变，近椭圆形、卵形、圆柱形和长形，两侧略平行，极少数圆形，略扁至强烈凸起，有时体下侧相对扁平；体色多变，有或无金属光泽，有些有明亮的彩虹色；背面大多光滑，极少数具瘤，有些体下侧具密毛。复眼侧生，远离。触角 11 节，有些种类第 3～11 节丝状，与身体等长；或棒状至锤状，较前胸背板短；或齿状、锯齿状，念珠状；有些种类端部的第 2～5 节肿大；有时具性二型。前胸背板形状多变，横形、矩形、梯形、钟形、圆锥形、圆柱形、椭圆形、半圆形和宽三角形。鞘翅形状多变，近于圆形至长形，后面略宽或两侧近于平行；完全盖及腹部，当其短缩时，臀板外露，或第 7 腹节或第 5～7 腹节外露；端部平截、圆、凹或具长刺；背面扁平至强烈凸起或具基凹，有时有 8～10 个刻点列或刻点无规则，或刻点列多达 16 个。后翅发达、短缩或缺如。腹部可见腹板 5～7 个；个别种类第 1 和第 2 节合生。跗式 5-5-5 或 4-4-4，跗节宽阔，有些基部 3 节长宽相等。

该科全球已知 12 亚科约 2340 属 4 万种，世界性分布。多数为多食性，少数寡食性。成虫取食植物花粉、花蜜、花瓣、花的胚珠，或叶和嫩枝、水果、种实、幼苗。幼虫多取食植物叶片、活立木茎皮、根部、种实和枯枝落叶，有些种类腐食性，有些与蚂蚁共生。水叶甲亚科 Donaciinae 与睡莲和禾本科等水生植物有关；成虫食花粉，幼虫以淡水植物根为食，也有咸水中生活者。中国已记录 10 亚科超过 1400 种；本书记录宁夏 7 亚科 67 属 139 种。

## 46.1 豆象亚科 Bruchinae Latreille, 1802

## 豆象族 Bruchini Latreille, 1802

## 三齿豆象亚族 Acanthoscelidina Bridwell, 1946

### 383）三齿豆象属 Acanthoscelides Schilsky, 1905

#### （903）紫穗槐豆象 Acanthoscelides pallidipennis (Motschulsky, 1874)（图版 LXVI: 4）

*Bruchus pallidipennis* Motschulsky, 1874: 210; Löbl & Smetana, 2010: 340; Ren et al., 2013: 243.

识别特征：体长 2.5～3.0 mm，宽 1.3～1.5 mm。卵圆形；灰黑色或黑色。头较小，头顶密布圆刻点及稀疏细白毛；额中线不明显；复眼肾形，大而突出；触角 11 节，锯齿状。前胸背板中部稍隆，有 3 条明显纵毛带：中间的毛带贯穿整个背板，两侧的则稍短。小盾片方形，密布白色细毛，基部凹窝状，其两侧角状突。每翅 10 条刻点沟。雄性臀板向腹面强烈弯曲，雌性腹面臀板不可见。

地理分布：宁夏、北京、天津、河北、内蒙古、辽宁、吉林、黑龙江、河南、陕西、新疆；朝鲜，日本，塔吉克斯坦，欧洲。

取食对象：紫穗槐。

### 384）锥胸豆象属 Bruchidius Schilsky, 1905

#### （904）赭翅豆象 Bruchidius apicipennis (Heyden, 1892)

*Mylabris apicipennis* Heyden, 1892: 110; Tan et al., 1980: 35; Wang et al., 1992: 64; Gao, 1993: 122, 1999: 152; Löbl & Smetana, 2010: 341; Liu et al., 2011: 264.

曾用名：苦豆象（刘逦发等，2011）。

识别特征：体长 2.0～2.5 mm，宽 1.1～1.3 mm。近椭圆形；黑色。唇基被较密稍粗灰白色细毛；额中间点状隆起，周围着生分散的浅褐色细毛；眼隆起，凹缘深；触角短粗，长达鞘翅基部。前胸背板具刻点及灰白色毛，两侧端部窄缩，近基部处凹，基部中叶较凸。鞘翅被毛较密，有 10 条刻点行；肩胛隆凸，两侧从基部向端部倾斜，末端圆。小盾片方形，基部中叶略凹。腹部臀板外露，密布灰白色毛。后足腿节内缘近端部有 1 小齿，后胫节由基部向端部逐渐扩大，端部有数个小齿。

检视标本：1 头，宁夏平罗，1960. VIII. 12（IPPNX）；宁夏银川（45 头，1960. VIII. 12；20 头，1963. VIII.2）（IPPNX）；1 头，宁夏永宁，1993.VIII.5（IPPNX）。

地理分布：宁夏（平罗、银川、永宁、中卫、灵武）、新疆；蒙古国，土库曼斯坦，哈萨克斯坦。

取食对象：红花苦豆、苦参、苦马豆。

### （905）卡氏豆象 *Bruchidius kaszabi* Ter–Minassian, 1973

*Bruchidius kaszabi* Ter–Minassian, 1973: 79; Löbl & Smetana, 2010: 343.

地理分布：宁夏、内蒙古；蒙古国，俄罗斯（东西伯利亚），阿富汗，乌兹别克斯坦，哈萨克斯坦。

### （906）甘草豆象 *Bruchidius ptilinoides* (Fahraeus, 1839)（图版 LXVI: 5）

*Bruchus ptilinoides* Fahraeus, 1839: 103; Tan et al., 1980: 35; Zhao et al., 1982: 70; Wang et al., 1992: 64; Gao, 1993: 122, 1999: 46; Löbl & Smetana, 2010: 345; Liu et al., 2011: 263.

识别特征：体长 2.5～3.0 mm，宽 1.5～1.8 mm。卵圆形；褐色或深褐色。头具刻点及淡棕色毛，额中部到唇基有光隆脊；触角宽短，锯齿状，长不达鞘翅基部。前胸背板具刻点及浓密淡棕色毛，基部与鞘翅等宽，基部中叶有小纵凹。鞘翅具 10 条刻点行及浓密淡棕色毛，第 4、第 5 行间基部有小突起，端部圆。腹面具浓密淡褐色毛；臀板长，端部略尖，被密毛。后足腿节内缘近端部有 1 不明显小突起，后胫节内缘端部有 1 长齿，后足跗节第 1 节最长。

检视标本：宁夏盐池（2 头，1962. VI. 28；1 头，1963. IX. 5；1 头，1994. IX. 1；7 头，1996. III. 7）（IPPNX）；2 头，宁夏灵武狼皮子梁，1989. VI. 7（IPPNX）；4 头，宁夏吴忠红寺堡，2003. IX. 6（IPPNX）。

地理分布：宁夏（银川、灵武、盐池、中卫、红寺堡）、北京、天津、山西、内蒙古、广东、青海、新疆、台湾、香港；蒙古国，俄罗斯（远东），朝鲜，韩国。

取食对象：甘草。

## 385）瘤背豆象属 *Callosobruchus* Pic, 1902

### （907）绿豆象 *Callosobruchus chinensis* (Linnaeus, 1758)（图版 LXVI: 6）

*Curculio chinensis* Linnaeus, 1758: 386; Wu et al., 1978: 284; Tan et al., 1980: 33; Zhao et al., 1982: 70; Wang et al., 1992: 64; Gao, 1993: 122; Ren, 2010: 210; Löbl & Smetana, 2010: 348.

识别特征：体长 2.0～3.5 mm，宽 1.3～2.0 mm。卵圆形；深褐色。头密布刻点，被灰白毛；额中间有较明显纵脊；雄性触角栉齿状，雌性锯齿状，长达翅肩。前胸背板中央隆起，两侧由后而前缩窄；背面具刻点及灰白与黄褐色毛，中部有 1 灰白色纵纹，中部两侧有灰白色毛斑，基部中叶有 1 对被白色毛的瘤状突起。小盾片具灰白色毛。鞘翅密布小刻点，有灰白色与黄褐色交杂毛斑，第 3 行间中部 1 灰白色纵纹，中部前、后 2 条向外倾斜的条纹。腹面被毛；臀板垂直向下，近中部与端部两侧 4 褐色斑。后足腿节内缘端部 1 直长齿，外缘端部 1 钝齿；后胫节腹面端部 1 尖内齿和外齿。

检视标本：4 头，宁夏永宁，1958（IPPNX）；1 头，宁夏固原，1959（IPPNX）；9 头，宁夏银川，1960（IPPNX）。

地理分布：宁夏（全区）、北京、辽宁、福建、江西、河南、湖北、湖南、浙江、广东、广西、四川、贵州、云南、台湾；俄罗斯（远东），朝鲜，韩国，日本，印度，尼泊尔，不丹，伊朗，土耳其，黎巴嫩，也门，伊拉克，以色列，欧洲，非洲界。

取食对象：绿豆、菜豆、蚕豆、赤豆。

### 386）窃豆象属 *Palaeobruchidius* Egorov, 1989

#### （908）窃豆象 *Palaeobruchidius plagiatus* (Reiche & Saulcy, 1857)

*Bruchus plagiatus* Reiche & Saulcy, 1857: 649; Tan et al., 1980: 21; Wang et al., 1992: 64; Gao, 1993: 122; Ren, 2010: 209; Löbl & Smetana, 2010: 349.

曾用名：紫穗槐豆象（高兆宁，1993）。

识别特征：体长 2.2～2.5 mm，宽 1.3～1.5 mm。卵圆形；黑色。头密布小刻点，被灰白色毛；额中部无隆脊；触角短，不达鞘翅基部。前胸背板布刻点及灰白色毛，中部稍隆起，两侧端部缩窄。小盾片卵圆形。鞘翅密布刻点，被灰白色毛；肩胛明显，末端圆形。腹部密生灰白色毛；臀板外露，具刻点。后足腿节内缘端部有 1 大齿 2 个小齿；后胫节端部有 2 长齿 3 个短齿；后足第 1 跗节长约为第 2、第 3 节之和。

检视标本：2 头，宁夏平罗，1960. VI. 5（IPPNX）；6 头，宁夏永宁，1964. VI. 5（IPPNX）；3 头，宁夏泾源六盘山，1985. VII. 17（IPPNX）。

地理分布：宁夏（银川、固原、海原、永宁、平罗、六盘山）、北京、内蒙古、辽宁、河南、陕西、新疆；伊朗，土耳其，黎巴嫩，塞浦路斯，叙利亚，以色列，约旦，欧洲。

取食对象：紫穗槐种子。

## 豆象亚族 Bruchina Latreille, 1802

### 387）豆象属 *Bruchus* Linnaeus, 1767

#### （909）豌豆象 *Bruchus pisorum* (Linnaeus, 1758)（图版 LXVI: 7）

*Dermestes pisorum* Linnaeus, 1758: 356; Wu et al., 1978: 282; Tan et al., 1980: 33; Wang et al., 1992: 32; Gao, 1993: 122; Ren, 2010: 209; Löbl & Smetana, 2010: 351.

识别特征：体长 4.0～5.0 mm，宽 2.6～2.8 mm。椭圆形；黑色。头密布小刻点，被淡褐色毛；复眼窄而深"U"形凹。前胸背板密布刻点，被毛，基部中叶有三角形灰白色毛斑，两侧中间端部各有 1 向后的尖齿，后角尖。小盾片近方形，基部中叶凹，被灰白色毛。鞘翅具刻点与毛，有 10 行纵纹，近翅缝处有 1 行间隔的小白色毛点，第 2 行中部前、后各有 1 白点，中部稍后外缘有 1 白色斜纹，基部沿翅缝与端部各有 2 对白色毛带。臀板具深褐色毛，近端部中间两侧 2 卵圆形黑斑，基部两侧 2 黑斑，常被翅覆盖。后足腿节外缘近端部 1 长尖齿；雌性中胫节末端 1 小尖刺，雄性无。

检视标本：54 头，宁夏银川，1960（IPPNX）；30 头，宁夏隆德，1961.VIII（IPPNX）。

地理分布：宁夏（全区）、河北、内蒙古、辽宁、江苏、浙江、安徽、福建、江西、河南、湖北、湖南、广东、广西、四川、贵州、云南、陕西、甘肃、台湾；俄罗斯（远东），朝鲜，日本，印度，阿富汗，伊朗，塔吉克斯坦，乌兹别克斯坦，哈萨克斯坦，土耳其，黎巴嫩，塞浦路斯，叙利亚，以色列，约旦，欧洲，非洲界。

取食对象：豌豆、扁豆。

### （910）蚕豆象 *Bruchus rufimanus* Boheman, 1833（图版 LXVI: 8）

*Bruchus rufimanus* Boheman, 1833: 58; Gao, 1993: 122; Löbl & Smetana, 2010: 351.

识别特征：体长约 4.6 mm，宽约 2.6 mm。椭圆形；黑色。头密布小刻点；唇基被黄褐色毛；额以上被淡黄色毛；触角与颊间具灰白色毛。前胸背板宽大于长，具小刻点与黄褐色毛；前端中部、中部两侧各有 1 白色毛斑，基部中叶具三角形白色毛斑；两侧中间有 1 向外的钝齿。小盾片近方形，基部中叶凹。鞘翅布小刻点及褐色与灰白色毛，有 10 行斑纹，近翅缝向外缘有灰白色毛形成的间断横带。腹部每节两侧各有 1 灰白色毛斑，臀板有 2 不甚明显的斑。后足腿节外缘近端部有 1 短而钝的齿。

检视标本：1 头，宁夏银川，1960（IPPNX）；2 头，宁夏青铜峡，1973. IV. 18（IPPNX）；21 头，宁夏青铜峡小坝，1973. IV. 18（IPPNX）。

地理分布：宁夏（银川、青铜峡）、四川、上海；俄罗斯（远东），朝鲜，韩国，土耳其，欧洲，非洲界。

取食对象：蚕豆、豌豆等。

## 细足豆象族 Kytorhinini Bridwell, 1932

## 388）细足豆象属 *Kytorhinus* Fischer von Waldheim, 1809

### （911）柠条豆象 *Kytorhinus immixtus* Motschulsky, 1874（图版 LXVI: 9）

*Kytorhinus immixtus* Motschulsky, 1874: 208; Tan et al., 1980: 22; Wang, 1981: 6; Wu et al., 1982: 166; Wang et al., 1992: 64; Gao, 1993: 122; Löbl & Smetana, 2010: 352; Yang et al., 2011: 174.

识别特征：体长 4.0～5.0 mm，宽 2.0～2.2 mm。长椭圆形；黑色。头密布小刻点，被灰白色毛；唇基长；额中部具脊；复眼大，中部几乎相接；雄性触角栉齿状，约与体等长，雌性触角锯齿状，向后长度达到体长之半。前胸背板具刻点及灰白色与污黄色毛，中央稍隆起，近基部中叶有细纵沟。小盾片长方形，基部凹，被灰白色毛。鞘翅具刻点及污黄色毛，基部近中间有 1 束灰白色毛；肩胛明显，侧缘中间略凹、两端向外扩展，末端圆。臀板与腹部背板 1 节外露，具刻点与灰白色毛，臀板端部向下弯入第 5 腹板。足细长，后足腿节约与胫节等长；后胫节短于跗节，第 1 跗节长于其余各节之和。

检视标本：35 头，宁夏灵武，1973. VI. 21（IPPNX）；3 头，宁夏盐池，1996. V. 24（IPPNX）。

地理分布：宁夏（灵武、盐池、陶乐、中卫、罗山）、内蒙古、陕西、甘肃；蒙古国，俄罗斯（远东、东西伯利亚），吉尔吉斯斯坦。

取食对象：锦鸡儿豆粒、柠条及甘草种子。

## 弯足豆象族 Rhaebini Blanchard, 1845

### 389）弯足豆象属 *Rhaebus* Fischer von Waldheim, 1824

#### （912）绿绒豆象 *Rhaebus komarovi* Lukjanovitch, 1939

*Rhaebus komarovi* Lukjanovitch, 1939: 551; Tan et al., 1980: 21; Gao, 1993: 122; Löbl & Smetana, 2010: 353.

识别特征：体长 3.5～4.0 mm，宽 1.4～1.5 mm。体窄长；蓝绿色，有金属光泽。头密布小刻点；额稍隆起，沿中线刻点略稀；触角丝状，长不向后伸达体长之半。小盾片小，三角形。前胸背板粗糙，密布较大刻点，后端沿中线被稀疏淡褐色短毛并有小纵凹条纹；两侧平行，前、后角钝。鞘翅密布刻点，末端圆，刻点稀疏，被短毛。臀板外露，被淡褐色短毛；腹部具细刻点，被浅褐色毛。雄性后足腿节明显粗，雌性略细；胫节弯，密生长毛；第 1 跗节最长；爪纵裂，外端爪稍长于内端。

检视标本：61 头，宁夏中卫香山，1981. VI. 17（IPPNX）；1 头，宁夏中卫甘塘，1600 m，1993. VI. 27，田畴采（IPPNX）。

地理分布：宁夏（中卫、灵武）、内蒙古；蒙古国，哈萨克斯坦。

取食对象：白刺。

#### （913）绿齿豆象 *Rhaebus solskyi* Kraatz, 1879（图版 LXVI：10）

*Rhaebus solskyi* Kraatz, 1879: 211; Tan et al., 1980: 21; Wang et al., 1992: 64; Löbl & Smetana, 2010: 353.

识别特征：体长 3.2～4.0 mm，宽 1.4～1.5 mm。体窄长，蓝绿色，有金属光泽。头密布小刻点；额中部有明显小纵脊；触角丝状。前胸背板粗糙，密布刻点，被短毛；基部宽，基部中间有小纵条纹，前、后角钝角形。小盾片小，三角形。鞘翅基部向后变宽，末端圆，顶部密布刻点，刻点排列成行，被短毛。臀板外露，向下弯，被淡褐色毛；腹部具细刻点与稀疏浅褐色短毛。雄性后足腿节内缘有排成 1 列的数个尖齿；后胫节细；第 1 跗节最长；爪纵裂，外端爪长于内端。

地理分布：宁夏（荒漠、半荒漠地区）、内蒙古、甘肃、青海、新疆；蒙古国，哈萨克斯坦。

取食对象：白刺。

## 46.2　负泥虫亚科 Criocerinae Latreille, 1804

## 负泥虫族 Criocerini Latreille, 1804

### 390）负泥虫属 *Crioceris* Geoffroy, 1762

#### （914）十四点负泥虫 *Crioceris quatuordecimpunctata* (Scopoli, 1763)（图版 LXVI：11）

*Attelabus quatuordecimpunctata* Scopoli, 1763: 14; Tan et al., 1980: 88; Wang & Yang, 2010: 242; Löbl & Smetana, 2010: 361.

识别特征：体长 5.5～7.5 mm，宽 2.5～3.2 mm。棕黄至红褐色，具黑斑。唇基三角形，基半部纵隆；头顶微隆，中间有细纵沟，两侧有刻点及稀毛；触角粗短，念珠状。前胸背板方形，前缘向前拱起，两侧圆弧或稍膨，基部微窄，基部微拱；基部横凹浅，中间有短纵凹；刻点均匀、浅细。小盾片舌形。鞘翅基部内侧稍隆，刻点行整齐，行间较平坦，基部刻点较大。

地理分布：宁夏（贺兰山）、北京、河北、内蒙古、辽宁、吉林、黑龙江、江苏、浙江、福建、山东、广西、云南、陕西、台湾；俄罗斯（远东、东西伯利亚），日本，哈萨克斯坦，欧洲。

取食对象：禾草类。

## 合爪负泥虫族 Lemini Gyllenhal, 1813

### 391）合爪负泥虫属 *Lema* Fabricius, 1798

#### （915）枸杞负泥虫 *Lema* (*Lema*) *decempunctata* (Gebler, 1830)（图版 LXVI: 12）

*Crioceris decempunctata* Gebler, 1830: 196; Tan et al., 1980: 69; Wang et al., 1992: 64; Gao, 1993: 119; Ren, 2010: 203; Wang & Yang, 2010: 242; Löbl & Smetana, 2010: 362; Yang et al., 2011: 170.

*Lema japonica* Weise, 1889: 562; Wu et al., 1978: 138; Gao, 1993: 119.

识别特征：体长 4.5～5.8 mm，宽 2.2～2.8 mm。头、触角、前胸背板、小盾片及体下蓝黑色，鞘翅及足黄褐至红褐色，每翅 5 个近圆形黑斑。头上刻点较粗密；头顶平坦，中间有纵沟，沟中间有凹；触角粗壮，超过鞘翅肩部。前胸背板近方形，两侧中部略收缩；背面较平坦，布粗密刻点，无横沟，基部前中央 1 椭圆形深凹。小盾片舌形，末端稍直。鞘翅基部之后稍膨宽，末端圆形；翅面较平坦，刻点粗大，无明显凹。中、后胸腹板刻点和毛较密，腹部及足稍稀。

检视标本：2 头，宁夏灵武，1960. VI. 10（IPPNX）；16 头，宁夏银川，1960. VIII. 24（IPPNX）；1 头，宁夏石嘴山，1961. VII. 6（IPPNX）；28 头，宁夏盐池，1962. VI. 29（IPPNX）；2 头，宁夏同心，1963. VII. 3（IPPNX）；1 头，宁夏固原，1964. VII. 17（IPPNX）；4 头，宁夏陶乐，1964. XI. 20（IPPNX）；3 头，宁夏中卫，1981. VI. 13（IPPNX）；1 头，宁夏中宁，1983. VI. 17（IPPNX）；22 头，宁夏银川芦花台，1988. III. 5（IPPNX）；3 头，宁夏彭阳，1988. VI. 10（IPPNX）；1 头，宁夏隆德苏台，2008. VII. 1，王新谱采（HBUM）。

地理分布：宁夏（银川、灵武、石嘴山、固原、陶乐、中卫、中宁、贺兰、西吉、彭阳、海原、盐池、隆德、同心、平罗、贺兰山）、北京、河北、山西、内蒙古、江苏、浙江、福建、江西、山东、湖南、广东、四川、西藏、陕西、甘肃、青海、新疆；蒙古国，俄罗斯（远东、东西伯利亚），朝鲜，日本，哈萨克斯坦。

取食对象：枸杞。

### 392）禾谷负泥虫属 *Oulema* Des Gozis, 1886

#### （916）粟负泥虫 *Oulema tristis* (Herbst, 1786)（图版 LXVII: 1）

*Crioceris tristis* Herbst, 1786: 165; Tan et al., 1980: 69; Gao, 1993: 119; Löbl & Smetana, 2010: 368.

识别特征：体长 3.5～4.5 mm，宽 1.6～2.0 mm。头、前胸背板、小盾片及体下钢蓝色，触角常黑褐色，鞘翅深蓝色，具金属光泽，足黄色；体背无毛，后胸前侧片被厚密毛，头、触角、体下及足有光泽。头上刻点粗，头顶后方有短纵凹；触角基半部较端半部细。前胸背板前缘较直，基部拱出，两侧中部之后凹；基部横凹明显且中间有短纵凹，前角微突；两侧及基凹刻点较细密，基半部两侧较粗大，中纵线有 2 行排列不整齐刻点。小盾片倒梯形，两侧微凹，端缘凹，基部两侧有刻点及毛。鞘翅平坦，肩胛近方形；刻点行整齐，基部刻点较大，第 1 行位于纵沟；行间平坦，末端隆起。

检视标本：4 头，宁夏隆德，1965. VI. 9（IPPNX）。

地理分布：宁夏（隆德）、北京、河北、内蒙古、辽宁、吉林、黑龙江、山东、湖北、陕西、甘肃；蒙古国，俄罗斯（远东、东西伯利亚），日本，乌兹别克斯坦，哈萨克斯坦，欧洲。

取食对象：糜子、小麦、大麦、玉米、水稻。

## 46.3　龟甲亚科 Cassidinae Gyllenhal, 1813

## 龟甲族 Cassidini Gyllenhal, 1813

### 393）龟甲属 *Cassida* Linnaeus, 1758

#### （917）枸杞龟甲 *Cassida deltoides* Weise, 1889（图版 LXVII: 2）

*Cassida deltoides* Weise, 1889: 644; Wu et al., 1978: 140; Chen et al., 1986: 470; Wang et al., 1992: 71; Gao, 1993: 121, 1999: 36; Ren, 2010: 204; Wang & Yang, 2010: 253; Löbl & Smetana, 2010: 373; Yang et al., 2011: 170.

曾用名：枸杞血斑龟甲（高兆宁，1993，1999；王新谱等，2010；杨贵军等，2011）。

识别特征：体长 4.3～5.5 mm，宽 4.0～4.6 mm。卵形或卵圆形；活体草绿至翠绿色，鞘翅具血红色三角形大斑，标本棕黄色或棕栗色，斑变为污红色或污栗色。唇基方形，刻点明显，侧沟粗深。触角向后伸达肩角，末端 6 节粗厚。前胸背板中部稍前最宽，侧角宽圆，刻点密而不粗。鞘翅肩角钝圆，向前伸达前胸背板中部；驼顶平拱起，前端形成明显倾斜三角区；刻点粗大，行列整齐，基凹浅。

检视标本：1 头，宁夏泾源西峡，2008. VI. 23，任国栋采（HBUM）；1 头，宁夏泾源西峡，2008. VI. 27，李秀敏采（HBUM）。

地理分布：宁夏（银川、中卫、中宁、同心、海原、西吉、固原、泾源、平罗、贺兰山）、河北、内蒙古、江苏、浙江、江西、湖南、陕西、甘肃、新疆；蒙古国。

取食对象：枸杞、藜属等。

#### （918）东北龟甲 *Cassida mandli* Spaeth, 1921（图版 LXVII: 3）

*Cassida mandli* Spaeth, 1921: 85; Chen et al., 1986: 480; Ren, 2010: 203; Löbl & Smetana, 2010: 375.

识别特征：体长 5.5～7.0 mm，宽 3.8～5.0 mm。椭圆形，背面较平；不透明或半透明，活体嫩叶绿色，标本淡石青、淡棕黄至污棕色，无花纹；背面具刻点与细短毛。唇基平坦，多皱纹与细刻点，侧沟浅而不明显；触角向后伸达鞘翅肩角。前胸背板近半圆形，雄性侧角与肩角相离稍远，雌性侧角近基部；表面粗糙，刻点密，基部和敞边较粗。小盾片多皱纹。鞘翅肩角不前伸或微前伸，盘区较平坦，无明显凹；驼顶平坦，刻点中等密，行列较整齐，基部较密而乱。

检视标本：1 头，宁夏隆德峰台，2009. VII. 13，王新谱采（HBUM）。

地理分布：宁夏（隆德）、河北、山西、内蒙古、辽宁、黑龙江、山东；蒙古国，俄罗斯（远东），朝鲜，韩国。

### （919）蒙古龟甲 *Cassida mongolica* Boheman, 1854

*Cassida mongolica* Boheman, 1854: 449; Chen et al., 1986: 481; Wang et al., 1992: 71; Ren, 2010: 203; Löbl & Smetana, 2010: 375.

识别特征：椭圆形。唇基平坦较光滑，刻点清晰不粗糙，侧沟不深但明显；触角近达肩角或稍短，末 5 节粗厚。前胸背板椭圆形，侧角宽圆，基部中央凹；盘上有凹，盘区刻点较小或皱纹状，敞边粗大但不深。鞘翅盘区基部相当平直，敞边基部向前突；肩角极圆，肩角后微凹；翅面多弱格子状纵、横隆脊，刻点较小而不规则，近中缝 2～3 行较整齐；行间有细刻点与细毛，敞边刻点极模糊，内边多短隆脊。腹面及足刻皱较多。

地理分布：宁夏（海原、六盘山）、北京、天津、河北、内蒙古、辽宁、吉林、黑龙江、江苏、山东、湖北、陕西；蒙古国，俄罗斯（远东），日本。

取食对象：菊属、蓟属等。

### （920）甜菜大龟甲 *Cassida nebulosa* Linnaeus, 1758（图版 LXVII: 4）

*Cassida nebulosa* Linnaeus, 1758: 363; Wu et al., 1978: 86; Chen et al., 1986: 482; Wang et al., 1992: 71; Gao, 1993: 121; Ren, 2010: 204; Wang & Yang, 2010: 254; Löbl & Smetana, 2010: 375; Yang et al., 2011: 170.

曾用名：甜菜龟甲（吴福桢等，1978；高兆宁，1993；王新谱等，2010；杨贵军等，2011）。

识别特征：体长 6.0～7.8 mm，宽 4.0～5.5 mm。长椭圆形或长卵形；半透明或不透明，无网纹，体色变异较大，鞘翅布小黑斑。唇基平坦多刻点，侧沟清晰，中区钟形；触角向后伸达鞘翅肩角，末端 5 节粗壮。前胸背板基侧角甚宽圆，表面布粗密刻点，盘区中央 2 个微隆凸。鞘翅盘区基部直，敞边窄，表面粗皱，刻点密，敞边基部向前拱起，外缘中段明显宽厚，肩角略前伸；两侧平行，驼顶平拱起，顶端平塌横脊状；基凹微显，刻点粗密且深，行列整齐，第 2 行间高隆。

检视标本：1 头，宁夏平罗，1960. VII. 12（IPPNX）；11 头，宁夏泾源六盘山，1964. VI（IPPNX）；1 头，宁夏陶乐，1964. XI. 2（IPPNX）；宁夏隆德（3 头，1959. VIII. 9；1 头，1980. VII. 16）（IPPNX）；3 头，宁夏固原，1982. VII. 16（IPPNX）；1 头，宁夏贺兰山，1987. VIII. 2（IPPNX）；3 头，宁夏银川，1991. VII. 16（IPPNX）；18 头，宁夏银川新市区，1997. VII. 15（IPPNX）；2 头，宁夏泾源龙潭，2008. VI. 18，袁峰采（HBUM）；17 头，宁夏泾源龙潭，2008. VI. 19，任国栋采（HBUM）；4 头，宁夏泾源秋千架，2008. VI. 23，王新谱、刘晓丽采（HBUM）；1 头，宁夏泾源西峡，2008. VI. 27，李秀敏采（HBUM）；1 头，宁夏隆德峰台，2008. VI. 29，袁峰采（HBUM）；

1 头，宁夏隆德苏台，2008. VII. 1，王新谱采（HBUM）；4 头，宁夏泾源龙潭，2009. VII. 4，周善义、孟祥君采（HBUM）；7 头，宁夏泾源龙潭，2009. VII. 4，冉红凡、张闪闪采（HBUM）；1 头，宁夏泾源龙潭，2009. VII. 6，王新谱采（HBUM）；2 头，宁夏泾源二龙河，2009. VII. 6，周善义、孟祥君采（HBUM）；1 头，宁夏隆德峰台，2009. VII. 13，王新谱采（HBUM）。

地理分布：宁夏（银川、泾源、隆德、固原、同心、平罗、陶乐、贺兰山）、北京、天津、河北、山西、内蒙古、辽宁、吉林、黑龙江、上海、江苏、山东、湖北、四川、贵州、云南、陕西、甘肃；蒙古国，俄罗斯（远东、东西伯利亚），朝鲜，韩国，日本，塔吉克斯坦，乌兹别克斯坦，哈萨克斯坦，土耳其，欧洲。

取食对象：甜菜、三色堇、旋复花属、蓟属、藜属、滨藜属等。

### （921）密点龟甲东方亚种 *Cassida rubiginosa rugosopunctata* Motschulsky, 1866

*Cassida rubiginosa rugosopunctata* Motschulsky, 1866: 177; Chen et al., 1986: 485; Wang et al., 1992: 71; Gao, 1993: 121; Ren, 2010: 204; Löbl & Smetana, 2010: 377.

曾用名：蓟龟甲（高兆宁，1993）。

识别特征：椭圆形，较扁平；半透明，无网纹，体背草绿、棕黄色或棕绿色。唇基平坦，较大，满布刻点，侧沟细而不清晰；触角向后伸达鞘翅肩角，末 5 节粗壮。前胸背板基部显较前缘直，基部侧角尖，接近鞘翅肩角；表面密布刻点，盘侧与敞边较深粗。小盾片无刻点，多微弱皱纹。鞘翅肩角不算前伸，敞边平坦；翅面粗糙，刻点紧密多皱纹，盘区极紧密，比前胸背板粗深，不成行列，无脊线与凹。

地理分布：宁夏（六盘山）、山西、江苏、浙江、福建、江西、湖北、西藏、陕西、青海、新疆、台湾；俄罗斯，朝鲜，日本，新北界。

取食对象：苦苣菜、风毛菊、菜蓟属、蓟属、飞廉属、菊蒿属等。

### （922）山楂肋龟甲 *Cassida vespertina* Boheman, 1862（图版 LXVII: 5）

*Cassida vespertina* Boheman, 1862: 357; Chen et al., 1986: 459; Wang et al., 1992: 71; Gao, 1993: 121; Ren, 2010: 203; Löbl & Smetana, 2010: 378.

曾用名：黄斑黑龟甲（高兆宁，1993）。

识别特征：体长 4.7～7.0 mm，宽 4.0～6.2 mm。近椭圆形；透明或半透明，具深色斑及网纹。唇基刻点粗；触角较短壮，勉强达到鞘翅肩角。前胸背板前缘相当直，两侧很宽圆；盘上有细纹，盘区刻点稍粗、清晰，两侧多皱纹，基部与敞边分界处凹印明显，敞边刻点细且稀。小盾片端角钝圆，宽舌形。鞘翅肩角极圆，前伸到前胸背板中部，肩瘤尖突，侧缘较直，尾端平圆；盘区粗糙，多脊线，中缝基部隆起，驼顶高耸，顶端横脊窄而显，略呈"人"形，整个盘面两纹或龟块纹，刻点深密；敞边较粗糙并有短横脊。

地理分布：宁夏（六盘山）、北京、河北、内蒙古、黑龙江、江苏、浙江、福建、湖北、湖南、广东、广西、四川、贵州、陕西、甘肃、台湾；蒙古国，俄罗斯（远东），朝鲜，韩国，日本。

取食对象：肾叶打碗花、悬钩子、铁线莲等。

**（923）准杞龟甲 *Cassida virguncula* Weise, 1889**（图版 LXVII: 6）

*Cassida virguncula* Weise, 1889: 645; Chen et al., 1986: 471; Wang et al., 1992: 71; Ren, 2010: 204; Löbl & Smetana, 2010: 378.

*Cassida lenis* Spaeth, 1926: 59; Gao, 1993: 121.

曾用名：枸杞龟甲（高兆宁，1993）。

识别特征：卵圆形；活体翠绿色，标本淡棕黄至污棕红色。唇基刻点相当粗密，侧沟较细窄；头顶纵沟很浅；触角末端 5 节粗厚。前胸背板侧角不甚宽圆，表面较光滑，刻点细而模糊。鞘翅肩角钝圆，伸达前胸中部；盘区基部三角凹区较明显，驼顶较拱起，非瘤状；基洼较凹，中缝基部隆起，肩瘤微显；盘上刻点较小，但比前胸粗大，行列整齐，第 2 行间特别宽；敞边粗糙，刻点显较盘区浅弱。

检视标本：1 头，宁夏隆德，1961. VII. 25（IPPNX）；11 头，宁夏海原，1980. VIII. 28（IPPNX）；7 头，宁夏西吉，1980. VIII. 30（IPPNX）；9 头，宁夏中卫香山，1981. VI. 17（IPPNX）；4 头，宁夏盐池，1984. IX. 5（IPPNX）；5 头，宁夏灵武白芨滩，1984. IX. 7（IPPNX）；1 头，宁夏固原，1988. VI. 11（IPPNX）；1 头，宁夏中宁，1989. V. 7（IPPNX）；宁夏银川（8 头，1979. IV. 24；1 头，1989. V. 15）（IPPNX）；1 头，宁夏泾源卧羊川，2008. VI. 22，任国栋采（HBUM）。

地理分布：宁夏（银川、固原、泾源、隆德、西吉、吴忠、海原、中宁、中卫、盐池、灵武）、北京、河北、山西、江苏、江西、陕西、甘肃、青海、新疆。

取食对象：枸杞、旋复花、蓟属、菊蒿属等。

## 394）显爪龟甲属 *Chiridula* Weise, 1889

**（924）绿显爪龟甲 *Chiridula semenovi* Weise, 1889**

*Chiridula semenovi* Weise, 1889: 647; Chen et al., 1986: 455; Wang et al., 1992: 66; Gao, 1993: 120; Ren, 2010: 207; Löbl & Smetana, 2010: 379.

曾用名：黑条隐头叶甲（高兆宁，1993）、黑纹隐头叶甲（任国栋，2010）。

识别特征：体长 5.3～5.5 mm，宽 3.3～3.5 mm。活体草绿色，干标本土黄色。唇基密布微细皱纹，刻点相当粗。前胸背板皮纹状，刻点密而不粗。小盾片三角形，具一系列横凹纹。鞘翅刻点相当粗大，排成紧密行列；敞边窄，有 1～2 行不规则刻点。

检视标本：80 头，宁夏永宁，1963. VI. 20（IPPNX）；1 头，宁夏同心，1963. VI. 30（IPPNX）；12 头，宁夏隆德，1963. VII. 21（IPPNX）；9 头，宁夏固原，1963. VII. 5（IPPNX）；5 头，宁夏灵武，1964 VII. 18（IPPNX）；1 头，宁夏海原，1980. VIII. 29（IPPNX）；5 头，宁夏吴忠白云岗，1995. VIII. 6（IPPNX）；1 头，宁夏盐池，2001. VI. 5（IPPNX）；5 头，宁夏泾源龙潭，2009. VII. 3，巴义彬采（HBUM）；1 头，宁夏泾源龙潭，2009. VII. 4，周善义采（HBUM）；2 头，宁夏泾源龙潭，2009. VII. 5，王新谱、赵小林采（HBUM）；1 头，宁夏泾源秋千架，2009. VII. 7，王新谱采（HBUM）；1 头，宁夏泾源东山坡，2009. VII. 11，王新谱采（HBUM）；10 头，宁夏隆德峰台，

2009. VII. 14，王新谱、赵小林采（HBUM）。

地理分布：宁夏（泾源、隆德、永宁、海原、固原、同心、灵武、盐池、吴忠、平罗）、河北、山西、内蒙古、吉林、黑龙江、甘肃、青海、新疆；俄罗斯（西伯利亚），朝鲜，日本，巴基斯坦，阿富汗，塔吉克斯坦，土库曼斯坦，吉尔吉斯斯坦，哈萨克斯坦，欧洲。

取食对象：艾蒿。

## 395）锈龟甲属 *Hypocassida* Weise, 1893

### （925）亚锈龟甲 *Hypocassida subferruginea* (Schrank, 1776)（图版 LXVII: 7）

*Cassida subferruginea* Schrank, 1776: 62; Chen et al., 1986: 482; Ren, 2010: 204; Löbl & Smetana, 2010: 379.

识别特征：体长 4.5～6.0 mm，宽 3.2～4.4 mm。椭圆形；半透明或不透明，淡棕黄色或污棕黄色，常具浓烈油光。唇基宽而平坦，满布刻点，侧沟清晰；触角粗厚。前胸背板前缘略半圆形，侧角极宽圆；背面具细皮纹，密布粗浅刻点，两侧多皱纹，有时刻点合并呈细沟；腹面具触角沟。鞘翅肩角钝圆，弱前伸，显较前胸侧角尖窄，驼顶微拱，基、中凹极不明显；翅面不甚光滑，粗糙多皱，具皮纹，刻点显较前胸粗深密；肩瘤明显突，沿基部小盾片侧有 1 小瘤突，每翅 4 条明显纵隆脊；敞边刻点粗糙。

检视标本：1 头，宁夏隆德苏台，2008. VII. 1，王新谱采（HBUM）。

地理分布：宁夏（隆德）、河北、黑龙江、陕西、新疆；蒙古国，俄罗斯（远东、东西伯利亚），阿富汗，塔吉克斯坦，乌兹别克斯坦，土库曼斯坦，吉尔吉斯斯坦，哈萨克斯坦，土耳其，以色列，欧洲，非洲界。

## 396）漠龟甲属 *Ischyronota* Weise, 1891

### （926）长胸漠龟甲 *Ischyronota conicicollis* (Weise, 1890)（图版 LXVII: 8）

*Cassida conicicollis* Weise, 1890: 487; Chen et al., 1986: 454; Löbl & Smetana, 2010: 379.

识别特征：体长 4.5～5.2 mm。长卵形，两侧平行，背面极拱；活体青绿色，标本淡黄色。触角向后伸达前足基部。前胸背板基部宽大于中部之长，弱半圆三角形，前缘紧紧包裹头部；背面具细纹，刻点粗密。鞘翅基部宽于前胸背板基部，肩角圆，不向前伸；背面光滑，无驼顶与凹洼；刻点粗大而清晰，排列紧密，局部形成行列，行间具细纹；肩瘤极拱突，其外侧具短浅凹痕。雄性腹部肛节端部较窄而向外弧拱起，雌性肛节端部较宽而浅弧凹。爪粗大，两爪远离；前足内爪略小于外爪。

地理分布：宁夏（平罗）、内蒙古、新疆；蒙古国，伊朗，塔吉克斯坦，哈萨克斯坦。

## 脊甲族 Gonophorini Chapuis, 1875

## 397）三脊甲属 *Agonita* Strand, 1942

### （927）中华三脊甲 *Agonita chinensis* (Weise, 1922)（图版 LXVII: 9）

*Agonia chinensis* Weise, 1922: 75; Chen et al., 1986: 162; Ren, 2010: 208; Löbl & Smetana, 2010: 381.

曾用名：中华球肖叶甲（任国栋，2010）。

识别特征：体长 5.0～6.5 mm，宽 2.0～2.4 mm。体长形，较宽扁。头顶光滑无刻点；雄性的触角向后伸达鞘翅基部 1/5 处，雌性较短。前胸背板略拱起，刻点粗疏，两侧稍密；两侧边框明显，基部中央两侧有浅斜凹，基部前横沟中央深，两侧细窄。小盾片基部稍宽，端部长圆。鞘翅肩后边缘较膨，两侧近平行，端缘圆，锯齿明显；翅上 8 行刻点，每翅 3 条钝脊。腹面光滑，腹部刻点细小，末节较紧密。足粗短，雄性中胫节较细弯，端部略镰刀状；前足跗节较宽大，稍长于胫节；中足、后足跗节较小，短于其胫节，第 1 跗节很小，三角形。

检视标本：10 头，宁夏泾源西峡，2009. VII. 9，王新谱、赵小林采（HBUM）。

地理分布：宁夏（泾源）、江苏、浙江、福建、江西、山东、湖北、湖南、广东、广西、海南、四川、贵州、云南、陕西、香港；东洋界。

取食对象：马尾松、竹属、算盘子属、楤木。

## 铁甲族 Hispini Gyllenhal, 1813

### 398）龟铁甲属 *Cassidispa* Gestro, 1899

#### （928）晋龟铁甲 *Cassidispa bipuncticollis* Chen, 1941

*Cassidispa bipuncticollis* Chen, 1941: 196; Chen et al., 1986: 229; Wang et al., 1992: 71; Gao, 1993: 121; Löbl & Smetana, 2010: 383.

曾用名：晋铁龟甲（王希蒙等，1992）。

识别特征：体长约 5.0 mm，宽约 3.4 mm。长卵形。头顶中线明显；复眼大。前胸背板梯形，盘区皱褶紧密，前、后端有横凹，后横凹附近刻点粗大，正中 2 个黑圆斑之间有棕黄色纵纹；两侧敞边宽大半圆形，略上倾，边上约 12 尖齿，盘上 9 个狭长透明斑。小盾片表面皱褶，中央微凹，端部圆。鞘翅刻点粗深，10 行，中间部分为 11 行，具小盾片刻点行；背刺尖锥状，较发达；敞边边缘共有约 30 个尖长锯齿，盘上 9 个透明斑。腹面被毛细长，后胸腹板具极微皱褶与稀疏刻点。

检视标本：1 头，宁夏泾源秋千架，1983. VIII. 5（IPPNX）；4 头，宁夏泾源龙潭，1983. VIII. 14（IPPNX）；1 头，宁夏泾源二龙河，1991. VII. 30，田畴采（HBUM）；1 头，宁夏泾源小南川，1994. VIII. 9（HBUM）。

地理分布：宁夏（泾源）、山西、陕西。

取食对象：艾蒿、杜梨、鼠李科植物。

#### （929）藏龟铁甲 *Cassidispa femoralis* Chen & Yu, 1976（图版 LXVII: 10）

*Cassidispa femoralis* Chen & Yu in Chen, Yu, Wang & Jiang, 1976: 218; Löbl & Smetana, 2010: 383; Yang et al., 2011: 171.

识别特征：体长约 6.0 mm，宽约 5.0 mm。近圆形，似龟甲；黑色，鞘翅具黑斑。唇基极突，三角形，表面粗糙，两触角之间呈脊状；复眼大；头顶两眼间隆起，具皱褶；触角 9 节，向后伸达体长之半处。前胸背板极宽大，基部具横凹，两侧敞边膨，边上 12～13 锯齿，盘上有斑。小盾片基部宽，端部窄圆，盘上有皱褶，基部低凹处刻点粗。鞘翅盘区隆起，刻点行不整齐，有小盾片刻点行，翅面刺突较稀；敞边宽，侧缘中部浅凹，边上 31～36 锯齿，表面有斑，基部及中部凹。足短，被淡黄色短毛；跗节宽，远较胫节短。

地理分布：宁夏（罗山）、西藏。

**（930）黑龟铁甲 *Cassidispa mirabilis* Gestro, 1899**（图版 LXVII: 11）

*Cassidispa mirabilis* Gestro, 1899: 175; Chen et al., 1986: 231; Ren, 2010: 203; Löbl & Smetana, 2010: 383.

识别特征：体长 4.5～5.0 mm，宽 3.5～4.0 mm。黑色，具弱光泽。唇基突出，被细毛；头顶两眼间皱褶极细，中线清晰，后方正中具棕红色斑；触角 9 节，约超过体长之半，末端 3 节被淡黄色密毛。前胸背板梯形，盘区横褶精细均匀，基部横凹明显；两侧敞边平坦，边上 11～15 齿，较粗短，不甚尖锐，盘上有狭长斑。小盾片近舌状。鞘翅高隆，背面刻点细小，刻点行不整齐，有小盾片刻点行，3 条脊线极不明显，背刺锥状；敞边中部明显凹，边上 34～42 锯齿，盘上有半透明斑。足较细长，胫节被淡黄色短毛；跗节远较胫节短，第 1 跗节短小；爪 2 裂，顶尖细。

检视标本：1 头，宁夏泾源王化南，2008. VI. 20，冉红凡采（HBUM）。

地理分布：宁夏（泾源）、河北、山西、四川。

## 46.4　叶甲亚科 Chrysomelinae Latreille, 1802

### 叶甲族 Chrysomelini Latreille, 1802

#### 399）榆叶甲属 *Ambrostoma* Motschulsky, 1860

**（931）紫榆叶甲 *Ambrostoma* (*Ambrostoma*) *quadriimpressum quadriimpressum* (Motschulsky, 1845)**（图版 LXVII: 12）

*Chrysomela quadriimpressum* Motschulsky, 1845: 109; Wang et al., 1992: 67; Yu et al., 1996: 44; Gao, 1999: 102; Wang et al., 2007: 33; Wang & Yang, 2010: 243; Löbl & Smetana, 2010: 399.

曾用名：榆紫叶甲（高兆宁，1993，1999）。

识别特征：体长 8.5～11.0 mm，宽 5.2～6.5 mm。长椭圆形；背面金绿色夹杂紫铜色，腹面铜绿色，足紫罗兰色。头上刻点深，中等大小；触角细长，末端 6 节略宽扁。前胸背板侧缘直，盘区具粗、细 2 种很密的刻点。小盾片半圆形，无刻点。鞘翅肩后横凹，凹后强烈隆凸，有 5 条不规则紫铜色纵条纹；刻点较前胸背板粗，略呈 2 行列，行间细刻点很密。

检视标本：29 头，宁夏贺兰山，2100 m，2001. IX. 24（IPPNX）。

地理分布：宁夏（盐池、灵武、贺兰山）、河北、内蒙古、辽宁、吉林、黑龙江；蒙古国、俄罗斯（西伯利亚)、朝鲜。

取食对象：灰榆、家榆、黄榆、春榆。

## 400）金叶甲属 *Chrysolina* Motschulsky, 1860

### （932）蒿金叶甲 *Chrysolina* (*Anopachys*) *aurichalcea* (Mannerheim, 1825)（图版 LXVIII: 1）

*Chrysomela aurichalcea* Mannerheim, 1825: 39; Wang et al., 1992: 68; Gao, 1993: 118; Yu et al., 1996: 39; Ren, 2010: 197; Wang & Yang, 2010: 244; Löbl & Smetana, 2010: 400; Yang et al., 2011: 168.

曾用名：铜紫蓟叶甲（高兆宁，1993）。

识别特征：体长 6.2～9.5 mm，宽 4.2～5.5 mm。背面青铜色或蓝色，有时紫蓝色，腹面蓝色或蓝紫色。唇基刻点较密；头顶刻点较稀；触角细长，向后长度达到体长之半。前胸背板横宽，刻点很深密，粗刻点间有极细刻点；侧缘基部近于直，中部之前趋圆，向前渐窄，前缘内弯而中部直，前角向前突，基部中叶后拱；盘区两侧隆起，隆内纵凹，基部较深而端部较浅。小盾片三角形，有 2～3 个刻点。鞘翅刻点较前胸背板更粗深，有时略趋纵行，粗刻点间有细刻点。

检视标本：3 头，宁夏中宁，1959. VII. 6（IPPNX）；1 头，宁夏泾源六盘山，1983. VII. 4（IPPNX）；4 头，宁夏泾源六盘山龙潭，1983. VII. 21（IPPNX）；1 头，宁夏泾源六盘山泾河源，1983. VIII. 7（IPPNX）；2 头，宁夏泾源六盘山龙潭水库，1983. VIII. 14（IPPNX）；3 头，宁夏贺兰，1988. VI（IPPNX）；4 头，宁夏吴忠，1990. VI. 19（IPPNX）；1 头，宁夏中宁荒漠，1992. VI. 10，徐长卿采（IPPNX）；6 头，宁夏泾源二龙河，2009. VII. 3，王新谱、赵小林采（HBUM）；3 头，宁夏泾源龙潭，2009. VII. 4，冉红凡、张闪闪采（HBUM）；4 头，宁夏泾源龙潭，2009. VII. 4，周善义、孟祥君采（HBUM）；5 头，宁夏泾源二龙河，2009. VII. 6，周善义、孟祥君采（HBUM）；9 头，宁夏泾源秋千架，2009. VII. 7，王新谱、杨晓庆采（HBUM）；1 头，宁夏泾源西峡，2009. VII. 9，王新谱采（HBUM）；5 头，宁夏泾源东山坡，2009. VII. 12，王新谱、赵小林、杨晓庆采（HBUM）；4 头，宁夏泾源西峡，2009. VII. 14，冉红凡、张闪闪采（HBUM）；2 头，宁夏隆德峰台，2009. VII. 14，王新谱、赵小林采（HBUM）；2 头，宁夏海原南华山，2009. VII. 19，王新谱、杨晓庆采（HBUM）；1 头，宁夏隆德苏台，2009. VIII. 12，顾欣采（HBUM）。

地理分布：宁夏（中宁、贺兰、中卫、盐池、灵武、吴忠、泾源、隆德、海原、平罗、贺兰山、罗山）、河北、山西、黑龙江、浙江、福建、山东、河南、湖北、湖南、广西、四川、贵州、云南、陕西、甘肃、新疆、台湾；蒙古国，俄罗斯（远东、东西伯利亚），日本，越南，吉尔吉斯斯坦，哈萨克斯坦，欧洲。

取食对象：沙蒿。

### （933）漠金叶甲 *Chrysolina* (*Bourdonneana*) *aeruginosa aeruginosa* (Faldermann, 1835)（图版 LXVIII: 2）

*Chrysomela aeruginosa* Faldermann, 1835: 440; Tian et al., 1986: 17; Tian & He, 1987: 25; Tian & Jin, 1987: 34; Wang et al., 1992: 68; Gao, 1993: 117; Yu et al., 1996: 38; Gao, 1999: 144; Ren, 2010: 197; Wang & Yang, 2010: 243; Löbl & Smetana, 2010: 401; Yang et al., 2011: 168.

曾用名：沙蒿金叶甲（王希蒙等，1992）、沙蒿叶甲（高兆宁，1993，1999）。

识别特征：体长 7.0～8.0 mm，宽 4.0～5.0 mm。卵圆形，背面很拱。上唇有 1 排刻点毛；唇基刻点较密；头顶刻点细且稀；触角仅达鞘翅肩部，末端 5 节粗。前胸背板中部刻点约与头部等粗且相当密，两侧近侧缘明显纵隆，内侧纵凹内刻点粗大紧密。小盾片舌形，无刻点。鞘翅刻点很粗深，从外侧向中缝、从基部向端部渐细，略呈 2 行排列，行间有细刻点和横皱纹。雌性各足第 1 跗节腹面沿中线光秃。

检视标本：148 头，宁夏盐池，1991. VI. 30（IPPNX）；20 头，宁夏中卫沙坡头，2001. VII. 30（IPPNX）；18 头，宁夏灵武白芨滩，2001. VIII. 20（IPPNX）；6 头，宁夏固原，2003. VIII. 11（IPPNX）；19 头，宁夏吴忠红寺堡，2005. V. 26（IPPNX）；20 头，宁夏固原须弥山，2009. VII. 4，任国栋采（HBUM）。

地理分布：宁夏（中卫、盐池、灵武、吴忠、同心、红寺堡、固原、平罗、贺兰山）、北京、河北、内蒙古、辽宁、吉林、黑龙江、四川、西藏、甘肃、青海；蒙古国，俄罗斯（远东、东西伯利亚），朝鲜，哈萨克斯坦。

取食对象：黑沙蒿、白沙蒿。

**（934）沟胸金叶甲 *Chrysolina* (*Chrysocrosita*) *sulcicollis sulciollis* (Fairmaire, 1887)**
（图版 LXVIII: 3）

*Chrysomela sulcicollis* Fairmaire, 1887: 330; Yu et al., 1996: 40; Ren, 2010: 198; Löbl & Smetana, 2010: 404.

识别特征：体长约 10.0 mm，宽约 6.0 mm。长卵形；黑色，有时具铜色或蓝紫色光泽。头顶具稀疏细刻点，向唇基渐密；触角较细弱，超过鞘翅肩部。前胸背板两侧中部之前变窄，前缘中部近于直，前角尖突；盘区刻点显较头顶粗密，近侧缘纵隆较高，隆上有刻点，内侧粗大，基部 1/2 深凹。小盾片三角形，刻点稀疏。鞘翅刻点约与前胸背板等粗，有时每翅 2 纵隆线。缺后翅。雌性各足第 1 跗节腹面沿中线光秃。

检视标本：1 头，宁夏泾源秋千架，2009. VII. 7，王新谱采（HBUM）；1 头，宁夏泾源东山坡，2009. VII. 8，冉红凡采（HBUM）；1 头，宁夏泾源东山坡，2009. VII. 11，王新谱采（HBUM）。

地理分布：宁夏（泾源）、北京、河北、内蒙古、辽宁、湖北；朝鲜。

**（935）薄荷金叶甲 *Chrysolina* (*Lithopteroides*) *exanthematica exanthematica* (Wiedemann, 1821)**

*Chrysomela exanthematica* Wiedemann, 1821: 178; Wang et al., 1992: 68; Gao, 1993: 118; Yu et al., 1996: 40; Ren, 2010: 197; Wang & Yang, 2010: 244; Löbl & Smetana, 2010: 410; Yang et al., 2011: 168.

曾用名：薄荷叶甲（高兆宁，1993）。

识别特征：体长 6.5～11.0 mm，宽 4.2～6.2 mm。背面黑色或蓝黑色，具青铜色光泽，腹面紫蓝色。头、胸刻点相当粗密；触角细长，末端 5 节略粗。前胸背板近侧缘明显纵隆，内侧深纵凹，前缘深凹，前角近圆形突。鞘翅刻点约与前胸背板等粗而更密，每翅有 5 行无刻点的光亮圆盘状突起。雄性前足第 1 跗节略膨扩，雌性各足第 1 跗节腹面光秃。

检视标本：2 头，宁夏彭阳，1987. VIII. 3，任国栋采（HBUM）；1 头，宁夏海原水冲寺，1986. VIII. 25，任国栋采（HBUM）；7 头，宁夏海原南华山，2009. VII. 19，王新谱、杨晓庆采（HBUM）。

地理分布：宁夏（海原、彭阳、平罗、六盘山、贺兰山、罗山）、河北、辽宁、吉林、黑龙江、江苏、浙江、安徽、福建、江西、河南、湖北、湖南、广东、广西、四川、贵州、云南、陕西、青海；俄罗斯（远东、东西伯利亚），朝鲜，日本，印度，尼泊尔，巴基斯坦，哈萨克斯坦，东洋界。

取食对象：艾蒿属、薄荷。

### （936）血色金叶甲 *Chrysolina (Timarchoptera) haemochlora* (Gebler, 1823)（图版 LXVIII: 4）

*Chrysomela haemochlora* Gebler, 1823: 120; Löbl & Smetana, 2010: 419.

检视标本：2 头，宁夏贺兰山，1984. VII. 26（IPPNX）。

地理分布：宁夏（贺兰山）、内蒙古；蒙古国，俄罗斯（西西伯利亚）。

取食对象：红蒿。

## 401）叶甲属 *Chrysomela* Linnaeus, 1758

### （937）杨叶甲 *Chrysomela populi* Linnaeus, 1758（图版 LXVIII: 5）

*Chrysomela populi* Linnaeus, 1758: 370; Wu et al., 1978: 218; Wang et al., 1992: 68; Gao, 1993: 117; Yu et al., 1996: 58; Ren, 2010: 198; Löbl & Smetana, 2010: 391.

识别特征：体长 8.0～12.5 mm，宽 5.4～7.0 mm。长椭圆形；具铜绿色光泽。头上有稠密的细刻点，中央略凹；触角向后略过前胸背板基部，末端 5 节较粗。前胸背板侧缘微弧，前缘较深弧凹，前角突出；盘区近侧缘较隆起，内侧纵行凹且刻点较粗，中部刻点稀且细。小盾片光滑，中部略凹。鞘翅刻点粗密，靠外侧边缘隆起具 1 行刻点。爪节基部腹面圆形，无齿片状突起。

检视标本：180 头，宁夏泾源六盘山，1964. VI（IPPNX）；1 头，宁夏隆德，1964. VII. 10（IPPNX）；8 头，宁夏彭阳，1980. VII（IPPNX）；4 头，宁夏西吉，1984. VI（IPPNX）；1 头，宁夏平罗，1989. VII. 31（IPPNX）；2 头，宁夏泾源二龙河，1996. VI. 12（IPPNX）；2 头，宁夏泾源小南川，1996. VI. 14，谢建忠采（IPPNX）；5 头，宁夏泾源六盘山，1989. VII. 30，任国栋采（HBUM）；35 头，宁夏泾源六盘山，1995. VI. 12，林 92–I 组采（HBUM）；2 头，宁夏泾源六盘山，1996. VI. 14，丁月婷采（HBUM）；6 头，宁夏彭阳挂马沟，2008. VII. 11，冉红凡、李秀敏、吴琦琦采（HBUM）；1 头，宁夏泾源秋千架，2008. VII. 13，冉红凡采（HBUM）；63 头，宁夏泾源龙潭，2008. VII. 13，王新谱、刘晓丽采（HBUM）；3 头，宁夏泾源二龙河，2009. VII. 3，王新谱、赵小林采（HBUM）；125 头，宁夏泾源龙潭，2009. VII. 4，冉红凡、张闪闪采（HBUM）；181 头，宁夏泾源龙潭，2009. VII. 4，周善义、孟祥君采（HBUM）；91 头，宁夏泾源龙潭，2009. VII. 5，王新谱、杨晓庆采（HBUM）；101 头，宁夏泾源龙潭，2009. VII. 5，王新谱、赵小林采（HBUM）；1 头，宁夏泾源秋千架，2009. VII. 7，王新谱采（HBUM）；4 头，宁夏泾源西峡，2009. VII. 9，王新谱、赵小林采（HBUM）；3 头，宁夏隆德峰

台，2009. VII. 10，周善义、孟祥君采（HBUM）；5头，宁夏彭阳挂马沟，2009. VII. 12，冉红凡、张闪闪采（HBUM）；3头，宁夏泾源东山坡，2009. VII. 12，王新谱、赵小林采（HBUM）；1头，宁夏泾源西峡，2009. VII. 13，周善义采（HBUM）；10头，宁夏隆德峰台，2009. VII. 14，王新谱、赵小林采（HBUM）；3头，宁夏海原黄家庄，2009. VII. 18，王新谱、杨晓庆采（HBUM）；3头，宁夏泾源二龙河，2009. VIII. 7，顾欣采（HBUM）。

地理分布：宁夏（固原、彭阳、隆德、泾源、西吉、海原、平罗、灵武）、北京、河北、山西、内蒙古、辽宁、吉林、黑龙江、江苏、浙江、安徽、福建、江西、山东、河南、湖北、湖南、广东、广西、四川、贵州、云南、西藏、陕西、甘肃、青海、新疆；蒙古国，俄罗斯（远东、东西伯利亚），韩国，日本，印度，尼泊尔，阿富汗，伊朗，土耳其，欧洲。

取食对象：柳属、山杨、银白杨、青杨、小叶杨。

### （938）柳十八斑叶甲 *Chrysomela salicivorax* (Fairmaire, 1888)（图版 LXVIII: 6）

*Lina salicivorax* Fairmaire, 1888: 40; Wang et al., 1992: 68; Yu et al., 1996: 59; Ren, 2010: 198; Löbl & Smetana, 2010: 391.

识别特征：体长 6.3～8.0 mm，宽 3.6～4.5 mm。长卵形；具深青铜色光泽及黑蓝色斑。唇基凹，刻点粗密；头顶中央具纵沟痕；触角仅达前胸背板基部，末端 5 节较粗短。前胸背板中部较平坦，沿中线具纵沟痕，有稠密的细刻点，基部较粗；两侧略隆起，内侧凹。鞘翅盘区刻点密。足部胫节外缘沿中线沟槽状内凹。

检视标本：1头，宁夏泾源西峡，2009. VII. 9，王新谱采（HBUM）；3头，宁夏海原李俊，2009. VII. 18，王新谱、杨晓庆采（HBUM）。

地理分布：宁夏（海原、西吉、泾源）、北京、河北、辽宁、吉林、黑龙江、浙江、安徽、江西、山东、湖北、湖南、四川、贵州、云南、陕西、甘肃；朝鲜。

取食对象：杨属、柳属。

### （939）柳二十斑叶甲 *Chrysomela vigintipunctata vigintipunctata* (Scopoli, 1763)（图版 LXVIII: 7）

*Coccinella vigintipunctata* Scopoli, 1763: 78; Wang et al., 1992: 68; Gao, 1993: 117; Yu et al., 1996: 59; Ren, 2010: 198; Löbl & Smetana, 2010: 391.

识别特征：体长 7.0～9.5 mm，宽 4.0～4.8 mm。具青铜色光泽及斑。头顶略凹，中央具纵沟纹，表面有稠密的细刻点；触角向后伸达前胸背板基部，末端 5 节粗。前胸背板前缘深凹，前角突，两侧较高隆起，内侧纵凹深，凹内刻点粗密；盘区中部黑斑内有稠密的细刻点，中央具无刻点纵脊纹。小盾片半圆形，表面光滑。鞘翅刻点较前胸背板中部粗密，有时具 3 条纵脊纹。各足胫节外缘面平，非沟槽状。

检视标本：宁夏泾源六盘山（21头，1964. VI；6头，1984. VI. 1）（IPPNX）；3头，宁夏泾源老龙潭，1993. VIII. 29（IPPNX）；33头，宁夏泾源二龙河，2009. VII. 3，王新谱、赵小林采（HBUM）；4头，宁夏泾源王化南，2009. VII. 3，任国栋、侯文君采（HBUM）；7头，宁夏泾源龙潭，2009. VII. 4，周善义、孟祥君采（HBUM）；1

头，宁夏泾源龙潭，2009. VII. 4，冉红凡采（HBUM）；8 头，宁夏泾源龙潭，2009. VII. 5，王新谱等采（HBUM）；4 头，宁夏泾源二龙河，2009. VII. 6，周善义、孟祥君采（HBUM）；1 头，宁夏泾源秋千架，2009. VII. 7，王新谱采（HBUM）。

地理分布：宁夏（泾源、海原、西吉、彭阳、固原）、北京、河北、山西、辽宁、吉林、黑龙江、江苏、浙江、安徽、福建、江西、河南、湖北、湖南、四川、贵州、云南、陕西、甘肃、台湾；俄罗斯（远东、东西伯利亚），朝鲜，日本，印度，土耳其，欧洲。

取食对象：柳属、银白杨。

## 402）无缘叶甲属 *Colaphellus* Weise, 1916

### （940）菜无缘叶甲 *Colaphellus bowringi* (Baly, 1865)（图版 LXVIII: 8）

*Colaphus bowringi* Baly, 1865: 35; Wu et al., 1982: 46; Wang et al., 1992: 68; Gao, 1993: 117; Yu et al., 1996: 51; Ren, 2010: 199; Wang & Yang, 2010: 244; Löbl & Smetana, 2010: 427; Yang et al., 2011: 169.

曾用名：乌壳虫（吴福桢等，1982；高兆宁，1993）、大猿叶甲（王希蒙等，1992）。

识别特征：体长约 5.0 mm，宽约 2.5 mm。圆柱形；背面黑蓝色，有绿色光泽，腹面沥青色。头上刻点相当粗密，唇基前缘两侧近皱纹状并着生稀疏短毛；触角末端 5 节显粗。前胸背板十分拱凸，基部中叶强烈后拱；表面刻点粗深，两侧较密而中部略疏。小盾片无刻点。鞘翅刻点粗深呈皱纹状，刻点与刻点之间隆，翅端更甚，紧靠缘折处横皱纹状。

检视标本：宁夏盐池（17 头，1963. IX. 7；1 头 2005. VI. 6）（IPPNX）；1 头，宁夏银川，1979. VI. 25（IPPNX）。

地理分布：宁夏（固原、同心、银川、盐池、中卫、平罗、贺兰山）、河北、山西、内蒙古、辽宁、吉林、黑龙江、江苏、浙江、安徽、福建、江西、山东、河南、湖北、湖南、广东、广西、四川、贵州、云南、陕西、甘肃、青海；越南。

取食对象：甜菜、白菜、萝卜、荠菜、油菜、甘蓝等。

## 403）油菜叶甲属 *Entomoscelis* Chevrolat, 1836

### （941）东方油菜叶甲 *Entomoscelis orientalis* Motschulsky, 1860（图版 LXVIII: 9）

*Entomoscelis orientalis* Motschulsky, 1860: 222; Wang et al., 1992: 69; Gao, 1993: 118; Yu et al., 1996: 76; Ren, 2010: 199; Löbl & Smetana, 2010: 428.

曾用名：萹蓄叶甲（高兆宁，1993）。

识别特征：体长 5.0～6.0 mm，宽 3.0～3.5 mm。长卵圆形；棕黄色至棕红色，略带绿色光泽。头顶拱起，刻点很深密；触角向后伸达鞘翅基部，末端 6 节明显粗。前胸背板基部略后弧拱起，侧缘近于直；表面刻点相当粗深，中部黑斑内略疏，两侧较密。小盾片舌形，几乎无刻点。鞘翅刻点相当粗深密，刻点间光滑无皱。

检视标本：1 头，宁夏永宁，1957. VI（IPPNX）；4 头，宁夏中卫，1961. IV（IPPNX）；宁夏平罗（1 头，1965. IV. 31；2 头，1983. IV. 27）（IPPNX）；1 头，宁夏青铜峡，1976.

IV. 27（IPPNX）；1 头，宁夏贺兰，1988. VI（IPPNX）。

地理分布：宁夏（中卫、银川、平罗、永宁、贺兰、固原、青铜峡、六盘山）、北京、天津、河北、山西、内蒙古、辽宁、吉林、黑龙江、江苏、浙江、山东、湖北、广西、陕西；蒙古国，俄罗斯（远东、东西伯利亚），朝鲜，欧洲。

取食对象：油菜、蒿蓄、萝卜、甘蓝、柳属等植物。

### 404）齿胫叶甲属 *Gastrophysa* Chevrolat, 1836

**（942）蓼蓝齿胫叶甲 *Gastrophysa* (*Gastrophysa*) *atrocyanea* Motschulsky, 1860**（图版 LXVIII: 10）

*Gastrophysa atrocyanea* Motschulsky, 1860: 222; Wang et al., 1992: 68; Gao, 1993: 118; Yu et al., 1996: 53; Ren, 2010: 199; Löbl & Smetana, 2010: 393.

曾用名：山柳齿胫叶甲（高兆宁，1993）。

识别特征：体长约 5.5 mm，宽约 3.0 mm。长椭圆形；深蓝色，略带紫色光泽。头上刻点较粗而深密，唇基呈皱纹状；触角向后伸达鞘翅肩胛，端部 6 节显粗。前胸背板横阔，侧缘中部之前弧拱；盘区刻点粗深，中部略疏。小盾片舌形，基部具刻点。鞘翅刻点更粗密。各足胫节端部外侧角状膨出。

检视标本：15 头，宁夏固原，1961. VIII. 10（IPPNX）；21 头，宁夏隆德，1963. VII. 9（IPPNX）；4 头，宁夏泾源六盘山，1964. VII（IPPNX）；1 头，宁夏泾源二龙河，1983. VII. 5（IPPNX）；1 头，宁夏泾源龙潭，1984. VI. 8（IPPNX）；2 头，宁夏西吉，1989. V. 31（IPPNX）；1 头，宁夏贺兰山，2001. V. 14（IPPNX）。

地理分布：宁夏（固原、隆德、泾源、西吉、贺兰山）、北京、河北、内蒙古、辽宁、黑龙江、上海、江苏、浙江、安徽、福建、江西、湖北、湖南、四川、云南、陕西、甘肃、青海；俄罗斯（远东、东西伯利亚），朝鲜，韩国，日本，越南，东洋界。

取食对象：辣蓼、羊蹄根、蒿蓄、山柳、酸模。

**（943）黑缝齿胫叶甲 *Gastrophysa* (*Gastrophysa*) *mannerheimi* (Stål, 1858)**（图版 LXVIII: 11）

*Phytodecta mannerheimi* Stål, 1858: 252; Wang et al., 1992: 68; Gao, 1993: 118; Ren, 2010: 199; Löbl & Smetana, 2010: 393.

曾用名：黑缝角胫叶甲（王希蒙等，1992）、黑盾齿胫叶甲（高兆宁，1993）。

识别特征：体长 5.5～5.7 mm，宽 2.6～2.7 mm。长椭圆形；棕黄色，鞘翅具蓝色斑。头上刻点相当稀疏；触角向后伸达鞘翅肩胛，端部 6 节显粗。前胸背板横阔，侧缘中部之前弧拱；盘区刻点粗深，中部略疏。小盾片舌形，基部具刻点。鞘翅刻点更粗密。前胸腹突窄，刻点粗大；中、后胸腹板及腹部刻点粗大。腿节粗大，胫节细长，各足胫节端部外侧角状膨出。

检视标本：3 头，宁夏盐池，1961.VII. 12（IPPNX）；60 头，宁夏隆德，1962. VII. 19（IPPNX）；1 头，宁夏同心，1974. VII（IPPNX）。

地理分布：宁夏（盐池、隆德、同心、六盘山）、北京、河北、内蒙古、辽宁、吉林、黑龙江、上海、江苏、浙江、湖北、四川、新疆、台湾；蒙古国，俄罗斯（远东、东西伯利亚），日本，东洋界，欧洲。

取食对象：豌豆、铁线莲。

**（944）萹蓄齿胫叶甲 *Gastrophysa (Gastrophysa) polygoni polygoni* (Linnaeus, 1758)**（图版 LXVIII: 12）

*Chrysomela polygoni* Linnaeus, 1758: 370; Wang et al., 1992: 68; Gao, 1993: 118; Yu et al., 1996: 53; Ren, 2010: 199; Wang & Yang, 2010: 246; Löbl & Smetana, 2010: 393; Yang et al., 2011: 169.

曾用名：萹蓄角胫叶甲（王希蒙等，1992）、扁蓄齿胫叶甲、蓼齿胫叶甲（高兆宁，1993）。

识别特征：体长约 5.0 mm，宽约 2.5 mm。有金属光泽。头满布刻点，头顶略稀，向前渐密；触角粗壮，向后伸达鞘翅肩胛，第 6～10 节显粗，末节顶端圆锥形。前胸背板表面拱起，侧缘微弧；刻点较头部略细，中部较稀，两侧较密。小盾片基部刻点粗。鞘翅刻点较胸部粗密，刻点间隆起，具网状细纹。

地理分布：宁夏（隆德、固原、泾源、西吉、同心、平罗、贺兰山）、北京、天津、河北、内蒙古、辽宁、黑龙江、甘肃、新疆；俄罗斯（西伯利亚），朝鲜，土耳其，欧洲，新北界。

取食对象：萹蓄、糜子。

## 405）角胫叶甲属 *Gonioctena* Chevrolat, 1836

**（945）黑盾角胫叶甲 *Gonioctena (Brachyphytodecta) fulva* (Motschulsky, 1861)**（图版 LXIX: 1）

*Spartophila fulva* Motschulsky, 1861: 41; Wang et al., 1992: 69; Gao, 1993: 118; Yu et al., 1996: 67; Ren, 2010: 200; Löbl & Smetana, 2010: 432.

识别特征：体长 5.0～6.0 mm，宽约 3.0 mm。外形与黄鞘角胫叶甲 *Gonioctena flavipennis* (Jacoby, 1888)接近，主要区别为：触角端部 7 节黑色，第 3 节较细长；前胸背板和鞘翅基部黑色，前胸背板侧缘中部之前较弧弯，盘区细刻点较密；小盾片黑色；腹面暗棕色或黑色。

检视标本：5 头，宁夏隆德苏台，1983. VIII. 9（IPPNX）；1 头，宁夏泾源二龙河，1983. VI. 30（IPPNX）；4 头，宁夏泾源六盘山，1983. VIII. 9（IPPNX）。

地理分布：宁夏（隆德、泾源、六盘山）、河北、山西、吉林、黑龙江、江苏、浙江、福建、江西、湖北、湖南、广东、四川；俄罗斯（远东、东西伯利亚），越南，东洋界。

取食对象：胡枝子。

## 406）斑叶甲属 *Paropsides* Motschulsky, 1860

**（946）梨斑叶甲 *Paropsides soriculata* Swartz, 1808**（图版 LXIX: 2）

*Paropsides soriculata* Swartz, 1808: 246; Yu et al., 1996: 64; Löbl & Smetana, 2010: 437.

*Paropsis duodecimpustulata* Gebler, 1825: 54; Gao, 1993: 119; Ren, 2010: 201.

曾用名：酸梨叶甲（高兆宁，1993）、十六点斑叶甲（任国栋，2010）。

识别特征：体长约 9.0 mm，宽约 6.0 mm。近圆形，背面相当拱；体棕黄色而变异很大，具黑色、棕红色或黄斑。头小，有稠密的细刻点；触角细短，向后伸至前胸背板基部，末端 5 节略扁宽。前胸背板侧缘弧形，向前渐变窄；盘区刻点密，两侧较粗，两侧中部各有 1 圆凹。小盾片无刻点。鞘翅刻点略呈纵行，近外侧明显粗深。

检视标本：3 头，宁夏泾源六盘山，1964. VI（IPPNX）；30 头，宁夏泾源二龙河，1983. VII. 18（IPPNX）；10 头，宁夏泾源龙潭，1983. VII. 27（IPPNX）。

地理分布：宁夏（泾源、六盘山）、山西、内蒙古、辽宁、浙江、福建、江西、湖北、湖南、广东、四川、贵州、云南；俄罗斯（远东、东西伯利亚），朝鲜，日本，印度，缅甸，东洋界。

取食对象：杜梨、梨。

## 407）猿叶甲属 *Phaedon* Latreille, 1829

### （947）辣根猿叶甲 *Phaedon* (*Phaedon*) *armoraciae* (Linnaeus, 1758)（图版 LXIX: 3）

*Chrysomela armoraciae* Linnaeus, 1758: 369; Yu et al., 1996: 49; Ren, 2010: 200; Löbl & Smetana, 2010: 396; Yang et al., 2011: 169.

识别特征：体长约 4.0 mm，宽约 2.5 mm。宽卵形；深蓝色，鞘翅具绿色光泽。头小，头顶中央纵沟较浅；唇基三角形，刻点粗密深；触角粗短，向后略超过前胸背板基部，末端 5 节明显变粗近棒状。前胸背板两侧微弧，基部较宽，前缘弧凹，前角突出；盘区刻点约与头部等粗而深密。小盾片舌形，顶端宽圆，表面无刻点。鞘翅刻点行间平，密布细刻点。腹面刻点粗密。

检视标本：2 头，宁夏固原须弥山，2009. VII. 17，王新谱、冉红凡采（HBUM）；1 头，宁夏海原牌路山，2009. VII. 18，王新谱采（HBUM）；1 头，宁夏海原李俊乡，2009. VII. 18，王新谱采（HBUM）；24 头，宁夏海原南华山，2009. VII. 19，王新谱、杨晓庆采（HBUM）。

地理分布：宁夏（固原、海原、罗山）、北京、河北、新疆；蒙古国，俄罗斯（远东），哈萨克斯坦，土耳其，欧洲，新北界。

取食对象：辣根。

## 408）弗叶甲属 *Phratora* Chevrolat, 1836

### （948）杨弗叶甲 *Phratora* (*Phyllodecta*) *laticollis* (Suffrian, 1851)（图版 LXIX: 4）

*Chrysomela laticollis* Suffrian, 1851: 262; Wang et al., 1992: 69; Yu et al., 1996: 73; Ren, 2010: 201; Wang & Yang, 2010: 247; Löbl & Smetana, 2010: 395; Yang et al., 2011: 170.

识别特征：体长 3.5～4.8 mm，宽约 2.5 mm。蓝色，带绿色光泽。头顶密布粗、细 2 种刻点，中央略凹；唇基极深凹，基半部向下折转垂直；触角向后伸达鞘翅肩胛，末端 5 节较粗。前胸背板侧缘直，后角略外突；基部和两侧刻点较粗密。小盾片半圆形，具细刻点。鞘翅刻点显较前胸背板粗深，排成规则纵行，行间微隆，具微刻点。雄性各足第 1 跗节膨扩。

地理分布：宁夏（平罗、六盘山、贺兰山、罗山）、山西、内蒙古、辽宁、吉林、黑龙江、湖北、四川、云南、陕西、新疆；蒙古国，俄罗斯（远东、东西伯利亚），朝鲜，日本，哈萨克斯坦，土耳其，黎巴嫩，欧洲。

取食对象：欧洲山杨、银白杨等。

### 409）圆叶甲属 *Plagiodera* Chevrolat, 1836

#### （949）柳圆叶甲 *Plagiodera versicolora* (Laicharting, 1781)（图版 LXIX: 5）

*Chrysomela versicolora* Laicharting, 1781: 148; Wu et al., 1978: 228; Wang et al., 1992: 68; Gao, 1993: 119; Yu et al., 1996: 61; Wang & Yang, 2010: 248; Löbl & Smetana, 2010: 392; Yang et al., 2011: 170.

曾用名：柳叶甲（吴福桢等，1978；高兆宁，1993）。

识别特征：体长 4.0～4.5 mm，宽 2.8～3.1 mm。卵圆形，背面相当拱；深蓝色，有金属光泽。头上刻点非常细密，略呈皮纹状；触角超过前胸背板基部。前胸背板横宽，前缘明显凹，侧缘向前变窄，基部中叶向后弧拱；表面刻点紧密，中部略疏。小盾片光滑。鞘翅刻点较胸部粗密而深显，肩胛隆凸，肩后外侧有 1 清晰纵凹，外缘隆脊有 1 行稀疏刻点。

检视标本：49 头，宁夏银川，1960. VII. 27（IPPNX）；40 头，宁夏吴忠，1963. VII. 23（IPPNX）；5 头，宁夏泾源，1983. VII. 21（IPPNX）。

地理分布：宁夏（银川、吴忠、同心、中卫、泾源、平罗、灵武、盐池、贺兰山）、北京、河北、天津、山西、内蒙古、辽宁、吉林、黑龙江、江苏、浙江、安徽、福建、江西、山东、河南、湖北、湖南、四川、贵州、云南、陕西、甘肃、新疆、台湾、香港；蒙古国，俄罗斯（远东、东西伯利亚），朝鲜，韩国，日本，印度，土耳其，欧洲，非洲界，东洋界。

取食对象：旱柳、沙柳。

### 410）里叶甲属 *Plagiosterna* Motschulsky, 1860

#### （950）金绿里叶甲 *Plagiosterna aeneipennis* (Baly, 1859)（图版 LXIX: 6）

*Lina aeneipennis* Baly, 1859: 61; Yu et al., 1996: 61; Ren, 2010: 200; Löbl & Smetana, 2010: 393.

识别特征：体长 7.0～10.0 mm，宽 4.5～5.0 mm。宽卵形，背面十分拱。头中央凹，"人"形沟纹深显，刻点粗深，眼后两侧较密，中部稀疏；上唇前缘浅凹；触角粗壮，向后超过前胸背板基部，末端 6 节明显粗。前胸背板侧缘弧拱起，前缘深凹；盘区刻点较头部细并有少量粗刻点。小盾片三角形，表面光滑。鞘翅肩胛明显隆凸，肩后凹；表面散布刻点，显较胸部粗深，刻点间极细皮纹状，外侧隆脊上 2 行刻点。

检视标本：2 头，宁夏泾源龙潭，2009. VII. 4，冉红凡、张闪闪采（HBUM）；1 头，宁夏泾源龙潭，2009. VII. 4，周善义、孟祥君采（HBUM）；2 头，宁夏泾源二龙河，2009. VII. 6，周善义、孟祥君采（HBUM）；1 头，宁夏泾源龙潭，2009. VII. 6，王新谱采（HBUM）；10 头，宁夏泾源秋千架，2009. VII. 7，王新谱等采（HBUM）；3 头，宁夏泾源东山坡，2009. VII. 8，冉红凡、张闪闪采（HBUM）；2 头，宁夏泾源西峡，2009. VII. 9，王新谱、赵小林采（HBUM）；1头，宁夏泾源东山坡，2009. VII. 11，王新谱采（HBUM）；88头，宁夏彭阳挂马沟，2009. VII. 12，冉红凡、张闪闪采（HBUM）；62头，宁夏固原开城，2009. VII. 16，王新谱采（HBUM）；1头，宁夏固原须弥山，2009. VII. 17，王新谱采（HBUM）。

地理分布：宁夏（泾源、彭阳、固原）、浙江、安徽、福建、江西、湖北、湖南、广东、四川、贵州、云南、台湾。

取食对象：油桐、栓皮栎、冬青、漆树、女贞、梓属、椴属。

## 46.5　萤叶甲亚科 Galerucinae Latreille, 1802

### 跳甲族 Alticini Newman, 1834

#### 411）侧刺跳甲属 *Aphthona* Chevrolat, 1836

##### （951）黑缝侧刺跳甲 *Aphthona interstitialis* Weise, 1887

*Aphthona interstitialis* Weise, 1887: 202; Löbl & Smetana, 2010: 498.

*Aphthona suturanigra* Chen, 1939: 71.

识别特征：体长2.5～2.8 mm。卵圆形；红褐色，触角端部5～6节黑色，鞘翅黄褐色，中缝黑色但不及基、端缘。头一般光滑无刻点；触角粗壮，向后超过鞘翅中部。前胸背板宽大于长，侧缘基部窄，中部之后膨阔；盘区强烈隆突，具稀疏细刻点。小盾片半圆形。鞘翅基部宽于前胸背板，盘上刻点明显，基本排列成纵行，中部之后变小且杂乱。

地理分布：宁夏、河北、山西、内蒙古、福建、湖北、西藏、青海；蒙古国，俄罗斯（远东、东西伯利亚），日本。

##### （952）黑胸金绿跳甲 *Aphthona tolli* Ogloblin, 1927（图版 LXIX: 7）

*Aphthona tolli* Ogloblin, 1927: 292; Löbl & Smetana, 2010: 501.

*Aphthona seriata* Chen, 1939: 68; Gao, 1993: 117.

识别特征：体长约2.0 mm。头、前胸背板和小盾片黑色，略带紫色或古铜色光泽；触角黑色，基部4～5节黄色；鞘翅深蓝色，中缝带绿色；腹面棕黑色，有金属光泽；足黄色至红色，腿节红色，跗节端部棕黑色。头顶无刻点，具细皱纹；额瘤显突，瘤后2条斜行沟纹在中部会合；触角之间适当宽且很隆，触角向后达到体长的3/4处，端部数节增粗。前胸背板近方形，宽略大于长，盘区隆凸而无刻点，前角斜切，后角宽圆，侧缘中部拱弧，基部中叶直。小盾片半圆形，表面无刻点。鞘翅基部较前胸背板宽，肩瘤显突，盘区刻点清晰，基部排列成规则纵行，略成双，中部后刻点变微弱。

检视标本：2头，宁夏盐池，1963. IX. 5（IPPNX）；3头，宁夏盐池大水坑，1993.VIII. 7（IPPNX）。

地理分布：宁夏（盐池）、河北、山西、内蒙古；俄罗斯（远东、东西伯利亚），哈萨克斯坦。

取食对象：猫儿眼。

## 412）凹唇跳甲属 *Argopus* Fischer von Waldheim, 1824

### （953）黑足凹唇跳甲 *Argopus nigritarsis* (Gebler, 1823)

*Chrysomela nigritarsis* Gebler, 1823: 125; Löbl & Smetana, 2010: 504.

识别特征：体长 4.5～5.0 mm，宽约 3.0 mm。卵圆形，背面相当拱；棕红色，光亮。头顶无刻点；额瘤明显凸，近圆形，彼此以短纵沟分开；唇基中央纵脊屋脊状隆起，具刻点和细毛，前缘三角形深凹；触角细长，向后超过鞘翅中部。前胸背板前缘凹，两侧略圆，基中叶微弧；表面刻点很稀疏，沿基部有 1 行刻点。小盾片三角形，无刻点。鞘翅刻点较前胸稍粗，趋于纵行排列。肛节中央具纵凹痕。足粗壮，胫节外缘中央具 1 条纵脊线，中、后胫节端部外侧略角状突；雄性各足第 1 跗节明显圆形膨扩。

检视标本：1 头，宁夏盐池大水坑，1993.VIII. 7，刘育钜采（IPPNX）。

地理分布：宁夏（盐池）、河北、山西、湖北、江西、福建、浙江、四川、陕西、台湾；蒙古国，俄罗斯（远东、东西伯利亚），日本，哈萨克斯坦，欧洲。

取食对象：沙参、黄药子。

## 413）凹胫跳甲属 *Chaetocnema* Stephens, 1831

### （954）蓼黑凹胫跳甲 *Chaetocnema* (*Chaetocnema*) *picipes* Stephens, 1831（图版 LXIX: 8）

*Chaetocnema picipes* Stephens, 1831: 327; Wang et al., 1992: 70 (Erroneous identified as *C. concinna* (Marsham, 1802)); Gao, 1993: 117 (*C. concinna* (Marsham, 1802)); Yu et al., 1996: 230 (*C. concinna* (Marsham, 1802)); Ren, 2010: 197 (*C. concinna* (Marsham, 1802)); Löbl & Smetana, 2010: 509; Ruan et al., 2014: 14.

曾用名：甜菜跳甲（王希蒙等，1992；高兆宁，1993）、蓼凹胫跳甲（虞佩玉等，1996；任国栋，2010）。

识别特征：体长 1.7～2.0 mm。头、前胸背板、鞘翅完全铜色；触角第 1 节部分暗棕色，第 2～3 节黄色，第 4 节黄色或部分暗棕色，第 5 节部分棕色，余节黑色；前足、中足腿节棕色，端部黄色，后足腿节棕色；跗节棕色，每节基部黄色。触角窝间的前缘窄而拱起，具额侧沟；顶部表面近两侧复眼处各有 6～7 个稀疏不均匀刻点。前胸背板基部匀拱起，接近基部有 2 短的无刻点模糊纵凹，两侧具深而大的刻点行，中部无；两侧弱拱，近基部最宽。鞘翅两侧拱起，小盾片刻点行的刻点规则而单一，其余刻点行的刻点规则；行间光裸，有 2 列微小刻点。雄性前足第 1 跗节明显大于第 2 跗节；后胫节侧面的大齿尖锐，靠近大齿的细齿钝，靠近大齿的背面凹。

检视标本：1 头，宁夏隆德，1959. VIII. 8（IPPNX）；3 头，宁夏同心，1988. VI. 12（IPPNX）。

地理分布：宁夏（同心、中卫、隆德、固原、六盘山）、北京、天津、河北、山西、内蒙古、辽宁、黑龙江、山东、陕西、甘肃、青海；蒙古国，俄罗斯（远东、东西伯利亚），韩国，伊朗，吉尔吉斯斯坦，哈萨克斯坦。

取食对象：大马蓼、蒿蓄、甜菜、酸模、大黄。

### （955）凋凹胫跳甲 *Chaetocnema (Udorpes) aridula* (Gyllenhal, 1827)

*Haltica aridula* Gyllenhal, 1827: 663; Löbl & Smetana, 2010: 506.

识别特征：体长 2.2～2.6 mm。触角窝间的前缘宽而扁，具额侧沟，额上均匀地分布相对短的白毛；顶部平，具稠密均匀刻点。前胸背板基部均匀拱起，无纵凹和无刻点纵带，以及深而大的刻点行，基部近中央具刻点；两侧均匀圆形，近中部最宽。鞘翅两侧拱起，小盾片刻点行模糊，第 2～6 刻点行基部模糊。

地理分布：宁夏、新疆；日本，欧洲。

### （956）麦凹胫跳甲 *Chaetocnema (Udorpes) hortensis* (Geoffroy, 1785)

*Altica hortensis* Geoffroy, 1785: 98; Yu et al., 1996: 228; Wang & Yang, 2006: 202; Löbl & Smetana, 2010: 506.

识别特征：体长 2.2～2.5 mm，宽 1.1～1.3 mm。卵圆形；青铜色或蓝色，有铜绿色金属光泽。头顶宽，密布刻点，前端较少；唇基较宽平，与头顶间有横沟；触角较长，向后伸达体长之半处。前胸背板前缘稍拱起，侧缘稍膨，基部微拱；背面隆起，刻点密。小盾片三角形，端部钝圆。鞘翅隆起，两侧稍膨，肩胛稍隆；刻点粗密，排列不规则，行间隆起；小盾片行刻点乱，一般 2 行；缘折基部有 2 行粗刻点。

地理分布：宁夏、北京、天津、河北、内蒙古、吉林、上海、江苏、甘肃、新疆；俄罗斯（远东、东西伯利亚），阿富汗，伊朗，塔吉克斯坦，乌兹别克斯坦，土库曼斯坦，哈萨克斯坦，伊拉克，以色列，也门，欧洲，非洲界。

取食对象：苜蓿、麦谷类。

### （957）栗凹胫跳甲 *Chaetocnema (Udorpes) ingenua* (Baly, 1876)（图版 LXIX: 9）

*Plectroscelis ingenua* Baly, 1876: 594; Wu et al., 1978: 36; Wang et al., 1992: 70; Gao, 1993: 117; Yu et al., 1996: 228; Ren, 2010: 197; Löbl & Smetana, 2010: 506.

曾用名：栗茎跳甲（吴福桢等，1978；高兆宁，1993）。

识别特征：体长 2.0～3.0 mm，宽 1.5～1.8 mm。卵圆形；青铜色，有绿色金属光泽。头密布刻点，头顶中央较稀；唇基较平，中间有时呈纵脊；触角向后伸达肩胛。前胸背板稍降，前缘微拱，侧缘稍膨出，基部稍弧拱；刻点粗大，略较头部稀；前侧片被刻点。鞘翅中度隆起，两侧中部膨出；刻点行整齐，行间平坦，每行间有 1 列微刻点；小盾片行较整齐，一般 2 行；缘折基部密布刻点，2～3 行。

检视标本：1 头，宁夏固原，1959.VIII（IPPNX）；2 头，宁夏石嘴山，1961.VII.3（IPPNX）；宁夏隆德（15 头，1961.VIII. 3；180 头，1964. VI. 10）（IPPNX）；20 头，宁夏盐池，1963. IX. 6，高兆宁采（IPPNX）；109 头，宁夏固原头营，1965. VIII. 25（IPPNX）；3 头，宁夏海原，1980. VIII. 29（IPPNX）；3 头，宁夏彭阳，1988. VI. 10（IPPNX）；2 头，宁夏西吉，1988. VI. 11（IPPNX）；1 头，宁夏银川，1989. V. 27（IPPNX）。

地理分布：宁夏（银川、石嘴山、固原、隆德、泾源、西吉、海原、盐池、彭阳）、天津、河北、山西、内蒙古、吉林、黑龙江、江苏、福建、江西、山东、河南、湖北、湖南、四川、云南、陕西、甘肃、台湾；蒙古国，俄罗斯（远东），韩国，日本，印度，斯里兰卡，巴基斯坦，阿富汗，东洋界。

取食对象：谷子、小麦、糜粟、水稻、陆稻。

## 414）沟胸跳甲属 *Crepidodera* Chevrolat, 1836

### （958）柳沟胸跳甲 *Crepidodera plutus* (Latreille, 1804)（图版 LXIX: 10）

*Altica plutus* Latreille, 1804: 7; Wang et al., 1992: 70; Gao, 1993: 117; Yu et al., 1996: 222; Ren, 2010: 199; Wang & Yang, 2010: 245; Löbl & Smetana, 2010: 511; Yang et al., 2011: 169.

曾用名：杨方凹跳甲（高兆宁，1993）。

识别特征：体长 2.8～3.0 mm，宽 1.0～1.5 mm。绿色或蓝色，有金属光泽。上唇方形，有 1 排刻点；头顶稍隆，基半部网纹较密，无刻点或刻点稀小；额在触角间稍隆，中央脊状，两侧刻点粗大，前缘微凹；额瘤长形，内端宽圆而外端较细，瘤间有短沟；眼卵圆形突；眼上沟与眼间有 1 大毛穴；触角向后伸达鞘翅基部 1/3 处。前胸背板近方形，前缘较直无饰边，两侧中基半部稍膨，基部中叶微拱；前角端部钝而边较宽，后角钝；基部 1/4 处有横沟，两端有深短纵沟，横沟前稍隆，横沟前、后具稀疏不均匀刻点，刻点间夹杂微刻点。小盾片近三角形，端部宽圆。鞘翅中度隆起，肩胛隆突，两侧近平行；刻点排列整齐，除小盾片行外共有 10 行；行间平坦，有不规则微刻点行；缘折平坦光滑，基部具稀疏刻点。腹部刻点稀疏，被毛；雄性末节端缘中部突出成唇片并上翘。后足腿节膨粗；爪附齿式。

检视标本：2 头，宁夏泾源，1974. VIII. 13（IPPNX）；6 头，宁夏固原，1974. VIII. 16（IPPNX）；1 头，宁夏银川，1988. IV. 24（IPPNX）；1 头，宁夏青铜峡，1988. IV. 28（IPPNX）。

地理分布：宁夏（固原、泾源、中卫、青铜峡、银川、石嘴山、贺兰山、罗山）、河北、山西、吉林、黑龙江、湖北、云南、西藏、甘肃；俄罗斯（远东、东西伯利亚），朝鲜，日本，伊朗，塔吉克斯坦，吉尔吉斯斯坦，哈萨克斯坦，土耳其，欧洲，非洲界。

取食对象：柳、杨、枸杞、艾蒿等。

## 415）毛跳甲属 *Epitrix* Foudras, 1861

### （959）枸杞毛跳甲 *Epitrix abeillei* (Bauduer, 1874)

*Crepidodera abeillei* Bauduer, 1874: 153; Wang et al., 1992: 70; Gao, 1993: 118; Yu et al., 1996: 215; Gao, 1999: 34; Wang & Yang, 2010: 246; Löbl & Smetana, 2010: 513.

识别特征：体长 1.2～1.5 mm，宽 0.8～0.9mm。长卵形，稍拱。头向前下方伸，头顶稍隆；唇基隆起而光滑，触角间呈脊状，两侧有刻点及毛，唇基前缘弧凹，有稀疏长毛；额瘤斜长，外端狭窄；复眼近圆形突；触角较粗，不达鞘翅中部。前胸背板近方形，前、基部较直，侧缘向外稍膨，边缘有小锯齿及毛；前角斜直，饰边较厚，四角各有 1 毛穴；盘区密布粗刻点，基横沟浅，两端有短纵沟。小盾片舌形，端角钝圆。鞘翅膨出，中部最宽，有瘤但不突；刻点粗大，排成纵行，行间微隆；小盾片行较长。前胸侧板、腹板被刻点，腹部刻点较细；雄性肛节端部中央半圆形凹，端缘凹，中部略突。后足基跗节长为后两节之和，爪附齿式。

检视标本：宁夏银川（8 头，1959. VII. 4；3 头，1976.VII.26；2 头，1976. VII. 31；7 头，1990.IV. 6；3 头，1993. VII .7）(IPPNX)；42 头，宁夏西吉，1962. VII. 23（IPPNX）；28 头，宁夏彭阳，1988. VI. 10 （IPPNX）。

地理分布：宁夏（银川、西吉、彭阳、贺兰山）、河北、山西、陕西、甘肃、新疆；蒙古国，阿富汗，伊朗，乌兹别克斯坦，土库曼斯坦，哈萨克斯坦，土耳其，黎巴嫩，叙利亚，伊拉克，以色列，约旦，欧洲，非洲界。

取食对象：枸杞。

## 416）长跗跳甲属 *Longitarsus* Latreille, 1829

### （960）梭形长跗跳甲 *Longitarsus* (*Longitarsus*) *fusus* Chen, 1939

*Longitarsus fusus* Chen, 1939: 83; Wang et al., 2006: 233; Löbl & Smetana, 2010: 525.

识别特征：体长 1.7～1.9 mm。卵形；体色多变。头顶皱纹状无刻点；额瘤横形而稍斜；触角间通常强烈隆起；触角向后达到体长的 2/3～3/4 处，端节常变粗。前胸背板近方形，两侧向后变窄，前角截形；表面皱纹状，具稠密的粗刻点，其在前端较为稀小。小盾片短宽，无刻点。鞘翅中部强烈隆起，肩后最宽，端部强烈变窄，无肩胛；刻点较胸部更加粗密；缺后翅。

地理分布：宁夏、山西、甘肃。

### （961）麻头长跗跳甲 *Longitarsus* (*Longitarsus*) *rangoonensis* Jacoby, 1892

*Longitarsus rangoonensis* Jacoby, 1892: 920; Löbl & Smetana, 2010: 530.

*Longitarsus puncticeps* Chen, 1939: 81; Wang et al., 2006: 234.

识别特征：卵形；淡黄褐色。头顶皱，每侧复眼内缘至头顶中央常具排成不规则横行的清晰刻点；额瘤不清晰，触角间较宽而稍隆；触角向后达到体长的 2/3～3/4 处。前胸背板横宽，侧缘中部弧拱；盘区强烈皱纹状，刻点稠密而清晰。鞘翅表面皱纹状，刻点深而稠密，肩胛略清晰；有或缺后翅。后足第 1 跗节约为其胫节长之半。

地理分布：宁夏、河北、山西、内蒙古、江苏、广西、四川、甘肃；印度，尼泊尔，阿富汗，东洋界。

## 417）菜跳甲属 *Phyllotreta* Chevrolat, 1836

### （962）黄宽条菜跳甲 *Phyllotreta humilis* Weise, 1887（图版 LXIX: 11）

*Phyllotreta humilis* Weise, 1887: 198; Wu et al., 1978: 120; Wang et al., 1992: 70; Gao, 1993: 119; Yu et al., 1996: 286; Ren, 2010: 201; Löbl & Smetana, 2010: 547.

曾用名：黄宽条跳甲（吴福桢等，1978；王希蒙等，1992）。

识别特征：体长 1.8～2.0 mm，宽 0.9～1.0 mm。亮黑色，鞘翅具黄色宽纵斑。头顶刻点稀疏，两触角间隆起，脊纹颇明显；触角向后伸达鞘翅中部。前胸背板有时具皮革状细网纹，刻点很深密。鞘翅刻点较细而浅，部分呈行列。雄性肛节中央具小凹。

检视标本：50 头，宁夏盐池，1961. VIII. 25（IPPNX）；3 头，宁夏石嘴山，1961. IX. 8（IPPNX）；6 头，宁夏海原，1962. VI（IPPNX）；16 头，宁夏固原，1962. VII. 16

（IPPNX）；宁夏隆德（1 头，1959. VI；19 头，1962. VII. 20）（IPPNX）；10 头，宁夏西吉，1962. VII. 22（IPPNX）；宁夏银川（1 头，1959. VII. 7；21 头，1964. V. 11）（IPPNX）；宁夏同心（1 头，1963. VII. 1；96 头，1963. VI. 30，徐立凡采）（IPPNX）；2 头，宁夏泾源，1974. VIII. 13（IPPNX）；9 头，宁夏中卫香山，1981.VI. 17（IPPNX）。

地理分布：宁夏（固原、隆德、盐池、石嘴山、西吉、同心、泾源、海原、银川、中卫）、河北、山西、内蒙古、吉林、黑龙江、江苏、山东、陕西、甘肃、新疆；蒙古国，俄罗斯（远东、东西伯利亚）。

取食对象：十字花科蔬菜、大麻、胡瓜等。

### （963）中亚菜跳甲 *Phyllotreta pallidipennis* Reitter, 1891（图版 LXIX: 12）

*Phyllotreta pallidipennis* Reitter, 1891: 34; Wang et al., 1992: 70; Löbl & Smetana, 2010: 548.

*Phyllotreta turcmenica* Weise, 1900: 138; Ren, 2010: 201.

识别特征：体长 1.8～2.0 mm，宽 0.7～0.8 mm。头顶在复眼基部之前具稀疏刻点，刻点间具粒状细网纹；额瘤长三角形，尖端指向复后颊，触角之间隆起颇高；唇基两侧凹，具细刻点和短毛；触角端部 5 节粗短。前胸背板刻点粗深，侧缘弧拱。小盾片具粒状细纹。鞘翅刻点明显较胸部细，基部较深，向端部变浅。跗节细长。

地理分布：宁夏（海原、六盘山）、内蒙古、西藏、甘肃、新疆；蒙古国，俄罗斯（东西伯利亚），巴基斯坦，阿富汗，伊朗，塔吉克斯坦、乌兹别克斯坦，土库曼斯坦，吉尔吉斯斯坦，哈萨克斯坦，土耳其，欧洲。

取食对象：甜菜。

### （964）黄直条菜跳甲 *Phyllotreta rectilineata* Chen, 1939（图版 LXX: 1）

*Phyllotreta rectilineata* Chen, 1939: 50; Wang et al., 1992: 70; Gao, 1993: 119; Yu et al., 1996: 287; Ren, 2010: 201; Löbl & Smetana, 2010: 549.

曾用名：黄直条跳甲（王希蒙等，1992；高兆宁，1993）。

识别特征：体长 2.2～2.8 mm，宽约 1.0 mm。体颇长；黑色，极光亮，似带金属光泽。头顶密布粗深刻点；额瘤消失，中间有极短小深纵沟；触角之间不甚狭窄，光滑无刻点；触角向后达到体长之半。前胸背面略隆凸，刻点大而深。小盾片光滑。鞘翅刻点粗深，排列较整齐而近成行；中央黄色纵条斑直，仅外侧极浅弯状。

地理分布：宁夏（泾源、盐池、固原、六盘山）、黑龙江、江苏、浙江、福建、湖北、湖南、广东、广西、海南、云南；俄罗斯（远东），日本，越南，东洋界。

取食对象：十字花科蔬菜。

### （965）黄曲条菜跳甲 *Phyllotreta striolata* (Illiger, 1803)（图版 LXX: 2）

*Crioceris striolata* Illiger, 1803: 293; Wang et al., 1992: 70; Gao, 1993: 119; Yu et al., 1996: 287; Ren, 2010: 201; Löbl & Smetana, 2010: 549.

*Crioceris vittata* Fabricius, 1801: 469; Wu et al., 1978: 122; Ren, 2010: 201.

曾用名：黄曲条跳甲（吴福桢等，1978；王希蒙等，1992；高兆宁，1993）。

识别特征：体长 1.8～2.4 mm，宽约 0.9 mm。亮黑色。头顶仅复眼基部以前有深刻点；触角之间隆起明显，脊纹狭隘；雄性触角第 4、第 5 节特别膨大粗壮。前胸背板布深密刻点，有时较稀疏。小盾片光滑。鞘翅刻点较胸部浅细，趋于排列呈行；中央黄纵条斑外侧深凹，内侧中部直，仅前、后两端向内弯曲。

检视标本：1 头，宁夏银川，1959. VII. 7（IPPNX）；宁夏隆德（2 头，1959. VI；3 头，1961. VII. 29）（IPPNX）；5 头，宁夏固原，1964. VII. 17（IPPNX）；3 头，宁夏泾源，1974. VIII. 13（IPPNX）；14 头，宁夏泾源泾河源，1990. VII. 26（IPPNX）。

地理分布：宁夏（隆德、泾源、固原、银川）、黑龙江、江苏、浙江、安徽、福建、湖北、广东、广西、海南、四川、贵州、云南、西藏、甘肃、台湾、香港；蒙古国，俄罗斯（远东），朝鲜，日本，越南，印度，尼泊尔，哈萨克斯坦，土耳其，非洲界，澳洲界，新北界。

取食对象：十字花科蔬菜、葫芦科、甜菜。

**（966）黄狭条菜跳甲 *Phyllotreta vittula* (Redtenbacher, 1849)**（图版 LXX: 3）

*Haltica vittula* Redtenbacher, 1849: 532; Wu et al., 1978: 122; Wang et al., 1992: 70; Gao, 1993: 119; Yu et al., 1996: 288; Ren, 2010: 201; Löbl & Smetana, 2010: 550.

曾用名：黄狭条跳甲（吴福桢等，1978；王希蒙等，1992；高兆宁，1993）。

识别特征：体长 1.5～1.8 mm，宽 0.7～0.8 mm。黑色，有绿色金属光泽。头顶布细刻点；触角之间不甚高隆，脊纹不尖锐；触角向后伸达鞘翅肩部稍后。前胸背板两侧中部略弧形，盘上有皮革状细网纹，布深密刻点。鞘翅两侧平行，末端较宽圆；盘上刻点呈行，中央黄色纵条斑直而很窄小，前端近翅基外侧略呈直角凹，不盖及肩胛，末端向内略弯。

地理分布：宁夏（固原、隆德、海原、西吉、六盘山）、河北、山西、内蒙古、吉林、黑龙江、山东、河南、陕西、甘肃、新疆；蒙古国，俄罗斯（远东、东西伯利亚），阿富汗，伊朗，塔吉克斯坦，吉尔吉斯斯坦，哈萨克斯坦，土耳其，欧洲，新北界。

取食对象：十字花科蔬菜、甜菜、葫芦科。

## 418）蚤跳甲属 *Psylliodes* Latreille, 1829

**（967）大麻蚤跳甲 *Psylliodes* (*Psylliodes*) *attenuata* (Koch, 1803)**（图版 LXX: 4）

*Haltica attenuata* Koch, 1803: 34; Wu et al., 1978: 80; Wang et al., 1992: 70; Gao, 1993: 119; Yu et al., 1996: 206; Ren, 2010: 202; Löbl & Smetana, 2010: 552.

曾用名：大麻跳甲（吴福桢等，1978；高兆宁，1993）、麻蚤跳甲（王希蒙等，1992）。

识别特征：体长 1.7～2.5 mm，宽 1.0～1.5 mm。铜绿色，具金属光泽；背面网纹清晰，头及前胸背板较密。头顶稍隆，近眼缘有 1 毛穴及 2～3 个刻点，网纹粗深；额瘤横三角形，后面有明显沟纹；唇基隆起，触角间纵隆，沿两侧有粗刻点沟；触角向后伸达鞘翅中部。前胸背板横方形，前角斜直，边缘较厚，角端突出，基部弧拱起，后角钝；背面隆起，被刻点及网纹。小盾片三角形，角端钝圆。鞘翅狭长，肩胛略隆；刻点排列成行，行间平坦，有 1～2 行微刻点；缘折较平，有网纹及细刻点。后足基跗节长于其胫节长之半。

检视标本：宁夏银川（86 头，1960. VI. 10；1 头，1990. VII. 9）（IPPNX）；63 头，宁夏隆德，1962. VII. 28（IPPNX）；21 头，宁夏固原，1964. VII. 11（IPPNX）；63 头，宁夏彭阳，1988. VI. 10（IPPNX）。

地理分布：宁夏（固原、隆德、海原、泾源、西吉、彭阳、吴忠、灵武、银川）、河北、山西、内蒙古、辽宁、黑龙江、江苏、贵州、陕西、新疆、台湾；蒙古国，俄罗斯（远东、东西伯利亚），朝鲜，日本，越南，乌兹别克斯坦，吉尔吉斯斯坦，哈萨克斯坦，土耳其，欧洲。

取食对象：大麻、菜豆、白菜、萝卜、十字花科植物。

**（968）模带蚤跳甲 *Psylliodes (Psylliodes) obscurofasciata* Chen, 1933**（图版 LXX: 5）

*Psylliodes obscurofasciata* Chen, 1933: 143; Wu et al., 1978: 142; Wang et al., 1992: 71; Gao, 1993: 119; Yu et al., 1996: 287; Wang & Yang, 2010: 248; Löbl & Smetana, 2010: 556.

曾用名：枸杞跳甲（吴福桢等，1978；王希蒙等，1992；高兆宁，1993）。

识别特征：体长 3.0～3.2 mm，宽 2.0～2.2 mm。棕红色。头顶隆起，网纹细弱，中央散布小刻点；眼上沟较深，向下伸达触角窝；唇基稍隆，中间有少量粗刻点；额瘤稍隆，宽三角形，瘤后沿有细沟，瘤间有小凹；触角粗短，端部 5 节较粗。前胸背板基部拱起，两侧略倾而中央较直；前角斜直，角端明显突，后角钝圆，四角各有 1 毛穴；背面隆，网纹较密，被刻点。鞘翅隆起，两侧近平行，刻点行整齐，行间稍隆并有 1 列细刻点；缘折有网纹，基部略皱。雄性腹末节中央较平凹，端缘稍突。后足跗节着生在后胫节端部 1/4 处，基跗节稍长于胫节 1/3。

检视标本：宁夏银川（1 头，1961.VI.24；8 头，1964. VII. 27）（IPPNX）；3 头，宁夏石嘴山，1961.VII.3（IPPNX）；3 头，宁夏西吉，1962. VII. 22（IPPNX）；宁夏盐池（40 头，1962. VI. 29；90 头，1963. VII. 6）（IPPNX）；32 头，宁夏同心，1963. VII. 1，徐立凡采（IPPNX）；5 头，宁夏固原，1963. VII. 7（IPPNX）；3 头，宁夏隆德，1963. VII. 9（IPPNX）；2 头，宁夏彭阳，1988. VI. 10（IPPNX）。

地理分布：宁夏（银川、石嘴山、西吉、盐池、同心、海原、隆德、彭阳、固原、贺兰山）、河北、山西、陕西、甘肃、台湾。

取食对象：枸杞、白菜、白茨、茄。

## 419）球跳甲属 *Sphaeroderma* Stephens, 1831

**（969）黄尾球跳甲 *Sphaeroderma apicale* Baly, 1874**（图版 LXX: 6）

*Sphaeroderma picale* Baly, 1874: 205; Wang et al., 1992: 71; Yu et al., 1996: 268; Ren, 2010: 202; Löbl & Smetana, 2010: 558.

识别特征：体长 2.0～2.8 mm，宽 1.5～2.0 mm。卵圆形；黄褐色。头顶光滑；额瘤横形、斜放，彼此分开较远；上唇宽，中部具 6 个刻点毛排成 1 横行；唇基凹；复眼大，眼间距较窄；触角间距较宽，降起；触角粗壮，向后伸达鞘翅中部。前胸背板前缘弧凹，两侧弧拱起，向前变窄，基部中叶后突；盘区刻点很细密而均匀。小盾片三角形。鞘翅刻点约与前胸等粗而很密。雄性前足第 1 跗节膨扩。

地理分布：宁夏（六盘山）、江苏、福建、江西、湖北、湖南、广东、四川、贵州、云南、甘肃、台湾；日本，越南。

取食对象：高粱、谷子、玉米、水稻、小麦、竹及多种禾本科植物。

## 420）瘦跳甲属 *Stenoluperus* Ogloblin, 1936

### （970）日本瘦跳甲 *Stenoluperus nipponensis* (Laboissière, 1913)

*Luperus nipponensis* Laboissière, 1913: 24; Wang et al., 1992: 71; Wang et al., 2006: 237; Löbl & Smetana, 2010: 560.

识别特征：体长 3.5～4.5 mm。体瘦长；蓝色，背面常有绿光。头顶无刻点；额瘤横放，长方形，彼此以短纵沟分开；唇基及上唇具稀疏直立毛；触角细长，略短于体长，雄性较粗长。前胸背板近方形，前、侧缘直，基部中叶略凹，前角、后角各有 1 刻点毛；盘区光滑或基部及两侧有稀疏刻点。小盾片三角形，无刻点。鞘翅狭长，肩胛高凸；刻点粗密而深，端部浅；缘折窄。

地理分布：宁夏、东北、浙江、福建、湖南、四川、云南、西藏、甘肃、台湾；俄罗斯（远东、东西伯利亚），朝鲜，日本。

取食对象：山柳、小檗。

## 萤叶甲族 Galerucini Latreille, 1802

## 421）异跗萤叶甲属 *Apophylia* Thomson, 1858

### （971）麦茎异跗萤叶甲 *Apophylia thalassina* (Faldermann, 1835)（图版 LXX: 7）

*Auchenia thalassina* Faldermann, 1835: 437; Wu et al., 1982: 16; Zhang, 1984: 19; Wang et al., 1992: 69; Gao, 1993: 117; Yu et al., 1996: 109; Ren, 2010: 196; Löbl & Smetana, 2010: 444.

曾用名：麦茎叶甲（吴福桢等，1982；高兆宁，1993）。

识别特征：体长 5.5～7.5 mm，宽 2.2～3.2 mm。前胸背板有 3 个黑斑，鞘翅有蓝色光泽。头顶刻点粗密；额瘤小；雄性触角自第 3 节始，一侧具较长毛且每节稍扁宽。前胸背板近长方形，前、基部中央微凹；盘区中央前、后及两侧刻点密且具 4 个凹。鞘翅两侧近平行，肩部之后稍纵隆。雄性腹部中央具较长毛，末节中央极深凹。雄性后足腿节粗壮，前足、中足第 1 跗节膨宽。

检视标本：10 头，宁夏泾源龙潭，2008. VI. 19，任国栋采（HBUM）；1 头，宁夏泾源秋千架，2008. VI. 25，王新谱等采（HBUM）；131 头，宁夏固原绿塬，2008. VI. 27，王新谱、刘晓丽采（HBUM）；1 头，宁夏隆德苏台，2008. VII. 1，王新谱等采（HBUM）；1 头，宁夏泾源和尚铺，2008. VII. 2，王新谱等采（HBUM）；1 头，宁夏泾源卧羊川，2008. VII. 7，王新谱等采（HBUM）；50 头，宁夏固原绿塬，2008. VII. 9，王新谱、刘晓丽采（HBUM）；10 头，宁夏固原绿塬，2008. VII. 11，任国栋采（HBUM）；1 头，宁夏泾源龙潭，2008. VII. 19，王新谱等采（HBUM）；1 头，宁夏泾源王化南，2009. VII. 3，任国栋采（HBUM）；2 头，宁夏泾源二龙河，2009. VII. 3，王新谱、赵小林采（HBUM）；8 头，宁夏泾源龙潭，2009. VII. 4，周善义、孟祥君采（HBUM）；3 头，宁夏泾源龙潭，2009. VII. 4，冉红凡、张闪闪采（HBUM）；27 头，宁夏泾源龙潭，2009. VII. 5，王新谱等采（HBUM）；1头，宁夏泾源二龙河，2009. VII. 6，周善义采（HBUM）；8头，宁夏泾源秋千架，2009. VII. 7，王新谱、杨晓庆采（HBUM）；8头，宁夏泾源西峡，2009. VII. 10，王新谱、赵小林采（HBUM）；4头，宁夏泾源东山坡，2009. VII. 12，王新谱、赵小林采（HBUM）；2头，宁夏泾源西峡，2009. VII. 13，周善义、孟祥君采（HBUM）；244头，宁夏隆德峰台，2009. VII. 14，王新谱、赵小林采（HBUM）；5头，宁夏固原开城，2009. VII. 16（HBUM）。

地理分布：宁夏（隆德、西吉、固原、泾源）、河北、山西、内蒙古、吉林、辽宁、陕西、甘肃；蒙古国，俄罗斯（远东、东西伯利亚），韩国。

取食对象：大麦、小麦、玉米、枸杞、榆属。

## 422）粗角萤叶甲属 *Diorhabda* Weise, 1883

### （972）红柳粗角萤叶甲 *Diorhabda carinulata* (Desbrochers des Loges, 1870)（图版 LXX: 8）

*Galeruca carinulata* Desbrochers des Loges, 1870: 134; Löbl & Smetana, 2010: 445.

*Diorhabda deserticola* Chen, 1961; Wang et al., 1992: 69; Yu et al., 1996: 94; Wang et al., 2006: 104.

识别特征：体长 5.0～7.0 mm，宽 2.0～3.0 mm。体长形；草黄色，具黑斑。头顶刻点较粗大；触角短于体长之半，末端 6 节粗壮。前胸背板两侧中部之前较圆，基部窄而端部宽；表面隆起，刻点粗密，盘区中部两侧具凹。小盾片三角形，顶端圆。鞘翅两侧近平行，侧缘具一片较密灰白色细毛，肩角后 1 条纵脊；盘上刻点极密。各足第 1～3 跗节中间有光滑区。

检视标本：宁夏中卫（7头，1964. VI. 26；8头，2000. VI. 9）（IPPNX）；3头，宁夏银川，1989. VII. 14（IPPNX）。

地理分布：宁夏（永宁、灵武、吴忠、中卫、青铜峡、银川、平罗）、内蒙古、甘肃、新疆；蒙古国，伊朗，塔吉克斯坦，乌兹别克斯坦，土库曼斯坦，吉尔吉斯斯坦，哈萨克斯坦，新北界。

取食对象：红柳。

### （973）柽柳粗角萤叶甲 *Diorhabda elongata* (Brullé, 1836)

*Galeruca elongata* Brullé, 1836: 271; Löbl & Smetana, 2010: 445.

识别特征：体长 4.5～8.0 mm。淡黄色或橙黄色，光裸；前胸背板有时具黑斑；每翅端半部具 2 条暗色纵带。

地理分布：宁夏（荒漠草原区）、内蒙古、甘肃、新疆；土耳其，黎巴嫩，塞浦路斯，叙利亚，欧洲，非洲界，新北界。

取食对象：柽柳。

### （974）白茨粗角萤叶甲 *Diorhabda rybakowi* Weise, 1890（图版 LXX: 9）

*Diorhabda rybakowi* Weise, 1890: 484; Gao & Tian, 1988: 31; Tian et al., 1990: 102; Wang et al., 1992: 69; Gao, 1993: 118; Yu et al., 1996: 95; Gao, 1999: 152; Wang & Yang, 2010: 245; Löbl & Smetana, 2010: 445; Yang et al., 2011: 169.

曾用名：白刺萤叶甲（高兆宁，1993）、白茨萤叶甲（高兆宁，1999）。

识别特征：体长约 6.3 mm，宽约 3.2 mm。体长形；黄色，具黑斑。头顶具中线及较密刻点；额瘤发达，光滑无刻点；触角向后伸达鞘翅基部 1/3 处，第 11 节具亚节。前胸背板基部弯曲，侧缘中部之后圆隆；盘区中部两侧具较深圆凹，基部中叶浅凹，中部刻点稀少而两侧较密。小盾片舌形，具刻点。鞘翅肩胛稍隆，盘区隆，刻点较前胸背板细而稀疏。腹面具较细密刻点及纤毛。腿节较发达；爪简单。

检视标本：78 头，宁夏盐池苏步井，1986. V. 22（IPPNX）。

地理分布：宁夏（盐池、中卫、平罗、灵武、贺兰山、罗山)、内蒙古、四川、陕西、甘肃、青海、新疆；蒙古国，哈萨克斯坦。

取食对象：唐古拉白茨。

**(975) 跗粗角萤叶甲 *Diorhabda tarsalis* Weise, 1889**（图版 LXX: 10）

*Diorhabda tarsalis* Weise, 1889: 623; Gao, 1993: 118; Yu et al., 1996: 95; Gao, 1999: 48; Löbl & Smetana, 2010: 445; Yang et al., 2011: 169.

曾用名：甘草萤叶甲（高兆宁，1993；杨贵军等，2011)。

识别特征：体长 5.4～6.0 mm，宽 2.5～3.0 mm。黄褐色，具黑斑。头顶具中线及较粗刻点；额瘤长方形，其后为较稠密的粗刻点；触角向后伸达鞘翅基部。前胸背板侧缘饰边发达，盘区中部两侧有大凹；盘上有粗刻点。小盾片半圆形，有稠密刻点及毛。鞘翅中部之后变宽，肩角突，刻点粗密。腿节粗大，具刻点及网纹。

检视标本：32 头，宁夏同心，1963. VII. 3，徐立凡采（IPPNX）；2 头，宁夏中卫，1989. V. 22（IPPNX）；4 头，宁夏吴忠，1990. VI. 19（IPPNX）；168 头，宁夏平罗，2002. IX. 16（IPPNX）；126 头，宁夏吴忠红寺堡，2003. VIII. 27（IPPNX）；66 头，宁夏盐池沙边子，2008.VIII. 14，杨彩霞、钱锋利采（IPPNX）；66 头，宁夏银川蔬菜所，2008. VI. 23，钱锋利、张治科采（IPPNX）；72 头，宁夏盐池城西滩，2008. VI. 24，钱锋利、张治科采（IPPNX）。

地理分布：宁夏（同心、中卫、吴忠、平罗、红寺堡、盐池、银川、灵武）、河北、山西、内蒙古、辽宁、云南、甘肃、青海、新疆；蒙古国，俄罗斯（东西伯利亚）。

取食对象：甘草。

## 423）萤叶甲属 *Galeruca* Geoffroy, 1762

**(976) 多脊萤叶甲 *Galeruca* (*Galeruca*) *dahlii vicina* Solsky, 1872**（图版 LXX: 11）

*Galeruca dahlii vicina* Solsky, 1872: 255; Yu et al., 1996: 91; Löbl & Smetana, 2010: 447.

识别特征：体长 8.0～8.5 mm。头、触角、体下及足黑色，前胸背板、小盾片及鞘翅黄褐色。头密布刻点，头顶更粗大；触角不达鞘翅中部。前胸背板侧缘基部窄，中部之后膨阔，侧缘内侧具侧沟；盘区密布粗刻点，中部具纵沟，两侧各有 1 侧凹，近中部较深；前角、后角圆钝。小盾片半圆形，刻点较细。鞘翅基部稍宽于前胸背板基部，肩胛不甚隆突，中缝及侧缘各 1 脊状突；每翅 2 条直达端部不远的显纵脊，各脊间约有 4 行刻点。腹面密布灰色毛。

地理分布：宁夏（盐池）、河北、山西、内蒙古、吉林、黑龙江、湖南、贵州；

蒙古国，俄罗斯（远东、东西伯利亚），朝鲜，韩国，日本。

取食对象：车前草。

**（977）灰褐萤叶甲 *Galeruca (Galeruca) pallasia* Jakobson, 1925**（图版 LXX: 12）

*Galeruca pallasia* Jakobson, 1925: 165; Yu et al., 1996: 88; Ren, 2010: 199; Wang & Yang, 2010: 246; Löbl & Smetana, 2010: 447; Yang et al., 2011: 169.

识别特征：体长 4.5～6.0 mm，宽 3.0～4.0 mm。灰黄色，具黑斑。头顶刻点粗密；唇基"人"形隆凸；触角间深凹，额瘤不发达，具较密刻点及毛；触角长不及鞘翅基部 1/3 处。前胸背板基部弯曲，侧缘微圆；盘区具 3 道纵凹，刻点较头顶粗。小盾片半圆形，具刻点及细纤毛。鞘翅脊发达，每翅有 4 条脊，盘区刻点稠密，脊间有 3～4 行刻点。

检视标本：2 头，宁夏固原须弥山，2009. VII. 17，王新谱、冉红凡采（HBUM）；1 头，宁夏海原南华山，2009. VII. 19，王新谱采（HBUM）。

地理分布：宁夏（固原、海原、中卫、平罗、盐池、罗山）、内蒙古、西藏、甘肃、青海。

## 424）绿萤叶甲属 *Lochmaea* Weise, 1883

**（978）钟形绿萤叶甲 *Lochmaea caprea* (Linnaeus, 1758)**（图版 LXXI: 1）

*Chrysomela caprea* Linnaeus, 1758: 376; Wang et al., 1992: 69; Gao, 1993: 118; Yu et al., 1996: 98; Ren, 2010: 200; Löbl & Smetana, 2010: 450.

曾用名：全新萤叶甲（高兆宁，1993）。

识别特征：体长 5.0～6.5 mm，宽 3.0～3.8 mm。黄褐色。头顶光亮具刻点；额瘤发达，近长方形；触角向后伸达体长之半处。前胸背板前缘较直，两侧中部之前膨扩，基部弯曲，中部两侧隆凸；盘区刻点粗大，中央具短纵沟，中部之前浅凹，两侧有较深圆凹。小盾片近舌形。鞘翅刻点粗大。足较粗短，爪双齿式。

地理分布：宁夏（彭阳、泾源）、山西、内蒙古、辽宁、吉林、黑龙江、陕西；蒙古国，俄罗斯（远东），韩国，日本，土耳其，欧洲。

取食对象：杨、柳等。

## 425）胫萤叶甲属 *Pallasiola* Jakobson, 1925

**（979）阔胫萤叶甲 *Pallasiola absinthii* (Pallas, 1771)**（图版 LXXI: 2）

*Chrysomela absinthii* Pallas, 1771: 725; Wang et al., 1992: 69; Gao, 1993: 118; Yu et al., 1996: 92; Ren, 2010: 200; Wang & Yang, 2010: 247; Löbl & Smetana, 2010: 451; Yang et al., 2011: 169.

曾用名：薄翅萤叶甲（高兆宁，1993）。

识别特征：体长 6.5～7.5 mm，宽 3.2～4.0 mm。体长形；黄褐色，具黑斑，全身被毛。头顶中央具纵沟，密布粗刻点和毛；额瘤三角形，具刻点及毛；触角较粗短。前胸背板前缘隆突，侧缘具细饰边，中部微膨扩；盘区中央具较宽浅纵沟，两侧有较大凹，刻点稀少，其余部分稠密。小盾片端部钝圆。鞘翅肩角瘤状突，每翅有 3 条纵脊，盘上刻点粗密。足粗壮，胫节端半部明显粗大。

检视标本：1头，宁夏泾源王化南，2009. VII. 3，任国栋采（HBUM）；1头，宁夏泾源二龙河，2009. VII. 3，王新谱采（HBUM）；6头，宁夏泾源西峡，2009. VII. 9，王新谱、赵小林采（HBUM）；14头，宁夏彭阳挂马沟，2009. VII. 12，冉红凡、张闪闪采（HBUM）；7头，宁夏泾源东山坡，2009. VII. 12，王新谱、杨晓庆、赵小林采（HBUM）；3头，宁夏泾源西峡，2009. VII. 14，冉红凡、张闪闪采（HBUM）；7头，宁夏隆德峰台，2009. VII. 14，王新谱、赵小林采（HBUM）；7头，宁夏固原开城，2009. VII. 16，王新谱、冉红凡、杨晓庆采（HBUM）；1头，宁夏海原南华山，2009. VII. 19，王新谱采（HBUM）；1头，宁夏泾源六盘山气象站，2009. VIII. 1，顾欣采（HBUM）。

地理分布：宁夏（泾源、彭阳、固原、海原、隆德、平罗、贺兰山、罗山）、河北、山西、内蒙古、辽宁、吉林、黑龙江、湖北、四川、云南、西藏、陕西、甘肃、新疆；蒙古国，俄罗斯（东西伯利亚），塔吉克斯坦，吉尔吉斯斯坦，哈萨克斯坦。

取食对象：榆属、艾蒿属、薄荷。

### 426）毛萤叶甲属 *Pyrrhalta* Joannis, 1865

#### （980）榆绿毛萤叶甲 *Pyrrhalta aenescens* (Fairmaire, 1878)（图版 LXXI: 3）

*Galeruca aenescens* Fairmaire, 1878: 140; Yu et al., 1996: 92; Gao, 1999: 103; Wang & Yang, 2010: 248; Löbl & Smetana, 2010: 455.

曾用名：榆蓝叶甲（高兆宁，1999）。

识别特征：体长 7.5～9.0 mm，宽 3.5～4.0 mm。体长形；橘黄至黄褐色，具黑斑，鞘翅绿色，全身被毛。头顶刻点颇密；额瘤明显，光亮无刻点；唇基隆突；触角向后伸达鞘翅肩胛之后。前胸背板前、基部中央微凹，侧缘中部膨扩；盘区中央具宽浅纵沟，两侧近圆形深凹，有稠密的细刻点。小盾片较大，近方形。鞘翅两侧近平行，翅面具不规则纵隆线，刻点极密。雄性肛节基部中央深凹，臀板顶端后突；雌性末节顶端为小缺刻。足较粗壮，爪双齿式。

检视标本：70头，宁夏贺兰山小口子，1995. V. 7（IPPNX）。

地理分布：宁夏（全区）、河北、山西、内蒙古、吉林、江苏、山东、河南、湖南、陕西、甘肃、台湾；蒙古国，俄罗斯（远东），日本。

取食对象：山榆、白榆。

#### （981）黑肩毛萤叶甲 *Pyrrhalta humeralis* (Chen, 1942)（图版 LXXI: 4）

*Galerucella humeralis* Chen, 1942: 17; Yu et al., 1996: 111; Ren, 2010: 202; Löbl & Smetana, 2010: 452.

识别特征：体长 5.5～6.5 mm，宽 2.5～3.0 mm。黄褐色，具黑斑。头顶具稠密刻点及毛；额瘤具刻点及毛；触角向后伸达鞘翅中部。前胸背板基部窄，中部宽；盘区中部纵凹，两侧凹。小盾片方形，具稠密刻点及毛。鞘翅两侧近平行，肩胛隆突，侧缘具粗脊。腿节粗大，胫节端部较宽。

检视标本：49头，宁夏泾源二龙河，2009. VIII. 7，顾欣采（HBUM）。

地理分布：宁夏（泾源）、河北、山西、辽宁、黑龙江、浙江、安徽、福建、江西、湖北、湖南、广东、广西、四川、贵州、台湾；韩国，日本。

取食对象：荚迷、柳属、牛尾菜属。

**（982）条纹毛萤叶甲 *Pyrrhalta luteola* (Müller, 1766)**

*Chrysomela luteola* Müller, 1766: 187; Wang & Yang, 2006: 112; Löbl & Smetana, 2010: 455.

识别特征：体长 5.0～8.0 mm。椭圆形，稍隆；褐色或鲜黄色，具黑斑，被稀疏灰黄色毛，弱光泽。头顶具稠密深刻点；角后瘤突，光滑无刻点。前胸背板侧缘圆滑，前角直而顶端圆；盘区中部、端部刻点稀疏细小，两侧粗密。鞘翅两侧近平行，端部宽圆；肩角和小盾片间具纵带，刻点密小，有时为不规则横皱褶。雄性第 5 腹板末端具宽三角形凹，雌性凹较窄。

地理分布：宁夏、内蒙古、陕西、甘肃；印度，阿富汗，伊朗，土库曼斯坦，哈萨克斯坦，土耳其，欧洲，非洲界。

取食对象：榆属。

**（983）榆黄毛萤叶甲 *Pyrrhalta maculicollis* (Motschulsky, 1854)**（图版 LXXI: 5）

*Galleruca maculicollis* Motschulsky, 1854: 49; Wang et al., 1992: 70; Yu et al., 1996: 112; Ren, 2010: 202; Wang & Yang, 2010: 249; Löbl & Smetana, 2010: 455; Yang et al., 2011: 170.

识别特征：体长 6.0～7.5 mm，宽 3.0～3.3 mm。体长形；黄褐至褐色，具黑斑。头顶刻点粗密；唇基及触角间隆突颇高；额瘤近方形，盘上有刻点；触角不及翅长之半。前胸背板两侧中部膨宽，盘区刻点与头顶相似，中部两侧具大凹。小盾片近方形，刻点密。鞘翅两侧近平行，盘上刻点稠密，较前胸背板大。雄性腹部末端中央半圆形凹，雌性三角形凹，之前圆凹。足粗壮。

检视标本：3 头，宁夏泾源二龙河，2009. VII. 3，王新谱、赵小林采（HBUM）；12 头，宁夏泾源二龙河，2009. VII. 6，周善义、孟祥君采（HBUM）；1 头，宁夏泾源西峡，2009. VII. 10，王新谱采（HBUM）。

地理分布：宁夏（泾源、平罗、贺兰山、罗山）、河北、山西、辽宁、吉林、黑龙江、江苏、浙江、福建、江西、山东、河南、湖北、湖南、广东、广西、贵州、陕西、甘肃、台湾；俄罗斯（远东），韩国，日本。

取食对象：榆。

## 希萤叶甲族 Hylaspini Chapuis, 1875

### 427）方胸萤叶甲属 *Proegmena* Weise, 1889

**（984）褐方胸萤叶甲 *Proegmena pallidipennis* Weise, 1889**（图版 LXXI: 6）

*Proegmena pallidipennis* Weise, 1889: 630; Yu et al., 1996: 182; Ren, 2010: 201; Löbl & Smetana, 2010: 462.

识别特征：体长 5.5～7.0 mm，宽 3.5～5.5 mm。黄褐色。头顶具中线及稀疏刻点；额瘤方形，其间为深凹沟；触角第 1 节球杆状。前胸背板方形，盘区具中凹及细刻点，凹前较隆突。小盾片三角形，表面隆起，具细刻点。鞘翅基部窄，中部之后变宽，具肩瘤，瘤盘上有细刻点；盘区刻点粗深。

检视标本：1 头，宁夏泾源秋千架，2009. VII. 7，王新谱采（HBUM）。

地理分布：宁夏（泾源）、江苏、浙江、福建、湖北、四川、西藏、陕西、甘肃。

# 露萤叶甲族 Luperini Gistel, 1848

## 428）长刺萤叶甲属 *Atrachya* Chevrolat, 1836

### （985）豆长刺萤叶甲 *Atrachya menetriesii* (Faldermann, 1835)（图版 LXXI: 7）

*Galleruca menetriesii* Faldermann, 1835: 439; Gao, 1993: 117; Yu et al., 1996: 165; Ren, 2011: 197; Löbl & Smetana, 2010: 469.

曾用名：薄荷异色叶甲（高兆宁，1993）。

识别特征：体长 5.0～5.6 mm，宽 2.7～3.5 mm。头顶刻点极细，额瘤前内角向前突。前胸背板侧缘较直，向前略膨扩；表面明显隆凸，刻点由北方种向南方种渐密，雄性更明显。小盾片三角形，光滑无刻点。鞘翅有稠密的细刻点，雄性小盾片之后中缝处有凹。雄性肛节三叶状。后胫节端部具较长刺，第 1 跗节长于其余 3 节之和；爪附齿式。

检视标本：3 头，宁夏泾源二龙河，2009. VIII. 7，顾欣采（HBUM）。

地理分布：宁夏（泾源）、河北、山西、内蒙古、辽宁、吉林、黑龙江、江苏、浙江、福建、江西、湖北、湖南、广东、广西、四川、贵州、云南、西藏、甘肃、青海；俄罗斯（远东、东西伯利亚），韩国，日本。

取食对象：柳属、水杉、甜菜、大豆、瓜类等。

## 429）守瓜属 *Aulacophora* Chevrolat, 1836

### （986）印度黄守瓜 *Aulacophora indica* (Gmelin, 1790)

*Cryptocephalus indica* Gmelin, 1790: 1720; Yu et al., 1996: 122; Wang & Yang, 2006: 142; Löbl & Smetana, 2010: 465.

识别特征：体长 6.0～8.0 mm，宽 3.0～4.0 mm。橙黄色或橙红色。触角间隆起似脊，头顶较直；触角向后伸达鞘翅中部。前胸背板侧缘基半部膨扩，盘区无明显刻点，中央具弯曲深横沟。鞘翅盘区有稠密的细刻点，雄性肩部及肩角下被竖毛。雄性腹部末端中央具大深凹，雌性"V"或"U"形凹。

地理分布：宁夏、河北、山西、辽宁、江苏、浙江、安徽、福建、江西、山东、湖北、湖南、广东、广西、海南、四川、贵州、云南、西藏、陕西、甘肃、台湾；俄罗斯（东西伯利亚），韩国，日本，印度，尼泊尔，不丹，巴基斯坦，阿富汗，塞浦路斯。

取食对象：瓜类、梨、李、桃等。

### （987）柳氏黑守瓜 *Aulacophora lewisii* Baly, 1886

*Aulacophora lewisii* Baly, 1886: 24; Wu et al., 1982: 28; Wang et al., 1992: 674; Gao, 1993: 121; Yu et al., 1996: 123; Wang & Yang, 2006: 143; Ren, 2010: 208; Löbl & Smetana, 2010: 466.

曾用名：谷子鳞斑叶甲（吴福桢等，1982；任国栋，2010）、糜鳞斑叶甲（高兆宁，1993）。

识别特征：体长 5.7～7.0 mm，宽 3.5～4.0 mm。上颚顶端、复眼及鞘翅黑色，其余橙黄色或橙红色。头顶光滑无刻点，触角间具较细隆脊；复眼大而突出；触角伸至鞘翅中部。前胸背板侧缘中部之前略膨扩；盘区横沟直，刻点极细，前角刻点较粗密。小盾片三角形，光滑无刻点。鞘翅基部较窄，中部之后变宽，翅面布细密刻点，沿两侧边缘略深粗。雄性腹部端节中部长方形，表面中间有很深的纵沟，雌性端节"山"形凹。

检视标本：1 头，宁夏西吉，1962. VII. 21（IPPNX）；6 头，宁夏中卫，1964. V. 27（IPPNX）；3 头，宁夏固原古城，1980. VII. 18（IPPNX）。

地理分布：宁夏（固原、西吉、中卫）、河北、山西、辽宁、浙江、安徽、福建、江西、河南、湖北、湖南、广东、广西、海南、四川、贵州、西藏、陕西、甘肃、台湾、香港；日本，印度，尼泊尔，不丹，巴基斯坦，阿富汗，东洋界。

取食对象：糜子、谷子、小麦、玉米、高粱、大豆等。

**（988）黑足黑守瓜 *Aulacophora nigripennis* Motschulsky, 1858**（图版 LXXI: 8）

*Aulacophora nigripennis* Motschulsky, 1858: 38; Yu et al., 1996: 124; Wang & Yang, 2006: 143; Ren, 2010: 197; Löbl & Smetana, 2010: 466.

曾用名：黑足守瓜（任国栋，2010）。

识别特征：体长 6.0～7.0 mm，宽 3.0～4.0 mm。体光亮。头顶光滑，似有不明显微弱刻点；触角之间脊状隆起；触角向后达到体长的 2/3 处。前胸背板基部狭窄，两侧中部之前圆阔；盘区具直横沟，仅前缘两侧具较粗深刻点。小盾片三角形，光滑无刻点。鞘翅肩角较突出，盘上刻点均匀。雄性腹部末端中部长方形，雌性弧凹。

检视标本：4 头，宁夏泾源二龙河，2009. VIII. 7，顾欣采（HBUM）。

地理分布：宁夏（泾源）、河北、山西、黑龙江、江苏、浙江、安徽、福建、江西、山东、湖北、湖南、广东、广西、海南、四川、贵州、陕西、甘肃、台湾、香港；俄罗斯（西伯利亚东部），朝鲜，日本，越南。

取食对象：大豆、葫芦科。

## 430）克萤叶甲属 *Cneorane* Baly, 1865

**（989）胡枝子克萤叶甲 *Cneorane violaceipennis* Allard, 1889**（图版 LXXI: 9）

*Cneorane violaceipennis* Allard, 1889: 70; Yu et al., 1996: 155; Ren, 2010: 199; Löbl & Smetana, 2010: 473.

识别特征：体长 5.7～8.4 mm，宽 3.0～4.5 mm。上唇宽略大于长；额瘤大，隆突较高，近方形，前内角略向前伸；头顶光滑，近无刻点；触角略短于体长，雄性中部之后渐粗且端部 2～3 节腹面扁平或凹。前胸背板两侧弧圆，基部较直；表面稍突，无横沟，刻点极细。小盾片舌形，光滑无刻点。鞘翅刻点很密。雄性肛节顶端中央具向上翻转横片。后胫节端部无刺，爪附齿式。

检视标本：1 头，宁夏泾源二龙河，2009. VII. 3，王新谱采（HBUM）；2 头，宁夏泾源龙潭，2009. VII. 4，冉红凡、张闪闪采（HBUM）；1 头，宁夏泾源龙潭，2009. VII. 5，王新谱、杨晓庆采（HBUM）；3 头，宁夏泾源龙潭，2009. VII. 6，王新谱、赵小林采（HBUM）；1 头，宁夏泾源二龙河，2009. VII. 6，周善义采（HBUM）；36 头，宁夏泾源秋千架，2009. VII. 7，王新谱、杨晓庆采（HBUM）；11 头，宁夏泾源西峡，2009. VII. 9，王新谱、赵小林采（HBUM）；1 头，宁夏泾源东山坡，2009. VII. 11，王新谱采（HBUM）；51 头，宁夏彭阳挂马沟，2009. VII. 12，冉红凡、张闪闪采（HBUM）；6 头，宁夏泾源东山坡，2009. VII. 12，王新谱、赵小林采（HBUM）；1 头，宁夏泾源西峡，2009. VII. 13，周善义采（HBUM）；2 头，宁夏泾源西峡，2009. VII. 14，冉红凡、张闪闪采（HBUM）。

地理分布：宁夏（泾源、彭阳）、河北、山西、辽宁、吉林、黑龙江、江苏、浙江、安徽、福建、江西、山东、河南、湖北、湖南、广东、广西、贵州、四川、陕西、甘肃、台湾；蒙古国，俄罗斯（东西伯利亚），韩国。

取食对象：胡枝子。

### 431）异额萤叶甲属 *Macrima* Baly, 1878

#### （990）角异额萤叶甲 *Macrima cornuta* (Laboissiere, 1936)（图版 LXXI: 10）

*Sepharia cornuta* Laboissiere, 1936: 250; Yu et al., 1996: 178; Ren, 2010: 200; Löbl & Smetana, 2010: 481.

识别特征：体长 5.6～6.0mm，宽 2.5～3.0 mm。灰黄色或黄褐色，臀板末端具黑斑。头顶具中线及明显网纹和刻点；额瘤网纹发达；雄性唇基深凹，凹中具强壮柱突，其端部膨大，凹两侧位于复眼内侧下方片状突，触角间 2 突起，雌性浅凹，触角及凹内突起明显；触角向后伸达鞘翅中部。前胸背板侧缘较直，饰边发达；盘区具网纹和明显刻点及凹。小盾片三角形，表面稍隆，具横纹。鞘翅肩角突出，盘区隆起，具较粗深刻点。腹面具明显刻点及毛。

检视标本：1 头，宁夏隆德峰台，2008. VII. 1，王新谱采（HBUM）；3 头，宁夏泾源西峡，2008. VII. 8，王新谱、刘晓丽采（HBUM）；1 头，宁夏泾源龙潭，2009. VII. 4，冉红凡采（HBUM）。

地理分布：宁夏（隆德、泾源）、四川、云南、西藏；不丹。

### 432）长跗萤叶甲属 *Monolepta* Chevrolat, 1836

#### （991）双斑长跗萤叶甲 *Monolepta hieroglyphica* (Motschulsky, 1858)

*Luperodes hieroglyphica* Motschulsky, 1858: 104; Wang et al., 1992: 69; Gao, 1993: 118; Yu et al., 1996: 169; Löbl & Smetana, 2010: 483.

曾用名：浅黄斑叶甲（高兆宁，1993）。

识别特征：体长 3.6～4.8 mm，宽 2.0～2.5 mm。长卵形；棕黄色，鞘翅有淡黄斑。额瘤横宽；触角向后长过体长之半。前胸背板宽大于长，表面拱起，有稠密的细刻点。鞘翅刻点细弱，表面有近相等边的六角形网纹。

检视标本：10 头，宁夏盐池赵家湾，1992. VII. 26（IPPNX）。

地理分布：宁夏（平罗、盐池）、河北、山西、内蒙古、辽宁、吉林、黑龙江、浙江、福建、湖北、湖南、四川、贵州、西藏、台湾；蒙古国，俄罗斯（远东），朝鲜，韩国，东洋界。

取食对象：杨树、豆科、十字花科等。

**（992）四斑长跗萤叶甲 *Monolepta quadriguttata* (Motschulsky, 1860)**（图版 LXXI: 11）

*Luperodes quadriguttata* Motschulsky, 1860: 233; Wu et al., 1978: 66; Wang et al., 1992: 69; Gao, 1993: 118; Yu et al., 1996: 172; Ren, 2010: 200; Löbl & Smetana, 2010: 484.

曾用名：黄斑叶甲（吴福桢等，1978；高兆宁，1993）。

识别特征：体长 2.7～3.2 mm，宽 1.2～1.5 mm。头及额瘤具横纹；头顶具刻点；触角向后伸达鞘翅中部。前胸背板较隆，刻点稀疏。小盾片三角形，光滑无刻点。鞘翅刻点明显粗于前胸背板，粗刻点排列不规则，小刻点位于其间。腹面刻点较粗密。

检视标本：1 头，宁夏海原李俊，2009. VII. 18，王新谱采（HBUM）。

地理分布：宁夏（全区）、河北、内蒙古、辽宁、黑龙江、湖北、广西、贵州、台湾；蒙古国，俄罗斯（东西伯利亚），韩国，日本。

取食对象：大豆、马铃薯、萝卜、大麻、白菜、茼蒿、棉等。

## 433）窄缘萤叶甲属 *Phyllobrotica* Chevrolat, 1836

**（993）双带窄缘萤叶甲 *Phyllobrotica signata* (Mannerheim, 1825)**（图版 LXXI: 12）

*Galleruca signata* Mannerheim, 1825: 38; Yu et al., 1996: 131; Ren, 2010: 201; Löbl & Smetana, 2010: 487.

识别特征：体长 7.0～9.5 mm，宽 3.0～3.5 mm。黄褐色或黄色，具黑斑及褐色纵带。头顶较隆，无刻点；额瘤明显；触角向后伸达鞘翅中部。前胸背板宽略大于长，前、后角钝圆；盘区较平，具稀疏刻点。小盾片方形或端部稍圆，中部纵凹，表面布网纹。鞘翅两侧平行，肩角隆突；翅面具刻点，刻点间为网纹。足发达，密布网纹及短毛，爪跗齿式。

检视标本：1 头，宁夏泾源红峡，2008. VII. 9，王新谱采（HBUM）。

地理分布：宁夏（泾源）、河北、山西、内蒙古、辽宁、吉林、黑龙江、山东、甘肃；蒙古国，俄罗斯（远东、东西伯利亚），朝鲜。

取食对象：艾蒿属。

## 瓢萤叶甲族 Oidini Laboissière, 1921 (1875)

## 434）瓢萤叶甲属 *Oides* Weber, 1801

**（994）十星瓢萤叶甲 *Oides decempunctata* (Billberg, 1808)**（图版 LXXII: 1）

*Adorium decempunctata* Billberg, 1808: 230; Löbl & Smetana, 2010: 491.

识别特征：体长 9.0～14.0 mm，宽 7.0～9.8 mm。卵形，似瓢虫；黄褐色，具黑斑。上唇前缘凹，表面中部有 1 排毛；唇基隆突，三角形；额瘤明显，近三角形；头顶刻点细而稀；触角较短。前胸背板前角略向前突，较圆，表面刻点极细。小盾片三角形，光亮，无刻点。鞘翅有稠密的细刻点。雄性肛节顶端三叶状，中叶横宽；雌性末节顶端微凹。

检视标本：11 头，宁夏泾源六盘山，1995. VI. 16（HBUM）。

地理分布：宁夏（泾源）、河北、山西、吉林、江苏、浙江、安徽、福建、江西、山东、河南、湖北、湖南、广东、广西、海南、四川、贵州、甘肃、香港、台湾；韩国，东洋界。

取食对象：葡萄。

## 46.6 隐头叶甲亚科 Cryptocephalinae Gyllenhal, 1813

## 锯角叶甲族 Clytrini Kirby, 1837

### 435）盾叶甲属 *Aspidolopha* Lacordaire, 1848

#### （995）双斑盾叶甲 *Aspidolopha thoracica* Jacoby, 1892（图版 LXXII: 2）

*Aspidolopha thoracica* Jacoby, 1892: 879; Löbl & Smetana, 2010: 565.

*Aspidolopha bisignata* Pic, 1927: 26; Wang & Yang, 2010: 249; Yang et al., 2011: 171.

识别特征：长卵形；头和腹面蓝绿色，背面黄褐至红褐色。唇基前端略皱纹状，唇基至额区中央光裸；复眼内侧有 1 淡黄色毛带，雄性两复眼在头顶较接近，雌性远离；触角仅达前胸背板中部，锯齿状。前胸背板横宽，基部刻点粗密，末端稀疏略呈纵行；基部有 1 蓝黑色横带，其前缘中部凹。每翅 2 蓝黑色斑，基部 1 个略向内倾斜，中部稍后的 1 个向外不达鞘翅侧缘。雄性臀板顶端直，雌性腹末节具圆凹，臀板顶端弧凹。

地理分布：宁夏（贺兰山、罗山）、广东、广西、海南、四川、贵州、云南；东洋界。

### 436）锯角叶甲属 *Clytra* Laicharting, 1781

#### （996）黑肩锯角叶甲 *Clytra* (*Clytra*) *arida* Weise, 1889

*Clytra arida* Weise, 1889: 563; Löbl & Smetana, 2010: 566.

识别特征：体长 8.2～10.9 mm。体长形；头、前胸背板、小盾片、腹面和足黑色，鞘翅棕黄色，斑变异很大。头小，三角形；额上布粗刻点及粗皱纹，中央具深凹，其前、侧有 2 浅凹；额区中基部及头顶被浓密长毛；头顶隆凸不明显；触角向后伸达前胸背板基部。前胸背板基部最宽，侧缘弧圆，基部中叶圆弧形突；前角近于直，后角宽圆；盘区不甚隆，光滑无刻点。小盾片三角形，基部具短柔毛，末端较宽，光滑无刻点。鞘翅两侧近平行，具稀疏浅细刻点。腹面及足密布银白色长毛；雌性腹末节中间有较大的深圆凹。足粗壮，跗节宽短。

检视标本：1♂，宁夏泾源六盘山卧羊川林场，2008. VII. 10，赵宗一采（HBUM）。

地理分布：宁夏（泾源）、北京、河北、山西、内蒙古、辽宁、吉林、黑龙江、山东、河南、湖北、四川、陕西、甘肃、青海；蒙古国，俄罗斯（远东、东西伯利亚），朝鲜，韩国，日本，哈萨克斯坦。

取食对象：柳、桦、榆、水青冈属、山毛榉属。

**（997）光背锯角叶甲 *Clytra* (*Clytra*) *laeviuscula* Ratzeburg, 1837**（图版 LXXII: 3）

*Clytra laeviuscula* Ratzeburg, 1837: 202; Wang et al., 1992: 65; Gao, 1993: 120; Ren, 2010: 205; Wang & Yang, 2010: 251; Löbl & Smetana, 2010: 566; Yang et al., 2011: 172.

曾用名：杨四斑叶甲（高兆宁，1993）。

识别特征：体长 10.0～11.5 mm。长方形；头顶和体下密布银白色毛。头上刻点粗密，两复眼之间明显低凹，中间有深坑，从此向两触角基窝延伸为"∧"形沟痕，向后延伸至头顶为 1 条清晰纵沟；触角第 4 节起锯齿状。前胸背板隆凸，侧缘饰边窄；除前缘两侧、基部和后角有小刻点外，其余光滑无刻点。小盾片长三角形，光滑无刻点。鞘翅刻点细弱，肩胛处有 1 略圆形或方形黑斑，中部稍后有 1 宽黑横斑。

检视标本：1 头，宁夏同心，1963. VII（IPPNX）；1 头，宁夏贺兰，1964. VI. 26，李树森采（IPPNX）；2 头，宁夏泾源龙潭，1986. VII. 9（IPPNX）；1 头，宁夏泾源小南川，2000.VIII. 10（IPPNX）；2 头，宁夏泾源二龙河，2009. VII. 3，王新谱、赵小林采（HBUM）；3 头，宁夏泾源龙潭，2009. VII. 4，冉红凡、张闪闪采（HBUM）；1 头，宁夏泾源龙潭，2009. VII. 4，周善义采（HBUM）；2 头，宁夏泾源二龙河，2009. VII. 6，周善义、孟祥君采（HBUM）；1 头，宁夏泾源二龙河，2009. VII. 6，冉红凡采（HBUM）；3 头，宁夏泾源龙潭，2009. VII. 6，王新谱、赵小林采（HBUM）；2 头，宁夏泾源秋千架，2009. VII. 7，王新谱、杨晓庆采（HBUM）；1 头，宁夏泾源东山坡，2009. VII. 8，冉红凡采（HBUM）；1 头，宁夏泾源西峡，2009. VII. 10，王新谱采（HBUM）；58 头，宁夏彭阳挂马沟，2009. VII. 12，冉红凡、张闪闪采（HBUM）；1 头，宁夏彭阳挂马沟，2009. VII. 12，周善义采（HBUM）；1 头，宁夏泾源西峡，2009. VII. 13，周善义采（HBUM）；2 头，宁夏固原开城，2009. VII. 16，王新谱、杨晓庆采（HBUM）。

地理分布：宁夏（同心、贺兰、泾源、彭阳、固原、贺兰山）、河北、山西、内蒙古、辽宁、吉林、黑龙江、江苏、江西、河南、湖北、湖南、四川、贵州、云南、陕西、新疆；俄罗斯（西伯利亚），朝鲜，日本，阿富汗，塔吉克斯坦，吉尔吉斯斯坦，哈萨克斯坦，土耳其，欧洲。

取食对象：刺槐、麻栎、山毛榉、卫矛、鼠李、柳属、榆属、桦属、杨属。

**（998）粗背锯角叶甲 *Clytra* (*Clytra*) *quadripunctata quadripunctata* (Linnaeus, 1758)**（图版 LXXII: 4）

*Chrysomela quadripunctata* Linnaeus, 1758: 374; Löbl & Smetana, 2010: 566; Yang et al., 2011: 172.

识别特征：体长 8.0～10.0 mm，宽约 4.5 mm。长方形；亮黑色，鞘翅具黑斑。头部两复眼之间低凹，中央至头顶为明显深纵沟；触角不达前胸背板基部。前胸背板宽短，盘区密布小刻点，侧缘敞边宽展，敞边内侧尤其后角处刻点稠密呈皱纹状。小盾片三角形，有细密刻点。鞘翅刻点稀疏，略粗大。足粗壮。

地理分布：宁夏（罗山）、辽宁、吉林、黑龙江、江西、甘肃、新疆；蒙古国，欧洲。

取食对象：杨、柳、橡树、白桦、白杨等。

## 437）切头叶甲属 *Coptocephala* Chevrolat, 1836

### （999）亚洲切头叶甲 *Coptocephala orientalis* Baly, 1873（图版 LXXII: 5）

*Coptocephala orientalis* Baly, 1873: 81; Wang et al., 1992: 65; Löbl & Smetana, 2010: 568.

*Coptocephala asiatica* Chujo, 1940: 355; Ren, 2010: 205; Wang & Yang, 2010: 251; Yang et al., 2011: 172.

识别特征：体长 4.5～5.0 mm。雄性头部宽短，额极宽；头顶高隆，光滑无刻点；唇基中基部高隆，基部与头顶之间浅横凹；上唇宽；颊和上颚强大，顶端尖锐，侧缘具短毛；触角第1、第4节背面具蓝黑色斑。前胸背板宽，侧缘弧形，表面光滑无刻点。小盾片三角形，端部中线略呈纵脊，表面光滑。鞘翅刻点较粗密，有2条蓝黑色横带。

检视标本：2头，宁夏海原，1987. VII. 27，任国栋采（HBUM）；1头，宁夏贺兰山苏峪口，1996. VI. 24（HBUM）；3头，宁夏泾源卧羊川，2008. VII. 7，王新谱、刘晓丽采（HBUM）；1头，宁夏彭阳挂马沟，2008. VII. 11，李秀敏采（HBUM）；1头，宁夏泾源龙潭，2009. VII. 5，王新谱采（HBUM）；1头，宁夏泾源秋千架，2009. VII. 7，王新谱采（HBUM）；1头，宁夏彭阳挂马沟，2009. VII. 11，冉红凡采（HBUM）；1头，宁夏隆德峰台，2009. VII. 13，王新谱采（HBUM）。

地理分布：宁夏（泾源、彭阳、隆德、海原、盐池、贺兰山、罗山）、北京、河北、山西、内蒙古、辽宁、吉林、黑龙江、山东、湖北、陕西、青海、甘肃、新疆；蒙古国，俄罗斯（远东、东西伯利亚），朝鲜，韩国，日本。

取食对象：栎属、艾蒿属、刺槐。

## 438）钳叶甲属 *Labidostomis* Chevrolat, 1836

### （1000）中华钳叶甲 *Labidostomis* (*Labidostomis*) *chinensis* Lefèvre, 1887（图版 LXXII: 6）

*Labidostomis chinensis* Lefèvre, 1887: 55; Ren, 2010: 208; Löbl & Smetana, 2010: 570.

识别特征：体长 6.0～9.0 mm，宽约 3.0 mm。蓝绿色，有金属光泽，鞘翅土黄色或棕黄色。头长方形，斜向前伸，雌性头向下，上颚不前伸；两复眼之间有较浅横凹，凹内刻点粗密，基部具细皱纹状隆起；头顶光亮，刻点小而稀疏；触角约达前胸背板基部。前胸背板横宽，具小而较稀疏均匀刻点。小盾片长三角形，顶钝圆，有小刻点和毛。鞘翅刻点粗密，近小盾片和中缝处较疏。雄性前足粗大，胫节细长而内弯，第1跗节较宽长。

检视标本：1头，宁夏泾源龙潭，2009. VII. 4，冉红凡采（HBUM）；1头，宁夏泾源龙潭，2009. VII. 4，周善义采（HBUM）；1头，宁夏泾源龙潭，2009. VII. 5，王新谱采（HBUM）；8头，宁夏泾源秋千架，2009. VII. 7，王新谱、杨晓庆采（HBUM）；1头，宁夏彭阳挂马沟，2009. VII. 11，冉红凡采（HBUM）；3头，宁夏固原开城，2009. VII. 16，王新谱、杨晓庆、冉红凡采（HBUM）。

地理分布：宁夏（泾源、彭阳、固原）、北京、河北、山西、内蒙古、辽宁、吉林、黑龙江、山东、陕西、甘肃；蒙古国，俄罗斯（远东、东西伯利亚），朝鲜。

取食对象：刺槐、胡枝子、青杨、桦属。

（1001）毛胸钳叶甲 *Labidostomis* (*Labidostomis*) *pallidipennis* (Gebler, 1830)（图版 LXXII: 7）

*Clythra pallidipennis* Gebler, 1830: 199; Löbl & Smetana, 2010: 572; Yang et al., 2011: 173.

识别特征：体长 7.5～10.0 mm，宽约 4.0 mm。有铜绿色金属光泽，鞘翅淡黄色。唇基刻点粗大，中部横隆，向前、后倾斜，前缘两侧明显双齿状突，齿间近方形凹，中央略前凸；雌性上颚短小，不前伸，唇基前缘浅弧凹；触角窝内侧三角形小坑较浅；两复眼间横宽浅凹，凹内刻点粗大；头顶拱凸，刻点细浅，有时较粗，微纵皱纹状。前胸背板隆，有稠密的细刻点，中部近前缘横凹。小盾片长三角形，扁平，被毛，基部钝圆。鞘翅盘区刻点细浅，末端更稀疏。前足长大，胫节长于腿节，内侧前缘具 1 排毛束，第 1 跗节长度等于第 2+3 节之和。

地理分布：宁夏（罗山）、甘肃、青海、新疆；俄罗斯（西伯利亚），伊朗，吉尔吉斯斯坦，哈萨克斯坦，土耳其，欧洲。

取食对象：柳。

（1002）二点钳叶甲 *Labidostomis* (*Labidostomis*) *urticarum urticarum* Frivaldszky, 1892（图版 LXXII: 8）

*Labidostomis urticarum* Frivaldszky, 1892: 119; Wang et al., 1992: 65; Löbl & Smetana, 2010: 573.

*Clytra bipunctata* Mannerheim, 1825: 40; Ren, 2010: 208; Wang & Yang, 2010: 253; Yang et al., 2011: 173.

识别特征：体长 7.0～11.0 mm。长方形；蓝绿色至靛蓝色，有金属光泽，鞘翅黄褐色，头顶及体下被白色毛。头长方形，上颚钳形前伸；唇基前缘双齿状凹，齿间直；触角窝内侧各有 1 三角形深凹并沿唇基侧缘伸达上颚基部，形成"八"形浅沟；复眼内侧具 1 瘤突；头顶高隆，有稠密的细刻点。前胸背板有稠密的细刻点，光裸无毛，近前缘中线两侧有 2 斜凹，凹内刻点密，基部中央两侧低凹。小盾片平滑无刻点。鞘翅有稠密的细刻点而排列不规则，肩胛有黑斑。前胫节内侧前缘有 1 排刷状毛束，第 1 跗节长约为第 2+3 节的长度之和。

检视标本：1 头，宁夏泾源龙潭，1990. VII. 22（IPPNX）；2 头，宁夏盐池，2000. V. 24（IPPNX）。

地理分布：宁夏（海原、固原、西吉、泾源、彭阳、同心、盐池、灵武、贺兰山）、北京、河北、山西、内蒙古、辽宁、吉林、黑龙江、江苏、安徽、山东、湖北、湖南、四川、陕西、甘肃、青海；蒙古国，俄罗斯（远东、东西伯利亚），朝鲜。

取食对象：刺槐、柳、青杨、金丝小枣、多花胡枝子。

### 439）光叶甲属 *Smaragdina* Chevrolat, 1836

（1003）杨柳光叶甲 *Smaragdina aurita hammarstroemi* (Jakobson, 1901)（图版 LXXII: 9）

*Gynandrophtalma aurita hammarstroemi* Jakobson, 1901: 108; Ren, 2010: 209; Löbl & Smetana, 2010: 576; Yang et al., 2011: 173.

识别特征：体长 3.5～4.0 mm，宽约 2.0 mm。蓝黑色。头在两复眼间低凹，刻点较粗密，略呈皱纹状；头顶部隆凸，刻点小而稀；触角细，达前胸背板基部。前胸背板横宽，表面隆凸，刻点细。小盾片三角形，端部高隆，光滑无刻点。鞘翅中基部略宽，盘区刻点粗密，肩胛明显，具细刻点。雌性肛节中央具小圆窝。足较细，第1跗节较细长。

检视标本：1头，宁夏泾源二龙河，2009. VII. 3，王新谱采（HBUM）；2头，宁夏泾源龙潭，2009. VII. 5，王新谱、杨晓庆采（HBUM）；4头，宁夏泾源秋千架，2009. VII. 7，王新谱、杨晓庆采（HBUM）；2头，宁夏泾源东山坡，2009. VII. 12，王新谱、赵小林采（HBUM）。

地理分布：宁夏（泾源、罗山）、河北、山西、内蒙古、辽宁、吉林、黑龙江、山东、甘肃；蒙古国，俄罗斯（远东、东西伯利亚），朝鲜，日本。

取食对象：刺槐、杨属、柳属、桦属、酸枣、蔷薇属、蓼属。

**（1004）滑头光叶甲 *Smaragdina labilis labilis* (Weise, 1889)**（图版 LXXII: 10）

*Gynandrophthalma labilis* Weise, 1889: 579; Wang et al., 1992: 65; Gao, 1993: 121; Ren, 2010: 209; Löbl & Smetana, 2010: 577.

曾用名：滑光叶甲（王希蒙等，1992）、光滑叶甲（高兆宁，1993）。

识别特征：体长 4.3～5.4 mm。头被稀疏细毛，上唇前端微凹；颏前缘宽"U"形凹；头顶稍隆，中央具浅纵沟，近光滑，雌性不光滑而具极细纹理；复眼内侧具稀疏柔毛及斜皱纹；触角细，伸达前胸背板基部。前胸背板横宽，前角明显直角形，侧缘近于直，后角明显宽圆；表面不隆突，近光滑，近基部中间有几个稀疏刻点。小盾片三角形，端部高隆，光滑无刻点。鞘翅中基部略宽，肩胛微隆，盘区刻点粗密，翅坡刻点很稀疏。雌性肛节中央具小圆窝，臀板末端近于直，中央略凹。足较细。

检视标本：5头，宁夏泾源六盘山，1964. VI（IPPNX）；7头，宁夏泾源龙潭，1983. VI. 29（IPPNX）。

地理分布：宁夏（泾源）、北京、河北、山西、内蒙古、黑龙江、山东、河南、湖北、陕西、甘肃；朝鲜。

取食对象：艾蒿、刺翅蔷薇。

**（1005）梨光叶甲 *Smaragdina semiaurantiaca* (Fairmaire, 1888)**（图版 LXXII: 11）

*Gynandrophthalma semiaurantiaca* Fairmaire, 1888: 150; Wang et al., 1992: 65; Gao, 1993: 121; Ren, 2010: 209; Löbl & Smetana, 2010: 578.

识别特征：体长约 5.0 mm，宽约 2.5 mm。长方形；蓝黑色，有金属光泽。头小，密布粗刻点，刻点间隆起形成斜皱纹；两复眼间微凹；头顶高隆，中央具浅纵沟；触角伸达前胸背板基部。前胸背板隆凸，光滑无刻点，后角圆，侧缘弧形。小盾片长三角形，顶端尖锐，端部高隆，光滑无刻点。鞘翅刻点粗密。雌性肛节中央具小圆凹。雄性足较粗壮，第1跗节较宽阔。

检视标本：5头，宁夏泾源六盘山，1964. VI（IPPNX）；5头，宁夏泾源二龙河，2009. VII. 3，王新谱、赵小林采（HBUM）；1头，宁夏泾源龙潭，2009. VII. 4，冉红凡采（HBUM）；宁夏泾源龙潭（2 头，1984. VI. 8；2 头，1986. VI. 15；1 头，2009. VII. 4，周善义采）（HBUM）；1 头，宁夏泾源龙潭，2009. VII. 5，王新谱采（HBUM）；3 头，宁夏泾源二龙河，2009. VII. 6，周善义、孟祥君采（HBUM）；6 头，宁夏泾源西峡，2009. VII. 9，王新谱、赵小林采（HBUM）。

地理分布：宁夏（泾源）、北京、河北、吉林、黑龙江、江苏、浙江、山东、河南、湖北、陕西；俄罗斯（远东），朝鲜，韩国，日本。

取食对象：苹果、山杏、核桃、刺槐、云杉、梨属、杨属、柳属。

## 隐头叶甲族 Cryptocephalini Gyllenhal, 1813

## 隐头叶甲亚族 Cryptocephalina Gyllenhal, 1813

### 440）隐头叶甲属 *Cryptocephalus* Geoffroy, 1762

**（1006）黑斑隐头叶甲 *Cryptocephalus (Asionus) altaicus* Harold, 1872**（图版 LXXII: 12）

*Cryptocephalus altaicus* Harold, 1872: 254; Löbl & Smetana, 2010: 580.

*Cryptocephalus agnus* Weise, 1898: 184; Tan et al., 1980: 178; Gao, 1993: 120; Wang & Yang, 2010: 251.

曾用名：小隐头叶甲（高兆宁，1993）。

识别特征：体长约 3.7 mm。头上有稠密细刻点；额刻点较大而疏，被灰色毛；前颊有黄斑，复眼上方有半圆形黄斑，有时 2 个斑汇合成纵条纹；额前端在触角基部之间有黄色横斑；触角丝状，雄性向后伸达体长 2/3 处，雌性仅向后伸达体长之半处。前胸背板柱形，基部 1/3 处宽，端部变窄，侧缘无敞边，基部中叶后凸；盘区密布细刻点和灰毛，前缘和侧缘黄色部分刻点稍疏，黑色部分刻点稠密，具细纵皱纹。小盾片长方形，基部直，黑亮，有时端部有黄斑。鞘翅基部和小盾片后方隆起，肩胛稍隆；翅基外侧有 1 黑色宽纵纹，沿翅缝各有 1 纵纹，翅基部纵纹间有黑圆斑；盘区具圆小深刻点和灰毛。臀板密布细刻点和灰色毛。雄性肛节中央为被毛稀疏或光裸的浅纵凹区；雌性中央深圆凹。

检视标本：33 头，宁夏同心，1963. VI. 30，徐立凡采（IPPNX）；7 头，宁夏固原，1964. VII. 17（IPPNX）；1 头，宁夏泾源六盘山，1983. VIII（IPPNX）；2 头，宁夏海原灵光寺，1986. VIII. 22，任国栋采（HBUM）；6 头，宁夏海原，1987. VII. 29（HBUM）；3 头，宁夏彭阳，1987. VIII. 2（IPPNX）；1 头，宁夏中卫，1989. VII. 21（IPPNX）；2 头，宁夏西吉，1989. VII. 24（IPPNX）；7 头，宁夏盐池苏步井，1992.VII.30（IPPNX）。

地理分布：宁夏（彭阳、海原、泾源、西吉、中卫、固原、同心、盐池、贺兰山）、北京、河北、山西、内蒙古、云南、新疆；蒙古国，俄罗斯（东西伯利亚）。

取食对象：杂草。

### （1007）黄足隐头叶甲 *Cryptocephalus (Asionus) crux crux* Gebler, 1848

*Cryptocephalus crux* Gebler, 1848: 372; Löbl & Smetana, 2010: 581; Liu et al., 2011: 265.

识别特征：体长 3.1～3.5 mm。黑色，具斑纹。头被灰白色短毛，刻点圆密而清

晰；雄性触角向后长超过体长之半，雌性仅向后伸达体长之半处。前胸背板横宽，侧
边细窄，基部宽，向端部稍缩，基部中叶后凸；盘区刻点长圆形，大而密，两侧有时
相连接。小盾片三角形，末端直，具稀疏微刻点。鞘翅肩胛和小盾片后方显隆，刻点
大而清晰，紧密排列成不规则纵行，翅坡刻点较稀疏。体下密布细刻点和灰白色短毛；
前胸腹板长方形，宽小于长；中胸腹板近于方形；雌性腹末节具圆凹。

检视标本：1♂，宁夏贺兰山，1994. VI. 16（IPPNX）。

地理分布：宁夏（中卫、贺兰山）、山西、内蒙古、吉林、黑龙江、甘肃、新疆；
蒙古国，俄罗斯（东西伯利亚、远东），哈萨克斯坦。

**（1008）铜色隐头叶甲 *Cryptocephalus (Asionus) cupreatus* Chen, 1942**（图版
LXXIII: 1）

*Cryptocephalus cupreatus* Chen, 1942: 113; Löbl & Smetana, 2010: 581.

识别特征：体长约 3.7 mm。铜绿色或铜蓝色。头被灰色短竖毛，刻点小而深，较
密；唇基刻点比复眼间额区更密；触角丝状，向后长度超过体长之半。前胸背板横宽，
基宽端窄，侧缘弧圆，具窄敞边，基部中叶稍后突；被细密刻点，光裸无毛。小盾片
略长形，末端直，具稀疏细刻点。鞘翅两侧近平行，肩胛隆起，基部小盾片两侧和后
方高度隆起，基部自肩胛至小盾片后方有 2 浅凹；盘上刻点粗密，不规则排列，端部
刻点具短竖毛。臀板密布细刻点和灰色长卧毛，基部直。

检视标本：1 头，宁夏彭阳，1987. VIII. 3（HBUM）；1 头，宁夏泾源六盘山，1989.
VII. 30（HBUM）；1 头，宁夏西吉，1989. VII. 24（HBUM）。

地理分布：宁夏（彭阳、泾源、西吉）、甘肃。

**（1009）黑毛翅隐头叶甲 *Cryptocephalus (Asionus) hirtipennis* Faldermann, 1835**

*Cryptocephalus hirtipennis* Faldermann, 1835: 446; Löbl & Smetana, 2010: 582.

*Cryptocephalus sibiricus* Marseul, 1875: 135; Gao, 1993: 120.

识别特征：体长 4.0～5.4 mm。蓝黑色。头上刻点小而极稀疏；额端部刻点稍稀
大疏；雄性触角向后伸达鞘翅中部，雌性向后伸达体长之半处。前胸背板侧缘敞边窄，
背面被清晰圆刻点和短柔毛。小盾片略长方形，末端直，表面光滑无刻点。鞘翅肩胛
和小盾片后方隆起，刻点密而深，较前胸背板大，排成不规则纵行，行间间布细刻点；
翅面被银白色半竖毛，端部更明显。腹部和臀板密布细刻点和灰褐色短毛；雄性肛节
中央 1 长三角形凹，臀板末端很宽，中央浅凹；雌性肛节具圆凹，臀板末端窄于雄性，
端部中央浅凹。

检视标本：1 头，宁夏西吉，1962. VII. 21（IPPNX）；14 头，宁夏泾源龙潭，1983.
VI. 28（IPPNX）。

地理分布：宁夏（泾源、西吉）、天津、河北、内蒙古、吉林、黑龙江、甘肃、
青海；蒙古国，俄罗斯（远东、西伯利亚），朝鲜，日本。

取食对象：艾蒿。

**（1010）艾蒿隐头叶甲** *Cryptocephalus (Asionus) koltzei koltzei* **Weise, 1887**（图版 LXXIII: 2）

*Cryptocephalus koltzei* Weise, 1887: 179; Tan et al., 1980: 182; Wang et al., 1992: 66; Gao, 1993: 120; Ren, 2010: 206; Löbl & Smetana, 2010: 582; Yang et al., 2011: 173.

曾用名：艾隐头叶甲（高兆宁，1993）。

识别特征：体长 3.2～5.0 mm，宽 1.8～2.7 mm。黑色。头被灰白色短毛，有稠密的细刻点而清晰；头顶中间有纵沟纹；雄性触角向后超过体长之半，雌性仅向后伸达体长之半处。前胸背板侧边细窄，基部中叶后凸；盘区有稠密的细刻点略长形，有很细淡色短毛，两侧具纵皱纹。小盾片光亮，三角形，末端直，具稀疏微刻点。鞘翅肩胛和小盾片后方显隆，刻点小而清晰，排成略规则纵行，行间有细刻点，刻点毛细短而稀疏且不明显。体下密布细刻点和灰白色短毛。

检视标本：3 头，宁夏泾源六盘山老龙潭，1983. VI. 29（IPPNX）；2 头，宁夏泾源二龙河，1986. VI. 17（IPPNX）；2 头，宁夏泾源六盘山，1989. VII. 30，任国栋采（HBUM）；1 头，宁夏固原云雾山，1989. VI. 7（HBUM）；10 头，宁夏贺兰山苏峪口，1990. VI. 20（HBUM）；1 头，宁夏泾源龙潭，2009. VII. 5，王新谱采（HBUM）；2 头，宁夏泾源秋千架，2009. VII. 7，王新谱、杨晓庆采（HBUM）；7 头，宁夏泾源东山坡，2009. VII. 12，王新谱、赵小林、杨晓庆采（HBUM）。

地理分布：宁夏（泾源、固原、贺兰山、罗山）、河北、山西、内蒙古、辽宁、吉林、黑龙江、江苏、福建、浙江、湖北、陕西、甘肃；俄罗斯（远东、东西伯利亚）、朝鲜。

取食对象：艾蒿属、杨属。

**（1011）毛隐头叶甲** *Cryptocephalus (Asionus) pilosellus* **Suffrian, 1854**（图版 LXXIII: 3）

*Cryptocephalus pilosellus* Suffrian, 1854: 111; Löbl & Smetana, 2010: 583; Yang et al., 2011: 173.

识别特征：体长 3.5～5.0 mm，宽 2.1～2.5 mm。体黑亮，有时带墨绿色光泽，被灰色长毛，鞘翅棕黄色或土黄色，具黑斑。头上刻点小而清晰但不密；额和唇基刻点较粗大；雄性触角向后伸达体长 2/3 处，雌性约达鞘翅肩部。前胸背板侧缘敞边很窄，基部中叶后凸；盘区有稠密的细刻点，具纵皱纹。小盾片近三角形或长方形，末端圆钝或直，具稀疏细刻点。鞘翅肩胛、基部和小盾片后方显隆，刻点粗大而不密，排成略规则纵行。臀板具很密细刻点，雄性臀板基部直，雌性较弧圆；雄性腹末节中部平坦或稍低凹，光裸。

检视标本：4 头，宁夏盐池，1986. V. 25，任国栋采（HBUM）；1 头，宁夏盐池杨柳堡，1989. VI. 24，任国栋采（HBUM）。

地理分布：宁夏（盐池、罗山）、北京、河北、吉林、黑龙江、山东、陕西、甘肃、青海；蒙古国。

取食对象：榆、枣等。

**（1012）齿腹隐头叶甲 _Cryptocephalus (Asionus) stchukini_ Faldermann, 1835**（图版 LXXIII: 4）

_Cryptocephalus stchukini_ Faldermann, 1835: 447; Löbl & Smetana, 2010: 583; Yang et al., 2011: 172.

_Cryptocephalus valens_ Chen, 1942: 114; Liu et al., 2011: 265.

识别特征：体长 5.0～6.2 mm，宽 2.8～3.2 mm。体黑亮，被灰色毛，前胸背板和鞘翅淡棕红色，具黑斑。头上刻点深而密；头顶中央常有细短沟纹；雄性触角向后伸达体长 2/3 处，雌性向后伸达体长之半处。前胸背板侧缘弧形，敞边狭窄，盘区刻点较密而清晰；雌性刻点较雄性密且粗，略长形。小盾片长形，端部直，表面有稀疏小刻点。鞘翅肩胛与小盾片后方隆起，盘区刻点粗密，排列规则，有时肩胛内侧基半部有几行刻点略成纵行。臀板刻点基半部细密，端半部大而疏；雄性腹末节中部有长圆形浅纵凹，凹的基部中叶有小齿突。

检视标本：1 头，宁夏罗山西大口沟，1984. VI. 6（HBUM）。

地理分布：宁夏（中卫、罗山）、河北、山西、内蒙古、吉林、黑龙江、甘肃、青海、新疆；蒙古国，俄罗斯（远东、东西伯利亚）。

取食对象：榆树。

**（1013）柽柳隐头叶甲 _Cryptocephalus (Asionus) tamaricis_ Solsky, 1867**（图版 LXXIII: 5）（宁夏新纪录）

_Cryptocephalus tamaricis_ Solsky, 1867: 183; Löbl & Smetana, 2010: 584.

_Cryptocephalus astracanicus_ Suffrian, 1867: 309.

识别特征：体长 2.5～3.5 mm，宽 1.5～1.7 mm。麦秆黄色或土黄色，具褐色斑纹。头上刻点粗密，头顶具纵皱纹，中间有纵隆脊；额上刻点粗而稀疏；触角向后伸达体长 2/3 处。前胸背板刻点粗而稀大，刻点间有隆起纵褶皱；盘区前端 2/3 中间有较宽无刻点光纵纹，后面有窄纵脊纹。小盾片长形，端缘直或圆钝。鞘翅肩胛、基部和小盾片后方稍隆起，刻点大而圆，排成规则纵行，行间有细刻点。臀板密布细刻点和短毛；雄性腹末节基部中叶两侧有缺刻，中部有浅凹区。

检视标本：3 头，宁夏中卫甘塘，2016. VII. 29，魏淑花采（IPPNX）；8 头，宁夏灵武甜水河，2016. VIII. 11，朱猛蒙、王颖采（IPPNX）；1 头，宁夏吴忠红寺堡，2016. VIII. 16，魏淑花采（IPPNX）。

地理分布：宁夏（中卫、灵武、红寺堡、平罗）、内蒙古、黑龙江、新疆；蒙古国，阿富汗，塔吉克斯坦，乌兹别克斯坦，土库曼斯坦，哈萨克斯坦，欧洲。

取食对象：柽柳。

**（1014）栗隐头叶甲 _Cryptocephalus (Cryptocephalus) hyacinthinus_ Suffrian, 1860**（图版 LXXIII: 6）

_Cryptocephalus hyacinthinus_ Suffrian, 1860: 46; Wang et al., 1992: 65; Löbl & Smetana, 2010: 594.

_Cryptocephalus approximatus_ Baly, 1873: 93; Gao, 1993: 120; Ren, 2010: 206.

_Cryptocephalus fortunatus_ Baly, 1873: 94; Gao, 1993: 120; Ren, 2010: 206.

曾用名：蔷薇隐头叶甲（王希蒙等，1992；任国栋，2010）、红足隐头叶甲（高兆宁，1993）。

识别特征：体长 3.5～4.9 mm。体背面钢蓝色，有时略带紫色或绿色。头上刻点小而清晰，不密；唇基刻点较大；头顶中间有清晰纵沟纹；雄性触角近达鞘翅端部，雌性向后伸达体长 3/4 处。前胸背板横宽，基宽端窄，侧缘具敞边；盘区光亮，刻点很细而稀疏。小盾片舌形，末端圆钝或直，表面光亮，刻点细弱。鞘翅两侧近平行且具窄边，肩胛和小盾片后方隆起；盘区刻点排成较不规则的纵行，中部大刻点排列较紧密，其余小刻点稀疏。腹面被淡棕黄色细短毛；雄性腹末节中部较降低而光亮，臀板刻点密，端部较疏，被淡褐色短毛，雌性腹末节具圆凹。

检视标本：2 头，宁夏西吉黄家庄，1983. VII. 17（IPPNX）。

地理分布：宁夏（西吉、六盘山）、辽宁、黑龙江、江苏、浙江、江西、台湾；俄罗斯（远东），朝鲜，日本。

取食对象：柳属、桦属、乌桕等。

**（1015）绿隐头叶甲 Cryptocephalus (Cryptocephalus) hypochoeridis (Linnaeus, 1758)**（图版 LXXIII: 7）

Chrysomela hypochoeridis Linnaeus, 1758: 370; Tan et al., 1980: 186; Ren, 2010: 206; Löbl & Smetana, 2010: 594.

Cryptocephalus cyanescens Weise, 1893: 1119; Gao, 1993: 120.

曾用名：兰绿隐头叶甲（高兆宁，1993）。

识别特征：体长 5.0～5.8 mm，宽 2.9～3.2 mm。金绿色或蓝绿色，常具铜色光泽。外形与背凹隐头叶甲 Cryptocephalus sericeus Linnaeus, 1758 十分近似，除体形较小和体背不如后者拱起外，其他区别特征为：前胸背板近基部中叶有时稍低下，无明显凹；鞘翅外侧和近中缝处刻点排成略规则的纵行，行间常较隆，脊纹状；雄性肛节腹板无齿。

检视标本：2 头，宁夏泾源二龙河，2009. VII. 3，王新谱、赵小林采（HBUM）；3 头，宁夏泾源二龙河，2009. VIII. 7，顾欣采（HBUM）；1 头，宁夏隆德苏台，2009. VIII. 12，顾欣采（HBUM）。

地理分布：宁夏（泾源、隆德）、新疆；俄罗斯（西伯利亚），欧洲。

**（1016）斑额隐头叶甲 Cryptocephalus (Cryptocephalus) kulibini kulibini Gebler, 1832**

Cryptocephalus kulibini Gebler, 1832: 71; Tan et al., 1980: 187; Wang et al., 1992: 66; Gao, 1993: 120; Ren, 2010: 206; Wang & Yang, 2010: 252; Löbl & Smetana, 2010: 595.

识别特征：体长 3.5～5.0 mm，宽 1.8～2.7 mm。背面金绿色，个别蓝紫色，腹面黑绿色。头上刻点小而清晰，适当密；额刻点较大；雄性触角较粗长，向后长度超过体长 2/3 处，雌性约向后伸达体长之半处。前胸背板横宽，表面光亮，刻点细小；侧缘弧形，敞边较宽。小盾片舌形，端部较隆，光亮，具稀疏小刻点。鞘翅肩胛显隆，小盾片后面隆起，侧缘敞边窄；盘区刻点粗大，端部较小，近侧缘和中缝几行有时呈较不规则 2 行排列；肩胛下面和盘区中部常有横褶皱。体下密布细刻点和淡色短毛；

臀板基部刻点密小，端部较大且较疏；雄性腹末节中央浅纵凹。

地理分布：宁夏（六盘山、贺兰山）、河北、山西、内蒙古、辽宁、吉林、黑龙江、山东、湖北、广东、陕西、甘肃；蒙古国，俄罗斯（远东、东西伯利亚），朝鲜。

取食对象：胡枝子。

**（1017）红斑隐头叶甲 *Cryptocephalus (Cryptocephalus) licenti* Chen, 1942**（图版 LXXIII：8）

*Cryptocephalus licenti* Chen, 1942: 115; Ren, 2010: 206; Löbl & Smetana, 2010: 595.

识别特征：体长 4.7～5.3 mm。背面橘红色，光亮，腹面及足黑色。头具稀疏细刻点及白色短毛，头顶中央具细浅纵沟；触角细，长达鞘翅 2/3 处。前胸背板横宽，由基部向端部渐窄，侧缘具较窄敞边；盘区十分隆，球面形，无刻点。小盾片舌形，具稀疏细刻点。鞘翅两侧近平行，肩胛隆；盘区刻点较稀疏，内侧略成规则 2 行，行间距较宽，刻点间布细浅横纹及微细粒。腹面密布灰白色短毛及细密刻点；肛节具圆凹；臀板末端弧圆，布细密刻点和刚毛。足细长。

检视标本：3 头，宁夏泾源二龙河，2009. VII. 3，王新谱、赵小林采（HBUM）；1 头，宁夏泾源二龙河，2009. VII. 6，周善义采（HBUM）。

地理分布：宁夏（泾源）、河北、山西、山东、陕西、甘肃。

**（1018）黄斑隐头叶甲 *Cryptocephalus (Cryptocephalus) luteosignatus* Pic, 1922**（图版 LXXIII：9）

*Cryptocephalus luteosignatus* Pic, 1922: 10; Tan et al., 1980: 191; Ren, 2010: 207; Löbl & Smetana, 2010: 596.

识别特征：体长约 3.8 mm，宽约 2.2 mm。头上刻点清晰，头顶中间有细纵沟纹；唇基光亮，无刻点或十分稀且弱，触角基部之间有横凹；雄性触角向后伸达体长 3/4 处，雌性向后伸达体长之半处。前胸背板侧边很狭窄。小盾片三角形，端末直或圆钝，基部中间有小圆凹。鞘翅肩胛和小盾片后方稍隆起，盘区刻点较粗且深，排成规则的 11 纵行，行间宽平而光亮，每翅 5～6 斑。臀板刻点粗大，端半部稀疏；雄性腹末节中部为浅凹光纵区。

检视标本：1 头，宁夏泾源二龙河，2008. VII. 19，王新谱采（HBUM）。

地理分布：宁夏（泾源）、江苏、浙江、福建、江西、广东、广西、海南、四川、台湾、香港；越南。

取食对象：青冈栎、赤松、日本晚樱。

**（1019）槭隐头叶甲 *Cryptocephalus (Cryptocephalus) mannerheimi* Gebler, 1825**（图版 LXXIII：10）

*Cryptocephalus mannerheimi* Gebler, 1825: 26; Tan et al., 1980: 184; Wang et al., 1992: 66; Ren, 2010: 207; Wang & Yang, 2010: 252; Löbl & Smetana, 2010: 596; Yang et al., 2011: 172.

识别特征：体长约 7.9 mm，宽约 4.4 mm。亮黑色，具黄斑。头顶刻点小而深；额上刻点较为粗密，常汇集成皱纹状；复眼内缘深凹；触角基部有光亮小瘤，雄性触角向后伸达体长 3/4 处，雌性约向后伸达体长之半处。前胸背板横宽，自基部向前渐收缩，侧缘稍敞出，基部中叶稍后凸；盘区刻点长形，不密。小盾片长方形，基部直或稍圆钝，具稀疏刻点。鞘翅基部肩胛内侧浅凹，肩胛、小盾片两侧和后端隆起；侧缘中部之后较直，中部之前稍弧弯；盘区刻点较前胸背板大，肩胛下方常有横皱纹。雄性腹末节中部有方形或圆形凹，凹的基部中间有略指状小突起，突起末端常纵分为二；雄性臀板基部中间有不明显短纵凹纹，端缘无凹；雌性臀板中部隆起，中间有长形凹，端部较降低，端缘中间有深凹。

检视标本：1头，宁夏泾源秋千架，2009. VII. 7，王新谱采（HBUM）；1头，宁夏泾源东山坡，2009. VII. 11，王新谱采（HBUM）。

地理分布：宁夏（海原、泾源、贺兰山、罗山）、河北、山西、内蒙古、辽宁、吉林、黑龙江、浙江、湖北、陕西、甘肃；蒙古国，俄罗斯（远东、东西伯利亚），朝鲜，日本。

取食对象：杨属、榆属、茶条木。

**（1020）甘肃隐头叶甲 Cryptocephalus (Cryptocephalus) melaphaeus Scholler, Smetana & Lopatin, 2010**（图版 LXXIII: 11）

*Cryptocephalus melaphaeus* Scholler, Smetana & Lopatin in Löbl & Smetana, 2010: 596.

*Cryptocephalus bisbicruciatus* Chen, 1942: 115; Wang et al., 1992: 65; Gao, 1993: 120; Ren, 2010: 206.

识别特征：体长 4.5～5.8 mm。亮黑色。头被稀疏柔毛及不均匀刻点；唇基刻点粗糙；额刻点稍稀疏，中间有纵沟；雄性触角较细，向后伸达鞘翅中部之后，雌性近长达鞘翅中部。前胸背板横宽，基部向端部渐窄，侧缘敞边较宽；盘区高隆，布清晰的长圆形刻点。小盾片舌形，末端直或圆钝，表面疏布细刻点。鞘翅肩胛后方显隆，外缘较宽，略上翻；盘区刻点清晰，中等大小，略稀疏，基部刻点略成不规则纵行，末端近光滑无刻点。腹面被稀疏金黄色短毛及细密刻点；臀板末端弧圆，布细密刻点和刚毛；雌性腹末节具圆凹。足细长，雄性前足、中足第 1 跗节略膨大。

检视标本：1头，宁夏彭阳，1988. V. 23，任国栋采（HBUM）；6头，宁夏海原，1989. VI. 27（HBUM）；1头，宁夏泾源二龙河，2008. VI. 23，冉红凡采（HBUM）；1头，宁夏泾源二龙河，2009. VII. 3，王新谱采（HBUM）；1头，宁夏泾源龙潭，2009. VII. 5，王新谱采（HBUM）；1头，宁夏泾源二龙河，2009. VII. 6，周善义采（HBUM）；1头，宁夏泾源西峡，2009. VII. 9，王新谱采（HBUM）。

地理分布：宁夏（泾源、海原、彭阳）、山西、内蒙古、陕西、甘肃。

取食对象：杂草。

**（1021）黄缘隐头叶甲 Cryptocephalus (Cryptocephalus) ochroloma Gebler, 1830**（图版 LXXIII: 12）

*Cryptocephalus ochroloma* Gebler, 1830: 208; Löbl & Smetana, 2010: 597; Yang et al., 2011: 172.

识别特征：体长 6.4～7.6 mm，宽 3.5～5.0 mm。蓝黑或蓝紫色，光亮，无毛。头顶有稠密的细刻点；额刻点粗密；雄性触角向后长超过体长之半，雌性触角向后长达到体长之半。前胸背板横宽，两侧向前收缩，中部高凸，侧缘敞边明显；盘区刻点长形而深密，刻点间有细纵纹。小盾片长方形，末端直，表面光亮或具几个细刻点。鞘翅盘区有稠密的大刻点，内半部不规则 2 行排列。

地理分布：宁夏（罗山）、河北、山西、内蒙古、辽宁、吉林、黑龙江、甘肃；蒙古国，俄罗斯（远东、东西伯利亚），朝鲜。

取食对象：柳、榆。

**（1022）酸枣隐头叶甲 *Cryptocephalus (Cryptocephalus) peliopterus peliopterus* Solsky, 1872**（图版 LXXIV: 1）

*Cryptocephalus peliopterus* Solsky, 1872: 251; Löbl & Smetana, 2010: 598.

*Cryptocephalus japanus* Baly, 1873: 92; Tan et al., 1980: 183; Ren, 2010: 206.

识别特征：体长 6.5～8.0 mm，宽 3.5～4.5 mm。头、体下和足黑色，被灰白色短毛；前胸背板和鞘翅淡黄到棕黄色，具黑斑，鞘翅端部具淡色细毛。头上有稠密的细刻点，触角基部有 1 小光瘤；雄性触角约向后伸达体长 3/4 处，雌性约达鞘翅肩部。前胸背板横宽，侧缘稍敞出，基部中叶后凸；盘区刻点细小。小盾片长方形。鞘翅长方形，缘折在鞘翅基部 1/3 处弧圆形外凸，肩胛稍隆，基部和小盾片两侧显隆；肩胛内侧刻点略成不规则纵行。腿节稍侧扁。

检视标本：1 头，宁夏彭阳挂马沟，2009. VII. 11，冉红凡采（HBUM）。

地理分布：宁夏（彭阳）、河北、山西、辽宁、吉林、黑龙江、山东、河南、湖南、陕西、甘肃；俄罗斯（远东），朝鲜，日本。

取食对象：枣、酸枣、圆叶鼠李。

**（1023）绿蓝隐头叶甲 *Cryptocephalus (Cryptocephalus) regalis cyanescens* Weise, 1887**（图版 LXXIV: 2）

*Cryptocephalus regalis cyanescens* Weise, 1887: 166; Tan et al., 1980: 181; Wang et al., 1992: 66; Ren, 2010: 207; Löbl & Smetana, 2010: 600.

识别特征：体长 4.7～6.0 mm，宽 2.8～3.7 mm。头上有稠密的细刻点，唇基刻点稀大；触角丝状，黑褐色。前胸背板横宽，两侧弧圆，敞边狭窄，基部中叶后凸；背面光亮，具铜绿色光泽，盘区有稠密的细刻点。小盾片绿色，基部宽而端部窄，末端直，具刻点。鞘翅无斑，沿基部和中缝有黑纵纹；盘区具明显横皱纹，刻点紧密而排列杂乱。

检视标本：1 头，宁夏泾源二龙河，2009. VII. 3，王新谱采（HBUM）；4 头，宁夏泾源龙潭，2009. VII. 4，周善义、孟祥君采（HBUM）；7 头，宁夏泾源龙潭，2009. VII. 5，王新谱、赵小林、杨晓庆采（HBUM）；3 头，宁夏泾源二龙河，2009. VII. 6，周善义、孟祥君采（HBUM）；6 头，宁夏泾源东山坡，2009. VII. 8，冉红凡、张闪闪采（HBUM）；13 头，宁夏泾源秋千架，2009. VII. 7，王新谱、杨晓庆采（HBUM）；6 头，宁夏泾源西峡，2009. VII. 9，王新谱、赵小林采（HBUM）；38 头，宁夏泾源东山坡，2009. VII. 12，王新谱、杨晓庆、赵小林采（HBUM）；1 头，宁夏固原开城，

2009. VII. 16，王新谱采（HBUM）；1 头，宁夏泾源二龙河，2009. VIII. 7，顾欣采（HBUM）。

地理分布：宁夏（泾源、固原）、河北、山西、内蒙古、辽宁、吉林、黑龙江、江苏、山东、湖北、陕西、青海；俄罗斯（东西伯利亚）。

取食对象：杂草。

**（1024）柳隐头叶甲** *Cryptocephalus (Cryptocephalus) regalis regalis* **Gebler, 1830**（图版 LXXIV: 3）

*Cryptocephalus regalis* Gebler, 1830: 208; Wang et al., 1992: 65; Löbl & Smetana, 2010: 600.

*Cryptocephalus hieracii* Weise, 1889: 583; Tan et al., 1980: 181; Gao, 1993: 120; Ren, 2010: 206.

*Cryptocephalus angaricus* Franz, 1949: 189; Gao, 1993: 120; Ren, 2010: 207.

曾用名：青海隐头叶甲（高兆宁，1993；任国栋，2010）。

识别特征：体长 4.4～5.2 mm，宽 2.2～2.8 mm。外形与绿蓝隐头叶甲十分近似，除体形较窄外，该种与后者的主要区别特征是：唇基有时有 1 黄斑，颊有 1 黄斑；鞘翅刻点较浅弱，横皱纹较弱；后胸腹板中部较光亮，刻点和毛很稀疏，常具细横皱纹。

检视标本：1 头，宁夏泾源秋千架，1973. VIII. 8（IPPNX）；3 头，宁夏泾源二龙河，1973. VIII. 13（IPPNX）；宁夏泾源龙潭（1 头，1983. VII. 21；4 头，1983. VIII. 14；2 头，1986. VIII. 6）（IPPNX）；1 头，宁夏泾源六盘山，1983. VIII. 1（IPPNX）；2 头，宁夏隆德，1989. VI. 26，任国栋采（HBUM）；1 头，宁夏海原水冲寺，1989. VII. 24，任国栋采（HBUM）。

地理分布：宁夏（海原、隆德、泾源）、河北、山西、内蒙古、辽宁、吉林、黑龙江、江苏、甘肃、青海；蒙古国，俄罗斯（远东、东西伯利亚），朝鲜，日本。

取食对象：柳属。

**（1025）六点隐头叶甲** *Cryptocephalus (Cryptocephalus) sexpunctatus sexpuncta-tus* **(Linnaeus, 1758)**（图版 LXXIV: 4）

*Chrysomela sexpunctatus* Linnaeus, 1758: 375; Ren, 2010: 207; Löbl & Smetana, 2010: 601.

识别特征：体长 5.2～6.0 mm。头光亮，被长柔毛及稠密刻点，黄斑刻点稀疏；雌性触角稍短，向后伸达体长之半处。前胸背板横宽，侧缘弱弧形，敞边较宽；盘区微隆，布稠密深圆刻点，敞边外更密。小盾片舌形，末端直或圆钝，表面疏布极细刻点。鞘翅弱金属光泽，外缘略延展，肩胛和小盾片后面显隆；刻点与前胸背板近似，盘区中部略粗大，末端稍细小而稀疏。腹面被灰白色稀疏刚毛及细密刻点；前胸腹板前窄后宽；中胸腹板方形；雄性肛节中央凹，凹前角处有 2 细钩状尖突，雌性肛节具圆凹；臀板末端宽圆，布细密刻点和刚毛。足细长。

检视标本：1 头，宁夏泾源西峡，2008. VII. 15，李秀敏采（HBUM）；1 头，宁夏泾源龙潭，2009. VII. 5，王新谱采（HBUM）；1 头，宁夏泾源东山坡，2009. VII. 11，王新谱采（HBUM）；1 头，宁夏隆德峰台，2009. VII. 13，王新谱采（HBUM）。

地理分布：宁夏（泾源、隆德）、北京、河北、吉林、江苏、江西；俄罗斯（东西伯利亚、远东），日本，土耳其，欧洲。

取食对象：卷边柳。

**（1026）黑隐头叶甲 _Cryptocephalus (Cryptocephalus) swinhoei_ Bates, 1866**（图版 LXXIV：5）

_Cryptocephalus swinhoei_ Bates, 1866: 354; Ren, 2010: 207; Löbl & Smetana, 2010: 602.

识别特征：体长 3.0～4.0 mm，宽 1.7～2.0 mm。漆黑色。头上刻点较密而清晰，头顶中央具深纵沟；唇基刻点大而疏，触角基部之间有横凹；雄性触角近向后伸达体长之半处，雌性约达鞘翅肩部。前胸背板侧缘具狭边，盘区光亮，刻点十分小而不显，近基部中叶两侧有窄短横凹，凹周围常有较大刻点。小盾片心形，末端圆钝，表面疏布小刻点，基部中间有时有小凹。鞘翅肩胛稍隆起，盘上刻点粗大，翅端细小，排成 11 纵行，行间一般较宽平，常有稀疏细刻点。臀板密布粗刻点和灰白色短毛；体下被灰色细短毛；前胸腹板长方形；中胸腹板宽短，表面粗糙，具粗颗粒；雄性腹末节中部为稍降低光纵区。

检视标本：5 头，宁夏泾源二龙河，2009. VII. 3，王新谱、赵小林采（HBUM）；1 头，宁夏泾源龙潭，2009. VII. 5，王新谱采（HBUM）。

地理分布：宁夏（泾源）、江苏、浙江、福建、江西、台湾。

取食对象：大麻、南紫薇。

## 短柱叶甲亚族 Pachybrachina Chapuis, 1874

### 441）短柱叶甲属 _Pachybrachis_ Chevrolat, 1836

**（1027）黄臀短柱叶甲 _Pachybrachis (Pachybrachis) ochropygus_ (Solsky, 1872)**（图版 LXXIV：6）

_Pachybrachys ochropygus_ Solsky, 1872: 254; Tan et al., 1980: 174; Ren, 2010: 208; Löbl & Smetana, 2010: 614.

识别特征：体长约 3.5 mm，宽约 1.8 mm。圆柱形；背面淡黄色，具斑纹和纵带，腹面黑色。头密布白色细毛，刻点粗密；头顶中央具纵沟，纵沟有时向下 2 分叉；触角细长。前胸背板横宽，表面密布刻点，近基部有明显横凹。小盾片倒梯形，光亮，顶端直。鞘翅刻点较头、胸部粗密，端半部略纵行排列。雄性腹末节中央略低凹，雌性具圆凹。前足腿节较中足、后足明显粗壮，雄性前足、中足第 1 跗节梨形宽大。

检视标本：5 头，宁夏泾源二龙河，2009. VII. 3，王新谱、赵小林采（HBUM）；2 头，宁夏泾源二龙河，2009. VII. 6，周善义、孟祥君（HBUM）；1 头，宁夏泾源秋千架，2009. VII. 7，王新谱采（HBUM）；2 头，宁夏泾源西峡，2009. VII. 9，王新谱、赵小林采（HBUM）。

地理分布：宁夏（泾源）、北京、河北、山西、辽宁、吉林、黑龙江、安徽、四川、甘肃、青海、新疆；蒙古国，俄罗斯（远东），朝鲜。

取食对象：杨属、柳属。

**（1028）花背短柱叶甲 *Pachybrachis* (*Pachybrachis*) *scriptidorsum* Marseul, 1875**（图版 LXXIV: 7）

*Pachybrachis scriptidorsum* Marseul, 1875: 261; Tan et al., 1980: 174; Gao, 1999: 46; Ren, 2010: 208; Löbl & Smetana, 2010: 615.

识别特征：体长约 3.0 mm，宽约 1.5 mm。圆柱形；背面淡黄色，具斑纹和纵带，腹面黑色。头部复眼间刻点稀疏。前胸背板密布刻点。小盾片倒梯形，光亮。鞘翅刻点行列清晰，每翅基部 11 行，行间显隆。前足腿节较中足、后足粗壮；雄性前足、中足第 1 跗节梨形宽大；后足第 1 跗节等于第 2+3 节的长度之和。

检视标本：1 头，宁夏泾源秋千架，2009. VII. 7，王新谱采（HBUM）。

地理分布：宁夏（银川、泾源、平罗）、北京、河北、山西、内蒙古、吉林、黑龙江、山东、河南、湖北、陕西；蒙古国，俄罗斯（西伯利亚），朝鲜，哈萨克斯坦，土耳其，叙利亚，欧洲。

取食对象：柳属、艾蒿属、胡枝子。

## 46.7　肖叶甲亚科 Eumolpinae Hope, 1840

## 葡萄肖叶甲族 Bromiini Baly, 1865 (1863)

### 442）鳞斑肖叶甲属 *Pachnephorus* Chevrolat, 1836

**（1029）谷子鳞斑肖叶甲 *Pachnephorus lewisi* Baly, 1878**（图版 LXXIV: 8）

*Pachnephorus lewisi* Baly, 1878: 257; Tan et al., 2005: 43; Löbl & Smetana, 2010: 618.

识别特征：背面深色或淡褐色，具铜色光泽，被黄褐色和白色鳞片斑纹；腹面黑褐色，被灰白色鳞片。头上有稠密的细刻点，常具纵皱纹；唇基横宽，基部隆起，刻点稀疏；触角向后伸达鞘翅肩部。前胸背板宽大于长，基部至中部之前稍宽，自此至端部变窄，两侧稍弧圆，盘区刻点深。小盾片三角形，基部常具几个大刻点。鞘翅肩部和基部稍隆起，基部具浅横凹；盘区刻点深，基部粗大，端半部较小，排成规则纵行，行间光滑无刻点。爪基具附齿。

地理分布：宁夏（六盘山）、河北、内蒙古、辽宁、吉林、黑龙江、福建、湖北、广东、海南、甘肃、新疆、台湾；俄罗斯（西伯利亚），日本，越南，老挝，柬埔寨，泰国，印度，缅甸，尼泊尔。

取食对象：稻、谷子等。

### 443）梢肖叶甲属 *Parnops* Jakobson, 1894

**（1030）杨梢肖叶甲 *Parnops glasunowi glasunowi* Jakobson, 1894**

*Parnops glasunowi* Jakobson, 1894: 277; Wang et al., 1992: 67; Gao, 1993: 121, 1999: 88; Tan et al., 2005: 153; Ren, 2010: 208; Löbl & Smetana, 2010: 628; Yang et al., 2011: 173.

曾用名：杨梢叶甲（高兆宁，1993，1999；任国栋，2010；杨贵军等，2011）。

识别特征：体长 5.0～6.5 mm，宽 2.1～3.0 mm。体狭长，黑色或黑褐色，密布灰白色鳞片状毛。头宽，基部嵌于前胸内；上唇横宽，前缘凹；唇基横宽，与额无分界，前缘中部浅凹；复眼内缘浅凹；触角丝状，等于或稍超过体长之半。前胸背板矩形，前缘稍弧弯，侧缘直；前角圆形而稍前突，后角直。小盾片舌形。鞘翅两侧平行，端部窄圆，肩部不显隆。足粗壮，中胫节、后胫节端部外侧浅凹；第 1～3 跗节宽而略三角形；爪 2 裂。

地理分布：宁夏（银川、贺兰、中宁、中卫、同心、盐池、灵武、六盘山）、河北、山西、内蒙古、辽宁、吉林、黑龙江、江苏、河南、陕西、甘肃、青海、新疆；俄罗斯，伊朗，塔吉克斯坦，乌兹别克斯坦，土库曼斯坦。

取食对象：杨属、柳属、梨属。

## 444）毛肖叶甲属 *Trichochrysea* Baly, 1861

### （1031）银纹毛肖叶甲 *Trichochrysea japana* (Motschulsky, 1858)（图版 LXXIV: 9）

*Heteraspis japana* Motschulsky, 1858: 37; Wang et al., 1992: 67; Gao, 1993: 121; Tan et al., 2005: 186; Ren, 2010: 208; Löbl & Smetana, 2010: 629.

曾用名：银纹毛叶甲（王希蒙等，1992；高兆宁，1993）、银纹毛叶甲指名亚种（任国栋，2010）。

识别特征：体长 5.7～8.0 mm，宽 2.5～3.9 mm。长椭圆形；铜色或铜紫色，被毛及毛斑。头上刻点粗密，皱纹状，头顶更深；额中间有不甚明显光纵纹；唇基前缘宽浅凹；触角细长，丝状。前胸背板侧边完整而明显，盘区密布粗刻点，皱纹深，近前角处有小瘤突，有时不明显。小盾片有稠密的细刻点。鞘翅刻点大而深，排成不规则纵行。腹面刻点较背面小而稠密。

检视标本：8 头，宁夏泾源六盘山，1964. VI（IPPNX）；7 头，宁夏泾源龙潭，1986. VI. 19（IPPNX）；2 头，宁夏泾源秋千架，1986. VIII. 7（IPPNX）。

地理分布：宁夏（泾源）、北京、河北、江苏、浙江、福建、江西、湖北、湖南、广东、广西、海南、四川、贵州、云南、台湾；韩国，日本，越南。

取食对象：杂草。

### （1032）中华毛肖叶甲 *Trichochrysea sinensis* Chen, 1940

*Trichochrysea sinensis* Chen, 1940: 505; Tan et al., 2005: 43; Ren, 2010: 209; Löbl & Smetana, 2010: 629.

识别特征：体长 6.4～7.5 mm。体色多变，具金属光泽，被稀疏毛。头上刻点深而密，具皱纹，中间有小瘤突；唇基前缘半圆形凹；触角丝状，向后伸达体长之半处。前胸背板基部稍窄，两侧边缘完整或中部不明显；盘区密布较大而深刻点。小盾片刻点深密。鞘翅基部显隆；盘区刻点密，基部稍大于前胸背板，中部之后细弱。腿节下侧 1 细齿。

检视标本：1 头，宁夏泾源龙潭，2009. VII. 4，冉红凡采（HBUM）；2 头，宁夏泾源龙潭，2009. VII. 5，王新谱、杨晓庆采（HBUM）。

地理分布：宁夏（泾源）、山西、广西、四川、陕西、甘肃；东洋界。

## 肖叶甲族 Eumolpini Hope, 1840

### 445）绿肖叶甲属 *Chrysochares* Morawitz, 1861

#### （1033）大绿肖叶甲 *Chrysochares asiaticus* (Pallas, 1771)（图版 LXXIV: 10）

*Chrysomela asiaticus* Pallas, 1771: 463; Wang et al., 1992: 67; Tan et al., 2005: 323; Wang et al., 2007: 33; Ren, 2010: 205; Wang & Yang, 2010: 250; Löbl & Smetana, 2010: 631; Yang et al., 2011: 172.

曾用名：大绿叶甲（任国栋，2010；王新谱等，2010；杨贵军等，2011）。

识别特征：体长 11.5～17.5 mm，宽 5.5～5.8 mm。体粗长；背面金绿色，具铜色光泽，或头、胸部绿色，小盾片蓝色，鞘翅蓝紫色；腹面绿色。头上刻点小而稀疏，中间有纵沟纹；唇基刻点较密，触角基部各有 1 三角形光瘤；复眼内侧和上方有较深凹沟；触角向后伸达鞘翅基部 1/4 处。前胸背板球形隆起，基端较窄，前角稍前突，侧缘圆形，端部 1/3 处最宽，侧边完整；盘区刻点细而较密。小盾片光亮，无刻点，末端宽圆。鞘翅肩部圆隆，基部浅横凹；盘区刻点细小而较密，排列不规则。除雄性前、中足第 1 跗节外，跗节腹面有光裸的纵沟；爪较细长，内缘中部有 1 小齿。

地理分布：宁夏（全区）、甘肃、新疆；蒙古国，俄罗斯（西伯利亚），塔吉克斯坦，乌兹别克斯坦，土库曼斯坦，哈萨克斯坦，欧洲。

取食对象：牛皮消属、长茅草、紫穗槐。

#### （1034）罗布麻绿肖叶甲 *Chrysochares punctatus punctatus* (Gebler, 1845)（图版 LXXIV: 11）（宁夏新纪录）

*Chrysochus punctatus* Gebler, 1845: 106; Tan et al., 2005: 323; Löbl & Smetana, 2010: 631.

识别特征：体长 9.0～13.0 mm，宽 4.5～6.5 mm。体长形；铜绿色，常具紫色光泽。头上刻点较大而密，头顶具纵皱纹，中央纵沟不明显；唇基刻点更密，刻点毛明显；复眼内侧和上方有浅而不明显凹沟；触角基部有 1 对三角形光瘤；触角较粗壮，长超过鞘翅肩部。前胸背板基端两处变窄，中部之前最宽，此处侧缘呈圆形，中部之后侧缘直，斜向后方；盘区刻点粗密，两侧较中部大。小盾片长形，末端圆钝，具细刻点。鞘翅肩部隆起，基部浅横凹；盘区有稠密的细刻点，排列不规则。体下和足的特征与大绿肖叶甲相似，但爪的纵裂部位更靠下，爪较宽。

检视标本：1 头，宁夏平罗，1960. VII. 13（HBUM）；9 头，宁夏银川，1959. VI. 21（HBUM）；1 头，宁夏永宁，1980. VII. 1（HBUM）；13 头，宁夏中卫沙坡头，1987. VI. 13，任国栋采（HBUM）。

地理分布：宁夏（银川、永宁、平罗、中卫）、甘肃、新疆；蒙古国，塔吉克斯坦，乌兹别克斯坦，土库曼斯坦，哈萨克斯坦。

取食对象：罗布麻、新青麻。

## 446）萝藦肖叶甲属 *Chrysochus* Chevrolat, 1836

### （1035）蓝紫萝藦肖叶甲 *Chrysochus asclepiadeus asclepiadeus* (Pallas, 1773)（图版 LXXIV: 12）

*Chrysomela asclepiadeus* Pallas, 1773: 725; Gao, 1999: 148; Tan et al., 2005: 318; Wang & Yang, 2010: 250; Löbl & Smetana, 2010: 631.

曾用名：萝藦叶甲（高兆宁，1999）。

识别特征：体长 7.5～10.0 mm。体粗壮；蓝色或紫色，鞘翅有时具紫色光泽。触角粗，第 7～10 节宽。前胸背板横宽，两侧圆而具饰边，盘区强烈隆起。鞘翅刻点排列不规则。前胸腹板宽；中胸腹板近方形。足粗壮，腿节无齿，爪具附齿。

地理分布：宁夏（平罗、灵武、盐池、贺兰山）、甘肃、青海；俄罗斯（西伯利亚），朝鲜，日本，哈萨克斯坦，欧洲。

取食对象：萝藦科、牛皮消。

### （1036）中华萝藦肖叶甲 *Chrysochus chinensis* Baly, 1859（图版 LXXV: 1）

*Chrysochus chinensis* Baly, 1859: 125; Wang et al., 1992: 67; Gao, 1993: 119, 1999: 148; Tan et al., 2005: 319; Ren, 2010: 205; Wang & Yang, 2010: 250; Löbl & Smetana, 2010: 631; Yang et al., 2011: 172.

*Chrysochus cyclostoma* Weise, 1889: 593; Gao, 1993: 120.

曾用名：大蓝绿叶甲（王希蒙等，1992）、萝藦叶甲（高兆宁，1993）、中华萝藦叶甲（高兆宁，1999）。

识别特征：体长 7.2～13.5 mm，宽 4.2～7.0 mm。体粗壮，长卵形；金属蓝或蓝绿、蓝紫色。唇基刻点较头部其余部分细密，被毛亦较密；头中间有细纵纹，有时不明显；触角基部各有 1 稍隆起的光滑瘤；触角向后伸达或超过鞘翅肩部，末端 5 节稍粗长。前胸背板基端两处较窄，盘区球面形，中部高隆而两侧低下，前角突出；侧边明显，中部之前弧圆，中部之后较直；盘区刻点或稀或密或细或粗。小盾片心形或三角形，光滑或具细刻点。鞘翅肩部和基部隆起，二者之间有纵凹沟，基部之后横凹；盘区刻点通常横凹处和肩部下面较大。前胸前侧片前缘凸，刻点和毛密；前胸后侧片光亮，具稀疏大刻点。雄性前足、中足第 1 跗节较雌性宽，爪 2 裂。

检视标本：宁夏银川（4 头，1959. VII. 4；15 头，1960. VI. 24；7 头，1982. VII）（IPPNX）；2 头，宁夏灵武，1960. VI. 9（IPPNX）；1 头，宁夏平罗，1960. VII. 12（IPPNX）；1 头，宁夏同心，1974. VI（IPPNX）；宁夏青铜峡树新（4 头，1981. VI. 30；2 头，1985. VI. 25）（IPPNX）；3 头，宁夏中卫沙坡头，1987. VI. 25，任国栋采（HBUM）；1 头，宁夏海原，1988. VIII. 5，任国栋采（HBUM）；21 头，宁夏中卫，1989. VII. 3，任国栋采（HBUM）；宁夏盐池（1 头，1986. VI，任国栋采；8 头，1989. VI. 21）（HBUM）；190 头，宁夏永宁征沙渠，杨彩霞、南宁丽采（IPPNX）；1 头，宁夏固原须弥山，2009. VII. 17，王新谱采（HBUM）。

地理分布：宁夏（银川、中卫、吴忠、中宁、灵武、盐池、固原、同心、青铜峡、永宁、海原、平罗、贺兰山）、河北、山西、内蒙古、辽宁、吉林、黑龙江、江苏、浙江、福建、江西、山东、河南、湖北、湖南、广西、四川、贵州、云南、西藏、陕西、甘肃、青海；蒙古国，俄罗斯（远东），朝鲜，日本。

取食对象：萝藦、甘薯、蕹菜、芋头、桑、松、杨、柳、榆、槐、罗布麻、青冈、茄子、烟草、雀瓢、夹竹桃、曼陀罗。

## 宽叶甲族 Euryopini Chapuis, 1874

### 447）角胸肖叶甲属 *Basilepta* Baly, 1860

#### （1037）钝角胸肖叶甲 *Basilepta davidi* (Lefèvre, 1877)（图版 LXXV: 2）

*Nodostoma davidi* Lefèvre, 1877: 157; Tan et al., 2005: 84; Löbl & Smetana, 2010: 637.

识别特征：体长 3.0～4.5 mm。卵形或长卵形；体色变异大。头上刻点细小，较稀疏，中央纵沟纹明显或不明显；唇基前缘中部凹，两侧向前突；触角细长，向后伸达体长 2/3～3/4 处。前胸背板在中部之后与基部之前最宽，由此处向外钝角形扩展，无尖角，自中部向前逐渐变窄；盘区光滑无刻点或具十分细微的刻点。小盾片弱长方形，末端圆钝，中部常有 1 浅凹。鞘翅肩部隆起，肩部内侧也稍隆起，二者之间 1 条具大刻点的纵沟；基部下面 1 横凹，横凹和肩胛下面的刻点大而明显；翅面其余部分刻点细小或仅留痕迹，呈纵行排列。腿节粗壮，腹面各具 1 细齿。

地理分布：宁夏（平罗）、江苏、浙江、福建、江西、广东、广西、海南、贵州、云南、台湾；日本。

取食对象：杨属、樱桃属、山核桃属植物。

#### （1038）褐足角胸肖叶甲 *Basilepta fulvipes* (Motschulsky, 1860)（图版 LXXV: 3）

*Nodostoma fulvipes* Motschulsky, 1860: 176; Gao, 1993: 117, 1999: 48; Tan et al., 2005: 92; Löbl & Smetana, 2010: 637.

曾用名：褐足角胸叶甲（高兆宁，1993，1999）。

识别特征：体长 3.0～5.5 mm，宽 2.0～3.2 mm。卵形或近方形；体色变异较大。头上有稠密的深刻点，头顶后方具纵皱纹；唇基前缘深凹；触角丝状，雄性长达到体长的 2/3，雌性的长达到体长之半。前胸背板略呈六角形，前缘较直，基部弧形，两侧基部之前而中部之后尖角状突；盘区密布深刻点，前缘横沟明显或不明显。小盾片盾形，表面光亮或具细刻点。鞘翅基部隆起，后面横凹，肩后有斜伸的短隆脊；盘区刻点一般排成规则的纵行，基半部刻点大而深，端半部细而浅，行间无刻点或具细刻点。腿节下侧无明显齿。

检视标本：1 头，宁夏固原，1963. VII. 5（IPPNX）；宁夏银川（60 头，1964. VI. 27；80 头，1993. VII .7）（IPPNX）；53 头，宁夏灵武，1989. VII. 2（IPPNX）；8 头，宁夏永宁，1998. VII. 1（IPPNX）；5 头，宁夏同心预旺镇，2005. VI. 6（IPPNX）；1 头，宁夏吴忠红寺堡，2006. VI. 28（IPPNX）。

地理分布：宁夏（银川、固原、灵武、永宁、同心、中卫、红寺堡）、北京、河北、山西、内蒙古、辽宁、黑龙江、江苏、浙江、福建、江西、山东、湖北、湖南、广西、四川、贵州、云南、陕西、台湾；蒙古国，俄罗斯（远东、东西伯利亚），朝鲜，日本。

取食对象：李、梨、苹果、艾蒿、大豆、谷子、玉米、高粱、大麻、甘草、蓟等。

## 448）甘薯肖叶甲属 *Colasposoma* Laporte, 1833

### （1039）甘薯肖叶甲 *Colasposoma dauricum* Mannerheim, 1849（图版 LXXV: 4）

*Colasposoma dauricum* Mannerheim, 1849: 247; Wang et al., 1992: 67; Gao, 1993: 120; Tan et al., 2005: 142; Ren, 2010: 205; Löbl & Smetana, 2010: 635; Yang et al., 2011: 172.

曾用名：麦茎叶甲、旋花叶甲（高兆宁，1993）。

识别特征：体长 5.0～7.0 mm，宽 3.0～4.0 mm。体色多变，大多铜色和蓝色。头上刻点十分粗密，刻点间距隆起，呈纵皱纹状；唇基中央 1 瘤突；触角较细长，端部 5 节略粗，呈圆筒形而不宽扁。前胸背板侧缘圆，前角尖锐；盘区隆凸，密布粗深刻点。小盾片近方形，刻点较细而稀疏。鞘翅刻点较细小，排列不规则，刻点间距较光平，有细刻点，有时具皮革状细皱纹；雌性外侧肩部后方具较降低横皱褶，雄性几乎光滑无皱。

检视标本：1 头，宁夏泾源秋千架，2009. VII. 7，王新谱采（HBUM）；1 头，宁夏泾源西峡，2009. VII. 9，王新谱采（HBUM）；1 头，宁夏泾源东山坡，2009. VII. 11，王新谱采（HBUM）；1 头，宁夏彭阳挂马沟，2009. VII. 11，冉红凡采（HBUM）；2 头，宁夏隆德峰台，2009. VII. 14，王新谱、赵小林采（HBUM）；13 头，宁夏固原开城，2009. VII. 16，王新谱、冉红凡、杨晓庆采（HBUM）；6 头，宁夏固原须弥山，2009. VII. 17，王新谱、冉红凡采（HBUM）；4 头，宁夏海原牌路山，2009. VII. 18，王新谱、冉红凡采（HBUM）；1 头，宁夏泾源王化南，2009. VII. 31，顾欣采（HBUM）。

地理分布：宁夏（银川、吴忠、中卫、泾源、彭阳、隆德、固原、海原、罗山）、河北、山西、内蒙古、吉林、黑龙江、江苏、浙江、安徽、福建、江西、山东、河南、湖北、湖南、广东、广西、海南、四川、贵州、云南、陕西、甘肃、青海、新疆；蒙古国，俄罗斯（远东、东西伯利亚），朝鲜，日本，印度，缅甸。

取食对象：甘薯、蕹菜、小麦等。

### （1040）黑绿甘薯肖叶甲 *Colasposoma viridicoeruleum* Motschulsky, 1860（图版 LXXV: 5）

*Colasposoma viridicoeruleum* Motschulsky, 1860: 178; Löbl & Smetana, 2010: 636.

识别特征：大多紫铜色。头上刻点粗皱，头顶隆起不太高，中线不明显；唇基中央瘤突明显；触角端部 5 节扁宽或简单不太扁。前胸背板、鞘翅和小盾片基部刻点通常较其他地方更为粗密。鞘翅外侧肩部后方脊状褶皱粗而隆起，该隆起在雄性常向后超过鞘翅中部。

检视标本：10 头，宁夏灵武，1960. VI. 10（IPPNX）；8 头，宁夏中宁，1960. VII.

5（IPPNX）；15 头，宁夏中卫，1960. VIII. 5（IPPNX）；23 头，宁夏银川，1960. VIII. 12（IPPNX）；2 头，宁夏盐池，1962. VI. 29（IPPNX）；30 头，宁夏固原，1962. VI. 30（IPPNX）；1 头，宁夏石嘴山，1962. VIII. 1（IPPNX）；30 头，宁夏隆德，1963. VI. 27（IPPNX）；10 头，宁夏同心，1963. VII. 3（IPPNX）；12 头，宁夏吴忠，1965. VI. 30（IPPNX）；10 头，宁夏泾源龙潭，1986. VIII. 25（IPPNX）。

地理分布：宁夏（灵武、中宁、中卫、银川、盐池、固原、石嘴山、隆德、同心、吴忠、泾源）、海南、台湾；日本，东洋界。

### 449）平背肖叶甲属 *Mireditha* Reitter, 1913

#### （1041）粗刻平背肖叶甲 *Mireditha cribrata* Tan, 1981（图版 LXXV: 6）

*Mireditha cribrata* Tan, 1981: 52; Tan et al., 2005: 51; Löbl & Smetana, 2010: 641.

识别特征：体长约 3.2 mm。卵形；头、胸、体下红棕色，触角黄色，鞘翅和足淡黄褐色，胫节色稍深，跗节弱红棕色；背面光亮而无毛，腹面具稀疏淡色短毛。头上刻点粗密，头顶具皱纹，额后方中间有 1 浅圆凹；触角约达鞘翅基部 1/4 处。前胸背板宽短，两侧具边缘，两侧中部突出呈小尖角；盘区刻点很粗密，明显较头部粗大，具纵皱纹。小盾片三角形，光亮。鞘翅隆起，球面状，基部宽，尾端尖窄，呈流线形；盘区刻点远较前胸背板的小而弱，行列整齐，基部 11 行，中部 9 行，端部刻点更为细小；行间光平，布细而疏的刻点；肩部稍隆起，其后有 1 较宽的纵隆脊，直达鞘翅外侧中部。腹部刻点浅而弱。中、后胫节端部外侧浅凹；爪基具附齿。

地理分布：宁夏（平罗）、青海。

# XV. 象甲总科 Curculionoidea Latreille, 1802

身体强烈骨化，背面多具鳞片；头部具喙；外咽片消失，仅有 1 条外咽缝；下颚须 3 节；触角端部 3 节膨大，多为膝状；前胸无侧边；后胸腹板有横缝；鞘翅遮盖腹部末端；跗节伪 4 节。

该总科物种数量巨大，有 8 科 19 亚科 6800 属 8 万多种。本书记录宁夏 4 科。

# 47. 卷象科 Attelabidae Billberg, 1820

体长 2.0～25.0 mm。体表具金属光泽或其他色泽；被毛或光裸无毛。头短至极延长，喙长于或短于头部；复眼卵圆形或圆形，多突出，中部被喙隔开，少数种类眼间距很小。触角直，非膝状，端部 3 节棒状。前胸背板光滑，侧缘弧形，部分种类具脊。鞘翅未达腹部末端，臀板部分或完全外露；翅面具刻点行或无规则刻点。腹部基部的 3～4 个腹板愈合。跗式 5-5-5。

该科全球已知 3 亚科约 150 属 2500 种，分布于除新西兰和太平洋群岛外的世界其他地区。大多数种类取食双子叶植物。幼虫取食植物根部，或茎、花蕾、果实内部。中国已记录 3 亚科 39 属近 300 种；本书记录宁夏 3 亚科 6 属 10 种。

## 47.1　钳颚象亚科 Attelabinae Billberg, 1820

## 钳颚象族 Attelabini Billberg, 1820

## 钳颚象亚族 Attelabina Billberg, 1820

### 450）钳颚象属 *Attelabus* Linnaeus, 1758

#### （1042）金光钳颚象 *Attelabus* (*Attelabus*) *metallicus* Zhang, 1995

*Attelabus metallicus* Zhang in Zhang, Yang & Gao, 1995: 208; Löbl & Smetana, 2011: 134.

曾用名：金光卷象。

识别特征：体长 3.5～4.0 mm，宽 2.0～2.5 mm。墨绿色，具金属光泽。头两侧有稠密的皱纹状刻点，头顶刻点稀小，头下有 1 横片状脊，其前方 2 纵脊；额与喙基等宽，沿眼内缘有深纵沟。喙长稍大于宽，向前变宽，被密点。触角位于喙基，触角窝的后缘紧靠眼前缘，触角间隆起，喙下有圆瘤。触角节短，柄节与索节 1 粗壮，长大于宽，索节 2 短小，显短于索节 3，索节 6、索节 7 近球形，棒节 1、棒节 2 长约等于宽。前胸背板宽大于长，侧缘向前弧形收缩，背面光滑，无刻点，基部有细横皱。小盾片近梯形，前缘 1 列刻点，其余光滑。鞘翅长大于宽，肩明显，具小盾片行，行纹刻点小而圆，行间宽而平，无明显刻点。臀板外露，刻点稀。中胸前侧片布稠密细皱纹，中胸后侧片布皱刻点，后胸前侧片的后下角刻点密，余地光滑，仅有零星刻点。腹部腹板中央扁平，第 2、第 3 节中央各有 2 簇毛。足腿节下侧光滑，前足胫节细长，近直。雌性头下无突起，前足胫节较短，腹部腹板中央隆起，无毛簇。

地理分布：宁夏（同心）。

取食对象：毛榛。

### 451）须喙象属 *Henicolabus* Voss, 1925

#### （1043）宁夏须喙象 *Henicolabus* (*Chinolabus*) *ningxianus* (Legalov & Liu, 2005)

*Chinolabus ningxianus* Legalov & Liu, 2005:130; Löbl & Smetana, 2011: 135.

曾用名：宁夏华卷叶象。

主要特征：体长 4.7～5.6 mm。黑色，鞘翅红色或棕黄色。头长，喙短而强扩，刻点稀疏；额宽凹，刻点细，每侧 2 条深沟，汇聚为尖角；头顶突而光滑，具中线；颊长；复眼大而突出；触角短，位于喙之前，向后达前胸背板前缘。前胸背板梯形；盘拱起，中部 2 深凹，前横沟清晰，后横沟弱。小盾片拱起，近矩形。鞘翅宽，肩部突，中部之后最宽，间隔宽而扁平，有弱皱纹状刻点，侧缘锐脊状，沟清晰，刻点粗而浅，第 9、第 10 刻点沟在中胸腹突前汇合。腹部拱起，具皱纹；臀板拱起，刻点稀疏。足长，前足强烈伸长，前足腿节强烈变宽，无齿，中、后足腿节宽；前胫节长，弱弯，端部具长尖突，内侧 7 齿，中、后胫节短，双凹；跗节长，稍短于胫节，第 1 节三角形延长，第 2 节三角形，第 3 节二裂，末节延长。

检视标本：1♂4♀，宁夏泾源龙潭，1986. VII. 14，任国栋采（HBUM）。

地理分布：宁夏（泾源）。

## 452）弗喙象属 *Phialodes* Roelofs, 1874

### （1044）突翅弗喙象 *Phialodes* (*Chinphialodes*) *tumidus* Zhang, 1995

*Attelabus tumidus* Zhang in Zhang, Yang & Gao, 1995: 207; Löbl & Smetana, 2011: 136.

曾用名：突翅卷象。

识别特征：体长 6.0～7.3 mm，宽 3.8～4.5 mm。黑色，鞘翅赭红色。头长大于宽，眼后有皱刻点，头顶刻点稀少，腹面 2 前伸刺突；额与喙基等宽，额中沟深，向后延至头顶，沿眼的内缘有宽深纵沟。喙长大于宽，刻点稠密，触角位于喙中部，触角窝后缘为显脊，位于触角基到眼前缘中部。触角节短，柄节和索节 1 粗壮，索节 2～7被长刚毛，索节 2 短小，显短于索节 3，索节 6、索节 7 近球形；棒节 1 长宽相等，棒节 2 长稍小于宽。前胸背板宽大于长，基部宽于前缘，侧缘弧形；盘区光裸无刻点。小盾片近五边形，无刻点。鞘翅肩明显，侧缘平行，基部靠小盾片处稍隆起，前突，盘区平，行纹刻点稀小，排列不规则。臀板端部外露，刻点密。中胸侧板有稠密皱刻点，后胸前侧片刻点明显，在后下角处更密。足腿节下侧有小粒突，前胫节长而直。雌性前胸背板赭红色或红褐色，头下无刺突，喙中部下面有后伸的舌状突，腹部第 1–2腹板中部有脊突，胫节较短。

地理分布：宁夏（泾源）、北京、河北、山西、辽宁、四川、甘肃。

取食对象：辽宁栎、山杨。

## 47.2　卷象亚科 Apoderinae Jekel, 1860

### 卷象族 Apoderini Jekel, 1860

## 453）卷象属 *Apoderus* Olivier, 1807

### （1045）榛卷象 *Apoderus cotyli* (Linnaeus, 1758)（图版 LXXV: 7）

*Attelabus cotyli* Linnaeus, 1758: 387; Ren, 2010: 211; Löbl & Smetana, 2011: 129.

识别特征：体长 8.6～8.8 mm，宽 3.0～4.4 mm。体黑色，前胸背板、鞘翅和足红褐色或部分红褐色。头长卵形，基部缢缩，细中线明显，喙短，端部略宽，背面密布细刻点，上颚短，钳状；眼隆凸；触角着生处呈瘤突状隆起，瘤上有宽中线，喙基部向额两侧至眼背缘具细沟；触角位于喙背面中间或稍靠后。前胸背板前缘比基部窄很多，两侧较隆，基部有窄隆线，近基部有横沟。小盾片短宽，略呈半圆形。鞘翅肩明显，两侧平行，端部变宽；刻点行明显，第 3、第 4 行间有 2 条短刻点行，行间扁平，第 3、第 5 行间基部略隆。腹面和臀板密布粗刻点。雄性胫节较细长，外端角有向内的钩，雌性胫节较短宽，内、外端角均有钩，内角有齿；爪合生。

检视标本：3 头，宁夏彭阳，1988. V. 23（HBUM）。

地理分布：宁夏（彭阳、六盘山）、北京、河北、山西、内蒙古、辽宁、吉林、黑龙江、江苏、福建、江西、四川、云南、陕西、甘肃、新疆、台湾；蒙古国，俄罗斯（远东、东西伯利亚），朝鲜，韩国，日本。

取食对象：榛子、柞、胡颓子、榆树。

## 47.3 齿颚象亚科 Rhynchitinae Gistel, 1848

## 金象族 Byctiscini Voss, 1923

## 金象亚族 Byctiscina Voss, 1923

### 454）金象属 *Byctiscus* Thomson, 1859

#### （1046）梨卷叶象 *Byctiscus betulae* (Linnaeus, 1758)（图版 LXXV: 8）

*Curculio betulae* Linnaeus, 1758: 381; Wang & Yang, 2010: 254; Löbl & Smetana, 2011: 117.

识别特征：体长约 8.0 mm。蓝紫色、蓝绿色或豆绿色，具红色金属光泽。头部向前象鼻状延伸；雄性喙较粗而弯。前胸背板前、基部具横皱，中间有细纵沟；雄性前胸背板球状突起，前两侧各有 1 前伸尖刺突。鞘翅长方形，肩后方侧缘微凹，翅面具不规则深刻点沟。

地理分布：宁夏（贺兰山）、辽宁、吉林、黑龙江、江西、河南、贵州、甘肃；俄罗斯（远东、东西伯利亚），土库曼斯坦，哈萨克斯坦，土耳其，叙利亚，以色列，欧洲。

取食对象：梨、苹果、小叶杨、山杨、桦树。

#### （1047）杨卷叶象 *Byctiscus populi* (Linnaeus, 1758)（图版 LXXV: 9）

*Curculio populi* Linnaeus, 1758: 381; Gao, 1993: 124; Löbl & Smetana, 2011: 113.

检视标本：11 头，宁夏泾源六盘山，1964. VI（IPPNX）；1 头，宁夏中卫，1964. VI. 7（IPPNX）；1 头，宁夏贺兰山，1975.V.20（IPPNX）；2 头，宁夏泾源，1980.V. 19（IPPNX）；10 头，宁夏泾源龙潭，1984. VI. 6（IPPNX）。

地理分布：宁夏（中卫、泾源、贺兰山）、山西、内蒙古、四川、青海；蒙古国，俄罗斯（远东、东西伯利亚），日本，印度，伊朗，土库曼斯坦，吉尔吉斯斯坦，哈萨克斯坦，土耳其，欧洲。

#### （1048）苹果卷叶象 *Byctiscus princeps* (Solsky, 1872)（图版 LXXV: 10）

*Rhynchites princeps* Solsky, 1872: 284; Wang & Yang, 2010: 255; Löbl & Smetana, 2011: 113.

识别特征：体长 5.0～7.0 mm。绿色，具光泽，鞘翅有 4 个发金光的红斑。头端部缩窄，密布刻点；喙略短于前胸背板长，端部略宽，密布刻点，侧面有伏毛；触角位于喙中部。前胸背板密布细刻点，前、基部密布横皱纹，中线明显；前缘缢缩而窄于基部，基部二凹状，中间略后突；雄性两侧近前缘有 1 叶状齿突。鞘翅两侧平行，背面密布刻点，盘区伏毛稀而短，侧面和端部密且长。臀板外露，略圆形，密布刻点，被伏毛。足较细，腿节棒状；胫节内端角有 1 小尖齿；爪分离，齿爪平行。

检视标本：2 头，宁夏泾源六盘山，1984. VI. 2，罗耀兴采（HBUM）。

地理分布：宁夏（泾源、平罗、贺兰山）、北京、河北、山西、辽宁、吉林、黑龙江、上海、四川、西藏、甘肃；俄罗斯（远东、东西伯利亚），朝鲜，韩国，日本。

取食对象：苹果等蔷薇科植物。

### （1049）山杨卷叶象 *Byctiscus rugosus* Gebler, 1830

*Rhynchites rugosus* Gebler, 1830: 146; Löbl & Smetana, 2011: 114.

*Byctiscus omissus* Voss, 1920: 169; Gao, 1993: 124; Ren, 2010: 211; Yang et al., 2011: 174.

曾用名：栎卷叶象（高兆宁，1993）。

识别特征：体长 6.0～7.0 mm。椭圆形；绿色，略带紫色金属光泽。喙向头前下方微弯曲伸；额上稍下凹，具粗皱褶；触角 11 节，具稀疏毛，位于喙中部。前胸背板具稠密的细刻点，基半部收缩较窄，中、基部向外侧突，尤以中部为甚，中间有浅纵沟。鞘翅具粗刻点，排列不甚整齐；肩部稍隆起，基部向下圆缩。足部刻点细，有灰白色和灰褐色茸毛。

检视标本：14 头，宁夏泾源六盘山，1964. VI.15（IPPNX）。

地理分布：宁夏（隆德、泾源、彭阳、罗山）、北京、山西、内蒙古、吉林、黑龙江、浙江、福建、湖北、四川、陕西、甘肃、新疆；蒙古国，俄罗斯（远东、东西伯利亚），朝鲜，韩国，日本，缅甸，哈萨克斯坦，东洋界。

## 虎象族 Rhynchitini Gistel, 1848

## 虎象亚族 Rhynchitina Gistel, 1848

### 455）虎象属 *Rhynchites* Schneider, 1791

### （1050）梨虎象 *Rhynchites* (*Epirhynchites*) *heros* Roelofs, 1874（图版 LXXV: 11）

*Rhynchites heros* Roelofs, 1874: 141; Löb & Smetana, 2011: 127.

*Rhynchites foveipennis* Fairmaire, 1888: 136; Wu et al., 1978: 192; Gao, 1993: 123.

曾用名：梨虎（吴福桢等，1978；高兆宁，1993）。

识别特征：体长 10.0～12.0 mm，宽 3.5～3.9 mm。暗紫色，略带绿色或蓝色金属光泽，被灰白色茸毛。雄性喙前端向下略弯，触角位于喙端部 1/3 处；雌性喙较直，触角位于喙中部；复眼后密布细小横皱纹。前胸背板略球形，中部有 3 条明显凹纹，呈倒"小"形排列。小盾片倒梯形。鞘翅基部两侧平行，向后渐窄，肩胛显隆；盘上刻点粗大呈 8 纵列，肩部外侧有 1 短列。前足最长，中足略短于后足；腿节棒状，胫节细长；爪分离，有爪齿。

检视标本：2 头，宁夏海原，1960. VIII（IPPNX）；2 头，宁夏隆德，1961.VII. 1（IPPNX）；1 头，宁夏泾源，1980.V.25（IPPNX）。

地理分布：宁夏（隆德、永宁、海原、泾源）、北京、河北、山西、内蒙古、辽宁、吉林、黑龙江、江苏、浙江、福建、江西、山东、河南、湖北、湖南、广东、广西、四川、贵州、云南、陕西、新疆；蒙古国，俄罗斯（远东、东西伯利亚），朝鲜，韩国，日本。

取食对象：梨、苹果。

**（1051）杏虎象 Rhynchites (Rhynchites) fulgidus Faldermann, 1835**

*Rhynchites fulgidus* Faldermann, 1835: 420; Löbl & Smetana, 2011: 127.

识别特征：体长 7.0～8.0 mm。紫红色，有金属光泽；触角着生于头管中部；头背面有细小横皱。前胸背板背面有不明显凹纹。鞘翅密布刻点及灰白色与褐色细毛。

地理分布：宁夏、北京、河北、山西、内蒙古、辽宁、吉林、黑龙江、浙江、福建、江西、山东、湖北、湖南、四川、贵州、陕西、甘肃、香港；蒙古国，俄罗斯（远东、东西伯利亚）。

取食对象：杏、桃、樱桃、枇杷。

# 48．三锥象科 Brentidae Billberg, 1820

体长 3.0～80.0 mm。细长，两侧平行，稍扁至强烈凸起；红棕色至黑色，前胸背板颜色常与鞘翅不同，部分种类鞘翅具色斑；体表有光泽或无，部分种类体表具碎片或蜡状物；多数种类性二型。头及喙细长，前伸，约与前胸等长；背面光滑，有沟、隆突和毛。触角 9～11 节，丝状或锤状，具鳞片或毛。前胸长，无侧缘；前胸背板形状多变，中部或基部最宽，常窄于鞘翅；背面凸出或扁平，盘区光滑或具沟。鞘翅两侧近平行或突出，有的中部变窄；背面布刻点。腹部第 1～2 节长于其他节，第 8 腹节的背板完全或部分外露。跗式 5-5-5，第 3 节简单或二裂。

该科全球已知 6 亚科 540 属约 4400 种，世界性分布。热带和亚热带地区的种类蛀木，干旱地区的种类与蚂蚁共生。成虫常见于朽木皮下，食茎叶和幼芽，有时在花和叶上。幼虫一般取食植物的木质部，稀有捕食者。中国已记录 4 亚科 9 族 35 属 82 种；本书记录宁夏 1 亚科 2 属 2 种。

## 梨象亚科 Apioninae Schönherr, 1823

## 梨象族 Apionini Schönherr, 1823

## 浩盾象亚族 Aplemonina Kissinger, 1968

### 456）浩盾象属 Hoplopodapion Solari, 1933

**（1052）洛氏浩盾象 Hoplopodapion lopatini (Ter-Minassian, 1963)**

*Apion lopatini* Ter-Minasian, 1963: 649; Löbl & Smetana, 2011: 151.

地理分布：宁夏、内蒙古、甘肃、新疆；蒙古国，塔吉克斯坦，乌兹别克斯坦，土库曼斯坦。

## 合盾象亚族 Synapiina Alonso-Zarazaga, 1990

### 457）合盾象属 Synapion Schilsky, 1902

**（1053）克氏合盾象 Synapion (Parasynapion) kerzhneri (Ter–Minassian, 1971)**

*Apion kerzhneri* Ter-Minasian, 1971: 658; Löbl & Smetana, 2011: 172.

地理分布：宁夏（贺兰山）、内蒙古；蒙古国。

取食对象：柠条。

# 49. 隐颏象科 Dryophthoridae Schönherr, 1825

体长 2.5～95.0 mm。稍扁至较凸；黑色，偶红色或橙色；背面光滑无毛或具毛。头端部具喙，较长至特别长，直或弯曲；除触角窝上方部分外，其他部分近平行。上唇不明显，部分或完全与唇基愈合；复眼小至大，圆形或卵圆形。触角多为 7 节，部分 5 节；膝状或直，光滑无毛或被疏毛。前胸背板窄长或横阔，中部或基部最宽。鞘翅刻点列 8 或 10 或更少。第 1 节腹板明显短于第 2 节，或第 1～5 节近等长；少数种类的第 1～2 节长于第 3～5 节。跗式 5-5-5，第 3 节二叶状。

该科全球已知 152 属约 1200 种，世界性分布，大多取食单子叶植物。多数幼虫以活体植物的根茎为食，少数以储藏谷物为食，也有在枯萎和腐朽的苏铁茎内完成生长发育者。中国已记录 38 属 70 多种；本书记录宁夏 1 亚科 1 属 2 种。

## 椰象亚科 Rhynchophorinae Schönherr, 1833

## 小象甲族 Litosomini Lacordaire, 1865

### 458）米象属 Sitophilus Schoenherr, 1838

#### （1054）米象 Sitophilus oryzae (Linnaeus, 1767)（图版 LXXV: 12）

*Curculio oryzae* Linnaeus, 1763: 395; Ren, 2010: 211; Löbl & Smetana, 2011: 187.

识别特征：体长 2.4～2.9 mm，宽 0.9～1.5 mm。卵圆形；红褐至沥青色，背面无光泽或弱光泽。头上刻点较明显，额前端扁平；喙基部较粗而端部缩窄，有隆脊，喙短而粗（雄）或细长（雌）；触角位于基部 1/4～1/3 处。前胸背板基部最宽，向前缩窄，近端部缢缩；盘上密布圆刻点，仅中间有 1 光滑纵纹。小盾片心形，有宽中线。鞘翅肩明显，两侧平行，端部缩窄；行纹略宽于行间，行纹刻点各有 1 直立鳞毛，行间窄而略隆；每翅基部和翅坡有 1 黄褐色至红褐色椭圆斑。臀板外露，中线宽，密布刻点，部分散布直立刚毛。腹板基部 2 节不愈合。腿节棒状，密布刻毛和刚毛，胫节刻点与刚毛排成纵列，端部有钩，第 3 跗节宽，二叶状，爪分离。

检视标本：53 头，宁夏银川，1960；8 头，宁夏银川，1993. X. 31，田畴采（IPPNX）；23 头，宁夏石嘴山，1963. VI（IPPNX）。

地理分布：宁夏（全区）、山西、内蒙古、江苏、浙江、福建、江西、安徽、湖北、湖南、广东、广西、海南、四川、贵州、云南、西藏、台湾、香港、澳门；俄罗斯，日本，印度，伊朗，黎巴嫩，塞浦路斯，叙利亚，也门，伊拉克，以色列，约旦，埃及，欧洲。

取食对象：玉米、米、高粱、麦、谷等。

#### （1055）玉米象 Sitophilus zeamais Motschulsky, 1855（图版 LXXVI: 1）

*Sitophilus zeamais* Motschulsky, 1855: 77; Wu et al., 1978: 280; Zhao et al., 1982: 71; Gao, 1993: 123; Ren, 2010: 211; Yang et al., 2011: 176; Löbl & Smetana, 2011: 187, 2013: 48.

识别特征：体长 3.0～4.3 mm，宽 1.0～1.7 mm。该种外形与米象 *Sitophilus oryzae*

(Linnaeus, 1767)极其相似，与后者的主要区别特征为：体较宽；前胸背板和鞘翅明显较宽，前胸背板沿中线刻点数目多于 20 个；雄性阳茎背面有 2 刻点沟，雌性"Y"形骨片两臂顶尖锐。

检视标本：20 头，宁夏石嘴山，1960（IPPNX）；23 头，宁夏银川，1973. X. 7（IPPNX）。

地理分布：宁夏（全区）、北京、黑龙江、江西、河南、湖北、湖南、广西、贵州、香港；日本，印度，尼泊尔，不丹，伊朗，黎巴嫩，塞浦路斯，叙利亚，伊拉克，以色列，约旦，欧洲。

取食对象：稻谷、大米、大麦、小麦、高粱、玉米、甘薯干、马铃薯干等。

# 50. 象甲科 Curculionidae Latreille, 1802

体长 1.0～12.0 mm。宽卵圆形、球形或细长，扁平至强烈凸起；黑色、棕色、红色或浅黄色，少数具蓝色金属光泽；体表具伏毛或直毛或圆形鳞片。喙略弯，从基部向端部变窄；多数雌性的喙细长、光滑。触角6～8节，鞭节第1～2节长于其他节。前胸背板凸起或十分凸起，有些具瘤突；基半部最宽，但窄于鞘翅基部。鞘翅扁平或凸起，翅面具细沟或深的瘤突沟。后翅有或无。腹部第7、第8节背板常被鞘翅覆盖，有时可见。跗式 5-5-5，第 3 节二叶状。

该科全球已知 12 亚科 4448 属 49800 多种，世界性分布。成虫常见于禾本植物和树木的花、果实、叶和树枝上。幼虫主要在植物的花、种子、果实内或在芽和叶内完成生长发育。中国已记录 439 属约 1960 种；本书记录宁夏 9 亚科 45 属 78 种。

## 50.1 小蠹亚科 Scolytinae Latreille, 1804

### 林小蠹族 Hylurgini Gistel, 1848

#### 459）切梢小蠹属 *Tomicus* Latreille, 1802

##### （1056）多毛切梢小蠹 *Tomicus pilifer* (Spessivtsev, 1919)

*Myelophilus pilifer* Spessivtsev, 1919: 250; Yin et al., 1984: 55; Wang et al., 1992: 74; Gao, 1993: 124; Wang & Yang, 2010: 196; Löbl & Smetana, 2011: 209.

曾用名：红松切梢小蠹（高兆宁，1993）。

识别特征：体长 3.5～4.0 mm。黑褐色至黑色，有光泽。额较平坦，中隆线锐而明显，具较稠密刻点及毛。前胸背板表面刻点较多，后侧更细密，茸毛较多而遮盖表面。鞘翅刻点沟略凹，沟中刻点较圆大但不明显；行间宽而有稠密的细刻点，刻点毛细短且贴于翅面，翅中部各行间横排 2～3 枚，越向翅后短毛越密且汇聚成簇，纵列于行间部；行间小颗粒不明显，颗粒毛较短；第 2 行间不凹，颗粒和竖毛延至翅端。

检视标本：4 头，宁夏贺兰山，1960. VII. 24（IPPNX）。

地理分布：宁夏（贺兰山）、北京、河北、山西、内蒙古、吉林、黑龙江、湖北、四川、云南、西藏、陕西、青海；俄罗斯，朝鲜。

取食对象：油松、红松、云杉。

# 齿小蠹族 Ipini Bedel, 1888

## 460）齿小蠹属 *Ips* DeGeer, 1775

### （1057）云杉八齿小蠹 *Ips typographus* (Linnaeus, 1758)（图版 LXXVI: 2）

*Dermestes typographus* Linnaeus, 1758: 355; Gao, 1993: 124; Zhu et al., 1999: 390; Wang & Yang, 2010: 196; Löbl & Smetana, 2011: 234.

识别特征：体长 4.0～5.0 mm。圆柱形；红褐色至黑褐色，有光泽。额平坦，散布均匀粒状刻点，额心偏下有 1 十分明显大颗瘤。前胸背板瘤区和刻点区各占之半，瘤区茸毛金色，细长竖立，稠密均匀，倒"U"形分布在中部基半部和两侧，刻点区光秃无毛。鞘翅刻点沟凹而清晰，沟中刻点深大，紧密相接；行间宽而微隆，中部行间无点无毛，边缘和末端遍布散乱刻点；茸毛细长，分布在刻点稠密区，背面端部光裸；盘纵向椭圆形，似有蜡膜层；刻点细小均匀，点心光秃无毛；两侧边缘各有 4 齿。

检视标本：宁夏贺兰山（1 头，1960. VII. 2；2 头，1974. VIII. 18）（IPPNX）。

地理分布：宁夏（银川、贺兰山）、内蒙古、辽宁、吉林、黑龙江、河南、四川、陕西、甘肃、青海、新疆；蒙古国，俄罗斯（远东、东西伯利亚），朝鲜，韩国，日本，哈萨克斯坦，土耳其，欧洲。

取食对象：云杉、红皮云杉、落叶松、红松。

## 461）星坑小蠹属 *Pityogenes* Bedel, 1888

### （1058）中穴星坑小蠹 *Pityogenes chalcographus* (Linnaeus, 1761)（图版 LXXVI: 3）

*Dermestes chalcographus* Linnaeus, 1760: 143; Yin et al., 1984: 123; Wang et al., 1992: 75; Gao, 1993: 124; Ren, 2010: 212; Wang & Yang, 2010: 196; Löbl & Smetana, 2011: 235.

曾用名：星坑小蠹（高兆宁，1993）。

识别特征：体长 1.4～2.3 mm。圆柱形；褐色，被毛少，有光泽。雄性额上正中有扁圆形凹坑，凹坑以下额面微突，遍生天鹅绒状细密毛，额下外侧和额中凹坑外侧有稀疏长毛，凹坑上部额面平坦，布圆小具短毛刻点；复眼椭圆形，前缘中部无凹；触角锤状部 3 节，圆形。前胸背板瘤区和刻点区各占背板长之半，瘤区中的颗瘤墩厚低伏而大小相间，刚毛短小，向后倒伏而簇聚背顶；刻点区平滑光亮，背中线宽长且直，中线两侧各 1 片无刻点区，其上刻点小而清晰，具细毛。小盾片较大，后角圆钝。鞘翅基部横直，侧缘自前向后直伸，翅后 1/4 处开始收缩，端部圆钝；刻点沟不凹，由 1 列圆形刻点组成，基半部深大，基部圆小，斜面小如针刺；行间宽而平坦，无点无毛；雄性斜面的凹沟外侧各有 3 枚尖齿，第 3 齿下面翅缝边缘有 1 小颗粒；雌性齿圆钝。

检视标本：1 头，宁夏贺兰山，1960. VII. 24（IPPNX）。

地理分布：宁夏（银川、泾源、隆德、彭阳、贺兰山）、内蒙古、辽宁、吉林、黑龙江、四川、陕西、新疆；蒙古国，俄罗斯（远东、东西伯利亚），朝鲜，韩国，日本，土耳其，欧洲，新热带界。

取食对象：落叶松、油松、云杉。

## 肤小蠹族 Phloeosinini Nüsslin, 1912

### 462）肤小蠹属 *Phloeosinus* Chapuis, 1869

#### （1059）微肤小蠹 *Phloeosinus hopehi* Schedl, 1953

*Phloeosinus hopehi* Schedl, 1953: 23; Yin et al., 1984: 67; Löbl & Smetana, 2011: 212.

识别特征：体长 1.5～1.9 mm。黄褐色至褐色，有光泽。雄性额面平而略凹，额中心无凹点，中隆线窄突，底面平滑光亮，刻点圆小稠密，刻点间隔突起成粒，额毛短小竖立，稠密而不明显；雌性额面平突，较短阔；复眼浅凹，眼间距较宽。前胸背板近梯形，基部直，侧缘由基部向端部渐窄；背面平滑光亮，具稠密圆小而深的刻点，茸毛短小而不明显。鞘翅基部突起不高，锯齿直立并由小盾片向外渐增大；刻点沟窄而浅凹，沟缘棱边不明显，沟内刻点细小疏散，点心茸毛微弱；行间宽而微隆，平滑光亮，具均匀稀疏刻点粒，茸毛短而弱，横排各约 2 枚；斜面奇数行间突起且有大瘤，偶数行间降低而无瘤。

地理分布：宁夏（贺兰山）、北京、河北、山西、湖南、四川、陕西；韩国。

取食对象：侧柏、圆柏。

## 四眼小蠹族 Polygraphini Chapuis, 1869

### 463）四眼小蠹属 *Polygraphus* Erichson, 1836

#### （1060）云杉四眼小蠹 *Polygraphus poligraphus* (Linnaeus, 1758)（图版 LXXVI: 4）

*Dermestes poligraphus* Linnaeus, 1758: 355; Yin et al., 1984: 85; Wang et al., 1992: 74; Gao, 1993: 124; Wang & Yang, 2010: 197; Löbl & Smetana, 2011: 214.

识别特征：体长 2.4～3.2 mm。黑褐色至黑色，鳞片灰黄色。雄性额面凹，平滑光亮，刻点清晰正圆，额毛细短；雌性额面平凹，刻点和额毛略较雄性稠密，周缘毛较长；触角鞭节 6 节。前胸背板有亚前缘横向缢迹，背面刻点均匀而细密，点心生鳞片，无茸毛。鞘翅两侧直，翅后略宽，基部锯齿很小，稠密无间；盘上刻点沟不凹，行间不隆，沟中与行间刻点大小相同，沟中刻点 1 列，点心生微毛，行间刻点多列，点心生鳞片，排列稠密，各行间横排 3～4 枚。

检视标本：8 头，宁夏贺兰山，1976.VI.14（IPPNX）。

地理分布：宁夏（贺兰山）、内蒙古、山西、四川、云南；俄罗斯（东西伯利亚），日本，哈萨克斯坦，土耳其，欧洲。

取食对象：山杨、云杉、华山松。

#### （1061）四眼小蠹河西亚种 *Polygraphus rudis hexiensis* Yin & Huang, 1996

*Polygraphus rudis hexiensis* Yin & Huang, 1996: 348; Löbl & Smetana, 2011: 214.

识别特征：体长 2.4～3.2 mm。体较短；体表被毛比指名亚种 *Polygraphus rudis rudis*

Eggers, 1933 较密。

地理分布：宁夏（贺兰山）、陕西、甘肃、青海。

## 小蠹族 Scolytini Latreille, 1804

### 464）小蠹属 *Scolytus* Geoffroy, 1762

#### （1062）枸子木小蠹 *Scolytus abaensis* Tsai & Yin, 1962（图版 LXXVI: 5）

*Scolytus abaensis* Tsai & Yin in Tsai, Yin & Hwang, 1962: 10, 16; Yin et al., 1984: 21; Löbl & Smetana, 2011: 237.

识别特征：体长 2.3～3.0 mm。黑色，有光泽，翅面有毛列。雄性额上狭长甚平，额周棱角较钝，额面遍布细窄纵纹，纹间散布刻点，中隆线窄而弱，额毛长密平齐；雌性额上宽而微隆，额上有条纹和刻点，茸毛短小细弱而稀疏。前胸背板刻点细小，中部疏散，周缘略密，茸毛分布在亚前缘和前缘两侧，长而直立。鞘翅两侧渐收缩，前宽而后窄，端部圆钝；刻点沟不凹，沟中刻点正圆形，基半部较深大，端部较细小；行间狭窄，有 1 列与沟中相同的刻点，排列较疏，茸毛短而直立。腹部渐收缩，第 1、第 2 腹板连合弓曲，构成弧形腹面，腹板散布平齐顺向刚毛，各节排成横列。

地理分布：宁夏、山西、四川、陕西。

取食对象：细枝枸子。

#### （1063）日本小蠹 *Scolytus japonicus* Chapuis, 1876（图版 LXXVI: 6）

*Scolytus japonicus* Chapuis, 1876: 199; Wu et al., 1982: 86; Yin et al., 1984: 38; Wang et al., 1992: 74; Gao, 1993: 124; Löbl & Smetana, 2011: 238.

曾用名：果树小蠹（王希蒙等，1992）。

识别特征：体长 2.0～2.5 mm。头黑色，前胸背板和鞘翅黑褐色，有光泽，翅基部有毛列。额较宽而隆起，额面遍布针状纵向密纹，刻点椭圆形，夹杂在细纹之中，下部较稠密，额毛细短而直，稠密且均匀。前胸背板刻点较深大，中部疏散，前缘和两侧稠密，无背中线，茸毛位于前缘两侧，长而直立且稀疏。小盾片表面有刻点和稀疏微毛。鞘翅侧缘从基部至端部渐窄，端部圆钝；刻点沟不凹，沟中刻点正圆形而略稀，翅基半部深大，翅基部渐浅小，排成直列；行间狭窄，有 1 列与沟中相同的刻点，排列较稀疏；茸毛短齐竖立，行间排成纵列。腹部渐收缩，第 1、第 2 腹板连合弓曲，构成弧形腹面，腹板散布刚毛，斜向竖立，顺着板缘排成横列。

地理分布：宁夏（永宁、盐池）、北京、河北、山西、内蒙古、吉林、黑龙江、上海、江苏、四川、陕西、台湾；蒙古国，俄罗斯（东西伯利亚），朝鲜，韩国，日本。

取食对象：杏、桃、苹果、梨、樱桃、榆、梅等。

#### （1064）藏西小蠹 *Scolytus nitidus* Schedl, 1936

*Scolytus nitidus* Schedl, 1936: 8; Löbl & Smetana, 2011: 239; Huang et al., 2015: 23.

识别特征：体长 3.1～3.5 mm。头和前胸背板黑色，鞘翅赤褐色，有光泽，被毛少。雄性额上狭长而凹，遍布针状纵纹，纹间散布刻点，额周有棱角，额毛稠密地环绕在周缘，毛梢聚向额心；雌性额上短阔而平突，针状条纹细窄而匀密，刻点不明显，额毛短密，由上至下渐长。前胸背板平滑光亮，刻点微小，背中部略少，两侧和基半部稠密，无背中线，仅亚前缘有几枚长毛。小盾片密布灰白色微毛，向后延达翅缝中部。鞘翅侧缘自前向后收缩甚少，近矩形；盘上刻点沟略凹，沟中刻点纵向椭圆；行间狭窄，有1列与沟中相似的刻点，排列略；茸毛甚少，位于末端和翅缝基部附近。腹部急收缩，第1、第2腹板构成钝角腹面，第2腹板基部中叶有1尖齿。

地理分布：宁夏、西藏；印度。

取食对象：杏。

**（1065）脐腹小蠹 *Scolytus schevyrewi* Semenov, 1902**（图版 LXXVI: 7）

*Scolytus schevyrewi* Semenov, 1902: 265; Yin et al., 1984: 22; Wang et al., 1992: 75; Gao, 1993: 124; Zhu et al., 1999: 377; Ren, 2010: 211; Wang & Yang, 2010: 197; Fan et al., 2011: 659; Löbl & Smetana, 2011: 240.

*Scolytus seulensis* Murayama, 1930: 5; Wu et al., 1982: 86; Yin et al., 1984: 22; Gao, 1993: 124; Zhu et al., 1999: 378; Ren, 2010: 212.

曾用名：多毛小蠹（吴福桢等，1982；王希蒙等，1992；高兆宁，1993）。

识别特征：体长 3.0～3.8 mm。头和前胸背板黑色，前胸背板前缘和鞘翅黄褐色，鞘翅中部有黑褐色横带，小盾片两侧有黑褐色圆斑；体表有光泽，被毛少。雄性额上狭长平坦，额周有棱角，额面密布针状纵条纹，额周缘毛细长，拢向额心；雌性额上短阔平突，纵条纹较细窄匀密，额毛均匀而稀少。前胸背板仅亚前缘有稀疏直立长毛。鞘翅两侧不显缩，近矩形；盘上刻点沟浅弱，沟中刻点纵向椭圆；行间狭窄，有1列与沟中相似的刻点；茸毛位于端部沿边刻点中，直立而稀少。腹部急收缩，第1、第2腹板构成钝角腹面，第2腹板中部有1瘤，瘤身侧扁，端部膨大；雄性第7背板基部有1对粗刚毛，向体后方突。

检视标本：17头，宁夏同心，1959. VI. 14（IPPNX）；48头，宁夏贺兰山，1960. VII. 23（IPPNX）；1头，宁夏银川，1974. VI. 12（IPPNX）。

地理分布：宁夏（银川、吴忠、中卫、同心、盐池、灵武、贺兰山、六盘山）、北京、河北、山西、内蒙古、辽宁、吉林、黑龙江、江苏、山东、河南、四川、贵州、陕西、甘肃、青海、新疆；蒙古国，俄罗斯（东西伯利亚），朝鲜，韩国，印度，塔吉克斯坦，吉尔吉斯斯坦，哈萨克斯坦，土耳其，欧洲。

取食对象：榆、柳、杏、李、桃、樱桃、柠条、锦鸡儿。

**（1066）云杉小蠹 *Scolytus sinopiceus* Tsai, 1962**（图版 LXXVI: 8）

*Scolytus sinopiceus* Tsai, 1962: 9, 14; Yin et al., 1984: 34; Gao, 1993: 124; Ren, 2010: 212; Wang & Yang, 2010: 197; Yang et al., 2011: 153; Löbl & Smetana, 2011: 240.

识别特征：体长 3.7～4.9 mm。黑色，前胸背板前缘和鞘翅纵中部深褐色，光泽强，体表多长毛。雄性额上狭凹，额周棱角锐利，口上片中部半圆形深凹，额面遍布粗阔条纹，纹间散生刻点，额毛柔长而厚密；雌性额上宽平，遍布细纵条纹，纹间遍布刻点，额毛长直，稠密均匀。前胸背板刻点细小，中部疏散，周围稠密，背中线平滑无刻点，亚前缘、前缘两侧和侧缘有黑褐色长毛。小盾片被灰白色微毛。鞘翅侧缘向后逐渐缩窄，端部钝圆，翅缘环列规则匀称的大锯齿；刻点沟不深凹，沟中刻点纵椭圆形，稠密规则，行列径直；行间宽阔，刻点细小；茸毛多而细长。腹部缓缩，第1、第2腹板构成弧形腹面，各腹板有均匀细长毛。

检视标本：5头，宁夏银川，1959. V. 20（IPPNX）；4头，宁夏同心，1959. VI. 14（IPPNX）；宁夏贺兰（1头，1962. VII. 2；1头，1974. VIII. 18）（IPPNX）；1头，宁夏中卫，1964. V. 29（IPPNX）。

地理分布：宁夏（银川、贺兰、中卫、同心、贺兰山、六盘山）、河北、内蒙古、黑龙江、四川、云南、西藏、甘肃、青海。

取食对象：云杉。

## 材小蠹族 Xyleborini LeConte, 1876

### 465）材小蠹属 Xyleborinus Reitter, 1913

#### （1067）小粒材小蠹 Xyleborinus saxesenii (Ratzeburg, 1837)

*Bostrichus saxesenii* Ratzeburg, 1837: 167; Löbl & Smetana, 2011: 246.

识别特征：体长 2.0～2.3 mm。长圆柱形；深褐色，茸毛稀疏，鞘翅光亮。额上平坦，底面有粒状密纹，额面有中隆线，刻点浅稀大疏，口上片刻点圆小稠密，额毛细长而舒展。前胸背板长盾形，基半部 1/3 处最宽，前 2/5 弓曲上升为瘤区，后 3/5 平直下倾为刻点区；瘤区颗瘤圆小而疏散，刻点区平坦，有微弱印纹，刻点均匀圆小而微弱，无背中线；茸毛金黄色，位于瘤区。小盾片三角形。鞘翅两侧直，近基部收缩；刻点沟不凹，沟中刻点圆小而稠密；行间有 1 列刻点，与沟中刻点等大，排列略疏；自斜面前缘开始，行间刻点突起成粒，由前向后略大而成纵列；茸毛短直平齐，排成纵列；第 2 行间凹，平滑无粒且无毛。

地理分布：宁夏、河北、山西、吉林、黑龙江、江苏、浙江、安徽、福建、江西、湖南、广西、四川、贵州、云南、西藏、陕西、台湾；蒙古国，俄罗斯（东西伯利亚），朝鲜，韩国，日本，印度，塔吉克斯坦，土库曼斯坦，吉尔吉斯斯坦，哈萨克斯坦，叙利亚，以色列，欧洲。

取食对象：云杉、华山松、杨、苹果等树。

## 50.2　沼泽象亚科 Erirhininae Schöenherr, 1825

## 窄象族 Stenopelmini LeConte, 1876

### 466）稻水象属 Lissorhoptrus LeConte, 1876

#### （1068）稻水象甲 Lissorhoptrus oryzophilus Kuschel, 1952

*Lissorhoptrus oryzophilus* Kuschel, 1952: 46; Löbl & Smetana, 2011: 414.

识别特征：喙粗短，近于直，外咽缝愈 1 条；额上 2 弯毛；触角索节 6 节，棒节紧凑，基部光亮。前胸背板前侧缘有发达的眼叶，背面鳞片紧贴体表，覆瓦状，其上有漆状防水涂层。鞘翅长小于宽1.6倍，行间鳞片3列。中胫节扁平，外缘均匀弯曲，内、外缘有致密的细长游泳毛。第3跗节窄于第2节，近线形，平截。雄虫胫节3枚大端刺，前缘2个叉状，中胫节游泳毛长。雌虫第7背板的中凹深窄。第3跗节非二叶状，不宽于第2跗节，第5跗节短于其余4节总长；后足转节非圆筒形，与腿节相接处倾斜。

地理分布：宁夏（水稻产区）、天津、河北、山西、内蒙古、辽宁、吉林、黑龙江、上海、江苏、浙江、安徽、江西、山东、河南、湖南、重庆、四川、贵州、云南、陕西、新疆、台湾；朝鲜，日本，印度，北美洲，欧洲。

取食对象：成虫、幼虫均为害水稻等禾本科、莎草科杂草、灯心草科、鸭趾草科、马兰科、泽泻科等。

## 50.3　象甲亚科 Curculioninae Latreille, 1802

### 弯喙象族 Rhamphini Rafinesque, 1815

### 弯喙象亚族 Rhamphina Rafinesque, 1815

### 467）跳象属 Orchestes Illiger, 1798

**（1069）榆跳象 Orchestes (Orchestes) alni (Linnaeus, 1758)**（图版 LXXVI: 9）

*Curculio alni* Linnaeus, 1758: 381; Wu et al., 1982: 140; Gao, 1993: 12; Wang & Yang, 2010: 260; Löbl & Smetana, 2013: 146.

曾用名：榆叶跳象（吴福桢等，1982；高兆宁，1993）。

识别特征：体长3.0～3.5 mm。长椭圆形；黄色或黄褐色，鞘翅具黑褐色斑，密布灰色毛。头密布刻点；喙与前胸背板近于等长；触角位于喙基部。前胸背板密布刻点，前缘窄于基部，侧缘较圆，基部二凹，中线浅宽。鞘翅两侧略平行，中间最宽，肩明显；行纹刻点大。臀板部分外露。后足腿节腹缘有1列小齿，胫节端部背缘有2列刚毛，爪分离，有齿爪。

检视标本：26头，宁夏银川，1954.V.1，高兆宁采（IPPNX）；2头，宁夏灵武，1964.VI.14（IPPNX）；1头，宁夏中宁，1964.VI.29（IPPNX）；1头，宁夏中卫沙坡头，1992.VIII（IPPNX）。

地理分布：宁夏（银川、灵武、中宁、中卫、永宁、盐池、陶乐、平罗、贺兰山）、北京、河北、天津、内蒙古、辽宁、吉林、黑龙江、上海、江苏、河南、陕西、甘肃、新疆；土耳其，欧洲，非洲界，新北界。

取食对象：榆。

## 50.4　木象亚科 Cossoninae Schönherr, 1825

## 爪象族 Onycholipini Wollaston, 1873

### 468）褐木象属 *Hexarthrum* Wollaston, 1860

#### （1070）赵氏褐木象 *Hexarthrum chaoi* Zhang & Osella, 1995

*Hexarthrum chaoi* Zhang & Osella, 1995: 411; Löbl & Smetana, 2013: 223.

识别特征：体长 2.5～3.3 mm，宽 0.9～1.3 mm。棕色至棕褐色，触角和跗节红色，相当光亮。头圆形，头顶刻点稀疏，两眼间较密；喙长大于宽，背面刻点稠密，弱拱，中间扁平；复眼侧生，椭圆形且凹；触角窝上缘指向眼中部，触角位于喙中部，向后伸达复眼前缘。前胸背板中部之后最宽，基部急剧变窄，端部逐渐变窄；背面刻点稠密，较大。小盾片明显。鞘翅两侧近平行，行间相当拱起，盘区具细刻点行，端部 1/3 具圆锥形小颗粒，稍窄于刻点沟，第 10 条基部和第 9、第 11 条末端行间具非常细的脊。腿节相当粗短；胫节两侧平行；第 1 跗节长于第 2+3 节之和，第 3 节完整，第 4 节棒状。

地理分布：宁夏、河北、山西、内蒙古、吉林、辽宁、青海、新疆。

取食对象：玉米、小麦、豆类。

## 50.5　隐喙象亚科 Cryptorhynchinae Schönherr, 1825

## 隐喙象族 Cryptorhynchini Schönherr, 1825

## 隐喙象亚族 Cryptorhynchina Schönherr, 1825

### 469）沟眶象属 *Eucryptorrhynchus* Heller, 1937

#### （1071）臭椿沟眶象 *Eucryptorrhynchus brandti* (Harold, 1880)（图版 LXXVI: 10）

*Cryptorhynchus brandti* Harold, 1880: 165; Wu et al., 2012: 9; Löbl & Smetana, 2013: 231.

识别特征：体长约 11.5 mm，宽约 4.6 mm。黑色，较光亮；前胸背板、鞘翅肩部及端部 1/4 密布雪白色鳞片并夹杂稀疏红黄色鳞片。头上刻点小；额明显窄于喙基部，中间无凹；喙中隆线两侧无明显沟。前胸背板和鞘翅密布粗刻点，前胸背板前窄而后宽。

地理分布：宁夏（银川、贺兰、永宁、灵武、大武口、平罗、吴忠、青铜峡、中卫、中卫）、北京、河北、辽宁、黑龙江、江苏、安徽、河南、湖北、甘肃；俄罗斯（远东），朝鲜，韩国，日本。

取食对象：臭椿。

#### （1072）沟眶象 *Eucryptorrhynchus scrobiculatus* (Motschulsky, 1854)（图版 LXXVI: 11）

*Cryptorhychus scrobiculatus* Motschulsky, 1854: 48; Löbl & Smetana, 2013: 232.

*Curculio chinensis* Olivier, 1791: 507; Wang & Yang, 2010: 258; Yu et al., 2012: 1006.

识别特征：体长 15.0～20.0 mm。长卵形，隆凸；黑色，具乳白色、黑色和赭色鳞片。头部散布大而深的刻点；喙长于前胸背板；触角第 1 节未达到眼，触角沟基部以基部分具中隆线，其后侧端具短沟，短沟和触角之间具长沟，胸沟长达中足基节之间；额略窄于喙基部，散布较小刻点，中间凹深且大；眶沟深。前胸背板中间以前略渐缩窄，前缘后缢缩，基部浅二凹形。鞘翅肩部最宽，向后逐渐紧缩，肩斜而很突。腿节棒状，有 1 个齿。

检视标本：1 头，宁夏银川，2000.VII. 10（IPPNX）；8 头，宁夏吴忠红寺堡，2003.VI.10（IPPNX）；12 头，宁夏中宁石空双龙山，2017.IV.21，任国栋采（HBUM）。

地理分布：宁夏（银川、贺兰、永宁、灵武、大武口、平罗、吴忠、青铜峡、中卫、中宁、红寺堡、贺兰山）、北京、河北、山西、辽宁、黑龙江、上海、江苏、浙江、安徽、福建、山东、河南、湖北、湖南、四川、贵州、陕西、甘肃、青海、台湾；日本，朝鲜，韩国，欧洲。

取食对象：臭椿。

## 50.6 粗喙象亚科 Entiminae Schönherr, 1823

## 克象族 Cneorhinini Lacordaire, 1863

### 470）亥象属 *Callirhopalus* Hochhuth, 1851

#### （1073）亥象 *Callirhopalus sedakowii* Hochhuth, 1851（图版 LXXVI: 12）

*Callirhopalus sedakowii* Hochhuth, 1851: 56; Löbl & Smetana, 2013: 265.

*Heydenia crassicornis* Toumier, 1875: 153; Wang & Yang, 2010: 258; Ren, 2010: 211; Yang et al., 2011: 176.

识别特征：体长 3.5～4.5 mm。卵球形；黑色，被石灰色圆鳞片及毛。喙粗短，端部扩大，两侧隆，中间沟状；触角位于侧面。前胸背板两侧略圆，有 3 条褐色纹。鞘翅近球形，行间有 1 行短毛；鞘翅有 1 褐色斑，其基部弧形，长达鞘翅中部，褐斑后外侧形成 1 个淡斑，二斑之间形成 1 条灰色"U"形条纹。足粗壮，腿节棒状，胫节直，跗节宽，爪合生。

检视标本：24 头，宁夏中卫，1961.V. 29（IPPNX）；2 头，宁夏石嘴山，1961.IX. 5（IPPNX）；宁夏固原（2 头，1962.VIII. 12；1 头，1963.VII. 6）（IPPNX）；宁夏隆德（1 头，1962.VII. 20；1 头，1973.VII. 9，徐立凡采）（IPPNX）。

地理分布：宁夏（盐池、海原、中卫、同心、石嘴山、固原、隆德、平罗、灵武、贺兰山）、河北、山西、内蒙古、陕西、甘肃、青海；蒙古国，俄罗斯（东西伯利亚）。

取食对象：茵陈蒿、马铃薯、甜菜。

### 471）短柄象属 *Catapionus* Schoenherr, 1842

#### （1074）三条短柄象 *Catapionus modestus* Roelofs, 1873（图版 LXXVII: 1）

*Catapionus modestus* Roelofs, 1873: 156; Löbl & Smetana, 2013: 266.

识别特征：体长 7.0～10.0 mm。触角第 2 节长于第 1 节；前胸背板中间有 1 刻点沟；鞘翅刻点沟窄。

检视标本：1 头，宁夏灵武狼皮子梁，1990. IV. 26（IPPNX）；1 头，宁夏中宁大战场乡，1990. IV. 27（IPPNX）。

地理分布：宁夏（中宁、灵武）；韩国，日本。

**（1075）圆瓢短柄象 *Catapionus obscurus* Sharp, 1896**（图版 LXXVII: 2）

*Catapionus obscurus* Sharp, 1896: 90; Löbl & Smetana, 2013: 266.

识别特征：体长 7.0～9.0 mm。黑色，具灰色鳞片。外形与 *Catapionus gracilicornis* Roelofs, 1873 很相似，主要区别特征为：体更小；喙两侧近平行，前端稍宽大，上面每侧有不清晰的侧沟及模糊中纵凹；触角较短；前胸背板前端窄于基部，两侧弱圆，基部近于直；鞘翅肩部圆，翅面具细刻点行。

检视标本：59 头，宁夏灵武，1963. V. 9（IPPNX）；1 头，宁夏盐池大水坑，1993.VI. 26（IPPNX）。

地理分布：宁夏（灵武、盐池）、辽宁；俄罗斯（远东），日本。

# 弯象族 Cyphicerini Lacordaire, 1863

# 弯象亚族 Myllocerina Pierce, 1913

## 472）圆筒象属 *Corymacronus* Kojima & Morimoto, 2006

**（1076）斜纹圆筒象 *Corymacronus costulatus* (Motschulsky, 1860)**（图版 LXXVII: 3）

*Ptochidius costulatus* Motschulsky, 1860: 159; Löbl & Smetana, 2013: 276.

*Cyphicerus obliquesignatus* Reitter, 1908: 65; Gao, 1993: 123.

识别特征：体长 6.0～7.0 mm。黑色，被白色或灰色鳞片，鞘翅有暗褐色鳞片带。喙长宽相等，略缩成圆锥形，有 3 条纵隆线；额有明显中线；眼略突出；触角细，长不达体中部，柄节长不达前胸背板中部，略弯。前胸背板前端两侧和中间不明显凹，两侧几乎不扩圆，基部直；背面隆，具横皱纹，基部前中间两侧各有 1 凹窝。小盾片方圆形。鞘翅肩明显突出，中部之后最宽；刻点行细，行间扁而等宽，奇数行间在翅坡之后略高，行间散布成行的短毛。腹面具银色光泽。足细，腿节有 1 小齿。

地理分布：宁夏（隆德）、北京、山西、内蒙古、辽宁、吉林、黑龙江、江苏、湖北、广东、甘肃；俄罗斯（远东），朝鲜，韩国，日本，印度，新北界。

取食对象：苹果、杨树。

## 473）筒象属 *Lepidepistomodes* Kojima & Morimoto, 2006

**（1077）金绿尖筒象 *Lepidepistomodes nigromaculatus* (Roelofs, 1873)**

*Myllocerus nigromaculatus* Roelofs, 1873: 169; Löbl & Smetana, 2013: 277.

*Myllocerus scitus* Voss, 1942: 104; Wang & Yang, 2010: 259.

识别特征：体长 4.0～6.0 mm。红褐色，被金绿色鳞片夹杂暗褐色鳞片斑。头宽大于长；喙宽大于长，口上片三角形，中间有短隆线，喙耳明显；额宽大于眼宽；后颊短；触角第 1 节长超过前胸背板中部，基部略弯，散布倒伏毛。前胸背板宽大于长，前、基部等宽，两侧中部最宽，前缘之后与基部明显降低，基部 2 道湾，背面刻点密。鞘翅两侧近平行，行纹细，行间扁。腿节齿明显，前胫节内侧较中胫节内侧更近于 2 波弯。

地理分布：宁夏（贺兰山）、上海、福建；日本。

取食对象：灌丛杂草。

## 474）鳞象属 *Lepidepistomus* Kojima & Morimoto, 2006

### （1078）甘草鳞象 *Lepidepistomus elegantulus* (Roelofs, 1873)（图版 LXXVII: 4）

*Myllocerus elegantulus* Roelofs, 1873: 170; Löbl & Smetana, 2013: 277.

识别特征：体长 3.6～4.5 mm。体赤褐色，被绿色鳞片，眼睛黑色；背部中央铜色；触角端部变厚。

检视标本：宁夏盐池（66 头，1961. VII. 10；10 头，1962. VI. 29）（IPPNX）；宁夏银川（2 头，1961.VII. 17；2 头，1981. VI. 5）（IPPNX）；11 头，宁夏灵武，1985. VII. 1（IPPNX）；2 头，宁夏灵武白芨滩，1987. V. 29（IPPNX）；15 头，宁夏中卫，1989. V. 24（IPPNX）；27 头，宁夏盐池大水坑，1991. VI. 20（IPPNX）；32 头，宁夏同心韦州镇，1991. VI. 21，刘育钜采（IPPNX）；1 头，宁夏中卫甘塘，1993. VI. 27，田畴采（IPPNX）；1 头，宁夏固原头营，2001. VII. 5（IPPNX）；1 头，宁夏西吉城郊，2001. VII. 7（IPPNX）；1 头，宁夏彭阳草庙，2001.VII. 10（IPPNX）；1 头，宁夏隆德峰台，2001.VII. 18（IPPNX）；10 头，宁夏盐池城西滩，2008. VI. 24，钱锋利、张治科采（IPPNX）。

地理分布：宁夏（银川、盐池、灵武、固原、西吉、彭阳、中卫、同心、隆德）；朝鲜，韩国，日本。

取食对象：甘草。

## 475）尖筒象属 *Nothomyllocerus* Kojima & Morimoto, 2006

### （1079）暗褐尖筒象 *Nothomyllocerus pelidnus* (Voss, 1971)

*Myllocerus pelidnus* Voss, 1958: 25; Wang & Yang, 2010: 259; Löbl & Smetana, 2013: 279.

识别特征：体长 5.0～6.0 mm。褐色，被暗褐色及黄色鳞片。头宽大于长；喙长等于宽，端部略宽，中线和背侧隆线明显；触角位于喙近端部。前胸背板基部 2 道深凹，两侧相当圆，向前缘和基部略变窄，刻点密。鞘翅肩部钝，两侧中部之后最宽，向端部圆缩；行纹明显，刻点间距小，行间略凸并有 1 行短毛。腿节具小尖齿，胫节细，外缘直，内缘略二波形；前胫节端部具短刺，第 1 跗节长于第 2+3 节之和。

地理分布：宁夏（灵武、贺兰山）、福建、江西、湖北、海南、广东、广西；日本。

取食对象：灌丛杂草。

## 棉象亚族 Phytoscaphina Lacordaire, 1863

## 476）草象属 *Chloebius* Schoenherr, 1826

### （1080）痕斑草象 *Chloebius aksuanus* Reitter, 1915（图版 LXXVII: 5）

*Myllocerus aksuanus* Reitter, 1915: 106; Liu et al., 2011: 266; Löbl & Smetana, 2013: 281.

识别特征：体长 3.4～4.0 mm，宽 1.2～1.6 mm。触角沟和足褐色或红褐色；头顶、前胸背板和鞘翅中部被黑褐色鳞片，两侧被白色鳞片；前胸背板通常有 1 淡色细纵纹；

小盾片被白色鳞片；鞘翅中部有鹿斑状白斑，白斑集中于外缘，近内缘较稀。额宽于眼长；触角细长。前胸背板基部近于直。鞘翅行间散布 1 行细而很短的半直立毛。

检视标本：10 头，宁夏中宁大战场乡，1990. VIII. 5（IPPNX）。

地理分布：宁夏（中宁、中卫）、陕西、新疆；蒙古国，哈萨克斯坦。

### （1081）短毛草象 *Chloebius immeritus* (Schoenherr, 1826)（图版 LXXVII: 6）

*Phytoscaphus immeritus* Schoenherr, 1826: 212; Löbl & Smetana, 2013: 281.

*Chloebius psittacinus* Boheman, 1842: 416; Chen et al., 1986: 695; Ren, 2010: 210; Yang et al., 2011: 175.

识别特征：体长 3.0～3.9 mm，宽 1.2～1.6 mm。长椭圆形；黑色，被绿色有金属光泽的鳞片，有时夹杂淡黄褐色鳞片，触角和足红褐色。喙背面扁平，两侧平行，中线窄而深；触角细长，柄节长达前胸背板。前胸背板两侧略圆，中部最宽，前、基部约等宽且直。小盾片钝三角形。鞘翅肩圆，前胸背板和鞘翅行间的毛较短且倒伏，由背面不易看见。

检视标本：1 头，宁夏贺兰山，1962. VIII. 15（IPPNX）；3 头，宁夏银川，1963. V. 27（IPPNX）；3 头，宁夏固原，1963. VII. 6（IPPNX）；9 头，宁夏青铜峡，1965. VI. 10（IPPNX）；68 头，宁夏盐池苏步井，1992. VII. 24（IPPNX）；4 头，宁夏隆德，2005. VI. 7（IPPNX）。

地理分布：宁夏（银川、固原、青铜峡、隆德、盐池、中卫、平罗、同心、海原、西吉、彭阳、灵武、贺兰山）、河北、内蒙古、辽宁、江苏、浙江、福建、江西、山东、河南、湖北、湖南、广东、海南、四川、贵州、云南、陕西、甘肃、新疆、台湾；蒙古国，俄罗斯（西伯利亚），中亚，东洋界。

取食对象：苜蓿、甘草、甜菜、苦参、红花、花棒、沙枣。

## 477）棉象属 *Phytoscaphus* Schoenherr, 1826

### （1082）棉尖象 *Phytoscaphus gossypii* Chao, 1974（图版 LXXVII: 7）

*Phytoscaphus gossypii* Chao, 1974: 482; Gao, 1993: 123; Wang et al., 2012: 398; Löbl & Smetana, 2013: 282.

识别特征：体长 3.9～4.7 mm。长椭圆形；红褐色，被淡绿色略发金光的鳞片；前胸背板具 3 条模糊褐色纵纹；鞘翅遍布暗褐色云斑。头宽大于长；喙细长，背面两侧具侧隆线，中间具深沟；额具明显中线。前胸背板梯形，基部宽于前缘，基部双波弯。鞘翅从肩至侧缘中部略渐宽，中部之后逐渐圆缩；刻点行列细，刻点长，行间略隆。

检视标本：3 头，宁夏平罗，1959.V（IPPNX）；42 头，宁夏灵武，1962. V. 7（IPPNX）；10 头，宁夏银川，1963. V. 4（IPPNX）；4 头，宁夏永宁，1963. VI. 20（IPPNX）；1 头，宁夏同心，1963. VII. 1（IPPNX）；4 头，宁夏隆德，1963. VII. 9（IPPNX）；13 头，宁夏西吉，1984. IX. 4（IPPNX）；宁夏海原（7 头，1984. IX. 4；4 头，2002. VI. 15）（IPPNX）；4 头，宁夏盐池，1992. VII. 26（IPPNX）。

地理分布：宁夏（灵武、平罗、银川、永宁、同心、隆德、西吉、海原、盐池）、北京、河北、内蒙古、辽宁、江苏、江西、河南、陕西。

取食对象：棉花、大豆、玉米、酸枣等。

## 眉象族 Ophryastini Lacordaire, 1863

### 478）齿足象属 *Deracanthus* Schoenherr, 1823

**（1083）浅洼齿足象 *Deracanthus* (*Deracanthus*) *jakovlevi jakovlevi* Suvorov, 1908**（图版 LXXVII: 8）

*Deracanthus jakovlevi* Suvorov, 1908: 257; Yang et al., 1992: 13; Löbl & Smetana, 2013: 301.

识别特征：体长 8.0～12.5 mm。额洼很深，眼内缘隆线明显；背面密布玫瑰色发黄且有金属光泽的鳞片，鞘翅刻点不深；腿节下侧被白色长毛。

检视标本：1 头，宁夏中宁大战场乡，1990. VIII. 3（IPPNX）；3 头，宁夏灵武狼皮子梁，1991. V. 16（IPPNX）。

地理分布：宁夏（中宁、灵武）、内蒙古、西藏；蒙古国。

取食对象：沙冬青。

**（1084）甘肃齿足象 *Deracanthus* (*Deracanthus*) *potanini* Faust, 1890**（图版 LXXVII: 9）

*Deracanthus potanini* Faust, 1890: 446; Gao, 1993: 123; Ren, 2010: 210; Wang & Yang, 2010: 257; Yang et al., 2011: 175; Löbl & Smetana, 2013: 301.

识别特征：体长 8.0～12.0 mm。长椭圆形，颇隆拱；背面白色，腹面被石灰色鳞片，散布短褐色毛。喙和头被横沟分开，两侧平行，中线宽，基部缩尖，顶端中间隆；额细长，具浅凹。前胸背板前端缩窄，前、基部具隆边，两侧具明显指向后侧方的短刺；背面散布颗粒，中间略有沟。雄性鞘翅由侧面观顶端前扁平，雌性凹；行纹刻点深，奇数行间隆，被略直立褐色刺状毛。腹部散布长毛，具 2 行黑色大斑点。前、中胫节外缘端部有 2 柄：1 柄 2 齿，另 1 柄 4～5 齿。

检视标本：10 头，宁夏隆德，1959. VI（IPPNX）；宁夏盐池（10 头，1962. VI. 27；4 头，1963. IX. 6；2 头，1984. IX. 5）（IPPNX）；1 头，宁夏灵武，1963. V. 4（IPPNX）；2 头，宁夏同心，1963. VII. 2（IPPNX）；1 头，宁夏中卫香山，1981. VI. 20（IPPNX）；1 头，宁夏海原南华山，1988. VIII. 7（IPPNX）；宁夏银川平吉堡（1 头，1961. VII. 13；1 头，1989. VIII. 24）（IPPNX）；3 头，宁夏银川西夏王陵，1991. VIII. 2，杨彩霞、马成俊采（IPPNX）。

地理分布：宁夏（银川、海原、中卫、中宁、盐池、同心、石嘴山、陶乐、隆德、灵武、贺兰山）、甘肃、青海、新疆。

取食对象：沙蒿、骆驼蓬。

## 啄象族 Otiorhynchini Schönherr, 1826

### 479）啄象属 *Otiorhynchus* Germar, 1822

**（1085）弗氏啄象 *Otiorhynchus* (*Arammichnus*) *freyi* Zumpt, 1933**

*Otiorhynchus freyi* Zumpt, 1933: 86; Yang et al., 2005: 251; Yang et al., 2011: 176; Löbl & Smetana, 2013: 369.

曾用名：中国方啄象（杨贵军等，2005）。

识别特征：体长 3.2～4.1 mm，宽 1.3～1.8 mm。椭圆形；黑色，被均匀金绿色圆形鳞片或夹杂暗褐色鳞片并在前胸背板形成 2 条宽纹而在鞘翅形成不规则斑点；鳞片间散布淡黄色短毛。喙长略大于宽，两侧近平行，背面有 2 驼背状隆起，中线明显；额凹；复眼扁而略突；雄性触角细长，柄节相当弯，长达前胸背板前缘，雌性较粗短；前胸背板两侧略隆，基半部两侧平行，端部缩窄，基部明显二凹，中部宽大，端部钝圆；后角尖。小盾片方形，端部钝圆。鞘翅肩部明显而钝圆，两侧略平行；行纹深而细，行间扁且有 1 行卧毛。雌性腹部前端略隆。腿节有钝齿。

地理分布：宁夏（银川、盐池、罗山）、河北、山西、内蒙古、吉林、黑龙江、陕西、青海；土耳其。

取食对象：山榆、山杏、冷蒿、甘草、枣、大豆、高粱、栗、甜菜。

## 树叶象族 Phyllobiini Schönherr, 1826

## 480）树叶象属 *Phyllobius* Germar, 1824

### （1086）金绿树叶象 *Phyllobius virideaeris virideaeris* (Laicharting, 1781)（图版 LXXVII: 10）

*Curculio virideaeris* Laicharting, 1781: 211; Wang & Yang, 2010: 260; Löbl & Smetana, 2013: 363.

识别特征：体长 3.5～6.0 mm。长椭圆形；黑色，密布绿色略具金属光泽卵形鳞片。喙长略大于宽，两侧近平行，背面略凹；触角沟开放；触角短，柄节弯，长达前胸背板前缘。前胸背板前、基部约等宽且近于直，背面沿中线略突。鞘翅两侧平行或后端略宽，肩明显；翅面行纹细，行间扁平；行间鳞片间散布短而细的淡褐色倒伏毛。雄性腹板末节扁平，雌性凹。腿节略棒状，无齿。

地理分布：宁夏（灵武、盐池、贺兰山）、北京、河北、山西、内蒙古、吉林、黑龙江、湖北、四川、陕西、甘肃、新疆；蒙古国，俄罗斯（远东、东西伯利亚），塔吉克斯坦，乌兹别克斯坦，吉尔吉斯斯坦，哈萨克斯坦，土耳其，欧洲，非洲界。

取食对象：李树、杨树。

## 珀象族 Polydrusini Schoenherr, 1823

## 481）食芽象属 *Pachyrhinus* Schoenherr, 1823

### （1087）食芽象 *Pachyrhinus* (*Pachyrhinus*) *yasumatsui* (Kono & Morimoto, 1960)

*Scythropus yasumatsui* Kono & Morimoto, 1960: 77; Löbl & Smetana, 2013: 367; Zhang et al., 2015: 80.

识别特征：体长 5.0～7.0 mm。雄性深灰色，雌性土黄色。喙粗短；触角 12 节，棍棒状，位于喙前端。鞘翅卵圆形，末端稍尖；盘上有刻点沟，散布不明显褐色斑并有灰色短茸毛。

地理分布：宁夏（同心、中宁）、河北、山西、辽宁、江苏、湖南、山东、河南、广西、四川、云南、陕西。

取食对象：枣树、苹果、梨、桃、杏、樱桃、紫穗槐、杨树、桑、泡桐等多种林木幼芽和嫩叶。

## 根瘤象族 Sitonini Gistel, 1848

### 482）根瘤象属 *Sitona* Germar, 1817

#### （1088）阿穆根瘤象 *Sitona amurensis* Faust, 1882

*Sitona amurensis* Faust, 1882: 263; Wang et al., 2012: 396; Löbl & Smetana, 2013: 388.

识别特征：体长约 9.5 mm，宽约 2.5 mm。体细长；黑色，被灰色毛，触角暗褐色。喙略弯，粗于前足腿节，散布相当大的刻点，端部通常有浅沟；额与喙等宽，具深沟且延至喙基部；触角细而长。前胸背板圆锥形，基部最宽，向前渐窄，前缘直，基部二凹形；表面散布极密小刻点，两侧有灰色毛纹并散布发光颗粒，小盾片前有长凹窝。小盾片不明显。鞘翅隆起，两侧近平行；端部开裂，有 1 相当长的尖突；基部行纹较大，两侧和后端行纹略深。腹部散布不明显黑点；雄性前 2 节凹，中间密布黄毛，形成隆脊，雌性前 2 节略隆。足很长。

地理分布：宁夏、河北、山西、内蒙古、辽宁、黑龙江、陕西、甘肃、青海、新疆；俄罗斯（远东、东西伯利亚），朝鲜，日本。

取食对象：油菜、大豆。

## 纤毛象族 Tanymecini Lacordaire, 1863

## 球胸象亚族 Piazomiina Reitter, 1913

### 483）实球象属 *Leptomias* Faust, 1886

#### （1089）灰胸实象 *Leptomias* (*Leptomias*) *griseus* (Chao, 1980)

*Piazomias griseus* Chao, 1980: 282; Löbl & Smetana, 2013: 396.

识别特征：体长约 4.4 mm。鳞片灰色，略具光泽；触角较为粗短，第 5～7 索节长度几乎相等；鞘翅第 6 行间鳞片较暗并形成条纹；前胫略呈"S"形。

地理分布：宁夏（同心）、甘肃。

### 484）土象属 *Meteutinopus* Zumpt, 1931

#### （1090）蒙古土象 *Meteutinopus mongolicus* (Faust, 1881)（图版 LXXVII: 11）

*Thylacites mongolicus* Faust, 1881: 290; Wang & Yang, 2010: 261; Yang et al., 2011: 176; Löbl & Smetana, 2013: 399.

识别特征：体长 4.4～5.8 mm，宽 2.3～3.1 mm。被褐色和白色鳞片，头和前胸背板具铜色光泽。喙扁平，基部较宽，中线细，长达头顶；额宽于喙。前胸背板两侧圆突，前端略缩，基部有明显的边，背面有 3 条深纵纹和 2 条浅纵纹。小盾片三角形，有时不明显。鞘翅宽于前胸背板，雌性特别宽，第 3、第 4 行间基部有白斑，肩也有白斑；行纹细而深，线形，行间扁，散布成行的细长毛，毛端部直，鞘翅端部的毛顶尖。雄性腹部末节端部钝圆，雌性尖，基部两侧有沟纹。足被毛，前胫节内缘有 1 排钝齿，端部变粗但不内弯。

检视标本：2 头，宁夏同心，1960. VIII. 8（IPPNX）；3 头，宁夏银川平吉堡，1961. V. 17（IPPNX）；1 头，宁夏泾源小南川，1994. VIII. 11（IPPNX）。

地理分布：宁夏（全区）、北京、河北、山西、内蒙古、辽宁、吉林、黑龙江、山东、四川、陕西、甘肃、青海；蒙古国，俄罗斯（远东、东西伯利亚），朝鲜，韩国。

取食对象：杨、槐、刺槐、柳、枣、苜蓿、玉米、甜菜、豌豆等。

### 485）球胸象属 *Piazomias* Schoenherr, 1840

#### （1091）淡绿球胸象 *Piazomias breviusculus* Fairmaire, 1888（图版 LXXVII: 12）

*Piazomias breviusculus* Fairmaire, 1888: 132; Chao & Chen, 1980: 96; Ren, 2010: 211; Liu et al., 2011: 267; Löbl & Smetana, 2013: 399.

识别特征：体长 5.6～6.9 mm，宽 2.4～3.0 mm。外形与金绿球胸象 *P. virescenss* Boheman, 1840 很近似，主要区别特征为：体型较大；均匀淡绿色或灰色，几乎无光泽，仅鞘翅外缘和口上片后面的鳞片有金光；雌性前胸背板较短，两侧略凸。

地理分布：宁夏（海原、中卫）、北京、河北、内蒙古、山东。

取食对象：牧草。

#### （1092）褐纹球胸象 *Piazomias bruneolineatus* Chao, 1980（图版 LXXVIII: 1）

*Piazomias bruneolineatus* Chao, 1980: 282; Gao, 1993: 123; Yang et al., 2011: 176; Löbl & Smetana, 2013: 399.

曾用名：褐纹球胸绿象（高兆宁，1993）。

识别特征：体长 4.5～5.3 mm。外形与线纹球胸象 *P. lineatus* Kono & Morimoto, 1960 很近似，主要区别特征为：体被金绿色圆形鳞片，行间散布长毛；前胸背板中间和两侧及鞘翅第 1、第 4、第 6 行间被金光的暗褐色条纹，鞘翅第 1、第 4、第 7 行间具褐色条纹；前胫节内缘无隆线，内缘近基部不弯成角状。

地理分布：宁夏（同心、盐池、固原、隆德）、北京、河北、山西、陕西。

取食对象：骆驼蓬等。

#### （1093）洼喙球胸象 *Piazomias depressonotus* Chao, 1980

*Piazomias depressonotus* Chao, 1980: 282; Löbl & Smetana, 2013: 399.

识别特征：体长 4.3～4.8 mm。外形与灰鳞球胸象 *P. sunwukong* Alonso–Zarazaga & Ren, 2013 很近似，主要区别特征为：喙的背面有深凹；前胸背板宽略小于长，两侧较突出，盘区条纹较明显。

地理分布：宁夏（彭阳）。

取食对象：牧草。

#### （1094）短毛球胸象 *Piazomias faldermanni* Faust, 1890

*Piazomias faldermanni* Faust, 1890: 43; Löbl & Smetana, 2013: 400.

识别特征：体长 5.2～7.0 mm，宽 2.1～2.9 mm。体细长。喙略隆；触角细长。前胸背板高隆，略窄于鞘翅，宽略大于长。鞘翅长形或粗长形，行间有多行毛；第 1、第 2、第 4、第 6 行间被较稀而小且色泽不同的鳞片，第 9～11 行间形成边纹，被毛很短，鳞毛金黄色和灰白色。

地理分布：宁夏（全区）、陕西、甘肃。

取食对象：牧草。

**（1095）灯罩球胸象 *Piazomias lampoglobus* Chao, 1980**（图版 LXXVIII：2）

*Piazomias lampoglobus* Chao, 1980: 283; Gao, 1993: 123; Yang et al., 2011: 176; Löbl & Smetana, 2013: 400.

曾用名：灯罩球胸绿象（高兆宁，1993）。

识别特征：体长 5.3～6.0 mm。外形与褐纹球胸象 *P. bruneolineatus* Chao, 1980 很近似，主要区别特征为：体长是体宽的 2.5～3.0 倍；体被均一的金绿色圆形鳞片；眼略突出；前胸背板中部之后最宽，近基部缩窄，呈灯罩形。

检视标本：8 头，宁夏同心，1963. VII. 3（IPPNX）；1 头，宁夏泾源秋千架，1973. VIII. 8（IPPNX）；3 头，宁夏中卫香山，1991. VII. 9（IPPNX）。

地理分布：宁夏（银川、同心、中卫、泾源、隆德）、北京、河北、山西、山东、河南、陕西。

取食对象：沙蓬、骆驼蓬、大麻。

**（1096）三纹球胸象 *Piazomias lineicollis* Kono & Morinoto, 1960**

*Piazomias lineicollis* Kono & Morimoto, 1960: 74; Ren, 2010: 211; Löbl & Smetana, 2013: 400.

识别特征：体长 4.3～4.7 mm，宽 1.8～2.3 mm。粗短，黑色，有圆形或卵形灰褐色鳞片，弱光泽，被倒伏短毛；前胸背板中部和两侧鳞片暗褐色，形成 3 个条纹；鞘翅行间鳞片几乎全部暗褐色，有时形成淡褐色或暗褐色斑。头密布刻点，刻点连成皱纹；喙长宽相等，中线长，未达额中间；复眼很突；触角粗短。前胸背板两侧均匀圆突，基部边较宽。鞘翅中部最宽，行纹斜形，行间略凸，第 8～11 行间形成边纹，第 7 行间全部被暗褐色鳞片，或以忽淡忽暗的鳞片构成斑块。前胫节直，端部内弯，内缘有 1 排齿。

地理分布：宁夏（海原）、河北、山西、内蒙古、河南。

取食对象：草本植物。

**（1097）灰鳞球胸象 *Piazomias sunwukong* Alonso–Zarazaga & Ren, 2013**

*Piazomias sunwukong* Alonso–Zarazaga & Ren in Löbl & Smetana, 2013: 89, 400.

*Piazomias griseus* Chao, 1980: 282.

曾用名：孙悟空球胸象（作者认为以 1 个神话人物取名不太妥当；该虫的鞘翅上覆盖灰色鳞片，故改用此名）。

识别特征：体长约 4.4 mm。外形与长胸球胸象 *P. longicollis* Chao, 1980 很近似，主要区别特征为：鳞片灰色，略有光泽；触角较短而粗，第 5～7 索节长约相等；鞘翅第 6 行间的鳞片较暗，形成条纹；前胫节略呈"S"形。

地理分布：宁夏（隆德、同心、六盘山）。

## 486）灰象属 *Sympiezomias* Faust, 1887

**（1098）大灰象 *Sympiezomias velatus* (Chevrolat, 1845)**

*Brachyaspistes velatus* Chevrolat, 1845: 98; Yang et al., 1992: 12; Wang et al., 2012: 400; Löbl & Smetana, 2013: 400.

曾用名：大灰象甲（杨彩霞等，1992）。

识别特征：体长 7.3～12.1 mm，宽 3.2～5.2 mm。雄性椭圆形，雌性宽卵形；黑色，密布淡黄色及发光的金黄色和褐色鳞片；褐色鳞片在前胸背板形成 3 条淡纵线，在鞘翅基部中叶形成长方形斑纹。小盾片半圆形，中央具纵沟。鞘翅末端尖，中间有 1 白色横带，横带前、后及两侧布褐色云斑；每翅有 10 条刻点沟。前胫节端部内弯，有端齿，内缘有 1 列小齿。

地理分布：宁夏（中宁）、北京、河北、山西、内蒙古、辽宁、吉林、黑龙江、安徽、山东、河南、湖北、广东、广西、四川、贵州、陕西、甘肃、香港、澳门。

取食对象：柳、榆、槐等的幼苗。

## 纤毛象亚族 Tanymecina Lacordaire, 1863

### 487）绿象属 *Chlorophanus* Sahlberg, 1823

#### （1099）甘肃绿象 *Chlorophanus gansuanus* Marshall, 1934

*Chlorophanus gansuanus* Marshall, 1934: 5; Ren, 2010: 210; Löbl & Smetana, 2013: 404.

识别特征：体长 8.2～10.7 mm，宽 2.9～4.1 mm。黑色，密布无光泽蓝绿色鳞片；前胸背板两侧和鞘翅第 8 行间黄色，后端未扩至第 7 行间，胫节和腿节后半端被略具铜色光泽鳞片。喙长略大于宽，两侧平行，中隆线很明显，边隆线较钝，雄性前缘上翘，触角沟明显下弯，离眼略远；触角索节粗短，触角棒顶尖。前胸背板从基部至中间之后两侧平行，然后向前缩窄，近端部明显缩窄；背面中间扁，散布颇不明显横皱纹；背部鳞片明显比两侧稀，这 2 个区被背部边缘黄色纵纹分开。小盾片等边三角形。鞘翅行间等高，雄性锐突较短而钝，雌性较长而尖，行纹浅，第 8 行间后端扁。

地理分布：宁夏（海原、六盘山）、湖南、四川、云南、西藏、陕西、甘肃。

取食对象：马蔺。

#### （1100）柳绿象 *Chlorophanus grandis* Roelofs, 1873（图版 LXXVIII: 3）

*Chlorophanus grandis* Roelofs, 1873: 16; Löbl & Smetana, 2013: 404.

识别特征：体长 12.0～14.0 mm。喙上 3 条明显隆线；触角细。前胸背板和鞘翅暗，散布细短灰毛；前胸背板领发达，背面有横皱纹。鞘翅行间等高，密布绿色鳞片，两侧有淡色条纹，条纹不靠外缘；第 8 行间被较淡而密的鳞片，从此到外缘有 3 个行间无鳞片；行间宽等于行纹刻点，行纹刻点密，行纹细而深。

检视标本：24 头，宁夏隆德，1960. VII. 4（IPPNX）；11 头，宁夏固原，1960. VIII（IPPNX）；宁夏银川（23 头，1960. IX. 6；27 头，1961. VII. 15）（IPPNX）；20 头，宁夏泾源六盘山，1983. VIII. 11（IPPNX）。

地理分布：宁夏（银川、隆德、固原、六盘山）、河北、山西、辽宁、江苏、安徽、江西、河南、湖北、湖南、广东、四川、贵州；俄罗斯（远东），朝鲜，韩国，日本。

#### （1101）隆脊绿象 *Chlorophanus lineolus* Motschulsky, 1854

*Chlorophanus lineolus* Motschulsky, 1854: 64; Wang et al., 1985: 77; Zhang et al., 1996: 181; Löbl & Smetana, 2013: 404.

识别特征：体长 11.4～13.0 mm，宽 4.1～4.8 mm。黑色，被淡绿至深蓝绿色鳞片，有光泽。喙粗短而直，上面平，中隆线明显凸起，两边隆线较钝；触角沟位于喙两侧，直向眼；复眼狭小，明显突；触角鬃状。前胸背板满布弯曲皱纹，基部最宽，基部 2 道深宽凹，中线往往被皱纹切断，基半部尤甚。小盾片尖，三角形。鞘翅末端尖锐，奇数行间宽且隆起，第 1 行间端半部呈隆脊。雄性前胸腹板前缘中部突出且向下，两侧成角，形成前胸腹板领；雌性腹末节端部隆起。

地理分布：宁夏、河北、内蒙古、辽宁、黑龙江、上海、江苏、福建、安徽、江西、河南、湖北、湖南、广东、广西、四川、贵州、云南、陕西、甘肃、台湾。

取食对象：榆、柳、苹果等。

### （1102）西伯利亚绿象 *Chlorophanus sibiricus* Gyllenhal, 1834（图版 LXXVIII: 4）

*Chlorophanus sibiricus* Gyllenhal, 1834: 65; Wu et al., 1978: 230; Gao, 1993: 123; Ren, 2010: 210; Wang & Yang, 2010: 256; Yang et al., 2011: 175; Löbl & Smetana, 2013: 405.

识别特征：体长 9.5～10.8 mm。梭形；黑色，密布淡绿色鳞片，前胸背板两侧和鞘翅第 8 行间鳞片黄色。喙短，长略大于宽，两侧平行，中隆线明显且延至头顶；触角沟指向眼，柄节长达眼前缘。前胸背板基部最宽，后角尖，两侧从基部至中间近平行；背面扁平，散布横皱纹。鞘翅行间刻点深，中间以后逐渐不明显，端部形成锐突。雄性前胸腹板前缘领状突。雌性中胫节端齿特别长。

地理分布：宁夏（银川、固原、隆德、海原、同心、中卫、灵武、贺兰山）、北京、河北、山西、内蒙古、辽宁、吉林、黑龙江、浙江、湖北、湖南、四川、陕西、甘肃、青海、新疆；朝鲜，蒙古国，俄罗斯（远东、东西伯利亚），朝鲜，塔吉克斯坦，哈萨克斯坦。

取食对象：杨、柳。

### （1103）红背绿象 *Chlorophanus solaria* Zumpt, 1937

*Chlorophanus solarii* Zumpt, 1937: 23; Wang & Yang, 2010: 256; Yang et al., 2011: 175; Löbl & Smetana, 2013: 405.

识别特征：体长 9.5～10.5 mm。黑色，头、前胸背板、鞘翅大部分被砖红色具光泽鳞片，其间散布长毛；前胸背板和鞘翅的两侧被淡绿色鳞片，触角、跗节红褐色。喙长略大于基宽，从基部向前缩窄，有 5 条隆线，中隆线长达额，边隆线、亚边隆线达到或超过眼前缘；触角沟短；触角密布灰色长毛，柄节具绿色鳞片，棒节长卵形，顶尖。前胸背板宽大于长。鞘翅扁平，肩部略角状突起。雄性前胸腹板领明显；第 1、第 2 腹板中间凹。

地理分布：宁夏（贺兰山、罗山）、河北、山西、内蒙古、吉林、辽宁、陕西、甘肃、青海、新疆；蒙古国，俄罗斯。

取食对象：杨、柳、云杉、枸杞。

## 488）叶喙象属 *Diglossotrox* Lacordaire, 1863

### （1104）多纹叶喙象 *Diglossotrox alashanicus* Suvorov, 1912

*Diglossotrox alashanicus* Suvorov, 1912: 481; Löbl & Smetana, 2013: 409.

识别特征：体长 11.5～14.0 mm。背面被圆形鳞片。前胸背板中部最宽。鞘翅条纹多。

地理分布：宁夏（中卫、灵武）、内蒙古、陕西。

取食对象：骆驼蓬、沙蒿等。

### （1105）长毛叶喙象 *Diglossotrox chinensis* Zumpt, 1937（图版 LXXVIII: 5）

*Diglossotrox chinensis* Zumpt, 1937: 21; Löbl & Smetana, 2013: 409.

识别特征：体长 8.2~10.0 mm，宽 3.8~5.0 mm。喙中线略凹，中隆线短或长。前胸背板几乎无光泽，小鳞片色较淡；刻点小而皱，稀疏且明显。鞘翅端部具较多白色鳞片，形成许多斑点，行间明显白色；行纹窄，刻点小；雄性端部往往散布直立长毛。

检视标本：2 头，宁夏盐池，1962. VI. 27（IPPNX）；135 头，宁夏灵武，1963. V. 9（IPPNX）；宁夏中卫沙坡头（1 头，1987. VI. 6；1 头，2000. VI. 7）（IPPNX）；4 头，宁夏盐池高沙窝，1995. V. 30（IPPNX）。

地理分布：宁夏（灵武、盐池、中卫）、山西、内蒙古。

取食对象：骆驼蓬、苹果苗。

### （1106）黄柳叶喙象 *Diglossotrox mannerheimii* Lacordaire, 1863（图版 LXXVIII: 6）

*Diglossotrox mannerheimii* Lacordaire, 1863: 87; Löbl & Smetana, 2013: 409.

识别特征：体长 9.8~11.8 mm，宽 4.4~5.8 mm。宽卵形；黑色，被褐色略光亮的圆形小鳞片和石灰色互相覆盖的短披针形大鳞片；头、喙被乳白色圆形鳞片。复眼扁圆形。前胸背板宽大于长，散布刻点，有 3 条明显暗纹。小盾片三角形。鞘翅无肩。

检视标本：3 头，宁夏中卫沙坡头，1987. VI. 22，任国栋采（HBUM）。

地理分布：宁夏（中卫、灵武）、北京、内蒙古、辽宁、吉林、陕西、甘肃；俄罗斯（东西伯利亚）。

取食对象：黄柳。

## 489）纤毛象属 *Megamecus* Reitter, 1903

### （1107）黄褐纤毛象 *Megamecus urbanus* (Gyllenhyl, 1834)

*Tanymecus urbanus* Gyllenhal, 1834: 81; Ren, 2010: 211; Wang & Yang, 2010: 261; Yang et al., 2011: 176; Löbl & Smetana, 2013: 411.

识别特征：体长 10.0~15.0 mm。长椭圆形；密布黄褐至黑褐色椭圆形鳞片，鳞片间的毛长远超过鳞片。喙长宽近相等；触角短，柄节仅达眼基部，棒节细长而尖。前胸背板长宽相等，略后突，前缘略直。鞘翅外缘镶着 1 行鳞片和毛，行间扁平，各有 2~3 行伏毛，端部缩成锐突；雄性短，雌性较长。

地理分布：宁夏（海原、中卫、同心、陶乐、盐池、灵武、贺兰山）、河北、内蒙古、河南、四川、甘肃、青海、新疆；俄罗斯，蒙古国，伊朗，塔吉克斯坦，乌兹别克斯坦，土库曼斯坦，吉尔吉斯斯坦，哈萨克斯坦，欧洲。

取食对象：柳、杨、榆、小麦。

## 490）毛足象属 *Phacephorus* Schoenherr, 1840

### （1108）刚毛毛足象 *Phacephorus setosus* Zumpt, 1937（图版 LXXVIII: 7）

*Phacephorus setosus* Zumpt, 1937: 22; Löbl & Smetana, 2013: 411.

识别特征：体长 6.0～7.4 mm，宽 2.0～2.8 mm。红褐色，密布灰色鳞片，前胸背板和鞘翅形成不明显条状斑纹；被褐色长毛。喙两侧平行，端部细而尖，中线略深且长达额上；复眼宽大于长而略突出；触角沟较扁，背面两侧隆线未延长至眼且未向前变尖；触角第 1 节近于直，长超过复眼基部，触角棒长而尖。前胸背板长宽相等，侧缘略圆，中部稍前最宽，前、基部等宽，两侧毛长。鞘翅肩部圆而略前突，雄性两侧平行，雌性向后略宽。前胫节细长，内侧略二波形；跗节细长，后足第 3 跗节宽大于长；爪离生。

检视标本：1 头，宁夏隆德，1963. VII. 9（IPPNX）。

地理分布：宁夏（隆德）、新疆；吉尔吉斯斯坦。

### （1109）甜菜毛足象 *Phacephorus umbratus* (Faldermann, 1835)（图版 LXXVIII: 8）

*Tanymecus umbratus* Faldermann, 1835: 421; Gao, 1993: 123; Wang & Yang, 2010: 260; Yang et al., 2011: 176; Löbl & Smetana, 2013: 411.

识别特征：体长 7.0～7.5 mm。体细长而扁；黑褐色，被无光泽灰色和褐色鳞片，散布光泽银灰色或黑褐色毛。喙短宽，中线短且宽而深；额宽而扁平；复眼突出；触角第 1 节弯，长达前胸背板前缘，棒节细长而尖。前胸背板长宽相等，中部之前最宽，背面散布颗粒。鞘翅上扁平，两侧平行，后端渐缩窄，端部钝圆，末端缩成锐突；行纹细而明显，行间扁平，奇数行间散布较多斑点，第 5 行间端部形成翅瘤。

检视标本：2 头，宁夏银川，1960. X. 7（IPPNX）；2 头，宁夏陶乐，1973. III. 23（IPPNX）；10 头，宁夏中卫香山，1981.VIII. 14（IPPNX）。

地理分布：宁夏（全区）、北京、河北、山西、内蒙古、甘肃、青海、新疆；蒙古国，俄罗斯（东西伯利亚）。

取食对象：藜科、苋科、蓼科、菊科。

## 粗象族 Trachyphloeini Gistel, 1848

## 491）遮眼象属 *Pseudocneorhinus* Roelofs, 1873

### （1110）胖遮眼象 *Pseudocneorhinus sellatus* Marshall, 1934（图版 LXXVIII: 9）

*Pseudocneorhinus sellatus* Marshall, 1934: 8; Wang et al., 1985: 77; Ren, 2010: 210; Löbl & Smetana, 2013: 414.

识别特征：体长 5.5～7.2 mm，宽 3.1～4.2 mm。黑色，被褐色和黑色鳞片及斑纹，有半倒伏片状毛。喙较粗短，基部窄，背面中部凹，中隆线不甚明显；口上片隆线明显；触角沟背面可见；触角膝状，柄节长而端部粗，休止时能遮盖复眼。前胸背板宽大于长，基部向前至 3/4 处两侧近平行，向前缩细，眼叶发达。鞘翅卵形，背面强烈隆起；行纹较宽，行间稍隆。爪合生。

地理分布：宁夏（海原、西吉、灵武）、北京、河北、山西、河南、陕西、甘肃；

马来西亚。

### （1111）鳞片遮眼象 *Pseudocneorhinus squamosus* Marshall, 1934

*Pseudocneorhinus squamosus* Marshall, 1934: 6; Wang & Yang, 2010: 256; Löbl & Smetana, 2013: 414.

识别特征：体长 3.0～3.5 mm。触角第 1 节超过复眼基部，静止时完全遮盖复眼。鞘翅基部两侧直，行间波纹状；鳞片状毛很宽，近三角形，顶端直。胫节具褐色夹杂灰色毛。

地理分布：宁夏（贺兰山）、内蒙古、甘肃；蒙古国，俄罗斯。

## 50.7　叶象亚科 Hyperinae Marseul, 1863 (1848)

## 叶象族 Hyperini Marseul, 1863 (1848)

### 492）叶象属 *Hypera* Germar, 1817

### （1112）苜蓿叶象 *Hypera* (*Hypera*) *postica* (Gyllenhal, 1813)

*Rhynchaenus postica* Gyllenhal, 1813: 113; Löbl & Smetana, 2013: 433; Hang et al., 2014: pl. 2.

识别特征：体长 4.5～6.5 mm。全身被黄褐色鳞片；头黑色，喙细长且弯曲；触角膝状，鞭部 7 节，触角沟直。前胸背板 2 条较宽的褐色条纹，中间夹 1 细灰线。鞘翅有 3 段等长的深褐色纵行条纹。

地理分布：宁夏（彭阳）、内蒙古、甘肃、新疆；蒙古国，韩国，乌兹别克斯坦，吉尔吉斯斯坦，哈萨克斯坦，伊朗，阿富汗，塞浦路斯，叙利亚，伊拉克，以色列，欧洲，非洲界。

取食对象：苜蓿。

## 50.8　方喙象亚科 Lixinae Schönherr, 1823

## 方喙象族 Cleonini Schönherr, 1826

### 493）大粒象属 *Adosomus* Faust, 1904

### （1113）平行大粒象 *Adosomus parallelocollis* Heller, 1923（图版 LXXVIII: 10）

*Adosomus parallelocollis* Heller, 1923: 76; Zhang et al., 2009: 128; Löbl & Smetana, 2013: 437.

识别特征：体长约 16.0 mm，宽约 7.0 mm。喙粗而较弯，中隆线钝圆。前胸背板宽大于长，基部直，两侧由基部至前端 1/4 处平行，端部突然变窄，形成横缢；盘区中纵线细，近前端消失，中间往往扩成菱形，沿隆线密布白毛而形成中纹，两侧各有 2 条密白纹。鞘翅中间最宽，后端略窄；表面散布光滑颗粒，颗粒间被白鳞毛，较长而宽的毛在肩与第 3 行间之间形成斜带，后半端形成不规则斑点。

地理分布：宁夏（灵武）、北京、河北、内蒙古、辽宁、吉林、黑龙江、安徽、山东。

### （1114）萨氏大粒象 *Adosomus samsonowii* Gebler, 1844

*Cleonus samsonowii* Gebler, 1844: 103; Löbl & Smetana, 2013: 437.

地理分布：宁夏、内蒙古、四川、新疆；蒙古国，土库曼斯坦，吉尔吉斯斯坦，哈萨克斯坦。

## 494）甜菜象属 *Asproparthenis* Gozis, 1886

### （1115）黑甜菜象 *Asproparthenis libitinaria* (Faust, 1886)

*Bothynoderes libitinaria* Faust, 1886: 148; Yang et al., 2005: 252; Löbl & Smetana, 2013: 438.

识别特征：体长 10.5～18.5 mm，宽 4.6～4.8 mm。长椭圆形；黑色，密布灰白色分裂成 4～5 叉的鳞片。喙短于前胸背板，中隆线钝，两侧各有 1 略缩短的浅沟，端部宽；额扁平，中间有窝；触角索节细。前胸背板宽大于长，两侧向前缩窄，基部浅二凹形，小盾片前略凹，中隆线仅基部明显。小盾片略三角形，通常被白毛。鞘翅有肩胝，端部近圆形，翅缝端部开裂，翅瘤略明显；行纹细，行间扁，密布小刻点，两侧散布明显横皱纹。胸部密布大、小刻点，腹部仅布小刻点。腿节、胫节细。

地理分布：宁夏（银川、永宁、中卫、青铜峡）、西藏、甘肃、青海、新疆；蒙古国。

取食对象：甜菜。

### （1116）甜菜象 *Asproparthenis punctiventris* (Germar, 1824)（图版 LXXVIII: 11）

*Lixus punctiventris* Germar, 1824: 397; Wu et al., 1978: 84; Gao, 1993: 123; Wang & Yang, 2010: 255; Yang et al., 2011: 175; Löbl & Smetana, 2013: 438; Ren et al., 2013: 245.

曾用名：甜菜象甲（王新谱等，2010；杨贵军等，2011；任国栋等，2013）。

识别特征：体长 13.0～16.0 mm，宽 4.0～6.0 mm。黑色，被无色鳞粉而显灰白色。喙较短而突，末梢膨大，背面中间有明显纵脊，其两侧有沟；触角膝状，位于喙中部，柄节可置于槽内。前胸背板凹凸不平，有若干黑色纵隆条，中间有 1 隆脊。每翅有 10 行纵列刻点及 3 个黑斑，后端黑斑端部有 1 隆起小白斑。腹部有许多小黑点，最后 4 节前缘中央的 4 个黑斑形成 1 条纵线；雄性第 1、第 2 节之间有凹，雌性无凹。雄性前足第 3 跗节分裂较长，尖端长达第 4 节 2/3 处；雌性分裂较短，尖端不达第 4 节之半。

检视标本：50 头，宁夏平罗，1959. VI. 6（IPPNX）；4 头，宁夏贺兰山，1959. VI. 6（IPPNX）；1 头，宁夏灵武，1960. VII（IPPNX）；1 头，宁夏中卫，1961. IV（IPPNX）；3 头，宁夏银川，1961.V.23（IPPNX）；2 头，宁夏盐池，1962.V.29（IPPNX）；1 头，宁夏隆德，1962. VII. 19（IPPNX）；1 头，宁夏同心，1974.V（IPPNX）；2 头，宁夏固原，1978.V. 10（IPPNX）；1 头，宁夏吴忠滚泉，1990. IV. 27（IPPNX）；1 头，宁夏永宁，1984. V，任国栋采（HBUM）；1 头，宁夏中卫，1985.I.9（HBUM）；1 头，宁夏海原，1986. VIII. 4，任国栋采（HBUM）；1 头，宁夏同心，1987. VIII. 11（HBUM）。

地理分布：宁夏（银川、平罗、中卫、盐池、隆德、固原、永宁、海原、青铜峡、灵武、石嘴山、吴忠、同心、贺兰山）、北京、河北、山西、内蒙古、黑龙江、山东、陕西、甘肃、新疆；俄罗斯，土耳其，欧洲。

取食对象：甜菜、菠菜、灰条等藜科植物。

**（1117）三北甜菜象 *Asproparthenis secura* (Faust, 1890)**（图版 LXXVIII: 12）

*Bothynoderes secura* Faust, 1890: 462; Zhang et al., 2009: 130; Löbl & Smetana, 2013: 439.

识别特征：体长 9.3～9.7 mm，宽 3.9～4.0 mm。长椭圆形；被暗灰和褐色鳞片。喙略长于头，中隆线及两侧浅沟明显；额隆且有窝，头顶有 2 褐斑。前胸背板宽大于长，密布刻点；中线略浅，两侧曲线和两侧白色。鞘翅略隆，端部钝圆，有角状凹；行纹明显，行间宽，中间具褐色窄斜带。

检视标本：33 头，宁夏盐池，1962. VI. 27（IPPNX）。

地理分布：宁夏（盐池）、河北、内蒙古、辽宁、吉林、黑龙江、江苏、甘肃、青海；蒙古国，俄罗斯（远东、东西伯利亚）。

取食对象：骆驼蓬、猫儿眼、甜菜等。

**（1118）光胸甜菜象 *Asproparthenis vexata* (Gyllenhal, 1834)**

*Bothynoderes vexata* Gyllenhal, 1834: 240; Zhao & Chen, 1980: 115; Löbl & Smetana, 2013: 439.

识别特征：体长 9.0～11.0 mm。喙有中隆线，多少尖锐，其两侧有沟。前胸背板两侧和鞘翅基部无颗粒；前胸背板中间无或无明显的隆线，顶区中间无明显皱纹。鞘翅顶区的鳞片分裂成 3～4 个叉。

地理分布：宁夏（灵武）、甘肃、新疆；俄罗斯（西伯利亚），韩国，阿富汗，伊朗，塔吉克斯坦，土库曼斯坦，吉尔吉斯斯坦，哈萨克斯坦，欧洲。

## 495）斜纹象属 *Bothynoderes* Schoenherr, 1823

**（1119）黑斜纹象 *Bothynoderes declivis* (Olivier, 1807)**（图版 LXXIX: 1）

*Lixus declivis* Olivier, 1807: 272; Gao, 1993: 123; Wang & Yang, 2010: 257; Yang et al., 2011: 175; Löbl & Smetana, 2013: 439.

识别特征：体长 7.5～11.5 mm。体梭形；黑色，被白色至淡褐色披针形鳞片，前胸背板和鞘翅两侧各有 1 互相衔接的黑条纹和 1 条白条纹，条纹在鞘翅中间前后被白色鳞片组成的斜带所断。喙粗壮而略扁，短于前胸背板，中隆线前端 2 分叉。前胸背板宽略大于长，基部略等于前端，前缘向后缢缩，基部中叶，两侧直；背面具稀疏刻点，黑色条纹有少量大刻点。鞘翅两侧平行，中部后略窄，顶端分别缩成小尖突；行间扁平，行纹刻点不明显。

检视标本：1 头，宁夏隆德，1959. VI（IPPNX）；宁夏银川（1 头，1960. IX. 6；2 头，1962. IV. 10；1 头，1962. V. 8；2 头，1963. IV. 15；1 头，1963. V. 4；1 头，1987.IX.1；1 头，1989. IX. 29，马文文采；1 头，1991. IV. 3）（IPPNX）；2 头，宁夏盐池，1962. VI. 27（IPPNX）；2 头，宁夏贺兰山，1962. IX. 11（IPPNX）。

地理分布：宁夏（银川、中宁、隆德、同心、盐池、灵武、中卫、平罗、贺兰山）、北京、河北、内蒙古、辽宁、黑龙江、甘肃、青海、新疆；蒙古国，俄罗斯（远东、东西伯利亚），朝鲜，韩国，日本，阿富汗，土库曼斯坦，吉尔吉斯斯坦，哈萨克斯坦，欧洲。

取食对象：刺蓬、骆驼蓬、蜀葵、甜菜。

## 496）尖眼象属 *Chromonotus* Motschulsky, 1860

### （1120）二斑尖眼象 *Chromonotus* (*Chevrolatius*) *bipunctatus* (Zoubkoff, 1829)

*Cleonis bipunctatus* Zoubkoff, 1829: 164; Zhao & Chen, 1980: 105; Löbl & Smetana, 2013: 439.

识别特征：体长约 8.8 mm。长椭圆形；黑色，背面密布淡色和暗褐色针形鳞片，无倒伏毛；足和腹部密布较淡而分裂的鳞片，散布倒伏长毛。喙细长而直，向端部缩窄，端部略变宽，中隆线明显，其两侧各 1 浅沟；额隆，具 1 中窝；眼扁，向下缩成 1 细尖；触角第 2 索节远长于第 1 节。前胸背板圆锥形，基部浅二凹形，前缘略呈截断形；背面中部后端凹，中隆线略明显，往往被鳞片遮盖。小盾片不明显。鞘翅肩部明显，中部之后最宽，端部略缩成钝尖。腹部和足散布雀斑；雄性腹部基部中叶凹，前足第 2、第 3 跗节腹面有海绵体；雌性腹部基部略隆，前足仅第 3 跗节有海绵体。

地理分布：宁夏（灵武）、北京、河北、山西、内蒙古、辽宁、吉林、黑龙江、甘肃、青海、新疆；蒙古国，俄罗斯（西伯利亚），乌兹别克斯坦，吉尔吉斯斯坦，哈萨克斯坦，欧洲。

## 497）方喙象属 *Cleonis* Dejean, 1821

### （1121）欧洲方喙象 *Cleonus pigra* (Scopoli, 1763)（图版 LXXIX: 2）

*Curculio pigra* Scopoli, 1763: 23; Wang et al., 1985: 80; Ren, 2010: 210; Löbl & Smetana, 2013: 440.

识别特征：体长 11.2～17.0 mm，宽 4.0～5.0 mm。长椭圆形；黑色，密布灰白色毛状鳞片，头顶鳞片毛黄褐色。喙方形，短粗，背面 4 条隆线和 3 刻点沟，两侧各 1 刻点沟；复眼较扁而横长；触角沟前端由背面可见，后端斜向眼下；触角膝状，柄节端部粗。胸部与鞘翅基半部散布粒状突。前胸背板基部宽，向端部渐窄，中部有脊状突，突的中部宽，中线基部凹；背面有"凸"形深色斑。小盾片尖三角形。鞘翅肩微突，自肩后斜向中后方有暗色条纹，中部有与此平行的斜纹，翅瘤处有暗色斑。腹部毛较长，具无毛"雀斑"。后足第 1 跗节很长。

地理分布：宁夏（海原、灵武）、北京、河北、山西、内蒙古、辽宁、黑龙江、河南、四川、陕西、甘肃、青海、新疆；蒙古国，俄罗斯（远东、东西伯利亚），韩国，孟加拉国，巴基斯坦，阿富汗，塔吉克斯坦，乌兹别克斯坦，土库曼斯坦，吉尔吉斯斯坦，哈萨克斯坦，土耳其，阿尔及利亚，伊拉克，以色列，欧洲，非洲界，东洋界。

取食对象：蓟属植物。

## 498）锥喙象属 *Conorhynchus* Motschulsky, 1860

### （1122）平喙锥喙象 *Conorhynchus lacerta* Chevrolat, 1873

*Conorhynchus lacerta* Chevrolat, 1873: 46; Löbl & Smetana, 2013: 442.

地理分布：宁夏（灵武）、新疆；俄罗斯（西西伯利亚），阿富汗，伊朗，土库曼斯坦，哈萨克斯坦，欧洲。

取食对象：甜菜。

**（1123）粉红锥喙象 *Conorhynchus pulverulentus* (Zoubkoff, 1829)**（图版 LXXIX: 3）

*Cleonis pulverulentus* Zoubkoff, 1829: 167; Löbl & Smetana, 2013: 442.

*Cleonus conirostris* Gebler, 1830: 156; Gao, 1993: 123; Wang et al., 2007: 33; Wang & Yang, 2010: 257; Yang et al., 2011: 175.

识别特征：体长 14.0～15.0 mm。黑色，被白色圆形鳞片夹杂淡至暗褐色鳞片，散布黄褐色发红的粉末。喙向前缩成圆锥形，喙、额中隆线明显。前胸背板向前缩窄，基部中叶后突，中间两侧斜直；中线弱或仅后端略明显，基部中叶凹；背面两侧白色，中部暗褐色，中部两侧各 1 灰暗发光的带并延至头部而在眼前形成 1 三角形斑。鞘翅两侧平行，肩明显；翅面两侧白色，边缘 1 行暗褐色点，第 2、第 4、第 6 行间基部各有 1 白点，中区散布暗褐色点片。腹部末 4 节基部中叶各 1 光滑黑点。

检视标本：1 头，宁夏平罗，1959. V. 12（IPPNX）；2 头，宁夏银川，1960. X. 4（IPPNX）；16 头，宁夏银川平吉堡，1961. V. 17（IPPNX）；1 头，宁夏石嘴山，1961. V. 17（IPPNX）；1 头，宁夏吴忠，1963. V（IPPNX）；1 头，宁夏同心，1963. VII. 3（IPPNX）；1 头，宁夏中卫香山，1981. VI. 20（IPPNX）；52 头，宁夏灵武，1991. V. 16（IPPNX）；10 头，宁夏中宁大战场乡，1991. V. 16（IPPNX）；20 头，宁夏灵武狼皮子梁，1991. V. 16（IPPNX）；1 头，宁夏中卫，1985. V. 19，任国栋采（HBUM）；1 头，宁夏中卫沙坡头，1989. IV. 24，任国栋采（HBUM）。

地理分布：宁夏（吴忠、同心、中卫、中宁、平罗、银川、灵武、盐池、石嘴山、隆德、贺兰山）、内蒙古、陕西、甘肃、青海、新疆；蒙古国，俄罗斯（东西伯利亚），阿富汗，伊朗，乌兹别克斯坦，土库曼斯坦，吉尔吉斯斯坦，哈萨克斯坦，土耳其，欧洲。

取食对象：白刺、沙蒿、甘草。

## 499）舟喙象属 *Scaphomorphus* Motschulsky, 1860

**（1124）帕氏舟喙象 *Scaphomorphus pallasi* (Faust, 1890)**（图版 LXXIX: 4）

*Lixus pallasi* Faust, 1890: 467; Löbl & Smetana, 2013: 450.

*Lixus nigrolineatus* Voss, 1967: 299; Gao, 1993: 123; Zhang et al., 2014: 206.

曾用名：黑条筒喙象（高兆宁，1993；张蓉等，2014）。

识别特征：体长约 13.0 mm。长纺锤形；黄色、褐色条带相间。喙浅黄色，中缝处有 1 黑褐色线纹。前胸背板和鞘翅从中缝至边缘依次为黑褐色、浅黄色、黑褐色、浅黄色 4 条黄色、褐色相间的条带。

检视标本：宁夏中卫沙坡头（1 头，1961.X.3；1 头，1981.VI.11；1 头，2001. VII. 31）（IPPNX）；1 头，宁夏盐池，2000.IX.8（IPPNX）。

地理分布：宁夏（中卫、中宁、盐池、贺兰山）、山西、内蒙古、辽宁；蒙古国，俄罗斯（西伯利亚东部），伊朗，哈萨克斯坦，欧洲。

## 500）冠象属 *Stephanocleonus* Motschulsky, 1860

**（1125）月斑冠象 *Stephanocleonus* (*Stephanocleonus*) *przewalskyi* Faust, 1887**（图版 LXXIX: 5）

*Stephanocleonus przewalskyi* Faust, 1887: 265; Ren, 2010: 211; Löbl & Smetana, 2013: 453.

识别特征：体长约 11.0 mm，宽约 4.5 mm。椭圆形，背面隆凸；黑色，密布灰黄

色箭状鳞片，腹面和足被粗长毛，散布黑色雀斑。喙直，不长于头，中隆线隆起，隆
线两侧有浅沟，后端达额上，前端达触角窝；额凹，中间有窝。前胸背板两侧前端突
然缩窄，基部中叶圆而两侧斜直；背面刻点大而深，其间散布小刻点，小盾片前凹，
中隆线在凹前消失，两侧各 2 条白纹。小盾片三角形。鞘翅肩明显，肩下有弓形黑斑，
端部钝圆，基部略隆，翅瘤明显，其外侧与后端光滑；行纹深，刻点被毛遮盖，行间
扁，基部较隆而间隔行间更隆，盘区中间前、后有黑色光滑短斜带。

检视标本：12 头，宁夏中宁大战场，1989. V. 2（IPPNX）；1 头，宁夏吴忠滚泉，
1989. VII. 23（IPPNX）。

地理分布：宁夏（中宁、海原、西吉、吴忠、灵武）、甘肃、青海、新疆；蒙古国。

取食对象：榆、杨、柳等。

## 筒喙象族 Lixini Schönherr, 1823

### 501）菊花象属 *Larinus* Dejean, 1821

#### （1126）灰毛菊花象 *Larinus (Phyllonomeus) griseopilosus* Roelofs, 1873（图版 LXXIX: 6）

*Larinus griseopilosus* Roelofs, 1873: 182; Gao, 1993: 123; Löbl & Smetana, 2013: 462.

曾用名：灰毛菊象（高兆宁，1993）。

识别特征：体长约 10.0 mm。长椭圆形；黑色，被灰白色鳞毛，触角暗红褐色。
喙直，圆筒形，长于前胸背板；触角沟在眼下不连接。前胸背板端部突然缩窄，端部
中间有 2 突起，无明显中隆线，具褶皱；基部中叶凹，具眼叶和纤毛；密布大刻点，
其间密布小刻点。鞘翅肩明显，基部行纹刻点明显，行间密布细刻点，翅坡第 4~7
行间有明显翅瘤。前胫节端部略外扩；中、后胫节直，各有 1 向外弯的刺。

检视标本：15 头，宁夏泾源六盘山，1964. VII（IPPNX）；2 头，宁夏泾源龙潭，
1983. VII. 5（IPPNX）；宁夏泾源二龙河（1 头，1980. VII. 14；1 头，1983. VII. 5）（IPPNX）。

地理分布：宁夏（泾源）、东北、中国北部；俄罗斯（远东），日本，印度，东
洋界。

取食对象：菊科植物。

#### （1127）漏芦菊花象 *Larinus (Phyllonomeus) scabrirostris* Faldermann, 1835

*Larinus scabrirostris* Faldermann, 1835: 429; Ren, 2010: 211; Löbl & Smetana, 2013: 470.

识别特征：体长约 7.5 mm。椭圆形；黑色，有时具硫黄色粉末，触角暗红褐色。
喙圆筒形，几乎不弯而无光泽，略短于前胸背板，无或有很细中隆线，密布皱刻点。
前胸背板两侧至中部以前略缩窄，其后突然圆扩，前缘以后缩；背面相当隆，眼叶明
显，无中隆线，散布很大而深的略密刻点，刻点间散布小刻点，被很稀而短的不明显
灰毛，两侧布略密而长的灰毛。鞘翅两侧平行，端部钝圆，基部以后有深长凹；翅面
行纹明显，基部行纹深而宽，近端部行纹刻点不明显，散布很短而稀并聚集成斑点的
灰毛。前胫节端部向外变宽，外缘中间内弯。

地理分布：宁夏（海原）、河北、山西、内蒙古、辽宁、吉林、黑龙江、陕西；蒙古国，俄罗斯（远东、东西伯利亚），朝鲜，韩国。

取食对象：菊属植物。

## 502）筒喙象属 *Lixus* Fabricius, 1801

### （1128）锥喙筒喙象 *Lixus* (*Compsolixus*) *fairmairei* Faust, 1890（图版 LXXIX: 7）

*Lixus fairmairei* Faust, 1890: 260; Gao, 1993: 123; Löbl & Smetana, 2013: 465.

识别特征：体长约 10.5 mm，宽约 3.5 mm。体细长；黑色，被白色针状鳞片。前胸背板向前缩窄，基部中叶后突，中间两侧直，眼叶明显。鞘翅肩明显，中间以后逐渐缩窄，边缘呈灰白色缘线。腹部第 1、第 2 腹板各有 3 个大雀斑。

检视标本：8 头，宁夏平罗，1959.V（IPPNX）；宁夏银川（2 头，1959. VIII. 9；1 头，1961. IV. 11；3 头，1980. IV. 24）（IPPNX）；1 头，宁夏灵武，1960. VII. 21（IPPNX）；1 头，宁夏石嘴山，1960. VII（IPPNX）；6 头，宁夏陶乐，1973. III. 23（IPPNX）；1 头，宁夏彭阳，2002. VI. 28（IPPNX）。

地理分布：宁夏（银川、平罗、灵武、石嘴山、彭阳、中宁、中卫、陶乐）、北京、河北、山西、内蒙古、黑龙江、甘肃；蒙古国，俄罗斯（远东，东西伯利亚）。

取食对象：白刺、甜菜、芨芨草、蒿类。

### （1129）油菜筒喙象 *Lixus* (*Compsolixus*) *ochraceus* Boheman, 1842

*Lixus ochraceus* Boheman, 1842: 436; Löbl & Smetana, 2013: 465.

识别特征：体长 6.7～10.2 mm。长纺锤形；体黑色，头和前胸背板褐色，布不规则刻点；喙短于前胸背板且弯曲度较大，略粗于前足腿节；触角位于喙前端 1/3 处，端部呈膝状。鞘翅被灰色短毛，体两侧、腹部和足被白色鳞片；后翅灰白色。腹部密布黑色刻点。

地理分布：宁夏（灵武）、北京、河北、山西、内蒙古、辽宁、江西；朝鲜，伊朗，土耳其，欧洲，非洲界。

### （1130）大筒喙象 *Lixus* (*Eulixus*) *divaricatus* Motschulsky, 1861

*Lixus divaricatus* Motschulsky, 1861: 20; Wang & Yang, 2010: 259; Löbl & Smetana, 2013: 468.

识别特征：体长 7.0～8.0 mm。暗或淡褐色，被暗绿色金属光泽鳞片及伏毛。喙长宽相等，喙耳前缩窄，背侧隆线分裂成叉状，无中隆线；额窄于触角间之宽，有中线；触角长超过体中部，柄节长达前胸背板中部，略弯，棒节细长，筒状。前胸背板中间最宽，向前变窄，前缘后略变细，基部前中间两侧各有 1 小凹；背面散布皱纹状大刻点。鞘翅行纹粗，密布刻点，行间具细横皱纹。足粗，腿节棒状，具粗齿；胫节直，与腿节等长。

地理分布：宁夏（盐池、中宁、中卫、贺兰山）、河北、辽宁、吉林、黑龙江、江苏、浙江、安徽、江西、河南、湖北、广东、四川、云南、贵州；俄罗斯（远东，东西伯利亚），朝鲜，韩国，日本。

**（1131）斜纹筒喙象 *Lixus (Eulixus) obliquivittis* Voss, 1937**（图版 LXXIX: 8）

*Lixus obliquivittis* Voss, 1937: 262; Zhao & Chen, 1980: 123; Löbl & Smetana, 2013: 468.

识别特征：体长 10.5~11.5 mm。黑色。头圆锥形，喙与前足腿节等粗而稍弯，散布纵皱刻点；额窄于喙基部宽，布小而很密的略皱的刻点；眼几乎不突；触角位于喙端部之前，柄节未达到眼前缘。前胸背板圆锥形，长略大于宽，两侧几乎直；密布小刻点，其间散布大而扁的坑。鞘翅宽于前胸背板，中间两侧平行；每翅端部由第 2 行间延长成瘤状突起，行纹略发达，未形成深沟，刻点分离；行间扁而宽于行纹，布小而很密的不规则刻点。腿节发达，棒状。

地理分布：宁夏（灵武）、辽宁、上海、浙江、福建、广西、四川、云南。

取食对象：作物、果树和其他经济树木的嫩芽、幼叶。

**（1132）甜菜筒喙象 *Lixus (Phillixus) subtilis* Boheman, 1835**（图版 LXXIX: 9）

*Lixus subtilis* Boheman, 1835: 73; Gao, 1993: 123; Wang et al., 2012: 398; Löbl & Smetana, 2013: 470.

*Lixus antennatus* Motschulsky, 1854: 49; Yang et al., 2005: 251.

曾用名：钝圆筒喙象（杨贵军等，2005）。

识别特征：体长 9.0~12.0 mm。体细长，近平行；鞘翅上具不明显灰色毛斑，腹部两侧具灰色或略黄色毛斑，被细毛。喙弯，几乎不粗于前足腿节，通常有隆线，具明显皱刻点，雄性长为前胸背板的 2/3，雌性长为前胸背板的 4/5；额凹，有长圆形窝；复眼扁卵圆形，不大；触角位于喙中部之前。前胸背板圆锥形，两侧略圆拱，前缘后未缩，两侧被略明显毛纹；背面散布略密大刻点，刻点间布小刻点。鞘翅肩略隆，不宽于前胸背板，基部显圆凹，两侧平行或略圆，端部成短而钝的尖突，略开裂；翅面行纹明显，刻点密，行间扁平。足很细。

检视标本：宁夏盐池（2 头，1961. VII. 11；1 头，1962. VI. 27）（IPPNX）；1 头，宁夏泾源，1980. V. 9（IPPNX）。

地理分布：宁夏（银川、灵武、盐池、泾源、平罗）、河北、山西、内蒙古、辽宁、吉林、黑龙江、江苏、甘肃、新疆；蒙古国，俄罗斯（远东、东西伯利亚），朝鲜，韩国，日本，伊朗，阿富汗，乌兹别克斯坦，土库曼斯坦，哈萨克斯坦，土耳其，叙利亚，欧洲。

取食对象：灰条、甜菜。

## 50.9  莫象亚科 Molytinae Schönherr, 1823

## 斜纹象族 Lepyrini Kirby, 1837

**503）斜纹象属 *Lepyrus* Germar, 1817**

**（1133）暗色斜纹象 *Lepyrus nebulosus* Motschulsky, 1860**

*Lepyrus nebulosus* Motschulsky, 1860: 165; Löbl & Smetana, 2013: 482.

地理分布：宁夏（灵武）、辽宁、吉林、黑龙江、山东、四川、陕西、香港；俄罗斯（远东），韩国，日本。

# 补遗

## 拟步甲科 Tenebrionidae Latreille, 1802

### 伪叶甲亚科 Lagriinae Latreille, 1825 (1820)

### 莱甲族 Laenini Seidlitz, 1896（宁夏新纪录）

#### 莱甲属 *Laena* Dejean, 1821

##### 二点莱甲 *Laena bifoveolata* Reitter, 1889（图版 LXXIX: 10）

*Laena bifoveolata* Reitter, 1889: 709; Schawaller, 2001: 7; 2008: 404; Löbl & Smetana, 2008: 107.

识别特征：体长 6.9～9.5 mm。黑色，无光泽；背、腹面被短毛。唇基前缘弧凹，额唇基沟浅凹，前颊显著隆起，额中部纵向隆起；头顶显著隆起，表面具稠密刻点。触角向后伸达前胸背板基部。前胸背板近心形，端部 1/3 最宽，基部明显窄于端部；前缘略弧凹；前角钝、后角圆；盘区中部纵凹浅，中央浅凹 1 对，刻点稠密。鞘翅背面具刻点行，其与前胸背板的等大，行间粗糙，皱纹短横和刻点细密；第 7 行间凸起，第 9 行间不明显毛穴 3 个；翅尾长，顶圆钝。所有腿节无齿；雄性前足胫节略拱，所有胫节端部内侧具钩；雌性前足跗节细窄，所有胫节端部内侧无钩。

检视标本：4♂4♀，宁夏泾源龙潭，35.38982°N，106.34508°E，1936 m，2008. VI. 23，娄巧哲（IZCAS）。

地理分布：宁夏（六盘山）、湖北、四川、陕西、甘肃。

## 拟步甲亚科 Tenebrioninae Latreille, 1802

### 刺甲族 Platyscelidini Lacordaire, 1859

#### 刺甲属 *Platyscelis* Latreille, 1818

##### 尖茎刺甲 *Platyscelis (Platyscelis) acutipenis* Bai & Ren, 2019（图版 LXXIX: 11）

*Platyscelis (Platyscelis) acutipenis* Bai & Ren, 2019: 103.

识别特征：体长 11.1～11.8 mm，宽 6.0～6.8 mm。黑色，弱光泽。唇基前缘直，额唇基沟浅凹；头上刻点粗密。触角第 9～10 节近球形，雄性向后近于达到前胸背板基部，雌性则不达。前胸背板基部最宽，两侧基部至中部之前平行，端部较强收缩；前缘近直，后缘后突；前角钝、后角直；盘区刻点小而稠密，两侧粗密且部分愈合，两侧基部至中部宽凹。鞘翅背面具稠密短刺毛及稀疏黄色伏毛与纵肋痕迹，无刻点；侧缘饰边由背面几乎完全可见，近于到达翅缝。腹部近于光裸，有稀疏金黄色短毛。前足胫节内侧弯曲，后足胫节弯且宽扁；雄性前足、中足第 1～4 跗节扩展，雌性正常。

检视标本：1♂，宁夏隆德峰台林场，2009. VII. 13，王新谱采（HBUM）；1♂1♀，宁夏隆德峰台林场，2009. VII. 13-14，王新谱、赵小林采（HBUM）；1♂1♀，宁夏隆德峰台林场，2008.Ⅵ.30，王新谱、刘晓丽采（HBUM）。

地理分布：宁夏（隆德）、甘肃。

### 贺兰山刺甲 *Platyscelis (Platyscelis) helanensis* **Bai & Ren, 2019**（图版 LXXIX: 12）

*Platyscelis (Platyscelis) helanensis* Bai & Ren, 2019: 117.

识别特征：体长 10.9～12.1 mm，宽 5.7～6.5 mm。黑色，光泽弱；跗节、触角及下颚须浅棕色。唇基前缘直，额唇基沟浅凹；头背面刻点细密。触角第 9～10 节近球形，雄性向后近于达到前胸背板基部，雌性不达。前胸背板基部最宽，两侧基部至中部之前平行，端部较强收缩；前缘近直，后缘直；前角钝、后角尖直；盘区刻点小而稠密，两侧具彼此独立的椭圆形稠密细刻点，两侧基部至中部宽凹。鞘翅背面粗糙，具粗密浅刻点及弱纵肋或痕迹，端部刻点较小且模糊；侧缘饰边由背面几乎完全可见，近于到达翅缝。腹部近于光裸，有稀疏金黄色短毛。前足胫节内弯，端外角近直角形，后足胫节直；雄性前、中足第 1～4 跗节扩展，雌性正常。

检视标本：3♂2♀，宁夏贺兰山，1987.Ⅵ.1，任国栋采（HBUM）；2♂2♀，宁夏贺兰山，1987.Ⅵ.2，任国栋采（HBUM）；2♀，宁夏贺兰山，1987.Ⅵ.3，任国栋采（HBUM）；1♂1♀，宁夏贺兰山，1987.Ⅶ.2，任国栋采（HBUM）；1♀，宁夏贺兰山，1988.Ⅵ.1，任国栋采（HBUM）；1♂，宁夏贺兰山，1990.Ⅵ.4，任国栋采（HBUM）；2♂3♀，宁夏贺兰山，1990.Ⅵ.24，任国栋采（HBUM）；1♀，宁夏贺兰山，1994.Ⅴ.4，任国栋采（HBUM）；1♀，宁夏贺兰山苏峪口，1990.Ⅵ.20（HBUM）；13♂31♀，宁夏同心大罗山，1984.Ⅵ.1，任国栋采（HBUM）；1♀，宁夏同心大罗山，1989.Ⅴ.29，任国栋采（HBUM）；3♂7♀，宁夏同心大罗山，2009.Ⅶ.20，王新谱、冉红凡采（HBUM）；1♂1♀，宁夏同心窑山，2100 m，1987.Ⅷ.12，任国栋采（HBUM）；1♂，宁夏同心窑山，1987.Ⅷ.20（HBUM）；6♂4♀，宁夏同心，1987.Ⅷ.12，任国栋采（HBUM）；1♂，宁夏同心，1989.Ⅷ.12，任国栋采（HBUM）。

地理分布：宁夏（同心、罗山、贺兰山）、内蒙古。

# 参考文献

白玲, 任国栋. 2015. 宁夏甲虫的多样性与地理分布. 西北农业学报, 24(5): 133–140.

白玲, 任国栋, 刘少番. 2015. 六盘山、贺兰山和罗山甲虫区系及组成比较. 环境昆虫学报, 37(6): 1141–1148.

白晓拴, 彩万志, 能乃扎布. 2013. 内蒙古贺兰山地区昆虫. 呼和浩特: 内蒙古人民出版社, 768.

彩万志, 庞雄飞, 花保祯, 梁广文, 宋敦伦. 2011. 普通昆虫学. 2版. 北京: 中国农业大学出版社, 490.

蔡邦华. 1973. 昆虫分类学 (中册). 北京: 科学出版社, 303.

蔡邦华, 殷蕙芬, 黄复生. 1962. 小蠹科 (狭义) Scolytidae s. str. 分类系统的修订和我国产两新种的记述 (小蠹研究之一). 昆虫学报, 11 (增刊): 1–17.

陈宏灏, 高立原, 张蓉, 张怡, 朱猛蒙. 2011. 宁夏中部干旱带不同生境昆虫群落特征分析. 农业科学研究, 32(3): 1–4.

陈锦祥, 关苏军, 王勇. 2010. 甲虫前翅结构及其仿生研究进展. 复合材料学报, 27(3): 1–9.

陈锦祥, 倪庆清, 徐英莲. 2006. 甲虫前翅仿生复合材料研究的进展. 纺织学报, 27(10): 108–111.

陈君, 程惠珍, 张建文, 张国珍, 丁万隆. 2003. 宁夏枸杞害虫及天敌种类的发生规律调查. 中药材, 26(6): 391–394.

陈启宗, 黄建国. 1985. 仓库昆虫图册. 北京: 科学出版社, 96.

陈世骧. 1961. 中国叶甲新种记述. 昆虫学报, 10(4–6): 429–435.

陈世骧, 等. 1986. 中国动物志 昆虫纲 鞘翅目 铁甲科. 北京: 科学出版社, 653.

陈世骧, 谢蕴贞, 邓国藩. 1959. 中国经济昆虫志 第一册 鞘翅目 天牛科. 北京: 科学出版社, 120.

陈世骧, 虞佩玉, 王书永, 姜胜巧. 1976. 中国西部叶甲新种志. 昆虫学报, 19(2): 205–224.

陈曦, 张大治, 贺达汉. 2010. 宁夏中部荒漠草原风沙区拟步甲物种多样性及其对生境的指示作用. 第二次全国植物抗病虫和病害流行与控制学术研讨会论文集, 银川: 61–71.

陈耀溪. 1984. 仓库害虫 (增订本). 北京: 农业出版社, 557.

陈义夫. 1985. 饵木防治十斑吉丁虫. 宁夏农业科技, 3: 27.

代金霞. 2009. 宁夏金龟子昆虫的区系组成和分布特征. 安徽农业科学, 37(6): 2589–2591.

邓国藩, 等. 1986. 中国农业昆虫 (上册). 北京: 农业出版社, 766.

范丽华, 张金桐, 李月华, 骆有庆, 宗世祥, 杨美红. 2011. 脐腹小蠹形态特征和生物学特性. 应用昆虫学报, 48(3): 657–663.

高兆宁. 1993. 宁夏农业昆虫实录. 西安: 天则出版社, 336.

高兆宁. 1999. 宁夏农业昆虫图志 (第三集). 北京: 中国农业出版社, 227.

高兆宁, 田畴. 1988. 宁夏干草原区几种重要害虫记述. 植物保护, 2: 31.

葛斯琴, 杨星科, 李文柱, 崔俊芝. 2003. 鞘翅目系统演化关系研究进展. 动物分类学报, 28(4): 599–605.

郭中华, 张继平, 贾艳梅, 符亚儒, 郜超. 2003. 锦鸡窄吉丁生物学特性及其防治. 防护林科技, 2:

72–73.

杭佳, 石云, 刘文惠, 贺达汉. 2014. 宁夏黄土丘陵区不同生态恢复生境地表甲虫多样性. 生物多样性, 22(4): 516–524.

贺达汉, 田畴, 任国栋, 郝峰茂, 马世渝. 1988. 荒漠草原昆虫的群落结构及其演替规律初探. 中国草地, 6: 24–28.

贺海明, 贾彦霞. 2012. 宁夏盐池荒漠草原不同生境对琵甲物种多样性的影响. 西北农业学报, 21(12): 192–197.

贺奇, 王新谱, 杨贵军. 2011. 宁夏盐池荒漠草原步甲物种多样性. 生态学报, 31(4): 923–932.

贺奇, 殷延勃, 曾乐, 张文银. 2013. 盐池四墩子荒漠草原拟步甲昆虫群落多样性研究. 环境昆虫学报, 35(6): 713–719.

黄复生, 陆军. 2015. 中国小蠹科分类纲要. 上海: 同济大学出版社, 141.

黄灏, 陈常卿. 2013. 中华锹甲（贰）. 台北: 福尔摩沙生态有限公司, 716.

黄同陵. 1993. 中国婪步甲属三新种记述（鞘翅目: 步甲科）. 动物分类学报, 18(4): 451–455.

计云. 2012. 中华葬甲. 北京: 中国林业出版社, 330.

贾凤龙. 2006. 中国牙甲属 Hydrophilus Geoffroy 分类订正（鞘翅目: 牙甲科）. 昆虫分类学报, 28(3): 187–197.

贾凤龙, 王佳, 王继芬, 王卓. 2010. 中国真龙虱属 Cybister Curtis 分类研究（鞘翅目: 龙虱科: 龙虱亚科）. 昆虫分类学报, 12(4): 255–263.

江世宏, 王书永. 1999. 中国经济叩甲图志. 北京: 中国农业出版社, 195.

蒋书楠. 1963. 云南生物考察报告（鞘翅目, 天牛科 I）. 昆虫学报, 12(1): 61–76.

蒋书楠, 陈力. 2001. 中国动物志 第二十一卷 昆虫纲 鞘翅目 天牛科 花天牛亚科. 北京: 科学出版社, 296.

蒋书楠, 蒲富基, 华立中. 1985. 中国经济昆虫志 第三十五册 鞘翅目 天牛科（三）. 北京: 科学出版社, 189.

经希立. 1986. 突角瓢虫属二新种记述（鞘翅目: 瓢甲科）. 动物分类学报, 11(2): 205–208.

李剑, 任国栋, 于有志. 1999. 宁夏草原昆虫区系分析及生态地理分布特点. 河北大学学报（自然科学版）, 19(4): 410–415.

李涛, 姬学龙, 杨贵军, 王新谱. 2012. 宁夏罗山拟步甲物种多样性及分布特点. 西北农业学报, 21(2): 184–189.

李晓宏. 1989. 宁夏地下害虫区系初步研究. 宁夏农林科技, 1: 13–15, 17.

李岳诚, 张大治, 贺达汉. 2014. 荒漠景观固沙柠条林地地表甲虫多样性及其与环境因子的关系. 林业科学, 50(5): 109–117.

李占文, 李攀, 王冬菊. 2014. 宁夏灵武天然杠柳新害虫–黄角筒天牛的为害特性及生态习性研究. 植物保护, 40(1): 179–181.

李占文, 张爱萍, 于洁, 王素琴, 孙慧芳, 杨红娟, 杨学荣, 伍梅霞. 2008. 宁夏灵武发现为害柠条锦鸡儿的新蛀干害虫. 植物保护, 34(3): 149–151.

梁爱萍. 1999. 六足总纲的系统发育与高级分类. 1–26. 见: 郑乐怡, 归鸿. 昆虫分类（上）. 南京: 南京师范大学出版社, 524.

梁宏斌, 虞佩玉. 2000. 中国捕食黏虫的步甲种类检索. 昆虫天敌, 22(4): 160–166.

刘崇乐. 1962. 中国瓢虫新种记述和关于瓢虫外生殖器的论述. 昆虫学报, 11(3): 259–265.

刘崇乐. 1963. 中国经济昆虫志 第五册 鞘翅目 瓢甲科. 北京: 科学出版社, 101.

刘广瑞, 章有为, 王瑞. 1997. 中国北方常见金龟子彩色图鉴. 北京: 中国林业出版社, 106.

刘迺发, 吴洪斌, 郝耀明. 2011. 宁夏沙坡头国家级自然保护区二期综合科学考察. 兰州: 兰州大学出版社, 334.

刘荣光, 孙普. 1991. 宁夏天牛种类及害情调查. 宁夏农林科技, 3: 20–38.

刘永平, 张生芳. 1988. 中国仓储品皮蠹害虫. 北京: 农业出版社, 170.

罗汉才, 田畴, 李月华. 1982. 宁夏黄灌区黑光灯下昆虫名录. 宁夏农学院学报, 1: 33–46.

马文珍. 1995. 中国经济昆虫志 第四十六册 鞘翅目: 花金龟科、斑金龟科、弯腿金龟科. 北京: 科学出版社, 210.

马有祥, 等. 2013. 宁夏云雾山草原自然保护区综合科学考察报告. 北京: 科学出版社, 267.

南华山自然保护区科考组. 2005. 宁夏南华山自然保护区综合科学考察报告. 银川: 宁夏人民出版社, 136.

宁夏林业厅自然保护区办公室. 1989. 六盘山自然保护区科学考察. 银川: 宁夏人民出版社, 356.

宁夏灵武白芨滩国家级自然保护区科考组. 2010. 宁夏灵武白芨滩国家级自然保护区科学考察报告. 316.

《宁夏森林》编辑委员会. 1999. 宁夏森林. 北京: 中国林业出版社, 292.

宁夏沙湖自然保护区科考组. 2012. 宁夏沙湖自然保护区综合科学考察报告. 231.

庞雄飞, 毛金龙. 1979. 中国经济昆虫志 第十四册 鞘翅目 瓢甲科（二）. 北京: 科学出版社, 170.

蒲富基. 1980. 中国经济昆虫志 第十九册 鞘翅目 天牛科（二）. 北京: 科学出版社, 146.

任国栋. 1985. 宁夏的食粪金龟甲. 宁夏牧业通讯, 2: 48–50.

任国栋. 1986. 宁夏金龟甲名录及常见种识别检索. 宁夏农学院学报, 1: 27–32.

任国栋. 1990. 拟步甲昆虫的分类现状及动向. 宁夏农学院学报, 7(1): 83–88.

任国栋. 1991. 宁夏拟步甲调查报告. 宁夏农学院学报, 12(2): 60–64.

任国栋. 1992. 中国西北沙漠拟步甲二新种（鞘翅目: 拟步甲科）. 动物学研究, 13(4): 329–332.

任国栋. 1993. 中国漠潜属三新种（鞘翅目: 拟步甲科, 沙潜族）. 昆虫学报, 36(4): 486–489.

任国栋. 2003. 中国皮金龟科分类研究（鞘翅目: 金龟总科）. 昆虫分类学报, 25(2): 109–117.

任国栋. 2010. 六盘山无脊椎动物. 保定: 河北大学出版社, 683.

任国栋, 等. 2016. 中国动物志 昆虫纲 第六十三卷 鞘翅目 拟步甲科（一）. 北京: 科学出版社, 532.

任国栋, 巴义彬. 2010. 中国土壤拟步甲志（第二卷 鳖甲类）. 北京: 科学出版社, 225.

任国栋, 白明. 2005. 鞘翅目: 拟步甲科. 379–389. 见: 杨星科. 秦岭西段及甘南地区昆虫. 北京: 科学出版社, 1072.

任国栋, 郭书彬, 张锋. 2013. 小五台山昆虫. 保定: 河北大学出版社, 738.

任国栋, 侯麟. 2003. 皮金龟科的分类研究进展. 昆虫知识, 40(6): 505–508.

任国栋, 贾龙. 2013. 宁夏拟步甲的多样性与区系组成分析. 环境昆虫学报, 35(3): 277–278.

任国栋, 王希蒙. 1988. 宁夏盐池昆虫地理划分及分析. 宁夏农学院学报, 2: 93–97.

任国栋, 王希蒙. 1988. 腾格里沙漠东南缘昆虫区系分析. 中国林业文摘, 4(4): 52.

任国栋, 王希蒙, 马峰. 中国漠王属二新种及一新记录种（鞘翅目: 拟步甲科）. 宁夏农学院学报, 14（增刊）: 44–49.

任国栋, 王新谱. 2001. 中国琵甲属八新种（鞘翅目: 拟步甲科: 琵甲族）. 昆虫分类学报, 23(1): 15–27.

任国栋, 武新. 1994. 中国刺足甲属一新种（鞘翅目: 拟步甲科）. 动物分类学报, 19(3): 351–353.

任国栋, 杨秀娟. 2006. 中国土壤拟步甲志（第一卷 土甲类）. 北京: 高等教育出版社, 225.

任国栋, 叶建华. 1990. 姬兜胸鳖甲生物学记述. 植物保护, 16(3): 15–16.

任国栋, 印红, 李国军. 2000. 齿琵甲 Blaps femoralis 的分类地位研究（鞘翅目: 拟步甲科）. 河北大学学报（自然科学版）（增刊）, 20: 11–17.

任国栋, 于有志. 1994. 中国西北拟步甲新种和新纪录（鞘翅目: 拟步甲科）. 见: 廉振民. 昆虫学研究. 西安: 陕西师范大学出版社, 87–90.

任国栋, 于有志. 1999. 中国荒漠半荒漠的拟步甲科昆虫. 保定: 河北大学出版社, 395.

任国栋, 于有志, 马峰, 姜红. 1993. 中国漠潜属的分类研究及三新种五新记录种（鞘翅目: 拟步甲科）. 宁夏农学院学报, 14（增刊）: 24–33.

任国栋, 赵建国. 1988. 三类人工林昆虫群落特征及稳定性初析. 宁夏农学院学报, 1: 70–74.

任国栋, 郑哲民. 1993. 皮鳖甲属昆虫六新种（鞘翅目: 拟步甲科: 鳖甲属）. 宁夏农学院学报, 14（增刊）: 34–43.

任国栋, 郑哲民. 1993. 我国西北荒漠背毛甲族四新种（鞘翅目: 拟步甲科）. 宁夏农学院学报, 14（增刊）: 50–58.

任国栋, 朱晓梅, 张宏羽. 1997. 宁夏拟步甲的区系组成和分布特征. 西北农业学报, 6(2): 76–81.

任顺祥, 王兴民, 庞虹, 彭正强, 曾涛. 2009. 中国瓢虫原色图鉴. 北京: 科学出版社, 336.

戎悦胜. 2015. 中国内蒙古锡林郭勒动物资源. 呼和浩特: 内蒙古人民出版社, 551.

容汉诊, 罗蕴芳, 许琼高, 李秋梅. 1992. 宁夏花卉植物害虫及其天敌名录. 宁夏农学院学报, 13(2): 49–56.

森本桂. 2007. 新订原色昆虫大图鉴 第 II 卷（甲虫篇）. 东京: 北隆馆, 526.

尚占环, 辛明, 姚爱兴, 龙瑞军. 2006. 宁夏香山荒漠草原区的昆虫多样性. 昆虫天敌, 28(1): 1–6.

申效诚, 等. 2015. 中国昆虫地理. 郑州: 河南科学技术出版社, 1008.

石万红. 1985. 红豆草苗期害虫–黑绒金龟甲. 宁夏农业科技, 6: 46–47.

宋朝枢, 王有德. 1999. 宁夏白芨滩自然保护区科学考察集. 北京: 中国林业出版社, 245.

苏正海, 刘荣光, 孙普. 1987. 罗山自然保护区林木病虫考察报告. 宁夏农林科技, 5: 21–26.

孙长春. 1984. 大武口地区光肩星天牛的发生、危害及其防治. 宁夏农业科技, 4: 30–33.

孙宏义. 1989. 沙坡头昆虫区系初步研究. 中国沙漠, 9(2): 71–81.

索中毅, 白明, 李莎, 杨海东, 李涛, 马德英. 2015. 中国白星花金龟地理变异的几何形态学分析及其新疆种群的入侵来源推断. 昆虫学报, 58(4): 408–418.

谭娟杰. 1981. 肖叶甲科一新属二新种. 动物学集刊, 1: 51–54.

谭娟杰, 王书永, 周红章. 2005. 中国动物志 第四十卷 昆虫纲 鞘翅目 肖叶甲科 肖叶甲亚科. 北京: 科学出版社, 415.

谭娟杰, 虞佩玉, 李鸿兴, 王书永, 姜胜巧. 1980. 中国经济昆虫志 第十八册 鞘翅目 叶甲总科 (一). 北京: 科学出版社, 213.

田畴, 贺答汉. 1987. 荒漠草原牧草害虫及研究进展. 植物保护, 5: 39–41.

田畴, 贺达汉, 赵立群. 1990. 荒漠草原新害虫–白茨粗角萤叶甲生物学及防治的研究. 昆虫知识, 27(2): 102–104.

田畴, 贺答汉, 李进跃. 1987. 荒漠草原害虫沙蒿金叶甲的发生与防治. 植物保护, 6: 25–26.

田畴, 金桂兰. 1987. 沙蒿金叶甲发育起点温度和有效积温常数的研究. 宁夏农学院学报, 1: 34–39.

田畴, 李进跃, 徐文忠, 马成文, 刘永生. 1986. 荒漠草原新害虫–沙蒿叶甲. 宁夏农业科学, 5: 17–19.

王洪建, 杨星科. 2006. 甘肃省叶甲科昆虫志. 兰州: 甘肃科学技术出版社, 296.

王杰, 杨贵军, 岳艳丽, 张大治. 2016. 贺兰山天牛科昆虫区系组成及垂直分布. 环境昆虫学报, 38(6): 1154–1162.

王锦林, 曹川健, 冯起勇, 尤万学, 李月华, 林学芳. 2007. 宁夏哈巴湖自然保护区昆虫资源的调查. 山西林业科技, 2: 31–34, 37.

王良海. 1980. 我区林木蛀干害虫成灾原因浅析. 宁夏农业科技, 23–26.

王巍巍, 贺达汉, 张大治. 2013. 荒漠景观地表甲虫群落边缘效应研究. 应用昆虫学报, 50(5): 1383–1391.

王希蒙. 1981. 宁夏林木病虫害及防治现状. 宁夏农业科技, 3: 5–8.

王希蒙. 1983. 黄斑星天牛室内饲养观察. 宁夏农业科技, 4: 27–28.

王希蒙. 1992. 宁夏天牛成灾原因及防治对策. 宁夏林学会通讯, 2: 16–19.

王希蒙, 梁吉元, 等. 1987. 银川园林植物病虫害、天敌资源普查及检疫对象研究技术报告. 银川科技, 4: 12–13.

王希蒙, 任国栋, 刘荣光. 1992. 宁夏昆虫名录. 西安: 陕西师范大学出版社, 287.

王希蒙, 任国栋, 马峰. 1996. 花绒穴甲的分类地位及应用前景. 西北农业学报, 5(2): 75–78.

王小奇, 方红, 张治良. 2012. 辽宁甲虫原色图鉴. 沈阳: 辽宁科学技术出版社, 452.

王新谱, 任国栋, 姜红, 杨常新. 2000. 宁夏琵甲属昆虫的区系组成 (鞘翅目:拟步甲科). 宁夏农学院学报, 21(3): 54–57.

王新谱, 王章训. 2014. 中国蚁形甲科 (鞘翅目) 昆虫名录及区系组成. 宁夏大学学报 (自然科学版), 35(3): 249–254.

王新谱, 杨贵军. 2010. 宁夏贺兰山昆虫. 银川: 宁夏人民出版社, 472.

王绪芳, 张为, 吴亚丽, 余治家, 胡永强. 2010. 六盘山全变态类昆虫的区系组成与多样性. 陕西农业科学, 3: 32–35, 66.

王绪捷, 等. 1985. 见:《河北森林昆虫图册》编写组. 河北森林昆虫图册. 石家庄: 河北科学技术出版社, 281.

王义平. 2009. 浙江乌岩岭昆虫及其森林健康评价. 北京: 科学出版社, 275.

王章训, 张云会, 王新谱. 2015. 宁夏云雾山草原甲虫群落组成与多样性. 草业科学, 32(7): 1156–1163.

王直诚. 2014. 中国天牛图志(基础篇 上/下卷). 北京: 科学技术文献出版社, 1188.

魏鸿钧, 张志良, 王荫长. 1989. 中国地下害虫. 上海: 上海科学技术出版社, 444.

吴福桢, 高兆宁. 1978. 宁夏农业昆虫图志(修订版). 北京: 农业出版社, 332.

吴福桢, 高兆宁, 郭予元. 1982. 宁夏农业昆虫图志(第二集). 银川: 宁夏人民出版社, 265.

吴韶宸, 王建国, 郎杏茹, 孙普, 邢丽荣, 何泽玉. 2012. 宁夏地区沟眶象、臭椿沟眶象生物学特性初步研究. 现代园艺, 24: 9–10.

许佩恩, 能乃扎布, Б.Намхайдорж. 2007. 蒙古高原天牛彩色图谱. 北京: 中国农业大学出版社, 149.

许扬, 杨锋, 高红军. 2008. 宁夏银川湿地昆虫群落组成及多样性初步研究. 安徽农业科学, 36(22): 9563–9564.

杨彩霞, 高立原. 2000. 宁夏固沙植物柠条昆虫资源的调查. 中国沙漠, 20(4): 461–463.

杨彩霞, 刘育钜, 高立原. 1996. 宁夏荒漠拟步甲主要种类及为害情况记述. 宁夏农林科技, 2: 14–17.

杨彩霞, 刘育钜, 马成俊, 高立原. 1992. 宁夏象甲初步调查及常见种的危害. 宁夏农林科技, 6: 13–15.

杨贵军, 贺海明, 王新谱. 2012. 盐池荒漠草地拟步甲昆虫群落时间结构和动态. 应用昆虫学报, 49(6): 1610–1617.

杨贵军, 贾龙, 张建英, 于有志. 2016. 宁夏贺兰山拟步甲科昆虫分布与地形的关系. 环境昆虫学报, 38(1): 77–86.

杨贵军, 贾彦霞, 王新谱, 张大治. 2015. 苜蓿–荒漠草地交错带步甲昆虫多样性. 环境昆虫学报, 37(3): 483–491.

杨贵军, 秦伟春. 2013. 宁夏罗山脊椎动物. 银川: 阳光出版社, 229.

杨贵军, 王新谱, 仇智虎, 等. 2011. 宁夏罗山昆虫. 银川: 阳光出版社, 290.

杨贵军, 王新谱, 贾彦霞, 张大治. 2016. 人工柠条–荒漠草地交错带拟步甲昆虫群落多样性. 生态学报, 36(3): 608–619.

杨贵军, 于有志, 杜开多. 2005. 宁夏象甲科昆虫的区系组成(鞘翅目: 象甲科). 见: 任国栋, 张润志, 石福明. 昆虫分类与多样性. 北京: 中国农业科学技术出版社, 250–254.

杨贵军, 于有志, 王新谱. 2011. 宁夏贺兰山拟步甲科的区系组成与生态分布. 宁夏大学学报(自然科学版), 32(1): 67–72.

杨星科, 葛斯琴, 王书永, 李文柱, 崔俊芝. 2014. 中国动物志 昆虫纲 第六十一卷 鞘翅目 叶甲科 叶甲亚科. 北京: 科学出版社, 641.

杨秀元, 吴坚. 1981. 中国森林昆虫名录. 北京: 中国林业出版社, 444.

殷慧芬, 黄复生. 1996. 中国四眼小蠹属研究及三新种和一新亚种记述(鞘翅目: 小蠹科). 动物分类学报, 21(3): 345–354.

蕙芬, 黄复生, 李兆麟. 1984. 中国经济昆虫志 第二十九册 鞘翅目 小蠹科. 北京: 科学出版社, 205.

尤万学, 何兴东, 余殿. 2016. 宁夏哈巴湖国家级自然保护区生物多样性监测手册（昆虫图册）. 天津: 南开大学出版社, 152.

于倩倩, 陈冲, 刘振凯, 孙耀武, 曹川健, 宝山, 温俊宝. 2012. 宁夏灵武沟眶象发生特点. 应用昆虫学报, 49(4): 1005–1009.

于有志, 任国栋. 1997. 中国栉甲属五新种（拟步甲科: 朽木甲亚科）. 四川动物, 16(1): 8–12.

于有志, 任国栋, 于利子. 2000. 蒙新区四种拟步甲幼虫记述（鞘翅目: 拟步甲科）. 河北大学学报（自然科学版）（增刊）, 20: 64–67.

虞国跃. 1999. 河南伏牛山瓢甲科新种记述（鞘翅目, 瓢甲科）. 62–73. 见: 申效诚, 裴海潮. 河南昆虫分类区系研究 第四卷 伏牛山南坡及大别山区昆虫. 北京: 中国农业科技出版社, 414.

虞国跃. 2010. 中国瓢虫亚科图志. 北京: 化学工业出版社, 180.

虞国跃. 2011. 台湾瓢虫图鉴. 北京: 化学工业出版社, 198.

虞佩玉, 王书永, 杨星科. 1996. 中国经济昆虫志 第五十四册 鞘翅目 叶甲总科（二）. 北京: 科学出版社, 324.

张大治, 陈曦, 贺达汉. 2012. 荒漠景观拟步甲科昆虫多样性及其对生境的指示作用. 应用昆虫学报, 49(1): 229–235.

张大治, 贺达汉, 于有志, 等. 2008. 宁夏白芨滩国家级自然保护区地表甲虫群落多样性. 动物学研究, 29(5): 569–576.

张大治, 马艳, 李岳诚, 于有志, 贺达汉. 2013. 小尺度下柠条林破碎化生境对地表甲虫多样性的影响. 应用昆虫学报, 50(4): 934–941.

张大治, 郑哲民. 2003. 宁夏药用昆虫资源概述. 宁夏农林科技, 1: 32–35.

张华普, 沈瑞清, 康萍芝. 2015. 食芽象甲在宁夏枣园的发生危害及风险分析. 中国果树, 2: 80–83.

张继贤. 1984. 麦茎叶甲的观察及防治研究初报. 宁夏农业科技, 19–21.

张建英. 2008. 黑矮阎甲（鞘翅目: 阎甲科）生物学特性的初步研究. 农业科学研究, 29(2): 96–97.

张培毅. 2013. 雾灵山昆虫生态图鉴. 哈尔滨: 东北林业大学出版社, 418.

张荣祖. 2011. 中国动物地理. 北京: 科学出版社, 330.

张蓉, 魏淑花, 高立原, 张泽华. 2014. 宁夏草原昆虫原色图鉴. 北京: 中国农业科学技术出版社, 341.

张生芳, 陈洪俊, 薛银光. 2008. 储藏物甲虫彩色图鉴. 北京: 中国农业科学技术出版社, 188.

张生芳, 樊新华, 高渊, 詹国辉. 2016. 储藏物甲虫. 北京: 科学出版社, 351.

张巍巍, 李元胜. 2011. 中国昆虫生态大图鉴. 重庆: 重庆大学出版社, 692.

张晓春, 杨彩霞, 高兆宁. 1995. 中国卷象属二新种（鞘翅目: 卷象科）. 动物学集刊, 12: 207–210.

张秀珍, 刘秉儒, 詹硕仁. 2011. 宁夏境内 12 种主要土壤类型分布区域与剖面特征. 宁夏农林科技, 52(9): 48–50, 63.

张芝莉. 1984. 中国经济昆虫志 第二十八册 鞘翅目 金龟总科幼虫. 北京: 科学出版社, 107.

张治科, 徐世才, 杨彩霞. 2011. 宁夏红枣昆虫多样性及优势种群发生动态研究. 陕西师范大学学报（自然科学版）, 39(2): 58–63.

张治良, 赵颖, 丁秀云, 等. 2009. 沈阳昆虫原色图鉴. 沈阳: 辽宁民族出版社, 455.

章士美, 赵永祥. 1996. 中国农林昆虫地理分布. 北京: 中国农业出版社, 400.

章有为, 王瑞. 1997. 山西嗡蜣螂属一新种及婆鳃金龟属二新种记述（鞘翅目: 金龟总科）. 昆虫分类学报, 19(3): 209–212.

赵亚楠, 贺海明, 王新谱. 2012. 宁夏芫菁种类记述（鞘翅目: 芫菁科）. 农业科学研究, 6(2): 35–39.

赵养昌. 1963. 中国经济昆虫志 第四册 鞘翅目 拟步行虫科. 北京: 科学出版社, 63.

赵养昌. 1966. 中国仓库害虫. 北京: 农业出版社, 156.

赵养昌. 1974. 两种棉花新象虫. 昆虫学报, 17(4): 482–487.

赵养昌. 1980. 中国的球胸象属（鞘翅目: 象虫科）. 动物分类学报, 5(3): 279–288.

赵养昌, 陈元清. 1980. 中国经济昆虫志 第二十册 鞘翅目 象虫科（一）. 北京: 科学出版社, 184.

赵养昌, 李鸿兴. 1966. 中国斑皮蠹属的研究. 动物分类学报, 3(3): 245–252.

赵养昌, 李鸿兴, 高锦亚. 1982. 中国仓库害虫区系调查. 北京: 农业出版社, 174.

郑发科. 1996. 内蒙古自治区隐翅甲的研究. 四川师范学院学报（自然科学版）, 17(4): 15–16.

郑发科. 1998. 中国隐翅甲科的分类研究（异形隐翅甲亚科: 离鞘隐翅甲属）. 四川师范学院学报（自然科学版）, 19(3): 249–256.

郑国琦, 虎卫军, 杨贵军. 2016. 宁夏南华山动植物图谱. 银川: 阳光出版社, 330.

中国科学院动物研究所, 浙江农业大学, 等. 1978. 天敌昆虫图册. 北京: 科学出版社, 300.

中国林业科学研究院. 1983. 中国森林昆虫. 北京: 中国林业出版社, 1107.

周嘉熹, 孙益知, 唐鸿庆. 1988. 陕西省经济昆虫志 鞘翅目 天牛科. 西安: 陕西科学技术出版社, 136.

周善义. 2013. 广西大明山昆虫. 桂林: 广西师范大学出版社, 373.

朱德生. 1987. 宁夏储粮害虫调查. 宁夏农业科技, 5: 13–15.

祝长清, 朱东明, 尹新明, 等. 1999. 河南昆虫志 鞘翅目（一）. 郑州: 河南科学技术出版社, 414.

Adams M F. 1817. Descriptio insectorum novorum Imperii Russici, inprimis Caucasi et Sibiriae. *Memoires de la Societe Imperiale des Naturalistes de Moscou*, 5: 278–314.

Ahrens D. 2005. A taxonomic review on the *Serica* (s. str.) MacLeay, 1819 species of Asiatic mainland (Coleoptera, Scarabaeidae, Sericini). *Nova Supplemeta Entomologica*, 18: 1–163.

Ahrens D, Schwarzer J, Vogler A P. 2014. The evolution of scarab beetles tracks the sequential rise of angiosperms and mammals. *Proceedings of the Royal Society B*, 281: 20141470.

Allard E. 1882. Essai de classification des blapsides de l'ancien monde. 4$^e$ et derniere partie. *Annales dela Societe Entomologique de France*, 2 (6): 77–140.

Allard E. 1889. Note sur les galerucides, coleopteres phytophages. *Bulletin ou Comptes–Rendus des Seances de la Societe Entomologique de Belgique*, 1889: 66–87.

Allegro G. 2007. Three new *Leistus* species from Gansu (China) (Coleoptera Carabidae). *Bollettino del Museo Civico di Storia Naturale di Verona*, 31, Botanica Zoologia: 69–73.

Allibert A. 1847. Note sur divers insectes Coleopteres trouves dans des graines de legumineuses rapportees de Canton par Yvan, medicin de l'ambassade franqaise en Chine, et sur quelques autres especes qui ont vecu dans des haricots venant du Bresil. *Revue et Magas in de Zoologie Pure et Appliquee*, 10: 11–19.

Andrewes H E. 1930. The Carabidae of the third Mount Everest Expedition, 1924. *Transactions of the Entomological Society of London*, 78: 1–44 + 1 map.

Angelini F, Švec Z. 1994. Review of Chinese species of the subfamily Leiodinac. *Acta Societatis Zoologicae Bohemicae*, 58: 1–31.

Arakawa H Y. 1932. A new Cerambycidae and Buprestidae from South Manchuria. *Kontyu*, 6: 15–19.

Arrow G J. 1913. Notes on the lamellicom Coleoptera of Japan and description of a few new species. *The Annals and Magazine of Natural History* (8), 12: 394–408.

Arrow G J. 1915. Notes on the coleopterous family Dermestidae, and descriptions of some new forms in the British Museum. *The Annals and Magazine of Natural History* (8), 15: 425–451.

Arrow G J. 1921. A revision of the melolonthine beetles of the genus Ectinohoplia. *Proceedings of the Zoological Society of London*, 1921: 267–276.

Assing V. 1999. A revision of *Othius* Stephens, 1829. VII. The spccies of the Eastern Palaearctic region cast of the Himalayas. *Beitrage zur Entomologie*, 49: 3–96.

Assing V. 2006. A revision of *Porocallus* Sharp. New synonyms and new species (Insecta: Coleoptera: Staphylinidae: Aleocharinae: Oxypodini). *Bonner zoologische Beiträge*, 54(3): 97–102.

Aubé C. 1837. Essai sur le genre Monotoma. *Annales de la Societe Entomologique de France*, 6: 453–469.

Ba Y B, Ren G D. 2009. Taxonomy of *Trigonocnera* Reitter, with the description of a new species (Coleoptera, Tenebrionidae). *Zootaxa*, 2230: 51–56.

Ba Y B, Ren G D. 2013. Taxonomy and distribution of *Sternotrigon* Skopin in China (Coleoptera, Tenebrionidae). *Zootaxa*, 3693(4): 568–578.

Bai L, Ren G D. 2016. Two new species of the subgenus *Cardiobioramix* Kaszab from China (Coleoptera: Tenebrionidae: *Bioramix*). *Zoological Systematics*, 41(2): 186–194.

Bai X L, Ren G D. 2019. Revision of the genus *Platyscelis* Latreille, 1818 from China (Coleoptera: Tenebrionidae: Platyscelidini). *Zootaxa*, 4609(1): 101-126.

Baliani A. 1933. Descrizione di un'Amara Chinese del sottogenere *Cyrtonotus* (Coleop., Carab.). *Bollettino della Societa Entomologica Italiana*, 65: 90–92.

Ballion E E. 1878. Verzeichniss der im Kreise von Kuldsha gesammelten Kafer. *Bulletin de la Societe Imperiale des Naturalistes de Moscou*, 53(1): 253–389.

Ballion E von. 1871. Eine Centurie neuer Kafer aus der Fauna des russischen Reiches. *Bulletin de la Societe Imperiale des Naturalistes de Moscou*, 43[1870]: 320–353.

Balthasar V. 1931. Sechs neue Trox–Arten aus dem Ussurigebiet und Transbaikalien. *Entomologische Blatter*, 27: 128–134.

Balthasar V. 1932. Aphodius Haroldianus n. n. fur *Aphodius apicalis* Har. (Aphodius apicalis Har. ist gute, selbstandige Art.). *Entomologisches Nachrichtenblatt*, 6: 1–7.

Balthasar V. 1938. Nove druhy Scarabaeidu. Neue Scarabaeiden–Arten. *Casopis Ceskoslovenske Spolecnosti Entomologicke*, 35: 96–101.

Baly J S. 1859. Description of new genera and species of phytophagous insects. *The Annals and Magazine of Natural History* (3), 4: 55–61, 124–128, 270–275.

Baly J S. 1865. Descriptions of new genera and species of phytophaga. *The Annals and Magazine of Natural History* (3), 15: 33–38.

Baly J S. 1873. Catalogue of the phytophagous Coleoptera of Japan, with descriptions of the species new to science. *The Transactions of the Entomological Society of London*, 1873: 69–99.

Baly J S. 1874. Catalogue of the phytophagous Coleoptera of Japan, with descriptions of the species new to science. *The Transactions of the Entomological Society of London*, 1874: 161–217.

Baly J S. 1875. Geanderte Namen. *Coleopterologische Hefte*, 14: 213.

Baly J S. 1876. Descriptions of a new genus and of new species of Halticinae. *The Transactions of the Entomological Society of London*, 1876: 581–602.

Baly J S. 1878. Description of new species and genera of Eumolpidae. *The Journal of the Linnean Society (Zoology)*, 14: 246–264.

Baly J S. 1886. Descriptions of a new genus and of some new species of Galerucinae, also diagnostic notes on some of the older described species of Aulacophora. *The Journal of the Linnean Society (Zoology)*, 20: 1–27.

Bänningerr M. 1949. Ueber Carabinae (Col.). Erganzungen und Berichtigungen III, mit Bemerkungen zu R. Jeannels neuer Einteilung der Carabiden. *Mitteilungen der Miinchner Entomologischen Gesellschaft*, 35–39[1945–1949]: 127–157.

Barovskij V V. 1922. Revisio specierum palaearticarum Coccinellidarum generis Exochomus Redtb. Obzor palearkticheskikh vidov roda Exochomus Redtb. (Coleoptera, Coccinellidae). *Annuaire du Musee Zoologique de l'Academie des Sciences de Russie*, 23: 289–303.

Bates F. 1870. Descriptions of new genera and species of Heteromera. *The Entomologist's Monthly Magazine*, 6[1869–1870]: 268–275.

Bates H W. 1866. On a collection of Coleoptera from Formosa, sent home by R. Swinhoe Esq. H. B. M. Consul Formosa. *Proceeding of the Scientific Meetings of the Zoological Society of London*, 34: 339–355.

Bates H W. 1872. Notes on Cicindelidae and Carabidae, and descriptions of new species. *The Entomologist's Monthly Magazine*, 9[1872–1873]: 49–52.

Bates H W. 1873. Descriptions of new genera and species of geodephagous Coleoptera, from China. *The Transactions of the Entomological Society of London*, 1873: 323–334.

Bates H W. 1873. On the geodephagous Coleoptera of Japan. *The Transactions of the Entomological*

Society of London, 1873: 219–322.

Bates H W. 1873. On the longicom Coleoptera of Japan. *The Annals and Magazine of Natural History* (4), 12: 148–156, 193–201, 308–318, 380–390.

Bates H W. 1883. Supplement to the geodephagous Coleoptera of Japan, chiefly from the collection of Mr. George Lewis, made during his second visit, from February, 1880, to September, 1881. *The Transactions of the Entomological Society of London*, 1883: 205–290, pl. 13.

Bates H W. 1884. Longicom beetles of Japan. Additions chiefly from the later collections of G. Lewis, and notes on the synonymy, distribution, and habits of the previously known species. *Journal of the Linnean Society of London, Zoology*, 18: 205–261. 2 pls.

Bates H W. 1888. On a collection of Coleoptera from Korea (tribes Geodephaga, Lamellicornia, and Longicomia), made by Mr. J. Leech, F. Z. S. *Proceedings of the Scientific Meetings of the Zoological Society of London*, 26: 367–383.

Bauduer P. 1874. Descriptions de quatre nouvelles especes de coleopteres. *Bulletin de la Societe Entomologique de France*, 1874: 161–165.

Benick L. 1928. Ostasiatische Steninen (Col. Staph). *Stettiner Entomologische Zeitung*, 89: 235–246.

Bernhauer M. 1928. Neue Staphyliniden der palaearktischen Fauna. *Koleopterologische Rundschau*, 14: 8–23.

Beutel R G, Molenda R. 1997. Comparative morphological study of larvae of Staphylinoidea (Coleoptera: Polyphaga) with phylogenetic implications. *Zoologischer Anzeiger*, 236: 37–67.

Beutel R G, Madison D R, Haas A. 1999. Phylogenetic analysis of Myxophaga (Coleoptera) using larval characters. *Systematic Entomology*, 24: 1–23.

Bickhardt H. 1909. Beitrage zur Kenntnis der Histeriden III. *Entomologische Blatter*, 5: 220–224.

Bielawski R. 1959. Beitrage zur Kenntnis der Coccinelliden von Afghanistan. II. (Coleoptera). *Entomologisk Tidskrift*, 80: 98–113.

Blanchard C E. 1871. Remarques sur la faune de la principaute thibetaine du Mou–Pin. *Comptes Rendus Hebdomadaires des Seances de l'Academie des Sciences*, 72: 807–813.

Blanchard E. 1853. Insectes. In: Hombrom J. B. & Jacquinot H. (eds): Atlas d'Histoire naturelle Zoologie. In: *Voyage au Pole Sud et dans l'Oceanie sur les corvettes l'Astrolabe et la Zelee, execute par l'ordre du Roi pendant les annee 1837–1838–1839–1840 sous le commandement de M J. Dumont–d'Urville, Capitaine de vaisseau; Zoologie. Tome Quatrieme. Deuxieme partie. Coleopteres et autres ordres.* Paris: J. Tastu, vii + 716 pp., 20 pls. [plates issued in 1847].

Blessig C. 1872. Zur Kenntnis der Kaferfauna Süd–Ost–Sibiriens insbesondere des Amur–Landes. Longicomia. *Horae Societatis Entomologicae Rossicae*, 9: 161–192.

Blessig C. 1873. Zur Kenntnis der Kaferfauna Süd–Ost–Sibiriens insbesondere des Amur–Landes. Longicomia. *Horae Societatis Entomologicae Rossicae*, 9[1872]: 193–260, pls. VII, VIII.

Bloom D D, Fikáĉek M, Short A E Z. 2014. Clade age and diversification rate variation explain disparity in species richness among water scavenger beetle (Hydrophilidae) lineages. *PLoS One*, 9（6）: e98430.

Bogdanov–Katjkov N N. 1915. De speciebus novis vel parum cognitis Tentyriinorum (Coleoptera, Tenebrionidae). Novye i maloizvestnye vidy podsemeystva Tentyriinae (Coleoptera, Tenebrionidae). *Russkoe Entomologicheskoe Obozrenie*, 15(1): 1–7.

Boheman C H. 1833. [new taxa]. In: Schoenherr C. J. *Genera et species curculionidum, cum synonymia hujus familiae. Tomus I.* Paris: A. Roret, 681 pp.

Boheman C H. 1835. [new taxa]. In: Schoenherr C. J. *Genera et species Curculionidum, cum synoymia hujus familiae. Species novae aut hactenus minus cognitae, descriptionibus a Dom. Leonardo Gyllenhal, C. H. Boheman, et entomologis aliis illustratae. Tomus tertius. – Pars prima.* [1836]. Parisiis: Roret; Lipsiae: Fleischer, pp. [6] + 505.

Boheman C H. 1842. [new taxa]. In: Schoenherr C. J. *Genera et species curculionidum, cum synonymia hujus familiae. Species novae aut hactenus minus cognitae, descriptionibus a Dom. Leonardo Gyllenhal C. H. Boheman, O. J. Fahraeus et entomologis aliis illustratae. Tomus septimus, – Pars prima.* [1843]. Parisiis: Roret; Lipsiae: Fleischer, 479 pp.

Boheman C H. 1854. *Monographia Cassididarum. Tomus secundus.* Holmiae: Officina Nordstedtiana, 506 pp., pls. 5, 6.

Boheman C H. 1862. *Monographia Cassididarum. Tomus quartus.* Holmiae: Officina Nordstedtiana, [4] + 504 pp.

Boieldieu M. 1856. Monographie des Ptiniores. *Annales de la Societe Entomologique de France* (3), 4: 629–686, 5 pls.

Bonelli F A. 1813. Observations entomologiques. Deuxieme partie. *Memorie della Reale Accademia della Scienze di Torino*, 20: 433–484.

Borchmann F. 1930. Die Gattung Cteniopinus Seidlitz. *Koleopterologische Rundschau*, 15: 143–164.

Borchmann F. 1941. Uber die von Herm J. Klapperich jn China gesammelten Heteromeren. *Entomologische Bliitter*, 37: 22–29.

Bouchard P, Bousquet Y, Davies A E, et al. 2011. Family–group names in Coleoptera (Insecta). *Zookeys*, 88: 1–972.

Boucomont A. 1924. Synonymies et homonymies de Lamellicomes Coprophages (Col). *Bulletin de la Societe Entomologique de France*, 1924: 114–115.

Brahm N J. 1790. *Insectenkalender fur Sammler und Oekonomen. Handbuch der okonomischen Insektengeschichte in Form eines Kalenders bearbeitet. Erster Theil.* Mainz: Kurfiirstl. Privil. Universitatsbuchhandlung, lxvii + 248 pp.

Brenske E. 1887. [new taxon]. In: Reitter E.: Insecta in itinere Cl. N. Przewalskii in Asia centrali novissime lecta. VI. Clavicomia, Lamellicomia et Serricornia. *Horae Societatis Entomologicae Rossicae*, 21: 201–234.

Brenske E. 1892. Ueber einige neue Gattungen und Arten der Melolonthiden. *Entomologische Nachrichten*,

18: 151–159.

Breuning S. 1932. Monographie der Gattung Carabus L. *Bestimmungs– Tabellen der europaischen Coleopteren*. 104. Heft. Troppau: Emmerich Reitter, 288 pp.

Breuning S. 1943. Nouveaux cerambycides palearctiques (2e note). *Miscellanea Entomologica*, 40: 89–104.

Breuning S. 1947. Nouveaux cerambycides palearctiques (Col.) (4e note). *Miscellanea Entomologica*, 43[1946]: 141–149.

Breuning S. 1960. Revision systematique des especes du genre Oberea Mulsant du globe (Col., Cerambycidae). (1eme partie). *Frustula Entomologica*, 3: 1–60.

Brullé A. 1835. Observations critiques sur la synonymie des carabiques (Suite). *Revue Entomologique*, 3: 271–303.

Burmeister H C C. 1842. *Handbuch der Entomologie. Dritter Band. Coleoptera Lamellicornia Melitophila*. Berlin: Theod. Chr. Friedr. Enslin, xx + 826 + 1 pp.

Cai Y P, Zhao Z Y, Zhou H Z. 2015. Taxonomy on *Quedius euryalus* group (Coleoptera: Staphylinidae: Staphylinini: Quediina) from China with description of eight new species. *Zootaxa*, 3966(1): 1–70.

Cai Y P, Zhou H Z. 2015. Taxonomy of the subgenus *Quedius* (*Raphirus*) Stephens (Coleoptera: Staphylinidae: Staphylinini: Quediina) with descriptions of four new species from China. *Zootaxa*, 3990(2): 151–196.

Candèze E. 1857. Monographie des elaterides. I. *Memoires de la Societe Royale des Sciences de Liege*, 12: 8 + 400 pp., 7 pls.

Candèze E. 1865. Elaterides nouveaux. (1). *Memoires Couronnes et autres Memoires publies par l'Academie Royale des Sciences, des Lettres et des Beaux–Arts de Belgique (Classe Sciences)*, 17(1): 1–63.

Candèze E. 1874. Revision de la Monographic des elaterides. Premier fascicule. *Memoires de la Societe Royale des Sciences de Liege* (2) 4, memoire no. 1: viii + 218 pp.

Candèze E. 1882. Elaterides nouveaux. Troisieme fascicule. *Memoires de la Societe Royale des Sciences de Liege* (2), 9: ii + 117 pp.

Capra F, Fürsch H. 1967. [new taxa]. In: Fürsch H., Kreissl E. & F. Capra: Revision einiger europaischen *Scymnus* (*s. str.*)–Arten. *Mitteilungen der Abteilung für Zoologie und Botanik am Landesmuseum "Joanneum" in Graz*, 28: 207–259.

Casale A, Sciaky R. 1994. A new genus and three new species of Carabidae from China (Coleoptera Carabidae Patrobinae and Pterostichinae). *Bollettino del Museo Regionale di Scienze Naturali, Torino* 12: 41–55.

Champion G C. 1919. The genus *Dianous* Samouelle, as represented in India and China (Coleoptera). *The Entomologist's Monthly Magazine*, 55: 41–55.

Chapuis F. 1876. [new taxa]. In: Chapuis F. & Eichhoff W. J.: Scolytides recueillis au Japon par M. C.

Lewis. *Annales de la Societe Entomologique de Belgique*, 18(3)[1875]: 197–203 + [1] [Signatures 25–31, issued February 1876].

Charpentier T de. 1825. *Horae entomologicae, adjectis tabulis novem coloratis.* Wratislaviae: Apud A. Gosohorsky, xvi + 255 pp., 9 pls.

Chaudoir M de. 1844. Trois mémoires sur la famille des Carabiques. *Bulletin de la Société Impériale des Naturalistes de Moscou*, 17: 415–479.

Chaudoir M de. 1850. Supplément a la faune des carabiques de la Russie. 4. Trois espèces nouvelles du groupe des Amaroides. *Bulletin de la Société Impériale des Naturalistes de Moscou*, 23(3): 62–206.

Chaudoir M de. 1856. Mémoire sur la famille des Carabiques. 6–e partie. *Bulletin de la Société Impériale des Naturalistes de Moscou*, 29(3): 187–291.

Chaudoir M de. 1869. Descriptions de Calosoma nouveaux des collections de Mm. de Chaudoir et Sallé. *Annales de la Societe Entomologique de France* (4), 9: 367–378.

Chaudoir M de. 1877. Note sur quelques espèces de Carabes plats du Caucase. *Deutsche Entomologische Zeitschrift*, 21: 69–76.

Chaudoir M de. 1878. Descriptions de genres nouveaux et d'espèces inédites de la famille des carabiques. *Bulletin de la Société Impériale des Naturalistes de Moscou*, 53(3): 1–80.

Chen S H. 1933. Descriptions de deux Halticinae nouveaux de la Chine et du Japon. *Bulletin de la Societe Entomologique de France*, 38: 143–144.

Chen S H. 1939. Flea beetles collected at Kwangsi. *Sinensia*, 10: 20–55.

Chen S H. 1939. New genera and species of Chinese Halticinae. *Sinensia*, 10: 56–91.

Chen S H. 1940. Notes on Chinese Eumolpidae. *Sinensia*, 11: 483–528.

Chen S H. 1941. New leaf beetles from China. *Sinensia*, 12: 189–198.

Chen S H. 1942. Galerucinae nouveaux de la faune chinoise. *Notes d'Entomologie Chinoise*, 9: 9–67.

Chen S H. 1942. Synopsis of the coleopterous genus Cryptocephalus of China. *Sinensia*, 13: 109–124.

Chen X S, Huo L Z, Wang X M, Canepari C, Ren S X. 2015. The subgenus *Pullus* of *Scymnus* from China (Coleoptera, Coccinellidae). Part II: the *impexus* group. *Annales zoologici*, 64(3): 295–408.

Chen X S, Li W J, Wang X M, Ren S X. 2014. A review of the subgenus *Neopullus* of *Scymnus* (Coleoptera: Coccinellidae) from China. *Annales zoologici*, 64(2): 299–326.

Chen X S, Ren S X, Wang X M. 2012. Revision of the subgenus *Scymnus* (*Parapullus*) Yang from China (Coleoptera: Coccinellidae). *Zootaxa*, 3174: 22–34.

Chen X S, Wang X M, Ren S X. 2013. A review of the subgenus *Scymnus* of *Scymnus* from China (Coleoptera: Coccinellidae). *Annales zoologici*, 63(3): 417–499.

Chevrolat L A A. 1845. Description de dix coleopteres de Chine, des environs de Macao, et provenant d'une acquisition faite chez M. Parsudaki, marchand naturaliste a Paris. *Revue Zoologique par la Societe Cuvierienne*, 8: 95–99.

Chevrolat L A A. 1873. Memoire sur les cleonides. *Memoires de la Societe Royale des Sciences de Liege*

(2), 5: i–viii + 1–118.

Chevrolat L A A. 1874. Catalogue des Clerides de la collection de M. A. Chevrolat. *Revue et Magasin de Zoologie Pure et Applique*, 37: 252–331.

Chujo M. 1940. Chrysomelid–beetles from Korea [I]. *Transactions of the Natural History Society of Formosa*, 30: 349–362.

Clark H. 1863. Descriptions of new east–Asiatic species of Haliplidae and Hydroporidae. *The Transactions of the Entomological Society of London* (3), 1[1862–1864]: 417–428.

Crotch G R. 1874. *A revision of the coleopterous family Coccinellidae*. London: E. W. Janson, 311 pp.

Crowson R A. 1955. *The natural classification of the families of Coleoptera*. London: Nathaniel Lloyd, 2 + 187 pp.

Crowson R A. 1966. Further observations on Peltidae (Coleoptera: Cleroidea), with definitions of a new subfamily and of four new genera. *Proceedings of the Royal Entomological Society of London* (*Series B. Taxonomy*), 35(9/10): 119–127.

Crowson R A. 1981. *The biology of the Coleoptera*. New York: Academic Press, xii + 802 pp.

Csiki E. 1901. Bogarak. Coleopteren. Pp. 77–120. In: Horvath G. (ed.): *Zichy Jeno gr6f harmadik azsiai utazasa. II. katet. Zichy Jeno gr6f harmadik azsiai utazasanak allattani eredmenyei. [Dritte asiatische Forschungsreise des des Orafen Eugen Zichy. Band II. Zoologische Ergebnisse der dritten asiatischen Forschungsreisedes Orafen Eugen Zichy]*. Budapest: Victor Hornyanszky and Leipzig: Karl w. Hiersemann, 470 pp., 28 pls.

Csiki E. 1928. Carabidae II: Mormolycinae *et* Harpalinae I (Pars 97). Pp. 1–226. In: Junk W. & Schenkling S. *Coleopterorum catalogus, Volumen II*. Berlin: W. Junk, 1022 pp.

Czempinski P de. 1778. *Dissertatio inauguralis zoologico–medica, sistens totius regni animalis genera, in classes et ordines Linnaeana methodo digesta, praefixa cuilibet classi terminorum explicatione, quam annuente inclyta facultate medica in antiquissima ac celeberrima Universitate Vindobonensi publicae disquisitioni submittit*. Viennae: Trautner, 16 + 122 pp.

Dahlgren G. 1962. Uber einige Saprinus–Arten (Col. Histeridae). *Opuscula Entomologica*, 27: 237–248.

Dalman J W. 1817. [new taxa]. In: Schonherr C. J. *Appendix ad C. J. Schonherr Synonymiam insectorum Tom. I. Part 3. Sistens descriptiones novarum specierum*. Scaris: Officina Lewerenziana, 266 pp., 2 pls.

DeGeer C de. 1774. *Memoires pour servir a l'histoire des insectes. Tome quatrieme*. Stockholm: P. Hesselberg, xii + 456 + [1] pp., 19 pls.

DeGeer C de. 1775. *Memoires pour servir a l'histoire des insectes. Tome cinquieme*. Stockholm: Pierre Hesselberg, vii + [1] + 448 pp., 16 pls.

Dejean P F M A. 1828. *Species general des coléoptères, de la collection de M. le Comte Dejean. Tome troisieme*. Paris: Mequignon–Marvis, vii + 556 pp.

Dejean P F M A. 1829. *Species general des coleopteres, de la collection de M. le Comte Dejean. Tome quatrieme*. Paris: Mequignon–Marvis, vii + 520 pp.

Dejean P F M A. 1830. [new taxa]. In: Dejean P. F. M. A. & Boisduval J. B. A.: *Iconographie et histoire naturelle des coleopteres d'Europe. Tome second*. Livraisons 1–2. Paris: Mequignon–Marvis, 1–48, pl. 61–70.

Dejean P F M A. 1831. *Species general des coleopteres, de la collection de M. le Comte Dejean. Tome cinquieme*. Paris: Mequignon–Marvis, viii + 883 pp.

Desbrochers des Loges J. 1870. [new taxa]. In: Heyden L. F. J. D. von.: Entomologische Reise nach dem südlichen Spanien, der Sierra Guadarrama und Sierra Morena, Portugal und den Cantabrischen Gebirge. *Berliner Entomologische Zeitschrift* 14 *Beiheft*, 218 pp., 2 pls.

Deuve T. 1989. Carabidae et Trechidae nouveaux des collections entomologiques de la North–West Agricultural University de Yangling, Shaanxi (Coleoptera). *Entomotaxonomia*, 11: 227–235.

Deuve T. 1991. Nouveaux Carabus des collections de l'Institut Zoologique de Pékin (Coleoptera, Carabidae). *Nouvelle Revue d'Entomologie* (N. S.), 8: 101–108.

Deuve T. 1992. Nouveaux Carabus et Cychrus d'Asie, et note sur l'identité de Carabus (Lamprostus) hozari Maran (Coleoptera, Carabidae). *Bulletin de la Sociètè Sciences Nat*, Nos.75–76: 52–60.

Dillon L S, Dillon E S. 1948. The tribe Dorcaschematini (Col., Cerambycidae). *Transactions of the American Entomological Society*, 73: 173–298.

Dokhtouroff W. 1887. Description de deux coleopteres nouveaux de la faune aralo–caspienne. *Horae Societatis Entomologicae Rossicae*, 21: 344–345.

Donovan E. 1793. *The natural history of British Insects; explaining them in their several states with the period of their transformations, their food, oeconomy, & c. Together with the history of such minute insects as require investigations by the microscope. The whole illustrated by coloured Fig. designed and executed from living specimens. Vol. II*. London: printed for the author, and for F. and C. Rivington, 96 + [7] pp., pls. 37–72.

Drumont A, Komiya Z. 2006. Premiere contribution a Fetude des *Prionus* Fabricius, 1775 de Chine: description de nouvelles especes et notes systematiques (Coleoptera, Cerambycidae, Prioninae). *Les Cahiers Magellanes*, 56: 1–34.

Duftschmid C E. 1812. *Fauna Austriae, oder Beschreibung der osterreichischen Insektenfur angehende Freunde der Entomologie. Zweyier Theil*. Linz und Leipzig: Akademie Buchhandlung, viii + 311 pp.

Egorov L V. 2007. A new synonym in the tribe Blaptini (Coleoptera, Tenebrionidae). *Entomologicheskoe Obozrenie*, 86(1): 171–175.

Eppelsheim E. 1889. Neue Staphylinen aus den Kaukasuslandern, besonders aus Circassien. *Wiener Entomologische Zeitung*, 8: 11–22.

Erichson W F. 1834. Ucbersicht der Histeroides der Sammlung. *Jahrbucher der Insectenkunde*, 1: 83–208.

Erichson W F. 1840. Zweiter Band. Pp. 401–954. In: *Genera et species Staphylinorum insectorum coleopterorum familiae*. Berlin: F. H. Morin, 954 pp.

Eschscholtz J F G von. 1818. Decades tres Eleutheratorum novorum. *Memoires de l'Academie Imperiale des Sciences de Petersbourg* (5), 6: 451–484.

Fabricius J C. 1775. *Systema entomologiae, sistens insectorum classes, ordines, genera, species, adiectis synonymis, locis, descriptionibus, observationibus.* Flensburgi et Lipsiae: Libraria Kortii, xxxii + 832 pp.

Fabricius J C. 1777. *Genera insectorum eorumque characteres naturales secundum numerum, figuram, situm et proportionem omnium partium oris adiecta mantissa specierum nuper detectarum.* M. F. Bartschii, Chilonii. xvi + 310 pp.

Fabricius J C. 1781. *Species insectorum exhibens eorum differentias specificas, synonyma auctorum, loca natalia, metamorphosis, adiecitis observastionibus, descriptionibus. Tomus I.* Hamburgi et Kilonii: Carol Ernest Bohnii, viii +552 pp.

Fabricius J C. 1787. *Mantissa insectorum sistens eorum species nuper detectus adiectis characteribus genericis, differentiis specificis, emendationibus, descriptionibus. Tom. I.* Hafniae: Christ. Gotti. Proft, xx + 348 pp.

Fabricius J C. 1787. *Mantissa insectorum sistens eorum species nuper detectas adiectis characteribus genericis, differentiis specificis, emendationibus, descriptionibus. Tom. II.* Hafniae: Christ. Gotti. Proft, [2] + 382 pp.

Fabricius J C. 1792. *Entomologia systematica emendata et aucta, secundum classes, ordines, genera, species adjectis synonimis, locis, observationibus descriptionibus. Tomus I. Pars I.* Hafniae: C. G. Proft, xx + 330 pp.

Fabricius J C. 1792. *Entomologia systematica emendata et aucta, secundum classes, ordines, genera, species, adjectis, synonimis, locis, observationibus, descriptionibus. Tomus I. Pars II.* Hafniae: C. G. Proft, xx + 538 pp.

Fabricius J C. 1793. *Entomologia systematica, emendata et aucta, secundum classes, ordines, genera, species adjectis synonimis, locis, observationibus descriptionibus. Tomus I. Pars 2.* Hafniae: C. G. Proft, 538 pp.

Fabricius J C. 1794. *Entomologia systematica emendata et aucta. Secundum classes, ordines, genera, species adjectis synonimis, locis, observationibus, descriptionibus. Tom. IV.* [Appendix specierum nuper detectarum: pp. 435–462], Hafniae: C. G. Proft, Fil. et Soc., [6] + 472 + [5] pp.

Fabricius J C. 1798. *Supplementum entomologiae systematicae.* Hafniae: Proft et Storch, [2] + 572 pp.

Fabricius J C. 1801. *Systema Eleutheratorum secundum ordines, genera, species adiectis synonymis, locis, observationibus, descriptionibus. Tomus I.* Kiliae: Bibliopolii Academici Novi, xxiv + 506 pp.

Fabricius J C. 1801. *Systema Eleutheratorum secundum ordines, genera, species adiectis synonymis, locis, observationibus, descriptionibus. Tomus II.* Kiliae: Bibliopolii Academici Novi, 687 pp.

Fahraeus O I. 1839. [new taxa]. In: Schoenherr C. J. *Genera et species curculionidum, cum synonymia hujus familiae. Tomus V.* Paris: A. Roret, Lipsiae: A. F. Fleischer, 456 pp.

Fairmaire L. 1878. [new taxa]. In: Deyrolle H. & Fairmaire L.: Descriptions de coleopteres recueillis par M.

Fabbe David dans la Chine centrale. *Annales de la Societe Entomologique de France* (5), 8: 87–140, pls. 3,4.

Fairmaire L. 1886. Descriptions de Coleopteres de l'interieur de la Chine. *Annales de la Societe Entomologique de France* (6), 6: 303–356.

Fairmaire L. 1887. [new taxa]. *Bulletin de la Societe Entomologique de France*, 1887: 54.

Fairmaire L. 1887. Coleopteres de rinterieur de la Chine. *Annales de la Societe Entomologique de Belgique*, 31: 87–136.

Fairmaire L. 1887. Notes sur les coleopteres des environs de Pekin (1e partie). *Revue d'Entomologie*, 6: 312–336.

Fairmaire L. 1888. Coleopteres de rinterieur de la Chine. *Annales de la Societe Entomologique de Belgique*, 32: 7–46.

Fairmaire L. 1888. Notes sur les coleopteres des environs de Pekin (2e partie). *Revue d'Entomologie*, 7: 111–160.

Fairmaire L. 1889. [new taxa]. *Bulletin de la Societe Entomologique de France*, 1889: 89–90.

Fairmaire L. 1889. Coleopteres de l'interieur de la Chine, 5ᵉ partie. *Annales de la Societe Entomologique de France*, 6(9): 5–84.

Fairmaire L. 1891. Coleopteres de l'interieur de la Chine (Suite, 7e partie). *Comptes–Rendus des Seances de la Societe Entomologique de Belgique*, 1891: 187–219.

Fairmaire L. 1891. Description de coleopteres de l'interieur de la Chine (Suite, 6e partie). *Comptes–Rendus des Seances de la Societe Entomologique de Belgique*, 1891: 6–24.

Fairmaire L. 1891. Description de Coleopteres de rinterieur de la Chine. *Annales de la Societe Entomologique de Belgique*, 35: 6–24.

Fairmaire L. 1894. Quelques coleopteres du Thibet. *Annales de la Societe Entomologique de Belgique*, 38: 216–225.

Faldermann F. 1833. Species novae Coleopterorum Mongoliae et Sibiriae incolarum. *Bulletin de la Societe Imperiale des Naturalistes de Moscou*, 6: 46–72, 1 pl.

Faldermann F. 1835. Addimenta entomologica ad faunam rossicam in itineribus Jussu Imperatoris Augustissimi annis 1827–1831 a Cl. Ménétriés et Szovitz susceptis collecta, in lucem edita. *Nouveaux Memoires de la Societe Imperiale des Naturalistes de Moscou* (2), 4: 1–310, 10 pls. [Separate 1836 edition has additional title: *Fauna entomologica Trans–caucasica. Coleoptera. Pars 1, Additamenta Entomologica ad Faunam Rossicam – Coleoptera Persico–Armeniaca*, 314 pp.].

Faldermann F. 1835. Coleopterorum ab Illustrissimo Bungio in China boreali, Mongolia, et montibus Altaicis collectorum, nec non ab III. Turczaninoffio et Stchukino e provincia Irkutzk missorum iliustrationes. *Memoires presentes a l'Academie Imperiale des Sciences de St. –Petersbourg par divers savants et lus dans ses assemblies*, 2(4–5): 337–464, pls I–V.

Faldermann F. 1836. Coleoptera Persico–Armeniaca. I. Pentamera. In: Additamenta entomologica ad faunam Rossicam in itineribus Jussu Imperatoris Augustissimi annis 1827–1831 a Cl. Ménétriés et Szovitz susceptis collecta, in lucem edita. *Nouveaux Memoires de la Societe Imperiale des Naturalistes de Moscou*, 4[1835]: 1–310+ 10 pl. [also cited as "Fauna entomologica transcaucasica I"].

Farrell B D. 1998. "Inordinate Fondness" explained: why are there so many beetles? *Science,* 281: 555–559.

Faust J. 1881. Beitrage zur Kenntniss der Kafer des europaischen und asiatischen Russlands mit Einschluss der Kusten des Kaspischen Meeres. (3. Fortsetzung). *Horae Societatis Entomologicae Rossiae*, 16: 285–333.

Faust J. 1882. Riisselkafer aus dem Amurgebiet. *Deutsche Entomologische Zeitschrift*, 26: 257–295.

Faust J. 1886. Verzeichniss auf einer Reise nach Kashgar gesammelter Curculioniden. *Entomologische Zeitung* (Stettin), 47: 129–157.

Faust J. 1887. Insecta in itinere Cl. N. Przewalskii in Asia Centrali novissime lecta. 2. Curculionidae. *Horae Societatis Entomologicae Rossicae*, 20(3–4)[1886]: 250–267.

Faust J. 1890. Beschreibung neuer Rtisselkafer aus China. *Deutsche Entomologische Zeitschrift*, 1890: 257–263.

Faust J. 1890. Insecta a cl. G. N. Potanin in China et in Mongolia novissime lecta, XV. Curculionidae. *Horae Societatis Entomologicae Rossicae*, 24[1889–1890]: 421–476.

Fauvel A. 1872. [new taxa]. In: Rciche L. Catalogue des coleopteres de l'Algcric et contrees voisines, avec descriptions d'especes nouvelles. *Memoires de la Societe Linneenne de Normandie*, 15[1869](4): 1–44.

Fauvel A. 1874. Faune Gallo–Rhenane. *Bulletin de la Societe Linneenne de Norm andie* (2), 8: 167–340.

Fischer von Waldheim G. 1805. Nouvelles especes d'insectes de la Russie, decrites par G. Fischer. *Journal de la Societe des Naturalistes de l'Universite Imperiale de Moscou*, 1(1, 2): 12–19.

Fischer von Waldheim G. 1820. *Entomographie de la Russie [Entomographia imperii Russici]*. Volumen I. Moscou: Semen, 26 pl.

Fischer von Waldheim G. 1823. *Entomographie de la Russie, et genres des Insectes. Entomographia Imperii Rossici, sue Caesareae Majestati Alexandro I dicata. Volume 11*. Plates XVIII–L [Coleoptera] + VI–XI [Lepidoptera].

Fischer von Waldheim G. 1823. *Entomographie de la Russie. Tome II*. Moscou: A. Semen, 50 pls.

Fischer von Waldheim G. 1828. *Entomographie de la Russie [Entomographia imperii Rossici]. Tome III.* Moscou: Semen. viii + 314 pp. + 18 pls.

Fischer von Waldheim G. 1844. Spicilegum Entomographiae Rossicae. 11. Heteromera. *Bulletin de la Societe Imperiale des Naturalistes de Moscou*, 17: 3–144, pls 1–3.

Franz H. 1949. Zur Kenntnis der Rassenbildung bei einigen Arten der Gattung Cryptocephalus (Coleopt., Chrysom.). *Portugaliae Acta Biologica* (B), *vol. Julio Henriques*: 165–195.

Frivaldszky J von. 1890. Coleoptera. In Expeditione D. Comitis Belae Szechenyi in China, praecipue boreali, a Dominis Gustavo Kreitner et Ludovico Loczy Anno 1879 collecta. *Termeszetrajzi Fiizetek*, 12[1889]: 197–210.

Frivaldszky J. 1889. Coleoptera in expeditione D. Comitis Belae Széchenyi in China, praecipue borealis, a Dominis Gustavo Kreitner et Ludovico Lóczy anno 1879 collecta. *Termeszetrajzi Fiizetek*, 12: 197–210.

Frivaldszky J. 1892. Coleoptera in expeditione D. Comitis Belae Szechenyi in China, praecipue boreali, a Dominis Gustavo Kreitner et Ludovico Loczy anno 1879 collecta. Pars secunda. *Termeszetrajzi Fiizetek*, 15: 114–125.

Fürsch H. 1958. Zwei fur Deutschland neue Adalia–Arten. *Nachrichtenblatt der Bayerischen Entomologen*, 7: 9–11.

Fürsch H. 1966. Die Coccinelliden der Sven Hedin–Expedition nach Sudkansu und Nordost Szechuan. *Entomologisk Tidskrift*, 87: 40–42.

Ganglbauer L. 1887. Die Bockkafer der Halbinsel Korea. *Horae Societatis Entomologicae Rossicae*, 20[1886–1887]: 131–138.

Ganglbauer L. 1889. Insecta. A Cl. G. N. Potanin in China et in Mongolia novissime lecta. VII. Buprestidae, Oedemeridae, Cerambycidae. *Horae Societatis Entomologicae Rossicae*, 24[1889–1890]: 21–85.

Ganglbauer L. 1903. Die Kafer von Mitteleuropa. Vierter band, erste halfte. Fam. Dermestidae, 1–48.

Gary S, Wu X Q. 2007. Tiger beetles of Yunnan. Kunming: Yunnan Science & Technology Press, 119 pp.

Gautier des Cottes C de. 1870. Petites nouvelles. *Petites Nouvelles Entomologiques*, 1[1869–1875]: 104.

Gebler F A von. 1817. Insecta Sibiriae rariora, descripsit. Decas prima. *Mémoires de la Société Impériale des Naturalistes de Moscou*, 5: 315–333.

Gebler F A von. 1823. Chrysomelae Sibiriae rariores. *Mémoires de la Société Impériale des Naturalistes de Moscou*, 6: 117–126, 127–131.

Gebler F A von. 1823. Observationes entomologicae. *Mémoires de la Société Impériale des Naturalistes de Moscou*, 6: 115–131.

Gebler F A von. 1825. Coleopterorum Sibiriae species novae. Pp. 42–57. In: Hummel A. D.: *Essais Entomologiques, Insectes de 1824. Novae species. Vol. 1, Nr. 4.* St. Petersbourg: Chancellerie privée du Ministère de l'Intérieur, 71 + [1] pp.

Gebler F A von. 1829. Bemerkungen über die Insecten Sibiriens, vorzüglich des Altai. [Part 3]. Pp. 1–228. In: Lederbour C. F. von. (ed.): *Reise durch das Altai–Gebirge und die soongorische Kirgisen–Steppe. Auf Kosten der Kaiserlichen Universität Dorpat unternommen im Jahre 1826 in Begleitung der Herren D. Carl Anton Miecherund D. Alexander von Bunge K. K. Collegien Assessors. Zweiter Theil.* Berlin: G. Reimer, 427 pp.

Gebler F A von. 1830. Bemerkungen über die Insecten Sibiriens, vorzüglich des Altai. (Part III). Pp. 1–228. In: C. F. Ledebour (ed.): *Reise durch das Altai–Gebirge und die soongorische Kirgisen–Steppe. Auf Kosten der Kaiserlichen Universität Dorpat untemommen im Jahre 1826 in Begleitung der Herren D.*

Carl Anton Meyer und D. Alexander von Bunge R. K. Collegien–Assessors. Zweiter Theil. Berlin: G. Reimer, iv + 522 + [2] pp.

Gebler F A von. 1832. Notice sur les Coléoptères qui se trouvent dans le district des mines de Nertschinsk, dans la Sibérie orientale, avec la description de quelques espèces nouvelles. *Nouveaux Mémoires de la Sociètè des Naturalistes de Moscou*, 2(8): 23–78.

Gebler F A von. 1833. Notae et addidamenta ad Catalogum Coleopterorum Sibiriae occidentalis et confinis Tatariae operis, C. F. von Ledebours Reise in das Altaigebirge und die soongarische Kirgisensteppe (Zweiter Theil. Berlin 1830). *Bulletin de la Sociètè Impèriale des Naturalistes de Moscou*, 6: 262–309.

Gebler F A von. 1844. Charakteristik der von Hn. Dr. Schrenk in den Jahren 1842 und 1843 in den Steppen des Dsungarei gefundenen neuen Coleopteren–Arten. *Bulletin de la Classe Physico–Mathématique de l'Académie Impériale des Sciences de St.–Pétersbourg*, 3(7): 97–106.

Gebler F A von. 1845. Charakteristik der von Hn. Dr. Schrenk in den Jahren 1842 und 1843 in den Steppen der Dsungarei gefundenen neuen Coleopteren–Arten. *Bulletin de la Classe Physico–Mathématique de l'Académie Impériale des Sciences de Saint–Pétersbourg*, 3[1844–1845]: 97–106.

Gebler F A von. 1848. Verzeichniss der im Kolywano–Woskresenskischen Hüttenbezirke Süd–West Sibiriens beobachteten Kaefer mit Bemerkungen und Beschreibungen. *Bulletin de la Sociètè Impèriale des Naturalistes de Moscou*, 21(1): 317–423.

Geoffroy E L. 1785. [new taxa]. In: Fourcroy A. F. de.: *Entomologia parisiensis; sive Catalogus Insectorum quae in Agro Paris iensi reperiuntur; Secundum methodum Geoffraeanam in sectiones, genera et species distributus: cui addita sunt nomina trivialia et fere trecentae novae Species. Pars prima.* Parisiis: Privilegio Academiae, vii + [1] + 231 pp. [new names attributed to Geoffroy by Fourcroy].

Germar E F. 1824. *Coleopterorum species novae aut minus cognitae, descriptionibus illustratae.* Halae: J. C. Hendelii & Filii, xxiv + 624 pp. + 2 pl.

Germar E F. 1824. *Insectorum species novae aut minus cognitae, descriptionibus illustratae. Volumen primum. Coleoptera.* Halae: Impensis J. C. Hendelii et Filii, xxiv + 624 pp., 2 pls.

Germar E F. 1824. *Species insectorum novae aut minus cognitae, descriptionibus illustratae. Volumen Primum. Coleoptera.* Halae: J. C. Hendelii et Filii, xxiv + 624 pp., 2 pls.

Germar E F. 1827. *Fauna Insectorum Europae. XIII.* Halae: C.A. Klimmel, 25 pl.

Gestro R. 1899. Nuovo forme del gruppo della Platypria. *Annali del Museo Civico di Storia Naturale di Genova*, 40: 173–176.

Gmelin J F. 1790. *Caroli a Linne, systema naturae per regna tria naturae, secundum classes, ordines, genera, species, cum characteribus, differentiis, synonym is, locis. Editio decima tertia, aucta, reformata. Tom I, Pars IV.* Classis V. Insecta. Lipsiae: Georg Enanuel Beer, 1517–2224.

Goeze J A E. 1777. *Entomologische Beitrage zu des Ritter Linné zwolften Ausgabe des Natursystems. Erster Teil.* Leipzig: Weidmann, xvi + 736 pp.

Goidanich A. 1926. Osservazioni sopra il genere Onthophagus Latr. VI. Onthophagus marginalis Gebl. nigrimargo subsp. nov. *Bollettino della Societa Entomologica Italiana*, 58: 54–55.

Gómez-Zurita J, Hunt T, Kopliku F, Vogler A P. 2007. Recalibrated tree of leaf beetles (Chrysomelidae) indicates independent diversi fi cation of angiosperms and their insect herbivores. *PLoS ONE*, 2(4): e360.

Gravenhorst J L C. 1802. *Coleoptera Microptera Brunsvicensia nec non exoticorum quotquot exstant in collectionibus entomologorum Brunsvicensium in genera familias et species distribuit*. Brunsuigae: Carolus Reichard, lxvi + 206 pp.

Gressitt J L. 1942. Nouveaux longicornes de la Chine orientale. *Notes d'Entomologie Chinoise*, 9: 79–97, 2 pls.

Gressitt J L. 1951. Longicorn beetles of China. In: Lepesme P. *Longicornia, etudes et notes sur les longicornes, Volume 2*. Paris: Paul Lechevalier, 667 pp., 22 pls.

Grouvelle A. 1876. Nouvelles especes de cucujides. *Bulletin de la Societe Entomologique de France*, 1876: 32–33.

Gyllenhal L. 1810. *Insecta Suecica descripta. Classis I. Coleoptera sive Eleuterata. Tomi I. Pars II.* Scaris: F. J. Leverentz, xx + 660 pp.

Gyllenhal L. 1813. *Insecta Svecica descripta a Leonardo Gyllenhal. Classis I. Coleoptera sive Eleuterata. Tom I, Pars III.* Scaris: F. J. Leverentz, [4] + 730 + [2] pp.

Gyllenhal L. 1817. [new taxa]. In: Schonherr C. J.: *Synonymia Insectorum, oder Versuch einer Synonymie aller bisher bekannten Insecten; nach Fabricii Systema Elautheratorum etc. geordnet. Erster Band. Eleutherata oder Kafer. Dritter Theil. Hispa Molorchus.* Upsala: Em. Brucelius, 506 pp. + Appendix: *Descriptiones novarum speciemm*, 266 pp.

Gyllenhal L. 1827. *Insecta Suecica. Classis I. Coleoptera sive Eleuterata. Tomi I. Pars IV. Cum appendice ad partes priores.* Lipsiae: F. Fleischer, viii + [2] + 761 + [1] pp.

Gyllenhal L. 1834. [new taxa]. In: Schoenherr C. J. *Genera et species Curculionidum, cum synonymia hujus familiae. Species novae aut hactenus minus cognitae, descriptionibus a Dom. Leonardo Gyllenhal, C. H. Boheman, et entomologis aliis illustratae. Tomus secundus. – Pars prima.* Parisiis: Roret; Lipsiae: Fleischer, 326 pp.

Haddad S, Mckenna D. 2016. Phylogeny and evolution of the superfamily Chrysomeloidea (Coleoptera: Cucujiformia). *Systematic Entomology*, 41: 697–716.

Harold E von. 1867. Diagnosen neuer Coprophagen. *Coleopterologische Hefte*, 2: 94–100.

Harold E von. 1872. Geanderte Namen. *Coleopterologische Hefte*, 9–10: 254.

Harold E von. 1874. Verzeichniss der von Herm T. Lenz in Japan gesammelten Coleopteren. *Abhandlungen vom Naturwissenschaftlichen Verein zu Bremen*, 4: 283–296.

Harold E von. 1875. V. Beschreibung eines neuen Oedemeriden aus Japan. *Coleopterologische Hefte*, 14: 93.

Harold E von. 1877. Beitrage zur Kaferfauna von Japan. (Zweites Stiick.) Japanische Kafer des Berliner Konigl. Museums. *Deutsche Entomologische Zeitschrift*, 21: 337–367.

Harold E von. 1877. Zwei neue sibirische Onthophagus–Arten. *Deutsche Entomologische Zeitschrift*, 21: 333–336.

Harold E von. 1878. Beitrage zur Kaferfauna von Japan. (Viertes Stuck.) Japanische Kafer des Berliner Konigl. Museums. *Deutsche Entomologische Zeitschrift*, 22: 65–88.

Harold E von. 1880. Einige neue Coleopteren. *Mittheilungen des Miinchner Entomologischen Vereins*, 4: 148–171.

Harold E von. 1886. [new taxa]. In: Heyden L. F. J. D.: Beitrage zur Coleopteren–Fauna von Pecking in Nord–China. *Deutsche Entomologische Zeitschrift*, 30: 281–292.

Harold E von. 1886. Coprophage Lamellicomien. *Berliner Entomologische Zeitschrift*, 30: 141–149.

Háva J, Schneider J, Ružička J. 1999. Four new specics of carrion beetles from China (Coleoptera: Silphidae). *Entomological Problems*, 30: 67–83.

Heller K M. 1923. Die Coleopterenausbeute der Stotznerschen Szetschwan–Expedition (1913–1915). *Entomologische Blatter*, 19: 61–80.

Herbst J F W. 1783. Heft 4, pp. 1–72, pls. 19–23. In: Kritisches Verzeichniss meiner Insektensammlung. In: Fuessly J. C. (ed.): *Archiv der Jnsectengeschichte, Heft* 4–5. Zurich: J. C. Fuessly, 151 pp., pls. 19–30 [publ. 1783–1784].

Herbst J F W. 1784. Kritisches Verzeichniss meiner Insektensammlung. *Archiv der Insectengeschichte* (Zurich: J. C. Fuessly), 5: 73–151, pls 24–30.

Herbst J F W. 1786. Erste Mantisse zum Verzcichniss der ersten Klasse meiner Insektensammlung. *Archiv der Jnsectengeschichte, Heft* 7–8. Pp. 153–182, pls. 43–48.

Herbst J F W. 1793. *Natursystem aller bekannten in– und auslandischen Insekten, als eine Fortsetzung der von Buffonschen Naturgeschichte. Der Kafer, funfter Theil.* Berlin: J. Pauli, xvi + 392 pp., 16 pls.

Herbst J F W. 1797. *Natursystem aller bekannten in– und auslandischen Insekten, als eine Fortsetzung der von Biiffonschen Naturgeschichte, Der Kafer siebenten Theil.* Berlin: Paulischen Buchhandlung, 346 + xi pp., 26 pls.

Heyden L F J D von. 1886. [new taxa]. In: Heyden L. F. J. D. von. & Kraatz G,: Beitrage zur Coleopteren–Fauna von Turkestan, namentlich des Alai–Gebirges. *Deutsche Entomologische Zeitschrift*, 30: 177–194.

Heyden L F J D von. 1886. Die Coleopteren–Fauna des Suyfun–Flusses (Amur). *Deutsche Entomologische Zeitschrift*, 30: 269–277.

Heyden L F J D von. 1887. Verzeichniss der von Herm Otto Herz auf der chinesischen Halbinsel Korea gesammelten Coleopteren. *Horae Societatis Entomologicae Rossicae*, 21: 243–273.

Heyden L F J D von. 1887. Vierter Beitrag zur Kenntniss der Coleopteren–Fauna der Amurlander. *Deutsche Entomologische Zeitschrift*, 31: 297–304.

Heyden L F J D von. 1889. Insecta, a Cl. G. A. Potanin in China et in Mongolia novissime lecta. XII. Scarabaeidae, Cantharidae, Cleridae, Lagriidae, Melandryidae, Pedilidae, Anthicidae. *Horae Societatis Entomologicae Rossicae*, 23: 654–677.

Heyden L F J D von. 1892. XV. Beitrag zur Coleopteren–Fauna von Turkestan, Turkmenien und Slid–West–Sibirien. *Deutsche Entomologische Zeitschrift*, 36: 105–110.

Hisamatsu S. 1963. *Carpophilus hemipterus* and its Allied Species (Col., Nitidulidae). *Entomological Review of Japan*, 15: 59–62, pl. 8.

Hochhuth I H. 1851. Beitrage zur naheren Kenntniss der Russelkafer Russlands, enthaltend Beschreibung neuer Genera und Arten, nebst Erlauterungen noch nicht hinlanglich bekannter Curculionen des russischen Reichs. *Bulletin de la Societe Imperiale des Naturalistes de Moscou*, 24(1): 3–102.

Hoffmann J J. 1803. Monographie der von Verfassern in dem Departamente vom Donnersberge, und den angegrenzenden Gegenden der Departamente von der Saar, und von Rhein und Mosel einheimisch beobachteten Stutzkafer (Hister.). *Entomologische Hefte*, 2: 1–130.

Holt G B, Lessard J P, Borregaard M K, et al. 2013. An update of wallace's zoogeographic regions of the world. *Science*, 339(74): 74–77.

Holzschuh C. 1991. Neue Bockkafer aus Europa und Asien II, 63 neue Bockkafer aus Asien, vorwiegend aus China und Thailand (Coleoptera: Disteniidae und Cerambycidae). *FBVA Berichte – Schriftenreihe der Forstlichen Bundesversuchsanstalt in Wien*, 60: 1–71.

Holzschuh C. 1992. Neue Bockkafer aus Europa und Asien III, 57 neue Bockkafer aus Asien, vorwiegend aus China, Thailand und Vietnam (Coleoptera, Cerambycidae). *FBVA Berichte – Schriftenreihe der Forstlichen Bundesversuchsanstalt in Wien*, 69: 1–66.

Holzschuh C. 1998. Beschreibung von 68 neuen Bockkafem aus Asien, uberwiegend aus China und zur Synonymie einiger Arten. *FBVA Berichte – Schriftenreihe der Forstlichen Bundesversuchsanstalt in Wien*, 107: 1–66.

Holzschuh C. 1999. Beschreibung von 71 neuen Bockkafem aus Asien, vorwiegend aus China, Laos, Thailand und India (Col., Cerambycidae). *FBVA Berichte – Schriftenreihe der Forstlichen Bundesversuchsanstalt in Wien*, 110: 3–64.

Hope F W. 1831. Synopsis of new species of Nepaul insects in the collection of Major General Hardwicke. Pp. 21–32. In: Gray J. E. (ed.): *Zoological Miscellany. Vol. I.* London: Treuttehouttuyan 1766 Natuurkundigel, Wurtz & Co., 40 pp., 4 pls.

Hope F W. 1843. Description of the coleopterous insects sent to England by Dr. Cantor from Chusan and Canton, with observation on the entomology of China. *The Annals and Magazine of Natural History* (6), 11: 62–66.

Hope F W. 1845. On the entomology of China, with descriptions of the new species sent to England by Dr. Cantor from Chusan and Canton. *The Transactions of the Entomological Society of London*, 4[1845–1847]: 4–17.

Horn W. 1891. [new taxa]. In: Horn W. & Roeschke H.: *Monographie der paläarktischen Cicindelen, analytisch bearbeitet mit besonderer Beriicksichtigung der Variationsfdhigkeit und geographischen Verbreitung.* Berlin: W. Horn & H. Roeschke, 1 + ix + 199 pp.

Illiger J C W. 1802. Nachtrag und Berichtigungen zu dem Verzeichnisse der Kafer Preussens. *Magazin fur Insektenkunde*, 1[1801]: 1–94.

Illiger J C W. 1803. Abandrung der in Fabricii Systema Eleutheratorum doppelt vorkommenden Namen. *Magazin fur Insektenkunde*, 2: 292–293.

Imura Y. 1993. A new *Oreocarabus* (Coleoptera, Carabidae) from the Qinling mountains in Shaanxi Province, central China. *Elytra*, 21: 379–382.

Jacoby M. 1892. Description of the new genera and species of the phytophagous Coleoptera obtained by Sign. L. Fea in Burma. *Annali del Museo Civico di Storia Naturale di Genova*, 32: 869–999.

Jacquelin du Val C. 1861. Pp. 273–352. In: *Manuel Entomologique. Genera des coleopteres d'Europe comprenant leur classification en families naturelies, la description de tous les genres, des tableaux synoptiques destinés à faciliter l'étude, le Catalogue de toutes les espèces de nombreux dessins au trait de charactères et plus de treize cents types représentant un ou plusieurs insectes de chaque genre dessinés et peints d'après nature avec leplus grand soin par M. Jules Migneaux. Tome troisième.* Paris: A. Deyrolle Deyrolle [1859–1863, 464 + 200 pp., 100 pls].

Jakobson G G. 1894. Chrysomelidae palaearcticae novae ac parum cognitiae. *Horae Societatis Entomologicae Rossicae*, 28: 269–278.

Jakobson G G. 1901. Symbola ad cognitionem Chrysomelidarum Rossicae asiaticae. *Ofversigt af Finska Vetenkaps–Societetens Forhandlingar* B, 43[1900–1901]: 99–147.

Jakobson G G. 1911. *Zhuki Rossii i zapadnoy Evropy. Rukovodstvo k opredeleniyu zhukov. Vypusk 9.* St.–Petersburg: A. F. Devrjen, 641–720 pp.

Jakobson G G. 1925. De Chrysomelidis palaearcticis. Descriptionum et annotationum series IV. *Russkoe Entomologicheskoe Obozrenie*, 19: 163–169.

Jakovlev B E. 1887. Insecta in itinerc Cl. N. Przewalskii in Asia centrali novissime lccta. VII. Coleopteres nouveaux. *Horae Societatis Entomologicae Rossicae*, 21: 315–320.

Jakovlev B E. 1891. Coleoptera Asiatica nova. *Horae Societatis Entomologicae Rossicae*, 25[1890–1891]: 121–128.

Jakovlev B E. 1899. Etude sur les especes du genre Sphenoptera Sol. appartenant au groupe de Sph. Antiqua Illig. *Horae Societatis Entomologicae Rossicae*, 34[1899–1900]: 199–206.

Jakovlev B E. [Jakowlew]. 1899. De speciebus novis generum Dorcadion Dalm. et Neodorcadion Ganglb. *Annuaire du Musee Zoologique de l'Academie Imperiale des Sciences de St.–Petersbourg*, 4: 237–244.

Janson O E. 1878. Notices of new or little known Cetoniidae. No. 6. *Cistula Entomologica*, 2[1875–1882]: 537–539.

Jeannel R, Paulian R. 1944. Morphologie abdominale des Coléoptères et systématique de l'ordre. *Revue*

*Francaise d'Entomologie*, 11: 65–110.

Jedlička A. 1928. Neue palaarktische Carabiciden. *Entomologische Mitteilungen*, 17: 44–46.

Jedlička A. 1937. Pterostichus peilingi sp. n. *Casopis Ceskoslovenske Spolecnosti Entomologicke*, 34: 3.

Jedlička A. 1939. *Neue Carabiden aus Ostasien. (XII. Teil)*. Praha: A. Jedlička, 8 pp.

Jedlička A. 1953. Neue palaarktische Carabiden aus der Sammlung des Ungarischen Naturwissenschaftlichen Museums (Coleoptera). Annales Historico–Naturales Musei Nationalis Hungarici (S. N.), 3[1952]: 105–113.

Jedlička A. 1957. Beitrag zur Kenntnis der Carabiden aus der palaarktischen Region (Coleoptera). Uber Amara–Arten aus der Gruppe Cyrtonotus aus Ostasien. *Acta Musei Silesiae*, 6: 22–34.

Jedlička A. 1962. Monographie des Tribus *Pterostichini aus* Ostasien (Pterostichi, Trigonotomi, Myadi) (Coleoptera–Carabidae). *Entomologische Abhandlungen*, 26: 177–346.

Jedlička A. 1965. Neue Carabiden aus den Sammlungen des Ricksmuseums in Stockholm. Coleoptera–Carabidae. *Entomologisk Tidskrift*, 86: 202–208.

Ji L Z, Komarek A. 2003. Hydrophilidae: II. The Chinese species of *Crenitis* Bedel, with descriptions of two new species (Hydrophilidae). In: Jäch M A, Ji L Z. *Water Beetles of China, Vol. 3*. Wien: Zoologisch–Botanische Gesellschaft in Österreich and Wiener Coleopterologenverein, pp. 397–409.

Jia F L, Tang Y D, Minoshima Y N. 2016. Description of three new species of *Crenitis* Bedel from China, with additional faunistic records for the genus (Coleoptera: Hydrophilidae: Chaetarthriinae). *Zootaxa*, 4208(6): 561–576.

Jiang R X, Yin Z W. 2016. Two new species of *Batrisodes* Reitter (Coleoptera: Staphylinidae: Pselaphinae) from China. *Zootaxa*, 4205(2): 194–200.

Jordan K. 1894. New species of Coleoptera from The Indo–and Austro–Malayan region, collected by William Doherty. *Novitates Zoologicae: a Journal of Zoology in connection with the Tring Museum*, 1: 104–138.

Joy N H, Tomlin J R le B. 1910. *Enicmus histrio*, sp. nov.: a beetle new to Britain. *The Entomologist's Monthly Magazine*, 46: 250–252.

Kamiya H. 1961. A revision of the tribe Scymnini from Japan and the Loochoos (Coleoptera: Coccinellidae). Part I. Genera *Clitostethus*, *Stethorus* and *Scymnus* (except subgenus Pullus). *Journal of the Faculty of Agriculture, Kyushu University*, 11: 275–301, pl. 38.

Kamiya H. 1963. A revision of the tribe Hyperaspini of Japan (Coleoptera: Coccinellidae). *The Memoirs of the Faculty of Liberal Arts, Fukui University Ser. II, Natural Science*, 13: 79–86.

Kaszab Z. 1940. Revision der Tenebrioniden–Tribus Platyscelini (Col. Teneb.). *Mitteilungen der Münchener Entomologischen Gesellschaft*, 30(3): 119–235, 896–1003, 3pls.

Kaszab Z. 1952. Die palaarktischen und orientalischen Arten der Meloiden–Gattung Epicauta Redtb. *Acta Biologiea Aeademiae Seientiarum Hungarieae*, 3: 573–599.

Kaszab Z. 1962. Beitrage zur Kenntnis der chinesischen Tenebrioniden–Fauna (Coleoptera). *Acta*

*Zoologica Academiae Scientiarum Hungaricae*, 8: 75–86.

Kaszab Z. 1964. Beitrage zur Kenntnis der Tenebrioniden–Fauna des mittleren Teiles der Mongolischen Volksrepublik (Coleoptera). *Acta Zoologica Academiae Scientiarum Hungaricae*, 10: 363–404.

Kaszab Z. 1965. Angaben zur Kenntnis der Tenebrioniden–Fauna der Mongolischen Volksrepublik (Coleoptera). *Acta Zoologica Academiae Scientiarum Hungaricae*, 11: 295–346.

Kaszab Z. 1965. Neue Tenebrioniden (Coleoptera) aus China. *Annales Historico–Naturales Musei Nationalis Hungarici*, 57: 279–285.

Kaszab Z. 1967. Die Tenebrioniden der Westmongolei (Coleoptera). *Acta Zoologica Academiae Scientarum Hungaricae*, 13: 279–351.

Kaszab Z. 1968. Ergebnisse der zoologischen Forschungen von Dr. Z. Kaszab in der Mongolei. 168. Tenebrionidae (Coleoptera). *Acta Zoologica Academiae Scientiarum Hungaricae*, 14: 339–397.

Kaszab Z. 1976. Zwei neue Arten der Gattung Epitrichia Mäklin, 1872 (Coleoptera, Tenebrionidae). *Annales Historieo–Naturales Musei Nationalis Hungarici*, 68: 99–104.

Kazantsev S V. 2010. New and little–known taxa of Palaearctic solider–beetles, with taxonomic notes (Cantharidae: Coleoptera). *Caucasian Entomological Bulletin*, 6(2): 153–159.

Kergoat G J, Soldati L, Clamens A-L, Jourdan H, Jabbour-Zahab R, Genson G, Bouchard P, Condamine F L. 2014. Higher level molecular phylogeny of darkling beetles (Coleoptera: Tenebrionidae). *Systematic Entomology*, 39: 486–499.

Kirby W. 1819. A century of insects, including several new genera described from his cabinet. *The Transactions of the Linnean Society of London*, 12: 375–453.

Kirejtshuk A G. 1991. Novye rody i vidy zhukov–blestyanok (Coleoptera, Nitidulidae) iz Avstraliyskoy Oblasti. III. [New genera and species of the nitidulid beetles (Coleoptera, Nitidulidae) from Australian region. III.]. *Entomologicheskoe Obozrenie*, 69: 857–878.

Klug J C F. 1842. *Versuch einer systematischen Bestimmung und Auseinandersetzung der Gattungen und Arten der Clerii, einer InsectenfamHie aus der Ordnung der Coleopteren.* Berlin: Konigliche Akademie der Wissenschaften zu Berlin, 397 pp., 2 pls.

Kolbe H J. 1886. Beitrage zur Kenntnis der Coleopteren–Fauna Koreas, bearbeitet auf Grund der von Herrn Dr. C. Gottsche wahrend der Jahne 1883 und 1884 in Korea veranstalteten Sammlung; nebst Bemerkungen tiber die zoogeographischen Verhaltnisse dieses Faunengebiets und Untersuchungen uber einen Sinnesapparat im Gaumen von Misolampidius morio. *Archiv für Naturgeschichte*, 52: 139–157, 163–240, pls X–XI.

Kolbe H J. 1908. [new taxa]. In: Kolbe H. J., Obst P. & Weise J.: Coleoptera. Pp. 82–96, pl. III. In: *Expedition Filchner nach China und Tibet 1903–1905. Wissenschaftliche Ergebnisse X Band – 1. Teil.* Berlin: Siegfried Mittler und Sohn.

Kolbe H. 1908. Mein system der Coleopteren. *Zeitschrift für Wissenschaftliche Insektenbiologie*, 4: 116–123.

Kôno H. 1928. Die Mordelliden Japans (Col.). *Trans. Sapporo Nat. Hist. Soc.*, 10(2): 29–46.

Kôno H, Morimoto K. 1960. Curculionidae from Shanshi, North China. (Coleoptera). *Mushi*, 34: 71–87.

Kraatz G. 1877. Japanische Silphidae. Pp. 100–108. In: Kraatz G., Putzeys J. A. A. H., Weise J., Reitter E., Eichhoff W.: Beitrage zur Kaferfauna von Japan, mcist auf R. Hiller' s Sammlungen basirt (Erstcs Stiick). *Deutsche Entomologische Zeitschrift*, 21: 81–128.

Kraatz G. 1879. *Rhaebus gebleri* Fischer, oder eine neue Rhaebus–Art in Europa einheimisch. *Deutsche Entomologische Zeitschrift*, 23: 276–278.

Kraatz G. 1879. Ueber die Bockkafer Ost–Sibiriens, namentlich die von Christoph am Amur gesammelten. *Deutsche Entomologische Zeitschrift*, 23: 77–117, 1 pl.

Kraatz G. 1881. Fünf neue chinesische Carabus. *Deutsche Entomologische Zeitschrift*, 25: 265–269.

Kraatz G. 1892. Ueber *Cryphaeobius* Kraatz und *Brahmina rubetra* Fald. *Deutsche Entomologische Zeitschrift*, 1892: 307–311.

Kryzhanovskij O L. 1995. New and poorly known Carabidae from North, Central and East Asia (Coleoptera). *Zoosystematica Rossica*, 3: 265–272.

Kubáň V. 1995. Palaearctic and Oriental Coraebini (Coleoptera: Buprestidae). Part I. *Entomological Problems*, 26: 1–37.

Kubota K, Bao S, Inoue S. 2003. Morphological analyses on the relationship between two species belonging to the genus *Anoplophora* (Coleoptera, Cerambycidae) in Ningxia Hui Autonomous Region, China. *Journal of Tree Health*, 7(2): 77–82.

Kugelann J G. 1792. Verzeichniss der in einigen Gegenden Preussens bis jetzt entdeckten Kaferarten, nebst kurzen Nachrichten von denselben. *Neuestes Magazin fiir die Liebhaber der Entomologie*, 1(4): 477–512.

Kugelann J G. 1794. Verzeihniss der in einigen Gegenden Preussens bis jetzt entdeckten Kaferarten, nebst kurzen Nachrichten von denselben. *Neuestes Magazin fiir die Liebhaber der Entomologie*, 1(5): 513–582.

Kulzer H. 1960. Einige neue Tenebrioniden (Col.) (20. Beitrag zur Kenntnis der Tenebrioniden). *Entomologische Arbeiten aus dem Museum G. Frey*, 11: 304–317.

Kurosawa Y. 1948. Descriptions of new and rare species of the genus *Chrysobothris* Esch. from eastern Asia (Col., Buprestidae). *Mushi* (Fukuoka), 19(4): 15–29.

Laboissière V. 1913. Revision des Galerucini d'Europe et pays limitrophes (suite). *Annales de l'Association des Naturalistes de Levallois–Perret*, 19: 14–78.

Laboissière V. 1936. Observations sur les Galerucini asiatiques principalement du Tonkin et du Yunnan et descriptions de nouveaux genres et especes (5ᵉ partie). *Annales de la Societe Entomologique de France*, 105: 239–261.

Lacordaire T. 1863. *Histoire naturelle des insectes. Genera des coleopteres ou expose methodique et critique de tous les genres proposes jusqu'ici dans cet ordre d'insectes. Tome sixieme.* Paris: Roret,

637 pp.

Laicharting J N E von. 1781. *Verzeichniss und Beschreibung der Tyroler–Insecten. I. Theil. Kaferartige Insecten. I. Band.* Zurich: Johann Casper Fuessly, [4] + xii +[1] + 248 pp.

Laporte [= de Castelnau] F L N de Caumont, Gory H L. 1836. *Monographie du genre Clytus.* Paris: Bailliere, 3 + 124 pp., 20 pls.

Laporte F L N de Caumont de Castelnau. 1840. *Histoire naturelle des insectes coleopteres; avec une introduction renfermant l'anatomie et laphysiologie des animaux articules, par M. Brulle. Tome deuxieme.* Paris: P. Dumenil, 563 + [I] pp., pls 20–37.

Latreille P A. 1804. *Histoire naturelle, generale et particuliere des crustaces et des insectes. Ouvrage faisant suite aux oeuvres de Leclerc de Buffon, et partie du Cours complet d'histoire naturelle redige par C. S. Sonnini, membre de plusieurs Societes savantes. Tome douzieme.* Paris: F. Dufart, 424 pp., pls 94–97.

Lawrence J F, Britton E B. 1991. Coleoptera(beetles). In:Csiro(ed.): *The Insects of Australia. A textbook for students and research workers. Second Edition.* Carlton, Victoria: Melbourne University Press, 543–583.

Lawrence J F, Newton A F J. 1995. Families and subfamilies of Coleoptera (with selected genera, notes, references and data on family–group names). Pp. 779–1006. In: Pakaluk J, Ślipiński S A. *Biology, phylogeny, and classification of Coleoptera: papers celebrating the 80th birthday of Roy A Crowson Volume 2.* Muzeum i Institut Zologii PAN, Warszawa, x + 1092 pp. in 2 vols.

LeConte J L. 1863. New spccies of North American Coleoptera. Part I (1). *Smithsonian Miscellaneous Collections,* No. 167: 1–92.

Ledoux G, Roux P. 2010. Les *Archastes* (Coleoptera, Nebriidae). Monographie. Lyon: Confluence Museum, 74.

Lee D H, Ahn K J. 2016. A taxonomic review of Korean *Hydroglyphus* Motschulsky (Coleoptera: Dytiscidae: Hydroporinae) with a description of new species. *Entomological Research,* 46: 289–297.

Lefèvre É. 1877. Descriptions de coleopteres nouveaux ou peu connus de la familie des eumolpides. 1re partie. *Annales de la Societe Entomologique de France* (5), 7: 115–166.

Lefèvre É. 1887. [new taxa]. *Bulletin de la Societe Entomologique de France,* 1887: 54–57.

Legalov A A, Liu N. 2005. New leaf–rolling weevils (Coleoptera: Rhynchitidae, Attelabidae) from China. *Baltic Journal of Coleopterology,* 5(2): 99–132.

Lesne P. 1911. Notes sur les coleopteres terediles. 6. Un Lyctidae palearctique nouveau. *Bulletin du Museum National d'Histoire Naturelle* (Paris), 17: 48–50.

Lewis G. 1879. *A catalogue of Coleoptera from the Japanese archipelago.* London: Taylor and Francis, 31 pp.

Lewis G. 1879. Diagnoses of Elateridae from Japan. *The Entomologist's Monthly Magazine,* 16: 155–157.

Lewis G. 1879. On certain new species of Coleoptera from Japan. *The Annals and Magazine of Natural*

*History* (5), 4: 459–467.

Lewis G. 1882. Synteliidae. A family to include Syntelia and Sphacrites with a note of new species of the first genus. *The Entomologist's Monthly Magazine*, 19: 137–138.

Lewis G. 1887. On the Cetoniidae of Japan, with notes of new species, synonymy, and localities. *The Annals and Magazine of Natural History* (5), 19: 196–202.

Lewis G. 1888. Notes on the Japanese species of Silpha. *The Entomologist, an Illustrated Journal of General Entomology*, 2: 7–10.

Lewis G. 1894. On the Elateridae of Japan. *The Annals and Magazine of Natural History* (6), 13: 26–48, 182–201, 255–266, 311–320.

Lewis G. 1895. On the Cistelidae and other heteromerous species of Japan. *The Annals and Magazine of Natural History* (6), 15: 250–278, 422–448, pl. 8.

Lewis G. 1895. On the Dascillidae and malacoderm Coleoptera of Japan. *The Annals and Magazine of Natural History* (6), 16: 98–122, pl. 6.

Lewis G. 1896. Notes on Japanese Coccinellidae. *The Annals and Magazine of Natural History* (6), 17: 22–41.

Li L, Schillhammer H, Zhou H Z. 2010. Fourteen new species of the genus *Gabrius* Stephens, 1829 (Coleoptera: Staphylinidae: Philonthina) from China. *Zootaxa*, 2572: 1–24.

Li L, Zhou H Z. 2010. Taxonomy of the genus *Bisnius* Stephens (Coleoptera, Staphylinidae, Philonthina) from China. *Deutsche Entomologische Zeitschrift*, 57(1): 105–115.

Li Z, Ren G D. 2004. A systematic study on *Gnaptorina* Reitter (Coleoptera: Tenebrionidae) from China. *Oriental Insects*, 38: 251–275.

Lichtenstein A A H. 1796. *Catalogus Musei Zoologici Ditissimi Hamburgi 3. Febr. 1796 Auctionis lege distrahendi. Sectio Tertia: Insecta*. Edition 1. Hamburg: G. F. Schniebes [gedr.], 224 pp.

Lin M Y, Yang X K. 2012. Contribution to the knowledge of the genus *Linda* Thomson, 1864 (Part I), with the description of *Linda* (*Linda*) *subatricornis* n. sp. from China (Coleoptera, Cerambycidae, Lamiinae). *Psyche: A Journal of Entomology*, 2012(1): 211–218.

Linnaeus C. 1758. *Systema naturae per regna tria naturae, secundum classes, ordines, genera, species, cum caracteribus, differentiis, synonymis. Tomus I. Edition decima, reformata*. Holmiae: Laurentii Salvii, vi + 824+ [1] pp.

Linnaeus C. 1760. *Fauna Suecica sistens Animalia Sueciae Regni: Mammalia, Aves, Amphibia, Pisces, Insecta, Vermes. Distributa per classes et ordines, genera et species, cum differentiis specierum, synonymis auctorum, nominibus incolarum, locis natalium, descriptionibus Insectorum. Edition altera, auctior*. Stockholmiae: Laurentii Salvii, 48 + 578 pp., 2 pls.

Linnaeus C. 1763. *Amcenitates academicce; seu dissertationes varice physicce, medicce, botanicce, antehac seorsim editce, nunc collector et auctce, cum tabulis ceneis*. Holmias: Salvius, [3] + 486 pp., pls I–V.

Linnaeus C. 1767. *Systema naturae per regna tria naturae, secundum classes, ordines, genera, species, cum characteribus, differentiis, synonymis, locis. Tom I. Pars II. Editio duodecima reformata*. Holmiae: Laurentii Salvii, 2 + 533–1327 + [37] pp.

Linnaeus C. 1771. *Mantissa plantarum altera genemm editionis VI. & specierum editionis II*. Holmiae: Laurentii Salvii, 588 pp.

Linné C von. 1758. *Systema naturae per regna tria naturae, secundum classes, ordines, genera, species, cum characteribus, differentiis, synonymis, locis. Editio decima, reformata. Tomus I*. Stockholm: Laurentii Salvii, iv + 824 pp.

Linné C von. 1767. *Systema naturae per regna tria naturae, secundum classes, ordines, genera, species, cum characteribus, differentiis, synonymis, locis. Editio duodecima, reformata. Tom. I. Pars II*. Holmiae: Laurentii Salvii, 533–1327 + 37 unn. pp.

Liu S P, Pan Z, Ren G D. 2016. Identification of three morphologically indistinguishable *Epicauta* species (Coleoptera, Meloidae, Epicautini) through DNA barcodes and morphological comparisons. *Zootaxa*, 4103(4): 361–373.

Löbl I, Smetana A. 2003. Catalogue of Palaearctic Coleoptera. Volume 1. Archostemata – Myxophaga – Adephaga. Stenstrup: Apollo Books, 819 pp.

Löbl I, Smetana A. 2004. Catalogue of Palaearctic Coleoptera. Volume 2. Hydrophiloidea – Histeroidea – Staphylinoidea. Stenstrup: Apollo Books, 942 pp.

Löbl I, Smetana A. 2006. Catalogue of Palaearctic Coleoptera. Volume 3. Scarabaeoidea – Scirtoidea – Dascilloidea – Buprestoidea – Byrrhoidea. Stenstrup: Apollo Books, 690 pp.

Löbl I, Smetana A. 2007. Catalogue of Palaearctic Coleoptera. Volume 4. Elateroidea – Derodontoidea – Bostrichoidea – Lymexyloidea – Cleroidea – Cucujoidea. Stenstrup: Apollo Books, 935 pp.

Löbl I, Smetana A. 2008. Catalogue of Palaearctic Coleoptera. Volume 5. Tenebrionoidea. Stenstrup: Apollo Books, 670 pp.

Löbl I, Smetana A. 2010. Catalogue of Palaearctic Coleoptera. Volume 6. Chrysomeloidea. Stenstrup: Apollo Books, 924 pp.

Löbl I, Smetana A. 2011. Catalogue of Palaearctic Coleoptera. Volume 7. Curculionoidea I. Stenstrup: Apollo Books, 373 pp.

Löbl I, Smetana A. 2013. Catalogue of Palaearctic Coleoptera. Volume 8. Curculionoidea II. Stenstrup: Apollo Books, 700 pp.

Lukjanovitch F K. 1939. Zhuki roda Rhaebus Fisch.–W. (Coleoptera, Bruchidae) i ikh svyaz s Nitraria (Zygophyllaceae). *Izvestiya Akademii Nauk CCCP*, 1939: 546–566.

Lutshnik V N. 1916. Analecta synonymica de quibusdam Platysmatinis (Coleoptera, Carabidae). Sinonimicheskiya zametki o nekotorykh' Platysmatini (Coleoptera, Carbaidae). II. *Russkoe Entomologicheskoe Obozrenie*, 16: 92.

MacLeay W S. 1825. *Annulosa Javanica, or an attempt to illustrate the natural affinities and analogies of the Insects collected in Java by Thomas Horsfield, M. D. F. L. & G. S. and deposited by him in the museum of the honourable East–India Company. Number I.* London: Kingsbury, Parbury & Alien, xii +150 pp.

Mader L. 1930. Neue Coccinelliden aus Yun–nan und Sze–tschwan (China). *Entomologischer Anzeiger*, 10: 161–166, 181–184.

Mandl K. 1978. Neue und wenig bekannte Formen der Subfamilie Callistinae (Col. Carabidae) aus dem Himalaja–Gebiet und dem benachbarten chinesischen und indo–chinesischen Raum. *Entomologica Basiliensia*, 3: 263–279.

Mannerheim C G von. 1825. Novae coleopterorum species Imperii Rossici incolae descriptae. Pp. 19–41. In: Hummel A. D.: *Essais entomologiques. Bd. 1. Nr. 4.* St. Petersbourg: Chancellerie privee du Ministere de rinterieur, 72 pp.

Mannerheim C G von. 1849. Insectes Coleopteres de la Siberie orientale nouveaux ou peu connus. *Bulletin de la Societe Imperiale des Naturalistes de Moscou*, 22(1): 220–249.

Mannerheim C G. 1852. Insectes coleopteres de la Siberie orientale, nouveaux ou peu connus, decrits. Decades tertia, quarta et quinta. *Bulletin de la Societe Imperiale des Naturalistes de Moscou*, 25(2): 273–309.

Marcilhac J. 1993. Pterostichini nouveaux de Chine occidentale (Coleoptera, Caraboidea). *Bulletin de la Societe Entomologique de France*, 98: 271–274.

Marseul S A de. 1855. Essai monographique sur la familie des histerides (Suite). *Annales de la Societe Entomologique de France* (3), 3: 83–165, 327–506, 677–758, pls. 8, 9, 16–20.

Marseul S A de. 1857. Essai monographique sur la famille des histerides (Suite). *Annales de la Societe Entomologique de France* (3), 5: 109–167, 397–516.

Marseul S A de. 1862. Supplement a la monographie des hist 6 rides. *Annales de la Societe Entomologique de France* (4), 1[1861]: 509–566.

Marseul S A de. 1870. Description d'especes nouvelles d'histerides. *Annales de la Societe Entomologique de Belgique*, 13[1869–1870]: 55–158.

Marseul S A de. 1873. Coleopteres du Japon recueillis par M. Georges Lewis. Enumeration des histerides et des Heteromeres avec la description des especes nouvelles. *Annales de la Societe Entomologique de France* (5), 3: 219–230.

Marseul S A de. 1875. Monographie des cryptocephales du nord de l'ancien monde. *L'Abeille, Journal d'Entomologie*, 13[1873–1875]: 1–326.

Marseul S A de. 1876. Coleopteres du Japon recueillis par M. Georges Lewis. 2. memoire. Enumeration des heteromeres avec la description des especes nouvelles. 2. Partie. *Annales de la Societe Entomologique de France* (5), 6: 315–349, 447–464.

Marseul S A de. 1877. Coleopteres du Japon recueillis par M. Georges Lewis. 2. memoire. Enumeration des heteromeres avec la description des especes nouvelles. 2. Partie. *Annales de la Societe Entomologique de France* (5), 6[1876]: 465–486.

Marshall G A K. 1934. Schwedisch–chinesische wissenschaftliche Expedition nach den nordwestlichen Provinzen Chinas, unter Leitung von Dr. Sven Hedin und Prof. Sii Ping–chang. Insekten. 48. Coleoptera. 9. Curculionidae (Col.). *Arkiv for Zoologi*, 21X: 1–18.

Marsham T. 1802. *Entomologia Britannica, sistens insecta britanniae indigena, secundum methodum linnaeanam disposita. Tomus I. Coleoptera.* Londini: Wilks & Taylor, xxxi + 547 + [1] pp.

Matsumura M. 1915. *Taxonomy of Insects.* 2. Tokyo: Keiseisha–shotem, 316 + 10 + 10 pp., 5 pls.

Matsumura S. 1915. "Mordellidae" Dainippon–gaichûzensho (Encyclopedia of pest insects from Japan). Tokyo: Rokumeikan, 225–226.

Matsumura S. 1924. [new taxon]. In: Muramatsu S. 1924: Bionomics on apple trees in China and Corea. Life history of Agrilus mali, Mats. (Buprestidae). *Korea Agriculture Experiment Station Report*, 2: 1–21, 4 pls.

Matsumura S, Yokoyama K. 1928. New and hitherto unrecorded species of Dermestidae from Japan. *Insecta Matsumurana*, 3: 51–54.

Mazur S. 2003. Two new species of the genus *Margarinotus* Marseul, 1853 (Coleoptera: Histeridae) from Far East. *Baltic Journal of Coleopterology*, 3(2): 161–165.

McKenna D, Farrell B D. 2009. *Beetles(Coleoptera). The timetree of life.* In: Hedges S B, Kumar S (eds.). New York: Oxford University Press, 278–289. .

Mckenna D, Wild A L, Kanda K, et al. 2015. The beetle tree of life reveals that Coleoptera survived end–Permian mass extinction to diversify during the Cretaceous terrestrial revolution. *Systematic Entomology*, 40: 835–880.

Medvedev S I. 1952. *Plastinchatousye (Scarabaeidae), podsem. Melolonthinae, ch. 2 (khrushchi). Fauna SSSR, zhestokrylye. Tom 10, vyp. 2.* Moskva, Leningrad: Izdatel'stvo Akademii Nauk SSSR, 274 pp.

Medvedev S I. 1966. Novyy vid roda Amaladera Reitt. (Coleoptera, Scarabaeidae) iz Zabaikalja. *Zoologicheskiy Zhurnal*, 45: 1576–1577.

Ménétriés E. 1848. Description des insectes recueillis par feu M. Lehmann. *Memoires de l'Academie Imperiale des Sciences de Saint–Petersbourg*, 6: 1–112 + 6.

Ménétriés E. 1854. Coleopteres recueillis dans la Mongolie chinoise et aux environs de Pekin. *Etudes Entomologiques*, 3: 26–41.

Miwa Y. 1928. New and some rare species of Elateridae from the Japanese Empire. *Insecta Matsumurana*, 3: 36–51, pl. I.

Miyatake M. 1961. The East–Asian coccinellid beetles preserved in the California Academy of Science, tribe Hyperaspini. *Memoirs of the Ehime University, Sect. VI (Agriculture)*, 6: 147–155.

Morawitz A. 1862. Vorläufige Diagnosen neuer Coleopteren aus Südost–Sibiren. *Bulletin de l'Academie Imperiale des Sciences de St.–Petersbourg*, 5: 231–265 [Also issued the same year in *Melanges Biologiques tires du Bulletin de l'Academie des Sciences de St.–Petersbourg*, 4: 180–228].

Morawitz A. 1863. Beitrag zur Käferfauna der Insel Jesso. Erste Lieferung. Cicindelidae et Carabici. *Mémoires de l'Academie Impèriale des Sciences de St.–Pétersbourg* (7), 6(3): 1–84.

Morvan P [D]. 1997. Etude faunistique des coleopteres du Nepal avec extension aux provinces chinoises du Yunnan et du Sichuan. Genre Andrewesius Jedlicka et Vacinius Casale. *Loened Aziad Amprevaned Feuraskelleged C'Hwiledig*, 2: 1–23.

Moser J. 1913. Neue Arten der Melolonthiden–Gattungen Holotrichia und Pentelia. *Annales de la Societe Entomologique de Belgique*, 56[1912]: 420–449.

Motschulsky V. 1868. Énumération des nouvelles espèces de coléoptères rapportés de ces voyages. 6–ième Article. *Bulletin de la Société Impériale des Naturalistes de Moscou*, 41(2)[1868–1869]: 170–201, pl. VIII.

Motschulsky V de. 1839. Coleopteres du Caucase et des provinces transcaucasiennes. *Bulletin de la Societe Imperiale des Naturalistes*, 12: 68–93, pls. 5, 6.

Motschulsky V de. 1844. Insectes de la Sibèrie rapportés d'un voyage fait en 1839 et 1840. *Mèmoires de l'Académie Impèriale des Sciences de St–Pétersbourg*, 5: 1–274, i–xv + 10 pl.

Motschulsky V de. 1845. Remarques sur la collection de coleopteres russes de M. [Motschoulsky]. Article I. *Bulletin de la Societe Imperiale des Naturalistes de Moscou*, 18(1): 1–127, pls 5–7. [Corrections in 18(2) Additum, post p. 549 (unnumbered)].

Motschulsky V de. 1849. Coléoptères recus d'un voyage de M. Handschuh dans le midi de l'Espagne, énumérés et suivis de notes. *Bulletin de la Société Impériale des Naturalistes de Moscou*, 22(3): 52–163.

Motschulsky V de. 1854. Coleopteres du nord de la Chine (Shingai). *Etudes Entomologiques*, 3: 63–65.

Motschulsky V de. 1854. Diagnoses de ccoléoptères nouveaux, trouvés par MM. Tatarinoff et Gaschkéwitsch aux environs de Pékin. *Études Entomologiques*, 2: 44–51.

Motschulsky V de. 1854. Nouveautes. *Etudes Entomologiques*, 2[1853]: 28–32.

Motschulsky V de. 1855. Notices. *Etudes Entomologiques*, 4: 77–78.

Motschulsky V de. 1858. Entomologie speciale. Insectes du Japon. *Etudes Entomologiques*, 6[1857]: 25–41.

Motschulsky V de. 1858. Insectes des Indes orientales 1: iere Serie. *Etudes Entomologiques*, 7: 20–122.

Motschulsky V de. 1859. Catalogue des insectes rapportés des environs du fl. Amour, depuis la Schilka jusqu'a Nikolaëvsk. *Bulletin de la Société Impériale des Naturalistes de Moscou*, 32: 487–507.

Motschulsky V de. 1860. Catalogue des insectes rapportes des environs du fl. Amour, depuis le Schilka jusqu'a Nikolaevsk. *Bulletin de la Societe Imperiale des Naturalistes de Moscou*, 32(4)[1859]: 487–507.

Motschulsky V de. 1860. Coleopteres rapportes de la Siberie orientale et notamment des pays situes sur les bords du fleuve Amour par MM. Schrenck, Maack, Ditmar, Voznessenski etc. Pp. 77–257 + [1], pls 6–11, 1 map. In: Schrenck P. L.: *Reisen und Forschungen im Amur–Lande in den Jahren 1854–1856 im Auftrage der Kaiserl. Akademie der Wissenschaften zu St. Peterburg ausgefuhrt und in Verbindung mit mehreren Gelehrten herausgegeben von Dr. Leopold Schrenck. Band II. Zweite Lieferung. Coleopteren.* St. Peterburg: Kaiserliche Akademie der Wissenschaften, 976 pp.

Motschulsky V de. 1860. Entomologie speciale. Insectes du Japon [continuation]. *Etudes Entomologiques*, 9: 4–39.

Motschulsky V de. 1860. Insectes des Indes orientales, et de contrees analogues. *Etudes Entomologiques*, 8[1859]: 25–118, 1 pl.

Motschulsky V de. 1860. Voyages et excursions entomologiques. *Etudes Entomologiques*, 8[1859]: 6–15.

Motschulsky V de. 1861. Diagnoses d'insectes nouveaux des rives du fl. Amur et de la Daourie meridionale. *Etudes Entomologiques*, 9[1860]: 39–41.

Motschulsky V de. 1861. Entomologie speciale. Insectes du Japon [continuation]. *Etudes Entomologiques*, 10: 3–24.

Motschulsky V de. 1861. Insectes du Japon. *Etudes Entomologiques*, 9[1860]: 4–39.

Motschulsky V de. 1864. Énumération des nouvelles espèces de coléoptères rapportés de des voyages. 4-ème article. Carabicines. *Bulletin de la Sociètè Impèriale des Naturalistes de Moscou*, 37: 171–240.

Motschulsky V de. 1866. Catalogue des insectes recus du Japon. *Bulletin de la Société Impériale des Naturalistes de Moscou*, 39(1–2): 163–200.

Motschulsky V de. 1874. Énumération des nouvelles espèces de coléoptères rapportés de ses voyages. *Bulletin de la Société Impériale des Naturalistes de Moscou*, 46(4)[1873]: 203–252.

Motschulsky V de. 1875. Énumération des nouvelles espèces de coléoptères rapportés de ses voyages. 15-ième arcticle. Longicornes. *Bulletin de la Société Impériale des Naturalistes de Moscou*, 49(2): 139–155.

Mroczkowski M. 1952. Contribution to the knowledge of the Dermestidae with description of a new species and a new subspecies (Coleptera). *Annales Musei Zoologici Polonici*, 15: 25–32.

Mulsant E. 1850. Species des coleopteres trimeres securipalpes. *Annales des Sciences Physiques et Naturelles, d'Agriculture et d'ndustrie de Lyon* (2), 2(1): xv + 450 pp.

Mulsant E. 1850. Species des coleopteres trimeres securipalpes. *Annales des Sciences Physiques et Naturelles, d'Agriculture et Industrie de Lyon* (2), 2(2): 451–1104.

Mulsant E. 1853. Supplement a la monographie des coleopteres trimeres securipapes. *Annales de la Societe Linneenne de Lyon* (N. S.) (2), 1[1852–1853]: 129–333.

Mulsant E, Godart A. 1855. Description d'une espece nouvelle d'Helops. *Opuscules Entomologiques*, 6: 83–86.

Murayama J J. 1930. Revisions des families des ipides et des platypides de Coree. *Journal of the Chosen Natural History Society*, 11: 1–34, 2 pls.

Nakane T. 1954. New or little–known Coleoptera from Japan and its adjacent regions, XI. Oedemeridae. *The Scientific Reports of the Saikyo University* (A), 1: 171–188.

Netolitzky F. 1920. Versuch einer neuartigen Bestimmungstafel fiir die asiatischen Testediolum nebst neuen palaarktischen Bembidiini. (Col., Carabidae). *Entomologische Mitteilungen*, 9: 61–69, 112–119.

Newman E. 1838. Entomological notes. *The Entomological Magazine*, 5: 372–402.

Newton A F. 1991. Scaphidiidae (Staphylinoidea). Siphiidae (Staphylinoidea). In: Stehr F (ed.): *Immature Insects, Vol. 2*. Dubuque, Iowa: KendallHunt Publishing Co., 337–341.

Obenberger J. 1924. Symbolae ad specierum regionis palaearcticae Buprestidarum cognitionem. Jubilejni Sbornik *Ceskoslovenske Spolecnosti Entomologicke*, 1924: 6–59.

Ogloblin D A. 1927. Novye vidy r. Aphthona Chevr. (Coleoptera, Halticini) v kollekcii Zoologicheskogo Muzeya Akademii Nauk SSSR [Especes nouvelles du genre Aphthona Chevr. (Coleoptera, Halticini) des collections du Musee Zoologique de l'Academie des Sciences de l'URSS]. *Annuaire du Musee Zoologique de l'Academie des Sciences de l'URSS*, 27[1926]: 283–303.

Ohmomo S., Fukutomi H. 2013. *The buprestid beetles of Japan*. Tokyo: Shizawa Printing Co. Ltd., 206 pp.

Olivier A G. 1790. *Entomologie, ou histoire naturelle des insectes, aves leurs caracteres generiques et specifiques, leur description, leur synonymie, et leur figure enluminee. Coleopteres. Tome second.* Paris: de Baudouin, 485 pp., 63 pls.

Olivier A G. 1791. *Encyclopedie methodique, ou par ordre des matieres; par ime societe de gens de lettres, de savants et d'artistes. Precedee d'un vocabulaire universel, servant de table pour l'Ouvrage, ornee des Portraits de MM. Diderot et d'Alembert, premiers Editeurs de l'Encyclopedie. Histoire naturelle. Insectes. Tome cinquieme. Part 2.* Paris: Panckoucke, pp. 369–793.

Olivier A G. 1807. *Entomologie, ou histoire naturelle des insectes, avec leurs caracteres generiques et specifiques, leur description, leur synonymie, et leur figure enluminee. Coleopteres. Tome cinquieme.* Paris: Desray, [2] + 612 pp., 59 pls.

Olsoufieff G d'. 1907. Notes sur les Onthophagides Palearctiques. *Yezhegodnik Zoologicheskago Muzeya Imperatorskoy Akademiyi Nauk*, 11[1906]: 191–195.

Pace R. 1999. Aleocharinae della Cina: Parte V (conlusionc) (Coleoptera, Staphylinidae). *Revue Suisse de Zoologie*, 106: 107–164.

Pallas P S. 1771. *Reise durch verschiedene Provinzen des russischen Reichs. Erster Theil.* St. Petersburg: Kayseriiche Akademie der Wissenschaften, [10] + 3–504 pp., 11 pls.

Pallas P S. 1773. *Reise durch verschiedene Provinzen des russischen Reichs. Zweiter Theil. Zweytes Buch vom Jahr 1771.* St.–Peterburg: Kayserliche Akademie der Wissenschaften, pp. 371–744.

Pallas P S. 1773. *Reisen durch verschiedene Provinzen des Russischen Reichs. Zweiter Theil Erstes Buck vom Jahr 1770.* St. Petersburg: Kayseri iche Akademie der Wissenschaften, 744 pp., 14 pls.

Pallas P S. 1781. *Icones Insectorum praesertim Rossiae Sibiriaeque peculiarum quae collegit et Descriptionibus illustravit.* Erlangae: Wolfgangi Waltheri [1781–1806, issued in parts], [6] + 104 pp., 8 pls.

Pallas P S. 1781. *Icones Insectorum praesertim Rossiae Sibiriaeque peculiarum quae collegit et descritionibus Illustravit. Fasciculus primus.* Erlangae: W. Walther, 1–56 pp.

Pallas P S. 1782. *Icones Insectorum praesertim Rossiae Sibiriaeque peculiarum quae collegit et descritionibus Illustravit. Fasciculus secundus.* Erlangae: W. Waltheri, 57–96 pp., pls A–F.

Panzer G W F. 1793. *Fauna Insectorum Germanicae initia; oder Deutschlands Insecten.* Heft 8. Norinbergae: Felsecker, 24 pp. + 24 pls.

Panzer G W F. 1793. *Faunae insectorum germanicae initia oder Deutschlands Insecten.* Heft 10. Norinbergae: Felsecker, 24 pp. + 24 pls.

Panzer G W F. 1796. *Faunae insectorum germanicae initia oder Deutschlands Insecten.* Heft 37. Norinbergae: Felsecker, 24 pp. + 24 pls.

Panzer G W F. 1796. *Faunae Insectorum Germanicae initia; oder Deutschlands Insecten.* [Heft 38.] Numberg: Felsecker, 24 pp. + 24 pl.

Pascoe F P. 1857. Description of new genera and species of Asiatic longicorn Coleoptera. *The Transactions of the Entomological Society of London* (2), 4[1856–1858]: 49–50 [note: in part iv, January 1857].

Pascoe F P. 1857. On new genera and species of longicorn Coleoptera. Part II. *The Transactions of the Entomological Society of London* (2), 4[1856–1858]: 89–112, 2 pls. [note: in part iv, April 1857].

Pascoe F P. 1868. Longicornia Malayana; or, a descriptive catalogue of the species of the three longicorn families Lamiidae, Cerambycidae and Prionidae, collected by Mr. A. R. Wallace in the Malay Archipelago. *The Transactions of the Entomological Society of London* (3), 3: 465–496.

Paykull G de. 1789. *Monographia Staphylinorum Sueciae.* Upsaliae: J. Edman, 8 + 81 pp.

Paykull G. 1799. *Fauna Svecica. Insecta. Tomus. II.* Upsaliae: Joh. F. Edman, 234 pp.

Peng Z, Li L Z, Zhao M J. 2014. Seventeen new species and additional records of *Lathrobium* (Coleoptera, Staphylinidae) from mainland China. *Zootaxa*, 3780(1): 1–35.

Pic M. 1904. Diagnoses de Coleopteres palearctiques et exotiques. *L'Echange, Revue Linneenne*, 20: 33–36.

Pic M. 1907. Diagnoses de coleopteres asiatiques nouveaux. *L'Echange, Revue Linneenne*, 23: 171–174.

Pic M. 1907. Sur divers longicornes de la Chine et du Japon. Pp. 20–25. *Materiaux pour servir a l'etude des longicornes. 6eme cahier, 2eme partie.* Saint–Amand (Cher): Imprimerie Bussiere, 28 pp.

Pic M. 1916. Nouveaux cerambycides (Col.) de la Chine meridionale. I. *Bulletin de la Societe Entomologique de France*, 1915: 313–314.

Pic M. 1922. Nouveautes diverses. *Melanges Exotico–Entomologiques*, 35: 1–32.

Pic M. 1924. Nouveautes diverses. *Melanges Exotico–Entomologiques*, 41: 1–32.

Pic M. 1925. Nouveaux longicornes asiatiques (Col.). *Bulletin de la Societe Entomologique de France*, 1925: 137–139.

Pic M. 1927. Nouveautes diverses. *Melanges Exotico–Entomologiques*, 48: 1–32.

Pic M. 1931. Notes diverses, nouveautes. *L'Echange, Revue Linneenne*, 47: 1–2, 5–6, 9–10, 13–14.

Pic M. 1933. Schwedisch–chinesische wissenschaftliche Expedition nach den nordwestlichen Provinzien Chinas unter Leitung von Dr. Sven Hedin und Prof. Su Ping–chang. Insekten gesammelt vom schwedischen Arzt der Expedition Dr. David Hummel 1927–1930. 16. Coleoptera. 2. Helmidae, Dermestidae, Anobiidae, Cleridae, Malacodermata, Dascillidae, Heteromera (ex p.), Bruchidae, Cerambycidae, Phytophaga (ex p.). *Arkiv for Zoologi*, 27A(2): 1–14.

Pic M. 1934. Nouveautes diverses. *Melanges Exotico–Entomologiques*, 64: 1–36.

Pic M. 1938. Malacodermes exotiques. *L'Echange, Revue Linneenne*, 54(472–474) [hors–texte]: 149–156, 157–160, 161–164.

Pic M. 1939. Coleopteres nouveaux, principalement de Chine. *L'Echange, Revue Linneenne*, 55(476) [hors–texte]: 1–4.

Pic M. 1944. Coleopteres du globe (suite). *L'Echange, Revue Linneenne*, 60: 2–4, 5–8, 10–12.

Pic M. 1953. Coleopteres du globe (suite). *L'Echange, Revue Linneenne*, 69: 2–4, 5–8, 9–12, 14–16.

Plavilstshikov N N. 1933. Beitrag zur Verbreitung der palaarktischen Cerambyciden. III. *Entomologisches Nachrichtenblatt*, 7: 9–16.

Plavilstshikov N N. 1937. Description des especes nouvelles de genres Dorcadion Dalm. et Neodorcadion Ganglb. (Coleoptera, Cerambycidae). *Acta Entomologica Musei Nationalis Pragae*, 15(143): 25–34.

Poda von Neuhaus N. 1761. *Insecta Musei Graecensis, que in ordines, genera et species juxta Systema Naturae Caroli Linnaei digessit*. Widmanstad: Graecii, 12 + 127 + 18 pp., 2 pls.

Pontoppidan E L. 1763. *Den Danske atlas, eller Konge–Riget Dannemark, med dets naturlige egenskaber, elementer, inbyggere, vaexter, dyr og andre affodninger, dets gamle tildragelser og naervaerende omstaendigheder i alle provintzer, staeder, kirkzer, slotte og herre–gaarde. Forestillet ved en udforlig Lands–Beskrivelse, saa og oplyst med dertil forfaerdigede landkort over enhver provintz, samt ziret med staedernes prospecter, grund–ridser, og andre merkvaerdige kaaber–stykker. Efter Hoy–Kongelig allernaadigst Befalning. Tomus I*. Kiobenhavn: A. H. Godieche, xl + [iv] + 723 + [1] pp., 30 pls.

Portevin G. 1905. Troisieme note sur les silphidcs du Museum. *Bulletin du Museum d'Histoire Naturelle*, 11: 418–424.

Pu F J. 1992. Coleoptera: Disteniidae and Cerambycidae. Pp. 588–623. In: Chen S. (ed.): *Insects of the Hengduan Mountains region. Volume 1*. Beijing: Science Press, i–xii, 1–865

Puthz V. 2008. Revision der *Stenus*–Arten Chinas (1) (Staphylinidae, Coleoptera) Beiträge zur Kenntnis der Steninen CCCIII. *Philippia*, 13(3): 175–199.

Putzeys J A A H. 1866. Etude sur les Amara de la collection de Mr. le Baron de Chaudoir. *Memoires de la Societe Royale des Sciences de Liege* (2), 1: 171–283.

Putzeys J A A H. 1875. Descriptions de carabiques nouveaux ou peu connus. *Annali del Museo Civico di Storia Naturale di Genova*, 7: 721–748.

Ratzeburg J T C. 1837. *Die Forst–Insecten oder Abbildung und Beschreibung der in den Waldern Preussens und der Nach bars tauten als schadlich oder niitzlich bekannt gewordenen Insecten. Erster*

*Theil. Die Kafer.* Berlin: Nicolai, x + 4 + 202 pp., 21 pls.

Redtenbacher L. 1849. *Fauna Austriaca. Die Kafer.* Nach der analytischen Methode bearbeitet. Wien: Carl Gerold, xxvii + 883 pp., 2 pls.

Reichardt A N. 1936. Zhuki–chemotelki triby Opatrini palearkticheskoy oblasti. Revision des opatrines (Coleoptera Tenebrionidae) de la region palearctique. *Tableaux analytiques de la Faune de l'URSS* 19, Moskva, Leningrad: Nauka, 1–224 pp.

Reiche L J. 1850. Entomologie. Ordre de Coleopteres. Pp. 259–532, 18 pls. In: Ferret A. & Galinier: *Voyage en Abyssinie dans les provinces du Tigre, du Samen et de l'Amhara, dedie a S. A. R. Monseigneur le Due de Nemours. Tome troisieme.* Paris: Paulin, 536 pp.

Reiche L J, Saulcy F. 1857. Especes nouvelles ou peu connus de coleopteres, requeillis par M. F. de Saulcy, membre de 1, Institut, dans son voyage en Orient. *Annales de la Societe Entomologique de France* (3), 5: 649–694.

Reitter E. 1877. [new taxa]. In: Putzeys J. A. A. H., Weise J., Kraatz G., Reitter E. & Eichhoff W.: Beitrage zur Kaferfauna von Japan, meist auf R. Hiller's Sammlungen basirt (Erstes Stuck). *Deutsche Entomologische Zeitschrift*, 21: 81–128.

Reitter E. 1877. Beitrage zur Kaferfauna von Japan. (Drittes Stuck.). *Deutsche Entomologische Zeitschrift*, 21: 369–384.

Reitter E. 1879. Verzeichniss der von H. Christoph in Ost–Sibirien gesammelten Clavicomier etc. *Deutsche Entomologische Zeitschrift*, 23: 208–226.

Reitter E. 1881. Bestimmungs–Tabellen der europaischen Coleopteren. III Heft. I. Auflage. Enthaltend die Familien: Scaphidiidae, Lathridiidae und Dermestidae. *Verhandlungen der Koniglich–Kaiserlichen Zoologisch–Botanischen Gesellschaft in Wien*, 30[1880]: 41–94.

Reitter E. 1887. Insecta in itinere Cl. N. Przewalskii in Asia Centrali novissime lecta. IX. Tenebrionidae. *Horae Societatis Entomologicae Rossicae*, 21: 355–389.

Reitter E. 1887. Insecta in itinere Cl. N. Przewalskii in Asia centrali novissime lecta. VI. Clavicomia, Lamellicomia et Serricomia. *Horae Societatis Entomologicae Rossicae*, 21: 201–234.

Reitter E. 1887. Zur Species–Kenntniss der Maikafer aus Europa und den angrenzenden Landern. *Deutsche Entomologische Zeitschrift*, 31: 529–542.

Reitter E. 1889. Insecta, a cl. G. N. Potanin in China et in Mongolia novissime lecta. XIII. Tenebrionidae. *Horae Societatis Entomologicae Rossicae*, 23: 678–710.

Reitter E. 1889. Neue Coleopteren aus Europa, den angrenzenden Landem und Sibirien, mit Bemerkungen uber bekannte Arten. Siebenter Theil. *Deutsche Entomologische Zeitschrift*, 1889: 273–288.

Reitter E. 1890. Neue Coleopteren aus Europa, den angrenzenden Uindem und Sibirien, mit Bemerkungen uber bekannte Arten. Neuenter Theil. *Deutsche Entomologische Zeitschrift*, 1890: 145–164.

Reitter E. 1891. Neue Coleopteren aus Europa, den angrenzenden Landem und Sibirien, mit Bemerkungen über bekannte Arten. Zwolfler Teil. *Deutsche Entomologische Zeitschrift*, 1891[1891–1892]: 17–36.

Reitter E. 1892. Bestimmungs–Tabellen der Lucaniden und coprophagen Lamellicornen des palaearctischen Faunengebietes. *Verhandlungen des Naturforschenden Vereins in Briinn*, 30[1891]: 141–262.

Reitter E. 1894. In: Hauser F.: Beitrag zur Coleopteren–Fauna von Transcaspien und Turkestan. *Deutsche Entomologische Zeitschrift*, 1894: 17–74.

Reitter E. 1894. Nachtrage und Berichtungen zu meiner Bestimmungs–Tabelle der coprophagen Lamellicomen. *Entomologische Nachrichten*, 20: 183–190.

Reitter E. 1895. Beschreibungen mit Abbildungen neuer Coleopteren, gesammelt von Herm Hans Leder bei Urga in der nordlichen Mongolei. *Wiener Entomlogische Zeitung*, 14: 280–286.

Reitter E. 1895. Einige neue Coleopteren aus Korea und China. *Wiener Entomologische Zeitung*, 14: 208–210.

Reitter E. 1896. Beitrag zur Kenntnis der Arten und Varietaten der Coleopteren–Gattung Cetonia L. *Entomologische Nachrichten*, 22: 241–246.

Reitter E. 1896. Uebersicht der mir bekannten palaearktischen, mit der Coleopteren–Gattung Serica verwandten Gattungen und Arten. *Wiener Entomologische Zeitung*, 15: 180–188.

Reitter E. 1896. Uebersicht der mir bekannten, mit Penthicus Fald. verwandten Coleopteren–Gattungen und Arten aus der pa Hiarktischen Fauna. *Deutsche Entomologische Zeitschrift*, 1896: 161–172.

Reitter E. 1897. Dreissig neue Coleopteren aus russisch Asien und der Mongolei. *Deutsche Entomologische Zeitschrift*, 1897: 209–228.

Reitter E. 1897. Uebersicht der mir bekannten Centralasiatischen Neodorcadion–Arten. *Entomologische Nachrichten*, 23: 177–184.

Reitter E. 1898. Uebersicht der bekannten Arten der Coleopterengattung Scleropatrum Seidl. aus der palaearctischen Fauna. *Wiener Entomologische Zeitung*, 17: 36–39.

Reitter E. 1900. *Bestimmungs–Tabelle der Tenebrioniden–Abtheilungen: Tentyrini und Adelostomini aus Europa und den angrenzenden Landern*. Paskau: Edmund Reitter, [1] + 82–197. [note: same issued in 1901 in *Verhandlungendes Naturforschendes Vereinesin Brunn*, 39[1900]: 82–197.]

Reitter E. 1900. Coleoptera, gesammelt im Jahre 1898 in chinesisch Central–Asien von Dr. Holderer in Lahr. *Wiener Entomologische Zeitung*, 19: 152–166.

Reitter E. 1901. Weitere Beitrage zur Coleopteren–Fauna des russischen Reiches. *Deutsche Entomologische Zeitschrift*, 1901: 65–84.

Reitter E. 1902. Bestimmungs–Tabelle der Melolonthidae aus der europaischen Fauna und den angrenzenden Landem, enthaltend die Gruppen der Pachydemini, Sericini and Melolonthini. Heft 50. *Verhandlungen des Naturforschenden Vereins in Briinn*, 40: 93–303.

Reitter E. 1905. Ubersicht der mir bekannten Arten der Coleopteren–Gattung Epicauta Redtb. aus der palaearktischen Fauna. *Wiener Entomologische Zeitung*, 24: 194–196.

Reitter E. 1907. Eine Serie neuer Aphodius–Arten aus der palaarktischen Fauna. *Deutsche Entomologische*

*Zeitschrift*, 1907: 407–411.

Reitter E. 1907. Nachtrage zur Bestimmungtabelle der unechten Pimeliden aus der palaearktischen Fauna. *Wiener Entomologische Zeitung*, 26: 81–92.

Reitter E. 1908. Neue palaarktische Russelkafer. *Entomologische Blatter*, 4: 65–67.

Reitter E. 1915. Neue Ubersicht der bekannten palaarktischen Arten der Coleoptera–Gattung Chloebius Schonh. *Wiener Entomologische Zeitung*, 34: 105–108.

Ren S X, Pang X F. 1993. Two new species of *Scymnus* Kugelann from Hubei (Coleoptera: Cocinellidae). *Journal of South China Agricultural University*, 14(3): 6–9.

Robertson J A, Ślipiński A, Moulton M, et al. 2015. Phylogeny and classification of Cucujoidea and the recognition of a new superfamily Coccinelloidea (Coleoptera: Cucujiformia). *Systematic Entomology*, 40: 745–778.

Roelofs W. 1873. Curculionides recueillis au Japon par M. G. Lewis. Premiere partie. *Annales de la Societe Entomologique de Belgique*, 16: 154–193, pls. II, III.

Roelofs W. 1874. Curculionides recueillis au Japon par M. G. Lewis. Deuxieme partie. *Annales de la Societe Entomologique de Belgique*, 17: 121–176.

Rossi P. 1790. *Fauna Etrusca, sistens Insecta, quae in provinciis Florentina et Pisana praesertim collegit. Tomus primus.* Libumi: Thomae Masi & Sociorum, xxiii + 272 pp.

Rossi P. 1792. *Mantissa Insectorum exibens species nuper in Etruria collectas a Petro Rossio adiectis faunae Etruscae illustrationibus ac emendationibus.* [*Tomusprimus*]. Pisis: Polloni, 148 pp.

Ruan Y Y, Konstantinov A S, Ge S Q, Yang X K. 2014. Revision of the *Chaetocnema picipes* species–group (Coleoptera, Chrysomelidae, Galerucinae, Alticini) in China, with descriptions of three new species. *Zookeys*, 387: 11–32.

Sahlberg C R. 1832. Pars 27–28. In: *Insecta Fennica enumerans ... Tom us I.* pp. 409–440.

Sahlberg J R. 1880. Bidrag till Nordvestra Sibiriens Insektfauna. Coleoptera. Insamlade under expeditionema till Obi och Jenessej 1876 och 1877. I. Cicindelidae, Carabidae, Dytiscidae, Hydrophilidae, Gyrinidae, Dryopidae, Georyssidae, Linmichidae, Heteroceridae, Staphylinidae och Micropeplidae. *Kongliga Svenska Vetenskaps–Akademiens Handlingar* (N. F.), 17(4): 1–115 + 1 pl.

Saunders E. 1873. Descriptions of Buprestidae collected in Japan by George Lewis, Esq. *Journal and Proceedings of the Linnean Society of London, Zoology*, 11: 509–523.

Saunders W W. 1853. Descriptions of some longicorn beetles discovered in northern China, by Rob. Fortune, Esq. *The Transactions of the Entomological Society of London* (2), 2[1852–1853]: 109–113, pl. IV.

Say T. 1824. Descriptions of coleopterous insects collected in the late expeditions to the Rocky Mountains, performed by order of Mr. Calhoun, Secretary of War, under the command of Major Long. *Journal of the Academy of Natural Sciences of Philadelphia*, 3: 238–282.

Schaller J G. 1783. Neue insecten beschrieben. *Schriften der Naturforschenden Gesellschaft*, zu Halle 1:

217–328.

Schaller J G. 1783. Neue Insecten. *Abbhandlungen der Hallischen Naturforschenden Gesellschaft*, 1: 217–328.

Schaschl J. 1854. Die Coleoptera der Umgebungen von Ferlach. *Jahrbuch des natur-historischen Landesmuseums von Karnten*, 2: 89–144.

Schauberger E. 1929. Beitrag zur Kenntnis der palaarktischen Harpalinen, V. *Coleopterologisches Centralblatt*, 3[1928–1929]: 179–196.

Schaufuss L W. 1865. Monographische Bearbeitung der Sphodrini. *Sitzungsberichte und Abhandlungen der Naturwissenschaftlichen Gesellschaft Isis zu Dresden*, 1865: 69–196.

Schaum H R. 1857. Beitrag zur Kaferfauna Griechenlands. Erstes Stiick: Cicindelidae, Carabici, Dytiscidae, Gyrinidae. *Berliner Entomologische Zeitschrift*, 1: 116–158.

Schawaller W. 2001. The genus *Laena* Latreille (Coleoptera: Tenebrionidae) in China, with descriptions of 47 new species. *Stuttgarter Beitriigezur Natur kunde Serie A (Biologie)*, 632: 1–62.

Schawaller W. 2008. The genus *Laena* Latreille (Coleoptera: Tenebrionidae) in China (part 2), with descriptions of 30 new species and a new identification key. *Stuttgarter Beitriigezur Naturkunde Serie A (Biologie)*, 1: 387–411.

Schedl K E. 1953. Fauna Sinensis I. 120. Beitrag zur Morphologie und Systematik der Scolytoidea. *Entomologische Blätter*, 49: 22–30.

Scheerpeltz O. 1976. Wissenschaftliche Ergebnisse entomologischer Aufsammlungen in Nepal (Col. Staphylinidae). *Khumbu Himal, Ergebnisse des Forschungsunternehmens Nepal Himalaya*, 5: 77–173.

Schillhammer H. 1991. Four new Philonthini from Asia and synonymical notes on the genus Philonthus Curtis (Coleoptera: Staphylinidae). *Koleopterologische Rundschau*, 61: 51–56.

Schmidt A. 1916. Namenanderungen und Beschreibung neuer Aphodiinen. *Archiv für Naturgeschichte* (A), 82: 95–116.

Schoenherr C J. 1826. *Curculionidum dispositio methodica cum generum characteribus, descriptionihus atque observationibus variis, seu Prodromus ad Synonymiae Insectorum, partem IV.* Lipsiae: Fleischer, x + [2] + 338 pp.

Schönherr C J. 1817. *Synonymia Insectorum, oder: Versuch einer Synonymie aller bisher bekannten Insecten; nach Fabricii Systema Eleutheratorum etc. geordnet. Mit Berichtigungen und Anmerkungen, wie auch Beschreibungen neuer Arten und illuminirten Kupfern. Erster Band. Eleutherata oder Kafer. Dritter Theil.* Upsala: Em. Bruzelius, xi + [1] + 506 pp.

Schrank von Paula F. 1776. *Beytrage zur Naturgeschichte. Mit sieben von Verfasser gezeichneten und in Kupfer gestochenen Tabellen.* Augsburg: Veith Bros, [6] + 137 + [3] pp., 7 pls.

Schrank von Paula F. 1781. *Enumeratio insectorum Austriae indigenorum.* Augustae Vindelicorum: E. Klett et Franck, [24] + 548 + [4] pp., 4 pls.

Schülke M. 2009. Zur Taxonomie und Faunistik westpalaearktischer Staphylinidae (Coleoptera:

Staphyliidae: Omaliinae). *Linzer BiologischeBeitraege*, 41: 803–844.

Schuster A. 1914. Itagonia Ganglbaueri novo spec. (Col., Tenebr.). *Entomologische Mitteilungen*, 3: 58–59.

Schuster A. 1915. Neue palaarktische Tenebrionidae (Col.) I. *Entomologische Blatter*, 11: 86–92.

Schuster A. 1933. Die Gattung Myladina Rtt. (Coleoptera, Tenebrionidae). *Sbornik Entomologickeho Oddeleni Narodniho Musea v Praze*, 11: 96–98.

Schuster A. 1934. Zur Nomenklatur des Subgenus Aulonoscelis Rtt. (Col., Tenebr.). *Koleopterologische Rundschau*, 20: 75.

Schuster A. 1940. Die Tenebrioniden (Col.) des Museums Hoang ho–Pei ho in Tientsin. *Koleopterologische Rundschau*, 26: 15–24.

Schuster A, Reymond A. 1937. Quatre nouveaux tenebrionides provenant de la Mission Citroen–Centre–Asie (Col.). *Bulletin de la Societe Entomologique de France*, 42: 234–238.

Sciaky R. 1994. Revision of *Pterostichus* subg. *Morphohaptoderus* Tschitscherine, 1898 with description of ten new species from China (Coleoptera: Carabidae). *Koleopterologische Rundschau*, 64: 1–19.

Sciaky R. 1998. Taxonomic review of the genus *Stomis*, with revision of the Chinese species (Coleoptera Carabidae). *Memorie della Societa Entomologica Italiana*, 76: 21–59.

Sciaky R, Wrase D W. 1997. Twenty–nine new taxa of Pterostichinae from Shaanxi (Coleoptera, Carabidae). *Linzer Biologische Beitrage*, 29: 1087–1139.

Scopoli J A. 1763. *Entomologia Carniolica exhibens insecta Carnioliae indigena et distributa in ordines, genera, species, varietates. Methodo linnaeana.* Vindobonae: Ioannis Thomae Trattner, xxxii + 420 + [4] pp., 3 pls.

Scriba L G. 1790. Verzeichniss der Insekten in der Darmstadter Gegend. *Beitrage zu der Insekten–Gesch ichte herausgegeben von L. G. Scriba*, 1(1): 40–73.

Seidlitz G C M von. 1893. Tenebrionidae. Pp. 201–400. In: Kiesenwetter H. von. & Seidlitz G. C. M. von. *Naturgeschichte der Insecten Deutschlands. Begonnen von Dr. W F. Erichson, fortgesetzt von Prof Dr. H. Schaum, Dr. G. Kraatz, H. v. Kiesenwetter, Julius Weise, Edm. Reitter und Dr. G. Seidlitz. Erste Abteilung Coleoptera. Fünfter Band. Erste Halfte.* Berlin, Nicolaische Verlags–Buchhandlung, xxviii + 877 + [1] pp. [issued in parts: pp. 201–400 in March 1893, pp. 401–608 in May 1894, pp. 609–800 in September 1896, pp. i–xxviiii+ 801–877 in September 1898].

Semenov A P. 1887. Insecta in itinere cl. G. N. Potanin in China et in Mongolia novissime lecta. I. Tribus Carabidae. *Horae Societatis Entomologicae Rossicae*, 21: 390–427.

Semenov A P. 1889. Diagnoses coleopterorum novorum ex Asia centrali et orientali. *Horae Societatis Entomologicae Rossicae*, 23: 348–403.

Semenov A P. 1891. Diagnoses coleopterorum novorum ex Asia centrali et orientali. *Horae Societatis Entomologicae Rossicae*, 25: 262–382.

Semenov A P. 1893. Revisio specierum ad Silphidarum genera Pteroloma Gyllh. et Lyrosoma Mannh. spcctantium. *Horae Societatis Entomologicae Rossicae*, 27: 335–346.

Semenov A P. 1893. Symbolae ad cognitionem pimeliidarum. I–III. *Horae Societatis Entomologicae Rossicae*, 27[1892–1893]: 249–264.

Semenov A P. 1898. Symbolae ad cognitionem generis Carabus (L.) A. Mor. II. *Horae Societatis Entomologicae Rossicae*, 31[1896–1897]: 315–541.

Semenov A P. 1900. Coleoptera asiatica nova. IX. *Horae Societatis Entomologicae Rossicae*, 34[1899–1900]: 303–334.

Semenov A P. 1902. De genere Trematode Fald. (Coleoptera, Melolonthidae) ejusque novis speciebus. *Revue Russe d'Entomologie*, 2: 344–346.

Semenov A P. 1902. Novye koroedy (Coleoptera, Scolytidae) iz fauny Rossii ili Sredney Azii. *Russkoe Entomologicheskoe Obozrenie*, 2: 265–273.

Semenov A P. 1907. Synopsis generum tribus Platyopinorum (Coleoptera, Tenebrionidae Pimeliini). *Horae Societatis Entomologicae Rossicae*, 38[1907–1908]: 175–184.

Semenov A P. 1910. Analecta coleopterologica. XV. *Revue Russe d'Entomologie*, 9: 24–35.

Semenov A P, Bogatchev A V. 1936. Supplement a la revision du genre *Blaps* F. (Coleoptera, Tenebrionidae) de G. Seidlitz, 1893. *Festschrift zum 60. Geburtstage von Professor Dr. Embrik Strand (Riga)*, 1: 553–568.

Semenov A P, Medvedev S I. 1932. Zhuki–nosorogi (Oryctes III.) russkoy i sredne–asiatskoy fauny (Coleoptera, Scarabaeidae). *Ezhegodnik Zoologicheskogo Muzeya, Akademiya Nauk SSSR*, 32[1931]: 481–502, pls. 1–5.

Semenov A P, Znojko D V. 1929. Ad cognitionem Licinorum (Coleoptera, Carabidae). K poznaniyu triby Licinina (Coleoptera, Carbidae). *Russkoe Entomologicheskoe Obozrenie*, 23: 178–183.

Sharp D S. 1873. The water beetles of Japan. *The Transactions of the Entomological Society of London*, 1873: 45–67.

Sharp D S. 1874. The Staphylinidae of Japan. *The Transactions of the Entomological Society of London*, 1874: 1–103.

Sharp D S. 1884. The water–beetles of Japan. *The Transactions of the Entomological Society of London*, 1884: 439–464.

Sharp D S. 1888. The Staphylinidae of Japan. *The Annals and Magazine of Natural History* (6), 2: 277–295, 369–387, 451–464.

Sharp D. 1885. On the Colydiidae collected by Mr. G. Lewis in Japan. *The Journal of the Linnaean Society. Zoology*, 19: 58–84, pl. 3.

Sharp D. 1896. The Rhynchophorous Coleoptera of Japan. Part IV. Otiorhynchidae and Sitonides, and a genus of doubtful position from the Kurile Islands. *Transactions of the Entomological Society of London*, 1896(I): 81–115.

Shibata Y. 1991. Three new *Gabrius* (Coleoptera, Staphylinidae) from Japan. *Elytra*, 19: 85–92.

Shimazu M, Zhang B, Liu Y N. 2002. Fungal pathogens of *Anoplophora glabripennis* (Coleoptera:

Cerambycidae) and their virulences. *Bulletin of the Forestry & Forest Products Research Institute*, 1(1): 123–130.

Shiyake S. 1994. On the hind tibial spurs in the genus *Mordellistena* (Coleoptera: Mordellidae). *Bulletin of the Osaka Museum of Natural History*, 48: 9–22.

Sikes D S, Madge R B, Trumbo S T. 2006. Revision of *Nicrophorus* in part: new species and inferred phylogeny of the *nepalensis*–group based on evidence from morphology and mitochondrial DNA (Coleoptera: Silphidae: Nicrophorinae). *Invertebrate Systematics*, 20(3): 305–365.

Silvestri F. 1909. Nuovo Coccinellide introdotto in Italia. *Rivista Coleotterologica Italiana*, 7: 126–129.

Skopin N G. 1964. Novye vidy chemotelok (Coleoptera,Tenebrionidae) iz smezhnykhs Kazakhtanom rayonov Centralnoy Azii. *Trudy Nauchno–Issledovatelskogo Institute Zashchity Rastenii Kazakhstanskoy Akademii Selskokhozyastvennykh Nauk*, 8: 371–388.

Slipinski S A, Leschen R A B, Lawrence J F. 2011. Order Coleoptera Linnaeus, 1758. Animal biodiversity: an outline of higher-level classiication and survey of taxonomic richness. *Zootaxa*, 3148: 203–208.

Smetana A. 1996. Contributions to the knowledge of the Quediina (Coleoptera, Staphylinidae, Staphylinini) of China. Part 3. Genus *Quedius* Stephens, 1829. Subgenus *Microsaurus* Dejean, 1833. Section 3. *Bulletin of the National Science Museum* (A), 22: 1–20.

Smetana A. 1998. Contributions to the knowledge of the Quediina (Coleoptera, Staphylinidae, Staphylinini) of China. Part 11. Genus *Quedius* Stephens, 1829. Subgenus *Distichalius* Casey, 1915. Section 1. *Elytra*, 26: 315–332.

Smetana A. 2001. Contributions to the knowledge of the genera of the "*Staphylinus*–complex" (Coleoptera: Staphylinidae) of China. Part 1. The review of the genus *Miobdelus*. *Folia Heyrovskyana*, 9: 161–201.

Solsky [= Solskij] S M. 1867. Materiaux pour servir l'etude des insectes de la Russie. II. Insectes nouveaux et remarques sur des especes connues. *Horae Societatis Entomologicae Rossicae*, 4[1866–1867]: 179–185.

Solsky [= Solskij] S M. 1871. Coleopteres de la siberie orientale. *Horae Societatis Entomologicae Rossicae*, 7[1870]: 334–406.

Solsky [= Solskij] S M. 1872. Coleopteres de la Siberie orientale. *Horae Societatis Entomologicae Rossicae*, 8[1871–1872]: 232–277.

Solsky S M. 1872. Description d'un charencon nouveau de la Siberie orientale. *Horae Societatis Entomologicae Rossicae*, 8: 284–286.

Solsky S M. 1874. Zhestkokrylye (Coleoptera). In: Fedchenko A. P: Puteshestvie v Turkestan. *Izvestiya Imperatorskogo Obshchestva Lyubitelei Estestvoznaniya, Antropologii i Etnografii* (5), 11: iv + 222 + 1 pp.

Spaeth F. 1921. Zwei neue Cassiden aus dem Ussurigebiet. *Koleopterologische Rundschau*, 9: 84–85.

Spaeth F. 1926. [new taxa]. In: Spaeth F. & Reitter E.: Bestimmungs–Tabellen der europaischen Coleopteren. 95 Heft. *Cassidinae der palaearktischen Region*. Troppau: E. Reitter, 68 pp.

Spessivtsev P. 1919. New bark–beetles from the neighbourhood of Vladivostok (East Siberia). *The Entomologist's Monthly Magazine*, 55: 246–251, pls. xv–xvi.

Stål C. 1858. Nya genera och arten bland Phytophaga. *Ofversigt af Kongl. Vetenskaps–Akademiens Forhandlingar*, 15: 250–258.

Steffan A W. 1964. Torridincolidae, coleopterorum nova familia e regione aethiopica. *Entomologische Zeitschrift*, 74(17): 193–200.

Stephens J F. 1828. Pp. 1–112, pl. x–xii. In: *Illustrations of British entomology ...[ibid.] Mandibulata. Vol. II.* London: Baldwin & Cradock, 200 pp., pl. x–xv.

Stephens J F. 1830. *Illustrations of British entomology or, a synopsis of indigenous insects: containing their generic and specific distinctions; with an account of their metamorphoses, times of appearance, localities, food, and economy, as far as practicable. Mandibulata. Volume III.* London: Baldwin and Cradock, 447 + [1] pp., pls. XVI–XIX.

Stephens J F. 1831. *Illustrations of British entomology or, a synopsis of indigenous insects: containing their generic and specific distinctions; with an account of their metamorphoses, times of appearance, localities, food, and economy, as far as practicable. Mandibulata. Volume IV.* London: Baldwin and Cradock, 413 + [1] pp., pls. XX–XXIII. [published in parts, pp. 1–366 in 1831; pp. 367–413 in 1832].

Stephens J F. 1833. Pp. 241–304. In: *Illustrations of British entomology; ... Vol. V.* London: Baldwin and Cradock, 448 pp.

Stephens J F. 1835. Pp. 369–448. In: *Illustrations of British entomology; ... Vol. V.* London: Baldwin and Cradock, 448 pp.

Steven C von. 1806. Dccas Coleopterorum Rossiae meridionalis nondum descriptorum. *Memoires de la Societe Imperiale des Naturalistes de Moscou*, 1: 155–167.

Steven C von. 1809. Descriptions de quelques insectes du Caucase et de la Russie meridionale. *Memoires de la Societe Imperiale des Naturalistes de Moscou*, 2: 31–42.

Steven C, Dalman J W. 1817. [new taxon]. In: Schonherr C. J.: *Appendix ad C. J. Schdnherr Synonymia insectorum, Tom I. Par3. Sistens description ibus novorum specierum.* Scaris: Officina Lewerentziana, 266 pp., pls 5, 6.

Sturm J. 1818. *Deutschlands Fauna in Abbildungen nach der Natur mit Beschreibungen. V. Abtheilung. Die Insecten. Viertes Bandchen. Kafer.* Numberg: J. Sturm, 179 pp., pl. 77–104.

Sturm J. 1824. *Deutschlands Fauna in Abbildungen nach der Natur mit Beschreibungen. V. Abtheilung. Die Insecten. Fiinftes Bandchen. Kafer.* Numberg: J. Sturm, 220 pp., pl. 105–137.

Suffrian E. 1851. Zur Kenntniss der europaischen Chrysom el en. *Linnaea Entomologica*, 5: 1–280.

Suffrian E. 1854. Verzeichniss der bis jetzt bekannt gewordenen asiatischen Cryptocephalen. *Linnaea Entomologica*, 9: 1–169.

Suffrian E. 1860. Berichtigtes Verzeichniss der bis jetzt bekannt gewordenen asiatischen Cryptocephalen. *Linnaea Entomologica*, 14: 1–72.

Suffrian E. 1867. *Cryptocephalus astracanicus* n. sp. *Entomologische Zeitung* (Stettin), 28: 309–311.

Suvorov G. 1912. Neue Genera und Arten der Curculionidae (Coleoptera) aus dem Palaearktischen Faunengebiete [Novye palearkticheskie rody i vidy sem. Curculionidae (Coleoptera)]. *Russkoe Entomologicheskoe Obozrenie*, 12[1912–1913]: 468–490.

Suvorov G L. 1908. Opisanie chetyrekh novykh vidov i odnogo podvida roda Deracanthus Schonh. (Coleoptera, Curculionidae). *Russkoe Entomologicheskoe Obozrenie*, 8: 253–259.

Suvorov G L. 1912. Vier neue Neodorcadion–Arten (Coleoptera, Cerambycidae). *Revue Russe d'Entomologie*, 12: 70–75.

Švec Z. 2008. New Chinese and Nepalese *Leiodes* Latreille (Coleoptera: Leiodidae: Leiodinae). *Studies and reports of the District Museum Prague–East, taxonomical series*, 4(1–2): 241–258.

Švihla V. 1997. Revision of the genus *Ascleropsis* Seidlitz and related genera (Coleoptera, Oedemeridae). *Entomologica Basiliensia*, 20: 417–466.

Švihla V. 1999. Revision of the old world *Diplectrus* with notes on the other genera (Coleoptera: Oedemeridae). *Folia Heyrovskyana*, 7: 73–86.

Švihla V. 2002. A contribution to the knowledge of the genus *Rhagonycha* Eschscholtz, 1830 (Coleoptera, Cantharidae). III. *Entomologica Basiliensia*, 24: 305–319.

Švihla V. 2003. New taxa of the genus *Oedemera* (Coleoptera, Oedemeridae) from China. *Satonius, Special Bulletin of the Japanese Society of Coleopterology, Tokyo*, 6: 339–344.

Švihla V. 2004. New taxa of the subfamily Cantharinae (Coleoptera, Cantharidae) from southeastern Asia with notes on other species. *Entomologica Basiliensia*, 26: 155–238.

Švihla V. 2005. New taxa of the subfamily Cantharinae (Coleoptera: Cantharidae) from south–eastern Asia with notes on other species II. *Acta Entomologica Musei Nationalis Pragae*, 45: 71–110.

Swartz O. 1808. [new taxa]. In: Schoenherr [= Schonherr] C. J. 1808: *Synonymia Insectorum, oder: Versuch einer Synonymie aller bisher bekannten Insecten; nach Fabricii Systema Eleutheratorum & c. geordnet. Erster Band. Eleutherata oder Kafer. Zweiter Theil. Spercheus. Cryptocephalus.* Stockholm: C. F. = Marquard, ix + 424 pp., 1 pl.

Tang L, Li L Z. 2013. Discovery of Steninae from Ningxia, Northwest China (Coleoptera, Staphylinidae). *Zookeys*, 272: 1–20.

Tang L, Li L Z, Růžička J. 2011. Notes on the genus *Apteroloma* of China with description of a new species (Coleoptera, Agyrtidae). *Zookeys*, 124: 41–49.

Ter–Minasian M E. 1971. Novye palearkticheskie vidy dolgonosikov roda Apion Herbst. (Coleoptera, Apionidae). *Entomologicheskoe Obozrenie*, 50: 658–660.

Ter–Minassian M E. 1973. 212. Bruchidae. Ergebnisse der zoologischen Forschungen von Dr. Z. Kaszab in der Mongolei (Coleoptera). *Reichenbachia*, 14: 75–83.

Thěry A. 1934. Mission Citroen, Haardt–Audouin–Dubreuil. Insectes Buprestides recoltes par M. A. Reymonden Asie centrale. *Bulletin de la Societe Entomologique de France*, 38[1933]: 316–319.

Thomson J. 1857. Essai monographique sur le groupe des tetraophthalmites, de la famille des cerambycides (longicornes). Pp. 45–67. In: *Archives Entomologiques ou recueil contenant des illustrationsd, insectes nouveaux ou rares. Tome premier.* Paris: Bureau du Tresorier de la Societe entomologique de France, 514 + [1] pp.

Thomson J. 1866. Systema Cerambycidarum ou expose de tous les genres compris dans la famille des cerambycides et families limitrophes. *Memoires de la Societe Royale des Sciences de Liege*, 19: 1–538 + [2] pp.

Thomson J. 1879. Description de deux nouveaux coleopteres de la famille des longicornes. *Bulletin de la Societe Entomologique de France*, 1879: 56–57.

Thunberg C P. 1781. *Dissertatio entomologica novas Insectorum species, sistens cujus partem primam.* Upsaliae: J. Edman, 28 pp., 1 pl.

Thunberg C P. 1787. *Donat ionis Thunbergianae 1785 continuatio I.* Museum naturali um Academiae Upsaliensis, pars III, 33–42 pp.

Timberlake P H. 1943. The Coccinellidae or ladybeetles of the Koebele–collection. Part 1 *Bulletin of the Experiment Station of the Hawaiian Sugar Planters' Association. Entomological Series, Bulletin no: 22. The Hawaiian Planters Record*, 47: 1–67, 2 pls.

Toumier H. 1875. Descriptions d'especes nouvelles de Cneorhinus. *Comptes–rendus des Seances de la Societe Entomologique de Belgique*, 1875: 152–153.

Tschitschérine T. 1889. Insecta, a Cl. G. N. Potanin in China et in Mongolia novissime lecta. Insectes rapportes par Mr. Potanin de son voyage fait en 1884–85–86. VI. Genre Pterostichus. *Horae Societatis Entomologicae Rossicae*, 23: 185–198.

Tschitschérine T. 1893. Contribution a la faune des carabiques de la Russie. I. Enumeration des especes rapportees de la Siberie Orientale par M. J. Wagner. *Horae Societatis Entomologicae Rossicae*, 27[1892–1893]: 359–378.

Tschitschérine T. 1894. Materiaux pour servir a l'etude des Feroniens. II. *Horae Societatis Entomologicae Rossicae*, 28[1893–1894]: 366–435.

Tschitschérine T. 1895. Supplement a la faune des carabiques de la Coree. *Horae Societatis Entomologicae Rossicae*, 29[1894–1895]: 154–188.

Tschitschérine T. 1903. [new species]. In: Jakobson G. G.: Coleoptera Mandshuriae meridionalis et peninsulae Quantungensis, ab A. N. Gudzenko allata. *Annuaire du Musee Zoologique de l'Academie Imperiale des Sciences de St.–Petersburg*, 8: 11–16.

Voss E. 1937. Uber ostasiatische Curculioniden (Col. Cure). (70. Beitrag zur Kenntnis der Curculioniden). *Senckenbergiana*, 19: 226–282.

Voss E. 1942. Uber einige in Fukien gesammelte Russler II. *Mitteilungen der Miinchner Entomologischen Geselischaft*, 32: 89–105.

Voss E. 1958. Ein Beitrag zur Kenntnis der Curculioniden im Grenzgebiet der oriental ischen und palaarktischen Region (Col., Cure.). Die von J. Klapperich und Tschung Sen in der Provinz Fukien gesammelten Russelkafer. 132. Beitrag zur Kenntnis der Curculioniden. Mit 14 Abbildungen im Text und einer Verbreitungsubersicht. *Decheniana* (Beihefte), 5: 1–140 + [4] pp.

Waltl J. 1834. Ueber das Sammeln exotischer Insecten. *Faunus. Zeitschrift für Zoologie und Vergleichende Anatomie*, 1(3): 166–170.

Wang L F, Zhou H Z, Lü L. 2017. Revision of the *Anotylus sculpturatus* group (Coleoptera: Staphylinidae: Oxytelinae) with descriptions of seven new species from China. *Zootaxa*, 4351(1): 1–79.

Wang X M, Tomaszewska W, Ren S X. 2014. A new species and first record of the genus *Cynegetis* Chevrolat (Coleoptera, Coccinellidae, Epilachnini) from China. *Zookeys*, 448: 37–45.

Wang X P, Wang H L, Ren G D. 2014. Notes on the genus *Lytta* (Coleoptera: Meloidae) from China. *Entomotaxonomia*, 36(1): 45–50.

Waterhouse C O. 1873. On the pectinicorn Coleoptera of Japan, with descriptions of three new species. *The Entomologist's Monthly Magazine*, 9[1872–73]: 277–278.

Waterhouse C O. 1875. On the Lamellicom Coleoptera of Japan. *Transactions of the Royal Entomological Society of London*, 1875: 71–116, pl. III.

Waterhouse C O. 1878. Characters of a new species of Dryops from Formosa (Coleoptera, Pamidae). *The Annals and Magazine of Natural History* (5), 1: 491–492.

Weise J. 1879. Beitage zur Kaferfauna von Japan. (Fiinfles Stuck). *Deutsche Entomologische Zeitschrift*, 23: 147–152.

Weise J. 1887. Neue sibirische Chrysomeliden und Coccinelliden nebst Bemerkungen uber frilher beschriebene Arten. *Archiv fur Naturgeschichte*, 53(1): 164–214.

Weise J. 1889. Griechische Chrysomelidae und Cocinellidae. *Deutsche Entomologische Zeitschrift*, 1889: 58–65.

Weise J. 1889. Insecta, a cl. G. N. Potanin in China et in Mongolia novissime lecta. IX. Chrysomelidae et Coccinellidae. *Horae Societatis Entomologicae Rossicae*, 23: 560–653.

Weise J. 1890. Insecta, a Cl. G. N. Potanin in China et in Mongolia novissime lecta. XVI. Chrysomelidae et Coccinellidae (Appendix). *Horae Societatis Entomologicae Rossicae*, 24: 477–492.

Weise J. 1891. [new names]. In: Reitter E. (ed.): *Catalogus Coleopterorum Europae, Caucasi et Armeniae rossicae*. Berlin: R. Friedlander & Sohn, Modlling: Edmund Reitter, Caen: Revue entomologique: viii + 420 pp.

Weise J. 1898. Ueber neue und bekannte Chrysomeliden. *Archiv fur Naturgeschichte*, 64(1): 177–224.

Weise J. 1900. Neue Coleopteren aus Kleinasien. *Deutsche Entomologische Zeitschrift*, 1900: 132–140.

Weise J. 1900. Synonymische Bemerkungen. *Deutsche Entomologische Zeitschrift*, 1899: 384.

Weise J. 1922. Hispinen der alten Welt. *The Philippine Journal of Science*, 21(D): 57–85.

Westwood J O. 1840. Description of insects figured in plates 9 and 10. Pp. lii–lv. In: Royle J. F. (ed.): *Illustrations of the Botany and other branches of the natural history of the Himalayan Mountains and of the Flora of Cashmere*. London: W. H. Allen & Co. Ed., lxxxii + 472 pp.

Westwood J O. 1874. *Thesaurus entomologicus oxoniensis: or, illustrations of new, rare, and interesting insects, for the most part contained in the collections presented to the university of Oxford by the Rev. F. W. Hope*. Oxford: Claredon Press, xxiv + 205 pp., 40 pls.

White A. 1853. *Catalogue of the coleopterous insects in the collection of the British Museum. Part VII. Longicornia 1*. London: Taylor and Francis, 1–174, 4 pls.

Wiedemann C R W. 1821. In: Wiedemann C. R. W. & Germar E. F. Neue exotische Käfer. *Magazin der Entomologie*, 4: 107–183.

Wittmer W. 1995. Zur Kenntnis der Gattung Athemus Lewis (Col. Cantharidae). *Entomologica Basiliensia*, 18: 171–286.

Yang X J, Ren G D. 2004. A new species and twelve new records of the tribe Opatrini in China (Coleoptera, Tenebrionidae). *Acta Zootaxonomica Sinica*, 29: 305–309.

Yang Y C, Yin Z W, Yu W D. 2012. A new species of *Tyrinasius* Kurbatov (Coleoptera, Staphylinidae, Pselaphinae) from Ningxia, Northwest China. *Zootaxa*, 3401: 60–62.

Yang Y X, Brancucci M, Yang X K. 2009. Synonymical notes on the genus *Micropodabrus* Pic and related genera (Coleoptera, Cantharidae). *Entomologica Basiliensia et Collectionis Frey*, 31: 49–54.

Yang Y X, Yang X K. 2011. A taxonomic study on *semifumata* species–group of *Fissocantharis* Pic, with description of six new species from China and Myanmar (Coleoptera, Cantharidae). *Zookeys*, 152: 43–61.

Yang Y X, Yang X K. 2014. Taxonomic note on the genus *Taiwanocantharis* Wittmer: synonym, new species and additional faunistic records from China (Coleoptera, Cantharidae). *Zookeys*, 367: 19–32.

Yin Z W, Nomura S, Zhao M J. 2009. *Buobellenden jingyuanensis* gen. *et* sp. nov. of the subfamily Pselaphinae (Coleoptera, Staphylinidae) from Northwestern China. *Zootaxa*, 65–68.

Yu G Y. 2000. [new taxa]. In: Yu G. Y., Montgomery M. E. & Yao D.: Lady beetles (Coleoptera: Coccinellidae) from Chinese hemlocks infested with the hemlock wooly adelgid, Adelges tsugae Anand (Homoptera: Adelgidae). *The Coleopterists Bulletin*, 54: 154–199.

Zaitzev P. 1908. Beitrag zur Kenntnis der Wasserkafer von Chinesisch–Centralasien. *Annuaire du Musee Zoologique de l'Academie Imperiale des Sciences de St.–Petersbourg*, 13: 417–426.

Zetterstedt J W. 1824. Nya Svenska Insect–Arter. *Kungliga Svenska Vetenskaps–Akademiens Handlingar*, 1824: 149–159.

Zhang C L, Ren G D. 2009. Chinese species of the genus *Centorus* Mulsant, 1854 (s. str.) (Coleoptera: Tenebrionidae: Belopini) with description of two new species. *Caucasian Entomological Bulletin*, 5(2): 211–216.

Zhang R, Osella G. 1995. On the genus *Hexarthrum* of China with description of three new species (Coleoptera, Curculionidae, Cossoninae). *Fragmenta Entomogica*, 26[1994]: 411–418.

Zhang X C, Yang C X, Gao Z N. 1995. Two new species of *Attelabus* (Coleoptera: Attelabidae) from China.

*Sinozoologia*, 12: 207–209 (in Chinese, with English abstract).

Zhang Z Q. 2011. Animal biodiversity: An outline of higher–level classification and survey of taxonomic richness. *Zootaxa*, 3148: 7–12.

Zhao C Y, Zhou H Z. 2006. Three new species of the genus *Stenus* Latreille (subgenus *Stenus* s. str.) from China (Coleoptera, Staphylinidae, Steninae). *Mitt. Mus. Nat. kd. Berl., Dtsch. entomol. Z.*, 53(2): 282–289.

Zheng F K, Li Y J. 2010. New species and records of the subgenus *Oxyporus* of the genus *Oxyporu*s from Sichuan and Ningxia, China (Coleoptera, Staphylnidae, Oxyporinae). *Acta Zootaxonomica Sinica*, 35(2): 300–309.

Zhou Y L Z, Zhou H Z. 2012. Taxonomy of the genus *Medhiama* Bordoni, 2002 (Coleoptera: Staphylinidae, Staphylininae, Xantholinini) with descriptions of three new species. *Zootaxa*, 3478: 169–191.

Zhou Y L Z, Bordoni A, Zhou H Z. 2013. Taxonomy of the genus *Megalinu*s Mulsant & Rey (Coleoptera: Staphylinidae, Xantholinini) and seven new species from China. *Zootaxa*, 3727(1): 1–66.

Zong S X, Wang R, Cao C J, Wang T, Luo Y Q. 2014. Impact of *Chlorophorus caragana* damage on nutrient contents of *Caragana korshinskii*. *Journal of Plant Interactions*, 9(1): 488–493.

Zong S X, Xie G L, Wang W K, Luo Y Q, Cao C J. 2012. A new species of *Chlorophorus* Chevrolat (Coleoptera: Cerambycidae: Cerambycinae) from China with description of biology. *Zootaxa*, 3157: 54–60.

Zoubkoff [=Zubkov] B. 1829. Notice sur un nouveau genre et quelques nouvelles especes de coleopteres. *Bulletin de la Societe Imperiale des Naturalistes de Moscou*, 1: 147–170, pls. 4–5.

Zumpt F. 1933. Curculioniden–Studien X. Neue und alte Eusomus– und Polydrosus–Arten. *Wiener Entomologische Zeitung*, 50: 83–92.

Zumpt F. 1937. Neue ostpalaarktische Russelkafer aus der Sammlung des Herm G. Frey, München. *Entomologische Blatter*, 33: 21–30.

# 中文名称索引

（按拼音排序，数字为描述所在页）

# 拉丁文名称索引

（种或亚种的本名在前，属名在后）

C

1. 卵形沼梭甲 *Haliplus* (*Liaphlus*) *ovalis*; 2. 阿莫端毛龙虱 *Agabus* (*Acatodes*) *amoenus amoenus*; 3. 端毛龙虱 *Agabus* (*Acatodes*) *conspicus*; 4. 端异毛龙虱 *Ilybius apicalis*; 5. 小雀斑龙虱 *Rhantus* (*Rhantus*) *suturalis*; 6. 黄边真龙虱 *Cybister* (*Cybister*) *limbatus*; 7. 日本真龙虱 *Cybister* (*Scaphinectes*) *japonicas*; 8. 红缘真龙虱 *Cybister* (*Scaphinectes*) *lateralimarginalis lateralimarginalis*; 9. 齿缘龙虱 *Eretes sticticus*; 10. 宽缝斑龙虱 *Hydaticus* (*Guignotites*) *grammicus*; 11. 单斑龙虱 *Hydaticus* (*Guignotites*) *vittatus*; 12. 日本异爪龙虱 *Hydroglyphus japonicus*.

1. 东方异龙虱 *Hyphydrus orientalis*; 2. 小弧缘步甲 *Archastes solitarius minor*; 3. 莱氏盗步甲 *Leistus (Evanoleistus) lesteri*; 4. 中华心步甲 *Nebria (Orientonebria) chinensis chinensis*; 5. 黄缘心步甲 *Nebria (Paranebria) livida angulata*; 6. 喜湿步甲 *Notiophilus aquaticus*; 7. 月斑虎甲 *Calomera lunulata*; 8. 黄唇虎甲 *Cephalota (Taenidia) chiloleuca*; 9. 红翅虎甲 *Cicindela (Cicindela) coerulea nitida*; 10. 芽斑虎甲 *Cicindela (Cicindela) gemmata gemmata*; 11. 铜翅虎甲 *Cicindela (Cicindela) transbaicalica transbaicalica*; 12. 中国虎甲 *Cicindela (Sophiodela) chinensis chinensis*. (5 引自白晓拴等, 2013; 12 引自 Gary & Wu, 2007)

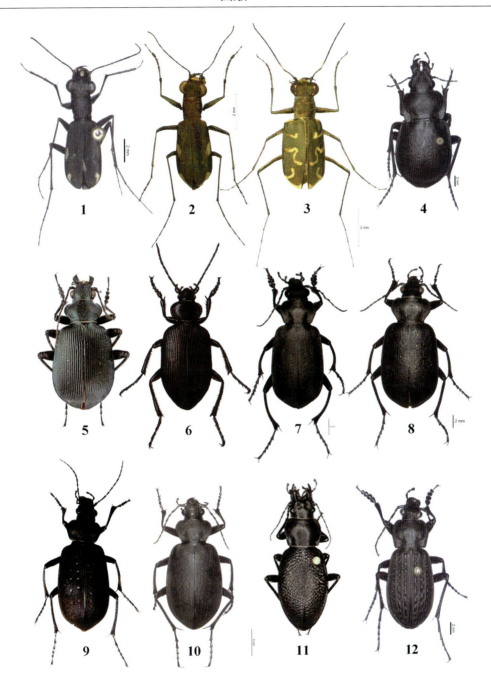

1. 双铗虎甲 *Cylindera (Cylindera) gracilis*; 2. 斜斑虎甲 *Cylindera (Cylindera) obliquefasciata obliquefasciata*; 3. 云纹虎甲 *Cylindera (Eugrapha) elisae elisae*; 4. 鸟帝步甲 *Callisthenes anthrax*; 5. 青雅星步甲 *Calosoma (Calosoma) cyanescens*; 6. 大星步甲 *Calosoma (Calosoma) maximoviczi*; 7. 中华星步甲 *Calosoma (Campalita) chinense chinense*; 8. 齿星步甲 *Calosoma (Campalita) denticolle*; 9. 金星广肩步甲 *Calosoma (Campalita) maderae maderae*; 10. 暗星步甲 *Calosoma (Charmosta) lugens*; 11. 麻步甲 *Carabus (Cathaicus) brandti brandti*; 12. 黏虫步甲 *Carabus (Carabus) granulatus telluris*. (6 引自祝长清等, 1999)

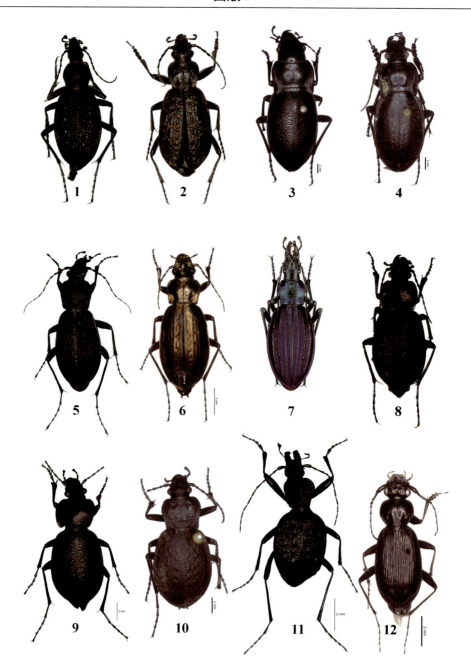

1. 圆粒步甲 *Carabus (Coptolabrus) formosus subformosus*; 2. 微大步甲 *Carabus (Eccoptolabrus) exiguus exiguus*; 3. 雕步甲 *Carabus (Eupachys) glyptopterus*; 4. 长叶步甲 *Carabus (Oreocarabus) vladsimirskyi vladsimirskyi*; 5. 粗皱步甲 *Carabus (Pagocarabus) crassesculptus crassesculptus*; 6. 甘肃大步甲 *Carabus (Pseudocranion) gansuensis gansuensis*; 7. 北胁大步甲 *Carabus (Hypsocarabus) kitawakianus*; 8. 刻步甲 *Carabus (Scambocarabus) kruberi kruberi*; 9.刻翅步甲 *Carabus (Scambocarabus) sculptipennis sculptipennis*; 10. 陕西大步甲 *Carabus (Tomocarabus) shaanxiensis shaanxiensis*; 11. 玛氏蜗步甲 *Cychrus marcilhaci marcilhaci*; 12. 绵毛铠步甲 *Loricera (Loricera) ovipennis*. (8 引自白晓拴等 , 2013)

1. 拟瓢步甲 Omophron (Omophron) limbatum; 2. 单齿蝼步甲 Scarites (Parallelomorphus) terricola terricola; 3. 半沟柄胸步甲 Broscus semistriatus; 4. 窄狭锥须步甲 Bembidion (Bracteon) stenoderum stenoderum; 5. 原锥须步甲 Bembidion (Trichoplataphus) proteron; 6. 黄足隘步甲 Archipatrobus flavipes flavipes; 7. 炮步甲 Pheropsophus (Stenaptinus) occipitalis; 8. 黄斑青步甲 Chlaenius (Achlaenius) micans; 9. 点沟青步甲 Chlaenius (Amblygenius) praefectus; 10. 狭边青步甲 Chlaenius (Chlaeniostenus) inops inops; 11. 黄缘青步甲 Chlaenius (Chlaenites) spoliatus spoliatus; 12. 淡足青步甲 Chlaenius (Chlaenius) pallipes. (8～9 引自祝长清等, 1999)

1. 后斑青步甲 *Chlaenius (Lissauchenius) posticalis*; 2. 双斑青步甲 *Chlaenius (Ocybatus) bioculatus*; 3. 皮步甲 *Corsyra fusula*; 4. 麦穗斑步甲 *Anisodactylus (Pseudanisodactylus) signatus*; 5. 广胸婪步甲 *Harpalus (Harpalus) amplicollis*; 6. 短婪步甲 *Harpalus (Harpalus) brevis*; 7. 棒婪步甲 *Harpalus (Harpalus) bungii*; 8. 直角婪步甲 *Harpalus (Harpalus) corporosus*; 9. 强婪步甲 *Harpalus (Harpalus) crates*; 10. 大卫婪步甲 *Harpalus (Harpalus) davidianus davidianus*; 11. 红缘婪步甲 *Harpalus (Harpalus) froelichii*; 12. 列穴婪步甲 *Harpalus (Harpalus) lumbaris*. (2 引自祝长清等 , 1999; 9 引自王新谱等 , 2010; 10 引自白晓拴等 , 2013)

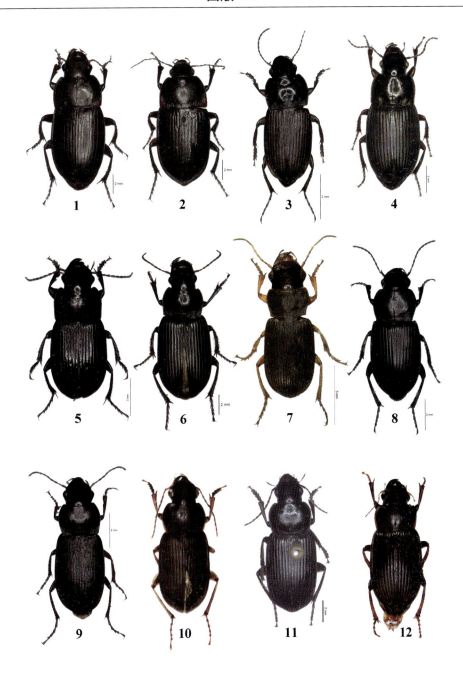

1. 巨胸婪步甲 Harpalus (Harpalus) macronotus; 2. 喜婪步甲 Harpalus (Harpalus) optabilis; 3. 白毛婪步甲 Harpalus (Harpalus) pallidipennis; 4. 黄足婪步甲 Harpalus (Harpalus) rubripes; 5. 藏婪步甲 Harpalus (Harpalus) tibeticus tibeticus; 6. 谷婪步甲 Harpalus (Pseudoophonus) calceatus; 7. 大头婪步甲 Harpalus (Pseudoophonus) capito; 8. 朝鲜婪步甲 Harpalus (Pseudoophonus) coreanus; 9. 毛婪步甲 Harpalus (Pseudoophonus) griseus; 10. 肖毛婪步甲 Harpalus (Pseudoophonus) jureceki; 11. 草原婪步甲 Harpalus (Pseudoophonus) pastor pastor; 12. 单齿婪步甲 Harpalus (Pseudoophonus) simplicidens. (10, 12 引自白晓拴等, 2013)

1. 大毛婪步甲 Harpalus (Pseudoophonus) ussuriensis vicarius; 2. 银川婪步甲 Harpalus (Pseudoophonus) yinchuanensis; 3. 小绿光婪步甲 Harpalus (Zangoharpalus) tinctulus tinctulus; 4. 异色猛步甲 Cymindis (Menas) daimio; 5. 双斑猛步甲 Cymindis (Tarsostinus) binotata; 6. 眼斑光鞘步甲 Lebidia bimaculata; 7. 双圈光鞘步甲 Lebidia bioculata bioculata; 8. 筛毛盆步甲 Lachnolebia cribricollis; 9. 十字莱步甲 Lebia cruxminor cruxminor; 10. 毛畸颚步甲 Licinus (Tricholicinus) setosus; 11. 茹氏安步甲 Andrewesius rougemonti; 12. 大卫扁步甲 Platynus davidis. (2 引自黄同陵 , 1993)

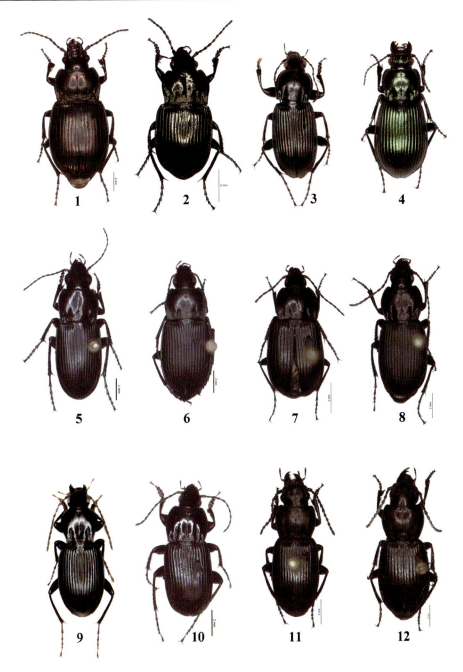

1. 山绿步甲东部亚种 *Aristochroodes reginae orientalis*; 2. 山绿步甲指名亚种 *Aristochroodes reginae reginae*; 3. 壮脊角步甲 *Poecilus (Poecilus) fortipes*; 4. 格脊角步甲 *Poecilus (Poecilus) gebleri*; 5. 普氏脊角步甲 *Poecilus (Poecilus) pucholti*; 6. 敞缘脊角步甲 *Poecilus (Poecilus) reflexicollis*; 7. 暗通缘步甲 *Pterostichus (Eurythoracana) haptoderoides haptoderoides*; 8. 邓氏通缘步甲 *Pterostichus (Morphohaptoderus) dundai*; 9. 格氏通缘步甲 *Pterostichus (Morphohaptoderus) geberti*; 10. 伟通缘步甲 *Pterostichus (Morphohaptoderus) maximus*; 11. 重通缘步甲 *Pterostichus (Neohaptoderus) gravis*; 12. 克莱通缘步甲 *Pterostichus (Neohaptoderus) kleinfeldianus*.

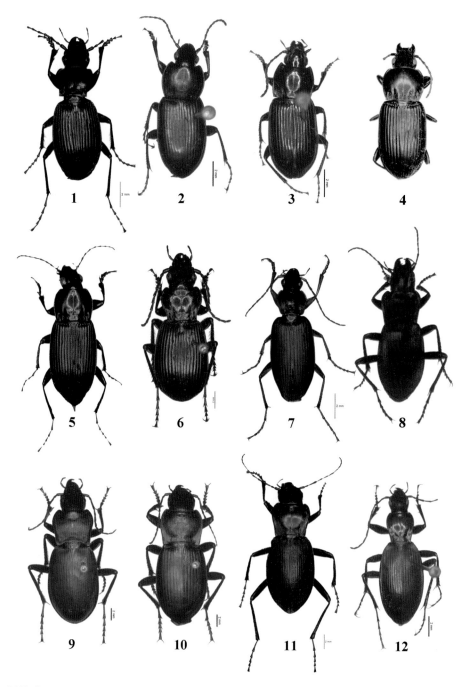

1. 埃氏通缘步甲 Pterostichus (Platysma) eschscholtzii; 2. 江苏通缘步甲 Pterostichus (Rhagadus) kiangsu; 3. 小头通缘步甲 Pterostichus (Rhagadus) microcephalus; 4. 索氏通缘步甲 Pterostichus (Rhagadus) solskyi; 5. 波氏通缘步甲 Pterostichus (Sinoreophilus) potanini; 6. 狭通缘步甲 Pterostichus (Sinoreophilus) strigosus; 7. 赤胸长步甲 Dolichus halensis; 8. 短翅伪葬步甲 Pseudotaphoxenus brevipennis; 9. 西氏伪葬步甲 Pseudotaphoxenus csikii; 10. 原伪葬步甲 Pseudotaphoxenus originalis; 11. 皱翅伪葬步甲 Pseudotaphoxenus rugipennis; 12. 卷葬步甲 Reflexisphodrus reflexscimargo.

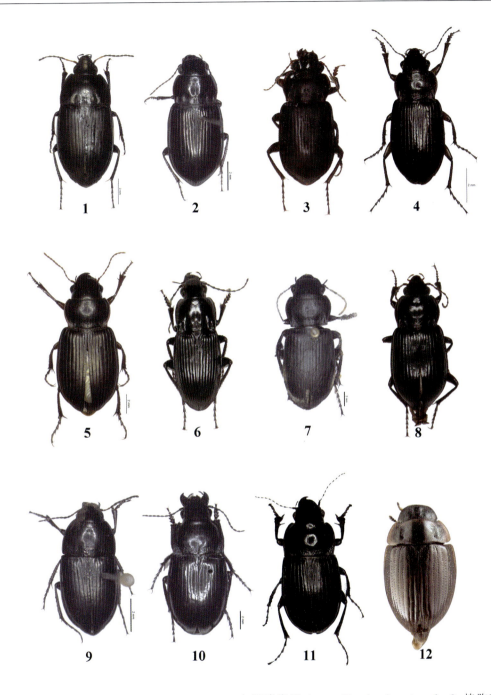

1. 尖角暗步甲 *Amara* (*Bradytus*) *aurichalcea*; 2. 点翅暗步甲 *Amara* (*Bradytus*) *majuscula*; 3. 棒胸暗步甲 *Amara* (*Curtonotus*) *banghaasi*; 4. 短胸暗步甲 *Amara* (*Curtonotus*) *brevicollis*; 5. 点胸暗步甲 *Amara* (*Curtonotus*) *dux*; 6. 格氏暗步甲 *Amara* (*Curtonotus*) *gebleri*; 7. 巨胸暗步甲 *Amara* (*Curtonotus*) *gigantea*; 8. 棼胸暗步甲 *Amara* (*Curtonotus*) *harpaloides*; 9. 平凡暗步甲 *Amara* (*Zezea*) *plebeja*; 10. 波氏距步甲 *Zabrus* (*Pelor*) *potanini*; 11. 普氏距步甲 *Zabrus* (*Pelor*) *przewalskii przewalskii*; 12. 隆背齿牙甲 *Crenitis* (*Crenitis*) *convexa*. (3 引自白晓拴等, 2013; 12 引自 Jia et al., 2016)

1. 刘氏刺鞘牙甲 *Berosus (Enoplurus) lewisius*; 2. 钝刺腹牙甲 *Hydrochara affinis*; 3. 长须牙甲 *Hydrophilus (Hydrophilus) acuminatus*; 4. 波氏觅葬甲 *Apteroloma potanini*; 5. 达乌里干葬甲 *Aclypea daurica*; 6. 滨尸葬甲 *Necrodes littoralis*; 7. 红胸媪葬甲 *Oiceoptoma subrufum*; 8. 皱鞘媪葬甲 *Oiceoptoma thoracicum*; 9. 黑缶葬甲 *Phosphuga atrata atrata*; 10. 隧葬甲 *Silpha perforata*; 11. 异亡葬甲 *Thanatophilus dispar*; 12. 侧脊亡葬甲 *Thanatophilus latericarinatus*. (7 ～ 12 引自计云, 2012)

1. 寡肋亡葬甲 *Thanatophilus roborowskyi*; 2. 皱亡葬甲 *Thanatophilus rugosus*; 3. 曲亡葬甲 *Thanatophilus sinuatus*; 4. 亮覆葬甲 *Nicrophorus argutor*; 5. 典型覆葬甲 *Nicrophorus basalis*; 6. 黑覆葬甲 *Nicrophorus concolor*; 7. 橘角覆葬甲 *Nicrophorus investigator*; 8. 日本覆葬甲 *Nicrophorus japonicus*; 9. 额斑覆葬甲 *Nicrophorus maculifrons*; 10. 亮黑覆葬甲 *Nicrophorus morio*; 11. 尼覆葬甲 *Nicrophorus nepalensis*; 12. 四星覆葬甲 *Nicrophorus quadripunctatus*. (4 ～ 5, 7, 10 ～ 12 引自计云, 2012)

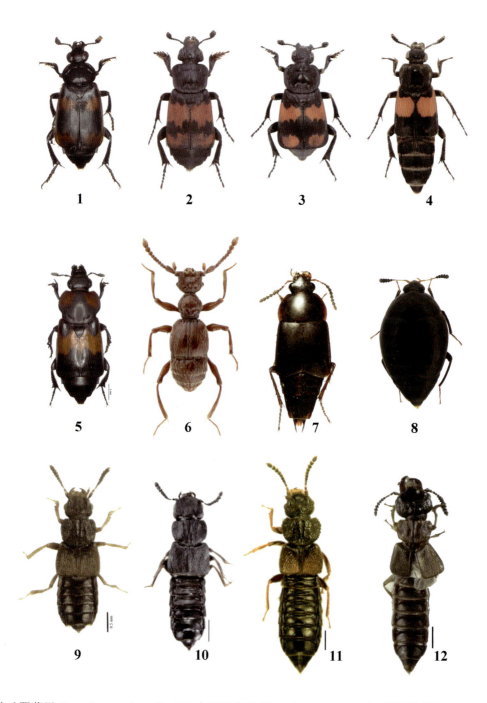

1. 沙氏覆葬甲 *Nicrophorus schawalleri*; 2. 中国覆葬甲 *Nicrophorus sinensis*; 3. 蜂纹覆葬甲 *Nicrophorus vespilloides*; 4. 双斑冥葬甲 *Ptomascopus plagiatus*; 5. 漳腊冥葬甲 *Ptomascopus zhangla*; 6. 平坦鬼蚁甲 *Batrisodes petalosus*; 7. 硕圆胸隐翅甲 *Tachinus (Tachinus) gigantulus*; 8. 西伯利亚球舟甲 *Cyparium sibiricum*; 9. 条纹异颈隐翅甲 *Anotylus cognatus*; 10. 拟平头异颈隐翅甲 *Anotylus complanatoides*; 11. 粗毛异颈隐翅甲 *Anotylus hirtulus*; 12. 尼泰异颈隐翅甲 *Anotylus nitelisculptilis*. (2～4 引自计云, 2012)

# 图版 XV

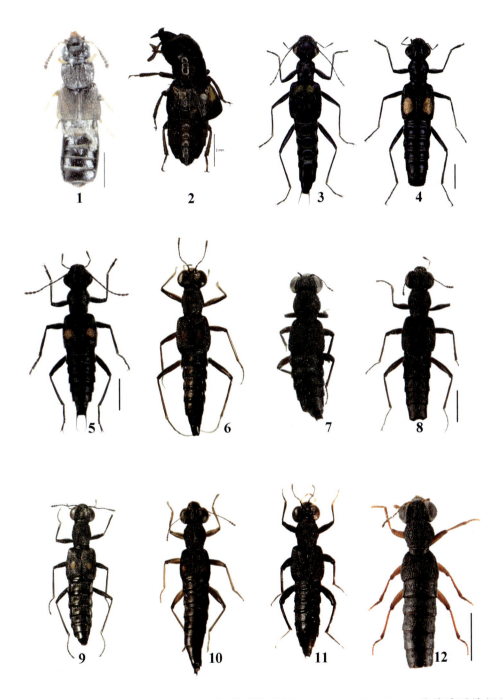

1. 光鲜异颈隐翅甲 *Anotylus nitidulus*; 2. 朱红斧须隐翅甲 *Oxyporus rufus rufus*; 3. 隆胸束毛隐翅甲 *Dianous inaequalis inaequalis*; 4. 宁夏束毛隐翅甲 *Dianous ningxiaensis*; 5. 殷氏束毛隐翅甲 *Dianous yinziweii*; 6. 异虎隐翅甲 *Stenus alienus*; 7. 粗短虎隐翅甲 *Stenus asprohumilis*; 8. 毕氏虎隐翅甲 *Stenus biwenxuani*; 9. 斑虎隐翅甲 *Stenus comma comma*; 10. 冠虎隐翅甲 *Stenus coronatus coronatus*; 11. 朱诺虎隐翅甲 *Stenus juno*; 12. 六盘山虎隐翅甲 *Stenus liupanshanus*.

1. 黑色虎隐翅甲 *Stenus melanarius melanarius*; 2. 粗糙虎隐翅甲 *Stenus scabratus*; 3. 毛簇虎隐翅甲 *Stenus secretus*; 4. 三角虎隐翅甲 *Stenus trigonuroides*; 5. 宁夏隆线隐翅甲 *Lathrobium ningxiaense*; 6. 典型毒隐翅甲 *Paederus (Eopaederus) basalis*; 7. 宽腹直缝隐翅甲 *Othius latus gansuensis*; 8. 日本佳隐翅甲 *Gabrius japonicus*; 9. 弧颊脊隐翅甲 *Quedius (Microsaurus) arcus*; 10. 宁夏颊脊隐翅甲 *Quedius (Raphirus) ningxiaensis*; 11. 白带猎隐翅甲 *Creophilus maxillosus maxillosus*; 12. 黑角点隐翅甲 *Miobdelus atricornis*.

1. 赭腐隐翅甲 Ocypus (Pseudocypus) graeseri; 2. 黄茸原腐隐翅甲 Protocypus fulvotomentosus; 3. 西里塔隐翅甲 Tasgius (Tasgius) praetorius; 4. 日本大隐翅甲 Megalinus japonicus; 5. 六盘山大隐翅甲 Megalinus liupanshanensis; 6. 宁夏大隐翅甲 Megalinus ningxiaensis; 7. 扁亮大隐翅甲 Megalinus nonvaricosus; 8. 埃腐阎甲 Saprinus (Saprinus) aeneolus; 9. 双斑腐阎甲 Saprinus (Saprinus) biguttatus; 10. 变色腐阎甲 Saprinus (Saprinus) caerulescens caerulescens; 11. 日本腐阎甲 Saprinus (Saprinus) niponicus; 12. 平盾腐阎甲 Saprinus (Saprinus) planiusculus. (9 ～ 10, 12 引自张生芳等 , 2016)

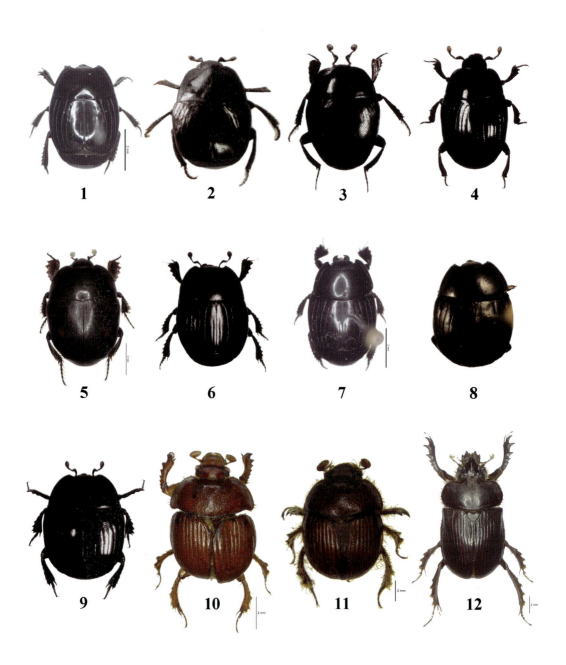

1. 半纹腐阎甲 *Saprinus (Saprinus) semistriatus*; 2. 光泽腐阎甲 *Saprinus (Saprinus) subnitescens*; 3. 细纹腐阎甲 *Saprinus (Saprinus) tenuistrius tenuistrius*; 4. 黑矮阎甲 *Carcinops pumilio*; 5. 双红斑阎甲 *Atholus bimaculatus*; 6. 窝胸清亮阎甲 *Atholus depistor*; 7. 谢氏阎甲 *Hister sedakovii*; 8. 周歧阎甲 *Margarinotus (Paralister) periphaerus*; 9. 吉氏分阎甲 *Merohister jekeli*; 10. 朝鲜球角粪金龟 *Bolbelasmus (Kolbeus) coreanus*; 11. 戴锤角粪金龟 *Bolbotrypes davidis*; 12. 荒漠粪金龟 *Phelotrupes (Chromogeotrupes) auratus auratus*. (2 ～ 4, 6, 9 引自张生芳等, 2016)

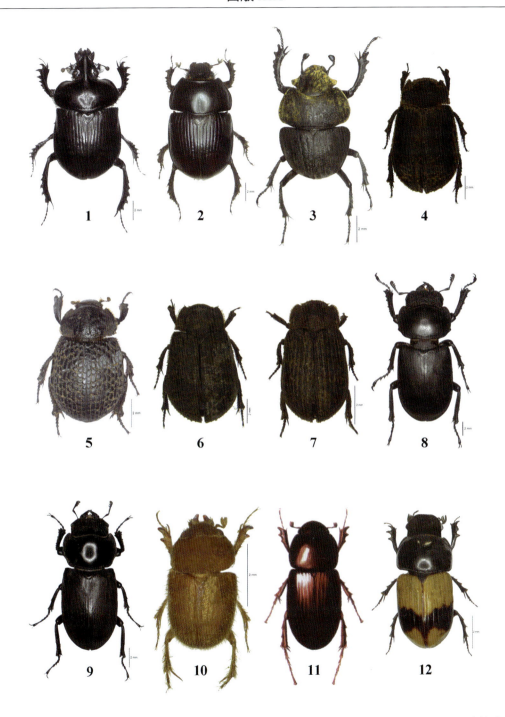

1. 叉角粪金龟 *Ceratophyus polyceros*; 2. 粪堆粪金龟 *Geotrupes (Geotrupes) stercorarius*; 3. 波笨粪金龟 *Lethrus (Heteroplistodus) potanini*; 4. 尸体皮金龟 *Trox cadaverinus cadaverinus*; 5. 大瘤皮金龟 *Trox eximius*; 6. 甘肃皮金龟 *Trox gansuensis*; 7. 祖氏皮金龟 *Trox zoufali*; 8. 大卫刀锹甲 *Dorcus davidis*; 9. 直齿刀锹甲 *Dorcus rectus*; 10. 锈红金龟 *Codocera ferruginea*; 11. 红亮蜉金龟 *Aphodius (Aphodiellus) impunctatus*; 12. 雅蜉金龟 *Aphodius (Aphodius) elegans*. (11 引自刘广瑞等, 1997)

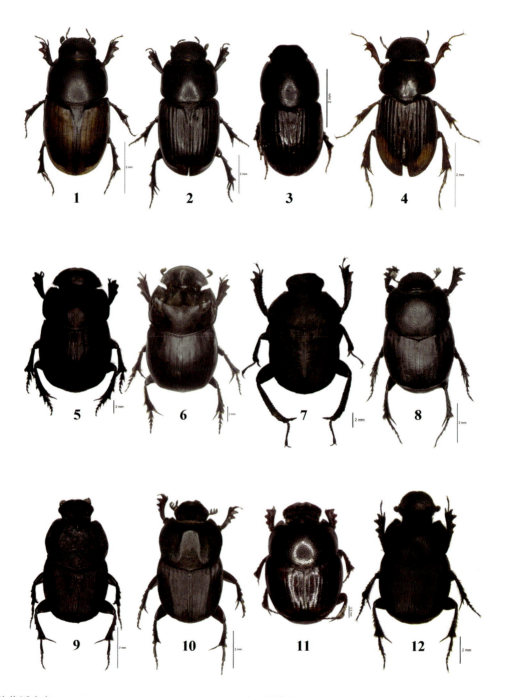

1. 游荡蜉金龟 *Aphodius (Colobopterus) erraticus*; 2. 哈氏蜉金龟 *Aphodius (Colobopterus) quadratus*; 3. 血斑蜉金龟 *Aphodius (Otophorus) haemorrhoidalis*; 4. 直蜉金龟 *Aphodius (Phaeaphodius) rectus*; 5. 神农洁蜣螂 *Catharsius molossus*; 6. 车粪蜣螂 *Copris ochus*; 7. 墨侧裸蜣螂 *Gymnopleurus mopsus mopsus*; 8. 帕里原蜣螂 *Euoniticellus pallipes*; 9. 仿利蜣螂 *Liatongus imitator*; 10. 亮利蜣螂 *Liatongus phanaeoides*; 11. 捷氏毛凯蜣螂 *Caccobius (Caccobius) jessoensis*; 12. 恺氏毛凯蜣螂 *Caccobius (Caccophilus) kelleri*.

1. 污毛凯蜣螂 Caccobius (Caccophilus) sordidus; 2. 独角毛凯蜣螂 Caccobius (Caccophilus) unicornis; 3. 西伯利亚嗡蜣螂 Onthophagus (Altonthophagus) sibiricus; 4. 同艾嗡蜣螂 Onthophagus (Altonthophagus) uniformis; 5. 直突嗡蜣螂 Onthophagus (Colobonthophagus) tragus; 6. 独行嗡蜣螂 Onthophagus (Matashia) solivagus; 7. 双顶嗡蜣螂 Onthophagus (Onthophagus) bivertex; 8. 小驼嗡蜣螂 Onthophagus (Palaeonthophagus) gibbulus gibbulus; 9. 黑缘嗡蜣螂 Onthophagus (Palaeonthophagus) marginalis nigrimargo; 10. 立叉嗡蜣螂 Onthophagus (Palaeonthophagus) olsoufieffi; 11. 点亲嗡蜣螂 Onthophagus (Parentius) punctator; 12. 掘嗡蜣螂 Onthophagus (Phanaeomorphus) fodiens.

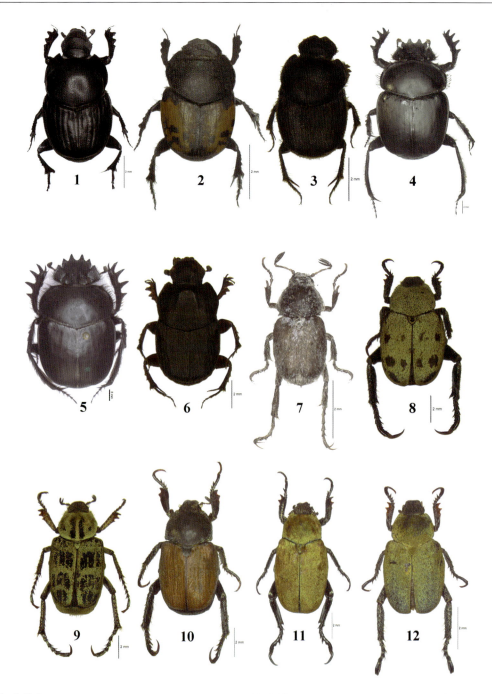

1. 焚嗡蜣螂 Onthophagus (Strandius) lenzii lenzii; 2. 鞍嗡蜣螂 Onthophagus clitellifer; 3. 中华嗡蜣螂 Onthophagus sinicus; 4. 大蜣螂 Scarabaeus (Scarabaeus) sacer; 5. 台风蜣螂 Scarabaeus (Scarabaeus) typhon; 6. 赛西蜣螂 Sisyphus (Sisyphus) schaefferi schaefferi; 7. 毛双缺鳃金龟 Diphycerus davidis; 8. 红足平爪鳃金龟 Ectinohoplia rufipes; 9. 姊妹平爪鳃金龟 Ectinohoplia soror; 10. 围绿单爪鳃金龟 Hoplia (Decamera) cincticollis; 11. 戴单爪鳃金龟 Hoplia (Decamera) davidis; 12. 斑单爪鳃金龟 Hoplia (Euchromoplia) aureola.

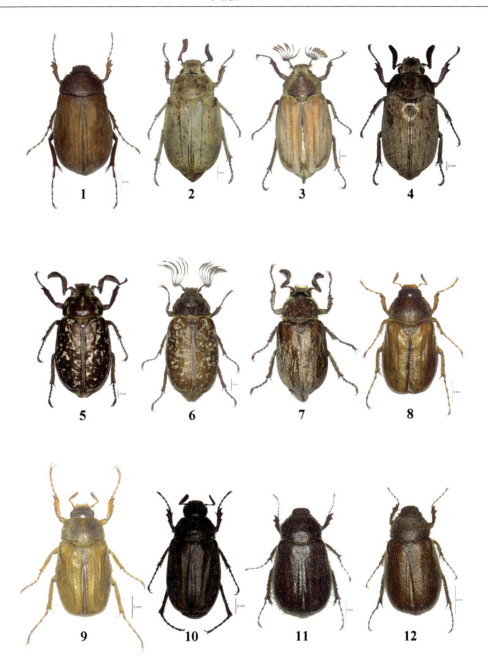

1. 二色希鳃金龟 *Hilyotrogus bicoloreus*; 2. 弟兄鳃金龟 *Melolontha (Melolontha) frater frater*; 3. 大栗鳃金龟蒙古亚种 *Melolontha (Melolontha) hippocastani mongolica*; 4. 灰胸突鳃金龟 *Melolontha (Melolontha) incana*; 5. 小云鳃金龟 *Polyphyll (Gynexophylla) gracilicornis gracilicornis*; 6. 大云鳃金龟 *Polyphylla (Gynexophylla) laticollis laticollis*; 7. 白云鳃金龟替代亚种 *Polyphylla (Xerasiobia) alba vicaria*; 8. 马铃薯鳃金龟东亚亚种 *Amphimallon solstitiale sibiricum*; 9. 马铃薯鳃金龟指名亚种 *Amphimallon solstitiale solstitiale*; 10. 波婆鳃金龟 *Brahmina (Anoxiella) potanini*; 11. 赛婆鳃金龟 *Brahmina (Brahmina) sedakovii*; 12. 福婆鳃金龟 *Brahmina (Brahminella) faldermanni*.

1. 姬东茶鳃金龟 *Brahmina* (*Brahminella*) *rubetra*; 2. 五台鳃金龟 *Brahmina wutaiensis*; 3. 莱雪鳃金龟 *Chioneosoma* (*Aleucolomus*) *reitteri*; 4. 棕色鳃金龟 *Holotrichia* (*Eotrichia*) *titanis*; 5. 朝鲜大黑鳃金龟 *Holotrichia* (*Holotrichia*) *diomphalia*; 6. 华北大黑鳃金龟 *Holotrichia* (*Holotrichia*) *oblita*; 7. 暗黑鳃金龟 *Holotrichia* (*Holotrichia*) *parallela*; 8. 毛黄鳃金龟 *Miridiba trichophora*; 9. 小黄鳃金龟 *Pseudosymmachia flavescens*; 10. 鲜黄鳃金龟 *Pseudosymmachia tumidifrons*; 11. 大皱鳃金龟 *Trematodes grandis*; 12. 波皱鳃金龟 *Trematodes potanini*.

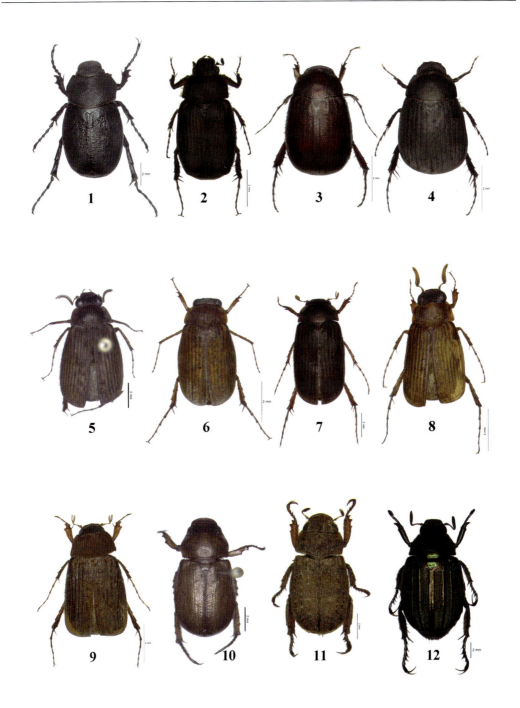

1. 黑皱鳃金龟 *Trematodes tenebrioides*; 2. 暗色绢金龟 *Anomalophylla tristicula*; 3. 阔胫赤绒金龟 *Maladera (Cephaloserica) verticalis*; 4. 黑绒金龟 *Maladera (Omaladera) orientalis*; 5. 贝氏绢金龟 *Serica (Serica) benesi*; 6. 脊臀毛绢金龟 *Serica (Serica) heydeni*; 7. 饰毛绢金龟 *Serica (Serica) polita*; 8. 拟突眼绢金龟 *Serica (Serica) rosinae rosinae*; 9. 小阔胫绢金龟 *Serica ovatula*; 10. 额喙丽金龟 *Adoretus (Adoretus) nigrifrons*; 11. 斑喙丽金龟 *Adoretus (Lepadoretus) tenuimaculatus*; 12. 多色异丽金龟 *Anomala chamaeleon*.

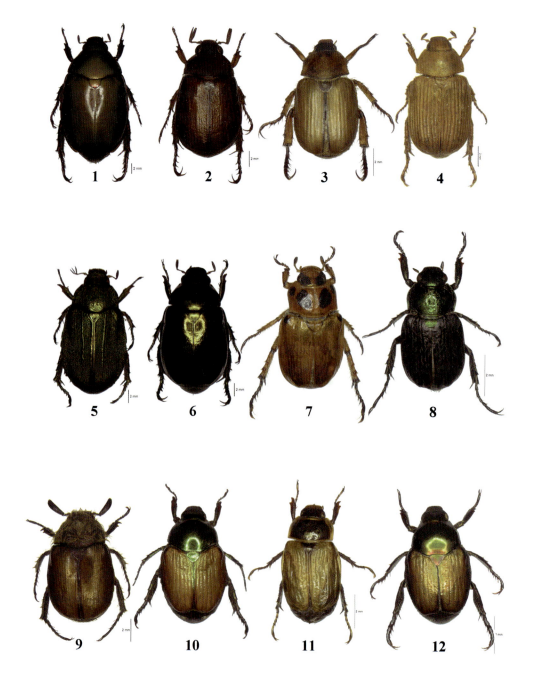

1. 铜绿异丽金龟 *Anomala corpulenta*; 2. 黄褐异丽金龟 *Anomala exoleta*; 3. 弱脊异丽金龟 *Anomala sulcipennis*; 4. 弓斑塞丽金龟 *Cyriopertha (Pleopertha) arcuata*; 5. 粗绿彩丽金龟 *Mimela holosericea holosericea*; 6. 墨绿彩丽金龟 *Mimela splendens*; 7. 分异发丽金龟 *Phyllopertha diversa*; 8. 庭园发丽金龟 *Phyllopertha horticola*; 9. 苹毛丽金龟 *Proagopertha lucidula*; 10. 琉璃弧丽金龟 *Popillia flavosellata*; 11. 无斑弧丽金龟 *Popillia mutans*; 12. 中华弧丽金龟 *Popillia quadriguttata*.

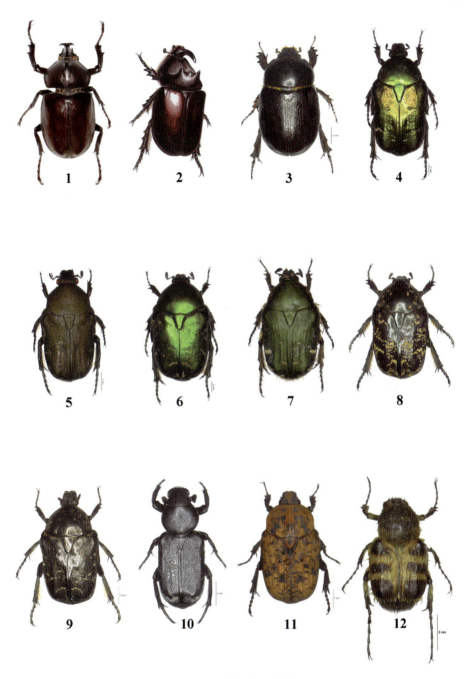

1. 双叉犀金龟 *Allomyrina dichotoma dichotoma*; 2. 普氏掘犀金龟 *Oryctes (Oryctes) nasicornis przevalskii*;
3. 阔胸禾犀金龟 *Pentodon quadridens mongolicus*; 4. 金绿花金龟 *Cetonia (Cetonia) aurata viridiventris*;
5. 华美花金龟 *Cetonia (Eucetonia) magnifica*; 6. 铜绿花金龟 *Cetonia (Eucetonia) viridiopaca*; 7. 小青花
金龟 *Gametis jucunda*; 8. 白星花金龟 *Protaetia (Liocola) brevitarsis*; 9. 多纹星花金龟 *Protaetia (Potosia)
famelica famelica*; 10. 白斑跗花金龟 *Clinterocera mandarina*; 11. 褐绣花金龟 *Anthracophora rusticola*;
12. 短毛斑金龟 *Lasiotrichius succinctus succinctus*. (2 引自刘广瑞等 , 1997)

1. 蒙古花甲 *Dascillus mongolicus*; 2. 梨金缘吉丁 *Lamprodila (Lamprodila) limbata*; 3. 杨锦纹吉丁 *Poecilonota variolosa variolosa*; 4. 伊氏六星吉丁 *Chrysobothris (Chrysobothris) igai*; 5. 六星吉丁 *Chrysobothris (Chrysobothris) succedanea*; 6. 杨十斑吉丁紫铜亚种 *Trachypteris picta decostigma*; 7. 棕窄吉丁 *Agrilus (Agrilus) integerrimus*; 8. 绿窄吉丁 *Agrilus (Agrilus) viridis viridis*; 9. 锦鸡儿窄吉丁 *Agrilus (Quercuagrilus) ussuricola*; 10. 沙柳窄吉丁 *Agrilus (Robertius) moerens*; 11. 苹窄吉丁 *Agrilus (Sinuatiagrilus) mali*; 12. 拟窄纹吉丁 *Coraebus acutus*. (2 引自吴福桢等, 1978; 3, 7 ～ 8 引自王新谱等, 2010; 4, 9 ～ 10 引自 Ohmomo & Fukutomi, 2013; 11 引自祝长清等, 1999)

1. 贝氏纹吉丁 *Coraebus becvari*; 2. 狄氏厚泥甲 *Pachypamus dicksoni*; 3. 泥红槽缝叩甲 *Agrypnus argillaceus argillaceus*; 4. 暗色槽缝叩甲 *Agrypnus musculus*; 5. 扁毛短足叩甲 *Anathesis laconoides*; 6. 霍氏筛胸叩甲 *Athousius holdereri*; 7. 虎斑金叩甲 *Selatosomus (Pristilophus) pacatus*; 8. 宽背金叩甲 *Selatosomus (Selatosomus) latus*; 9. 沟线角叩甲 *Pleonomus analiculatus*; 10. 棕黑锥尾叩甲 *Agriotes (Agriotes) subvittatus fuscicollis*; 11. 细胸锥尾叩甲 *Agriotes (Agriotes) subvittatus subvittatus*; 12. 黑色锥胸叩甲 *Ampedus (Ampedus) nigrinus*. (3 ～ 4 引自王新谱等 , 2010; 5, 9, 11 引自江世宏等 , 1999)

1. 栗腹梳爪叩甲 Melanotus (Melanotus) nuceus; 2. 伪齿爪叩甲 Platynychus (Platynychus) nothus; 3. 棕翅花萤 Cantharis (Cantharis) brunneipennis; 4. 红毛花萤 Cantharis (Cantharis) rufa; 5. 黑斑花萤 Cantharis (Cyrtomoptila) plagiata; 6. 黄异花萤 Lycocerus jelineki; 7. 红胸异花萤 Lycocerus pubicollis; 8. 甘肃丝角花萤 Rhagonycha (Rhagonycha) gansuensis; 9. 德拉台花萤 Taiwanocantharis drahuska; 10. 赫氏丽花萤 Themus (Haplothemus) hedini; 11. 李氏丽花萤 Themus (Haplothemus) licenti; 12. 施氏丽花萤 Themus (Haplothemus) schneideri. (1 ～ 2 引自江世宏等, 1999)

1. 黄足丽花萤 *Themus* (*Themus*) *luteipes*; 2. 黑斑丽花萤 *Themus* (*Themus*) *stigmaticus*; 3. 钩纹皮蠹 *Dermestes* (*Dermestes*) *ater*; 4. 美洲皮蠹 *Dermestes* (*Dermestes*) *nidum*; 5. 玫瑰皮蠹 *Dermestes* (*Dermestinus*) *dimidiatus*; 6. 拟白腹皮蠹 *Dermestes* (*Dermestinus*) *frischii*; 7. 白腹皮蠹 *Dermestes* (*Dermestinus*) *maculatus*; 8. 赤毛皮蠹 *Dermestes* (*Dermestinus*) *tessellatocollis tessellatocollis*; 9. 波纹皮蠹 *Dermestes* (*Dermestinus*) *undulatus*; 10. 百怪皮蠹 *Thylodrias contractus* (a. ♂, b. ♀); 11. 波纹毛皮蠹 *Attagenus* (*Aethriostoma*) *undulatus*. (3 引自刘永平等 , 1988; 4, 9, 11 引自张生芳等 , 2016; 7, 10 引自吴福桢等 , 1982)

1. 褐毛皮蠹 *Attagenus* (*Attagenus*) *augustatus*; 2. 黑毛皮蠹日本亚种 *Attagenus* (*Attagenus*) *unicolor japonicus*; 3. 黑毛皮蠹指名亚种 *Attagenus* (*Attagenus*) *unicolor unicolor*; 4. 红圆皮蠹 *Anthrenus* (*Anthrenus*) *picturatus hintoni*; 5. 白带圆皮蠹 *Anthrenus* (*Anthrenus*) *pimpinellae pimpinellae*; 6. 小圆皮蠹 *Anthrenus* (*Nathrenus*) *verbasci*; 7. 红斑皮蠹 *Trogoderma variabile*; 8. 花斑皮蠹 *Trogoderma varium*; 9. 红腹长蠹 *Bostrichus capucinus*; 10. 谷蠹 *Rhyzopertha dominica*; 11. 中华粉蠹 *Lyctus* (*Lyctus*) *sinensis*; 12. 褐粉蠹 *Lyctus* (*Xylotrogus*) *brunneus*. (1, 3 ~ 5, 7 引自吴福桢等 , 1982; 2 引自张生芳等 , 2016; 6, 12 引自刘永平等 , 1988; 10 引自祝长清等 , 1999)

1. 裸蛛甲 *Gibbium psylloides*; 2. 鳞蛛甲 *Mezium affine*; 3. 西北蛛甲 *Mezioniptus impressicollis*; 4. 黄蛛甲 *Niptus hololeucus*; 5. 褐蛛甲 *Pseudeurostus hilleri*; 6. 日本蛛甲 *Ptinus (Cyphoderes) japonicus*; 7. 药材甲 *Stegobium paniceum*; 8. 栉角窃蠹 *Ptilinus fuscus*; 9. 大谷盗 *Tenebroides mauritanicus*; 10. 条斑猛郭公甲 *Tilloidea notata*; 11. 中华毛郭公甲 *Trichodes sinae*; 12. 连斑奥郭公甲 *Opilo communimacula*. (2 ~ 3, 8 引自张生芳等, 2016; 5 引自祝长清等, 1999; 7 引自吴福桢等, 1982; 9 引自吴福桢等, 1978)

1. 光劫郭公甲 *Thanasimus substriatus substriatus*; 2. 赤足尸郭公甲 *Necrobia rufipes*; 3. 四窝球棒甲 *Monotoma quadrifoveolata*; 4. 尖角隐食甲 *Cryptophagus acutangulus*; 5. 窝隐食甲 *Cryptophagus cellaris*; 6. 腐隐食甲 *Cryptophagus obsoletus*; 7. 刘氏星隐食甲 *Atomaria (Anchicera) lewisi*; 8. 米扁甲 *Ahasverus advena*; 9. 锯谷盗 *Oryzaephilus surinamensis*; 10. 锈赤扁谷盗 *Cryptolestes ferrugineus*; 11. 长角扁谷盗 *Cryptolestes pusillus*; 12. 土耳其扁谷盗 *Cryptolestes turcicus*. (2 引自吴福桢等 , 1982; 4, 6 ～ 7, 10 引自张生芳等 , 2016; 8 ～ 9, 12 引自吴福桢等 , 1978)

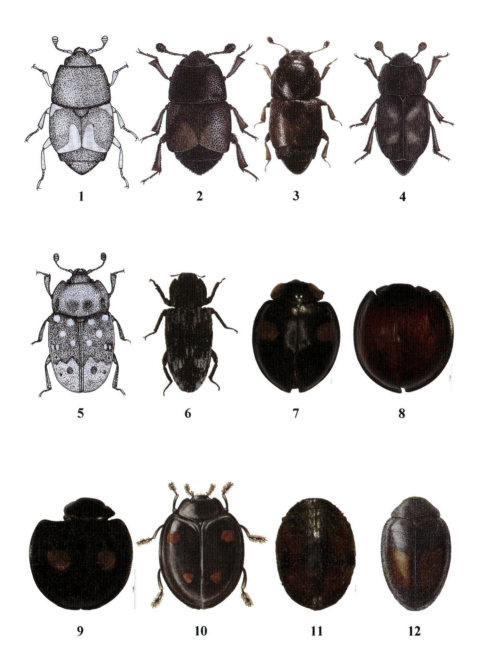

1. 细胫露尾甲 Carpophilus (Carpophilus) delkeskampi; 2. 黄斑露尾甲 Carpophilus (Carpophilus) hemipterus; 3. 脊胸露尾甲 Carpophilus (Myothorax) dimidiatus; 4. 四纹露尾甲 Nitidula carnaria; 5. 短角露尾甲 Omosita colon; 6. 花绒穴甲 Dastarcus longulus; 7. 红点盔唇瓢虫 Chilocorus kuwanae; 8. 黑缘盔唇瓢虫 Chilocorus rubidus; 9. 类盔唇瓢虫 Chilocorus similis; 10. 蒙古光缘瓢虫 Exochomus mongol; 11. 二星小毛瓢虫 Nephus (Bipunctatus) bipunctatus; 12. 长斑弯叶毛瓢虫 Nephus (Geminosipho) incinctus. (1, 5 ~ 6 引自 祝长清等, 1999; 2, 4 引自吴福桢等, 1978; 3 引自张生芳等, 2016; 10 引自刘崇乐, 1963; 12 引自庞雄 飞等, 1979)

1. 圆斑弯叶毛瓢虫 *Nephus (Nephus) ryuguus*; 2. 钩端拟小瓢虫 *Scymnus (Parapullus) aduncatus*; 3. 锤囊拟小瓢虫 *Scymnus (Parapullus) malleatus*; 4. 锈色小瓢虫 *Scymnus (Pullus) dorcatomoides*; 5. 六盘山小瓢虫 *Scymnus (Pullus) liupanshanus*; 6. 四斑小毛瓢虫 *Scymnus (Scymnus) frontalis*; 7. 施氏小毛瓢虫 *Scymnus (Scymnus) schmidti*; 8. 深点食螨瓢虫 *Stethorus (Stethorus) pusillus*; 9. 二星瓢虫 *Adalia (Adalia) bipunctata*. (1, 7 引自任顺祥等 , 2009; 2 ～ 3 引自 Chen et al., 2012; 4 引自虞国跃 , 2011; 5 引自 Chen et al., 2015; 6 引自庞雄飞等 , 1979)

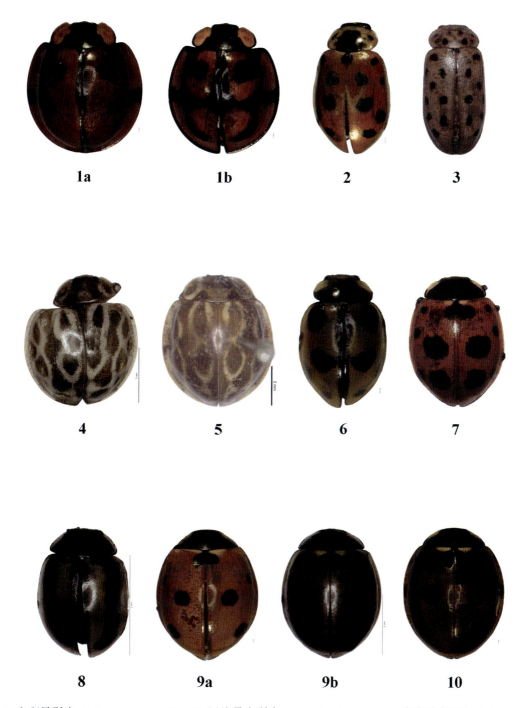

1. 六斑异瓢虫 *Aiolocaria hexaspilota*; 2. 展缘异点瓢虫 *Anisosticta kobensis*; 3. 隆缘异点瓢虫 *Anisosticta terminassianae*; 4. 十四星裸瓢虫 *Calvia quatuordecimguttata*; 5. 链纹裸瓢虫 *Calvia sicardi*; 6. 黑斑突角瓢虫 *Ceratomegilla (Ceratomegilla) potanini*; 7. 华日瓢虫 *Coccinella (Coccinella) ainu*; 8. 纵条瓢虫 *Coccinella (Coccinella) longifasciata*; 9. 七星瓢虫 *Coccinella (Coccinella) septempunctata*; 10. 横斑瓢虫 *Coccinella (Coccinella) transversoguttata transversoguttata*. (3 引自虞国跃，2010; 7 引自任顺祥等，2009)

1. 横带瓢虫 Coccinella (Coccinella) trifasciata trifasciata; 2. 十一星瓢虫 Coccinella (Spilota) undecimpunctata undecimpunctata; 3. 双七瓢虫 Coccinula quatuordecimpustulata; 4. 中国双七瓢虫 Coccinula sinensis; 5. 黄斑盘 耳瓢虫 Coelophora saucia; 6. 异色瓢虫 Harmonia axyridis. (2, 4 ～ 5 引自任顺祥等 , 2009)

1. 异色瓢虫 *Harmonia axyridis*; 2. 四斑和瓢虫 *Harmonia quadripunctata*; 3. 十三星瓢虫 *Hippodamia (Hemisphaerica) tredecimpunctata*; 4. 多异瓢虫 *Hippodamia (Hippodamia) variegata*; 5. 六斑月瓢虫 *Menochilus sexmaculata*; 6. 稻红瓢虫 *Micraspis discolor*; 7. 黑中齿瓢虫 *Myzia gebleri*; 8. 双六小巧瓢虫 *Oenopia billieti*; 9. 十二斑巧瓢虫 *Oenopia bissexnotata*; 10. 菱斑巧瓢虫 *Oenopia conglobata conglobata*. (2, 8 引自任顺祥等 , 2009)

1. 淡红巧瓢虫 *Oenopia emmerichi*; 2. 梯斑巧瓢虫 *Oenopia scalaris*; 3. 龟纹瓢虫 *Propylea japonica*; 4. 方斑瓢虫 *Propylea quatuordecimpunctata*; 5. 梵文菌瓢虫 *Halyzia sanscrita*; 6. 十六斑黄菌瓢虫 *Halyzia sedecimguttata*; 7. 白条菌瓢虫 *Macroilleis hauseri*; 8. 二十二星菌瓢虫 *Psyllobora (Thea) vigintiduopunctata*; 9. 十二斑褐菌瓢虫 *Vibidia duodecimguttata*; 10. 红环瓢虫 *Rodolia limbata*; 11. 中国豆形瓢虫 *Cynegetis chinensis*. (7 引自任顺祥等 , 2009; 11 引自 Wang et al., 2014)

1. 尖翅食植瓢虫 *Epilachna acuta*; 2. 马铃薯瓢虫 *Henosepilachna vigintioctomaculata*; 3. 茄二十八星瓢虫 *Henosepilachna vigintioctopunctata*; 4. 亚洲显盾瓢虫 *Hyperaspis (Hyperaspis) asiatica*; 5. 六斑显盾瓢虫 *Hyperaspis (Hyperaspis) gyotokui*; 6. 四斑显盾瓢虫 *Hyperaspis (Hyperaspis) leechi*; 7. 同沟缩颈薪甲 *Cartodere (Cartodere) constricta*; 8. 红颈小薪甲 *Dienerella (Cartoderema) ruficollis*; 9. 伊斯脊薪甲 *Enicmus histrio*; 10. 横脊薪甲 *Enicmus transversus*; 11. 湿薪甲 *Latridius minutus*; 12. 四行薪甲 *Thes bergrothi*. (2 引自刘崇乐, 1963; 4～6 引自任顺祥等, 2009; 7 引自赵养昌, 1966; 8, 12 引自祝长清等, 1999; 9, 11 引自张生芳等, 2016)

1. 小毛蕈甲 *Typhaea stercorea*; 2. 大麻花蚤 *Mordellistena (Mordellistena) comes*; 3. 贺兰刺足甲 *Centorus (Centorus) helanensis*; 4. 梅氏刺足甲 *Centorus (Centorus) medvedevi*; 5. 黑足伪叶甲 *Lagria (Lagria) atripes*; 6. 多毛伪叶甲 *Lagria (Lagria) hirta*; 7. 黑胸伪叶甲 *Lagria (Lagria) nigricollis*; 8. 眼伪叶甲 *Lagria (Lagria) ophthalmica*; 9. 红翅伪叶甲 *Lagria (Lagria) rufipennis*; 10. 波氏绿伪叶甲 *Chlorophila portschinskii*; 11. 东方垫甲 *Luprops orientalis*; 12. 中华砚甲 *Cyphogenia (Cyphogenia) chinensis*. (2 引自吴福桢等, 1978)

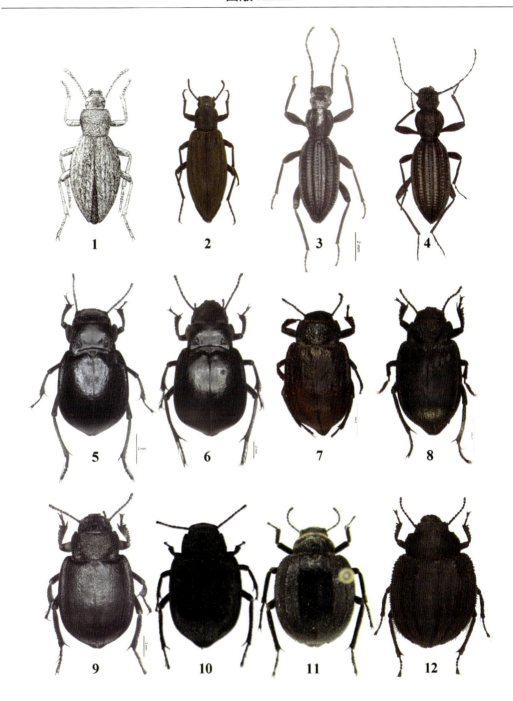

1. 蒙古背毛甲 *Epitrichia mongolica*; 2. 宁夏背毛甲 *Epitrichia ningsiana*; 3. 中华龙甲 *Leptodes chinensis*; 4. 谢氏龙甲 *Leptodes szekessyi*; 5. 宽漠王 *Mantichorula grandis*; 6. 谢氏宽漠王 *Mantichorula semenowi*; 7. 条纹漠王 *Platyope balteiformis*; 8. 蒙古漠王 *Platyope mongolica*; 9. 鄂漠王 *Platyope ordossica*; 10. 维氏漠王 *Platyope victor*; 11. 洛氏脊漠甲 *Pterocoma (Mesopterocoma) loczyi*; 12. 莱氏脊漠甲 *Pterocoma (Mongolopterocoma) reitteri*. (1 引自 Kaszab, 1976)

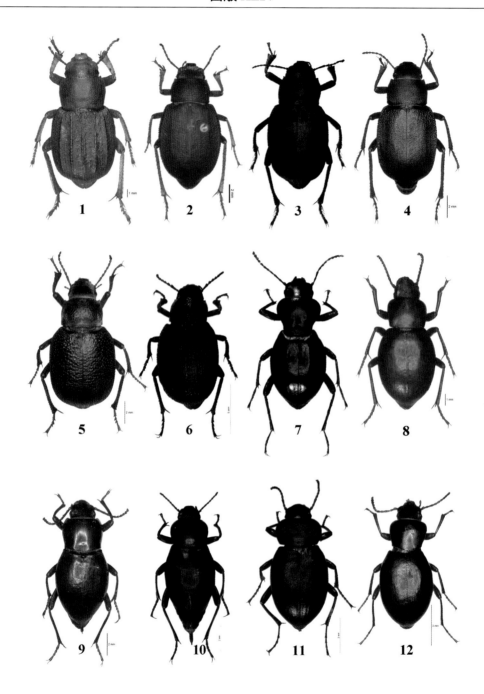

1. 谢氏宽漠甲 *Sternoplax (Sternoplax) szechenyii*; 2. 克氏扁漠甲 *Sternotrigon kraatzi*; 3. 多毛扁漠甲 *Sternotrigon setosa setosa*; 4. 紫奇扁漠甲 *Sternotrigon zichyi*; 5. 粒角漠甲 *Trigonocnera granulata*; 6. 突角漠甲指名亚种 *Trigonocnera pseudopimelia pseudopimelia*; 7. 小丽东鳖甲 *Anatolica (Anatolica) amoenula*; 8. 宽腹东鳖甲 *Anatolica (Anatolica) gravidula*; 9. 无边东鳖甲 *Anatolica (Anatolica) immarginata*; 10. 尖尾东鳖甲 *Anatolica (Anatolica) mucronata*; 11. 异点东鳖甲 *Anatolica (Anatolica) mustacea*; 12. 宁夏东鳖甲 *Anatolica (Anatolica) ningxiana*.

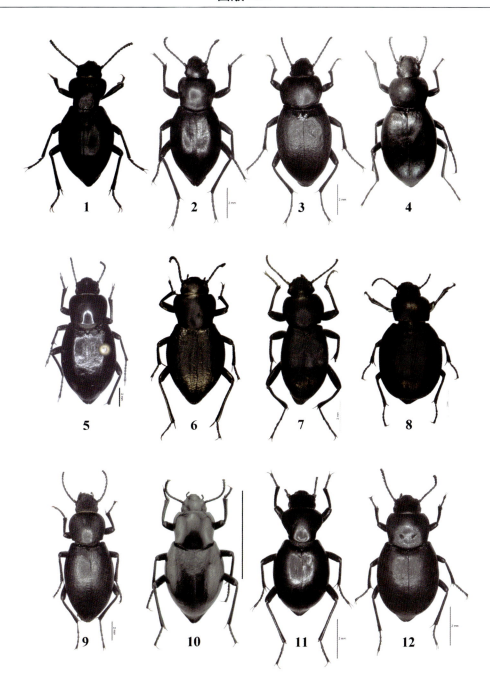

1. 纳氏东鳖甲 *Anatolica* (*Anatolica*) *nureti*; 2. 弯褶东鳖甲 *Anatolica* (*Anatolica*) *omnoensis*; 3. 弯胫东鳖甲 *Anatolica* (*Anatolica*) *pandaroides*; 4. 平坦东鳖甲 *Anatolica* (*Anatolica*) *planata*; 5. 磨光东鳖甲 *Anatolica* (*Anatolica*) *polita polita*; 6. 波氏东鳖甲 *Anatolica* (*Anatolica*) *potanini*; 7. 谢氏东鳖甲 *Anatolica* (*Anatolica*) *semenowi*; 8. 宽突东鳖甲 *Anatolica* (*Anatolica*) *sternalis sternalis*; 9. 瘦东鳖甲 *Anatolica* (*Anatolica*) *strigosa strigosa*; 10. 凹缝东鳖甲 *Anatolica* (*Anatolica*) *suturalis*; 11. 平原东鳖甲 *Anatolica* (*Eurepipleura*) *ebenina*; 12. 小东鳖甲 *Anatolica* (*Eurepipleura*) *minima*.

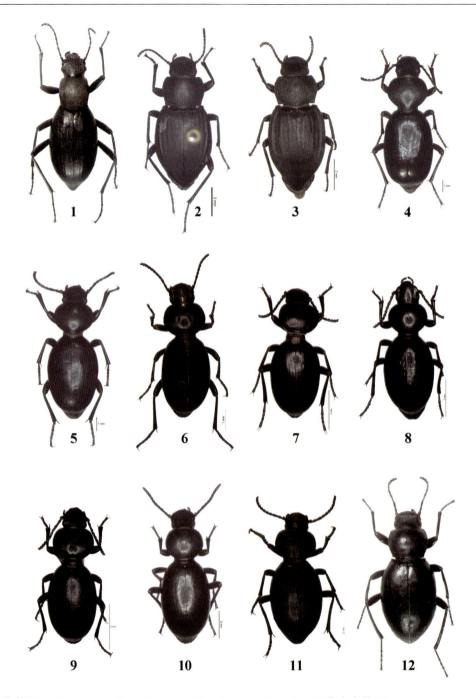

1. 狭胸鳖甲 Colposcelis (Colposcelis) microderoides microderoides; 2. 蒙古高鳖甲 Hypsosoma mongolica; 3. 圆胸高鳖甲 Hypsosoma rotundicolle; 4. 姬小鳖甲 Microdera (Dordanea) elegans; 5. 球胸小鳖甲 Microdera (Dordanea) globata; 6. 阿小鳖甲 Microdera (Dordanea) kraatzi alashanica; 7. 克小鳖甲 Microdera (Dordanea) kraatzi kraatzi; 8. 光亮小鳖甲 Microdera (Dordanea) lampabilis; 9. 罗山小鳖甲 Microdera (Dordanea) luoshanica; 10. 圆胸小鳖甲 Microdera (Dordanea) rotundithorax; 11. 蒙古小鳖甲 Microdera (Microdera) mongolica mongolica; 12. 裂缘圆鳖甲 Scytosoma dissilimarginis.

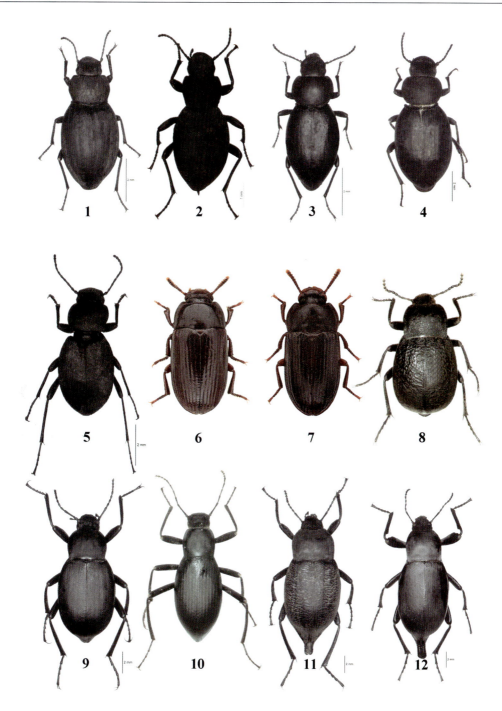

1. 显带圆鳖甲 *Scytosoma fascia*; 2. 暗色圆鳖甲 *Scytosoma opacum*; 3. 小圆鳖甲 *Scytosoma pygmaeum*; 4. 棕腹圆鳖甲 *Scytosoma rufiabdominum*; 5. 梯胸圆鳖甲 *Scytosoma scalare*; 6. 黑粉甲 *Alphitobius diaperinus*; 7. 褐粉甲 *Alphitobius laevigatus*; 8. 尖角琵甲 *Blaps* (*Blaps*) *acutangula*; 9. 拟步行琵甲 *Blaps* (*Blaps*) *caraboides caraboides*; 10. 中华琵甲 *Blaps* (*Blaps*) *chinensis*; 11. 达氏琵甲 *Blaps* (*Blaps*) *davidis*; 12. 缢胫琵甲 *Blaps* (*Blaps*) *dentitibia*.

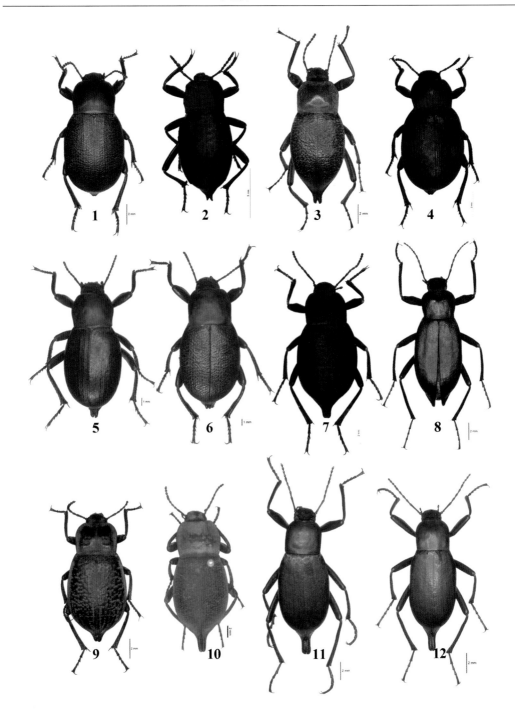

1. 弯齿琵甲 *Blaps* (*Blaps*) *femoralis*; 2. 戈壁琵甲 *Blaps* (*Blaps*) *gobiensis*; 3. 步行琵甲 *Blaps* (*Blaps*) *gressoria*;
4. 异距琵甲 *Blaps* (*Blaps*) *kiritshenkoi*; 5. 中型琵甲 *Blaps* (*Blaps*) *medusa*; 6. 钝齿琵甲 *Blaps* (*Blaps*) *medusula*;
7. 边粒琵甲 *Blaps* (*Blaps*) *miliaria*; 8. 磨光琵甲 *Blaps* (*Blaps*) *opaca*; 9. 条纹琵甲 *Blaps* (*Blaps*) *potanini*;
10. 弯背琵甲 *Blaps* (*Blaps*) *reflexa*; 11. 皱纹琵甲 *Blaps* (*Blaps*) *rugosa*; 12. 长尾琵甲 *Blaps* (*Blaps*) *varicosa*.

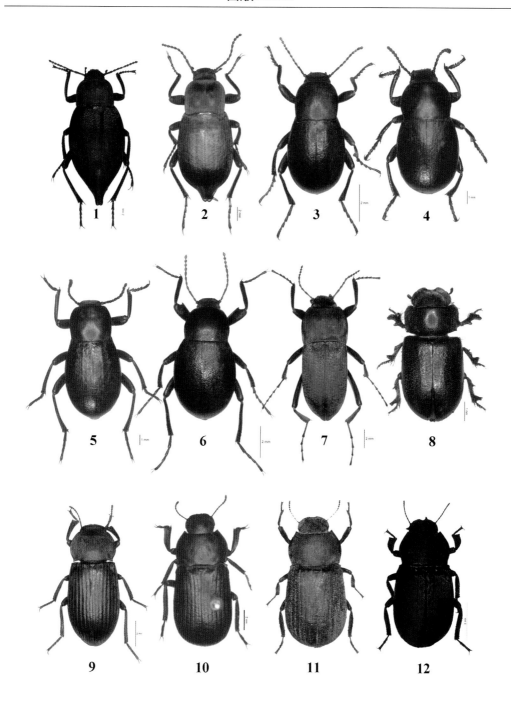

1. 异形琵甲 *Blaps (Blaps) variolosa*; 2. 侧脊琵甲 *Blaps (Prosoblapsia) latericosta*; 3. 圆小琵甲 *Gnaptorina cylindricollis*; 4. 李氏小琵甲 *Gnaptorina lii*; 5. 波小琵甲指名亚种 *Gnaptorina potanini potanini*; 6. 原齿琵甲 *Itagonia provostii*; 7. 北京侧琵甲 *Prosodes (Prosodes) pekinensis*; 8. 郑氏齿足甲 *Cheirodes (Pseudanemia) zhengi*; 9. 山丹阿土甲 *Anatrum shandanicum*; 10. 粗壮真土甲 *Eumylada glandilosa*; 11. 奥氏真土甲 *Eumylada obenbergeri*; 12. 波氏真土甲 *Eumylada potanini*.

# 图版 L

1. 侏土甲 *Gonocephalum (Gonocephalum) granulatum pusillum*; 2. 网目土甲 *Gonocephalum (Gonocephalum) reticulatum*; 3. 条脊景土甲 *Jintaium sulcatum*; 4. 纤毛漠土甲 *Melanesthes (Melanesthes) ciliata*; 5. 达氏漠土甲 *Melanesthes (Melanesthes) davadshamsi*; 6. 荒漠土甲 *Melanesthes (Melanesthes) desertora*; 7. 短齿漠土甲 *Melanesthes (Melanesthes) exilidentata*; 8. 蒙南漠土甲 *Melanesthes (Melanesthes) jenseni meridionalis*; 9. 景泰漠土甲 *Melanesthes (Melanesthes) jintaiensis*; 10. 大漠土甲 *Melanesthes (Melanesthes) maxima maxima*; 11. 蒙古漠土甲 *Melanesthes (Melanesthes) mongolica*; 12. 希氏漠土甲 *Melanesthes (Mongolesthes) csikii*.

1. 粗壮漠土甲 Melanesthes (Opatronesthes) gigas; 2. 宁夏漠土甲 Melanesthes (Opatronesthes) ningxianensis; 3. 多刻漠土甲 Melanesthes (Opatronesthes) punctipennis; 4. 多皱漠土甲 Melanesthes (Opatronesthes) rugipennis; 5. 扁毛土甲 Mesomorphus villiger; 6. 光背方土甲 Myladina lissonota; 7. 长爪方土甲 Myladina unguiculina; 8. 粗翅沙土甲 Opatrum (Colpopatrum) asperipenne; 9. 沙土甲 Opatrum (Opatrum) sabulosum sabulosum; 10. 类沙土甲 Opatrum (Opatrum) subaratum; 11. 尖角笨土甲 Penthicus (Myladion) acuticollis acuticollis; 12. 阿笨土甲 Penthicus (Myladion) alashanicus.

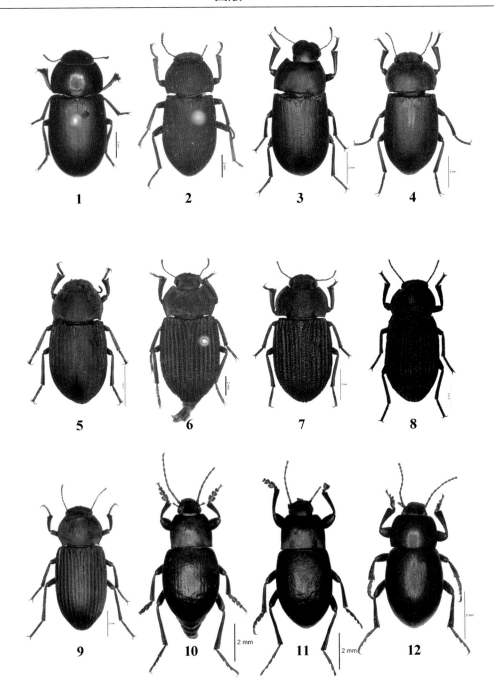

1. 贝氏笨土甲 Penthicus (Myladion) beicki beicki; 2. 齿肩笨土甲 Penthicus (Myladion) humeridens; 3. 吉氏笨土甲 Penthicus (Myladion) kiritshenkoi; 4. 厉笨土甲 Penthicus (Myladion) laelaps; 5. 钝突笨土甲 Penthicus (Myladion) nojonicus; 6. 希氏伪坚土甲 Scleropatrum csikii; 7. 粗背伪坚土甲 Scleropatrum horridum horridum; 8. 瘤翅伪坚土甲 Scleropatrum tuberculatum; 9. 条脊伪坚土甲 Scleropatrum tuberculiferum; 10. 圆点双刺甲 Bioramix (Cardiobioramix) globipunctata; 11. 六盘山双刺甲 Bioramix (Cardiobioramix) liupanshana; 12. 烁光双刺甲 Bioramix (Leipopleura) micans.

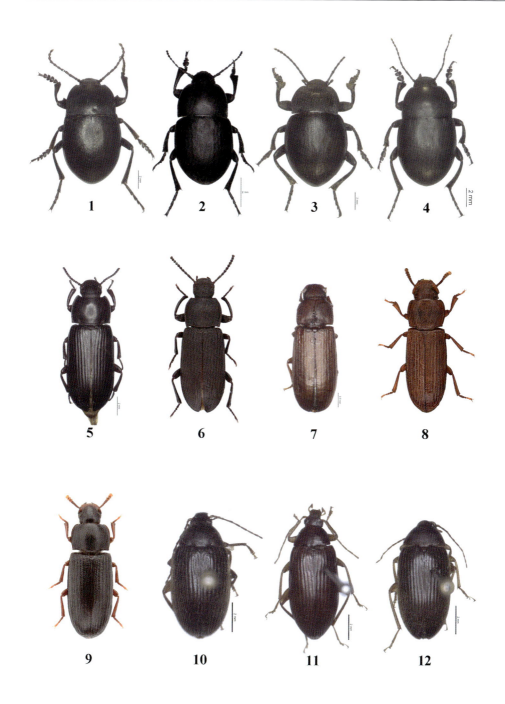

1. 多点齿刺甲 *Oodescelis* (*Acutoodescelis*) *punctatissima*; 2. 盖氏刺甲 *Platyscelis* (*Platyscelis*) *gebieni*; 3. 心形刺甲 *Platyscelis* (*Platyscelis*) *subcordata*; 4. 绥远刺甲 *Platyscelis* (*Platyscelis*) *suiyuana*; 5. 黄粉虫 *Tenebrio molitor*; 6. 黑粉虫 *Tenebrio obscurus*; 7. 赤拟粉甲 *Tribolium castaneum*; 8. 杂拟粉甲 *Tribolium confusum*; 9. 黑拟粉甲 *Tribolium madens*; 10. 鲍氏污朽木甲 *Borboresthes borchmanni*; 11. 黄角污朽木甲 *Borboresthes flavicornis*; 12. 亚尖污朽木甲 *Borboresthes subapicalis*.

1. 阿尔泰栉甲 *Cteniopinus altaicus altaicus*; 2. 异点栉甲 *Cteniopinus diversipunctatus*; 3. 光滑栉甲 *Cteniopinus glabratus*; 4. 杂色栉甲 *Cteniopinus hypocrita*; 5. 六盘山栉甲 *Cteniopinus liupanshana*; 6. 小栉甲 *Cteniopinus parvus*; 7. 彭阳栉甲 *Cteniopinus pengyangensis*; 8. 窄跗栉甲 *Cteniopinus tenuitarsis*; 9. 异角栉甲 *Cteniopinus varicornis*; 10. 淡红毛隐甲 *Crypticus (Seriscius) rufipes*; 11. 二带粉菌甲 *Alphitophagus bifasciatus*; 12. 胫齿粗角丽甲 *Paranemia bicolor*.

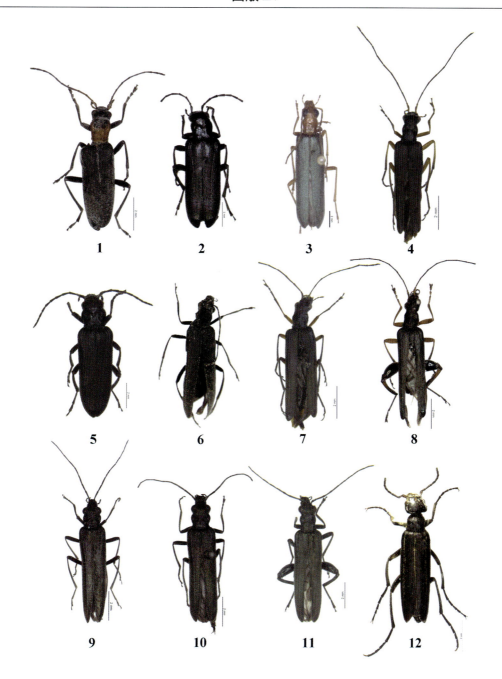

1. 类齿拟天牛 *Ascleropsis similis*; 2. 戴维长毛拟天牛 *Anogcodes davidis*; 3. 瓦特短毛拟天牛 *Nacerdes (Xanthochroa) waterhousei*; 4. 灰绿拟天牛 *Oedemera (Oedemera) centrochinensis centrochinensis*; 5. 黄胸拟天牛 *Oedemera (Oedemera) lucidicollis flaviventris*; 6. 浅黄拟天牛 *Oedemera (Oedemera) lurida sinica*; 7. 深蓝拟天牛 *Oedemera (Oedemera) pallidipes pallidipes*; 8. 陕西拟天牛 *Oedemera (Oedemera) pallidipes shaanxiensis*; 9. 粗壮拟天牛 *Oedemera (Oedemera) robusta*; 10. 黑跗拟天牛 *Oedemera (Oedemera) subrobusta*; 11. 绿色拟天牛 *Oedemera (Oedemera) virescens virescens*; 12. 豆芫菁 *Epicauta (Epicauta) gorhami*.

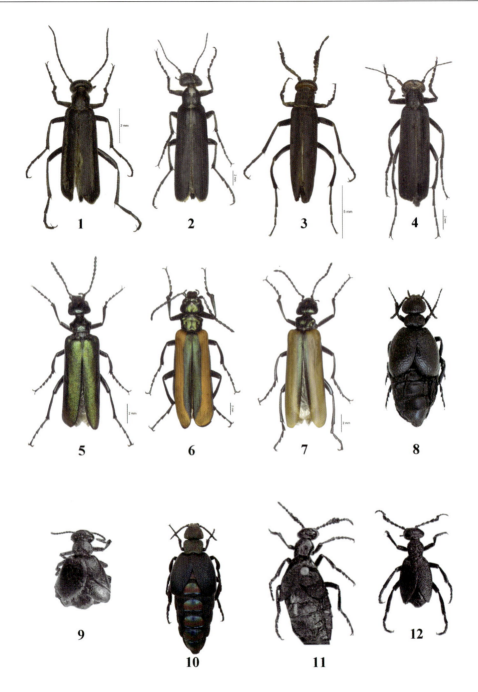

1. 大头豆芫菁 *Epicauta (Epicauta) megalocephala*; 2. 暗头豆芫菁 *Epicauta (Epicauta) obscurocephala*; 3. 西北豆芫菁 *Epicauta (Epicauta) sibirica*; 4. 凹胸豆芫菁 *Epicauta (Epicauta) xantusi*; 5. 绿芫菁 *Lytta (Lytta) caraganae*; 6. 丝发绿芫菁 *Lytta (Lytta) sifanica*; 7. 绿边绿芫菁 *Lytta (Lytta) suturella*; 8. 阔胸短翅芫菁指名亚种 *Meloe (Eurymeloe) brevicollis brevicollis*; 9. 圆胸短翅芫菁 *Meloe (Eurymeloe) corvinus*; 10. 斑杂短翅芫菁 *Meloe (Lampromeloe) variegatus variegatus*; 11. 耳角短翅芫菁 *Meloe (Meloe) auriculatus*; 12. 曲角短翅芫菁 *Meloe (Meloe) proscarabeaus proscarabeaus*.

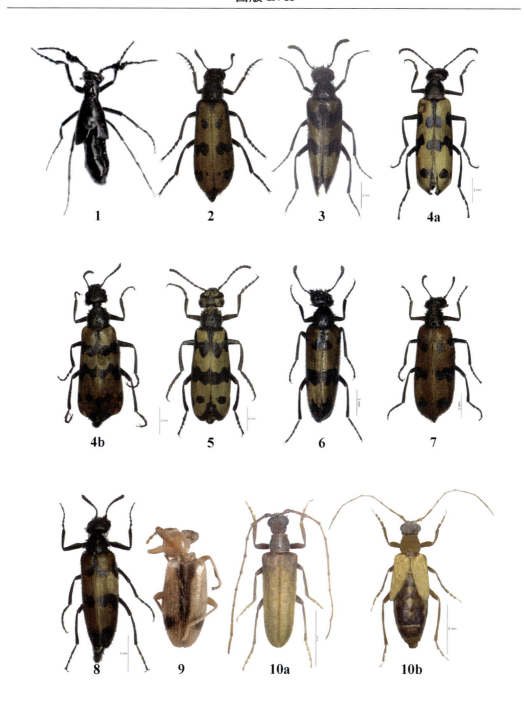

1. 长茎短翅芫菁 *Meloe* (*Treiodous*) *longipennis*; 2. 霍氏沟芫菁 *Hycleus chodschenticus*; 3. 眼斑沟芫菁 *Hycleus cichorii*; 4. 蒙古斑芫菁 *Mylabris* (*Chalcabris*) *mongolica*; 5. 丽斑芫菁 *Mylabris* (*Chalcabris*) *speciosa*; 6. 小斑芫菁 *Mylabris* (*Chalcabris*) *splendidula*; 7. 苹斑芫菁 *Mylabris* (*Eumylabris*) *calida*; 8. 西北斑芫菁 *Mylabris* (*Micrabris*) *sibirica*; 9. 独角蚁形甲 *Notoxus monoceros*; 10. 芫天牛 *Mantitheus pekinensis* (a. ♂, b. ♀).

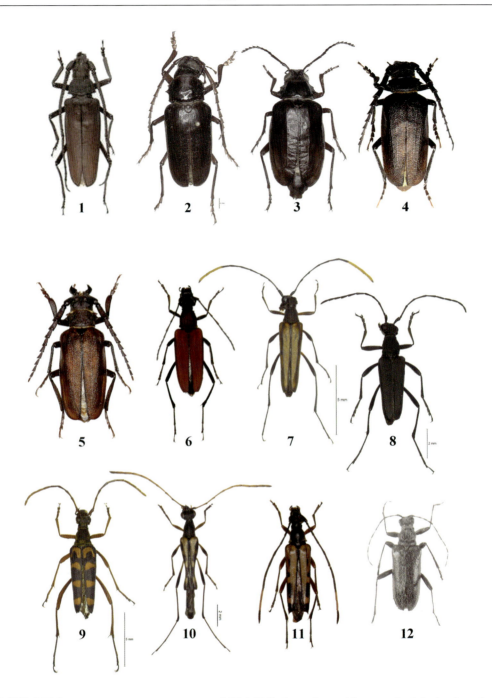

1. 中华裸角天牛 *Aegosoma sinicum sinicum*; 2. 曲牙土天牛 *Dorysthenes (Cyrtognathus) hydropicus*; 3. 大牙土天牛 *Dorysthenes (Cyrtognathus) paradoxus*; 4. 锯天牛 *Prionus insularis insularis*; 5. 库氏锯天牛 *Prionus kucerai*; 6. 暗伪花天牛 *Anastrangalia scotodes scotodes*; 7. 束颈纤花天牛 *Ischnostrangalis stricticollis*; 8. 橡黑花天牛 *Leptura aethiops*; 9. 曲纹花天牛 *Leptura annularis annularis*; 10. 川小花天牛 *Nanostrangalia comis*; 11. 显著异花天牛 *Parastrangalis insignis*; 12. 红缘眼花天牛 *Acmaeops septentrionis*. (12 引自王直诚, 2014)

1. 小截翅眼花天牛 Dinoptera (Dinoptera) minuta; 2. 红胸蓝金花天牛 Gaurotes (Carilia) virginea virginea; 3. 娇金花天牛 Gaurotes (Paragaurotes) doris doris; 4. 黄缘瘤花天牛 Gaurotina flavimarginata; 5. 黄胸瘤花天牛 Gaurotina nitida; 6. 松厚花天牛 Pachyta lamed lamed; 7. 四斑厚花天牛 Pachyta quadrimaculata; 8. 具齿驼花天牛 Pidonia (Pidonia) armata; 9. 古氏驼花天牛 Pidonia (Pidonia) gorodinskii; 10. 污色驼花天牛 Pidonia (Pidonia) pullata; 11. 显斑驼花天牛 Pidonia (Pidonia) serosa; 12. 四川驼花天牛 Pidonia (Pidonia) sichuanica. (1, 5 ~ 6 引自王直诚, 2014)

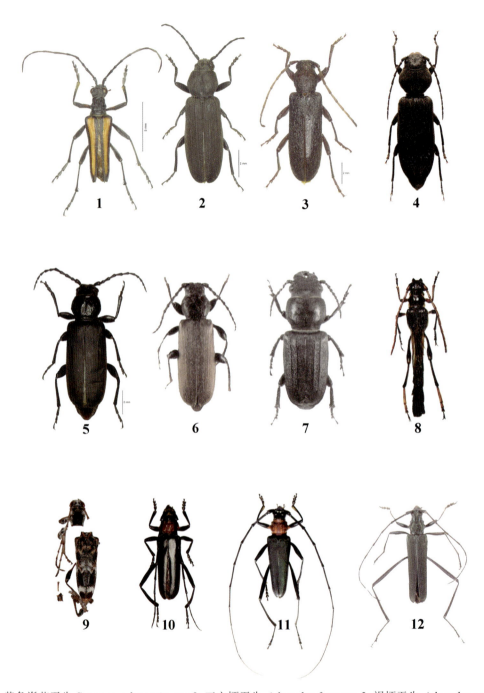

1. 黄条脊花天牛 *Stenocorus longevittatus*; 2. 三穴梗天牛 *Arhopalus foveatus*; 3. 褐梗天牛 *Arhopalus rusticus*; 4. 松幽天牛 *Asemum striatum*; 5. 光胸断眼天牛 *Tetropium castaneum*; 6. 云杉断眼天牛 *Tetropium gracilicorne*; 7. 椎天牛 *Spondylis buprestoides*; 8. 点胸膜花天牛 *Necydalis (Necydalis) lateralis*; 9. 邻近纹虎天牛 *Anaglyptus (Anaglyptus) vicinulus*; 10. 桃红颈天牛 *Aromia bungii*; 11. 东方红颈天牛 *Aromia orientalis*; 12. 黄胸长绿天牛 *Chloridolum (Chloridolum) sieversi*. (6～7, 12 引自王直诚, 2014; 8 引自白晓拴等, 2013)

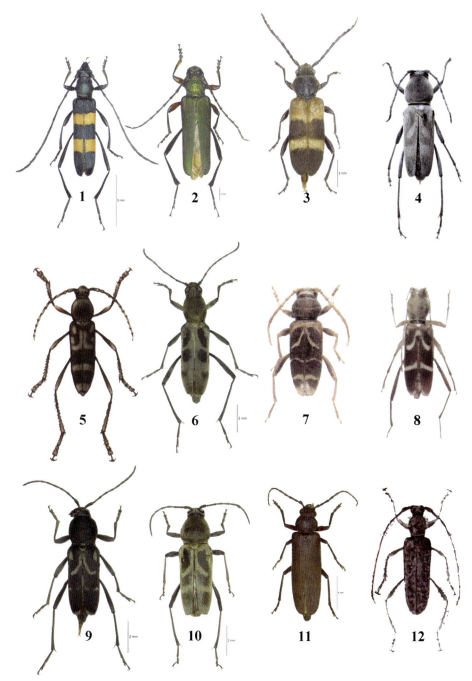

1. 多带天牛 *Polyzonus (Polyzonus) fasciatus*; 2. 榆绿天牛 *Schwarzerium provosti*; 3. 双条杉天牛 *Semanotus bifasciatus*; 4. 柠条绿虎天牛 *Chlorophorus caragana*; 5. 樱桃绿虎天牛 *Chlorophorus diadema diadema*; 6. 六斑绿虎天牛 *Chlorophorus simillimus*; 7. 栎丽虎天牛 *Plagionotus pulcher*; 8. 丽艳虎天牛 *Rhaphuma gracilipes*; 9. 桦脊虎天牛 *Xylotrechus (Xylotrechus) clarinus*; 10. 灭字脊虎天牛 *Xylotrechus (Xylotrechus) javanicus*; 11. 家茸天牛 *Trichoferus campestris*; 12. 灰黄茸天牛 *Trichoferus guerryi*. (4 引自 Xie et al., 2012; 5, 12 引自蒋书楠等 , 1985; 7 ～ 8 引自王直诚 , 2014)

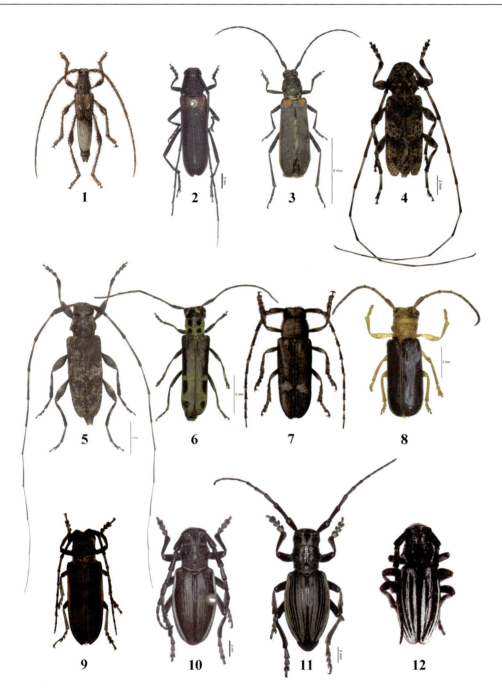

1. 冷杉短鞘天牛 *Molorchus minor minor*; 2. 鞍背亚天牛 *Anoplistes halodendri ephippium*; 3. 普红缘亚天牛 *Anoplistes halodendri pirus*; 4. 灰长角天牛 *Acanthocinus aedilis*; 5. 小灰长角天牛 *Acanthocinus griseus*; 6. 苜蓿多节天牛 *Agapanthia (Epoptes) amurensis*; 7. 桑缝角天牛 *Ropica subnotata*; 8. 梨眼天牛指名亚种 *Bacchisa (Bacchisa) fortunei fortunei*; 9. 粒肩天牛 *Apriona (Apriona) germari*; 10. 多脊草天牛 *Eodorcadion (Eodorcadion) multicarinatum*; 11. 密条草天牛 *Eodorcadion (Eodorcadion) virgatum virgatum*; 12. 白条草天牛 *Eodorcadion (Humerodorcadion) lutshniki lutshniki*. (1, 7 引自蒋书楠等 , 1985; 12 引自王新谱等 , 2010)

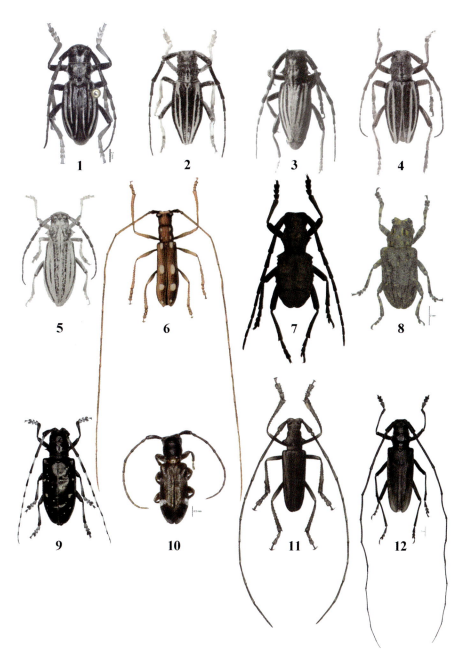

1. 三棱草天牛 *Eodorcadion (Ornatodorcadion) egregium*; 2. 粒肩草天牛 *Eodorcadion (Ornatodorcadion) heros*; 3. 柯氏草天牛 *Eodorcadion (Ornatodorcadion) intermedium kozlovi*; 4. 黄角草天牛 *Eodorcadion (Ornatodorcadion) jakovlevi*; 5. 内蒙草天牛 *Eodorcadion (Ornatodorcadion) oryx*; 6. 八星粉天牛 *Olenecamptus octopustulatus*; 7. 松巨瘤天牛 *Morimospasma paradoxum*; 8. 四点象天牛 *Mesosa (Mesosa) myops*; 9. 光肩星天牛 *Anoplophora glabripennis*; 10. 白星墨天牛 *Monochamus (Monochamus) guttulatus*; 11. 云杉小墨天牛 *Monochamus (Monochamus) sutor sutor*; 12. 云杉大墨天牛 *Monochamus (Monochamus) urussovii*. (2 ~ 5 引自王直诚 , 2014; 6, 11 引自蒋书楠等 , 1985)

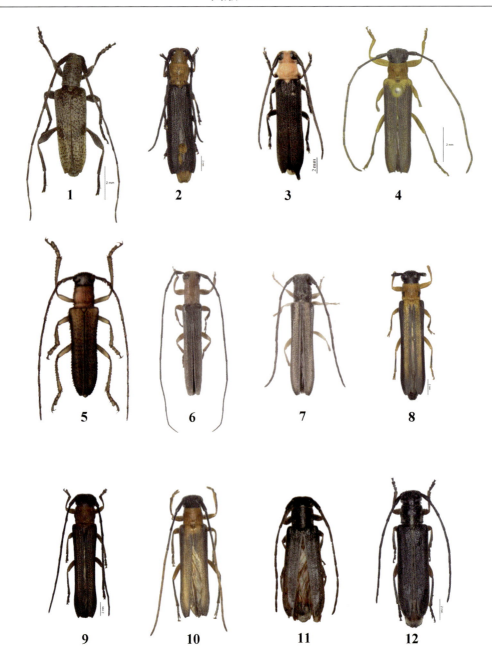

1. 樟泥色天牛 *Uraecha angusta*; 2. 黑角瘤筒天牛 *Linda (Linda) atricornis*; 3. 亚瘤筒天牛 *Linda (Linda) subatricornis*; 4. 黑翅脊筒天牛 *Nupserha infantula*; 5. 缘翅脊筒天牛 *Nupserha marginella marginella*; 6. 黄角筒天牛 *Oberea (Amaurostoma) donceeli*; 7. 黑胸赫氏筒天牛 *Oberea (Oberea) herzi morio*; 8. 肩黑胝筒天牛 *Oberea (Oberea) infranigrescens*; 9. 日本筒天牛 *Oberea (Oberea) japonica*; 10. 黑腹筒天牛 *Oberea (Oberea) nigriventris nigriventris*; 11. 白缝小筒天牛 *Phytoecia (Cinctophytoecia) albosuturalis*; 12. 束翅小筒天牛 *Phytoecia (Cinctophytoecia) cinctipennis*. (3 引自 Lin & Yang, 2012; 5 引自蒋书楠等, 1985; 6 ~ 7 引自王直诚, 2014)

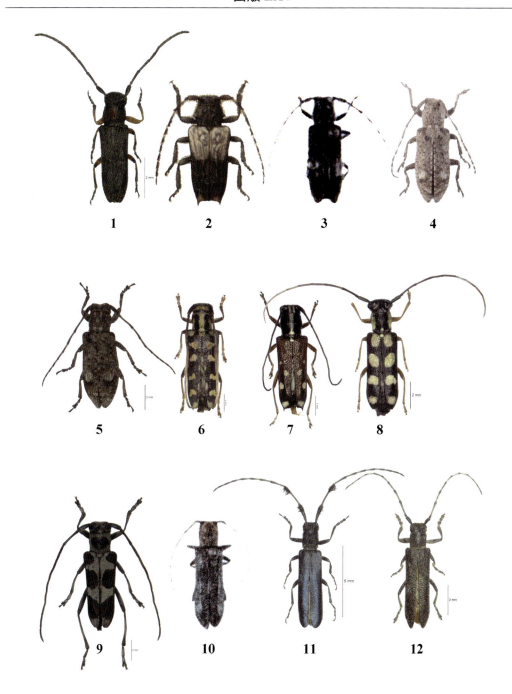

1. 菊小筒天牛 *Phytoecia (Phytoecia) rufiventris*; 2. 白腰芒天牛 *Pogonocherus dimidiatus*; 3. 白带坡天牛 *Pterolophia (Hylobrotus) albanina*; 4. 多斑坡天牛 *Pterolophia (Pterolophia) multinotata*; 5. 柳坡天牛 *Pterolophia (Pterolophia) rigida*; 6. 十二星并脊天牛 *Glenea (Glenea) licenti*; 7. 榆并脊天牛指名亚种 *Glenea (Glenea) relicta relicta*; 8. 培甘弱脊天牛 *Menesia sulphurata*; 9. 苎麻双脊天牛 *Paraglenea fortunei*; 10. 双条楔天牛 *Saperda bilineatocollis*; 11. 断条楔天牛 *Saperda interrupta*; 12. 青杨楔天牛 *Saperda populnea*. (2 引自蒋书楠等 , 1985; 3, 10 引自蒲富基 , 1980; 4 引自王直诚 , 2014)

1. 麻竖毛天牛 *Thyestilla gebleri*; 2. 环耳距甲 *Pedrillia annulata*; 3. 锚小距甲 *Zeugophora (Zeugophora) ancora*; 4. 紫穗槐豆象 *Acanthoscelides pallidipennis*; 5. 甘草豆象 *Bruchidius ptilinoides*; 6. 绿豆象 *Callosobruchus chinensis*; 7. 豌豆象 *Bruchus pisorum*; 8. 蚕豆象 *Bruchus rufimanus*; 9. 柠条豆象 *Kytorhinus immixtus*; 10. 绿齿豆象 *Rhaebus solskyi*; 11. 十四点负泥虫 *Crioceris quatuordecimpunctata*; 12. 枸杞负泥虫 *Lema (Lema) decempunctata*. (4 引自张生芳等, 2016; 5 ~ 6, 10 ~ 11 引自谭娟杰等, 1980)

1. 粟负泥虫 *Oulema tristis*; 2. 枸杞龟甲 *Cassida deltoides*; 3. 东北龟甲 *Cassida mandli*; 4. 甜菜大龟甲 *Cassida nebulosa*; 5. 山楂肋龟甲 *Cassida vespertina*; 6. 准杞龟甲 *Cassida virguncula*; 7. 亚锈龟甲 *Hypocassida subferruginea*; 8. 长胸漠龟甲 *Ischyronota conicicollis*; 9. 中华三脊甲 *Agonita chinensis*; 10. 藏龟铁甲 *Cassidispa femoralis*; 11. 黑龟铁甲 *Cassidispa mirabilis*; 12. 紫榆叶甲 *Ambrostoma (Ambrostoma) quadriimpressum quadriimpressum*. (1 引自谭娟杰等, 1980; 8, 10 ～ 11 引自陈世骧等, 1986)

1. 蒿金叶甲 *Chrysolina (Anopachys) aurichalcea*; 2. 漠金叶甲 *Chrysolina (Bourdonneana) aeruginosa aeruginosa*; 3. 沟胸金叶甲 *Chrysolina (Chrysocrosita) sulcicollis sulciollis*; 4. 血色金叶甲 *Chrysolina (Timarchoptera) haemochlora*; 5. 杨叶甲 *Chrysomela populi*; 6. 柳十八斑叶甲 *Chrysomela salicivorax*; 7. 柳二十斑叶甲 *Chrysomela vigintipunctata vigintipunctata*; 8. 菜无缘叶甲 *Colaphellus bowringi*; 9. 东方油菜叶甲 *Entomoscelis orientalis*; 10. 蓼蓝齿胫叶甲 *Gastrophysa (Gastrophysa) atrocyanea*; 11. 黑缝齿胫叶甲 *Gastrophysa (Gastrophysa) mannerheimi*; 12. 萹蓄齿胫叶甲 *Gastrophysa (Gastrophysa) polygoni polygoni*. (11 引自杨星科等, 2014; 12 引自虞佩玉等, 1996)

1. 黑盾角胫叶甲 *Gonioctena (Brachyphytodecta) fulva*; 2. 梨斑叶甲 *Paropsides soriculata*; 3. 辣根猿叶甲 *Phaedon (Phaedon) armoraciae*; 4. 杨弗叶甲 *Phratora (Phyllodecta) laticollis*; 5. 柳圆叶甲 *Plagiodera versicolora*; 6. 金绿里叶甲 *Plagiosterna aeneipennis*; 7. 黑胸金绿跳甲 *Aphthona tolli*; 8. 蓼黑凹胫跳甲 *Chaetocnema (Chaetocnema) picipes*; 9. 栗凹胫跳甲 *Chaetocnema (Udorpes) ingenua*; 10. 柳沟胸跳甲 *Crepidodera plutus*; 11. 黄宽条菜跳甲 *Phyllotreta humilis*; 12. 中亚菜跳甲 *Phyllotreta pallidipennis*. (2, 7, 10, 12 引自虞佩玉等，1996; 4 引自王新谱等，2010; 8 引自 Ruan et al., 2014; 9 引自王洪建等，2006; 11 引自吴福桢等，1978)

1. 黄直条菜跳甲 *Phyllotreta rectilineata*; 2. 黄曲条菜跳甲 *Phyllotreta striolata*; 3. 黄狭条菜跳甲 *Phyllotreta vittula*; 4. 大麻蚤跳甲 *Psylliodes (Psylliodes) attenuata*; 5. 模带蚤跳甲 *Psylliodes (Psylliodes) obscurofasciata*; 6. 黄尾球跳甲 *Sphaeroderma apicale*; 7. 麦茎异跗萤叶甲 *Apophylia thalassina*; 8. 红柳粗角萤叶甲 *Diorhabda carinulata*; 9. 白茨粗角萤叶甲 *Diorhabda rybakowi*; 10. 跗粗角萤叶甲 *Diorhabda tarsalis*; 11. 多脊萤叶甲 *Galeruca (Galeruca) dahlii vicina*; 12. 灰褐萤叶甲 *Galeruca (Galeruca) pallasia*. (1 ~ 2, 5 引自虞佩玉等，1996; 3 ~ 4 引自吴福桢等，1978; 6 引自王洪建等，2006)

1. 钟形绿萤叶甲 *Lochmaea caprea*; 2. 阔胫萤叶甲 *Pallasiola absinthii*; 3. 榆绿毛萤叶甲 *Pyrrhalta aenescens*; 4. 黑肩毛萤叶甲 *Pyrrhalta humeralis*; 5. 榆黄毛萤叶甲 *Pyrrhalta maculicollis*; 6. 褐方胸萤叶甲 *Proegmena pallidipennis*; 7. 豆长刺萤叶甲 *Atrachya menetriesii*; 8. 黑足黑守瓜 *Aulacophora nigripennis*; 9. 胡枝子克萤叶甲 *Cneorane violaceipennis*; 10. 角异额萤叶甲 *Macrima cornuta*; 11. 四斑长跗萤叶甲 *Monolepta quadriguttata*; 12. 双带窄缘萤叶甲 *Phyllobrotica signata*. (11 引自王洪建等, 2006)

1. 十星瓢萤叶甲 *Oides decempunctata*; 2. 双斑盾叶甲 *Aspidolopha thoracica*; 3. 光背锯角叶甲 *Clytra (Clytra) laeviuscula*; 4. 粗背锯角叶甲 *Clytra (Clytra) quadripunctata quadripunctata*; 5. 亚洲切头叶甲 *Coptocephala orientalis*; 6. 中华钳叶甲 *Labidostomis (Labidostomis) chinensis*; 7. 毛胸钳叶甲 *Labidostomis (Labidostomis) pallidipennis*; 8. 二点钳叶甲 *Labidostomis (Labidostomis) urticarum urticarum*; 9. 杨柳光叶甲 *Smaragdina aurita hammarstroemi*; 10. 滑头光叶甲 *Smaragdina labilis labilis*; 11. 梨光叶甲 *Smaragdina semiaurantiaca*; 12. 黑斑隐头叶甲 *Cryptocephalus (Asionus) altaicus*. (2 ~ 4, 7 引自谭娟杰等, 1980)

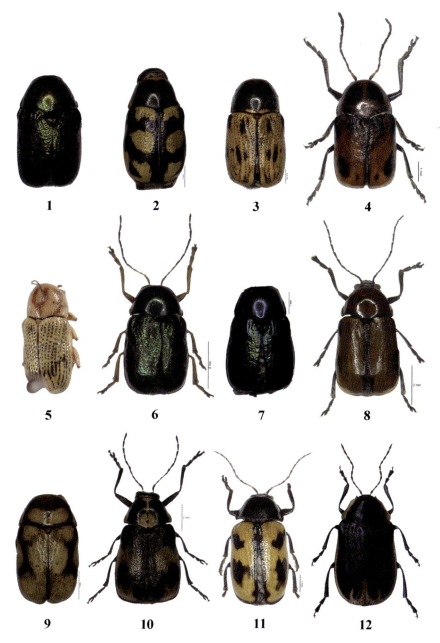

1. 铜色隐头叶甲 *Cryptocephalus (Asionus) cupreatus*; 2. 艾蒿隐头叶甲 *Cryptocephalus (Asionus) koltzei koltzei*; 3. 毛隐头叶甲 *Cryptocephalus (Asionus) pilosellus*; 4. 齿腹隐头叶甲 *Cryptocephalus (Asionus) stchukini*; 5. 柽柳隐头叶甲 *Cryptocephalus (Asionus) tamaricis*; 6. 栗隐头叶甲 *Cryptocephalus (Cryptocephalus) hyacinthinus*; 7. 绿隐头叶甲 *Cryptocephalus (Cryptocephalus) hypochoeridis*; 8. 红斑隐头叶甲 *Cryptocephalus (Cryptocephalus) licenti*; 9. 黄斑隐头叶甲 *Cryptocephalus (Cryptocephalus) luteosignatus*; 10. 槭隐头叶甲 *Cryptocephalus (Cryptocephalus) mannerheimi*; 11. 甘肃隐头叶甲 *Cryptocephalus (Cryptocephalus) melaphaeus*; 12. 黄缘隐头叶甲 *Cryptocephalus (Cryptocephalus) ochroloma*. (12 引自谭娟杰等, 1980)

1. 酸枣隐头叶甲 Cryptocephalus (Cryptocephalus) peliopterus peliopterus; 2. 绿蓝隐头叶甲 Cryptocephalus (Cryptocephalus) regalis cyanescens; 3. 柳隐头叶甲 Cryptocephalus (Cryptocephalus) regalis regalis; 4. 六点隐头叶甲 Cryptocephalus (Cryptocephalus) sexpunctatus sexpunctatus; 5. 黑隐头叶甲 Cryptocephalus (Cryptocephalus) swinhoei; 6. 黄臀短柱叶甲 Pachybrachis (Pachybrachis) ochropygus; 7. 花背短柱叶甲 Pachybrachis (Pachybrachis) scriptidorsum; 8. 谷子鳞斑肖叶甲 Pachnephorus lewisi; 9. 银纹毛肖叶甲 Trichochrysea japana; 10. 大绿肖叶甲 Chrysochares asiaticus; 11. 罗布麻绿肖叶甲 Chrysochares punctatus punctatus; 12. 蓝紫萝藦肖叶甲 Chrysochus asclepiadeus asclepiadeus. (8 引自谭娟杰等 , 2005; 10, 12 引自王新谱等 , 2010)

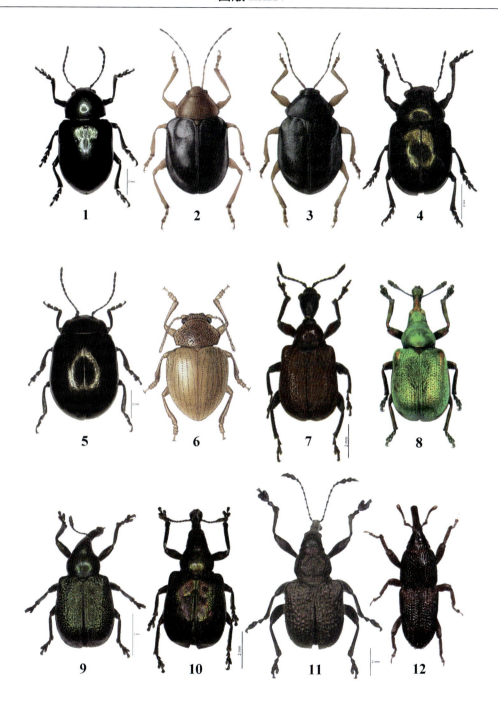

1. 中华萝藦肖叶甲 *Chrysochus chinensis*; 2. 钝角胸肖叶甲 *Basilepta davidi*; 3. 褐足角胸肖叶甲 *Basilepta fulvipes*; 4. 甘薯肖叶甲 *Colasposoma dauricum*; 5. 黑绿甘薯肖叶甲 *Colasposoma viridicoeruleum*; 6. 粗刻平背肖叶甲 *Mireditha cribrata*; 7. 榛卷象 *Apoderus cotyli*; 8. 梨卷叶象 *Byctiscus betulae*; 9. 杨卷叶象 *Byctiscus populi*; 10. 苹果卷叶象 *Byctiscus princeps*; 11. 梨虎象 *Rhynchites (Epirhynchites) heros*; 12. 米象 *Sitophilus oryzae*. (2 ～ 3 引自谭娟杰等 , 1980; 6 引自谭娟杰等 , 2005; 12 引自张生芳等 , 2016)

1. 玉米象 *Sitophilus zeamais*; 2. 云杉八齿小蠹 *Ips typographus*; 3. 中穴星坑小蠹 *Pityogenes chalcographus*; 4. 云杉四眼小蠹 *Polygraphus poligraphus*; 5. 枸子木小蠹 *Scolytus abaensis*; 6. 日本小蠹 *Scolytus japonicus*; 7. 脐腹小蠹 *Scolytus schevyrewi*; 8. 云杉小蠹 *Scolytus sinopiceus*; 9. 榆跳象 *Orchestes (Orchestes) alni*; 10. 臭椿沟眶象 *Eucryptorrhynchus brandti*; 11. 沟眶象 *Eucryptorrhynchus scrobiculatus*; 12. 亥象 *Callirhopalus sedakowii*. (1 引自吴福桢等, 1978; 2 引自王新谱等, 2010; 3 ~ 8 引自殷蕙芬等, 1984; 9 引自王新谱等, 2010)

1. 三条短柄象 Catapionus modestus; 2. 圆瓢短柄象 Catapionus obscurus; 3. 斜纹圆筒象 Corymacronus costulatus; 4. 甘草鳞象 Lepidepistomus elegantulus; 5. 痕斑草象 Chloebius aksuanus; 6. 短毛草象 Chloebius immeritus; 7. 棉尖象 Phytoscaphus gossypii; 8. 浅洼齿足象 Deracanthus (Deracanthus) jakovlevi jakovlevi; 9. 甘肃齿足象 Deracanthus (Deracanthus) potanini; 10. 金绿树叶象 Phyllobius virideaeris virideaeris; 11. 蒙古土象 Meteutinopus mongolicus; 12. 淡绿球胸象 Piazomias breviusculus. (10 引自王新谱等, 2010; 12 引自赵养昌等, 1980)

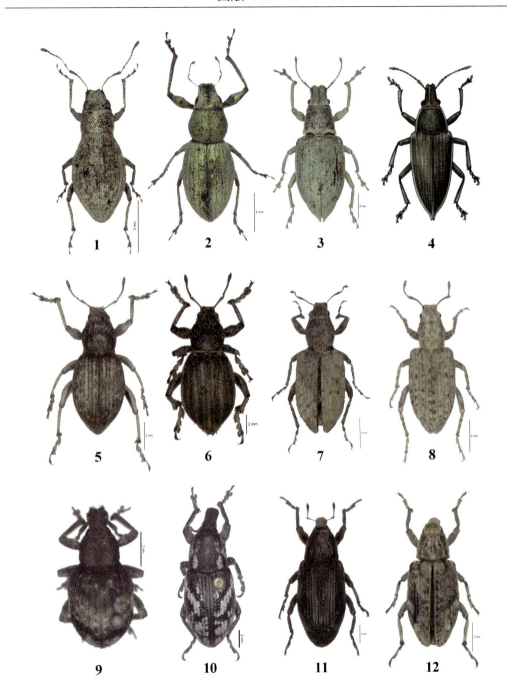

1. 褐纹球胸象 *Piazomias bruneolineatus*; 2. 灯罩球胸象 *Piazomias lampoglobus*; 3. 柳绿象 *Chlorophanus grandis*; 4. 西伯利亚绿象 *Chlorophanus sibiricus*; 5. 长毛叶喙象 *Diglossotrox chinensis*; 6. 黄柳叶喙象 *Diglossotrox mannerheimii*; 7. 刚毛毛足象 *Phacephorus setosus*; 8. 甜菜毛足象 *Phacephorus umbratus*; 9. 胖遮眼象 *Pseudocneorhinus sellatus*; 10. 平行大粒象 *Adosomus parallelocollis*; 11. 甜菜象 *Asproparthenis punctiventris*; 12. 三北甜菜象 *Asproparthenis secura*. (4 引自吴福桢等, 1978)

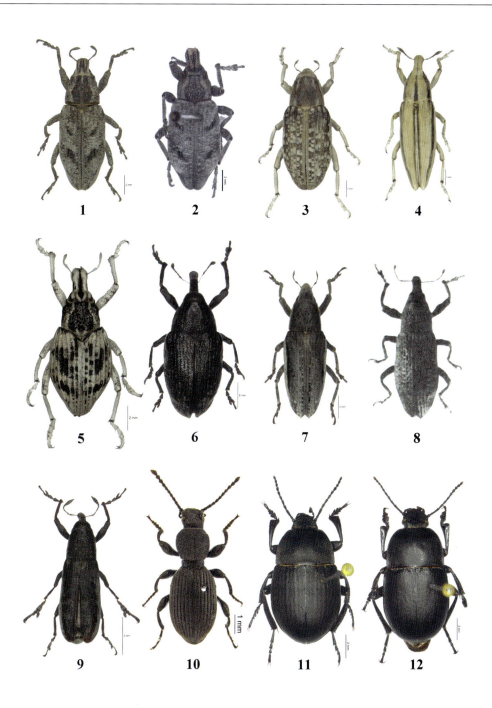

1. 黑斜纹象 *Bothynoderes declivis*; 2. 欧洲方喙象 *Cleonus pigra*; 3. 粉红锥喙象 *Conorhynchus pulverulentus*; 4. 帕氏舟喙象 *Scaphomorphus pallasi*; 5. 月斑冠象 *Stephanocleonus* (*Stephanocleonus*) *przewalskyi*; 6. 灰毛菊花象 *Larinus* (*Phyllonomeus*) *griseopilosus*; 7. 锥喙筒喙象 *Lixus* (*Compsolixus*) *fairmairei*; 8. 斜纹筒喙象 *Lixus* (*Eulixus*) *obliquivittis*; 9. 甜菜筒喙象 *Lixus* (*Phillixus*) *subtilis*. (8 引自赵养昌等, 1980) ; 10. 二点莱甲 *Laena bifoveolata*; 11. 尖茎刺甲 *Platyscelis* (*Platyscelis*) *acutipenis*; 12. 贺兰山刺甲 *Platyscelis* (*Platyscelis*) *helanensis*.

# 后　记

## 三则随笔小文

　　至此《宁夏甲虫志》罢笔之时，轻松惬意，格外欣喜。攻坚志书，旷日持久，甜酸苦辣，铭铭在心，历历在目。握笔之间，浮想联翩。提笔抒情，一表初衷。

# 01

## 点赞甲虫

身出六足旺门，泱泱坤舆遍布。

家丁浩荡，逾万子嗣四十。

荤素四亚目，成科一百七。

体坚实，覆甲胄，触角定制十一，类多形异，雄踞动物界第一。

前胸硕，中胸微，飞翅奇折异叠，技冠万物。

栖淡水，宿荒野，室无遏，戈壁高原有踪迹，何虫堪比！

穿花间，飞草窠，上天入土任游弋，化木成灰，树内干外显威力。

腐肉菌粪不嫌，花草果木包揽，传花授粉裨益自然，广谱多食五味俱全。

传花粉，运肥土，化腐木，屠同族，侵蚁室，掠蜂窝，奇葩生物，本领超奇。

甲领首，天干一，天生丽质，翩翩大度，气色夺目，争艳斗奇，绽放彩异。

洪荒发迹历经亿载，饱经沧桑成就铠甲裹体，千锤百炼，雄姿勃勃，成就刚毅！

钟灵毓秀自然成，百态千姿，后嗣济济，郁勃无比。

壮甲千千万，竞放生物能；

甲丁万万千，纵横地球村。

循环交替生态转能，盖世功业福祉众生。

恢弘万象自然生灵，世人偏爱区区甲虫。

尊圣甲，古注今来民俗神话传佳话；

笔墨穷，盘古开天辟地甲虫路难寻。

甲虫美，甲虫酷，在心底里，在梦呓里……

颂甲虫，释甲虫，在骨子里，在文化里……

# 02

## 宁夏山川

宁夏地域两头尖，凤凰祥降西北边[1]。

北贺兰，南六盘，两极气候不一般。

西香山，东草原[2]，黄河纵绕川岭间。

北高南低中平原，南湿北旱两重天。

中北荒原地势坦，南部黄原[3]望穿眼。

三漠围堵半部天[4]，绿茵毓秀在南端[5]。

银吴卫宁米粮川[6]，生态贫瘠黄土塬[7]。

降水六百润南端，北旱年雨不过三[7]。

中亚气候罩境域，蒙新区系分外显。

*[1] 宁夏版图形似凤凰；[2] 盐池荒漠草原区；[3] 黄土高原；[4] 西部腾格里沙漠、北部库布齐沙漠、东部毛乌素沙漠包围半个宁夏大地；[5] 南端的泾源、隆德、彭阳隶属秀丽的六盘山林区；[6] 银川平原、吴忠平原和中卫中宁平原均为宁夏的；[7] 固原、海原均为黄土高原贫瘠区。

# *03*

## 释放情怀

宁夏甲虫知几多，古往今来其难究；
为有壮志能得酬，苦觅小虫十六秋。

今得甲虫一万过，赏鉴物种一千多；
拙笔成文六十万，摄绘图幅八十三。

劳心苦研细味品，跃上纸来五年功；
释手志书惬意时，漫身轻爽在其中。